暖、卫、燃气、通风空调 建筑设备分项工艺标准

（第 二 版）

辽宁省建设厅 编

中国建筑工业出版社

图书在版编目（CIP）数据

暖、卫、燃气、通风空调建筑设备分项工艺标准/辽宁省建设厅编著．—2版，—北京：中国建筑工业出版社，2001

ISBN 7-112-04490-1

Ⅰ.暖… Ⅱ.辽… Ⅲ.房屋建筑设备-建筑设计-标准 Ⅳ.TU8-65

中国版本图书馆 CIP 数据核字（2001）第 09199 号

暖、卫、燃气、通风空调建筑设备分项工艺标准

（第 二 版）

辽宁省建设厅　编

*

中国建筑工业出版社出版、发行（北京西郊百万庄）

新　华　书　店　经　销

北京云浩印刷有限责任公司印刷

*

开本：850×1168毫米　1/32　印张：29¾　插页：1　字数：799千字

2001年7月第二版　　2003年6月第十一次印刷

印数：27701—29700册　　定价：**44.00**元

ISBN 7-112-04490-1

TU·4018（9960）

本书介绍了采暖、卫生、煤气、通风空调等建筑设备安装工程施工中常用的分项工艺标准93项，内容包括：准备工作、施工工艺、成品保护、安全注意事项、质量标准、质量通病及其防治等几项内容。

本次修订根据现行的设计、施工规范的要求，增加了自动灭火消防系统、塑料管（板）在各专业管道应用时的焊接和热熔连接方法、硬聚氯乙烯给水管道和薄壁铜管的施工、给排水器具新产品结构及安装特点、供热管道地热系统安装及供热管道分户进户系统的施工工艺、高层建筑管道安装施工工艺等内容。该书可供建筑安装施工企业进行分项工程施工时参考使用。

* * *

主　　编：黄剑敌

参加编写的主要人员：黄剑敌　郎嘉辉　尹效文
陈学敏　陈彦菁

审　　定：康永庆　黄荣辉

责任编辑：常　燕

前　言

本书是在第一版的基础上，应中国建筑工业出版社的要求，根据科学技术的发展，参照现行的设计规范和施工及验收规范，围绕近几年来出现的新材料、新技术、新设备、新工艺、新机具，进行了较大的修订和补充。

修改后的内容吸收了国内同行在技术、机具、工艺方面的先进经验，同时，仍然延续和发扬了传统工艺中行之有效、优秀的施工方法。对于应知、应会的基础操作，保持了详细和具体实施的特点。着重补充了自动灭火消防系统、塑料管（板）在各专业管道应用时的焊接和热熔连接方法、常用的有色金属管（板）的一般工艺、给排水器具新产品结构及安装工艺、供热管道的地热系统安装工艺特点、供热管道的分户进户系统的工艺特点、高层建筑安装工艺特点、各专业管道的测绘特点和放样下料特点以及安装工艺中常见机具（工具）使用介绍。

本书在编写过程中得到了辽宁省建筑标准设计院张善道高级工程师的指导和帮助，在此表示感谢。

因修订时间仓促、水平有限，不完善之处在所难免，敬请广大读者给予批评指正。

目　录

1. 预留管槽洞、预下埋件

一、施 工 准 备

1. 材料

(1) 红、白松木块、椴木块、钢管短管、铸铁短管、型钢、圆钢。

(2) 底漆、沥青、钉子、22 号铁丝、石笔、小线、电焊条、锯条、油毡纸。

2. 机具

(1) 压力钳及工作台、钢锯、切管器、手电钻、电焊机及电焊工具、钢丝钳、手锤、錾子。

(2) 钢板尺、卷尺、墨线、水平尺、螺丝刀。

3. 作业条件

(1) 各专业管道、设备图和土建图已由施工、设计、建设单位的工程技术人员综合会审，会审记录及技术修改单经过审定核对。

(2) 熟悉图纸，熟悉有关规范、工艺标准，并且已进行技术、质量、安全交底。

(3) 现浇整体混凝土基础、设备基础，墙、柱、梁、板的钢筋已施工完毕，已知模板顶标高，已在模板上弹出相对标高线。

(4) 正在施工的毛石、砖砌体已给出轴线、标高标记。

(5) 高层建筑施工前，已经根据设计图纸画出预留管、槽、洞，预下木砖、铁件的位置、尺寸、标高草图。

(6) 有关设备、器具（或样品）按设计型号已进库，预留工作中遇到的问题应有据可查。

二、施　工　工　艺

工艺流程

制作模具和埋件 → 放线、标记 → 安装模具、下埋件 → 防腐 → 复核检查

1. 选制模具和埋件

(1) 根据设计图纸，参照预留孔洞尺寸表及位置图，选定形式、材质来制作模具、木砖和铁件。须用木盒子的地方，事先应用木块钉制成形，小孔洞也可采用相应尺寸的木方外包油毡纸代用。混凝土基础或墙中的套管用钢管切断后按要求尺寸进行加工。

(2) 墙上的木砖，按要求做好后，在木砖中心钉一个钉子，木砖一般用红、白松、椴木等木料制成。须刮出斜度，满刷防腐油。

(3) 混凝土捣制构件中各类管道预埋铁件及吊环，须按要求事先下料焊制成形后待用。

2. 放线、标记

(1) 在钢筋绑扎前，按图纸要求的规格、位置、标高，预留槽洞或预埋套管、预下铁件。若设计无规定，可参照本工艺标准先在钢筋下方的模板上，按已知轴线及标高量尺并画出十字标记。两个“十”字标记拉线的交点即为预留孔洞、下木盒、套管及铁件的中心。

(2) 在砖墙上预留孔洞或预留暗配横、竖管槽时，应根据其管的位置和标高，根据轴线量出准确位置，向砌砖工交待清楚，由砌砖工留出，由水暖工一旁监督、检查，校核尺寸，以免出错。预留孔洞参照表 1-1 中尺寸。

预留孔洞尺寸表 **表 1-1**

项次	管道名称	明管 留孔尺寸（mm）长×宽		暗管 暗槽尺寸(mm)宽度×深度	
		金属管	塑料管（给排水）	金属管	塑料管（给水）
1	供暖或给水立管 管径≤25mm 管径=32~50mm 管径=70~100mm	 100×100 150×150 200×200	 80×80 150×150 200×200	 130×130 150×130 200×200	 90×90 110×110 160×160
2	一根排水立管 管径≤50mm 管径=70~100mm	 150×150 200×200	 130×130 180×180	 200×130 250×200	
3	二根供暖或给水立管 管径≤32mm	 150×100	 100×100	 200×130	 150×80
4	一根给水立管和一根排水立管在一起 管径≤50mm 管径=70~100mm	 200×150 250×200	 130×130 250×200	 200×130 250×200	 200×100 250×150
5	二根给水立管和一根排水立管在一起 管径≤50mm 管径=70~100mm	 200×150 350×200	 200×150 350×200	 250×130 380×200	 220×100 320×150
6	给水支管或散热器支管 管径≤25mm 管径=32~40mm	 100×100 150×130	 80×80 140×140	 60×60 150×100	 60×60 150×100
7	排水支管 管径≤80mm 管径=100mm	 250×200 300×250	 230×180 300×200		

续表

项次	管道名称	明管		暗管	
		留孔尺寸（mm）长×宽		暗槽尺寸(mm)宽度×深度	
		金属管	塑料管（给排水）	金属管	塑料管（给水）
8	供暖或排水主干管 管径≤80mm 管径＝100～125mm	 300×250 350×300	 250×200 300×250		
9	给水引入管 管径≤100mm			300×200	300×200
10	排水排出管穿基础 管径≤80mm 管径＝100～150mm 管径＝200mm			300×300 （管径＋300）×（管径＋200）	300×300

注：1. 给水引入管，管顶上部净空一般不小于100mm。
2. 排水排出管，管顶上部净空一般不小于150mm。
3. 给水架空管顶上部的净空不小于100mm（为便于装修工程实施，均不得偏大）。
4. 排水架空管顶上部的净空不小于150mm（为便于装修工程实施，均不得偏大）。
5. 在建筑物内风管预留孔尺寸，圆型为管径加100mm，矩型为边长加100mm。

（3）预留散热器钩子眼时，根据散热器的位置，以地面标高（或相对地面标高线）、窗户中心线为准，按不同型号的散热器留出钩子的孔洞。若遇空心砖时，孔洞处应围砌丁字砖。

3. 安装模具、下预埋件

（1）在混凝土墙或梁、板上安装模具时，将事先制作好的模具中心对准标注的十字进行模具安装。待支完模板后，按要求在模板上锯出孔洞，将模具或套管钉牢或用铁丝绑靠在周围的钢筋上，必须牢固，并找平找正。不论用哪种方法，必须考虑到利于临时模具的拆除条件。在捣制板上预留卫生器具孔洞，可参照表1-2划线、定位。

预留孔洞位置

表 1-2

卫生器具名标	平面位置	图示
蹲式大便器	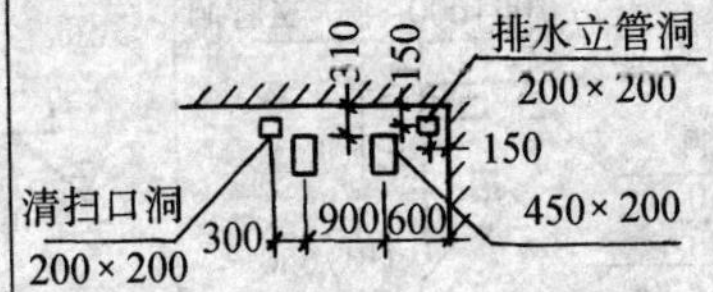	
蹲式大便器	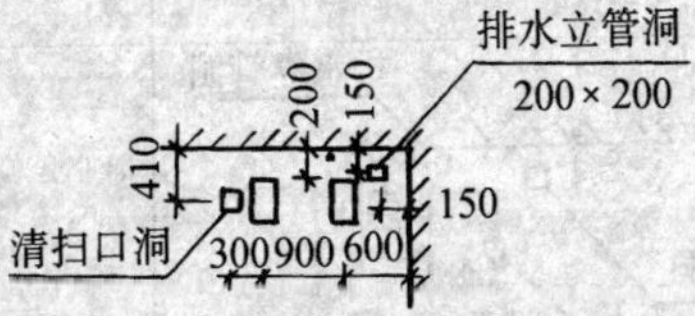	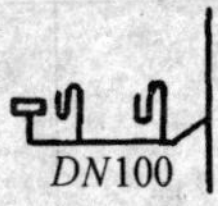
坐式大便器	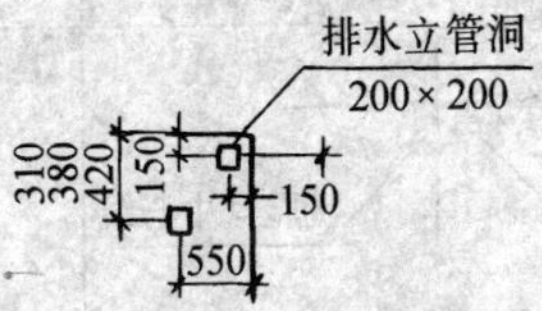	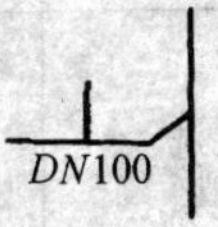
坐式大便器 连体坐便（上海产）	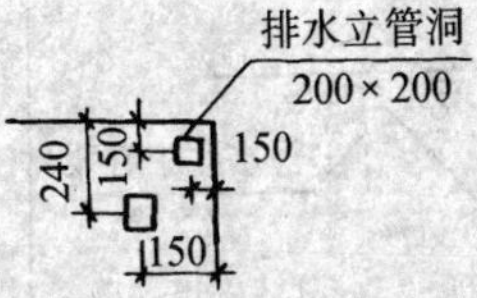	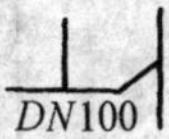
小便槽	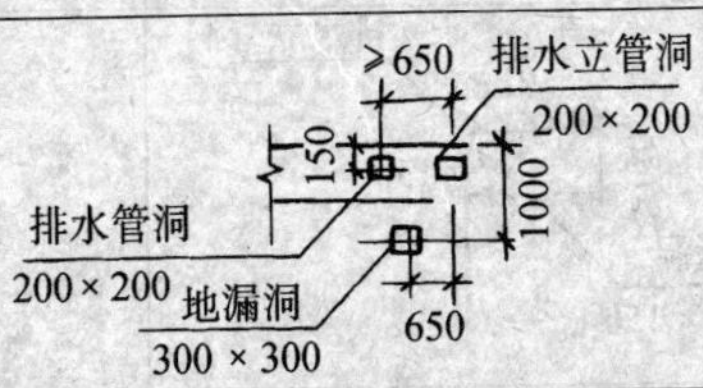	
小便槽	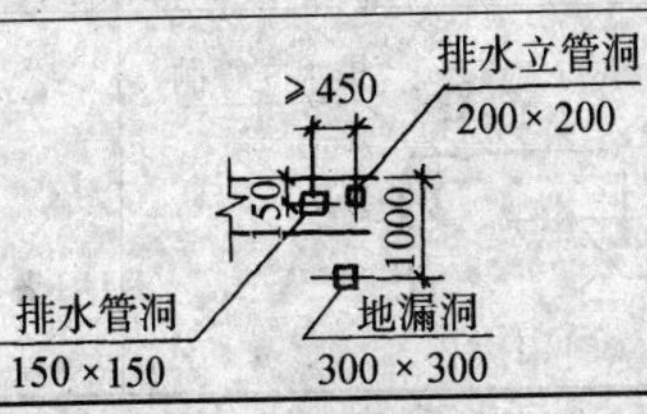	

续表

卫生器具名标	平面位置	图示
立式小便器	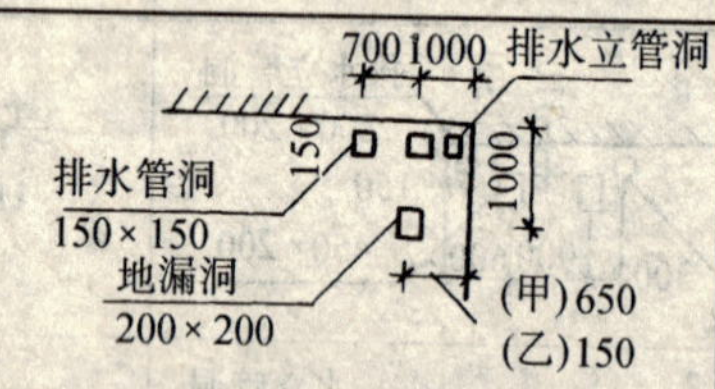 700 1000 排水立管洞 150 1000 排水管洞 150×150 地漏洞 200×200 (甲)650 (乙)150	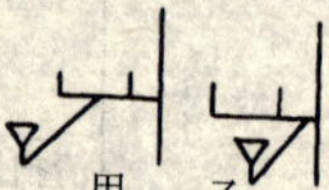 甲 乙
挂式小便器	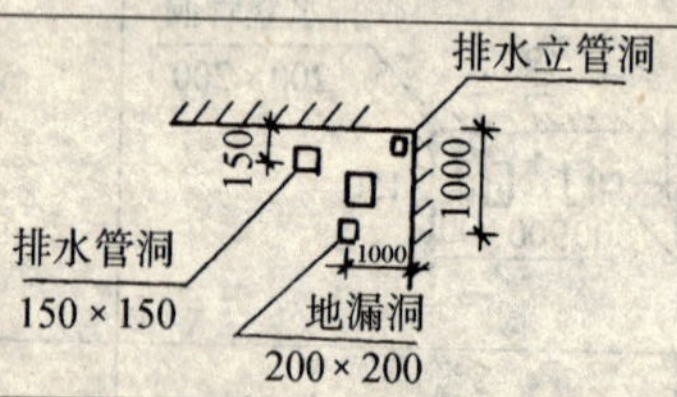 排水立管洞 150 1000 排水管洞 150×150 1000 地漏洞 200×200	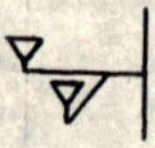
洗脸盆	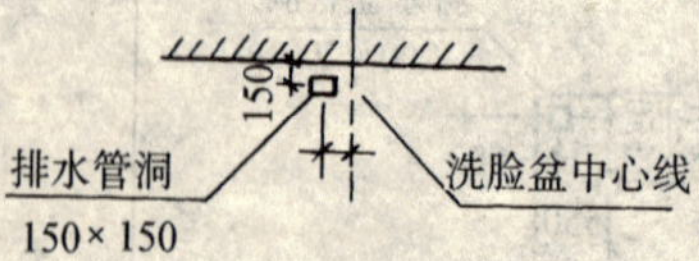 150 排水管洞 150×150 洗脸盆中心线	
污水盆(池)	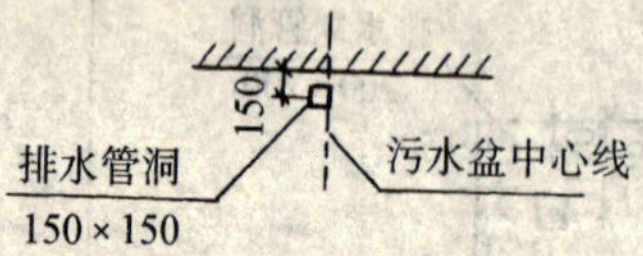 150 排水管洞 150×150 污水盆中心线	
地漏	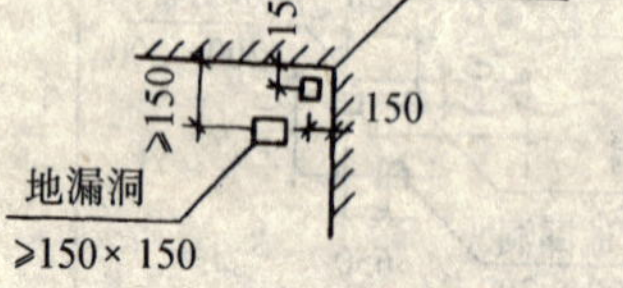 排水立管洞 150 ≥150 150 地漏洞 ≥150×150	
净身盆	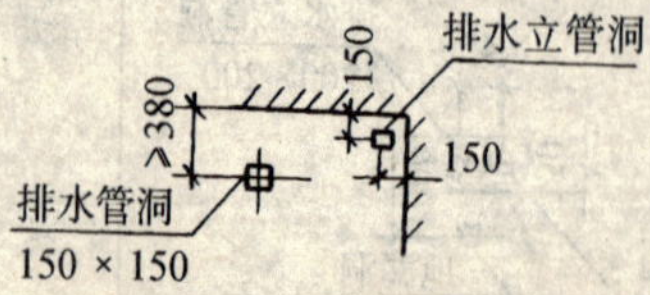 排水立管洞 150 ≥380 150 排水管洞 150×150	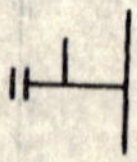

(2) 在基础墙上预下套管时，按管道标高、位置，在瓦工砌砖或砌石时镶入，找平找正，用砂浆稳固，并应考虑到结构自由下沉时不会损伤管道。

(3) 在混凝土或砖石基础中，预下防水套管时，两端应根据需要露出墙面一定长度，但不得小于30mm。

(4) 在墙上下木砖时，根据图纸规定的器具位置、标高和要求，若图中未注可参照本标准相关工艺标准，按地平线量好尺寸，当砖墙砌到木砖位置时，将木砖小面向外放正，量准标高，用水泥砂浆稳固，安放好的木砖用水平尺找平，一般应低于装饰面5mm（除坐便外），若遇空心砖时，木砖周围应围砌丁字砖。

(5) 混凝土捣制构件预埋管道支架时，应按图纸要求找准位置、标高。在支模时，由本工种配合、将预埋件找平后固定在模板上。在混凝土浇灌时，应认真看护，防止铁件被碰撞。

(6) 在楼板上预埋吊环，事先根据混凝土捣制构件或预制空心楼板等不同情况，选制好预埋件。按图纸要求在模板上找好位置、尺寸，画出管路与墙相平行的直线。按规定间距确定吊架预埋件的个数及具体位置，参照本标准支架工艺。

三、成 品 保 护

1. 严防在预下完的模具、木砖、铁件上放置物件或踩踏。

2. 浇灌混凝土时应有专人看守，防止振动、位移或倾斜。

四、安全注意事项

1. 高空作业时，带好安全带。严防脚下蹬滑、踩空或踏上探头板。

2. 用手扶正模具时避免振捣棒振到手。

3. 与土建交叉作业施工工地必须戴安全帽。

五、质 量 标 准

1. 预留孔洞的位置、尺寸、标高均应符合设计和施工规范要求。

2. 预留孔、预留管的中心线位移允许偏差值为 3mm，预留孔洞中心线位移允许偏差 10mm，其截面内部尺寸允许偏差为 +1.0～-0mm。

六、质量通病及防治方法

质量通病及防治方法见表 1-3。

表 1-3

序号	质量通病	防治方法
1	预留孔洞、预下套管或埋件位置不准	1. 在配合土建做管道穿越基础、墙壁、梁板的预留孔洞，预下套管，预埋件前，必须找准轴线，核实标高，校对尺寸
2	预留孔洞尺寸有误	1. 模具制作与安装时认真核对尺寸 2. 若为木模具用钉子钉牢，避免混凝土振捣器将其振变形
3	孔洞漏预留	1. 认真熟悉管道图纸，用表格统计出预留孔洞、预下套管及预埋件的种类、形式、尺寸及其所相对某轴线的坐标、标高。必要时画出示意图，标注上其序号及上述中有关数据 2. 如果遇到必须由土建技术人员验核采取措施后才允许安装模具时，则应主动督促，必须在混凝土浇灌前解决，否则容易造成漏留、漏安

2. 套管制作与安装

一、施 工 准 备

1. 材料

(1) 碳素钢管，镀锌铁皮、钢板、法兰盘、双头螺栓、螺母、锯条、型钢、钢筋、铸铁管。

(2) 防腐漆、油麻、石棉、水泥、焊条、底漆、20～22号铁丝、钉子、锯条。

2. 机具

(1) 压力钳及工作台，钢锯，切管器，焊机及电焊工具、手锤、型钢切割机。

(2) 圆锉，铰刀，卷尺，钢丝刷，油刷。

3. 作业条件

(1) 主体工程已施工完，埋地管道已验收合格，甩头位置正确。

(2) 地下室工程正在施工，或主体已施工完毕即将防水。有防水套管的地下构筑物施工准备已经就绪。

(3) 将进行室内干管预制。

(4) 过墙，过梁、板，过设备基础等处的管子已除锈防腐。

二、施 工 工 艺

1. 工艺流程

确定套管位置 → 选定套管 → 形式及材质 → 套管制作 → 套管安装

2. 设置套管的位置：输送介质温度为40～100℃的管道（供暖、热水、冷凝水、低压蒸汽）穿过楼板、梁、墙体、基础处，均应设置套管，套管应采用钢套管，其穿墙支管采用镀锌铁皮套管或钢套管。给水管道、煤气管道和介质温度低于40℃的其他立管，穿过卫生间、厨房、浴池等房间楼板处，必须采用钢套管。

3. 管道穿过间墙、隔墙和楼板处的套管为普通套管，分为钢套管、镀锌铁皮套管和油毡套管三种（有的地方用三层水泥袋纸套管代替油毡套管）。

管道穿过地下室或地下构筑物外墙时，套管采用刚性防水套管。翼环及刚套管加工完成后，必须作防腐处理。刚性防水套管安装时，必须随同混凝土施工一次性浇固于墙（壁）内。套管内的填料应在最后充填，填料必须紧密捣实。刚性防水套管分为Ⅰ、Ⅱ、Ⅲ、Ⅳ型，其中Ⅰ型及Ⅱ型防水套管，适用于铸铁管和非金属管，根据所采用的管材管壁的厚度修正有关尺寸。Ⅰ型防水套管仅在墙厚等于或能加厚之所需铸铁接轮时才用，图2-1中虚线为加厚的墙。Ⅱ型尺寸所列的重量为套管上全部钢制零件的重量，详见图2-1，表2-1，表2-2。

Ⅲ型防水翼环仅适用于钢管，法兰盘根据要求采用，$DN \geq 450$mm时$l = 300$mm，$DN < 450$mm时，$l = 150$mm，见图2-2，Ⅲ型尺寸表2-3中标出重量为翼环重量。Ⅳ型防水套管适用于钢管，套管中心所增设的挡圈为钢制，焊在穿墙的钢管上，见图2-2，Ⅳ型尺寸表（表2-4）中所列重量为套管部分是指全部钢制零件总重，见表2-4。

凡是受振动或有沉降伸缩处的进出水管的过墙（壁）套管，都严格要求防水防漏，应选用柔性防水套管，套管部分必须都浇固于混凝土墙内。见图2-3中所示，加工可参照套管尺寸表2-5下料，尺寸表里所标注的套管长度L值是以最小的墙厚300mm计算的，如果壁厚小于300mm时，必须考虑局部加厚，套管加工后做好防腐处理再行预埋。

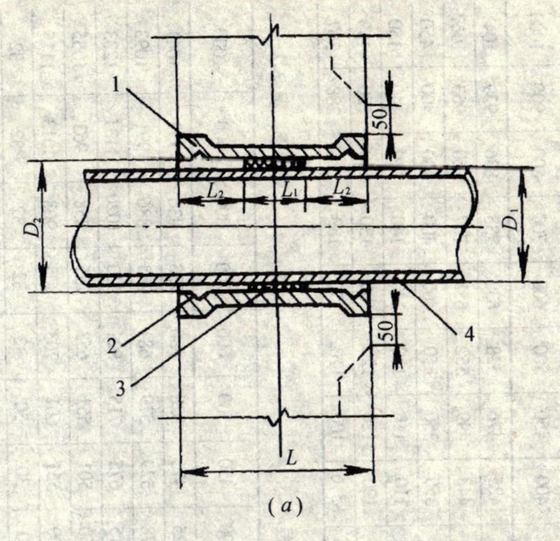

（a）

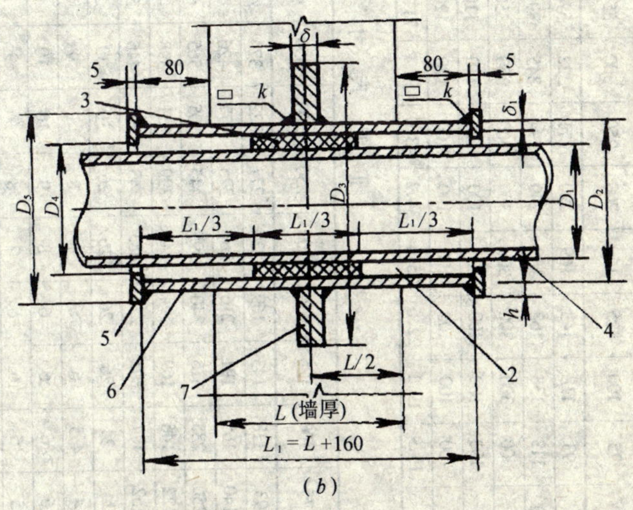

（b）

图 2-1　刚性防水套管安装图

（a）Ⅰ型刚性防水套管；（b）Ⅱ型刚性防水套管

1—铸铁接轮；2—石棉水泥；3—油麻；4—铸铁管；

5—挡圈；6—钢套管；7—翼环

表 2-1

Ⅰ 型 尺 寸 表

	DN	75	100	125	150	200	250	300	350	400	450	500	600	700	800	900	1000
穿墙管最大外径	D_1	93	118	143	169	220	271	322	374	425	476	528	630	733	836	939	1041
铸铁接轮内径	D_2	113	138	163	189	240	294	345	396	448	499	552	655	757	860	963	1067
L		300	300	300	300	300	300	350	350	350	350	350	400	400	400	400	450
L_1		100	100	100	100	100	100	110	110	110	110	110	140	140	140	140	150
L_2		100	100	100	100	100	100	120	120	120	120	120	130	130	130	130	150
接轮重量（kg）		15.9	19.1	22.6	25.4	34.3	43.0	59.1	71.8	85.6	100	110	156	189	236	288	367

表 2-2

Ⅱ 型 尺 寸 表

DN	50	75	100	125	150	200	250	300	350	400	450	500	600	700	800	900	1000
D_1	60	93	118	143	169	220	271	322	374	425	476	528	630	733	836	939	1041
D_2	114	140	165	191	216	267	325	377	426	478	529	579	681	783	886	991	1093
D_3	220	250	285	315	340	395	445	505	565	615	675	715	821	920	1020	1131	1233
D_4	96	122	146	169	194	243	299	351	398	450	501	551	653	755	858	963	1065
D_5	126	152	177	203	228	283	343	397	446	500	551	601	703	805	908	1013	1115
δ	24	24	24	26	26	26	26	30	30	30	30	30	32	32	32	32	32
δ_1	4	4	4.5	6	6	7	8	8	9	9	9	9	9	9	9	10	10
h	6	6	6	6	6	8	9	10	10	11	11	11	11	11	11	11	11
k	5	5	5	6	6	7	8	9	9	10	10	10	10	10	10	10	10
重量（kg）	9.7	11.8	15.3	20.8	23.3	30.6	39.1	47.3	61.5	69.4	77.1	81.7	88.5	103.2	116.9	138.9	152.8

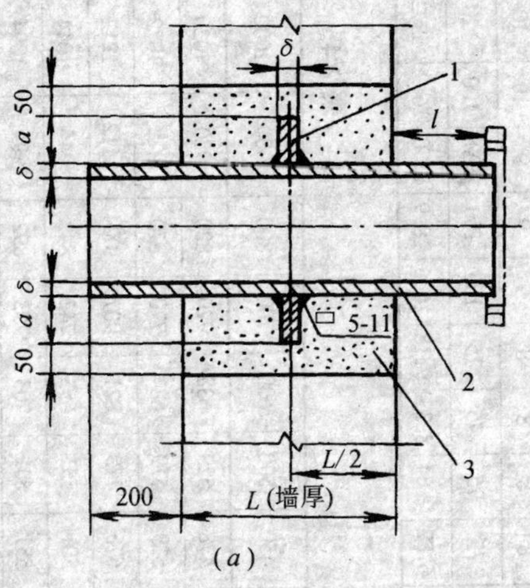

（a）

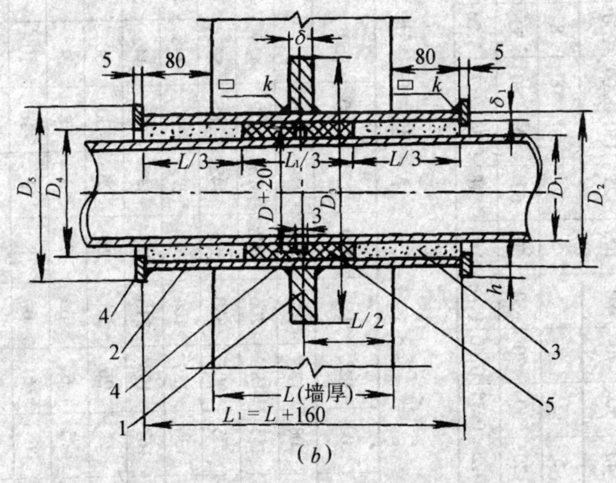

（b）

图 2-2　刚性防水套管安装图

（a）Ⅲ型刚性防水套管；（b）Ⅳ型刚性防水套管

1—翼环；2—钢套管；3—石棉水泥；

4—挡圈；5—油麻

Ⅲ 型 尺 寸 表

表 2-3

DN	25	32	40	50	70	80	100	125	150	200	250	300	350	400	450	500	600	700	800	900	1000
δ	5	5	5	5	5	5	5	5	5	8	8	8	8	8	8	8	9	9	9	10	10
α	30	30	30	30	30	30	50	50	50	50	50	75	75	75	75	75	100	100	100	100	120
重量（kg）	0.23	0.26	0.29	0.35	0.40	0.46	1.01	1.18	1.34	2.73	3.26	6.05	6.82	7.64	8.33	9.18	16.6	18.9	21.0	26.2	35.2

Ⅳ 型 尺 寸 表

表 2-4

DN	50	80	100	125	150	200	250	300	350	400	450	500	600	700	800	900	1000
D_1	60	89	108	133	159	219	273	325	377	426	478	529	638	720	820	920	1020
D_2	114	140	155	181	206	267	325	377	426	478	529	579	681	770	870	972	1072
D_3	220	250	275	305	330	395	445	505	565	615	675	715	821	907	1004	1112	1212
D_4	96	122	136	159	184	243	299	351	398	450	501	551	653	742	842	944	1044
D_5	126	152	167	193	213	283	343	397	446	500	551	601	703	792	892	994	1094
δ	24	24	24	26	26	26	26	30	30	30	30	30	32	32	32	32	32
δ_1	4	4	4.5	6	6	7	8	8	9	9	9	9	9	9	9	10	10
h	6	6	6	6	6	8	9	10	10	11	11	11	11	11	11	11	11
k	5	5	5	6	6	7	8	9	9	10	10	10	10	10	10	10	10
重量（kg）	9.7	11.8	15.3	20.9	23.2	30.6	39.1	47.3	61.5	69.4	77.2	81.7	88.5	103.0	117.0	139.0	152.0

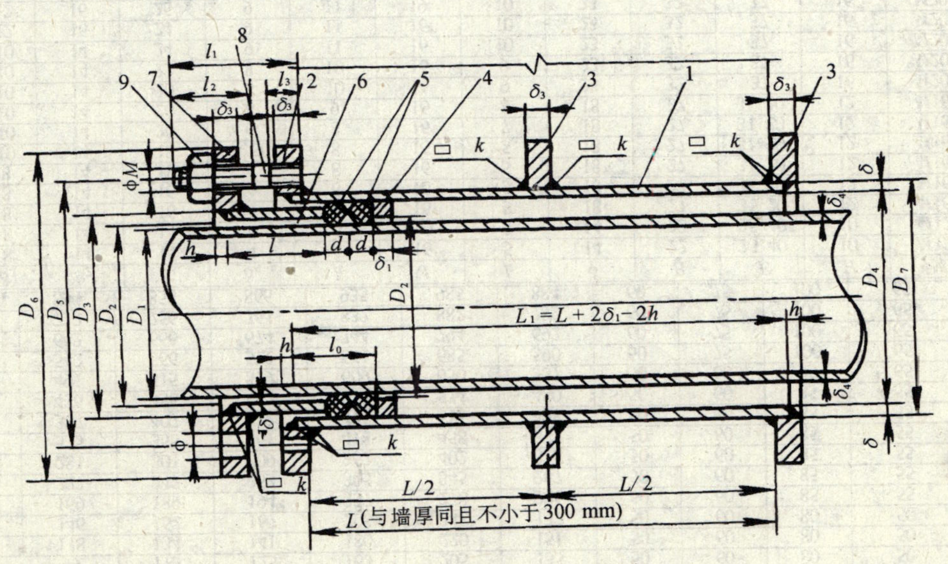

图 2-3　柔性防水套管安装图

1—套管；2—翼盘；3—翼环；4—挡圈；5—橡皮绳；6—短管；7—法兰盘；8—双头螺杆；9—螺母

套管各部尺寸表（mm）　　表 2-5

DN	D_1	D_2	D_3	D_4	D_5	D_6	D_7	l_0	l	l_1	l_2	l_3
50	60	72	88	100	135	175	110	50	60	80	50	14
70	75	83	99	117	155	197	127	50	60	80	50	14
80	89	99	115	125	163	205	135	50	60	80	50	16
100	108	118	134	141	180	220	151	50	60	80	50	16
125	133	146	162	167	208	248	177	50	60	80	50	16
150	159	169	189	194	237	278	206	50	60	85	55	16
200	219	227	247	253	305	345	267	50	60	85	55	16
250	273	281	301	309	362	402	325	50	60	85	55	16
300	325	335	355	361	418	458	377	50	60	85	55	16
350	377	387	407	412	475	515	428	50	60	85	55	16
400	426	436	456	462	532	574	480	50	60	85	55	16
450	478	491	515	519	609	650	537	50	60	95	65	20
500	529	542	566	572	641	685	590	60	75	100	65	20
600	630	642	666	674	744	794	692	60	75	100	65	20
700	720	732	756	764	832	882	782	60	75	100	65	25
800	820	834	858	866	935	985	884	60	75	100	65	25

c	δ	δ_1	δ_2	δ_3	δ_4	h	d	k	ϕ	B	E	H	ϕM	螺栓
1.80	5	8	14	14	4	6	16	5	14	22	25.40	10	M12	4
1.80	5	8	14	14	4	6	16	5	14	22	25.40	10	M12	4
2	5	8	14	16	4	6	16	5	18	27	31.20	12	M16	4
2	5	8	14	16	4	6	16	5	18	27	31.20	12	M16	4
2	5	8	14	18	4	8	16	5	18	27	31.20	12	M16	8
2	6	10	14	18	4.50	8	16	5	18	27	31.20	12	M16	8
2	7	10	14	20	6	8	16	7	18	27	31.20	12	M16	8
2	8	10	14	20	8	9	16	8	18	27	31.20	12	M16	12
2	8	10	14	20	8	10	16	9	23	32	37	16	M20	12
2.50	8	10	14	22	8	10	16	9	23	32	37	16	M20	12
2.50	9	10	14	24	9	11	16	10	23	32	37	16	M20	16
2.50	9	12	16	24	9	11	16	10	23	32	37	16	M20	16
2.50	9	12	16	25	9	11	19	10	23	32	37	16	M20	16
2.50	9	12	16	26	9	11	19	10	25	36	41.60	18	M22	20
2.50	9	12	16	28	9	11	19	10	25	36	41.60	18	M22	24
3.50	9	12	16	28	9	11	20	10	30	41	47.30	22	M27	24

4. 普通套管制作

(1) 套管管径比穿墙板的干管、立管管径大1～2号，一般套管内径不得超过管外径6mm。

(2) 过墙套管长度＝墙厚＋墙两面抹灰厚度。

过楼板套管长度＝楼板厚度＋底板抹灰厚度＋地面抹灰厚度＋20mm（卫生间、厨房50mm）。

(3) 穿基础套管长度＝基础厚度＋30mm＋30mm（两端各伸30mm）。

(4) 钢套管两端平齐，打掉毛刺，管内外除锈防腐。

(5) 镀锌铁皮套管卷制应规整，咬口接缝要严实，其规格和尺寸应符合过墙支管的要求。

5. 刚性防水套管、柔性防水套管制作

若设计无规定，参考图2-1～图2-5，选定形式，根据构筑物要求，按标准图规格尺寸下料，焊接按本工艺标准相应施工工艺进行。其安装方法参见土建施工及本标准预留孔洞施工工艺中的说明。

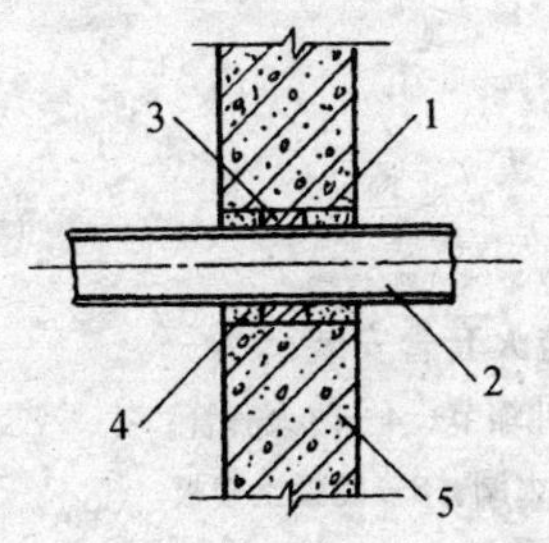

图2-4 管道穿越地下室外墙

1—预埋刚性套管；2—PVC-U管；3—防水胶泥；4—水泥砂浆；5—混凝土外墙

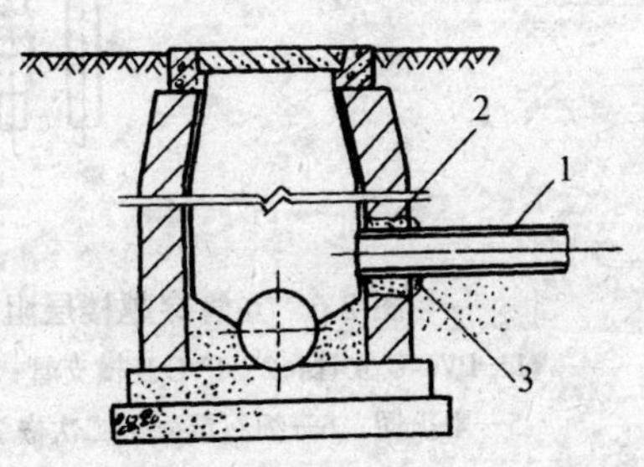

图2-5 埋地管与检查井接点

1—PVC-U管；2—水泥砂浆第一次嵌缝；3—水泥砂浆第二次嵌缝

6. 排水硬聚氯乙烯管穿楼层、管道井、分区隔墙的阻火圈、防水套管的制作和安装见图 2-6、图 2-7、图 2-8。

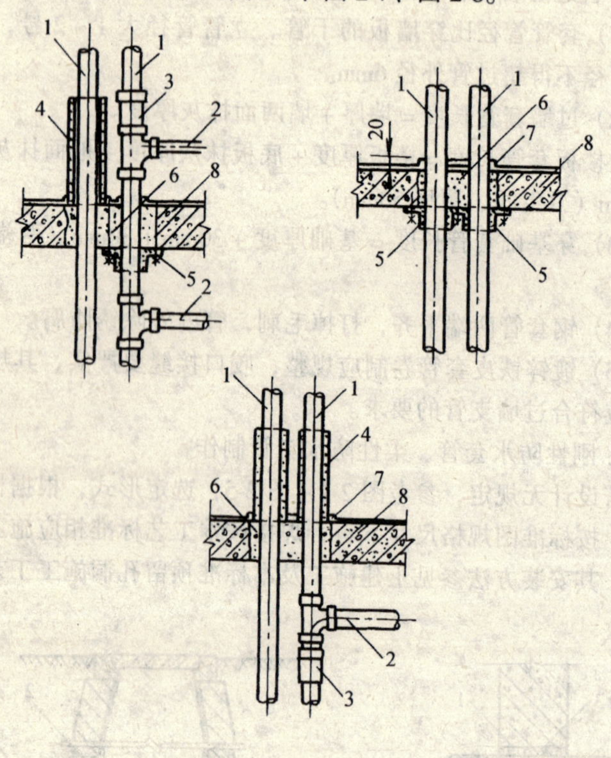

图 2-6 立管穿越楼层阻火圈、防火套管安装

1—PVC-U 立管；2—PVC-U 横支管；3—立管伸缩节；4—防火套管；5—阻火圈；6—细石混凝土二次嵌缝；7—阻火圈；8—混凝土楼板

7. 套管安装：应随同干管、立管、支管的安装，将预制好的套管套在管道上，放在指定位置。

(1) 过楼板的套管在套管上焊一横钢筋棍，担在预留孔的地面上，防止脱落。

待干管、立管安装完找正后再调整好间隙加以固定、按本标准打孔堵洞相应施工工艺进行封固。供暖干管、立管与套管的间隙，若设计无规定可用油麻或石棉绳填塞封固。煤气管道中部填

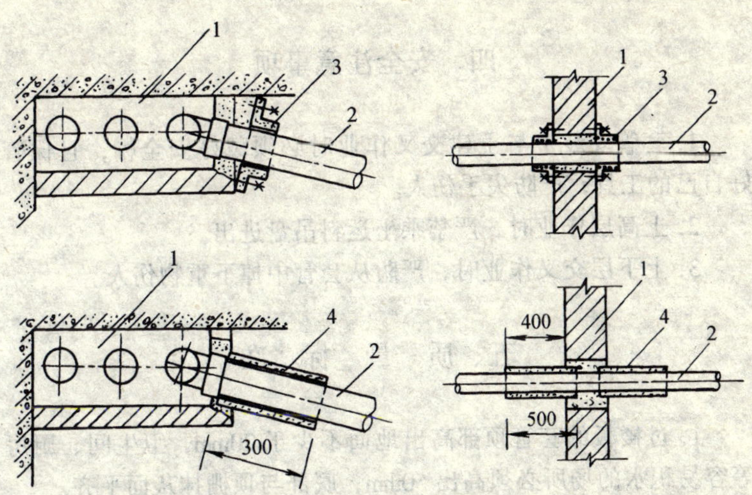

图 2-7 横支管接入管道井中立管阻火圈、防火套管安装

1—管道井；2—PVC-U 横支管；3—阻火圈；4—防火套管

图 2-8 管道穿越防火分区隔墙阻火圈、防火套管安装

1—墙体；2—PVC-U 横管；3—阻火圈；4—防火套管

塞油麻，上部用沥青封堵、套管下端用石膏封堵；穿越墙壁时，以石膏封堵、抹平，严禁用水泥或水泥砂浆封堵。确保套管内的管子自由伸缩。

(2) 镀锌铁皮套管随支管安装就位，支管安装校正无误后调整间隙，若设计无规定可用石棉绳填实。

(3) 楼板、隔墙和墙内的穿管孔隙，在安完管道后，应按本标准相关施工工艺支模进行填塞封堵。

(4) 铜管过墙及穿楼板应加钢套管，套管内填加绝缘物。

三、成 品 保 护

1. 套管制作后要妥善保管，以防不慎被踩、挤、砸变形。

2. 封堵时严防将套管挤向一侧。防止套管上下串动。

四、安全注意事项

1. 套管安装中与土建交叉作业时必须戴好安全帽，且保管好自己的工具，严防失手伤人。

2. 上高层作业时，严禁乘坐运料吊盘进出。

3. 上下层交叉作业时，严防从套管中掉下重物伤人。

五、质 量 标 准

1. 过楼板的套管顶部高出地面不少于20mm，卫生间、厨房等容易积水的场所必须高出50mm，底部与顶棚抹灰面平齐。

2. 过墙壁的套管两端与饰面平，过基础的套管两端各伸出墙面30mm以上。管顶上部应留够净空余量，防止建筑物沉降时压环管道。

3. 套管固定应牢固，管口平齐，环缝均匀。根据不同介质，填料充实，封堵严密。

六、质量通病及防治方法

质量通病及防治方法见表2-6。

表2-6

序号	质量通病	防治方法
1	供热管道不能自由伸缩	由于图省事，不分管内介质一律用水泥砂浆封堵填实。要严格按设计、本标准工艺、标准图，认真区分管内介质，采用不同填料
2	卫生间、厨房套管溢水	易积水的卫生间、厨房的套管应高出地面50mm以上。应严格执行

续表

序号	质 量 通 病	防 治 方 法
3	套管伸出顶棚或墙面	由于套管下料和安装时，不够严谨，不够认真造成。应严格按照有关规定施工。如果利用余料管头，也必须量尺下料

3. 管道调直

一、施工准备

1. 材料

(1) 碳素钢管、铜管、铅管、角钢、金属软管。

(2) 石笔、劈材、破布、油漆、机油、氧气、电石、砂子、线绳、管件。

2. 机具

(1) 加热炉、滚动支承架、手锤、气焊工具、乙炔发生器、垫木、木锤、木板工作台。

(2) 油刷、小油桶、固定膜具、圆柱形胎具。

3. 作业条件

(1) 进场的管材、管件具有合格证、材质证明及生产厂家的名称。包装上应有批号、数量、生产日期和检验代号。管材堆放便于拿取可靠。

(2) 有足够的调直场地，安全设施齐全。

二、施工工艺

1. 工艺流程

检查弯曲部位 → 调直

2. 安装前的管子必须调直。管子在运输过程装卸或堆放不当，容易产生弯曲。有弯曲的管子安装时不准使用。

3. 检查管子的弯曲部位。管子进行调直前，要先检查和确定管子的弯曲部位及弯曲程度。

(1) 检查短管：将管子一端抬起，闭上一只眼，用另一只眼睛从此端看向另一端，管子表面多点在一条直线上，则此管为直管，无须调直。如有一面凸起则此管须调直。

(2) 检查长管：长管采用滚动检查法。先将管子横放在两根平行的角钢上轻轻滚动，当管子以均匀速度滚动而无摆动，能够在任意位置停止则为直管。如果长管在滚动过程中有快有慢，并伴有来回摆动，几次都是这面向下，说明向下的这面有弯，须调直，如图 3-1 所示。

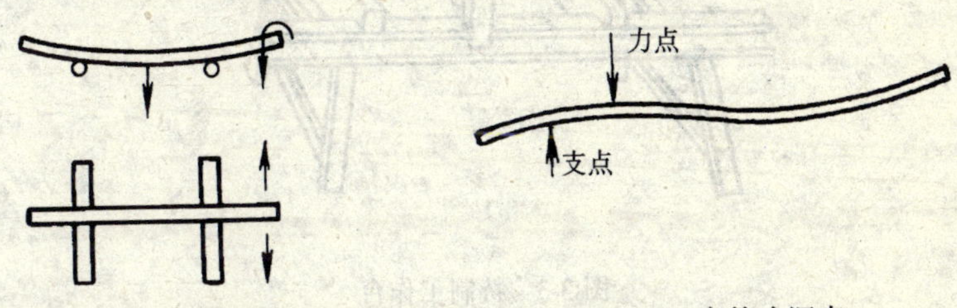

图 3-1　检查有弯的管

图 3-2　弯管冷调直

4. 调直的方法有冷调和热调两种。冷调一般用于管径较小（50mm 以下）的管子，且弯曲程度不大。热调是将管子在加热状态下调直，管子弯曲程度较大和管径较大（50mm 以上）的情况下采用。

(1) 冷调。用两把手锤进行，一把顶在管子弯里（凹面）的起弯点作支点，另一把则用力敲打背面（凸面）高点，如图 3-2 所示。两把手锤不能对着打，应有一定距离，以免把管子打扁，也可在锤击处垫上硬质木块顶着锤击点。对于一根管子有多处弯曲部位，需一个一个的锤平，直到全部调直为止。

对于因管件螺纹不正引起的节点弯曲，只能用手锤、击打靠近管件的管子，严禁锤击管件。如用热调直可用气焊加热管件附近 20～30mm 长度，再将管压直为止。要注意用力适度，不可用猛劲。

长管冷调时可将管子放在长木板上或特制工作台上，如图 3-

3，由一人观察管子弯曲部位，另一人按观察者的指点进行敲打。经过几个翻转即可将管调直。也可用半机械调直，如图 3-4 所示。

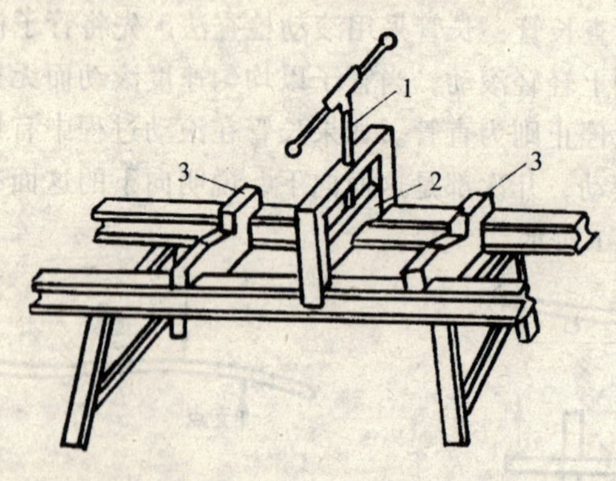

图 3-3 特制工作台

1—丝杠；2—压块；3—支块

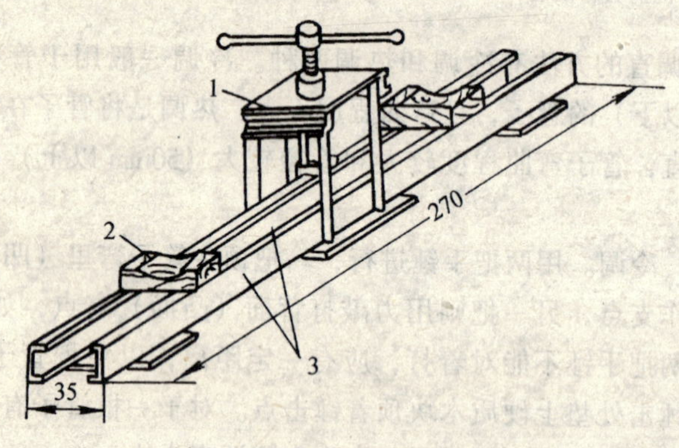

图 3-4 半机械调直法

1—调直器；2—垫块；3—支承槽钢

小口径 25mm 以内管可在一般平台上调直，一人站在管子一端指挥，另一人用木锤敲打凸出部位，如图 3-5 所示。

螺纹连接管段的冷调直尤为重要，操作时应注意其加力点不

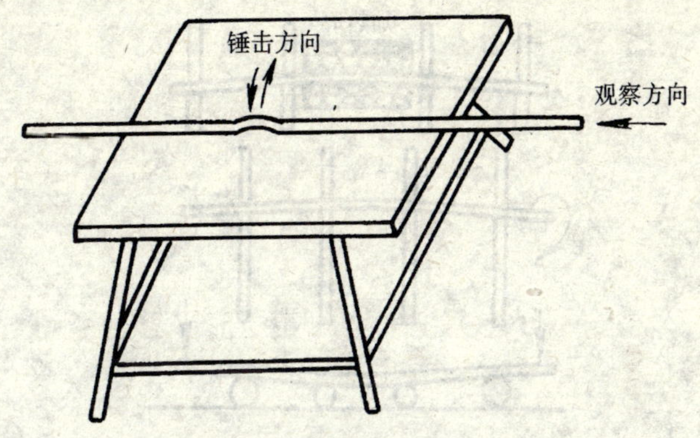

图 3-5　调直用的普通平台

可离螺纹太近，距支点必须大于 100mm，详见图 3-6。

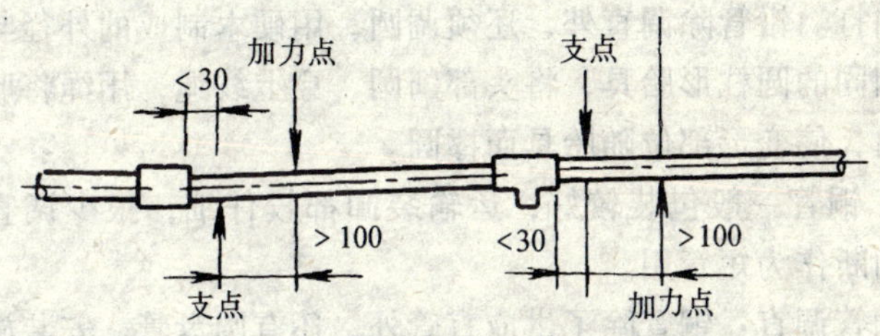

图 3-6　螺纹连接管段的冷调直

(2) 热调。公称直径大于 50mm，小于 100mm 的管子弯曲部位调直用热调，先将管子弯曲部分放在烘炉上加热到 600～800℃（火红色）后，平抬放在用四根以上管子组成的水平滚动支架上，火口置于中央，管子重量分别支承在火口两端的管子上，防止产生重力弯曲，如图 3-7 所示。然后进行滚动，使管子在水平面的滚动支架上滚直为止。若弯曲较大者，可以将弯背朝上，轻轻向下压直些再滚。为加速冷却可用废机油均匀涂在火口上。

5. 对于管径在 100mm 以上的大管，一般不予调直，可把它切断当短管用。

6. 铅管因质软易弯曲，可用木锤轻轻敲打调直，为便于检

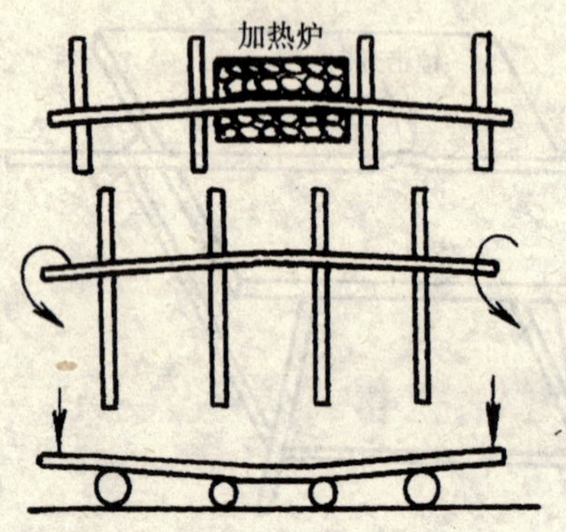

图 3-7　弯管热调直

查和操作，把铅管紧贴槽钢内侧短边上，根据管子和槽钢短边的间隙拍打。铅管除调直外，还须调圆，用硬木制成的外径与管子内径相同的圆柱形胎具，将头部削圆，穿上线绳，用绳将胎具穿过管内，使变形部位随胎具而撑圆。

7. 铜管一般包装较好，运输装卸都较仔细，很少调直，可把它切断作为短管用。

铜管调直：铜管除了供应直管外，还有圆盘管。安装施工前必须进行调直。对于紫铜管一般采用冷调直，黄铜管采用热调直。厚壁管可以直接调直，薄壁管在管内灌砂或管内衬金属软管后，在固定模具下调直，避免管子变形。

铜管调直要用平木板或工作台，不应用金属平板做垫板，避免在调直过程中铜管管壁出现粗糙痕迹。铜管一般用冷调，调直时用木锤轻轻敲击，逐段调直。铜管及铜合金管一般情况下尽量不采用热煨，因热煨后铜管内的填充物砂子不易清除干净。

三、成 品 保 护

1. 管子在运输过程要抬放，两侧挤紧防止管子间相互撞击造成管子弯曲。管子堆放时其垫木应对称布置，较长的管子应在中间加垫木。

2. 调直后的管子要进行妥善保管，非镀锌钢管应除锈涂刷一遍底漆再进行重新堆放。

四、安全注意事项

1. 手锤的锤头应经常检查，使用过程保持牢固状态，避免锤头掉落砸伤人。

2. 施焊场地周围的易燃、易爆物品，应进行清除、覆盖或隔离。

3. 烘炉周围应设有防火设施。

4. 乙炔发生器必须设有防止回火的安全装置。

5. 氧气瓶应有防震胶圈，旋紧安全帽，避免碰撞，防止曝晒。

6. 从钢管堆中取管子时，应按顺序拿，严防钢管从堆上滚下压伤人。

五、质量标准

碳素钢管纵、横方向弯曲的允许偏差：

每 1m 长度内　管径≤100mm，为 0.55mm

　　　　　　　管径＞100mm，为 1mm

25m 长度以上　管径≤100mm，为 13mm

六、质量通病及防治方法

质量通病及防治方法见表 3-1。

表 3-1

序号	质量通病	防治方法
1	给水、供暖燃气管道的立管不直	未按规定进行调直，造成外观不直的效果，安装前必须吊正、找直
2	管件、阀门处漏水	管子弯曲超标，未经调直，连接管件或阀门时强行连接，扣不正，造成漏水。管子或接点有弯必须调直后再安装

4. 测 绘、下 料

一、施 工 准 备

1. 材料

(1) 钢管、铸铁管、塑料管、铜管、铅管。

(2) 石笔、粉笔、彩色铅笔、小线。

2. 机具

(1) 皮尺、钢卷尺、钢板尺、水平尺、直角尺、卡尺、样冲、手锤、冲锤、划针、圆规、地规、剪刀。

(2) 线坠、钢钎、样杆、样板。

3. 工作条件

(1) 土建工程主体已施工完毕，进行管道预制或安装。地下室工程即将进行防水准备工作。

(2) 管材、管件、板材、型材的规格、型号和质量均符合要求，阀门经试压合格。

二、施 工 工 艺

工艺流程

选择基准、量尺 ⟶ 下料

1. 选择基准、量尺

管道安装要求横平、竖直，眼正（法兰孔）、口正（法兰面），因此基准的选择离不开水平线、水平面、垂直线、垂直面。选择时依据施工现场具体情况来合理选择。量尺的基准是指尺头顶于何处，何处为读尺的零点也至关重要。

(1) 管段的构成（图 4-1）。管段是指两管件（或阀门）之间，由管子和管件组成的一段管道。两管件（或阀门）中心线之间长度称为构造长度。管段中管子的实际长度称为加工长度。安装后的管段，所测量的配管直线长度为安装长度，如图 4-1 中 l_1，l_2。

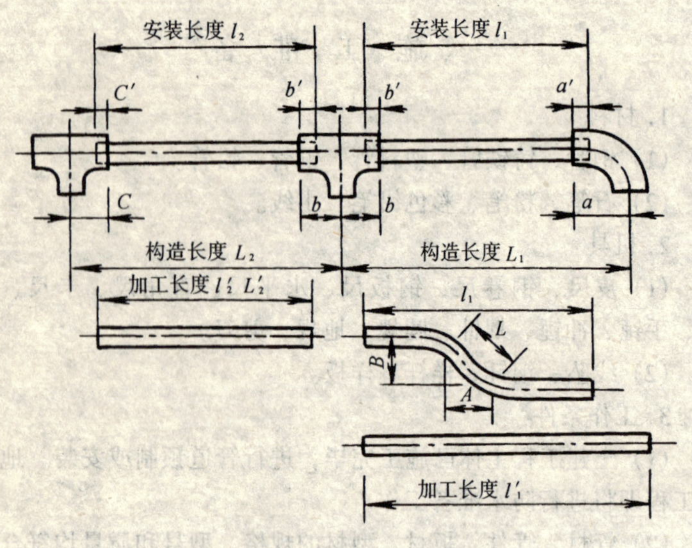

图 4-1　管段的构成

(2) 直线管道量尺。在施工现场，一般先将管道上各三通弯头（或阀门）的安装中心位置，先弹线并划在安装位置的墙（柱、梁）上，用尺量两定位中心距即可得直线管段构造长度 L_1。见图 4-2 示之。例如量 L_2 时，将尺顶在建筑物表面，从另一端管件（阀门）中心读得 L_2'，将 $L_2' - L_0 = L_2$（L_0 为管至墙距为规定值）。量 L_3 时，将尺顶住设备接管边缘，读另一端管件（阀门）中心位置的读数即为 L_3'，则 $L_3 = L_3' + b$。

(3) 穿越基础洞的垂直管道的量尺。将尺头对准基础预留孔洞中心（即孔洞高之半）、从尺面与一层地坪面接合点处读数、再加上出地坪面第一个管件（或阀门）的设计标高所在位置的高

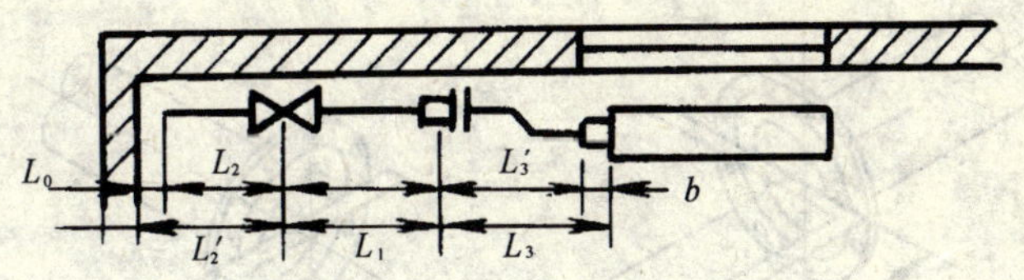

图 4-2　直线管段量尺示意图

度，即为此管段的定位长度。也称构造长度，见图 4-1。

(4) 各楼层立管构造长度的量尺。将尺头对准各层地面，读设计安装标高，并画在墙上即为该管段的定位构造长度。

2. 下料法

(1) 测绘法。见图 4-3 ~ 图 4-10，法兰接口之间的管段下料多采用测绘法，如水泵、锅炉换热器、除氧器、通风管道等设备配管和管道连接。

两法兰间的短管测绘，可用线坠和法兰弯尺直接吊线测量所得下料长度，见图 4-3。两法兰间水平面上 90°弯管的测量，即先将 a、b 的长度测量出来，须同时使用两个线坠和两个弯尺，见图 4-4。然后再分别减去法兰的半径，则可得两端的实长。

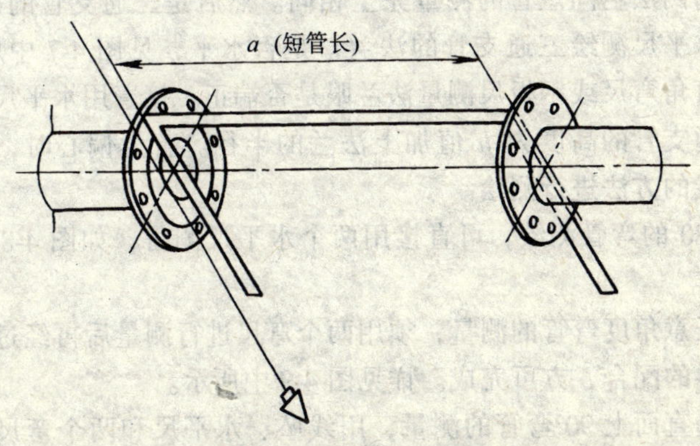

图 4-3　短管测绘方法

两法兰间的水平来回弯管长度的测量，用线坠和两个弯尺可

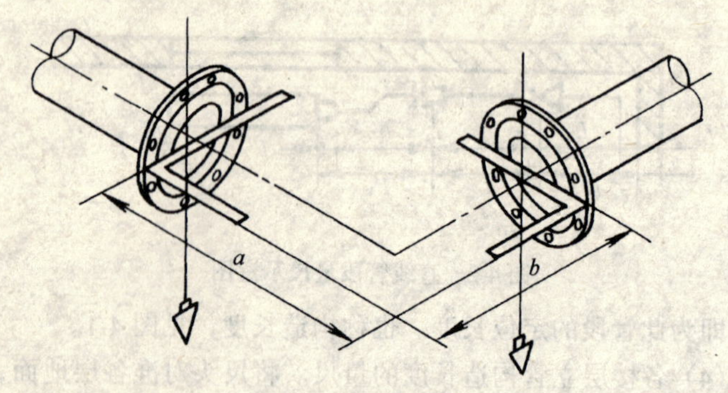

图 4-4　水平面上 90°弯管的测量

测量出 a 和 b，见图 4-5，其中的 b 加上法兰的半径即为实长。摆头弯管的测量方法，先用线坠吊线配合水平尺和三个弯尺可测量出两端法兰眼的（+）、（-）情况，再用吊线和弯尺测绘出 a、b 的长度，并测绘出两端法兰的水平面和垂直面，再用水平尺找平后直接测得摆头弯管高，即 h 加上法兰半径，如图 4-6 中所示。

三通的测量可分为两步，首先是三通主管的测绘，其步骤和方法与两法兰间短管的测量完全相同。然后是三通支管的测绘，先用水平尺测绘三通支管的法兰口是否水平，见图 4-7 中所示，再用直角弯尺或钢板尺测量法兰眼是否端正。接着用水平尺测量出三通支管的高度为 h 值加上法兰的半径。若为偏心时，可以用吊线的方法进行测绘。

180°的弯管测绘，可直接用两个水平尺测得，如图 4-8 中的 a 和 b。

任意角度弯管的测量，须用两个弯尺进行测量后再经过计算与放样的配合，方可完成。详见图 4-9 中所示。

垂直面上 90°弯管的测量，用线坠、水平尺和两个弯尺，经吊线可测出 b 及 h，b 长加法兰半径为水平管长，h 长加上水平尺的厚度及法兰半径即为垂直管长，详见图 4-10。

（2）比量法。多用在金属管道和非金属管道的螺纹连接和承

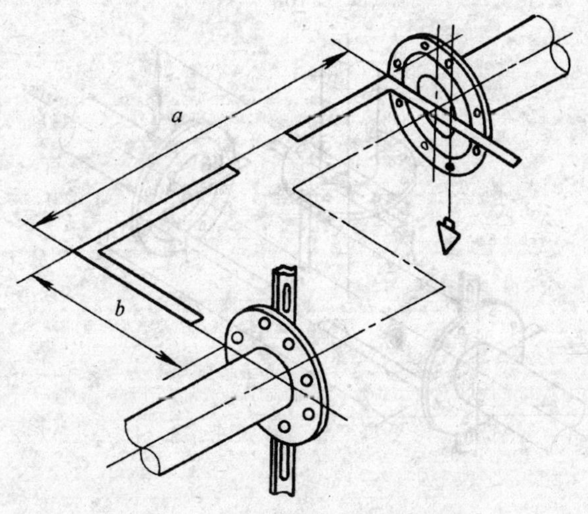

图 4-5　水平来回弯管的测量

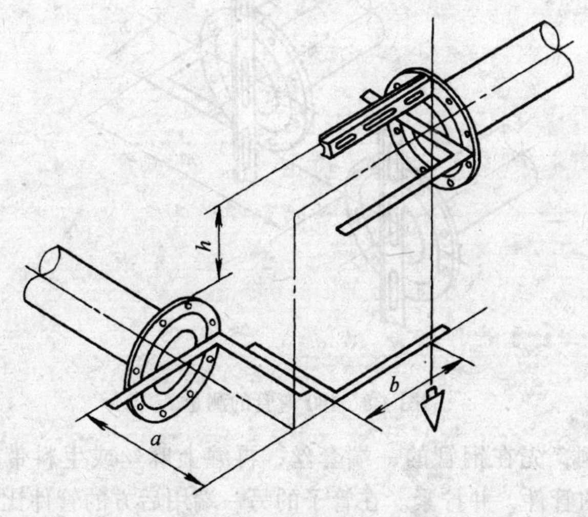

图 4-6　摆头弯管的测量

插连接。

1）螺纹连接比量法，如图 4-11 和图 4-12 中所示。以图 4-11

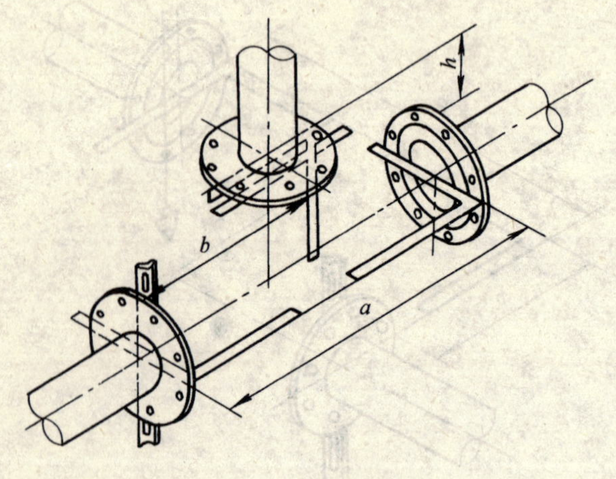

图 4-7　三通的测量

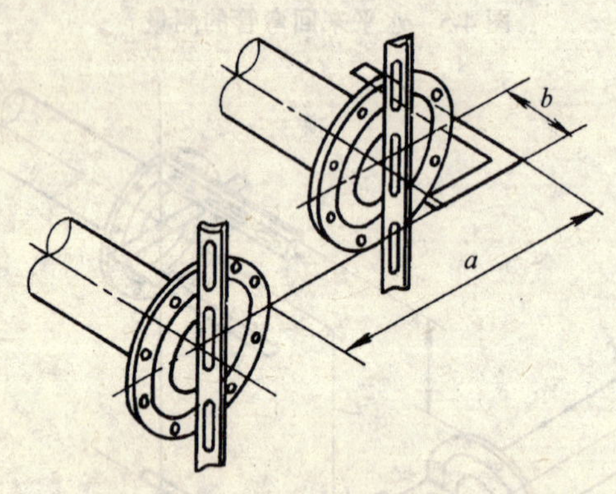

图 4-8　180°弯管的测量

(*c*) 为例，先在钢管的一端套丝，再缠上麻丝或生料带，连拧好前方的管件，并拧紧。在管子的另一端用后方的管件比量，使两管件的中心距离为构造长度 *L*，再从管件边缘量螺纹拧进深度 *b*，在钢管上用锯条锯出切断线，见图 4-11 (*a*)。若遇弯管段时，先加工弯管，在弯管一侧套丝，缠好填料，拧紧前方管件，再用此弯管与后方的管件进行比量。使两管中心距等于构造长度

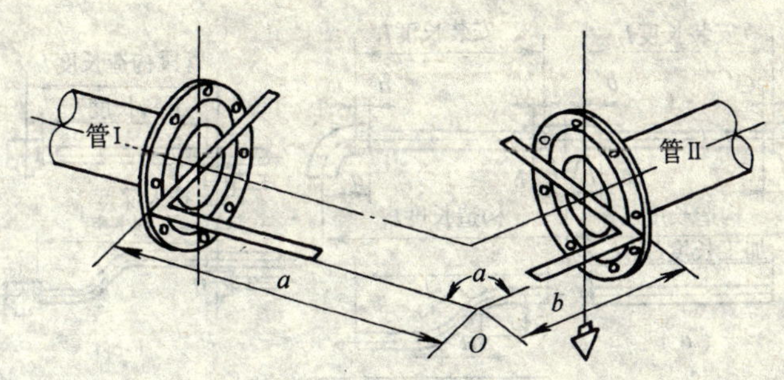

图 4-9　任意角度弯管的测量

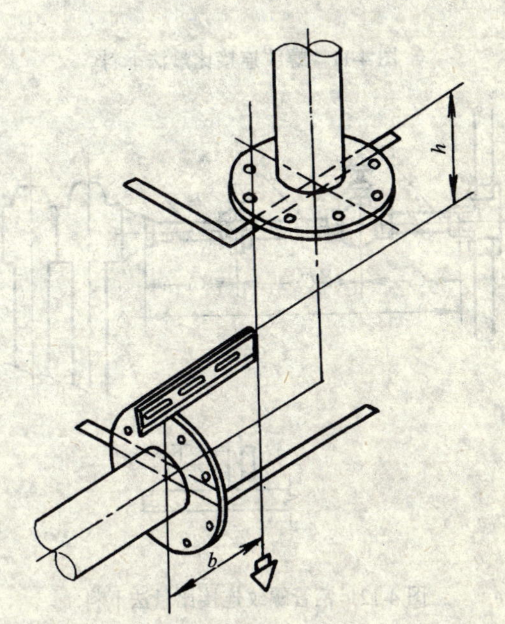

图 4-10　垂直面上 90°弯管的测量

L，量出拧进比量管件里的螺纹深度，将此点划线为切割线，见图 4-11（*b*）。也可先套一端丝后加工弯管，然后比量下料，见图 4-11（*c*）。

2）承插连接比量法，如图 4-13、4-14、4-15。

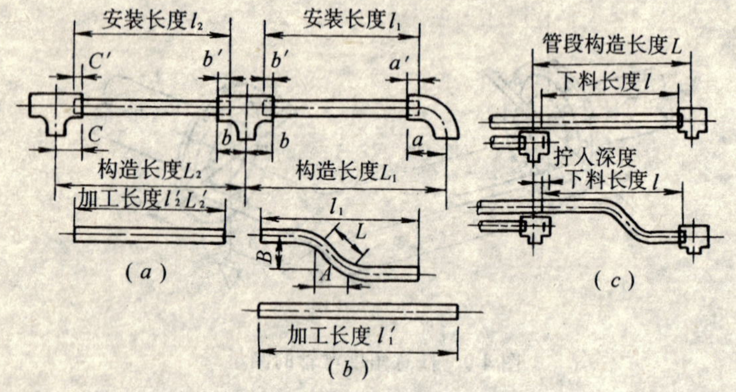

图 4-11　螺纹连接比量法下料

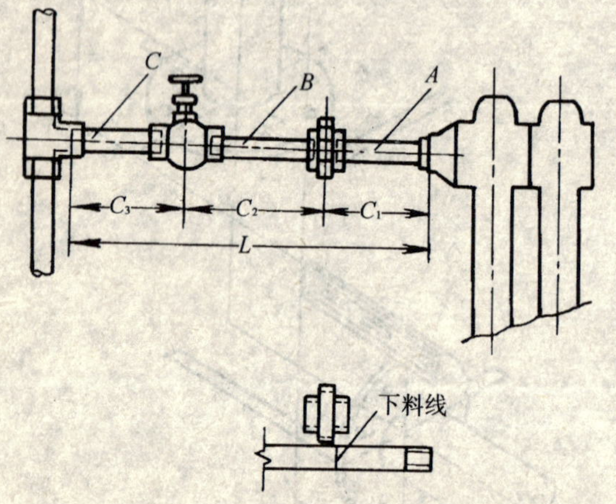

图 4-12　钢管螺纹连接比量法下料

将前后方两管件平放在地上，使其中心距等于构造长度 L，再将一承插直管放在两管件旁比量，置直管承口于管件插口的插入位置，另一端在管件承口插入深度的内边缘相对直管的位置上划线，即为下料切线。见图 4-14、图 4-15。

（3）角钢支架及角钢圈的计算下料法和落样下料法。

1）设在混凝土柱等处的角钢架的下料可用计算法和落样法。

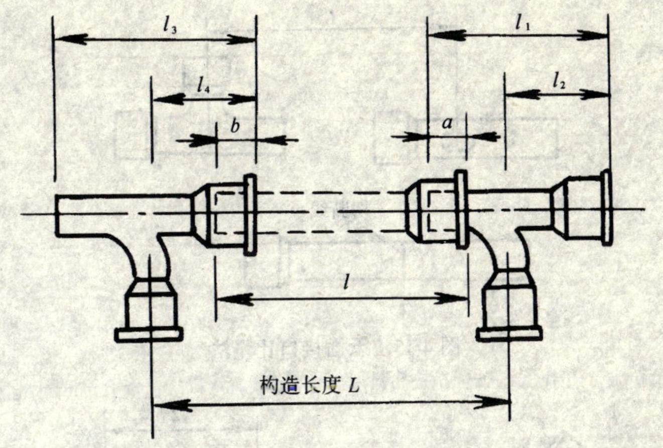

图 4-13 铸铁管的计算下料

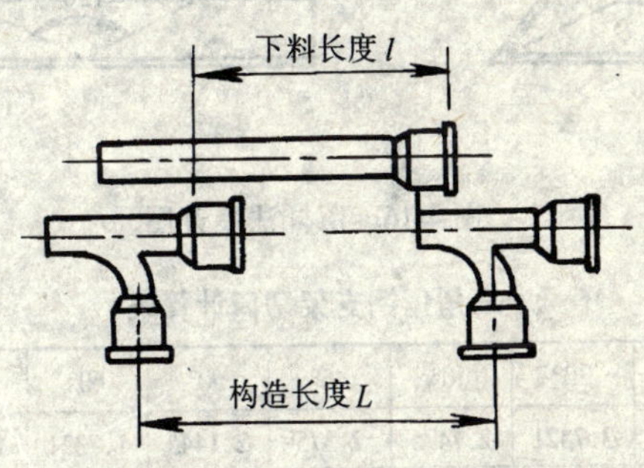

图 4-14 铸铁管承插连接比量法

例如：角钢∟65×65×5，煨 50°角，求切断长 $2b$ 值（$2b$ 值参见图 4-16）。

计算法：公式 $b = a \times$ 系数（式中 a 为角钢宽度，系数见表 4-1 所列）。从表 4-1 中可查出煨 50°角的切口系数为 2.1445，$b = 65 \times 2.1445 = 139.4$mm，$2b = 139.4 \times 2 = 278.8$mm。

落样法：①将所需的角度（如图 4-16 中的 50°角）线画出，即∠EDF，若手头无量角尺，可用下面推荐的公式很快便画出。

②画出角钢宽度及厚度。A、B、C、D、E、F 各点按要求

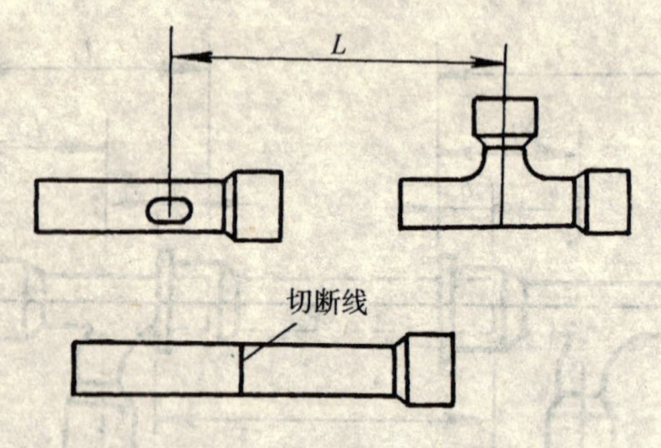

图 4-15 承插接口比量法

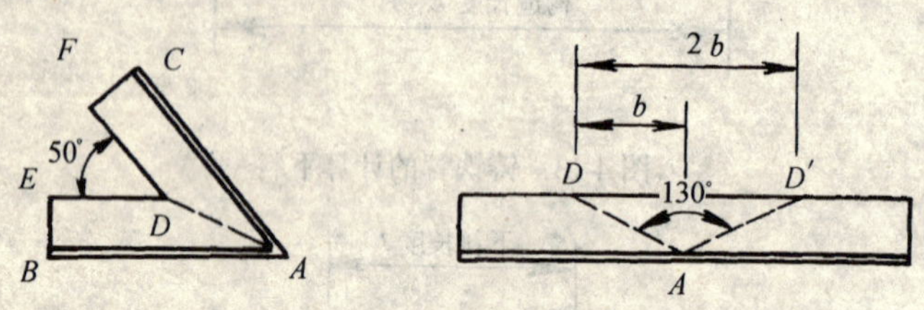

图 4-16 落样法展开图

三角角钢支架切口计算表 **表 4-1**

角度	20°	30°	40°	45°	50°	60°	70°	80°
系数	5.6713	3.7321	2.7475	2.375	2.1445	1.7321	1.4281	1.1918
角度	90°	100°	110°	120°	130°	135°	140°	150°
系数	1	0.8391	0.7002	0.5774	0.4693	0.4074	0.364	0.2679

确定后注在实样图上。

③下料时先在角钢料上确定 *A* 点，以 *A* 点为圆心以实样图中的 *AD* 为半径在角钢料上画出 *DD′* 两点，$\Delta ADD'$ 即为切除的面积。然后可成 50°角。

若手头无量角尺，可用 57.3mm 作半径在直线上任意点为中心画弧，弧上每 1mm 长的交点与圆心连线所得圆心角为 1°。若在弧上用钢板尺或钢卷尺弯成弧形量 50mm 长其圆心角即为 50°。

见图 4-17 示之。其理论根据为：按经验公式半圆周长 $\frac{2\pi R}{2}=$ $57.3\text{mm}\times3.1416\doteq180\text{mm}$，即 $1\text{mm}\approx1°$。

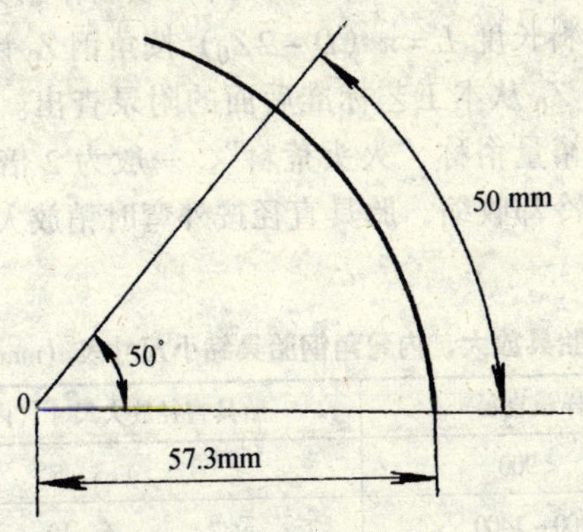

图 4-17 角度线画法示意图

2）外弯等边角钢圈及内弯等边角钢圈下料：

已知直径 D，角钢面的宽度 b、厚度 d，重心 Z_0。

外弯等边角钢圈：(图 4-18)。

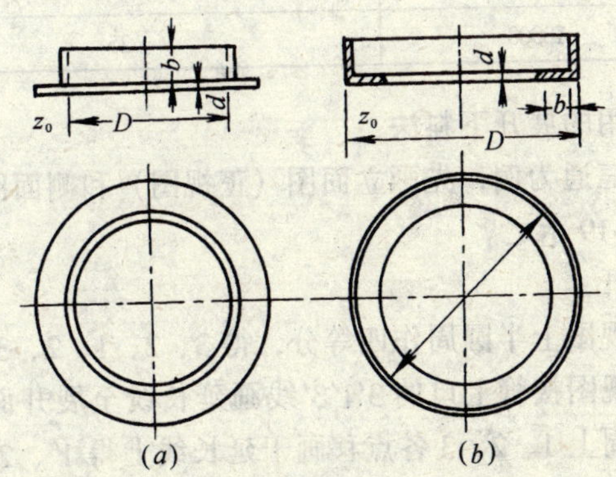

图 4-18 角钢圈下料示意图

(a) 外弯等边角钢圈；(b) 内弯等边角钢圈

热弯展开料长度 $L=\pi\ (D+1.5b)$ 须制作胎具

冷弯展开料长度 $L=\pi(D+2Z_0)$ 按角钢 Z_0 计

内弯等边角钢圈：(见图 4-18)。

热弯展开料长度 $L=\pi(D-1.5b)$ 须制作胎具

冷弯展开料长度 $L=\pi(D-2Z_0)$ 按角钢 Z_0 计

角钢重心 Z_0 从本工艺标准后面的附录查出。热弯下料时两端要留出加工裕量俗称“火头荒料”，一般为 2 倍料宽，直径由经验定。由于冷却收缩，胎具直径按外弯时稍放大内弯时稍缩小见尺寸表 4-2。

外弯角钢胎具放大、内弯角钢胎具缩小尺寸表（mm）　　表 4-2

类　别	样板直径	胎具直径放大尺寸（内弯缩小）
外弯角钢	<900	3～5
	900～1400	6～10
	1500～10000	15
	>10000	20
内弯角钢	<900	<10
	900～1400	10～15
	>1500	15～20
	10000	25

(4) 常用的展开下料法

以圆筒三通为例，先画立面图（正视图）和侧面图（即左视图），如图 4-19 示之。

接管展开：

①将侧视图上半圆周作四等分，得 3、2、1、2、3 各点；

②从侧视图接管上口的 3′1′3′线画延长线至展开面处，再将侧视图半圆周上 1、2、3 各点移画于延长线上得 1″、2″、3″、2″、1″、2″、3″、2″、1″各点，并向下画垂直线；

③自侧视图半圆周上 1、2、3 点引平行于延长线的三条线，分别与各垂直线相交得 1、2、3、2、1、2、3、2、1 各个点。见图 4-19。

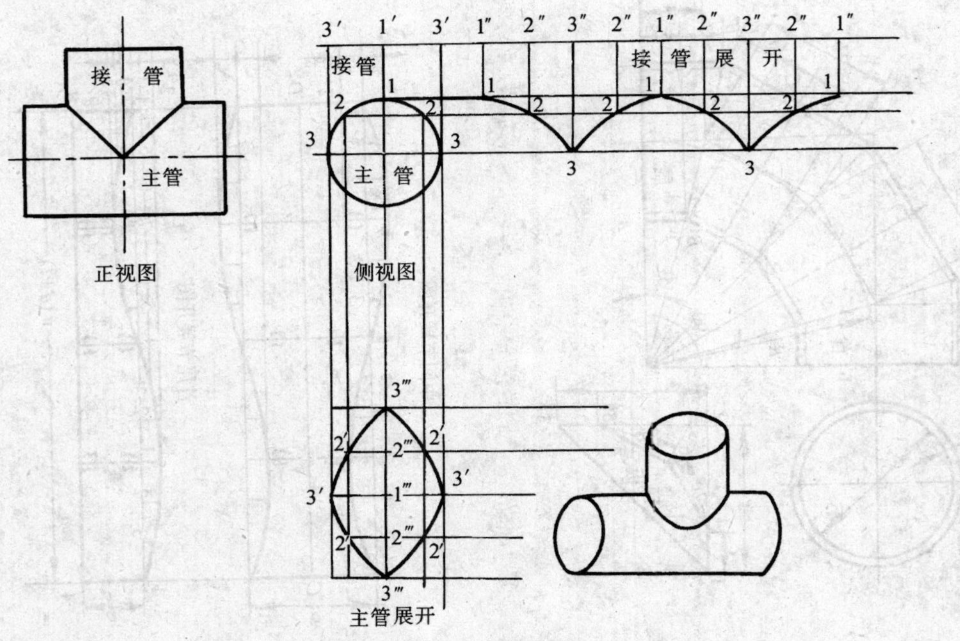

图 4-19 主管、接管展开图

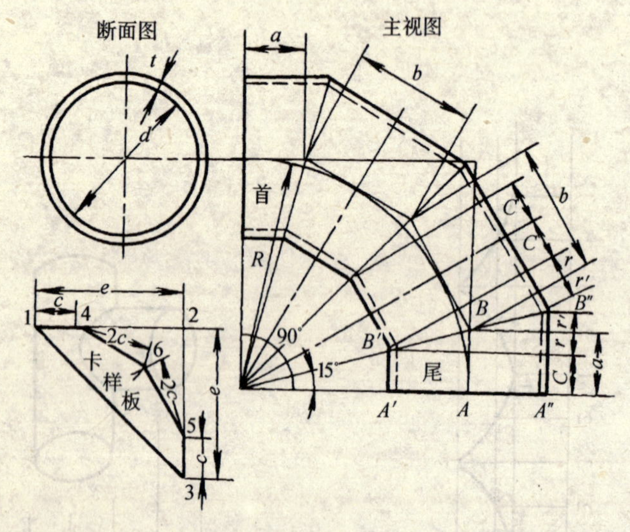

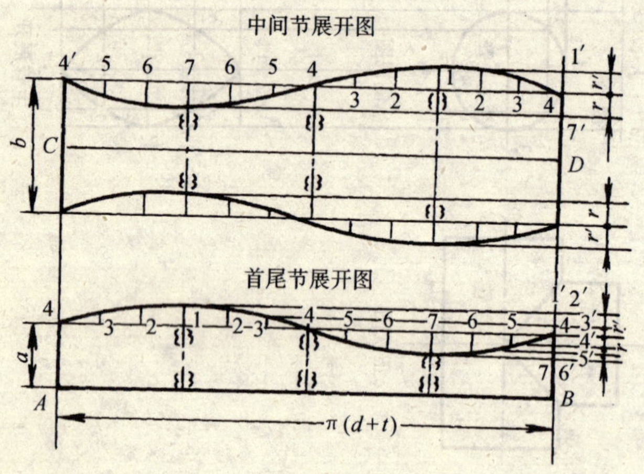

图 4-20　90°弯头展开画法

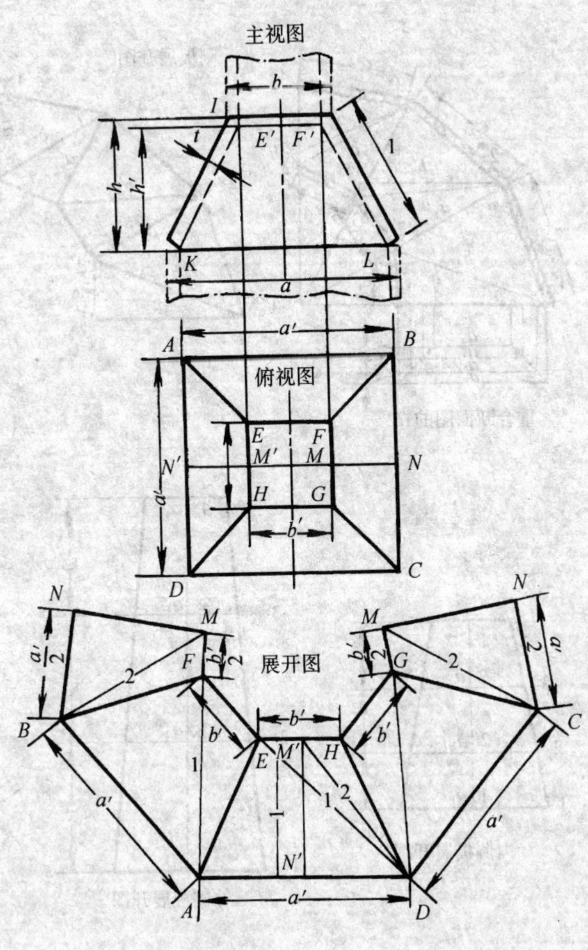

图 4-21　矩形锥管展开画法

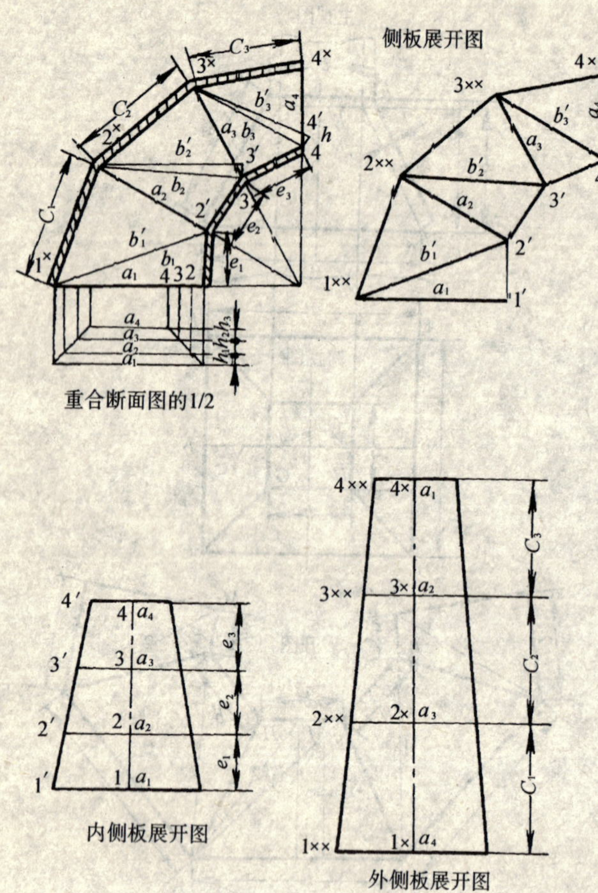

图 4-22　矩形变径 90°弯头展开画法

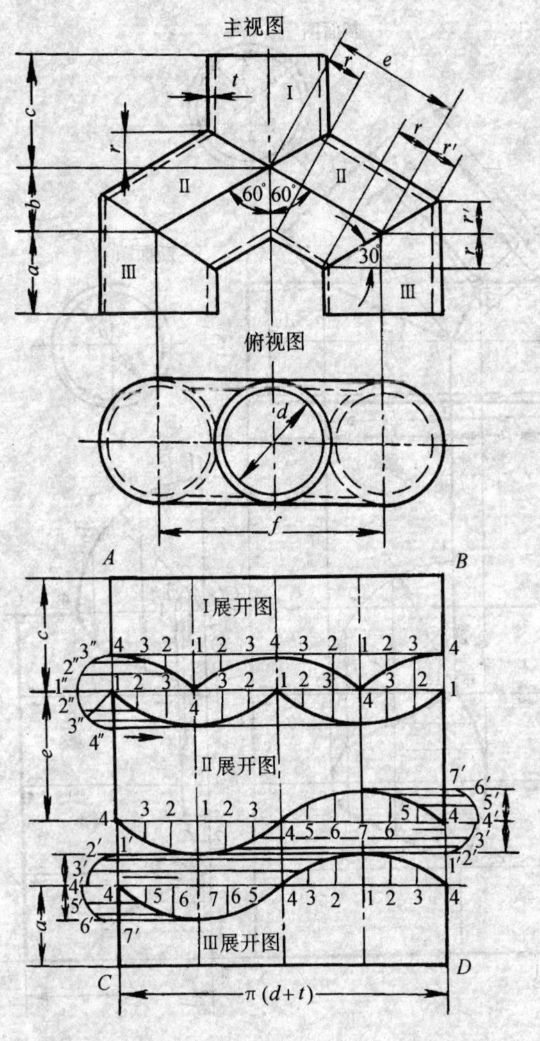

图 4-23　裤叉三通展开画法

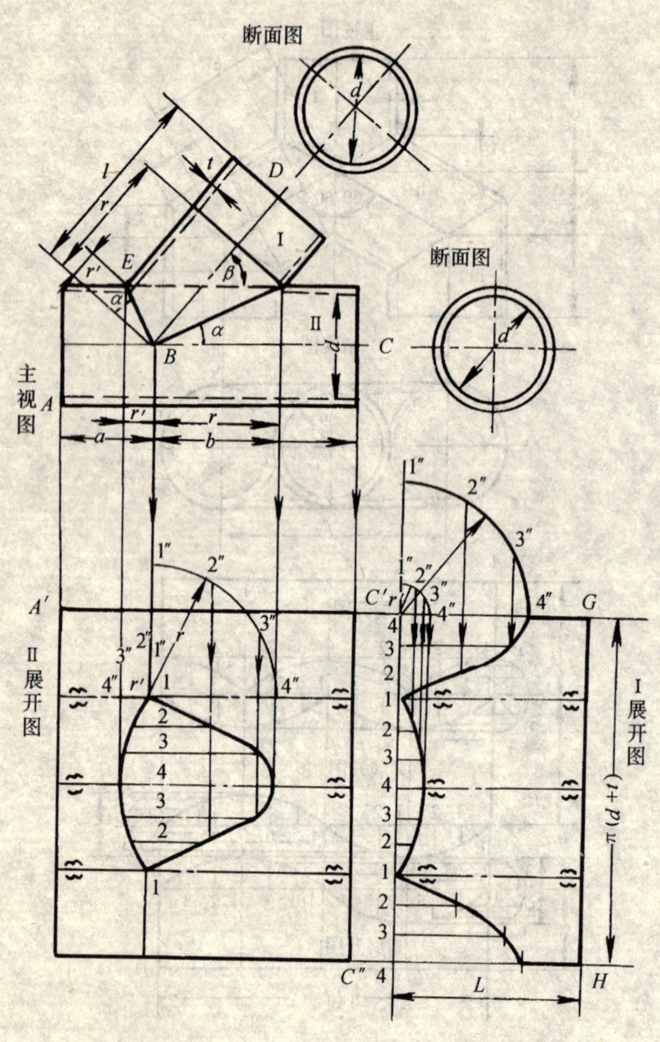

图 4-24　斜三通展开画法

④将上项各交点用线连接可得接管展开面。

主管展开面切口：

①将侧视图的中心线 1—1 延长至主管展开面上；

②将侧视图半圆周上 1、2、3 距离移画在切口处（切口位置任意选定）的延长线上，得出 3‴、2‴、1‴、2‴、3‴各点、通过各点画线垂直于中心延线。

③自侧视图上 2、3 各点向切口的各平行线上作投影线，分别得 2′、3′、2′各点；

④将切口处的 3‴、2′、3′、2′、3‴、2′、3′、2′、3‴各个交点用线连接即为切口部分。

其他，例如：90°弯头展开、矩形锥管展开、矩形变径 90°弯头展开、裤叉三通展开、斜三通展开等见图 4-20 ~ 图 4-24 示之。

(5) 计算下料

例题：已知钢管直径为 108mm，求作切口图及切口尺寸。

全料长 $L = 200 + C + E$，见图 4-25。

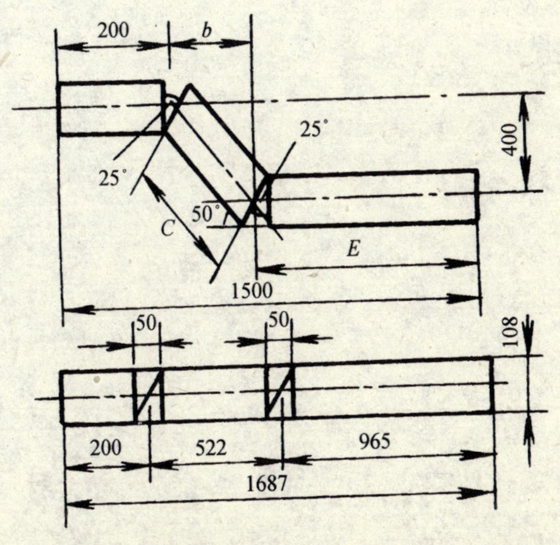

图 4-25　来回弯切口图（图中尺寸以 mm 为单位）

$$C=\frac{400}{\sin 50^{\circ}}=\frac{400}{0.766}=522\text{mm}$$

$$b=C\times\cos 50^{\circ}=522\times 0.642=335\text{mm}$$

$$E=1500-200-b=965\text{mm}\ (b=335)$$

$$L=200+C+E=200+522+965=1687\text{mm}$$

下料切口：利用公式 $a=D\cdot\text{tg}\frac{\alpha}{2}$

$$a=108\times\text{tg}25^{\circ}=108\times 0.466=50\text{mm}$$

5. 管 子 切 断

一、准 备 工 作

1. 材料

(1) 砂轮片、粗细齿钢锯条、滚刀。

(2) 润滑油、破布。

2. 机具

(1) 砂轮机、气割工具、等离子切割设备、碳弧气刨切割设备、钢锯、割管器、锯床。

(2) 铰刀、手锤、錾子、砂轮、弯尺、卷尺。

3. 作业条件

(1) 相应的管材、板材和型钢已进场。

(2) 具备必须的加工场所和加工机具。

(3) 施工放样与料牌、规格尺寸已确定。

(4) 电源、水源、能满足连续施工。

二、施 工 工 艺

管子切割方法较多，根据具体条件和要求分别选用不同的加工方法。

工艺流程

选择机具 → 固定管子 → 划线 → 切断 → 修整清洁断口

1. 锯割

用来切断钢管、铜管、铅管和塑料管。分为手工锯割和机械切断两类。

(1) 钢锯由钢锯弓和钢锯条组成，锯弓有固定式和活动式两种，活动式的长度可调节，由锯条长度决定。常用的锯条为300mm长有粗齿和细齿两种，粗齿锯条每25mm长有18个齿；细齿锯条则有24个齿。细齿锯条适用切割*DN*40以下的管子和小口径的铜管。安装时将锯齿朝前，将锯条上直后拧紧。切割铜管时，应在其两侧用木板作衬垫夹持铜管，以免夹伤管壁。

（2）固定管子。将被加工的管子固定在工作台上的压力钳中或其他夹具之中。

（3）划线：用整齐的厚纸边箍在管子切口处，再用划针在管子上沿着厚纸边缘划一圈作为切割线，防止管口锯偏造成下料尺寸的差误。

（4）切断：如果一个人操作，用右手紧握锯把，左手扶住锯弓前部，推时用力、拉时带回。由二人操作时，必须推拉协调不能用力过猛，以免折断锯条。同时钢锯应垂直管子，发现偏口即将锯弓调转方向再锯，保持切口平整且与管中心线垂直。锯口锯至全断方可停止不能用手掰。

（5）打磨：不锈钢管切割后须用砂轮轻轻打磨端口。

（6）用机械切断时，先把管子找平找正固定在锯床上，然后将刀锯对准切割线开动机械即可。

2. 刀割

用割管器切割适用于管径100mm以内的管子及$DN \geqslant 50$mm的铜管。用刀割的切口断面较平直，速度快易掌握。

（1）滚刀规格见表5-1，共四种，根据管径选择滚刀，安好滚刀待用，见图5-1。

滚刀规格表 **表5-1**

号码	割管范围（mm）	号码	割管范围（mm）
1	15～25	3	25～80
2	15～50	4	50～100

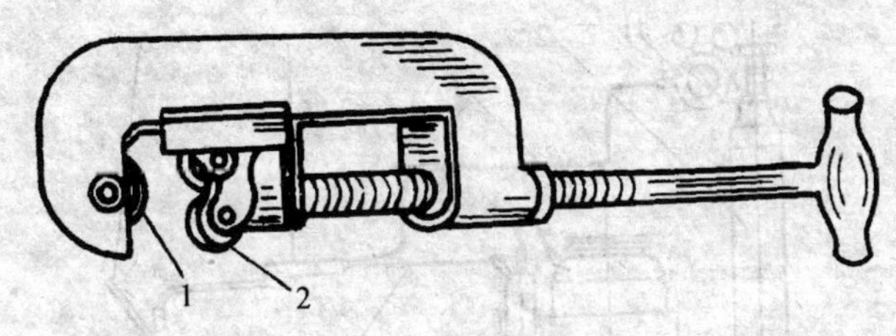

图 5-1 滚刀切管器
1—刀片；2—托滚

（2）把管子在压力钳上紧固好，再将管子套在割管器的两个滚轮和一个滚刀之间，刀刃对准管子切断线，拧动手把，使滚轮夹紧管子，转动螺杆，滚刀即沿管壁切入。边转螺杆，边拧动手把，滚刀不断切入管壁，直至切断为止。

（3）用铰刀插入管口，刮去因断面受挤压而缩小的部分。

3. 气割

利用氧气和乙炔燃烧时产生的热能，使切割的金属在高温下熔化，产生氧化铁熔渣，再用高压氧气气流将熔渣吹离金属，管子被切断。适用于钢板、大口径钢管和厚壁铜管，严禁用于不锈钢管（板）、薄壁铜管、铝管。根据工件厚度选择割嘴和调节气压见表 5-2。

手工气割规范的选择 **表 5-2**

板材厚度（mm）	割炬		气体压力（MPa）	
	型号	割嘴号码	氧气	乙炔
3.0 以下	G01—30	1～2	0.3～0.4	0.001～0.12
3.0～12	G01—30	1～2	0.4～0.5	

（1）安装、连接气焊设施。首先按照操作规程将设备、器具安装就位（图 5-2），再按图示 5-3 接线。操作使用前，必须先检查乙炔发生器和回火防止装置是否正常。

（2）固定工件。将工件垫平。工件下面应留出一定的间隙，

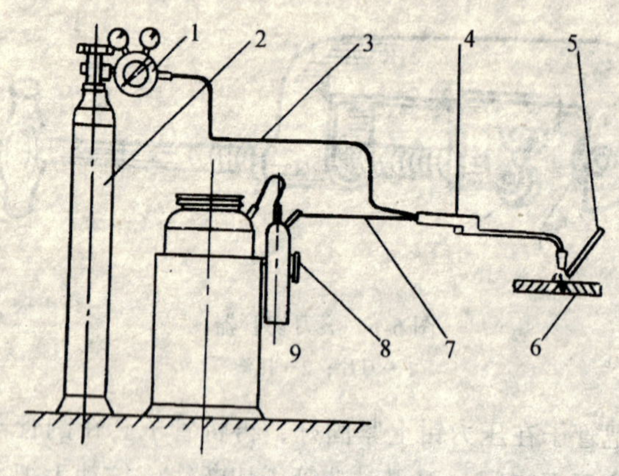

图 5-2 气焊装置示意图

1—减压器；2—氧气瓶；3—氧气胶带；
4—焊炬；5—焊丝；6—工件；7—乙炔胶带；
8—回火防止器；9—乙炔发生器

以利于氧化铁的熔渣能吹出。

(3) 调节。将氧气调节到所需的压力，拔下乙炔进气软管，并弯起来，再打乙炔阀门和预热氧气阀门，让氧气流经混合室喷嘴，将手指放在割炬的乙炔进气管接头上，手指感到有抽力并能吸附在乙炔管接头上，说明射吸式割炬有能力，可以使用。反之应检查修理后方可切割。见图 5-3。

检查风线，调整预热火焰，打开切割氧气阀门，切割氧流（即风线）应为笔直、清晰的圆柱体并有适当长度。

(4) 切割：

①准备切割。气割操作时，首先点燃割炬，随即调整好火焰，双脚成八字形，蹲在工件的一旁；右臂靠住右膝盖，左臂空在两腿之间，以便切割时移动方便。右手把住割炬手把，并以右手的拇指和食指把住预热氧的阀门，便于调整预热火焰，当发生回火时及时切断预热氧气。左手拇指和食指把住并关开切割氧气阀门，同时稳住方向。其余三指平托住混合室。上身不可太弯，

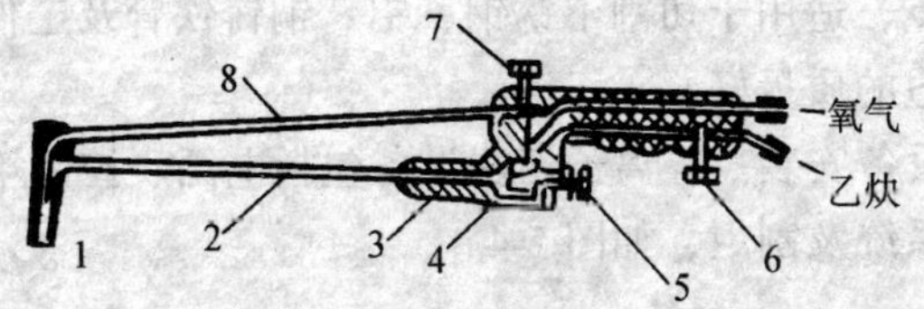

图 5-3　射吸式割炬外形及构造图

1—割嘴；2—混合气管；3—射吸管；

4—喷嘴；5—预热氧气阀；6—乙炔阀；

7—切割氧气阀；8—切割氧气管

呼吸要有节奏，眼睛注视工件和割嘴。着重注视割口前面划的割线。从右向左的方向切割。

②开始切割。先预热钢板的边缘，待出现略红时，将火焰移出边缘线外，同时慢慢打开切割氧气阀，预热红点在氧气流中被吹掉，此时应开大切割氧气阀门，见氧化铁随氧气流（风线）穿出时，说明已切割透。此时移动割炬逐渐向前切割。

③切割终止。嘴头应向切割前进的反方向倾斜一些，以利于钢板的下部提前割透，使收尾的割缝整齐。当到达终点时迅速关掉氧气切割阀，立即抬起后再关乙炔阀门，最后关掉氧气预热阀门。

(5) 收尾。将减压器卸下，将乙炔供应阀关闭。

(6) 处理回火现象的方法。有时因嘴头过热或氧化铁渣的飞溅，使切割嘴头堵住或乙炔供应不及，嘴头产生鸣爆并发生回火现象。可迅速关闭预热氧气和切断氧气阀门，阻止氧气倒流入乙炔管内，使回火熄灭。如割炬还在发出嘶嘶响声，说明割炬内回火尚未熄灭，应迅速将乙炔阀门关闭或拔下割炬上乙炔软管，使回火气体排出。处理完须先检查射吸能力后才可再点燃割炬。

4. 手工等离子切割

等离子弧的温度高达 15000 ~ 30000℃，现有的任何高熔点金属和金属材料都可被等离子弧熔化。显示了氧—乙炔切割等所不具备的优点，适用于切割不锈钢、铝、铜铸铁管及工件，切口较窄，切割边的质量好。

（1）设备安装。等离子切割设备包括电源、控制箱、水路系统、气路系统及割炬，如图 5-4。

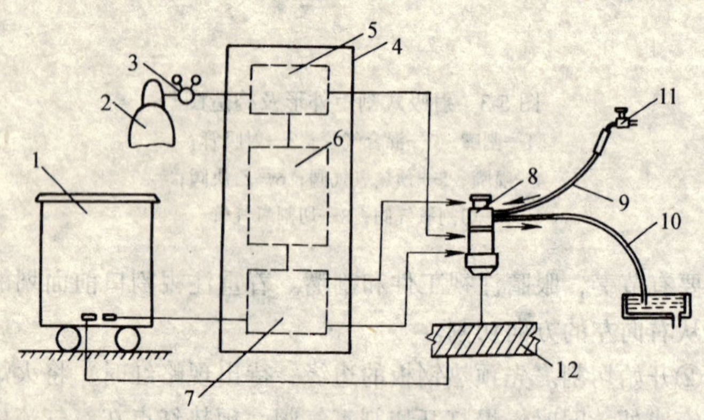

图 5-4 等离子切割设备组成示意图

1—电源；2—气源；3—调压表；4—控制箱；5—气路控制；6—程序控制；7—高频发生器；8—割炬；9—进水管；10—出水管；11—水源；12—工件

①电源。要求工作电压和空载电压都较高，工作电压 80V 以上，空载电压 150～400V 间。为保证等离子弧的稳定燃烧，用作切割的等离子电源都是直流电源。在无专用电源时，可将普通直流弧焊机串联作为电源，两台串联时切割厚达 40～50mm，三台串联时切割厚达 80～100mm。也可用硅整流电源，电流可达 350～500A，切割厚可达 150mm。

②电气控制箱。主要包括程序控制接触器、高频振荡器、电磁气阀。均为整体设备，直接使用。

③水路系统。割炬在 10000℃以上温度下工作，必须通过水冷却才能防止烧毁。即使瞬间断水喷嘴也能烧毁。冷却水流量应大于 2～3L/min（升/分），水压为 0.15～0.2MPa（1.5～2kg/cm^2）水管不可太长，一般自来水即可。但应有防止断水的措施。

④气路系统。采用氮气为防止钨极氧化、压缩电弧和保护喷嘴不被烧坏，要求气路系统必须保证畅通无阻。输气管不可过长，可采用硬橡胶管。气体工作压力一般调节到 0.25 ~ 0.35MPa，流量计安在气阀后面，如图 5-5。

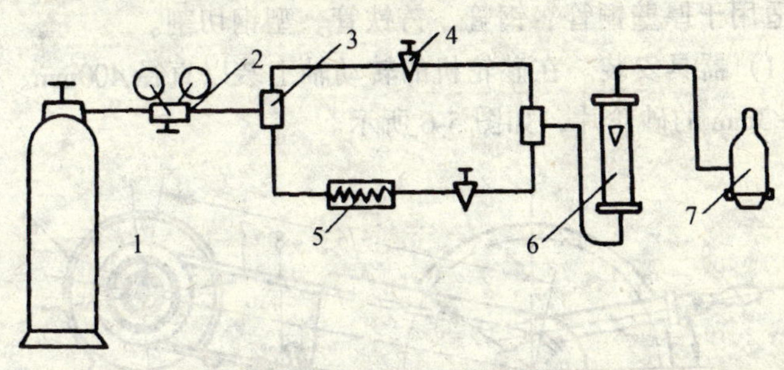

图 5-5　气路系统

1—氮气瓶；2—减压阀；3—三通管接头；4—针形调压阀；5—电磁气阀；6—浮子流量计；7—割炬

⑤割炬。等离子割炬由上枪体、下枪体和喷嘴三部分组成。

(2) 切割操作

①对起切点的要求。切割前，把切割工件或管子表面起切点清理净，使导电良好。对于较厚的大工件或表面不干净时用小电弧对起点预热一下，再闭合大电流开关，使转弧顺利。

切割从工件边缘开始，待工件边缘切割后再移动割炬，若不允许从边切起，先在板上钻 ϕ15mm 孔，从小孔为起切点，否则熔渣溅出堵塞喷嘴孔，烧坏喷嘴。对于薄工件可不钻孔，只须后倾一个角度使熔渣容易排升，直至切割时再恢复正常的切割姿势和位置。

②切割速度。切割过程开始后，割炬移动过快不能透，移动过慢，除了切口宽而不齐，还会使切割中断。割炬移动的速度在保证切透前提下应尽量大一些。

③喷嘴到工件的距离，在整个切割过程中要保持恒距，掌握在 3 ~ 10mm 内。

④割炬的角度。在整个切割过程中，割炬与割缝平面保持垂直。否则割缝发生偏斜，割口不光洁，在割口底面造成熔瘤。切薄工件时向后的倾角可大些。

5. 磨割

适用于厚壁铜管、钢管、铸铁管、型钢切割。

（1）器具安装。在砂轮机的转动轴上装以直径 400mm、厚度为 2～3mm 的砂轮片，如图 5-6 所示。

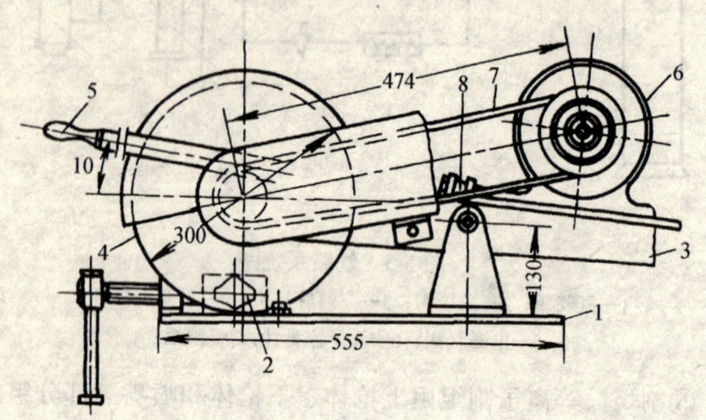

图 5-6 便携式切管机

1—工作台面；2—夹管器；3—摇臂；4—金刚砂锯片；5—手臂；6—电动机；7—传动装置；8—张紧装置

（2）固定工件。须切割的工件放置砂轮机上的夹钳中夹紧。

（3）切割。切割时必须使砂轮片对准管子或工件的切割线，握紧手柄并按住开关，将电源接通，稍用力压下操纵杆，砂轮片便可进行摩擦切割。切割完后即松开带开关的手柄，电源立即切断，砂轮片通过弹簧回至原位。

（4）修整。切割完毕，工件切口内外均须清理干净。

6. 錾切

一般用于切断铸铁管及陶土管。

（1）器具。主要用錾子和手锤。

（2）固定管子。在管子的切断部位下面和两侧垫上木板。

（3）錾刻沟线。转动管子用錾子沿切断线錾切出沟线。

（4）錾切。操作者站在管子侧面。大口径管子由二人操作，一人打大锤，一人掌握剁子。剁子要握紧、要端正，防止偏斜，见图 5-7 对于直径小的管子也可一人进行操作，如图 5-8 所示。

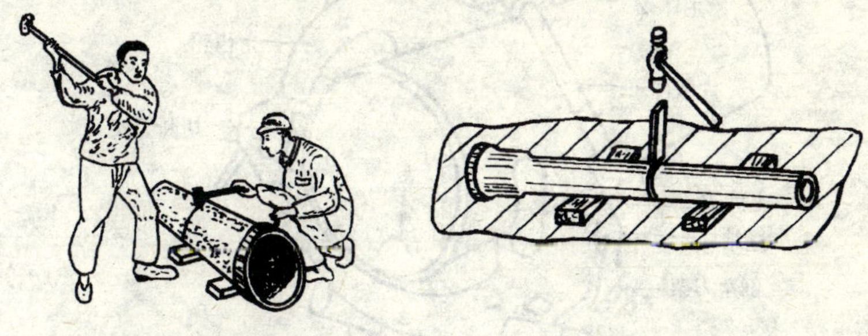

图 5-7　錾切

图 5-8　錾切

7. 切断

断口坡口联合机切断仅适用于直径 *DN*75 ~ *DN*600 大口径、壁厚为 12 ~ 20mm 管子的切断。

（1）设备比较复杂，由电机、主体、齿轮传动装置、刀架、刀组成，见图 5-9。

（2）管子固定。采用三个方位固定管子切割。

（3）启动按钮即可快速切断管子，切口平整。

（4）坡口加工。切断后，按停止按钮，安上倒角刀片，启动坡口按钮即可进行坡口加工。

（5）修理。清理管子坡口，将管件运走。

8. 细齿木工手锯和木工圆锯切割：主要用于塑料管的切割。塑料管切口平面度允许偏差为：当管子直径 50mm 时 ≤0.5mm，直径 50 ~ 160mm 时 <1mm，直径 >160mm 时 ≤2mm，切口应无毛刺、且平整。也可用塑料管专用截管器切割。

9. 铜管的坡口可用锉刀加工成形，不得用氧—乙炔焰切割和加工坡口。

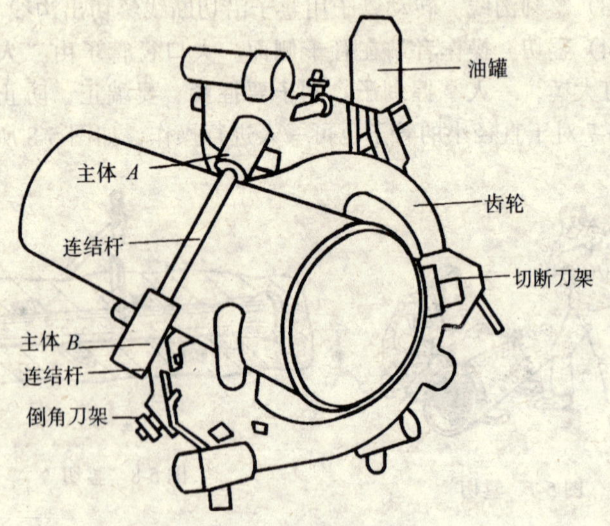

图 5-9　大直径钢管切断机

三、成 品 保 护

切断后的管子及工件应保管好，防止管口变形。否则会直接影响套丝工序。

四、安 全 要 求

1. 锯管时应用压力钳将管子夹紧，以免管子颤动锯条折断而伤人。

2. 用割管器刀割时，用力要均匀，防止旋转刀架左右晃动会损坏刀片。

3. 乙炔瓶必须放在离火源、高温物体 10m 以外，严禁置于高压线下方。

4. 氧气瓶不得与其他气瓶放在一起；氧气瓶避免曝晒，防止爆炸。使用氧气时，不得将瓶内氧气全用完，最少留 1～2atm。

进入现场戴安全帽，高空操作时戴安全带，工具放在工具袋内，焊割时设置接火盘，以防火花溅落引起火灾或切割余料落下伤人。

5. 等离子的弧光及紫外线十分强烈，对皮肤和眼睛有伤害作用，操作人员必须戴好保护设施。对于长期使用等离子切割的车间或场地，必须设置强制抽风装置。

6. 使用砂轮机切断时，管子须夹紧勿动，手把加压进刀时不可太猛太快，以免意外伤人。

7. 錾切时，管了两端不应站人，以防铁屑溅出伤人。

8. 联合切断机设备构造复杂，操作前应熟悉操作规程，防止出现人身事故。

五、质 量 标 准

1. 任何切口表面应平整，不允许有重皮、裂纹。切口出现毛刺、凹凸、熔渣、氧化铁、铁屑，都必须清净。切口必须与管子中心线垂直。

2. 钢管切口平面偏差不超过管径的 1%，不超过 3mm。管子切口偏差的检测方法如图 5-10。

3. 等离子切割质量与速度的关系见表 5-3。

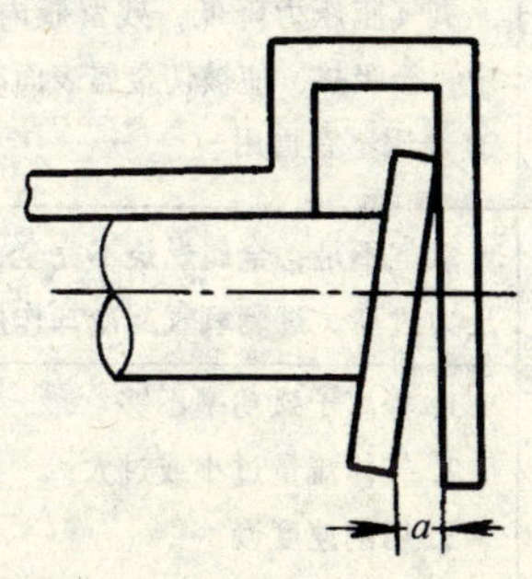

图 5-10 用法兰弯尺检查偏差

等离子切割技术标准 **表 5-3**

顺序	切割电流（A）	切割电压（V）	切割速度（m/h）	切口宽（mm）	切口质量
1	160	110	60	5	略有渣
2	150	115	80	4.0~5.0	无 渣
3	160	110	104	3.4~4.0	光滑无渣
4	160	110	110		有 渣
5	160	110	115		切不透

六、质量通病及防治方法

质量通病及防治方法见表 5-4。

表 5-4

序号	质量通病	原因或防治方法
1	手工锯管切口不正	切断时，锯条没有保持与管子垂直所造成
2	手工锯管后管壁变形	锯口时未锯到底，而将未锯断剩余部分用手掰断所致
3	割管器断口缩小	未按程序用铰刀插入管口、刮去缩小部分
4	气割缝隙过大，表面不光洁	氧气瓶压力降低，残留瓶内的水分蒸发混入气流中，会吸热，使被切金属表面冷却。故瓶内压力低于20表压不宜再用
5	切口有粘渣或切口表面高低不平	氧气不足，金属燃烧不完全，造成切口粘渣，氧气压力过高，过剩氧气起冷却作用，切口表面高低不平
6	等离子切口熔瘤	1. 等离子弧功率不够 2. 气体流量过小或过大 3. 切割速度慢

续表

序号	质 量 通 病	原因或防治方法
7	等离子切割切口不光洁	1. 工件表面有油锈污垢 2. 气体流量过小 3. 操作时移动速度不均匀
8	切口有毛刺或因高温淬火变硬	1. 砂轮片应垂直于被切工件 2. 夹管器夹紧，不可松动 3. 手把加压进刀不能太猛太快
9	切口不规则	1. 凿切时没用木方将管子切断线处垫实 2. 没用凿刀和手锤沿切断线轻凿 1~2 圈，刻出切断印

6. 管子螺纹连接

一、准 备 工 作

1. 材料

(1) 钢管、铜管、塑料管、管子配件、阀门。

(2) 聚四氟乙烯生料带、石棉绳、黄丹粉、甘油、麻丝、铅油、氧化铝粉。

2. 机具

(1) 电动套丝机、套丝板、压力及工作台。

(2) 活扳子、管钳子。

3. 工作条件

(1) 工程主体已施工完毕，即将进行室内管道安装。

(2) 各种规格的钢管已进场，各种管道的连接件均备齐，验收合格，能满足连续施工需要。

(3) 阀门规格、型号及质量经检查验收合格。

二、施 工 工 艺

工艺流程

选择螺纹形式 → 管螺纹加工 → 试口 → 螺纹连接

1. 螺纹分类及选择

管螺纹与管件相连有三种情况，见图 6-1。

(1) 圆柱形管螺纹与圆柱管件内螺纹连接，简称“柱接柱”。这种连接方式的接合面严密性最差，如图 6-1 中 (a) 所示。螺栓与螺帽的螺纹连接属于这种类型。因为螺栓与螺帽连接在于压紧而不要求严密。

(2) 圆锥形管螺纹接圆柱形管件的内螺纹连接，简称“锥接柱”。管子螺纹连接主要采用这种。管件与管子的圆锥形外螺纹连接时，整个连接间隙偏大，如图 6-1 中（*b*）所示。因此尤其要注意填料密实，确保其严密性。

(3) 圆锥形管螺纹与圆锥形管件的内螺纹连接，简称“锥接锥”。这种连接其接合最严密，如图 6-1 中（*c*）所示。但加工锥形内螺纹管件困难多，在施工现场应用的局限很大。

图 6-1 螺纹连接的三种情况

（*a*）圆柱形接圆柱形；（*b*）圆锥形接圆柱形；（*c*）圆锥形接圆锥形

(4) 螺纹尺寸。加工螺纹之前，必须将管子与其所连接的管件螺纹量准，螺纹加工长度既不可过长，也不能缺扣，应使管子与管件连接后露出螺尾 2～3 扣为宜。管子与管件的螺纹连接构造见图 6-2。常见的螺纹管件及其用法如图 6-3、6-4 和表 6-1～表 6-4 所示。螺纹的加工尺寸在表中也有规定。

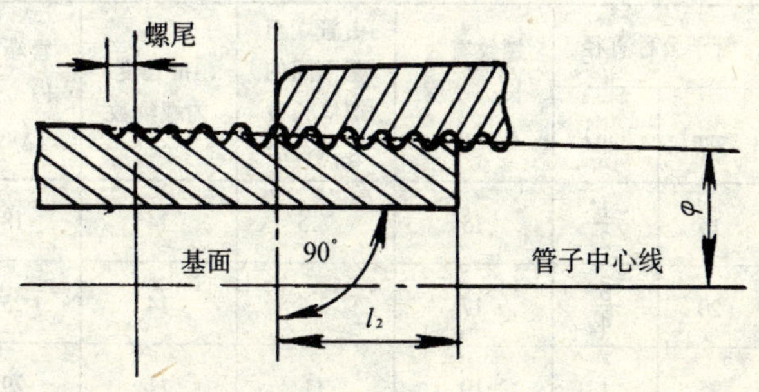

图 6-2 管子与管件的螺纹构造

1—管子；2—管件

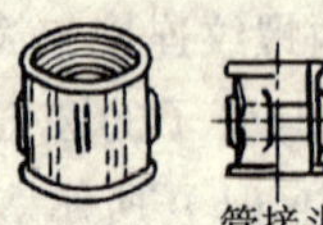
管接头

异径管接头

活接头

外螺丝接头

内外螺母

锁紧螺母

弯头

异径弯头

三通

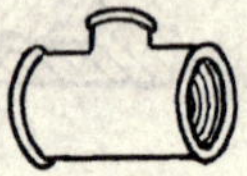
中小三通

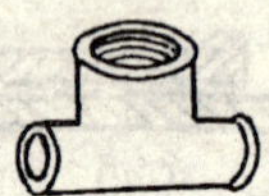
中大三通

四通

异径四通

管堵

管帽

图 6-3 丝扣管件

连接管件的圆锥形管螺纹 **表 6-1**

序号	管子公称直径		螺纹有效长度 L_1 (mm)	由管端至基面间的螺纹长度 L_2 (mm)	1in 长度内螺纹数	管端螺纹内径 (mm)
	(mm)	(in)				
1	15	$\frac{1}{2}$	15	7.5	14	18.2
2	20	$\frac{3}{4}$	17	9.5	14	23.5
3	25	1	19	11	11	29.6
4	32	$1\frac{1}{4}$	22	13	11	38.1

续表

序号	管子公称直径 (mm)	管子公称直径 (in)	螺纹有效长度 L_1（mm）	由管端至基面间的螺纹长度 L_2（mm）	1in 长度内螺纹数	管端螺纹内径（mm）
5	40	$1\frac{1}{2}$	23	14	11	44.00
6	50	2	26	16	11	55.70
7	70	$2\frac{1}{2}$	30	18.5	11	71.10
8	80	3	32	20.5	11	83.70

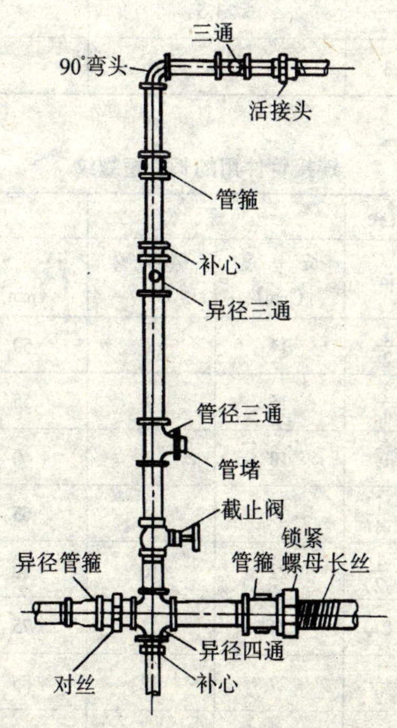

图 6-4　丝扣管件的组合

连接阀门的圆锥形管螺纹　　表 6-2

序号	管子公称直径		螺纹有效长度 L_1（mm）	由管端主基面间的螺纹长度 L_2（mm）
	（mm）	（in）		
1	15	$\frac{1}{2}$	12	4.5
2	20	$\frac{3}{4}$	13.5	6
3	25	1	15	7
4	32	$1\frac{1}{4}$	17	8
5	40	$1\frac{1}{2}$	19	10
6	50	2	21	11
7	70	$2\frac{1}{2}$	23.5	12
8	80	3	26	14.5

连接管件用的长、短螺纹　　表 6-3

序号	管子公称直径		短螺纹		长螺纹	
	（mm）	（in）	长度（mm）	螺纹数（个）	长度（mm）	螺纹数（个）
1	15	$\frac{1}{2}$	14	8	50	28
2	20	$\frac{3}{4}$	16	9	55	30
3	25	1	18	8	60	26
4	32	$1\frac{1}{4}$	20	9	65	28
5	40	$1\frac{1}{2}$	22	10	70	30
6	50	2	24	11	75	33
7	70	$2\frac{1}{2}$	27	12	85	37
8	80	2	30	13	100	44

连接阀门用的短螺纹　　表 6-4

序　号	管子公称直径		螺　纹　长　度 (mm)
	(mm)	(in)	
1	15	$\frac{1}{2}$	12
2	20	$\frac{3}{4}$	13.5
3	25	1	15
4	32	$1\frac{1}{4}$	17
5	40	$1\frac{1}{2}$	19
6	50	2	21
7	70	$2\frac{1}{2}$	23.5
8	80	3	26

2. 管螺纹加工

管螺纹加工有手工和机械加工两种方法，原理是相同的。管螺纹加工长度见图 6-5 及表 6-5、表 6-6 所列。

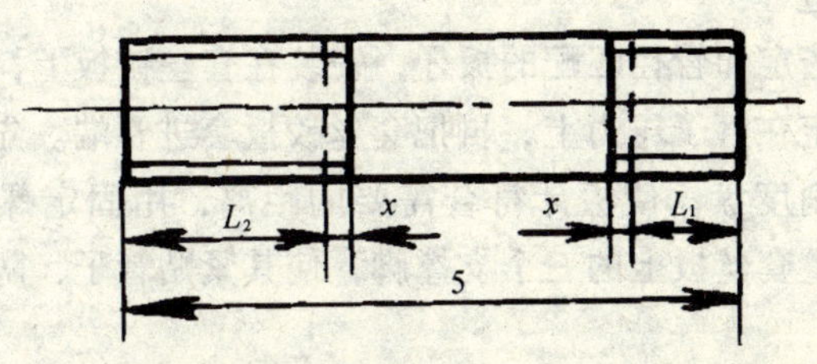

图 6-5　管螺纹的加工长度（mm）

套丝铰扳与扳牙规格 表 6-5

形 式	型 号	螺纹种类	管螺纹直径（in）	每套扳牙规格（in）
轻便式	Q74-1	圆锥	1/4～1	1/4、3/8、1/2、3/4、1
	SH-76	圆柱	1/2～1½	1/2、3/4、1、1¼、1½
普通式	114	圆锥	1/2～2	1/2～3/4、1～1¼、1½～2
	117		2¼～4	2¼～3、3½～4

管螺纹加工长度一览表 表 6-6

公称直径（mm）	短螺纹		长螺纹		螺尾长度 x	管长度 s
	L_1	牙数（个）	L_2	牙数（个）		
15	14	8	50	28	4	100
20	16	9	55	31	4	110
25	18	8	60	27	5	120
32	20	9	65	28	5	130
40	22	10	70	30	5	140
50	24	11	75	33	5	150

加工过程：

（1）选定和管径匹配的扳牙，安装在套丝铰扳上，套丝时先将管子固定在管子压力上，再把套丝铰扳套进管端。先调整套丝扳的活动刻度盘，使板牙符合需要的距离，用固定螺丝把它固紧，再调整套丝扳上的三个支撑脚，使其紧贴管子，防止套丝出现斜丝。

（2）调整好后，手握套丝手柄，平稳向里推进，按顺时针方向转动，操作时，用力要均匀，不应过猛。

（3）套丝扣时，不可一次套成，当管径为 15～40mm 时分两次套成，当管径≥50mm时分三次套成。第一次套完后，松开扳牙，再调整其距离比第一次小一点，用同样方法再套一次，要防止乱丝，当第二或第三次丝扣快套完时，稍松开扳牙，边转边松，即能使其成为锥形丝扣。

(4) 套完丝扣后，随即清理管口，将管子端面毛刺清除掉，使管口保持干净光滑。

3. 螺纹连接

螺纹连接中几种接头：

(1) 短丝连接，属于固定连接。连接时将带有外螺纹的管头(或管件)、涂上铅油缠好麻丝或缠上聚四氟乙烯生料带，用手拧入带内螺纹的管件中两三扣左右，此过程称为戴扣，当用手扭不动时，再用管钳拧紧管子或管件，直到拧紧为止。管件若是阀门，拧劲不可过大，否则很容易撑裂阀门上的丝扣。

使用管钳子时管钳子的尺寸与管径应该相适应，参见表6-7。

管钳、链钳的规格及适用范围一览表　　表6-7

名称	规格(长度)		适用管径	
	mm	in	公称直径(mm)	in
管钳	300	12	15~20	1/2~3/4
	350	14	20~25	3/4~1
	450	18	32~50	1¼~2
	600	24	50~75	2~3
	900	36	75~100	3~4
链钳	900	36	75~125	3~5
	1000	40	75~150	3~6
	1200	48	75~200	3~8

螺纹连接操作时，使管钳中部或后部牙口吃劲，一只手按在钳头上，使钳口咬牢管子不致打滑，扳转钳把时要稳，如果冒然用力容易产生钳口打滑，按空伤人。

(2) 长丝、油任、锁母连接，都属于活连接。一般用在阀门附近，当阀门损坏，从活接头拆开很方便，如果阀门不安活接头，就得从头拆起，直到阀门，换好阀门，再一一从头装起，这样十分费工，有时由于某种障碍，拆和装都难以进行。

①长丝，由一头为普通丝扣（短丝），一头为长丝的管子和根母（锁紧螺母）组成。连接时，先将根母拧进长丝至底部，将长丝全部拧入一个连接件，然后往回倒扣，倒扣的目的与倒扣的同时，使管子另一端的短丝拧入另一个连接件中，如图 6-6 中所示。倒扣至根母与连接件间剩 3 ~ 5mm 间隙时，在间隙中缠绕适量的石棉绳（或其他填料），缠绕方向要与根母旋转方向相同，否则石棉绳会越拧越松而脱落，最后用扳手拧动根母压紧石棉绳。

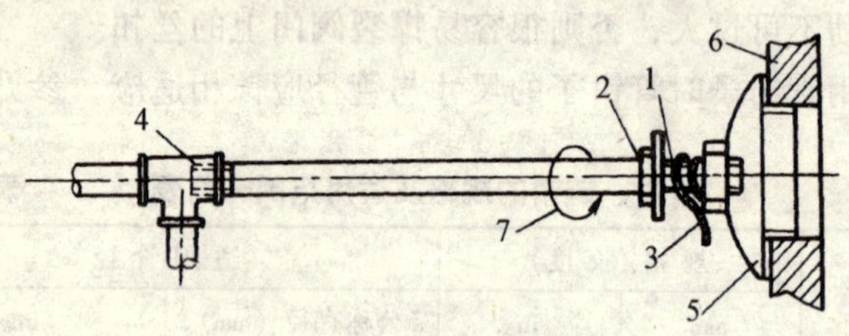

图 6-6　长丝连接

1—长丝；2—根母；3—石棉绳；4—短丝；5—补心；
6—散热器；7—锁母装紧方向和石棉绳缠绕方向

②油任（又称活接头），由公扣、母扣套母组成。连接时在公扣上加垫，介质为蒸汽及高温水的管道上加石棉橡胶垫，燃气、温水和冷水管道上加胶皮垫或辫垫。套母加置于公口一端，套母内丝一面向着母口（切不可套及，否则必须返工），如图 6-7 示之。在将套母锁紧前，必须公口和母口找平、找正。否则新安装的油任一定出现漏水、旧油任出现滑扣而报废。

锁母（锁紧螺母）连接也是活接中的一种，卫生设备如洗脸盆、浴盆、水箱、小便器等中的角型阀（又称八字门）都用锁母

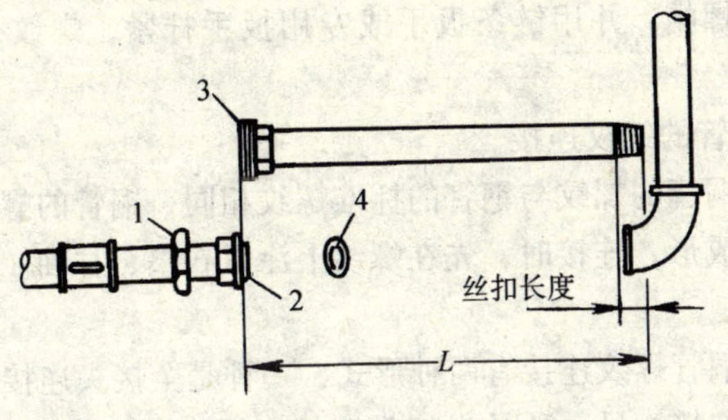

图 6-7　活接头连接

1—套母；2—公口；3—母口；4—垫

连接，暖气中角阀也采用锁母连接。锁母连接的方式如图 6-8 所示。

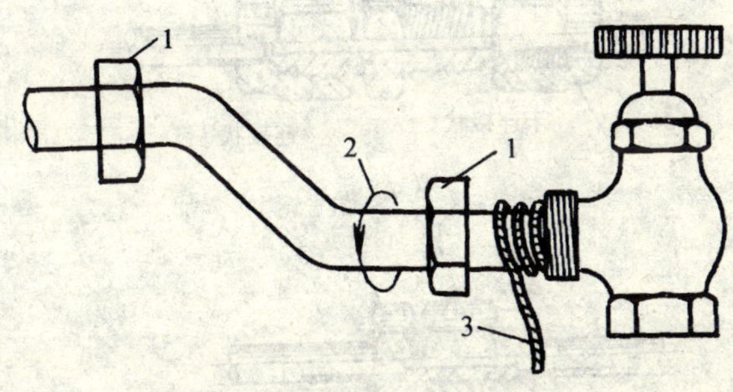

图 6-8　锁紧锁母连接

1—锁母；2—石棉绳缠绕方向；3—石棉绳

4. 塑料管螺纹连接

(1) 采用管端带有牙螺纹的管件；带有螺纹、塑料垫圈和橡胶密封的螺帽；及注塑螺纹管件。

(2) 清除管口上油污和杂物，使接口处洁净。

(3) 将管插入管件，使插入处留有 5~7mm 间隙，然后检查插入管件深度在管子表面划好标记，则试口完毕。

(4) 在管端先依次套上螺帽、垫圈和密封圈，再插入管件，用手旋紧螺帽，并用链条扳手或专用扳手拧紧，螺纹外露 2～3 扣为好。

5. 铜管的螺纹连接

（1）铜管的螺纹与钢管的标准螺纹相同，铜管的螺纹多在车床上加工成形，连接时，先在螺纹上涂以石墨、甘油。不得涂铅油缠麻丝。

（2）铜管螺纹连接有两种形式，一种是全接头连接，即两端都用螺纹连接；另一种是半接头连接，即左面铜管用螺纹连接，右面铜管则与接头焊接，见图 6-9 中所示。

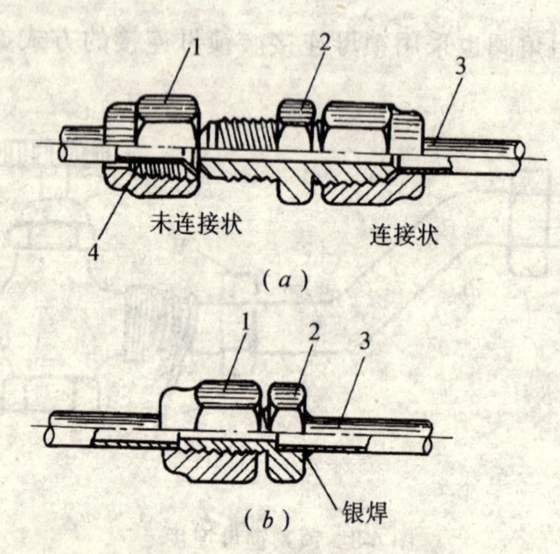

图 6-9 紫铜管的螺纹连接

（a）全接头连接；（b）半接头连接

1—接扣；2—接头；3—铜管；4—喇叭口

（3）铜管连接时，是在铜管上套好接扣后，管口用扩口工具夹住，再把管口胀成喇叭口，在铜管螺纹处涂上氧化铝与甘油的调合料（通常用 1kg 氧化铝配上 0.7L 的甘油）作为密封填料，然后将接扣阴螺纹与接头的阳螺纹进行连接。

三、成 品 保 护

1. 管子套丝后短时间内不进行连接时，应刷一道机油，用灰袋纸缠好待用。

2. 连接后的短段管子在运输堆放中防止撞击和重物堆放在上面，不准损坏螺纹和附件。

3. 安装后的连接管路严禁用作临时架子或上人攀登。

四、安全注意事项

1. 锯管套丝时，管子压钳案子要放平稳，两人以上操作，动作应协调，用力要均衡，防止锯条折断或套丝扳手崩滑伤人。

2. 两人同时操作管钳子进行接口时，用力要均匀，压紧、拿稳把柄。不得将短管套入把柄内，加长力臂的做法。

五、质 量 标 准

1. 管螺纹加工精度符合国家标准《管螺纹》规定，要求螺纹清洁、规整，断丝、缺丝不大于螺纹全扣数 10%。

2. 螺纹连接应牢固，管螺纹根部有外露螺纹不多于 2 扣，镀锌碳素钢管和管件的镀锌层无破损，螺纹露出部分防腐蚀良好，接口处应无外露麻丝或胶带。

六、质量通病及其防治

质量通病及防治方法见表 6-8。

表 6-8

序号	质量通病	防治方法
1	螺纹不光或断丝缺扣	1. 由于套丝时扳牙进刀量太大或扳牙的牙刃不锐利，或牙有损坏处以及切下的铁渣积存等原因所引起 2. 在套丝时用力过猛或用力不均匀也会出现这些缺陷 3. 为了保证螺纹质量，套丝时一次进刀量不可太大，管径 15～20mm 的管子也应分 2 次，25mm 以上的管子丝扣用手工套丝不少于三次套成
2	细丝螺纹	1. 由于扳牙顺序弄错或扳牙活动间隙太大所造成 2. 对于手工套丝，不得一次套成，若第二遍未与第一遍对准，即螺纹轨迹不重合，第一遍套出的螺纹被第二次切开成为细丝或乱丝
3	螺纹不正	1. 产生的原因是铰扳上卡子未卡紧，因而铰扳的中心线和管子中心线不重合或手工套丝时两臂用力不均，铰扳被推歪而产生的 2. 管子端面锯切不正也会引起套丝不正
4	管螺纹竖向出现裂缝	1. 这是焊接钢管的焊缝不牢所致 2. 如果横向有裂缝，是扳牙进刀量太大或管壁较薄而产生，薄壁管、一般无缝钢管不能采用套丝连接
5	管子连接时，螺纹套的过松	此时不采取多加填充材料的做法，只能切去丝头重新套丝
6	偏扣螺纹	由于管壁厚度不均匀所造成

7. 金属管子焊接

一、施 工 准 备

1. 材料

(1) 碳素钢管、不锈钢管、紫铜管、黄铜管、铝管。

(2) 电焊条、焊丝、焊剂、电石、氧气、硼酸混合剂、氯化钠、钎剂溶剂、硫酸、磷酸氢钠。

(3) 棉布块、不锈钢丝绒、砂轮片、除油剂。

2. 机具

(1) 电焊机、焊钳、乙炔发生器、氧气瓶、焊割工具、碳弧气刨、刨边机、铲边机。

(2) 砂轮机、坡口机、钢丝刷、小刨锤、铲刀、锉刀夹紧工具、压紧工具、拉紧工具。

3. 作业条件

(1) 按要求准备好管材、配件和必须的材料，准备好所需的各类焊接设备和机具，并且能保证连续施工。

(2) 作业场地平整、清洁，无易燃易爆物品及杂物。消防用具配备齐全，水源、电源充足，满足施工需要。

(3) 地沟或室内等封闭式工程内的焊接，必须具备通风良好或设有送、排风装置的条件。

二、施 工 工 艺

工艺流程

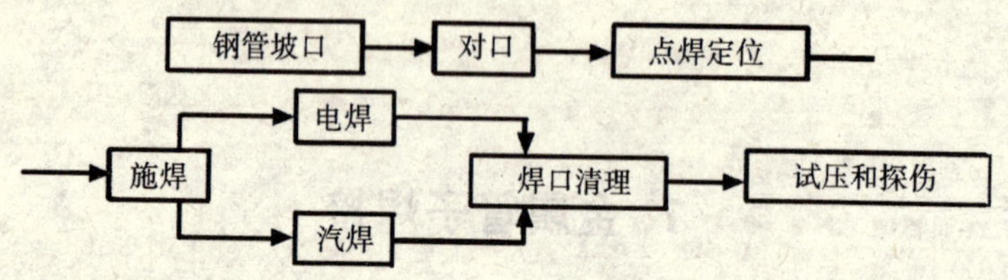

由于工件的厚度及质量要求的不同，其接头及坡口形式也不同。有对接、搭接、角接、丁字接头。管道工程中常用的接头形式及坡口要求，见表7-1～表7-5。

其中：钢管坡口见表7-1、表7-2、表7-3。

紫铜管坡口见表7-4。

黄铜氧——乙炔焊接坡口见表7-5。

1. 焊接坡口的加工

刨边——用刨边机对直边可加工任何形式的坡口。

车削——无法移动的管子应采用可移式坡口机或手动砂轮加工坡口。

铲削——用风铲铲坡口。

氧气切割——是应用较广的焊件边缘坡口加工方法，有手工切割、半自动切割、自动切割三种。

碳弧气刨——利用碳弧气刨枪加工坡口。

对加工好的坡口边缘尚须进行清洁工作，要把坡口上的油、锈、水垢等脏物清除干净，有利获得质量合格的焊缝。清理时根据脏物种类及现场条件可选用钢丝刷、气焊火焰、铲刀、锉刀及除油剂清洗。

2. 对口

焊件对口时执行表中技术标准，并保证对口的平直度。

水平固定管对口时，管子轴线必须对正，不得出现中心线偏斜。由于先焊管子下部，为了补偿这部分焊接所造成的收缩，除按技术标准留出对口间隙外，还应将上部间隙稍放大0.5～2.0mm（对于小管径可取下限，对于大管径可选上限）。

表 7-1

手工电弧焊

<table>
<tr><th colspan="3">焊接接头形式名称</th><th colspan="2">剖面图形</th><th rowspan="2">符号代号</th><th rowspan="2">尺寸(mm)</th></tr>
<tr><th>形式</th><th>坡口</th><th>焊缝</th><th>坡口</th><th>焊缝</th></tr>
<tr><td rowspan="2">对接接头</td><td>V形坡口</td><td>单面焊</td><td>C　p　δ　α
$\delta = 3 \sim 8$,
$\alpha = 70° \pm 5°$
$\delta > 8$,
$\alpha = 60° \pm 5°$</td><td> 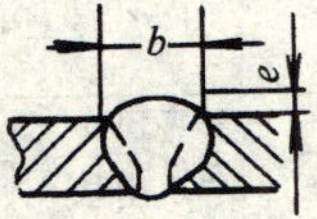b　e
适用 $\delta = 3 \sim 26$</td><td> DV_1</td><td>
<table>
<tr><th>δ</th><th>b</th><th>c</th><th>e</th><th>p</th></tr>
<tr><td>3</td><td rowspan="2">8</td><td rowspan="4">1 ± 1</td><td rowspan="4">1 ± 1</td><td rowspan="4">1 + 0.5</td></tr>
<tr><td>4</td></tr>
<tr><td>5</td><td rowspan="2">10</td></tr>
<tr><td>6</td></tr>
<tr><td>7</td><td>12</td><td rowspan="4">2 ± 1</td><td rowspan="4">$1.5^{+1}_{-1.5}$</td><td rowspan="4">2 ± 1</td></tr>
<tr><td>8</td><td rowspan="2">14</td></tr>
<tr><td>9</td></tr>
<tr><td>10</td><td>16</td></tr>
</table>
</td></tr>
<tr><td>不开坡口</td><td>单面焊</td><td> 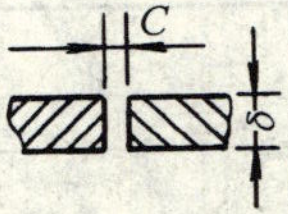C　δ</td><td> 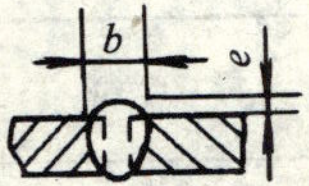b　e
适用 $\delta = 1 \sim 3$</td><td>D_1</td><td>
<table>
<tr><th>δ</th><th>b</th><th>c</th><th>e</th></tr>
<tr><td>1</td><td>4</td><td>0 + 0.5</td><td rowspan="3">$1^{+0.5}_{-1}$</td></tr>
<tr><td>2</td><td>6</td><td rowspan="2">1 ± 0.5</td></tr>
<tr><td>3</td><td>8</td></tr>
</table>
</td></tr>
</table>

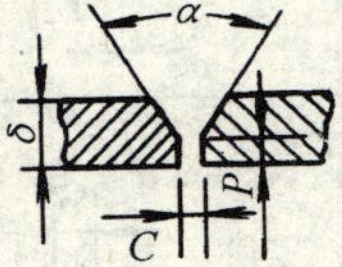

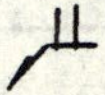

续表

<table>
<tr><th colspan="3">焊接接头
形式名称</th><th colspan="2">剖面图形</th><th rowspan="2">符号代号</th><th rowspan="2">尺寸(mm)</th></tr>
<tr><th>形式</th><th>坡口</th><th>焊缝</th><th>坡口</th><th>焊缝</th></tr>
<tr><td rowspan="2">角接接头</td><td rowspan="2">不开坡口</td><td>平接单面焊</td><td>0 +1
δ
δ_1</td><td> 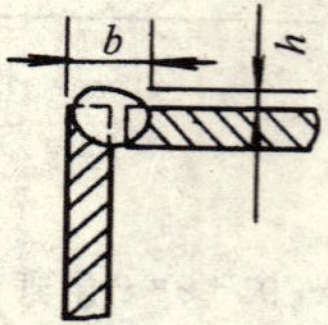b
h
适用 $\delta=2\sim5$
b 值公差 ±1</td><td> 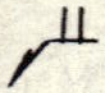JI</td><td><table><tr><th>δ</th><th>b</th><th>h</th><th>k</th></tr><tr><td>2</td><td>5</td><td rowspan="2">1 ± 0.5</td><td rowspan="4">3</td></tr><tr><td>3</td><td>7</td></tr><tr><td>4</td><td>9</td><td rowspan="2">1.5 ± 1</td></tr><tr><td>5</td><td>12</td></tr></table></td></tr>
<tr><td>错边单面焊</td><td>0 +2
δ
δ_1</td><td> 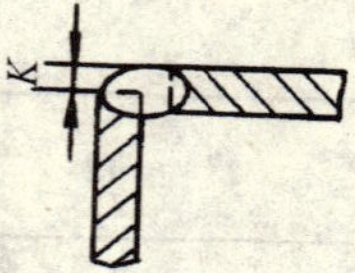K
适用 $\delta=4\sim30$</td><td>J_1</td><td><table><tr><th>δ</th><th>K</th><th>L</th></tr><tr><td>4 ~ 30</td><td>$\geqslant0.5\delta$</td><td>由设计定</td></tr></table></td></tr>
</table>

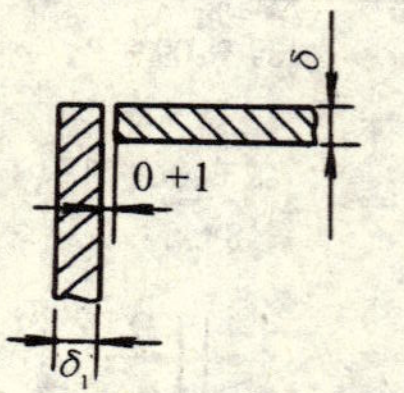

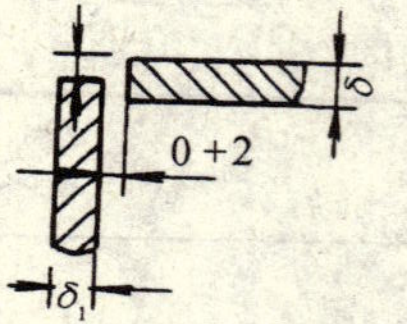

续表

<table>
<tr><th colspan="3">焊接接头形式名称</th><th colspan="2">剖面图形</th><th rowspan="2">符号代号</th><th rowspan="2">尺寸(mm)</th></tr>
<tr><th>形式</th><th>坡口</th><th>焊缝</th><th>坡口</th><th>焊缝</th></tr>
<tr><td>丁字接头</td><td>不开坡口</td><td>双面连续焊</td><td>δ, 0+2, δ₁</td><td>K</td><td> 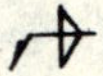T_2</td><td>K 值由设计决定</td></tr>
<tr><td rowspan="2">搭接接头</td><td rowspan="2">不开坡口</td><td>双面焊</td><td>δ₁, L</td><td>K</td><td>Da_2</td><td rowspan="2">
<table>
<tr><th>δ</th><th>K</th><th>L</th><th>C</th></tr>
<tr><td>1～5</td><td rowspan="2">≥0.85</td><td rowspan="2">≥(δ+δ₁)</td><td>0+0.5</td></tr>
<tr><td>6～30</td><td>0+1</td></tr>
</table>
尺寸 K、L、t 由设计确定</td></tr>
<tr><td>单面断续焊</td><td>δ₁, C, δ</td><td>δ, K, t, l</td><td>Da_1</td></tr>
</table>

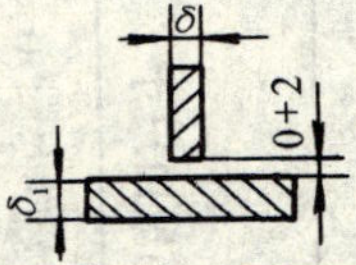

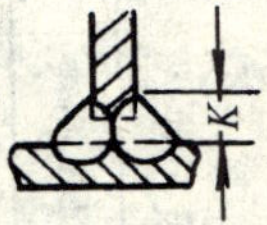

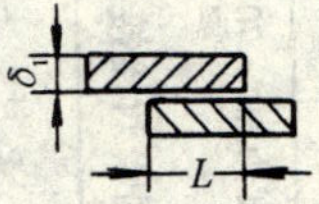

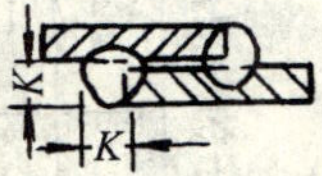

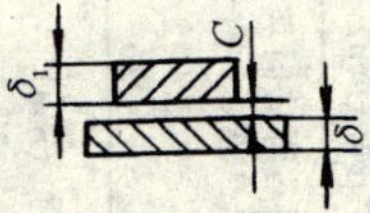

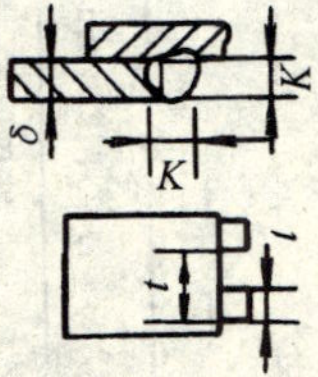

气焊接头形式和尺寸 **表 7-2**

接头名称		简图	板厚 δ (mm)	钝边 δ_1 (mm)	间隙 c (mm)	焊丝直径 (mm)
对接接头	不开坡口	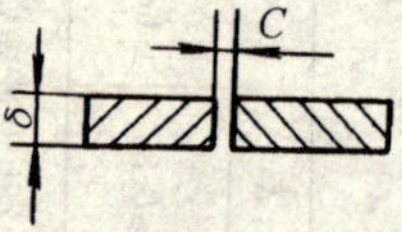	0.5~5		1~4	2~4
	V形坡口	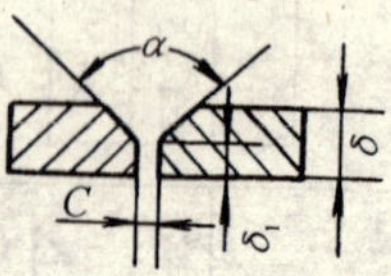 左焊法 $\alpha=80°$; 右焊法 $\alpha=60°$	>5	1.5~3	2~4	3~6

管子的坡口形式及尺寸 **表 7-3**

管壁厚度 (mm)	≤2.5	≤6	6~10	10~15
坡口形式	—	V形	V形	V形
坡口角度	—	60°~90°	60°~90°	60°~90°
钝边 (mm)	—	0.5~1.5	1~2	2~3
间隙 (mm)	1~1.5	1~2	2~2.5	2~3

注：采用右焊法时坡口角度为60°~70°。

紫铜管对接接头的坡口尺寸 **表 7-4**

母材厚度 (mm)	坡口尺寸 (mm)
2以下	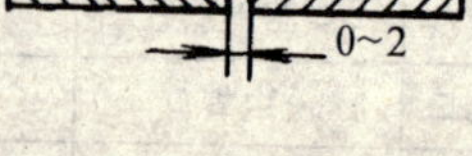 0~2

续表

母材厚度（mm）	坡口尺寸（mm）
2～25	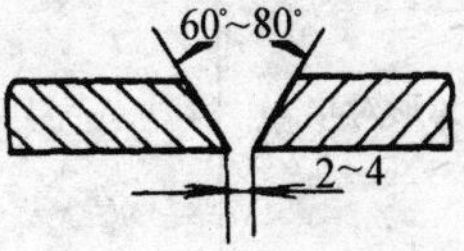 60°～80° 2～4
25～38	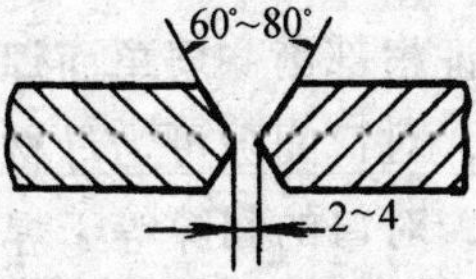 60°～80° 2～4

黄铜管对接接头及坡口尺寸 表 7-5

母材厚度（mm）	接头形式	坡口尺寸（mm）
<2	卷边对接（不加焊丝）	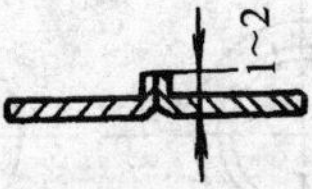 1～2
1～3	不开坡口的对接（单面焊接）	 1～2
3～6	不开坡口的对接	 3～4
6～15	V形对接	 70°～90° 2～4 1.5～3

续表

母材厚度（mm）	接头形式	坡口尺寸（mm）
15～25	X形对接	70°～90° 2～4 70°～90°

为了保证根部第一层单面焊双面成形良好，对于薄壁小管无坡口的管子，对口间隙可为母材厚度的一半。带坡口的管子采用酸性焊条时，对口的间隙等于焊芯直径为宜。采用碱性焊条“不灭弧”焊法时，对口间隙应等于焊条芯直径的一半为宜。

3．定位

对工件施焊前先定位，根据工件纵横向焊缝收缩引起的变形，应事先选用夹紧工具、拉紧工具、压紧工具等进行固定。

不同管径所选择定位焊的数目、位置也不相同，如图 7-1 示之。

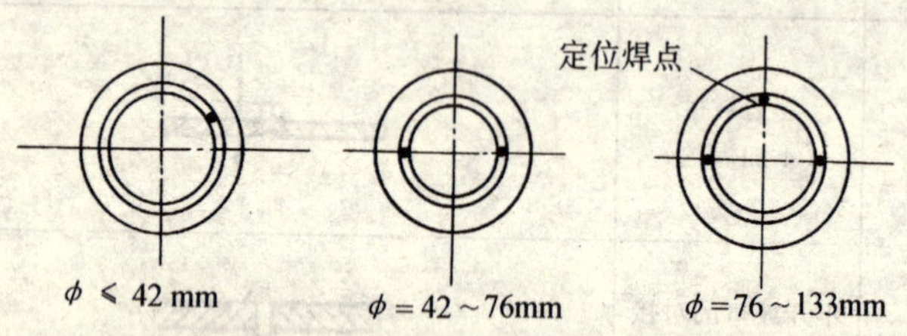

图 7-1　水平固定管定位焊数目及位置

由于定位焊点容易产生缺陷，对于直径较大的管子尽量不在坡口根部定位焊，可利用钢筋焊到管子外壁起定位作用，临时固定管子对口。

定位焊的参考尺寸见表 7-6。

焊接前对焊条的选定

（1）焊缝金属与母材等强、化学成分相近，低碳钢一般用钛钙型结 422、结 502。

定位焊缝的参考尺寸（mm）　　表 7-6

焊件厚度	焊缝高度	焊缝长度	间　距
≤4	<4	5~10	50~100
4~12	3~6	10~20	100~200
>12	~6	15~30	100~300

（2）塑性、韧性、抗裂性能较高重要结构选低氢型结 427、结 507 焊条。如直流焊机不够用时，可另选交直流两用的低氢型结 426，但性能差。

（3）焊缝表面要美观、光滑的薄板构件，最好选钛型结 421 焊条（用结 422 也可）。

（4）焊条使用前烘干管理。

①碱性低氢焊条在使用前需烘干，一般采用 250~350℃，烘 1~2h，不可将焊条往高温箱（炉）中突然放入，以免药皮开裂，应该徐徐加热，逐渐减温。

②酸性焊条要根据受潮的具体情况在 70~150℃烘箱中，烘干 1h。

③过期与变质焊条，使用前应进行工艺性能试验。药皮无成块脱落，碱性焊条没有出现气孔，方可以使用。

（5）焊条的直径及使用电流见表 7-7、表 7-8。

4. 电焊工艺

（1）焊接中必须把握好引弧、运条、结尾三要素。

引弧、运条——其方式见图 7-2、图 7-3。

焊条直径的选择（mm）　　表 7-7

焊件厚度	焊条直径
≥4	不超过焊件厚度
4~12	3.0~4.0
>12	≥4.0

各种直径电焊条使用电流　　表 7-8

焊件直径 (mm)	焊接电流 (A)	焊条直径 (mm)	焊接电流 (A)
1.6	25～40	4	160～210
2.0	40～65	5	200～270
2.5	50～80	5.8	260～300
3.2	100～130		

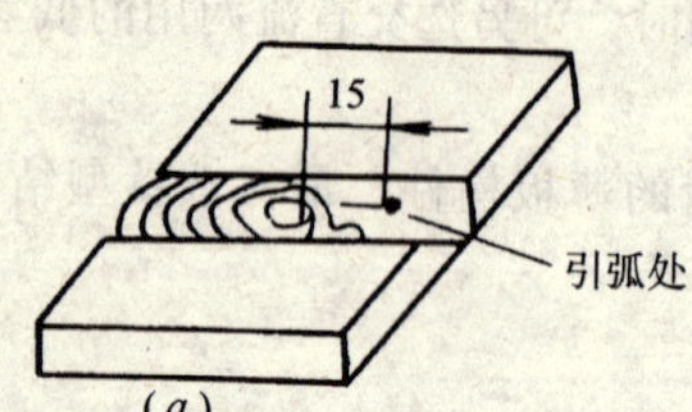

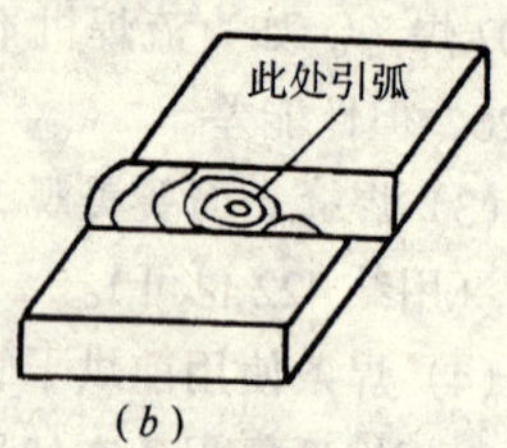

图 7-2　引弧示意图

(a) 擦弧法接头引弧处；(b) 接触法接头引弧处

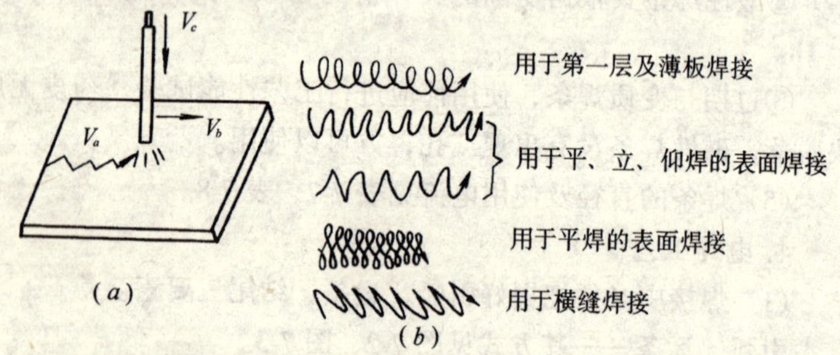

图 7-3　运条方式

(a) 运条三动作；(b) 横向摆动

V_a—横向摆动速度；V_b—直线焊接速度；V_c—焊条送进速度

结尾——无论何种位置的焊缝，在结尾操作时均以维持正常熔池温度，做无直线移动的横点焊动作，逐渐填满熔地，而后将电弧拉向一侧提起灭弧。

(2) 各种形式接头的焊接技术见图 7-4 ~ 图 7-8。

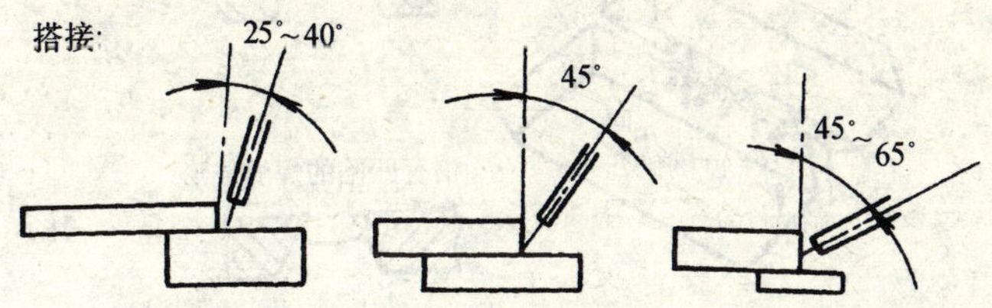

图 7-4　搭接接头焊接时的焊条角度

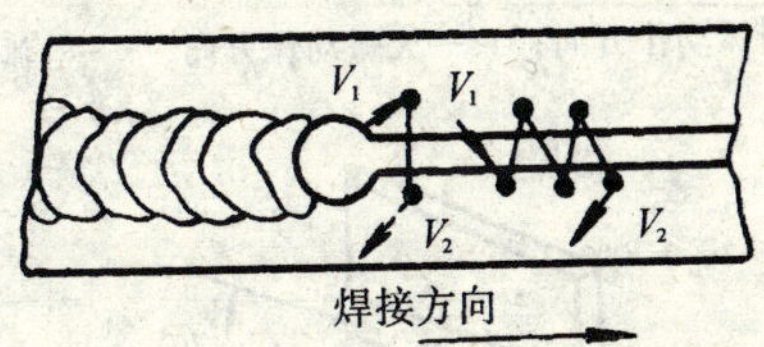

对接：V_1—引弧动作方向；V_2—灭弧动作方向；

·—电弧稍停留

图 7-5　对接中的运条

水平固定管子分半运条角度：

为保证接头质量，在焊前半圈时，应在水平最高点过去 5 ~ 15mm 处熄弧，见图 7-9。后半圈的焊接，由于起焊时容易产生塌腰、未焊透、夹渣、气孔等缺陷，对于仰焊处接头，可将先焊的焊缝端头用电弧割去一部分（大于 10mm），这样既可除去可能存在的缺陷，又可以形成缓坡形割槽。

图 7-6　丁字接头的焊接

垂直位置固定管焊接技术（即横焊）：如图 7-10 示之。

水平管单面焊双面成形转动焊接技术：见图 7-11。

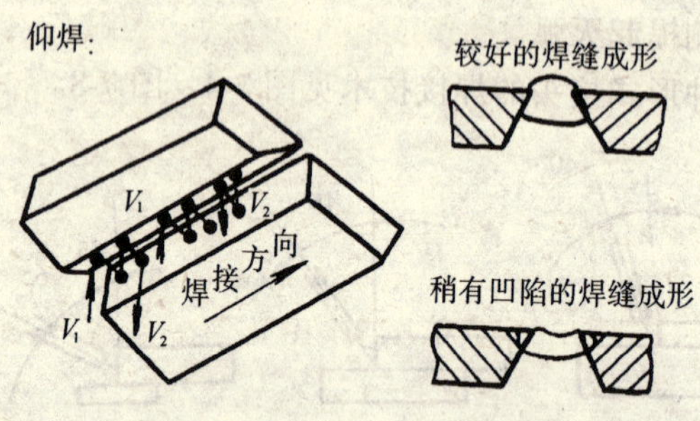

图 7-7　仰焊接头的焊接技术

V_1—引弧动作方向；V_2—灭弧动作方向；·—电弧稍停留

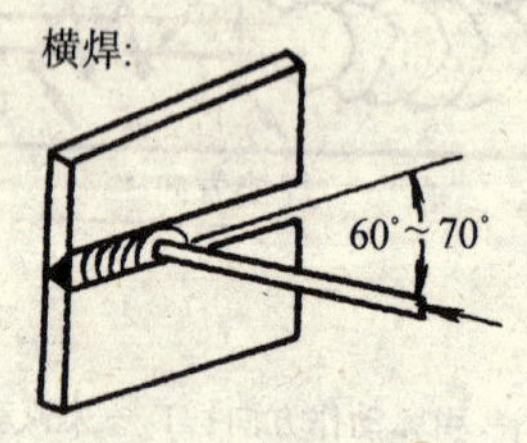

图 7-8　横焊时焊条角度

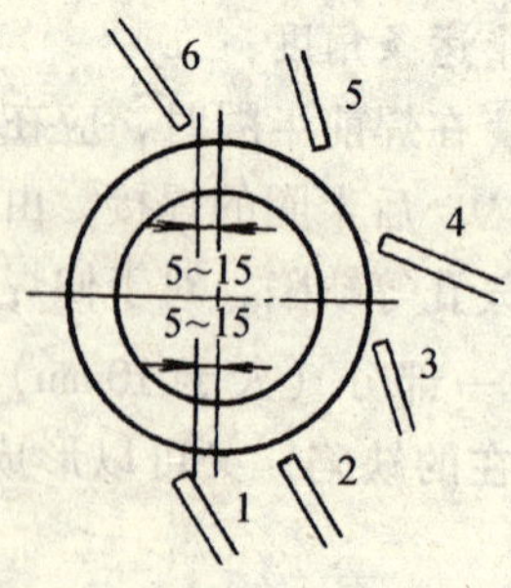

图 7-9　管子分半运条角度

注意事项：①根部及表面焊时，运条与固定管焊接相同。但焊条无向前运条的动作，而是管子向后转动。

②每层焊缝必须细致清理，以免造成层间夹渣、气孔等缺陷。

③焊接时，各段焊缝的接头应搭接好并相互错开。尤其是根部一层焊缝的起头和收尾更应注意。

④焊接时两侧慢、中间快，使两侧坡口充分熔合。

⑤运条速度不宜过快，保证焊道层间熔合良好，对厚壁管子尤为重要。

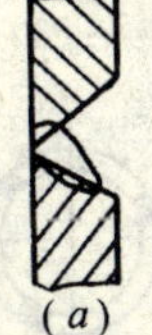

7-10　垂直固定管V形坡口根部焊缝的形状
(a) 正确；(b) 不正确

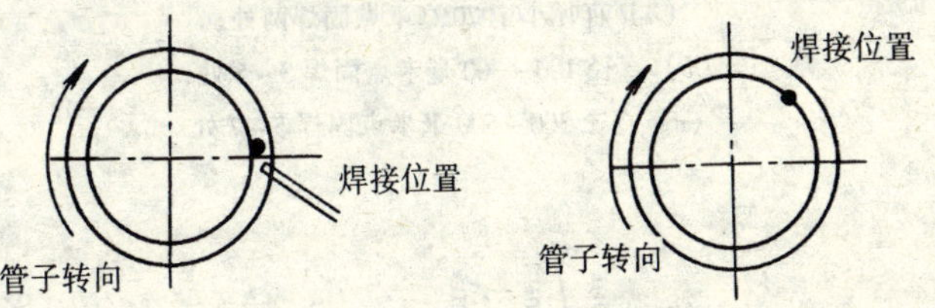

图 7-11　管子转动焊

5. 气焊工艺

(1) 定位焊：工件及管子的点焊固定见图 7-12 ~ 图 7-15 及表 7-9 所示。

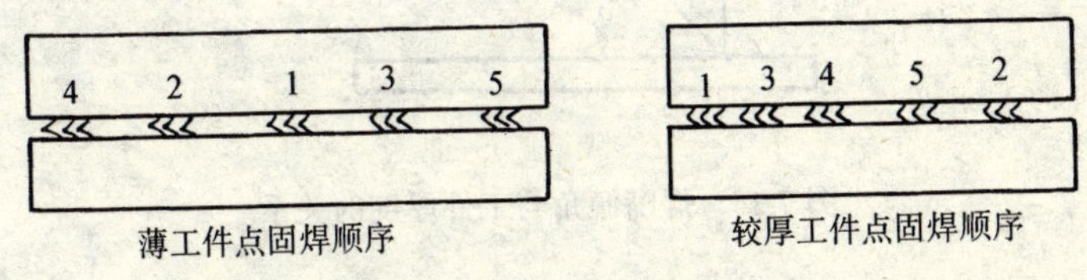

图 7-12　点固焊顺序

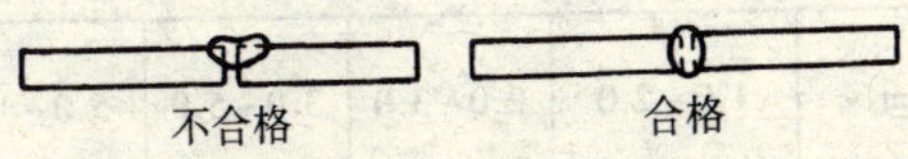

图 7-13　对点固焊的要求

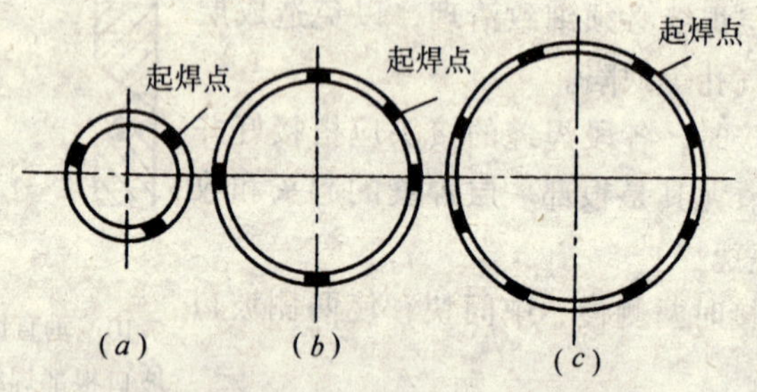

图 7-14　不同管径的点焊及起焊点示意图

（a）直径小于 70 毫米点固焊两处；

（b）直径 100～300 毫米点固焊 3～5 处；

（c）直径 300～500 毫米点固焊 5～7 处

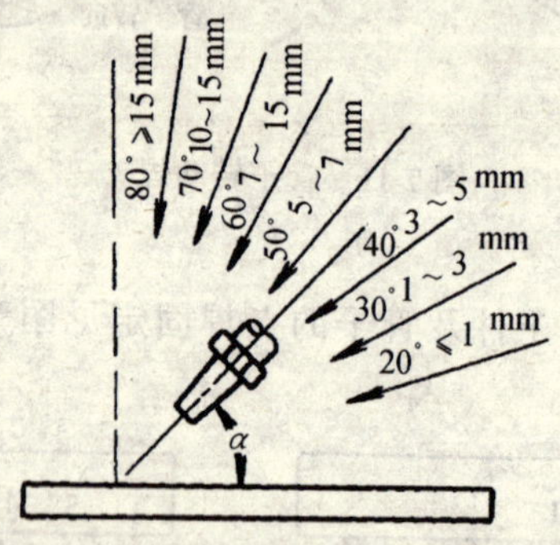

图 7-15　焊嘴倾角与工件厚度的关系

工件厚度与焊丝直径的关系　　**表 7-9**

工件厚度（mm）	1.0～2.0	2.0～3.0	3.0～5.0	5.0～10	10～15
焊丝直径（mm）	1.0～2.0 或不用焊丝	2.0～3.0	3.0～4.0	3.0～5.0	4.0～6.0

(2) 气焊操作

气焊操作分左焊法和右焊法两种，如图 7-16 左焊法——方法简单、方便，容易掌握，适用焊接较薄和熔点较低的工件。左焊法是应用最普通的气焊方法。

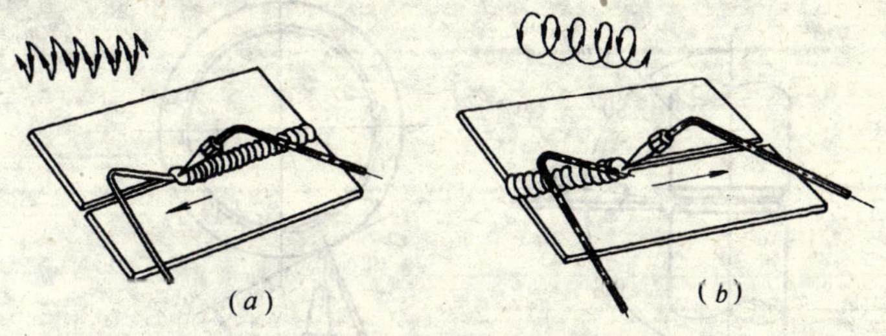

图 7-16 左焊法与右焊法示意图

(a) 左焊法；(b) 右焊法

右焊法——右焊法较难掌握，焊接过程火焰始终笼罩着已焊的焊缝金属，使溶池冷却缓慢，有助改善焊缝金属组织，减少气孔夹渣的产生。

(3) 管子的几种气焊形式

①可转动管的气焊。

又可分为左向爬坡焊和右向爬坡焊，其焊接方向和管子转动方向都是相对而运行，详见图 7-17、图 7-18 所示。

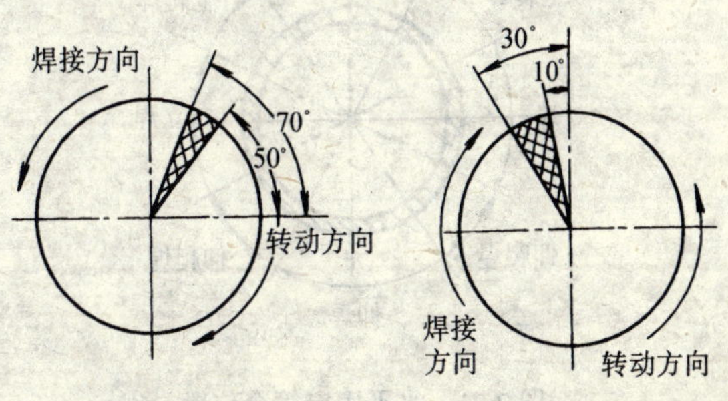

图 7-17 左向爬坡焊　　图 7-18 右向爬坡焊

②垂直固定管的气焊。

焊嘴、焊丝与管子的轴向夹角、与管子切线方向的夹角应保持不变，见图 7-19、图 7-20。

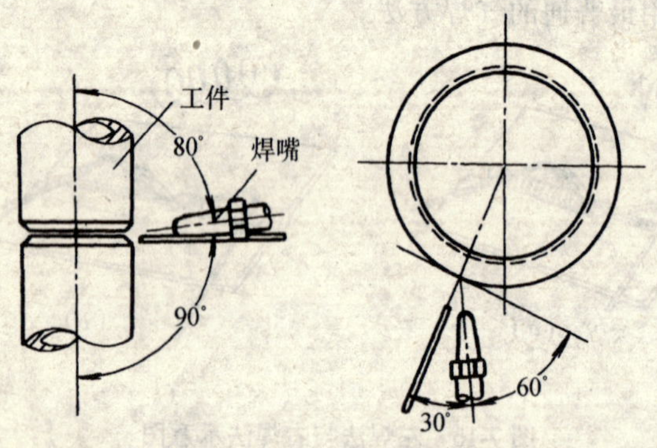

图 7-19 焊嘴、焊丝与工件的轴向夹角

图 7-20 焊丝、焊嘴与管子切线方向的夹角

③水平固定管的气焊。

水平固定管的焊接位置包括全方位，有平焊、立焊、仰焊、上爬焊及仰爬焊。分布情况如图 7-21 所示。

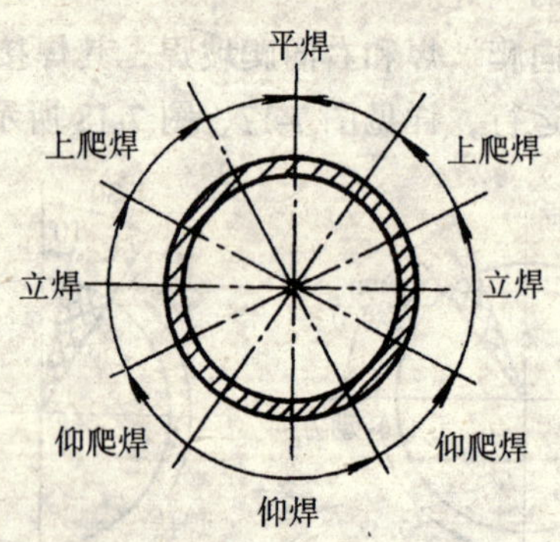

图 7-21 水平固定管全位置焊接分布情况

6. 铜管接头和弯头件的氧乙炔焰焊接

铜管的焊接坡口可用锉刀加工，不得用氧乙炔焰切割，管口必须平整，坡口角度应符合要求、无毛刺、无油污、表面清洁。

铜管按材质不同可分为紫铜管和黄铜管，建筑用的铜管主要是拉制紫铜管，其中又以建筑给水铜管和建筑给水包塑保温铜管为常用，其规格见表 7-10、表 7-11 中所列。建筑铜管的连接多采用氧、乙炔焰焊，快速方便，只需将接头备全，连接时把铜管插入接头内，配备铜管接头的焊料进行焊接，如图 7-22 及表 7-12 示出。

建筑给水铜管规格 **表 7-10**

<table>
<tr><td colspan="3">公称通径 DN（mm）</td><td>15</td><td>20</td><td>25</td><td>32</td><td>40</td><td>50</td><td>65</td><td>80</td><td>100</td><td>125</td><td>150</td><td>200</td></tr>
<tr><td colspan="3">铜管外径 DW（mm）</td><td>16</td><td>22</td><td>28</td><td>35</td><td>44</td><td>55</td><td>70</td><td>85</td><td>105</td><td>133</td><td>159</td><td>219</td></tr>
<tr><td rowspan="2">壁厚 T（mm）</td><td rowspan="2">工作温度≤150℃时</td><td>1.0MPa</td><td rowspan="2">0.75</td><td rowspan="2" colspan="3">1</td><td>1</td><td>1</td><td>1.5</td><td>1.5</td><td>2</td><td>2.5</td><td>3</td><td>4</td></tr>
<tr><td>1.6MPa</td><td>1.5</td><td>1.5</td><td>2</td><td>2.5</td><td>3</td><td>4</td><td>4.5</td><td>6</td></tr>
</table>

建筑给水包塑保温铜管规格 **表 7-11**

公称通径 DN（mm）	15	20	25	32	40	50
铜管外径 DW（mm）	15	22	28	35	42	54
塑套外径（mm）	20	27	33	40	48	59

铜管接头承口与插口的基本尺寸（mm） **表 7-12**

公称通径 DN	承口直径 D		插口直径 d		L
	最大	最小	最大	最小	
5	6.08	6.03	6.00	5.95	6
6	8.08	8.03	8.00	7.95	6
8	10.08	10.03	10.00	9.95	6
10	12.08	12.03	12.00	11.95	8
	16.10	16.05	16.00	15.95	10

续表

公称通径 DN	承口直径 D		插口直径 d		L
	最大	最小	最大	最小	
15	19.15	19.05	19.00	18.93	12
20	22.18	22.05	22.00	21.90	13
25	28.20	28.05	28.00	27.90	16
32	35.20	35.08	35.00	34.90	20
40	44.25	44.10	44.00	43.90	22
50	55.30	55.15	55.00	54.90	25
65	70.30	70.15	70.00	69.90	28
80	85.40	85.20	85.00	84.90	28
100	105.45	105.20	105.00	104.90	30
125	133.50	133.30	133.00	132.90	35
150	159.80	159.50	159.00	158.90	40
200	219.90	219.80	219.00	218.90	50

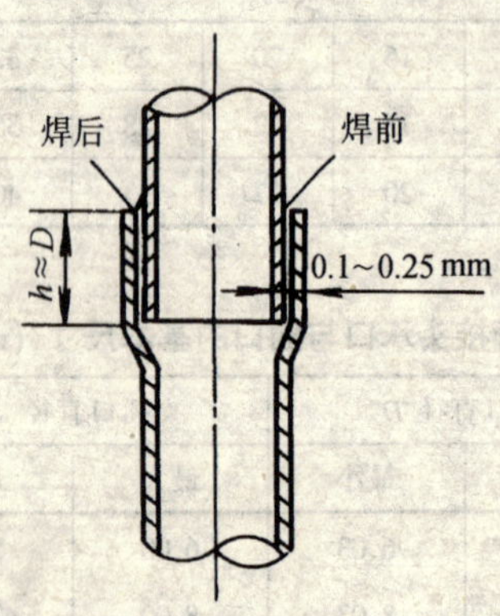

图 7-22　铜管与铜管的承插焊接

对于小管径、压力低的铜管可直接用钎焊。当铜管与钢管连接时采用铜焊，但必须焊透。

(1) 焊前，先用汽油或砂布、不锈钢丝绒将铜管外皮与接头重叠的一段进行擦洗，清理干净或打光为止。氧化皮严重者用5%～10%硫酸清洗，除去表面残酸和烘干方可使用。

(2) 焊接接头或弯头的装配间隙是影响焊接质量及焊料用量的主要因素。操作中严格控制铜管接头与铜管的装配间隙，因毛细管作用产生的吸引力能提高焊接质量。装配间隙见表 7-13 规定。

铜管直径与装配间隙表　　表 7-13

铜管 *DN*（mm）	6～10	15～25	32～50	65～100
装配间隙（mm）	0.1	0.2	0.3	0.5

(3) 小口径铜管采用钎焊，即用熔化填充金属把不溶化的基本金属连在一起。根据不同规格的铜管接头或弯头，分别选用钎焊料的形式：公称直径 *DN*6～50mm 间选用钎焊环；公称直径 *DN* 在 65～100mm 间选用钎焊条。无银或低银铜磷钎料用于紫铜管与紫铜管接头或弯头焊接时不再使用钎剂。

(4) 根据焊件铜管接头或弯头规格，选择好焊枪。调至中性火焰后，先加热焊件，切勿用火焰直接加热焊料。当温度加热至750～800℃时（达到此温度时，紫铜管呈暗红色），送入钎焊料，待钎焊料全部熔化后停止加热，送入焊料后，加热焊料上部（此时，利用毛细作用所产生的吸引力使熔化后的钎料向里渗透），避免降低强度。焊时采用左向焊（建筑铜管壁厚均小于 5mm），焊件倾斜 7°～10°，并进行上坡焊。

(5) 尽量不采取倒立焊。如现场无法避免时，为阻止焊料下淌，可使用石棉绳扎在焊料下面进行阻流。

(6) 焊接结束后，用湿布拭揩连接部分，稳定钎焊接口，降低焊口温度，可防止烫伤人。然后用流水冲洗管道，冲净管内残余熔渣。

(7) 大口径铜管对口焊接必须坡口，坡口角度 30°~45°，对口间隙应为 2~3mm，氧—乙炔焰焊接时，须使用硼酸（H_3BO_3）、硼砂（$Na_2B_4O_7$）、磷酸氢钠（Na_2HPO_4）等专用钎剂料。

铜管承插口钎焊是将所选择的专用钎剂（溶剂）加水拌成糊状，均匀涂抹在铜管接头承口和铜管接头部分，使其连接好，用氧气—乙块焊炬均匀加热焊件至 650~750℃时，将粘有钎剂的钎料（焊料）均匀抹于缝隙处（切勿用火焰直接加热钎料），待钎料熔化填满缝隙后，停止加热。用湿布拭揩并冷却连接部分即成。焊接时要求钎料填满缝隙，表面光滑、平整。

7. 管道焊接中的几个问题

(1) 不准有焊缝的部位：管道对口焊缝或弯曲部位不得焊接支管；弯曲部位不得有焊缝，接口焊缝距起点不小于一个管径，且不小于 100mm；接口焊缝距管道支架吊架边缘应不小于 50mm，见图 7-23 示之。

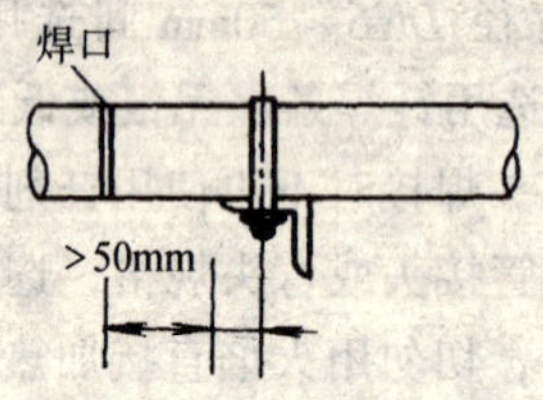

图 7-23　管道上焊口距支架点的位置

(2) 两根管子对口焊接应保证焊口处不得出弯，组对时不应错口。点焊定位根据管径大小选择，点焊后经检查，尽可能用转动方法焊接。

(3) 不同管径管道间的焊接，应根据不同介质的不同流向决定焊前组对方式。如热水供暖干管是抬头运行，两管应上平下变径收口，蒸汽供暖干管为低头运行，两管焊接时是下平上变径收口。其他一般情况两管径差不应超过小管径的 15%，若超过

15%，须将大管抽条加工或另做异径管方许焊接。

三、安全注意事项

1. 施工场地周围应清除易燃易爆物品或进行覆盖、隔离，如必须在易燃易爆气体或液体扩散区施焊时，应经有关部门检试许可后，方可进行，漏雨时，应停止露天焊接作业。

2. 电焊机外壳，必须接地良好，其电源的装拆应由电工进行，并应设单独的开关，开关应放在防雨的闸箱内，拉合时应戴手套侧向操作。

3. 焊钳与把线必须绝缘良好，连接牢固，更换焊条应戴手套。在潮湿地点工作，应站在绝缘胶板或木板上。

4. 更换场地移动把线时，应切断电源，不得手持把线或连接胶管的气焊枪爬梯登高，清除焊渣时，采用电弧气刨清根时，应戴防护眼镜或面罩，防止铁渣飞溅伤人。

5. 乙炔发生器必须设有防止回火的安全装置、保险链；氧气瓶、氧气表及焊割工具上，严禁沾染油脂，氧气瓶应有防震胶圈。

6. 乙炔发生器应每天换水，严禁在浮桶上放置物料，更不准用手在浮桶上加压或摇动。

7. 乙炔发生器不得放置在带电的电线的正下方。与氧气瓶和操作焊接地点应保持 10m 的距离，电石应放在通风良好，不漏雨，干燥的地方。

四、质 量 标 准

1. 焊口平直度、焊缝加强面应符合施工规范规定。

2. 焊口表面无烧穿、裂纹和明显结瘤、夹渣及气孔等缺陷。

3. 焊波均匀一致，管子对口的错口偏差，应不超过管壁厚的 20%，且不超过 2mm。

4. 管道焊口尺寸的允许偏差应符合表 7-14 的规定。

管道焊口允许偏差　　　　表 7-14

项目			允许偏差
焊口平直度	管壁厚 10mm 以内		1/4 管壁厚
焊缝加强面	高度		+1mm
	宽度		
	深度		小于 0.5mm
咬边	长度	连续长度	25mm
		总长度（两侧）	<10%焊缝长度

5. 热风焊接对焊时对口错口量不大于壁厚的 10%。

6. 对接焊时应饱满，且高出焊件 1.5～2mm，平整、均匀，无波纹、断裂、烧焦、吹毛和未焊透的缺陷。

五、质量通病及防治方法

质量通病及防治方法见表 7-15。

表 7-15

序号	质量通病		防治方法
1	电焊	咬边	1. 选择合适的电流，避免电流过大 2. 操作时电弧不要拉的过长 3. 焊条摆动时在坡口边缘运条稍慢些，停留时间稍长，在中间运条速度要快些 4. 焊条角度适当

续表

序号	质量通病		防治方法
1	电焊	未熔合 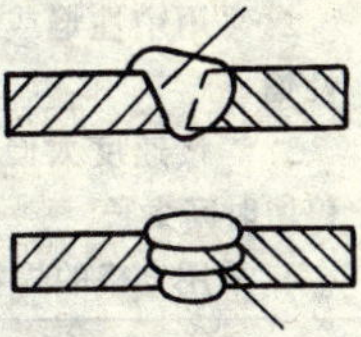	1. 焊接电流过小 2. 焊速过快 3. 焊条偏于一侧 4. 熔渣与铁水未分清
		焊瘤 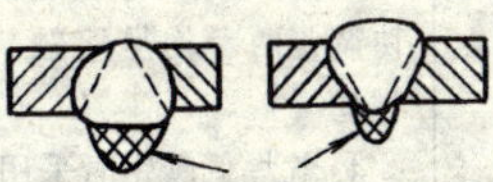	1. 金属由于熔池温度过高使液体金属凝固较慢，在自重作用下下坠而形成，应合理控制温度
		夹渣	1. 焊接时不要将电弧压的过死，当熔渣大量盖在熔化铁水上而分不清铁水与熔渣时，适当将电弧拉长，向熔渣方向跳动 2. 焊接过程中熔池应清晰，熔渣与铁水分得清清楚楚。否则说明温度不够高，应放慢焊接速度，焊条在该处多停留一会
		气孔	1. 焊条使用前必须烘干，焊条质量不合格严禁使用 2. 焊件事先必须彻底清理油锈、垢 3. 适当加大焊接电流，降低焊接速度 4. 熔池长度不应大于焊条直径的三倍

续表

序号	质量通病		防治方法
2	过热和过烧，金属表面变黑，并起氧化皮、焊缝发渣，金属变得更脆		1. 火焰能率太大，根据工件选择合适焊炬、焊嘴 2. 采用中性焰或乙炔稍多的中性焰 3. 焊接速度太慢，焊炬在一处停留时间太长 4. 采用合格的焊丝
3	氧—乙炔焊	气孔	1. 采用合格的焊丝 2. 焊前表面除污、锈、油、垢 3. 焊丝、工件加热熔化要配合协调，两者均呈熔融状态时再填焊丝 4. 气焊低碳钢时采用中性焰 5. 焊接速度、焊丝和焊嘴的摆动以及焊嘴抬起都不宜太快
		咬边	1. 焊嘴倾斜角度不对及焊嘴焊丝的摆动不当 2. 火焰能率太大或焊炬嘴头号码太大
		裂纹	1. 合理选择焊丝 2. 进行焊接时，防止应力过大。焊接长焊缝时，先在起焊端往反方向施焊一段后，再往正方向施焊 3. 进行点固时，焊缝的厚薄和长短要适当 4. 收尾时火口要填满
		夹渣	1. 焊前必须把工件和焊丝清理 2. 滚动焊接时，管子转动速度必须与焊接速度一致

8. 法 兰 连 接

一、准 备 工 作

1. 材料

管材、法兰、螺栓、螺母、橡胶石棉垫、橡胶垫、石棉垫、螺垫。

2. 机具

活扳手、剪子、钢圆锉、弯尺、拐尺、梅花扳手、手动套筒扳手、内六角扳手、增力扳手、棘轮扳手。

3. 作业条件

(1) 管道已进行到安装阶段。

(2) 选用的法兰已按标准图制作完毕或领料进场。

(3) 已按设计和技术规范要求交底。

二、施 工 工 艺

工艺流程

法兰装配 → 制垫 → 紧固螺栓

1. 法兰分类

法兰盘可分：平焊法兰、对焊法兰、平焊松套法兰、对焊松套法兰、翻边松套法兰、螺纹法兰等。

用于给水铸铁盘形管的法兰盘管的连接，管子与法兰是铸成一体。

用于圆翼型散热器接管及疏水阀、减压阀组装的丝扣法兰连接，法兰多为铸铁材质并加工为内螺纹。

普遍应用的是焊接法兰，直接和钢管焊接连接。其操作工序可分为装配、制垫、加垫、紧固螺栓。常说的法兰连接就是指焊接法兰连接。

2. 法兰选用

法兰可选用成品，选购进场。也可按国家标准图“GB 2555—81”加工制作。要求法兰螺栓孔光滑等距，法兰接触面平整，保证密闭性，止水沟线的几何尺寸准确。

3. 法兰装配

采用成品平焊法兰时，使管子与法兰端面垂直，可用法兰弯尺或拐尺在管子圆周上最少三个点处检测，不准超过±1mm，角点焊定位见图8-1。插入法兰的管子端部、距法兰密封面应为管壁厚度的1.3~1.5倍。如选用双面焊接管道法兰，法兰内侧焊缝不准突出法兰密封面。

法兰装配施焊时，如管径较大，要对应分段施焊，防止热应力集中而变形。法兰装配完应再次检测接管垂直度，以确保两法兰的平行度。

选用铸铁螺纹法兰与管子相连时，不应超过法兰密封面，距密封面不少于5mm。

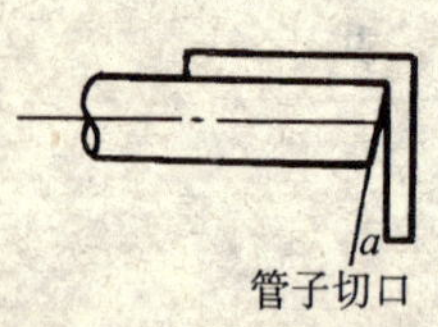

图8-1 偏差的检测

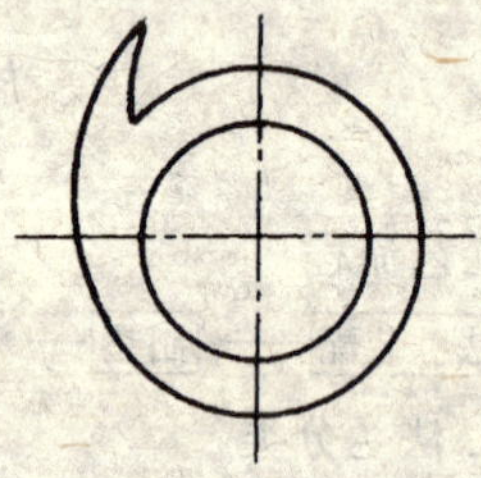

图8-2 法兰垫片

4. 衬垫

法兰衬垫根据管道输送介质选定（各工艺中均已明确包括）。制垫时，将法兰放平，光滑密封面朝上，将垫片原材盖在密封面上，用手锤轻轻敲打，刻出轮廓印，用剪刀或凿刀裁制成形，注意留下安装把柄，见图8-2。加垫前，须将密封面刮干净，高出密封面的焊肉须挫平。法兰应垂直于管中心线。

加垫时应放正，不使垫圈突入管内，其外圆到法兰螺孔为宜，不妨碍螺栓穿入。禁止加双垫、偏垫，且按衬垫材质选定在其两侧涂抹的铅油等类涂料。

5. 紧固螺栓

螺栓使用前刷好润滑油，螺栓以同一方向穿入法兰，穿入后随手戴上螺帽，直至用手拧不动为止。用活扳手加力时必须对称十字交叉进行，且分 2～3 次逐渐拧紧，最后螺杆露出长度不宜超过螺栓直径的 1/2。活扳手的规格见表 8-1。

活扳手的规格（mm） **表 8-1**

长　　度	100	150	200	250	300	375	450	600
最大开口宽度	14	19	24	30	36	46	55	65

法兰盘或螺栓处在狭窄空间、特殊位置及回旋空间极小时，可采用梅花扳手、手动套筒扳手、内六角扳手、增力扳手、棘轮扳手等。

铜管的法兰连接：

(1) 铜管的法兰连接有两种形式，一是管子翻边，另一种是管端焊接焊环。焊环的材质要与管材相同。

(2) 铜法兰的垫片一般采用石棉橡胶板或铜垫片，根据输送介质温度和压力也可选择其他垫片。

(3) 紧固螺栓时使用专用扳手进行，操作时严防碰伤铜法兰表面。

三、成　品　保　护

1. 安装后的铜制法兰交工前应作保护。

2. 地沟内连接好的法兰严禁在其上部放置重物和撞击，严禁踩踏。

3. 防止法兰螺栓受水侵蚀生锈。

4. 紧固法兰螺栓时不可用力过猛，不可一次拧到位。

四、安全注意事项

1. 安装中管子串动和对口，动作要协调，手不得放在管口和法兰接合处。

2. 翻动工件时，防止滑动及倾倒伤人。

3. 手提式砂轮机应有防护罩，操作时应站在砂轮片径向的侧面，并戴好绝缘手套或站在绝缘板上。

4. 拧紧螺栓应当使用合适的扳手，扳手不能代替锤头使用。

五、质量标准

1. 法兰对接平行、紧密，与管子中心线垂直，螺杆露出螺母长度一致，且不大于螺杆直径1/2，螺母在同侧。

2. 衬垫材质符合设计要求和施工规范规定。

3. 涂漆均匀，无漏刷，脱皮。

六、质量通病与防治

质量通病及防治方法见表8-2。

表8-2

序号	质量通病	防治方法
1	连接不严漏水	原因是密封面不光滑，不平整或衬垫厚薄不一致、偏斜所造成。因此，连接前密封面应对口检查合格，衬垫只放一个，厚薄要均匀，紧固螺栓要对称加力
2	法兰螺孔相互错位	1. 加工不严，每副应一致，每副应绑放一起，安装前应观感检查合格后再安装 2. 遇有微量错位时，可用半圆或圆锉锉平到位

9. 塑料管粘接

一、施 工 准 备

1. 材料

塑料管、胶粘剂、清洁剂、干布、砂纸、丙酮。

2. 机具

鬃刷、尼龙刷。

3. 工作条件

(1) 工程主体已施工完毕，管道已进入安装阶段。

(2) 按设计要求已备好各规格的塑料管材、管件，应有产品合格证，管材应标有规格，生产厂的厂名和执行的标准号。在管件上应有明显的商标和规格，包装上应标有批号、数量、生产日期和检验代号。

(3) 已按设计和规范要求进行了技术、质量、安全交底。

二、施 工 工 艺

工艺流程

切割、断管 → 锉坡口 → 清洁接口 → 粘接

1. 切割、断管

用手工锯按划线标记切割、进行断管。

2. 锉坡口

去掉断口处毛刺、毛边和残屑。插口处可用中号板锉锉成倒角坡度。插口坡口形式要求见表 9-1。

3. 清洁接口

在粘合前将承口内侧和插口外侧擦拭干净，无尘砂和水迹。

插口坡口形式尺寸表　　表 9-1

接头名称		α	b（mm）	l（mm）	加工工具	示意图
承插连接	给水	10°~15°		2.5~3.0	锉刀	
	排水	15°~30°	$\frac{1}{3}\sim\frac{1}{2}\delta$		锉刀	

表面沾有油污时，应用布醮上清洁剂擦净。必须认真重新检查外观，严禁使用管端处已有裂痕、凹陷的管子和管件，以免留下后患。

4. 粘接、涂粘剂、清理粘接剂

（1）对承插口的配合程度进行检验。将承插口进行试插，自然试插深度以承口长的 1/2~1/3 为宜。在管端表面划出插入深度的标记。

（2）管道粘接不宜在湿度很大的环境下进行，且远离火源，不准在 -20℃以下的环境中操作。

（3）用无油渍、无水、无污垢的干净布醮好清洁剂将承插口擦拭干净，见图 9-1 中操作程序所示。

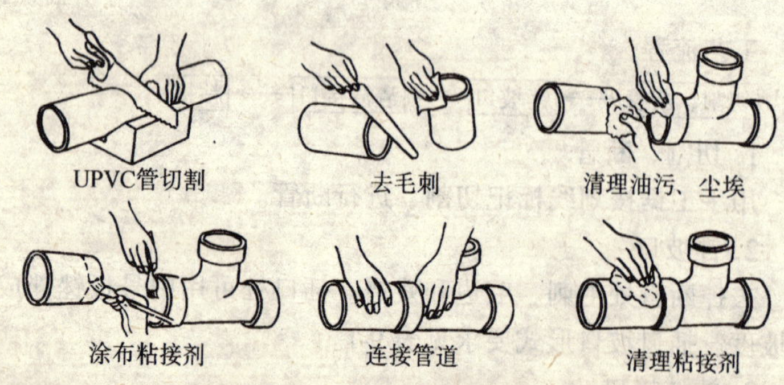

图 9-1　塑料管粘接操作图

(4) 用鬃刷或尼龙刷涂抹胶粘剂，先涂承口，后涂插口。涂承口时应从里向外，涂抹迅速、均匀，并适量，不得漏涂，不得流淌。

(5) 涂刷胶粘剂后，对准轴线，将管子插入承口，插入深度至少超过原标记，插入过程同时旋转 90°，不准插到底再作旋转，插入过程不准用锤子敲打，因为管子会留下裂纹的隐患。

(6) 粘结完即刻将接头处多余胶粘剂擦净，初粘好的接头避免受力，须静置固化为止。

(7) 在零度以下粘接操作不得使胶粘剂结冻，且严禁明火加热。

三、成 品 保 护

1. 管材和管件在运输、装卸和搬动过程中，要轻放，严禁抛、摔、拖。不得乱堆放，不得曝晒。

2. 塑料管承插口的粘接过程中不得用手锤敲打。

四、质 量 标 准

1. 管道粘接的结口应整洁、牢固和严密。

2. 承插口粘接后，应将挤出的粘剂擦净。

3. 接口粘接后，应静置至接口固化后方可移动。

五、安全注意事项

1. 胶粘剂、丙酮等易燃品，在存放和运输时，必须远离火源，存放处应安全可靠，阴凉干燥，随用随取，粘接场所严禁明火，场内通风良好。

2. 粘接管道时，操作人员应站在上风处，戴防护手套、防护眼镜和口罩。

六、质量通病及其防治

质量通病及其防治方法见表 9-2。

表 9-2

序号	质量通病	防治方法
1	接口渗水	1. 承口内或插口外表有油污、粘剂与塑料管壁不结合。接口前，应用干布醮清洁剂将承插口接头擦干净 2. 粘剂涂抹不均匀或涂抹过量向外流淌 3. 粘剂冻结失效，粘结力减弱
2	管接口处破裂而漏水	1. 管子插入承口的深度不够，往往是下料尺寸短了，施工时凑合造成 2. 管子承口原有不明显裂纹，未认真检查出来，插入后裂缝增大或加深 3. 接口时用锤子敲打管子所造成 以上这几点事例很多，应该引起施工人员高度重视

10. 塑料管熔接

一、施 工 准 备

1. 材料

(1) 燃气塑料管、钢管和其他金属管、金属原材、内埋电阻丝塑料管件、电热丝云母片。

(2) 甘油、砂纸、洁净棉布块。

2. 机具

(1) 车床、刨床、铣床、磨床、电焊机、发电机、甘油锅、电熔控制箱、接口夹具、刮削器、割管器。

(2) 钢丝刷、水平尺、卡尺、线坠。

3. 工作条件

(1) 施工用水、电、气能满足连续施工的需要。

(2) 沟槽已开挖，管子及其他材料已进场。

(3) 管件均已配备齐全，即将进行燃气管道或其他管道埋地敷设。

(4) 进行电熔接口的人员队伍，经过培训、实践、考核合格后上岗。

二、施 工 工 艺

工艺流程

(1) 热熔对接：管子对口 → 找平行和同心度 → 夹进电热平模板 → 卸除电热平模板 → 接口 → 冷却

(2) 热熔插接：承口模具制作 → 承口制作 → 热熔模具制作

→热熔接口

(3) 电熔接口：接口表面处理→画接口定位线→安装夹具→连接电源熔接→电熔接口→冷却→卸夹具及电源导线

1. 热熔对接连接

适用于管径大于 *DN*50mm、管径相同的塑料管子或管件连接。目前东北地区埋地燃气聚乙烯塑料管的接口中应用较普遍，适合活动接口连接。

热熔对接是利用电加热元件（即热平板模，也称电热铁）所产生的高温，加热焊件的焊接面，直至熔融翻浆，然后抽去加热元件，对两个接触面施加一定的外力，将两接触面迅速熔融压合在一起，冷却后将会连接牢固。热熔操作时的环境温度≥10℃。

(1) 塑料管对口

①将塑料管或管件放入夹具内夹牢，用刷子和棉布块将管口的氧化层、油污、尘埃清除干净。

②将两管端的接口对正，对口间隙不得超过 0.5mm，用卡尺检查两对口的端面是否平行，必须保证两连接管接口时的两个端面完全重合，不得有缝隙。同时要调整好对口的两连接管间的同心度，其误差应小于管壁厚的 10%。对口达到要求后，将夹具夹紧，如图 10-1 示之。

(2) 加热接口。用热平板模加热两个管口，将加热温度及加热压力调至需要位置，加热时间及压力见表 10-1 和表 10-2 中规定。经加热后的两个管口熔化 1～2mm，当加热至熔融状态即完成了吸热过程。然后去掉加热的电热平模板（即电热铁），在规定时间内，以规定压力加压，促使两接触面压紧熔成一体，对接接口即完成。

(3) 冷却接口。接口完成后，在卡具上应稳住对口，让其自然冷却 2min，再放至地上还须再冷却 5min，方可进行另一端对口的组对和熔热接口。

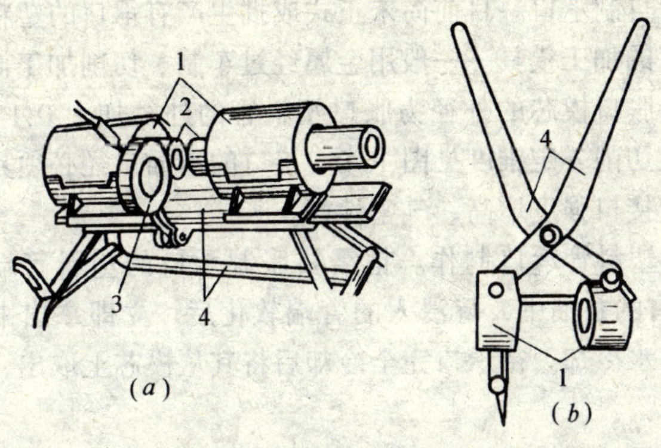

图 10-1　塑料管热熔对焊

（*a*）用于大量成批生产；（*b*）用于沟、井及狭小部位

1—夹具；2—管端；3—加热盘；4—手柄

熔接加热时间　　表 10-1

管径 *DN*（mm）	50	63	75	90	100	110	125	150
时间（s）	15	15	20	20	20	20	25	25

熔　接　压　力　　表 10-2

管径 *DN*（mm）	50	100	150	其他管径可现场试验，参照表中压力
压力（MPa）	0.5	0.8	1.2	

打开夹具后卸除卡具，对熔融接合口的外观进行检查，对口热熔环向高度、宽度成形应均匀、美观，其高度 2～4mm，宽度 4～8mm 为合格。

2. 承插热熔接口

利用承插口径之间的负公差压入、熔接而成。承插热熔接口的接触面较大，其接口的强度也较高。如果承口长度为管径的 2/3 时，接口强度则可大于母材强度。这种接口在南方地区的埋地燃气管道、给水管道中应用较普遍，也是比较理想的接口。

（1）自制承口。目前尚未正式成批生产有承口的塑料管，须自制承口的加工模具。一般用金属经过车制、切削加工而成，制作时金属胀口模芯的外径为胀口塑料管的外径加上 0.1～0.2mm即是，且切削一定锥度见图 10-2。接口的承插口径必须具备负公差方能使接口强度增高、气密性好。

（2）塑料管承口制作。把需要胀制承口的塑料管端，浸入120℃左右的甘油中，待浸入的管端软化后，立即拿出来套进模芯，再用水冷却。待承口完全冷却后将其从模芯上取出，承口就成形了。

用卡尺认真检查成形的承口尺寸，承口的内径比插口管径的外径应小 0.2～0.3mm 为合格。经测定如果承口过大，应该改进承口加工操作工艺。例如，可以提前将承口从模芯上退出来，这样能使承口有较多回缩。操作时也要注意，承口也不能过小，否则给下道工序造成困难。

（3）热熔模具制作。由机加车间分别经车削加工插口和承口加热模芯，加工时，热熔模具的承口内径比塑料管外径小 0.2～0.3mm，热熔模芯的插口外径比塑料管内径大 0.1～0.2mm。加工后在承口模芯中安装电热丝云母片，功率为 500 瓦左右，尚须安装自动调温装置来控制加热时间。模芯如图 10-3 所示。一般管径 $DN>100$mm 时，熔接长度为 $D/2$，当 $DN\leqslant 100$mm 时，熔接长度为 $D/2\sim D$。

图 10-2　胀口模芯

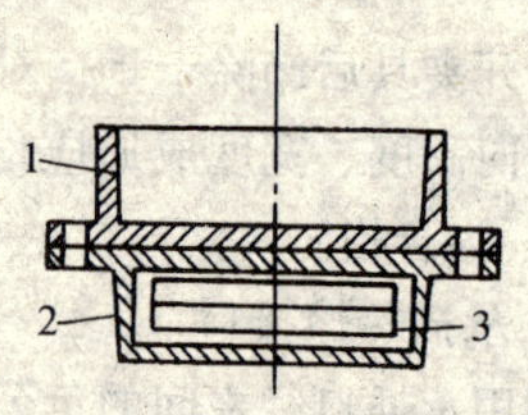

图 10-3　聚乙烯热熔模

1—插口模芯；2—承口模芯；3—电热丝

(4) 热熔接口。先将热熔模芯升温到 200℃左右，然后，分别把塑料管的承口和插口，插入及套进模芯的插口和承口里进行加温，如图 10-4 所示。将加温时间调至 1~2min，观察受热表面，当呈现半透明的熔融状态时，立即将模具退出，同时，快速将承插口进行加力熔接成一体。由于承插口之间有 0.2~0.3mm 的过盈，插入后即形成紧密融合状。待全部冷却开始硬化方可移动接口。

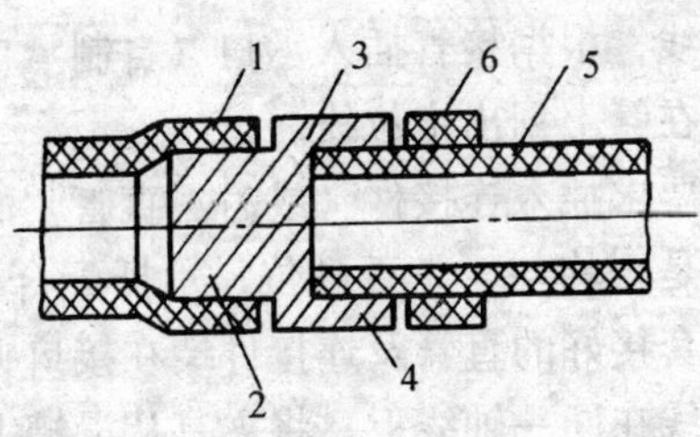

图 10-4 承插对接

1—承口；2—芯棒；3—加热元件；

4—套管；5—平口管端；

6—夹环（限位用）

(5) 聚乙烯管与金属管的热熔连接。

操作时，先将聚乙烯管胀口，胀口的内径比金属管的外径小 0.2~0.3mm，并有锥度。将金属管接口端的表面除锈及油垢处理，达到干净、露出金属光泽为止。再将金属管端插口部分加热至 210℃左右，立刻把聚乙烯管套进灼热的金属管端，表面逐渐熔融，可见到呈半透明状，然后让其自然冷却。待完全冷却后，金属管与塑料管的接口就完全熔合在一起。其接口气密性好，强度较高。

3. 电熔接口

通过在连接件端部接触表面的导线圈通电后产生热量，使其受热而熔化塑料管的接触面，达到接触面的相互熔合连接。

电熔接可对塑料套管、支管、导径管、等径或非等径三通以及弯管的熔接。因造价高，一般用于燃气管道的进户处、调压箱处固定口的连接。

（1）塑料管和管件电熔接口操作（活动口）

①对直管接口部分表面处理，用专用刮削器对接口部分的表面进行刮削处理，除去表面的氧化层，须对接口的圆周面和套管、承插管接头的端面全部进行均匀刮削。刮削的深度不得大于下列数：

直径≤63mm时，≤0.1mm；

直径>63mm时，≤0.2mm。

②画出定位线，根据接管插入承口（自制承口）内或连接件内应有的长度，在管上划出定位线。

③将直管按要求插入连接件（或另一直管）的承口内，然后检查插入的部位是否均匀，是否到位，承插配合是否符合要求。检查合格后，将套接好的直管及连接件装在接口夹具上，调整好夹具使两管中心线在同一轴线上，将夹具从滑槽上把直管推入连接件的承口内直到定位线为止。

④选择好要求的输出电压，将控制器（即电控箱）上的电导线插头与连接件上的电导线圈（也是插座形式）连接，用按钮选择正确的熔接时间，详见表10-3中规定。调整好熔接时间后，再按启动“按钮”，进行熔化线圈，待接头内的线圈完全熔化以后则完成熔融接口。此时屏幕显示读数为“000”。

⑤熔接完毕按规定时间对接口进行冷却，在冷却期间禁止移动接口或施加任何外力。并对接口进行质量检查，即从观察孔中见电熔接口凸起即为合格。

⑥完全冷却后方允许拆卸夹具和电熔导线插座。

（2）固定口的熔接操作

①在完成表面刮削且达到合格后，画出定位标志线。

②将带有电导线圈的管件套在接管的一个管端上，用夹具将接口的两个管端夹住，再将管件移动至接口处的定位线上，必须保证两端伸入套管件内的深度。在调整好两管端的中心轴线及定位线后，将定位夹紧固定。以下步骤同活动口熔接相同。

电熔接熔接时间 表 10-3

管件类型	尺　　寸	输出电压（V）	熔接时间（s）	冷却时间（min）
渐缩管	90×63	39.5	50	10
	125×90	39.5	120	12
	180×125	39.5	250	15
三通	63×32	39.5	46	10
	90×32	39.5	46	10
	110×32	39.5	46	10
	125×32	39.5	46	10
	160×32	39.5	46	10
套筒（二通）	50mm	39.5	60	5
	63mm	39.5	90	6
	90mm	39.5	120	7
	110mm	39.5	180	9
	125mm	39.5	200	9
	160mm	39.5	250	9

三、成　品　保　护

1. 接口在冷却的全过程中，不得移动或受力。

2. 管道施工中暂时中断，必须临时封堵敞口。

3. 塑料管在下管及运输过程中不得碰伤管壁。

4. 冬季施工，对接过程时间不宜过长，否则形成冰膜。

5. 撤出电热铁时（电热平板模），不可碰伤聚乙烯（塑料）软化物。否则也会出现“假焊”。

四、安全注意事项

1. 电热平模板、电热熔接口均属通过电热丝加热，操作时应遵守用电设备的规定，防止触电。

2. 电熔接口时，屏幕显示必须正常方可熔接，屏幕显示不正常时，应停止熔接。控制箱应有专人看管使用。

3. 使用电热平模板、电热熔管件时，要先检查设备，不应有漏电的可能。

4. 熔接过程，当电热平模板（电热铁）达到温度后，要指定专人看守，以免发生烫伤。

五、质 量 标 准

1. 电热平模板加热管子对接的接触面时，不可造成接口部位收缩，两接触面应相互平行且在同一轴线上为合格。

2. 热熔接口中承口制成后，其内径比插管外径小 0.2～0.3mm 为合格。

3. 热熔模具制作后，模具的承口内径比塑料管外径小 0.2～0.3mm 为合格，模具的插口外径比塑料管件的内径小 0.1～0.2mm 为合格。

4. 热熔对接的双条熔融圈，应该完整均匀地在接头两侧形成，并且没有间隙和变形、没有裂纹和断缝。两管的同心度误差小于管端壁厚的 10%。

5. 热熔的接口应完全重合，熔融圈的高度为 2～4mm，宽度为 4～8mm 为合格。高度与宽度的环向应完全均匀。

6. 热熔套接的管子插入管件的深度应准确。

7. 熔接效果检查孔内的塑料柱必须要完全凸出电熔管件的外壁。

六、质量通病及防治方法

质量通病及防治方法见表 10-4。

表 10-4

序号	质量通病	防治方法
1	承口加工后过大	应在胀口操作中改变操作方法，譬如，可提前将承口从模芯上取下，使承口有较多的回缩
2	热熔接管内径收缩	承口加工时，承口直径不宜过小
3	对接中形成“假接”	1. 熔接口没有完全冷却，便移动接口或施加外力 2. 熔接压力调节过大，致使熔融物大部被挤出而在熔口端面是未被熔化的塑料“硬碰硬”，只有极少熔融物粘合在一起 3. 沟槽下沉，出现剪力，破坏对接口 4. 加热温度不够 5. 加热板在熔时倾斜 6. 椭圆度不符合要求 7. 冬季施工在熔融表面形成冰膜

11. 塑料管（板）焊接

一、准　备　工　作

1. 材料

（1）高低压塑料管、塑料板、塑料焊条、轻便带锯锯片、钢锯锯片。

（2）连接三通、控制阀、小线、粉笔、石笔、锉刀。

2. 机具

（1）空气压缩机、空气过滤器、调压变压器、SH-2 型热塑性塑料焊接机、电动坡口机、带锯。

（2）焊枪、工作台、压缩空气管、多功能塑料焊枪、漏电自动切断器。

（3）水平尺、钢卷尺、线坠、钢板尺、直角尺、钢锯。

3. 工作条件

（1）设计要求塑料管道、塑料板为焊接连接。塑料风管、塑料部件为塑料焊制成型。

（2）设计图纸、部件加工图均已进行会审，对施工人员已进行技术、质量、安全交底。

（3）材料、机具、电源、水源均能保证连续施工。

二、施　工　工　艺

工艺流程

焊接设备选择 → 焊条选择 → 坡口 → 焊接

塑料管（板）焊接主要指热风焊接。焊接连接适用于高低压塑料管（板）连接。

1. 热风焊接是用过滤后无油、无水的压缩空气、经塑料焊接枪中的加热器加热到一定温度后，由焊枪喷嘴喷出，使塑料焊条和焊件加热呈熔融状态而连接在一起。塑料管焊接有热空气焊接设备及新型塑料焊机，如图 11-1、图 11-2 所示。

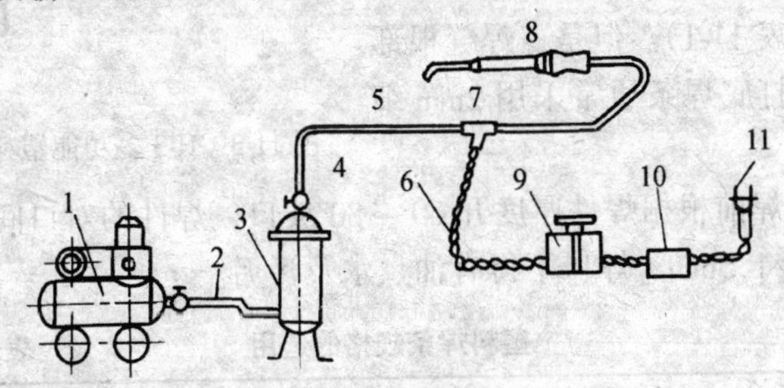

图 11-1 热空气焊接设备

1—空气压缩机；2—压缩空气管；3—空气过滤器；
4—控制阀；5—过滤后压缩空气管；6—二次电源线；
7—连接三通；8—焊枪；9—调压变压器；
10—漏电自动切断器；11—220V 交流电源

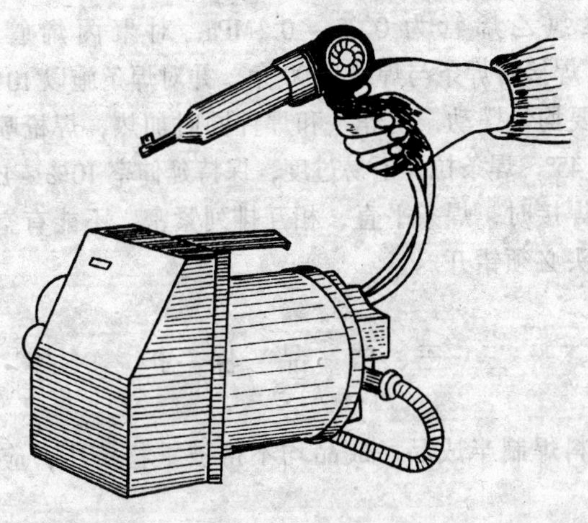

图 11-2 SH-2 型热塑性塑料焊接机

2. 塑料焊枪选用电热焊枪（如图 11-3），焊枪喷嘴直径接近焊条直径。焊条化学成分应与焊件一致。焊条根据塑料管壁厚选定（见表 11-1）。但是，焊缝根部第一根打底焊条通常采用 2mm 细焊条。

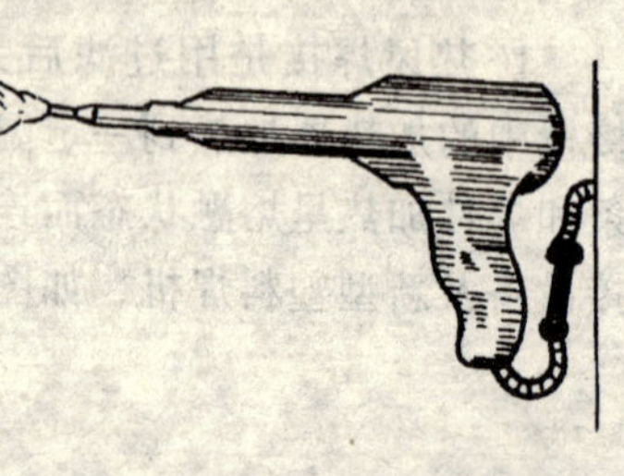

图 11-3 H-3 多功能塑料焊枪

3. 焊前根据焊件厚度开 60°～80°坡口，焊件的对口间隙应小于 0.5～1.5mm。焊口不得有油、水及污垢。

塑料焊条规格的选用 表 11-1

管子壁厚（mm）	2～5	5.5～15	>15
焊条直径（mm）	2～2.5	3～3.5	3.5～4

4. 焊接：

（1）要求热风距喷嘴 5～10mm 处的温度为 200～250℃，热风压力对聚氯乙烯管为 0.05～0.1MPa，对聚丙烯管为 0.02～0.05MPa。焊接时焊条与焊缝呈 90°角，并对焊条施以 10～15N 的压力，焊枪要均匀摆动，使焊条和焊件同时加热，焊枪喷嘴与焊条夹角 30°～45°，焊条拉伸不易过度，保持延伸率 10%～15%以内。

（2）焊接时，焊条平直，相互排列紧密，不能有空隙。各层焊条的接头必须错开。

三、成品保护

1. 塑料焊制半成品、成品均不得被重物挤压，应有保护措施。

2. 焊接过程中焊接完须冷却后方可搬动焊件。

四、安全注意事项

1. 空压机及用电设备应有专人看管、专人使用，严防触电。

2. 电气设备回路应由电气人员接线和维护。

五、质 量 标 准

1. 焊接时，焊条应平直，排列紧密，焊接接头必须错开熔融成一体，不得有缝隙。

2. 施焊时，对焊条一定要向焊缝所在的位置施压力。

六、质量通病及其防治方法

质量通病及防治方法见表 11-2。

表 11-2

序号	质量通病	防治方法
1	焊口开裂	1. 焊接温度应经试验测定后调至熔接加工温度 2. 焊条与母材的化学成分一样方可使用 3. 热风喷嘴温度及压力必须满足要求

12. 弯 管 加 工

一、准 备 工 作

1. 材料

管材、焦碳、劈材、粗砂、电石、氧气、电热丝、棉纱、棉布块。

2. 机具

手工弯管器、滑轮弯管器、电动或液压弯管机、烘炉、工作台、模具、鼓风机、乙炔发生器、焊割工具、电炉、电烘箱。

3. 作业条件

(1) 施工图、标准图已具备，并审核校对完毕。

(2) 管材齐全，均已进入现场，经验收材质合格。

(3) 技术交底已进行，熟悉各加工部件的规格尺寸、角度，编好料牌。

二、施 工 工 艺

工艺流程

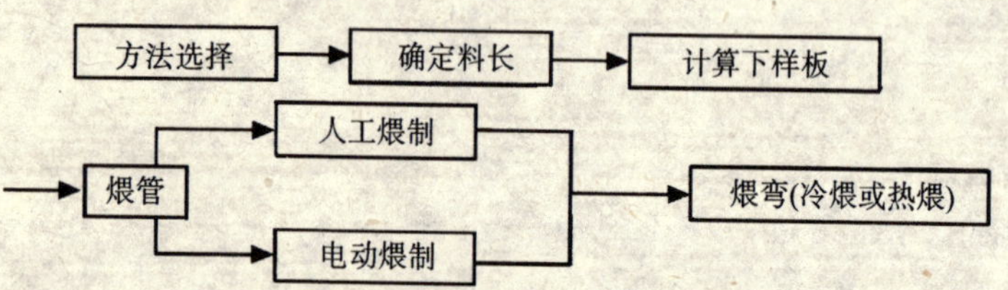

在管道安装工程中，需用大量各种角度的弯管，如90°、45°乙字形弯（来回弯）、抱弯、方形伸缩器等。根据现场机具条件和管径选择加工机具，选用相应施工工艺加工。

1. 煨弯方法选用：$DN50$mm 以下钢管、薄壁铜管适用手工弯管、滑轮弯管；$DN50\sim150$mm 钢管、厚壁铜管适用电动液压弯管；$DN160$mm 以上的弯管，可用火煨弯管（镀锌管不可煨烤）。

2. 计算弯头展开长度。在弯管前先在直管上画出弯头的展开长度。根据弯曲半径 R 和弯曲角 α 确定，见图 12-1。

弯曲长度 $L=\frac{1}{n}2\pi R$

式中 n——分角数，$n=\frac{360°}{\alpha}$；

α——弯管角度；

R——弯曲半径，热弯应不小于管外径 3.5 倍；冷弯不小于管子外径的 4 倍；焊接弯头不小于管子外径的 1.5 倍；冲压弯头不小于管子外径。

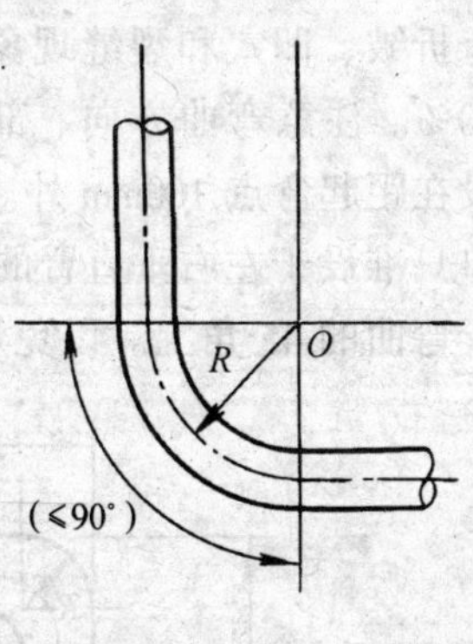

图 12-1　弯曲半径示意图

例 1：钢管 $DN50$，煨 90°弯（冷煨要求 $R\geqslant4d$），求冷弯制弯管最小展开长度为多长？

查书后管材表知 $DN50$ 管外径 d 为 60mm，取 $R=4d$

$$\therefore\quad R=4\times60\text{mm}=240\text{mm}$$

由公式 $L=\frac{1}{n}2\pi R=\frac{2\pi R}{n}=\frac{2\pi R}{\frac{360°}{90°}}=\frac{2}{4}\pi R=\frac{1}{2}\pi R$

$$=\frac{1}{2}\times3.14\times240\text{mm}=376.8$$

冷煨弯最小展开长度为 376.8mm，然后放线下样板，见图 12-2 示之。

例 2：如图 12-3。已知管径 $DN50\times3.5$ 求冷煨“⊓”形胀力 1280×880 伸缩器最小计算长度。

分析：方形伸缩器由四个 90°弯组成即为 $2\pi R$，a 和 b 是由设计给定，所以加工长度 $L=2\pi R+a+2b-6R$

查表知 $DN50 \times 3.5$ “Π”形伸缩器两臂分别为 $a=1280$，$b=880$，$R=240$，代入公式

则 $L = 2\pi R + a + b - 6R$

$= 2 \times 3.1416 \times 240 + 1280 + 2 \times 880 - 6 \times 240$

$= 1507.97 + 1280 + 1760 - 1440 = 3107.97$

3. 煨管：使用手动或电动弯管器，弯曲处不应有折皱、凹穴和裂缝现象，弯扁度不大于管外径的10%。注意弯曲方向、部位和焊缝间关系，焊缝应设在距起弯点 100mm 外。伸缩器如设焊口时，其焊口只准设于左右垂直臂的中间。焊接钢管煨弯时，把管子焊缝置于弯曲的 45°角上。以免焊缝产生裂纹，见图 12-4。

图 12-2 样板

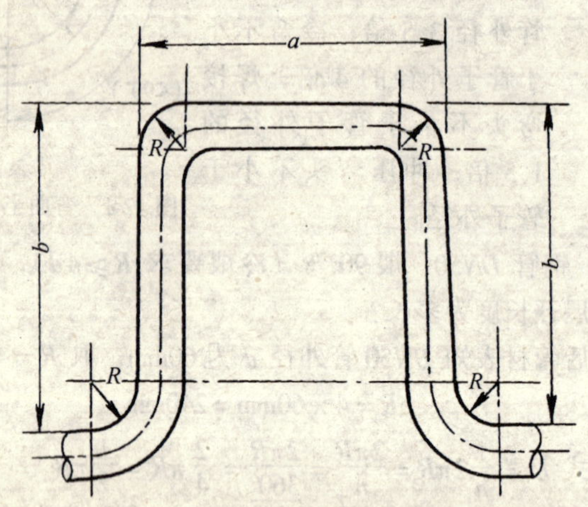

图 12-3 “Π”形胀力用料计算示意图

（1）人力弯管器煨管。把弯管器套在需要弯曲部位，用脚踩住管子，如图 12-5 示之。扳动弯管器手柄，稍加一定的力，使管子略有弯曲再逐点向后移动弯管器，使管子弯曲成计算后与样板吻合的弯曲半径。

（2）滑轮弯管煨管。可弯制 50～100mm 管子。弯管器可固定在工作台上，弯管时把管子放在滑轮中间，扳动把手带动滑轮

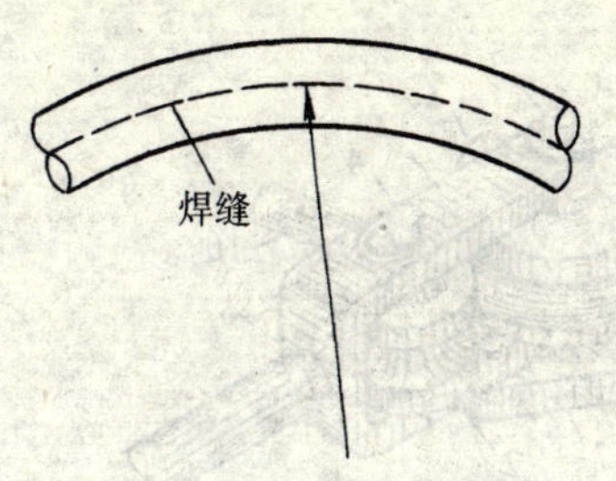

图 12-4 焊接钢管的焊缝在弯管中的位置示意图

图 12-5 人力弯管器煨管

即可煨好成形，如图 12-6、12-7 所示。

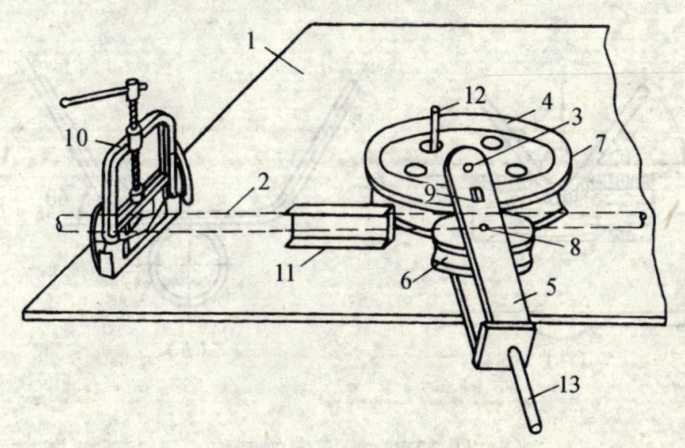

图 12-6 手工煨管台

1—管台；2—管子；3—台阶销轴；4—大轮；5—推架；6—小轮；7—刻度；8—活动销子；9—观察孔；10—压力；11—槽钢靠铁；12—固定销子；13—推棒

对于小管径钢管，在工地上经常也采用简单胎具进行压制成型，如图 12-8 所示。

（3）弯管机弯管。管径 80mm 以上或批量较大的可用电动或液压弯管机弯管。先选择好弯曲半径、符合要求的弯管模具，再将管子放置模具上，开动机械即可弯制成形。

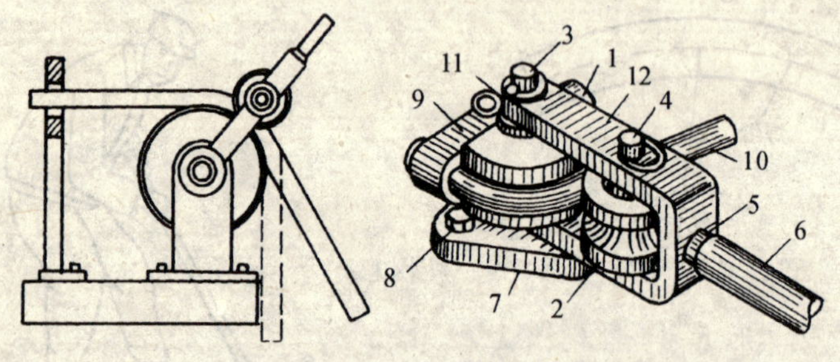

图 12-7　人力煨管架及煨弯器

1—固定滚轮；2—动滚轮；3—固定滚轮的轴；4—动滚轮的轴；
5—轴；6—管子杠杆；7—盘座；8—固紧螺栓；9—卡紧钢箍；
10—管子；11—钢箍的轴；12—支架

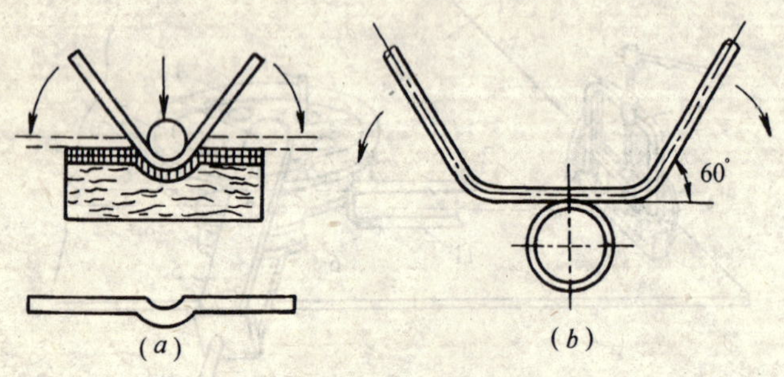

图 12-8　半圆弯的制作

(a) 胎具压制；(b) 单弯制作

(4) 铜管的弯制。

①铜管管径在 100mm 以下者，采用冷弯，在弯管机上进行；管径大于 100mm 采用压制弯头或焊制弯头。焊制弯头最小曲率半径为管外径的一倍，铜管弯管的直边长度不应小于管径，且不少于 30mm。

②铜管及铜合金管一般不采用热煨，因煨后铜管内填充物砂子、松香等不易清净。如要进行热煨，须用木柴、木炭或电炉加热，不宜用氧—乙炔焰或焦炭。加热温度一般在 500～600℃，最

小弯曲率半径为 3.5 倍管外径。尽量采用成品管件连接成所需角度。

(5) 过火热煨管。管径在 80mm 以上的钢管最好用过火热煨。

①先在被煨制的管子内装上炒干的砂子，颗粒直径符合规定，截其长度为管直径 1.5~2 倍的木塞，将管子两端堵严，边灌砂边用手锤敲打震实。

②在管子上划出直管段，划出加热长度，才搁置烘炉上加热。加热温度逐渐上升，但不高于 1050℃，不低于 650℃。加热过程中随时转管，当管子成蛇皮状，并呈现出红亮光时停止加热。

③将热管抬置模具上进行弯管，见图 12-9。不需要弯曲的直管段，先用冷水冷却，需要弯曲的管段可按样板形状进行弯曲。弯曲所需的力可用人力或卷扬机来拉。管子中心线与拉力的方向成 90°角，且在一平面上，见图 12-10、12-11。

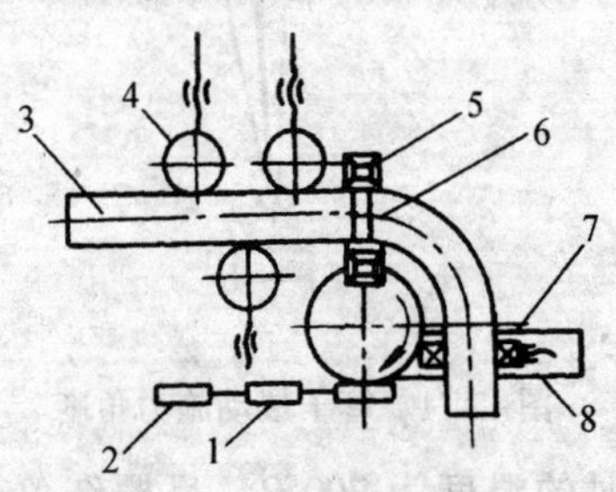

图 12-9 中频煨管机示意图

1—减速机；2—电动机；3—管子；
4—支撑滚轮；5—感应圈；6—加热区；
7—夹头；8—转臂

④在弯管过程中，用力应当均匀。管子弯到所需要的弯曲半径时，用冷水冷却。凡是热煨管子冷却后均缩 2°~3°，故必须超过预定弯曲度 2°~3°方可。使管壁硬化不会再被弯曲，让未达到弯曲度即不符合样板的部位再继续弯曲。

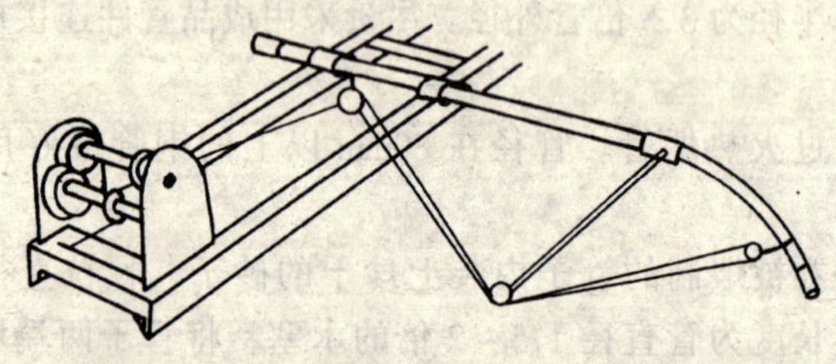

图 12-10 简易煨管示意图

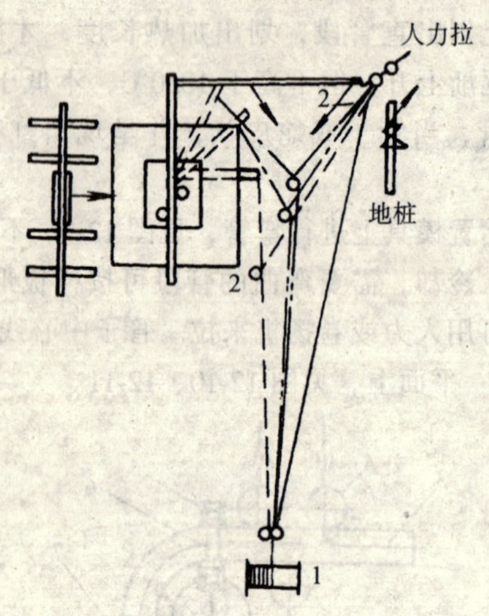

图 12-11 管子煨动施力角度

⑤弯管终了时的温度为 700℃，呈樱红色（碳素钢），当被煨管子降至这个温度时，必须停止弯管。否则会造成金属结构破坏，若需再弯，必须再加热。

管子加热用的地炉、吹风管及现场布置见图 12-12、12-13、12-14、12-15。

⑥用气焊加热弯管。先在钢管上划出直管段，再划出加热长度，并在加热长度上预热，再从起弯点开始加热，边加热边弯曲边用水冷却，随时用样板检测，做到弯曲半径一致，防止弯曲段表面折皱。如立管过支管弯管加工是现场常遇的，见图 12-16 及

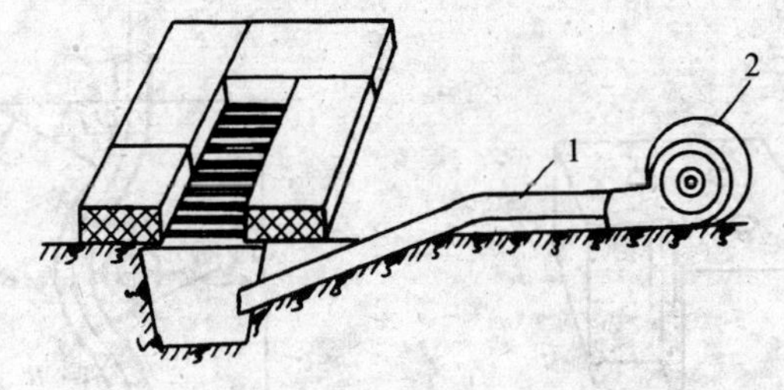

图 12-12　地炉（一）
1—铁皮风管；2—鼓风机

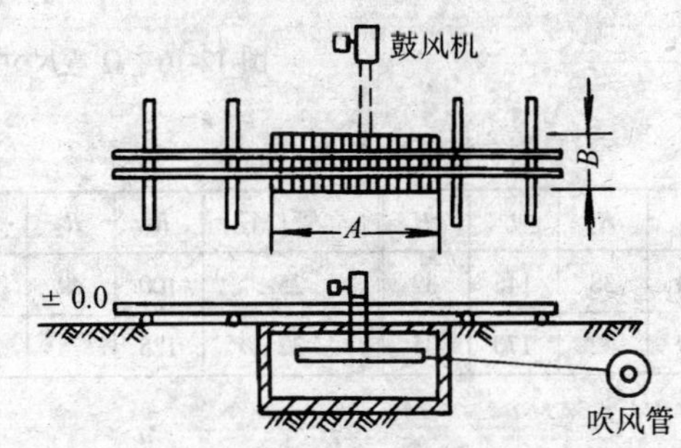

图 12-13　地炉（二）

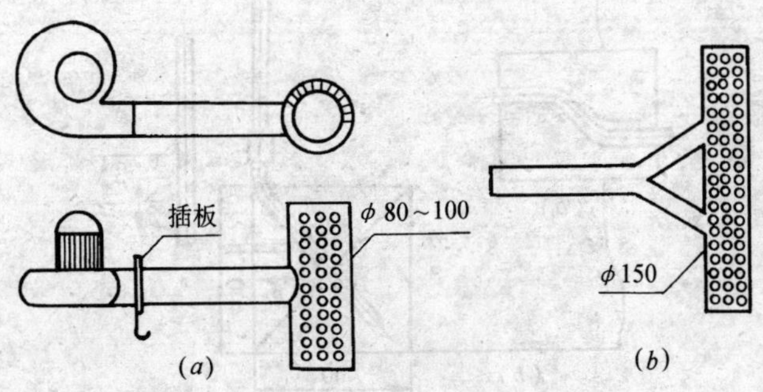

图 12-14　吹风管
（a）丁字形花管；（b）Y 形花管

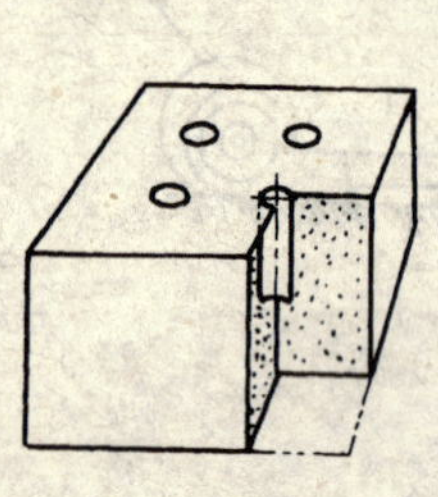

图 12-15 热煨管台

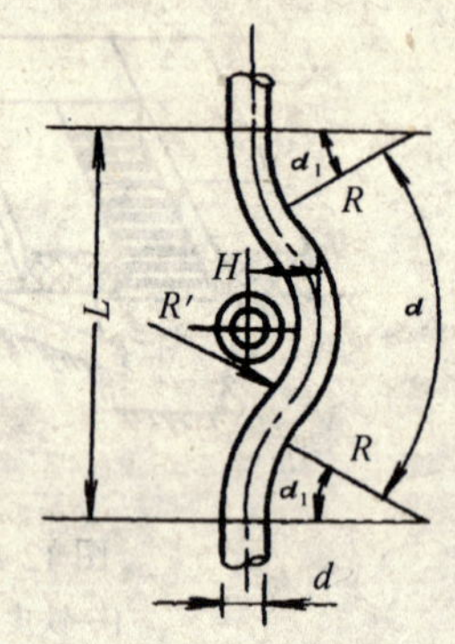

图 12-16 Ω弯尺寸(mm)

尺寸表 12-1。

样板尺寸表(mm) **表 12-1**

立管口径	R_1	R_2	L	H	立管口径	R_1	R_2	L	H
15	60	38	146	32	25	100	49	198	38
20	80	42	170	35	32	125	75	244	42

来回弯管的制作如图 12-17 所示。

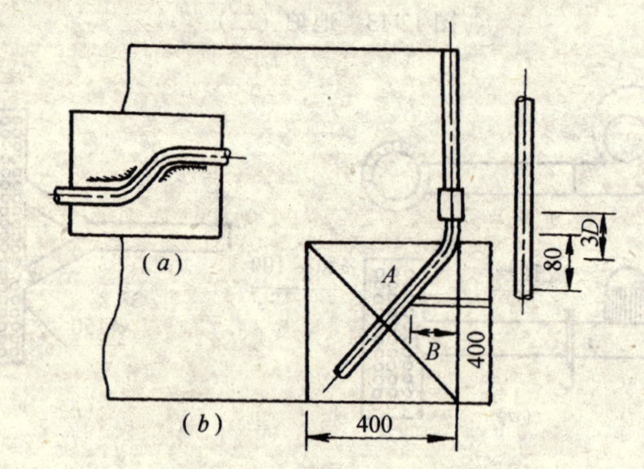

图 12-17 来回弯管的制作

(a) 胎具弯制;(b) 单弯制作

⑦硬聚氯乙烯塑料管在温度升高时强度急剧下降，低温时变脆易裂。煨管加热时严格控制其温度和时间，一般煨弯加热温度为140℃左右，煨管环境不低于15℃，加热时间按管径大小和管壁厚度定。

⑧电烘箱煨制塑料管。将管内充砂，用木锤轻击填充密实，用木塞塞紧管口，将煨管部分放入电烘箱，边加热边转动管子，若管子很长，一端站一人，二人同时转管，防止扭裂。管子变软时放在胎具上弯曲，角度与样板吻合后，用浸冷水的棉纱涂抹管外壁降温，定形后从胎上取下，倒尽砂子。

三、成 品 保 护

1. 冷弯或火煨后的弯管处，在未冷却前应防雨、防水、浸渍，更要防止受外力撞击。

2. 不同弯曲半径和不同管径的弯管应及时编号、挂牌，防止安装时用错。

四、安全注意事项

1. 用手动弯管器煨弯时，操作人员面部一定要错开所弯的管子，以免弯管器滑脱伤人。

2. 用火煨弯时，管口处禁止站人，以防放炮伤人，煤炉位置应与消防部门联系好，周围的易燃物必须清除，下班前必须将火熄灭，以防发生事故。

3. 乙炔发生器必须设有防止回火的安全装置，保险链、氧气瓶、氧气表及焊割工具上，严禁沾染油脂，氧气瓶应有防震胶圈。

4. 乙炔发生器应每天换水，严禁在浮桶上放置物料，更不准用手在浮桶上加压或摇动，距离明火应在10m以外。

5. 使用电动工具时，应在空载情况下启动。操作人应戴上绝缘手套。如在金属台上工作，应事先铺上绝缘垫板，电动工具发生故障时及时修好。

五、质　量　标　准

1. 弯管规格、尺寸应符合设计要求或规范规定。

2. 弯管不得有弯扁、凹穴、裂缝等缺陷。

3. 弯管椭圆率允许偏差值：当管径≤100mm 时为 10%；当管径>100 时为 8%。

4. 弯管折皱不平度允许偏差值：当管径≤100mm 时为 4mm；当管径>100mm 时为 5mm；管径>250mm 时为 7%。

六、质量通病及其防治

质量通病及防治方法见表 12-2。

表 12-2

序　号	质量通病	防　治　方　法
1	管子弯曲半径小，出现弯扁、凹穴、裂缝现象	用手动弯管器时，要正确地放置好管缝位置，弯曲时逐渐向后移动弯管器，不能操之过急
2	火煨出现弯扁凹穴	干砂应灌实，温度应控制在 600～1000℃间，转动烘烤、从划定位一端向另一端进行，模具要符合标准从严操作

13. 管道支架（包括风管）

一、准　备　工　作

1. 材料

型钢、圆钢、螺栓、锯条、电焊条、氧气、电石、钻头、细碎石、水泥、砂、石笔、粉笔、小线。

2. 机具

虎钳子、钢锯、切断机、弯曲机、电焊机、台钻、砂轮机、乙炔切割器具、活扳子、手锤、套丝搬子、钎子、圆扳牙、台虎钳、钢卷尺、弯尺、水平尺、线坠。

3. 作业条件

(1) 管道安装之前。

(2) 管材、配件、型材及配套材料全部进场并验收合格，能保证连续加工。

(3) 管道施工图会审已进行完毕，并作了技术、质量、安全的交底工作。

二、施　工　工　艺

1. 选定支架形式。根据结构形式，可将支架分为支托架（包括托钩）、支吊架、立管卡、管架、管墩。按其制约管道的作用又可分为固定支托架、活动支托架。

(1) 在管道上不允许有任何位移的地方，应设置固定支托架，要求有足够的强度和承受力来限制（主要由热胀冷缩引起的）管道的位移。有简易带弧形挡板的卡环式，应用较为广泛，见图 13-1。还有管卡式、双侧挡板式等形式。一般由设计计算后选定，多用于供热、热力、热水管道上。

工艺流程

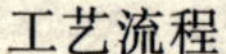

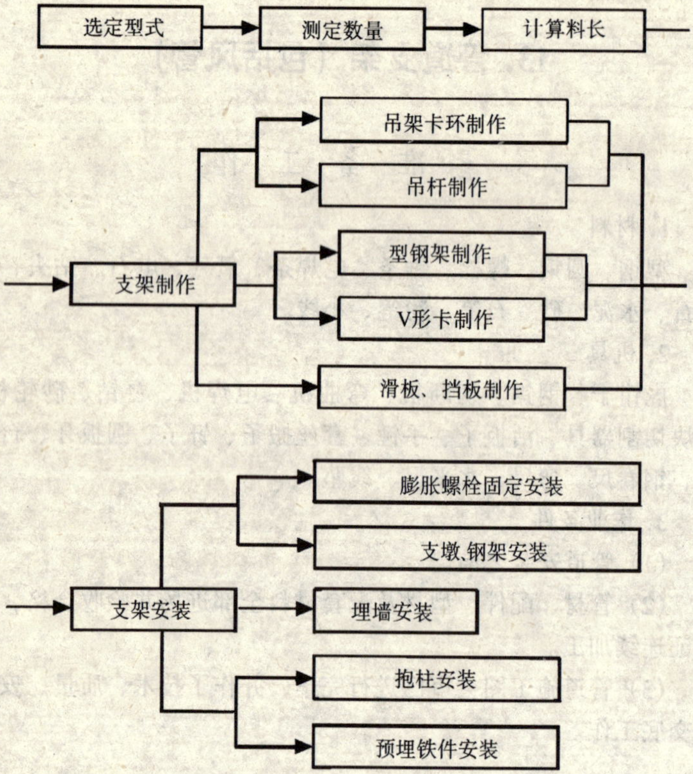

选定型式 → 测定数量 → 计算料长 →

→ 支架制作：
- → 吊架卡环制作、吊杆制作
- → 型钢架制作、V形卡制作
- → 滑板、挡板制作
→

→ 支架安装：
- → 膨胀螺栓固定安装、支墩、钢架安装
- → 埋墙安装
- → 抱柱安装、预埋铁件安装

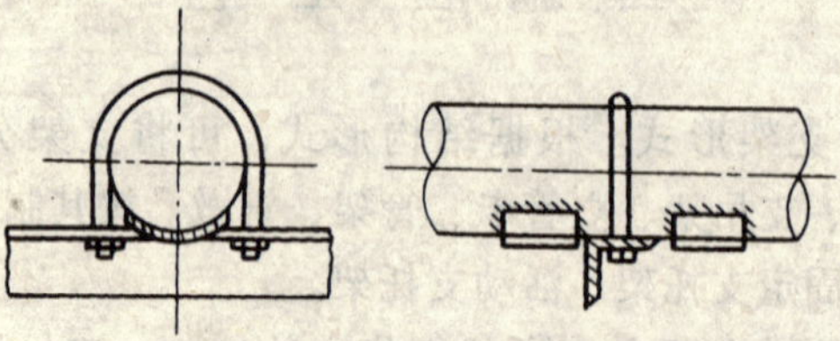

图 13-1　固定托架一般做法

（2）允许管道沿轴线方向自由移动时，设置活动支架，其包含托架和吊架两种结构形式。托架活动支架有简易式，在活动支

架中，U形卡只固定一个螺帽，管道在卡内可以自由伸缩，见图13-2中所示。在实际施工中，有不少错误做法，例如：将U型卡的两端都套上螺栓固定，使管道不能沿轴线方向自由地伸缩。应用比较普遍，多用于供热、燃气、热水管道中。还有弧形滑板式、保温高支座式等，用于室外热力管道为多。吊架由降螺栓、吊杆、卡环三部分组成。吊架支承体为型钢横梁，也可为楼板、屋面等建筑实体。

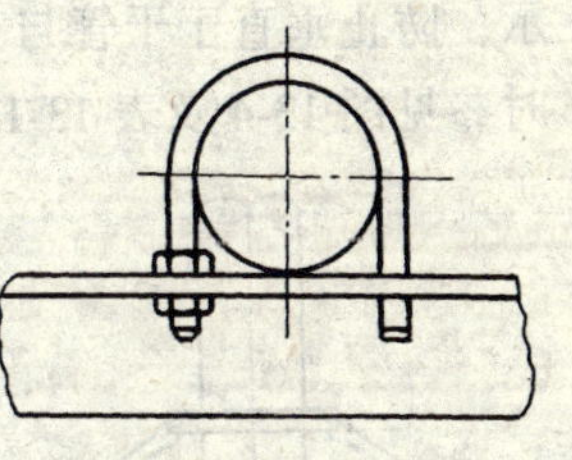

图13-2　滑动管卡一般做法

(3) 托钩与管卡。托钩（钩钉）一般用于室内横支管、支管等管道的固定。多用于室内给水、煤气管道上，规格为$DN15\sim20$mm。立管卡用来固定单立管或立管，多用在室内给水、排水、煤气管道中，规格为$DN15\sim50$mm，一般多采用成品使用，如图13-3所示。

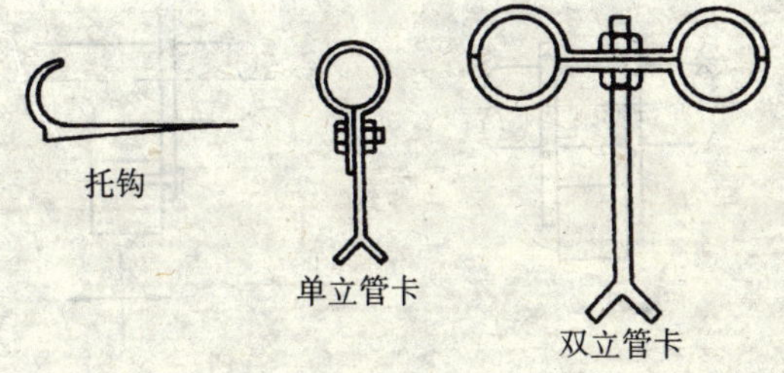

图13-3　托钩与管卡

(4) 管架和管墩。主要应用于室外热力管网中架空明设的地方，管架由钢管或型钢组焊而成；管墩由砖砌或混凝土筑成。根据介质性质，计算决定架或墩的外形尺寸；设置上面的固定托架及活动托架的型式、位置。

(5) 防晃支架。在消防管道和通风空调管道中常用。

防晃支架主要防止喷水时，管道沿管线方向晃动，有立管顶端四方防晃支架✥示之，防止顺干管与支干管方向晃动的用↔表示，防止垂直于干管与支管水平方向晃动的支架用↕表示。制作时参见图 13-4 及表 13-1。

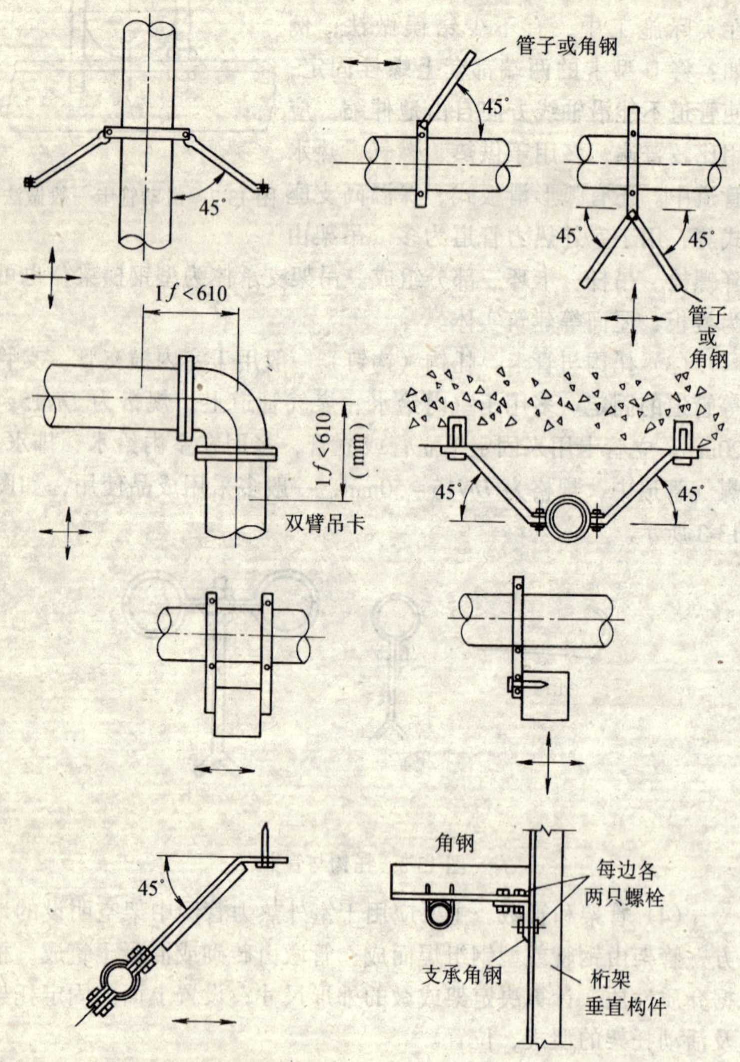

图 13-4　防晃支架的形式

型钢防晃支架最大长度 **表 13-1**

型钢规格	最大长度（mm）	型钢规格	最大长度（mm）
∠45×45×6	1470	50×10	530
∠50×50×6	1980	ϕ20	940
∠63×63×6	2130	ϕ22	1090
∠63×63×8	2490	*DN*25	2130
∠75×50×10	2690	*DN*32	2740
∠80×80×7	3000	*DN*40	3150
-40×7	360	*DN*50	3990
-50×10	360		

如果支架的长度超过表中最大的长度，要按长细比要求确定其型钢规格。

型钢的长细比为 $L/r\leqslant 200$，L 为型钢支撑长度，r 为最小截面回转半径。

按上述要求进行下料、切断、钻孔、焊接成形，防晃支架的强度能承受管道、配件及管内水的介质重量和 50%的水平方向推动力而不致损坏，也不会产生永久变形。支架设置位置见相关的管道安装工艺。

2. 确定支架数量。对于有坡度的管道，可根据水平管道两端点（从墙面向外量出 1m 为此两点位置）间的距离及设计坡度（或规定坡度），计算出两点间的坡度差，在墙上按标高及坡度差确定此两点位置。用钎子打进此两点，在钎子上绑上小线且拉直，按表 13-2、表 13-3、表 13-4、表 13-5、表 13-6 中查出支架间距，在拉线上就可以画出每一个支架的具体位置。严禁将管道过墙算为管道支架，如图 13-5。如果土建施工时已在墙上预留了埋设支架的孔洞，或在钢筋混凝土柱、构件上预埋了焊接支架的钢板，也应拉线找坡、检查其标高、位置及数量是否符合要求和规定。对于室外管道的管架或管墩也以同样方法复查。支架的正确定位是施工中重要环节，目前许多工程中被忽视。根据施工中这一大薄弱环节，值得推广十六字的规律："墙不作架、托稳转角、找准坡度、同径等分、不超最大"。

钢管管道支架最大间距（m）　　表 13-2

管道公称直径（mm）		15	20	25	32	40	50	70	80	100	125	150	200	250	300
支架最大间距(m)	保温管	1.5	2	2	2.5	3	3	4	4	4.5	5	6	7	8	8.5
	非保温管	2.5	3	3.5	4	4.5	5	6	6	6.5	7	8	9.5	11	12

给水塑料管道支架最大间距（m）　　表 13-3

外　径	20	25	32	40	50	63	75	90	110
水平管	500	550	650	800	950	1100	1200	1350	1550
立　管	900	1000	1200	1400	1600	1800	2000	2200	2400

风管支、吊架最大间距（m）　　表 13-4

水平风管	直径或边长＜400mm	≯4m
	直径或边长＞400mm	≯3m
垂　直　风　管		≯4m，但每根立管固定支架不少于 2 个

排水塑料管道支架最大间距（mm）　　表 13-5

外径	40	50	75	110	160
间距	400	500	750	1100	1600

铜管的支架间距　　　　表 13-6

公称直径（mm）	临界支架间距（m）	允许支架间距（m）	标准支架间距（m）
15	1.88	1.60	1.0
20	2.29	2.00	1.0
25	2.51	2.20	1.5
32	2.69	2.40	1.5
40	2.92	2.60	1.5
50	3.44	2.90	2.0
65	3.60	3.20	2.5
80	3.94	3.50	2.5
100	4.52	4.00	3.0

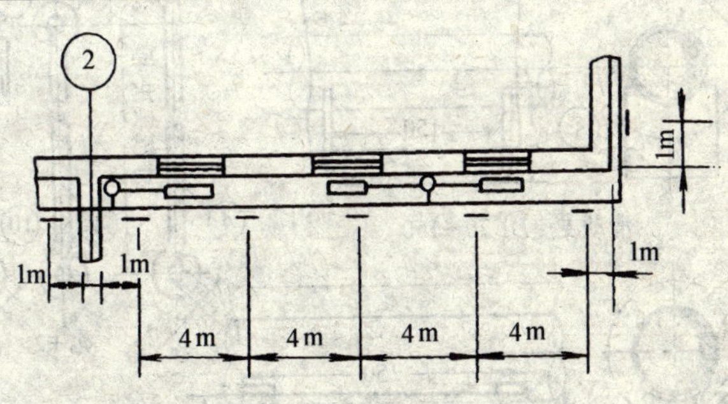

图 13-5　活动支架安装位置的确定

3. 计算料长

根据选定的形式和规格，计算每个支架组合结构中各部分的料长，参见图 13-6～图 13-16 及表 13-7～表 13-18。防晃支架的下料计算，应根据工艺设计图中具体位置实际测定。

固定管卡
滑动管卡
双合管卡
钢板管卡
滑动支座D_8 20~50
吊架
滑动支座D_8 70~150
尺寸按实决定
ϕ_0+2
150
250
20
70
70
70
20
25

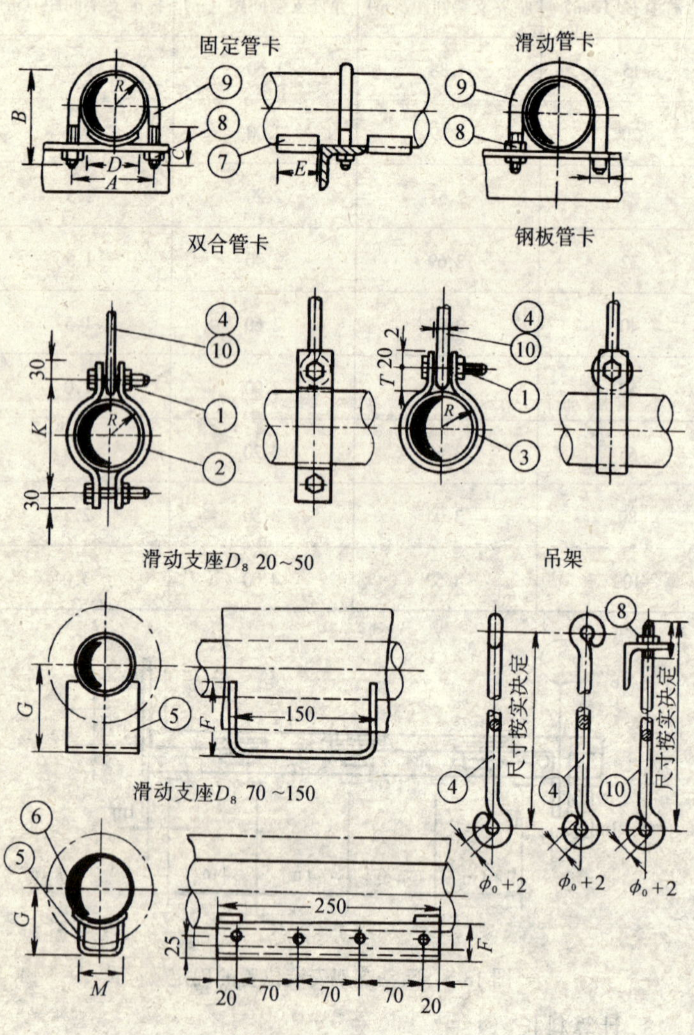

图 13-6 管卡、支座、吊架

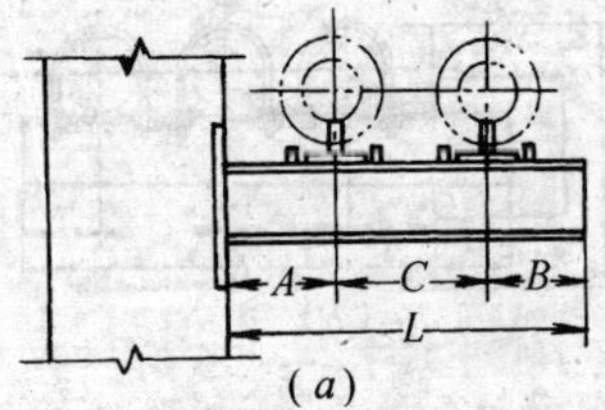

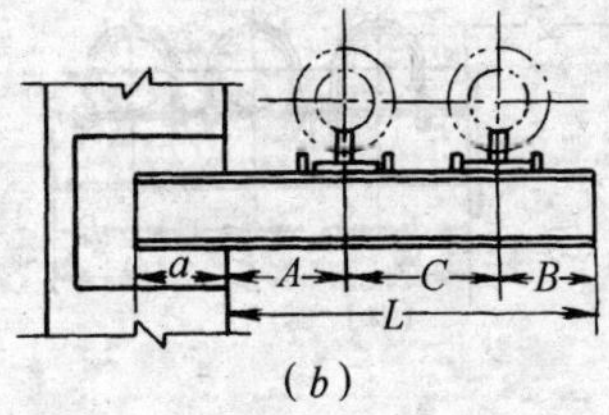

图 13-7 同径双管悬臂式滑动支架

(*a*) 生根在柱正面；(*b*) 生根在柱侧面

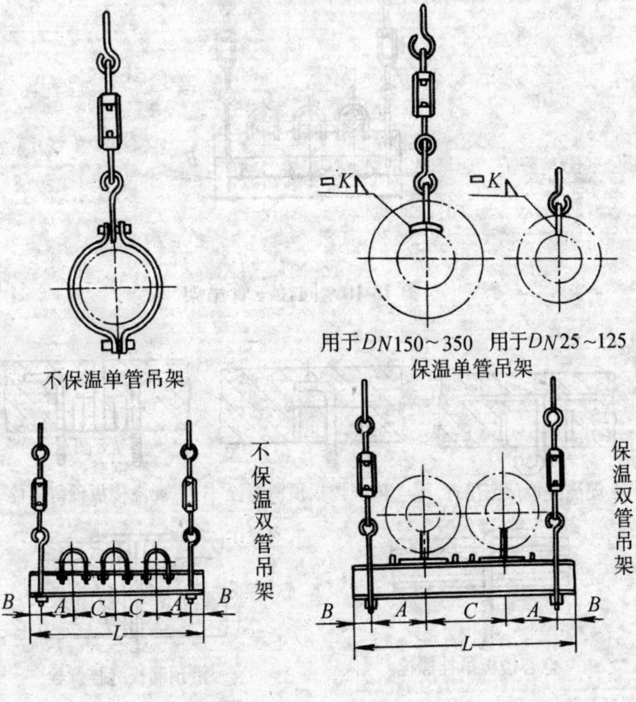

K

K

用于 DN150～350 用于 DN25～125

保温单管吊架

不保温单管吊架

B A C C A B

L

不保温双管吊架

B A C A B

L

保温双管吊架

图 13-8 单管及双管吊架图

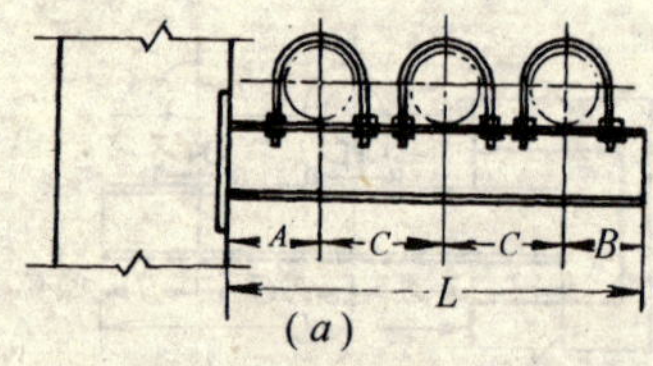

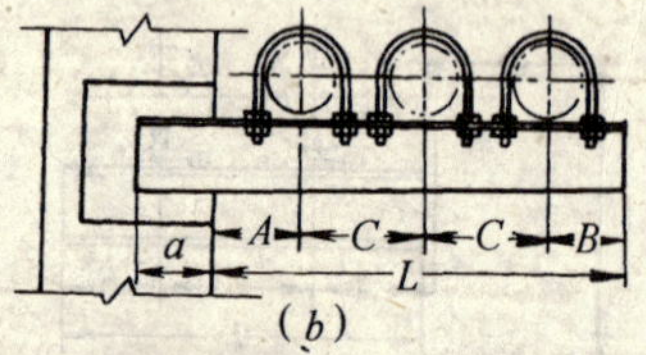

图 13-9 同径三管悬臂式滑动支架

(a) 生根在柱正面；(b) 生根在柱侧面

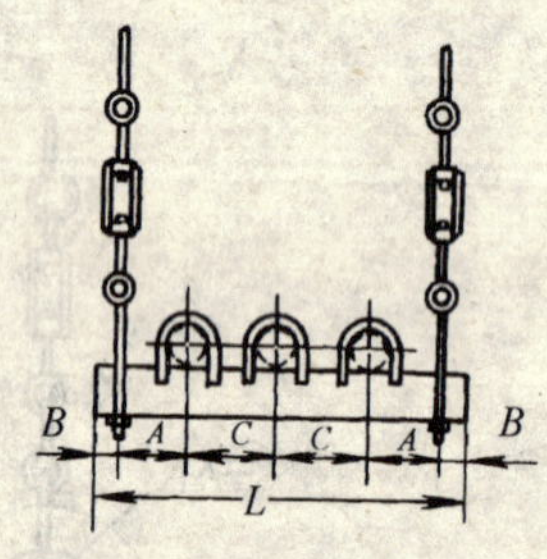

图 13-10 同径三管吊架

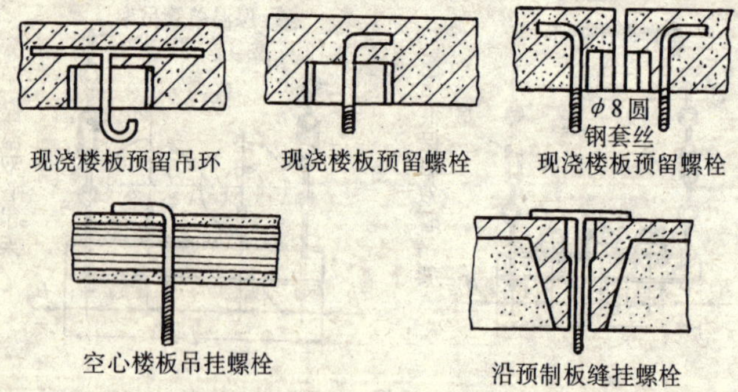

图 13-11 预埋吊环、螺栓做法

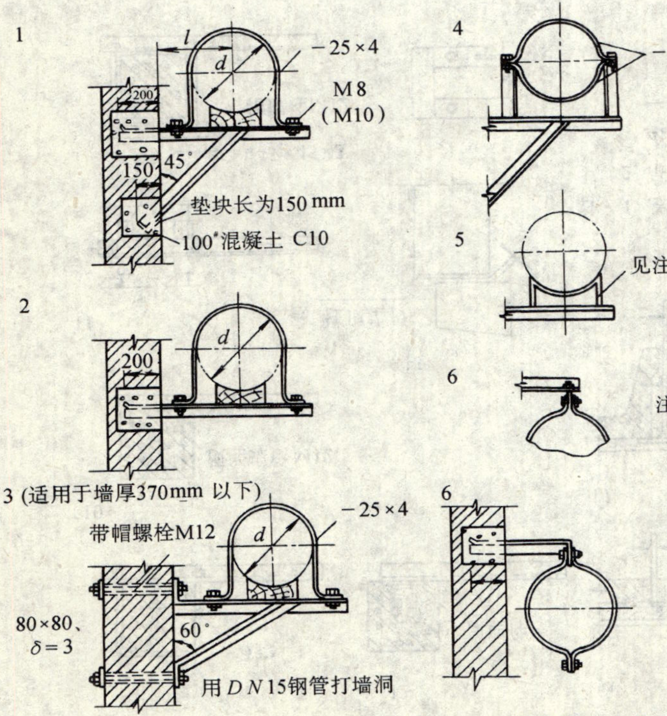

1

−25×4

M8

(M10)

200

150

45°

垫块长为150 mm

100#混凝土 C10

2

200

3 (适用于墙厚370mm 以下)

−25×4

带帽螺栓M12

80×80、

$\delta=3$

60°

用 DN15钢管打墙洞

4

−25×4

5

见注5

6

6

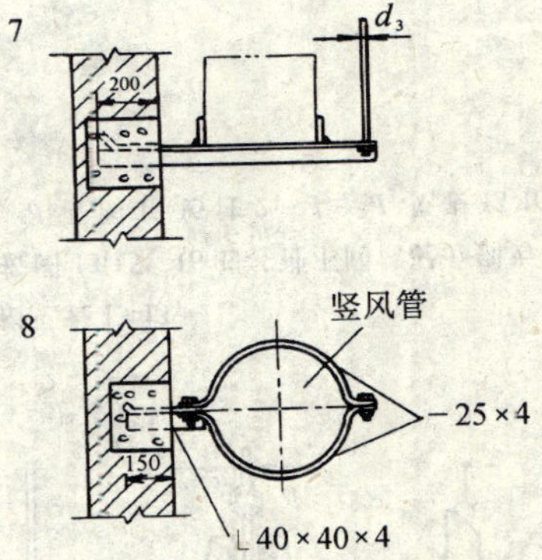

7

200

d_3

8

竖风管

−25×4

150

∟40×40×4

注：1. 悬臂支架规格见表 13-13—之 1、之 2；
2. 有斜撑支架的型钢规格见表 13-16—之 5；
3. 一端插入墙内，一端悬吊的支架规格见表 13-16—之 3、之 4；
4. 当用槽钢作悬臂支架时，须加固定卡，作法见表 13-13—图；
5. 托座扁钢规格如下：管径 $\phi\leqslant320$ 时—25×4，$320<\phi\leqslant660$ 时—25×5，$660<\phi\leqslant1025$ 时—25×6，$\phi>1025$ 时，不采用扁钢托座；
6. 竖风管支架不承受荷重，只适于导向使用；
7. 零件之间连接，凡图中未表示者均用焊接连接，焊接高度等于零件之厚度；
8. 螺栓规格括号内数字用于圆管直径 $d>800$ 时。

图 13-12　风管墙上支架吊架

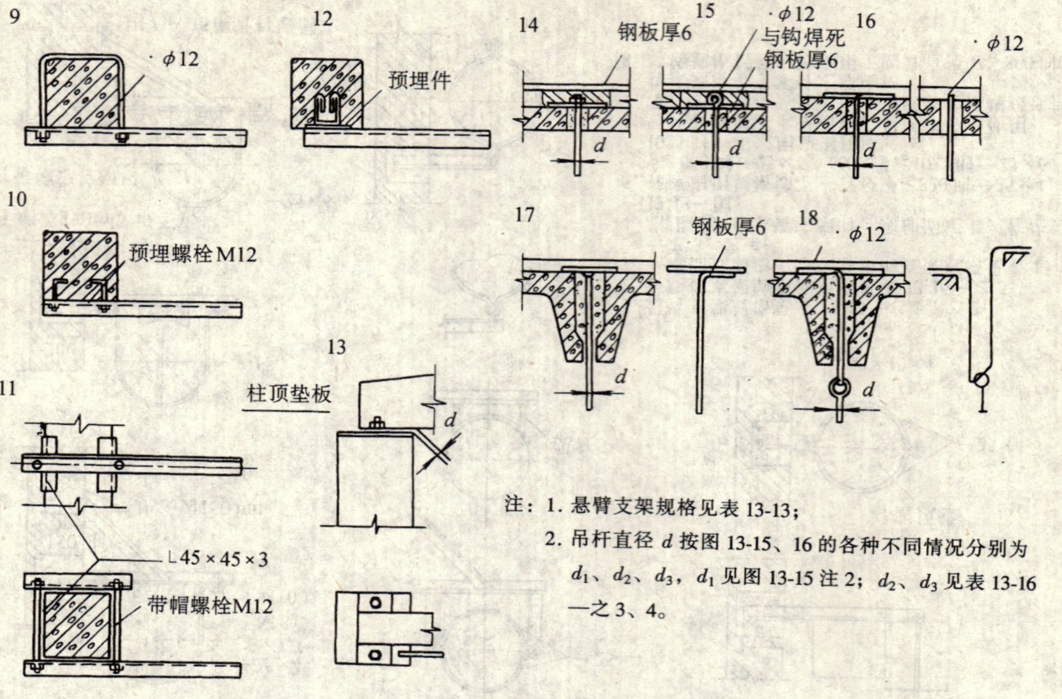

注：1. 悬臂支架规格见表 13-13；

2. 吊杆直径 d 按图 13-15、16 的各种不同情况分别为 d_1、d_2、d_3，d_1 见图 13-15 注 2；d_2、d_3 见表 13-16—之 3、4。

图 13-13　风管柱上楼板及屋面支架吊架

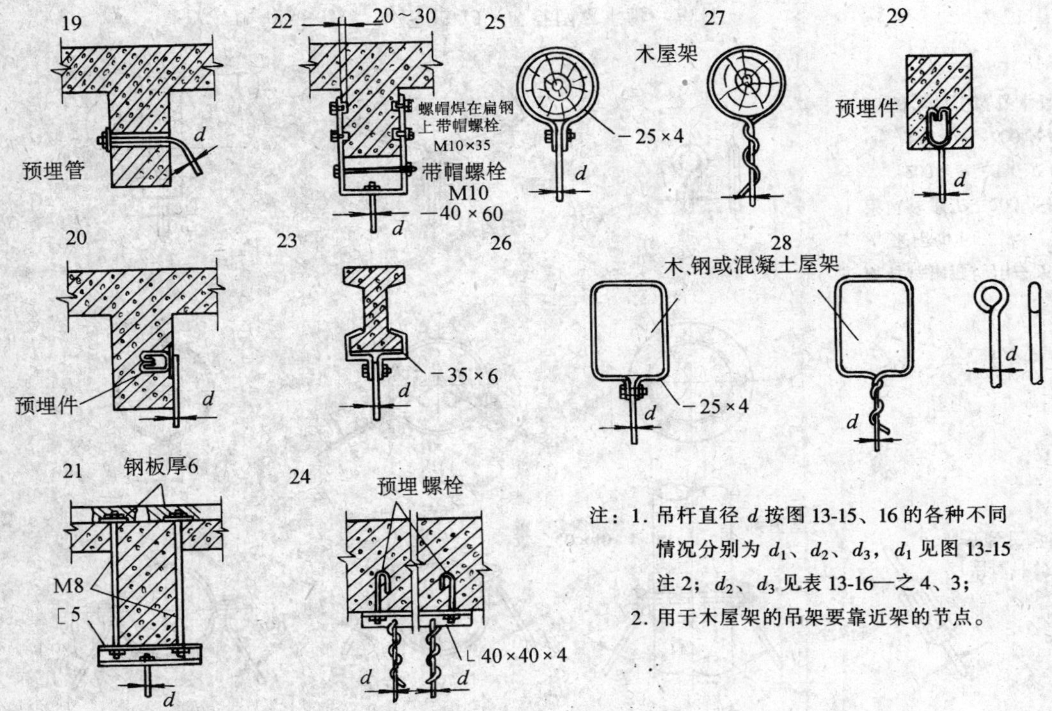

注：1. 吊杆直径 d 按图 13-15、16 的各种不同情况分别为 d_1、d_2、d_3，d_1 见图 13-15 注 2；d_2、d_3 见表 13-16—之 4、3；

2. 用于木屋架的吊架要靠近架的节点。

图 13-14　风管梁上及房架上吊架

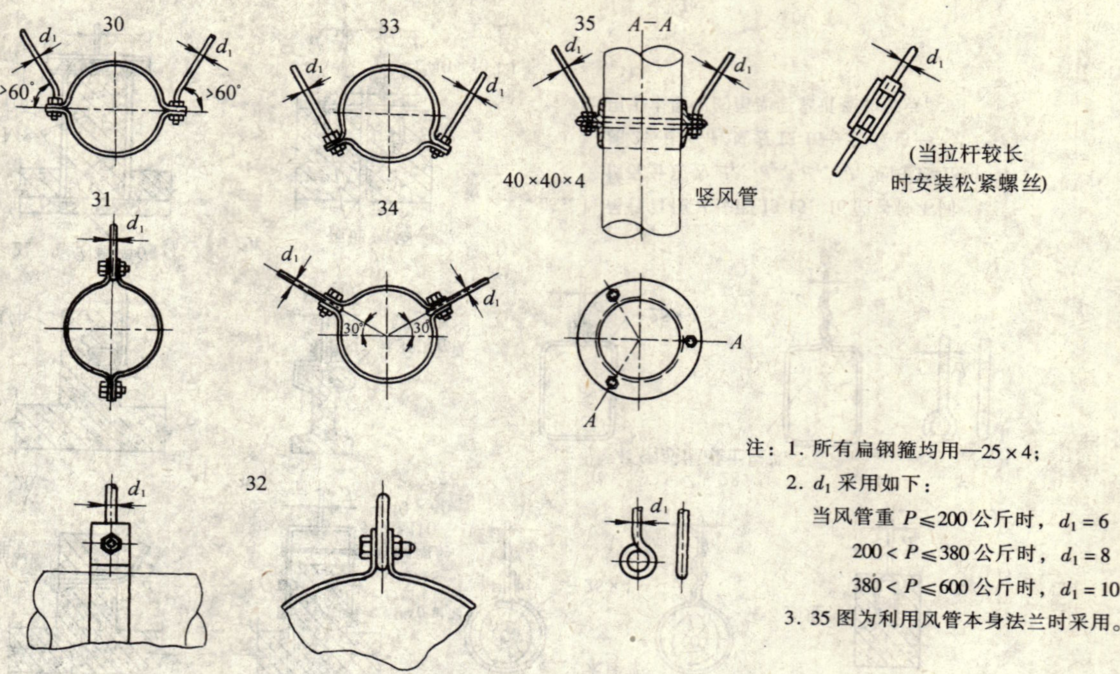

注：1. 所有扁钢箍均用—25×4；

2. d_1 采用如下：

当风管重 $P \leqslant 200$ 公斤时，$d_1 = 6$

$200 < P \leqslant 380$ 公斤时，$d_1 = 8$

$380 < P \leqslant 600$ 公斤时，$d_1 = 10$

3. 35 图为利用风管本身法兰时采用。

图 13-15 风管固定卡箍、吊杆

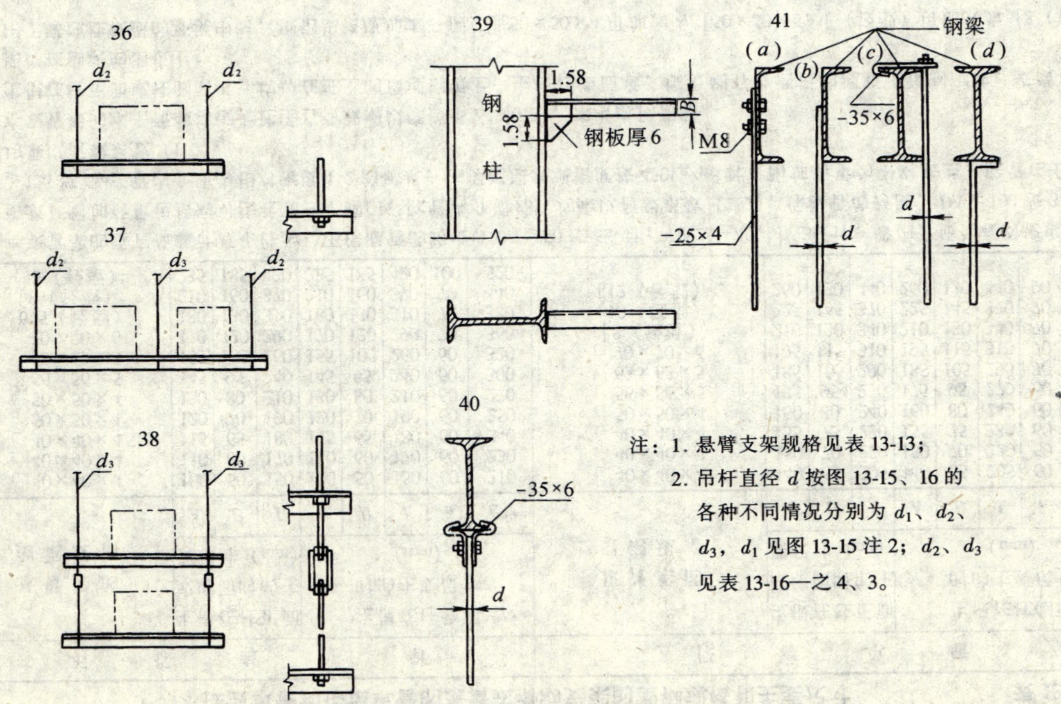

注：1. 悬臂支架规格见表 13-13；

2. 吊杆直径 d 按图 13-15、16 的各种不同情况分别为 d_1、d_2、d_3，d_1 见图 13-15 注 2；d_2、d_3 见表 13-16—之 4、3。

图 13-16　矩形风管吊架钢梁、钢柱上的风管吊架支架

不保温单管和保温单管的悬臂式滑动支架的型钢规格和主要尺寸　　表 13-7

公称直径 DN (mm)	不保温单管									保温单管								
	悬臂梁的型钢规格	生根在柱正面或墙面时的主要尺寸（mm）			生根在柱侧面时的主要尺寸（mm）					悬臂梁的型钢规格	生根在柱正面或墙面时的主要尺寸（mm）			生根在柱侧面时的主要尺寸（mm）				
		A	B	L	A	B	L	a	L^{+a}		A	B	L	A	B	L	a	L^{+a}
25	└ 40×40×4	100	50	150	100	50	150	60	210	└ 40×40×4	140	65	205	140	65	205	60	265
32	└ 40×40×4	110	60	170	110	60	170	60	230	└ 40×40×4	150	70	220	150	70	220	60	280
40	└ 40×40×4	115	65	180	115	65	180	60	240	└ 40×40×4	155	75	230	155	75	230	60	290
50	└ 50×50×4	120	70	190	120	70	190	60	250	└ 50×50×4	160	80	240	160	80	240	60	300
65	└ 50×50×4	130	80	210	130	80	210	60	270	└ 56×56×5	175	95	270	175	95	270	60	330
80	└ 56×56×5	145	95	240	145	95	240	60	300	└ 63×63×5	185	105	290	185	105	290	70	360
100	└ 63×63×5	155	105	260	155	105	260	60	320	└ 70×70×6	195	115	310	195	115	310	70	380
125	└ 70×70×6	170	120	290	170	120	290	70	360	[8（轻型）	210	130	340	210	130	340	70	410
150	[6.5（轻型）	180	130	310	180	130	310	70	380	[10（轻型）	225	145	370	225	145	370	70	440
200	[8（轻型）	210	160	370	210	160	370	70	440	[12（轻型）	260	130	440	260	130	440	90	530
250	[12（轻型）	235	185	420	235	185	420	100	520									

注：1. 本表管架的垂直荷载计算条件为：不保温管的跨度，$DN\geqslant50$ 按 6m 计；$DN25\sim40$，按 3m 计；管内介质为相对密度 1.5 的矿浆；附加荷重包括两对法兰和一个阀门；除管内介质外，均乘以荷载系数（1.2）。保温管的跨度，$DN\leqslant100$ 按 3m；$DN\geqslant125$ 按 6m；管内介质为相对密度 1.2 的矿浆；主保温层表观密度按 450kg/m^3 计；附加荷重为一对法兰；除管内介质外，均乘以荷载系数（1.2）。

2. 本表管架的水平荷载均按上述垂直荷载乘以摩擦系数（0.3）；未考虑风荷载。

3. 生根在柱正面或柱侧面者，均焊在柱上的预埋钢板上；生根在墙面者，墙上砌有带钢板的混凝土预制砌块；安装时将支架焊在砌块的钢板上。

4. 用于腐蚀性较强的环境中时，型钢规格应加大，例如［50×50×4 可加大为［50×50×5；［（轻型）可加大为［8（普通）。

不保温同径双管和保温同径双管的悬臂式滑动支架的型钢观格和主要尺寸　　表 13-8

公称直径 DN (mm)	不保温同径双管											保温同径双管										
	悬臂梁的型钢规格	生根在柱正面或墙面时的主要尺寸（mm）				生根在柱侧面时的主要尺寸（mm）						悬臂梁的型钢规格	生根在柱正面或墙面时的主要尺寸（mm）				生根在柱侧面时的主要尺寸（mm）					
		A	C	B	L	A	C	B	L	a	L^{+a}		A	C	B	L	A	C	B	L	a	L^{+a}
25	∟40×40×4	100	100	50	250	100	100	50	250	60	310	∟50×50×4	140	180	65	385	140	180	65	385	60	445
32	∟40×40×4	110	120	60	290	110	120	60	290	60	350	∟56×56×5	150	190	70	410	150	190	70	410	60	470
40	∟40×40×4	115	130	65	310	115	130	65	310	60	370	∟63×63×5	155	200	75	430	155	200	75	430	60	490
50	∟63×63×6	120	140	70	330	120	140	70	330	70	400	∟70×70×6	160	210	80	450	160	210	80	450	70	520
65	∟70×70×6	130	160	80	370	130	160	80	370	70	440	[6.5(轻型)	175	240	90	510	175	240	90	510	70	580
80	[6.5(轻型)	145	185	95	425	145	185	95	425	70	495	[8(轻型)	185	260	105	550	185	260	105	550	90	640
100	[8(轻型)	155	205	105	465	155	205	105	465	90	555	[12(轻型)	195	280	115	590	195	280	115	590	100	690
125	[10(轻型)	170	235	120	525	170	235	120	525	100	625	][10(轻型，双肢)	210	310	130	650	—	—	—	—	—	—
125	[12(轻型)	180	260	130	570	180	26	130	570	100	270											
200	][12(轻型，双肢)	210	315	160	685	—	—	—	—	—	—	][12(轻型，双肢)	225	340	145	710	—	—	—	—	—	—

注：同表 13-7。

不保温同径双管和保温同径双管吊架构件规格 表 13-9

公称直径 DN (mm)	不保温双管							保温双管						
	横梁的主要尺寸 (mm)				横梁的型钢规格	吊杆直径 (mm)	螺旋扣号码	横梁的主要尺寸 (mm)				横梁的型钢规格	吊杆直径 (mm)	螺旋扣号码
	A	*C*	*B*	*L*				*A*	*C*	*B*	*L*			
25	100	100	50	400	∟40×40×4	M10	0.3	140	180	50	560	∟40×40×4	M10	0.3
32	110	120	50	440	∟40×40×4	M10	0.3	150	190	50	590	∟40×40×4	M10	0.3
40	115	130	50	460	∟40×40×4	M10	0.3	155	200	50	610	∟40×40×4	M10	0.3
50	120	140	50	480	∟50×50×4	M10	0.3	160	210	50	630	∟50×50×4	M10	0.3
65	130	160	50	520	∟50×50×4	M12	0.3	175	240	50	690	∟56×56×5	M12	0.3
80	145	185	50	575	∟56×56×5	M12	0.3	185	260	50	730	∟63×63×5	M12	0.3
100	155	205	60	635	∟63×63×5	M14	0.3	195	280	60	790	∟70×70×6	M14	0.4
125	170	235	60	695	∟70×70×6	M14	0.4	210	310	60	850	∟80×80×7	M14	0.8
150	180	260	60	740	∟70×70×6	M14	0.8	225	340	60	910	[80×80×7	M16	0.3
200	210	315	60	855	∟80×80×7	M16	0.8	260	410	60	1050	[10（轻型）	M16	0.3

不保温单管和保温单管吊架构件规格　　表 13-10

公称直径 *DN*（mm）		25	32	40	50	65	0	100	125	150	200	250	300	350
不保温单管	吊杆直径（mm）	φ10	φ10	φ10	φ10	φ10	φ10	φ12	φ12	φ14	φ16	φ18	φ20	φ24
	螺旋扣号码	0.3	0.3	0.3	0.3	0.3	0.3	0.4	0.4	0.8	1.3	1.3	1.7	1.9
保温单管	吊杆直径（mm）	φ10	φ10	φ10	φ10	φ10	φ12	φ12	φ16	φ18	φ20	φ22	φ24	φ27
	螺旋扣号码	0.3	0.3	0.3	0.3	0.3	0.3	0.4	0.8	1.3	1.3	1.7	2.4	3.0

注：同表 13-7。

不保温同径三管的悬臂式滑动支架的型钢规格和主要尺寸　　表 13-11

公称直径 *DN*（mm）	悬臂梁的型钢规格	生根在柱正面或墙面时的主要尺寸（mm）				生根在柱侧面时的主要尺寸（mm）					
		A	*C*	*B*	*L*	*A*	*C*	*B*	*L*	*a*	L_{+a}
25	∟40×40×4	100	100	50	350	100	100	50	350	60	410
32	∟45×45×4	110	120	60	410	110	120	60	410	60	470
40	∟50×50×4	115	130	65	440	115	130	65	440	60	500
50	[6.5（轻型）	120	140	70	470	120	140	70	470	70	540
65	[8（轻型）	130	160	80	530	130	160	80	530	70	600
80	[12（轻型）	145	185	95	610	145	185	95	610	90	700
100	[12（轻型）	155	205	105	670	155	205	105	670	100	770

注：同表 13-7。

不保温同径三管吊架构件规格　　表 13-12

公称直径 *DN*（mm）	横梁的主要尺寸（mm）				横梁的型钢规格	吊杆直径（mm）	螺旋扣号码
	A	*C*	*B*	*L*			
25	100	100	50	500	[40×40×4	M10	0.3
32	110	120	50	560	[40×40×4	M10	0.3
40	115	130	50	590	[40×40×4	M10	0.3
50	120	140	50	620	[56×56×5	M12	0.3
65	130	160	50	680	[63×63×5	M12	0.3
80	145	185	50	760	[70×70×5	M14	0.4
100	155	205	60	840	[70×70×5	M14	0.8
125	170	235	60	930	[80×80×7	M14	0.8
150	180	260	60	1000	[12（轻型）	M16	0.8

注：同表 13-7。

风管安装数据表（一）

表 13-13

之 1：不保温风管悬臂支架规格

$l \leqslant 400$					$400 < l \leqslant 800$									
$\phi \leqslant 320$					$\phi \leqslant 320$					$320 < \phi \leqslant 660$				
δ	P	M	W	∟	P	M	W	∟	[	P	M	W	∟	[
0.6	29	1160	0.83	32×32×3	29	2320	1.66	50×50×3	—	45	3600	2.57	56×56×3.5	—
0.8	38	1540	1.1	40×40×3	38	3040	2.17	56×56×3.5	—	60	4800	3.43	63×63×4	—
1.0	48	1900	1.36	45×45×3	48	3900	2.79	56×56×3.5	—	75	6000	4.30	63×63×5	—
1.2	58	2300	1.65	50×50×3	58	4600	3.3	63×63×4	—	90	7000	5.00	63×63×5	—
1.5	73	2900	2.07	56×56×3.5	73	5800	4.14	63×63×5	—	112	9000	6.44	70×70×6	—
2.0	96	3900	2.79	56×56×3.5	96	7700	5.5	70×70×4.5	—	150	12000	8.57	—	5

之 1：不保温风管悬臂支架规格

$800 < l \leqslant 1000$										$l \leqslant 400$				
$\phi \leqslant 320$					$320 < \phi \leqslant 660$					$320 < \phi \leqslant 660$				
P	M	W	∟	[	P	M	W	∟	[	δ	P	M	W	∟
29	2900	2.07	45×45×4	—	45	4500	3.22	56×56×4	—	0.6	45	1800	1.286	45×45×3
38	3800	2.72	56×56×3.5	—	60	6000	4.28	63×63×5	—	0.8	60	2400	1.716	50×50×3
48	4800	3.43	63×63×4	—	75	7500	5.36	70×70×4.5	—	1.0	75	3000	2.14	56×56×3.5
58	5800	4.14	63×63×5	—	90	9000	6.44	—	5	1.2	90	3600	2.5	56×56×3.5
73	7300	5.21	70×70×4.5	—	112	11200	8.00	—	5	1.5	112	4500	3.22	63×63×4
96	9600	6.85	—	5	150	15000	10.7	—	5.5	2.0	150	6000	4.29	63×63×5

续表

之 1:　不保温风管悬臂支架规格									
$400 < l \leqslant 800$									
$660 < \phi \leqslant 1025$					$1025 < \phi \leqslant 1425$				
P	M	W	∟	[	P	M	W	∟	[
70	5600	4.0	63×63×4	—	97	7760	5.54	70×70×4.5	—
93	7400	5.31	70×70×4.5	—	130	10400	7.44	—	5
116	9300	6.65	—	5	162	12900	9.2	—	5
139	11200	8.00	—	5	194	15500	11.1	—	6.5
174	14000	10.10	—	5	242	19400	13.9	—	6.5
232	18600	13.3	—	6.5	323	25900	18.5	—	6.5

之 1:　不保温风管悬臂支架规格									
$800 < l \leqslant 1000$									
$660 < \phi \leqslant 1025$					$1025 < \phi \leqslant 1425$				
P	M	W	∟	[	P	M	W	∟	[
70	7000	5.0	63×63×5	—	97	9700	6.93	—	5
93	9300	6.65	—	5	130	13000	9.3	—	5
116	11600	8.3	—	5	162	16200	11.58	—	6.5
139	13300	9.94	—	5	194	19400	13.87	—	6.5
174	17400	12.43	—	6.5	242	24200	173	—	6.5
232	23200	16.58	—	6.5	323	32300	2305	—	8

续表

当用槽钢作悬臂支架时，须加固定卡。其作法如右图	Ⅰ：当用［5 为支架时 C10混凝土 固定卡 ∟40×40×3 l=150 200 Ⅱ：当用［6.5 以上为支架时 固定卡 ∟40×40×3 l=150 C10 混凝土 200

之 2: 保 温 风 管 悬 臂 支 架 规 格

P	$l\leqslant400$				$400<l\leqslant800$				$800<l\leqslant1000$		
	M	W	∟	［	M	W	∟	［	M	W	［
100	400	2.86	56×56×4	—	8000	5.7	70×70×5	—	10000	7.15	5
200	8000	5.7	70×70×5	—	16000	11.42	—	6.5	20000	14.3	6.5
300	12000	8.57	—	5	24000	17.3	—	6.5	30000	21.45	8
400	16000	11.42	—	6.5	32000	22.82	—	8	40000	28.6	10
500	20000	14.3	—	6.5	40000	28.6	—	10	50000	35.7	10

表 13-13 中 P 为风管荷重以 kg 计，当风管为保温时，再加上保温层厚度。δ 为风管壁厚以 mm 计，M 为弯矩，单位为 kg/cm，W 为断面系数以 cm^3 计，表中数据按下列公式计算：

$$P = 1.5 \cdot \pi \cdot \phi \cdot l_0 \cdot \delta \cdot 8 = 12\pi\phi l\delta$$

式中 1.5——考虑中间一个支点失效系数；

π——圆周率；

ϕ——风管直径；

l_0——支架之间距离；

当 $\phi \leqslant 375$　$l_0 = 4m$，$\phi > 375$　$l_0 = 3m$

8——$\delta = 1mm$，每平方米的钢板重量。

$$M = Pl$$

l——支架悬臂长度，mm；

M——弯矩，kg·cm；

$$W = \frac{M}{\sigma}$$

σ——允许应力，取 $1400kg/cm^2$；

W——断面系数，cm^3。

4. 支架制作

支架构件的预制加工和现场安装较为复杂，仅以管道托架及吊架为重点。

(1) 型钢架下料参见本工艺标准进行，下料、划线后可进行切断，若用气割时，应及时凿掉毛刺，以便进行螺栓孔钻眼，不得用气割成孔。型钢三角架，水平单臂型钢支架栽入部分应用气割形成劈叉，栽入部分应不小于 120mm，型钢下料、切断，煨成设计角度后须进行电焊焊接切断缝。焊接应保证型钢架坚固、整齐，不走形，保证安装后的质量。

(2) U 型卡用圆钢制作。先按表 13-17 中尺寸在调直的圆钢上量尺、下料，切断后用圆扳牙扳手将圆钢的两端套出螺纹，活动支架上的 U 型卡可套一头丝，螺纹的长度应套上固定螺栓后留出 2～3 扣为宜。制作时先试套后再大批量加工。

管卡、活动支架材料表　　表 13-14

<table>
<tr><td colspan="3">管　　径</td><td>15</td><td>20</td><td>25</td><td>32</td><td>40</td><td>50</td><td>70</td><td>80</td><td>100</td><td>125</td><td>150</td></tr>
<tr><td>件号</td><td>名　称</td><td>数量</td><td colspan="11">材　料　规　格</td></tr>
<tr><td>1</td><td>带帽螺栓</td><td>2</td><td colspan="8">M8 × 40</td><td colspan="2">M12 × 50</td><td>M16 × 60</td></tr>
<tr><td>2</td><td>双合管卡</td><td>2</td><td colspan="4">− 40 × 4</td><td colspan="3">− 40 × 4</td><td colspan="4">− 40 × 4</td></tr>
<tr><td>3</td><td>钢板管卡</td><td>1</td><td colspan="6">− 30 × 4</td><td colspan="2">− 30 × 4</td><td colspan="3">− 40 × 4</td></tr>
<tr><td>4</td><td>吊　杆</td><td>1</td><td colspan="4">·ϕ10</td><td colspan="3">·ϕ12</td><td colspan="3">·ϕ16</td><td>·ϕ19</td></tr>
<tr><td>5</td><td>滑　托</td><td>1</td><td></td><td colspan="3">− 50 × 5</td><td colspan="2">− 70 × 6</td><td colspan="5">δ = 5</td></tr>
<tr><td>6</td><td>垫　板</td><td>2</td><td colspan="6"></td><td colspan="5">− 40 × 4</td></tr>
<tr><td>7</td><td>制动钢板</td><td>2</td><td colspan="2"></td><td colspan="9">δ = 7</td></tr>
<tr><td>8</td><td>螺　帽</td><td>2</td><td colspan="4">M8</td><td colspan="3">M10</td><td colspan="2">M12</td><td colspan="2">M16</td></tr>
<tr><td>9</td><td>管　卡</td><td>1</td><td colspan="4">·ϕ8</td><td colspan="3">·ϕ10</td><td colspan="2">·ϕ12</td><td colspan="2">·ϕ16</td></tr>
<tr><td>10</td><td>吊　杆</td><td>1</td><td colspan="4">·ϕ8</td><td colspan="3">·ϕ10</td><td colspan="2">·ϕ12</td><td colspan="2">·ϕ16</td></tr>
</table>

管卡、活动支架尺寸表　　表 13-15

管　径	15	20	25	32	40	50	70	80	100	125	150
A	30	36	42	54	60	72	88	100	122	146	176
B	45	51	58	70	77	89	105	118	141	167	200
C	40	40	40	40	40	40	40	40	60	60	80
D	—	—	—	—	—	60	60	60	70	70	70
E	—	—	50	50	50	50	50	50	50	50	50
F	—	65	75	78	80	85	70	72	92	90	92
G	—	70	83	86	90	95	104	109	134	147	159
T	15	15	15	15	15	20	25	25	25	30	30
K	—	—	—	—	—	—	120	140	160	190	220
M	—	—	—	—	—	—	50	65	80	80	100
R	11	14	17	22	25	31	39	45	55	67	80
件 2 展开长	—	—	—	—	—	—	209	236	265	309	350
件 3 展开长	137	155	174	204	223	270	334	371	432	518	595
件 5 展开长	—	280	300	306	310	320	190	209	264	260	284
件 6 展开长	—	—	—	—	—	—	90	110	130	140	170
件 9 展开长	116	132	148	183	200	231	272	304	366	430	518

风管安装数据表（二） 表 13-16

之 3：不保温方风管支架规格

$b\times b\leqslant 500\times 500$

δ	P	M	W	∟	P_2	d_2	P_3	d_3
≤1.2	864	265	0.19	20×20×3	43.2	M5	86.4	M5

$500\times 500<b\times b\leqslant 800\times 800$

δ	P	M	W	∟	P_2	d_2	P_3	d_3
0.6	69	276	0.197	20×20×3	34.5	M5	69	M5
0.8	92	368	0.263	20×20×3	46.0	M5	92	M5
1.0	115	463	0.331	22×22×3	57.5	M5	115	M5
1.2	138	553	0.395	25×25×3	69.0	M5	138	M5
1.5	173	694	0.496	28×28×3	86.5	M5	173	M6

$800\times 800<b\times b\leqslant 1200\times 1200$

δ	P	M	W	∟	P_2	d_2	P_3	d_3
0.8	138	726	0.519	28×28×3	69	M5	138	M5
1.0	173	911	0.65	30×30×4	86.5	M5	173	M6
1.2	208	1092	0.78	30×30×4	104	M5	208	M6
1.5	260	1365	0.97	36×36×3	130	M5	260	M8

计算公式：$P=1.5\cdot 4b\cdot l_0\cdot 8\cdot\delta=144b\delta$

1.5——考虑中间一个支点失效的安全系数；

b——方形风管一边宽（mm）；

l_0——支架之间的距离（m），式中采用 3m；

8——$\delta=1$mm 时每平方米钢板重量［kg/（m^2·mm)］；

δ——风管壁厚（mm）；

P——荷重（kg）当风管为保温时，还应加上保温层之重量（即表 4 之 P）；

a——风管侧壁离吊杆的距离，对于不保温风管，$a\leqslant 30$mm；对于保温风管 $a\leqslant 100$mm；

M——弯矩（kg·cm）；

W——断面系数（cm^3）。

续表

之4：保温方风管支架规格

$b \times b \geqslant 600 \times 600$							
P	M	W	∟	P_2	d_2	P_3	d_3
100	695	0.496	28×28×3	50	M5	100	M5
200	1375	0.983	36×36×3	100	M5	200	M6
300	2070	1.48	45×45×3	150	M6	300	M8
400	2750	1.97	50×50×3	200	M6	400	M10
500	3445	2.46	56×56×3.5	250	M8	500	M10
$600 \times 600 < b \times b \leqslant 900 \times 900$							
P	M	W	∟	P_2	d_2	P_3	d_3
200	1563	1.12	40×40×3	100	M5	200	M6
300	2355	1.68	50×50×3	150	M6	300	M8
400	3123	2.24	56×56×3.5	200	M5	400	M10
500	3917	2.80	56×56×3.5	250	M8	500	M10
$900 \times 900 < b \times b \leqslant 1200 \times 1200$							
P	M	W	∟	P_2	d_2	P_3	d_3
200	1750	1.25	40×40×3	100	M5	200	M6
300	2640	1.89	50×50×3	150	M6	300	M8
400	3500	2.50	56×56×3.5	200	M6	400	M10
500	4390	3.14	56×56×4	250	M8	500	M10
$1200 \times 1200 < b \times b \leqslant 1400 \times 1400$							
P	M	W	∟	P_2	d_2	P_3	d_3
300	2830	2.02	45×45×4	150	M6	300	M8
400	3750	2.68	56×56×3.5	200	M6	400	M10
500	4705	3.37	56×56×4	250	M8	500	M10
600	5625	4.02	63×63×4	300	M8	600	M10

续表

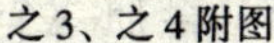

之3、之4附图

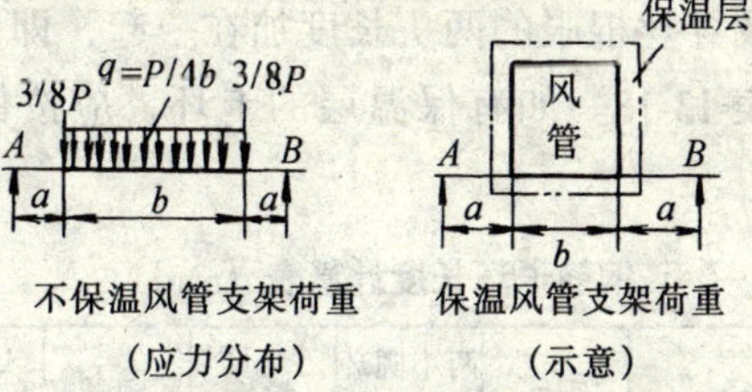

不保温风管支架荷重（应力分布）　　保温风管支架荷重（示意）

之5：有斜撑支架的型钢规格

斜支撑的角钢规格

悬臂长度 l	角钢规格
$l \leqslant 400$	∟30×30×4
$400 < l \leqslant 800$	∟40×40×3
$800 < l \leqslant 1000$	∟50×50×4

水平支撑的型钢规格

风管直径 ϕ	型钢规格
$\phi \leqslant 320$	与斜支撑规格同
$320 < \phi \leqslant 660$	∟50×50×3
$660 < \phi \leqslant 1025$	∟63×63×5
$1025 < \phi \leqslant 1425$	[5

l——风管中心线至墙表面之距离。

常用U型管卡尺寸表（mm）　　表13-17

钢筋规格	管径										
	15	20	25	32	40	50	70	80	100	125	150
$\phi8$	116	132	148								
$\phi10$				183	220	231	272	304			
$\phi12$									366	430	518

（3）吊架卡环制作：

①用扁钢或圆钢制作卡环，若用圆钢参考卡环长度计算表下料；若用扁钢制作，按照管外径加一个扁钢厚度乘 π 减去卡环厚度，再将脖长及穿丝棍眼的两头长度加在一起，即为每个卡环材料总长，详见表 13-18。如有保温层的卡环，应按保温厚度参照例题计算。

钢筋卡环长度计算表（mm）　　表 13-18

管　径	管外径（mm）	钢筋（mm）	两小圆环材料长（mm）	脖长（×2）	= 吊环厚度（总长 - ）	大圆环材料长（mm）	每个卡环材料总长（mm）
15	21.25	8	107	60	8	92	251
20	26.75	8	107	60	8	109	268
25	33.50	8	107	60	8	130	289
32	42.25	10	132	60	10	164	346
40	48.00	10	132	80	10	182	384
50	60.00	10	132	100	10	220	442
65	76.30	10	132	100	10	271	493
75	89.10	10	132	100	10	311	533
90	101.60	12	157	100	12	357	602
100	114.30	12	157	100	12	397	642
125	139.80	12	157	120	12	478	743
150	165.20	12	157	120	12	556	821

注：1. 上表卡环脖长系根据泡沫水泥保温瓦厚度计算，如果保温厚度不同，可按实际厚度另计算。

2. 上表两小环材料长的计算，在管径 15～75mm，螺栓棍为⅜″计算，在管径为 90～150mm 时，螺栓棍为½″计算的，其吊环厚度系按卡环同样钢筋直径计算的空隙间距。

钢管 *DN* 为 50mm，保温厚度为 50mm，采用 ϕ10 钢筋做吊架卡环，穿 ϕ10 螺栓，计算卡环用料长。

解：钢管 *DN*50mm 的外径 = 60mm，卡环脖长 = 50mm，钢筋和螺栓均为 ϕ10。

钢管大圆环料长 =（60 + 10）× 3.1416 − 10 = 209.9mm

两小环及脖长料长 =（10 + 11）× 3.1416 × 2 + 100 = 231.9mm

材料总长 = 209.9mm + 231.9mm = 441.8mm ≑ 442mm

注：式中 10 为钢筋外径及吊棍空隙；

100 为保温厚度需要脖长 50 × 2 = 100mm；

11 为螺栓的外径加 1mm 空隙。

②用扁钢或圆钢制作卡环中，穿螺栓棍的两个小圆环，应保证圆、光、平，且两小环中心应相对，并与大圆环相垂直，不得别劲、塌扁、有飞刺。小环比所穿螺栓外圆稍大一点，但不得过松。

③各类吊架中各种吊环的内圆，必须适合钢管的外圆，其对口部分应留出吊棍空隙，但不宜过大。若管道保温，应留出保温厚度需要的脖长，防止拉坏保温层。

(4) 吊架中吊杆的长度按实际决定，应有一定的调节量。上螺杆加工成右螺纹，下螺杆加工成左螺纹，都和松紧螺栓（花篮螺丝）相连接。可在一定范围内调节高度。

(5) 滑板、挡板制作：按设计要求尺寸下料，一般用汽焊加割，然后打净毛刺，导向支架固定支架尚须用电焊焊牢挡板。

5. 支架安装

各类支架在安装前，对其外观、材质、规格、质量、外形尺寸等进行检查与核对，不得有漏焊和焊接缺陷。受力部件，如横梁、吊棍、螺栓及卡环均应符合设计要求及有关标图规定。活动支架应灵活，滑托与滑槽两侧应留有 3 ~ 5mm 间隙，并留出偏移量。

(1) 埋进墙内的型钢支托架应事先劈叉，埋进墙内部分不得小于 120mm，墙上无预留孔洞时，按拉线定位画出的支托架位置标记，用錾和手锤凿孔洞，洞口不宜过大。埋入前先将孔洞内的碎砖、杂物及灰土清除干净，用水将洞内冲洗浇湿。然后用 1:2 水泥砂浆或细石混凝土填入，再将已防腐完毕的支托架插入洞内，用碎石卡紧支架后再填实水泥砂浆，但注意洞口处略低于墙面，以便于修饰面层时找平。用碎石挤住型钢时，根据挂线看平、对齐、找正，让型钢靠紧拉线。型钢横梁长度方向应水平，顶面应与管子中心线平行，应保证安装后的管子与支架接触良好，没有间隙。

(2) 混凝土结构、钢结构的建筑中，常用抱柱子支架，应清除支架与柱子接触处的粉刷层。卡子两眼中心线找准位置。若用螺栓紧固，螺栓要拧紧。当支架焊在柱子预埋铁件上时，应将铁件上污物清除干净，焊接牢固，不得出现漏焊及各种焊接缺陷。严禁随便在承重结构及屋架的钢筋上焊接支托、吊架。如特殊需要必须经建筑结构设计人员同意方准施工。埋设支架的水泥砂浆应达到强度后，方可搁置管道。

(3) 在没有预留孔洞和预埋铁件的混凝土构件上，可用射钉或膨胀螺栓安装支托架，但不得安装推力较大的固定支架。

①安装时，用射钉枪按标高位置射进墙、柱或构件内，再用螺栓固定活动支托架的型钢横梁。用膨胀螺栓安装支架，先在支架位置处钻孔，孔径与套管外径相同，深度与膨胀螺栓相等。再装入套管和膨胀螺栓，在拧紧螺母时，螺栓的锥形尾部便将开口套管尾部胀开，使螺栓和套管一起紧固于孔内。就可以在螺栓上安装型钢横梁。但须注意，严禁钻断钢筋，严禁与暗敷电线相碰。

②膨胀螺栓适用于 C_{13}级和 C_{13}级以上的混凝土及钢筋混凝土构件。只有在荷载较小的生根部件才可用于砖墙上。但不准设于砖缝中。严禁在容易出现裂纹或已出现裂纹部位埋设膨胀螺栓。

(4) 安装在混凝土墩、钢架上或型钢架上导向支架或滑动支架的滑动面应洁净平整，不得有歪斜和卡涩现象，其安装位置应从支承面中心向位移反向偏移，偏移值应是位移值的一半。保温层不得妨碍热位移。

(5) 吊架安装时，先检查混凝土板等结构上的预埋吊环或预埋螺栓是否和吊架部件衔接。先将预埋件上的污物清除干净，再把组装好的吊架与预埋件连接好。初调好松紧螺栓长度，使其符合管道设计坡度为止。

三、成　品　保　护

1. 托架（钩)、吊架栽入墙体或顶棚后，在混凝土强度未达到 1.2N/mm^2 前严禁受外力，更不准蹬、踏、摇动。混凝土强度（或砂浆）未达设计强度 50%或满足不了 G5 要求时，不准安装管道。

2. 各类支架在管道安装前均应完成防腐工序。

四、安全注意事项

1. 采用临时脚手架应搭设平稳、牢固。脚手架跨度不得大于 2m，架上堆放材料不得过于集中。高空作业时必须系上安全带，切忌踩在不能承重的装饰板上。

2. 操作中，使用的工具、加工件要堆放整齐、平稳，要稳拿稳放，防止坠落伤人。高空作业使用的工具、零配件应放在工具袋内或放在妥善地方。上下传递物件，不准抛丢，应系在绳子上吊起放下。

3. 加工场所应具有安全施工条件，在电焊周围严禁堆放易燃、易爆物品。

4. 使用钻床时，不可戴手套。

5. 使用梯子时，竖立的角度不应大于 60°和小于 35°，梯子上部应用绳子系在牢固的物体上，梯子脚用麻布或橡皮包扎好，有专人在下面扶梯子。

五、质　量　标　准

1. 管道支、吊、托架要构造正确，埋设平整、牢固。

2. 排列整齐，支架与管子接触紧密。固定支架应牢固可靠，滑动支架不可阻挠管子轴向自由伸缩。

3. 夹具的数量、位置应符合规范要求。

4. 焊缝不准有任何缺陷。

5.U 形卡及吊架圆环煨制后应光滑保证其圆弧度。

六、质量通病与防治

质量通病及防治方法见表 13-19。

表 13-19

序号	质量通病	防治方法
1	托架不在同一平直线上，个别托架不靠紧管底	1. 栽装支架时有位移，操作时应拉线控制 2. 栽入后，待砂浆或混凝土灌抹后，还需拉线校核调整至符合要求为止
2	吊架标高不一，圆心不在一直线上	1. 可调整花篮螺栓移动上下或移动卡具螺丝位置 2. 不同心时可剪去圈筋，换反方向安装
3	冬季用水泥砂浆栽的支架和托钩不牢固	冬季施工时，用热盐水或防冻剂拌和水泥砂浆埋设墙内支架
4	支架上管道距墙不符合要求	栽支架时，应按照不同介质的管道工艺要求去确定管子与墙的距离
5	焊在柱上预埋铁件上的支架横梁掉落	有漏焊或焊缝缺陷的焊缝在上管前，特别是大管径的管子在起吊前，一定先检查全部焊缝
6	管道焊缝因热胀冷缩撑裂	1. 有位移的直管段上严禁安装固定支架 2. 施工单位不得私自设置固定支架，如果必需，应征得专业设计人员同意

14. 室内地下给水管道安装

一、施 工 准 备

1. 材料

(1) 管材、管件及附件：镀锌钢管、铜管及管件、给水铸铁管、硬聚氯乙烯管、各类镀锌接头管件、铸铁承插及法兰连接的接头管件、硬塑螺纹或承插的硬聚氯乙烯附件、接头管件、阀门等。其材质、规格应根据设计要求选用，质量符合要求，有出厂合格证。

(2) 接口材料：青铅、水泥、石棉、膨胀水泥、石膏、氯化钙、油麻、碳钢焊条、胶粘剂、花兰堵头、丝堵、木堵头、螺帽、铅油、线麻、聚四氯乙烯生料带、橡胶板等。接口材料应有相应的出厂合格证、复试单等资料。应按设计要求，选用管材及相应的接口材料。

(3) 防腐材料：沥青、汽油、沥青漆、防锈漆、玻璃丝布、22 号镀锌铁丝等。

(4) 其他材料：型钢（角钢、槽钢、圆钢等)。电焊条、小白线、塑料带、粉（石）笔、乙炔气（电石)、氧气、焦碳、粗细齿锯条。

2. 机具

(1) 水焊机具、电焊机具、手压泵、电动打压泵、台钻。

(2) 压力表、钢锯及压力案子、割管器（割刀)、断管机。

(3) 手锤、捻口凿、剁子、錾子、铁锯、套丝圆扳牙扳手、管（铄）钳子、钎子、盘尺、鬃刷、尼龙刷、干净布块、剪子、铁镐、铁锹、撬杠、绳索等。

(4) 水平尺、线坠、钢卷尺等。

3. 工作条件

(1) 图纸会审完毕，熟悉图纸，领会设计意图。其他技术资料齐全，已进行技术、质量、安全交底。

(2) 土建基础工程已基本完成，埋地铺设的管沟已按设计坐标、标高、坡度及沟基作了相应处理，已达到施工要求的强度。

(3) 管道穿基础、墙的孔洞，穿过地下室或地下构筑物外墙的刚性、柔性防水套管，根据设计要求的坐标、标高和尺寸按本工艺标准相关工艺预留、预下完毕。

(4) 施工应在干作业条件下进行，如遇特殊情况，应做相应处理。

(5) 室内装饰的种类及厚度已确定。

二、施 工 工 艺

工艺流程

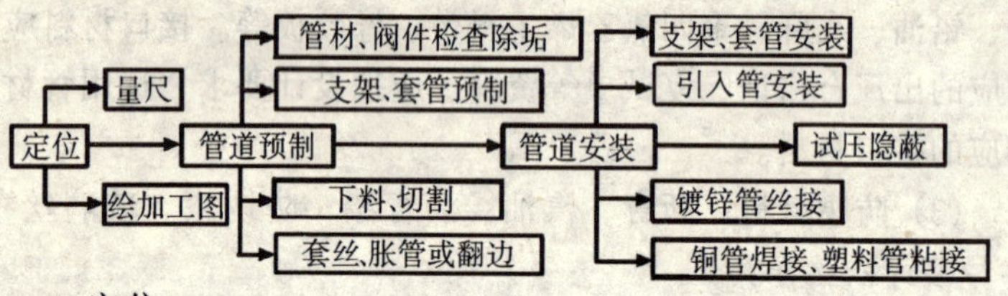

1. 定位

(1) 根据土建给定的轴线及标高线，按照立管坐标、立管外皮距墙装饰面的间距（表 14-1），结合水表外壳距墙为 10~30mm 的规定，测定地下给水管道及立管甩头的准确坐标，绘制加工草图。

立管管外皮距墙面（装饰面）间距（mm）　　表 14-1

管径（mm）	32 以下	32~50	75~100	125~150
间距（mm）	20~25	25~30	30~50	60

(2) 根据已确定的管道位置与标高，从引入管开始沿着管道

走向，用钢卷尺量准引入管至干管、各个立管之间的管段尺寸。量尺的应注意，给水引入管与排水出口管的水平净距≥1m，进入室内后的给水管与排水管平行敷设时，两管最小水平净距≥500mm，交叉时垂直净距≥150mm，给水管应在上，排水管在下。如给水管必须在下则应另加套管，套管长度不得小于排水管直径的3倍。给水管与煤气引入管的水平净距≥1m。然后在绘制草图上标注清楚。

(3) 高层建筑中的引入管都在两条以上，如果同侧排列，两根引入管的间距必须≥10m，两根引入管都分别设置阀门控制，如图14-1、14-2所示。

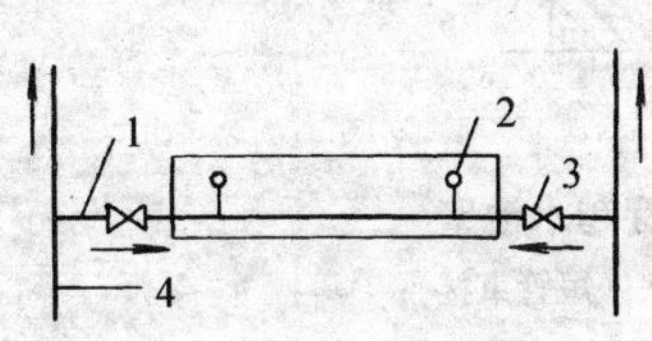

图14-1 引入管从建筑物不同侧引入

1—引水管；2—立管；3—阀门；4—室外管网

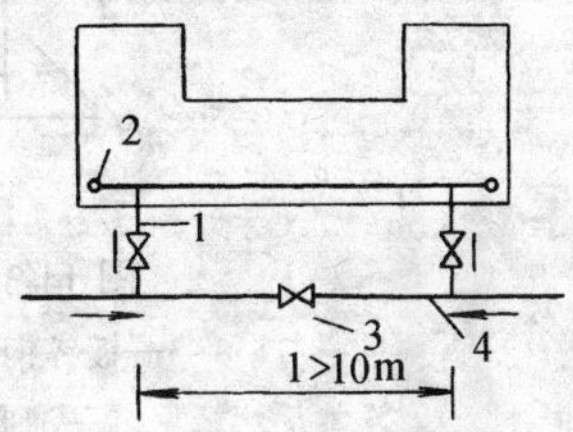

图14-2 引入管由建筑物同侧引入

1—引水管；2—立管；3—阀门；4—室外管网

2. 管道安装

(1) 对选用的管材、管件、阀门，进行材质、规格、型号、质量等方面检查，符合有关规定方可使用。必须清除管材、管件及阀门内外的污垢和杂物。给水管道上的阀门，当管径小于或等于50mm时宜采用截止阀；管径大于50mm时宜采用闸阀。

(2) 用比量法下料后按本工艺标准进行加工试扣、连接。预制过程中，应注意量尺准确，严格操作调准各管件、阀件的方向。在确定预制管道的分段和长度时，不违反规范前提下，尽量考虑施工操作方便。

(3) 引入管直接和埋地管连接时，要保证设计埋设深度，塑料管的埋深不能小于300mm。室外埋深视土壤及地面荷载情况决定。寒冷地区埋设在当地冰冻线以下>20cm处。且管顶覆土层厚度不能小于0.7~1.0m。引入管在穿越基础预留孔洞时，按规范留出基础沉降量≥100mm，如图14-3、图14-4、图14-15。

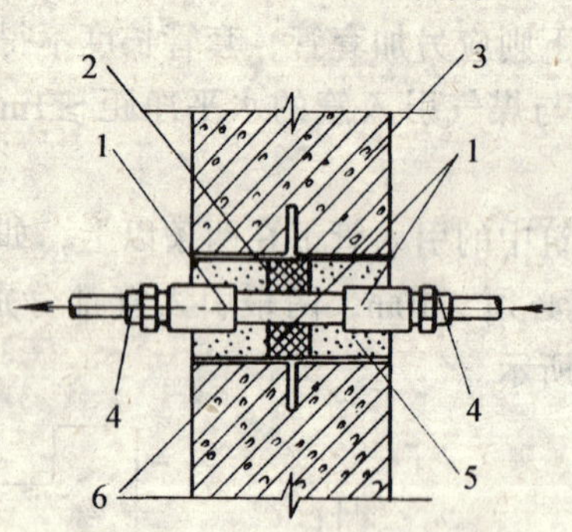

图14-3 管道穿越水池壁

1—镀锌钢管及配件（短管束接）；
2—油麻；3—混凝土池壁；
4—UPVC管及配件（外螺纹束接）；
5—石棉水泥填料；6—钢制带翼环套管

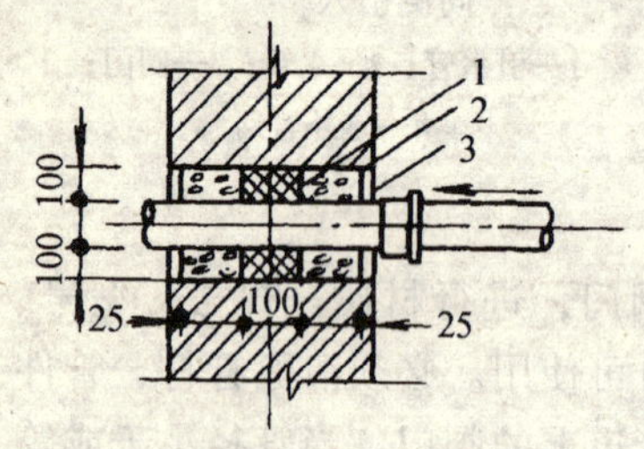

图14-4 给水管穿越砖基础

1—沥青油麻；2—粘土捣实；
3—M5水泥砂浆

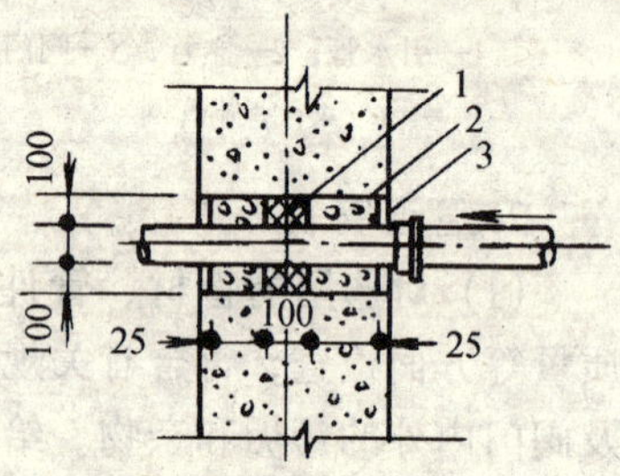

图14-5 给水管穿越混凝土基础

1—沥青油麻；2—粘土捣实；
3—M5水泥砂浆

塑料管在穿基础时，应设置金属套管。套管与基础预留孔上方净空高度不应小于100mm。

当引入管穿过地下室、地下构筑物外墙时，应设置防水套管。对于有均匀沉降、胀缩或受振动及要求严密防水的构筑物，应采用柔性防水套管。套管的制作和安装参照本工艺标准套管部分进行。

(4) 一般情况下，给水管道不宜穿过伸缩缝、沉降缝。但高层建筑中给水管在穿越基础时，经常遇到这种情况，必须采用软性接头法，丝扣弯头法或活动支架法，如图 14-6、图 14-7、图 14-8 所示。

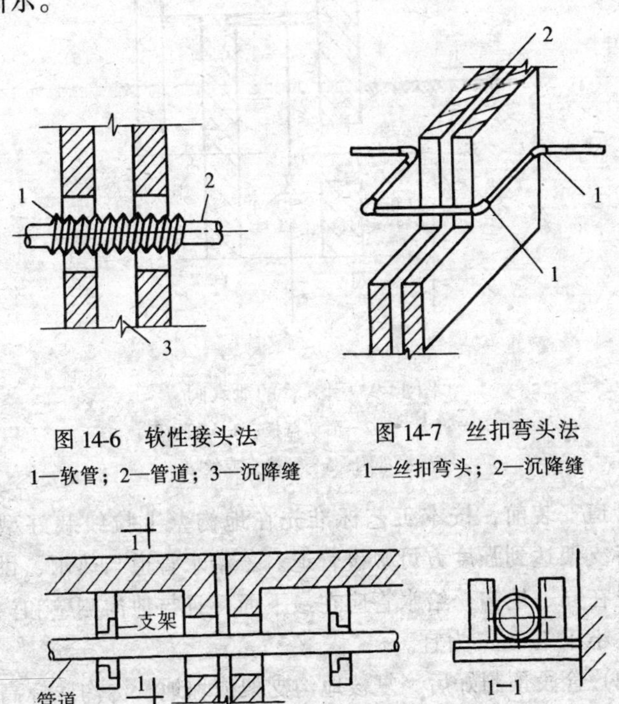

图 14-6 软性接头法

1—软管；2—管道；3—沉降缝

图 14-7 丝扣弯头法

1—丝扣弯头；2—沉降缝

图 14-8 活动支架法

(5) 引入管的室外甩头管端用堵头临时封严，引入管为螺纹连接时，其室外甩头可连接管箍及丝堵，准备试压时用。引入管也可先试压合格后再穿入基础孔洞，确保埋地引入管接口的严密性、可靠性。

（6）地下给水管道应保证 0.002～0.005 的坡度，坡向引入管至室外管网。

（7）若地下管道为地沟敷设或引入管采用地沟连接管道井时，引入管应装设泄水阀门，如图 14-9 示之。

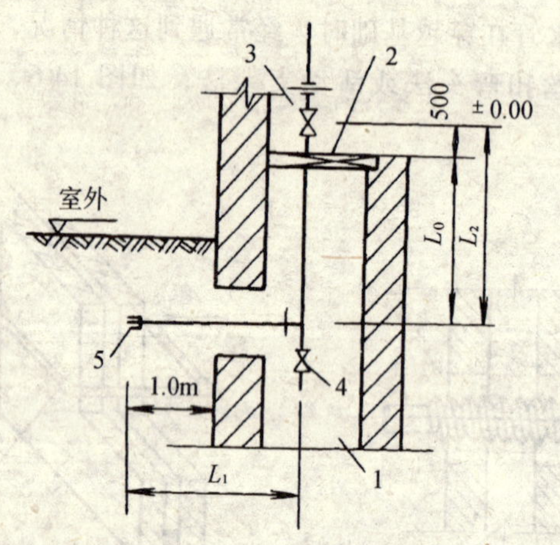

图 14-9　引入管的泄水阀

1—管道井；2—活动盖板；3—总阀门；
4—泄水阀；5—管接头或丝堵

管道安装前，按本工艺标准先在地沟壁上拉线栽好型钢支架，待支架达到强度方可敷设管道。若给水管道与热水、供热管道敷设在同一地沟，给水管应在最下面，且与地沟侧壁和沟底的净距不小于 150mm 为宜。

（8）管段预制好后，复核地沟支架或埋地管沟沟底标高及坡度。用绳索或机具将管段慢慢放进沟内或支架上，管子和阀件就位后，再检查管子、管件、阀门的口径、位置、朝向。然后从引入管开始接口，一直接至立管穿出地坪面上第一个阀门为止（第一个阀门中心距地坪面 500mm）。根据设计要求按本工艺标准有关工艺要求接口；塑料管出地坪面处应设置金属护管，护管高出地坪面 100mm。

(9) 地沟内等处若采用金属管卡固定塑料管，应采用塑料带或橡胶垫作为隔层。以免金属伤及塑料管。

(10) 铜管安装前的检查：

①铜管安装前，必须对管材进行严格检查，管皮与内壁应光洁、无针眼、裂缝、结疤、分层、气泡等缺陷。黄铜管不得有绿锈和严重脱锌。管子端部应平整无毛刺，管子内外表面纵向划痕应在 0.3mm 以内，偏横向的凸出或凹入高度与深度不大于 0.35mm。碰伤、起泡及凹坑深度不应超过 0.03mm，其面积不超过管子表面的 0.5%，否则不准使用。

②用于胀口或翻边连接的铜管，每批须抽 1%且不少于两根进行胀口或翻边试验，见图 14-10。如有裂缝需退火处理，重作试验，如仍有裂缝，该批管子须逐根退火、试验，不合格严禁施工中使用。

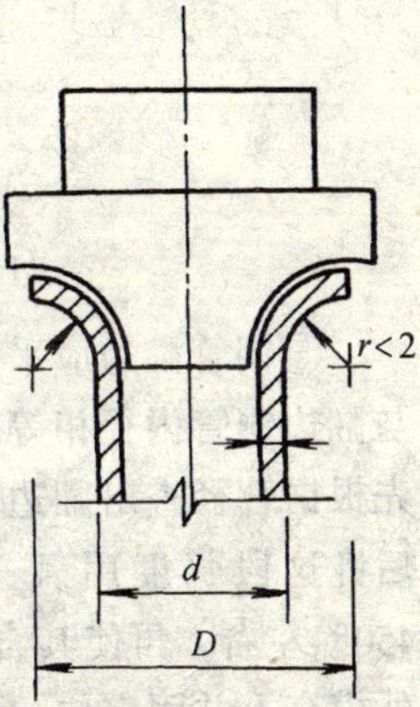

图 14-10　翻边试验

(11) 给水系统中的铜管胀口和翻边的安装：

①铜管连接有螺纹连接、焊接连接（对口焊接和承插焊接)、法兰连接（焊接法兰、翻边活套法兰和焊环活套法兰)。一般建筑用的铜管管径较小，多采用扩口承插焊接（目前配套接头和弯头规格齐全使用较方便)。大口径铜管采用对口焊接。各种接口参见本工艺标准有关连接工艺。

②承口的扩口长度不应小于管径，安装时应迎介质流向安装。

③铜管翻边或胀口。铜管在许多连接中都须胀口或翻边加工，如卫生器具或设备中采用锁母或活套法兰连接时，需将铜管进行翻边；又如铜管在全接头连接（两端都用螺栓连接）和半接头连接（一端用螺纹连接，另一端与接头焊接）时，须将管口胀

成喇叭口形。承插焊接时须先将管口扩张成承插口插入焊接。见图 6-9、7-18。

④铜管翻边和胀口时，都须防止产生缩颈。胀口一般采用手动扩管器进行扩张（见图 14-11）。对于紫铜管可以直接扩张，对于黄铜管要进行退火后扩张。扩管器的胀珠在旋转着的芯轴（锥形杆）的作用下，使管口发生永久变形，形成喇叭状后，取出扩管器。承口的扩口长度不应小于管径，见图 14-11 中所示。

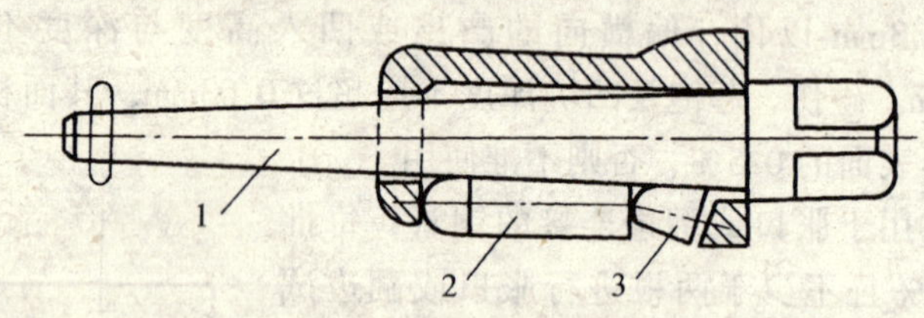

图 14-11　翻边式扩管器

1—胀杆；2—胀珠；3—翻边胀珠

⑤铜管翻边应采用内外模具。内模是一圆锥形钢模，其外径与翻边铜管内径相等或略小，外模是两片长颈法兰。翻边之前，先根据管径查出翻边宽度（见表 14-2），在管端上量尺划线，然后将这段长度用氧—乙炔焰加热至再结晶温度以上，一般为 450℃左右，再使其自然冷却或浇水急冷。当管端冷却后，将内外模套上并固定住，再用手锤敲击翻边或利用压力机、车床（特别适用短管段翻边）完成，全部翻转后敲平锉光，即完成了翻边工作。

翻 边 宽 度 表　　　　**表 14-2**

公称直径 *DN*（mm）	15	20	25	32	40	50	65	80	100	125	150	200	250
翻边宽度（mm）	11	13	16	18	18	18	18	18	18	20	20	20	24

采用压力机翻边时，芯棒与管子不转动。在工地上小批量的铜管翻边可采用手锤敲打成型，用眼观察，翻边部分不得有裂纹或破口。

⑥管口翻边后不得有裂纹、豁口及褶皱等缺陷，并应有良好的密封面。翻边端面应与管子中心线垂直，允许偏差小于或等于1mm，厚度减薄率≤10%，管口翻边后的外径及转角半径应能保证螺栓及法兰自由装卸，法兰与翻边平面的接触应均匀、良好。

3. 试压隐蔽

(1) 地下给水管道全部安装完毕，按本工艺标准进行水压试验后方可隐蔽。对于塑料管粘接的管道，水压试验必须在粘接、连接安装24h后进行。

(2) 先将试压管道末端封堵，缓慢注水同时将管道内气体排尽。

(3) 充满水后，进行严密性检查。

(4) 用手动泵缓慢加压，升压时间不得小于10min，升至试验压力（为工作压力的1.5倍，不小于0.6MPa）后，稳压1h，检查接头是否漏水。

(5) 稳压1h后，补压至试验压力值，在15min内的压力降不超过0.005MPa为合格。

(6) 经质量检查员会同有关人员，对地下管道的材质、管径、坐标、标高、坡度及坡向、防腐、管沟基础等做全面验核，确认符合设计要求及规范规定后，填写隐蔽工程记录，方可按本标准管沟回填土工艺进行回填。

三、成　品　保　护

1. 管道在安装过程中，应防止油漆、沥青等有机污染物与塑料管材接触。

2. 水压试验合格后，应从引入管上安装泄水阀，排空管道内试压用水，防止越冬施工时冻裂管道。

3. 地下管道施工间断时，应用木塞或其他材料对各甩头做临时封闭，防止管道堵塞。

4. 甩至地面上的立管阀门，临时拧上相同口径的丝堵或用其他材料堵牢，防止粉饰时掉入砂浆。

5. 地下管道隐蔽后，应与单位工程负责人办理工序交接手续，制定防护措施，防止其他工种施工时损坏管道。

四、安全注意事项

1. 施工地点应整齐、清洁、设备、材料、废料按指定地点堆放，并按指定道路行走，不准从危险地区通行，不能从起吊物下通过，与运转中机械保持距离。

2. 在挖管沟时，应根据土质情况适当放坡。在沟内安装管道时，随时注意沟壁情况，必要时，采取加固措施，防止塌方事故。

3. 如地下给水管道为铸铁管时，剁管应注意飞削伤人。下管时使用绳索应牢固，防止伤人。

4. 如用电动套丝机套丝时，应专人使用。操作者应熟知机具性能，机具应有良好绝缘装置，防止事故发生。

5. 使用水、电焊工具应配备安全附属设备，严格执行安全防护措施。

6. 搬运和吊装管子时，应注意不要与裸露的电线接触，防止触电。

五、质 量 标 准

1. 铺设塑料管，其土壤颗粒径不宜大于 12mm，必要时铺 100mm 厚砂垫层，回填时先用砂土或粒径≤12mm 土壤，回填至管顶上侧 300 处，经夯实后方可继续回填。

2. 管道的水压试验结果必须符合设计要求和规范规定。

3. 生活用水与消防用水为同一系统时，必须使用满足生活用水标准的管材及其相适应的管件。

4. 镀锌管不得使用非镀锌管件或焊接。

5. 管道及管道支座（墩）严禁铺设在冻土和未经处理的松土上。铺设管道的沟底不得有突出的尖硬物体。

6. 坡度的正负偏差不超过设计要求坡度值的1/3。

7. 阀门安装、管道接口、支、托架安装、涂漆、管道防腐等质量，应达到本标准相应项目的质量要求。

管道的坐标和标高允许偏差，详见表14-3。

管道的坐标和标高允许偏差 **表14-3**

<table>
<tr><th colspan="3" rowspan="2">项　目</th><th colspan="4">允许偏差（mm）</th><th rowspan="2">检测方法</th></tr>
<tr><th>钢管</th><th>铸铁管</th><th>铜管</th><th>塑料管</th></tr>
<tr><td rowspan="2">坐标</td><td rowspan="2">室内</td><td>埋地</td><td>15</td><td>15</td><td>15</td><td>15</td><td rowspan="4">检查测量记录和用经纬仪、水平仪（水平尺）、直尺、拉线和尺丈量检查</td></tr>
<tr><td>地沟或架空</td><td>10</td><td>15</td><td>10</td><td>10</td></tr>
<tr><td rowspan="2">标高</td><td rowspan="2">室内</td><td>埋地</td><td>±10</td><td rowspan="2">±10</td><td>±10</td><td>±10</td></tr>
<tr><td>地沟或架空</td><td>±5</td><td>±5</td><td>±5</td></tr>
</table>

六、质量通病及其防治

质量通病及防治方法见表14-4。

表14-4

序号	质量通病	防治方法
1	管道渗漏或断裂	1. 管道安装完、防腐隐蔽前，必须按设计要求和规范规定，做水压试验，并认真检查 2. 埋地管道变径处不宜选用管补心。管道严禁铺设在冻土或未经处理的松土上 3. 管道试压后及时排空管腔内存水，防止冬季管内存水冻裂管道 4. 管道接口必须按本标准接口工艺施工 5. 回填土时，严格按本标准回填土工艺施工，防止损坏管道

续表

序号	质量通病	防治方法
2	管道堵塞	1. 管道安装前清净管腔内杂物 2. 及时牢固的封闭管道临时敞口处
3	立管甩头不准	1. 管道甩头标高及坐标经核对准确后，及时将管道固定牢靠，防止其他工种施工时碰撞或挤压而位移 2. 施工前结合编制的施工方案，全面安排管道位置，关键部位的管道甩头尺寸应详细计算确定 3. 管道安装中，注意土建施工中有关尺寸的变动情况，发现问题及时解决

15. 室内给水立管安装

一、施 工 准 备

1. 材料

(1) 管材、管件及附件：镀锌钢管、铜管、铜管接头、硬聚氯乙烯管及各类管材相适应的管件、阀门等。材质、规格、型号按设计要求选用，质量应符合要求，有出厂合格证书及材质化验证明。

(2) 其他材料：铅油、线麻、聚四氟乙烯胶带、胶粘剂、花兰堵头、丝堵、木堵头、型钢、螺帽、小白线、塑料带、橡胶板、石棉绳、石（粉）笔、粗、细齿锯条、防锈漆、银粉膏、乙炔气（电石)、氧气、电焊条、钎焊条、钎焊环、铜焊粉、无水酒精。

2. 机具

断管机、电动套丝机、套丝板（带丝)、钢锯、压力案子、台钻、剪子、手锤、錾子、水平尺、钢卷尺、盘尺、线坠、管钳子、链钳子、割管器（割刀)、钎子、鬃刷、尼龙刷、干净碎布、活扳子、水焊工具、电焊工具、手压泵、电锤、电动打压泵、手工钨极氩弧焊机具、压力表。

3. 工作条件

(1) 土建主体已基本完成，现浇混凝土楼板孔洞已按图纸要求的适用位置及尺寸预留好。

(2) 管道穿过的房间内，位置线及地面水平线已检测完毕，室内装饰的种类、厚度已确定。

(3) 施工人员已进行图纸会审和技术、质量、安全交底，熟悉图纸、熟悉暖卫工程施工及验收规范。

（4）地下管道已铺设完，各立管位置已按图纸和有关规定正确甩头，临时封堵严密。

（5）各种给水附属设备、卫生器具样品和其他用水器具已进场，进场的施工材料和机具设备能保证连续施工的要求。

二、施 工 工 艺

工艺流程

修整、凿打孔洞 → 管道井清理 → 量尺、下料 → 预制、安装 → 栽卡具 → 封堵孔洞

1. 修整、凿打楼板穿管孔洞

（1）根据地下给水管道上各立管甩头位置，在顶层楼地板上找出立管中心线位置，先打出一个直径 20mm 左右的小孔，用线坠向下层楼板吊线，找出中心位置打小孔，依次放长线坠向下层吊线，直至地下给水管道立管甩头处（即立管阀门处），再核对、修整各层楼板孔洞位置。

（2）用电锤或手锤、錾子开扩修整楼板孔洞，使各层楼板孔洞的中心位置在一条垂线上，且孔洞直径应大于要穿越的立管外径 20～30mm。如上层墙减薄，使立管距墙过远时，可调整往上板孔中心位置，再扩孔修整使立管中心距墙一样。

（3）在修凿板孔时，如遇有钢筋妨碍立管穿越楼板时，不得随意割断。应与土建技术人员商量后，按规定妥善处理。空心楼板孔洞应封堵严密。

2. 量尺、下料

（1）确定各层立管上所带的各横支管位置。根据图纸和有关规定，按土建给定的各层标高线来确定各横支管位置与图中心线，并将中心线标高划在靠近立管的墙面上，即为图中 L_1'、L_2'、L_3'、L_4'，如图 15-1 所示。

（2）用木尺（即量棒）或钢卷尺由上至下，逐一量准各层立

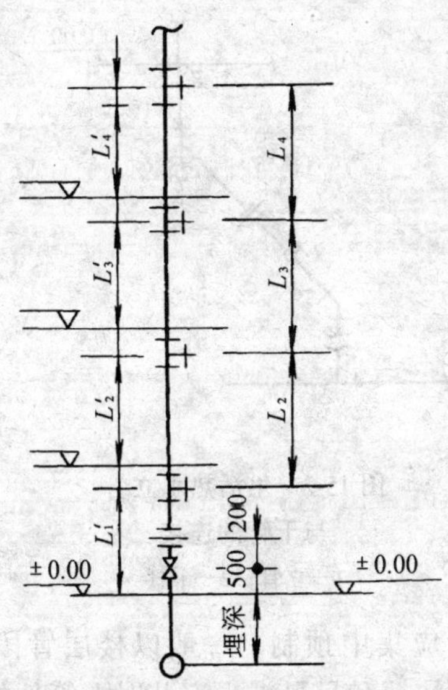

图 15-1　立管测绘预制草图

管所带的各横支管中心线标高尺寸。若为高层建筑给水立管，均设于管道井内、立管上的阀门、活接头、法兰、长丝跟母等可拆卸件，应设置在便于拆卸、更换的地方，一般管道井每两层有横向隔断，检修门均开向走廊。量尺时要准确，然后记录在木尺样杆上或图上直至一层甩头阀门处，即实测的两相邻楼层横支管中心线间的尺寸 L_1、L_2、L_3……。预制加工管段长度即用比量法减去管件所占长度。

(3) 较复杂的建筑中，给水立管和埋地干管往往不能垂直连接，必须通过技术层或顶棚拐几个弯，再配置几根短管方能相连。量尺时必须画出草图，标清各部分尺寸，方可引至立管的安装位置上。如图 15-2 所示。

(4) 根据设计的材质、规格、型号，选择好立管的管材、管件、配件和阀门，按照各楼层管段的量尺长度和组件，用比量法准确下料、加工、预制。

3. 预制、安装

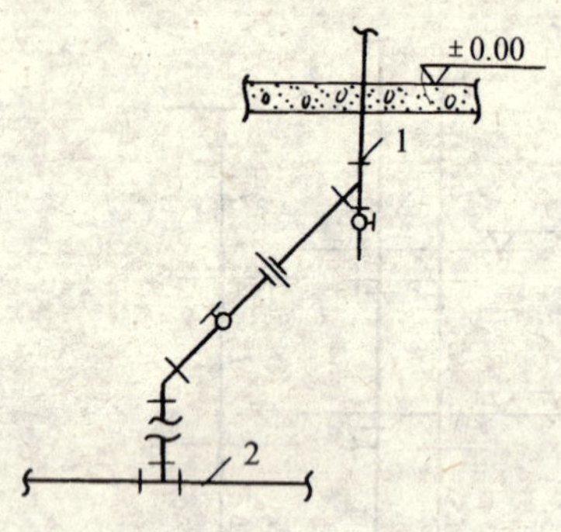

图 15-2 生活热水立管与干管的连接

1—立管；2—干管

(1) 给水立管应集中预制，一般以楼层管段长度为单元进行。为了施工方便快捷和尽量减少安装时上管件的原则，预制时应尽量将每层立管所带的管件、配件在操作台上组装。在预制管段时，若一个预制管段带数个不同方向的管件，预制中要严格找准朝向。

(2) 在立管的每层管段预制完后，应在预制场地垫好木方，将预制管段按立管管道连接顺序由下往上（或由上往下），分段层层连接好。连接时注意各管段间需要确定相对方向的管件方位，直至将立管的所有管段连接完。然后在垫方上按本标准管道调直工艺进行调直。调直后，将每层各管段间连接处的管端头与另一管段上的管件划痕做好记号，再依次拆开各层预制管段。然后将一根立管的所有预制管段捆成一捆，做上立管编号，妥善保管，直至将所有立管预制完成。

(3) 在立管安装前，应根据立管位置及支架结构，打好栽立管卡具的墙洞眼。冷热水立管平行安装时，热水管安装在面向的左侧。

(4) 设计有穿楼板套管要求时，应按本标准相应工艺安装套管。给水硬聚氯乙烯管道穿楼板和屋面做法如图 15-3、15-4。

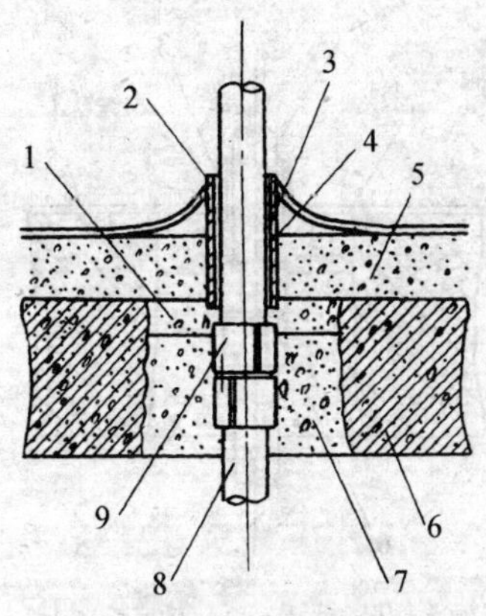

图 15-3　管道穿越屋面
1—细石混凝土第二次捣实；
2—防水胶泥嵌实；
3—镀锌金属套管；
4—细石混凝土找平层；
5—屋面保温层；6—混凝土屋面板；
7—细石混凝土第一次捣实；
8—UPVC 管；
9—两个半片 UPVC 管
（粘结上下两段）

(5) 在立管调直后，可进行主管安装。安装前应先清除立管甩头处阀门的临时封堵物，并清净阀门丝扣内和预制管腔内的污物泥砂等。按立管编号，从一层阀门处（一般在一层阀门上方应安装一个可拆件——活接头或法兰盘）往上，逐层安装给水立管。安装每层立管时，应注意每段立管端头划痕与另一管段上的管件划痕记号相对，以保证管件的朝向准确无误。并从 90°的两个方向用线坠（或吊靠尺）吊直给水立管，用铁钎子临时固定在墙上。待安装正式立管卡时，凡是立管为铜管或塑料管则选用 PVC 支架固定其立管，如图 15-5。其接口按本专业工艺标准连接。

4. 栽立管卡具、封堵楼板眼

(1) 按本工艺标准制做安装工艺栽好立管卡具。穿立管的楼

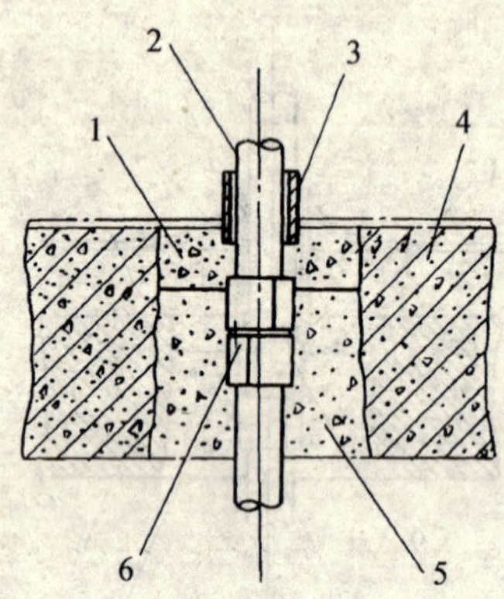

图 15-4　管道穿越地坪和楼板
*穿越楼板将镀锌金
属套管改为 UPVC 套管
1—细石混凝土第二次捣实；
2—UPVC 管；3—镀锌金属套管；
4—混凝土楼板；
5—细石混凝土第一次捣实；
6—两个半片 UPVC 管
（粘结上下两段）

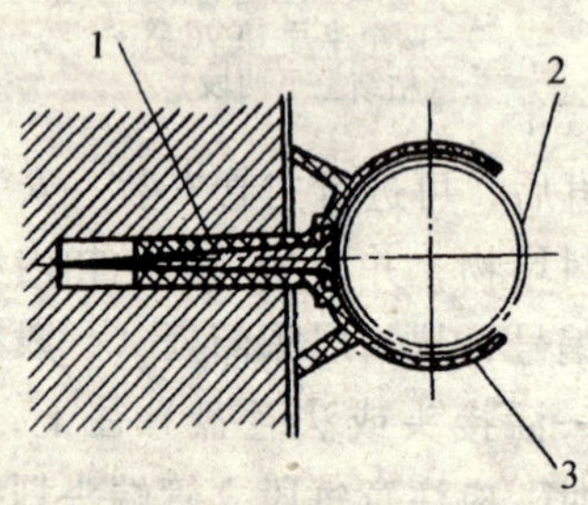

图 15-5　管道系统 PVC 支架
1—木螺丝；2—UPVC 管（或铜管）；
3—管道支架

板孔隙，用水冲洗湿润孔洞四周，吊模板，再用不小于楼板混凝土强度等级的细石混凝土灌严、捣实，待卡具及堵眼混凝土达到强度后拆模。

（2）管卡达到强度后，即可固定立管。立管材质为塑料或铜管安装时，金属管卡与立管之间采用塑料带或橡胶垫相隔，见图 15-6。

(3) 在下层楼板封堵完后，可按上述方法进行上 层立管安装。如遇墙体变薄或上、下层墙体错位，造成立管距墙太远时，可采用冷弯灯叉弯或用弯头调整立管位置。再逐层安装至最高层给水横支管。

(4) 对暗装和管道井内的给水立管，应在隐蔽和横支管安装以前先做水压试验，合格后方可隐蔽。

(5) 对有防腐、防露要求的给水立管，应按本工艺标准相应的施工工艺要求，进行防腐、防露处理。

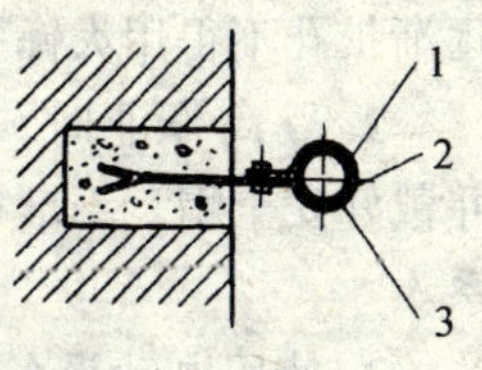

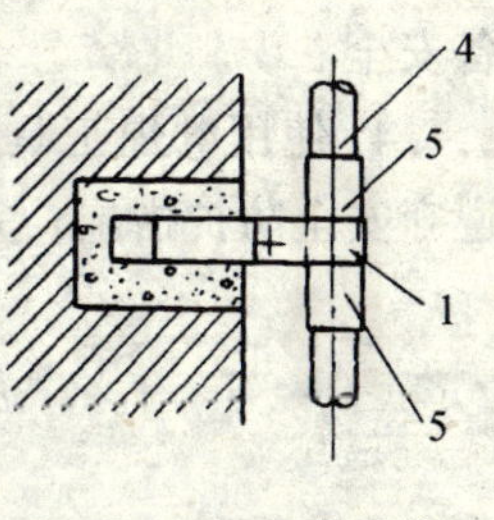

图 15-6 管道系统固定支架
1—钢制管卡；
2—管壁填料；
3—UPVC 短管（或铜管）；
4—UPVC 管道（或铜管）；
5—UPVC 管配件（束装）

三、成 品 保 护

1. 成捆堆放的立管预制管段，应妥善保管，防止丝头及管件损坏。

2. 给水立管安装中及安装后不得在上绑扎和用来固定其他物件。

3. 给水立管安装临时间断敞口处，应及时可靠的做好封堵，防止砂浆及杂物落入。

4. 管道安装过程中，应防止油漆、沥青类有机物与塑料管、铜管、接头管件接触，以防污染。

5. 立管安装完应与单位工程负责人办理交接手续，制定防护措施，以防装修粉饰时污染或损坏给水立管。

四、安全注意事项

1. 打修楼板洞眼时，应抓紧錾子，用手锤或电锤打眼，应逐渐扩孔不得用大锤打爆破眼，孔眼下不得有人停留防止砸伤。

2. 登高作业时，下面应有人扶牢梯、凳，做好监护工作，并戴好安全帽。不准往上或向下抛丢东西，只准用绳向上吊向下系。

3. 使用电动设备时，操作者应掌握机具性能，注意电器设备安全。

4. 使用电焊工具、水焊工具、手工钨极氩弧焊机，要严格遵守安全防护措施，完善安全防护设备。

五、质 量 标 准

1. 对隐蔽管道的水压试验，应达到设计要求和规范规定的试压标准，并做好水压试验记录及填写隐蔽记录。

2. 给水系统安装完后，要进行系统水压试验。试压标准应达到设计要求和规范规定的标准，并做好试验记录。

3. 管道接口、管卡子涂漆、管道防腐质量应达到本工艺标准相应工艺质量要求。立管卡子应平正、牢固。

4. 立管垂直度允许偏差，见表 15-1。

立管垂直度允许偏差（mm）　　表 15-1

材质	项　目	允许偏差	检测方法
塑料管	每米	3.0	用线坠吊线和量尺
	高度超过 5m	≯10	
	10 米以上，每 10m	≯10	
钢管	每米	1.5	
	高度超过 5m	≯8	
铜管	每米	1.5	
	高度超过 5m	≯8	

六、质量通病及其防治

质量通病及防治方法见表15-2。

表15-2

序号	质量通病	防治方法
1	管道堵塞	1. 管道安装前要清净管腔内杂物、毛刺等 2. 管道安装中临时间断敞口处，要及时封堵严密，不使污染物落入管内
2	板孔堵眼不良	1. 打楼板眼时，应用錾子、手锤打眼，不可用大锤打爆破眼。安装管道前堵好空心板板孔 2. 封堵穿立管周边板孔的模板应支平、支严、支牢、浇水湿润孔边，认真将细石混凝土捣实抹平
3	立管坐标超差	1. 打凿修整楼板眼时，应认真用线坠找准立管中心，保证板眼位置准确、直径适宜 2. 因主体承重墙影响管坐标时，可采用冷弯或用弯头调整立管中心。因隔断墙影响管道坐标时，应扒掉墙体重砌 3. 立管安装前，应再次复核立管甩头与室内墙壁装饰层厚度，以利于及时调整立管中心位置
4	立管渗漏	1. 安装立管时，应严格按本标准接口工艺施工，确保接口质量 2. 按设计要求和规范规定，做系统水压试验，并认真检查 3. 接口材质必须有出厂合格证、化验单、出厂日期、使用期限、使用说明

16. 室内给水横支管安装

一、施 工 准 备

1. 材料

(1) 镀锌钢管、硬聚乙烯给水管、铜管及管材相适应的管件、附件等。材质、规格、型号按设计要求选用。质量应符合要求，有出厂合格证。

(2) 其他辅助材料：铅油、线麻、聚四氟乙烯胶带、小白线、橡胶板、石棉绳、石（粉）笔、铁锯条、防锈漆、银粉漆、电石（乙炔气)、氧气、钎焊条、钎焊环、铜焊粉、无水酒精、塑料带。

2. 机具

电动套丝机、绞扳（带丝)、钢锯、带管压力的操作台、管钳子、活扳子、剪子、錾子、手锤、水平尺、米尺、线坠、水焊工具、电焊工具、手压泵、压力表、水泵等。

3. 工作条件

(1) 土建主体工程已完成，隔间墙都砌完。

(2) 熟悉图纸，施工人员已进行技术、质量、安全交底。

(3) 设有卫生器具及用水设备的房间地面水平线已放好，室内装饰的种类、厚度已确定。

(4) 给水立管已安装完毕，立管上连接横支管用的管件位置标高、规格、数量、朝向经复核符合设计图纸要求及质量标准。

(5) 卫生器具及用水设备已基本安装完毕。进场的材料、设备机具能保证连续施工。

二、施　工　工　艺

工艺流程

修整、凿打穿墙孔洞 → 量尺下料 → 预制安装 →

连接卫生器具及用水设备

1. 修整、凿打穿墙管孔洞

(1) 根据图纸设计的横支管位置与标高，结合卫生器具和各类用水设备进水口的不同情况，按土建给定的地面水平线及抹灰层厚度，排尺找准横支管穿墙孔洞的中心位置，用十字线标记在墙面上。

(2) 按穿墙孔洞位置标记，用錾子和手锤进行预留孔洞的修整或凿打墙孔洞，使孔洞中心线与穿墙管道中心线吻合，且孔洞直径应大于管外径 20～30mm。凿打、修整孔洞时遇有钢筋不得随意切割，应与土建技术人员研究，必要时应制定可靠措施方可处理。

2. 横支管量尺下料

(1) 由每个立管各甩头处管件起，至各横支管所带卫生器具和各类用水设备进水口位置止，量出横支管各管段间的尺寸，记录在草图上。

(2) 按图纸设计要求的材质、规格、型号选择符合质量要求的管材及与管材相适应的管件、配件等，并清除管腔内污杂物。

(3) 根据实测的尺寸，按图纸设计的管道排列顺序用比量法下料。

3. 横支管预制安装

(1) 按本工艺标准有关工艺确定管道支（托、吊）架的位置与数量。

(2) 按设计要求或规范规定的坡度、坡向及管中心与墙面距离，由立管甩头处管件口底皮挂横支管的管底皮位置线。再依据位置线标高和支（托、吊）架的结构型式，凿打出支（托、吊）架的墙眼。一般墙眼深度不小于120mm，应用水平尺或线坠等，按管道底皮位置线将已预制好的支（托、吊）架，涂刷防锈漆后，依本工艺标准支架安装工艺要求，栽牢、找平、找正。

(3) 按横支管的排列顺序和尽量减少现场接口以施工方便的原则，预制出各横支管的各管段。预制时应按本标准接口工艺施工，注意接口质量，并以90°的两个方向将预制管段按本标准调直工艺规定调直，同时找准横支管上各甩头管件的位置与朝向，确保横支管安装后，连接卫生器具给水配件和各类用水设备等短支管位置的正确。

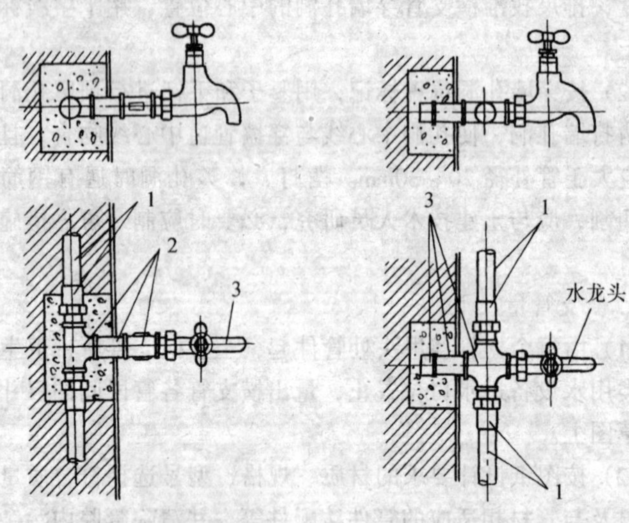

图16-1　系统沿程用水器具安装（嵌装）
1—UPVC管和配件（外螺纹束接）；2—镀锌管道配件（十字管、短管、束接）；3—水龙头

图16-2　系统沿程用水器具安装（明装）
1—UPVC管和配件（外螺纹束接）；2—镀锌管道配件（十字管、短管、束接）；3—水龙头

(4) 待预制管段预制完及所栽支（托、吊）架的塞浆达到强

度后，可将预制管段依次放在支（托、吊）架上，按本标准接口、调直工艺连接、调直好接口，并找正各甩头管件口的朝向，紧固卡具，固定管道，将敞口处做好临时封堵。

(5) 用水泥砂浆封堵穿墙管道周围的孔洞，注意不要突出抹灰面。

(6) 冷、热水管道上下平行安装时，按上热下冷、左热右冷的原则安装。

4. 连接卫生器具的给水配件和用水设备短支管的安装

(1) 安装卫生器具给水配件及各类用水设备的短支管时，应从给水横支管甩头管件口中心吊一线坠，再根据卫生器具进水口需要的标高量取给水短管的尺寸，并记录在草图上。

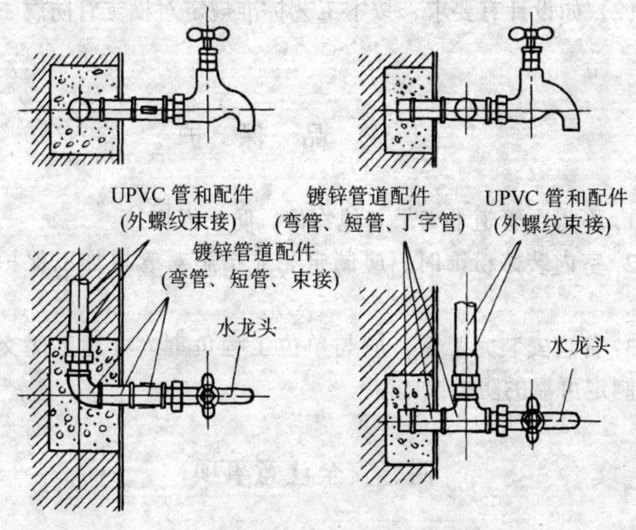

图 16-3　系统尽端用水器具安装（嵌装）
1—UPVC 管（外螺纹束接）；2—镀锌管道配件（弯管、短管、束接）；3—水龙头

图 16-4　系统尽端用水器具安装（明装）
1—UPVC 管和配件（外螺纹束装）；2—镀锌管道配件（管帽、短管、丁字管）；3—水龙头

(2) 根据量尺记录选管后用比量法下料，接管至卫生器具给水配件和用水设备进水口处。安装时要严格控制短管的坐标与标高，使其满足安装卫生器具给水配件的需要。沿程和尽头用水器具的明装与嵌装（暗装）参照图 16-1 ~ 图 16-4 施工。

(3) 栽好横支管上的托钩（或托架），要求栽牢、平正、靠严，若采用塑料管或铜管，其与金属卡具之间采用塑料带或橡胶垫相隔。

(4) 施工后，随时封堵好横支管上的临时敞口。

5. 防腐与防露

(1) 对隐蔽管道如有防腐防露要求，隐蔽前应先做水压试验，做好相应的记录。

(2) 如设计有要求，按本工艺标准规定对横支管防腐、防露处理。

三、成　品　保　护

1. 不得在管道上绑吊其他物件，防止损坏。

2. 室内装修粉饰时，应制定相应措施对管道加以保护防止污染。

3. 管道安装完工后，应与单位工程负责人办理工序交接手续，制定可靠的防护措施。

四、安全注意事项

1. 用錾子、手锤修整、凿打过墙孔洞时，锤、錾应握紧，注意自身与他人安全。不得用大锤打眼。

2. 登高作业时，下面应设有戴安全帽的监护人员配合作业。

3. 套丝、安装管道如两人操作时，配合应密切协调，步调要一致。

4. 使用水焊工具、电焊工具，应严格遵守有关安全防护措施及配备安全附属设备。

五、质 量 标 准

1. 管道隐蔽前、系统安装完应根据设计要求及规范规定进行水压试验，试验结果，必须符合设计要求和施工规范规定。

2. 给水系统安装完、交付使用前应进行消毒并吹洗。如用水吹洗，其流速不应小于 1.5m/s。直到将污浊物冲净为止。

3. 给水横管应有 0.002～0.005 的坡度，以便排空管道系统。

4. 管道支（托、吊）架，应平正牢固、结构合理、排列整齐与管道接触严密。

5. 水平管道纵横方向弯曲、成排管段和成排阀门安装允许偏差，见表 16-1。

水平管道纵横方向弯曲、成排管段和成排阀门安装允许偏差（mm）　　表 16-1

<table>
<tr><th>管　材</th><th colspan="2">项　　目</th><th>允许偏差</th><th>检测方法</th></tr>
<tr><td rowspan="4">钢管
铜管
塑料管</td><td>水平管道纵、横方向弯曲</td><td>DN100mm 以内</td><td>5</td><td rowspan="2">用水平仪、直尺拉线和尺量检查</td></tr>
<tr><td colspan="2">横向弯曲全长 25mm 以上</td><td>25</td></tr>
<tr><td rowspan="2">成排管段和成排阀门</td><td>在同一直线上</td><td rowspan="2">3</td><td rowspan="2">用拉线和尺量检查</td></tr>
<tr><td>间距</td></tr>
</table>

6. 管道连接、阀门安装、防腐或涂漆应达到本标准相关工艺的质量要求。

六、质量通病及其防治

质量通病及防治方法见表 16-2。

表 16-2

序号	质量通病	防治方法
1	管道渗漏	1. 管道接口应严格按本标准施工工艺规定施工 2. 管道隐蔽前、系统安装完，必须按设计要求或规范规定做水压试验，并认真检查 3. 管道横支管应有坡度，试压后要排空管内存水，防止冬季冻裂管道及管件
2	管道堵塞	1. 管材使用前应清净管腔内污染物，管道接口应严格按本标准施工工艺进行，防止油麻掉入管腔堵塞水龙头、自动水嘴等处 2. 管道施工临时间断处，注意及时封堵，防止掉入灰浆等污杂物
3	管道结露	1. 施工前，认真审核施工图，对可能产生结露处，而设计未要求时，应提出做防腐处理 2. 对设计有防露要求的管道，应按设计要求的防露措施和材料认真做防腐处理

17. 室内水表安装

水表是用户（用水设备）耗用水量的计量装置，需要经常的检查和维修，因此在安装时，除设计有明确的规定外，还应考虑到在便于检修，不受曝晒，无污染和冻结的地方安装。

一、施　工　准　备

1. 材料

水表、阀门、镀锌钢管、镀锌管件、铜管、给水塑料管、及其相应的管件，铅油、线麻、聚四氟乙烯胶带、机油。

2. 机具

套丝机、切管机、钢锯、手锤、钢卷尺、水平尺、线坠、铰板、压力及案子、管钳子、活扳子。

3. 作业条件

（1）室内墙体砌筑及抹灰完毕。

（2）给水干管、立管已安装，并将水表安装接头留出。

二、施　工　工　艺

工艺流程

检查、核对 → 量尺、下料、预制 → 安装

1. 检查、核对

（1）先检查水表的型号、规格与设计要求相符，要有产品质量检验合格证。

（2）核对预留水表分支接头的口径、标高及位置，应满足施工安装的技术要求。

2. 量尺、下料、预制

在墙上标出水表、阀门、活节等配件安装位置及水表前后所需直线管段的长度，按比量法由前往后逐段量尺、下料。根据本标准有关工艺进行配管预制、组装。

3. 安装

水表安装时要注意：水表箭头方向应与流水方向相一致；对螺翼式水表，表前与阀门应有 8～10 倍水表直径的直线管段；对其他水表，表前后应有不小于 300mm 的直线管段见图 17-1、17-2、17-3。

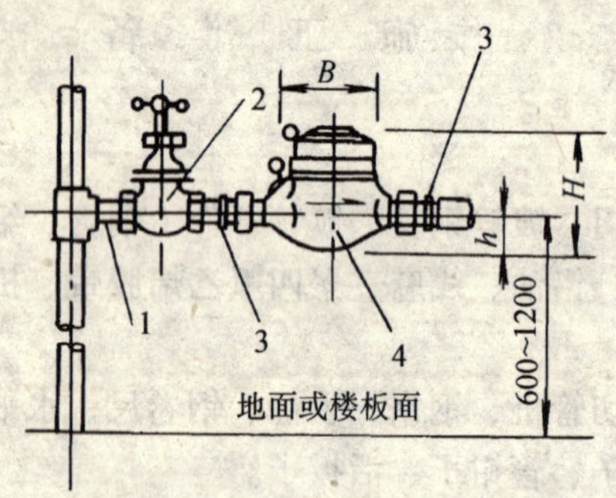

立面图

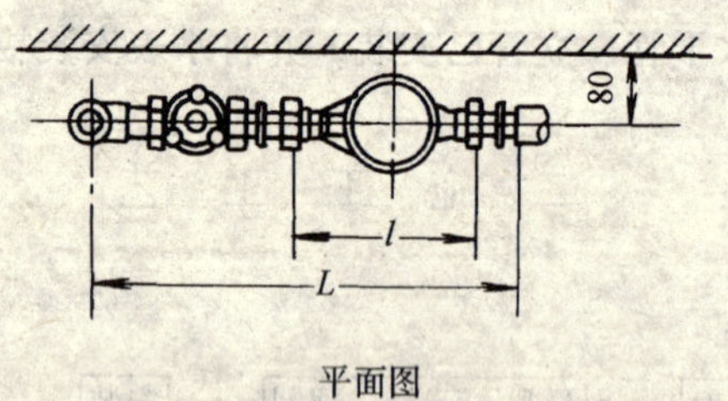

平面图

图 17-1 水表安装图示

1—短管；2—闸阀；3—补心；4—水表

水表的支管除表前后需有直线管段外，其他超出部分管段应煨弯沿墙敷设，支管长度大于 1.2m 时，应设管卡固定。

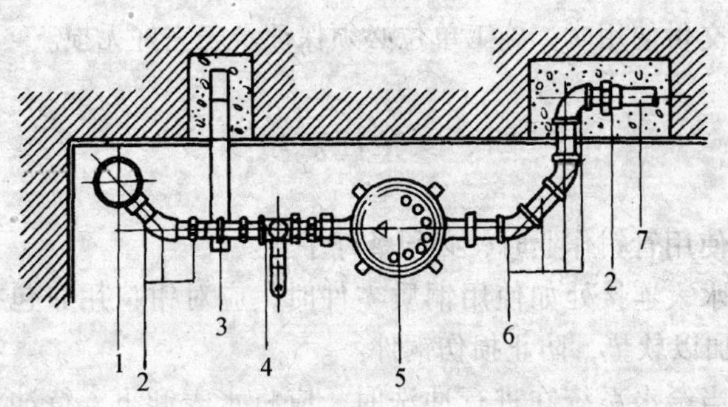

图 17-2　室内分户水表安装（支管嵌装）

1—UPVC 给水立管；2—UPVC 配件；3—墙铆件；

4—*DN*15 钢球阀；5—*DN*15 水表；6—镀锌配件；7—UPYC 管

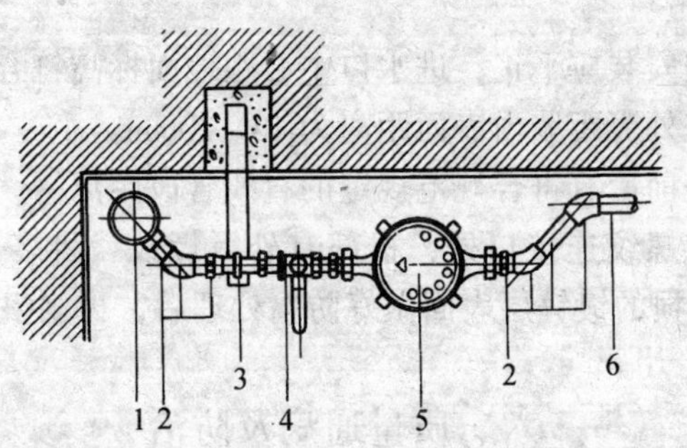

图 17-3　室内分户水表安装（支管明装）

1—UPVC 给水立管；2—UPVC 配件；3—墙铆件；

4—*DN*15 钢球阀；5—*DN*15 水表；

6—UPVC 系统管道

三、成　品　保　护

1. 水表玻璃罩加强保护，未正式使用之前不得启封。

2. 当土建进行抹灰、装饰作业时，对水表应加覆盖，防止污染。

3. 交付使用时，施工单位必须保证水表完好无损。

四、安全注意事项

1. 使用管钳作业时，必须戴好手套。

2. 水表连接处如使用铜质零件时，应对钳口用布包扎或在钳口处加以软垫，防止损伤铜件。

3. 当给水系统在进行冲洗时，应将水表卸下，待冲洗完毕后再行复位。

五、质 量 标 准

1. 水表安装应平正，进水口中心距地面标高符合设计要求。

2. 水表外壳距墙内表面距离为 10～30mm。

3. 水表前后有符合规范规定的直线管段距离。

4. 管道螺纹连接口处，根部有外露螺纹，将多余油麻清理干净，对破损的镀锌层表面做好防腐处理后，再刷银粉。

六、质量通病及防治

质量通病及防治方法见表 17-1。

表 17-1

序号	质量通病	防治方法
1	水表外壳距墙内表面过近（小于 10mm），过远（大于 30mm）	按规范规定的要求，对表位进行调整或更换管段
2	水表距地面标高与设计要求不符	按地面实际标高，对水表安装标高进行调整

续表

序号	质量通病	防治方法
3	水表前后直线管段长度不符合规范规定要求	对设计不合理的要在图纸会审时解决，对管路施工安装不合要求时，应对管路进行调整
4	螺纹连续接口处，油麻不净	施工安装时，应对多余油麻随时进行清理干净
5	螺纹连接在螺纹根部的外露螺纹，无防腐处理	对螺纹连接其螺纹根部应留出外露螺纹并进行防腐处理

18. 室内消防管道及设施安装

一、施 工 准 备

1. 材料

(1) 管材：镀锌钢管、镀锌无缝钢管、焊接钢管、无缝钢管、铸铁管、管件。

经外观检查，表面无裂纹、缩孔、夹渣、折叠和重皮。螺纹密封面完整，无损伤，无毛刺。镀锌管表面不得有镀锌层脱落、锈蚀，法兰密封面完整、光洁，符合规定。

(2) 配件：水龙带、水枪、喷头、报警阀、水流指示器控制阀、信号阀、排气阀、节流孔板、减压孔板、水力警铃、闸阀、蝶阀、球阀、截止阀、止回阀、减压阀、安全阀、电磁阀、压力表、法兰。

经现场检查，喷头的型号、规格与设计相符，其商标、动作温度、型号、制造厂及生产年月标志齐全，外观无损伤和缺陷，喷头螺纹密封面无伤痕、无毛刺、无断丝、无缺丝。闭式喷头从每批中抽查1%且不少于5具进行密封性能试验，试验压力3MPa，试验时间≥3min，无渗漏、无损伤为合格。1只不合格须加倍抽查，仍有1只不合格，该批喷头不准使用。

报警阀、水流指示器应有商标、型号、规格标志和水流方向永久性标志。报警阀、控制阀和警铃的铃锤应动作和转动灵活，无卡涩，无阻滞，阀内清洁，无异物。对报警阀应逐个渗漏试验，试验压力为2倍额定工作压力，试验时间5min，无渗漏为合格。

压力开关、水流指示器及水位、气压、阀门限位等监测及报警装置应有铭牌、安全操作指示标志和说明书，传输信号应灵敏可靠，不合格者不得使用。

(3) 设备：空压机、水泵、水泵接合器、气压给水设备，进场后核对和检查应符合设计要求。

(4) 其他材料：电焊条、聚四氟乙烯生料带、厌氧胶填料、铅油、小线、石（粉）笔、花兰堵头、金属垫片、型钢、石棉橡胶板、橡胶板、塑料板、螺帽、立管卡，经检查均符合质量要求。各种非金属密封垫片的质地应柔软、无老化变质或分层，表面无损折、无皱纹。

2. 机具

电焊机、套丝机、无齿锯、切断机、电锤、冲击钻、射钉枪、台钻、电动打压泵、带丝（绞扳）、圆丝扳、管钳、链钳、活扳子、钢锯、套扳子、喷头安装专用扳子（厂家配置和自制）、螺丝刀、克丝钳子、捻凿、錾子、手锤、梅花扳子、钢卷尺、盘尺、水平尺、线坠、弯尺、法兰盘直角尺（弯尺）、画规、样冲、卡尺、压力及案子。

3. 作业条件

(1) 土建主体工程完成，配合土建进行了消防管道的孔洞预留，铁件、套管预埋工序。

(2) 施工人员经过专业培训考试合格，施工队伍有资格证书，经审核认定。

(3) 设计图纸及技术文件齐全，已由设计单位、施工单位、建设单位、消防部门进行会审认定。

(4) 施工用电、水和气充足，管材、管件、阀件、设备和施工机具已进场。能连续施工。

二、施　工　工　艺

低层建筑及多层建筑的室内消防，一般采用不分区的室内消火栓消防给水系统，见图 18-1。建筑高度不超过 50m 的高层建筑室内消火栓给水系统也可以不分区。

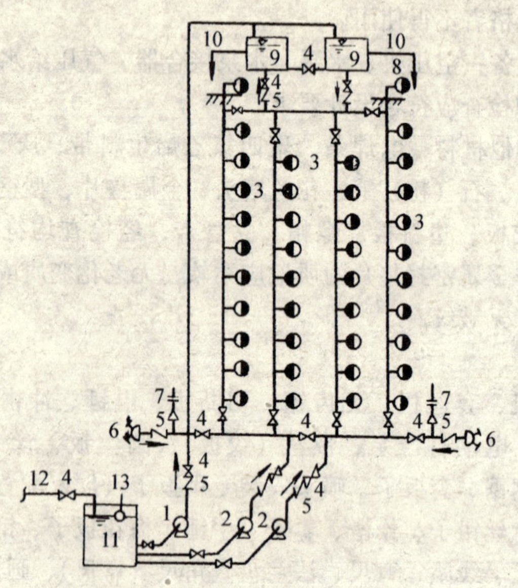

图 18-1　不分区室内消火栓给水系统

1—生活、生产水泵；2—消防水泵；
3—消火栓和水泵远距离启动按钮；
4—阀门；5—止回阀；6—水泵接合器；
7—安全阀；8—屋顶消火栓；9—高位水箱；
10—至生活、生产管网；11—贮水池；
12—来自城市管网；13—浮球阀

消火栓系统管道安装工艺流程

干管安装 ⟶ 立管安装 ⟶ 消火栓及支管安装 ⟶ 消防水泵、高位水箱、水泵结合器安装 ⟶ 管道试压 ⟶ 管道冲洗 ⟶ 消火栓配件安装 ⟶ 系统调试

自动喷水灭火消防给水系统是当前世界上广泛使用的固定灭火系统，不仅用在高层建筑，许多公共建筑也普遍使用，见图 18-2，主要部件见表 18-1。

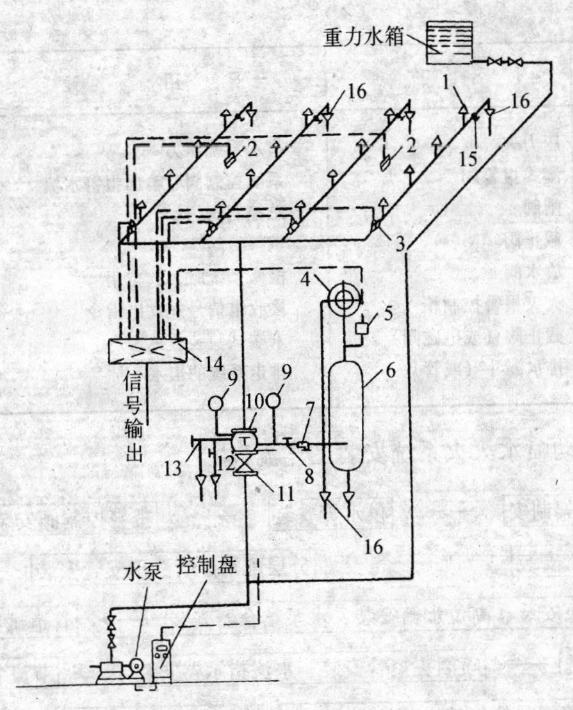

图 18-2 自动喷水灭火系统

主要部件表 表 18-1

编号	名称	用途
1	闭式喷头	感知火灾、出水灭火
2	火灾探测器	感知火灾、自动报警
3	水流指示器	输出电信号、指示火灾区域
4	水力警铃	发出音响报警信号
5	压力开关	自动报警或自动控制
6	延迟器	克服水压波动引起的误报警
7	过滤器	过滤水中杂质
8	截止阀	切断水力警铃声、平时常开

续表

编号	名称	用途
9	压力表	指示系统压力
10	湿式报警阀	系统控制阀、输出报警水流
11	闸阀	总控制阀门
12	截止阀	试警铃阀
13	放水阀	检修系统时，放空用
14	火灾报警控制箱	接收电信号并发出指令
15	截止阀（或电磁阀）	末端试验装置
16	排水漏斗（或管）	排走系统的出水

自动喷水灭火系统安装工艺流程

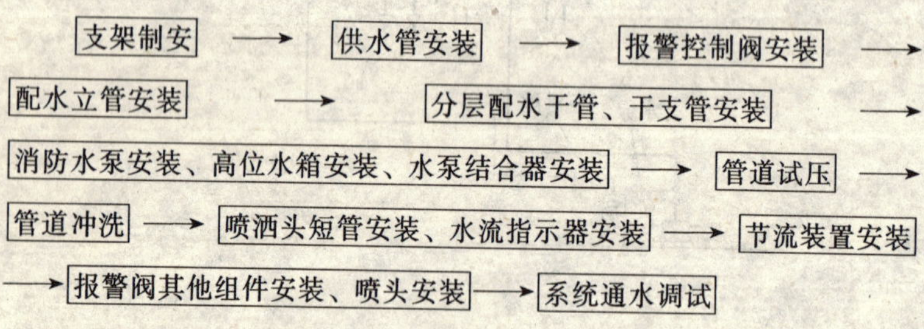

(一) 消火栓系统管道安装

1. 干管安装

(1) 室内消防管道一般采用镀锌钢管，螺纹连接，接口填料为聚四氟乙烯生料带或铅油加麻丝。管子安装前进行外观检查，合格方能使用。

(2) 供水主干管和干管如果埋地铺设，先检查挖好的管沟或砌好的地沟，应满足管道安装的要求，设在地下室、技术层或顶棚的水平干管，可按管道的直径、坐标、标高及坡度制作安装好管道支、吊架。

(3) 高层建筑中的消防进水管一般不少于两条，如图 18-3 中所示。设有两台以上消防泵，就有两条以上出水管通向室内管网，不允许几个消防水泵出水管共用一条总出水管。见图 18-3

中正确安装与错误安装的示例。

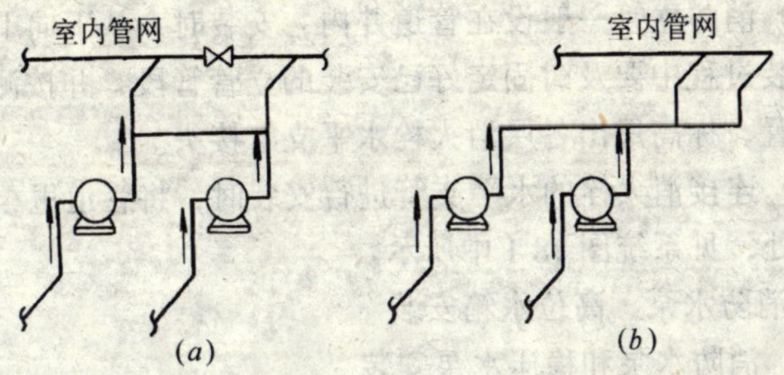

图 18-3　消防泵出水管与室内管网联接方法

(a) 正确的做法；(b) 错误的做法

(4) 参照本工艺标准，对管道进行测绘、下料、切割、调直、加工、组装、编号。从各条供水管入口起向室内逐段安装、连接。安装过程中，按测绘草图甩留出各个消防立管接头的准确位置。

(5) 凡需隐蔽的消防供水干管，必须先进行管段试压。设计有防腐要求时，试压合格后方可进行。

(6) 高层建筑消防系统中应安装一定数量阀门，确保火场供水安全。阀门安装应使管道维修时，被关闭立管不超过一条，见图 18-4 所示。

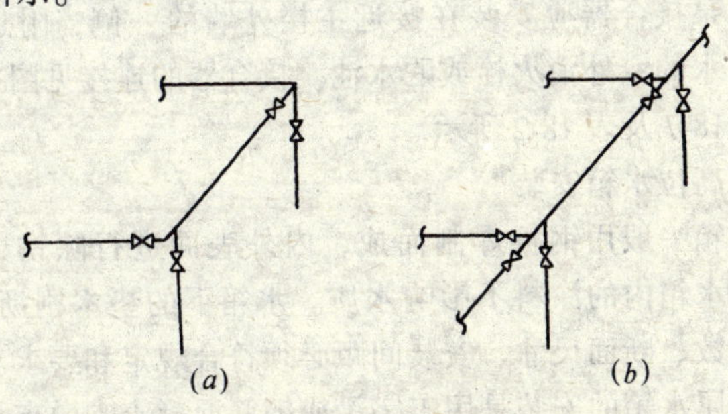

图 18-4　节点阀门布置

(a) 三通节点；(b) 四通节点

2. 消防立、支管安装

(1) 消防立管一般设在管道井内，安装时，从下向上顺序安装，安装过程中要及时固定好已安装的立管管段，并按测绘草图上的位置、标高甩出各层消火栓水平支管接头。

(2) 连接消火栓的水平支管进行安装时，将管道甩至消火栓箱位置处，见系统图 18-1 中所示。

3. 消防水泵、高位水箱安装

(1) 消防水泵和稳压水泵安装

水泵安装前先进行开箱检查、核对水泵型号、规格、外形尺寸，是否符合设计。随机应有产品合格证、安装使用说明书、配件清单。核对水泵基础标高（一般高出地面 0.1～0.3m)、位置、外形尺寸、地脚螺栓和预留孔洞中——中尺寸是否与实物吻合。找平以水平中开面、轴的外延部分、底座的水平加工面为基准进行测量，纵横向水平度≤0.1%。地脚螺栓二次灌浆，达到强度后，拧紧地脚螺栓，即可进行配管。

①水泵就位调整后安装吸水管、压水管和阀门，并且在安装好后及时进行临时固定或先砌好支墩。吸水管上的控制阀不得采用蝶阀，吸水管的水平管段应有 0.005 坡向吸水端坡度，偏心管连接应管顶连接，不准有⌈⌉形存在。

②水泵接合器应安装在接近主楼外墙的一侧；附近 40m 以内有可取水的室外消火栓或贮水池。接合器的连接见图 18-5、图 18-6、图 18-7 及表 18-2 所示。

(2) 高位水箱安装

①水箱一般用钢板焊制而成，内外表面进行除锈、防腐处理，要求水箱内的涂料不影响水质。水箱下的垫木刷沥青防腐，垫木的根数、断面尺寸、安装间距必须符合规定和要求。

②金属水箱的安装是用工字梁或钢筋混凝土支墩支承，安装时中间垫上石棉橡胶板、橡胶板或塑料板等绝缘材料，见图 18-8，且能抗振和隔声。

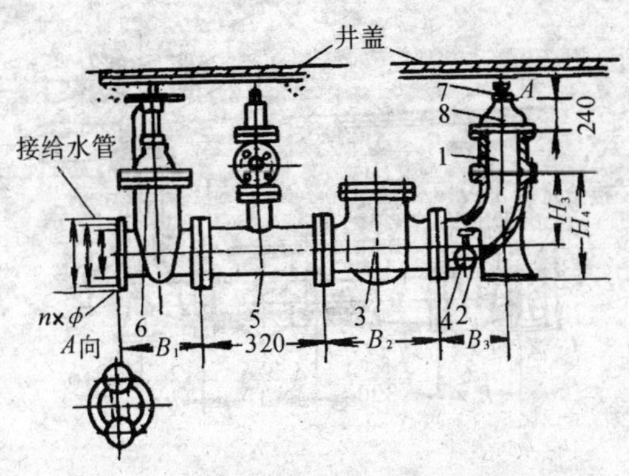

图 18-5　SQX 地下式消防水泵接合器

1—法兰接管；2—弯管；3—止回阀；4—放水阀；
5—安全阀；6—闸阀；7—消防接口；8—本体

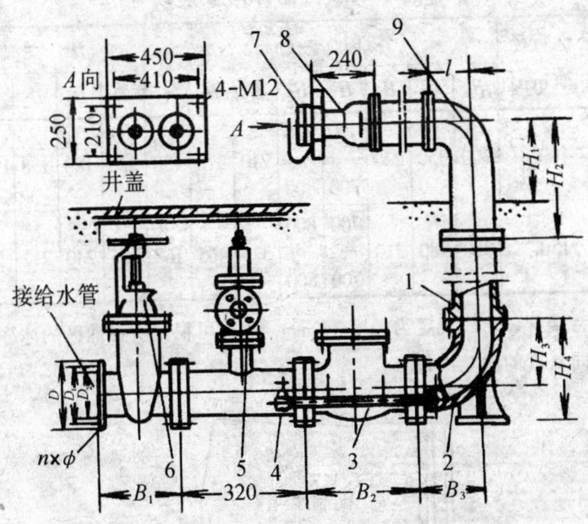

图 18-6　SQB 墙壁式消防水泵接合器

1—法兰接管；2—弯管；3—止回阀；4—放水阀；
5—安全阀；6—闸阀；7—消防接口；
8—本体；9—法兰弯管

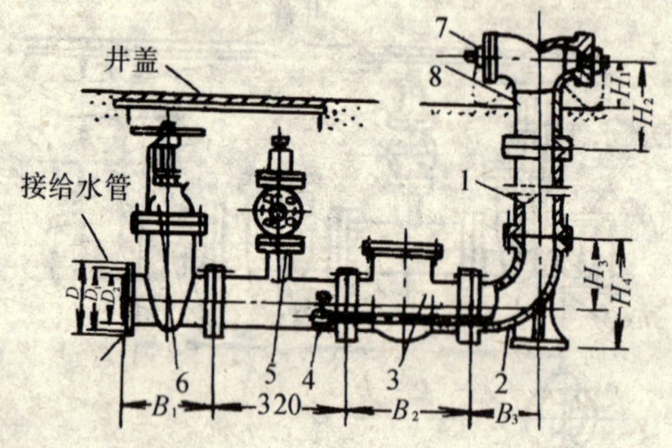

图 18-7　SQ 地上式消防水泵接合器

1—法兰接管；2—弯管；3—止回阀；4—放水阀；5—安全阀；6—闸阀；7—消防接口；8—本体

消防水泵接合器外形安装尺寸　　表 18-2

型　号	公称直径 D_g（mm）	各部尺寸（mm）								法　兰（mm）				
		B_1	B_2	B_3	H_1	H_2	H_3	H_4	l	D	D_1	D_2	ϕ	n（个）
SQ100 SQX100 SQB100	100	300	350	220	700 — 700	800 — 800	210	318	130	220	180	158	17.5	8
SQ150 SQX150 SQB150	150	350	480	310	700 — 700	800 — 800	325	465	160	285	240	212	22	8

注：法兰接管，出厂规定为长度 340mm，用户可根据所在地区的冰冻土层厚度另行选择不同长度的法兰接管。

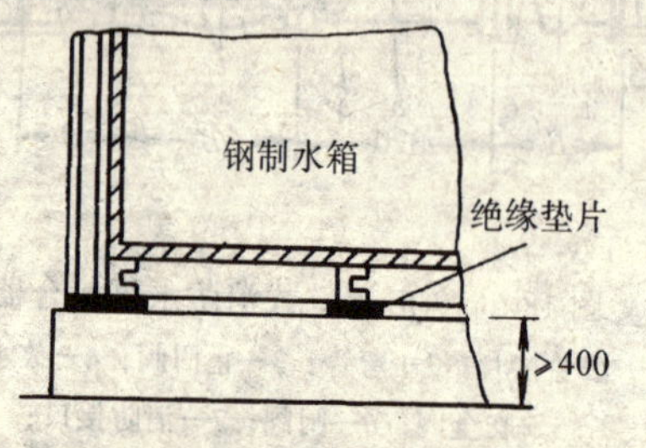

图 18-8　水箱的安装图

③水箱底距地面保持不小于400mm净空，便于检修管道。水箱的容积、安装高度不得乱改。

④水箱管网压力进水时，要安装液压水位控制阀或浮球阀。水箱出水管上应安装内螺纹（小口径）或法兰（大口径）闸阀，不允许安装阻力大的截止阀。止回阀要采用阻力小的旋启式止回阀，且标高低于水箱最低水位1m。生活和消防合用时，消防出水管上止回阀低于生活出水虹吸管顶2m。见图18-9、图18-10。泄水管从水箱最低处接出，可与溢水管相接，但不能与排水系统直接连接。溢水管安装时不得安装阀门，不得直接与排水系统相接。不得在通气管上安装阀门和水封。液位计一般在水箱侧壁上安装。一个液位计长度不够时，可上下安装2~3个，安装时应错位垂直安装，其错位尺寸详见图18-11所示。管道安装全部完成后，按本工艺标准进行试压、冲洗。合格后方能进行消火栓配件安装。

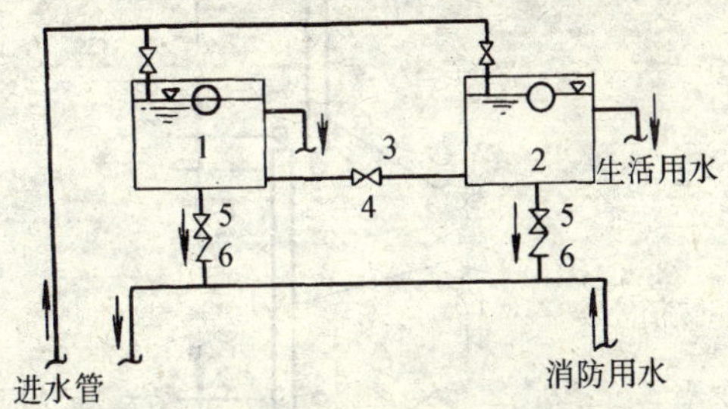

图18-9 两个水箱储存消防用水的闸门布置

1、2—生活、生产、消防合用水箱；3—连通管；
4—常开阀门；5—常开阀门；6—止回阀

4. 消火栓配件安装

消火栓有明装、暗装（含半明半暗装）之分。明装消火栓是将消火栓箱设在墙面上。暗装或半暗装的消火栓是将消火栓箱置入事先留好的墙洞内。按水带安置方式又分为：挂式、盘卷式、卷置式和托架式，见图18-12、图18-13、图18-14、图18-15。

(1) 先将消火栓箱按设计要求的标高，固定在墙面上或墙洞内，要求横平竖直固定牢靠。对暗装的消火栓，需将消火栓的箱

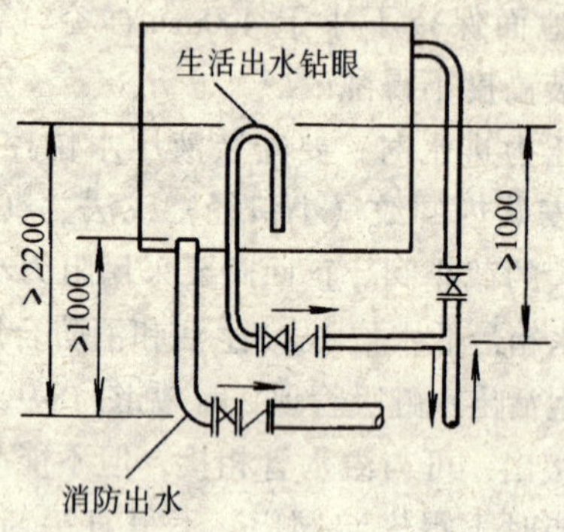

图 18-10　消防和生活合用水箱

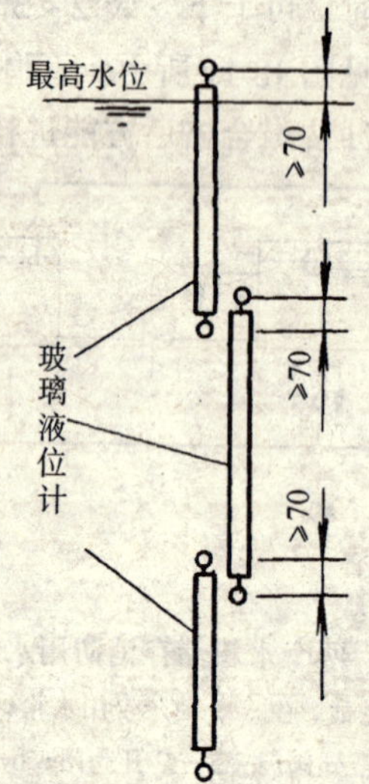

图 18-11　液位计安装

门，预留在装饰墙面的外部，消火栓箱的安装应符合图中规定，见图 18-16～图 18-19 及表 18-3～表 18-8 所示。

尺　寸　表　　　　**表 18-3**

消火栓箱型尺寸 $L \times H$	650×800	700×1100	1100×700
E	50	50	250

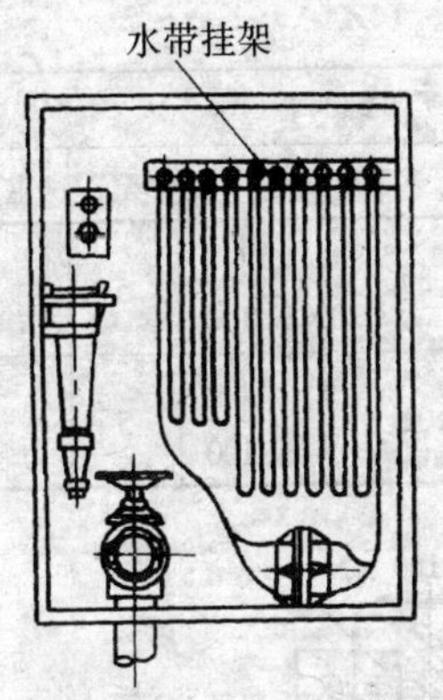

图 18-12　挂置式栓箱

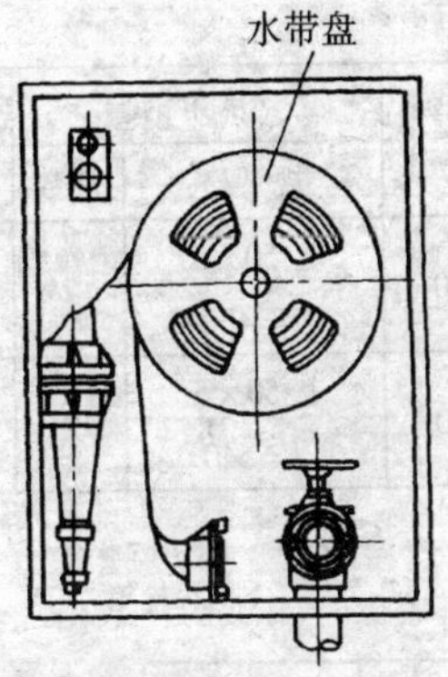

图 18-13　盘卷式栓箱

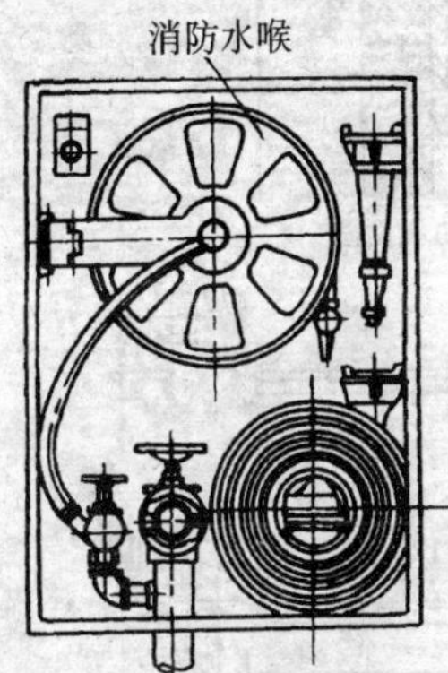

图 18-14　卷置式栓箱
（配置消防水喉）

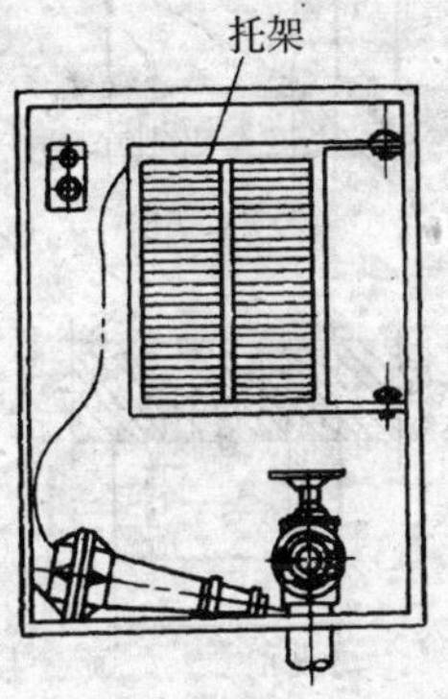

图 18-15　托架式栓箱

材　料　表　　**表 18-4**

序号	箱厚 C	支承角钢①			螺　栓②		
		规　格	件数	重量（kg）	规　格	套	重量（kg）
1	200	∟40×4 $l=420$	2	2.03	M6 长 100	5	0.14

续表

序号	箱厚 C	支承角钢①			螺　栓②		
		规　格	件数	重量（kg）	规　格	套	重量（kg）
2	240	∟50×5 $l=460$	2	3.47	M6 长100	5	0.14
3	320	∟50×5 $l=540$	2	4.01	M8 长100	5	0.30

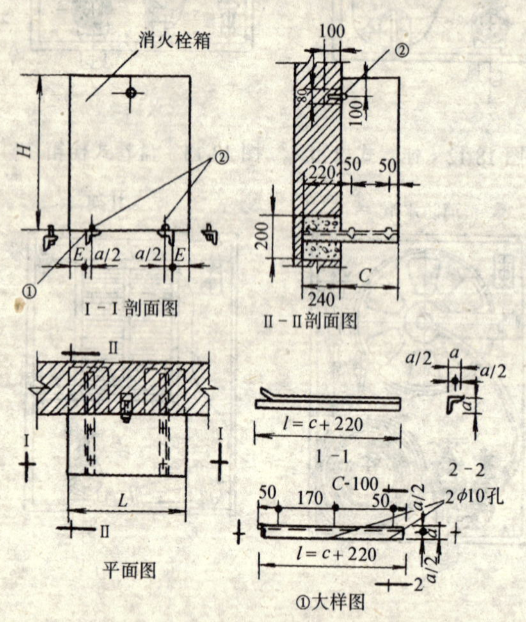

图 18-16　明装于砖墙上的消火栓箱安装固定图

说明：砖墙留洞或凿孔处用 C15 混凝土填塞

尺　寸　表　　　　　　　　　　　　　　**表 18-5**

消火栓箱型尺寸 L×H	650×800	700×1100	1100×700
E	50	50	250

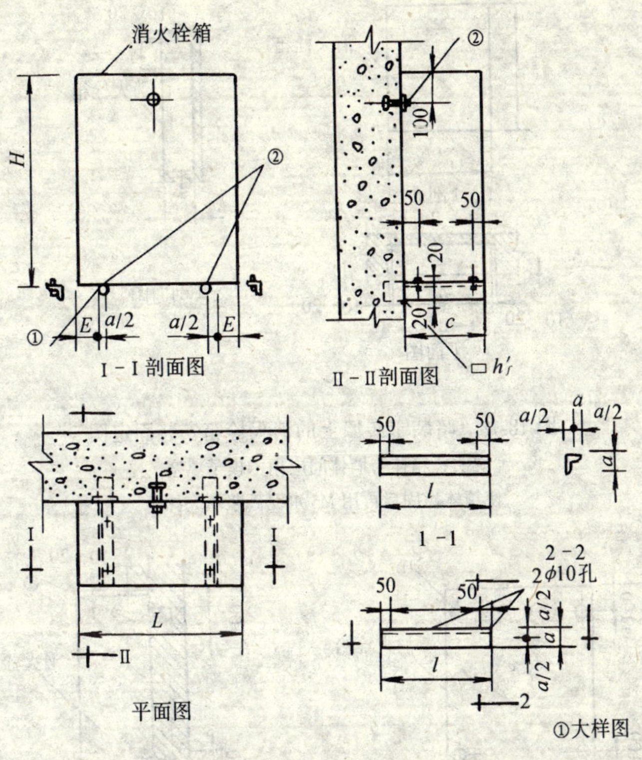

图 18-17 明装于混凝土墙，柱上的消火栓箱安装固定图

说明：(1) 预埋件由设计确定；(2) 预埋螺栓也可用 M6 规格 YG 型胀锚螺栓，由设计确定

材 料 表 表 18-6

序号	箱厚 C	支承角钢①			螺 栓②		
		规 格	件数	重量（kg）	规 格	套	重量（kg）
1	200	∟40×4 l＝200	2	2.03	M6 长 100	5	0.14
2	240	∟50×5 l＝240	2	3.47	M6 长 100	5	0.14
3	320	∟50×5 l＝320	2	4.87	M8 长 100	5	0.30

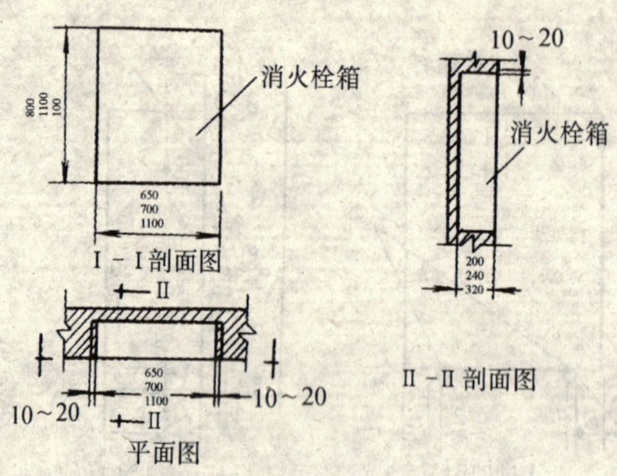

图 18-18　暗装于砖墙上的消火栓箱安装固定图

说明：箱体与墙体间应用木楔子填塞，使箱体稳固后再用 M5 水泥砂浆填充抹干

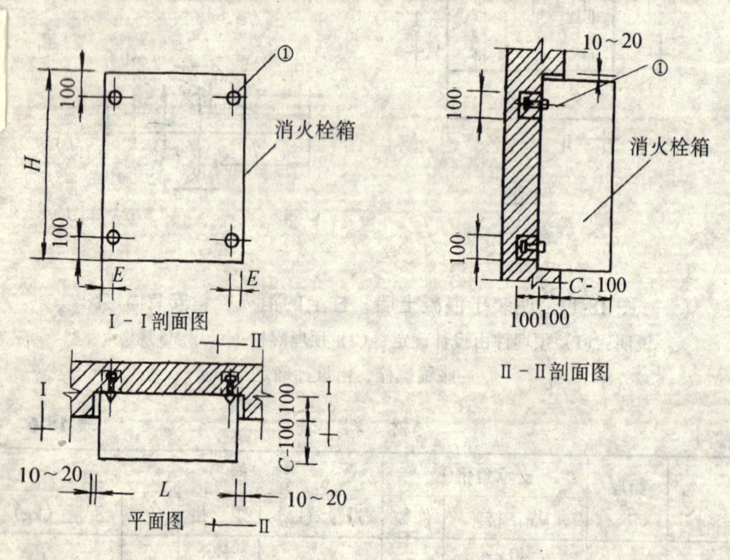

图 18-19　半明装于砖墙上的消火栓安装固定图

注：箱体与墙体间应用 M5 水泥砂浆填充抹平

尺 寸 表 **表 18-7**

消火栓箱型尺寸 $L\times H$	650×800	700×1100	1100×700
E	50	50	250

材 料 表 **表 18-8**

序号	箱厚 C	螺 栓②		
		规 格	套	重量（kg）
1	200	M6 长 100	4	0.11
2	240	M8 长 100	4	0.21
3	320	M8 长 100	4	0.24

（2）对单出口的消火栓、水平支管，应从箱的端部经箱底由下而上引入，其安装位置尺寸如图 18-20。消火栓中心距地面 1.2m，栓口朝外。

对双出口的消火栓，其水平支管可从箱的中部，经箱底由下而上引入，其双栓出口方向与墙面成 45°角。如图 18-21 所示。

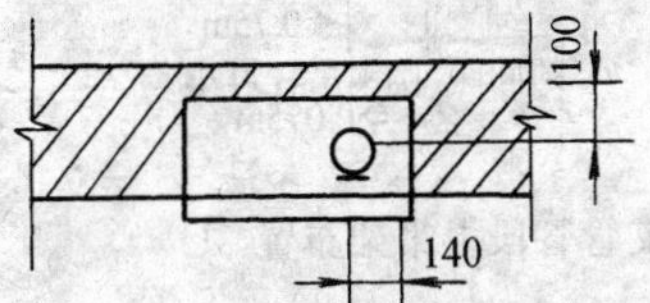

图 18-20 单出口消火栓

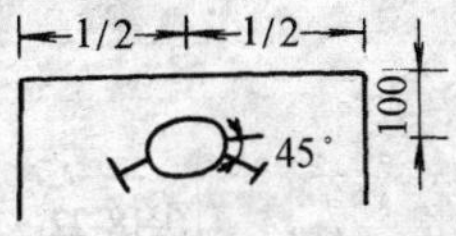

图 18-21 双出口消火栓

（3）将按设计长度截好的水龙带与水枪和快速接头采用 16 号铜线绑扎牢固，并将水龙带整齐的折挂或盘卷在消火栓箱内的支架上。

（4）消火栓箱安装操作时，先取下箱内水枪、消防水带等部件。安装时，严禁用钢钎撬、手锤打的方法，硬将消火栓箱塞进预留孔洞中去。

（二）自动喷水灭火系统安装

1. 支架制作安装

（1）按支架的规定间距和位置确定其加工数量。除了按一般规定外，自动喷水灭火系统中规定：支架位置与喷头距离应≮300mm，距末端喷头的间距≮750mm，在喷头之间每段配水管上至少装一个固定支吊架。当喷头间距小于1.8m时，可隔段设置，支架间距≯3.6m，见图18-22。

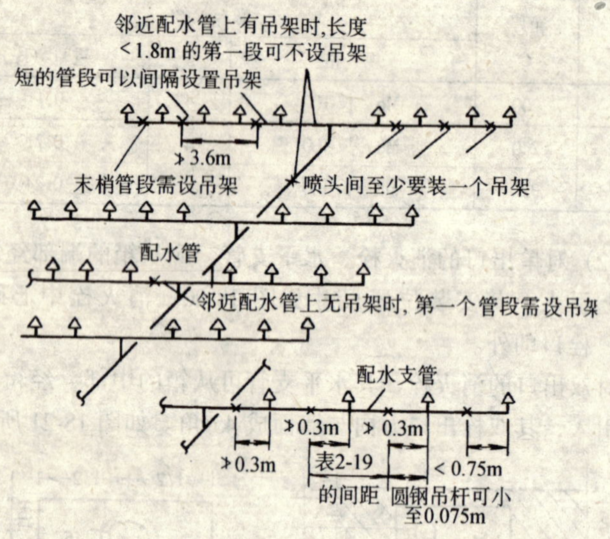

图18-22　配水支管管段上吊架布置

（2）为防止喷头喷水时产生大幅度晃动，在消防配水干管、立管，干支管、支管上应安装防晃支吊架。自动喷水灭火管道上防晃支吊架制作见本工艺标准支架部分。其布置见图18-22、18-23，图中$\underset{2}{\updownarrow}\leftrightarrow_1$表示立管顶端四方向防晃支吊架；↔表示干管、支干管方向的防晃支吊架；↕表示防止垂直于干管与支管水平方向的晃动。

（3）防晃支架设置：配水管的中点设一个（管径在50mm及以下可不设置）；配水干管及配水管、支管的长度超过15m、*DN*≥50mm时，最少设一个，管道转弯处（包括三通、四通）设一个；竖直安装的配水干管在其始端、终端设防晃支架用管卡固定

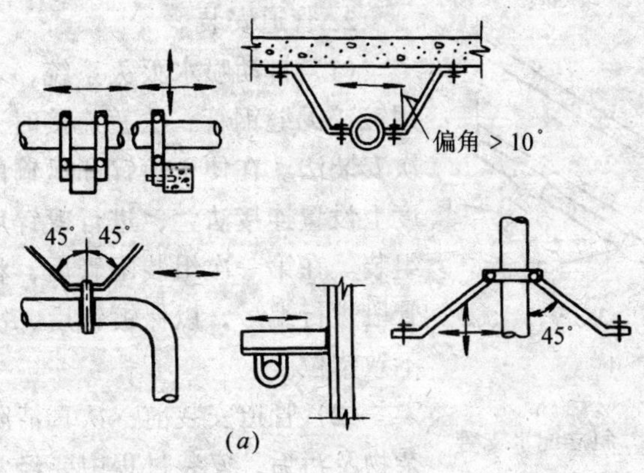

(a)

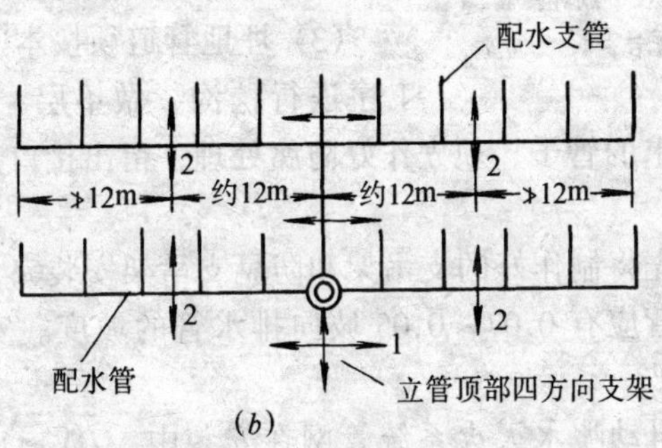

(b)

图 18-23　管道防晃支架

(a) 防晃支架；(b) 防晃支架的布置

附注：↔1 表示立管顶端的四方向支管

↔1 表示防止顺干管与配水管方向动荡的防晃支架

↕2 表示防止垂直于干管与配水管水平方向动荡的防晃支架

管道，见图 18-24。在高层建筑中每隔一层距地面 1.5～1.8m 处，安装一个防晃支架。

(4) 支吊架、防晃支吊架的安装，参见本工艺标准的支架要求进行固定。

2. 管道安装

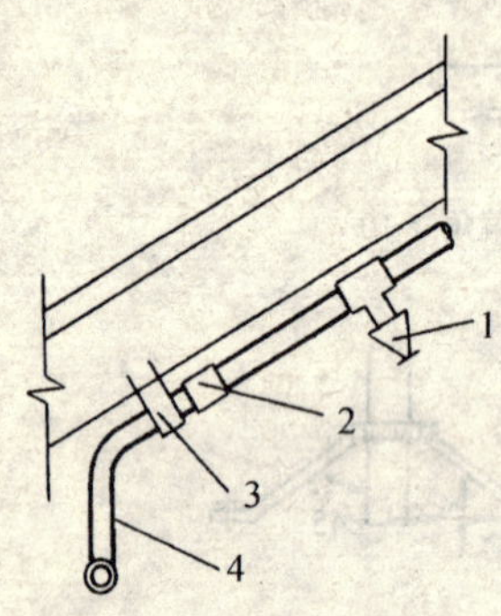

图 18-24 斜立配水支管的支架

1—喷头；2—点焊箍套；3—吊管管卡；4—短立管

(1) 自动喷水灭火系统，若设计采用镀锌无缝钢管、法兰连接时，宜用两次安装法。在便于镀锌和运输的适当长度上设置连接法兰，进行镀锌后的二次组装。在第一次组装配管后，将各组装管段进行编号，以保镀锌后二次组装时不致错位。

(2) 管道安装前，认真清除管内外杂物及污垢，安装过程中要经常保持管腔内不得有杂物等。管子须调直待用。

(3) 埋地管道须按本工艺标准有关工序进行挖沟、做垫层、下管、接口。有防腐要求的管子，须先作好防腐处理，留出接口处待试压合格后补防腐。

(4) 先将制作好的支吊架和防晃支吊架安装完，配水干管和配水干支管应有 0.07 ~ 0.05 坡向排水管的坡度。安装支吊架时应拉线找坡。

(5) 自动喷水灭火系统管网在安装中，$DN \leqslant 100$mm 的管道用螺纹连接，其他用焊接或法兰连接。但均不得减小通水横截面积。用螺纹连接时，变径采用异径接头，特别在转弯处不得用补心，一律用同心变径管。在三通上至多用一个补心；四通上至多用两个补心。根据设计选用的管材、连接方式，按本工艺标准量尺、下料、切断、调直、组装连接，套管制安后进行管道安装。水平干管在穿墙时，先加上套管，套管长度不得小于墙厚。穿过建筑物变形缝的管道安装柔性套管，套管与管道间须用不燃材料填塞。

(6) 管道在全部安装过程中，不得私自改动，更改必须通过设计。管道中心与梁、柱、顶棚等最小距离应符合规定。见表 18-9。

管道中心与梁、柱、顶棚最小距离　　表 18-9

公称直径(mm)	25	32	40	50	65	80	100	125	150	200
距　离 (mm)	40	40	50	60	70	80	100	125	150	200

(7) 在安装配水干支管时，暂时不安装水流指示器，待管道试压和冲洗后，在安装喷头配水支管时，可同时安装水流指示器。

(8) 管道在安装过程中，应立即将临时敞口用花篮堵头封闭好。

(9) 管道安装后要使管道中的水能从中排除局部难以排尽时，如果喷头少于5只可在管道低凹位置设泄水堵头；喷头多于5只时，宜安装带阀的排水管。

(10) 自动喷水灭火系统报警阀后的管道上，不得安装其他用水设施或用水甩头。

3. 报警阀组安装

先安装水源总控制阀门、报警阀，再进行报警阀辅助管道及其他组件安装：

(1) 总控制阀安装。安装前检查其规格、型号应符合设计，检验阀件的严密性，且有明显开闭标志、水流方向标志。应清理干净阀件内外污垢，阀内应清洁无堵塞，不渗漏。再根据阀门水流方向的标志、安装位置、接口方式、标高，按本工艺标准连接工艺进行组装、连接。当采用螺纹连接时，用聚四氟乙烯生料带作填料；法兰盘连接时，用 2.5～4.2MPa 压力法兰盘（由设计定）。当用凸凹法兰时，采用 $\delta = 1.6mm$ 的金属片作为垫片。自动喷水灭火系统中的阀件均参照此工艺进行。总控制阀上应加设启闭指示标志装置和可靠锁定设施。隐蔽安装主控制阀时，应有指示标志。

(2) 报警控制阀安装（图 18-25、图 18-26 及表 18-10）。

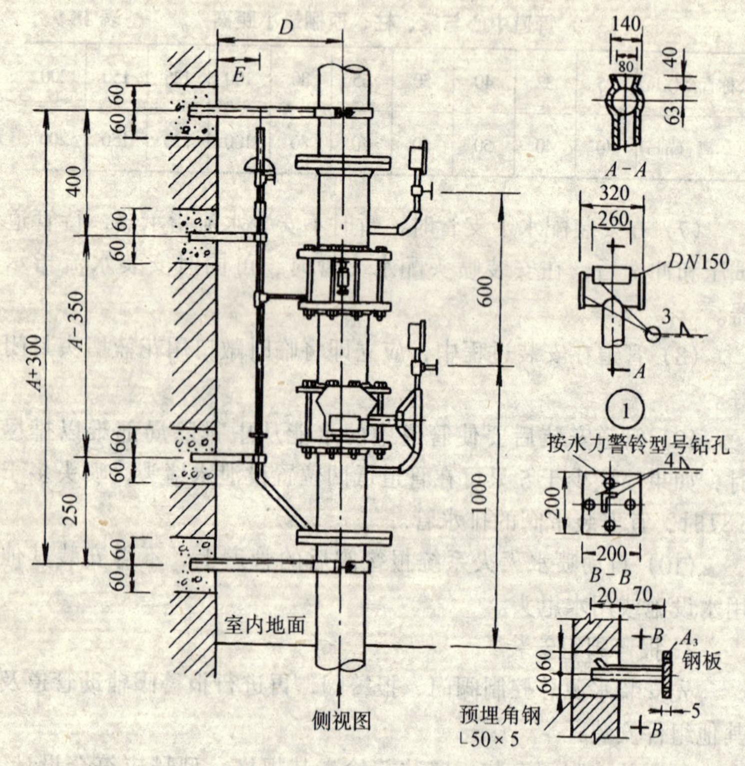

图 18-25　湿式报警装置

安装尺寸表（mm）　　表 18-10

型　号	进水管直径	排水管直径	*A*	*B*	*C*	*D*	*E*
ZSS100	*DN*100	*DN*180	885	650	450	300	100
ZSS150	*DN*150	*DN*100	960	700	500	330	100
ZSS200	*DN*200	*DN*150	1070	805	605	360	100

①报警阀安装在明显且易于操作的位置上，距地面高度宜为 1.2m，确保两侧距墙不小于 0.5m，正面距墙不小于 1.2m。在 0.8～1.5m 范围内必须没有冰冻，易于管理维护，地面应有排水装置。警铃安装在报警阀附近。

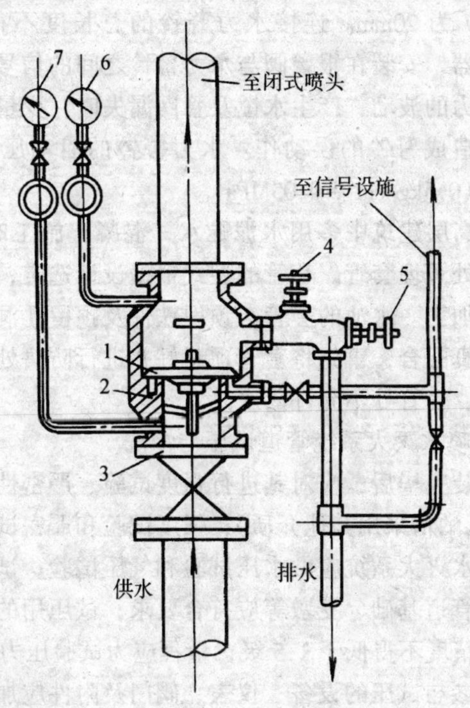

图 18-26　湿式报警阀

1—报警阀及阀芯；2—阀座凹槽；
3—总闸阀；4—试铃阀；5—排水阀；
6—阀后压力表；7—阀前压力表

②报警阀安装前应逐个进行渗漏试验，试验压力＝2倍工作压力，即 $P_s = 2P$，试压时间为5min，阀瓣处无渗漏为合格，方可进行安装。安装完水源控制阀后，安装报警阀再与配水总干管进行连接，其安装后水流方向必须一致，不可安反。

(3) 水力警铃安装在报警阀附近，尽量选择公共通道或值班室附近的墙上并应安装检修和测试用的阀门。连接水力警铃与报警阀之间的管道采用镀锌钢管，螺纹连接，用聚四氟乙烯生料带作填料。当连接管的长度不超过6m时，管径 *DN* 为15mm，

>6m时，DN 为 20mm。连接水力警铃的总长度不得超过 20m。应设置延迟器，安装在报警阀与水力警铃之间的信号管路上，以防止供水压力的波动，产生水锤及管网漏失时，少量压力从报警通道流出，造成警铃的误动作。水力警铃的启动压力不应小于 4.9×10^4Pa（0.5kg/cm² ≐ 0.05MPa）。

（4）在高层建筑中多用水泥贮水，混凝土施工时，在池壁、池底的穿管处预埋套管。套管的型式根据设计选定，按本工艺标准要求预制加工。水池的套管、预埋铁件及预留孔洞，当土建施工时，应认真配合，事先将套管预制好并进行防腐处理。水池作渗水试验时，套管处不允许渗水。

4. 自动喷水灭火系统管道试压与冲洗

管网安装完毕后，应对其进行强度试验、严密性试验和冲洗（在寒冷地区酌情采用其他介质）；强度试验和严密试验宜用水进行，干式喷水灭火系统应做水压试验和气压试验；试压前埋地管道的位置及管道基础、支墩等应符合要求；试压用的压力表不得少于 2 只；精度不得低于 1.5 级，量程应为试验压力值的 1.5～2 倍；对不能参与试压的设备、仪表、阀门及附件应加以隔离或拆除待试验后再恢复；加设的临时盲板应突出于法兰的边。

（1）水压强度试验：在环境温度 5℃以上进行（<5℃时采取防冻措施）；当工作压力≤1.0MPa 时，试验压力 = 1.5 倍工作压力，并且不低于 1.4MPa；当工作压力 > 1.0MPa 时，试验压力 = 工作压力 + 0.4MPa；强度试验点（即压力表）应设在系统管网的最低点。

①注水时应将管网内的空气排净，并缓慢升压，达到试验压力后，稳压 30min，目测管网应无泄漏和变形，并且压力降≯0.05MPa，进行详细检查，并作记录。

②当出现泄漏时，应停止试压，并应放空管网中的试验介质，消除缺陷后，重新再试。

③系统试压完成后，应及时拆除所有临时盲板及试验用的管道，并应与记录核对后填写正式记录表。

(2) 水压严密性试验：在强度试验和冲洗合格后进行，试验压力 = 工作压力，稳压 24h，无泄漏。

①自动喷水灭火系统水源干管、进户管和室内埋地管应在回填前单独或与系统一起进行水压强度试验和水压严密性试验。

②气压试验：介质用空气或氮气，试验压力 = 0.28MPa，且稳压 24h，压力降≯0.01MPa。

(3) 管网冲洗应在试压合格后分段进行，管网冲洗按要求填写记录。

①冲洗顺序应先室外，后室内；先地下，后地上。

②室内部分的冲洗应按配水干管、配水管 、配水支管的顺序进行；管网冲洗用生活水进行。

③冲洗前，应对系统的仪表采取保护措施；止回阀和报警阀等应拆除，应对管道支架、吊架的稳固性、间距等进行检查，必要时应采取加固措施。

④对不能经受冲洗的设备和冲洗仍存留杂物的管段应专门清理。

⑤冲洗 $DN > 100$mm 的管道时要适度敲打。

⑥冲洗水的排水管道（其截面面积≮被冲洗管道截面面积的 60%）与排水系统衔接，畅通可靠，冲洗流速≮3m/s，流量：当管道 DN（mm）分别为 300、250、200、150、125、100、80、65、50、40，则冲洗 Q（L/s）相应为 220、154、98、58、38、25、15、10、6、4，施工现场提供的流量不能满足要求时，应按系统的设计流量冲洗。

⑦管网的地上与地下部分连接前，应在配水干管底部加堵头后方对地下管道进行冲洗；冲洗的水流方向应与灭火时管网的水流方向一致。

⑧管网冲洗应连续进行，当出入水口两处水的颜色、透明度基本一致时为合格，才可结束冲洗。其后将水排除干净。

(4) 管道水压试验及冲洗详细工序见本工艺标准室内给水管道工艺。

5. 其他附件安装

(1) 水流指示器安装（见图 18-27）。

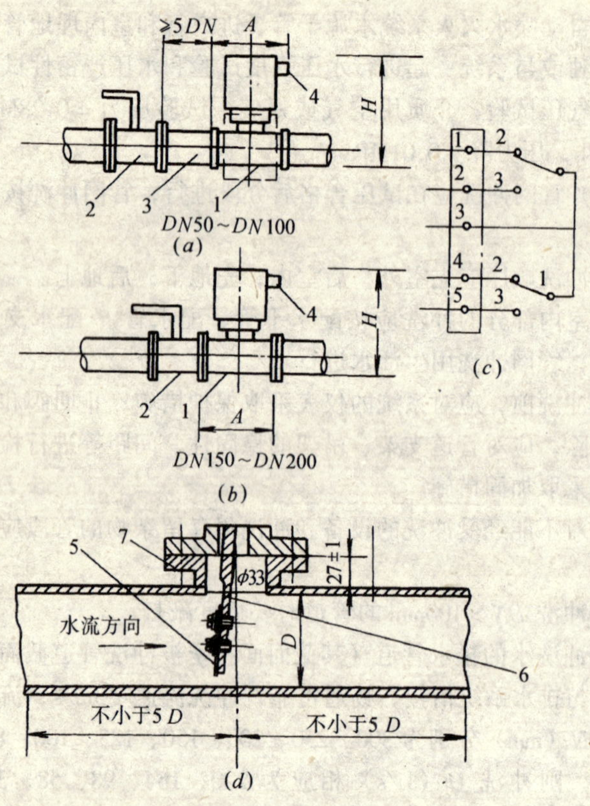

图 18-27 水流指示器的安装

(a) DN50-100 螺纹连接；(b) DN150-200 法兰连接；

(c) 接线示意图；(d) 焊接法兰管座的法兰连接

1—水流指示器；2—蝶阀；3—短管；4—接线柱；

5—叶片；6—叶片杆；7—法兰管座

水流指示器用于给出某一水域的水流动态信号从而报警。在管道试压和冲洗合格后，垂直或水平安装在配水干支管上侧，安装后须检查其最高不动作流量应符合 17L/min 的规定。其动作方向和水流方向一致，其中的桨片和膜片动作应灵活。

(2) 信号阀安装在水流指示器前的管道上，信号阀与水流指示器的间距≮300mm，信号阀是在蝶阀、闸阀、球阀上加设电信号装置而组成，阀门开关由导线引至消防中心进行电导信号显示。

(3) 排气阀应在系统试压和冲洗合格后安装，安装在配水干管顶部，配水干支管的末端。

(4) 减压孔板安在管道内水流转弯处下游一侧直管段上，且与转弯处的距离≮2*DN*。

(5) 压力开关应竖直安装在通往水力警铃的管道上，不得在安装中拆卸改动。

(6) 延迟器应安装在报警阀与水力警铃之间的信号管路上，防止水压波动造成警铃误动作。

(7) 试验阀安装。采用闭式喷头时，喷头出水量不能做试验，在每个设有水流检测装置配管中，在距检测装置最远的位置上安装末端试验阀。通过末端试验阀放水由排水漏斗（管）排走。同时可检查装置是否在正常状态下动作，还能试验出水压力。见图 18-28。

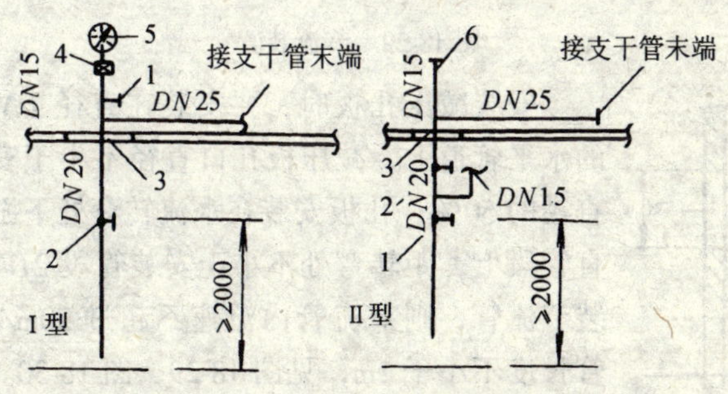

图 18-28　湿式系统检验装置

1—阀门（*DN*15）；2—阀门（*DN*20）；3—检修孔；

4—自锁接头；5—压力表；6—手动跑风门

在试验阀组装中，其前方安设压力表，其后安装试验放水口，一般将末端接在排水管上。

(8) 有多层喷水管网时，低层喷头的流量大于高层喷头的流量，造成不必要的浪费，采用减压孔板或节流管等措施，见图18-29。

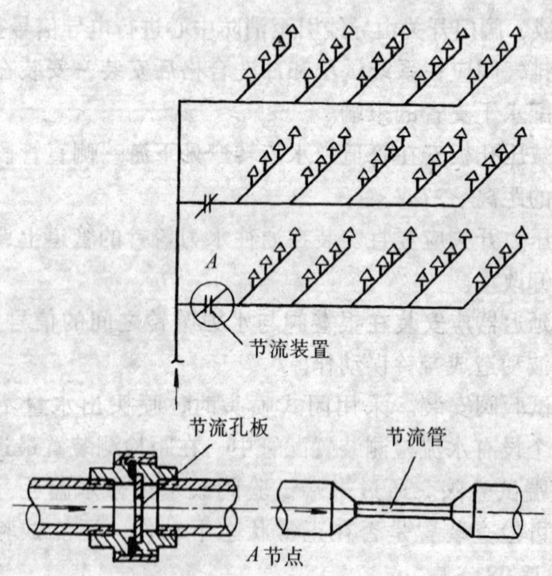

图 18-29　节流装置

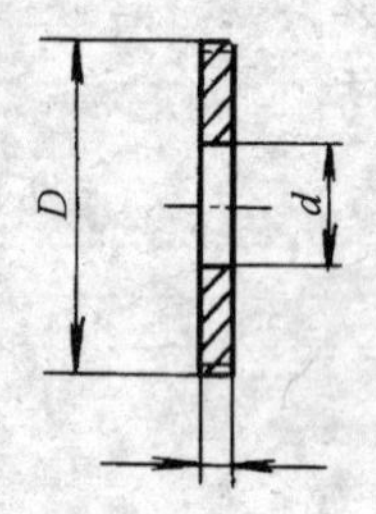

图 18-30　ZSPBA-$\frac{d}{D}$型孔板

安装减压孔板时，要安装在直径 $DN \geqslant 50$mm 的水平管道上，减压板孔口直径不小于安装管段直径的 50%；孔板安装在水流转弯处下游一侧的直管段上，距转弯处不小于安装管段 2DN，若安装节流管，则节流管内流速不超过 20m/s，节流管长度不小于 1m，见图 18-29，图 18-30。

6. 喷头安装

喷头有开式喷头、闭式喷头和特殊喷头三大类，常用的有悬臂支撑型易熔元件闭式喷头、玻璃球洒水喷头、开式雨淋式喷头，见图 18-31、图 18-32、图 18-33。其中闭式喷头用于湿式、干式、预作用式三种系统中，见图 18-31 ~ 图 18-35。

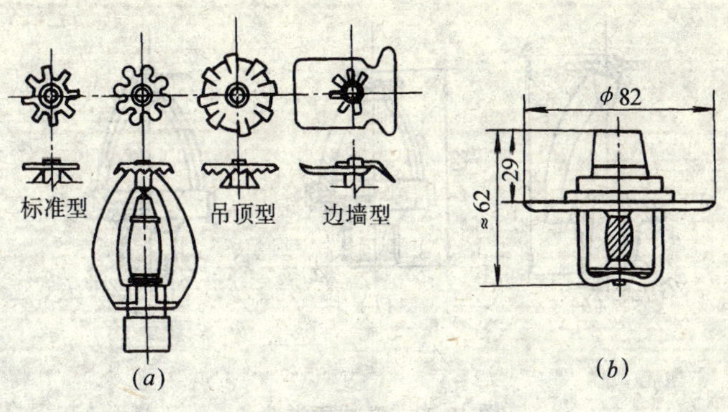

图 18-31　玻璃球闭式喷头

(a) ZSB15 型；(b) BBd15 型

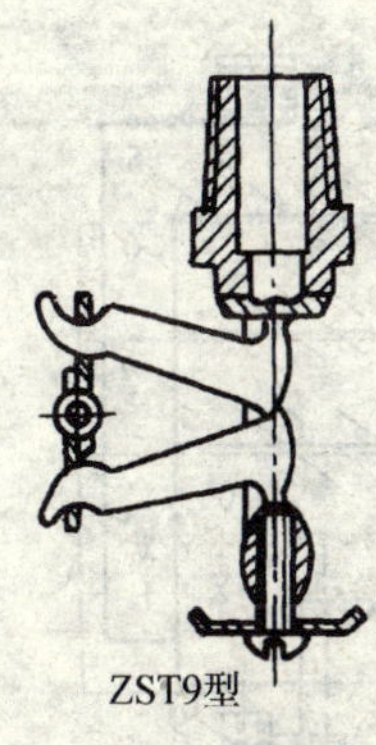

图 18-32　易熔合金闭式喷头

易熔元件闭式喷头平时由易熔合金锁片封闭，当保护区着火喷头周围温度上升到喷头公称动作温度时，合金片熔化，悬臂脱落、密封盖被水冲开、喷口开启灭火，图 18-31 闭式喷头是敞开的，没有感温元件组成的释放机构。

(1) 喷头安装必须在管道系统试压、冲洗合格后方可进行。

(2) 喷头的连接短管在闭式喷头系统中管径 $DN=25\text{mm}$，在开式喷头连接中 $DN=32\text{mm}$。与喷头连接一律采用异径管箍（同心大小头），如图 18-36 所示。

(3) 安装喷头不得对喷头进行拆装、改动，不准给喷头加任何涂抹层。

(4) 安装过程中用的三通、四通、弯头要采用专用件，弯头安装后须在其两侧设支吊架。

(5) 标准喷头及边墙型喷头安装间距、喷头与梁边距离应符合表 18-11、表 18-12、表 18-13 列的规定。

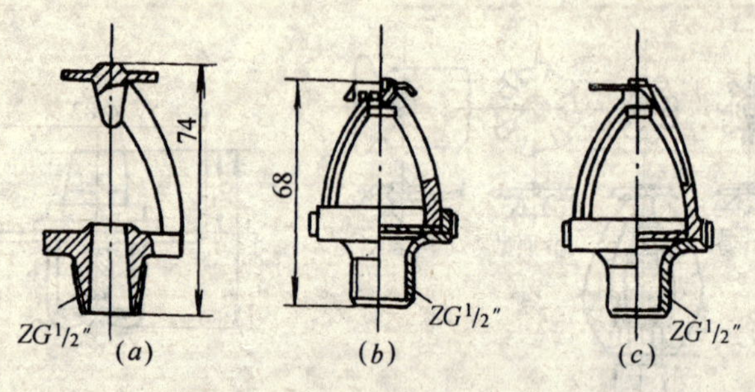

图 18-33 开式雨淋喷头

（a）单臂标准型；（b）普通型；（c）走向喷水型

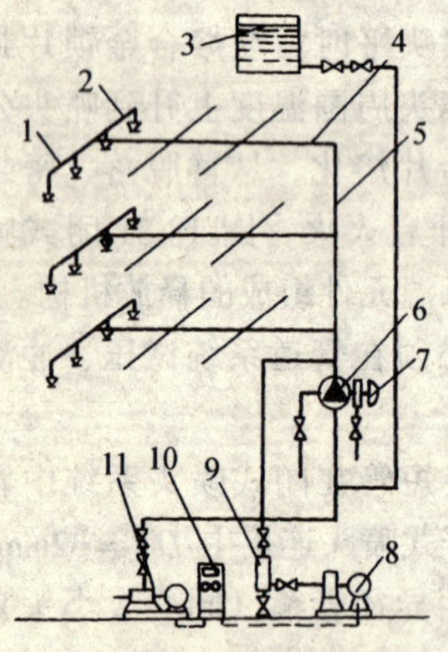

图 18-34 干式喷水灭火系统

1—支管；2—闭式喷头；
3—重力水箱；4—干支管；
5—干管；6—报警阀；
7—水轮报警器；8—空气压缩机；
9—气罐；10—控制盘；
11—水泵

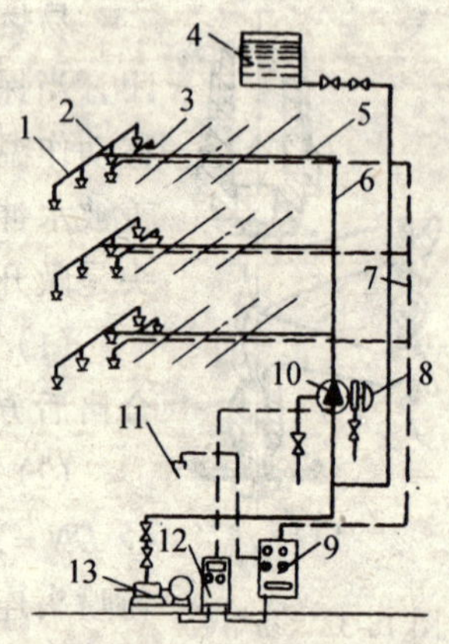

图 18-35 预作用式喷水灭火系统

1—支管；2—闭式喷淋头；
3—火灾探测器；4—重力水箱；
5—干支管；6—干管；7—导线；
8—水轮报警器；9—收发信机；
10—报警阀；11—警铃；
12—控制器；13—水泵

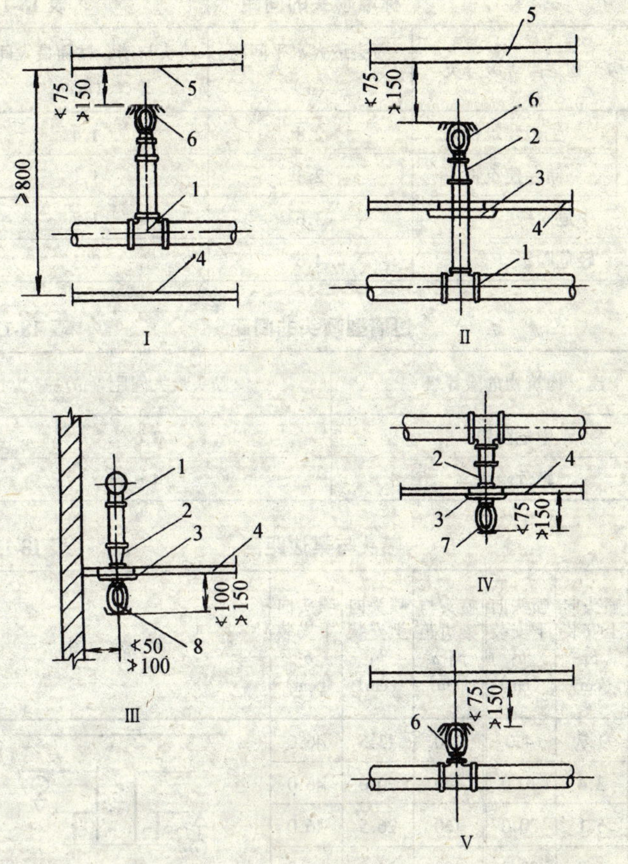

图 18-36 喷头的安装

1—三通；2—异径管接头；3—装饰板；4—吊顶；5—楼面或屋面板；
6—直立型喷头；7—下垂型喷头；8—边墙型喷头

(6) 喷头溅水盘与吊顶、顶棚、楼板、屋面板的距离不宜 <75mm，不宜 >150mm，见图 18-37、图 18-38 所示。当楼板、屋面板耐火极限≥0.5h 的非燃烧体，其距离不大于 300mm，吊顶型喷头不受此限。

标准喷头的间距 **表 18-11**

建、构筑物危险等级分类		喷头最大水平间距（m）	喷头与墙、柱面最大间距（m）
严重危险级	生产建筑物	2.8	1.4
	储存建筑物	2.3	1.1
中危险级		3.6	1.8
轻危险级		4.6	2.3

边墙型喷头的间距 **表 18-12**

建、构筑物危险等级	喷头最大间距（m）
中危险级	3.6
轻危险级	4.6

喷头与梁边距离 **表 18-13**

喷头与梁边距离 a（cm）	喷头向上安装 b_1（cm）	喷头向下安装 b_2（cm）	喷头与梁边距离 a（cm）	喷头向上安装 b_1（cm）	喷头向下安装 b_2（cm）	示 意 图
20	1.7	4.0	120	13.5	46.0	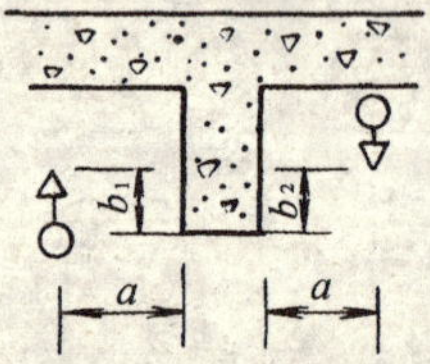
40	3.4	10.0	140	20.0	46.0	
60	5.1	20.0	160	26.5	46.0	
80	6.8	30.0	180	34.0	46.0	
100	9.2	41.0				

（7）在门窗洞口安装喷头时，喷头距洞口上表面的距离≯150mm；距墙面距离不宜＜75mm，不宜＞150mm。

（8）在吊顶、屋面板、楼板下安装边墙型喷头时，其两侧1m范围内和墙面垂直方向2m范围内，均不应设有障碍物。

（9）喷头距吊顶、楼板、屋面板的距离，不应小于100mm，不应大于150mm，距边墙的距离不小于50mm，不大于100mm。

（10）安装喷头应用厂家供给的专用扳手，或自制扳手，如

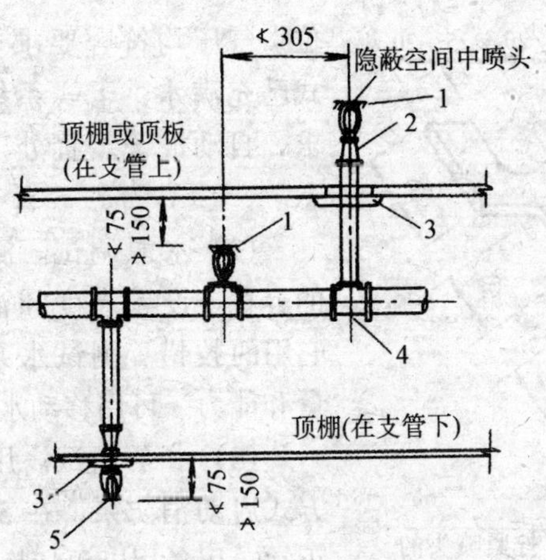

图 18-37 顶棚上、下喷头支管布置

1—直立型喷头；2—异径管接头；

3—装饰板；4—三通；5—下垂型喷头

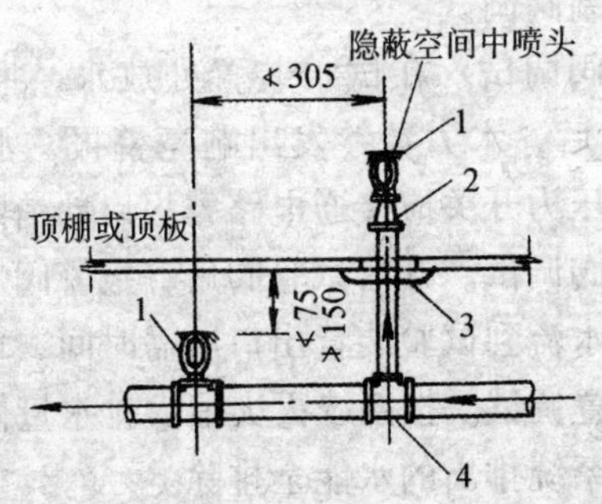

图 18-38 顶棚上、下喷头的布置

1—闭式喷头；2—异径管接头；

3—装饰板；4—三通

图 18-39 所示。严禁利用喷头的框架拧紧喷头。

7. 自动喷水灭火系统通水调试

(1) 自动喷水灭火系统通水调试，在施工完毕后进行。消防水池、消防水箱应有设计储备水量，供电正常。气压给水罐的水

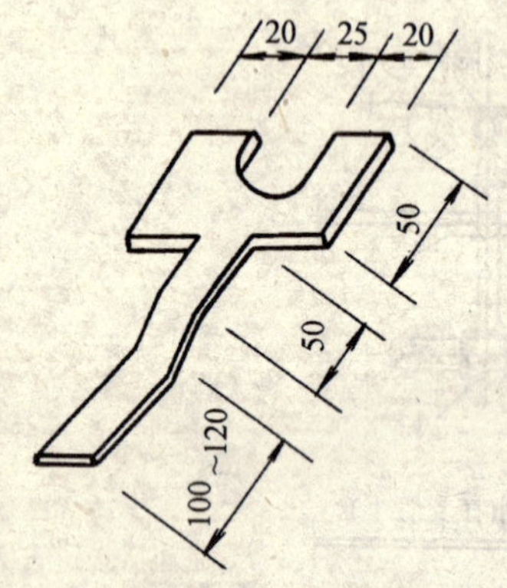

图 18-39 拧紧喷头的自制扳手

位、气压均符合要求。消防管网湿式已充满水，干式系统气压符合要求，自动报警装置处于准备工作状态。

(2) 水源调试。测试消防水箱的容积、设置高度和消防储水不被它用的技措。测试水泵接合器的数量和能力。可用移动水泵试验。

(3) 水泵调试。用自动或手动方式启动消防泵，在 5min 内应运行正常；用备用电源切换后，在 90s 内运行应正常。

(4) 供水稳压设备调试。模拟设计启动和系统稳定压力条件下，稳压泵能立即启动和停运。

(5) 报警控制阀调试

①湿式报警阀调试。在试水装置处放水，报警阀应立即动作，延时 5~90s 后，水力警铃发出响亮警报，水流指示器应输出报警电信号，压力开关应接通电路警报启动消防水泵。

②干式报警阀调试。开启试验阀后，报警阀启动的时间、启动地点的压力，水流到试验装置出口所需时间，均应符合设计。

(6) 排水装置调试。按系统灭火最大排水量做排水试验，开启排水阀后，从系统排出的水能全排除。

(7) 系统联动试验。

①用专用测试仪器对报警系统的各种探测器输入模拟火灾信号，自动报警控制器应发出声光报警信号并启动系统。

②启动一只喷头，水流指示器压力开关、水力警铃和消防水泵应及时动作并发出信号。

8. 系统验收

(1) 竣工验收由建设主管单位负责人进行主持，公安消防监督机构、建设、设计、施工等单位派专人参加。

(2) 按国标 GBJ300—88、GBJ302—88 执行。

(3) 对系统的供水水源、管网、喷头布置及其功能等进行验收并按下列格式填写系统验收表：

①$DN \leqslant 100mm$ 用螺纹连接，$DN > 100mm$ 用焊接或法兰连接。

②管道中心线和梁、柱、楼板的最小距离：当管道 DN (mm) 分别为 25、32、40、50、70、80、100、125、150、200，其相应距离分别为 (mm) 40、40、50、60、70、80、100、125、150、200。

③管道支架或吊架之间的距离：当管道 DN (mm) 2.5、32、40、50、70、80、100、125、150、200，其距离 (m) 分别为 3.5、4.0、4.5、5.0、6.0、8.0、8.5、7.0、8.0、9.5。管道支(吊) 架之间距≮300mm，与末端喷头距离应≯750mm；配水支管和相邻两喷头之间不少于 1 个吊架 (喷头间距 < 1.8m 时可隔段设置)。

④管子 $DN \geqslant 50mm$ 时，每段配水干管或配水管设置防晃支架≮1 个 (管道方向改变应另增设)；竖直安装的配水管在其始端和末端的楼层设防晃支架或固定支架固定，其安装位置距地面 1.5~1.8m；管道横向安装应有 0.002~0.005 坡度坡向排水管；配水干管、配水管应涂红色环圈标志；安装中断处应有明显标志，并有记录临时盲板的数目。

⑤有进行调直、清扫的施工记录。

三、成 品 保 护

1. 消防管道安装完毕后，严禁攀登、磕碰、重压，防止接口松脱而漏水。

2. 箱式消火栓箱内清理干净，按规定摆放整齐，箱门关好，不准随意开启乱动。

3. 室内进行装饰、粉刷时，应对消火栓箱进行遮盖保护，防止污染或损坏。

4. 对处在采暖不利或有产生冻结可能的消防管道，应做好防冻保温措施。

四、安全注意事项

1. 对在高层安装管道支架或敷设管道及其他施工作业时，应搭好施工作业的脚手架，确保施工作业的稳定与安全。

2. 戴好手套、安全帽或其他安全保护设施，防止砸伤和磕碰。

五、质 量 标 准

1. 管道的吊架及管道的坡度、接口的要求，必须符合施工验收规范的规定。

2. 箱式消火栓，栓口朝外，水龙带接口绑扎牢固并应整齐的折挂或盘卷在箱内的支架上。

3. 自动喷洒系统的管道坡度，支架位置，喷头数量及性能，必须符合设计要求或施工规范的规定。

4. 控制阀、信号阀、喷头，必须灵敏，工作可靠。

六、质量通病及其防治

质量通病及防治方法见表 18-14。

表 18-14

序号	质 量 通 病	防 治 方 法
1	消火栓箱进深短（小于240mm）消火栓口无法朝外	采用进深长（大于240mm）的消火栓箱，安装时消火栓口必须栓口朝外

续表

序号	质量通病	防治方法
2	消火栓阀门中心标高不准接口处油麻不净	安装防火栓箱时，对标高要核对无误，安装后随手将接口处多余油麻清理干净
3	箱内水龙头摆放不整齐	应按规范规定折挂或盘卷
4	消火栓箱保护不善污染严重，开关困难	加强对消防设施的保护与管理，对有碍使用的应及时维护与修理
5	消防水泵吸水管上阀门自行关闭或闭小	吸水管上不得使用蝶阀
6	火灾发生时，有喷头不喷水	装修时被油漆、涂料覆盖或进入杂物。管网冲洗和调试应严格检查
7	喷头损坏，不正常喷水	安装时未用专用扳手
8	火灾时找不到水泵接合器、控制阀打不开	按规定作好启闭标志
9	报警阀发生误报	报警阀方向安反，辅助件误装
10	水泵泵壳开裂	避免水泵基础沉陷

19. 室内给水管道系统水压试验

适用范围：高层、多层建筑的室内生活用水、消防用水和生活（产）与消防合用管道系统水压试验，是在管道系统施工完毕后，为确保管道系统使用功能，而对管道材质与配件结构强度和接口严密性进行的必要的检查，也是质量保证项用之一。必须严肃认真，不可疏忽。

一、施 工 准 备

1. 材料

钢管、高压橡胶管、阀门、逆止阀、铅油、线麻、贮水箱（池）、生料带、电焊条、电石、氧气。

2. 机具

电动水泵、手压泵、压力表、管钳、钢锯、活动扳手、克丝钳、电焊机、电焊工具、气焊工具。

3. 作业条件

（1）室内给水管道系统安装完毕，支架、管卡已固定牢靠。

（2）管道坐标、标高经检查合格。

（3）各接口处未作防腐、防露和保温，能够检查。

（4）安装过程临时用的夹具、堵板、盲板及旋塞均已拆除。

（5）各种卫生设备均未安装水嘴、阀门。集中排气系统已在顶部安装了临时排气管和排气阀。

（6）试压环境空气温度在5℃以上。

（7）加压装置及其仪表动作灵活、准确、可靠。测试精度符合规定。选用压力表时，其测试压力范围大于试验压力的1.5～2倍。

二、施 工 工 艺

试压前，先制定试压技术组织措施，对较复杂的建筑和高层建筑尤为必要，见图 19-1 所示。参加试压人员要按岗分工，责任分明。熟悉试压分区或分段的划分范围，掌握试验压力的标准和质量标准。然后将室内给水引入管的室外甩头端用堵板封严，若埋地管施工时已作封堵处理，应重新检查。

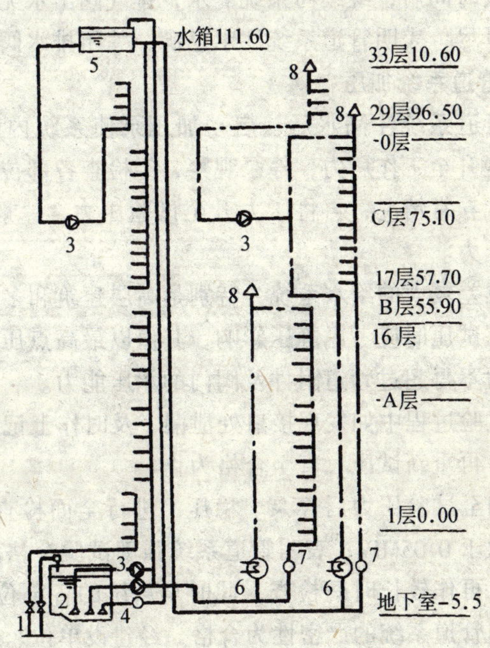

图 19-1 亚洲大酒店冷、热水供水方式

1—市政给水管；2—水池；3—变速泵；
4—普通定速离心泵；5—水箱；6—水加热器；
7—热水循环泵；8—排水阀

工艺流程

定岗 ⟶ 注水 ⟶ 加压 ⟶ 检查 ⟶ 验收 ⟶ 泄水 ⟶ 填写记录

1. 试压系统的中间控制阀门应全部开放，并有专人定岗负责操作检查。

2. 向管路注水

(1) 打开各高位处的排气阀门。

(2) 从下往上向试压的系统注水，待水灌满后，关闭进水阀门，待一段时间后，继续向系统灌水，排气阀出水无气泡，确认管内空气排尽，表明管道系统注水已满，关闭排水阀。

3. 向管道系统加压

(1) 管道系统注满水后，启动加压泵使系统内水压逐渐升高，先缓慢升至工作压力，停泵观察，经检查各部位无渗漏、无破裂时，无异常情况，再将压力升至试验压力，一般分 2~4 次升至试验压力。

(2) 位差较大的给水系统，特别是高层建筑和多层建筑的给水系统，在试压时应考虑静压影响，其值以最高点压力为准，但最低点压力不得超过管道附件及阀门的承压能力。

(3) 试验过程中如发现接口处泄漏，及时作上记号，泄压后进行修理，再重新试压，直至合格为止。

(4) 加至试验压力后停泵、稳压，进行全面检查，10min 内压力降不大于 0.05MPa，表明管道系统强度试验合格。然后降至工作压力，再作较长时间检查，此时全系统的各部位仍无渗漏，无裂纹，则管道系统的严密性为合格。经建设单位、施工单位检查验收后将工作压力逐渐降至零。至此管道系统试压结束。

4. 泄水

给水管道系统试压合格后，及时将系统的水和低处存水泄掉，防止因积水冬季冻结而破坏管道。

5. 填写管道系统试压记录

填写试压记录时，应如实填写。未经试压的管道严禁编造或弄虚作假。试压记录是管道工程的重要技术资料，存入工程档案里。

三、质 量 标 准

室内给水管道系统水压试验时，其试验压力的规定，应随管道系统的工作压力而定。一般情况规定如下：

1. 室内给水管道试验压力 P_{Δ} 不小于 0.6MPa。

2. 当生活饮用水和生产、消防合用时的管道，其试验压力为：

$$P_s = 1.5P \ngtr 1.0\text{MPa}$$

式中 P——管道的工作压力。

3. 在 P_s 压力下，观察 10min，压降 ΔP 不大于 0.05MPa，再将试验压力 P_s 降至工作压力 P，进行全面检查，无渗漏为合格。

给水管道水压试验时，应根据管道系统中不同的工作压力，分别分段的进行。

4. 给水管道的各个系统应分别作好试验记录，不可混淆。对于需隐蔽的管道应先进行试验，及时作好隐蔽记录，并须经过有关方面的检查、验收，合格后方可隐蔽。

5. 压力试验时，有关方面人员均应亲临现场监督、检查，合格后方可在记录上签字。

四、安全注意事项

1. 试压时，在管道的末端如没有堵板或丝堵时，严禁在其对面站人，以防跑水时伤人。

2. 在试验压力下不许紧固螺栓或锁紧螺母。

3. 试压时所处环境的温度，必须在 5℃以上，倘若低于此温度时，应采取升温措施，或用其他介质进行压力试验。

4. 试压后应将管道低处的积水泄放干净，防止沉积物堵塞管道或冬季冻裂管道。

5. 管道试验中，不可在试验压力下超过规定时间去检查管道，严防管道本身受内伤而留下人为的隐患。

五、质量通病及防治

质量通病及防治方法见表 19-1。

表 19-1

序 号	质量通病	防治方法
1	给水试验压力一律采用 0.6MPa	应按不同的给水管道和工作压力的不同，采用不同的试验压力
2	压降 ΔP 不大于 P_{Δ} 的 10%	应按规范中规定进行 ΔP 不大于 0.05MPa

20. 室内给水管道系统吹洗

给水管道系统在交付使用之前，需用合格的饮用水加压冲洗，称之吹洗。必要时，尚须消毒处理。主要为给水管道的畅通，清除滞留或掉入管道的杂质与污物，避免供水后造成管道堵塞和对水质污染所采取的必要措施，也是质量保证项目之一，切不可忽视，更不能省略。

一、施 工 准 备

1. 材料

钢管、高压橡胶管、阀门、冲洗用水（要求水质清净无杂质，无污染，无腐蚀性，贮备充足），管件、麻丝、铅油。

2. 机具

增压水泵、压力表、管钳、钢锯、压力及工作台、活动扳手。

3. 工作条件

（1）给水管道系统水压试验经验收合格。

（2）各环路控制阀门关闭灵活可靠，不允许吹洗的设备与吹洗系统临时隔开。

（3）临时供水装置运转正常，增压水泵工作性能符合要求，压力不超过设计压力，不低于工作流速。见表 20-1。

（4）吹洗水放出时有排出的条件。

（5）已制定好分区、分段每一条系统的冲洗顺序，并绘制了流程图，水引入口、出水，应拆、装的部件，临时盲板的加设位置都标在图上，并已进行技术、质量、安全交底。

（6）冲洗前将系统内孔板、喷嘴、滤网、节流阀、水表等全拆除，待冲后复位。

吹洗增压水泵流量与接管流速选用表　　表 20-1

小时流量	秒流量	*DN* 管径流速（m/s）							
m^3/h	m^3/s	32	40	50	70	80	100	125	150
5	0.0014	1.67	1.08	0.72					
10	0.0027		2.09	1.38	0.72				
15	0.0042			2.14	1.12	0.78			
20	0.0056			2.86	1.50	1.08	0.71		
25	0.0069			3.52	1.84	1.33	0.88		
30	0.0083				2.22	1.60	1.06	0.67	
40	0.011				2.97	2.12	1.40	0.89	
50	0.014				3.78	2.69	1.78	1.14	0.79
60	0.0167					3.22	2.13	1.36	0.94
70	0.019					3.65	2.42	1.54	1.07

二、施　工　工　艺

工艺流程

吹洗水平干管 ⟶ 吹洗立干管 ⟶ 吹洗支管 ⟶ 仪表、器具件复位 ⟶ 填写记录、验收

先吹洗底部干管，见图 20-1，后吹洗水平干管、立管、支管。

1. 由给水入户管控制阀的前面，接上临时水源，向系统供水。

2. 关闭其他立支管控制阀门，只开启干管末端最底层的阀门，由底层放水并引至排水系统，参见图 20-1 所示。

3. 临时供水，启动增压泵加压，由专人观察出水口处水质变化。必须符合下列规定，出水口处的管径截面不得小于被吹洗

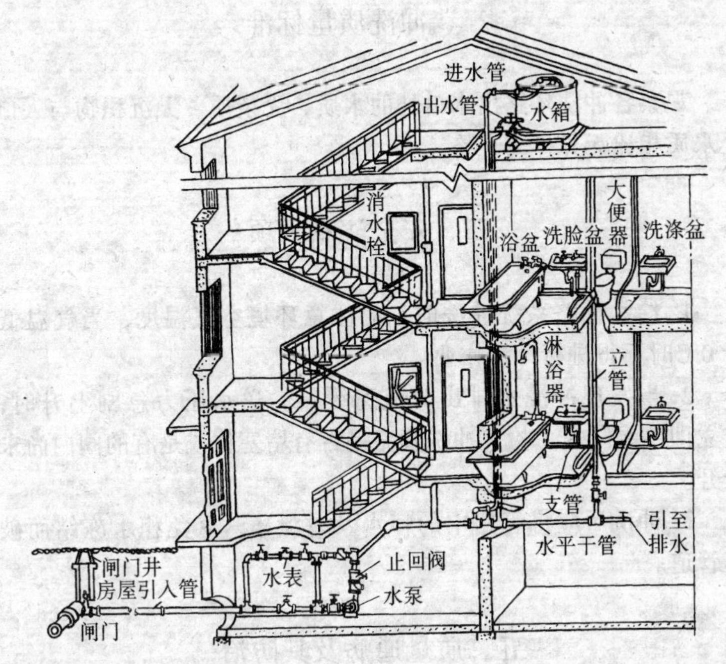

图 20-1 室内给水系统

管径截面的 3/5，即出水口管径只能比吹洗管的管径小 1 号。如果出口管径截面大，出水流速低，无吹洗力；出水口的管径截面过小，出水流速太大，不便观察和排除杂质、污物。出口的水色和透明度与入口处目测水色一致为合格。如设计无规定，出水口流速不小于 1.5m/s，参见表 20-1。

4. 底层主干管吹洗合格后，再依工艺流程顺序吹洗其他各干、立、支管，直至全系统管路吹洗完毕为止。

5. 吹洗后，如实填写吹洗记录存档。

6. 仪表及器具件复位，将拆下的部件等复位。

7. 检查验收，检查系统与设计图应一致。验收、签字。

三、冲洗质量标准

观察各冲洗环路出水口处的水质，无杂质、无沉积物与入口处水质相比无异样为合格。

四、安全注意事项

1. 给水管路系统冲洗时，应注意环境空气温度，当气温低于0℃时不得进行冲洗作业。

2. 当发现冲洗水排出时流速缓慢，送水压力急剧上升时，应立即停泵降压，检查冲洗管路是否有堵塞物或是有的阀门尚未全开。

3. 冲洗后应将管路中的存水及时泄净，避免积水冻结而破坏管道。

五、质量通病及其防治

质量通病及防治方法见表20-2。

表 20-2

序 号	质 量 通 病	防 治 方 法
1	以系统水压试验后的泄水代替管路系统的冲洗试验	在系统水压试验后与交付使用之前，再单独进行一次管路系统供水冲洗
2	无详细冲洗记录	应按冲洗试验表内规定如实填写

21. 室内地下排水管道铺设

一、施 工 准 备

1. 材料

(1) 管材：排水承插铸铁管、缸瓦管、陶土管、排水硬聚氯乙烯管、钢管、石棉水泥管、混凝土管、钢筋混凝土管。管材、管件的规格按设计要求选用。管材、管件等材料应有产品合格证，管材应标有规格、生产厂的厂名和执行的标准号，在管件上应有明显的商标和规格。包装上应标有批号、数量、生产日期和检验代号。

(2) 接口材料：水泥、石棉、膨胀水泥、石膏、氯化钙、油麻、耐酸水泥、青铅、塑料胶结剂、胶圈、塑料焊条、碳钢焊条。胶粘剂应标有生产厂名称、生产日期和有效期，并应有出厂合格证和说明书。

(3) 防腐材料：沥青、汽油、防锈漆、沥青漆等，按设计要求选用。

(4) 小白线、粉（石）笔、砂布（纸）、电石（乙烯气）、氧气、焦炭、劈材、破布、电焊条、锯条、铅油。

2. 机具

(1) 水焊工具、电焊工具、砂轮切割机、电锤、冲击钻、射钉枪、手动试压泵、套丝机、手（电）葫芦。

(2) 水平尺、线坠、钢卷尺、钎子、带丝、压力及工作台。

(3) 手锤、捻口凿、剁子、管钳子、钢锯、铁锹、铁刷子、油刷子、活扳子、割刀、锉刀。

(4) 大绳、撬杠，链式起重机（即滑轮组）。

3. 工作条件

(1) 图纸已经会审，技术资料齐备，已进行技术、质量、安全交底。

(2) 土建基础工程或地下室主体工程基本完成，管沟已按设计要求挖好，沟基作了相应处理，并已达到施工要求的强度；或者，地下室预埋件，支架已施工完，基础或过地下室壁穿管的孔洞已按设计位置、标高和尺寸预留好。

(3) 一层或二层卫生器具的样品已进场，进场的材料、机具能保证连续施工。

(4) 工作应在干作业条件下进行。

二、施　工　工　艺

工艺流程

量尺、排管、定位 → 管段预制 → 下管 → 灌水试验 → 防腐回填

1. 量尺、排管、定位

(1) 根据图纸要求，规范规定，在土建给出的中心线和标高线、按卫生器具的规格型号拉交叉线，用线坠确定各排水立管和卫生器具甩头的位置与标高，排水立管距墙应按技术规定施工，一般排水立管承口外皮距装饰后的墙面 10~20mm，硬聚氯乙烯立管管件承口外侧与装饰面的距离为 20~50mm。

(2) 根据要求的规格型号选择管材、管件，外观检查合格后清净管内的污物、多肉和毛刺（不得采用直角三通和正十字四通）。

(3) 根据已确定的位置、标高，可在沟内或地下室按承口朝来水方向排列已选好的承插管材、管件，必要时截短管子，使整个管路就位。

(4) 检查管道位置与标高符合要求后，在各接口处划好印记，非承插管可用尺量出各分岔及甩头间管段尺寸，并在草图上做好记录。接至室外的管道须出外墙或直达检查井内。

（5）硬聚氯乙烯排水立管仅设伸出屋顶通气管时，最低横支管与立管连接处至排出管管底的垂直距离 h_1 不得小于表中规定，见图 21-1，多层建筑及高层建筑底层排出横管应单接出墙外。

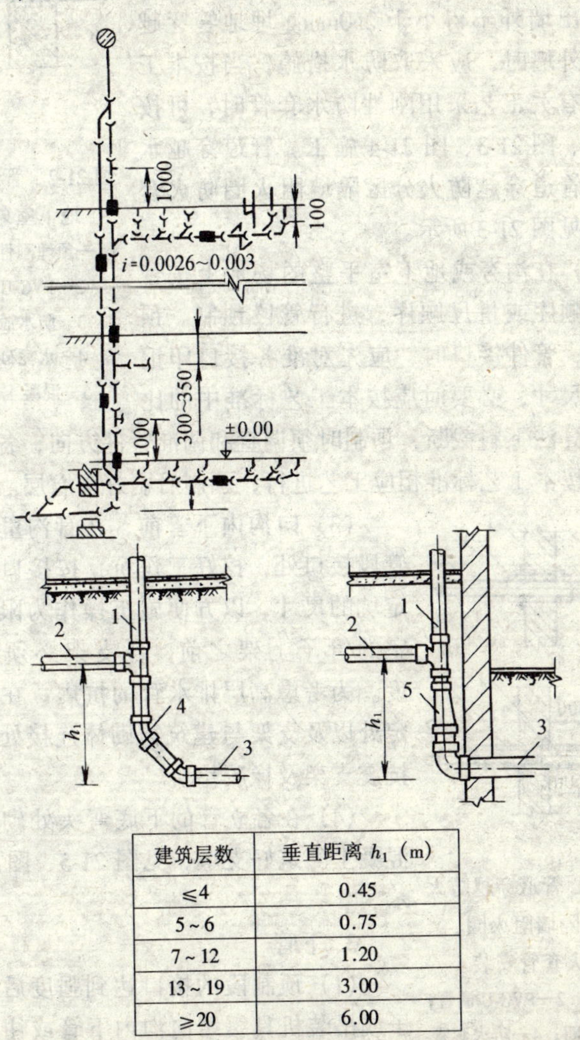

建筑层数	垂直距离 h_1（m）
≤4	0.45
5～6	0.75
7～12	1.20
13～19	3.00
≥20	6.00

图 21-1　最低横支管与立管连接处至排出管管底的垂直距离

1—立管；2—横支管；3—排出管；4—45°弯头；5—偏心异径管

2. 管段预制

(1) 根据管线长度，以尽量减少固定(死口)接口为原则，确定预制管段的长度。管道伸出墙外不得小于250mm。埋地管穿越地下室外墙时，应采取防水措施，当按本工艺标准有关工艺采用刚性防水套管时，可按图21-2、图21-3、图21-4施工。管道穿越水池壁及管道穿越防火分区隔墙阻火圈防火套管安装见图21-3所示。

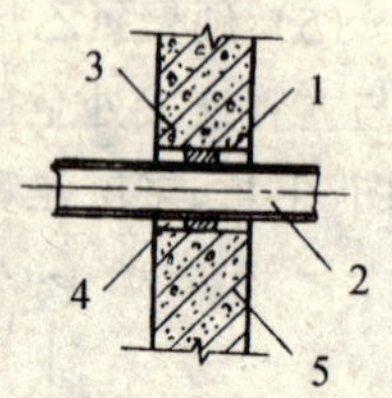

图21-2 管道穿越地下室外墙

1—预埋刚性套管；2—PVC-U管；3—防水胶泥；4—水泥砂浆；5—混凝土外墙

(2) 在沟旁或地下室平整的场地上按管子排列顺序或量尺顺序，进行管段预制。预制管子、管件接口时，应先对准各接口印记或量准尺寸，必要时应按本工艺标准中的比量、计算法下料截断，预制时须调直和调准管件方向，各类接口要严格按本工艺标准相应工艺进行，预制后刷好防腐层。

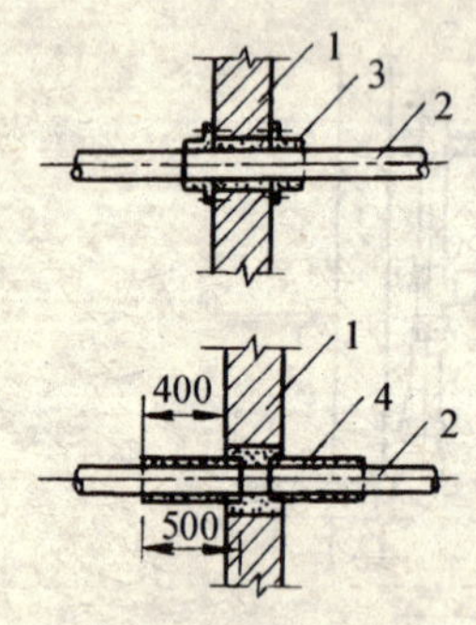

图21-3 管道穿越防火分区隔墙阻火圈、防火套管安装

1—墙体；2—PVC-U横管；3—阻火圈；4—防火套管

(3) 向沟内下管前，在管沟里的预制管段接口处，挖好工作坑，按接口方式确定坑的尺寸，以方便施工操作为限。地下室的管子上架之前，各支架必须达到强度。为考虑高层排水管的抗震，在支架固定处以及支架与建筑物砌体连接处，设置抗震支架及橡胶垫块。

(4) 在各立管的下底弯头处砌筑或用混凝土灌筑好支墩，见图21-5、图21-6所示。

3. 下管

(1) 预制段的接口达到强度后，用绳子或吊装机具缓缓向沟内下管或往地下室管架上管，对好管段接口，调直管道，核对管径、位置、标高、坡度无误后，从低处向高处按本工艺标准

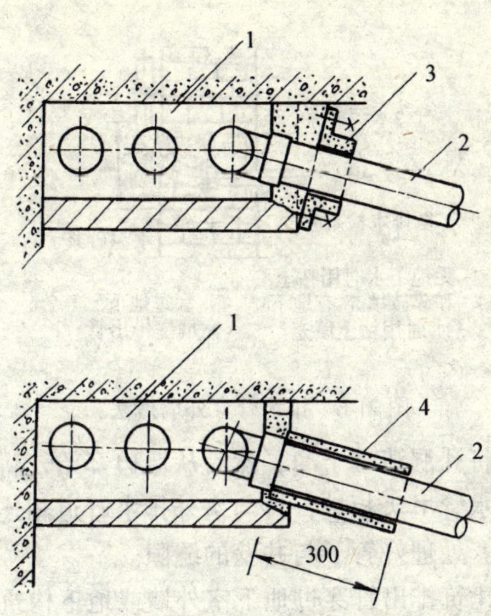

图 21-4　横支管接入管道井中立管阻火圈防火套管安装

1—管道井；2—PVC-U 横支管；3—阻火圈；4—防火套管

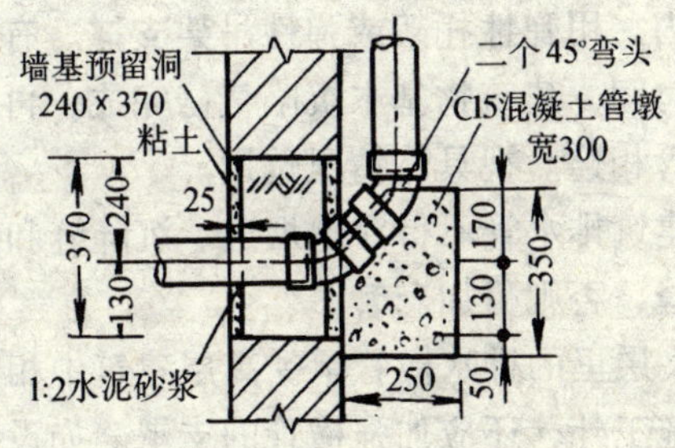

图 21-5　塑料管立管支墩做法

接口工艺连接其他各固定接口。地下室托、吊架或弹性托、吊架上管之前，必须先找准坡度。接口后补刷防腐涂料。

(2) 排出管的安装：检查基础预留孔洞或地下室外墙的预留

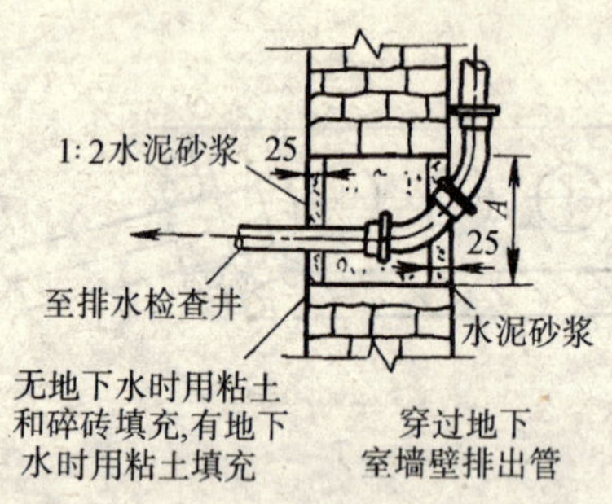

图 21-6 排水管穿外墙做法

孔洞尺寸，并将孔洞清理干净，然后从墙边开始，将弯头、三通管件与室内排水管甩头相接，再与室外排水管道相连，伸至第一口检查井为止。处理好管子与井壁的缝隙。

(3) 高层建筑排出管穿过地下室外墙或地下构筑物时，必须严格采取防水措施，如设计无规定，参照本工艺标准作法。

(4) 穿基础处的管道，要按本工艺标准将穿基础的管道的周围孔洞堵严，预留好基础下沉量，必须使管顶上部净空不得小于建筑物沉降量，一般不小于 150mm。高层建筑排水出户管要采取防沉陷的措施，普遍作法是将排水管出外墙至第一个检查井间的管段设于管沟内，用弹性托架或弹性吊架支撑。有的高层建筑待主体完成相当时间，建筑物基本沉陷量已完成，再施工排水出户管与室外排水管相连。视具体情况选用。

(5) 高层建筑排水管不得穿越烟道、沉降缝和抗震缝，尽量避免穿过伸缩缝，否则另加套管。

(6) 技术夹层里的排水横管承受高层建筑中相当一部分水压力，除按上述施工外，还应加强横管的支承。如设计无规定，按本标准支架选用。

4. 灌水试验

(1) 已铺设好的埋地管道、地沟管道、地下室管道（技术夹层的排水横管施工方法同）均需进行一次灌水试验。灌水前，应先将最低点用堵头临时堵严，从高端或者从预留管口处灌水做闭水试验，水满后观察水位不下降，各接口及管道无渗漏则认为合格。

(2) 埋地管和第一口检查井接点见图 21-7。

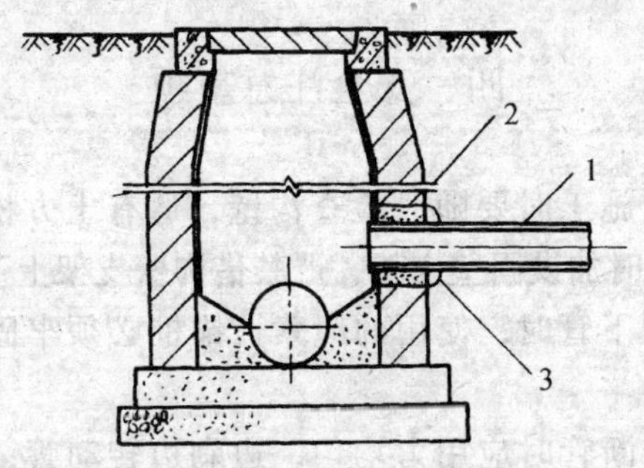

图 21-7 塑料埋地管与检查井接点

1—PVC-U 管；2—水泥砂浆第一次嵌缝；

3—水泥砂浆第二次嵌缝

(3) 灌水试漏经有关人员检查后，方可填写隐蔽工程记录，办理隐蔽工程手续，方可隐蔽或回填，回填土须分层进行。每层 0.15m，回填密实度应达到要求。

埋地管道的灌水高度不得低于底层地面高度，灌水 15min 后，若水面下降，再灌满延续 5min，以水位不下降为合格。

三、成 品 保 护

1. 灌水试验合格后从室外将堵口球胆取出，放净管内存水。

2. 管道系统隐蔽前，应用木塞或水泥砂浆等将排出口及各甩头管口临时封闭牢固。

3. 管道系统隐蔽后应和单位工程负责人办理工序交接手续，制定防护措施，防止室内回填土打夯或地面施工时损坏管道。

4. 穿越地沟的外露管段在地沟未隐蔽前应用草袋子等覆盖保护，高出地面的管道甩头在下道工序施工前也应采取同样保护措施。

5. 越冬施工时对位于不采暖房间半露于地沟底皮或埋深过浅的管段要采取覆盖防冻措施。

四、安全注意事项

1. 在沟内施工时要随时检查沟壁，遇有土方松动、裂纹等情况时，应及时加设固壁支架，严禁借沟壁支架上下。

2. 向沟内下管时，使用的绳索、锚桩必须牢固，管下面的沟内不得有人。

3. 用剁子断管时应用力均匀，边剁边转动管，不得用力过猛防止裂管飞屑伤人。

4. 使用水、电焊工具时要严格遵守安全防护措施，认真配备安全附属设备。

五、质　量　标　准

1. 管材、管件、胶粘剂必须符合验收工程规定。

2. 管道坡度必须符合设计要求或施工规范规定。

3. 管道及管道支座（墩）严禁铺设在冻土和未经处理的松土上。

4. 管道灌水试验结果必须符合设计要求和施工规范规定。

5. 管道坐标允许偏差为 15mm，管道标高的允许偏差为 ± 15mm。

六、质量通病及其防治

质量通病及防治方法见表 21-1。

表 21-1

序 号	质量通病	防 治 方 法
1	管道渗漏或断裂、脱口	1. 地下管道安装完毕必须做灌水试验，并认真检查，灌水试验完后及时放净管内存水，施工中及冬季对管道应有有效保护措施 2. 管道及管道支座（墩）严禁设在冻土或未经处理的松土上 3. 铸铁承插管道水泥接口必须捻口，严禁用水泥砂浆抹口 4. 搞好工序交接，制定防护管道的要求和措施 5. 回填土时严格按回填土施工工艺要求施工，防止造成管道位移、脱口或管道破裂
2	管道堵塞	1. 管道安装前清净内部污物，清除管内多肉及毛刺 2. 施工中管道临时敞口及施工完管道各甩头、管口必须及时用有效措施加以临时牢固的封闭 3. 管道接口时要严格按接口工艺进行接口，严防接口材料漏入管内，管道标高及坡度要严格按图纸要求或规范规定施工 4. 施工中不得使用90°直角三通及正十字四通，要用45°管件
3	甩头坐标不正标高超差	1. 管道铺设前和栋号技术负责人核对土建给出的有关墙体、轴线和地平线的准确性 2. 各预制管铺设完互相接口前再次复核各甩头的坐标与标高是否符合要求 3. 各甩头定位前，施工人员除掌握地平线和墙轴线外，还要掌握各墙体及抹灰厚度，有无设计变更等 4. 卫生器具甩头的坐标与标高应认真结合实际采用的卫生器具的规格、型号、几何尺寸来确定

22. 室内排水立管安装

一、施　工　准　备

1. 材料

(1) 管材、管件：排水承插铸铁管、铝塑管、陶土管、排水硬聚氯乙烯管、钢管，按设计要求选用。管材、管件等材料应有产品合格证，管材应标有规格、生产厂的厂名和执行的标准号，在管件上应有明显的商标和规格。包装上应标有批号、数量、生产日期和检验代号。

(2) 接口材料：水泥、石棉、膨胀水泥、石膏、氯化钙、油麻、耐酸水泥、青铅、塑料胶结剂、胶圈、塑料焊条、碳钢焊条。

(3) 防腐等材料：沥青、汽油、沥青漆、防锈漆、银粉漆、铅油、清油、防火套管、阻火圈。防火套管、阻火圈应标有规格、耐火极限和生产厂名称。

(4) 消耗材料：小白线、石笔、砂布（纸）、电石（乙炔气）、氧气、电焊条、锯条、破布（干净）。

2. 机具

(1) 水焊工具、电焊工具、手（电）动葫芦、钻床、无齿锯、塑料焊枪、射钉枪、电锤、冲击钻。

(2) 水平尺、线坠、钢卷尺、铁钎子、钢锯、压力及案子、细齿木工锯。

(3) 手锤、捻口凿、剁子、錾子、活扳子、管钳子、割刀、锉刀。

(4) 自制模棒、毛刷子、小水桶、绳子、铁刷子、自制样杆。

3. 工作条件

(1) 土建主体工程基本完成，预制机械安装完毕，现浇楼板穿管孔洞已按设计图纸要求及适用位置和尺寸预留好。高层建筑排水管道的预制与安装，一般可与土建砌筑及吊装作业间隔2~3层进行，其他均和多层建筑施工条件同。

(2) 通过管道的室内位置线及地面基准线，已检测完毕，室内装饰种类、厚度已定或墙面粉刷已结束。

(3) 熟悉图纸，熟悉暖卫施工及验收规范，已进行图纸会审，各种技术资料齐全，已进行技术、质量、安全交底。

(4) 地下管道已铺设完，各立管甩头已按设计图纸和有关规定准确地预留好，且临时封堵完好。

(5) 各种卫生器具的样品已进场，进场的施工材料及机具能保证连续施工。

(6) 设备层、技术层、管道井内的模板已经拆除，并已清扫干净。

二、施 工 工 艺

工艺流程

修整孔洞 → 量尺、下料 → 预制安装 → 栽卡、堵洞 → 试水、隐蔽

1. 修整钻（凿）打楼板穿管孔洞

(1) 根据地下铺设排水管道上各立管甩头的位置，在顶层楼板上找出立管中心位置，打出一直径为20mm左右的小孔，用线坠向下层楼板吊线，找出该层立管中心位置，打小孔，依次放长线坠逐层向下层吊线，直到地下排水管的立管甩头处，核对修整各层楼板小孔找准立管中心。

(2) 从立管中心位置用手锤錾子开扩或修整各层楼板孔洞，使各孔洞直径较要穿越的立管外径大40~50mm或2个管径。

打、凿孔洞时，应在楼板上、下分别扩孔。

(3) 核对板孔位置时，遇到上层墙体变薄等情况，使立管距墙过远，可调整该层以上各楼板管孔中心位置后再扩孔，使立管中心距墙符合要求。

(4) 凿打楼板孔遇到钢筋时，不可随意切断，应和土建技术人员商定后按规定处理。

(5) 穿屋板孔凿打修整完后，遇有空心楼板板孔时，应用砖、石块混同水泥砂浆把空心板孔露孔两侧堵严。

2. 量尺、测绘、下料

(1) 确定各层立管上检查口及带卫生器具或横支管的支岔口位置与中心标高，把中心标高线划在靠近立管的墙上。然后按照管道走向及各管段的中心线标记进行测量，并标注在草图上，见图 22-1。检查口的中心距立管所在室内地面 1m 处，其他支岔口中心标高，应保证在满足支管设计坡度的前提下，横支管上距立管最远的端部，连接卫生器具排水短管管件的上承口面、距顶棚楼板面应有不小于 100mm 的距离。

一般在普通居住的卫生间，一层之中仅带一个大便器，其支岔管的中心距顶棚 300～350mm。同时选择和确定所用排水管材种类相对应的管件及其数量，标注在安装草图中，见图 22-2。

(2) 塑料管穿过楼板的各立管，层高≤4m 时，污水立管和通气立管每层设一伸缩节；层高大于 4m 时，由设计计算确定。立管上伸缩节应设在靠近水流汇合管件处，具体位置和横支管上伸缩节的设置应用见图 22-3、图 22-4、图 22-5 和表 22-1。

伸缩节最大允许伸缩量（mm）　　表 22-1

管　径（mm）	50	75	90	110	125	160
最大允许伸缩量	12	15	20	20	20	25

高层建筑排水铸铁管需设置法兰伸缩接口。

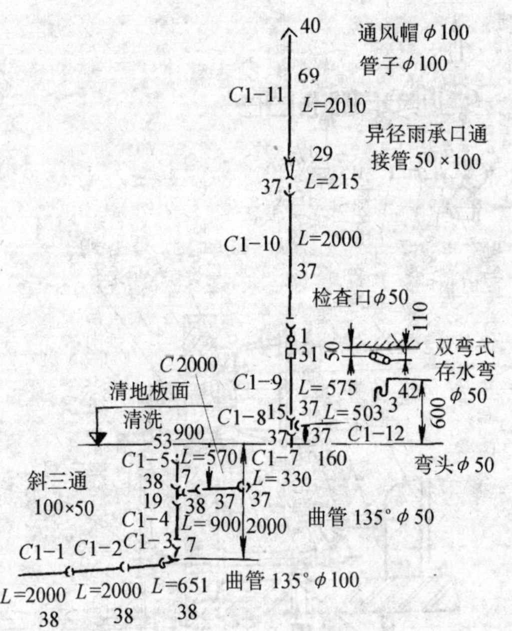

图 22-1　排水立管的测绘草图

(3) 高层建筑的排水立管多设于管道井内，不宜每一根立管都单独排出，往往在下一技术层内用水平管连接后分几路排出。排水立管在中间（或技术层）拐弯时，应按规定量尺、测绘、下料，见图 22-6 所示。

(4) 设在管道井、管窿的立管和安装在技术层吊顶内的横管，在检查口或清扫口位置应设检修门。

(5) 立管在底层和在楼层转弯时应设检查口，检查口中心距地面宜为 1m，在最冷月平均气温低于－13℃的地区，立管尚应在最高层离室内顶棚 0.5m 处设置检查口。

(6) 用木尺杆或钢卷尺，从地下管的立管甩头承口底部量起，逐一将伸缩节、检查口、各支管口中心标高尺寸量准后标注在画好的草图上。为便于分段施工和调整位置，每层楼板上方留

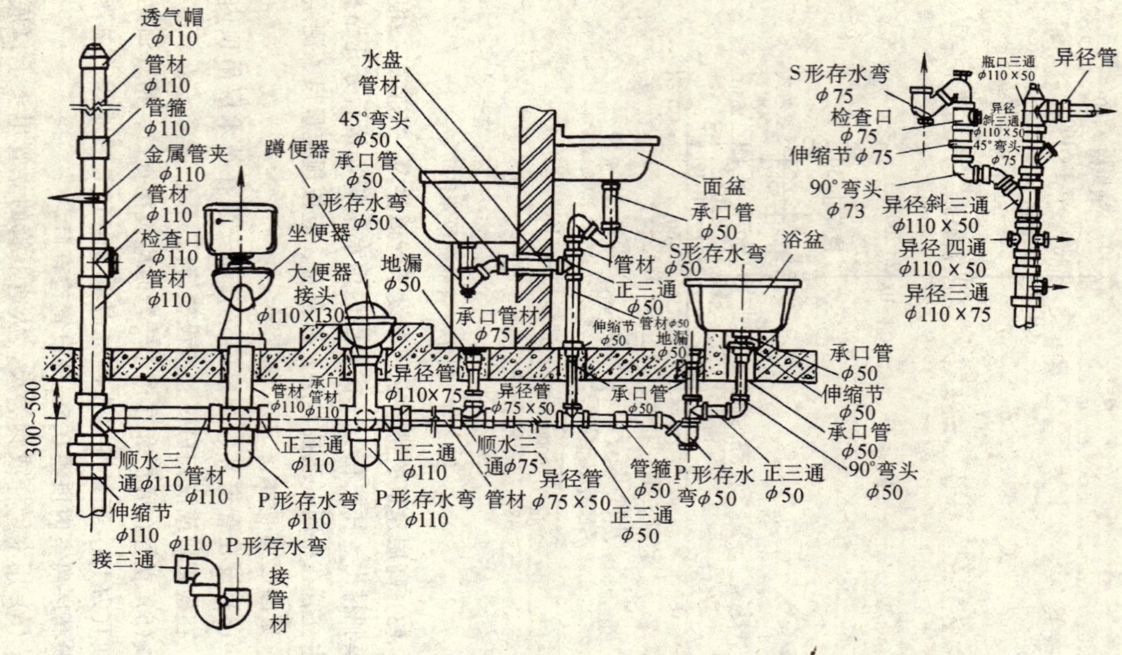

图 22-2　排水管件的组合应用

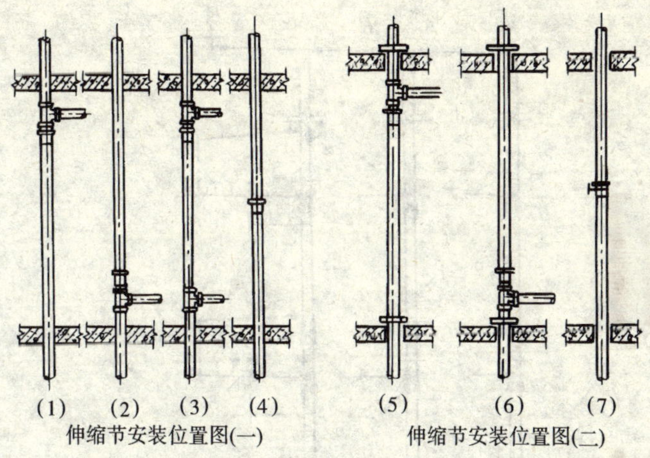

图 22-3 伸缩节设置位置

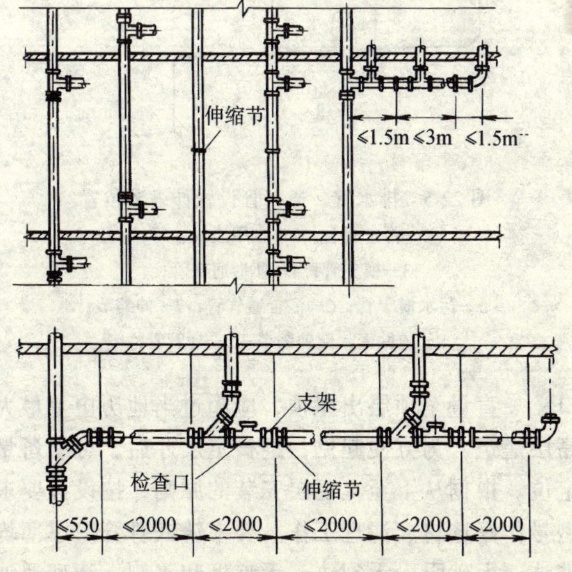

图 22-4 伸缩节的位置的应用

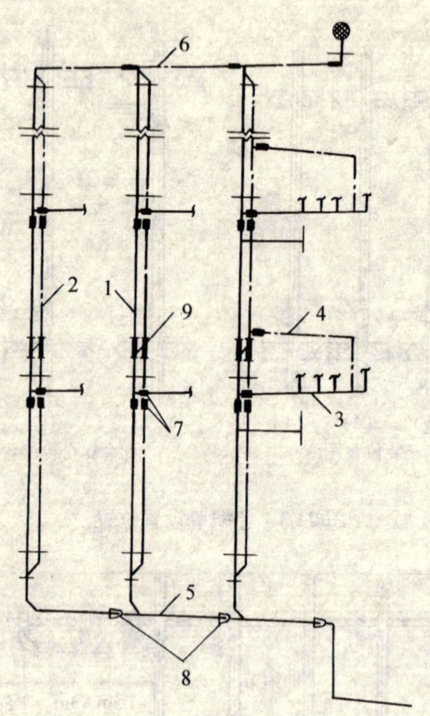

图 22-5 排水管、通气管设置伸缩节位置

1—污水立管；2—专用通气立管；
3—横支管；4—环形通气管；
5—污水横干管；6—汇合通气管；7—伸缩节；
8—弹性密封圈伸缩节；9—H 管管件

一个承口，一直量至顶层出屋顶，应超过当地历史上最大积雪高度。遇高层建筑，为方便起见，经核定尺寸后，可制备量棒在管道井内定位。根据从下至上逐层安装的原则，按设计要求的管材规格、型号作好选材、清理工作。要求铸铁管管壁厚薄均匀，内外光滑整洁，无砂眼，无裂纹，无疙瘩和飞刺，清理浮沙和粘沙以及污垢。要求塑料管内外光滑，管壁厚薄均匀，色泽一致，无

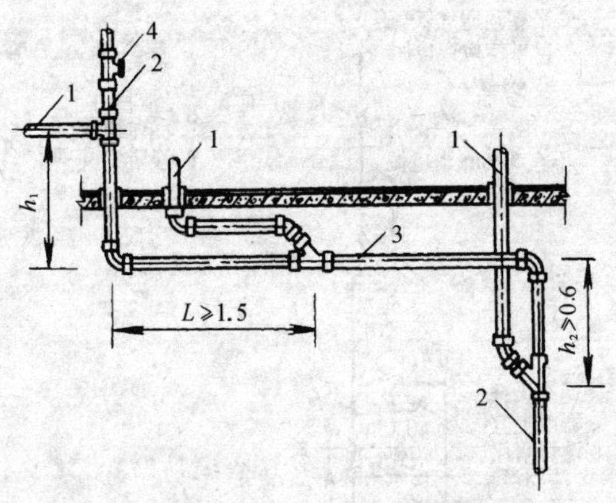

图 22-6 排水支管与排水立管、横管连接
1—排水支管；2—排水立管；
3—排水横管；4—检查口

气泡，无裂纹，清除污垢。

3. 预制、安装

(1) 尽量减少安装时连接“死口”和确保接口质量的原则，应尽量增加立管的预制管段长度。

按照实际量尺绘制的各类草图，选定合格管子和管件，进行配管和截管（即断管），预制的管段配制后，按各草图核对节点间尺寸及管件接口朝向。同时，按设计要求确定伸缩节的位置。

(2) 按本工艺标准的有关工艺连接预制管段接口时，应从90°的两个方向用线坠吊直找正，特别是在一个管段上有数个需要确定方向的分岔口或管件时，预制中必须找准相对朝向。可在上一层楼板上，按设计的卫生器具排水管中心位置打一个小孔（见表 22-2)。按找出的小孔和立管中心位置，按预制管段场地上划出相对位置的实样，找准各分岔口和定向管件的相对朝向。检查口与清扫口设置规定见图 22-7；排水支管与排水立管、横管的连接见图 22-6。

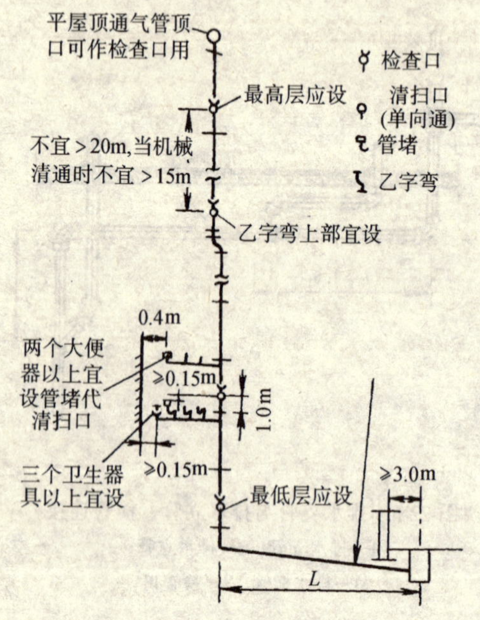

排水横管直线管段上清通配件的最大距离（m）

d（mm）	50	75	100	＞100
$L_{最大}$（m）	10	12	15	20

图 22-7　检查口与清扫口设置规定

（3）预制完的承插或粘接管段应竖直放置，做好接口养生防护。

（4）安装前，根据立管位置和支架结构，打好栽立管支架的墙眼、洞眼深不小于 120mm，在楼层高度≤4m 时只栽一个。采用塑料排水立管时 DN50mm 其间距≯1.2m；管径≥75mm 其间距≯2m。高层建筑管井内的排水立管，必须每层设置支撑支架，以防整根立管重量下传至最低层。考虑高层建筑排水管道的抗震和减噪，在支架固定处以及支架与建筑物砌体连接处应设抗震支架及垫橡胶块。

各类型卫生器具排水管穿楼板位置　　表 22-2

序号	卫生器具名称			排水管距墙尺寸（mm）
1	坐便器	挂箱虹吸式 S 型		420
		挂箱冲落式 S 型		270
		自封式冲洗阀虹吸式 S 型		340
		自封式冲洗阀冲落式 S 型		190
		坐箱虹吸式 S 型	唐陶 1 号	475
			唐建陶前进 1 号	490
			唐建陶前进 2 号	500
			太平洋	270
			广州华美	305
		挂箱虹吸式 P 型		横支管在地坪上 85 穿入管井
		挂箱冲落式 P 型 硬管连接		横支管在地坪上 150
		挂箱冲落式 P 型 软管连接		软管在地坪上 100 与污水立管接
		坐箱虹吸式 P 型		横支管在地坪上 85 穿入管道井
		高水箱虹吸式 S 型		与横支管为顺水正三通连接时为 420，与斜三通连为 375
		旋涡虹吸连体型		太平洋 245
2	蹲便器	平蹲式后落水		石湾、建陶 295
		前落水		620
		前落水陶瓷存水弯		660
3	浴盆	裙板高档铸铁搪瓷		500 250
		普通型、有溢流排水管配件		靠墙留 100×100 孔洞
		低档型、无溢流排水管配件		200
4	大便槽	排水管径为 100mm 时		距墙 420×580
		排水管径为 150mm 时		距墙 420×670

续表

序号	卫生器具名称			排水管距墙尺寸（mm）
				125
5	立式（落地）			150
	挂式小便斗			以排水管距墙 70 为圆心，以 128 为半径
	半挂式小便器			510 标高入墙内暗敷
6	洗脸盆	台式	普通型	距墙 175 为圆心 北京以 128 为半径内 天津以 135 为半径内 上海气动以 167 为半径内 上海气动以 125～140 为半径内（塑料瓶式） 平南以 130 为半径内 广东洁美丽以 128 为半径
			高档型	排水管穿入墙内暗设
		立式		
7	污水盆	采用 S 弯		以 250 为圆心，160 为半径内
8	洗涤盆	采用 S 弯		以 155～230 为圆心，160 为半径
9	化验盆	构造内有存水弯		195
10	净身盆	单孔、双孔		≥380

(5) 管道安装自下而上逐层进行，先安装立管，后安装横管，连续施工。

(6) 安装立管时，将达到强度的立管预制管段，从下向上排列、扶正。按照楼板上卫生器具的排水孔找准分岔口管件的朝向，从 90°的两个方向用线坠吊线找正后，按已确定的位置安装伸缩节（排水铸铁管按设计要求安装法兰伸缩接口）。将管子插口试插入伸缩节承口底部，将管子拉出预留间隙，夏季 5～10mm，冬季 15～20mm，在管端划出标记，最后将管端插口平直插入伸缩节承口橡胶圈中，用力要均匀、不准摇挤。安装完后，随立管固定，见图 22-8。将铁钎子钉入墙内，从立管不同两侧临时固定好立管，然后按本工艺标准接口。用铁线将立管与铁钎子绑牢，按设计补刷接口防腐。每段立管应安装至上一层的楼板以上，当安装间断时，敞口处用充气橡胶堵作临时封堵，用灰袋纸盖上。在需要安装防火套管或阻火圈的楼层，必须先将防火套管或阻火圈套在管段外，方可进行管道接口，见图 22-9。

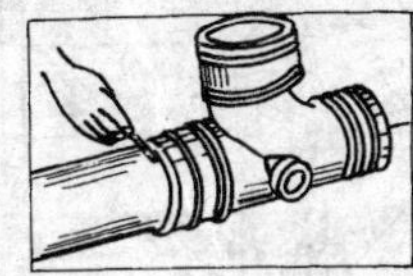

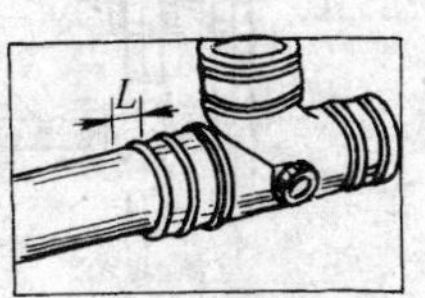

注：L 允许伸缩量(mm)

图 22-8　伸缩节安装示意

（7）高层建筑内明敷管道在采用防止火灾贯穿措施时，立管 $DN \geqslant 110$mm 时，在楼板贯穿部位应设置阻火圈或长度不小于 300mm 的防火套管，且防火套管的明露部分长度不宜小于 200mm。

（8）管道穿越楼板处为非固定支承时，应加装金属或塑料套管，套管内径可比穿越管外径大 10 ~ 20mm，套管高出地面不得小于 50mm。

（9）排水立管在技术层或中间层竖向拐弯时，按楼板上的支立排水管和拐向楼下主立排水管的几个朝向，吊正调直，找准朝向后方可接口，如图 22-6 中所示。

高层建筑立管接口时另一个应重视的问题，因风力和其他引起的震动造成较大摆动，立管的最大层间变位约为层高的1/200，一般下几层排水立管接口采用青铅接口，可按本工艺标准室外工艺操作。在欧美和日本许多国家采用橡胶圈接口代替铅接口，以达到 1/200 变位要求。具体可根据设计选定接口材质与方式，按工艺操作。

（10）高层建筑中采用专用通气管或环形通气管的排水系统，

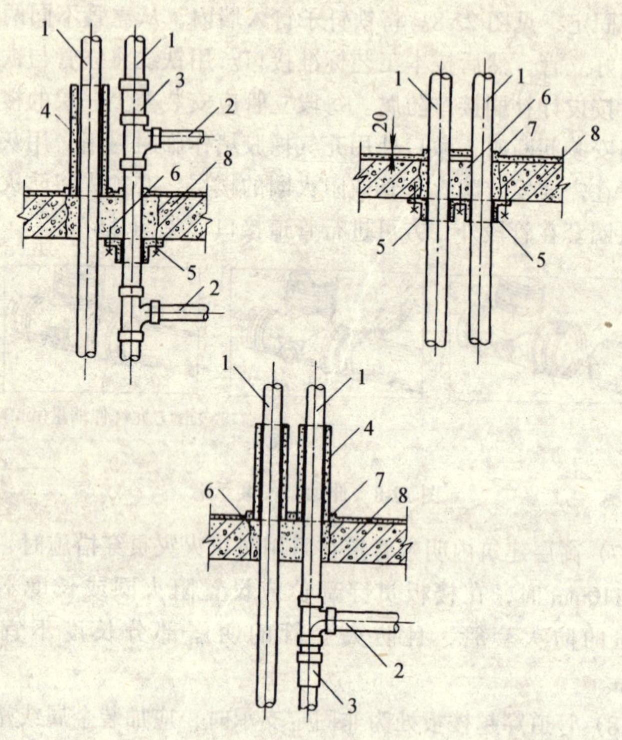

图 22-9　立管穿越楼层阻火圈、防火套管安装

1—PVC-U 立管；2—PVC-U 横支管；3—立管伸缩节；4—防火套管；
5—阻火圈；6—细石混凝土二次嵌缝；7—阻水圈；8—混凝土楼板

就是和污水立管平行再安装一个通气立管，其下部在最低的排水支管下面以 45°三通与排水立管相接。上部与排水立管通气部分也以 45°三通相连接。此为专用通气管排水系统，见图 22-10、图 22-11 所示。在专用通气立管上每间隔两层与排水立管相连接，连接方法与正常接口相同，此连接管又称共轭管。又有同时将每层的器具横支管与通气管连接接口，此段称环形通气管，如图 22-12 所示。一般将最底层用户的总排水管单独接至室外。有的每隔 8～10 层安装结合通气管与排水立管相连，其施工均按“工艺”接口。

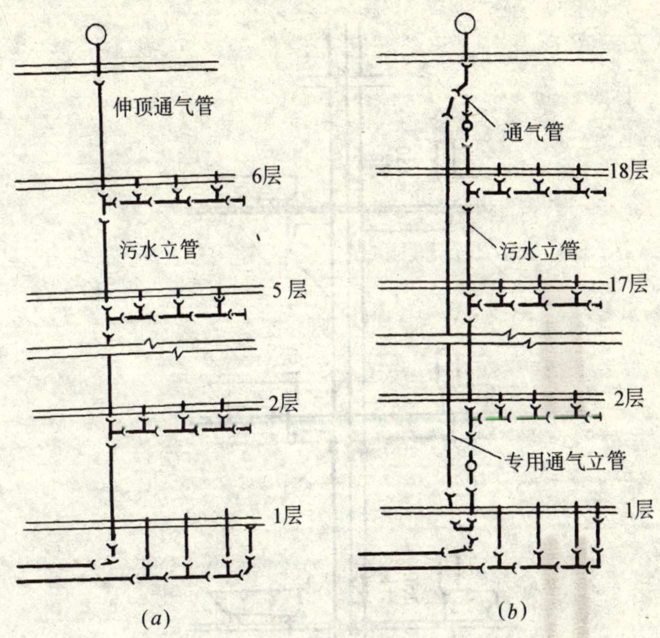

图 22-10 通气管

(a) 伸顶通气管排水系统；(b) 专用通气管排水系统

(11) 在每次收工前及立管全部施工完，敞口及甩头预留口都应用球胆封堵或用“花兰堵头”进行临时封堵，高层建筑甩口颇多，不宜用一般堵头进行封堵，必须用花兰堵头封堵。自制堵头时，必须使其长达 70mm 左右。

4. 栽立管卡架、堵楼板眼

(1) 按支架工艺制作与安装好立管卡架。

(2) 堵立管周围的楼板孔。先在楼板下用铁钎子钉入靠近立管的墙内支承模板，或用铁线向上吊起模板再临时拧紧在立管上。用水冲净孔洞的四周，用大于楼板设计强度等级的细石混凝土把孔洞灌严、捣实。待立管的接口、卡子、支架、楼板上孔洞的混凝土都达到强度后，再拆掉楼板孔洞模板及铁钎等。

(3) 排水塑料管道穿越楼板处为固定支承点时，应配合土建

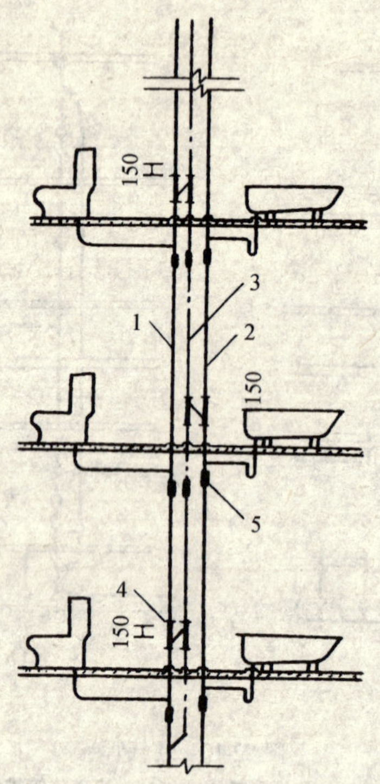

图 22-11　H 管件设置示意图
1—污水立管；2—废水立管；
3—专用通气立管；4—H 管件；
5—伸缩节

进行支模，用 C20 细石混凝土分两次浇捣密实。浇筑结束后，结合找平层或面层施工，在管道周围筑成厚度不小于 20mm，宽度不大于 30mm 的阻水圈，见图 22-9 中的阻水圈。

（4）下层楼板孔洞灌堵好后即按上述方法进行上一层立管安装。遇到立管中心改变位置时，比如上下层墙厚度不一致，可在楼板上用 2～3 节 150mm 左右短承插管，或两个 45°管件或用乙形管拐弯，找正位置。当用管件找正时，该层应设检查口。再逐层安装到屋面以上规定高度，在管顶安装风帽。穿屋面作法同上述

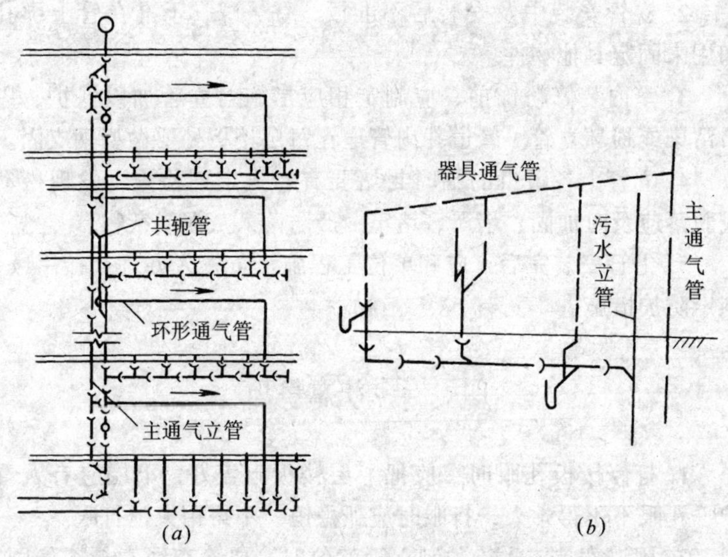

图 22-12　环形通气管与器具通气管

（a）环形通气管排水系统；（b）器具通气管系统

穿楼防漏措施相同，由土建完成防水工序。

(5) 立管在高层建筑中的固定问题涉及到立管变位 1/200，因此每层应与承重结构进行固定。

5. 试水、隐蔽

(1) 须隐蔽的管道，应先作灌水试验。但必须在管道接口达到强度后进行灌水试验，并及时填写灌水记录，经检查验收后方可进行隐蔽。

(2) 设计图中要求防腐、保温的管道，可按照本工艺标准有关部分进行。

三、成 品 保 护

1. 预制好的管道要码放整齐，垫平，垫牢，不准用脚踩或物压。

2. 立管安装中及安装后不准扳、登、踩，不准在管上绑扎和用来固定其他物件。

3. 室内装修粉饰前，应制定相应措施对立管加以保护，以防污染或损坏立管。管道井内管道在每层楼板处要做型钢支固。

4. 立管上各敞口的临时封堵要有专人定期检查，发现松动或脱落应及时加固、堵严、堵牢，严防落入灰泥或杂物。

5. 主管安装完后，应和单位工程施工负责人办理交接手续，制定防护措施。

四、安全注意事项

1. 打修楼板孔眼时，应把上层楼板眼盖好，下层应有人看护，孔眼下不得站人，打眼时应抓稳锤，不得用大锤打眼。

2. 用绳索拉或人抬预制立管就位时，要检查绳索是否稳固，要抬稳扶牢，铁钎固定立管要牢固可靠。

3. 用梯、凳登高作业时，下边应有人扶牢，下层人员应戴好安全帽。

4. 用剁子断管时用力应均匀，边转边剁不应用力过猛，防止裂管、飞屑伤人。

5. 使用水电焊工具要严格遵守安全防护措施，认真完善安全附属设备。

6. 高层建筑管井空间狭小，且为高空作业，施工时必须在管井内搭设可靠的安装平台，以提供施工方便、施工安全。

五、质　量　标　准

1. 各层支管安装完后，对隐蔽管道在隐蔽前，应逐层由检查口用堵管球胆堵严主管，对立支管做灌水试验，并有符合要求的灌水试验记录。

2. 排水系统安装完后应按要求做排水通水试验并有符合要

求的通水试验记录。

3. 塑料排水立管应按设计要求、数量，装设膨胀节，设计无要求时，每层至少装设一个。

4. 立管卡架应平直牢固。立管坐标与交底尺寸允许偏差为15mm。立管垂直度每米允许偏差：铸铁管、塑料管为3mm，钢管为2mm，非金属管为4mm。各层立管全长5m以内时铸铁管、塑料管、钢管不大于10mm，非金属管不大于40mm（全长10m以上）。5m以上，每5m不大于10mm，全高不大于30mm。

5. 高层建筑排水铸铁管立管垂直度偏差每m≯3mm，5m以上≯10mm为合格。

6. 高层建筑的管道安装尺寸一定要准确，关系到下一步卫生洁具安装衔接能否顺利进行的关键。

7. 为保证高层建筑排水管不漏水，在下面几层受压处、转弯处采用青铅接口。

六、质量通病及其防治

质量通病及防治方法见表22-3。

表22-3

序号	质量通病	防治方法
1	管道堵塞	1. 管道安装时要清净内部污物、毛刺，施工接口时，严格遵守接口工艺，防止接口材料落入管内 2. 立管上各敞口在施工中要及时堵严，严格定时检查，不使污物、异物落入管内 3. 施工中不使用正90°三通、四通等直通管件。并保证设计坡度
2	立管周围楼板眼堵塞不佳	1. 凿打楼板眼时，应用钻眼成孔不可用大锤凿打，并应保证板孔直径，安管前堵好空心板板孔 2. 堵楼板眼时应支严、支平模板、浇水，认真将细石混凝土灌严实平整

续表

序　号	质量通病	防　治　方　法
3	立管坐标超差（离墙过远或被抹入墙内）	1. 打凿修整楼板眼时，应认真用线坠找准立管中心，保证板眼位置准确、直径适宜 2. 因主体承重墙影响立管坐标时，应在该层板上用短管或弯管调整立管中心，因对隔段间墙影响时，墙体应扒掉重砌 3. 立管施工前应再次核对地下管道的立管甩头坐标和室内墙壁装饰层的厚度，以利于及时调整立管中心位置
4	立管穿楼板处漏水	1. 排水管穿楼板作法，严格按国家规范设计要求和本工艺标准进行 2. 穿楼板排水管严加检查 3. 伸缩节不应设在楼板之中，实践证明容易裂缝

23. 室内排水横、支管安装

一、施 工 准 备

1. 材料

(1) 管材：排水承插铸铁管、排水硬聚氯乙烯管、铜管。管材、管件质量符合要求，按设计要求选用材质、规格、型号。

(2) 接口材料：水泥、石棉、膨胀水泥、油麻、耐酸水泥、塑料胶结剂、塑料焊条、碳钢焊条，按设计规定选用接口方式和接口材料。

(3) 防腐、防露材料：沥青、汽油、防锈漆、银粉漆、沥青漆、牛毛毡、岩棉毡、玻璃布、塑料布。

(4) 消耗材料：小白线、石笔、砂布（纸）、乙炔气（电石）、氧气、废布、锯条、破布（干净）、生料带。

2. 机具

(1) 水焊工具、电焊工具、手（电）动葫芦、无齿锯、钻床、套丝机、带丝、细齿木工锯、射钉枪、塑料焊枪、冲击钻。

(2) 水平尺、钢卷尺、线坠、铁钎子、自制模棒。

(3) 手锤、捻口凿、剁子、錾子、管钳子、活动扳手、钢锯、铁刷子、毛刷子、绳子、水桶。

3. 工作条件

(1) 土建主体工程基本完成，楼板全部安装完毕。

(2) 设有卫生器具及管道穿越的房间地面水平线、间墙中心线（边线）均已由土建放线，室内装饰的种类、厚度已确定，捣制楼板上的预留孔洞已按要求预留好。

(3) 排水立管已安装完毕，立管上横、支管分岔口的标高、数量、朝向均达到设计要求、质量要求。

（4）熟悉图纸，已进行过技术、质量、安全交底。

（5）各种卫生器具的样品已进场，进场的施工材料和机具能保证施工。

（6）高层建筑已在标准层先安装好了一个样板卫生间，以其作为安装施工的标准，并且标准间经过有关方面负责人员检查、认可、签字。

（7）高层建筑各支管甩头上临时堵头已按本工艺标准工艺要求准备齐全。

二、施　工　工　艺

工艺流程

修、凿穿管孔洞 → 量尺下料 → 预制、安装 → 下穿楼板短管安装 → 防腐防露

1. 修整、凿打楼板、墙穿管孔洞

（1）按图纸的卫生器具的安装位置，结合卫生器具排水口的不同情况，按土建给定的墙中心线（或边线）及抹灰层厚度，然后排尺找准各卫生器具排出管穿越楼板的中心位置，用十字线标记在楼板上。

（2）按穿管孔洞中心位置进行钻孔或用手锤、錾子凿打孔洞或修整好预留孔洞，使孔洞直径较需穿越的管道直径大 40～50mm，凿打、修整孔洞遇到楼板钢筋不得随意切断，应和土建技术人员研究，必要时应制订措施方可处理。

（3）管孔修整完，遇有空心楼板板孔时应用水泥砂浆把空心板孔敞露的端孔堵严。

2. 主、支横管，量尺、下料

（1）由每个立管支岔口所带各卫生器具的排水管中心，对准楼板孔向板下吊线坠，量出从立管支岔口到各卫生器具排水管中心的主横管和支横管尺寸，记在草图上。见预制安装划分图（图

23-1）所示。

（2）根据现场实量尺寸，在平整的操作场地上用直尺划出组合大样图，按设计的管材规格选择符合质量要求的管材、管件，清净内部污物毛刺等，并按大样图的尺寸排列、组对。组对时应注意管材、管件（承口朝来水方向），在截断直管时应考虑到尽量使管段长短均匀和方便接口。管子截口应垂直于管中心线，用剁子剁管时要用力均匀，边剁边转动直管，被截断的管道应仔细检查，确保管口无裂纹。

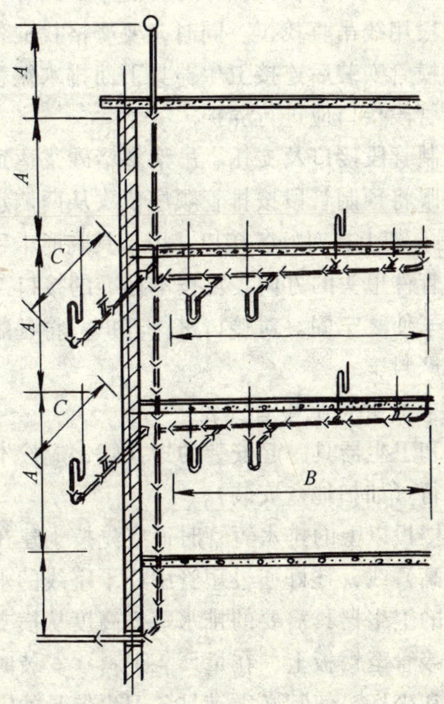

图 23-1　预制安装段划分草图

3．主、支横管预制、安装

（1）根据管材、管件排列情况按设计要求或规范规定具体确定管道支、托、吊架的位置。

(2) 根据设计要求的横支管坡度及管中心与墙面距离，由立管分支岔口管底皮挂横支管的管底皮位置线，再根据位置线标高和支、托、吊架具体位置、结构形式，凿打出支、托、吊架的墙眼（或楼板眼），其深度不小于120mm。应用水平、线坠等，按管道位置线将已预制好的支、托、吊架栽牢、找正、找平。

(3) 按横管排列、组对的顺序和应尽量减少连接死口；要使安装方便，应将横管进行管段预制。预制时应按排列顺序，按本标准接口工艺规定，将管段立直或水平进行组装，并以90度的两个方向将管段用线吊直找正。同时，要严格找准各管件甩口的朝向，应确保横管安装后连接卫生器具下面排水短管的承口为水平。预制后的管段接口应进行养护。

(4) 待预制管段接口及支托、吊架塞堵砂浆达到强度后，用绳子通过楼板眼将预制管段按排管顺序依次从两侧水平吊起，放在支、(托、吊) 架上，对好各接口，用卡具临时卡稳各管段，调直各接口及各管件甩头的方向，再按本标准的接口工艺连接好各接口，紧固卡子使之牢固。对接口进行养护，将各敞口的管头临时用木塞等塞严封牢。

4. 卫生器具下穿楼板短管安装

(1) 需要和卫生器具一起安装的短立管，应按本标准卫生器具安装工艺进行（如扫地盒安装)。

(2) 安装楼板以上的排水短管时，应先按土建在墙上给定的地面水平（标高）线，挂好通过短管中心十字线的水平直线，再根据不同类型的卫生器具需要的排水短管高度从横支管甩头处量准尺寸，下料接管至楼板上，在量尺、下料、安装时，要严格控制短管的标高和坐标，使其必须满足各卫生器具的安装要求，并将各敞口用木塞等封闭严实、牢固。

(3) 楼板下悬吊管道的清扫口，通常用两个45°弯头接至楼面处，用堵丝盖严。

(4) 楼板上的孔洞，从楼板上吊住模板，再用水湿润和冲净污物，以大于等于该楼板混凝土设计强度等级的细石混凝土捣灌严密，混凝土达到强度后拆掉模板。

5. 防腐、防露

(1) 防腐、防露前，对隐蔽管段必须按本标准灌水工艺要求做灌水试验，做好灌水试验记录。检查、验收合格方可隐蔽。

(2) 根据设计要求的防腐、防露种类，按本标准的防腐、防露标准工艺，对已安装好的横、支排水管道进行防腐、防露处理。

三、成 品 保 护

1. 预制或安装中的接口在未达到强度以前，不能受到任何振动，安装后的管道不得支、吊和承重其他物件。

2. 室内装修粉饰前，应制定相应措施对管道楼板上部的管口加以保护，以防污染或损坏管道、管口。

3. 管道敞口的临时封堵物要设专人定期检查，有松动或脱落隐患者应及时加固处理。

4. 管道安完后要和单位工程施工负责人办理工序交接手续，制定出有针对性的防护措施。

四、安全注意事项

1. 打楼板眼时，上层楼板眼应盖住，下层应有人看护，打眼下层相应部位不得有人和物，锤、錾应握住，严禁将工具等从孔中掉落至下一层，打眼不得用大锤。

2. 拉、抬管段的绳索要检查好，防止断绳伤人，就位的横管要及时用铁线，支、托、吊卡具固定好，防止脱落。

3. 高空作业时，要保证架设工具的稳固，下层人员应戴好安全帽。

4. 用剁子断管时，要用力均匀，边剁边转管用力不得过猛，防止裂管飞屑伤人。

5. 使用水电焊工具要严格遵守有关安全防护措施，认真配备安全附属设备。

五、质 量 标 准

1. 在管道隐蔽前应按本标准灌水工艺进行灌水试验，并作好灌水试验记录。

2. 管道坡度、坡向必须符合设计或施工规范要求。

3. 排水系统安装完后应按规范要求做好通水试验，认真作好通水试验记录。

4. 管道支架应平整牢固，间距应符合规范要求，管道坐标应符合交底要求，允许偏差为 15mm。

六、质量通病及其防治

质量通病及防治方法见表 23-1。

表 23-1

序 号	质量通病	防 治 方 法
1	管道渗漏	1. 管道安装前应认真做好外观检查，严防裂纹、砂眼等残损 2. 管道接口应严格按本标准接口工艺进行
2	管道堵塞	1. 管道坡度坡向应严格按设计要求或规范规定施工 2. 管道接口时要严防灰、泥异物进入管内，管道施工不采用正 90°三角、弯头等管件 3. 管道安装前应认真清净内部污物，施工中的临时敞口应及时封闭，设专人复查
3	管道结露	1. 认真审核图纸，对可能结露又影响使用的管道，应做防露处理 2. 设计有防露要求的管道必须按设计要求的防露措施和材料认真做防露处理

续表

序　号	质量通病	防　治　方　法
4	穿墙、板管道周围孔洞堵塞不严	1. 应用钻眼打眼无条件时，应用手锤，均匀用力凿打，不可用大锤震打 2. 安管道前先堵好楼板眼周围的空心板孔，楼板眼不应过大 3. 堵眼时必须先支牢模板，严禁用砖、石、堵塞孔眼和抹砂浆等草率做法，用大于等于楼板设计强度等级的细石混凝土认真灌堵

24. 室内排水管道灌水试验

一、施 工 准 备

1. 材料

水（应有充足的水源）、短管、接口材料，阀门、专用三通接头。

2. 机具

水泵、打气筒、压力表、输水胶管、胶管（气管 *DN*8，长度 10m）、橡胶堵管管胆、短钢板尺、石（粉）笔、活扳子、克丝钳子、胶囊（*DN*100、*DN*75、*DN*50）、胶球（各种规格）。

3. 工作条件

（1）暗装或埋地排水管道已分段或全部施工完，接口已达到强度。管道的标高、坐标经过复核已全部达到质量标准。

（2）管道及接口均未隐蔽，有防露或保温要求的管道尚未进行，管外壁及接口处保持干燥。

（3）工作应在干作业条件和常温下进行。

（4）对于高层建筑以及系统复杂的工程，已制定好分区、分段、分层试验的技术组织措施，对施工人员已进行灌水试验技术交底。

（5）高层建筑灌水试验所用的胶管、胶囊胆堵等工具应进行试漏检查。胶囊胆堵置于水盆内，水盆装满水，边充气、边检查胶囊、胶管接口处是否漏气。检查无误方可组合安装投入使用。

（6）参加检查的施工人员、施工技术人员、建设单位的有关人员均已到场。

二、施 工 工 艺

工艺流程

封闭排出管口 → 向管道内灌水 → 检查，做灌水试验记录 → 通球试验

1. 封闭排出管口

(1) 标高低于各层地面的所有排水管管口，用短管暂时接至地面标高以上。对于横管上和地下甩出（或楼板下甩出）的管道清扫口须加垫、加盖，按工艺要求正式封闭好。

(2) 通向室外的排出管管口，用大于或等于管径的橡胶胆堵，放进管口充气堵严。底层立管和地下管道灌水时，用胆堵从底层立管检查口放入、上部管道堵严。向上逐层灌水依次类推。

(3) 高层建筑需分区、分段、再分层试验。

①打开检查口，用卷尺在管外测量由检查口至被检查水平管的距离加斜三通以下 50cm 左右，记上这个总长，量出胶囊到胶管的相应长度，并在胶管上作好标记，以便控制胶囊进入管内的位置。

②将胶囊由检查口慢慢送入，一直放到测出的总长位。

③向胶囊充气并观察压力表示值上升到 0.07MPa 为止，最高不超过 0.12MPa，见图 24-1。

2. 向管道内灌水

(1) 用胶管从便于检查的管口向管道内灌水，一般选择出户排水管离地面近的管口灌水。当高层建筑排水系统灌水试验时，可从检查口向管内注水。边灌水边观察卫生设备的水位，直到符合规定水位为止。

(2) 灌水高度及水面位置控制：大小便冲洗槽，水泥拖布池，水泥盥洗池灌水量不少于槽（池）深的 1/2；水泥洗涤池不少于池深的 2/3；坐蹲式大便器的水箱，大便槽冲洗水箱灌水量

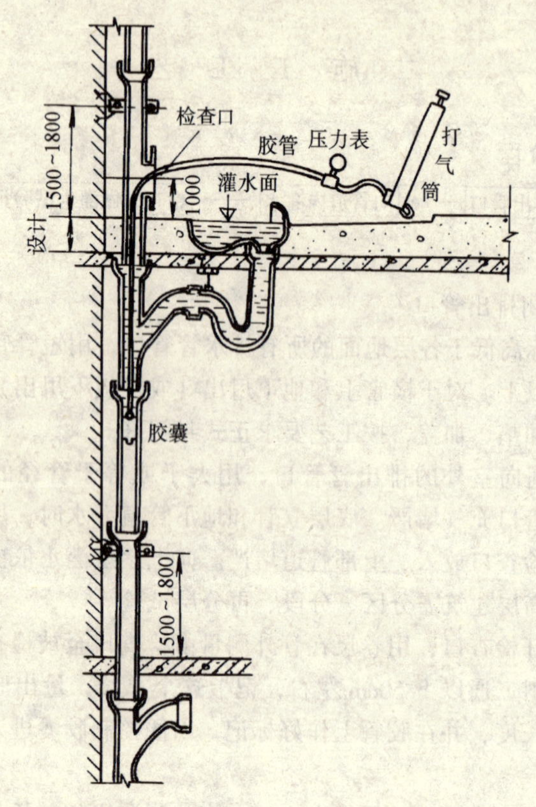

图 24-1　室内排水管灌水试验

注：灌水高度高于大便器上沿 5mm，
观察 30min，无渗漏为合格

应至控制水位；盥洗面盆、洗涤盆、浴盆灌水量应至溢水处；蹲式大便器灌水量至水面低于大便器边沿 5mm 处；地漏灌水时水面高于地表面 5mm 以上，便于观察地面水排除状况，地漏边缘不得渗水。

（3）从灌水开始，应设专人检查监视出户排水管口、地下扫除口等容易跑水部位，发现堵盖不严或高层建筑灌水中胶囊封堵不严，以至发现管道漏水应立即停止向管内灌水，进行整修。待管口堵塞、胶囊封闭严密和管道修复、接口达到强度后，再重新开始灌水试验。

(4) 停止灌水后，详细记录水面位置和停灌时间。

3. 检查，做灌水试验记录

(1) 停止灌水 15min 后在未发现管道及接口渗漏的情况下再次向管道灌水，使管内水面恢复到停止灌水时的水面位置，第二次记录好时间。

(2) 施工人员、施工技术质量管理人员、建设单位有关的人员在第二次灌满水 5min 后，对管内水面进行共同检查，水面位置没有下降则为管道灌水试验合格，应立即填写好排水管道灌水试验记录，有关检查人员签字盖章。

(3) 检查中若发现水面下降则为灌水试验没有合格，应对管道及各接口、堵口全面细致的进行检查、修复，排除渗漏因素后重新按上述方法进行灌水试验，直至合格。

(4) 高层建筑的排水管灌水试验须分区、分段、分层地进行，试验过程中依次作好各个部分的灌水记录，不能混淆，也不可替代。

(5) 灌水试验合格后，从室外排水口，放净管内存水。把灌水试验临时接出的短管全部拆除，各管口恢复原标高，拆管时严防污物落入管内。

4. 通球试验

(1) 为了防止水泥、砂浆、铁丝、钢筋等物卡在管道内，高层建筑排水系统灌水试验后必须作通球试验，检查管子过水断面是否减小。胶球直径的选择见表 24-1。

胶球直径选择表　　　　**表 24-1**

管　径（mm）	150	100	75
胶球直径（mm）	100	70	50

（2）试验顺序从上而下进行，以不堵为合格。

（3）胶球从排水立管顶端投入，注入一定水量于管内，使球能顺利流出为宜。通球过程如遇堵塞，应查明位置进行疏通，直到通球无阻为止。

（4）通球完毕，须分区、分段地进行记录，填写通球试验验收表。

三、成 品 保 护

1. 灌水合格和管道通球验收后，应立即对管道进行防腐、防漏等处理，及时进行管道隐蔽。不能当时隐蔽的，应采取有效防护措施，防止损坏管道、重做灌水试验。

2. 地下管道灌水合格、进行回填土前，对低于回填土面高度的管口，应做出明显标志（如埋一短管、木桩等高出回填土）。必须人工回填到≥300mm厚土层，再进行大面积回填土。

3. 用木塞、草绳等进行临时封闭管口时，应确保堵塞物不能落入管内。既要牢固严密，又要使起封时简单方便，不得损坏管口。

四、安全注意事项

1. 下管沟检查管道及接口前，应先检查沟壁，排除塌方危险。

2. 尽量避免在管沟边行走、脚踩和停留。

3. 使用电气设备时应有专业人员接通已拆电路，不可自行违章操作。

4. 试验用水不得排放在被试验的管段（沟）内。

五、质 量 标 准

1. 灌水试验必须及时，严禁在管道全部暴露下进行。

2. 要严格控制灌水高度和灌水时间，高度不低于本层地面，时间为满水 15min 后，再次补灌满水。延续 5min 液面不下降为合格。

3. 灌水检查有关人员必须全部参加，灌水合格后要及时认真填写好灌水试验记录。

六、质量通病及其防治

质量通病及防治方法见表 24-2。

表 24-2

序 号	质量通病	防 治 方 法
1	灌水不及时	必须坚持不灌水不得隐蔽、严禁进行下一道工序
2	灌水检查人员不全	1. 应参加检查的有关人员不能参加时，不得进行灌水试验
3	灌水试验、记录填写不及时不完整	1. 试验记录应由专人填写 2. 技术部门对有关资料应定期检查
4	胶囊卡住	应擦上滑石粉，因存放时间过长
5	胶囊封堵不严	胶囊在管内躲开接口处，发现封堵不严，可放气后调整好位置再充气
6	放水时胶囊被冲走	胶管与胶囊接口应用镀锌铁丝扎紧

25. 高层建筑排水系统调试

一、施　工　准　备

1. 材料

水源、电源、生料带、胶垫、破布、粘胶。

2. 机具

活扳子、管钳子、抽子、刷子。

3. 工作条件

(1) 给水系统和排水系统已安装完毕，已进行灌水试验、通水试验、通球试验。

(2) 卫生器具已安装完毕。

(3) 已进行调试的技术、质量、安全交底。

二、施　工　工　艺

工艺流程

卫生器具调试 ——→ 排水泵调试 ——→ 排水构筑物调试

1. 卫生器具调试

(1) 检查卫生器具的外观，如果被污染或损伤，应进行清理干净或进行调换重新安装，达到要求为止。

(2) 卫生器具外观检查符合要求后放水试验，看水位超过溢流孔时，水流能否顺利溢出；当拉起提拉式塞子，排水应该迅速排出。关闭水嘴后应立即关住水流，龙头四周不得有水渗出。否则应拆下修理后再重新试验。

(3) 检查冲洗器具时，先检查水箱浮球装置的灵敏度和可靠程度，应经多次试验无误方可。对于冲洗阀看其冲洗水量是否合适，如果不适，应调节螺钉位置达到要求为止。连体坐便水箱内的浮球容易脱落，造成关闭不严而长流水，调试时应缠好填料将球拧紧。冲洗阀内的虹吸小孔容易堵塞，从而造成冲洗后无法关闭，遇此情况，应拆下来进行清洗，达到合格为止。

(4) 器具调试全部合格后，填写调试记录。

2. 排水泵调试

(1) 调试前的检查：①驱动装置单独试转，其转向与泵转向必须一致。

②各紧固件连接部位不可松动。

③润滑油已按规定加入，润滑状况应该良好。

④附属设备及管路（包括吸入管）冲洗干净，无杂物。

⑤安全装置齐备、可靠。

⑥盘车灵活，声音正常。

(2) 调试：①无负荷调试。全开启入口阀门，全关闭出口阀门。将吸入管充满水，排净吸入管内空气，开启泵的传动装置，运转 1~3min 后立即停止运转。调试中运转声正常，紧固件无松动状，轴承无明显温升即为合格，调试完毕。

②带负荷调试。由建设单位派人操作，设计单位和施工单位派人参加。打开全部出口阀门，运转无杂音，泵件无泄漏，紧固件无松动，滚动轴承 $t \ngtr 75℃$，滑动轴承 $t \ngtr 70℃$，轴封填料泄漏量不超过 10~20 滴/min，机械密封泄漏量不超过 3 滴/min，电动机电流不超过额定值，运转正常，系统压力、流量、温度等符合设备文件规定。达到上述要求调试全部完毕。

(3) 调试结束，将泵和管路内的水放尽，关闭出入口阀门及系统上全部阀门。然后整理调试全过程的记录，填写“水泵试运转记录”表。

3. 排水构筑物调试

(1) 排水构筑物近期只进行水量调试，对于处理效果需用 15~30d 长时间进行调试。

(2) 调试中，检查构筑物的过水及贮水能力、水面流速及淤积程度等。

(3) 观察化粪池的消化效果，排入城市管网的污水及污物是否符合规定标准。

(4) 隔油池的挡板应当起到隔油效果，水流速度应符合设计要求。

三、成　品　保　护

1. 对于长期停运的泵，要采取保护措施。

2. 空载调试时，泵运转时间严禁超过规定时间。

四、安全注意事项

1. 合电闸时要注意安全，不可面对闸门，发现泵转动异常立即拉下电闸。

2. 调试中，严格按先后次序操作，不得颠倒。

五、质量通病及其防治

质量通病及防治方法见表25-1。

表 25-1

序　号	质量通病	防　治　方　法
1	大便器长流水	1. 水箱浮球阀封闭不严 2. 连体坐便水箱浮球脱落或浮桶位置偏移
2	大便器水箱溢水	1. 溢流管太低 2. 水箱定位过高
3	排水栓渗水	封闭不严

26. 排水设备附件安装

一、施　工　准　备

1. 材料

(1) 清扫口、地漏、毛发聚集器、隔油器、铸铁件、塑料件、钢管、铸铁透气帽、塑料透气帽、雨水斗。

(2) 水泥、砂子、碎石、聚氨酯、防水油膏、铅油、油麻、木板、碎布、粉（石）笔、锯条、小白线。

2. 机具

(1) 钢锯、带丝、扳牙、捻口凿、压力及工作台、刷子。

(2) 直尺、水平尺、灰铲、钢丝刷、钎子、手锤、锉刀。

3. 工作条件

(1) 室内排水立管、横支管已施工完毕。

(2) 位置线和地面相对水平线已由土建测量放线。

(3) 已进行技术、质量、安全交底。

二、施　工　工　艺

工艺流程

定位 → 修凿穿管孔洞 → 附件安装 → 填灌孔洞

排水附件包括清扫口、地漏、毛发聚集器、隔油器等，在施工中是比较容易被忽视的。然而往往由于一些细小衔接部位，施工中未处理好而给用户带来许多后患。

1. 定位

根据设计的位置，以墙的轴线为准，核对横、支管甩头位置，找出地漏、清扫口的位置中心，划上“十”字线。

2. 修凿穿楼板孔洞

现浇楼板应准确地留出穿管孔洞。预制楼板一般后修凿孔洞。按设计图纸中标注的地漏及清扫口的平面位置，以地漏和清扫口中心（“十”字线中心）为圆心，打出直径比地漏和清扫口的外径大 30~40mm 的孔洞，遇钢筋时不得私自切断，须与土建技术人员共同研究确定。

3. 附件安装

（1）地漏、清扫口安装

1）根据土建给出的水平安装标高线及地面实际竣工标高线，按设计要求的坡度，计算出从距地漏最远的地面边沿至地漏中心的实际坡降，地漏上沿安装标高可由下式求得

$$h = D - P - 0.005$$

式中 D——安装地漏房间地面的边沿标高（m）；

P——距地漏最远的地面边沿到地漏中心坡降（m）。

2）地漏各种类型的安装及组装图

普通圆形铸铁地漏：一般住宅及公共建筑以往都安装普通型地漏。其又分为带扣碗和不带扣碗两种，见图 26-1、图 26-2。后者不适用于住宅。

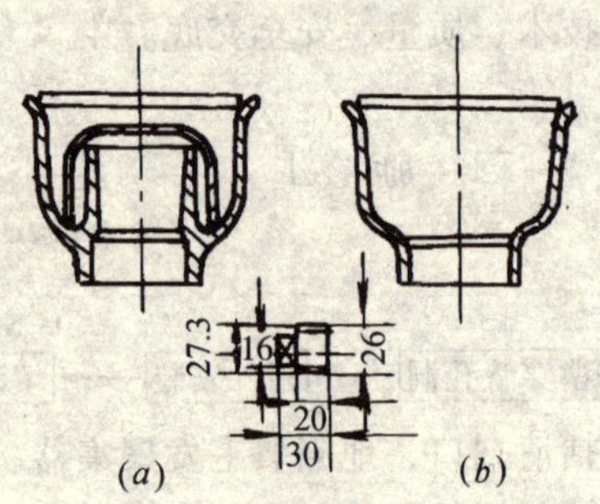

图 26-1 普通铸铁地漏

（a）地漏带扣碗；（b）地漏不带扣碗

其他型式地漏

①高水封地漏。其水封不小于 50mm，并设有防水翼环，可

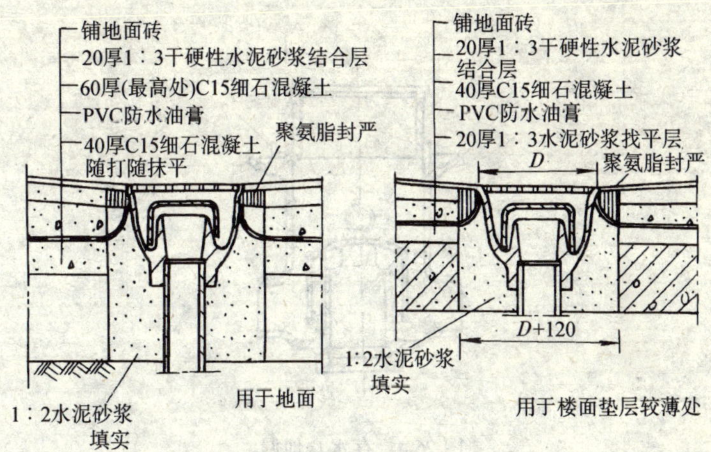

图 26-2　地漏的安装（一）

随不同地面做法所需要的安装高度进行调节。施工时将翼环放在结构板面以上的厚度，根据土建要求的做法，调整地漏盖面标高，见图 26-3、图 26-4、图 26-5。

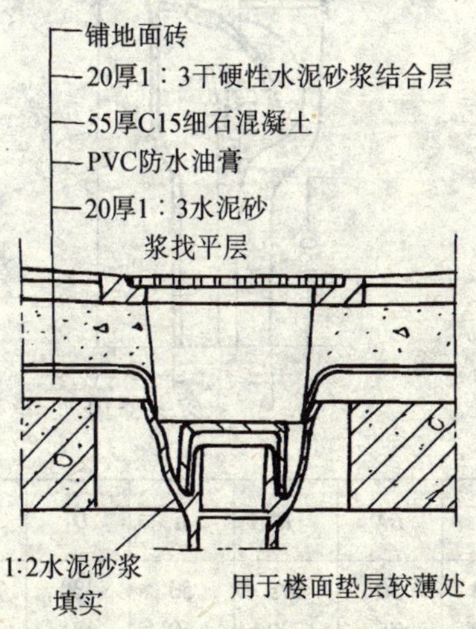

图 26-3　地漏的安装（二）

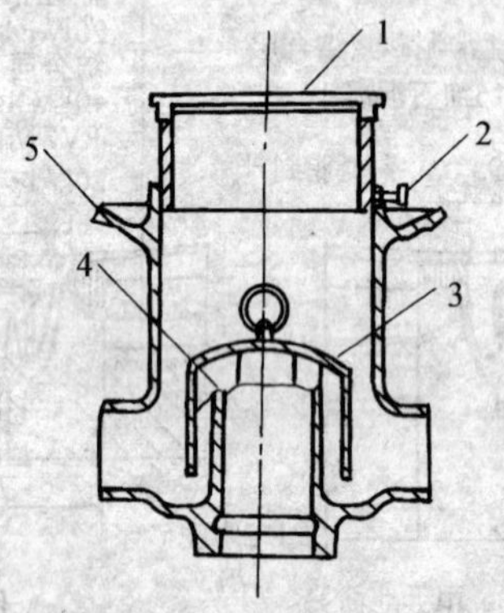

图 26-4　存水盒地漏

1—箅子；2—调高螺栓；

3—存水盒罩；4—支承件；

5—防水翼

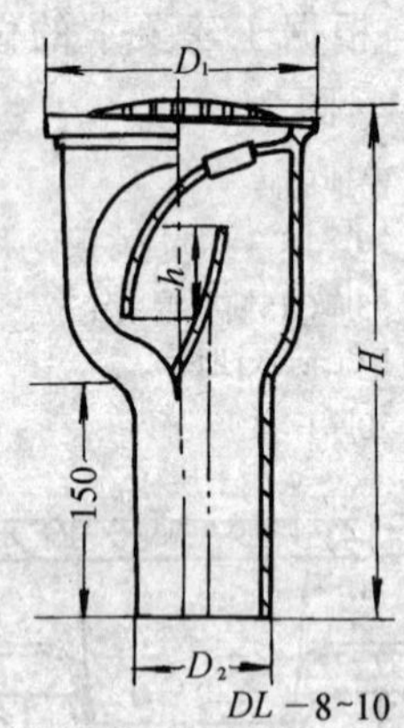

	DN	*H*	*h*	D_1	D_2
*DL*8	50	275	50	130	60
*DL*9	75	320	60	184	85
*DL*10	100	350	70	220	110

图 26-5　DL-8～10 型高水封地漏

这种地漏有的还附有单侧通道或双侧通道。

②多功能地漏。地漏盖除了能排泄地面水，还可连接洗衣机或洗脸盆的排出水，见图 26-6、图 26-7。

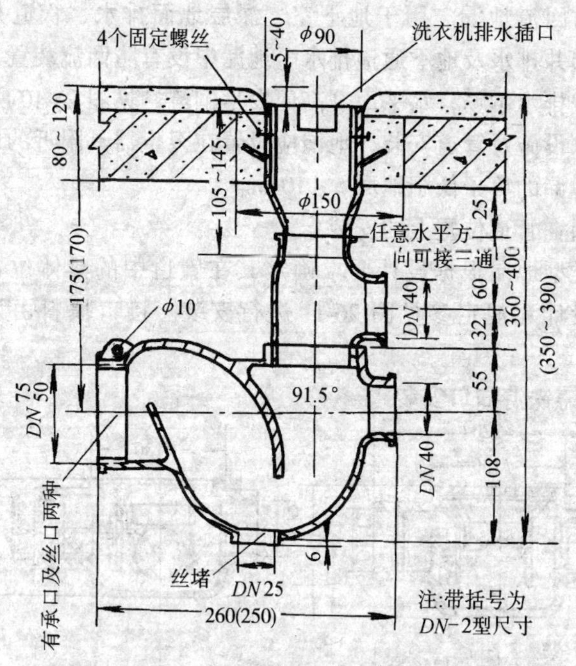

图 26-6　*DW*1、2、3 型多功能地漏

目前多功能地漏的类型越来越多，其地漏安装基本要求是一致的。多功能地漏的功能更能适应地面水和洗水机污水的排放，而同时又使洗涤盒的污水在密封条件下排除，克服了以往盒下污水回溅的现象。现以沈阳市来云水封器材厂生产的多功能地漏 A 型为例掌握其安装工艺：将地漏底安装在地坪内，作好周边防水；排水栓塞入洗涤盆孔内，拧紧螺帽；水封葫芦拧在排水栓下端；波纹管分别与水封葫芦和地漏盖插紧，地漏盖扣在地漏底内；过滤筐塞入排水栓内，详见图 26-8 所示。

③双箅杯式水封地漏。水封高度 50mm，此地漏另附塑料密

封盖，施工过程中可利用此密封盖防止水泥砂石等物从盖的篦子孔进入排水管道，造成管道堵塞，排水不畅。平时用户不需使用地漏时，可利用塑料密封盖封死。见图 26-9 所示。

④防回流地漏。用于地下室、深层地面排水、管道井底排水、电梯井排水及地下通道排水。地漏中设有防回流装置，防止污水干线排水不畅，水平面升高而发生倒流，见图 26-10 所示。

排水设施及管道安装，地漏应设置在卫生器具附近的地面最低处，地漏的箅子低于地面 5～10mm。

地漏在管道位置上的安装

各类型地漏根据设计要求确定其在管道中的具体位置及配管，如设计无规定参见图 26-11 进行安装。接口填料由设计选定。

3）铸铁清扫口安装

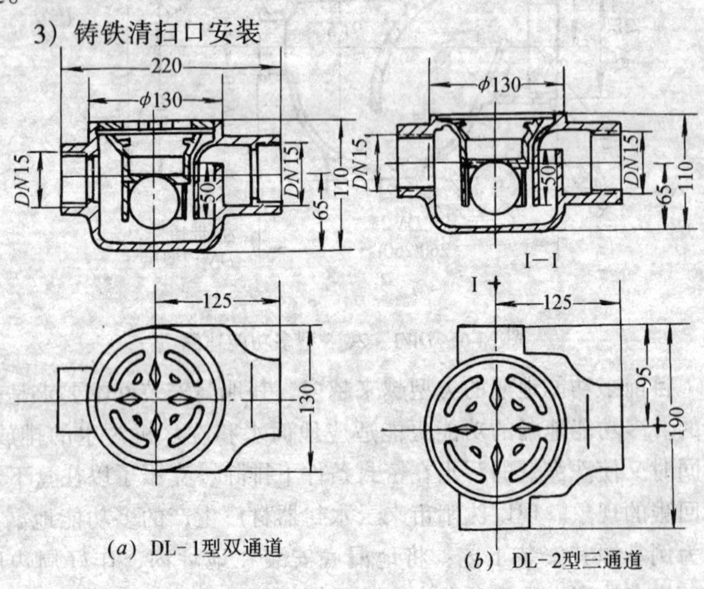

(*a*) DL-1型双通道

(*b*) DL-2型三通道

图 26-7 各种 DL 型地漏

（浙江嵊县北漳综合福利厂

多功能地漏）（一）

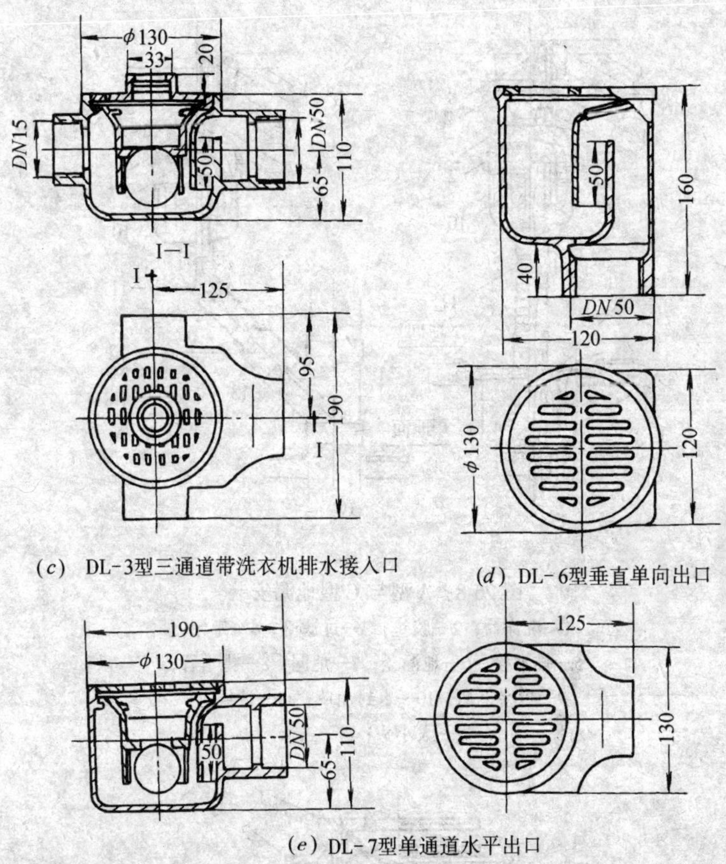

(c) DL-3型三通道带洗衣机排水接入口

(d) DL-6型垂直单向出口

(e) DL-7型单通道水平出口

图 26-7 各种 DL 型地漏
（浙江嵊县北漳综合福利厂
多功能地漏）（二）

如果清扫口设在楼板上，应预留孔洞（*DN* + 120），若是设在地面上，先安装清扫口后做地面。依据清扫口的设计位置与标高，可以采用两个 45°弯头或弯曲半径为 400mm 的月形弯头，接至地面处，用铸铁制的堵头盖紧封严。见图 26-12 所示。

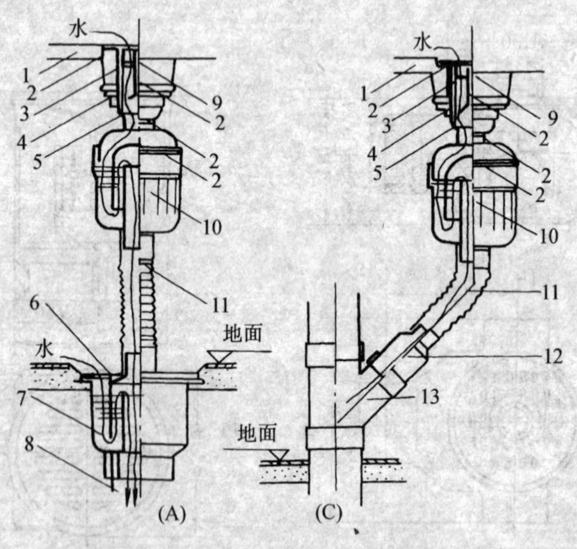

图 26-8　A 型与 C 型地漏安装

1—洗涤盆；2—胶垫；3—过滤筐；4—螺帽；
5—排水栓；6—地漏盖；7—地漏；8—排水管；
9—封堵手柄；10—水封葫芦；11—波纹管；
12—大小头；13—三通

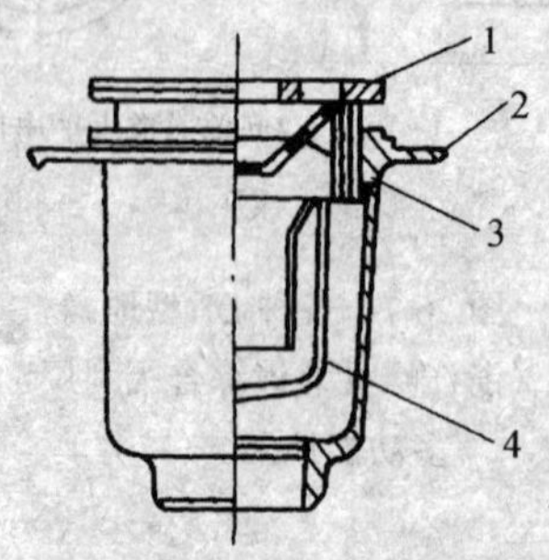

图 26-9　双箅杯式水封地漏

1—镀铬箅子；2—防水翼环；
3—箅子；4—塑料杯式水封

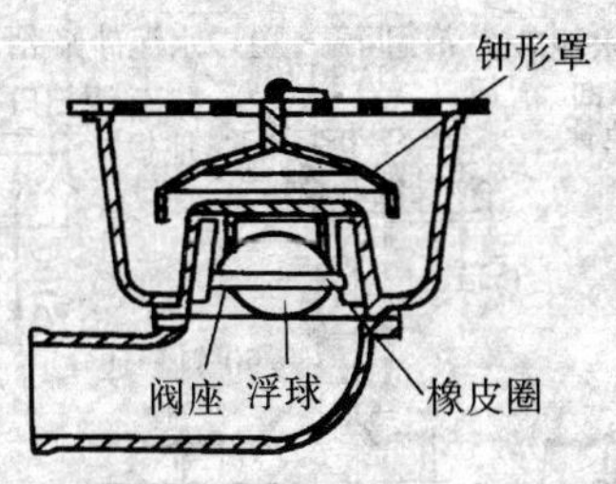

图 26-10　防回流地漏

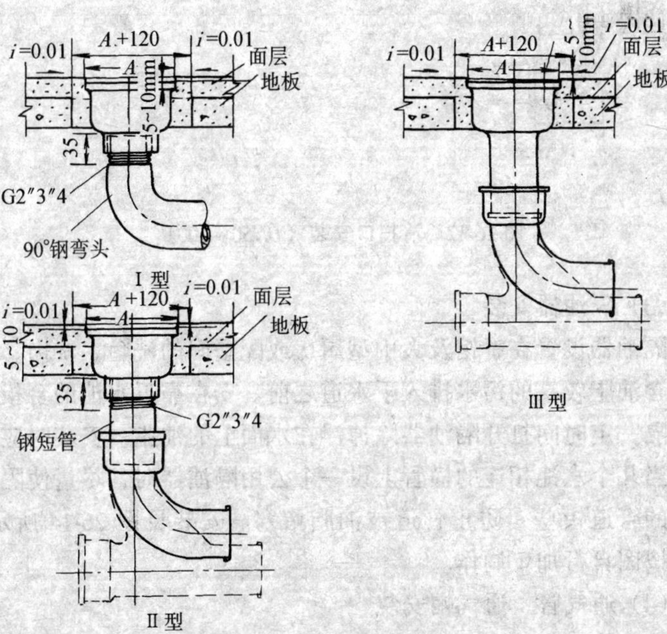

图 26-11　地漏在管道位置上的安装

(2) 毛发聚集器安装

一般均设置在理发室、浴池、游泳池等处，根据设计选用的型式参考图 26-13 进行下料、加工、安装。

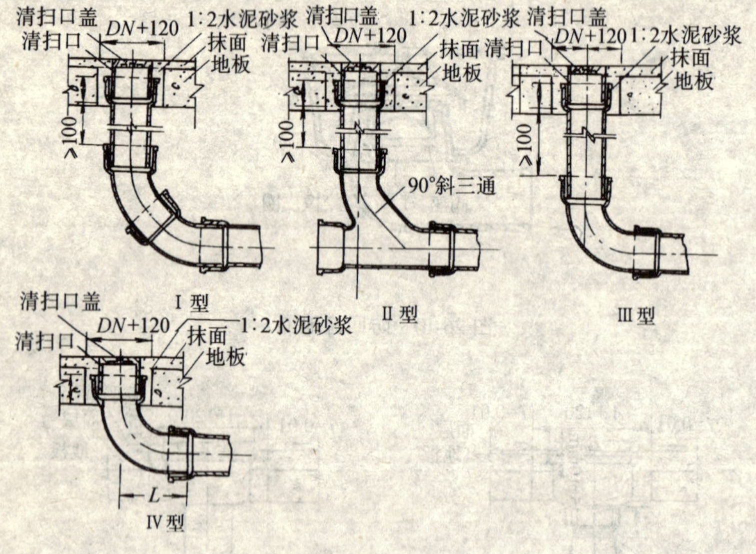

图 26-12　清扫口安装（DN50～100）

(3) 隔油器安装

隔油器设置在餐馆及大中型厨房或配餐间的洗鱼、洗肉、洗碗等含油脂较高的污水排入下水道之前。安在靠近水池的台板下面，隔一定时间打开隔油器除掉浮在水面上的油脂。安装时应注意，当几个水池相连的横管上设一个公用隔油器时，尽量使隔油器前的管道短些，防止管道被油脂堵塞。安装见图 26-14 所示。也可按图自行加工制作。

(4) 通气管、通气帽安装

通气管（或排水立管）穿越屋面及通气帽的安装施工是一个不可忽略的环节，否则造成屋面与穿越管道间漏水或从通气帽上进水。应严格按结点图进行施工，如图 26-15、图 26-16 所示。

4. 填灌孔洞

管道穿越楼板、墙壁周边孔洞均须在安装完后进行填灌。其操作顺序及方法按本工艺标准相关工艺进行。当用木模吊支后，

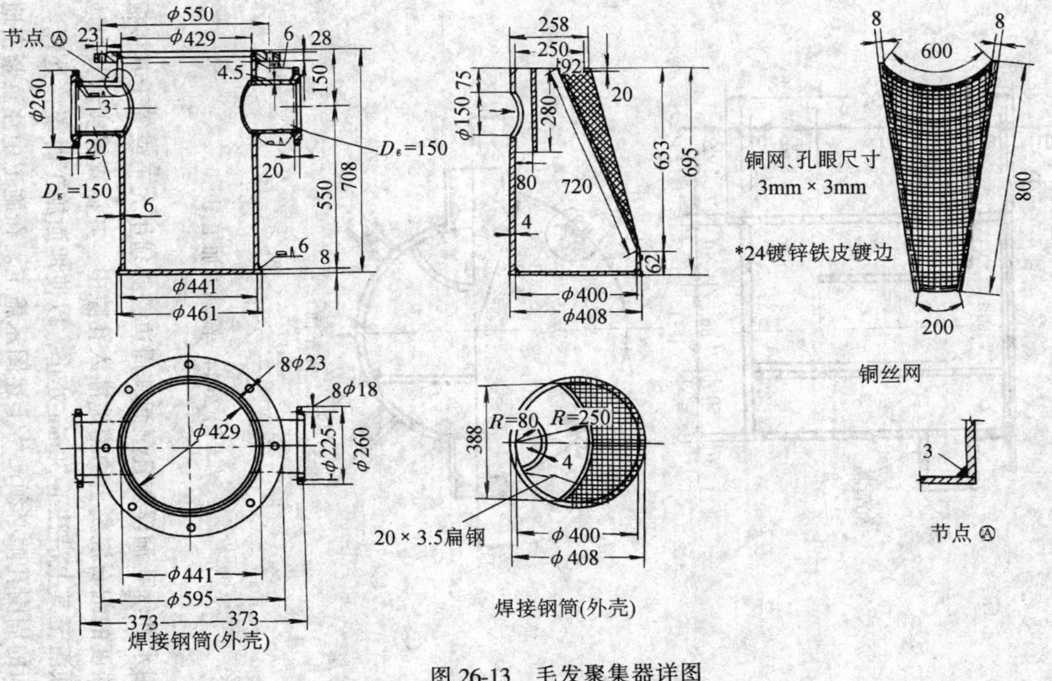

图 26-13　毛发聚集器详图

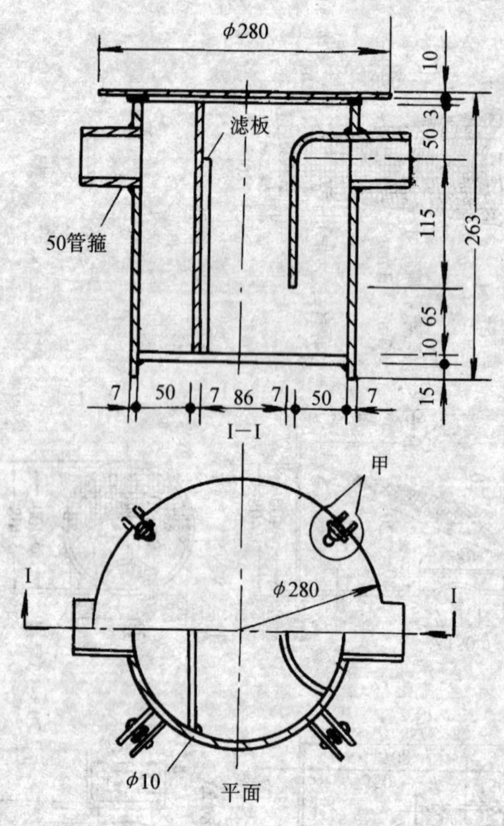

图 26-14　隔油器加工图

用水冲洗孔洞浮灰且湿润其周边，必须用大于或等于其楼板设计强度的细石混凝土均匀地灌入孔隙中，并认真捣实。其中地漏只须灌至其上沿往下 30mm 处止，以使地面施工时统一处理。穿屋面的周围孔隙必须严格上述图示施工。在施工中注意紧密地与土建工程的屋面防水配合。

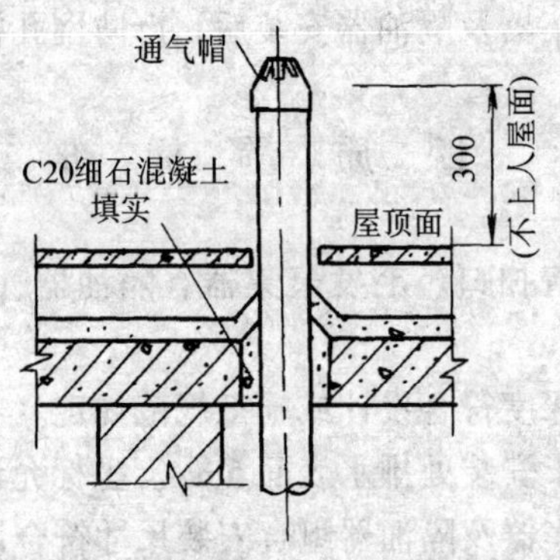

图 26-15　塑料透气帽安装

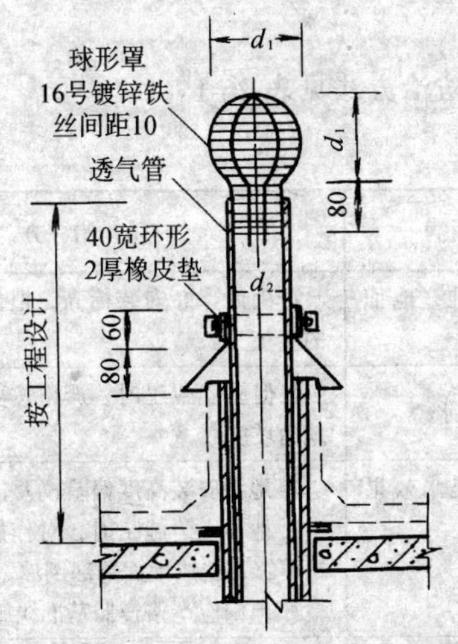

图 26-16　铸铁透气帽安装

三、成　品　保　护

1. 地漏施工后，用木塞或砖头和低强度水泥砂浆临时封堵好，在地面竣工后打开，将污物清净。

2. 毛发聚集器及隔油器安装后，严防网孔被杂物堵住。

四、质　量　标　准

1. 地漏、清扫口、毛发聚集器、隔油器、通气帽连接严密不漏。

2. 坡度、深度符合设计或施工规范规定。

3. 地漏低于安装处排水表面5mm。坐标允许偏差10mm。

4. 毛发聚集器及隔油器组合安装尺寸符合设计要求。

五、质量通病及防治方法

质量通病及防治方法见表26-1。

表 26-1

序　号	质量通病	防　治　方　法
1	标高不准，地面倒流水	准确计算好安装标高，把住楼板灌混凝土前的复核关
2	地漏周围漏水	督促土建施工时，严格按要求灌严，确保楼地面坡度
3	地漏汇集水效果不好	1. 地漏安装高度偏差较大，地面施工无弥补 2. 地面土建施工时，对作好地漏四周坡度重视不够，造成地面局部倒坡 3. 地漏应严格遵照基准线施工
4	毛发聚集器拢不住毛发	1. 铜网孔眼尺寸过大 2. 不可用铁网代替铜网

27. 高（低）水箱蹲式大便器安装

一、施　工　准　备

1. 材料

(1) 蹲式大便器、存大弯管、高水箱及水箱配件、焊接钢管、截止阀、活接头、自闭式冲洗阀、铜管、铝塑管、塑料管。

(2) 油灰、水泥、砂子、白灰、炉渣、红砖、14 号铜线、小白线、石笔。

2. 机具

电锤、手锯、套丝机具、水平尺、线坠、活动扳手、管钳子、钢卷尺、射钉枪、手锤、錾子、螺丝刀、铁钳子、铁锹等。

3. 工作条件

(1) 室内排水主干管、立管、横支管及其甩头已施工完毕，经检查排水管各甩头管口的标高、坐标均符合要求。

(2) 厕所的防水要求已由设计确定，已作好防水的施工准备工作。

(3) 室内抹灰已施工完，水准线已由土建测量放线引入房间，地面相对标高线已弹出。

(4) 厕所的间墙或隔断已完成，或已给出准确位置。

(5) 高层建筑中标准层的样板间施工完毕，且已经过有关人员检查、认可、签字。

(6) 高层建筑，已按照标准层的样板间里的卫生器具安装模式，制备完模棒、模板、模具。

二、施　工　工　艺

工艺流程

定位、划线 ⟶ 安装存水弯 ⟶ 安装大便器 ⟶ 高（低）位水箱安装

1. 定位、划线

（1）检查蹲便器、水封、存水弯管、自闭式冲洗阀和水箱的规格、型号、各部尺寸应符合设计要求，其外观质量达到施工规范要求。根据实物认真核对横支管上蹲便器的甩口位置、及其标高，应相互吻合。确定合理的坐标和标高后，方可进行下道工序。

（2）清扫安装便器处的地面，在底层安装大便器时首先把土层夯实找平。在安装处划出便器的“十”字中心线和便器排出口的“十”字中心位置线。在高层建筑安装中，可用模棒、模板、模具，确定安装标高、中心线及各部尺寸。

2. 安装存水弯

（1）“P”型水封存水弯都用于楼层蹲便器的安装中，存水弯的安装应在厕所地面防水前进行，安装时将水封存水弯的进口中心对准大便器排出口中心，用带有承口的短管接长至地面以上10mm，存水弯管的出口端接入排水横管预留的支管甩头内。临时固定住水封存水弯，按设计要求及本工艺标准进行接口，封堵楼板孔洞后，配合土建做好厕所地面防水，见图 27-1。

（2）“S”型水封存水弯一般用于底层和楼层的二步台阶蹲便器安装中，安装时，用水泥砂浆先把存水弯管底座稳住，使底座标高控制在室内基准地面的同一高度。再将存水弯管的承口对准已确定的蹲便器排出管口的中心，将存水弯管的插口插入预留的排水支管甩头里，插入深度不小于 40mm，在接口处用油麻和腻子抹严抹平，见图 27-1，图 27-2。

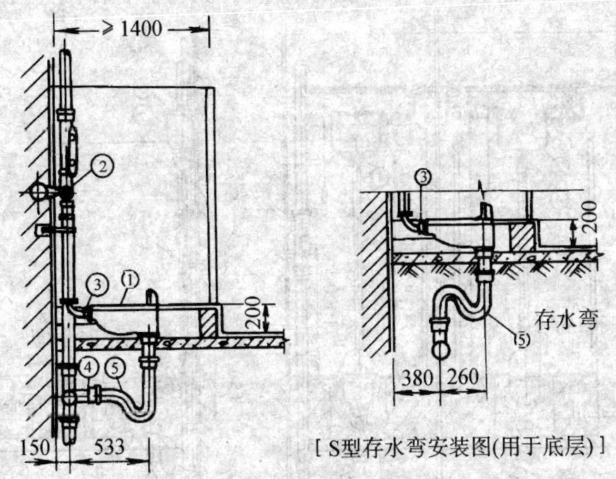

图 27-1　自闭式冲洗阀蹲式大便器安装图

1—蹲式大便器；2—自闭式冲洗阀；3—胶皮碗；4—T-Y 三通；5—存水弯

3. 安装大便器

（1）将大便器试安装在水封存水弯管上，用红砖在大便器的四周临时垫好，然后核对蹲便器的安装位置、标高，符合质量要求后，用水泥砂浆砌好蹲便器四周经过润湿的红砖，在便器下和水封存水弯管周围添入白灰膏拌制的炉渣。

（2）核对蹲便器的位置与标高，确认无误后取下蹲便器，用油灰腻子做成首尾相连的圆圈，放入水封存水弯管内或排水短管的承口内，再重新把蹲便器安在存水弯管上，稳正找平，将便器的排出口均匀压入存水弯管的承口内，再将挤出承口的腻子抹光刮平。

（3）在蹲便器两侧用楔型砖挤住，再用水泥砂浆将蹲便器与砖接触的两侧抹成“八”字形，留出安装胶皮碗的进水口。

4. 高（低）水箱（自闭式冲洗阀）安装

（1）以蹲便器排出管为中心，在蹲便器后的墙上吊坠线，弹画出蹲便器出口和水管出水管的垂线（应在一条直线上）。此中

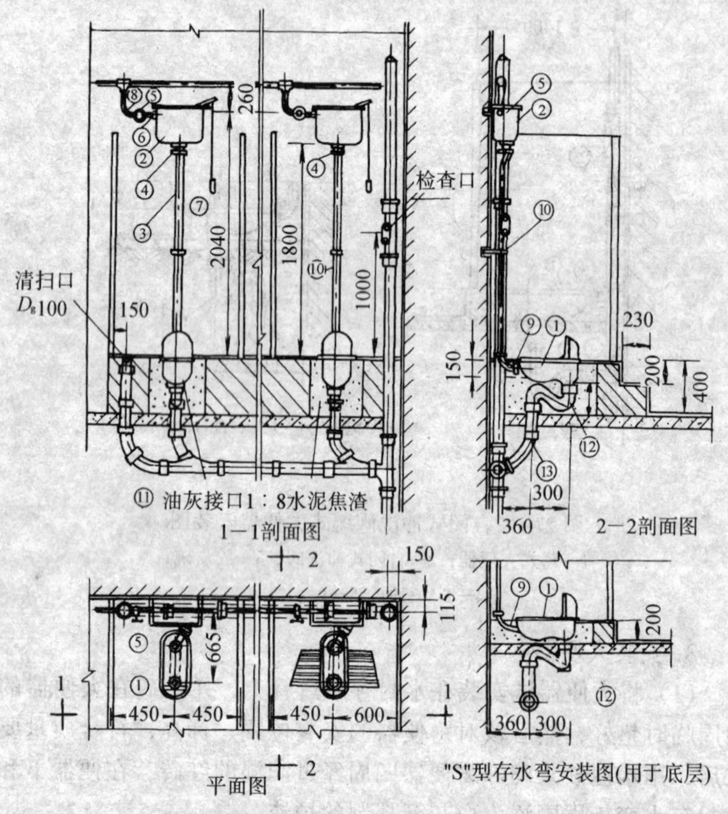

图 27-2　高水箱蹲式大便器安装（埋地安装）

1—蹲式大便器；2—高水箱；3—冲洗管 $D32$；
4—冲洗管配件 $D15$；5—角式截止阀 $D15$；6—浮球阀配件 $D15$；
7—拉链；8—弯头 $D15$；9—橡皮碗；
10—单管立式支架；11—45°斜三通 100×100；
12—存水弯 $D100$；13—135°弯头 $D100$

心线为安装水箱的基准线。

（2）以水箱实物的几何尺寸为依据，在后墙上画出水箱螺栓安装位置，作出十字标记，箱底距台阶面 1.8m。钻孔（打洞），然后按本工艺标准相关工艺栽埋膨胀螺栓或鱼尾螺栓。将螺栓周边抹平。

(3) 水箱组装。将进出口的锁母、根母拆下，加上胶垫，安装弹簧阀及浮球阀，再组装虹吸管、天平架及拉链，找平找正后拧紧。浮球杆定位要适宜。见几种常用的高（低）水箱图 27-3、图 27-4。

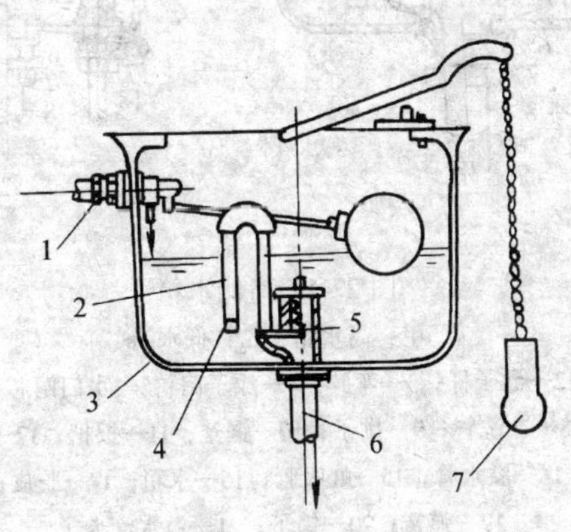

图 27-3 高水箱冲洗洁具的组装

1—浮球阀；2—虹吸管；3—水箱；

4—ϕ5 冲气小孔；5—弹簧阀；

6—冲洗管；7—天平架及拉链

(4) 将组装好的水箱挂装在水箱螺栓上，找平调正后用螺栓加垫，也可先栽好预埋螺栓（或膨胀螺栓）加以稳固。冲洗管与蹲便器的胶皮碗，用 16 号铜线绑扎 3 ~ 4 道拧紧，将上端插入水箱底部锁母中，填以油麻腻子，塞严后拧紧锁母。冲洗管下端用一个弯头加短管（或加弯管）连接胶皮碗。其中短管或弯管先刷好防腐油，将冲洗管找正找平，安装卡子固定。

(5) 连接水箱给水管。

(6) 在大便器垫砖和冲洗管周围添入过筛的炉渣并拍实，按设计要求配合土建抹好厕所地面。

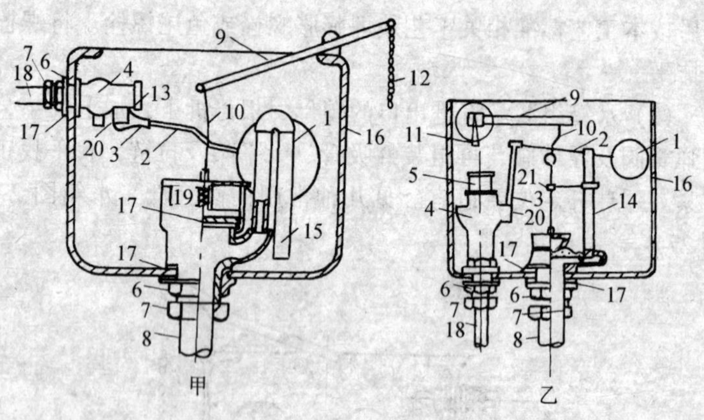

图 27-4 高低水箱

甲：高水箱；乙：低水箱

1—漂子；2—漂子杆；3—弯脖；4—漂子门；5—水门闸芯；6—根母；7—锁母；8—冲洗管；9—挑子；10—铜丝；11—扳把；12—导向卡子；13—闸帽；14—溢水管；15—虹吸管；16—水箱；17—胶皮；18—水管；19—弹簧；20—销子；21—溢水管卡子

三、成品保护

1. 大便器排出口做可靠的临时封堵。

2. 便器内用草绳、灰袋纸或其他柔软材料添满并盖好，对仍有大量后序工种作业的厕所间，大便器应临时做木框罩上。

3. 厕所间竣工通水前严禁使用大便器。

四、质量标准

1. 蹲式大便器安装后其上边沿必须比便台低 20mm 左右，大便器的上边沿平面应抹入地面内 2/3，严防便台积水时引起渗漏。

2. 蹲式大便器的高低水箱距便台分别为 1800mm 和 600mm。

五、安全注意事项

1. 搬运蹲便器和水箱时要轻抬慢放，严防损坏器具或砸伤脚。

2. 水箱固定安装前，要先检查预栽螺栓或膨胀螺栓的牢固性，防止出现意外而伤人。

六、质量通病及其防治

质量通病及防治方法见表27-1。

表 27-1

序　号	质量通病	防　治　方　法
1	水封存水弯管与排水管接口漏水	保证水封存水弯管插入排水管有足够的深度，并认真做好接口处理，须经检查合格后方准添埋隐蔽
2	水封存水弯管承口接口漏水	使便器排出口中心对正水封存水弯承口中心；承口内油灰腻子饱满，便器排出口压入水封存水弯管承口后，应牢靠稳固大便器，严禁出现松动或位移现象，否则应取下大便器重新添油灰腻子压入承口，并内外抹实刮平
3	胶皮碗接头漏水	选用合格的胶皮碗，冲洗管对正便器进水口，用14号钢线错开拧扎，且不少于两道
4	水箱溢水溅出、自泄	浮球杆定位过高，通过虹吸流入便池或从水箱上溢水，应重新调整
5	水箱不下水	浮球杆定位过低，造成水箱内水量不足，应重新调整
6	底层管口脱落	大便器安装在底层时，必须注意土层夯实。如果不能夯实时，应采取技术措施，严防土层沉陷造成管口脱落

28. 低水箱坐式大便器安装

一、施工准备

1. 材料

(1) 坐式大便器、低水箱、低水箱配件、冲洗管及其配件、锁紧螺母、锥形胶圈、进水阀组件，带水箱坐式大便器、角式截止阀、铜管、铝塑管、塑料管、水箱及其配件、三通、排水管变径，连体坐便器、进水管配件、坐便盖。器具材料均应有出厂合格证。

(2) 橡胶板、铅板、木螺栓、防腐木砖、油灰、铅油、机油、线麻、水泥、小白线、玻璃胶、锯条、碎布。

2. 机具

(1) 套丝机、带丝、压力及工作台、钢锯、管钳子、活扳手、手锤、克丝钳子、螺丝刀。

(2) 剪子、水平尺、钢卷尺、线坠、錾子、模棒、模板、模具。

3. 工作条件

(1) 坐便器所对应的排水管甩头，已按设计图标注的型号做至地面，其坐标、标高与进场坐便器的几何尺寸要求一致。

(2) 卫生间的地面防水层已按规范要求做至地面上 500mm，且灌水试验不渗不漏。抹灰找平层已做完，地面及墙面装饰厚度已定，地面基准线已由土建给出。

(3) 器具、材料已进场，能保证连续施工的需要。

(4) 已进行过技术、质量、安全交底。

(5) 高层建筑中的样板间已经各方人员检查、认可、签字。

(6) 高层建筑，已按样板间卫生器具的安装模式，制备完模棒、模板、模具。

二、施 工 工 艺

工艺流程

校核、清扫 ⟶ 定位、安装大便器 ⟶ 水管安装

1. 核对、清扫

(1) 根据已进场的坐便器，水箱型号、规格、几何尺寸，复核排水管甩头、给水甩头的位置和标高，是否符合要求，相互一致。然后将安装坐便器位置及其周围打扫干净。

(2) 取下排水口甩头的临时封堵，检查管内有无杂物，用碎布将管口擦洗干净。

2. 定位安装

(1) 将抬起的坐便器排出管口对准排水管甩头的中心放平、找正。坐便器的底座如果是用螺栓固定，则须用尖冲将坐便器底座上两侧螺栓孔的位置留下记号，待抬走坐便器后画上“十”字中心线。然后在中心剔出孔洞 $\phi20\times60$mm 后，将 $\phi10$mm 螺栓栽入孔洞或者嵌入 40×40mm 的木砖（用木螺栓垫铅垫稳固坐便器)，找正后用水泥将螺栓灌稳，再进行一次坐便器试安，使螺栓穿过底座孔眼，再抬开坐便器。将坐便器的排出管口和排水管甩头承口的周围抹匀油灰（腻子)，使坐便器底座的孔眼穿过螺栓后落稳、放平、找正。在螺栓上套好胶垫，将螺母拧至合适的松紧度即可。分式坐便器和背水箱坐便器的安装属于此类型，见图 28-1 和图 28-2 所示。高层建筑中可用事先制备好的模棒、模具、模板，进行量尺、画中心线“十”字、定位和安装。

(2) 无须用螺栓固定的坐便器，可直接稳固在地面上，其水箱由厂家组合为成品与坐便器连体。如广州生产的鹰牌连体坐便器也可不用螺栓固定，见图 28-3，图 28-4。其安装工艺与上相同，定位后先进行试安装，如果出现排水甩头低于地面太多而无法安装时，可用排水塑料短管进行找准安装标高，短管下量前，

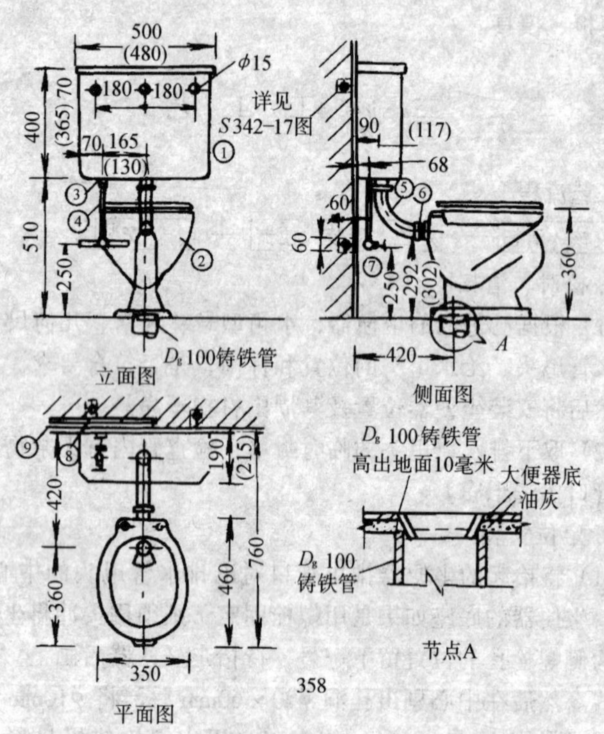

图 28-1 分水箱坐便器安装图（S式安装）

1—低水箱；2—坐式大便器；3—浮球阀配件 *DN*5；
4—水箱进水管；5—冲洗管及配件 *DN*50；6—锁紧螺栓；
7—角式截止阀 *DN*5；8—三通；9—给水管

先量准尺寸，调正、找平后移开坐便器。先把排水管甩头的承口擦拭干净，均匀地涂抹上塑料粘接，将排水短管的一端外周涂抹好粘胶、插入甩头的承口里，待达到强度后再把坐便器抬来使排出管口对准短管接头并插入，同时在坐便器的底盘上抹满腻子（油灰），在排出管口外壁缠绕麻丝、抹实油灰。麻和油灰必须适量、箍紧防止脱落。然后把坐便器直接稳固在地面上，压实后擦去底盘挤出的油灰，再用玻璃胶封闭底盘的四周边缘。这种安装方法有利于维修、更换、拆除，但稳定性不如螺栓固定。

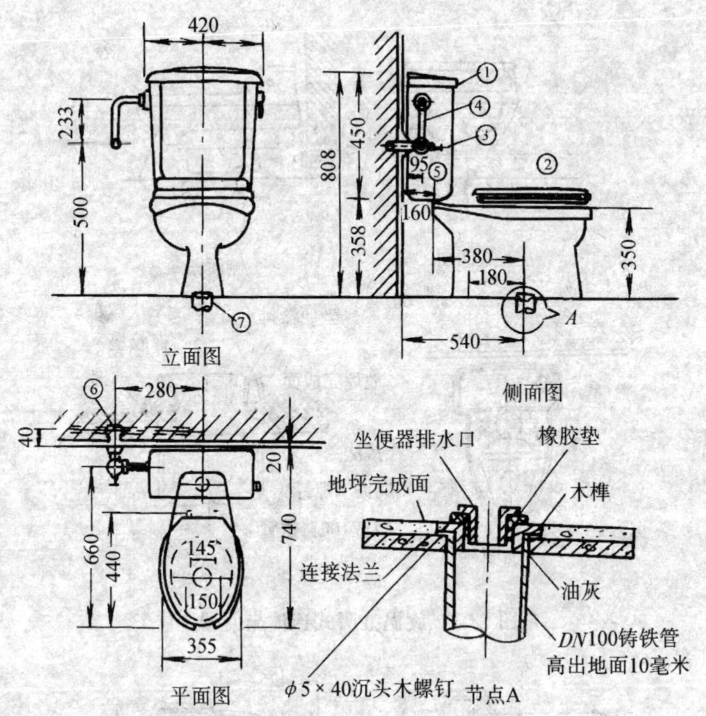

图 28-2　带水箱坐式大便器安装图

(3) 分体式坐便器安装（与连体坐便器相同）后，进行水箱安装。

①在坐便器尾后中心所对的墙上吊垂线，将垂线过在挂水箱的墙上划出标记。根据水箱背的螺栓孔中心位置，用水平尺找平再量尺画出水平线，作出螺栓孔在水平线上的“十”字记号，然后在每个“十”字记号上剔出孔洞（或钻孔打进膨胀螺栓固定），将螺栓插进孔洞，用水泥栽牢，将水箱试安装后再找正螺栓。参见水箱安装图 28-5 所示。

②根据水箱的类型，将水箱内的各配件进行组合安装，见各类低水箱组合图。

③螺栓达到强度后，将水箱挂上，放平、找正，使水箱中心

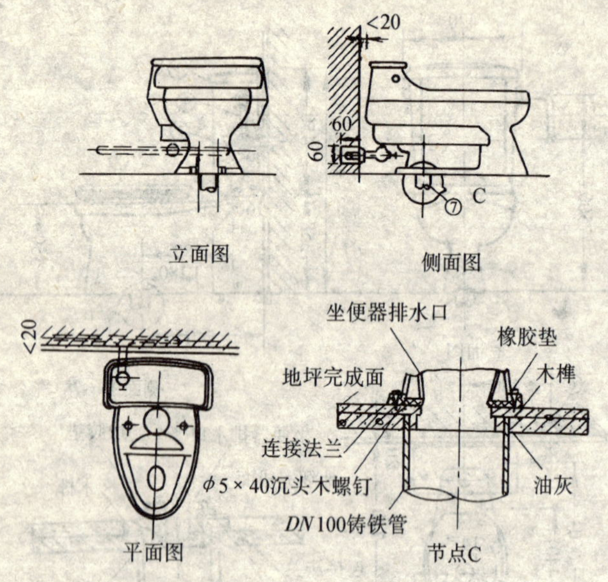

图 28-3　旋涡虹吸式连体坐便器

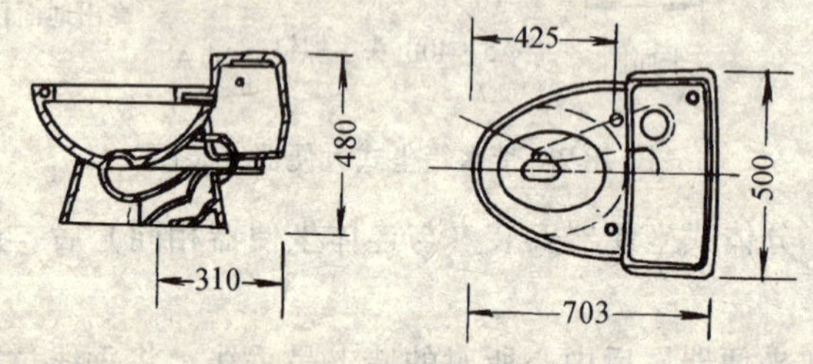

图 28-4　连体坐便器安装图

与坐便器中心对正，在螺栓上套上胶垫，带上垫圈将螺栓拧至松紧适度止水箱墙上安装参见图 28-5。

3. 水管安装及其他

（1）冲洗管安装。用冲洗管、胶圈、压盖、锁紧螺母将分体式水箱的出水口和坐便器的进水口连接起来。安装紧固后的冲洗管的直立端应垂直，横装端应水平或稍向坐便器。

（2）水箱进水管安装。用镀锌管或铜管，弯头或三通，截止

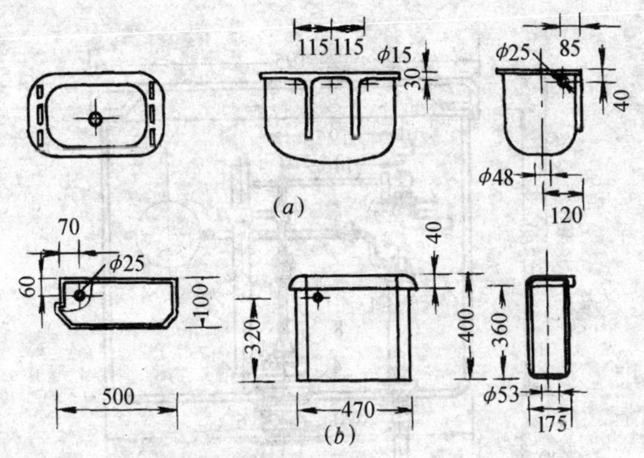

图 28-5　分体式坐便器水箱安装图

阀（或角阀），活接头，管箍，从给水甩头接至低水箱进水口配件。上水管道应横平竖直、朝向正确、接口严密。

4．本箱组装见本工艺标准有关工艺。目前各种坐便器水箱型式繁多，原理大同小异，现介绍几种常见水箱结构，见图 28-6～图 28-9 所示。

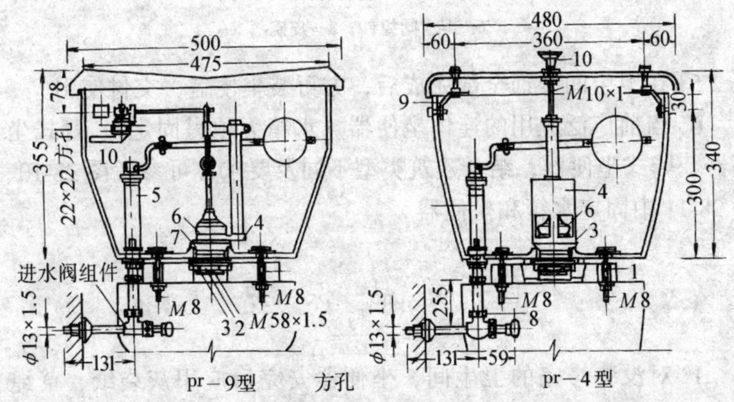

图 28-6　低水箱安装组合图

1—水箱与坐便器连接附件；2—根母；3—胶垫钢垫；4—排水阀组件；5—浮球阀组件；6—皮碗；7—锥形胶圈；8—进水阀组件；9—水箱盖连接附件；10—把手

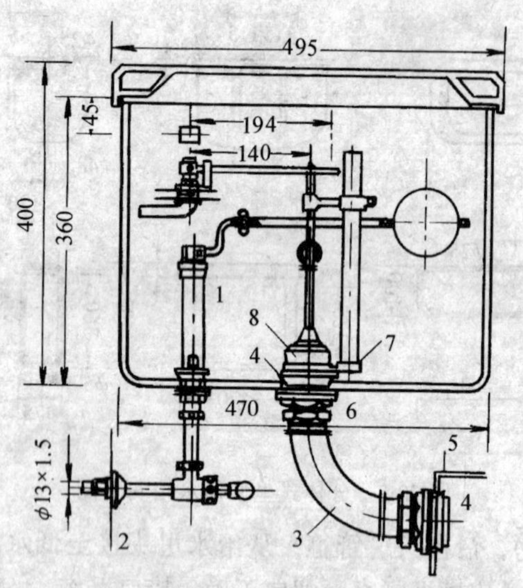

图 28-7 普通水箱配件组合图

1—浮球阀组件；2—进水阀组件；3—50 冲洗管；
4—锥形胶圈；5—坐便器；6—根母；
7—排水阀组件；8—皮碗

5. 在卫生间装饰全部完成后，方可装坐便盖，交付使用。

6. 当前广泛应用的连体坐便器（水箱无须另固定）、背式坐便器、分式坐便器，结合建筑类型不同及要求，可参考图 28-10、图 28-11 中固定水箱和坐便器。

三、成 品 保 护

1. 对没装修完的卫生间，坐便器安完后应用灰袋纸、草绳等把坐便器排水口堵严，用草袋子等对坐便器和低水箱进行覆盖。

2. 在单位工程未正式交付使用前，严禁使用。

3. 办理工序交接手续，制定出有针对性的成品保护措施。

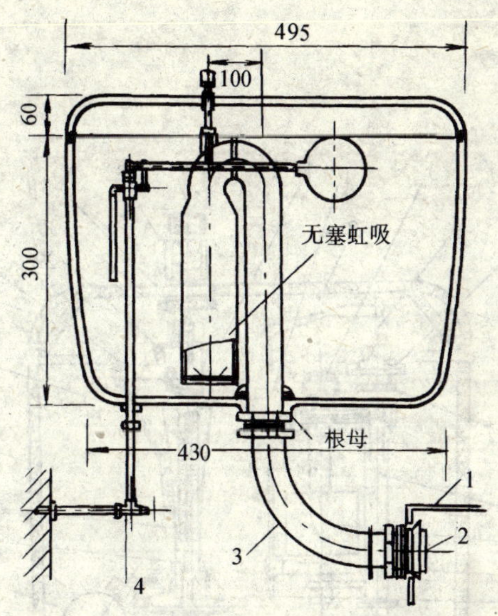

图 28-8 塑料低水箱组合图

1—坐便器；2—锥形胶圈；3—50 冲洗管；

4—进水阀组件；5—无塞虹吸

四、质 量 标 准

1. 坐便器排出口与排水管甩头的连接处，冲洗管与便器和水箱的连接处，必须严密，不漏水。

2. 木砖（或预埋螺栓）防腐良好，埋设平正牢固，器具放置平稳、牢固、表面无损伤，零件应保护良好，污垢清除干净。

3. 坐便器与低水箱的坐标允许偏差10mm，标高允许偏差±15mm，水平度允许偏差 2mm，垂直度允许偏差 3mm，低水箱给水管截止阀标高允许偏差±10mm。

4. 各镀铬配件完好无损伤，接口严密，开启部分灵活。

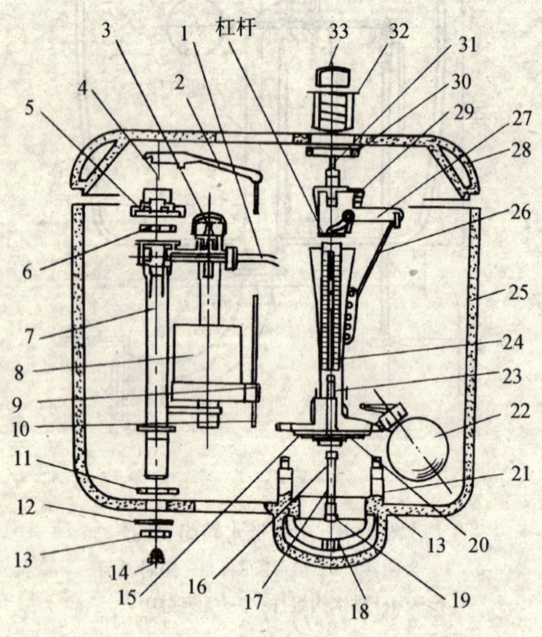

图 28-9　连体型坐便器水箱洁具组装

1—补水管；2—进水阀杠杆；3—二次阀；4—顶针；
5—上盖；6—进水阀片；7—进水管；8—浮子；
9—调节卡片；10—拉杆；11—橡胶垫圈；12—塑料垫圈；
13—螺母；14—过滤器；15—放水阀垫片；16—介子；
17—螺栓；18—紧固钩；19—紧固座；20—支承架；
21—阀座；22—浮球；23—溢水管；24—支撑杆；
25—水箱；26—拉杆；27—杠杆；28—水箱盖；29—提升座；
30—螺帽；31—顶杆；32—按钮座；33—放水按钮

五、安全注意事项

1. 搬运器具时轻抬慢放，防止损坏器具和不慎伤人。

2. 器具装设前应对预栽木砖（或预栽螺栓）进行检查，防止因木砖（或螺栓）松动器具坠落伤人。

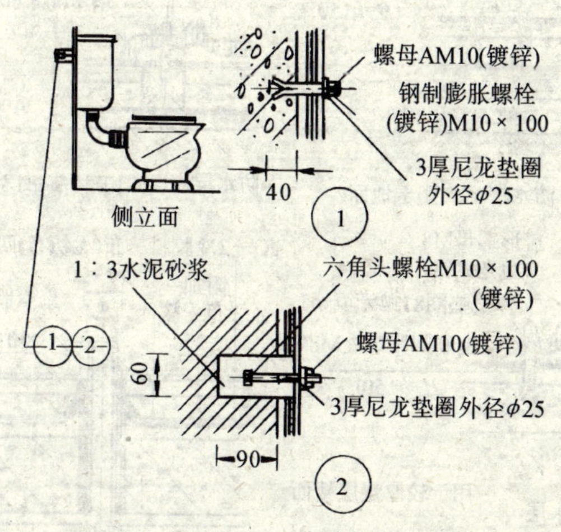

图 28-10　坐便器安装详图（一）

六、质量通病及其防治

质量通病及防治方法见表 28-1。

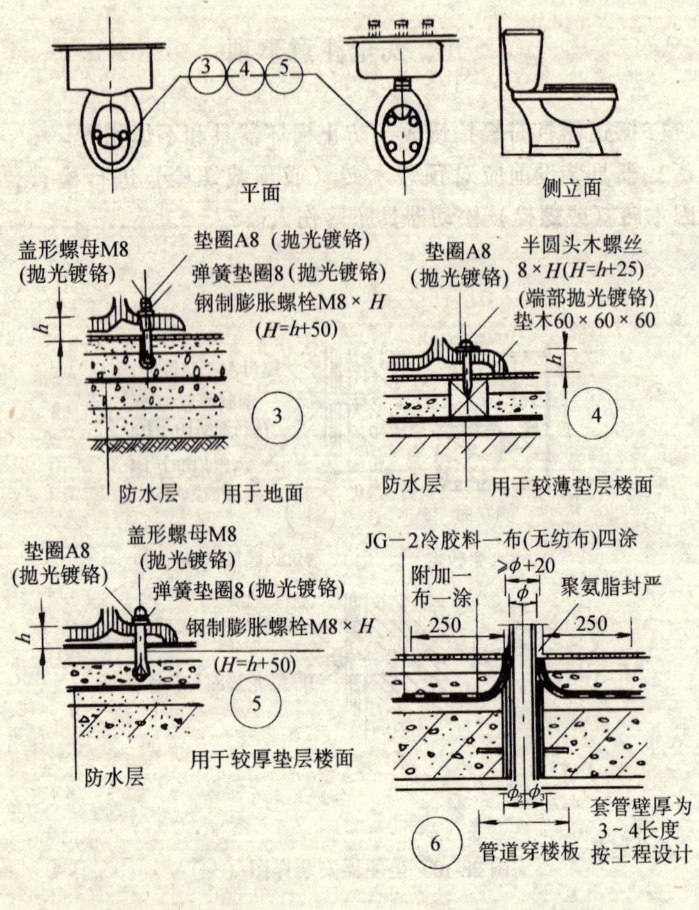

$\phi_1 \leqslant DN50$	$\phi_3 = \phi_2 + 160$
$DN50 \leqslant \phi_1 \leqslant DN100$	$\phi_3 = \phi_2 + 180$

图 28-11　坐便器安装详图（二）

表 28-1

序号	质量通病	防治方法
1	冲洗管上、下接口处渗漏	1. 水箱与坐便器中心线应一致，确保冲洗管正直不歪扭 2. 锁紧螺母和压盖处垫入胶圈时应检查，确保无损坏（用其他填料时应密实） 3. 压盖拧牢，不应用力过猛造成破裂
2	坐便器与低水箱中心线不一致造成冲洗管歪扭	1. 水箱的预栽木砖（或螺栓）要根据已核对好位置的坐便器排水管甩头中心线和水箱上的固定孔确定位置 2. 坐便器和低水箱安装固定时，要严格按事先划出的统一中心线调准位置
3	坐便器与低水箱坐标或标高超出允许偏差	1. 坐便器安装预栽木砖前要根据图纸要求和经与土建人员落实的室内±0线认真核对坐便排水管伸头的位置与标高，对不合格必须修整到合格 2. 预栽的木砖不得高出墙、地装饰面 3. 坐便器与低水箱的安装固定宜在卫生间的墙、地饰面层完成后进行
4	器具安装松动或水平及垂直度超差	1. 预栽木砖必须平整、牢固 2. 安装固定器具时，木螺钉应垫上铅（或橡胶）垫，拧紧拧牢 3. 器具安装固定前，应和土建人员协调把不平整的墙、地饰面修平整 4. 固定器具时应用水平尺和线坠把器具调平直再固定
5	位于楼板里甩头排水管裂纹	安装坐便器排出口或接短前，应当用照明检查排水甩头是否被损伤或出现裂纹。如果发现此情况，应更换甩头排水管后再行安装大便器

29. 小便器安装

一、施工准备

1. 材料

(1) 挂式小便器、立式小便器、存水弯、角式截止阀、角式长柄截止阀、短管、压盖、锁紧螺母、排水栓、喷水鸭嘴、延时自闭冲洗阀、螺栓挂件、排水接口附件、三通、排水管、镀锌管、铜管、铝塑管。

(2) 铅板、油灰、防腐木砖、木螺钉、铅油、线麻、石棉绳、机油、水泥、锯条、小白线、粉笔。

2. 机具

(1) 套丝机、带丝、压力和工作台、钢锯、手锤、管钳子、錾子、螺丝刀、剪子、手电钻。

(2) 水平尺、钢卷尺、线坠、模棒、模板、模具。

3. 工作条件

(1) 材料、器具均已进场，能保证连续施工，已进行技术、质量、安全交底。

(2) 排水管甩头已按要求的位置和标高做至地面或甩出管口。给水管甩头已按小便器的需要预留。

(3) 厕所的基准线已由土建给出，除栽木砖或预下螺栓等外，小便器的安装要在装饰施工完毕进行。

(4) 高层建筑中样板间已经过各方人员检查、认可、签字。

(5) 高层建筑，已按标准层的样板间卫生器具的安装模式，制备完模棒、模板、模具。

二、施 工 工 艺

工艺流程

定位栽木砖 ⟶ 小便器安装 ⟶ 接管（附属设施安装）

首先，按小便器的型号、规格、几何尺寸，核对排水管甩头的位置、标高、规格，核对给水管甩头应满足小便器安装的需要，符合设计要求。安装前排水管甩头周围要清扫干净。

1. 挂式小便器安装。挂式小便器是依靠自身的挂耳固定在墙上的。

①首先从给水甩头中心向下吊坠线，并将垂线画在安装小便器的墙上，量尺画出安装后挂耳中心水平线，将实物量尺后在水平线上画出两侧挂耳间距及四个螺钉孔位置的“十”字记号。在上下两孔间凿出洞槽预下防腐木砖，或者凿剔小孔预栽 $\phi\times70$ 木螺栓。下好的木砖面应平整，外表面与墙平齐，且在木砖的螺栓孔中心位置上钉上铁钉，铁钉外露装饰墙面。待墙面装饰做完，木砖达到强度，拔下铁钉，把完好无缺的小便器就位，用木螺栓加上铅垫把挂式小便器牢固地安装在墙上，如图 29-1 所示。小便器安装尺寸见图 29-2 中（*a*）和（*b*），小便器配件参见图 29-3 中（*a*）。

②用短管、管箍、角型阀连接给水管甩头与小便器进水口。冲洗管应垂直安装，压盖安设后均应严实、稳固。

③取下排水管甩头临时封堵，擦干净管口，在存水弯管承口内周围填匀油灰，下插口缠上油麻，涂抹铅油，套好锁紧螺母和压盖，连接挂式小便器排出口和排水管甩头口。然后扣好压盖，拧紧锁母。存水弯安装时应理顺方向后找正，不可别管，否则容易造成渗水。中间如用丝扣连接或加长，可用活节固定。

2. 立式小便器安装

①立式小便器安装前，检查排水管甩头与给水管甩头应在一条垂直线上，符合要求后，将排水管甩头周围清扫干净，取下临

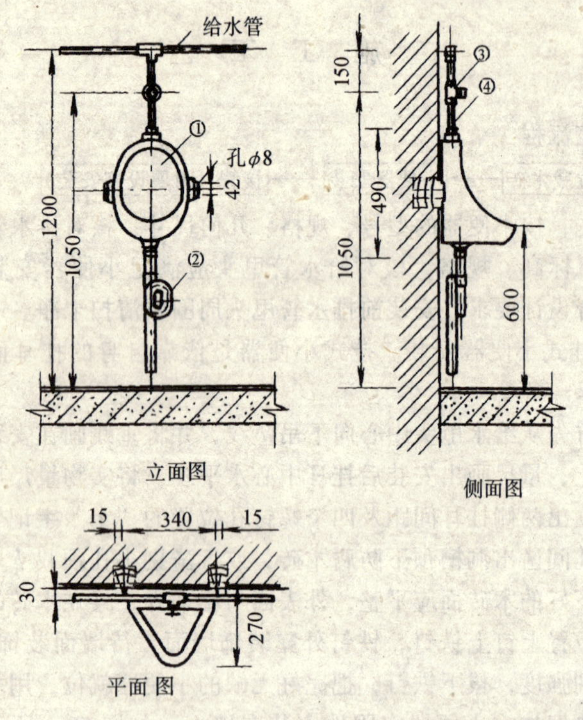

图 29-1　挂斗小便器安装图
1—挂式小便器；2—存水弯；
3—角式截止阀；4—短管

时封堵，用干净布擦净承口内，抹好油灰安上存水弯管。

②在立式小便器排出孔上用 3mm 厚橡胶圈垫及锁母组合安装好排水栓，在坐立小便器的地面上铺设好水泥、白灰膏的混合浆（1:5），将存水弯管的承口内抹匀油灰，便可将排水栓短管插入存水弯承口内，再将挤出来的油灰抹平、找均匀，然后将立式小便器对准上下中心坐稳就位，如图 29-4 所示。小便器安装尺寸见图 29-2 中（*b*），小便器配件见图 29-3 中（*b*）。

经校正安装位置与垂直度，符合要求后，将角式长柄截止阀的丝扣上缠好麻丝抹匀铅油，穿过压盖与给水管甩头连接，用扳

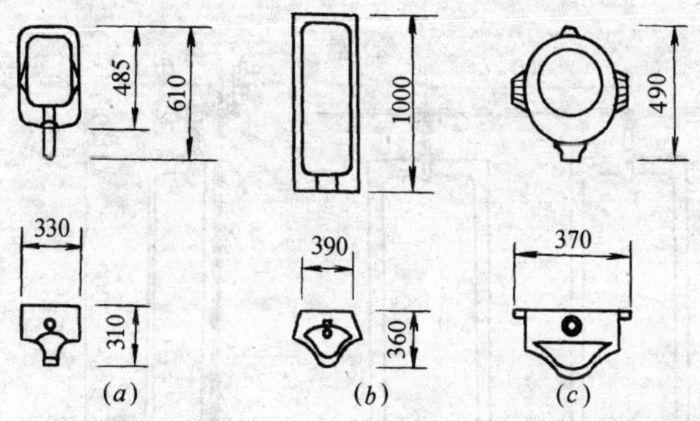

图 29-2 小便器安装尺寸

（a）新型挂式小便器；（b）立式小便器；（c）挂式小便器

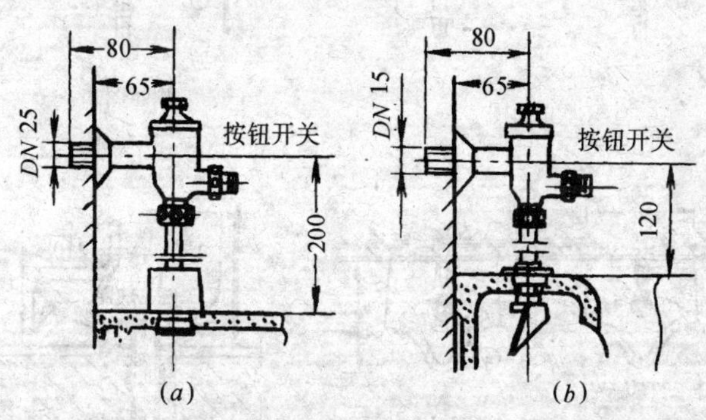

图 29-3 小便器配件

（a）$GG_3P_5F_6$-610 挂便器Ⅱ型配件；

（b）LG_3P_1 立便器Ⅱ型配件

子上至松紧适度，压盖内加油灰按实压平与墙面靠严。角型阀出口对准喷水鸭嘴，量出短接尺寸后断管，套上压盖与锁母分别插入喷水鸭嘴和角式长柄截止阀内。拧紧接口，缠好麻丝，抹上铅油，拧紧锁母至松紧度合适为止。然后在压盖内加油灰按平。

3. 高层建筑及高级宾馆安装中可采用以样板间作模式，利用自制的模具、模板进行定位，划线安装。

4. 光电数控小便器安装

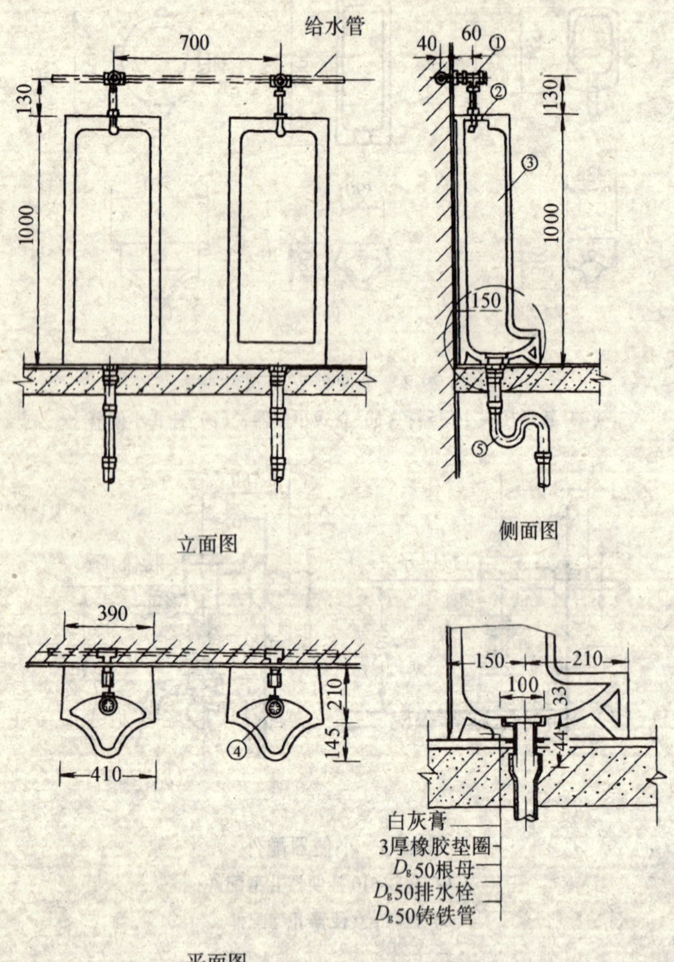

图 29-4 立式小便器安装图

1—延时自闭冲洗阀；2—喷水鸭嘴；3—立式小便器；

4—排水栓；5—存水弯

其安装方法同上。其光电数控原理简介见图 29-5 所示。其光电数控的附属设施的安装配合电气、土建等其他工种完成。

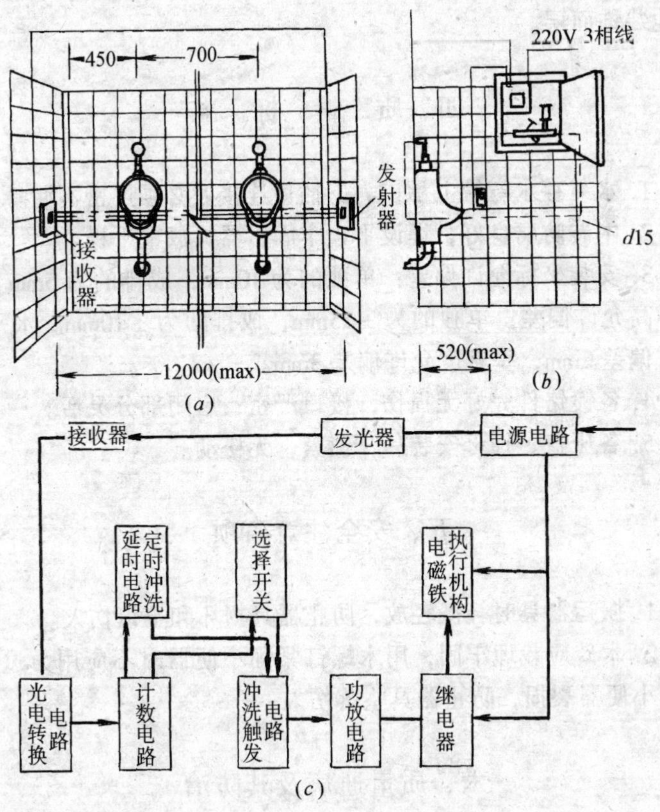

图 29-5　光电数控小便器

(a) 立面；(b) 侧面；(c) 原理图

三、成　品　保　护

1. 安装后的小便器应用草袋子等覆盖，防止被砸碰损坏。
2. 在单位工程未正式交工前，严禁使用。
3. 办理工序交接手续，制定出有针对性的成品保护措施。

4. 在釉面砖、水磨石墙面剔孔洞时，宜用手电钻或小錾子轻轻剔掉釉面，待见砖灰层方可用力，但也不可过猛，以免震坏其他装饰面层。

四、质 量 标 准

1. 水封存水弯管上承口、下插口连接处必须严密不漏。

2. 木砖防腐良好，埋设平正牢固，器具放置平稳。

3. 安装坐标允许偏差：单独的为10mm，成排的为5mm。安装标高允许偏差：单独的为±15mm，成排的为±10mm。水平度允许偏差2mm，垂直度允许偏差3mm。

4. 各镀铬件完好无损伤，接口严密，启闭部分灵活。

5. 各压盖、锁母安装后，锁紧，无松动。

五、安全注意事项

1. 搬运器具时轻搬轻放，防止器具损坏和不慎伤人。

2. 木砖应栽埋牢固，用木螺钉紧固小便器时不应用力过大，造成小便器裂损，防止器具坠落伤人。

六、质量通病及其防治

质量通病及防治方法见表29-1。

表 29-1

序 号	质 量 通 病	防 治 方 法
1	小便器标高超差坐标不准	1. 预栽木砖前和土建技术人员认真核实水平标高和间墙线的准确性，墙上划出的小便器安装垂直中心线和水平中心线必须准确 2. 安装小便器时标高、坐标和平整度复核准确后再用木螺钉固定

续表

序　号	质量通病	防　治　方　法
2	反水弯脱落漏水	1. 安装水封存水弯管时上承口内周必须用油灰填实、填严，下插口和排水管甩头间必须用油灰、石棉绳填实、填牢 2. 作好工序交接、定好成品防护措施，反水弯管安装后不得碰撞、扭动
3	角型阀冲洗管漏水或不正	1. 角型阀出水杆上压盖处必须垫上完好的胶圈并拧紧 2. 对给水管道甩头位置和标高的复核必须认真，连接用镀锌短管尺寸要量准确

30. 方形铸铁搪瓷浴盆安装

一、施　工　准　备

1. 材料

(1) 各类材质的浴盆、浴盆配套排水附件、浴盆配套冷热水龙头及淋浴喷头、铜管、铝塑管、镀锌管、塑料管。

(2) 红砖、水泥、砂子、磁砖、粘胶、腻子、锯条、碎布、毛刷、小白线、粉笔。

2. 机具

(1) 水平尺、钢板尺、钢卷尺、活扳手、管钳子、线坠、模板、模具、模棒。

(2) 土建配合完成，工具自备。

3. 工作条件

(1) 浴盆及配件、材料均已配套进场，能保证连续施工，已进行技术、质量、安全交底。

(2) 卫生间明装或暗装管道及其他过墙、过楼板管道，包括存水弯等均已施工完毕，并达到质量要求。

(3) 卫生间地面防水已施工完毕，且不渗不漏。地面装饰已全做完，并按设计规定坡向地面排水地漏。如浴盆周围设有挡墙，浴盆下挡墙内的地面坡度应适当加大。且应坡向挡墙的检查口。

(4) 卫生间的装饰及吊顶已全完工。

(5) 高层建筑中样板间已由各方人员检查认可，并已签字。

(6) 高层建筑，已按标准层的样板间卫生器具的安装模式，制备完模棒、模板、模具。

二、施 工 工 艺

工艺流程

定位 → 砌支座 → 安装浴盆 → 砌挡墙

1. 定位

(1) 检查浴盆的型号、规格、几何尺寸应符合设计，浴盆的排水附件和给水配件应齐全和配套，浴盆外观应完好无损。

(2) 根据设计位置与标高，将浴盆正面、侧面中心位置、上沿标高线和支座标高线划在所在位置的墙上，量尺检查浴盆的排出口、排水管甩头、给水管甩头是否相吻合。

(3) 用钢板尺和钢卷尺测量浴盆尺寸，在实地放出砖墩支座的位置尺寸线。高层建筑中，用以“样板间”为依据制作的模棒、模具、模板划线定位。

2. 砌砖墩支座

按照放线位置，用红砖、1:3 水泥砂浆砌筑砖墩支座，严格控制标高线，用水平尺找准，否则妨碍给水配件的安装。砌筑时不得挡住浴盆下地面流水线路，在流水线上的支座酌情留出小豁口，以利于浴盆下存水时顺利沿检查口排至地漏。此处地漏也可酌情采用三用地漏，由设计定。

3. 安装浴盆

(1) 砖墩支座达到强度后，用水泥砂浆铺在支座上，将浴盆对准墙上中心线（或标记）就位，放稳后调正找平。

(2) 安装排水栓及浴盆排水管。将浴盆配件中的弯头与抹匀铅油缠好麻丝的短横管相连接，再将横短管另一端插入浴盆三通的中口内，拧紧锁母。三通的下口插入竖直短管，连接好接口。将竖管的下端插入排水管的预留甩头内。

在排水栓圆盘下加进胶垫，抹匀铅油，插进浴盆的排水孔眼里，在孔外也加胶垫和眼圈在丝扣上抹匀铅油，缠好麻丝，用扳手卡住排水口上的十字筋与弯头拧紧连接好。将溢水立管套上锁母，缠紧油盘根绳（或麻辫），插入三通的上口，对准浴盆溢水孔，拧紧锁母，如图 30-1 所示。连接浴盆出水口和排水管甩头口时，在将排出口接入水封存水弯或者存水盒内，应保证有足够深度。

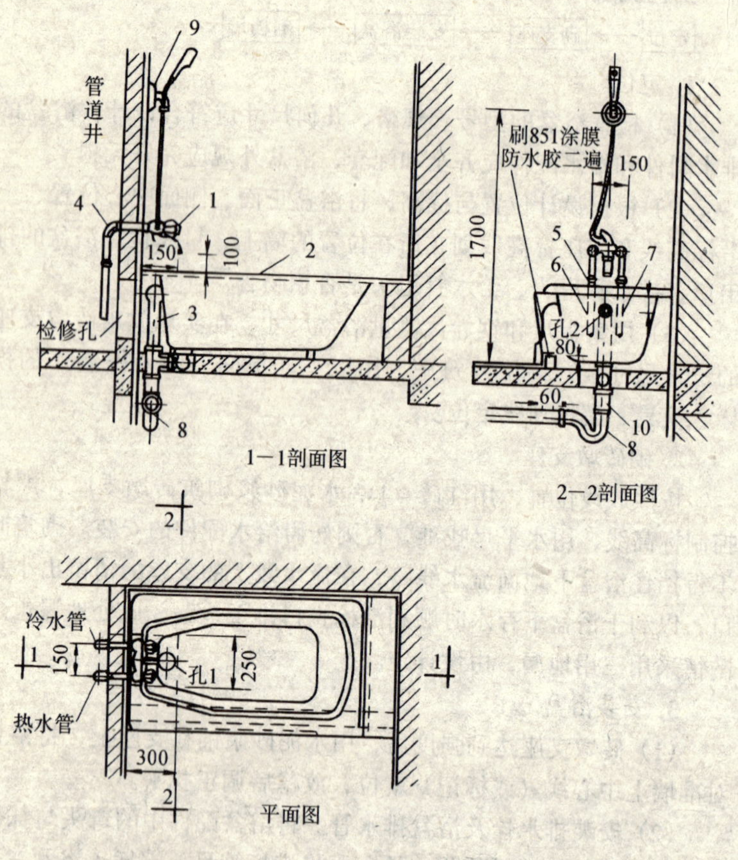

图 30-1 浴盆安装图

1—浴盆三连混合龙头；2—裙板浴盆；3—排水配件；4—弯头；5—活接头；6—热水管；7—冷水管；8—存水弯；9—喷头固定架；10—排水管

浴盆安装过程，按建筑类型的不同，浴盆及其附件的固定方式、密封层的做法等也各不相同，参见图 30-2、图 30-3、图 30-4。

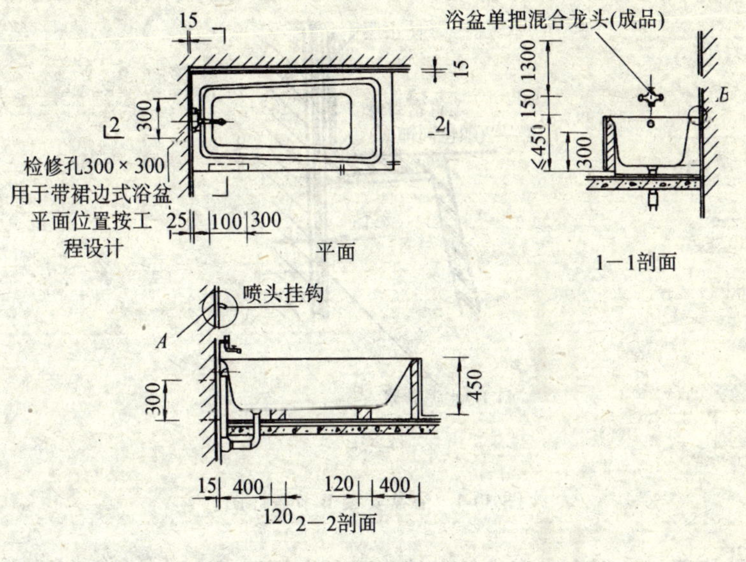

图 30-2 浴盆安装详图

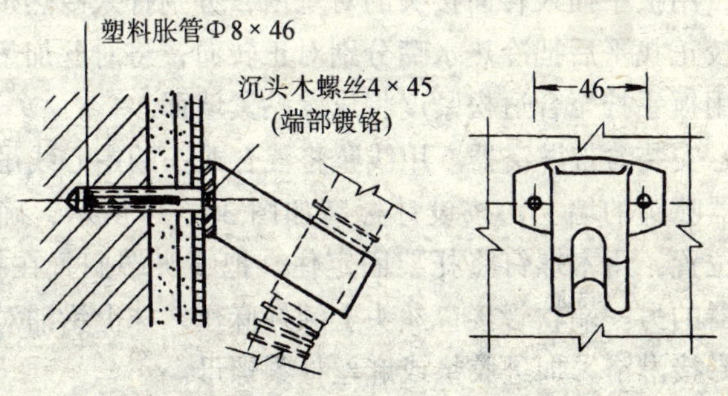

图 30-3 浴盆安装 A 节点详图

(3) 向浴盆加水作排水栓的严密性试验。

4. 砌筑浴盆挡墙

砌筑面应平直，在地面低点留出检查门的位置尺寸为 300mm×300mm。

5. 卫生间的其他工序的工艺

(1) 安装冷热水管及盆带混合龙头，先把冷热水管的管口找

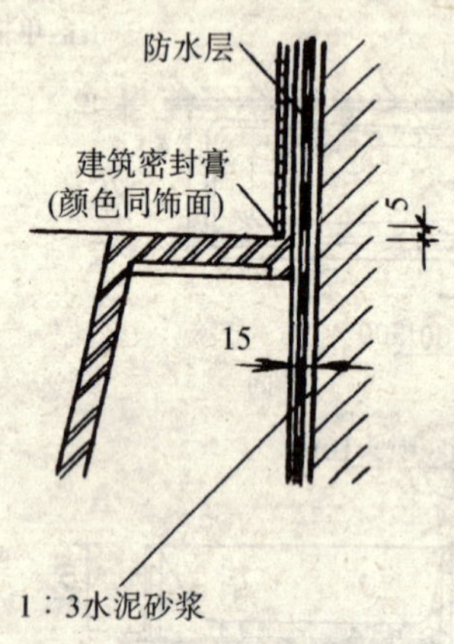

图 30-4 浴盆安装 B 节点详图

平找正。在混合水嘴的转向接头对丝上面缠好麻丝，抹匀铅油带上压盖，用扳手插入转向接头的对丝内，分别拧入冷热水管预留口。经校正找平后把冷热水嘴分别对正转向，将对丝加垫后拧紧锁母，用扳手拧至合适松紧度将压盖贴紧墙面。

（2）安装盆带淋浴器。用线坠将混合龙头的中心线吊正过在安装淋器喷头的墙上，按设计标高如图 30-5 中所示，确定托架的实际位置，用木螺钉将托架固定住，把喷头端搁置在托架上。在淋浴器的另一端软管接口丝头上缠好麻丝，抹上铅油对准转向对丝（专接淋浴）加进胶垫或麻丝拧紧螺母。

三、成 品 保 护

1. 防止排水管道堵塞，浴盆安装后，应对浴盆排水栓进行可靠的临时封堵。

2. 浴盆安装后，应适当进行覆盖，防止杂物进入浴盆造成堵塞，防止浴盆搪瓷表面受到损坏。

3. 搬运过程防磕碰，镀铬零件用纸包好，防止堵塞或损坏。

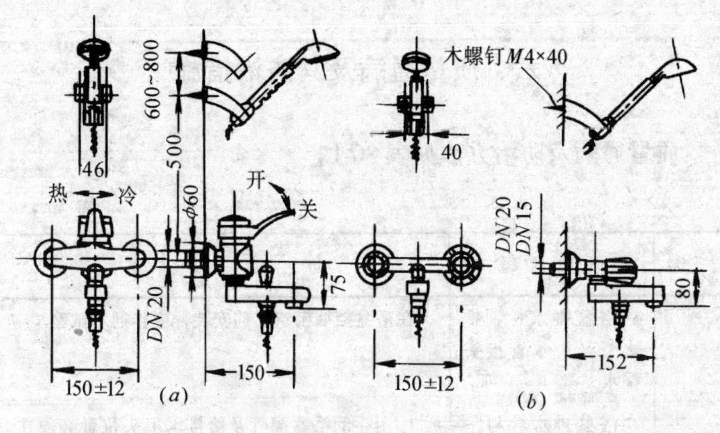

图 30-5 浴盆给水阀安装

（a）YG8 型单把暗装阀；（b）YG10（YG7）Ⅱ混合门

四、安全注意事项

搬运和安装浴盆应有人指挥，绳索应安全可靠，轻搬轻放，防止碰坏器具和室内装饰，防止不慎伤人。

五、质 量 标 准

1. 浴盆排水的排出口与排水管承口的连接处必须严密不漏。

2. 浴盆的排水管径和最小坡度，必须符合设计要求和施工规范规定。

3. 排水栓应平正、牢固，低于排水表面。

4. 器具放置平稳。其允许偏差：标高 ± 15mm、坐标 10mm、器具水平度 2mm。

六、质量通病及其防治措施

质量通病及防治方法见表30-1。

表30-1

序号	质量通病	防治方法
1	浴盆排水栓、排水管及溢水管接头漏水	在浴盆挡墙砌筑之前安装，应作通水试验
2	浴盆排水管与室内排水管对不正，造成漏水和溢水	1. 卫生间浴盆配管及给排水甩头位置必须在浴盆或浴盆样品到现场后最后确定 2. 卫生间配管及卫生器具安装之前，必须做样板卫生间，以形象示范明确安装质量标准，并校核各管道甩头位置的正确性
3	浴盆排水管漏水	有的浴盆排水管为浴盆自带塑料排水管，砌支座时防止磨坏塑料管，造成漏水
4	浴盆靠墙外浸水	1. 卫生间地面防水没做好 2. 浴盆下防水没超过地面500mm

31. 洗脸盆类(化验盆、洗涤盆、洗手盆)安装

一、施 工 准 备

1. 材料

(1) 洗脸盆、双联混合龙头、角形截止阀、提拉式或翻转式排水栓装置、冷水嘴、热水嘴、水封存水弯、阀门、镀锌钢管、铜管、洗脸盆架或托架、三通、弯头、活接头、管箍、铝塑管。

(2) 橡胶板、防腐木砖、木螺钉、膨胀螺栓、油灰、铅油、机油、线麻、小白线、水泥、钢锯条。

2. 机具

(1) 套丝机、带丝、压力及工作台、钢锯、管钳子、活扳子、手锤、錾子、螺丝刀、剪子、手电钻。

(2) 水平尺、钢卷尺、线坠、模板、模具、模棒。

3. 工作条件

(1) 材料器具已配套进场，能保证连续施工，并已进行技术、质量、安全交底。

(2) 安装洗脸盆类的房间已给出室内安装基准线。除预栽木砖外，洗脸盆类的安装要在装饰完成后进行。

(3) 排水管的甩头已按设计做至地面，给水暗管（或明管）已施工完毕，甩头至所需位置。经检查管径、位置和标高均符合设计要求，满足洗脸盆类排出管口和进水管的连接。

(4) 高层建筑中样板间已由各方人员检查、并签字认可。

(5) 高层建筑，已按标准层的样板间卫生器具的安装模式，制备完模棒、模板、模具。

二、施 工 工 艺

工艺流程

定位、栽支架 ——→ 洗脸盆安装

1. 定位、栽支架

（1）根据设计标高和进场的洗脸盆与托架（或事先用圆钢、钢管做好的支托架）尺寸，在安装洗脸盆的墙上，弹出其安装中心线和洗脸盆的上沿水平线。按洗脸盆和支架试组合尺寸，量准从支架到洗脸盆中心线的尺寸，支架的各个固定孔中心至洗脸盆上沿尺寸。将量出的尺寸返到墙上画上“十”字标记，再复核一遍所量尺寸的准确性。

（2）根据墙上画出的“十”字标记位置，在墙上凿洞槽，预栽防腐木砖；也有将洗脸盆预制支架防腐后，按本工艺标准有关栽支架工艺直接栽入，或用膨胀螺栓（ϕ6）直接将托架紧固于墙体上。预栽的木砖应牢固，表面平整，外表面比装饰后的墙面低 8～10mm。在孔中心钉入铁钉且露于装饰面厚度之外。

（3）待装饰面施工完毕后，拔下墙上固定孔中心铁钉，核对支架安装尺寸，把支架用木螺栓和铅板垫牢固地安装在墙上。用水平尺检查两侧支托架安装的水平度，用钢卷尺复核标高的准确性，确保洗脸盆的安装质量。在高层建筑中，可用依据“样板间”制作的模棒、模具、模板进行量尺、定位、划线。

2. 洗脸盆安装

（1）经外观检查完好无缺的洗脸盆安放在支架上，在洗脸盆与墙接触的背面抹上油灰，将洗脸盆吊正、找平、固定。支架若带有顶进螺栓或卡具，应及时把洗脸盆顶紧、卡住，严防松动。

（2）用合格的配件和洗脸盆相连。在排水栓、冷热水嘴（或双联混合龙头）与洗脸盆结合处垫以厚度 3mm 的橡胶垫圈，采用软加力方法紧固。松紧度应合适。

将排水管处锁母卸下，放在洗脸盆排水孔眼内，用钢卷尺测量出距排水管甩头口的尺寸。再将短管的一端套好丝扣后缠麻、涂上铅油，拧入存水弯至外露 2~3 扣，按量好的尺寸将短管截至恰到好处，连接存水弯的短管与地面或墙面（暗管）结合处加上压盖，将压盖先套在短管上，再将短管插入排水管甩头口内，在压盖里面抹满油灰，压紧在结合面上（地上或墙上），见图 31-1 所示。

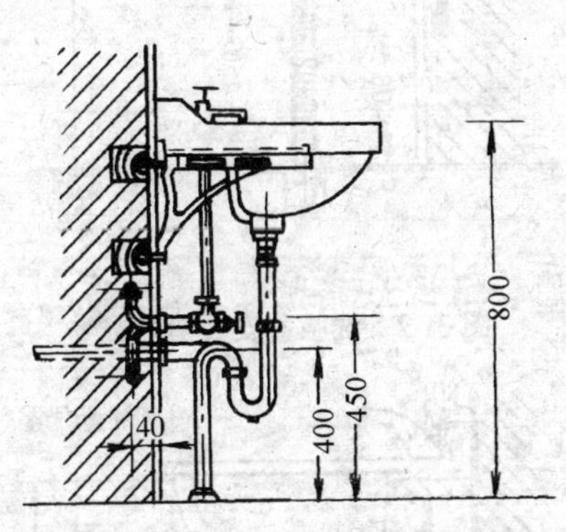

图 31-1　洗脸盆安装图之一

(3) 将排水口圆盘下加上 1mm 厚的胶垫，抹匀油灰，插入洗脸盆排水孔眼，外面再套上胶垫、眼圈，带上锁母，在排水口的丝扣上涂抹铅油缠紧麻丝，用活动扳手卡住排水口内的十字筋，同时，使排水口的溢流孔对准洗脸盆的溢流孔，再用扳手拧紧锁母，松紧适度，吊直、找正后，将接口抹实油灰。

冷热水嘴（或双联混合龙头）安装时，按照冷水出口在右，热水出口在左，热水管道在上，冷水管道在下的原则进行。龙头与洗脸盆结合处，垫以 3mm 厚的橡胶垫圈，采用软加力方法紧固。

(4) 洗脸盆排水管采用塑料软管时，可以采用沈阳市来云生产的多用地漏，直接插入地漏正中，如图 31-2 所示。

洗脸盆台板式安装和化验盆同化验台安装时，其盆与台板的接合处，均用 *YJ* 密封膏嵌缝，防止渗水。其他安装同前，如图 31-3 所示。

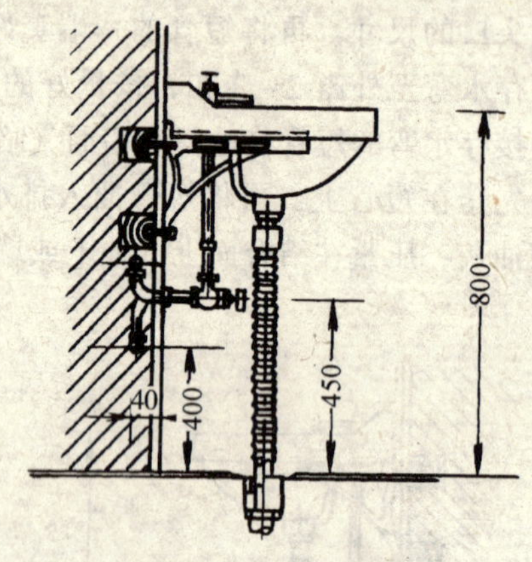

图 31-2 洗脸盆安装图之二

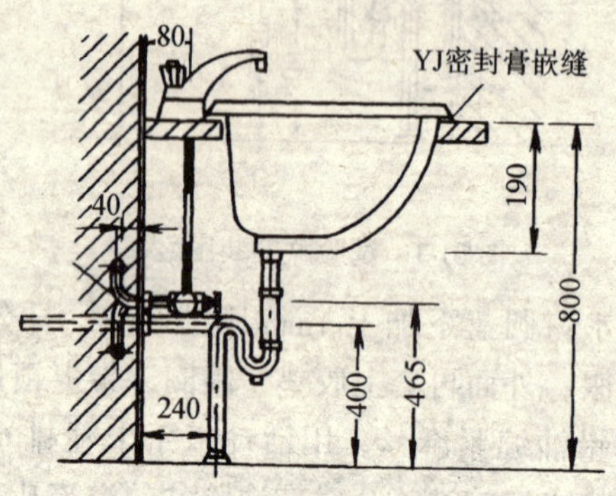

图 31-3 洗脸盆安装图之三

三、成 品 保 护

1. 洗脸盆安完后应把盆内排水栓口临时封严并用草袋子等加以覆盖，防止被砸碰损坏。

2. 单位工程未正式交工前严禁使用。

3. 办理工序交接手续，根据不同的工程特点制定出有针对性的成品保护措施。

四、质 量 标 准

1. 给水连接管各接口及阀件，排水连接管各接口必须严密不漏。

2. 排水连接管径和最小坡度必须符合设计要求和施工规范规定。

3. 木砖应防腐良好，埋设平整牢固，器具放置平稳。

4. 各镀铬件完好无损伤，接口严密，启闭灵活，排水栓安装应平正、牢固，低于排水表面，无渗漏。

5. 安装坐标允许偏差：单独的为 10mm，成排的为 5mm，安装标高允许偏差：单独的为 ±15mm，成排的为 ±10mm，水平度允许偏差 2mm，垂直度允许偏差 3mm。

五、安全注意事项

1. 搬运器具时要轻搬慢放，防止器具裂损和不慎伤人。

2. 木砖要栽埋牢固，待达到强度后再装设支架和洗脸盆，以防器具坠落伤人。

六、质量通病及其防治

质量通病及防治方法见表 31-1。

表 31-1

序 号	质 量 通 病	防 治 方 法
1	坐标或标高不准	1. 栽木砖前认真核对水平标高线、隔墙线及安装中心线和高度水平线的准确性 2. 洗脸盆与支架实物组合时，所量尺寸必须准确，木砖位置准确 3. 安装支架时核实好尺寸再固定

续表

序号	质量通病	防治方法
2	冷热水管道或水嘴相互位置安装颠倒	给水甩头的位置要认真核对，安装管道水嘴，必须符合上热下冷，面向前方、左热右冷的原则
3	管道接口或反水弯脱落漏水	1. 管道丝扣要符合质量要求，加好油麻填料 2. 安装时要用与管径相匹配的管钳子 3. 水封存水弯上承口要加好油灰，下插口加好油灰石棉绳（或麻）填实堵牢 4. 安装后防止碰撞、扭动反水弯
4	洗脸盆不平整松动	1. 安装洗脸盆时认真做外观检查，对翘曲不平、不合格品不使用 2. 支架固定时要用水平尺加以平整核对 3. 支架栽牢固，支架上有固定器具卡件时要认真加以紧固
5	台式洗脸盆向外溅水	台式洗脸盆安装时，必须将台板找平，不可向外倾斜

32. 室内供暖管道的测绘和定位

一、施　工　准　备

1. 材料

(1) 管件、阀件、型钢、一头短丝。

(2) 粉笔、小线、石笔、锯条。

2. 机具

手锤、钎子、水平尺、钢盘尺、钢卷尺、角尺、锯弓、靠尺、线坠、墨斗盒。

3. 工作条件

(1) 土建主体工程基本完成。穿楼板孔洞均预留好。已弹出地面水平线（或基准线）。室内装饰的种类及厚度已确定。

(2) 施工图已通过会审，技术资料齐全。质量、安全等已进行过技术交底。

(3) 散热器安装就位。

二、施　工　工　艺

室内供暖管道组成如图 32-1 所示。

工艺流程

修凿孔洞 → 水平干管测绘 → 立管定位、立支管测绘

1. 修凿孔洞

(1) 根据已施工的室内地沟供暖干管上的立管甩头、散热器的安装位置，经量尺后确定立管位置参见图 32-2、图 32-3。先在初步定位的楼板上打出直径 20mm 左右小孔，用线坠向下层楼板吊线，找准立管中心位置再打出下一层小孔，依次确定各层立管

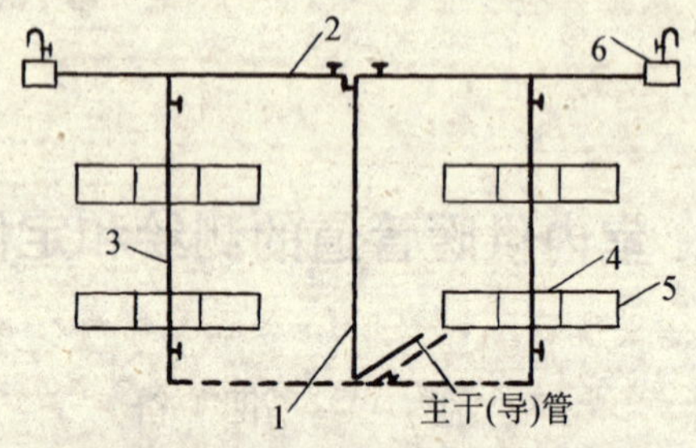

图 32-1 室内热水供暖系统组成

1—主立管；2—供暖水平干管；3—立管；
4—散热器支管；5—散热器；6—集气罐

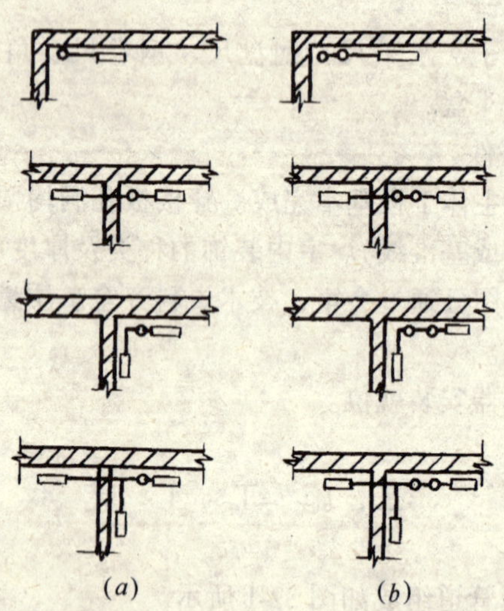

图 32-2 立管布置尺寸

(a) 单管布置；(b) 双管布置

中心位置。同时要保证立管中心距墙尺寸符合规定。

各类管道距墙尺寸：

送水干管中心距墙 100mm

回水干管中心距墙 70mm

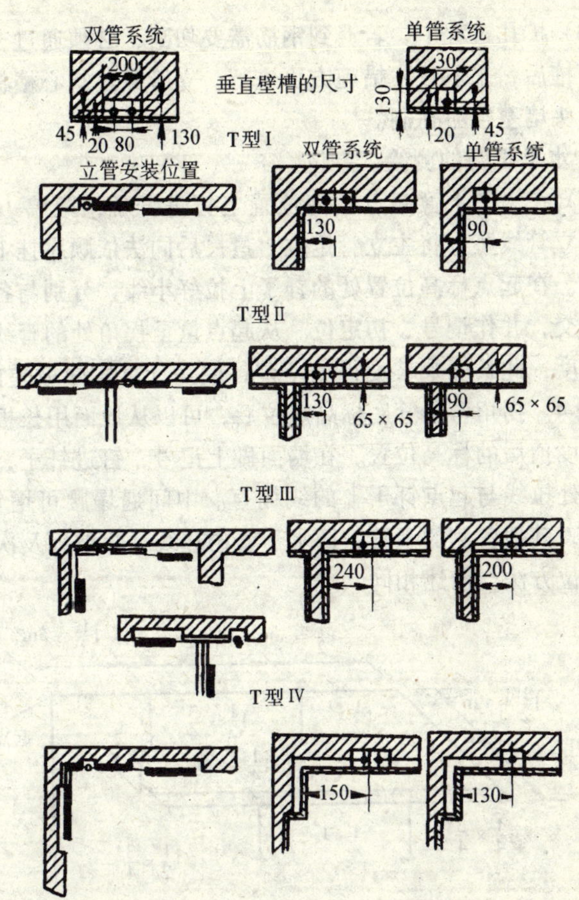

图 32-3　暗设时立管的安装位置

立支管中心距墙	50mm
双立管（送回水）中心距墙	80mm
散热器中心距墙	115mm

(2) 定位全部完成后复核、校对尺寸无误，方可根据送水、回水的立管中心，修凿小孔，使其达到在立管上安装套管的要求。一般，套管的内径不超过所通过管子外径的 6mm。扩凿小孔时，严格控制尺寸，孔洞直径比套管外径大 50mm 左右。

（3）扩孔过程中，若遇到钢筋需要切断，必须通过土建技术人员商榷后，采取技术措施方可进行。立管穿过空心楼板时，必须用砖头堵塞空心孔洞。

2. 水平干管的测绘、定位

（1）在水平干管起点标高位置上钉进钎子，距墙 100mm 处挂上主立管线坠，将主立管定位。量尺后同法依顺序挂上次根立管线坠。在起点标高位置处的钎子上拉好小线，分别与各立管的垂线相交，并作记号、初定位。从起点量至拐角处的管线拐角位置的长度，此长度乘坡度得坡度差，便是计算实际坡差的依据，见图 32-4。拐角弯头管底标高定位后，可以从地面用长板条量至加进坡度值后的标高位置，在墙面做上记号，钉进钎子，在距墙 100mm 处拉线与起点钎子上的线绷直。中间遇塌腰可增钉钎子。拐角后，其他各侧的干管、回水干管的挂线、找坡以及次立管甩头的定位方法与前述相同。

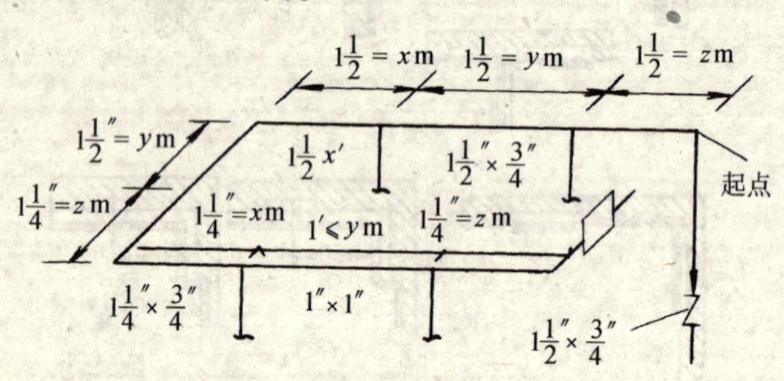

图 32-4　供热干管测绘加工图

（2）将实测的管道长度标注在事先画好的测绘加工图上，参见图 32-4、图 32-5。同时，凡是设计图中表示不出的附属零件等尺寸都须在图上标清。例如每段的管径、立管分支点、阀门、立管上的分支三通、弯头、变径等。分支连接参见图 32-6。主立管与干管连接。

（3）水平干管的挂线待管道支架栽完方可拆除。

（4）按支架的规格、间距定位、按本工艺标准相关工艺剔孔

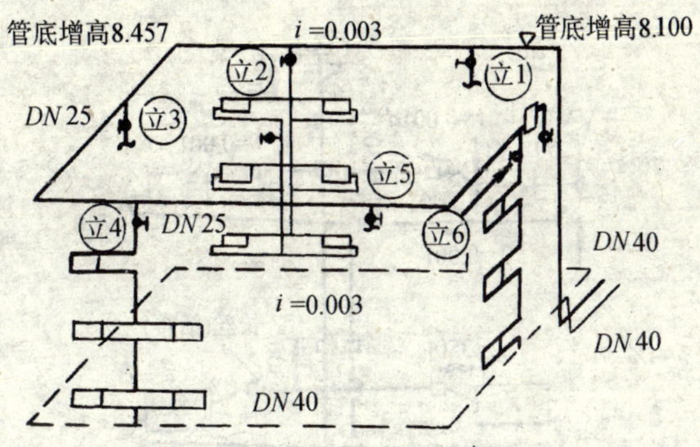

图 32-5 热水供暖示意图

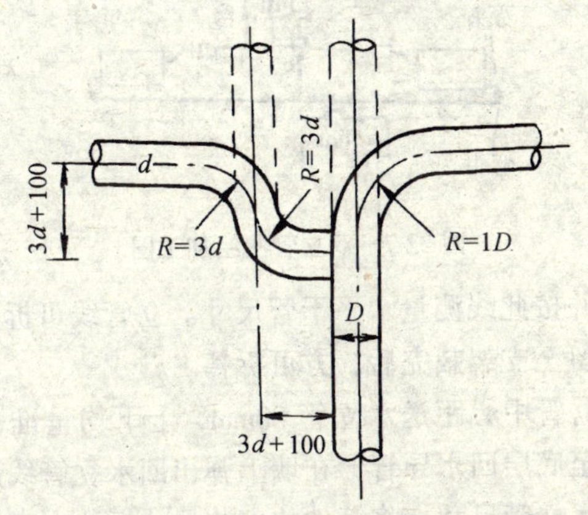

图 32-6 主立管与分干管连接

洞栽支架。详见本工艺标准支、托架工艺。

3. 双立管供暖系统

确定平面上立管的位置尺寸，参见图 32-7。

（1）立管的测绘：

①按双立管测绘加工图所示位置，在水平干管的立管甩口位置上钉钎子，吊线坠向下挂垂线至底层散热器供水（汽）支管下皮，待线坠稳定后，钉进钎子将线固定。上下均距墙 50mm，以垂直为准。再用角尺将垂直线位置过至墙上，弹出线迹，便于安

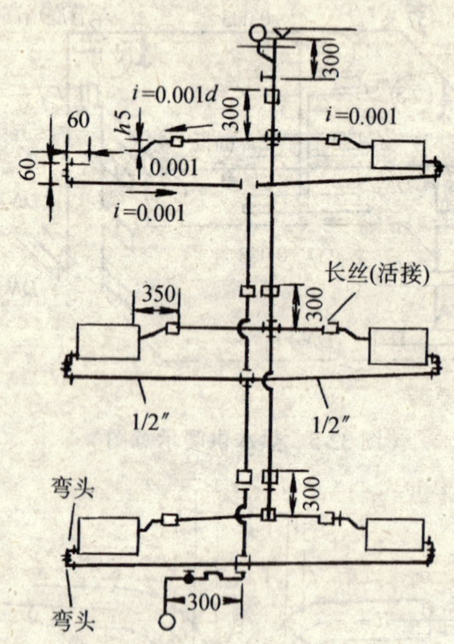

图 32-7　双立管测绘加工图

装时核对。并按此线测量水平干管尺寸。立管线可拆掉。但水平干管线应保留至支架栽完后，方可拆掉。

②回水立管中心距送水立管 80mm，上下均量准，从顶层的回水管上皮至底层回水导管，在墙上弹出回水立管线迹。

③量送水立管尺寸。将管件的安装尺寸标注在事先画好的加工草图上，见图 32-7。从水平干管底皮至立管阀门中心为 300mm；长丝距每层送水（汽）支管三通或四通（向上）300mm，立管中心距墙 50mm，而水平干管中心距墙 100mm，两管中心差为 50mm，此数即为立管与干管相连的灯叉弯弯距。见比量法下料。

从送水水平干管底皮至三层送水（汽）支管四通，称为第三层立管，至此时上下两端尺寸已标注在图上，只须量全长减去上下两端即为中间尺寸。若立管与干管为焊接，宜加长 10～20mm，回水立管上不加。

④从二层立管四通至三层立管四通，称为第二层立管（即标准层)。从三层立管四通向下量至回水立管三通，标注尺寸，为送水立管上抱弯中心，继续向下量至二层送水立管四通减去300mm，此值为中段长。

由四通接着向下量至抱弯，从抱弯中心量至一层送水三通减去300mm，为一层送水立管中段长度。

⑤回水立管量尺。从三层回水立管上的三通（顶层）向下量至二层送水的立管四通，即为抱弯中心，再减去300mm，为上段管长。然后从抱弯中心量至四通，为三层回水立管下段长度。

二层（标准层）同三层量法一样。

⑥底层回水立管量尺。从一层四通的中心量至回水干管底皮，减去干管外径后等分，即为四通中心至弯头中心尺寸。弯头至弯头中心此段横管一般为300mm。

(2) 散热器支管的测绘：须从散热器回水管开始量至送水支管。以图32-5、32-7为例。

①从散热器出口的补心（与墙面平行）向前量68mm（加上接进散热器补心的丝扣长12mm共为80mm）至弯头中心。挂上线坠，从线坠的垂线量至回水立管垂线，得出散热器回水管下部横管长（尚未加坡度）。

②散热器进水（汽）口灯叉弯的弯距为65mm（散热器中心距墙115mm减去支管距墙50mm)，将补心的表面用角尺过至墙上，量至送水立管线尺寸，再加上出口68mm的水平短管，为上部横管长。量出尺寸注在草图上为加工依据，标在墙上，安装时便于核对。

③立管与横管相交的四通或三通定位。从散热器出水口补心向下量60mm（称小立管)，再加上下部横管长的坡度差，用钢卷尺从出口补心的中点向下量出此二数之和。然后用水平尺将此数过至墙面作上记号，从地平线引至回水立管上，画十字为标记，即为四通或三通的位置。

④散热器送水（汽）支管量尺。安装灯叉弯并用气焊加热使

其与墙平行。用短管在灯叉弯上找水平度。然后在横管中心与立管线的交叉点上加坡度差，将此值过至墙面标上十字，此标记为送水支立管相交的四通（或三通）位置。然后卸下短管。

灯叉弯的长度为350mm加上补心丝扣长12mm，用尺顶在灯叉弯的另一端量至送水立管线，为图32-5、图32-7中的送水支管未标尺寸管段。

4. 单立管供暖系统

立管在平面上定位尺寸，参见单立管测绘加工图。

(1) 立管的测绘

①在水平干管的立管甩口位置钉上钎子，向下挂垂线至底层散热器回水支管的下皮，待线坠稳定后，钉进钎子将线固定住，上下均应距墙50mm，必须保持垂直。再用角尺将垂直线位置过至墙上，弹出线迹，以便安装时核对。

②量立管尺寸。先将各类管件的尺寸和安装位置标注在事先画好的加工草图上。立管上的阀门距水平干管底皮（向下）300mm，长丝（或活接）距送水（汽）支管的三通（向上）300mm。立管中心距墙50mm，水平干管中心距墙100mm，两管中心差50mm即为立管与干管相连的灯叉弯间距，见图32-8所示。

③从送水水平干管底皮至三层送水（汽）支管三通，称第三层立管，此时上下两端的尺寸已标注在草图上，只须再量出三层立管全长减去上下两端尺寸及散热器送水支管坡差后为中间尺寸。若立管与干管为焊接时，宜加长10~20mm。

④从三层立管回水的三通至二层立管送水（汽）三通，称为第二层立管（即为标准层）。量出此段全长减去散热器支管坡度值，再减去拧进三通丝头长的部分尺寸，即为加工尺寸。

⑤从二层立管回水三通量至一层立管送水（汽）三通，称为一层立管。将其全长减去散热器支管坡度值，再减去拧进三通丝头后三通剩余部分尺寸，即为一层立管加工尺寸。

⑥从最底层立管回水三通量至总回水干管底皮，减去干管外

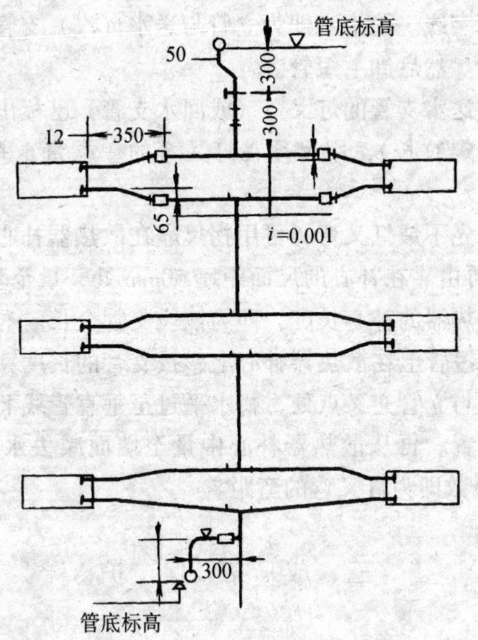

图 32-8　单立管测绘加工图

径后等分，即为三通中心至弯头中心尺寸。从弯头至弯头中心此段横管一般为 300mm 左右。

(2) 散热器支管的测绘

①确定散热器的灯叉弯。散热器中心距墙 115mm，减去支管中心距墙 50mm 后为 65mm，此值为灯叉弯的弯距。

从散热器送水（汽）的补心向前与墙面平行量至长丝接口为 350mm，加上补心的丝头长 12mm，减去长丝件尺寸即为灯叉弯的安装长度。所量的尺寸除标注在草图的管段上，还须将所量出的尺寸记在墙上，安装时核对。

②将煨制好的灯叉弯安装在散热器的补心上，可用水焊火烤灯叉弯使其与墙面平行。所安装的灯叉弯应达到一致。再用短管接在灯叉弯上找平找正，计算出支管长的坡度差值，在横支管中心与立管垂直线的交叉处，加上坡差值后，用水平和角尺过至墙

面上画好十字线。此十字即为立管与送水（汽）支管或回水支管的三通接点。然后卸下短管。

散热器送水支管的灯叉弯（或回水支管）已标出350mm（须另加补心的螺纹长），用尺顶在灯叉弯的一端量至垂直立管线，为该段管长。

③如事先不煨灯叉弯，可用拐尺靠在散热器补心外表面与墙成90°角，再由靠在补心的尺面距墙50mm处，量至垂直立管线，加上拧入散热器的补心长度，即为该段支管全长。

④再将短管上在散热器补心上，按支管的长度算出坡差，加在横管中心与立管交叉点处，找水平过至垂直管线上画十字，为立管三通位置。再从散热器补心中量至墙面减去水平支管距墙50mm，剩余数即为灯叉弯的弯距。

三、成　品　保　护

1. 测量定位的墨线在安装前进行检查、校核，防止被涂抹。

2. 测绘制成的加工草图应详细检查，防止有误。并注意保管，安装时对照就位。

3. 水平干管的拉线在支架未裁完前注意保护，防止交叉作业中被碰断。

四、安全注意事项

1. 同一垂直面上下交叉作业必须戴安全帽。

2. 高空作业时，严防登滑或踩探头板。

3. 高空作业时，要系安全带。

4. 高空作业时，登梯或登高凳上高，下面应当设专人进行扶梯（凳），以防滑倒。

5. 高空作业中使用的工具和机具，应当装在专用袋中，防止落下伤人。

五、质 量 标 准

1. 管道位置定位线均应符合设计标高、坐标、坡度、变径的要求。

2. 测绘草图绘制要做到尺寸准确，图面清晰，凡是设计图上未注明者，在测绘草图上均标注齐全、详细、准确，如管子变径的位置、管件尺寸等。

3. 测绘草图在绘制中，应测定本工程实际所用的管件、阀件的各类丝扣所占的长度，以确保加工的质量。

4. 支架的制作安装过程，严格按规定工艺进行。

六、质量通病及其防治

质量通病及防治方法见表 32-1。

表 32-1

序 号	质 量 通 病	防 治 方 法
1	水平干管的坡度不一致	1. 水平拉线时须绷直拉线中有塌腰的地方要补钉钎子 2. 支架未安栽以前不能拆除拉线
2	立管不垂直	根据设计进行实地吊线定位，如与设计有出入，以测绘图为准
3	散热器支管未作坡度	测绘过程中，第一次得出散热器出口下部水平管是未加坡度值的尺寸。应加横管长的坡度值才是测绘加工长度
4	管道距墙尺寸不符合规定	1. 土建应当给出准确的装修面的厚度尺寸 2. 测绘时，要严格掌握和扣除管道距墙的间距

33. 室内供暖管道预制加工

一、施　工　准　备

1. 材料

(1) 焊接钢管、无缝钢管。管材不得有弯曲、锈蚀、毛刺、卡筋、重皮及凸凹不平等现象。型钢、圆钢、麻丝、石棉绳、阀件、管件、聚四氟乙烯生料带等。

(2) 锯条、机油、汽油、铅油、石笔、小线。

2. 机具

(1) 切管机、套丝机、煨管机、电汽焊工具、套丝扳、铰扳、电锤、电带丝。

(2) 管压力案子、管压力、扳牙、手锤、手锯、管钳子。

(3) 钢盘尺、钢卷尺、角尺、线坠、水平尺。

3. 工作条件

(1) 测绘加工图已完成，核实后无误。

(2) 穿楼板，墙孔洞已预留或修凿好，并符合规定。

(3) 附属采暖管道（供汽管道）阀件、管件均已进场。

(4) 散热器已组装、试压、安装就位，经检查无误。

二、施　工　工　艺

工艺流程

下料、套丝、调直 → 灯叉弯、抱弯、支架加工 → 编号、捆绑

根据实际测量绘制标注的草图进行预加工。

1. 下料

要用与测绘相同的钢卷尺、钢盘尺进行量尺下料。按本工艺

标准中的比量法下料，并注意减去管段中管件所占的长度，加上拧进管件内螺纹的尺寸，留出切断刀口值，然后在管子上划出标记，写清编号。

2. 套丝、焊制

用机械或手工套丝时，先用所属的管件试戴丝扣。试扣时，要注意阀门、三通、弯头、管箍、锁母、活接头等管件，同规格而不同类型的内螺纹丝扣松紧度上是有差异的，切不可用一种管件代替其他试扣。套丝的程序应该按工艺标准相关工艺的要求进行。如果套丝不严格按本工艺标准及规范要求进行，就会由于螺纹连接上的差误，使阻力增加，散热器不热。特别是支立管四通、三通连接时，丝扣过长伸进管件内部，造成大阻力，如图33-1所示。使散热器不全热，甚至全不热。阀门与管道丝接，丝扣过长会造成管头在阀内折边，减少水流面积，降低流量，如图33-2。

焊制变径管件时，在热水供暖的供水管和回水管道应上皮取齐一平；蒸汽供暖中，供汽管道为下皮取齐一平，凝结水管必须中心线取齐并且在一条直线上，见图33-3中所示。焊口的操作参见本工艺标准的焊接工艺。

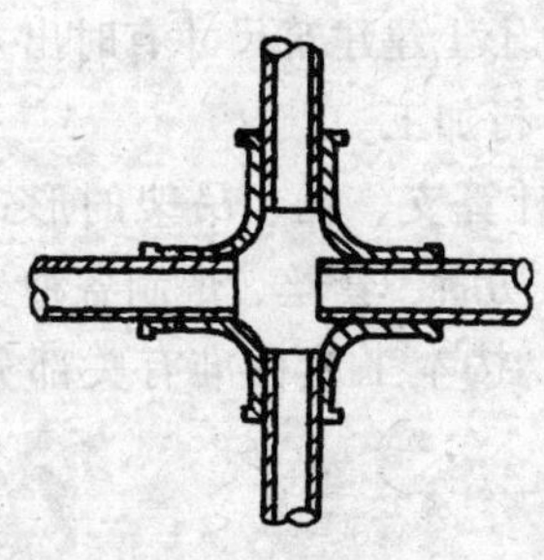

图33-1　螺纹过长增大阻力

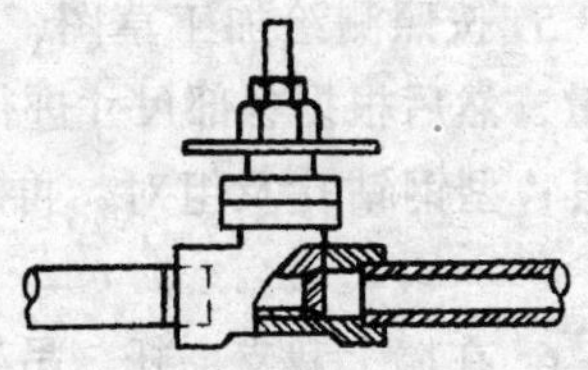

图33-2　螺纹过长减小流量

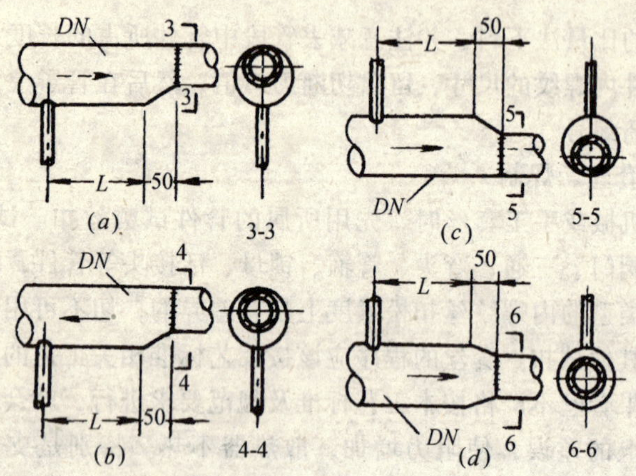

图 33-3　干管变径详图

（a）供水管；（b）回水管；（c）供汽管；（d）凝结水管

3. 调直

调直前，先将有关的管件用管钳子上好，调直后需拆卸按编号分别捆绑好待用，因此应事先用油漆在接口处作上标记，安装时必须对准记号。调直工艺按本标准进行。

4. 加工支立管的灯叉弯（来回弯）和抱弯

根据测绘的加工草图上标注的尺寸，用压力或汽焊按本工艺标准相关工艺加工成型。加工前先做好灯叉弯和抱弯的样板，加工后认真核对实际尺寸，编好号。由于土建建筑尺寸有时出入偏大，灯叉弯也可在支管安装过程中再行加工。

5. 按照测绘加工草图，选择和计算支、托、吊架的形式和数量，然后根据各部尺寸进行号料、切断、套丝、煨制各种类型卡具；型钢钻孔及组对，再行安装。按本工艺标准有关部分进行。

6. 在墙上栽支、托、吊架

用水冲湿孔洞，灌入 2/3 的 1:3 的水泥砂浆，将托架插入洞内，栽入深度必须符合设计要求，找正托架对准挂好的小白线，然后用石块或碎砖挤紧塞牢。再用水泥砂浆灌缝抹平，待支、托、吊架达到强度后方可上管。

7. 编号、捆扎

先将丝扣接头处露出多余的丝头，用断锯条切除，再用布条将其清理干净。将预制件逐一与加工草图进行核对，检查其尺寸、规格、间距、位置、数量是否符合要求。将下料加工时所标注在预制件上的编号及尺寸，用铅油再描清楚，分类捆扎运至安装地点。

三、成 品 保 护

1. 加工过程中，对标注的记号、尺寸、编号均注意保护，以免弄错。

2. 调直时，注意不得损伤丝扣接头。

3. 加工的半成品要编上号捆扎好，堆放在无人操作的空屋内，安装时运至安装地点，按编号就位。

4. 尚未上零件和连接的丝头，要用机油涂抹后包上塑料布，防止锈蚀、碰坏。

四、安全注意事项

1. 使用带丝套扣进刀退刀时，用力要均衡，不得用力过猛。压力案子上不准放重物，套丝板用后不准立放，以免倒下伤人。

2. 若两人拉锯断管，要相互配合，用力要均匀，断至尾部时，扶住管子，以免管子突然坠落，砸伤腿脚。

3. 使用机电设备前，先检查有无漏电，如有故障，必须经电工修理好方可使用。机电设备应有保护罩和接地线路，绝缘性能要良好，电源开关要设于专用开关箱内，下班时断电上锁。操作电动弯管机时，勿接近旋转的弯管模。

4. 操作机电设备时，严禁戴手套，并应将袖口扎紧。女同志应戴工作帽，严禁在运转过程中检修机具设备。

5. 使用手锤前，先检查锤头牢固否，使用砂轮锯应有防护措施，机具上不准随意放重物。

五、质 量 标 准

1. 管道断口后的飞翅应当处理净，锯口应平整。符合标准方可进行下道工序。

2. 套丝后，丝扣应完整、无乱丝、断丝，符合本工艺标准中的技术规定。

3. 管道组装后，管道表面不应有飞刺、麻（石棉绳）丝头和环型沟迹。

4. 煨制 ϕ50mm 以内的管子，其半径一般不应超过管子直径的 2.5 倍，以免煨制弯倍数过大，安装时占地过多。

六、质量通病及其防治

质量通病及防治方法见表 33-1。

表 33-1

序 号	质 量 通 病	防 治 方 法
1	管道断口后带飞刺	使用砂轮锯片断管后应该铣口
2	丝头加工后缺扣	套丝时，要按规定板数套成，不可一板套成，套丝时，必须加润滑油
3	管道局部凹陷	1. 调直时，手锤用力不能过大，更不可锤击太集中，用力应适中 2. 若管道弯曲过死时，或管径过大，严禁用锤击，应采用加热调直
4	管道上阀门被顶坏	管子的外螺纹长度应比阀门上的内螺纹长度短 1~2 扣丝，其他接口管子外螺纹长度也应比所连接的内螺纹稍短点，套丝扣时，应先量准尺寸

34. 室内供暖管道安装

一、施 工 准 备

1. 材料

(1) 预制加工的干、立、支管半成品。

(2) 焊接钢管、无缝钢管。

(3) 可锻铸铁管件、钢制管件。管件不得有偏扣、方扣、乱扣、丝扣不全和角度不正等现象。

(4) 截止阀、闸阀、旋塞、自动排气阀、集气罐等，各阀件均不得有裂纹，开、关应严密灵活，手轮无损伤。

(5) 管卡、机油、汽油、铅油、电焊条、石棉垫、石棉绳、石棉橡胶垫、麻丝、石笔、小线、焊丝、聚四氟乙烯胶带、锯条、碎布。

(6) 疏水阀装置，除污器装置，减压阀装置。

2. 机具

(1) 切管机、套丝机、煨管机、台钻、电、气焊工具。

(2) 管压力案子、管压力、套丝扳、扳牙、手锤、手锯、活扳手、管钳子。

(3) 水平尺、线坠、钢盘尺、钢卷尺、角尺。

3. 工作条件

(1) 干管安装：位于地沟内的干管，一般情况下，在已砌筑完清理好的地沟、未盖沟盖板前安装、试压、隐蔽。位于顶层的干管，在结构封顶后安装。位于楼板下的干管，须在楼板安装后，方可安装。位于天棚内的干管，应在封闭前安装、试压、隐蔽。

(2) 立管安装：一般应在抹灰后散热器安装完后进行，如需在抹地面前安装时，要求土建的地面标高线必须准确。

（3）支管安装：必须在做完墙面和散热器安装后进行。

二、施 工 工 艺

工艺流程

干管安装 ⟶ 立管安装 ⟶ 支管安装

按测绘的加草图及管道上的编号、标记，将预制好的干、立、支管、⊓型Ω型胀力等半成品加工件及管子组合件，按环路分别运至安装区域或位置上。安装前先与墙上或地沟壁上的记号一一核对，若是在现场边加工、边组对、边安装，则其加工制作工序与预制相同，安装程序按本章节的要求进行施工。

1. 干管安装

（1）干管若为吊卡形式，在安装管子前，先把地沟、地下室、技术层或顶棚内的吊卡按坡向依次穿在型钢上。安装管子时，先把吊卡按卡距套在管子上，把卡子抬起，将吊卡长度按坡度调好，再穿上螺栓，带紧螺母，将管子初步固定好。当设计采用套筒式补偿器时，不可采用悬吊式支架。因为套筒式补偿器仅在管子中心线与伸缩节中心线吻合时方可正常工作。

（2）在托架上安装管子时，将管子先搁置在托架上，上管前先把第一节管带上 U 型卡，上管后将螺栓拧上，然后安装第二节管，各节管照此进行，见图 34-1、图 34-2（支、托、吊架制作与安装详见本工艺标准）所示。

（3）供暖管道安装应从进户处或分支点开始，安装前要检查管内有无杂物。在丝头处抹上铅油缠好麻丝（或石棉绳），一人在末端找平管子，一人在接口处把第一节管相对固定，对准丝口，依丝扣自然锥度，慢慢转动入口，到用手转不动时，再用管钳子咬住管件，用另一管钳子上管，松紧度适宜、外露 2～3 扣为止。清干净麻头。依此法全部安完。管道在过墙、穿楼板及遇伸缩缝处必须先戴上套管。

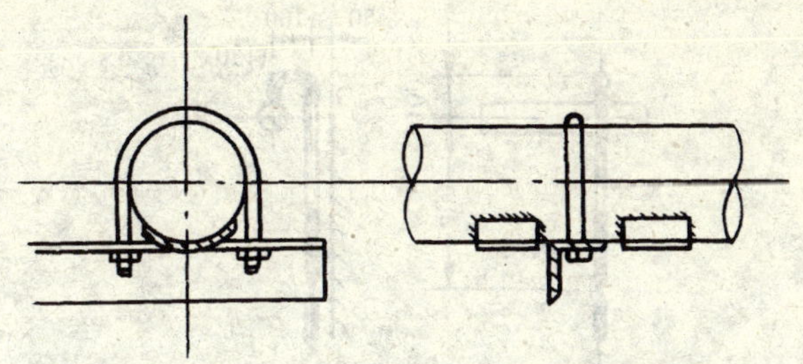

图 34-1　固定托架一般做法

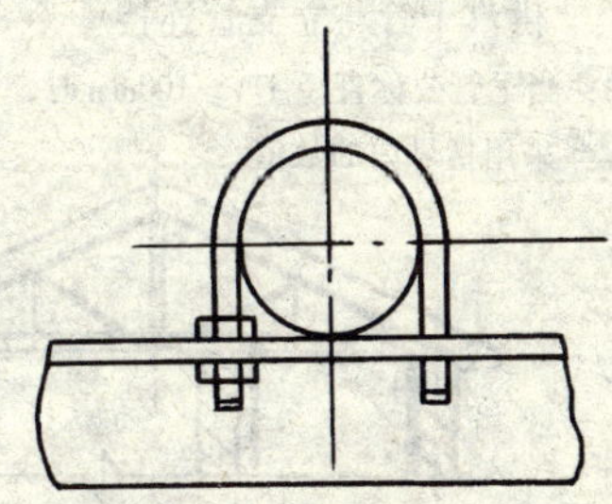

图 34-2　滑动管卡一般做法

(4) 地下室、地沟内、顶棚里、技术层中、楼板下的水平干管多为焊接。安装程序与丝接相同，从第一节管开始，把管扶正找平，使甩口方向一致，对准管口，用眼穿直后即可用气焊点住(或电焊)，ϕ50mm 以下的点焊 3 点，ϕ70mm 及以上点焊 4 点，然后按本工艺标准的相关工艺要求施焊。常见的接点形式，见图 34-3、图 34-4、图 34-5、图 34-6、图 34-7、图 34-8、图 34-9 所示。

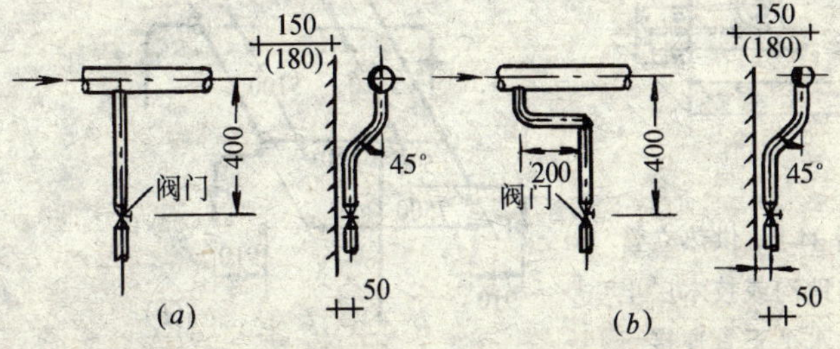

图 34-3　热水供暖系统供水干管与立管连接

(a) 甲型；(b) 乙型

注：当干管公称直径 DN≥100mm 时，采用括号内的数值

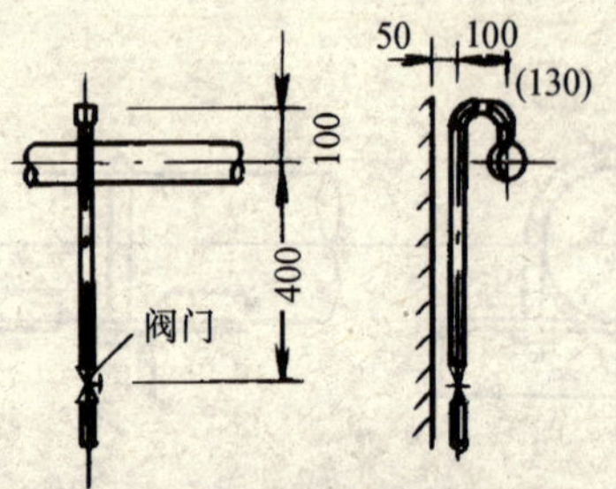

图 34-4 蒸汽供暖系统供汽干管与立支管连接

注：当干管公称直径 $DN \geq 100$mm 时，采用括号内的数值。

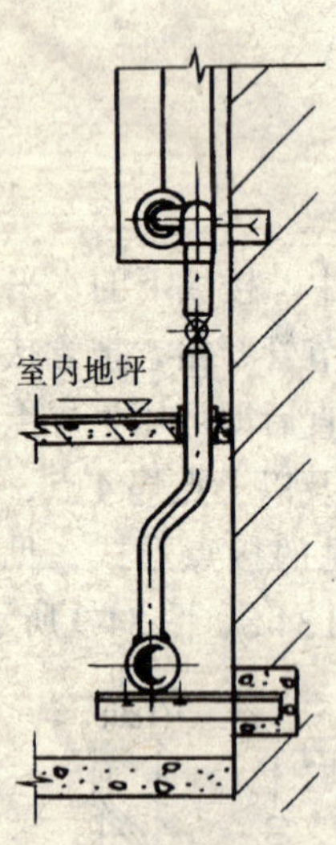

图 34-5 供热立管与地沟或技术层里水平干管连接

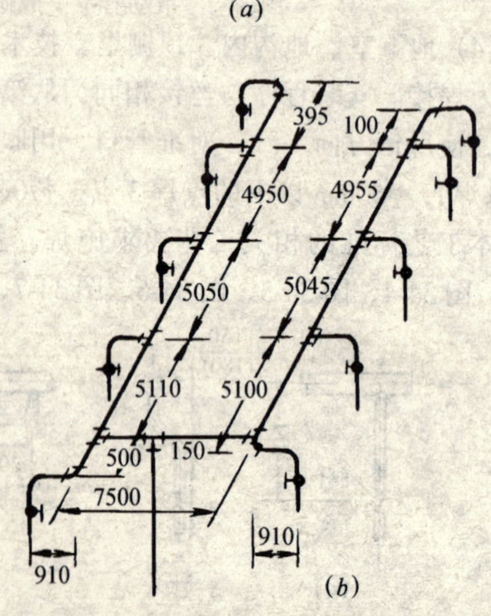

图 34-6 供暖管道安装草图

(a) 断面图；(b) 系统图

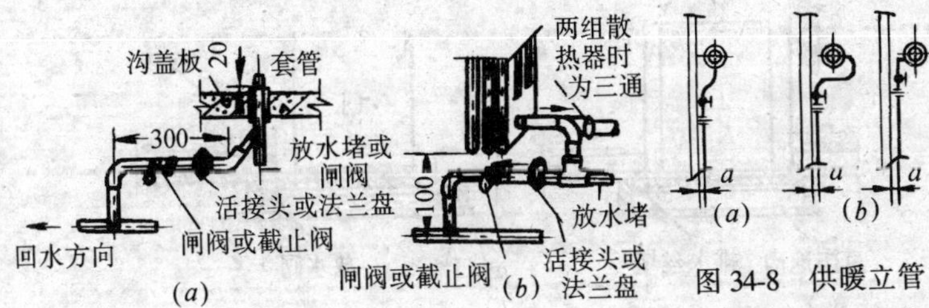

图 34-7　供暖立管与下端干管的连接

（a）地沟内立、干管的连接；

（b）明装（拖地）干管与立管的连接

图 34-8　供暖立管与顶部干管的连接

（a）供暖供水管或生活热水管；

（b）蒸汽管

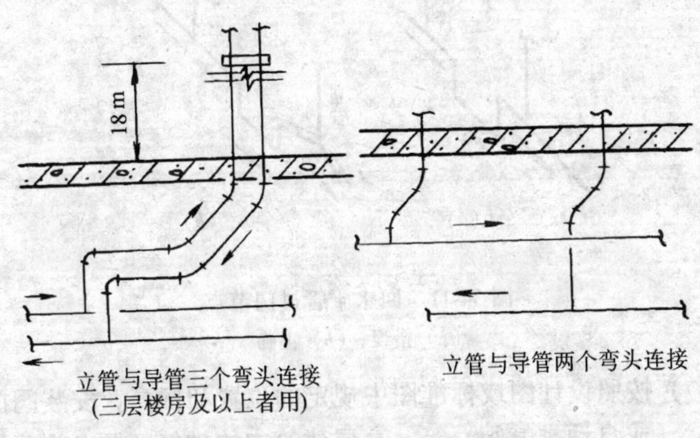

图 34-9　立导管连接示意图（二层楼房及以下）

（5）供暖干管过外门地沟必须按图 34-10 酌情处理。在安装过门回水干管时，局部接点处的施工应严格按标准图进行，如图 34-11 中（b）所示。切不可将就下料，随意连接，如图 34-11 中（a）就出现局部存气，造成某根立管及散热器不热。

（6）遇有方型伸缩器，应在安装前按规定做好预拉伸（见伸缩器制安），用钢管作临时支撑，用点焊固定。按安装位置摆好伸缩器，在其中间位置加支架，用水平尺按管道坡向逐点找坡，把伸缩器两端的接口对正找平后焊接。调整完管道焊牢固定卡后，可除去伸缩器的临时支撑。

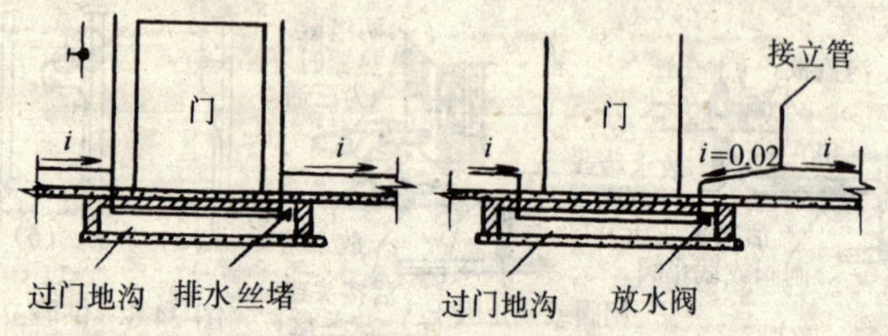

图 34-10 供暖干管过外门地沟及处理
（a）蒸汽回水管过门；（b）热水管过门

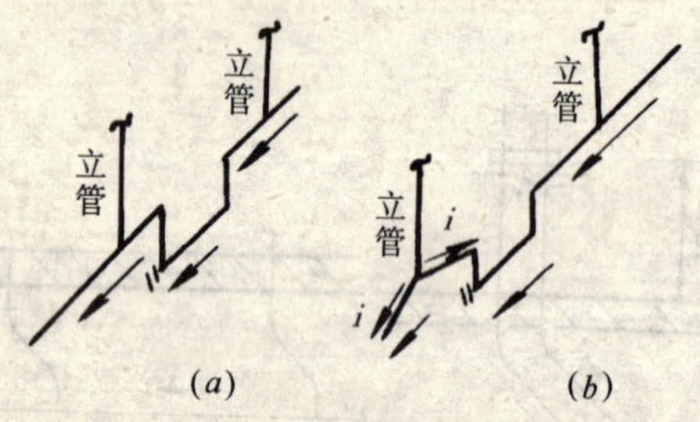

图 34-11 回水干管过门节点
（a）错误；（b）正确

（7）按照设计图或标准图中规定的位置和标高，安装阀门和集气缸（或自动排气阀）等。高层建筑中的排气问题尤为重要应严格按设计规定位置安装，并将排气阀上的排水管引至卫生间或厨房。安装各类阀门时要注意方向，尤其在安装截止阀时决不应该安反。如图 34-12 中示出截止阀的正确方向和错误方向。

（8）管道安装完，首先检查坐标、标高、甩口位置、变径等是否正确，再用肉眼将管穿直吊正。用水平尺校对检查，调整坡度，合格后把吊卡、U 型卡等找正，将螺栓调至松紧适度、平整一致。支吊架安装时尚须按热位移方向偏移 1/2 的热伸缩量，详见“吊架及高支座的倾斜安装”（图 34-13）。最后把固定卡外的止动板焊牢。严禁在距支、吊架 50mm 以内的位置上设置焊口，如图 34-14 所示。

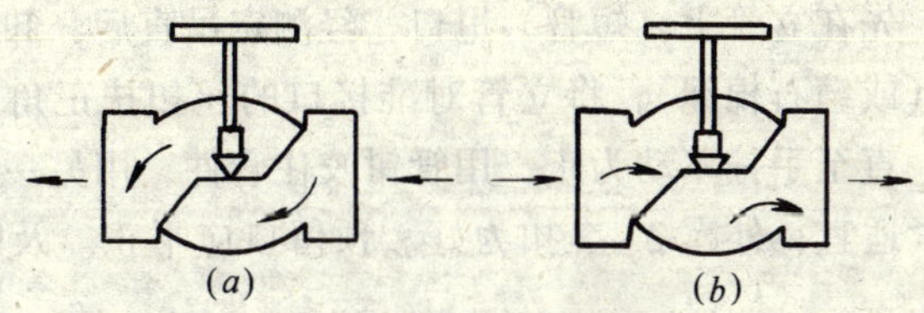

图 34-12　阀门安装

(a) 正确；(b) 错误

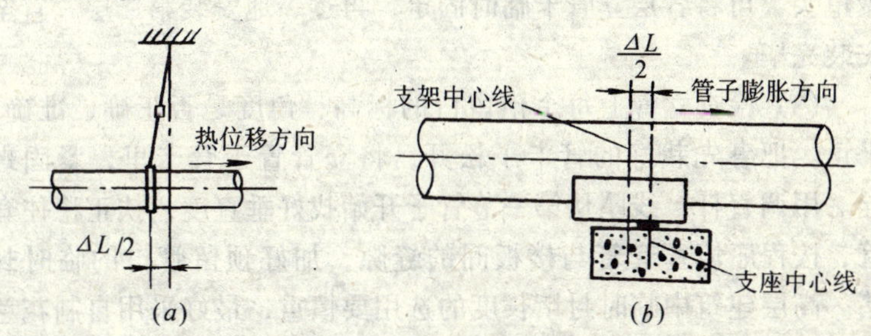

图 34-13　吊架及高支座的倾斜安装

(a) 吊架的倾斜安装；(b) 高支座在混凝土滑托上的安装

(9) 要安好穿楼板的钢套管，摆正后使套管上端高出地面面层20mm，下端与顶棚抹灰面相平。水平穿墙套管与墙的抹灰面相平。然后按程序填堵洞口（详见本工艺标准的有关部分）。

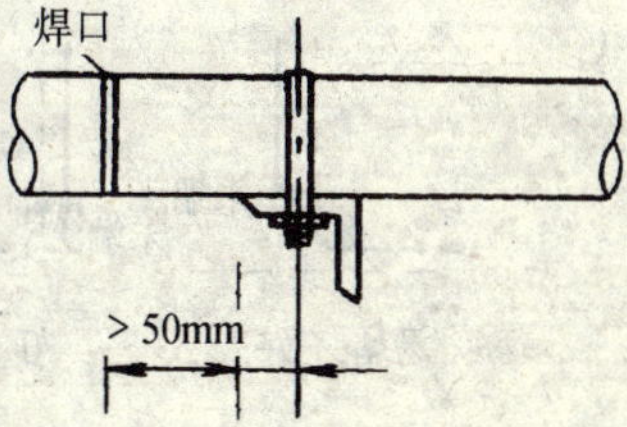

焊口

> 50mm

图 34-14　管道上焊口距支架点的位置

(10) 凡需隐蔽的干管，均须单体进行水压试验，办理隐检和分项验收手续。尽快将水泄净。

2. 立管安装

(1) 首先检查和复核各层预留孔洞是否在垂直线上。

(2) 凡是穿楼板的立管在安装前，将套管穿在管上，按编号从第一节立管开始安装，从上向下（或从下向上），一般两人操作为宜，先在立管上（短管）甩口，经测定吊直后，卸下管道抹油缠麻（或缠石棉绳），将立管对准接口的丝扣扶正角度慢慢转动入扣，直至手拧不动为止，用管钳咬住管件，用另一把管钳上管，松紧适宜，外露2～3扣为好。预留口应平正。及时清净麻头。

依此顺序向上或向下安装到终点，直至全部立管安装完。

高层建筑在管井里安装立管时，甩口用量棒测定，按程序拧紧甩头，可将各层立管卡临时固定，再逐一地安装第二层。直至安装完毕。

（3）检查立管上每个预留口的标高、角度是否正确、准确、平正。把事先栽好的管卡子松开，将立管置于管卡里，紧固螺栓。用调直杆、线坠从第一节管子开始找好垂直度，扶正稳住套管，按程序填塞套管与楼板间的缝隙，加好预留管口的临时封堵。高层建筑中临时封堵长度的选用要慎重，最好采用自制花兰堵头。

（4）安装时应该注意末端立管和干管的接法，避免因泥砂堵塞造成最后一根立管上的散热器堵塞，见图34-15所示。

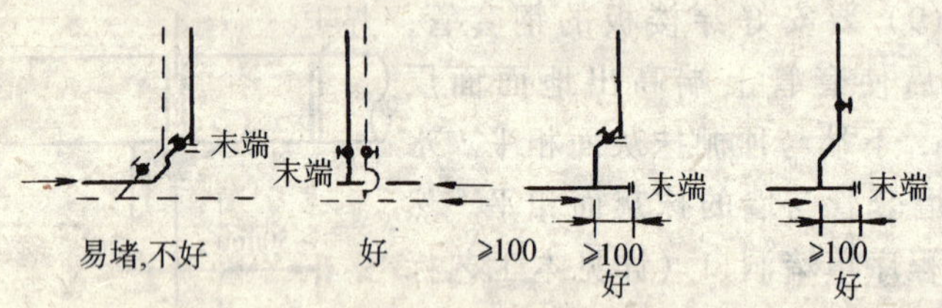

图34-15　末端立管和干管的接法

3. 支管安装

（1）核对散热器的安装位置及立管预留口甩头是否准确，要量尺检查。

（2）散热器支管安装。把预制好的灯叉弯两头抹铅油缠麻，上好活接头或者长丝根母，配管后须找正调直再锁紧散热器。若灯叉弯是在支管安装时在现场煨制，可先将管段套出一头丝，抹铅油缠麻丝上好活接头或长丝根母（加在散热器一侧），再把短节的一头抹油缠麻上到活接头的另一端。按加工草图上量出的尺寸断管、套丝、煨灯叉弯边煨边用样板卡。然后安装散热器支管。设壁龛或暗装散热器的灯叉弯必须与散热器槽的抱角吻合，做到美观。

(3) 活接头安装时，子口一头安装在来水方向，母口一头安装在去水方向，不得安反。

(4) 将预制好的管子在散热器补心和立管预留口上试安装，如不合适，用气焊烘烤或用煨管器调弯，但必须在丝头 50mm 以外见弯。

(5) 丝头抹油缠麻，用手托平管子，随丝扣自然偏度轻上入扣，手拧不动时，用管钳子咬住接口附近，一手托住管钳，大姆指扣在管钳头上，另一手握住钳子将管子拧到松紧适度，丝扣外露 2~3 扣螺尾为止。然后对准活接头或长丝根母，试试是否平正再松开，把麻垫（或石棉垫）抹上铅油套在活接口上，对正子母口，带上锁母，用管钳拧到松紧适度，清净麻头。

(6) 用钢尺、水平、线坠校核支管的坡度和平行方向的距墙尺寸，复查立管及散热器有无移动。合格后固定套管和堵抹墙洞缝隙。

4. 套管伸缩器安装

(1) 套管伸缩器又名填料式补偿器，只有在管道中心线与伸缩器中心线一致时，方能正常工作。故不适用悬吊式支架上安装。

(2) 靠近伸缩器两侧，必须各设一个导向支座，使其运行时，不致偏离中心线。

(3) 安装前须检查伸缩器的规格，套管、芯子的加工精度、间隙等是否符合设计要求。

(4) 安装前，必须作好预拉伸，如设计无明确要求，按表 34-1 规定进行。

套管伸缩器预拉长度

表 34-1

伸缩器规格（mm）	15	20	25	32	40	50	65	75	80	100	125	150
拉出长度（mm）	20	20	30	30	40	40	56	56	59	59	59	63

（5）安装时，要使芯子与外套的间隙不应大于 2mm。

（6）安装长度应考虑气温变化，留有剩余的伸缩量，其值按下式计算。

$$\Delta = \Delta_L \frac{t_1 - t_0}{t_2 - t_0}$$

式中 Δ——芯子与外套挡圈间的安装剩余伸缩量；

Δ_L——伸缩器最大伸缩量；

t_1——安装伸缩器的气温；

t_2——介质的最高计算温度；

t_0——室外最低计算温度。

安装前先将芯子全部拔出来，量出剩余伸缩量值并做出标记，然后退回芯子至标记处。如图 34-16 所示。

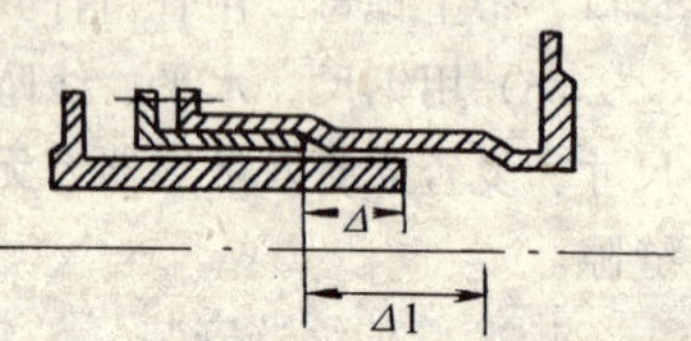

图 34-16 套管伸缩器安装示意图

（7）填塞的石棉绳应涂以石墨粉，各层填料环的接口应错开放置。介质温度在 100℃以内时，允许采用麻、棉质填料。外套拉紧时，其压盖插入套管伸缩器的外皮不超过 30mm。

（8）如固定点与套管伸缩器间的管道不直，从固定点到套管伸缩器间有较大距离时，应设导向支架。

5.“Ω”型伸缩节安装

见本标准室外热力管道安装。

6. 高层建筑供暖系统中几种常见结构有：分层式热水供暖系统（图 34-17）、双水箱分层式热水供暖系统（图 34-18）、垂直双线单管供暖系统（图 34-19）、水平双线单管供暖系统（图 34-20）、水平顺流式系统（图 34-21）、水平跨越式系统（图 34-22）和单、双管混合式系统（图 34-23）。高层建筑施工工艺同上所述。

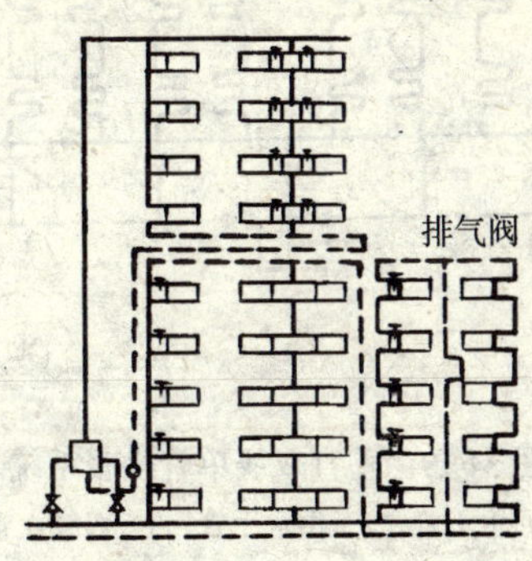

图 34-17　分层式热水供暖系统

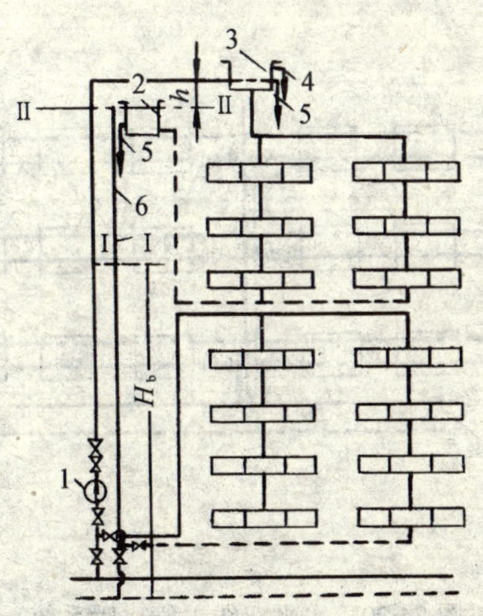

图 34-18 双水箱分层式热水供暖系统

1—用户加压水泵；2—回水箱；

3—进水箱；4—进水箱溢流管；

5—信号管；6—回水箱的溢流回水管

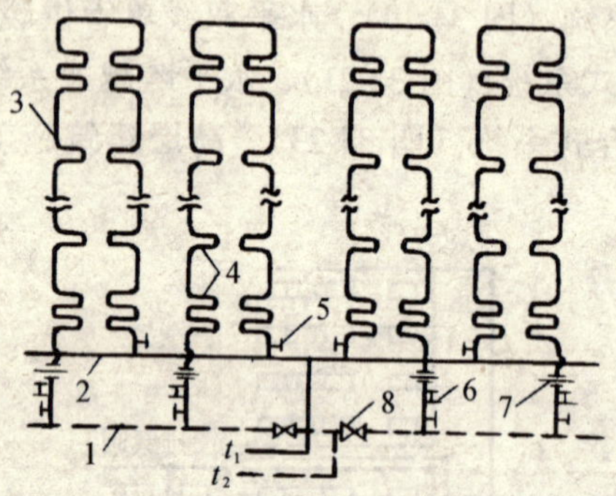

图 34-19　垂直双线单管供暖系统

1—回水干管；2—供水干管；3—双线立管；4—散热器或加热盘管；5—截止阀；6—立管冲洗、排气阀；7—节流孔板；8—调节阀

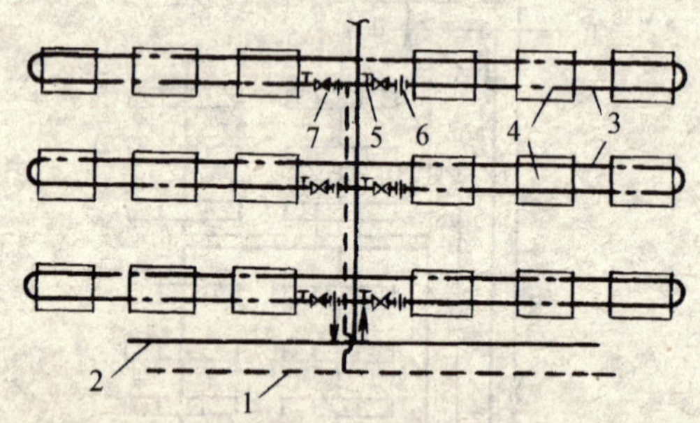

图 34-20　水平双线单管供暖系统

1—回水干管；2—供水干管；3—双线水平管；4—散热器或加热盘管；5—截止阀；6—节流孔板；7—调节阀

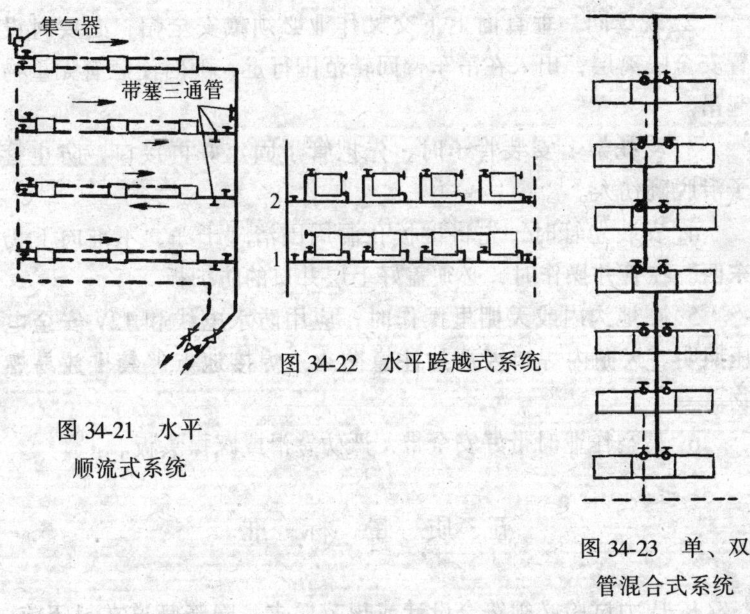

图 34-21　水平顺流式系统

图 34-22　水平跨越式系统

图 34-23　单、双管混合式系统

三、成 品 保 护

1. 安装好的管道不得做支撑用、系安全绳、搁脚手板，也禁止登攀。

2. 抹灰或喷浆前，应把已安完的管道盖好，以免落上灰浆，脏污管道，增加大量清扫工作量，又影响刷油质量。

3. 立、支管安装后，将阀门的手轮卸下，集中保管，竣工时统一装好，交付使用。

4. 管道搬运、安装、施焊时，要注意保护好已做好的墙面和地面。

四、安全注意事项

1. 利用塔吊向楼层运管时，必须绑牢固，以防管子滑脱打伤人。

2. 现场同一垂直面上下交叉作业必须戴安全帽，必要时设置安全隔离层，出入在吊车臂回转范围行走，随时注意有无重物起吊。

3. 支托架上安装管子时，先把管子固定好再接口，防止管子滑脱砸伤人。

4. 安装立管时，先将楼板孔洞周围清理干净，不准向下扔东西。在管井操作时，必须盖好上层井口的防护板。

5. 在地沟内或天棚里操作时，应用防水电线和12V安全电压照明。天棚内焊口要严加注意防火。焊接地点严禁堆放易燃物。

6. 高空作业时带好安全带，严防登滑或踩探头板。

五、质 量 标 准

1. 压力试验必须符合设计或规范要求。隐蔽管道在封闭前，必须提前进行压力试验，作好保温，办理隐蔽检查手续。

2. 管道支托、吊架的安装距离应正确、平正、牢固、与管道接触紧密。构造符合要求，滑动支架要求管道伸缩灵活，固牢支架牢固。严禁将间隔墙作滑动托架用。

3. 伸缩器的安装位置、尺寸、数量必须符合设计要求，并应按规定进行预拉伸。

4. 管道的对口焊缝及弯曲部位严禁焊接支管，接口焊缝距起弯点、支、吊架边缘必须大于50mm（见图34-14）。管道固定支架的位置和构造必须符合设计要求和施工规范要求。

5. 导管过墙分路，若设计未作规定则按图34-24酌情选定。

6. 分路阀门不宜离分路点过远。如分路处是系统的最低点，则须在分路阀门前加泄水。

7. 管道坡度应符合设计要求，正负偏差不超过设计要求的1/3。丝扣连接紧固，不乱丝，外露2～3扣，无麻（或绳）头。焊缝不得有裂纹、烧穿、结瘤、尾坑、夹渣和气孔等缺陷。法兰

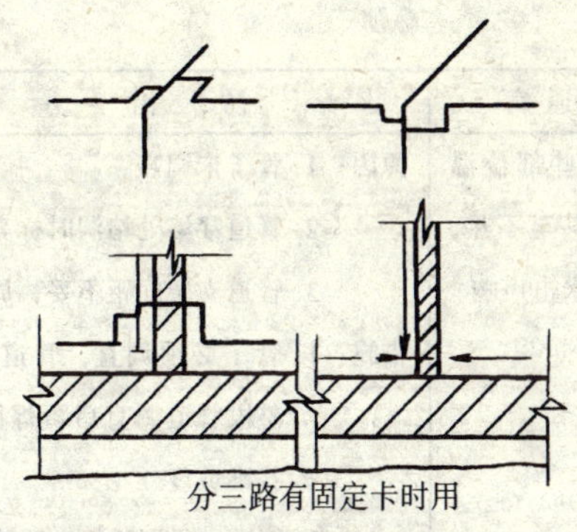

图 34-24　水平干管结点图

连接时，对接平行、严密，不允许用双层以上垫片。螺栓外露丝扣不得大于直径 1/2，螺母应在同一面上。

8. 管道穿楼板及间墙时，应按设计要求、规范规定设置套管。楼板内套管顶部高出地面不少于 20mm。底部与天棚齐平，墙壁内套管两端与装饰面平。

9. 明装管道的接口不得装于结构物或套管内。管道不允许半暗半明，不得吃墙。

10. 阀门安装在同一房间内其高度一致，应安装在便于开关与检修处，其型号、规格、耐压强度和严密性试验结果，符合设计要求，安装位置、进出口方向正确。连接牢固紧密。活接头应设置于管道、阀门便于检修拆除的部位，同房间立管卡子高度应一致，支管超过 1.5m 应设挂钩。

11. 管道和金属管架上的锈污必须清除彻底，油漆种类及遍数符合设计。油漆附着良好，无脱皮、起泡、流淌、污染和漏涂。

六、质量通病及其防治

质量通病及防治方法见表 34-2。

表 34-2

序号	质量通病	防治方法
1	管道某些部位温度骤降，甚至不热，有的产生水击声响	原因：1. 管子未调直 2. 管道穿墙处堵洞时标高移动 3. 管道支架间距不妥，局部塌腰 措施：1. 管子必须调直，管道尽量用转动焊，整段管道调直后再焊固定口，并认真找准坡度 2. 管道变径严格标准连接 3. 管道穿墙处堵洞随时检查坡度，找准坡度方将堵洞工序完成 4. 重新按本工艺标准规定调整支架间距
2	立管不垂直、距墙尺寸不一致、接口别劲、出弯	原因：1. 测量管道甩口尺寸使用量尺不当，如皮卷尺误差较大 2. 土建墙轴线偏差过大 3. 穿楼板卡住 措施：1. 在现场实测量尺，必须用同一量具，并且要用误差小的钢卷尺或模棒、模具、模板 2. 各工种严格控制施工误差及偏差 3. 楼板洞预留要准，剔洞找正时要吊线、找垂直定位。支管下料应准确，丝扣角度应正，安装前要预安装，不得推、拉立管 4. 干管上的立管甩头要准，立管下料时，应按比量法准确地扣除管件、阀门所占的实长。按标记位置掌握各种管件、阀门与管道连接时松紧程度的差异。按工艺标准加工合格的丝扣

续表

序号	质量通病	防治方法
3	散热器供热不正常、窝汽，甚至有的不热	原因：1. 立管上的支管甩口位置不准，连接散热器的支管倒坡 2. 地面施工的标高偏差大，导致立管上原甩口不合适、倒坡 3. 各组散热器连接支管距离相差较大，支管下料用同一尺寸，造成支管过长的坡度＜1% 4. 自然循环系统中，某一立管的供水管接至回水干管上，而回水立管却接至供水干管上，造成这副立管上散热器就不热 措施：1. 应拆除支管，修改立管上支管预留口间长度 2. 必须纠正，重新连接
4	水平干管不能合理伸缩导致支架损坏	原因：1. 固定支架没按规定焊接挡板 2. 活动支架的 U 型卡两头丝扣套丝并拧紧了螺母 措施：1. 固定支架应焊装止动板 2. 活动支架的 U 型卡应一头套丝，安装两个螺母；而另一端不套丝，插入支架的孔眼中，保证管道自由滑动，见本工艺标准支架制作与安装 3. 支架应用钻头钻眼，不得用汽割割孔

续表

序号	质量通病	防治方法
5	供暖系统失调或局部不热	原因：1. 截止阀被安装反了，增加了系统阻力或阀板脱落而切断水路 2. 干管反坡、积气 3. 热水系统局部不热往往是堵塞造成的。堵物种类有泥砂、垃圾、麻丝、布头、铁屑、木块、铁熔渣 措施：1. 局部进行返修 2. 管子灌砂煨弯后，必须清理干净管腔；断管后，清除干净管口飞刺 3. 铸铁散热器组对时把腔内余留砂子清除干净 4. 汽割开口后的管道及时清除落入管腔内的铁熔渣 5. 管子安装之前，做到一敲二看，管腔洁净、畅通方可用 6. 室内供暖系统安装全部完成后认真冲洗干净后，再与外网连接
6	供暖管道冻裂	原因：1. 试压水未及时排除，过冬时管道冻裂 2. 干管和水平干管坡度不准，有凹陷处，停运后存水 3. 管道局部堵塞，停运后积水 措施：找出冻裂的位置，及时进行返修
7	麻丝头不净	丝扣接头连接后，立即用断锯条和碎布将麻丝头清理干净

35. 分(单)户计热供暖(锁闭阀型)系统安装

一、施 工 准 备

1. 材料

(1) 钢管、管件、调节锁闭阀、温度传感器、热流量计量表、污物收集器(也称过滤器或除污器)、热流量显示器、三通调节锁闭阀(左型及右型)、阀门、交联塑料管、交联塑料管件、铝塑复合管及管件。

(2) 聚四氟乙烯生料带、铅油、麻丝、钢锯条、砂轮片、机油、电焊条、气焊条、氧气电石。

2. 机具

(1) 电动套丝机、电动割管机、电动砂轮机、电动打压泵、电动机、电焊机、管压力及案子、管子台虎钳、手电钻、冲击电钻、型材切割机。

(2) 铰板及扳牙、钢锯、电焊工具、管钳子、活扳手、螺丝刀、圆扳牙、坡口机、手电钻。

3. 工作条件

(1) 干管安装:位于地沟内的干管,一般情况下,在砌筑完毕并经过清理的地沟内,未盖沟盖板之前安装、试压、防腐保温后进行隐蔽。位于顶层的水平干管在结构封顶后安装。设在楼板下的水平干管,须在楼板安装后、吊顶装修之前进行安装、试压、防腐后隐蔽。沿楼板地面敷设的干管或沿地面沿专设的管槽内敷设的干管,应在地面砖、水磨石地面、木地板、竹地板、大理石地板等装修之前进行安装、试压、防腐、保温后再隐蔽(按本工艺标准进行)。

(2) 立管安装:一般在土建主体工程完成后,高层建筑的管道井施工完成后方可进行。

（3）支管安装：土建工程基本完成，散热器已安装就位，室内墙体抹灰已完成或装饰层厚度已定出。

二、施 工 工 艺

工艺流程

测绘、定位 → 散热器托钩制安 → 管道支架制安 → 散热器安装 → 仪表、阀件组装 → 管道安装 → 试压 → 通热试验 → 调试 → 验收

随着居民生活水平的提高，集中供热、私人购房增多，按户计热收费已是发展的必然趋势。随之户内供暖系统也有相应的变化，所用的散热设备也有适应性的改变。

目前多采用的是集中热表式系统，以一户内为一个独立计算热量的分支系统，这种供暖系统常见的有以下几种形式，见图35-1～图35-7所示。

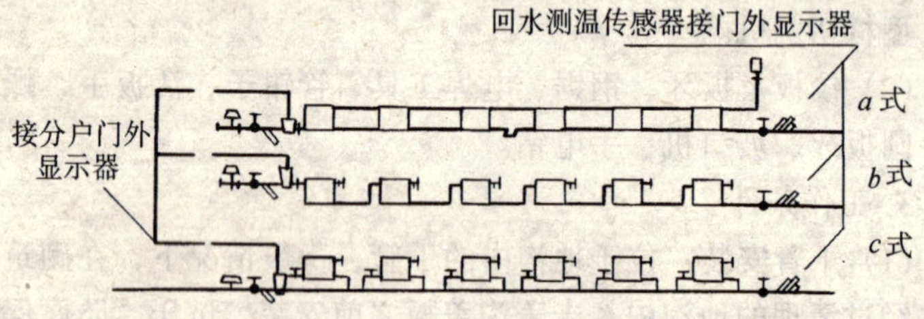

图35-1　水平串联式热水供暖系统连接形式（一）

1. 测绘、定位

新世纪的住宅更多地向着公寓、花园式、社区方向发展，各类的越层住宅建筑群不断增多，室内装修的档次也越来越高，并日趋普遍。管道在安装前，必须实地测量，认真绘制加工草图，将实地测量尺寸分别标注在草图上。同时，将管件、配件、阀

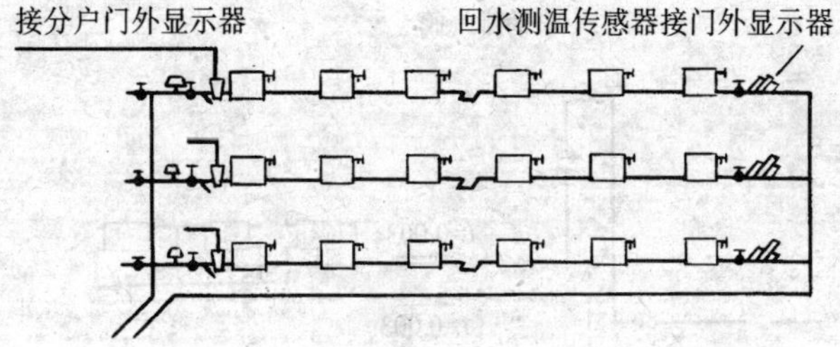

图 35-2　水平串联式热水供暖系统连接形式（二）

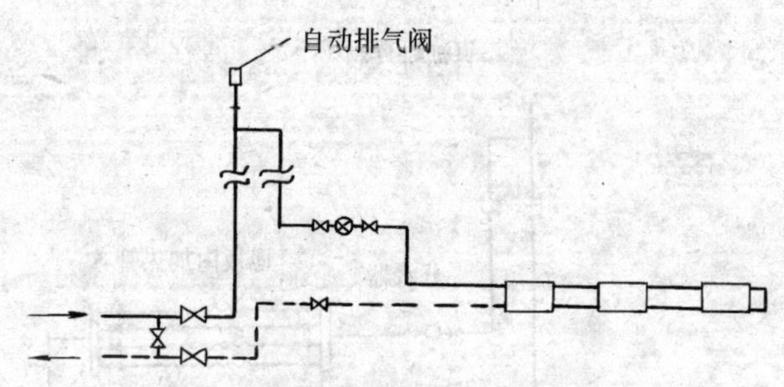

图 35-3　水平串联式热水供暖系统连接形式（三）

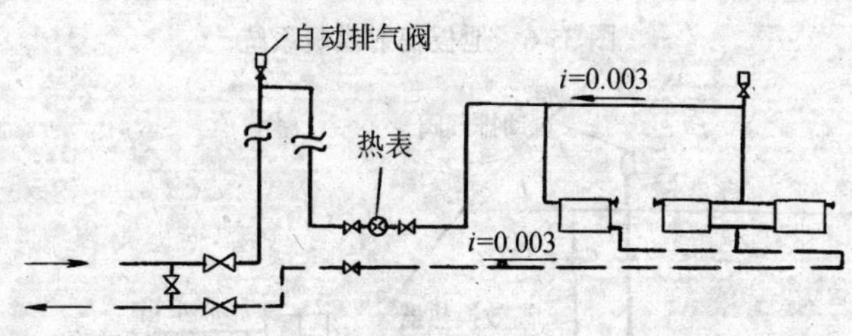

图 35-4　上行下回式热水供暖系统连接形式

件、仪表的规格、型号及其所在位置、标高、方向均一一在图上标注清楚。

下例系统图是分户计热、集中热量表设在入户的供回水管处、热表显示器（为查表收费用）安装在入户的进门口外壁上的示意图。入户后的装置包括供水卡帽锁闭阀、供水阀门、污物收

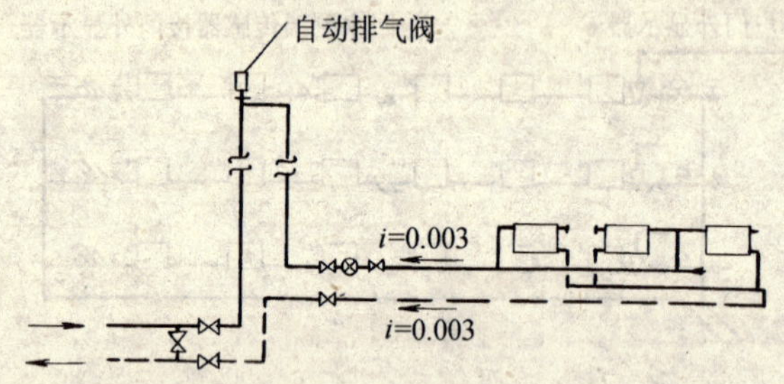

图 35-5　下行式热水供暖系统连接形式

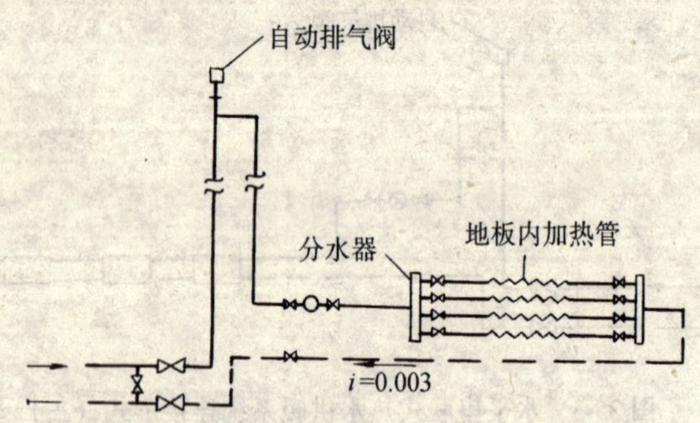

图 35-6　地板辐射供暖系统

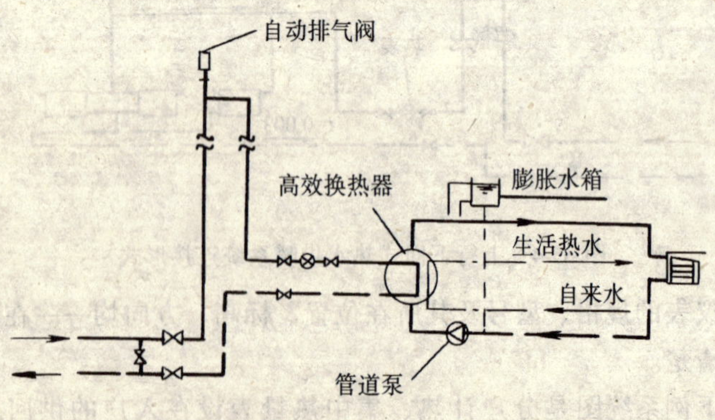

图 35-7　单户间接换热系统

集器（又称过滤器和排污器）、热表（热表设自动计算装置、引线至门口外壁上的热表显示器）；在回水出口管上设有回水阀门、回水传感器测温装置（将线引至计算系统的热表内）。这些阀件、仪表、配件都用管子和管件连接起来，详见图 35-8 所示。经过实地测量，应将进入单户的这套装置的组合尺寸控制在规定占地面积之内、距墙尺寸同水表安装。这取决于测量、绘制加工草图尺寸准确程度。管道在实测中要尽量考虑隐蔽和埋设。

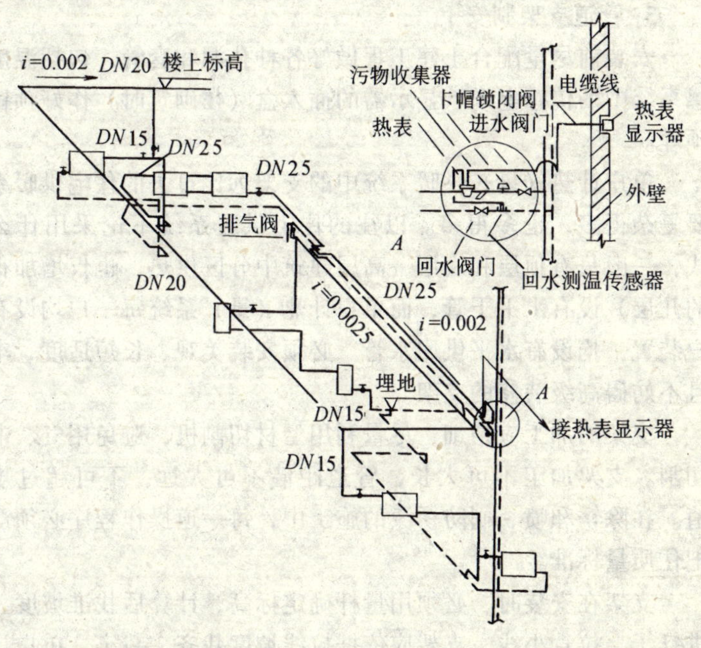

图 35-8　130m² 越层分户计热供暖系统示意图

具体的测绘操作，见本工艺标准中有关测绘、下料部分。测绘后的数据标注详见图 32-4 ~ 图 32-8。

2. 散热器托钩制安

散热器的型号不同，固定散热器的托钩也不完全相同。首先按照设计选定的型号，确定散热器托钩的型式、位置及其数量。

然后进行计量下料加工或者直接购进。有的散热器是用连接板的挂托形式固定，随散热器一起进入现场，无须自备。

经量尺放线后确定埋栽托钩（或接板）的孔洞中心，用手锤和钎子凿好孔洞或用冲击电钻钻孔。将孔洞用水冲洗湿润后，用细石混凝土栽牢托钩。如果散热器用连接板挂托，只须用手电钻钻孔栽进膨胀螺栓，再安装连接板即可。以上均详见本工艺标准有关部分。

3. 管道支架制安

安装前尽量配合土建工程做好各种孔洞和套管，包括温度传感系统中的传感电缆、显示器的插入盒（在砌筑时）作好预留和预埋。

单户计热（量）供暖系统中的支架远比过去的住宅供暖系统要复杂得多，也多得多。以往的住宅供暖系统不论采用什么型式，一般只有顶层和底层（高层建筑中分区供热，也仅增加很少的几层）设有水平干管，而单户计热（量）系统每一户均设有入户装置，均设有水平供回水管。必须安装美观、长短适度、牢固且不妨碍高级装修的支架。

支架的加工应精细，尽量利用型材切割机，避免用气、电焊切割。支架加工不可太长，管道距墙不可太远，不可超过规定值。在除锈和喷、刷防锈漆的施工中，每一道操作程序必须严格把住质量标准。

支架在安装时，必须用量杆确定标高，计算后找准坡度、钉进钎子、拉直小线，支架应依据拉线坡度栽齐、栽牢。单户计热（量）供暖系统中的排气与泄水是供热中的关键问题，管道安装必须保证设计坡度。

支架制安详细操作见本工艺标准中支架部分。

4. 散热器安装

按散热器的型号、规格、技术要求，参见本工艺标准中的散热器部分进行。

单户计热（量）的散热器不同于以往、一栋住宅楼的散热器的型号是基本相同的。而分户的系统都是独立的，有可能各户所用的散热器不完全是同一种型号、同一种规格、同一种彩色。因此，安装之前，要按各户对散热器的不同要求进行排列和安置。不可混淆，更不能安错。

安装后，对散热器的各部安装尺寸进行检查和核对，发现有差误应及时纠正，以利于下道配管工序的进行。

5. 入户装置组装

每一户的入户装置在管道安装之前先进行下料、正式组装。每户系统的进出口装置，包括供水管进口处或者是回水管出口处的卡帽锁闭球阀（详见图 35-9）、控制阀（供水阀和回水阀）、污物收集器（即排污器）、热表（流量系统及计算系统）、热表显示器系统、温度传感器系统、电缆和管件组合而成。

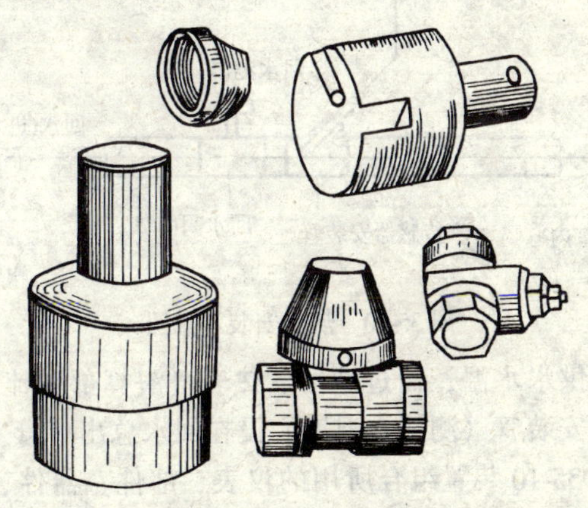

图 35-9　卡帽锁球阀

入口装置的具体组合顺序和控制程序由设计选定，如图 35-10、图 35-11 中所示，是两种常见的分户入户装置的组合形式。

在图 35-10 中，热表和污物收集器设在进水入口处，也可以是回水总出口处；测温传感器安装管设在回水总出口处，但也可以将供水测温安装在供水管的入口处。

在图 35-11 中，测温传感器 T 形安装管设在供水管的入口

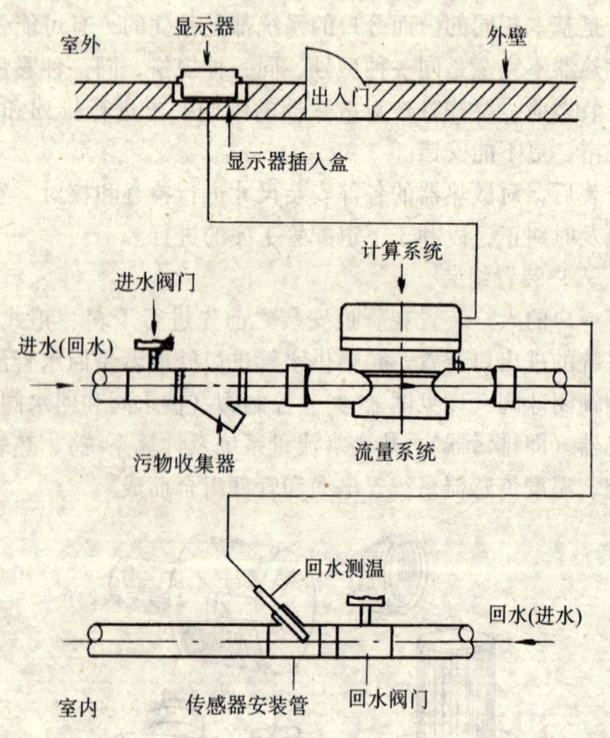

图 35-10　热表安装示意图

处，测进户供水水温；而过滤器、热表（演算部和流量部）、回流感温 T 形安装管（测回水温度）设在回水总出口管上。

其中图 35-10 装置组合所用的仪表、部件、器件、阀件、管件和电缆的各部尺寸如图 35-12 所示；图 35-11 装置组合所用的各部件尺寸见图 35-13 所示。

6. 管道安装

（1）根据实地测量绘制的加工草图，按照“先干管、后立支管”的顺序进行量尺下料、断管、螺纹加工或坡口加工，然后安装就位后进行螺纹连接或焊接。各个工序参见本工艺标准中的环节进行操作。

立管上，散热器支管上若设有直通调节锁闭阀或三通调节锁

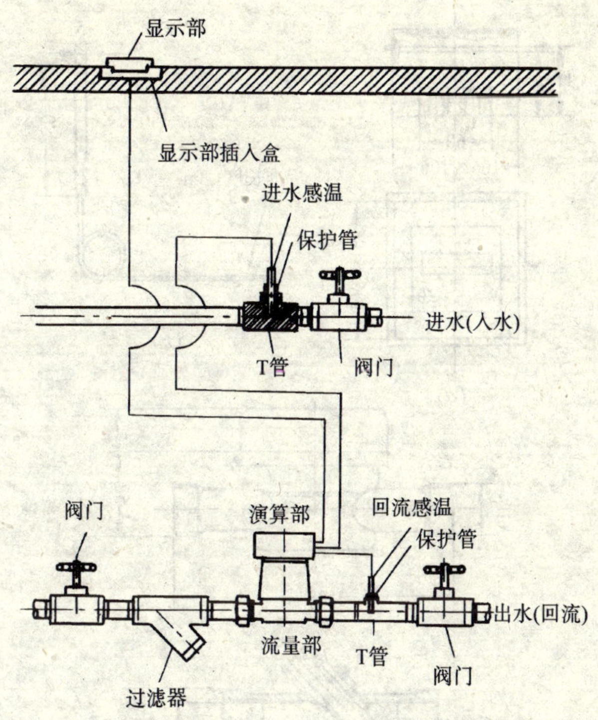

图 35-11　单户入户装置安装示意图

闭阀时，注意进场的锁闭阀是否有左型右型之分，事先进行选定、试扣、组合。

(2) 管子预制加工后进行安装。水平管道上架就位后，用水平尺认真校核坡度，如果设计段无坡度要求应保持水平，不允许有反坡和塌腰现象。低处应设泄水阀门，供水干管最高处应设自动排气阀，排气阀上的引出管应引至卫生间或厨房洗涤盆处。严禁将引出管设在卧室等处。

(3) 入户装置安装。

①入户的户型常见的有一梯三户、一梯两户，如图 35-14 所示，将组装好的入户装置分别按户型进行每户安装，安装前先将搁置组装成型的装置托架栽好，托架的形式和位置设计若无明确

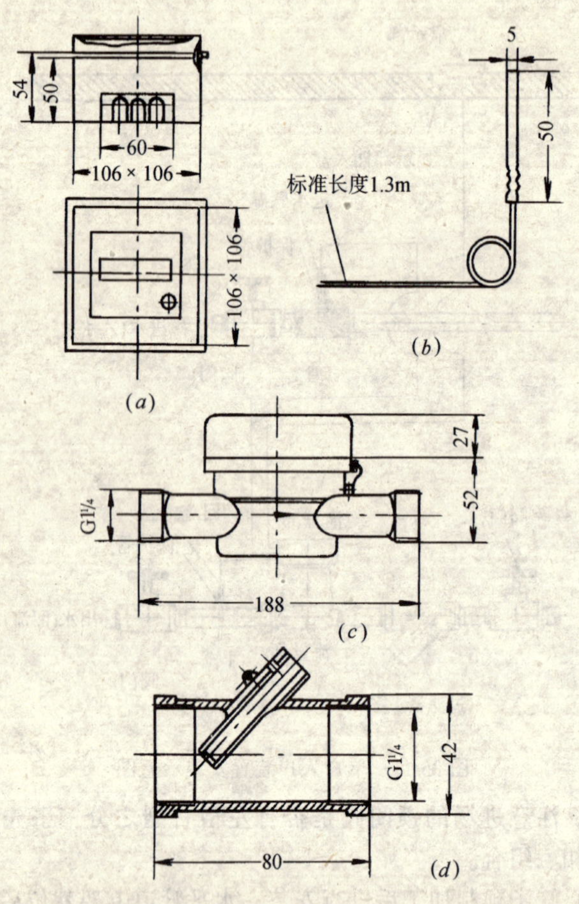

图 35-12　热表外形尺寸

(a) 显示器系统；(b) 温度传感器系统；

(c) 流量系统；(d) 温度传感器安装管尺寸

规定，可按本工艺标准选用，但是托支架安设后不得妨碍进出口阀门、锁闭阀、排污器、测温感应器等的正常操作和使用。

②热表显示器安装。首先配合电气进行热表电缆线的安装，安装过程中应该按照热表显示器背面的规定标记进行接线，不得自行改动。然后，将热表显示器固定在入户外壁的预留洞槽中，

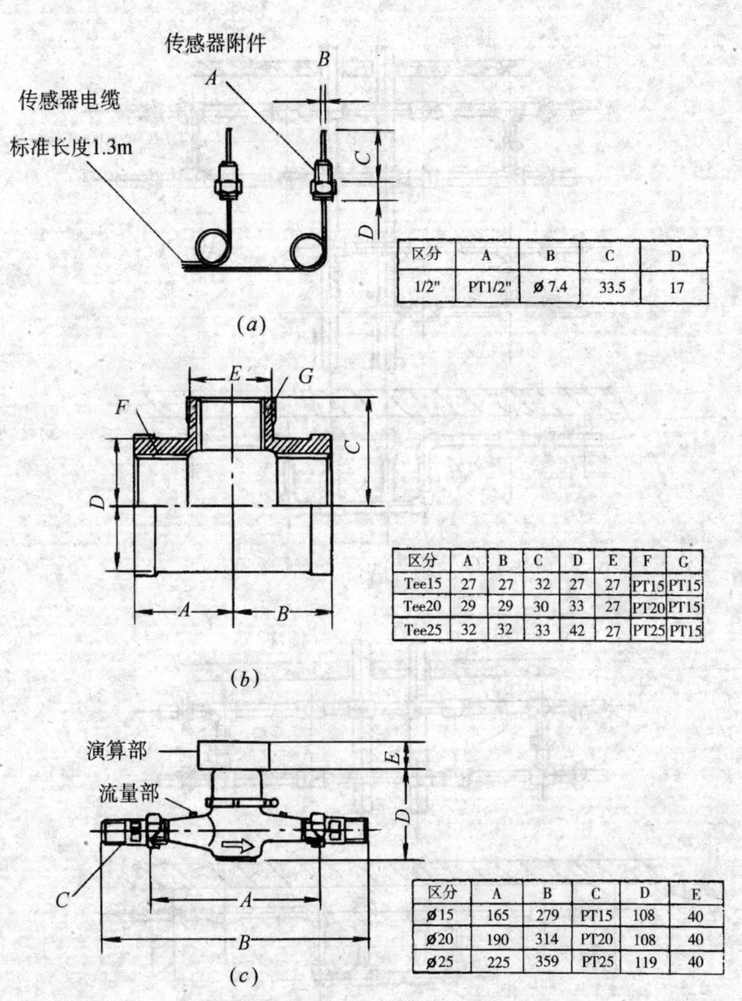

区分	A	B	C	D
1/2"	PT1/2"	ø 7.4	33.5	17

区分	A	B	C	D	E	F	G
Tee15	27	27	32	27	27	PT15	PT15
Tee20	29	29	30	33	27	PT20	PT15
Tee25	32	32	33	42	27	PT25	PT15

区分	A	B	C	D	E
ø15	165	279	PT15	108	40
ø20	190	314	PT20	108	40
ø25	225	359	PT25	119	40

图 35-13　部件外形尺寸

(*a*) 感温部尺寸；(*b*) T管尺寸；(*c*) 流量部尺寸

见图 35-15 所示。

一般根据户型都事先将显示器的位置预留出洞槽，有并排安装，也可以上下排列安装，也有设于各户离自己门口最近的墙上，视建筑结构而确定。

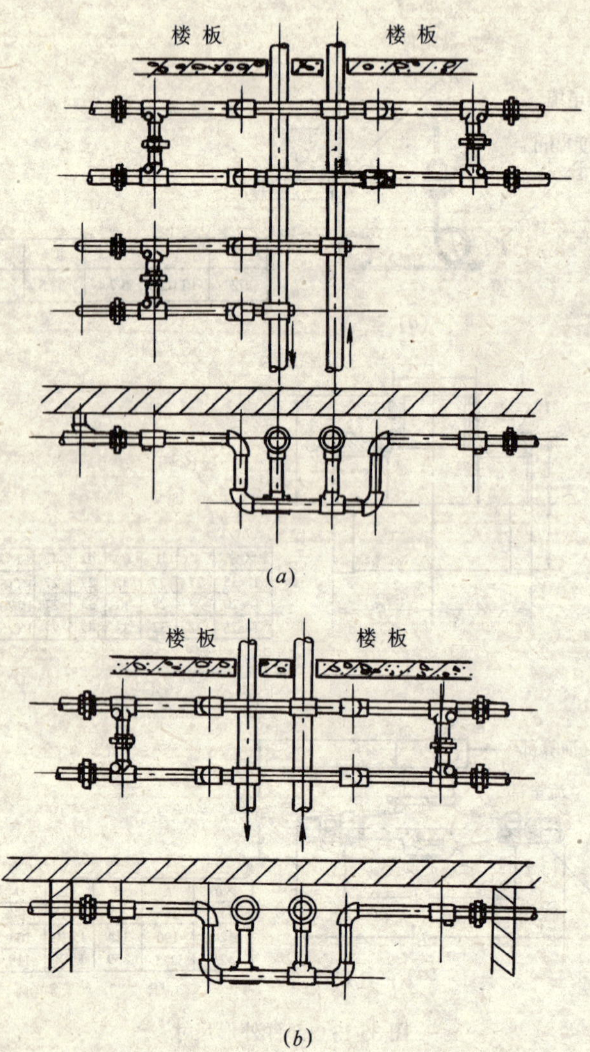

图 35-14 楼梯间总管单户结点图

（a）一梯三户；（b）一梯两户

由于显示器位于入户门外壁上，在交付使用前严加保护，不得损坏。

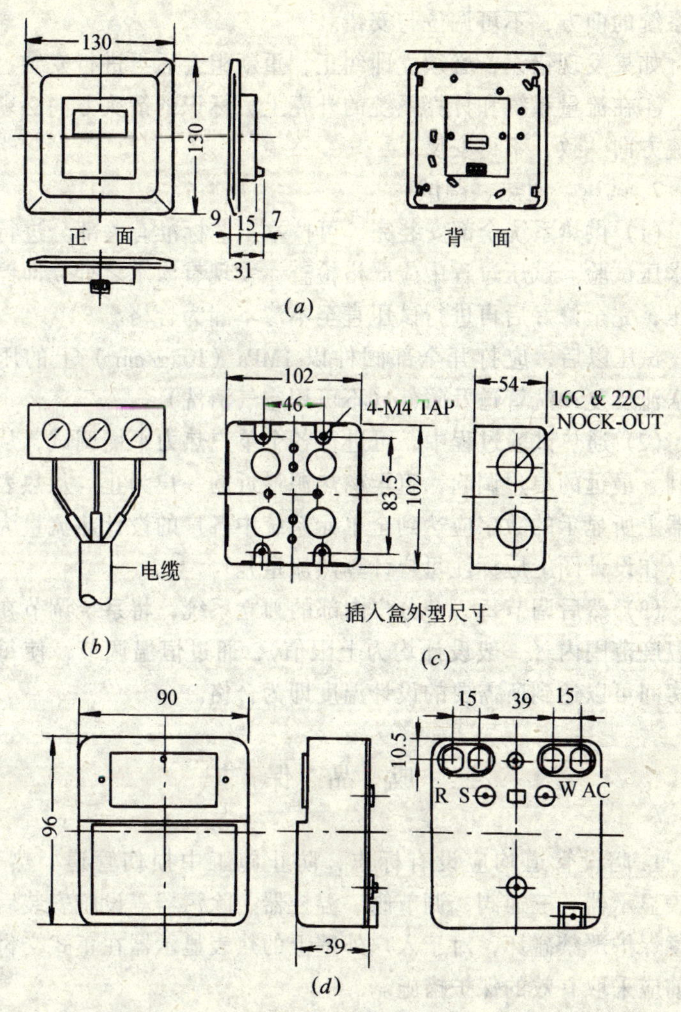

图 35-15 热表显示器安装结线图

(a) 显示部尺寸；(b) 显示部结线方法；

(c) 显示部插入盒；(d) 演算部尺寸

③安装时，应检查已经组装好的装置中，标有红色套管的温度传感器应插装在入水一侧；污物收集器（排污器）应安装在流

量系统的前方，不可调位与安错。

如果发现错误，必须立即纠正，重新组合后再进行安装。

④在流量系统和计算系统的外壳上，标识的箭头方向必须和水流方向一致，不得安反。

7. 试压、通热、调试

(1) 供热系统全部安装完，可按本工艺标准有关部分进行系统水压试验。试压过程中应严格检查，发现有渗水之处立即停止试压，完全修好后再进行试压直至不渗不漏为合格。

试压以后，应打开全部阀件以 1MPa（$10kg/cm^2$）上的压力用水流反复冲洗管道及附件（不可用空气清洗）。

(2) 通热试验过程中，可进行各个单户热力平衡调试，从最不利、最远的单户调起，直至离热源最近的一户为止。从热表显示器上所显示的数字应达到全单元系统中各户的设计热流量为合格（在设计图上应标注每户计算热流量）。

(3) 然后调节每一个分户内部的独立系统，将系统调节在设计温度范围内（一般设计均为上限值），通过恒温调节，使每一个房间可以达到所需要的设计温度即为合格。

三、成 品 保 护

1. 暗设管道均应设有标志，防止施工中损伤管道。热表、热表显示器、三通阀、调节阀、温控器、除污器等设施安装后应注意保护严禁碰坏，对于入户外壁上的热表显示器在正式交付使用前应采取有效的保护措施。

2. 安装好的管道不得做支撑用，系安全绳、搁脚手板，也禁止攀登。

3. 抹灰或喷浆前，应把已安完的管道盖好，以免落上灰浆，否则不仅污染管道，还增加了大量的清扫工作量，又影响到刷油质量。

4. 立、支管安装后，将阀门的手轮锁闭阀的锁帽卸下，集中保管，竣工时统一安装再交付使用。

5. 管道搬运、安装、施焊时，要注意保护好已做好的墙面和地面。

四、安全注意事项

1. 利用塔吊向楼层运管时，必须绑牢固，以防管子滑脱打伤人。

2. 现场同一垂直面上交叉作业时必须戴上安全帽，必要时设置安全隔离层，出入在吊车臂回转范围行走，随时注意有无重物起吊。

3. 支托架上安装管子时，先把管子固定好再接口，防止管子滑脱砸伤人。

4. 安装立管时，先将楼板孔洞周围清理干净，不准向下扔东西。在管井操作时，必须盖好上层井口的防护板。

5. 在地沟内或天棚里操作时，应用防水电线和 12V 安全电压照明。天棚内焊接要严加注意防火。焊接地点严禁堆放易燃物。

6. 高空作业时带好安全带，严防登滑或踩探头板。

五、质 量 标 准

1. 埋设管道不应有接头，埋设管材必须采用优质交联聚乙烯管、铝塑复合管和耐久管材，不得采用一般塑料管。若采用钢管应有保温措施，防止对装修后的木地板或竹地板造成不良后果。

2. 管道敷设必须有 >0.002，$\leqslant 0.003$ 的坡度，若设计流速 $\geqslant 0.5m/s$，安装时可不设坡度，但不得有反坡和塌腰。

六、质量通病及其防治

质量通病及防治方法见表 35-1。

表 35-1

序号	质量通病	防治方法
1	装修时供水干管不好隐蔽	①管道支架下料不可过长 ②管道距墙不能太远，控制在标准以内 ③沿地面敷设的管道，如在装饰地板上时，尽量沿踢脚设置专用地板凹槽安装；若在地板下，尽量采用特制的交联塑料管埋地敷设 ④水平管道可安装在下一层的吊顶内
2	水平管道内气塞、导致散热器不热	①严格按施工程序操作；从支架制作安装、管道敷设，均控制好坡度 $i=0.002 \sim 0.003$ 区间之内，不得反坡 ②自动排气阀必须设于系统最高处，并且应将排气管引至卫生间或厨房 ③立管或支管上设计锁闭阀时，其阀失灵，管路不通畅
3	散热器安装倾斜后积气，局部或全部不热	散热器安装后，用水平尺检查，如形成积气现象，应重新找平、找正，或者将散热器托钩返工

36. 低温地板辐射供暖系统安装

一、施　工　准　备

1. 材料

（1）交联聚乙烯（XLPE）管、铝塑复合板及管件、铝箔片、自熄型聚苯乙烯保温板专用塑料卡钉、专用接口联接件，ϕ4～ϕ6mm、网距150mm×150mm钢筋网。

（2）专用膨胀带、专用伸缩节、专用交联聚乙烯管固定卡件。

（3）小白线、棉布块、木工锯片、钢锯条、氧气、电石。

（4）土建材料：水泥、砂子、油毡布、保温材料、豆石、防龟裂添加剂。

2. 机具

（1）电动打压泵、专用扳手、切割剪刀、木工锯、钢锯、电焊机、卡紧钳子、轻便带锯、手电钻、风钻。

（2）水平尺、钢卷尺、弯尺、线板、线坠、电焊、汽焊工具、套丝铰板、管压力及案子、刮刀。

3. 工作条件

（1）进行低温地板辐射供暖系统安装的施工队伍必须持有专业队伍证书，施工人员必须经过培训，特别是机械接口施工人员必须经过专业操作培训，持合格证上岗。

（2）建筑工程主体已基本完成，且屋面已封顶，室内装修的吊顶、抹灰已完成，与地面施工同时进行。设于楼板上（装饰地面下）的供回水干管地面凹槽，已配合土建预留。

（3）管道工程必须在入冬之前完成，冬季不宜施工。

（4）施工前已经过设计、施工技术人员、建设单位进行图纸会审，施工单位对施工人员进行过技术、质量、安全交底。

（5）材料已全进场，电源、水源可以保证连续施工，有排放下水的地点。

二、施 工 工 艺

工艺流程

清理地面 ⟶ 铺设保温板 ⟶ 铺设交联塑料管 ⟶ 试压、冲洗 ⟶ 回填豆石混凝土 ⟶（人工夯实）⟶ 接通分水（回水）器 ⟶ 通水试验、初次启运

1. 清理地面

在铺设贴有铝箔的自熄型聚苯乙烯保温板之前，将地面清扫干净，不得有凹凸不平的地面，不得有砂石碎块、钢筋头等。常见的地热采暖构造种类如图 36-1 所示。

2. 铺设保温板

保温板采用贴有铝箔的自熄型聚苯乙烯保温板，必须铺设在水泥砂浆找平层上，地面不得有高低不平的现象。保温板铺设时，铝箔面朝上，铺设平整。凡是钢筋、电线管或其他管道穿过楼板保温层时，只允许垂直穿过，不准斜插，其插管接缝用胶带封贴严实、牢靠。

3. 铺设塑料管（特制交联聚乙烯（XLPE）软管）

交联塑料管铺设的顺序是从远到近逐个环圈铺设，凡是交联塑料管穿地面膨胀缝处，一律用膨胀条将分割成若干块地面隔开来，交联塑料管在此处均须加伸缩节，伸缩节为交联塑料管专用伸缩节，其接口用机械连接（参照本工艺标准中机械连接），施工中须由土建工程事先划分好，相互配合和协调，见图 36-2 所示。

交联聚乙烯管供暖散热量及其管路铺设间距可根据不同位置、不同地面材料参考表 36-1 和表 36-2 自行选择。

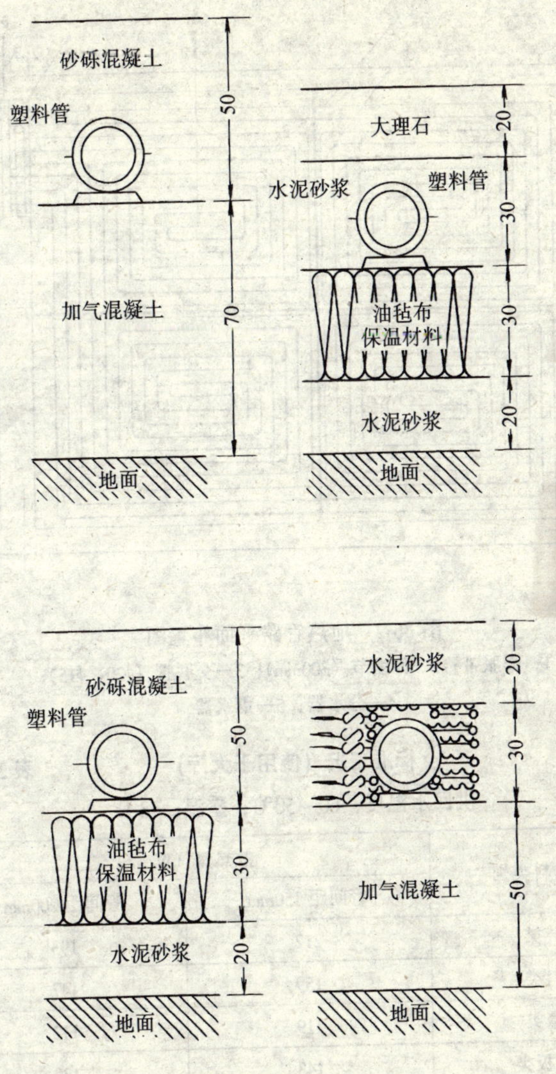

图 36-1 地热供暖构造示意图

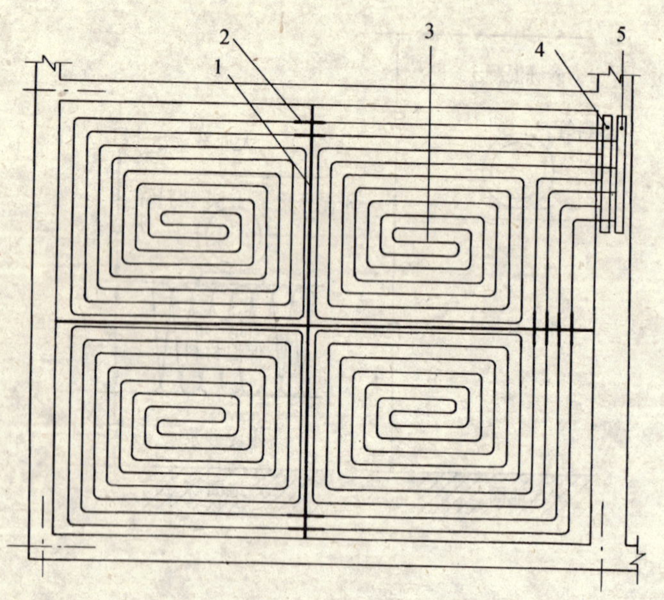

图 36-2　地热管路平面布置图

1—膨胀带；2—伸缩节（300mm）；3—交联管（φ20、φ15）；
4—分水器；5—集水器

标准工况（使用于大厅）　　**表 36-1**

供回水温度：60~50℃；室温：18℃

地面材料类别	散热量（W/m²）	
	管间距 150mm	管间距 200mm
瓷砖类	212	193
塑料类	159	147
地毯类	119	112
木地板类	143	133

交联塑料管铺设完毕，采用专用的塑料 U 型卡及卡钉逐一将管子进行固定。U 型卡距及固定方式见图 36-3 所示。若设有钢筋网，则应安装在高出塑料管的上皮 10~20mm 处。铺设前如

果规格尺寸不足整块铺设时应将接头联接好，严禁踩在塑料管上进行接头。

标准工况（使用于游泳馆）　　　　表 36-2

供水温度：60℃；回水温度：50℃；室温：28℃

地面材料类别	散热量（W/m²）	
	管间距 150mm	管间距 200mm
瓷砖类	152	138
塑料类	114	104

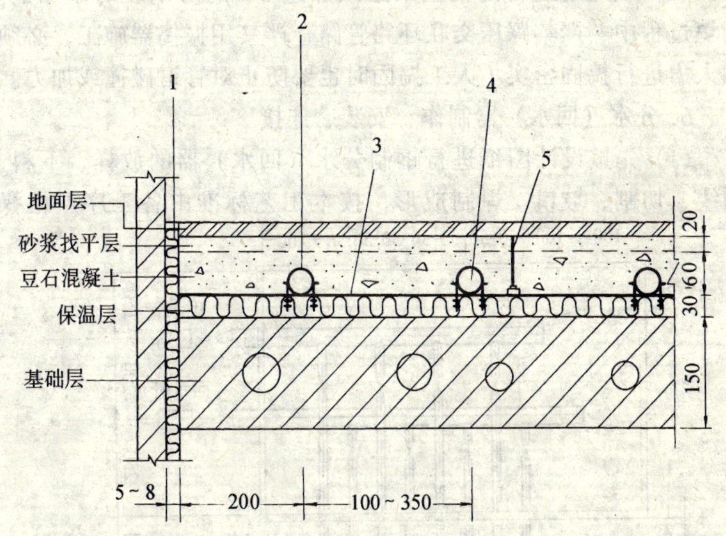

图 36-3　地板辐射供暖剖面

1—弹性保温材料；2—塑料固定卡钉（间距直管段 500mm；弯管段 250mm）；3—铝箔；4—塑料管；5—膨胀带

敷设在地板凹槽内的供回水干管，若设计选用交联塑料软管，施工结构要求与地热供暖相同。

4．试压、冲洗

安装完地板上的交联塑料管进行水压试验。首先接好临时管路及压泵，灌水后打开排气阀，将管内空气放净后再关闭排气阀，先检查接口，无异样情况方可缓慢地加压，增压过程观察接口，发现渗漏立即停止，将接口处理后再增压。增压至0.6MPa表压后稳压10min，压力下降≤0.03MPa为合格。由施工单位、建设单位双方检查合格后作隐蔽记录，双方签字埋地管道验收。

5. 回填豆石混凝土

试压验收合格后，立即回填豆石混凝土。试压临时管路暂不拆除，并且将管内压力降至0.4MPa压力稳住、恒压。由土建进行回填，填充的豆石混凝土中必须加进5%的防龟裂的添加剂。回填过程中，严禁踩压交联环路管路，严禁用振捣器施工，必须用人力进行捣固密实。人工捣固时也要防止对管道碰撞或加力。

6. 分水（回水）器制作、安装、连接

（1）先按设计图纸进行钢制分水（回水）器的放样、下料、划线、切割、坡口、焊制成形，按本工艺标准中各工序严格操

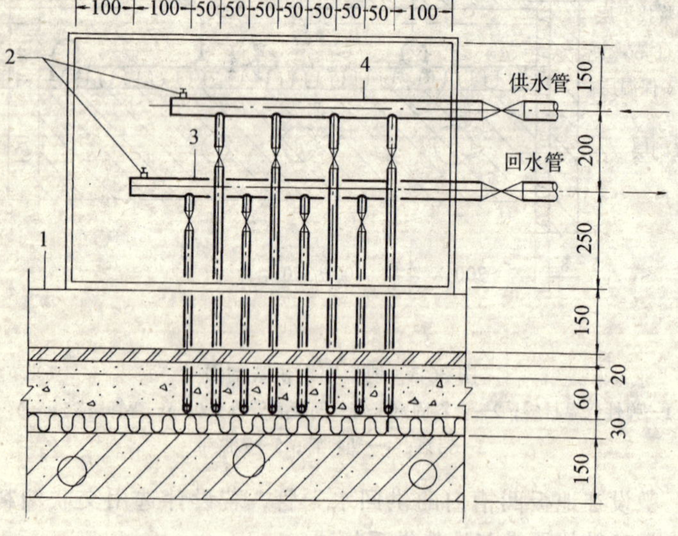

图36-4　分（集）水器正视图

1—踢脚线；2—放风阀；3—集水器；4—分水器

作。如设计无规定，可参照图 36-4、图 36-5 中所示制作、安装。分水器或回水器上的分水管和回水管，与埋地交联塑料管的连接采用热熔接口。

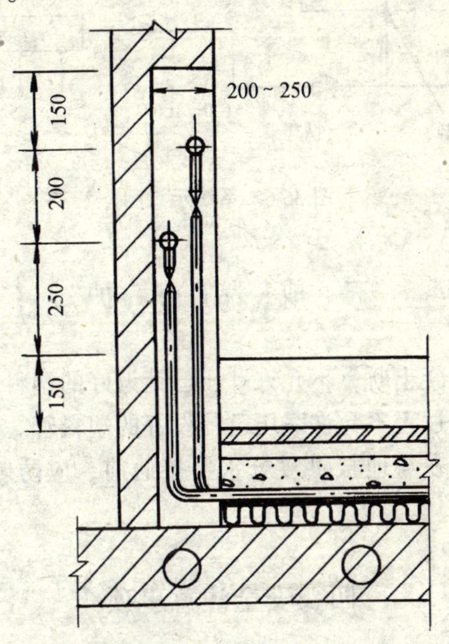

图 36-5 分（集）水器侧视图

(2) 然后将进户装置系统管道安装完，见系统示意图（图 36-6)。其仪表、阀门、过滤器、循环泵安装时，不得安反，操作参见本工艺标准工序。

7. 通热水、初次启运

初次启运通热水时，首先将烧至 25 ~ 30℃水温的热水通入管路，循环一周，检查地上接口无异样，将水温提高 5 ~ 10℃，再运行一周后重复检查，照此循环，每隔一周提 5 ~ 10℃温度，直到供水温度为 60 ~ 65℃为止。地上各接口不渗不漏为全部合格，经施工、建设单位双方检查，最后验收，双方签字。

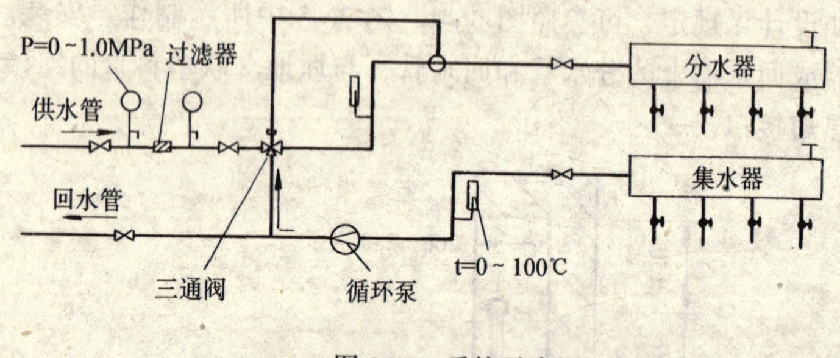

图 36-6 系统示意图

三、成 品 保 护

1. 回填混凝土时，不允许踩压已铺设好的塑料管。

2. 施工全过程不允许踩压已铺设好的塑料管。

3. 打压后在与地板供暖分水器接通前，应防脏物进入地板供暖系统中。

四、安全注意事项

1. 室内用电设备应有专人看管、专人使用，防止触电。

2. 搬运电焊机、打压泵、交联塑料管盘管和钢筋网卷较重的物件时，上下楼要注意脚下不打滑、不踩空，抬运重物时，前后照应。

3. 混凝土搅拌和运输中要注意地面整洁、干燥，防止交叉作业时滑倒。

五、质 量 标 准

1. 要求铺设保温板的地面平整，无任何凹凸不平及砂石碎块、钢筋头。

2. 塑料管的专用固定 U 型卡具安装应牢固，不得松动。

3. 塑料管安装前，必须进行外观检查。

六、质量通病及其防治方法

质量通病及防治方法见表 36-3。

表 36-3

序号	质量通病	防治方法
1	通热后渗漏	1. 严格把住交联塑料管的材质关，严禁用任何别的塑料管代替交联塑料管 2. 隐蔽之前，必须试压合格，方可回填 3. 热熔接口操作人员必须经培训考试合格持上岗证上岗操作
2	管路堵塞	1. 埋地管路试压前先进行冲洗，洗干净后再进行连接试压临时管路作压力试验 2. 试压后与地板供暖分水器、回水集水器联结时，要有专人看管，严禁脏物进入隐蔽塑料管环路中 3. 过滤器安装前应认真检查，在交付使用过程中应经常检查

37. 长翼 60 型散热器组对与安装

一、施 工 准 备

1. 材料

(1) 大 60 散热器、小 60 散热器、放风阀、散热器钩子。

(2) 补心、丝堵、对丝、弯头、三通、钢管、活接头、长丝根母、阀门、压力表。

(3) 机油、铅油、清油、型钢、锯条、石棉橡胶垫、麻线、生料带、水泥、砂子、电焊条、破布、砂纸。

2. 机具

(1) 组对操作台、对丝钥匙、管钳子、活扳子、电动套丝机、带丝及扳牙、管压力案子、钢锯、电动切管机、丝锥、手动打压泵、电动试压泵、电动打孔钻。

(2) 水平尺、钢卷尺、线坠、手锤、刷子、钎子。

(3) 散热器运输小车、钩子定位画线架。

(4) 电气焊工具。

3. 工作条件

(1) 具备散热器堆放及组装的场地。

(2) 水源及电源能保证施工供求。

(3) 散热器经检查验收合格，已除锈、刷底漆一遍。

(4) 由土建给出各房间准确地面标高线，或地面和墙面装饰工程已完成（或散热器背面墙装饰已完）。

(5) 散热器安装地点及其附近不得堆放材料或有障碍物。

二、施　工　工　艺

工艺流程

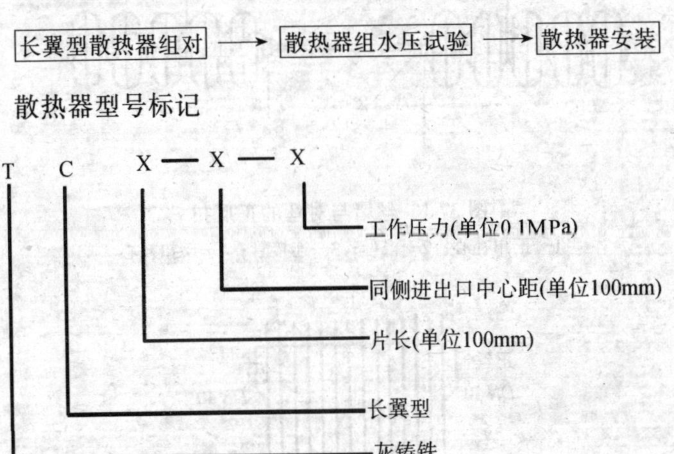

1. 长翼型散热器组对

(1) 按设计的散热器型号、规格进行核对、检查、鉴定其质量是否符合验收规范规定，并作好记录。

(2) 将散热器内的脏物、污垢、以及对口处的浮锈清除干净。

(3) 备好散热器组对工作台或制作简易支架。

(4) 按设计要求的片数及组数，试扣选出合格的对丝、丝堵、补心，然后进行组对。对口的间隙一般为2mm。进水（汽）端的补芯为正扣，回水端的补芯为反扣，见图37-1、图37-2。

(5) 组对前，根据热源分别选择好衬垫，当介质为蒸汽时，选用1mm厚的石棉垫涂抹铅油方可用。介质为过热水时采用高温耐热橡胶石棉垫待用。介质为一般热水时，采用耐热橡胶垫。

(6) 组对时两人一组，用波里索夫工作台四人一组，见图37-3示之。

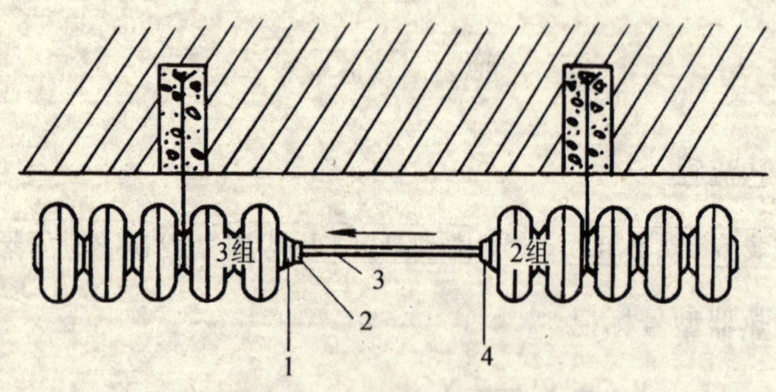

图 37-1 丝堵与对丝的正反扣
1—正扣补心；2—根母；3—连接管；4—反扣补心

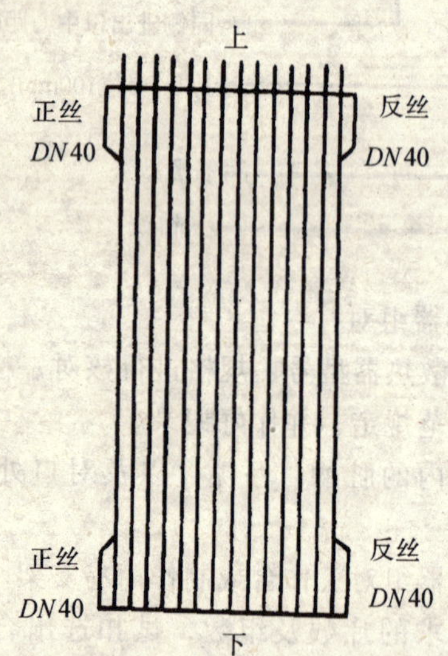

图 37-2 大 60 散热器的接口

①将散热器平放在操作台（架）上，使相邻两片散热器之间正丝口与反丝口相对着，中间放着上下两个经试装选出的对丝，将其拧 1~2 扣在第一片的正丝口内。

②套上垫片，将第二片反丝口瞄准对丝，找正后，两人各用一手扶住散热器，另一手将对丝钥匙插入第二片的正丝口里。首

图 37-3　组对散热器用的工作台

先将钥匙稍微反拧一点，当听到“咔嚓”声，对丝两端已入扣，见图 37-4 及图 37-5。

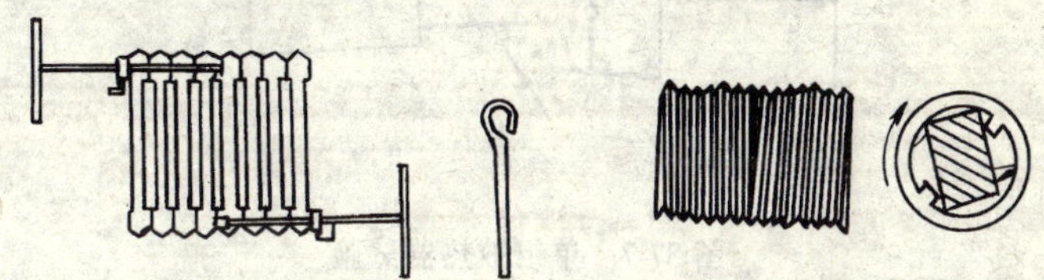

图 37-4　钥匙　　　　图 37-5　对丝

③缓缓均衡地交替拧紧上下的对丝。以垫片挤紧为宜。但垫片不得露出径外。

④按上述程序逐片组对，待达到设计片数为止。散热器应平直而紧密为好。

(7) 将组对后的散热器慢慢立起，用人抬或运输小车送至打压处集中，见图 37-6 所示。

2. 长翼型散热器组水压试验

(1) 将散热器安放在试压台上，用管钳子上好临时丝堵和补心，安上放气阀后，连接好试压泵，见图 37-7、图 37-8 所示。

(2) 试压管路接好后，先打开进水阀门向散热器内充水，用时打开放气阀，排净散热器内的空气，待水灌满后，关上放气阀。

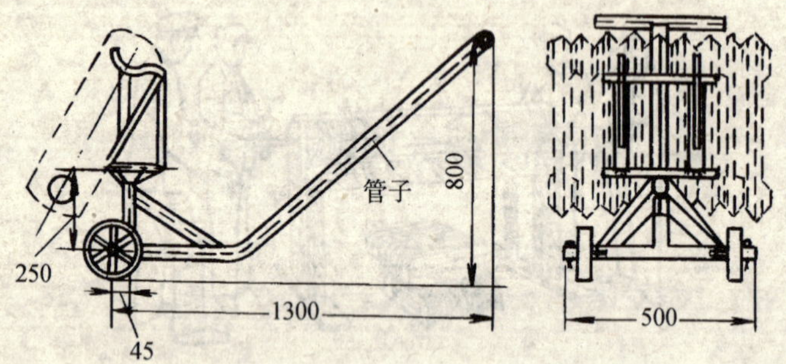

图 37-6 搬运散热器的手推车

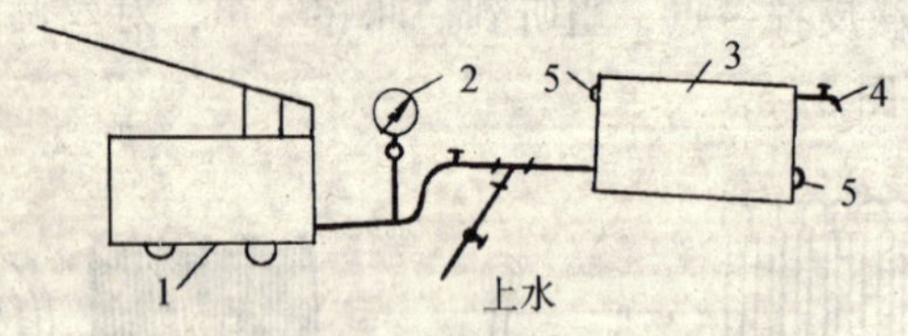

图 37-7 单组散热器试验

1—手压泵；2—压力表；3—散热器；

4—放气阀；5—汽包堵头

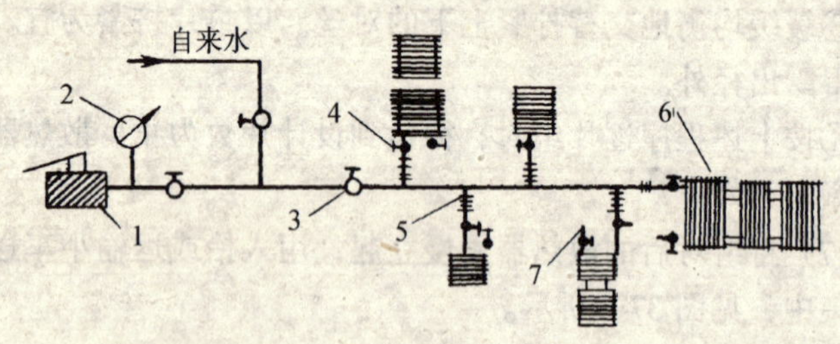

图 37-8 散热器多组试压法

1—水压泵；2—压力表；3—阀；4—开关；5—活接头；

6—组合后的长翼形散热器；7—放水管

（3）设计若没有要求时，散热器试压必须符合下列规定（见表 37-1）。

表 37-1

散热器型号	大60和小60长翼型	
工作压力（MPa）	小于或等于 0.25	大于0.25
试验压力（MPa）	0.4	0.6

当加压到规定压力值时，关闭进水阀门，稳压2～3min，再观察接口是否渗漏。

(4) 如有渗漏用石笔作上记号，再将水放尽，卸下丝堵或补芯，用组对钥匙从散热器的外部比试一下渗漏位置，在钥匙杆上做出标记。再将钥匙伸进至标记位置。按对丝旋紧方向转动钥匙使接口上紧或卸下换垫。返修好后再进行水压试验，直至合格。

(5) 打开泄水阀门，拆掉临时丝堵和补芯，水泄尽后将散热器安放稳妥，集中保管好。丝堵和补心上麻丝（石棉绳）缠绕时，按图37-9所示施工。现代热水系统中多采用耐热橡胶垫。

3. 长翼型散热器安装

按设计要求将不同的片数、型号、规格，经试压合格后的各组散热器运到各个房间，并根据地面标高（或土建给出的标高线）在墙上画好安装位置的中心线。散热器中心线与窗台中心线吻合。

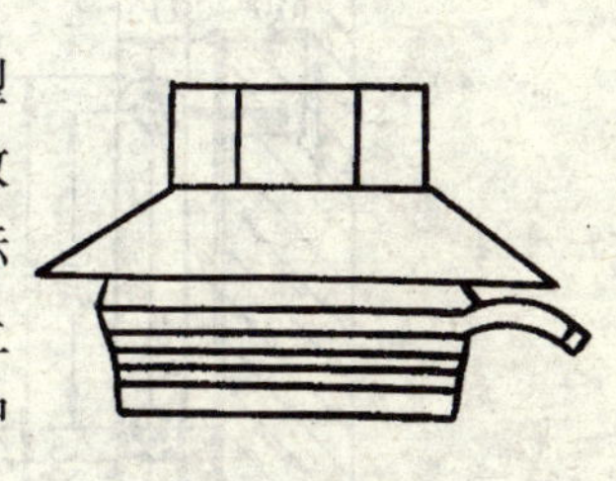

图37-9 堵头或补心的麻丝石棉绳缠法

1—堵头或补心的旋紧方向；
2—石棉绳缠绕方向

(1) 栽散热器钩子（固定卡）。

①先检查托钩（固定卡）的规格、尺寸是否符合规定尺寸的要求。

②长翼型散热器安装在砖墙上均设托钩，安在轻质结构墙上的设置固定卡子，下设托架。其数量见表37-2中所规定。

表 37-2

散热器型号	每组片数	托钩或卡架			备注
		上	下	合计	
60 型	1	2	1	3	
	2~4	1	2	3	
	5	2	2	4	
	6	2	3	5	
	7	2	4	6	

托钩位置如图 37-10 所示，参见表 37-3 和图 37-11 定位。

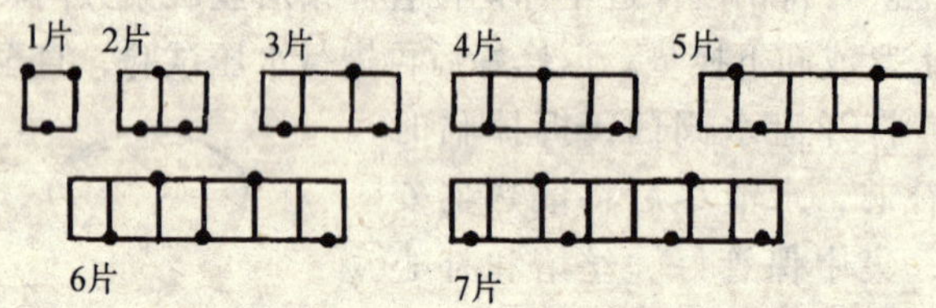

图 37-10　60 型散热器卡、托钩位置

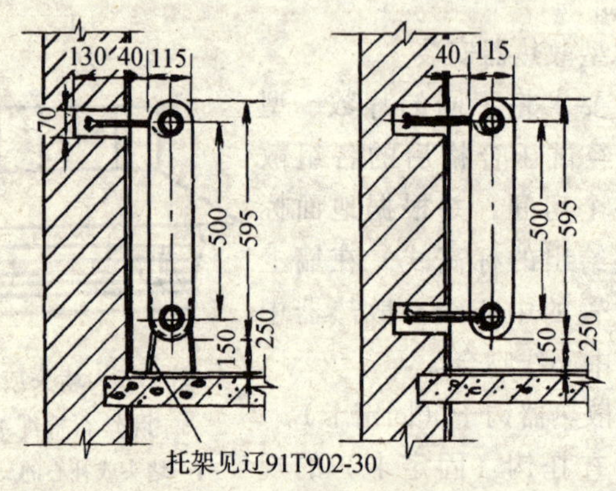

图 37-11　长翼型散热器安装

表 37-3

散热器型　号	高度(mm)	每片长度(mm)	宽度(mm)	上下孔中心距(mm)	放热面积(m^2)	每片容量	每片重量(kg)	最大工作压力(MPa)	试验压力
大　60	600	280	115	505	1.17	8	28	0.4	
小　60	600	200	115	505	0.8	5.7	19.3	0.4	

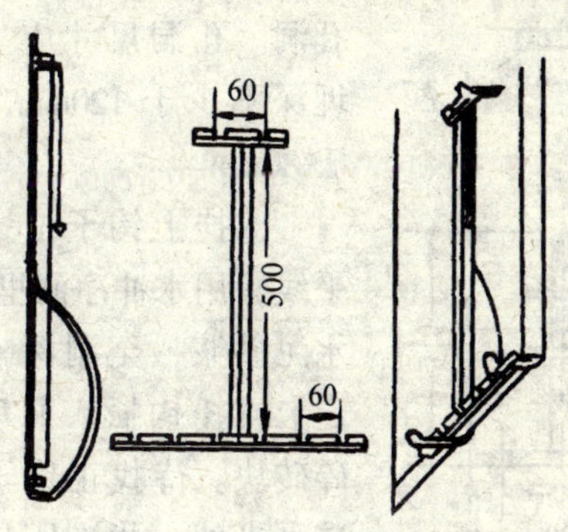

图 37-12　散热器托钩安装样板

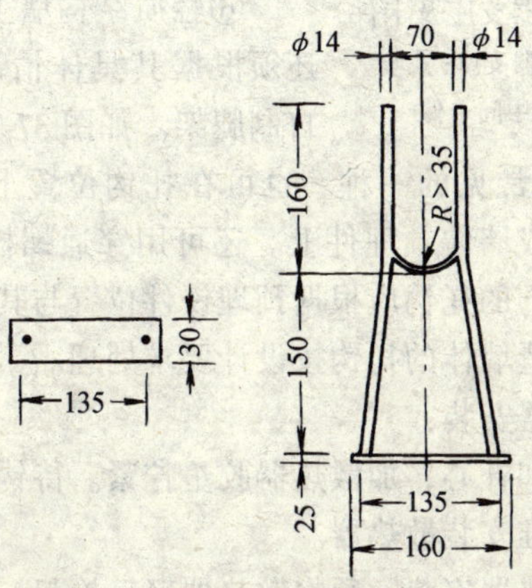

图 37-13　长翼型散热器安装
在轻质结构墙上的托架

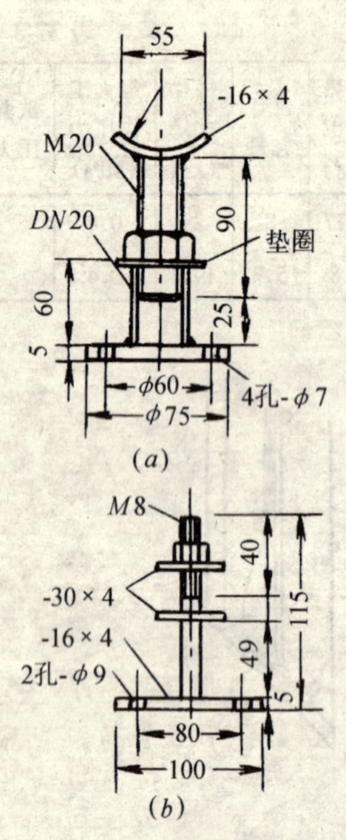

图 37-14　散热器支座及卡件
（a）散热器支座；
（b）散热器中间卡件

③根据设计图中回水管连接方法及施工规范规定，确定散热器安装高度。利用画线尺或画线架，如图 37-12 示之。画出托钩、卡子安装位置。

④用电动工具或錾子在墙上打孔洞。孔洞尺寸应里大外小，托钩埋深不少于 120mm，固定卡埋深大于 80mm。

⑤挂上钩子位置的上下两根水平线，用水冲净洞里杂物，填进 1:2 水泥砂浆，至洞深一半时，再将固定卡或托钩插入洞里，塞紧石子或碎砖块。待找正钩子的中心使它对准水平线，找准距墙尺寸，再用水泥砂浆填实抹平。

⑥轻质结构墙上安装散热器时，还须根据其具体情况的不同，事先自制腿架。如图 37-11、图 37-13、图 37-14 所示便是常见的一种。也可在托钩位置上制成钢制托钩，将其焊在骨架或墙体预埋件上。还可用穿通螺栓固定在墙体上。混凝土预制板上的托钩应根据预埋铁件位置与其焊牢。

⑦特殊构造墙体的托钩按设计要求处理。

（2）散热器安装：

①将丝堵和补心，加散热器胶垫拧紧。待钩子塞墙的砂浆达到强度后，方准安装散热器。

②挂式散热器安装，须将散热器轻轻抬起，将补心正丝扣的一侧朝向立管方向，慢慢落在托钩上，挂稳、立直、找正，见图 37-15。

③带腿或自制底架安装时，散热器就位后，找直、垫平、核

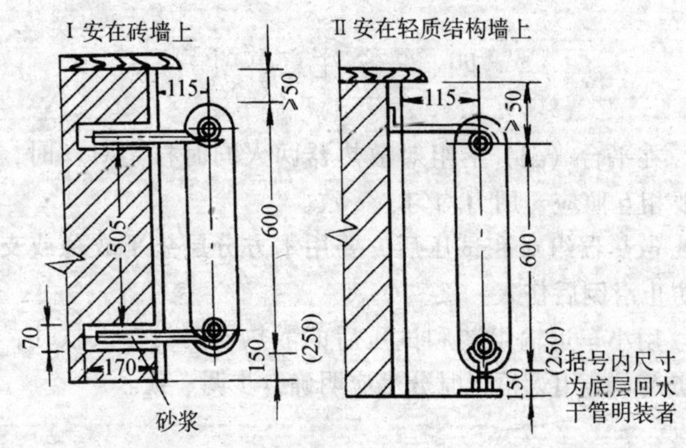

图 37-15　散热器安装图

对标高无误后，上紧固定卡的螺母。

④散热器的掉翼面应朝墙安装。

三、成　品　保　护

1. 散热器组对后，用木方垫平。要轻搬、轻翻、轻放，切不可摔放。

2. 散热器试压后，集中保管，运输和安装过程切不可震动，以免损坏对丝接口，造成渗漏。

3. 散热器安装后，要挂牢。托钩或固定卡未达到强度时，严禁散热器就位。

4. 土建进行墙面、顶棚喷浆或抹灰以前，用塑料布或灰袋纸盖好已安装好的散热器，防止落灰后，影响刷油质量。

5. 散热器运进室内时，要注意保护已施工完的门框、墙角、地面。

四、安全注意事项

1. 在平台（架）上组对散热器两人同时拧紧对丝时，搬运时，要相互照应，用力均匀、一致。

2. 散热器组对和试压后，要用木方分层垫平放稳或支撑牢固，防止滑倒后伤人。

3. 用小车运输组装和试压后的散热器要设专人扶住，防止滑下伤人。若用人抬运时分工应明确，步调一致。

五、质　量　标　准

1. 散热器对口用的石棉衬垫，需用清油或铅油浸过，随用随浸，其厚度不超过 1.5mm（热水采暖可用胶垫）散热器距装饰后的墙面不得少于 25mm，允许偏差 6mm，距地面不得少于 60mm，允许偏差 ± 15mm，距窗台板不得少于 50mm。散热器中心应和窗台中心重合，允许偏差 20mm。散热器中心线垂直度允许偏差 6mm。设计若有规定者，则按设计要求施工。

2. 散热器托钩，固定卡的安装位置应准确，埋设平正、牢固。

3. 多连散热器或同一墙面的多组散热器，在栽托钩时须拉线找平，上下排托钩应分别装在同一水平线上，挂装散热器应落实在托钩上，上下对齐，左右一致。

4. 散热器安装要正直平稳，散热器带腿安装时不得悬空，必要时只允许用铅铁垫垫牢。

5. 散热器顶部掉翼数，只允许一个，其长度不得大于 50mm。侧面掉翼数，不得超过两个，其累计长度不得大于 200mm。

6. 散热器安装的其他允许偏差，应符合现行暖卫工程施工及验收规范中的有关规定。

六、质量通病及其防治

质量通病及防治方法见表 37-4。

表 37-4

序号	质量通病	防治方法
1	散热器不热或冷热不均	1. 严格按设计施工，严防倒坡 2. 施工中认真检查管口，清除管内污物 3. 若用砂子加热煨弯后，清净管内积砂。断管时，飞刺或残渣留在管内注意清理干净。管道上断口时要避免留下铁渣，临时堵应焊牢，试水时，注意从排污口排除污物 4. 散热器组装前应清理腔内，严防堵塞
2	散热器安装后松动	1. 托架散热器两腿不平时，垫平、垫牢 2. 托钩安装后未达到强度不能安装暖气片 3. 栽托钩时，洞深、水泥砂浆强度等级应符合规定 4. 要严防其他工种把暖气片当脚凳踩，或承重
3	散热器安装位置不一致不稳固	1. 地面标高，每层要一致 2. 钩子及固定卡达到强度后方安装散热器 3. 钩子与散热器接触牢固

38. 柱型及 M132 型散热器组对与安装

一、施 工 准 备

1. 材料

(1) 柱型散热器、M-132 型散热器、放风阀。

(2) 补心、丝堵、对丝、石棉橡胶垫、弯头、三通、钢管、阀门、压力表。

(3) 机油、铅油、清油、型钢、圆钢、锯条、散热器钩子、水泥、砂子、电焊条、破布、砂纸、四氟乙烯生料带、线麻、小线、石笔。

2. 机具

(1) 组对操作台、组对钥匙（专用扳手）、管钳子、活扳子、铰扳及扳牙、电动套丝机、管压力及案子、钢锯、丝锥、打压泵、割管器。

(2) 水平尺、钢卷尺、线坠、手锤、钎子、刷子、电动打孔钻。

(3) 散热器运输小车，电、汽焊工具，托钩定位画线架。

3. 工作条件

(1) 具备散热器堆放及组装的场地。

(2) 水源及电源能保证施工供求。

(3) 散热器经验收合格，已除锈、刷底漆一遍。

(4) 室内地面和墙面装饰工程已完。若为无足散热器也可由土建给出准确的地面标高线，散热器背面的墙装饰完成。

(5) 散热器安装地点，其邻近处不得堆放其他材料及障碍物品。

二、施 工 工 艺

工艺流程

柱型散热器组对 ——→ 散热器水压试验 ——→ 散热器安装 ——→ 配管

1. 柱型散热器组对

（1）按设计的散热器型号、规格进行核对、检查、鉴定其质量是否符合验收规范规定，作好记录。柱型散热器组对，15 片以内两片带腿，16~24 片为三片带腿，25 片以上四片带腿。

（2）将散热器内的脏物、污垢以及对口处的浮锈清除干净。

（3）备好组对散热器的工作台。

（4）按设计要求的片数及组数，试扣后选出合格的对丝、丝堵、补芯，然后进行组装。对口的间隙一般为 2mm。进水（汽）端的补芯为正扣，另一端回水端的补芯为反扣。

（5）组对前，须根据热源分别选择好衬垫，当介质为蒸汽时，选用 1mm 厚的石棉垫涂抹铅油后可用。介质为过热水（高温水），采用耐热橡胶石棉垫涂抹铅油后待用。介质为一般热水时，采用耐热橡胶垫即可。

（6）组对时，根据片数定人分组，由两人持钥匙（专用扳手）同时进行。

1）将散热器平放在专用组装台上，散热器的正丝口朝上，如图 38-1 所示。

2）把经过试扣选好的对丝，将其正丝与散热器的正丝口对正，拧上一至二扣。

3）套上垫片。然后将另一片散热器的反丝口朝下，对准后轻轻落在对丝上，两个同时用钥匙（专用扳手）向顺时针（右旋）方向交替地拧紧上下的对丝。以垫片挤出油为宜。如此循环，待达到需要数量为止。垫片不得露出颈外。

（7）根据设计组数进行组对。将组对好的散热器用运输小车

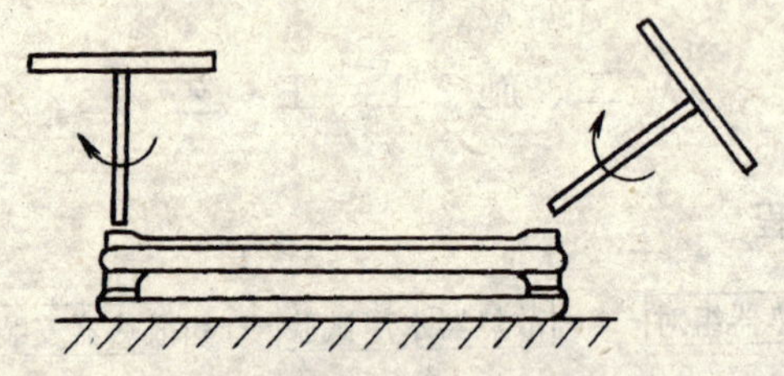

图 38-1 散热器组装示意图

送至打压地点集中。

2. 柱型散热器水压试验

(1) 将组对好的散热器安放在试压台上，用管钳子上好临时堵和补心，安上放气阀后，连接好试压泵和临时管路。

(2) 试压管路接好后，先打开进水阀门向散热器内充水，同时打开放气阀，排净散热器内的空气，待水灌满后，关上放气阀。

(3) 设计若没有要求时，散热器试压必须符合下列规定（见表 38-1）。

表 38-1

散热器型号	柱型、M132 型	
工作压力（MPa）	小于或等于 0.25	大于 0.25
试验压力（MPa）	0.4	0.6

当加压到规定压力值时，关闭进水阀门，稳压 2～3min，再观察接口是否渗漏。

(4) 如有渗漏处用石笔作上记号，将水放尽，卸下丝堵或补芯，用组对钥匙从散热器的外部比试一个渗漏位置，在钥匙杆上做出标记。再将钥匙伸进至标记位置。按对丝旋紧方向转动钥匙使接口上紧或卸下换垫。返修好后再进行水压试验，直至合格。

(5) 打开泄水阀门，拆掉临时堵和补芯，将水泄尽后将散热器安放稳妥，集中保管。根据设计要求刷上防锈漆和银粉。将成组散热器的四个丝口安上丝堵和补芯。

3. 柱型散热器安装

按设计要求将不同的型号、片数、规格，经试压合格后的各组散热器运到各个房间，并根据地面标高，在墙上画好安装位置的中心线。参见表 38-2。

表 38-2

散热器型号	高度(mm)足片中片	每片长度(mm)	宽度(mm)	上下孔中心距(mm)	放热面积(m^2)	每片容量(L)	每片重量(kg)	最大工作压力(MPa)
M-132	584	80	132	500	0.24	1.32	7	0.5~0.8
二柱 700	700 605	72	115	505	0.24	1.35	6	0.5~0.8
四柱 813	813 738	57	164	642	0.28	1.40	8	0.5~0.8
四柱 760	760 724	53	143	600	0.234	1.16	6.6	0.5~0.8
四柱 640	640 589	53	143	500	0.2	1.03	5.7	0.5~0.8
钢制柱	600	45	120	505	0.15	1.00	1.9~2.2	0.6~0.8

(1) 栽散热器托钩和固定卡。

①先检查固定卡或托架的规格、尺寸是否符合要求。

②各种型号的柱型散热器及 M-132 型散热器的托钩及卡架数量见表 38-3。定位时参照图 38-2~图 38-13 和表 38-4~38-8。

表 38-3

散热器型号	每组片数	托钩或卡架			备注
		上	下	总计	
M132 型	3~8	1	2	3	
	9~12	1	3	4	
	13~16	2	4	6	
	17~20	2	5	7	
	21~24	2	6	8	
柱 型	3~6	1	2	3	柱型均不带足时
	9~12	1	3	4	
	13~16	2	4	6	
	17~20	2	5	7	
	21~24	2	6	8	

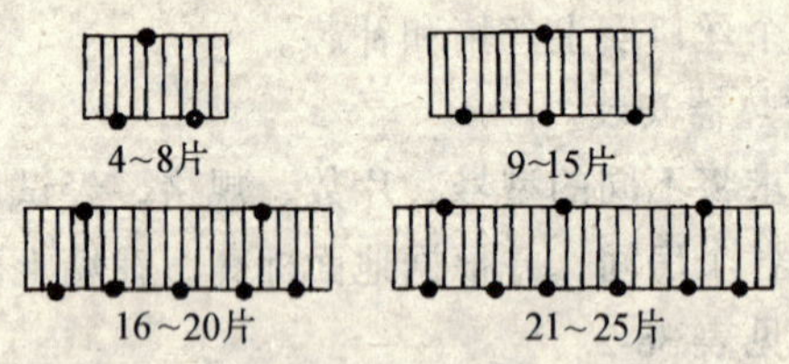

图 38-2 灰铸铁二柱、四柱型（无足）散热器拉、托钩位置

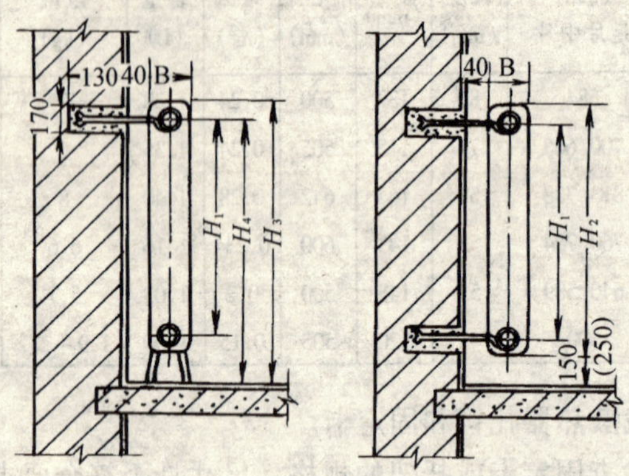

图 38-3 灰铸铁二柱、四柱型散热器安装

系 列 参 数 **表 38-4**

项 目	单位	技 术 参 数				
		TZ4-3-5（8）	TZ2-5-5（8）	TZ4-5-5（8）	TZ4-6-5（8）	TZ4-9-5（8）
（H_1）	mm	300	500	500	600	900
高度（中片）（H_2）	mm	382	582	582	682	982
高度（足片）（H_3）	mm	460	660	660	760	1060
长 度（L）	mm	60	80	60	60	60
宽 度（B）	mm	143	132	143	143	168

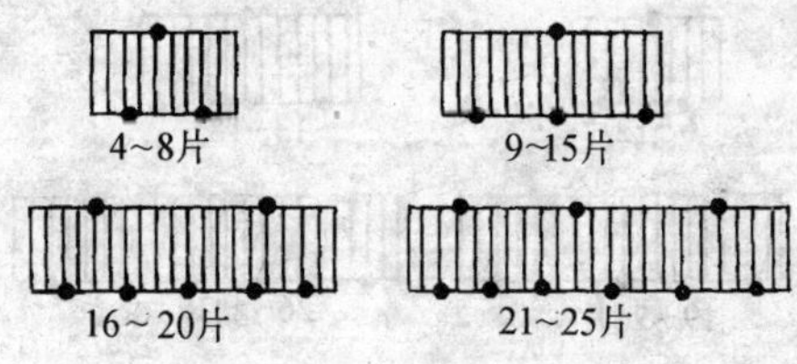

图 38-4　三柱型（无足）散热器
拉、托钩位置

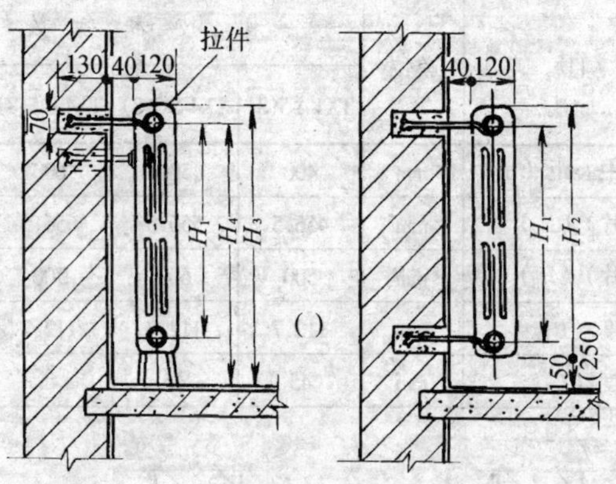

图 38-5　三柱散热器安装说明

系　列　参　数　　　　**表 38-5**

项　　目	单位	技　术　参　数		
		TZ3-5-6（9）	TZ3-6-6（9）	TZ3-9-6（9）
同侧进出口中心距（H_1）	mm	500	600	900
高　度（中片）（H_2）	mm	582	682	982
高　度（足片）（H_3）	mm	660	760	1060
宽　　　度（B）	mm	120	120	120
长　　　度（L）	mm	80	80	80

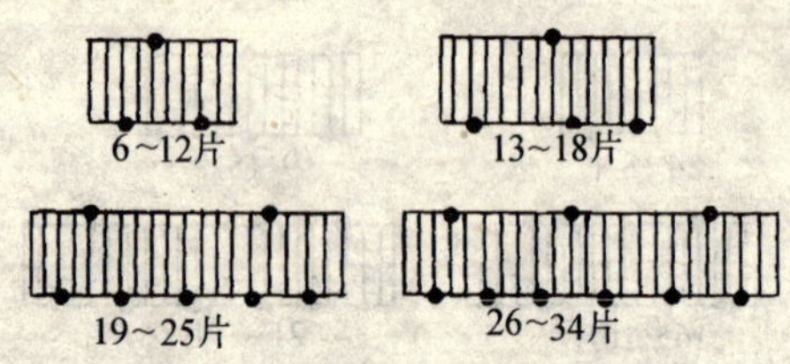

图 38-6 细四柱型（无足）散热器
拉、托钩位置

系 列 参 数　　表 38-6

项　目	单位	技 术 参 数			
		TX4-4-5(8)	TX4-5-5(8)	TX4-6-5(8)	TX4-6-5(8)
同侧进出口中心距（H_1）	mm	400	500	600	600
高　度（中片）（H_2）	mm	456.5	556.5	656.5	656.5
高　度（足片）（H_3）	mm	500	600	700	700
宽　　度（B）	mm	112.7	112.7	112.7	176.2
长　　度（L）	mm	45	45	45	45

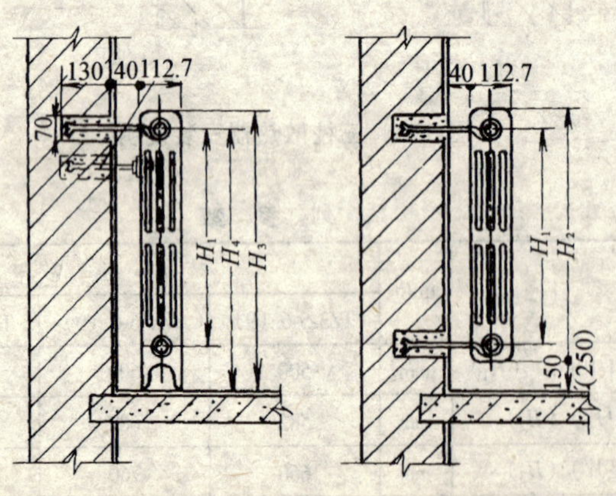

图 38-7 细四柱型散热器安装

系　列　参　数　　　　　　　　　　　　　　**表 38-7**

项　目	单位	技术参数	
		TLZ-5-5（8）	TLZ-8-5（8）
同侧进出口中心距（H_1）	mm	500	800
高　度（中片）（H_2）	mm	600	900
高　度（足片）（H_3）	mm	680	980
宽　　　度（B）	mm	114	114
长　　　度（L）	mm	60	60

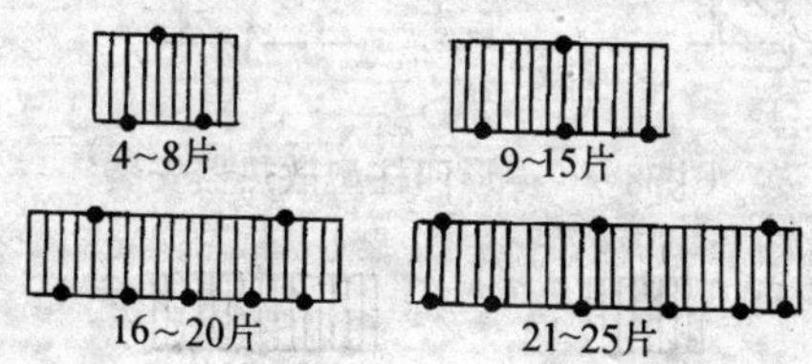

图 38-8　菱形四柱型（无足）散热器拉、托钩位置

系　列　参　数　　　　　　　　　　　　　　**表 38-8**

型　号	同侧进出口中心距 H_1（mm）	高度 H_2（mm）	长度 B（mm）	散热面积（m^2/片）	散热量（W/片）	重量（kg）	容水量（L/片）
KGZ3-1.2/3-10	300	400	120	0.098	58.7	2.1	0.826
KGZ3-1.4/3-10			140	0.108	65.3	2.3	0.855
KGZ4-1.6/3-10			160	0.131	73.5	2.4	0.906
KGZ3-1.2/5-10	500	600	120	0.15	86.0	3.25	1.0
KGZ3-1.4/5-10			140	0.159	95.5	3.35	1.03
KGZ4-1.6/5-10			160	0.199	105.7	4.2	1.14
KGZ3-1.2/6-10	600	700	120	0.175	95.7	3.625	1.09
KGZ3-1.4/6-10			140	0.184	106.4	4.15	1.12
KGZ4-1.6/6-10			160	0.235	117.8	5.0	1.25
KGZ3-1.2/9-10	900	1000	120	0.252	130.0	4.95	1.344
KGZ4-1.6/9-10			140	0.335	161.1	6.6	1.594
KGZ4-2.0/9-10			160	0.354	189.7	7.0	1.625

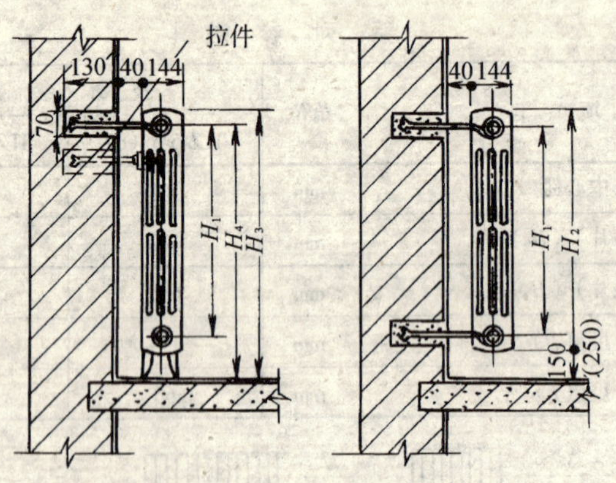

图 38-9 菱形四柱型散热器安装

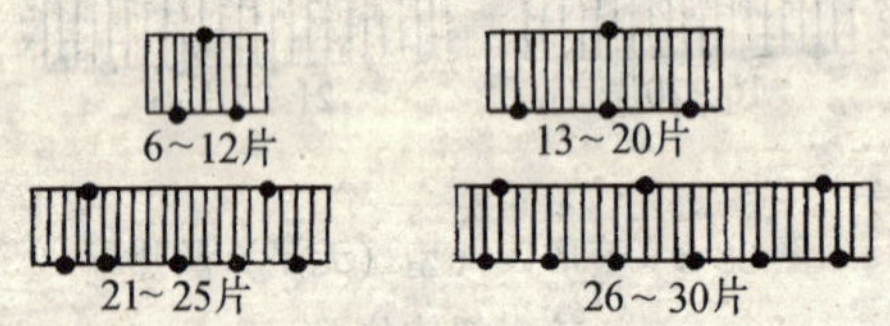

图 38-10 钢管柱型散热器拉、托钩位置

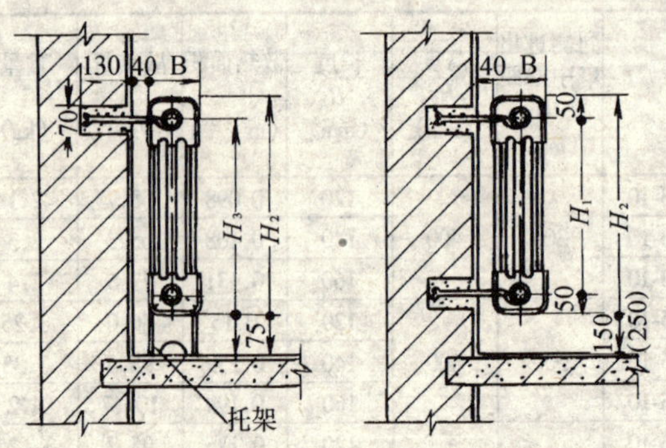

图 38-11 钢管柱型散热器安装

③根据设计图中的要求及施工规范的有关规定，参照散热器外形尺寸表，采用画线架或画线尺、线坠，画出托钩、固定卡的

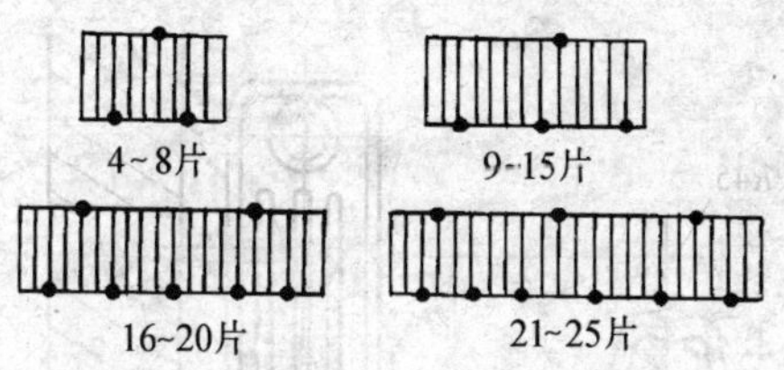

图 38-12　TFD_2 型散热器拉托钩位置

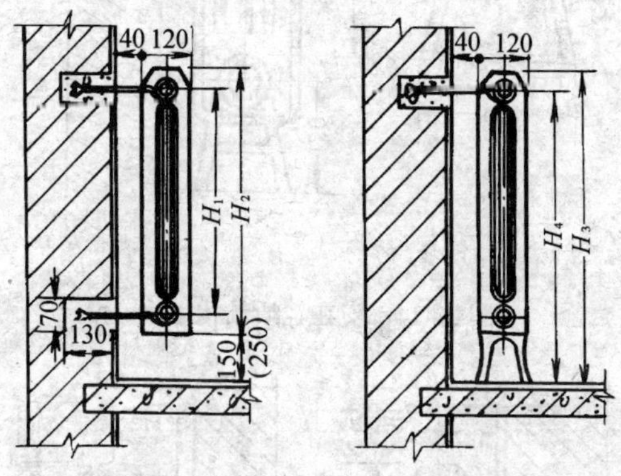

图 38-13　TFD_2 型散热器安装

安装位置。放线、定位、画出记号的前后，要反复检查地表面的标高和记号的正确性。

④打出托钩及固定卡的孔洞，尺寸应符合规范规定。

⑤挂上固定卡（或托钩）位置的水平拉线，用水冲净洞内杂物，按程序栽牢固定卡（或托钩）使钩子中心对准水平线，经量尺复核标高无误后再用水泥砂浆抹平压实。

⑥轻质结构墙上安装柱型或 M-132 型散热器，除参照长翼型外，也可按图 38-14 进行处理。

(2) 散热器安装。

①若为托钩固定，必须待钩子的塞墙砂浆达到强度后再行安装，若为带足散热器则须散热器就位后再拧紧卡子螺栓，将其固定在散热器上。见图 38-15。

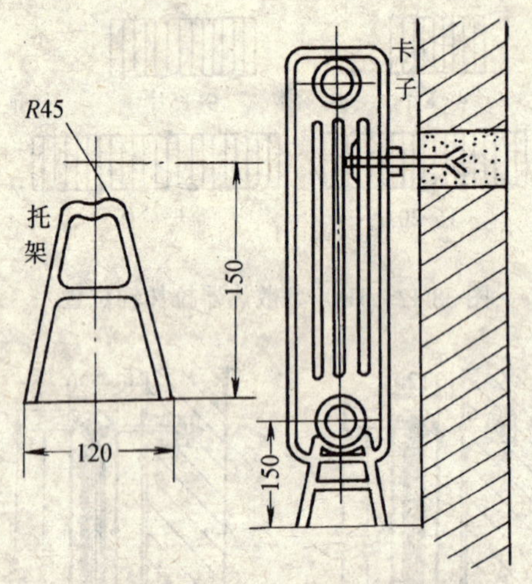

图 38-14　安在轻质结构墙上

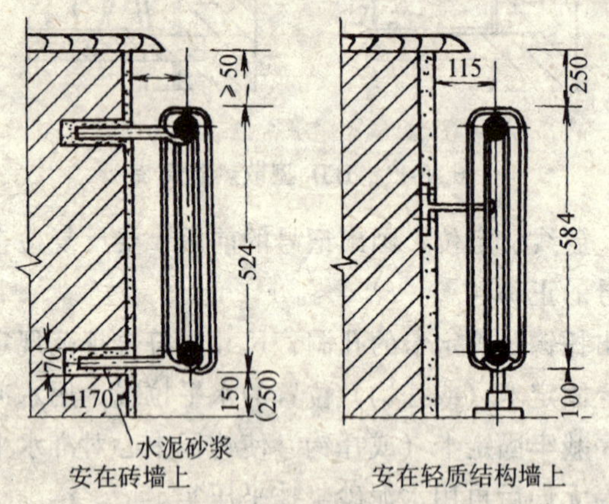

图 38-15　柱型散热器安装示意图

②挂式散热器安装同长翼型一样。

③带足散热器安装时，将散热器组抬至安装位置就位，用水平尺找正找垂直，检查足腿是否与地表面接触平稳、严实。达到规定标准，将固定卡的螺栓在散热器上拧紧。若上面也为托钩，则也须完全达到强度后再行就位。

④如果散热器安装在轻质结构墙上设置托架时，事先按图32-4制作好托架。安置托架后，将散热器轻轻抬起落在架上，用水平尺找正、找平、找垂直。然后拧紧固定卡。

⑤如果带足的散热器安装中，出现不平现象，可以用锉刀磨平找正。严禁用木块砖石垫高，必要时可用垫铁找平。

⑥散热器安装后，严禁出现空气袋或水袋，以致造成散热器不热，见图38-16所示。

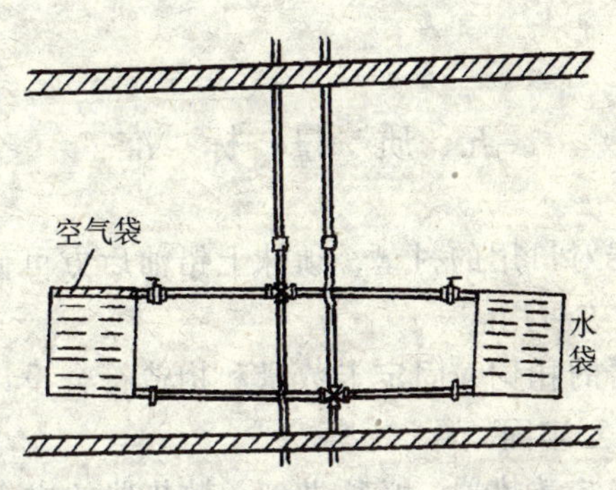

图38-16 散热器错误安装

三、成 品 保 护

1. 散热器组对后，用木方分层垫平，要轻搬、轻放。严禁立放，防止扭曲破坏丝扣造成漏水。

2. 带足散热器进行锉平找正时，要有专人压实压稳散热器，防止震坏丝扣接口。

3. 土建进行喷浆或抹灰之前，用塑料布或灰袋纸把安装好的散热器盖好，防止落上大量灰浆。

4. 散热器运进室内时，要注意保护好门框、墙角、地面。

四、安全注意事项

1. 在平台上组对散热器时，用对丝钥匙拧紧时用力要缓慢、均匀。设专人扶住正在组对过程中的散热器，也可设支架临时固定散热器。

2. 用小车运送散热器组时，防止小车倾斜散热器掉下砸伤人。

五、质 量 标 准

1. 散热器对口用的衬垫，须抹上铅油后方可使用。石棉垫尚须清油浸过方可用。

2. 散热器的托钩、固定卡数量和构造符合设计要求，位置正确埋设应平正牢固。

3. 窗下安装散热器，必须做到：散热器的中心线应与窗子的中心线吻合允许偏差为20mm。

4. 散热器应严格地垂直安装，散热器的垂直位置应保持在安装散热器的墙壁相平行的平面上，其允许偏差为30mm。

5. 同一房间内所有的散热器应安装在同一水平线上。

6. 散热器安装应正直、平稳。挂钩散热器应落实在托钩上面，上下对齐，左右一致。带腿安装时不得悬空，必要时只允许用铅垫垫牢、垫稳。距墙、距地的允许偏差为：6mm、±15mm。

7. 壁挂式散热器，距粉饰后墙面不得少于25mm，距地面不得少于60mm，距窗台板不得少于50mm，设计有规定时，应根据设计要求施工。

8. 散热器顶部掉翼数，只允许一个，其长度不得大于50mm。侧面掉翼数，不得超过两个，其累计长度不得大于200mm。

六、质量通病及其防治

质量通病及防治方法见表 38-9。

表 38-9

序号	质量通病	防治方法
1	散热器安装位置不一致，高低不平、不稳	1. 锉、锯、垫散热器不可过多 2. 地面装饰施工后方允许安装散热器 3. 托钩、固定卡达到强度后方可安装散热器 4. 散热器托钩、卡子安装时，必须拉线
2	散热器安装后松动	1. 散热器安装后，严防将散热器当作脚凳踩或承重 2. 托钩、固定卡、托架施工时，严格按程序进行操作
3	散热器安装后不热或冷热不均	1. 散热器组装前认真清理污物，除锈 2. 组对后和试压后严防掉进污物堵塞腔腹

39. 圆翼型散热器安装

一、施　工　准　备

1. 材料

（1）圆翼型散热器，石棉橡胶垫，石棉垫。

（2）圆翼法兰、钢管、活接头、托钩子、截止阀、弯头、螺帽、三通、螺栓、铁刷子、水泥、砂子、细石。

（3）机油、铅油、清油、焊条、锯条、砂纸、破布、石笔、小线。

2. 机具

（1）管钳子、活扳子、自制扳手、铰扳及扳牙、手锯、管压力及案子、电动套丝机、电汽焊工具、电动打孔钻、割管器、固定扳手、套筒扳手。

（2）水平尺、线坠、钢卷尺、设备运输小车、手锤、錾子、钎子、板尺、法兰盘直角尺、剪子。

（3）散热器运输小车。

3. 工作条件

（1）散热器已除锈，刷防锈底漆一遍。

（2）室内的墙面已完成装饰，或者将散热器后面墙的装修做完。

（3）土建已给出室内地面标准线或地面已施工完。

（4）散热器安装地点已无任何障碍物。

二、施　工　工　艺

工艺流程

散热器组对、试压 ⟶ 散热器组装 ⟶ 定位 ⟶ 散热器安装

1. 圆翼型散热器组对

(1) 按设计要求的型号、规格进行核对，并检查及鉴定其质量是否符合质量标准要求，做好记录。

(2) 将散热器内的脏物、污垢以及对口处的浮锈清除干净。

(3) 备好组装工作台。

(4) 按设计要求的片数及组数，选出连接法兰盘。其进汽口一端用正心法兰盘，其回水一端用偏心法兰盘，进水口用偏心法兰盘。

(5) 散热器组对前，根据热源分别选择衬垫，当介质为蒸汽时可采用3mm厚的石棉垫涂抹铅油。介质为过热水，采用耐热石棉橡胶垫涂抹铅油。若介质为一般热水时，采用耐热橡胶或石棉橡胶垫。衬垫不允许大出法兰盘内外边缘。

(6) 圆翼型散热器的连接方式，一般有串联和并联两种，见图39-1、图39-2。根据设计图的要求进行加工草图的测绘，然后加工组装件。

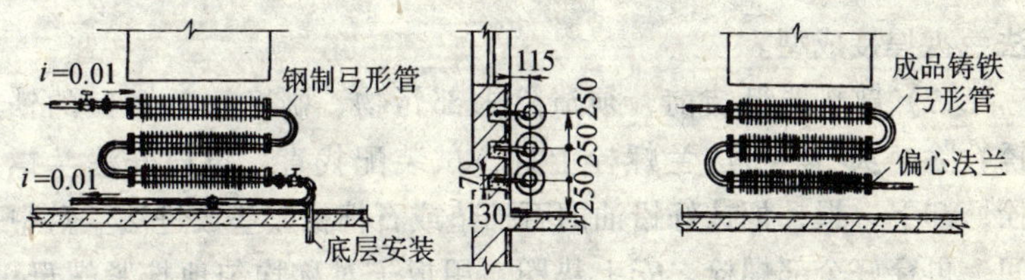

图39-1 圆翼型散热器串联组合安装图

①按设计连接形式，进行散热器支管连接的加工草图测绘。若设计无特殊要求也可按图39-3中所示尺寸加工预制组装件。

②计算出散热器的片数、组数，进行短管切割加工。

③切割加工后的连接短管进行一头丝扣加工预制。

④将短管丝头的另一端分别按规格尺寸与正心法兰盘、偏心

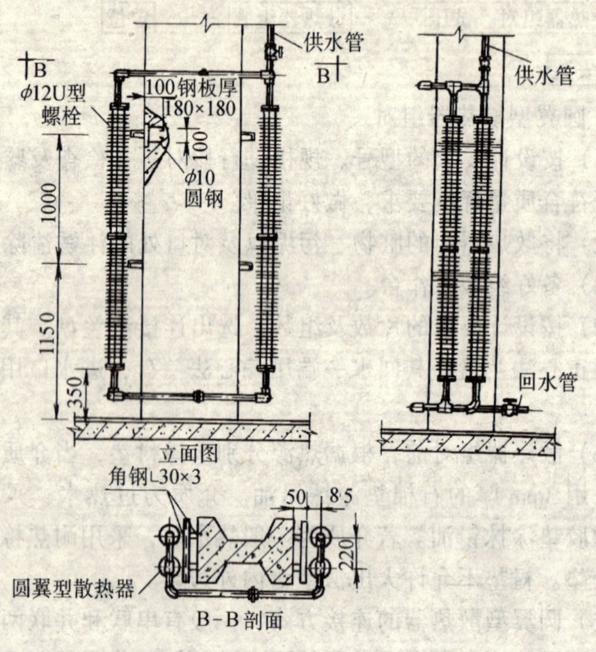

图 39-2　圆翼型散热器并联组合安装图

法兰盘焊接成型。

(7) 散热器组装前，须清除内部污物、刷净法兰对口的铁锈，除净灰垢。将法兰螺栓上好，试装配找直，再松开法兰螺栓，卸下一根，把抹好铅油的石棉垫或石棉橡胶垫放进法兰盘中间，再穿好全部螺栓，安上垫圈，用扳子对称均匀地拧紧螺母，其水压试验方法、规定值与大 60 散热器相同。

2. 圆翼型散热器安装

先按设计要求将不同的片数、型号、规格的散热器运到各个房间，并根据地面标高或地面相对标高线，在墙上画好安装散热器的中心线。参见表 39-1。

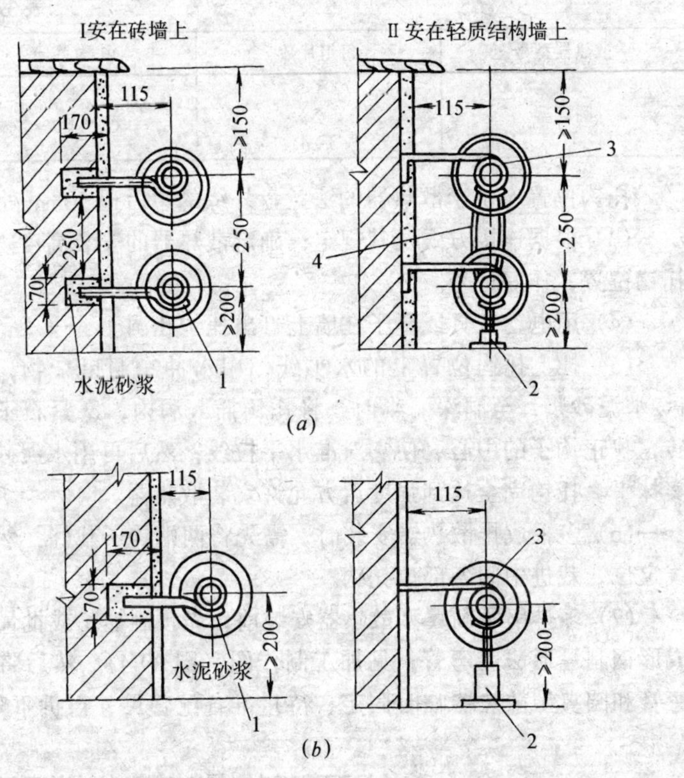

图 39-3　圆翼形散热器安装

（a）散热器为多排装置时；（b）圆翼形散热器安装

表 39-1

散热器型号	高度（mm）	每片长度（mm）	放热面积（m^2）	每片容量（L）	每片重量（kg）	最大工作压力（MPa）
圆翼 80	φ168	1000	1.8	4.42	38.2	0.5～0.8

（1）检查托钩的规格、尺寸是否符合散热器的安装要求。

（2）散热器托钩的数量规定见表 39-2。

表 39-2

散热器型号	每组片数	托钩总计
圆翼型	1 2 3~4	2 3 4

托钩位置应位于散热器的法兰盘外缘的边后退50mm处。

(3) 根据连接方式及其规定，确定散热器的安装高度。画出托钩位置，作好记号。

(4) 用电动工具或錾子在墙上打出托钩孔洞。

(5) 挂上托钩位置上的水平线，用水冲净洞里杂物，填进1:2水泥砂浆，至洞深一半时，将托钩插入洞内，塞紧石子或碎砖，找正钩子的中心，使它对准水平拉线，然后再用水泥砂浆填实抹平。托钩完全达到强度后方允许安装散热器。

(6) 多根成排散热器安装时，需先将两端钩子栽好，然后拉线定位，栽进中间各部位托钩。

(7) 多排串联圆翼型散热器安装前，先预制加工或批量加工成形钢制弓形法兰弯管，见加工制作图（图39-4）。然后将法兰弯管和圆翼型散热器临时固定，待量准各配管尺寸再拆下弯管，

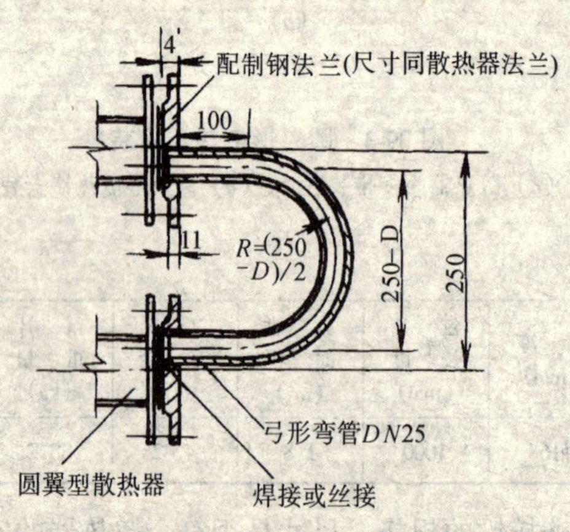

图 39-4 钢制弓形弯管制作

照前述程序进行配管、连接、安装。

(8) 散热器掉翼面应朝下或朝墙安装。水平安装的圆翼型散热器，纵翼应竖向安装。

三、成 品 保 护

1. 散热器组对后，要放平放稳，妥善保管好，运输途中要注意别碰坏连接短管。

2. 土建进行喷浆、抹灰之前，用塑料布或灰袋纸盖好散热器。

3. 散热器运进室内时，注意保护好施工完的门框、墙角、地面。

四、安全注意事项

1. 搬运散热器过程中，要相互照应防止摔坏散热器，砸伤人。

2. 紧固法兰盘时，遵守本工艺标准中安全注意事项的有关内容。

五、质 量 标 准

1. 圆翼型散热器衬垫的厚度不超过 3mm，衬垫外径不得突出对口的表面，严禁使用两个以上的衬垫。

2. 多片散热器或同一墙面的多组散热器，在栽托钩时必须拉线找平、找正。上下排散热器的托钩应分别装在同一水平线之上，散热器应该完全落实在托钩上。

3. 散热器掉翼数，不得超过 2 个，其累计长度不得大于一个翼片周长的 1/2，掉面应向下或朝墙。

六、质量通病及其防治

质量通病及防治方法见表39-3。

表39-3

序号	质量通病	防治方法
1	散热器松动	1. 挂钩完全达到强度后才安散热器 2. 散热器安装后，严禁当作支承物承重
2	水平串联安装的散热器局部不热或全不热	1. 安装时严格按操作程序进行，量尺、拉线、用水平尺找坡、严防倒坡安装 2. 安装法兰垫片时，防止堵塞散热器的进出口管

40. 钢串片闭式对流散热器安装

一、施　工　准　备

1. 材料

(1) 钢串片闭式散热器、钢管、阀门、三通、螺栓。

(2) 托架、法兰、弯头、活接头、石棉橡胶垫。

(3) 机油、铅油、清油、麻线、小线、石笔、粉笔、生料带。

2. 机具

(1) 管钳子、活扳子、电动打孔钻、割管器、钢锯、铰扳及扳牙。

(2) 水平尺、钢卷尺、线坠、手锤、钎子、管压力及案子。

(3) 散热器运输小车。

3. 工作条件

(1) 室内的墙面已抹完灰做完装修，或者先施工完散热器后面墙的装修。

(2) 土建已给出室内地面的标准线或地面已施工完。

(3) 散热器安装位置没有障碍物。

(4) 散热器经水压试验合格。

二、施　工　工　艺

工艺流程

支托架安装 ⟶ 钢串片散热器安装 ⟶ 钢串片散热器连接配管

1. 支托架安装

(1) 按设计要求，根据散热器的位置和距地高度，钉进钎子，拉好水平线。

(2) 再按钢串片的长度确定托钩位置。1m 以内两端向内返 100mm，1.2m 以上者两端向内返 200mm。托钩架数量及托钩定位见表 40-1、表 40-2。

表 40-1

散热器型号	散热器规格	托钩架总数
串片型	每根长度小于 1.4m	2
	长度在 1.6～2.4m	3

表 40-2

散热器型号	高度(mm)	每片长度(mm)	宽度(mm)	上下孔中心距(mm)		放热面积(m^2)	每片容量(L)	每片重量(kg)	最大工作压力(MPa)
闭式钢串片	150	按设计要求作	60	接管	*DN*20	2.48	1.05	9.0	1.0
	150		80		*DN*20	3.15	1.05	10.5	1.0
	240		100		*DN*25	5.72	1.47	17.4	1.0
	300		80		*DN*20	6.30	2.2	21.0	1.0
	500		90		*DN*25	7.44	2.5	30.5	1.0
	600		120		*DN*32	10.60	5.5	48.0	1.0
	600	600	50	520/526		1.58	2.8	9.6～11.5	0.6～0.8

(3) 画上记号，打好托钩架孔洞，按程序栽好托架，找正、找平、找垂直。

(4) 多根成排散热器安装时，须将两端的托架栽好后，再次拉线定位，才将中间部位的托钩架栽好，参见图 40-1 和图 40-2。

(5) 托钩架达到强度后方许可安装散热器。

2. 钢串片散热器安装

(1) 将各种形式、规格的散热器，按设计图中要求，分别运送到各房间。将散热器抬起，轻轻落在架上。

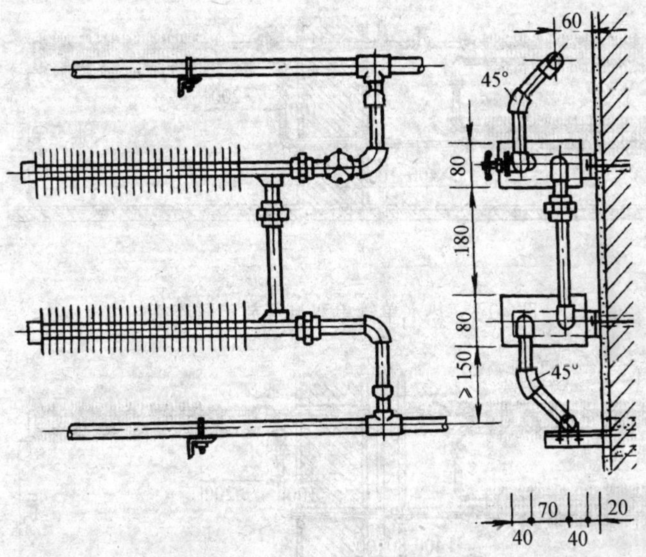

图 40-1 串片热水串联连接安装

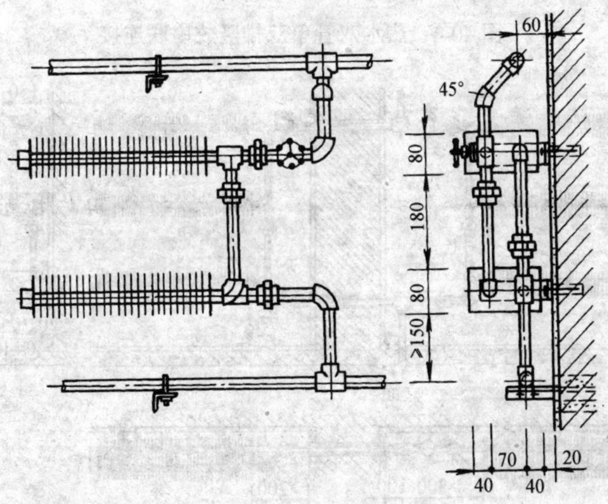

图 40-2 串片热水并联连接安装

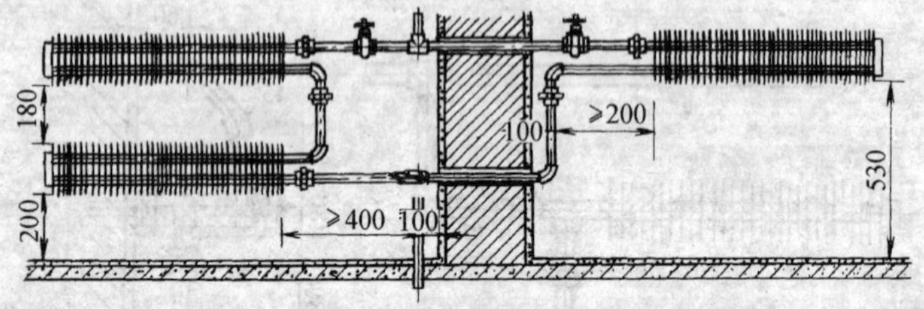

图 40-3　热水单管单双排竖放串联连接

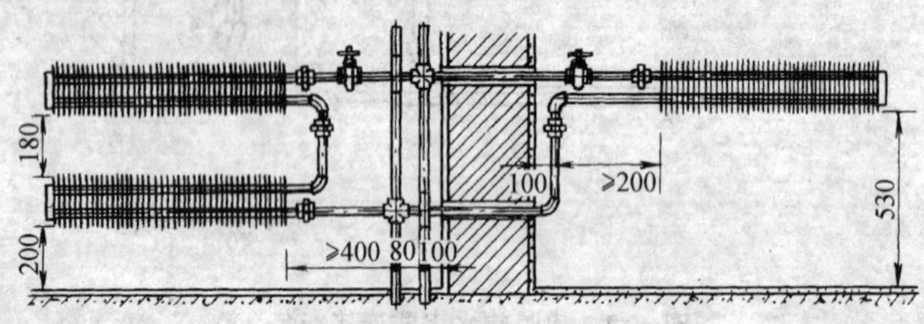

图 40-4　热水双管单双排竖放串联连接

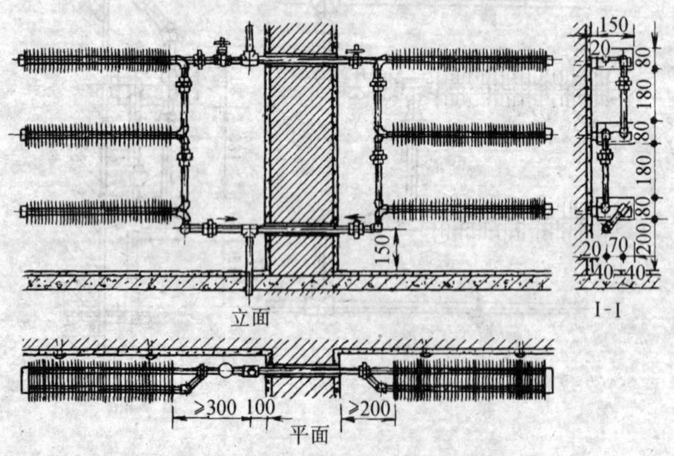

图 40-5　热水单管三排平放串联连接

(2) 散热器安装中，应保持散热器肋片完好。其松动片不允许超过总肋片数的2%。

(3) 散热器受损处和松动肋片（允许范围内），面向下或朝墙安装。

(4) 散热器平放安装时，应保持其中心距墙表面95mm。竖放时，距墙表面60mm。

3. 钢串片散热器连接

根据设计要求，用弯头、三通、活接头、管箍、阀门等管件，对已安装的串片散热器进行串联或并联连接，如图40-3、图40-4、图40-5所示。

三、成品保护

1. 钢串片散热器在运输、搬动过程中，轻抬、轻放，严防损坏肋片和松动肋片，以免影响美观和散热效果。

2. 土建抹灰和喷浆前，必须将散热器包扎或覆盖好，防止被污染。

四、安全注意事项

1. 运送散热器时，防止肋片碰伤人的手。

2. 散热器安装时，托钩必须达到强度，防止散热器脱落砸伤脚。

五、质量标准

1. 散热器托钩架的安装，位置正确、埋设够深、平整、牢固。

2. 散热器安装的允许偏差应符合表40-3的规定。

表 40-3

<table>
<tr><th>名　称</th><th colspan="2">项　　目</th><th>允许偏差（mm）</th></tr>
<tr><td rowspan="7">散热器</td><td rowspan="2">坐标</td><td>内表面与墙面距离</td><td>6</td></tr>
<tr><td>与窗口中心线</td><td>20</td></tr>
<tr><td>标高</td><td>底部距地面</td><td>±15</td></tr>
<tr><td colspan="2">中心线垂直度</td><td>3</td></tr>
<tr><td colspan="2">侧面倾斜度</td><td>3</td></tr>
<tr><td rowspan="2">全的长弯内曲</td><td>2节以内</td><td>3</td></tr>
<tr><td>3～4节</td><td>4</td></tr>
</table>

六、质量通病及其防治

质量通病及防治方法见表 40-4。

表 40-4

序号	质量通病	防治方法
1	散热器肋片松动、翘曲	1. 散热器进场前进行检查、验收，凡是稍有缺陷的肋片进行纠正处理后再安装 2. 凡是无法处理的不合格产品退回厂家或进行更换

41. 板式及扁管散热器安装

一、施　工　准　备

1. 材料

(1) 板型散热器、扁管散热器、托钩架。

(2) 铅油、石棉橡胶垫、石棉垫、石笔、粉笔、小线。

2. 机具

(1) 管钳子、活扳子、电动打孔钻。

(2) 水平尺、线坠、钢卷尺、手锤、錾子、板尺。

(3) 散热器运输小车。

3. 工作条件

(1) 室内的墙面，地面装修工程已开始施工。

(2) 供汽（水）及回水主导管、立管施工完，立管甩头已完。

(3) 散热器试压已合格。

(4) 室内散热器安装位置无障碍物。

二、施　工　工　艺

工艺流程

栽托架 ——→ 板式或扁管散热器安装 ——→ 配管

板式散热器的表面，出厂前经喷漆装饰。体积小，不置于墙内，无须逐片连接与组装，省去了每片间连接后的水压试验。承压可达到 1~1.2MPa。见图 41-1 所示。

扁管散热器运行中热水循环好，表面在出厂前喷好各种花卉，出厂时均以塑料薄膜保护。

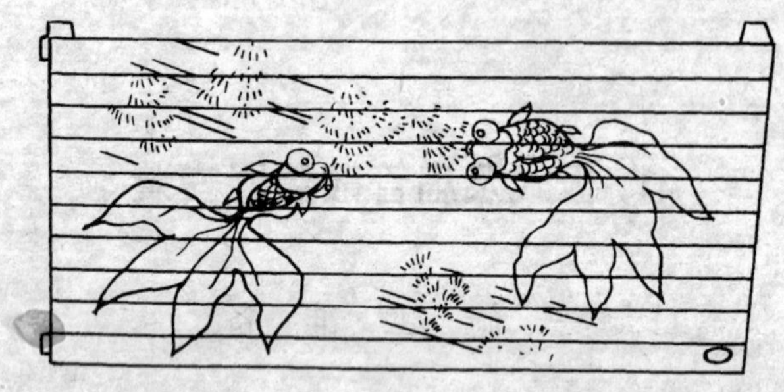

图 41-1　板式散热器和扁管散热器外形图

1. 定位、栽托架

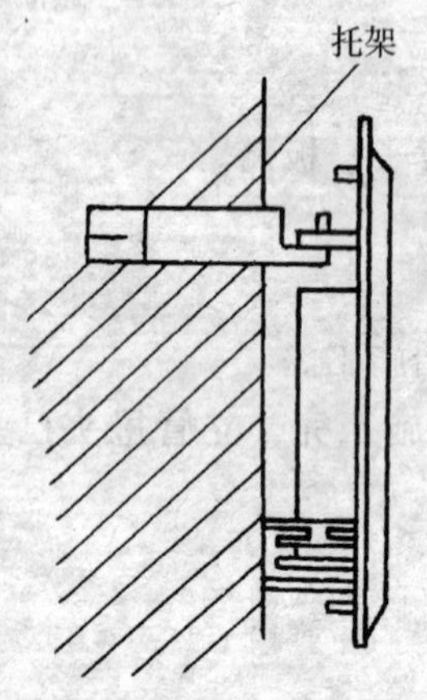

图 41-2　板型、扁管型散热器安装

(1) 在挂散热器的墙面上，应事先完成土建装饰工作，然后在装饰面上量尺，定位并画好栽托架的位号。按设计要求，根据散热器的位置和离地高度，拉好水平线，打出托架孔洞。然后按施工程序，将散热器的托架按要求事先栽好，见图 41-2。

(2) 按照表 41-1 的规定，确定散热器托架的数量。

(3) 托架位置尚须参照厂家产品规格中支架的位置与具体尺寸进行定位。目前主要有 SG-O 型，SG-D 型扁管散热器，SB-T 板式散热器。长度一般在 600 ~ 2000mm 间，见表 41-2。

表 41-1

散热器型号	片　数	上部托架	下部托架	总　计
扁管，板式	1	2	2	4

(4) 托架达到强度后，方准安装散热器。

2. 板式或扁管散热器安装

(1) 安装前，按照设计图上要求的各种规格一一核对。并将

表 41-2

散热器型号	高度（mm）	每片长度（mm）	宽度（mm）	上下孔中心距（mm）	放热面积（m^2）	每片容量（L）	每片重量（kg）	最大工作压力（MPa）
钢制扁管散热器		600	40					
	416	800		高 52	0.915	3.76～7.52	12.1～35	0.6
		1000	102		～7.24			
		1200	40			4.71～9.47		
	520	1400		高 52	1.151		15.1～46	0.6
		1600	102		～9.14			
		1800	40	高 52	1.377	5.49	18.1～54.8	0.6
	624	2000	102		～11.10	～10.98		
钢制板式散热器	600	800	50	520 706	2.1	3.6	12.2～14.6	
	600	1025	50	520 931	2.75	4.6	15.4～18.4	
	600	1205	50	520 1111	3.27	5.4	18.2～21.8	
	600	1430	50	520 1336	3.93	6.4	21.2～25.4	
	600	1610	50	520 1516	4.45	7.4	24～28.8	
	600	1835	50	520 1741	5.11	8.4	27.2～32.7	

各规格散热器对号入位运至各房间的安装位置。

（2）散热器安装就位时，可暂时脱下包装薄膜。

（3）安装就位后，仍用塑料薄膜包好图面，直至交工时再打开，见图 41-1。

（4）散热器外沿距墙为 30mm。

三、成 品 保 护

1. 配管过程中直至交工前，均须设专人保护和看管好散热器的图面，防止被损坏或污染。

2. 运输过程中注意保护图面。

四、安全注意事项

抬运散热器过程中，防止后面支架板刮伤手。

五、质　量　标　准

1. 散热器托架安装位置应该准确，埋设尺寸符合规定、平整、牢固。

2. 散热器安装的允许偏差应符合表41-3的规定。

表41-3

名　称	项　　目			允许偏差（mm）
板型扁管型散热器	坐　标	内表面与墙面距离		6
		与窗口中心线		20
	标　高	底部距地面		±15
	中心线垂直度			3
	侧面倾斜度			3
	全长内的弯曲	板型	$L < 1$m	4
			$L > 1$m	6
		扁管型	$L < 1$m	3
			$L > 1$m	5

六、质量通病及其防治

质量通病及防治方法见表41-4。

表41-4

序号	质 量 通 病	防　治　方　法
1	板面图形受损、污染	1. 交工前才脱去保护膜 2. 运输过程中，板面垫上软物，防止刮伤
2	安装后漏水	安装前，严格进行水压试验，合格后，方可安装

42. 钢制柱翼型耐蚀散热器安装

一、施　工　准　备

1. 材料

(1) 钢制柱翼型耐蚀散热器、连接托板、螺纹接头、放气塞堵、丝堵（即塞堵）。

(2) 石棉橡胶垫、石棉垫、麻丝、铅油、膨胀螺栓及螺帽、石笔、粉笔、小线、生料带。

2. 机具

(1) 手电钻、管钳子、活扳子、固定扳手、钢丝钳、手锤、錾子、钎子、运散热器小推车。

(2) 水平尺、线坠、钢板尺、钢卷尺。

3. 工作条件

(1) 土建主体工程已完，即将进入室内装饰抹灰工程，安装散热器的墙位已事先完成抹灰工作。

(2) 供暖系统的供回水干管和立管已完成。

(3) 散热器及其配件均已进场，经检查、试压、验收合格。

(4) 散热器安装场地已清扫干净。

(5) 进场的器具、材料，均能满足连续施工。

二、施　工　工　艺

工艺流程

划线、定位 → 栽连接托板 → 安装散热器 → 配管

钢制柱翼型耐蚀散热器，是一种引进德国技术开发而成的新型

散热器。由于耐腐蚀，承压能力高，高层建筑中的供暖用得较多。这种散热器结构精巧，体积小，厚度薄，较大地减少了散热器占地面积，在今后即将普及的“按户计热、分户供暖”系统中也比较实用。散热器在出厂前作了内防腐处理，表面采用静电喷塑、附着力强，光洁度高，其技术性能见表42-1，散热器结构见图42-1所示。

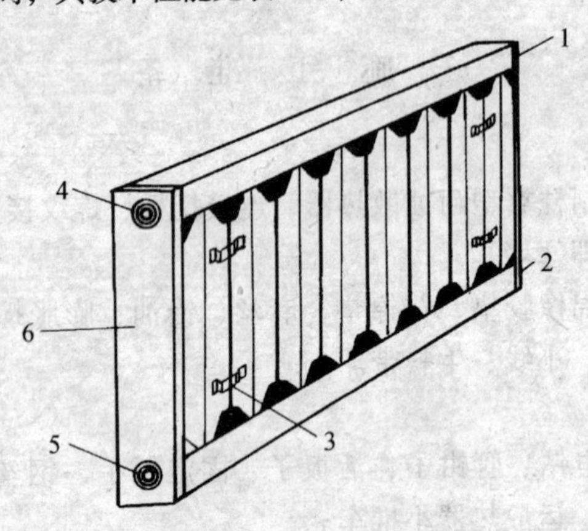

图42-1 散热器结构图

1—进水口；2—出水口；3—挂片；

4—放气塞堵；5—塞堵；6—边板

技术参数表 表42-1

项目	符号	单位	参数值					
同侧进出口中心距	*H*	mm	300	400	500	600	900	1000
总高度	H_2	mm	344	444	544	644	944	1044
长度	*L*	mm	450~1500（以片距75mm递增）					
宽度		mm	53					
重量	*Gd*	千克/片	0.86	1.08	1.31	1.54	2.22	2.45
水容量	*Vd*	升/片	0.38	0.40	0.43	0.45	0.51	0.54
散热面积	*F*	米^2/片	0.12	0.17	0.21	0.25	0.38	0.43
散热量（$\Delta T=64.5$℃）	Q	W/片	51	69	87	106	155	173
传热系数	*K*	W/m^2·℃	6.59	6.29	6.42	6.45	6.32	6.24
金属热强度	*q*	W/kg·℃	0.92	0.99	1.03	1.05	1.08	1.10
工作压力	*P*	MPa	0.6~1.0					
检测压力	*P*	MPa	气压为1.2*P* 水压为1.5*P*					

1. 划线、定位

根据散热器的规格和型号，按照设计要求的安装位置和标高，在墙壁上划出散热器的位置中心线，拉上或标出相对水平线，依据已进场的散热器上挂片位置和连接托板尺寸，划出膨胀螺栓“十”字孔位线，见示意图（图 42-2）。

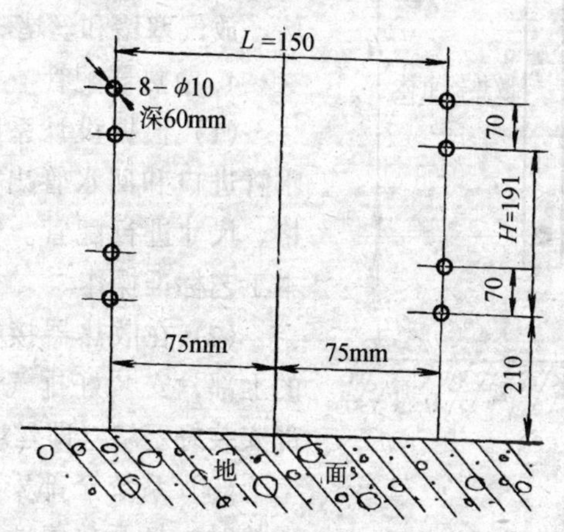

图 42-2　定位示意图

L—散热器长度；

H—进出水口中心距　（单位：mm）

2. 栽连接托板

（1）按照“十”字孔位线的中心，用手电钻钻孔，孔的直径可为 ϕ8～ϕ10，孔的深度为 60mm。然后根据孔中心水平拉线将 m6 的钢膨胀螺栓埋进钻孔里。

（2）检查和校核膨胀螺栓的位置与标高。在螺栓上安装散热器的连接托板，在找平、吊正后拧紧膨胀螺栓上的螺帽，将托板固定住。

3. 安装散热器

（1）由于钢制柱翼型耐蚀散热器的外表面用静电喷塑出各种颜色，安装之前，应根据设计标注的用户中各类房间所需色彩，进行散热器的对号就位。

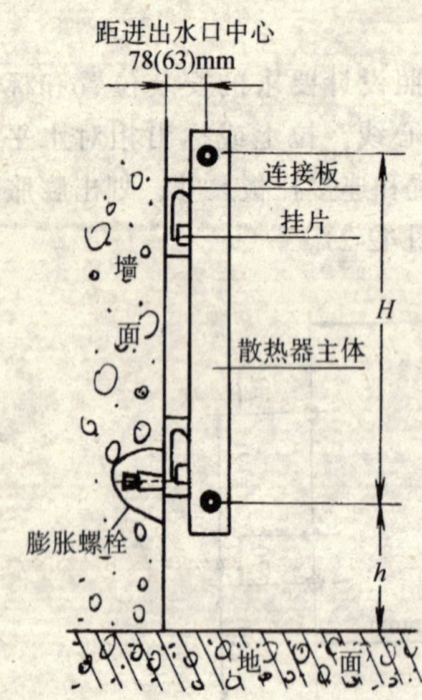

图 42-3　散热器安装图

注：当散热器距地为 100mm 时，$h=124$mm

(2) 打开散热器的保护薄膜包装，将散热器背面的挂片挂在连接托板挂口处，见散热器安装图（图 42-3）。

(3) 取下散热器上的塑料塞堵、放气塞堵和丝堵（塞堵）。

4. 散热器配管

(1) 根据设计系统图，按供水管进口和回水管出口位置、规格、尺寸进行配管。管子加工按本工艺标准操作。

(2) 在散热器接管的另一端的上部，安装好排气塞堵；在下部安装好塞堵（即丝堵）。

(3) 系统全部安装后，正式通热时，打开放气塞堵排出空气直至热水流出后拧紧放气塞堵，可正常供热。

三、成　品　保　护

1. 安装过程中不可随意拧下散热器的塞堵，防止落进杂物而堵塞管道。

2. 散热器进场后直至交付使用前，注意保护表面喷塑的颜色。

3. 散热器在运输过程中，应使用带盖或有防雨苫布的运输工具。并且应轻拿轻放，防止磕碰及其他重物叠压。

4. 散热器堆放时，高度不超过 2m，底部垫稳。

5. 冬季施工时，注意排空散热器内腔积水，以免冻裂。

四、安全注意事项

1. 散热器储存时须垫高 100 ~ 200mm，堆放高度不超出 2m，避免倒滑后砸伤人。

2. 使用手电钻过程中，应遵守操作规程，严防触电。

五、质 量 标 准

1. 膨胀螺栓埋设深度应不少于 60mm。

2. 散热器安装允许偏差应符合表 42-2 中规定。

表 42-2

<table>
<tr><th>名 称</th><th colspan="2">项 目</th><th>允许偏差（mm）</th></tr>
<tr><td rowspan="7">钢制柱翼型散热器</td><td rowspan="2">坐标</td><td>内表面与墙面距离</td><td>6</td></tr>
<tr><td></td><td>20</td></tr>
<tr><td>标高</td><td>底部距地面</td><td>± 15</td></tr>
<tr><td colspan="2">中心线垂直度</td><td>3</td></tr>
<tr><td colspan="2">侧面倾斜度</td><td>3</td></tr>
<tr><td rowspan="2">全长内的弯曲</td><td>$L < 1m$</td><td>4</td></tr>
<tr><td>$L > 1m$</td><td>6</td></tr>
</table>

六、质量通病及其防治

质量通病及防治方法见表 42-3。

表 42-3

序号	质量通病	防治方法
1	板面颜色污染	1. 运输过程和储存过程，底部应垫稳垫高 200mm 左右 2. 安装前防止日晒雨淋 3. 交叉作业时，采取措施保护散热器的清洁
2	安装后漏水	1. 安装前严格试压抽查 2. 散热器应有出厂试压验收合格证

43. 辐射板散热器安装

一、施 工 准 备

1. 材料

(1) 辐射板散热器、法兰盘、钢管、螺栓。

(2) 型钢、圆钢、石棉橡胶垫。

(3) 电气焊条。

2. 机具

(1) 打压泵、电汽焊工具、起重设备、管压力及案子、铰扳。

(2) 管钳子、活扳子、起重工具。

3. 工作条件

(1) 土建工程已基本完成。

(2) 预埋铁件核对无误。

二、施 工 工 艺

工艺流程

辐射板散热器试压 → 支吊架安装 → 散热器安装

目前，国内对辐射板供热分类如表 43-1 所示。其中低温辐射供暖的形式有金属顶棚，见图 43-1、图 43-2 所示。顶棚、地面或墙面埋管如图 43-3、图 43-4、图 43-5、图 43-6 所示。

表 43-1

分类根据	名　　称	特　　点
板面温度	低温辐射 中温辐射 高温辐射	板面温度低于 80℃ 板面温度等于 80~200℃ 板面温度等于 500℃
辐射板构造	埋管式 风道式 组合式	以直径 32~15mm 的管道埋置于建筑表面内，构成辐射表面 利用建筑结构的空腔使热空气循环流动期间构成辐射表面 利用金属板杆以金属管组成辐射板
辐射板位置	顶面式 墙面式 地面式 楼面式	以顶棚作为辐射供暖面，辐射热占 70%左右 以墙壁作为辐射供暖面，辐射热占 65%左右 以地面作为辐射供暖面，辐射热占 55%左右 以楼板作为辐射供暖，辐射热占 55%左右
热媒种类	低温热水式 高温热水式 蒸汽式 热风式 电热式 燃气式	热媒水温低于 100℃ 热媒水温等于或高于 100℃ 以蒸汽（低压或高压）为热媒 以加热后的空气作为热媒 以电热元件加热特定表面或直接发热 通过燃烧可燃气体（也可用气体或石油气）经特制的辐射器发射红外线

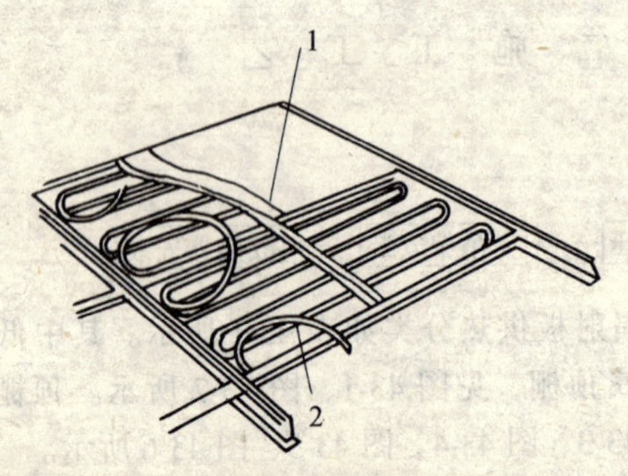

图 43-1　盘管金属顶棚

1—吸音隔热层；2—钢管、铝板定型吸声辐射板

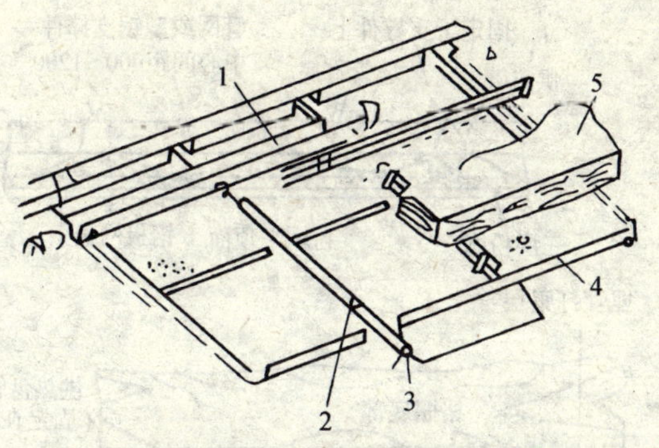

图 43-2 排管金属顶棚

1—38mm 方形联箱；2—板的固定点；3—*d*15 排管；4—铝板；5—隔热层

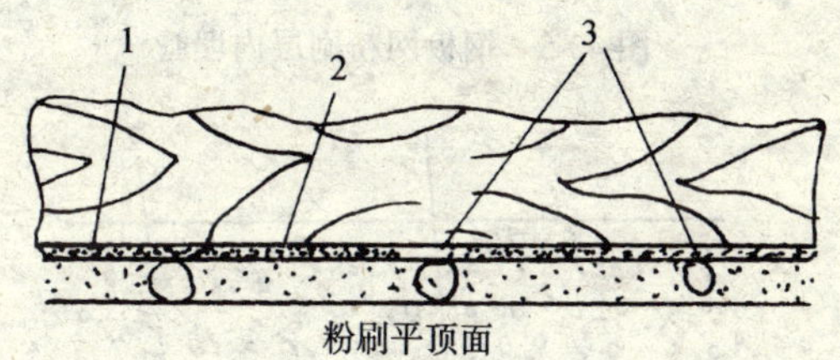

图 43-3 钢板网下埋管

1—钢板网；2—格栅底部；3—盘管

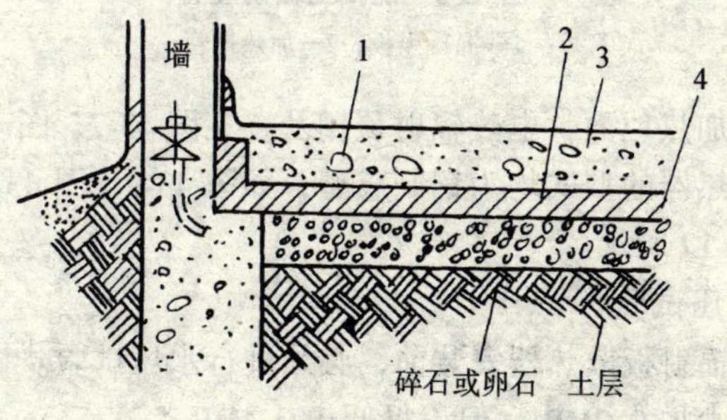

图 43-4 地面埋管

1—加热管；2—隔热层；3—混凝土板；4—防水层

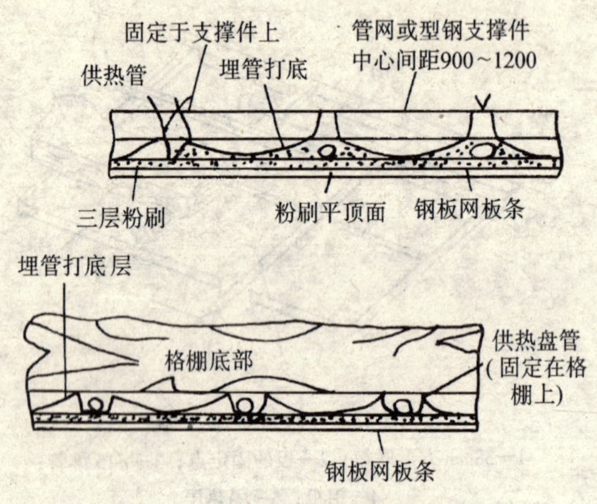

图 43-5　钢板网粉刷层内埋管

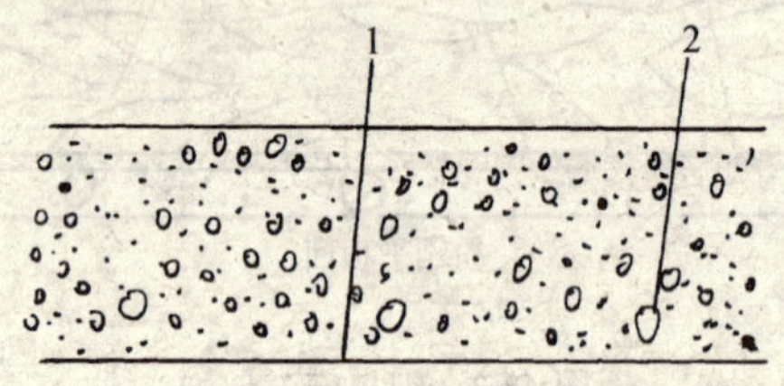

图 43-6　混凝土板内埋管

1—混凝土板；2—加热排管

空气加热地面，电热辐射顶棚及墙见图 43-7、图 43-8，其中辐射板散热器的型式均为钢制成型，如图 43-9、图 43-10、图 43-11、图 43-12 所示。

1. 水压试验

(1) 辐射板散热器安装前，必须进行水压试验。试验压力等于工作压力加 0.2MPa，但不得低于 0.4MPa。

(2) 辐射板的组装一般均应采用焊接和法兰连接。按设计要求进行施工。

2. 支吊架安装

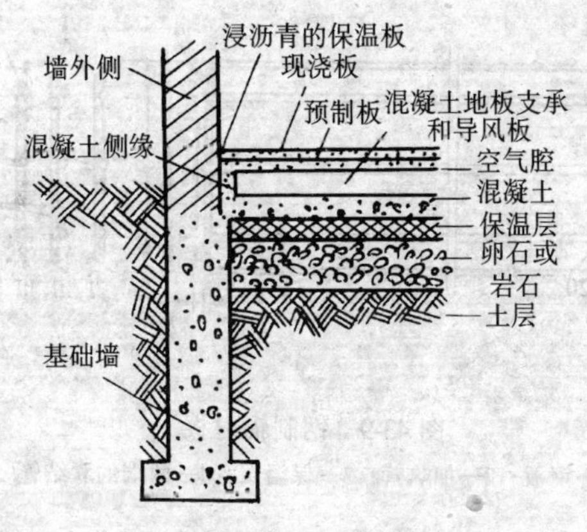

图 43-7　空气热地面

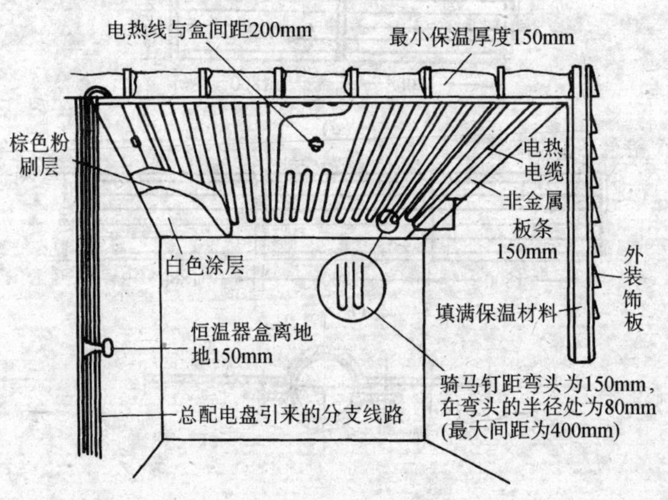

图 43-8　电热顶棚辐射采暖

按设计要求，制作与安装辐射板的支吊架。一般支吊架的形式按其辐射板的安装形式分类为三种，即垂直安装、倾斜安装、水平安装。见图 43-13 所示。带型辐射板的支吊架应保持 3m 一个。

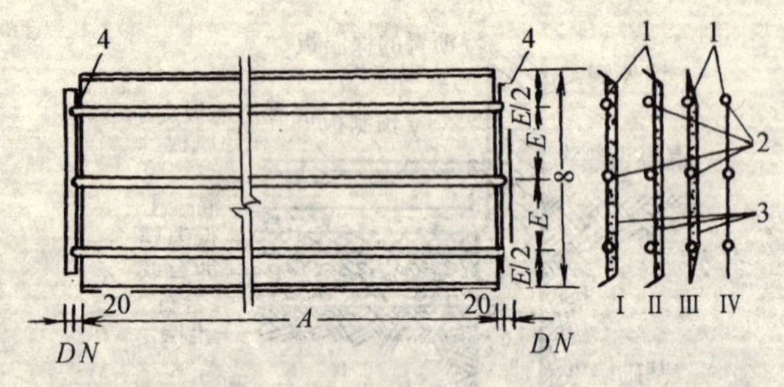

图 43-9 钢制辐射板

1—钢板；2—加热管；3—保温层；4—两端的联结管

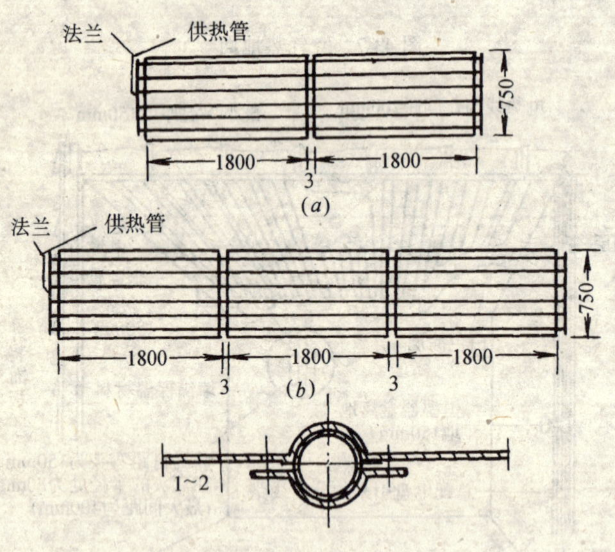

图 43-10 管卡

3. 散热器安装

(1) 辐射板散热器的安装，通常有下面三种形式。按照设计规定和要求施工。

①水平安装。即将辐射板安装在采暖区域的上部，热量向下辐射。

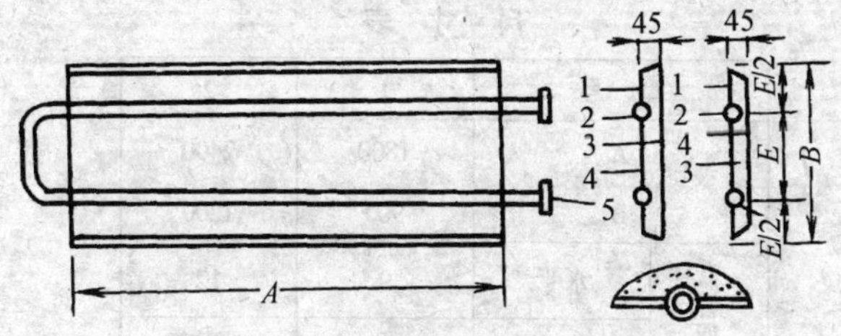

图 43-11　采用焊接的辐射板

1—钢板 δ = 1.5 ~ 2mm；2—水煤汽钢管 *DN*20 ~ 25；

3—钢板 δ = 0.5 ~ 1mm；4—保温层；5—法兰

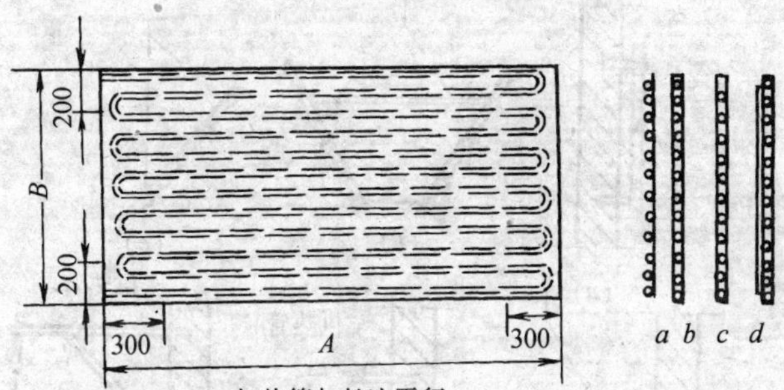

加热管与长边平行

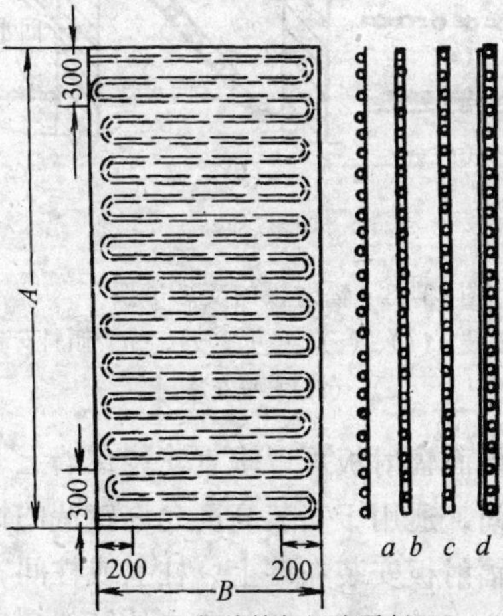

加热管与短边平行

图 43-12　盘管式辐射板（一）

尺 寸 表

型 号		1	2
A		1800	2400
B		900	1200
盘管列数	水平	9	12
	垂直	19	24

图 43-12 盘管式辐射板（二）

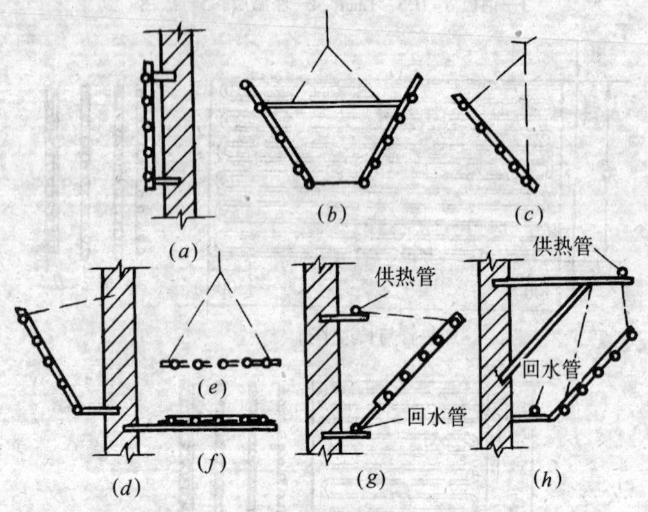

图 43-13 辐射板的支、吊架

（*a*）垂直安装；（*b*）、（*c*）、（*d*）、（*g*）、（*h*）倾斜安装；（*e*）、（*f*）水平安装

②垂直安装。单面辐射板可以垂直安装在墙上，双面辐射板可以垂直安装在柱间，适用于安装高度允许较低的情况下。

③倾斜安装。辐射板安装在墙上、柱上或柱间，使板面斜向下方。安装时必须注意选择好合适的确定的倾斜角度，一般应保证辐射板中心的法线穿过工作区。

(2) 辐射板用于全面采暖，如设计无要求，最低安装高度应符合表43-2中规定。对于流动或坐着人员的采暖，尚须按表中规定数降低0.3m。在车间靠外墙的边缘地带，安装高度可适当降低。

辐射板最低安装高度（m）　　表43-2

热媒平均温度	水平安装		倾斜安装与垂直面			垂直安装
（℃）	多管	单管	成60°角	成45°角	成30°角	（板中心）
115	3.2	2.8	2.8	2.6	2.5	2.3
125	3.4	3.0	3.0	2.8	2.6	2.5
140	3.7	3.1	3.1	3.0	2.8	2.6
150	4.1	3.2	3.2	3.1	2.9	2.7
160	4.5	3.3	3.3	3.2	3.0	2.8
170	4.8	3.4	3.4	3.3	3.0	2.8

（3）辐射板安装时，可以根据板的重量利用不同的起吊机具进行吊起安装，水平安装的辐射板应有不小于0.005的坡度且坡向回水管。一般情况下其辐射板加热管坡度为0.003。

（4）安装接往辐射板的送水、送汽和回水管，不宜和辐射板安装在同一高度上。送水、送汽管宜高于辐射板，回水管宜低于辐射板。

（5）采用若干块辐射板，共用一个疏水器。辐射板连接间应设伸缩节。

（6）安装在窗台下的散热板，在靠外墙处应按设计要求放置保温层。

（7）凡是背面须做保温层的辐射板，应该在防腐、试压完成后进行施工，并且保温层应紧贴在辐射板上，不得有空隙，保护壳应防腐。

三、成　品　保　护

1. 辐射板安装后，未交工前用塑料布盖好，防止落上灰浆影响散热效果。

2. 支撑辐射板的支、吊架，不得系其他物件，防止移动辐射板的安装角度与高度。

四、安全注意事项

1. 辐射板进行压力试验时，要遵守有关规定，由于压力较高，试压前要作好认真检查和准备，试压时，不要站在辐射板下方或靠近辐射板。

2. 辐射板安装过程中，严格遵守螺栓连接、法兰连接、焊接中有关安全规定。操作人员要遵守高空作业安全规定。

3. 吊装前，先检查全部起重工具和设备。

五、质 量 标 准

1. 辐射板安装后，不得低于最低安装高度。角度、位置、标高符合设计要求。

2. 背面做保温层的辐射板，保温层必须紧贴在辐射板上，严禁有空隙。

3. 安装前水压试验必须符合设计要求。

4. 水平安装的辐射板应有≥0.005 的坡度坡向回水管。

六、质量通病及其防治

质量通病及防治方法见表 43-3。

表 43-3

序号	质量通病	防治方法
1	安装后漏水	1. 严格进行压力试验后，方进行安装 2. 试压不合格，焊接修补、紧固或作其他修理后重新试压

44. 减压阀、疏水器、除污器、管道总入口安装

一、施 工 准 备

1. 材料

(1) 减压阀、疏水器、除污器、截止阀、钢管、减压板、过滤器、低压疏水器、止回阀、球阀、安全阀、旋塞、除污器、变径管、人孔盖板。

(2) 压力表、三通、弯头、法兰盘、温度计、螺栓、管箍、异径管、活接头、法兰盘。

(3) 铅油、机油、清油、焊条、锯条、麻丝、石棉橡胶垫、石棉垫、聚四氟乙烯生料带、石笔、粉笔、小线。

2. 机具

(1) 钢锯、管压力及案子、绞扳、扳牙、活扳子、割管器、手锤、管钳子、螺丝刀、克丝钳。

(2) 钢卷尺、水平尺、法兰盘直角尺、线坠、剪子、钎子、凿子。

(3) 电气焊工具。

3. 工作条件

(1) 室内采暖管道已安装。

(2) 减压阀、疏水器、除污器接管甩头的位置准确。

(3) 各装置支撑铁件已预制好。

二、施 工 工 艺

工艺流程

量尺、定位 → 组合、安装

1. 量尺、定位

根据管道甩头及设计标高，用尺量出支架、托架、支撑的安装标高，确定减压阀、疏水器、除污器、管道入口等装置的安装位置，并作记号。

2. 组合、安装

(1) 减压阀、减压板

①减压阀应先进行组装。若设计无规定，可按图 44-1 和表 44-1、表 44-2 所示进行组装。减压阀、截止阀都用法兰连接，旁通管用弯管相连，采用焊接。均按本工艺标准有关部分操作。

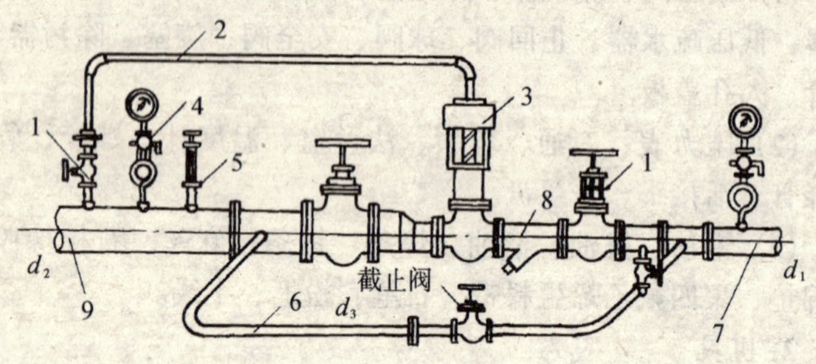

图 44-1 减压器接法

1—截止阀；2—ϕ15 压气管；3—减压阀；4—压力表；5—安全阀；6—旁通管；7—高压蒸汽管；8—过滤器；9—低压蒸汽管

配管尺寸表 **表 44-1**

d_1	d_2	d_3	安全阀		d_1	d_2	d_3	安全阀	
			规格	类型				规格	类型
20	50	15	20	弹簧式	70	125	40	40	杠杆式
25	70	20	20	弹簧式	80	150	50	50	杠杆式
32	80	20	20	弹簧式	100	200	80	80	杠杆式
40	100	25	25	弹簧式	125	250	80	80	杠杆式
50	100	32	32	弹簧式	150	300	100	100	杠杆式

注：d_2 供参考。

薄膜式减压阀规格尺寸 表 44-2

规格	尺寸		
	总高	进口中心至阀顶高	长度
25 32 40	510	432	180
50 70	615	510	230
80 100	859	640	301

②用型钢作托架，分别设在减压阀的两边阀的外侧，使旁通管卡在托架上。型钢在下料后，按本工艺标准支架安装，栽入事先打好的墙洞内，用水平尺、线坠等找平、找正。

③减压阀只允许安装在水平管道上，阀前、后压差不得大于0.5MPa，否则应两次减压（第一次用截止阀），如需要减压的压差很小，可用截止阀代替减压阀。

④减压阀的中心距墙面≥200mm，减压阀应成垂直状。减压阀的进出口方向按箭头所示，切不可安反。安装完可根据工作压力进行调试，对减压阀进行定压并作出界限标记。

⑤减压板在法兰盘中安装时，只允许在整个供暖系统经过冲洗后安装。减压板采用不锈钢材料，其减压孔板孔径、孔位由设计决定后，根据图 44-2 和表 44-3 按本工艺标准用螺栓连接安装。

减 压 板 尺 寸 表 44-3

管径	D_1	D_2	H	管径	D_1	D_2	H
20	27	53	10	70	76	116	34
25	34	63	13	80	89	132	40
32	42	76	17	100	114	152	53
40	48	86	20	125	140	182	65
50	60	96	26	150	165	207	78

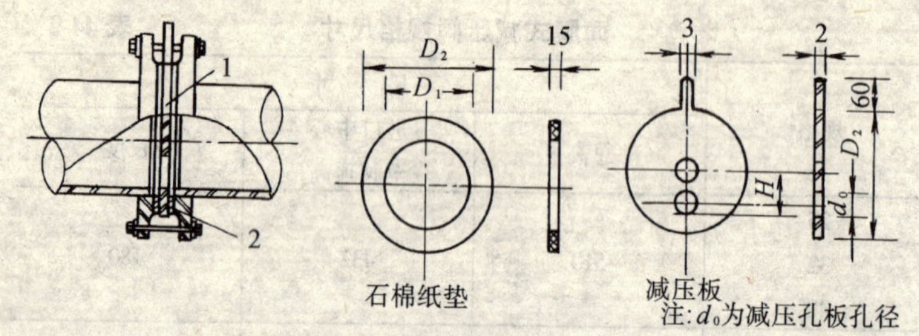

图 44-2　减压板在法兰盘中安装图

1—减压板；2—石棉纸垫

（2）疏水器

①按设计选定型号的要求，先进行疏水器装置的定位、划线、试组对，然后根据表中尺寸组装连接。表 44-4 为几种疏水器安装尺寸及安装简图。

②高压疏水器组装时，按要求安装两道型钢作托架，分别卡在两侧阀门之外侧。其托架栽入墙内深度不小于 150mm。

③低压回水盒组对时，*DN*25 以内均应以丝扣连接。两端应设活接头。组装后均垂直安装。

④安装疏水器，切不可将方向弄反。疏水装置一般均安装在管道的排水线以下，当蒸汽系统中的凝结水管高于蒸汽管道或高于设备的排水线时，应安装止回阀。

（3）除污器

①除污器装置在组装前应找准进出口方向，不得安反。

②在除污器装置上支架设置的部位必须避开排污口，以免妨碍污物收集清理。

③除污器过滤网的材质、规格均应符合设计规定。

④在安装除污器时，须配合土建在排污口的下方设置排污（水）坑。

（4）管道总入口装置安装

①供暖管道的总入口装置一般设在地下室，如果设在室外地沟可以局部加宽，并且在上方设置检查、操作时进出的人孔加

表 44-4

几种疏水器安装尺寸

简图	浮桶式疏水器安装	倒吊桶式疏水器安装（活接头）	热动力式(或脉冲式)疏水器安装（滤清器）	疏水器旁通管安装

疏水器型号		疏水器安装尺寸(mm)							疏水器旁通管尺寸(mm)					
		*DN*15	*DN*20	*DN*25	*DN*32	*DN*40	*DN*50		*DN*15	*DN*20	*DN*25	*DN*32	*DN*40	*DN*50
浮桶式	*A*	680	740	840	930	1070	1340	A_1	800	860	960	1050	1190	1500
	H	190	210	260	380	380	460	*B*	200	200	220	240	260	300
倒吊桶式	*A*	680	740	830	900	960	1140	A_1	800	860	930	1020	1080	1300
	H	180	190	210	230	260	290	*B*	200	200	220	240	260	300
热动力式	*A*	790	860	940	1020	1130	1260	A_1	910	980	1010	1140	1200	1520
	H	170	180	180	190	210	230	*B*	200	200	220	240	260	300
脉冲式	*A*	750	790	870	960	1050	1260	A_1	870	910	990	1080	1170	1420
	H	170	180	180	190	210	230	*B*	200	200	220	240	260	300

盖，人孔进入地沟应偏于沟的一侧，应配合土建设置爬梯，便于维修与操作人员上下。

②热水供暖管道入口装置组装，如设计无规定，参照图 44-3 施工。图中取消了以往设置的循环管及循环管上的阀门。从东北许多地方实践表明，此循环管及管上阀门作用甚小，弊大于利。况且阀门质量不好，漏水（不被发现）时容易造成短路，也是室内系统达不到设计温度的原因之一。

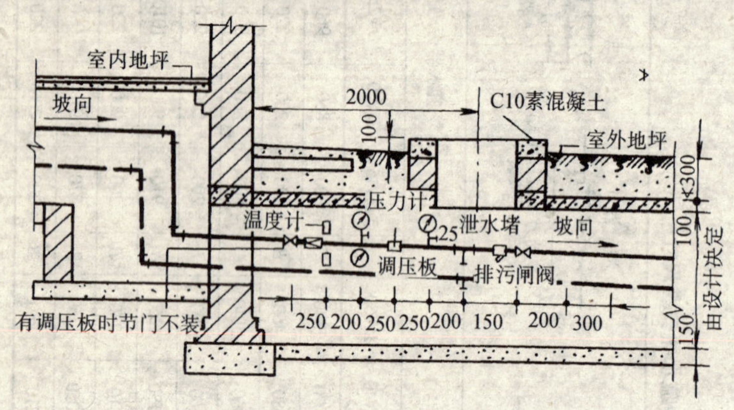

图 44-3　热水系统入口

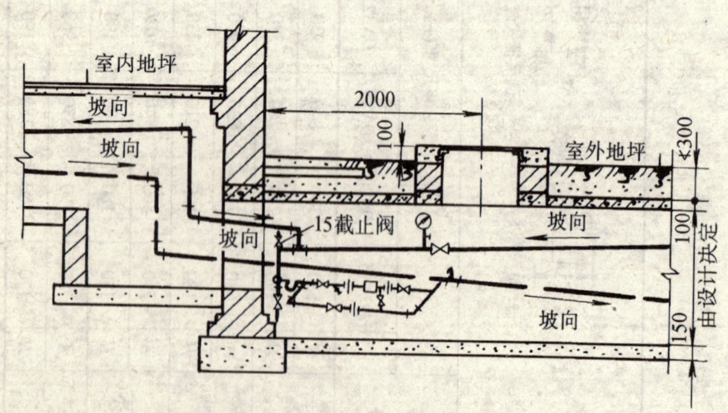

图 44-4　低压蒸汽系统入口装置

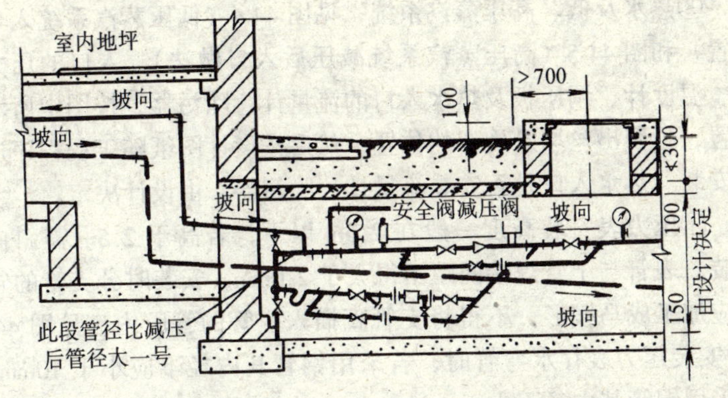

图 44-5　高压蒸汽系统减压后入口做法

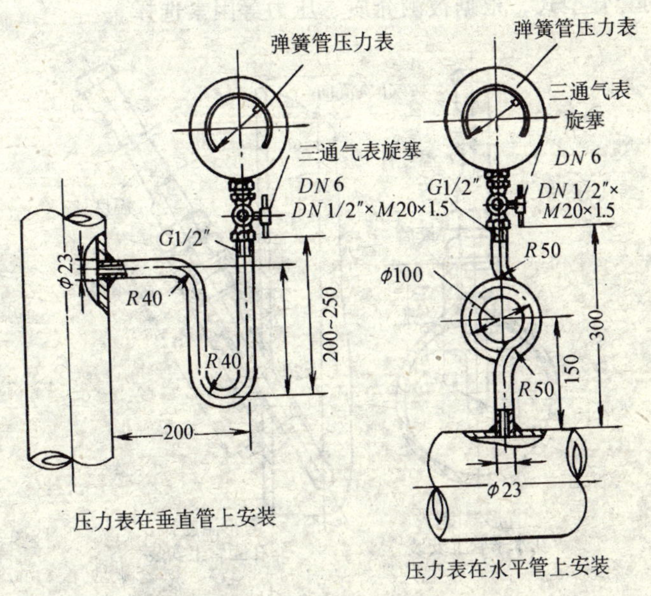

图 44-6　压力表的安装

③热水及低、高压蒸汽系统，见图 44-4（低压蒸汽系统入口装置）和图 44-5（高压蒸汽系统减压后入口做法），入口的压力计、温度计、调压板及热水入口的流量计、除污器，按图中所示位置，预留出丝堵及旋塞的位置，然后按设计图纸随工程程序进行安装。热水入口是否安装流量计、除污器，由设计决定。

④压力表安装高度一般在 2.5m 以下，若高于 2.5m 需斜向安装。表管与干管焊接间距不得大于 2.0mm，安装时分支管的管端应加工成马鞍形，不得将支管直插入主管的管腔内，见图 44-6。安装压力表存水弯管时，若采用钢管其内径不应小于 10mm，若采用铜管其内径不小于 6mm。

⑤温度计的安装，视入口地沟具体情况，可以选择直形温度计安装在水平管上或安装在立管上，见图 44-7 所示。温度计配带的套管型式，根据被测介质、压力等因素选择。

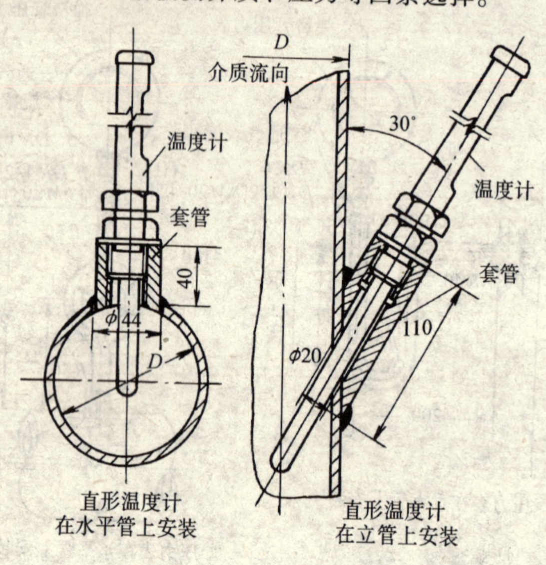

图 44-7　温度计安装

⑥除减压阀、疏水器、除污器、安全阀、压力表、温度计外，其余构件及管道均按设计要求进行保温。

三、成　品　保　护

1. 各装置安装后，均严禁承受重物，更不得作搭设跳板的支撑。

2. 抹灰装修前，将减压阀、疏水器各装置用塑料布或灰袋纸包扎好。

四、安全注意事项

1. 组装后的各装置，在安装过程中要有人扶住或扶稳，不得摔倒。

2. 安装后应做到工完场清，除污器一般位于地沟内，要更加仔细清理沟内。

五、质　量　标　准

1. 各装置的支、托架应牢固。

2. 安装后的阀门等件，要求横平竖直。

3. 各类器件、阀件按壳体上指示箭头方向安装，不得安反。

4. 减压器中心距墙面不应小于200mm，疏水器中心距墙为150mm。

六、质量通病及其防治方法

质量通病及防治方法见表44-5。

表 44-5

序号	质量通病	防治方法
1	疏水器、排污器不通畅	1. 应检查排污口是否堵住，打开丝堵冲洗 2. 打开疏水器后面或排污器下面的放水阀或排污口
2	用低压蒸汽的设备和管道因超压运行出现裂纹或事故	1. 减压器安装完了试汽时，应根据设计要求进行压力调整，做出调整后的标志，并且包括安全阀在内 2. 严格操作规程、防止误操作

45. 膨胀水箱安装

一、施 工 准 备

1. 材料

(1) 水箱、钢管、截止阀、闸阀、钢板、型钢。

(2) 弯头、活接头、三通。

(3) 铅油、清油、机油、麻丝、焊条、电石、氧气、石笔、小线。

2. 机具

(1) 手锯、案子及管压力、套丝扳、电气焊工具。

(2) 管钳子、手锤、倒链与滑轮、吊车、麻绳、撬杠、钢丝绳、滚杠。

(3) 钢卷尺、水平尺、水平仪、线坠。

3. 工作条件

(1) 水箱基础施工完毕。

(2) 水箱已预制，或者现场组焊安装。

二、施 工 工 艺

工艺流程

验核水箱基础 → 水箱安装 → 水箱配管 → 水箱保温

1. 验核水箱基础

(1) 水箱基础或支架的位置、标高、几何尺寸和强度，均应核对和检查，发现异常应和有关人员商定。

(2) 水箱基础表面应水平，水箱安装后应与基础接触紧密。

(3) 水箱底部所垫的枕木应刷沥青防腐处理。其断面尺寸、根数、安装间距必须符合设计。

水箱安装前，进行量尺、画线，在基础上作出安装位置的记号。

2. 水箱安装

水箱基础验收合格后，方可将膨胀水箱就位。

(1) 膨胀水箱多用钢板焊制而成，根据水箱间的情况而异，可以预制后吊装就位；也可将钢板料下好后，运至安装现场就地焊制组装。水箱安装过程中必须吊线找平找正。

(2) 膨胀水箱基础表面必须找平，水箱安装后应与基础接触紧密，安装位置应正确，端正平稳。

(3) 膨胀水箱安装后应进行满水试验，合格后方可保温。

3. 膨胀水箱配管

(1) 膨胀水箱的接管及管径，设计若无特殊要求，则按表中规定在水箱上配管，详见表45-1、图45-1。

表 45-1

编号	名　称	方　形		圆　形		阀　门
		1~8号	9~12号	1~4号	5~16号	
1	溢水管	*DN*40	*DN*50	*DN*40	*DN*50	不设
2	排污管	*DN*32	*DN*32	*DN*32	*DN*32	设置
3	循环管	*DN*20	*DN*25	*DN*20	*DN*25	不设
4	膨胀管	*DN*25	*DN*32	*DN*25	*DN*32	不设
5	信号管	*DN*20	*DN*20	*DN*20	*DN*20	设置

(2) 各配管的安装位置：

①膨胀管——在重力循环系统中接至供水总立管的顶端。在机械循环系统中，接至系统的恒压点，尽量减少负压区的压力降，一般选择在锅炉房循环水泵吸水口前。运用膨胀水箱的水位来保证这一点的压力高于大气压，才可安全运行。同时可提高回水温度，使循环水泵在有利条件下工作，不产生气蚀，这是在低

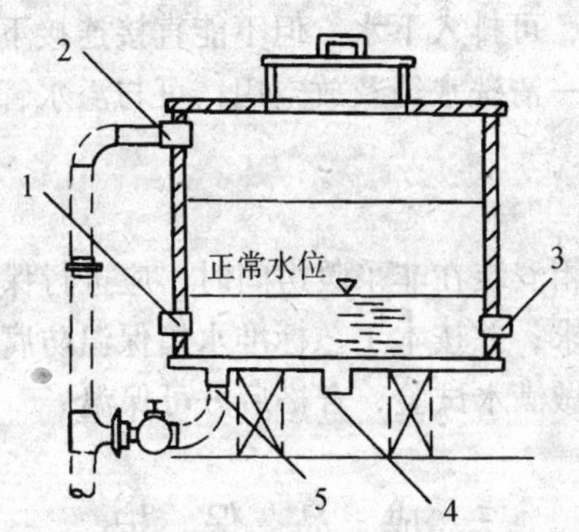

图 45-1　膨胀水箱接管示意图
1—检查管；2—溢流管；3—循环管；
4—膨胀管；5—排污管

层建筑中，而在高层建筑中情况就不一样了。高层建筑中，膨胀水箱所安装的高度，较大程度地提高了静水压力 h，从公式 $H=h-(LR+Z)$ 中可知相对减小了吸水区的压力降。因此，无需将至高点的膨胀水箱上的循环管、膨胀管再从高层建筑顶层拉回锅炉房的循环水泵吸水管端连接。可以直接接至高层建筑的入口装置之前，膨胀管距循环管 1.5~3.0m，如施工图中有规定，应按设计执行。

公式　$$H=h-(LR+Z)$$

式中　H——循环泵吸水管端压力；

h——膨胀水箱静水压力；

$LR+Z$——沿程损失+局部损失。

②循环管——接至系统定压点前 2~3m 水平回水干管上，该点与定压点间的距离为 2~3m。使热水有一部分能缓缓地通过膨胀管和循环管流经水箱，可防水箱结冰。

③信号检查管——接向建筑物的卫生间。或接向锅炉房内，以便观察膨胀水箱内是否有水。

④溢流管——当水膨胀使系统内水的体积超过水箱溢水管口

时，水自动溢出，可排入下水。但不能直接连接下水管道。

⑤排水管——清洗水箱及放空用，可与溢水管一起接至附近排水处。

4. 水箱保温

（1）膨胀水箱安装在非采暖房间时，应进行保温，保温材料及方法按设计要求；并按本工艺标准水箱保温防腐。

（2）水箱应做满水试验，合格后方可保温。

三、成　品　保　护

1. 保温后的水箱不得上人踩或堆放承重物品，防止保温层脱落。

2. 水箱于现场组装时，应认真清理水箱内的污物，防止运行时各类连接管被堵。

四、安全注意事项

1. 水箱吊装前，必须检查全部起重设备与工具。操作人员戴好安全帽。

2. 现场组装时，严格遵守焊接工艺标准中全部规定。

五、质　量　标　准

1. 信号管应装在膨胀水箱侧面 1/3 的高处。溢流管应装在距膨胀水箱顶部 100mm 的侧面。其他连接管位置应正确。

2. 水箱底座牢固正确，与水箱接触紧密。

3. 水箱的坐标、标高、垂直度（每 m）的允许偏差分别是：15、±5、1mm。

六、质量通病及其防治方法

质量通病及防治方法见表45-2。

表45-2

序号	质量通病	防治方法
1	运行时，系统压力过高或系统中水减少发生倒空，使系统上部无水	认真检查膨胀管，若安装有阀门立即卸下，重新连接
2	运行时，循环水泵吸水管附近产生负压	认真检查膨胀管是否按设计规定连接在恒压点上（一般连在水泵吸水口附近）

46. 室内供暖管道试压

一、施 工 准 备

1. 材料

(1) 钢管、阀门、管件、水源（汽源)。

(2) 线麻、石棉绳、铅油、生料带、粉笔。

2. 机具

(1) 电动打压泵、打压泵、管压力及案子、电焊工具、气焊工具，套丝扳、钢锯。

(2) 压力表、表弯管。

(3) 管钳子、活扳子、手锤。

3. 工作条件

(1) 地沟管道安装完，地沟未盖板之前。天棚干管隐蔽以前。

(2) 采暖管道全部安装完。

(3) 水源、电源已接通，试压设备、机具，材料均已进场。

二、施 工 工 艺

工艺流程

连接管路 → 检查供暖系统 → 试压

1. 连接安装水压试验管路

(1) 根据水源的位置和工程系统情况，制定出试压程序和技术措施，再测量出各连接管的尺寸，标注在连接图上。

(2) 断管、套丝、上管件及阀件，准备连接管路。

(3) 一般选择在系统进户入口供水管的甩头处，连接至加压泵的管路。

(4) 在试压管路的加压泵端和系统的末端安装压力表及表弯管。

2. 灌水前的检查

(1) 检查全系统管路、设备、阀件、固定支架、套管等，必须安装无误。各类连接处均无遗漏。

(2) 根据全系统试压或分系统试压的实际情况，检查系统上各类阀门的开、关状态，不得漏检。试压管道阀门全打开，试验管段与非试验管段连接处应予以隔断。

(3) 检查试压用的压力表灵敏度。

(4) 水压试验系统中阀门都处于全关闭状态。待试压中需要开启再打开。

3. 水压试验

(1) 打开水压试验管路中的阀门，开始向供暖系统注水。

(2) 开启系统上各高处的排气阀，使管道及供暖设备里的空气排尽。待水灌满后，关闭排气阀和进水阀，停止向系统注水。

(3) 打开连接加压泵的阀门，用电动打压泵或手动打压泵通过管路向系统加压，同时拧开压力表上的旋塞阀，观察压力逐渐升高的情况，一般分 2~3 次升至试验压力。在此过程中，每加压至一定数值时，应停下来对管道进行全面检查，无异常现象方可再继续加压。

(4) 工作压力不大于 0.07MPa（表压力）的蒸汽采暖系统，应以系统顶点工作压力的 2 倍作水压试验，在系统的低点，不得小于 0.25MPa 的表压力。热水供暖或工作压力超过 0.07MPa 的蒸气供暖系统，应以系统顶点工作压力加上 0.1MPa 作水压试验。同时，在系统顶点的试验压力不得小于 0.3MPa 表压力。

(5) 高层建筑其系统低点如果大于散热器所能承受的最大试验压力，则应分层进行水压试验。

(6) 试压过程中，用试验压力对管道进行预先试压，其延续时间应不少于10min。然后将压力降至工作压力，进行全面外观检查，在检查中，对漏水或渗水的接口作上记号，便于返修。在5min内压力降不大于0.02MPa为合格。

(7) 系统试压达到合格验收标准后，放掉管道内的全部存水。不合格时应待补修后，再次按前述方法二次试压。

(8) 拆除试压连接管路，将入口处供水管用盲板临时封堵严实。

三、成 品 保 护

1. 管道试压合格后，应和单位工程负责人办理移交保管手续，严防土建工程进行收尾时损坏管道接口。

2. 立即进行除污、除锈，管道刷油工序。

3. 清除地沟内的污物和积水。

四、安全注意事项

1. 管道试压中，严禁使用失灵或不准确的压力表。

2. 试压中，对管道加压时，不能分散精力，应集中注意力观察压力表。

3. 试压过程里若发现异常现象应立即停止试压，紧急情况下，应立即放尽管道内的水。

五、质 量 标 准

1. 试验压力必须达到规范要求。

2. 试验压力必须稳定才能认为合格。

3. 试验压力必须加压在全系统管道和采暖设备上。严防关闭支路阀门或误将某个分环路试验压力当作全系统试压。

六、质量通病及其防治方法

质量通病及防治方法见表46-1。

表46-1

序号	质量通病	防治方法
1	运行时接口漏水	1. 试压时，未严格按规定程序进行，系统内有空气，指针摆动极大，压力表不稳，以指针摆动上限为标准验收，实际未达到规定压力，应当严禁此种作法 2. 不可抽某个分环路分系统试压代替全系统试压 3. 采暖设备安装前，先进行试压 4. 接口有渗漏划上记号后，应落实到具体人负责，认真进行返修，重新进行试压

47. 室内供暖管道冲洗与通热

一、施　工　准　备

1. 材料

(1) 钢管、阀门、胶皮管、热源、水源、管子接头。

(2) 线麻、石棉绳、铅油、锯条、生料带。

2. 机具

(1) 管钳子、铰扳、钢锯、管压力及案子、活扳子、螺丝刀。

(2) 压力表、表弯管、温度计。

3. 工作条件

(1) 管道已进行系统试压合格。

(2) 热源已送至进户装置前，或者热源已具备。

二、施　工　工　艺

工艺流程

系统冲洗 → 系统通热

1. 室内供暖系统冲洗

(1) 热水供暖系统的冲洗。首先检查全系统内各类阀件的关启状态。要关闭系统上的全部阀门，应关紧、关严。并拆下除污器、自动排汽阀等。

1) 水平供水干管及总供水立管的冲洗。先将自来水管接进供水水平干管的末端，再将供水总立管进户处接往下水道。打开排水口的控制阀，再开启自来水进口控制阀，进行反复冲洗。依次顺序，对系统的各个分路供水水平干管分别进行冲洗。冲洗结束后，先关闭自来水进口阀，后关闭排水口控制阀门。

2）系统上立管及回水水平导管冲洗。自来水连通进口可不动，将排水出口连通管改接至回水管总出口外。关上供水总立管上各个分环路的阀门。先打开排水口的总阀门，再打开靠近供水总立管边的第一个立支管上的全部阀门，最后打开自来水入口处阀门进行第一分立支管的冲洗。冲洗结束时，先关闭进水口阀门，再关闭第一分支管上的阀门。按此顺序分别对第二、三……各环路上各根立支管及水平回路的导管进行冲洗。若为同程式系统，则从最远的立支管开始冲洗为好。

3）冲洗中，当排入下水道的冲洗水为洁净水时可认为合格。全部冲洗后，再以流速 1～1.5m/s 的速度进行全系统循环，延续 20h 以上，循环水色透明为合格。

4）全系统循环正常后，把系统回路按设计要求连接好。

（2）蒸汽采暖，供热系统吹洗。蒸汽供热系统的吹洗采用蒸汽为热源较好，也可以采用压缩空气进行。

吹洗的过程除了将疏水器、回水盒卸除以外，其他程序均与热水系统相同。

2. 室内采暖管道通热

（1）先联系好热源，制定出通暖试调方案、人员分工和处理紧急情况的各项措施。备好修理、泄水等器具。

（2）维修人员按分工各就各位，分别检查供暖系统中的泄水阀门是否关闭，导、立、支管上的阀门是否打开。

（3）向系统内充水（最好充软化水），开始先打开系统最高点的排气门，责成专人看管。慢慢打开系统回水干管的阀门，待最高点的排气门见水后立即关闭。然后开启总进口供水管的阀门，最高点的排气阀须反复开闭数次，直至系统中冷风排净为止。

（4）在巡视检查中如发现隐患，应尽量关闭小范围内的供、回水阀门，发现问题及时处理和抢修。修好后随即开启阀门。

(5) 全系统运行时，遇有不热处要先查明原因。如需冲洗检修，先关闭供、回水阀，泄水后再先后打开供、回水阀门，反复放水冲洗。冲洗完再按上述程序通暖运行，直到运行正常为止。

(6) 若发现热度不均，应调整各个分路、立管、支管上的阀门，使其基本达到平衡后，邀请各有关单位检查验收，并办理验收手续。

(7) 高层建筑的供暖管道冲洗与通热，可按设计系统的特点进行划分，按区域、独立系统、分若干层等逐段进行。

(8) 冬季通暖时，必须采取临时供暖措施。室温应保持 5℃以上，并连续 24h 后方可进行正常运行。

充水前先关闭总供水阀门，开启外网循环管的阀门，使热力外网管道先预热循环。分路或分立管通暖时，先从向阳面的末端立管开始，打开总进口阀门，通水后关闭外网循环管的阀门。待已供热的立管上的散热器全部热后，再依次逐根、逐个分环路通热一直到全系统正常运行为止。

三、成 品 保 护

1. 管道在冲洗过程中，要严防中途停止时污物进入管内。下班应设专人负责看管，也可采取保护措施。

2. 通热试调后，阀门位置应作上定位记号，运行中再不可随便拧动。

3. 冲洗或吹洗后，把地沟里清扫干净，防止地沟里管道的保温层遭到破坏。

4. 冲洗或吹洗过程，严禁热水或蒸汽冲坏土建装修面。应设专人看护。

四、安全注意事项

1. 高空作业人员应遵守高空作业的安全注意事项。

2. 用蒸汽吹洗中，排出口的管口应朝上，防止伤人。排气管管径不得小于被吹洗管的管径。

3. 冲洗水的排放管，接至可靠的排水井或排水沟里，保证排泄畅通和安全。

五、质　量　标　准

1. 冲洗和吹洗中，管路通畅，无堵塞现象，排出的水和蒸汽洁净为合格。

2. 通热过程中，使各个环路热力平衡，温度相差不超过 +2 ~1℃为合格。

3. 蒸汽吹洗时，应缓慢升温，以恒温 1h 左右进行吹洗为宜。然后自然降温至室温，再升温，暖管、恒温进行二次吹洗。直至按规定吹洗合格为止。

4. 蒸汽排出口可设置一块刨光的木板，板上无锈蚀物及脏物，认为合格。

六、质量通病及其防治

质量通病及防治方法见表 47-1。

表 47-1

序号	质 量 通 病	防 治 方 法
1	用水冲洗达不到洁净	水冲洗应以管内可能达到的和允许达到的最大流量或不小于 1.5m/s 的流速进行
2	蒸汽冲洗时排出管脱落	排气管须设置牢固支架，以承受吹洗过程中的反作用力，保证吹洗质量

48. 锅炉及省煤器安装

一、施 工 准 备

1. 材料及设备

(1) 快装水管锅炉（热水或蒸汽)、常压立式燃气（油）锅炉、组装水管锅炉（热水或蒸汽)、常压卧式内燃燃气（油）锅炉、散装水管蒸汽锅炉、省煤器。

(2) 压力表、安全阀、水位计、排污阀、调节阀、闸阀、截止阀、止回阀。

(3) 无缝钢管、焊接钢管、钢板、型钢、法兰盘、机油、汽油、清油、铅油。

(4) 电焊条、螺栓、螺帽、楔铁、水泥、石棉绳、石棉橡胶垫、石棉填料及盘根。

(5) 聚四氟乙烯生料带、铅油、麻丝、粉笔、石笔、小线。

2. 机具

(1) 吊车、卷扬机、旋转悬臂式起重机、人字桅杆、绞磨、滑轮、倒链、锚碇、千斤顶、电焊机具、气焊机具、胀管机具等。

(2) 麻绳、钢丝绳、钢丝绳套、卡具、撬杠、排子架、道木、滚杠、大锤等。

(3) 电动套丝机、套丝扳、管压力及案子、钢锯（手锯)、管钳子、坡口机、割管机、弯管机、钢盘尺、钢卷尺、电钻、线坠。增力扳手、固定扳手、活扳子、螺旋夹钳、套筒扳手、电动无齿锯、手锤、气剪刀、螺丝刀等。

3. 工作条件

(1) 专业安装单位应具备锅炉压力容器安全监察条例中所规

定的条件，且具有安装锅炉压力容器的许可证。对于立式锅炉、快装锅炉经当地劳动部门审查同意后，使用单位可自行安装。

(2) 具备盖有劳动局锅炉设计审批章的锅炉全套图纸和锅炉房工艺设计图。

(3) 安装人员学习和熟悉锅炉房工艺设计图、锅炉本体及省煤器安装图，仪表、全自动电控及保护系统图。已进行技术、质量、安全交底。

(4) 锅炉房主体工程施工完，屋面板尚未吊装或已经留出安装运输洞口。

(5) 设备基础、地下沟道、地下设施及各层混凝土平台施工已完，经过验收达到了设计强度的70%以上。各层建筑物上的安装洞孔和敞口应有可靠的盖板和栏杆。

(6) 安装现场有可靠的消防设施，充足的照明和排水设施，现场已经清理干净。

(7) 锅炉、省煤器全都进场。

(8) 焊工经过锅炉压力容器规定范围考试测定合格。所通过的等级符合焊接内容和焊接区域的要求。

二、施　工　工　艺

工艺流程（见下页）

锅炉房主厂房立面布置见图48-1。

1. 锅炉安装前，复验、检查、交接

(1) 复验有关技术文件和资料：

①全国定点企业生产锅炉许可证复印件。

②锅炉图纸，受压元件强度计算书及热力计算书。

③锅炉出厂质量证明书、金属材料合格证、焊接质量合格证书和水压试验合格证明。

④锅炉安装和使用说明书，同时，按出厂发货清单检查锅炉附属零件及附属设备，应齐全，完好无损。

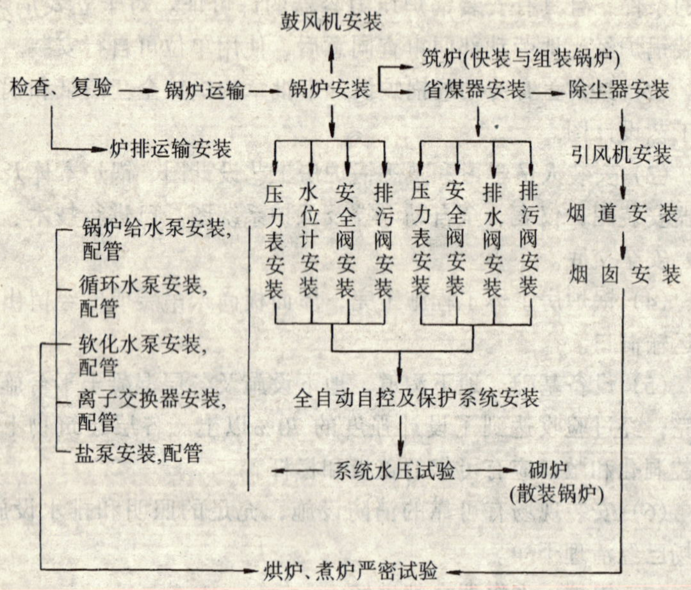

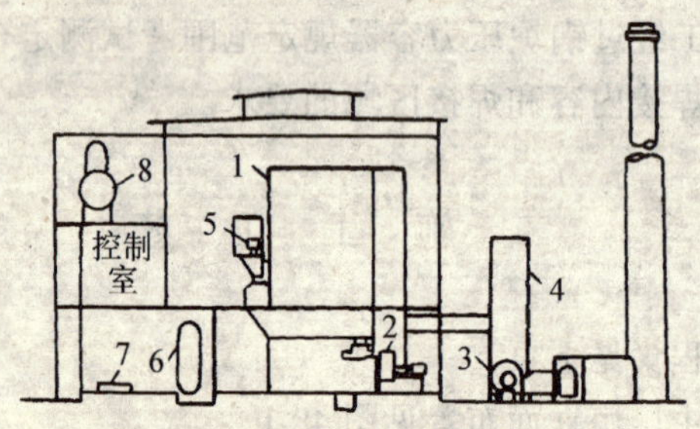

图 48-1 主厂房立面布置

1—锅炉；2—鼓风机；3—引风机；
4—除尘器；5—运煤小车；6—离子交换器；
7—水泵；8—除氧器

⑤新制造的锅炉，必须在明显地位有金属铭牌，标有锅炉型号、制造厂名、制造年月、产品编号、额定蒸发量（t/h）、设计工作压力（MPa）、过热蒸汽温度（℃）。

⑥锅炉房工艺布置设计图。

(2) 锅炉基础验收及放线

①基础外观检查，看其是否存在蜂窝、孔洞、麻面、漏筋、裂纹及剥落等缺陷。凡超过规定不得验收、交接，轻者妥善处理，严重者重新浇制。表面必须光滑平整，不平度≤3mm。

②复测土建确定的锅炉基础中心线。设此中心线为 OO'。经测定此中心线与锅炉基础中心线、与其他相关设备基础（鼓、引风机、除尘器、炉排传动设备等）相对位置完全相符合，便可确认此线为锅炉纵向基准线。可用盘尺进行量尺。如果有出入，应进行协商调整，必须确定锅炉纵向基准线。

③首先在炉前外边缘（或炉墙外）画出一条与线段 OO'垂直的线段 NN'作为锅炉横向基准线。

④验证纵向中心线 OO'与横向中心线 NN'相互垂直，要利用等腰三角形法。即在 OO'上任取一点 C，再在线段 NN'上，以 OO'与 NN'两线段的交点 D 为中心，分别截取线段 AD 和 BD，使 $AD = BD$，然后连接 AC 与 BC，分别测量 AC 与 BC 的距离，如果 $AC = BC$，则说明 $OO' \perp NN'$，见锅炉基础画线图（图 48-2）。如果线段 $AC \neq BC$，则进行调整，直至 $AC = BC$、找出锅炉的横向基准中心线为止。用油漆作出纵横中心线的标记。

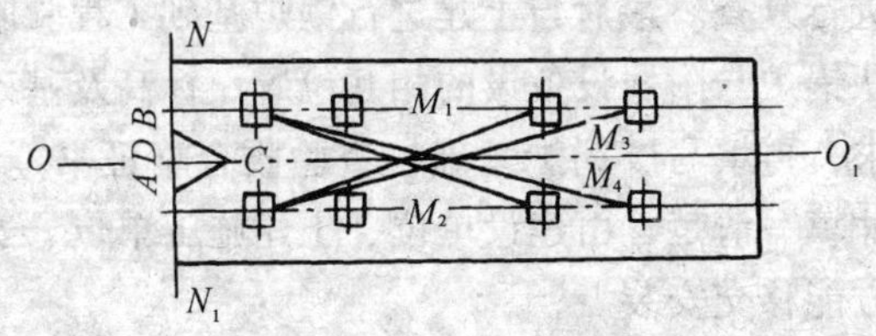

图 48-2　锅炉基础画线图

⑤再以纵向基准线 OO'和横向基准线 NN'为基准，分别画出其他辅助中心线和钢柱中心线（如果为散装锅炉），再用拉对角线的方法验证其画线位置准确否，如果 $M_1 = M_2$，$M_3 = M_4$，则

说明画线正确，否则需要调整画线，见基础画线图（图 48-2）及管架式热水锅炉基础图（图 48-3）。

一般快装锅炉和组装锅炉的基础放线中，以上锅筒的中心线为依据，在锅炉基础上画出纵向基准线，再以链轮的后轴或前轴（根据厂家锅炉图定）作为画横向基准线的尺寸依据。基准线都要有明显标记，其位移偏差值应小于锅炉厂家规定值。

⑥如果为散装锅炉，尚须分别画出钢柱在基础预埋锚板上的轮廓线，并将其中心线延长到基础方框外，将标记画在基础侧面，便于调整。

⑦复测土建施工标高，再以准确的标高为依据，测出各基础（或锚板）的标高。在基础上和安装记录上作出标记。

⑧按照锅炉基础图和锅炉房平面布置图进行仔细核对；核对主中心线的偏差，立式和快装锅炉允许偏差为 4mm，组装和散装锅炉允许偏差为 ±2.5mm；基础几何尺寸与设计尺寸偏差允许 ±15mm；运转层标高差不得大于 20mm；炉墙不得超出基础界限；所有螺栓预留孔、预埋地脚、预埋铁件均应符合设计要求，并用油漆将各种基准线画在墙上、柱上或基础上，偏差不得超过 1mm。

⑨基础上如有油污，应清除干净。再用回弹仪对锅炉基础的抗压强度进行复查。最后与土建进行锅炉基础工程验收与交接。

⑩确认锅炉与附属设备设的相互位置、标高及基础几何尺寸能满足要求，再填写“锅炉基础检查验收合格证书”。应将检查内容和尺寸填写清楚，由建设单位、土建施工单位、安装单位三方签字，方能移交安装。

2. 锅炉安装就位

（1）立式锅炉、快装锅炉、组装锅炉的水平和垂直运输。根据施工场地的具体情况和施工单位的条件，选择运输工具。水平运输可利用吊车、排架（也可利用原包装底架）、滚杠、道木、绞磨运至锅炉房内。最简单的方法，可以在路面上垫上厚度大于 25mm 的道木及滚杠，用绞磨拖或用撬棍靠人力向前撬动，使锅炉随着滚杠在道木上滚动，木板和滚杠交替使用、向前搬运，如图 48-4 所示。

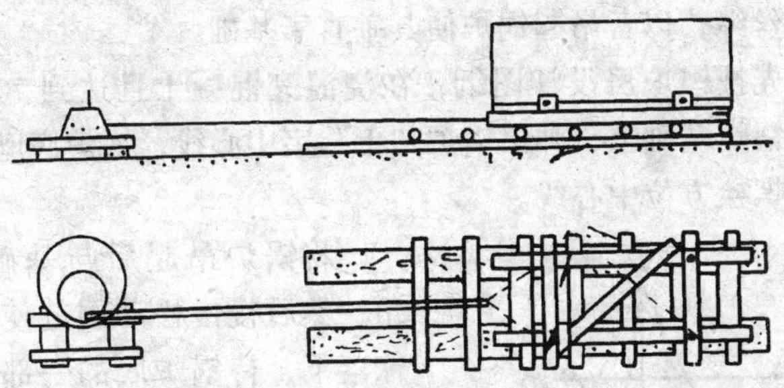

图 48-4　锅炉的水平搬运

锅炉安装时的起吊高度一般很小。垂直运输可采用吊车、起重机、桅杆等进行垂直吊装，如图 48-5 示之。

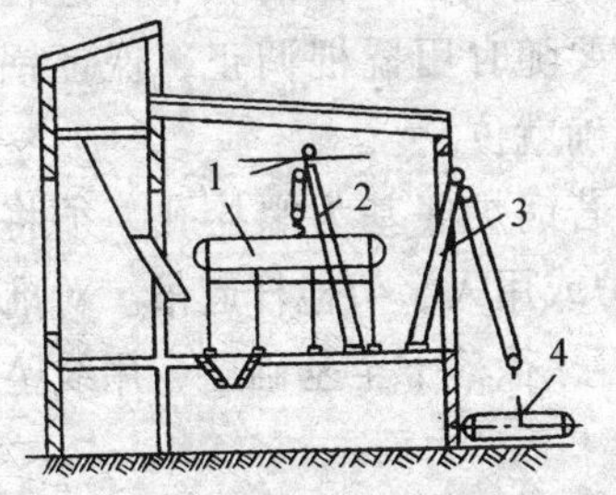

图 48-5　双层式锅炉房锅筒的吊装

1—上汽包；2—独立桅杆起重机；3—人字桅杆起重机；4—下汽包

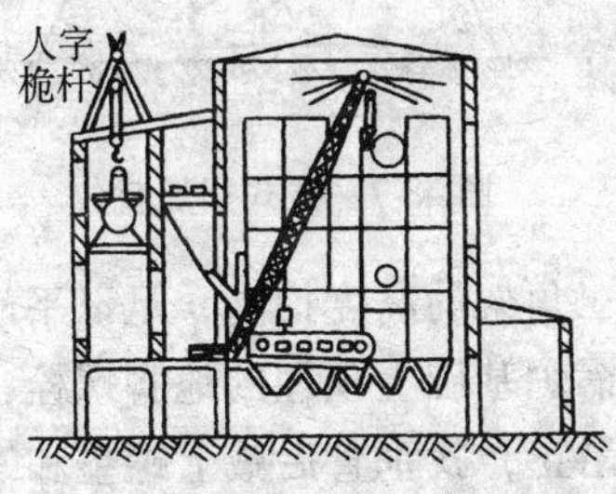

图 48-6　多层锅炉房锅筒的吊装

组装锅炉为上、中、下三层组装型时，锅炉房往往为多层锅炉房，其附属设备均设于附跨各层地坪上。此时一般可采用旋转悬臂式起重机，起重机的主杆也可以用锅炉房的建筑骨架（使用前必须在施工组织设计中进行承载力的计算）进行运输、吊装、测平、找正，见图 48-6 所示。

（2）锅炉就位安装

①立式锅炉就位安装。立式锅炉运入锅炉房后，为使它立起，须将锅炉从卧状转一个90°。根据锅炉的重量选取合适的滑轮和钢丝绳，以备吊起锅炉使其垂直于基础。

事先按锅炉房设计图纸，在浇灌完混凝土且达到70%以上强度的锅炉基础上，弹出锅炉“十”字中心线，锅炉底座圆周线或地脚螺栓方位中心线。

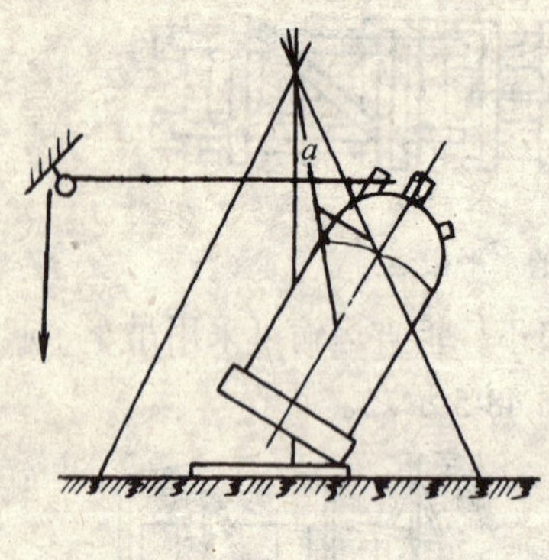

图48-7　立式锅炉就位

将锅炉吊起后与基础成45°角，然后慢慢松动倒链使锅炉徐徐落下，待锅炉底的一部分与基础上所弹的底座线迹吻合时，让锅炉顶部缆绳受力，如图48-7所示。借用此拉力使锅炉沿基础上底座线迹就位。在锅炉下落过程中，要随时用撬棍调正，保证锅炉准确就位。

若锅炉底基为螺栓孔，须将三角架的高度抬高，足以平吊起锅炉或用人字架桅杆起吊。对准锅炉基础上预埋的地脚螺栓，然后再徐徐落下至基础上，用线坠吊正，找垂直后戴上螺垫和螺帽。

②快装锅炉就位安装

快装锅炉结构紧凑，整装成为一体。运输方便，安装简单，底基为条状形，目前快装锅炉的第三代产品称为组装锅炉，已有蒸发量为6~8t/h的蒸汽锅炉；热功率4.2~5.6MW/h（相当于旧式的6~8t/h，360~480万kcal/h）的热水锅炉多个品种。一般民用供暖大多采用快装锅炉和组装锅炉。

小型一体的快装锅炉一般情况下，直接安装在略高出地面的条形基础上，且基础的高度都在50~500mm之间。锅炉运入锅炉房后，锅炉沿着搭好的缓坡道，由卷扬机和滚杠直接拉上基础就位，然后用水平尺或水平仪将左右两侧基础用垫铁找正垫平，安装稳固。在施工条件允许前提下，也可在屋面板安装前，用吊车直接吊至锅炉基础上就位，一次性校核、找平左右两侧基础的水平度。

快装锅炉若本体前后尚未设置坡度，为了有利于锅筒排污，可将锅炉基础施工成0.5%左右坡度的条型基础，应前高后低坡向锅炉的排污装置。快装锅炉自身设置了坡度，基础施工和锅炉安装则不再考虑倾斜度，可直接将锅炉放置在坚固的两道水平条型基础上（图48-8）。

③组装锅炉安装就位。目前双锅筒纵向A型布置水管式自然循环锅炉系列，蒸汽锅炉从6t/h～20t/h，热水锅炉从4.2～14MW/h（相当6～20t/h，360～1200万kcal/h），均已在锅炉厂内组装成上部受热面本体、上部炉墙、钢架及保温层和下部燃烧设备即链条炉排、煤斗、看火门、拨火门两大部件出厂（20t/h锅炉组装成三大部件）。受热面本体前端由四周布置的水冷壁管上升至锅筒组成燃烧室，在其后端上下锅筒间布置了密集的对流管束，锅炉尾部单独设置铸铁省煤器。炉排采用大块活芯炉排片，主炉排片中间加滚轮支承。炉排用分仓通风结构，调节灵活，炉膛采用新型炉拱强化燃烧新技术，是新世纪的换代产品。

组装锅炉安装时，水平和垂直运输采用适合安装场地的机具以及因地制宜的安装顺序。

第一种情况，锅炉房内外场地宽敞，各种运输、起重设备机具先进、齐全。按自下而上的次序运进锅炉房内，再按此顺序进行吊装。先把下部燃烧设备的组合件，用吊车或绞磨吊运至基础上，按锅炉基础图要求将下部组件吊运至基础上，进行找正、调整。下部组件的找正与调整，应该在其下部组件本体找正；与基础上纵横中心线、固定位置中心线找正；上部组件和其他设备相互位置关系两方面全面进行。找正调整结果应符合随机技术文件规定。然后用吊车或人字架桅杆起重机将锅筒吊至下部燃烧设备组合件上，受热本体组合件与下部燃烧设备组合件之间垫石棉绳（垫），严禁漏风，再照安装图进行吊线找直找正、固定。在上部（或中部）大件就位前，要先将数只落灰斗放在链条炉排面上，

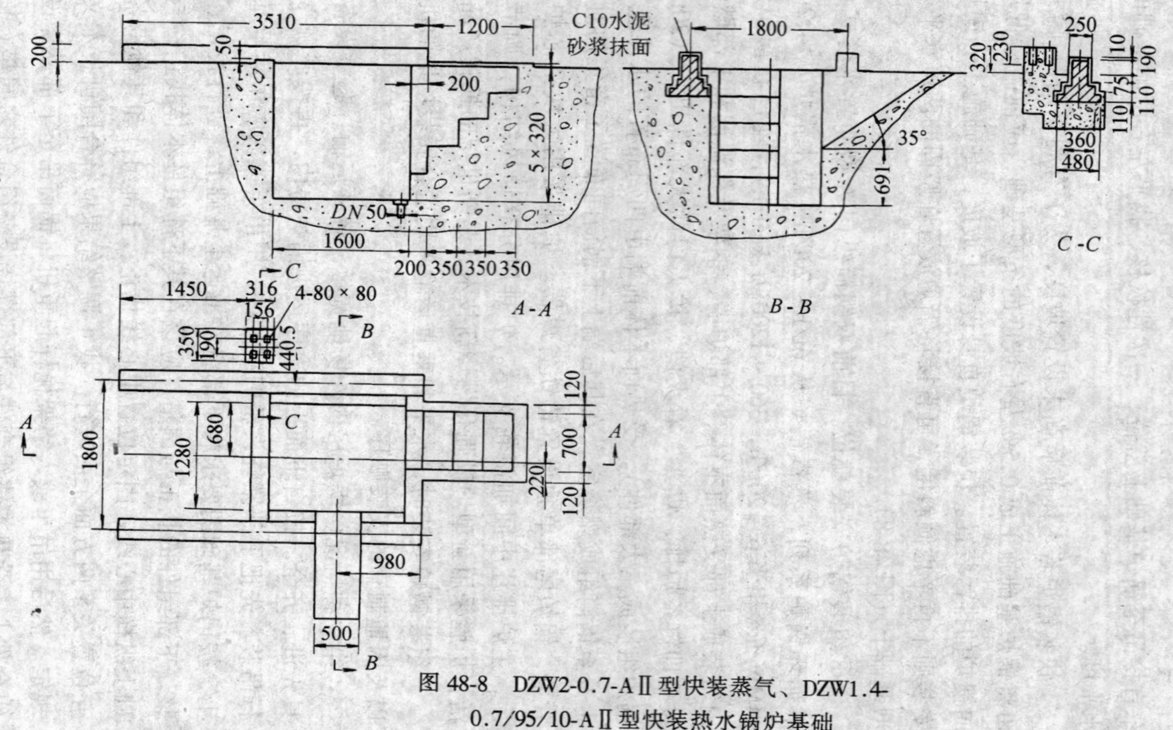

图 48-8　DZW2-0.7-AⅡ型快装蒸气、DZW1.4-0.7/95/10-AⅡ型快装热水锅炉基础

吊装时，捆扎在组合件上的吊装绳索应牢固，钢丝绳的捆绑位置应不妨碍吊件的就位。但必须注意，锅炉的牵引与起吊应在规定位置进行，锅炉上部大件的起吊位置一般是在锅筒顶部四只吊环，牵引位置在底部拖板。中部或下部大件的起吊位置在顶上的四只吊环，牵引位置在下面拖板，其余位置不允许起吊和牵引。吊装时应有专人指挥，并应经试吊后再进入正常吊装，即将受热面本体组合件起吊至距地 100mm 时，停止起吊，观察各方面的动态，确认无异常情况和现象后，再继续安全起吊升高，在上部本体组件的下方系一根牵引绳由专人控制起吊过程中吊件的方位。起吊至需要高度时缓缓下降，随时调整好方位，使上部组合件准确无误地就位在下部组合件上，经测量、吊正、找平方位无误后，再进行受热面本体即上部组件的找正调整，应该以锅筒和集箱的外露部分为标准。在锅筒前后两个端面吊线坠，如果前后线坠均落在基础上画定的纵向安装中心线上（相对中心线应标在下组件），表明上部组件横向安装位置正确。若线坠同时与锅筒上画好的垂直中心线重合，则上部件垂直度同时合格。再经量尺对照图纸和基础上横向基准线的距离，可知纵向位置正确否，如果发现某方位偏差，则进行调整。

链条炉排就位前，先将渣斗放入出渣坑内。链条炉排须找平，左右倾斜不大于5mm，低的一侧可用垫铁垫高。锅炉安装水平度，可按随机文件要求进行。须找水平的部件，可用胶管水平仪等仪器测定。

在锅炉上部（或中部和上部）大件与其下部大件合拢，即为锅炉本体和链条炉排合拢找正位置后，按锅炉图纸中组合规定及要求，在锅炉两侧的接触处按本体节点图的技术要求进行焊接固定。然后把数只落灰斗与上部底板组件固定，在接口处加好密封填料。最后可安装下锅筒的排污管。组装水管式锅炉见图 48-9 所示。

第二种情况，在锅炉房外将锅炉本体和链条炉排上下两部分大件合拢，然后再进行水平运输和垂直吊装。但锅炉房必须具备

图 48-9　SZL 型系列组装
水管式锅炉（两大件）

合拢后吊装的回旋平面与空间，具备合拢后的锅炉总重量的起重能力与先进的或安全可靠的吊装设备。

锅炉基础的画线、合拢的技术要求、吊装就位、锅炉的全面安装顺序、技术要点、质量标准以及有关规定和上述第一种情况的锅炉安装基本相同。

第三种情况为改建、扩建锅炉房（有的地区、单位因为周围环境局限，无法扩建锅炉房土建部分），锅炉房的平面与空间受到较大限制，既无法按第一种情况顺利安装就位，更无法在锅炉房外的场地合拢上下两大件后再进行吊装。

这种情况只能按自上而下的水平运输方式进行，先将锅炉本体即上部大件（或中部大件）通过滚动牵引的水平运输进入锅炉房。在牵引锅炉前，先在拖板底下均匀地排放 10 根左右厚壁钢管，用卷扬机或绞磨通过钢丝绳拉动，使锅炉大件缓慢移动、转弯进入锅炉房内找准方位，再用人字桅杆或其他吊装设施，将上部大件（或中部大件）暂时吊起。吊起高度应高于锅炉下部大件（或中部和下部大件）的安装高度。人字桅杆设点前，先选好位置，尽可能不妨碍锅炉下部大件的就位，起吊能力必须大于最重的锅炉大件的重量。

将锅炉下部大件滚动牵引运入锅炉房内，在已验收、放线的锅炉基础上就位，依据基础的纵向与横向基准线找正、找平。锅炉的下部大件主要为链条炉排，就位前必须勿忘先把渣斗运入出渣坑内。锅炉下部大件左右可用垫铁找平，再校正水平度。然后将锅炉的上部大件（或中部大件）缓缓地落在下部大件上，之前须先将数只落灰斗放在炉排面上。在吊起上部大件，使其与下部大件合拢找正位置后，一般在锅炉两侧的接触处按锅炉本体节点图的技术要求与技术标准进行焊接固定。再把落灰斗与上部组件的底板固定，在接口处加上填料密封好。再安装下锅筒的排污管。

④散装锅炉安装。以蒸发量 20t/h ~ 35t/h，蒸汽温度为饱和温度 400℃左右为主，重点供中小型电站和工矿企业工业生产用，即一般称为工业锅炉安装。

一般在基础划线验收后，进行锅炉的钢架及钢平台的安装，其中主要包括钢柱、钢架的组合、焊接、吊装、就位、找正、固定；进行锅筒、集箱的安装；再进行受热面管子和水冷壁管的胀接或焊接；再将省煤器、过热器、空气预热器、炉排进行就位找正。本安装工艺只适用于民用建筑，工业锅炉工艺在此不作详细介绍。

3. 省煤器安装

省煤器属于锅炉受热面的一个部分，它的工作温度虽然没有其他受热面高，但承受着较大压力。必须保证省煤器的安装质量。一般在快装锅炉和上、下（或上、中、下三体）两体组装锅炉都设有单独的铸铁省煤器；而在散装锅炉（即大型工业锅炉）的尾部布置了钢管省煤预热器或铸铁管外面带有肋片，附有铸铁弯头的铸铁省煤器和空气预热器，见图 48-10、图 48-11 所示。

(1) 快装锅炉和上、下体（上、中、下）组合锅炉的省煤器安装时，先用水准仪、水平尺、直尺、拉线和尺量检测省煤器基础的地脚螺栓孔中心距是否与进场的省煤器相吻合；检测基础的

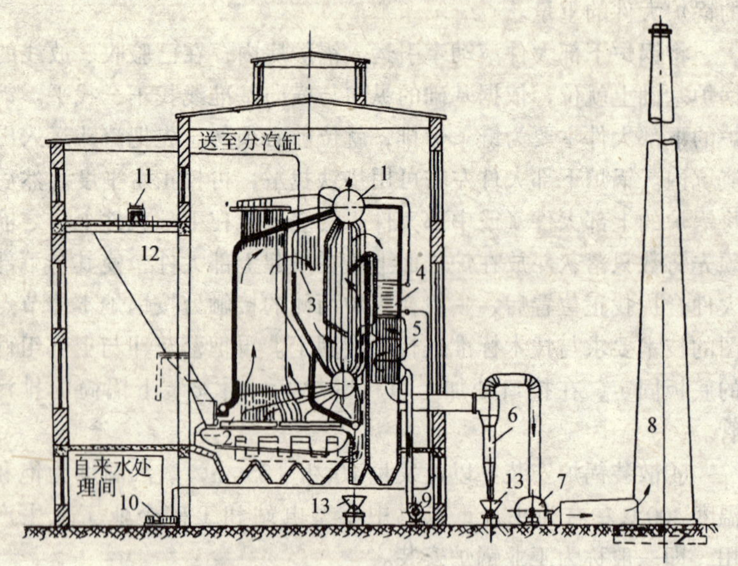

图 48-10 锅炉房设备简图

1—锅筒；2—链条炉排；3—蒸汽过热器；4—省煤器；5—空气预热器；6—除尘器；7—引风机；8—烟囱；9—送风机；10—给水泵；11—运煤皮带运输机；12—煤仓；13—灰车

坐标和标高是否符合设计。

(2) 经检测与锅炉的相对位置正确无误后，可进行省煤器安装。省煤器安装完后按图纸进行配管连接，安装旁通阀、排水阀、安全阀、压力表。

(3) 散装锅炉省煤器和空气预热器与散装锅炉安装程序相同。

4. 锅炉附件及仪表安装

(1) 安全阀的安装

①蒸发量 > 0.5t/h 的锅炉，安装两个以上的安全阀（不包括省煤器的安全阀），并应使其中一个先动作，即安全阀的启动压力等于使用时的工作压力加 0.02MPa；另一个则加 0.04MPa 后动

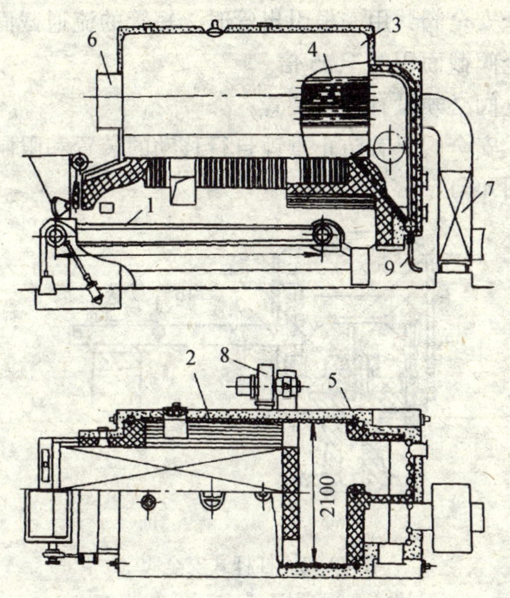

图 48-11　KZL4-13-A 型锅炉

1—链带式炉排；2—水冷壁管；3—锅筒；

4—烟管；5—下降管；6—前烟箱；

7—铸铁省煤器；8—送风机；9—排污管

作。蒸发量≤0.5t/h 的锅炉，至少安装一个安全阀。省煤器进口或出口安装安全阀一个，启动压力等于装置地点工作压力的 1.1 倍。

②安全阀应垂直地安装在锅筒、各有关部件集箱的最高位置。在安全阀与锅筒或集箱间严禁安装阀门和取用热源的引出管。

③安全阀总排气能力必须大于锅炉最大连续蒸发量，但不得使锅炉内的蒸汽压力超过设计压力的 1.1 倍。

④在安全阀上应安装排气管，并将管直通至室外，并应有足够截面积保证排气的畅通。排气管底部应安装泄水管，接至安全地点。排气管与泄水管上均不得安装阀门。

⑤几个安全阀共用一根引出管时，短管的流通截面积应不小于全部安全阀截面积的 1.25 倍。

⑥安全阀必须设有下列装置：

杠杆式安全阀要有防止重锤自行移动的装置和限制杠杆越出导架，见图 48-12。

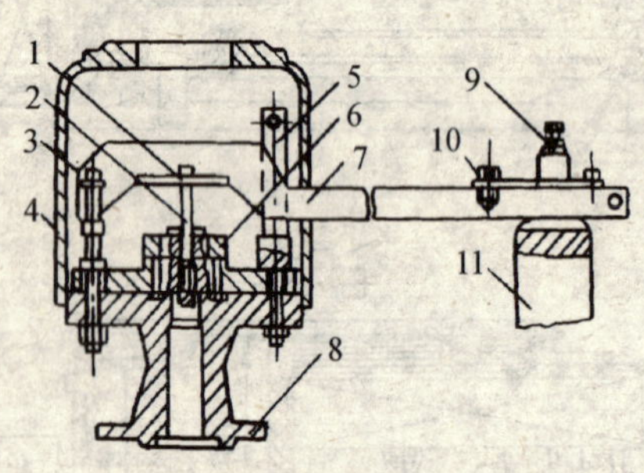

图 48-12　杠杆式安全阀

1—力点；2—阀杆；3—支点；4—外套；
5—导向杆；6—阀芯；7—杠杆；8—阀体；
9—固定螺丝；10—调节螺丝；11—重锤

弹簧式安全阀要设有提升把手和防止随意拧动调整螺栓，见图 48-13。

静重式安全阀应有防止重锤飞出的限制装置，见图 48-14。

⑦安全阀经过校验后，应加锁或铅封。严禁在安装中用加重物、移动重锤、将阀芯卡死等手段任意提高安全阀的开启压力或使其失效。

（2）压力表安装

①压力表的盘面直径应不小于 100mm，应安装在保证司炉工人能看清楚压力指示值的地方。并使其免受高温、振动和冰冻。

②压力表盘刻度极限值应等于工作压力的 2 倍为妥。

③压力表必须安装存水弯管，存水弯用钢管时其内径不应小于 10mm，用铜管时其内径不应小于 6mm。压力表和存水弯管之间应装有旋塞，以便吹洗管路，卸换压力表。

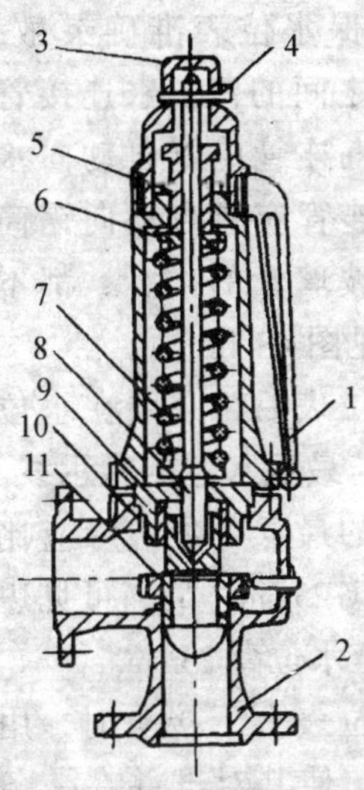

图 48-13　弹簧式安全阀

1—手柄；2—阀体；
3—阀帽；4—销子；
5—调节螺丝；
6—弹簧压盖；
7—弹簧；8—阀杆；
9—阀盖；10—阀芯；
11—阀座

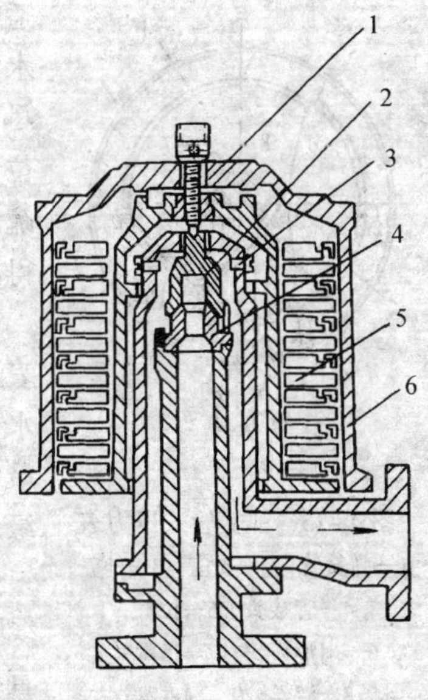

图 48-14　静重式安全阀

1—固定螺丝；2—阀芯；3—防飞螺丝；
4—阀座；5—铁块；6—阀罩

④压力表安装前进行校验，然后铅封。并在盘面上划出红线标示工作压力，见图 48-15。

(3) 水位表安装

①锅炉的蒸发量 > 0.2t/h，至少安装两个水位表。安装位置应便于观察，要有足够的照明度。玻璃管式水位表必须安装安全防护装置。

②锅炉的蒸发量 ≥ 2t/h，应安装高低水位警报器。

③水位表装置符合下列技术条件方可安装：锅炉运行时，能够吹洗和更换玻璃管（板）；水位表和锅筒之间的汽、水连接管内径不得小于 18mm，连接管长度 > 500mm 或有弯曲时，内径应

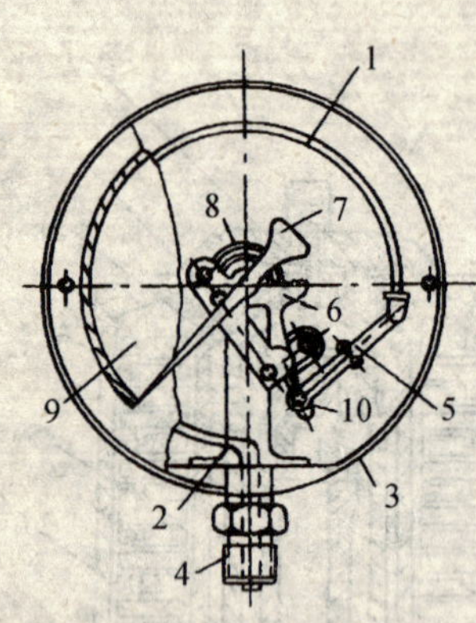

图 48-15　弹簧管式压力表
1—弹簧管；2—支座；3—外壳；
4—管接头；5—拉杆；
6—扇形齿轮；7—指示针；
8—游丝；9—刻度盘；
10—调整螺丝

适当放大，以保水位表准确灵敏；水位表与锅筒之间的汽、水连接管尽可能短些；汽连管应能自动向水位计疏水，水连管应能自动向锅筒疏水；旋塞及玻璃管的内径，都不得小于 8mm，见图 48-16。

④安装水位表后，必须在水位表上划出最高与最低水位的指示线。水位表玻璃管的最低可见边缘应比最低安全水位低 25mm，最高可见边缘应比最高安全水位高 25mm。

⑤安装水位表上下接头时，用线坠吊铅垂线，使其对准并在一条直线上。

⑥安装玻璃管时，端口有裂纹的不应使用，安装后的玻璃管距上下口的空隙不应大于 10mm，充填石棉线紧固时，不可堵塞管孔。

⑦水位表应安装放水阀和引水管，并将水引至安全地点。

(4) 排污装置安装

①在锅筒及每组水冷壁下集箱的最低处，应装排污阀；在每组省煤器的最低处设放水阀。

②蒸发量≥1t/h 或工作压力≥0.7MPa 的锅炉，排污管上应安装两个串联的排污阀。排污阀的公称直径为 20～65mm。卧式火管锅炉锅筒上排污阀不得小于 40mm。排污阀宜用闸阀。

③每台锅炉均应安装独立的排污管，要尽量少设弯头，接至排污膨胀箱或安全地点，保证排污畅通。

④几台锅炉的定期排污合用一个总排污管时，必须设有安全措施。

5. 水压试验

(1) 试压之前，检查锅筒、集箱内有否安装过程中遗留的工

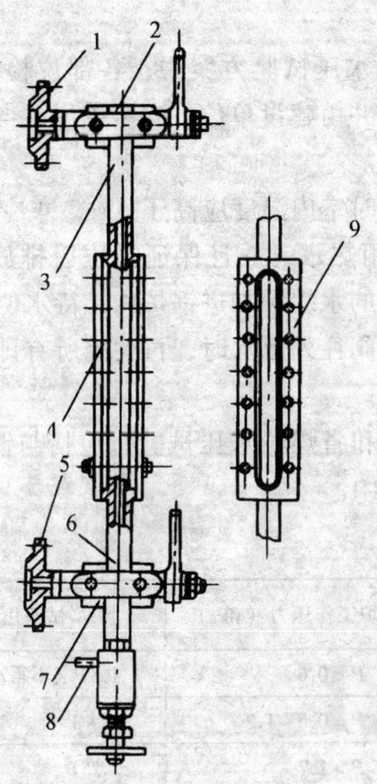

图 48-16　平板玻璃水位表

1—汽连接管法兰；2—汽阀门；
3—汽连接短管；4—玻璃板；
5—水连接管法兰；6—水连接管；
7—水阀门；8—排汽水管；9—压板

具、物品或其他杂物，清理干净后关严人孔、手孔。关闭所有管道和锅炉省煤器的阀门，紧固法兰螺栓。同时，检查法兰垫圈的位置是否正确或有遗漏之处。把安全阀拆下，在安全阀接口法兰处加上盲板或堵头。关闭全部排污阀和放水阀，打开锅筒上的排气阀和过热器上的安全阀，以便排尽锅炉内的空气。

(2) 在上锅筒和省煤器出水口处各安装一块经过校准合格的压力表。备好足够锅炉上水的水源和锅炉排放场地，连接好进水和排放管道。

(3) 制定好的水压试验方案中，各部位检查人员分工要明确，有统一指挥。并由建设单位、安装单位、当地劳动部门共同监督、检查、验收。

(4) 水压试验时室内温度应高于5℃，寒冷地区试压环境在-5℃以下试压应用热水，并且保证试压后排放全部试压存水。当把高于当地气温的水缓缓加进锅炉内，待水位上升至锅炉最高点，即从锅筒排气阀往外冒水时，再关闭所有排气口。加水过程须检查有无渗漏处。

(5) 锅炉本体和省煤器水压试验，包括与锅炉连接的管道，试验压力值见表48-1。

表48-1

名　称	锅炉工作压力(MPa)	试验压力(MPa)
锅炉本体	$P<0.6$	$1.5P$(不得小于0.2MPa)
	$P=0.6\sim1.2$	$P+3$
	$P>1.2$	$1.25P$
过热器	任何压力	与锅炉本体试验压力同
可分式省煤器	任何压力	$1.25P+5$

(6) 锅炉水加满、各个部位都正常时，方可用手动试压泵均匀地、缓慢地加压，加压过程中如发现有响声或其他可疑现象和异常情况应立即停止升压。如果无异常情况在水压上升至工作压力时，停止继续升压自然稳压，进行外观检查，待各部分正常均无渗漏时方可作超水压试验。即将水压继续缓慢地加压至试验压力下稳压5min，降压不超过0.05MPa，再降至工作压力进行全面检查，无渗漏为合格。及时放尽锅炉存水。

(7) 锅炉给水管道，可用给水泵在阀门关闭时所能产生的最大工作压力进行试验。

(8) 可分式省煤器安装后，按上述同样程序进行水压试验

(见图 48-1)，其他均与锅炉试压相同。

三、成　品　保　护

1. 锅炉安装过程中，每天下班前遮盖好敞口部位。

2. 试压前认真检查锅筒及集箱，严禁内部遗留污物等。

3. 试压后要及时放尽存水。

四、安全注意事项

1. 锅炉在运输、吊装安装、就位以及在运输中所使用的起重工具，必须经过检查，合格后方可使用。

2. 非操作人员严禁进入吊装区内，桅杆垂直下方不准站人，也不准通过或停留。要注意与运转的机械保持一定距离。

3. 高空作业时，必须遵守有关规定。

4. 锅炉就位时，严格听从统一指挥，相互协调，步调一致，防止砸、碰、挤、压伤操作人员。

5. 试压时，因是带压进行检查，严禁敲击锅炉受压件。

6. 试压中应使用校准后的压力表，且不少于两个。严禁使用失灵的压力表。

五、质　量　标　准

1. 锅炉和省煤器的水压试验结果，必须符合设计要求和施工规范规定。

2. 锅炉和省煤器安装前，基础混凝土强度、坐标、标高、尺寸和螺栓孔位置必须符合设计要求。

3. 锅炉安装的坐标、标高、中心线和垂直度的允许偏差值不准超过下列规定：坐标不超过 10mm，标高不超过 ±5mm，中心线垂直度对于卧式锅炉不超过 3mm；对于立式锅炉全高不超过

4mm。

4. 链条炉排中心线位置允许 2mm 偏差，左右倾斜度不大于 5mm，前后轴的轴心线的相对标高允许 5mm 偏差。往复推动炉排的炉排片间隙，其纵向允许 ±0.5mm 偏差，其两侧允许 ±1mm 偏差。

5. 铸铁省煤器、支承架的水平方向位置允许偏差 ±3mm，支承架的标高允许偏差 ±5mm。

六、质量通病及其防治

质量通病及防治方法见表 48-2。

表 48-2

序号	质量通病	防治方法
1	锅炉坐标及标高出现误差造成相对位置连接不上	1. 基础施工前，核对工艺、基础图、土建设计图，未发现有矛盾和错误之处方可施工 2. 施工时，严格执行质量标准 3. 严格按操作程序施工
2	炉排跑偏	前后轴应在同一平面内，两轴中心线平行
3	炉排片折断、卡死	炉排片节距应一致。炉排片断后及时排除
4	炉排片翻转不灵活 炉排片不平、鼓包、漏风	安装时严防炉排别劲等
5	形成进风集中区	炉排片间隙调均匀，以免局部间隙过大
6	锅筒或集箱内存水放不尽	1. 就位前，先了解锅炉锅筒和集箱的坡度，再从基础找平或找坡处理。一直达到设计坡度为止 2. 锅炉就位过程中，严格测量其中心线、垂直度
7	水位计安装后水位指标看不清	1. 水位计安装位置应保证足够照度 2. 安装后如发现看不清水位，应当立即采取措施补救

49. 锅炉附属设备安装

一、施 工 准 备

1. 材料及设备

(1) 鼓风机、引风机、除尘器、水泵、离子交换器、盐溶解压力罐、清洗罐、蒸汽往复泵、汽水交换器、水水交换器、除氧器。

(2) 无缝钢管、焊接钢管、型钢、螺栓、螺母、阀门、压力表、温度计、旋塞、表弯管、圆钢、安全阀、垫铁、钢板、法兰。

(3) 电焊条、石棉橡胶垫、石棉垫、耐热橡胶垫、石笔、粉笔、小线、机油、汽油、铅油、清油、石棉填料。

2. 机具

(1) 电、汽焊机具、起重机具、千斤顶、电动套丝机、套丝扳、管压力、钢锯、管钳子、案子、切管机、水准仪。

(2) 手锤、活扳子、钢盘尺、钢卷尺、水平尺、线坠、百分表、塞尺、钢丝绳、滑轮、导链、螺旋夹钳、卡钳、手动套筒扳手、增力扳手、锉刀、螺丝刀。

3. 工作条件

(1) 锅炉已吊装就位，安装完。

(2) 各设备基础施工完均已达到强度（70%以上），模板拆除，并已清理干净。不得有油污。基础四周的回填土工作已完。

(3) 各类设备均已进场，并经建设单位、施工单位、监理共同开箱检查，设备的型号、规格、技术数据、构造尺寸（如叶轮、机壳）、外形尺寸、风机的进出风口的位置、叶轮旋转方向等都符合设计要求。并附有装箱清单和随机文件。

各类设备的切削加工面、机壳、转子等均无变形或锈蚀、碰损等缺陷。

二、施 工 工 艺

工艺流程

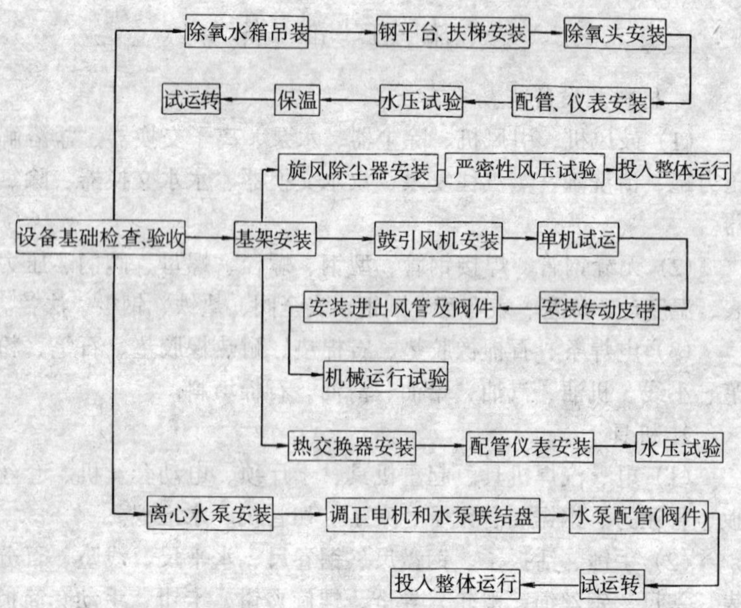

1. 设备基础的检查和垫铁、基架的安装

(1) 基础质量复查：同锅炉基础划线测定方法相同。

①基础混凝土强度等级符合设计要求，外表面不应有裂缝、蜂窝、孔洞、露筋及剥落等现象。若不合格应视其严重程度、缺陷所在位置的重要关系，作出处理。直至合格为止。

②检查基础与锅炉的相对位置及本身各部尺寸是否符合设计要求。

首先以锅炉纵向、横向中心线及厂房建筑标高基准线为依据，划定并核对基础上的纵向和横向中心线及其标高。按基础上校正过的中心线及标高，再测定基础几何尺寸、地脚螺栓孔的大小、位置、间距和垂直度。预埋铁件的位置、数量和可靠性应符合设计要求。

③划定中心线时，应先划出主要中心线，即纵、横向十字中心线，两线应相互垂直，并用油漆在基础上做出明显标记。

(2) 基础的修整与基架安装：

①鼓引风机底部设有金属基架。基础表面的标高、水平度、平滑度难以一次浇灌达到要求。应先修整基础，用垫铁找准标高，并使垫铁与基础间有密实及平稳的接触。

②基础修整找平后，进行二次灌浆。如图 49-1 所示。找平时用水平尺测定纵、横向水平度。凡无基架的设备基础应用凿子凿成毛面，使表面无油污保证二次灌浆时与基础结合牢固。

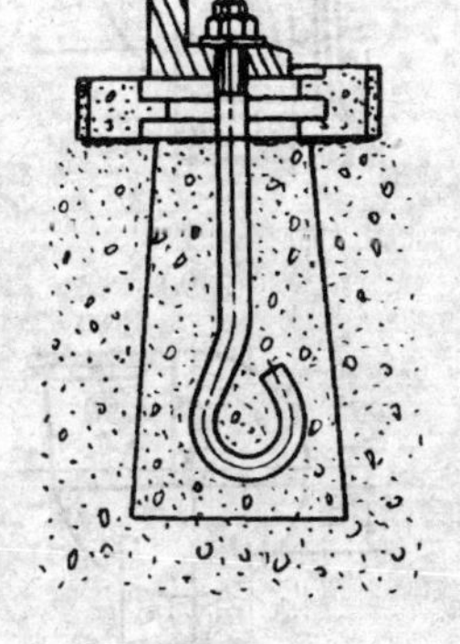

图 49-1　地脚螺栓、垫铁和二次灌浆示意图

③基架安装时，先划上纵、横向中心线，基架与铁垫设备的接合面均应清理干净，再把基架吊放在事先放置、调整好的垫铁上。再调整基架在平面上的位置。应使基架上的纵、横向中心线与基础上的纵、横向中心线重合，将基架与基础间的地脚螺栓逐一拧紧。

④二次灌浆若不是及时施工，尚须先复查基架有无移动过。

2. 鼓引风机（通风机）安装

(1) 风机的搬运和吊装

①整体安装的风机，吊装时绳索不得捆绑在转子和机壳或轴承盖的吊环上。现场组装的风机，捆绑时，绳索不得损伤机件表面。转子、轴颈和轴封等处均不得用绳捆绑。应绑标准绳扣。

②风机转子和机壳内如涂有保护层，不得损伤。

(2) 把风机和轴承座吊放到基架及事先放置好的垫铁上，然后找平。风机出风口及进风（烟）口左或右（顺逆）旋转方向及其角度应与设计一致，标高应正确，风机应稳固。如发现旋转方向及风机出口角度不符合设计要求，应进行调整后方可安装，见图 49-2 所示。

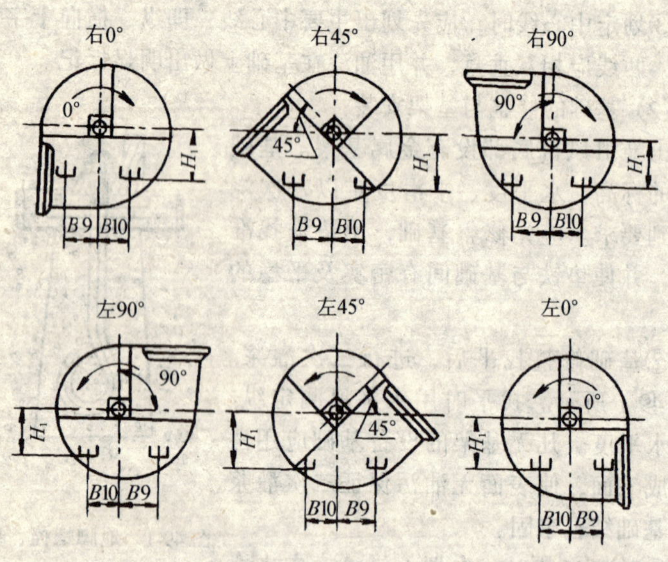

图 49-2　离心式风机左右（顺逆）转向及不同角度示意图

（3）电动机安装。先在安置好的基架（滑座）上或基础上安装电动机。就位后，以风机的对轮为准，进行相对位置找正，调准距离。初步校核传动皮带的规格与尺寸，要注意风机运转时，严禁传动中的皮带与基础擦边而过。

（4）将基础及台板上的污垢、灰屑等杂物清除干净，用手锤检查垫铁和地脚螺栓，不应有松动现象。

（5）然后，在基础上先支模板，用水浇湿凿毛后的接触表面，用细石混凝土进行二次灌浆，其强度等级应比基础混凝土高一级并且捣固密实，地脚螺栓不得歪斜。设计强度达到 70% 以上，即可拧紧地脚螺栓，再进行对轮二次找正。

（6）电动机单机试运转后，进行对轮连接，再次量准和核实传动皮带的尺寸，然后固定皮带。皮带传动的通风机和电动机、轴与轴间的中心线间距和皮带的规格，必须符合设计规定。

(7) 安装进出口风管（道）。通风管（道）安装时，其重量不可加在风机上，应设置支吊架（支撑），并与基础或其他建筑物连接牢固；风管与风机连接时，如果错口不得强制对口勉强连接上，要重新调整合适后再连接。风管制作连接见本工艺标准中通风部分。

(8) 以上全部安装过程中，机体相连及法兰接合面上，都必须涂刷润滑油如机油等。

(9) 风机安装后，经检验合格在投入运转前，应进行机械运转试验：

①先检查调整挡板和传动装置是否完善。

②用手锤检查地脚螺栓、连接螺栓不得松动，机体凡是外露部分均设置防护罩或围栏。

③轴承冷却水畅通。摩擦零件及轴承间，均应按规定加注足够润滑油。

④各类测量及监视表、计已全部安装完，操作和控制装置验收均已合格。

⑤用手搬动风机和电动机转子，应灵活不被卡住，无杂声，并不应有转动过紧，碰擦等现象。

⑥电动机经过干燥，并有接地线，通风系统无杂物，封闭完好。

⑦拆下对轮间的连接（或皮带），使电动机单独运转，观察其转动方向正确否。事故按钮工作应正常并且可靠。

⑧把对轮连接好，进行风机试运。先用手搬动转子，无异常现象再关闭入口闸门或调节挡板，防止电动机起动时过载。先使风机转至全速，再用事故按钮停车，观察轴承和转动部分有无摩察现象。待一切正常后再进行正式试运转。

⑨试运中监视电流表指示，不可超过电动机额定电流。定期(0.5～1次/h) 检查挡板的开启度、风压、轴承温度、振动等情

况，不得超过规定值。

⑩通风机投入整体运转。

3. 除尘器的安装

(1) 在基础检查的划线中，要以锅炉的中心线及引风机的定位线为依据，划出除尘器基础的中心线，中心线位置偏差不应超过规定值。

(2) 框架安装。先组合框架，并检查其主要尺寸及对角线。再将合格的框架吊放在验收合格的基础上，按基础上划出的中心线找准位置。要求框架中心线与其一致。安装后测其框架标高、水平、偏差度均应满足设计要求。可用垫铁调整至合格，再把地脚铁筋或预埋件焊牢，将架固定。

若因厂房地方狭小受到限制而采用其他方法架托除尘器，应在安装托架前，认真核对其标高、位置。

(3) 将除尘器吊起安装就位，同时找正找准进出烟口的位置和标高。立式一类除尘器安装后必须保证其垂直度，一般为 <0.002，卧式一类除尘器安装时，应调整找好其底面水平度。如图 49-3、图 49-4 所示。

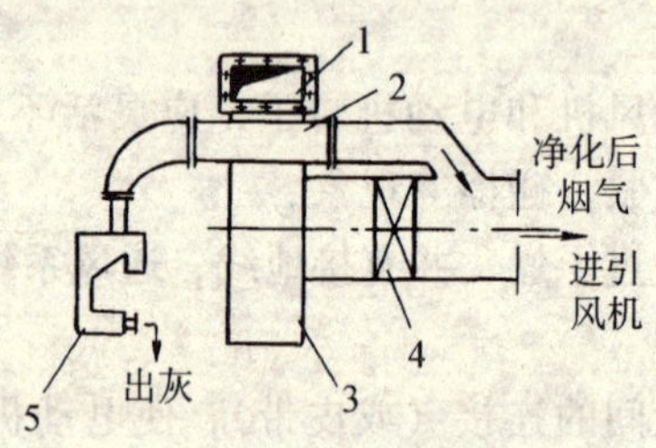

图 49-3 DG 型除尘器结构示意图

1—含尘烟气进口；2—小旋风；
3—大旋风；4—引风机调节阀；
5—水封冲灰器

(4) 安装完，按各项规定检查，全部合格后，进行各部件焊接、法兰连接。烟管各接口必须严密而不渗漏。

(5) 安装完毕后，整个引风除尘系统进行严密性风压试验，合格后可投入运行。

4. 离心泵安装

基础的尺寸、位置及标高应符合设计要求，设备应无缺件、无损坏、无锈蚀。连接盘应灵活、无阻滞、无摩擦，内部无污物等异常现象方可进行安装。凡是出厂时已装配、调试合格的部分，不可随意拆卸。

(1) 安装水泵的方法

①以基础上的中心线为准，检查地脚螺栓孔的位置有无误差，若预留孔与实际尺寸误差过大，应重新修整基础。

②将（整套水泵）底盘吊起，对准基础上螺栓孔的位置，慢慢找正，四周垫起 30mm 左右，将底盘徐徐落在四周上。见图 49-5。

③用水准仪或水平尺进行找平、调整。

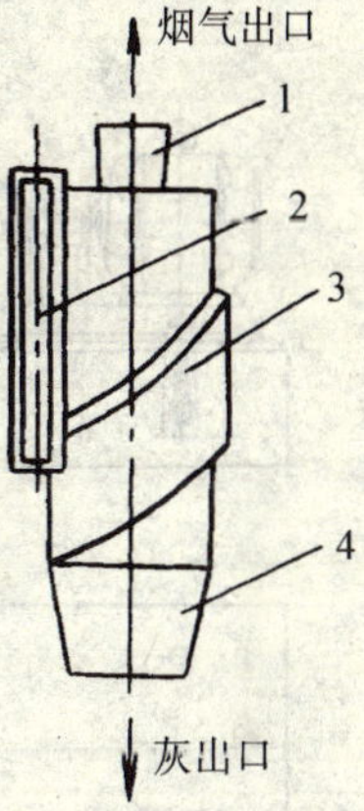

④带紧螺栓或栽进地脚螺栓。用 1:2 的水泥砂浆将水泵底盘内的空隙填满、捣实。待水泥砂浆达到强度后，再将螺栓紧固。

图 49-4 XPW 型旋风除尘器

1—排气管；2—烟气进口；3—气体分离筒；4—排灰筒

⑤轴线调准。松开联接盘螺栓，可用直尺靠在联接盘的圆周上，测量两外圆是否一致，再用塞尺试两联接盘垂直平面的间距是否均匀。先调准泵端，然后紧固泵座螺栓，再调准电机至两轴的轴线一致为止。当主动轴与从动轴为连轴节传动时，两轴不同轴度，两个联轴节端面间隙应调至规范要求。当主动轴与从动轴为皮带传动时，两轴的不平度、两轴的偏移度不得超过随机技术文件规定值。原动机与泵连接前，单独试验原动机的转向，确认转向正确方可连接，连接后，联结盘应灵活、不别劲。

(2) 水泵配管按施工图进行

①给水泵的吸入管道越短越好。

②水平管段安装时，应设有逆向水泵 1/50 的坡度。水平与

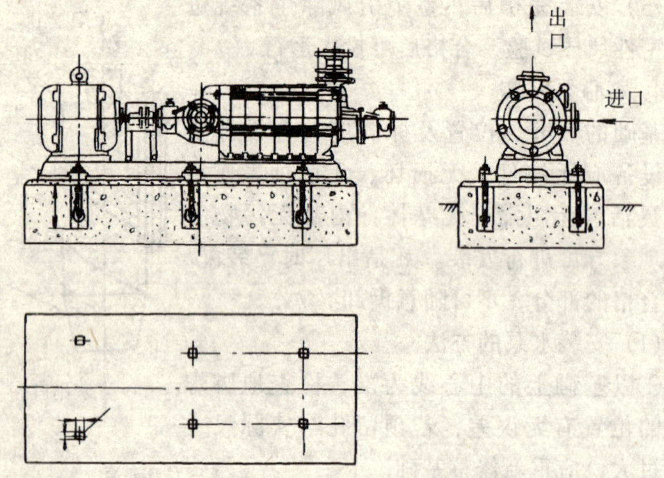

图 49-5　DA 型多级离心水泵基础及安装

竖向井内的立管间，应设可拆卸的法兰盘。

③吸水端的底阀安装。应设置滤水器或以铜丝网包缠，防止杂物吸入泵内。

④吐出管路。在水泵出口应安装闸门、止回阀。并在适当位置装设压力表。

⑤渐缩管（大小头）安装。竖装时为正心，横装者为偏心，管上皮应为水平。

⑥泄水管与水封管。泄水管出水应导回吸入管或其他地方。有均衡泄水装置时，必须导回吸入管。不可将后段均衡泄水管堵死。水封管应有严密的填料涵，需以 0.15 ~ 2.0MPa 的水引入管内，严防空气进入泵内。水泵若扬程很低，如抽送循环热水、污水或其他介质，水封必须设置独立来源，不可接自水泵出口吐出管。

⑦配管一般要求及作法见本工艺标准有关部分。

(3) 水泵试运行

①未通电前，拆下联接盘（靠背轮）联接螺丝，通电后再核

实旋转方向，转向正确后，再行联接，避免反转。

②用煤油洗净轴承，注入润滑油，再用手扳转靠背轮，观察轴转动是否轻快，油圈应转动自如。

③离心水泵必须先灌满水才能开动，不应空转。水泵中心如比吸水面低时，不须灌水，只须将泵内空气放净。如果吸水管装有底阀，将水泵上的放风嘴打开，并将吐出口阀门关闭，自引水漏斗灌水，直至放风水嘴有水涌出后为止。离心水泵不可在出口阀门全闭的情况下运转时间过长。

④最后全面检查无异常状况，再合上电门，观察真空表和压力表指针动作时，徐徐开放闸阀至需要压力时为止。

(4) 手摇泵应垂直安装，安装高度如设计无规定，泵中心距地面为800mm。

5. 热交换器等安装

(1) 热交换器安装

①热交换器安装前，先把座架安装在合格的基础或预埋铁件上。

②用水准仪或水平尺、线坠找正、找平、找垂直，同时核对标高和相对位置。然后拧紧地脚螺栓进行二次灌浆，或者将座架支腿焊在预埋铁件上，埋设或焊接都应牢固。

③吊起热交换器座落在架上，找平找正，坐稳。核对进汽(水)口和出水口标高应符合设计规定。前封头与墙壁距离，不小于蛇形管长度。见图49-6、图49-7。

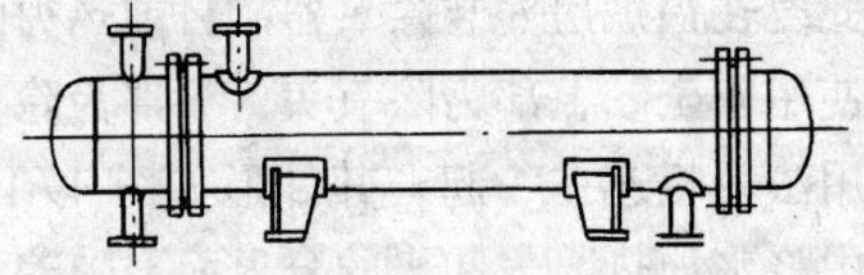

图49-6　卧式换热器

④安装连接件、管件、阀件。按本工艺标准相关部分要求，安装、拧紧各法兰件。

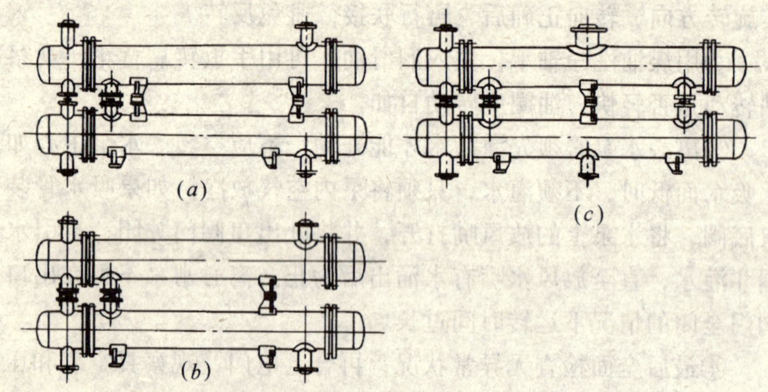

图 49-7　重叠式换热器支座的安装形式

⑤按设计图纸进行配管、配件，安装仪表。

⑥热交换器以最大工作压力的 1.5 倍进行水压试验。汽水交换器应根据蒸汽入口压力加上 0.3MPa 进行，水水换热器应不小于 0.4MPa。在试验压力下保持 5min，压力下降、接口不渗不漏为合格。试压合格后，按设计要求保温。

(2) 连续排污器与定期排污器，离子交换器，盐溶解器，清洗罐，取样冷却器的安装根据设计图纸要求参见热交换器安装过程进行安装，见图 49-8、图 49-9、图 49-10、图 49-11、图 49-12 所示。

6. 热力喷雾除氧器安装

锅炉中水溶解的氧（和其他气体）较为严重地腐蚀着锅炉金属内壁面，因此要在锅炉房安装除氧器。目前热力除氧和真空除氧应用广泛，使用安全。上部为除氧头，下部为除氧水箱，除氧头和除氧水箱用法兰相连在一起，其外形如图 49-13 示之。在开式除氧器设备中将水加热，气和水的分界面上随着水温升高、水蒸气压力增大，氧（和其他气体）的（分）压力降低，当水达到沸点，水蒸气压力和外界压力相等。此时氧和其他气体压力为零，水就不再具备溶解氧的能力即达到除氧目的。抽真空除氧器也是达到同一个目的。供热锅炉中采用大气热力除氧器时，除氧

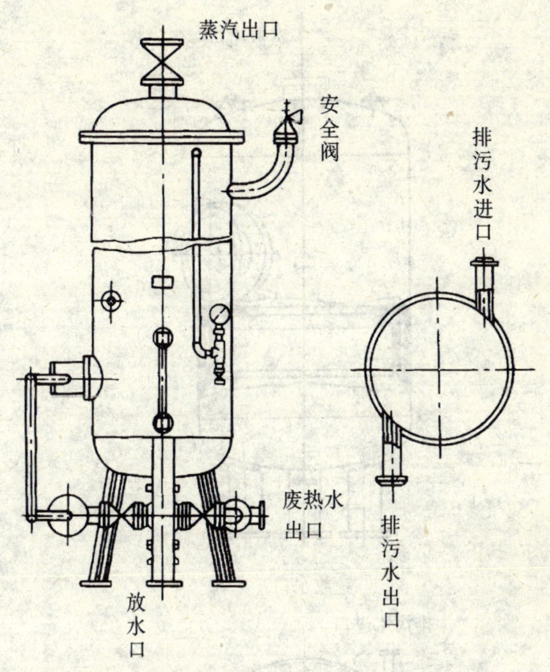

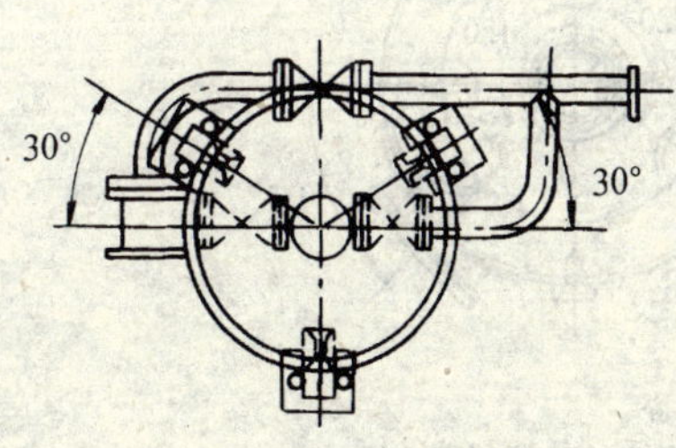

图 49-8　连续排污膨胀器

器内的压力略高于大气压力，一般高于 0.02MPa，水的饱和温度达 104～105℃，借以将气体排出。

除此之外还有解吸除氧装置，化学除氧器等。

(1) 热力除氧器应安装在锅炉给水泵的上方，除氧水箱的最

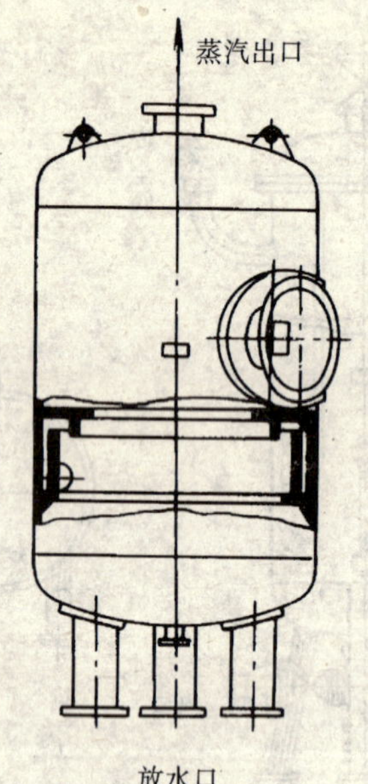

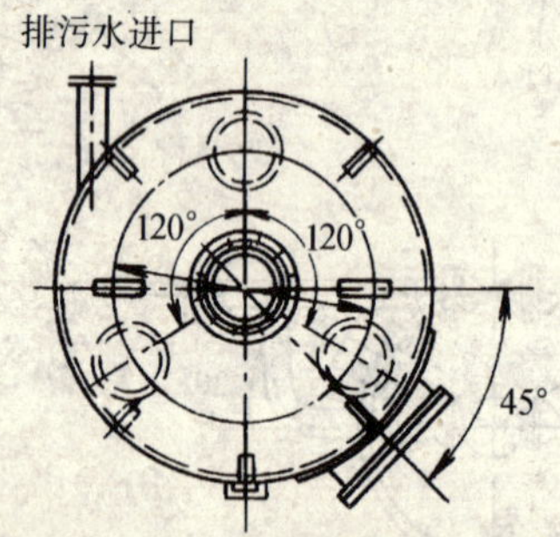

图 49-9　定期排污膨胀器

低水位和给水泵的中心线之间的高差应不小于 7m。除氧水箱为卧式安装，除氧头为立式安装在除氧水箱上。一般均设有钢梯及钢平台，见图 49-13 所示。

（2）安装方法及顺序

①提交安装除氧器的基础应验收合格，混凝土强度达到

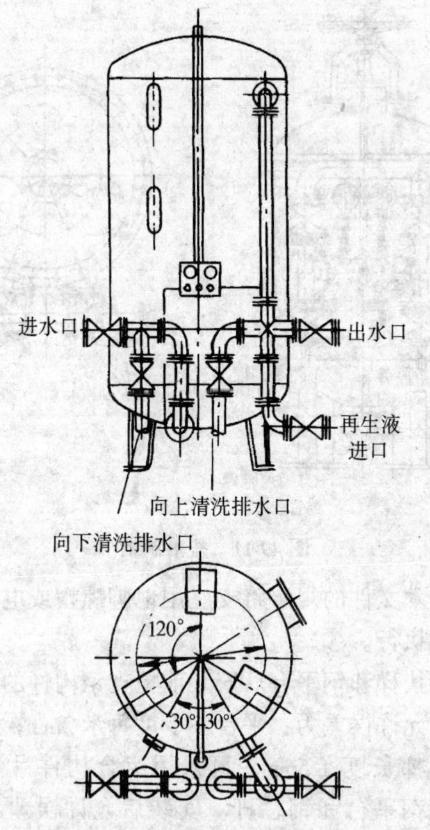

图 49-10　浮动床离子交换器

70%以上。同锅炉基础验标相同。

②基础划线以安装层的建筑基准点为依据，即图中的7.800m标高。允许误差为：标高±10mm，纵横中心线±20mm。

③安装前，基础表面应清除杂物污垢，在施工中不得使基础沾油污。

④除氧器的运输方法与锅炉相同，先将除氧水箱吊至安装的高度，调准水箱方位后，将除氧水箱的固定支座落在固定基础上，再慢慢将滑动支座落在另一端基础上。吊线、找正、调整

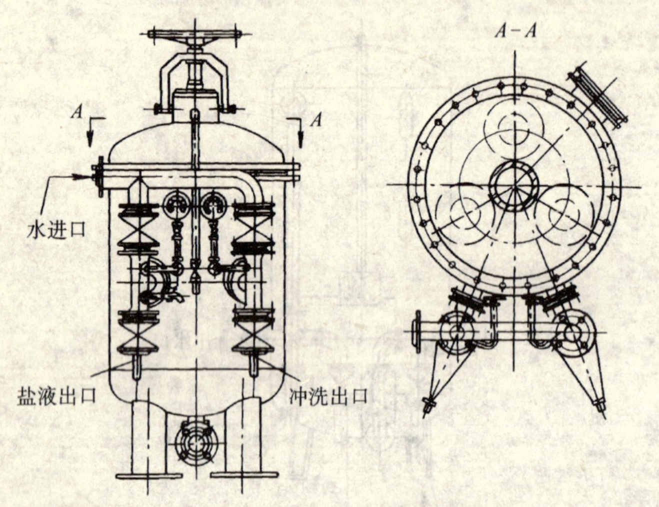

图 49-11　盐溶解器

后，按随机技术文件的规定将支座用地脚螺帽或电焊固定住。参照本工艺标准执行。

⑤安装钢扶梯和钢平台。安装前检查钢构件的几何尺寸、长度、弯曲度。允许误差为：平台不平度每米 2mm；平台的长度每米 2mm；钢扶梯长度 ± 5mm。可采用组合构件吊装，先安装扶梯，然后安装钢平台和钢栏杆。安装后允许误差为：平台标高 ± 10mm;栏杆的弯曲度 5mm/m；扶手立杆不垂直度 5mm/全高。焊接见本工艺标准相关部分。

⑥将除氧头吊至安装高度，慢慢落下，使除氧头的法兰对准除氧水箱上的法兰，用螺栓穿入法兰孔、稳住除氧头后，将垫片加进法兰内，再把除氧头全部座落在除氧水箱上，吊正、找平、调整好各螺栓孔位置，穿进全部螺栓，戴上垫圈、螺帽，对称地逐渐拧紧，按本工艺标准操作。

⑦按锅炉房配管施工图进行管道附件、阀门及仪表配置。热力除氧器必须安装水位自动调节装置和蒸汽压力自动调节装置。如压力过低达不到除氧目的，空气反而倒吸入除氧器中，反之，

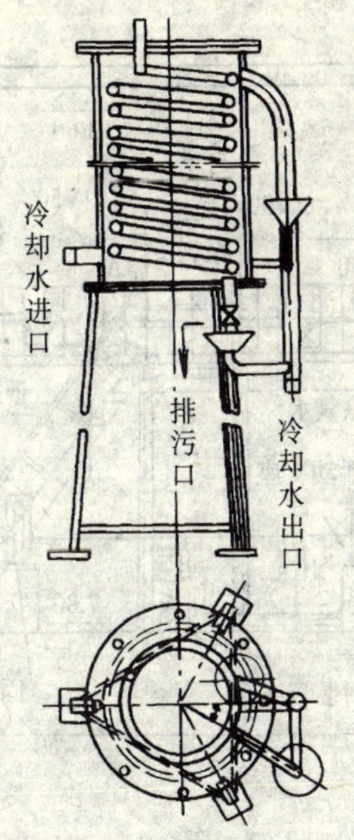

图 49-12　取样冷却器

除氧器过高，关系到除氧器设备安全，因此还须安装水封式安全阀。

⑧除氧头与除氧水箱安装完毕必须进行水压试验。除氧器的工作压力为0.02MPa，其实验压力为0.2MPa。试压过程见本工艺标准中压力管道试压部分。

⑨除氧器经水压试验合格后，外壳进行保温。如设计无规定，可采用钢丝网包扎后抹石棉水泥一层，一般80～100mm厚，见本工艺标准中防腐与保温。

⑩试运转。在试运转过程中注意调节好排气阀的开启度，既要保证顺利排出气体，又要尽量阻止蒸汽的逸出，减少热量损失；通过自动调节装置应注意蒸汽量吸水量的比例调节是否恰到好处，即将水恰好加热至沸腾状。

⑪真空除氧器在安装方法及程序上与热力除氧器相同。

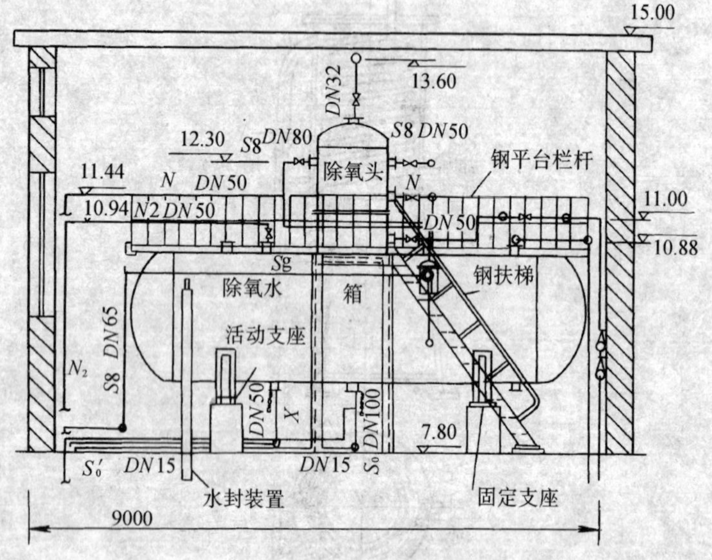

图 49-13　除氧器安装示意图

三、成 品 保 护

1. 鼓、引风机若露天安装，应在尚未安装保护及防雨罩之前，用塑料布或油毡盖好、压住，防止被风刮走。

2. 为防止水泵内部被淤塞，水泵的入口和出口，在其与管道相接之前，暂用堵板盖严。

3. 各种罐体安装后，在未与管道连接前，均须用堵胆临时封闭。

4. 各类容器、罐安装过程中，仅仅就位、找正、尚未固定前，要设专人负责，严防工种交叉作业，不慎将容器或罐碰倒。

5. 零件分类装箱保管不得随意堆放，设备要用木方垫平以防变形。

6. 电机及设备要用防水布盖好，避免雨淋或受潮。

四、安全注意事项

1. 风机试运转以前，先清理周围场地，拆除脚手架及临时设施，装好充足照明。机壳及各连接系统内不得有人操作或堆放物件。

2. 试运转中，风机叶轮的切线方向及联轴器的附近不许站人。

3. 先试验事故按钮是否灵敏和可靠。

4. 设备起吊与安装过程，应严格遵守吊装中各项安全规定。

五、质 量 标 准

1. 安装允许偏差（表 49-1）

2. 各容器、罐、风机安装，应平稳牢固，位置、标高、进出口方向正确。

3. 蒸汽往复泵的废汽管，应水平安装，并通向室外，其管端端部应向下或做成丁字管。

4. 箱、罐、容器等设备支架和座架（墩）的安装、位置和结构构造应符合设计要求，埋设平正牢固，并与设备接触紧密。

表 49-1

名　称	项　目		允许偏差（mm）
鼓、引风机	坐　标		10
	标　高		±5
离心式水泵 蒸气往复泵	泵体水平度（每米）		0.1
	联轴器同心度	轴向倾斜（每米）	0.8
		径向位移	0.1

续表

名　称	项　目	允许偏差（mm）
机械除尘器 离子交换器 卧式热交换器	坐　标 标　高 垂直度（每米）	15 ±5 1
箱罐安装 （H=高度 L=长度）	标　高 水平或垂直度 中心线位移	±5 1/100L 或 1/1000H 但是≤10mm
支架立柱 支架横梁	位　置 垂直度 上表面标高 倾向弯曲	5 1/1000H 但≤10mm ±5 1/1000L 但≤10mm

六、质量通病及其防治方法

质量通病及防治方法见表 49-2。

表 49-2

序号	质量通病	防治方法
1	鼓、引风机安装后，皮带挂基础	1. 鼓、引风机基础施工前，先与设备核对 2. 风机与电动机安装前，再次复核基础和设备地脚螺栓孔是否一致 3. 认真检查复核连轴器和电机的相对位置及标高
2	设备安装时，预留螺栓孔对不准	1. 安装各类设备前，均应认真检查基础几何尺寸及预留孔是否和设备一致，若发现差异，须与土建共同协商处理好后方可安装设备，切不可盲目吊装 2. 认真把进场设备型号、规格与设计图纸中的要求进行比较
3	逆流再生钠离子交换器配水不均匀产生偏流	安装时应保证交换器的中排和底排装置的水平度

50. 螺旋除渣机和刮板除渣机安装

一、施 工 准 备

1. 材料及设备

(1) 螺旋除渣机。

(2) 螺栓、螺帽、型钢、圆钢、氧气、电石、电焊条、机油、石棉垫。

2. 机具

(1) 小型起重机具、活动扳手、固定扳手、水电焊机具。

(2) 卡尺、卷尺、线坠、水平尺、手锤、剪子、撬棍。

3. 工作条件

(1) 锅炉主体安装完毕，经自检无误（锅炉就位以前可先将锥形渣斗运入除渣坑内）。

(2) 除渣机符合设计型号。

(3) 土建施工预留除渣机坑的几何尺寸达到设计要求，基础达到强度。

二、施 工 工 艺

工艺流程

安装前的检查 → 除渣机安装

1. 安装前的复验、检查、交接

(1) 除渣机型号和规格等技术要求的检验复查。

(2) 除渣机产品质量合格证的复验。

(3) 土建预留的除渣坑尺寸，已进行验收和交接。

2. 螺旋除渣机安装就位

（1）先检查锅炉漏灰渣接口法兰及渣斗筒体，进渣口法兰的平整情况。

（2）按照本标准中法兰连接的工艺要求进行以下各部件的法兰组对。

①将漏灰渣接口装在炉排底的下部，用扳手上紧。

②渣斗送进渣坑后，将上口法兰与锅炉的出渣口法兰连接紧，法兰面必须保持水平，以保证渣槽的设计安装角度。

③起吊螺旋除渣机筒体，放进除渣机坑里找准安装位置，再将除渣机锥形渣斗下口法兰和筒体进渣口法兰用螺栓连接紧，见图 50-1。

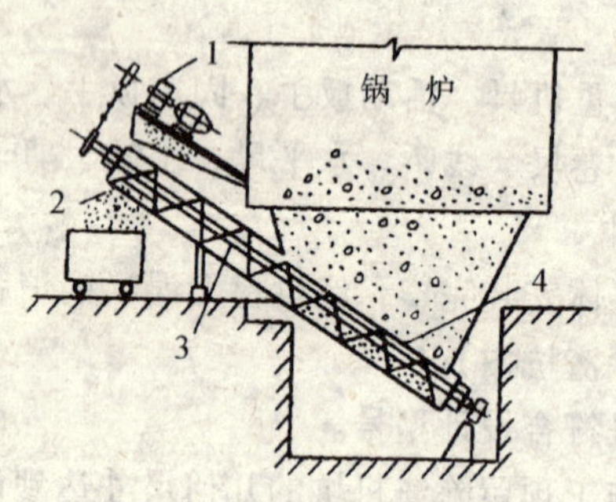

图 50-1 螺旋出渣机

1—驱动装置；2—出渣口；
3—出渣机本体；4—进渣口

（3）把吊耳或自制的托支架在锅炉侧面与螺栓除渣机焊牢，以稳固住除渣机。

（4）按渣斗上的固定位置接进冷却水管，进水管位置允许适当上移，严禁下移，使水封状况更佳，以免除渣口处漏风，影响锅炉燃烧温度。渣斗与炉排出渣口的连接必须有石棉带密封。

（5）安装轴承底座。安装时，可依靠增加或减少筒体底部凹凸法兰连接处的衬垫物，使得螺旋轴穿过三眼成一直线，并调好安全离合器的弹簧，最后使螺旋轴旋转灵活。

(6) 安装后，接通电源，检查螺旋旋转方向是否正确，压紧弹簧是否跳动，冷态试车 2h，应无异常的声音，并检查法兰接口有否漏水。

3. 刮板除渣机安装就位

锅炉房多台锅炉一般采用湿式刮板除渣（灰）较为普遍。刮板除渣机由链条、刮板、托辊、渣槽、驱动装置及尾部拉紧从动装置组成、见图 50-2、图 50-3 所示。除渣时，因其位于锅炉出渣口下部沟槽中，沟槽内充满水作为各台锅炉出渣口的水封，可以防止冷空气漏入炉膛内，也可以消除灰渣出膛时带的红火。

基础和渣槽的检查、修整和划线

①检查驱动装置和从动装置以及渣槽的浇灌质量、外形尺寸。不应有裂缝、蜂窝、孔洞、露筋及剥落等现象，沟槽尚应作渗水试验，应不渗不漏。

②检查沟槽与锅炉出渣口的相对位置，以锅炉的纵横基准线及建筑标高基准点为依据，核对设备基础上渣槽的纵、横中心线及标高，用钢丝线检查基础和渣槽的几何尺寸。沟槽内壁表面经严格验收检查，要求光滑，直线方向上水平度好、倾斜坡应圆弧度好。每个地脚螺栓孔的大小、位置、间距和垂直度应该符合设计要求。沟槽壁上预埋铁件和预留管的位置、数量应该准确。如果不符合安装与使用的要求，必须进行修理，合格后方可进行安装。

③刮板安装前要逐块（或逐件）清理毛刺、污垢，必须将其表面修整光滑、干净。

④在沟槽壁预埋件上，用钢丝线和钢板尺划定托辊轴座的焊接位置，并确保两壁轴座中心线和除渣沟槽纵向中心线重合。允许偏差为 2mm。

⑤安装托辊轴道。先安装好尾部的从动装置，从锅炉底水平段尾部开始向首部方向进行。后安装圆弧斜坡段。托辊安装过程随时用铁水平尺和水准仪、钢板尺找平，其托辊的允许偏差控制

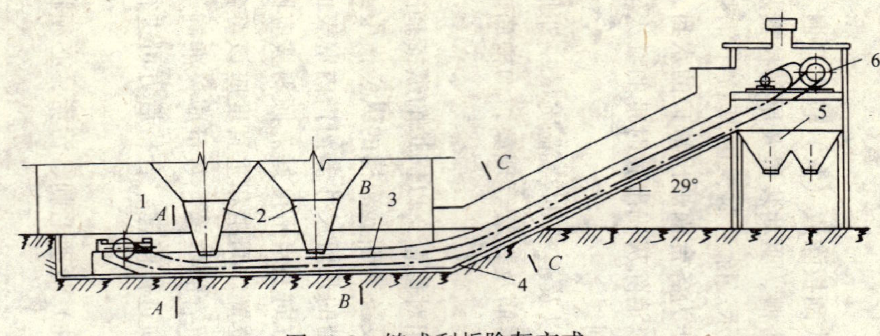

图 50-2　链式刮板除灰方式

1—牵引装置；2—落灰管；3—链条；4—灰沟；5—灰渣斗；6—传动装置

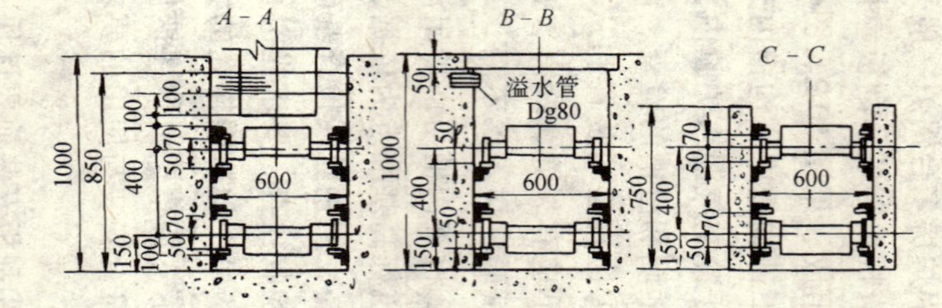

图 50-3　链式刮板除灰渣装置断面图

在 1/1500 以内，全长测定时不能超过 10mm。托辊安装时与托辊支座接头处应找平、找齐，左右不能超过 1mm 偏差，高低差不超过 0.5mm，边安装，边检查，不符合要求应重新调整。托辊横向中心线与除渣机纵向中心线应重合，其允许偏差为 3mm。

⑥安装驱动装置和从动装置。驱动装置必须安装在除渣机之首，从动装置安在尾部。张紧边外是在下面的工作面上。将驱动装置中的减速器、电动机运至验收合格的基础边上，然后找正找准方位，埋进地脚螺栓，进行二次灌浆，待达到强度后，戴上地脚螺栓垫圈及螺帽，拧紧螺帽。

⑦链条和刮板安装

刮板的安装节距一般为 2200mm 左右（见随机图纸），由框链相连接。安装时由从动装置起至驱动装置止。框链的松紧度要调整一致、松紧度适当、框链移动自如，无卡框卡刮板的现象。上下坡度角度不可大于 30°。驱动装置和拉紧框链滚动轴应为水平，安装时随时用铁水平尺检查，不得超过 0.5/1000。

⑧从锅炉的出渣口接出锅炉落渣管，插入水中 100mm，达到除渣水封目的。

三、成　品　保　护

1. 螺旋除渣机及刮板除渣机安装过程中，应防止铁块、螺栓等物落进机体。

2. 运输过程中，保护好法兰，严防碰撞变形。

四、安全注意事项

1. 使用起吊机具及绳索前，必须经严格检查。

2. 锥形渣斗及筒体吊进坑内过程中，坑内外人员配合要协调，严防撞伤人。

五、质 量 标 准

1. 连接法兰处无漏水现象。
2. 冷态试车 2h 之内无异常声音。
3. 螺旋轴旋转方向正确。
4. 螺旋轴旋转灵活。

六、质量通病及其防治方法

质量通病及防治方法见表 50-1。

表 50-1

序 号	质 量 通 病	防 治 方 法
1	渣斗法兰漏水、破坏水封、影响炉温	1. 检查法兰衬垫物及螺栓松紧度 2. 检查冷却水进口位置，以保证水封深度
2	保险克拉子打滑	适当拧紧螺母、压紧弹簧
3	螺旋除渣机规格与锅炉不配套	1. 锅炉安装前对零部件进行清点，根据锅炉安装图，复核设备的完整性、完好性，作好记录 2. 发现零部件的尺寸、规格与设计图不符合，及时和建设单位、设计人员沟通，进一步与厂家协商处理，严禁私自安装

51. 整装炉排安装

一、施 工 准 备

1. 材料及设备

(1) 整装炉排

(2) 楔铁

2. 机具

(1) 起重吊装机具。

(2) 麻绳、钢丝绳、卡具、钢盘尺、卷尺。

(3) 撬棍、滚杠、扳手、螺丝刀、手锤。

3. 工作条件

(1) 安装人员应熟悉锅炉随机安装图及设计图。

(2) 锅炉基础已达到要求强度。

(3) 锅炉房主体施工完，屋面板未吊装或留出安装运输洞口。

(4) 锅炉及炉排已进场。

二、安 装 工 艺

工艺流程

安装前的检查 → 密封与安装 → 炉排单机试运

1. 整装锅炉安装之前，须进行整装炉排安装

(1) 炉排在吊装就位前，必须对其各个部件进行详细检查。若发现变形，应予以校正或更换处理后方可进行。

(2) 锅炉基础已放线复查验收，见本工艺标准锅炉安装中锅炉基础验收及放线。

（3）安装时锅炉房若屋顶尚未上盖，可用吊车将整装炉排起吊后直接落放在基础上。若土建主体施工已完，可用卷扬机或绞磨将炉排运至基础上，拨正就位。

（4）检查和调整各炉排片间的距离。各炉排片与片之间的间隙应均匀一致。

手烧炉及手烧炉的炉排见图 51-1 和图 51-2 所示。摇动炉排、链条式炉排、链带式炉排，如图 51-3、图 51-4 和图 51-5 所示。

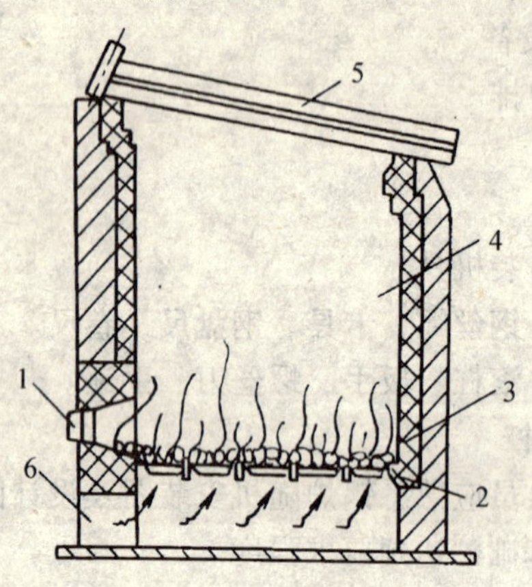

图 51-1　手烧炉

1—炉门；2—炉排；3—燃烧层；
4—炉膛；5—锅炉管束；6—灰门

（5）检查和调整炉排面的平整度。炉排面不得有局部凸起，应该平整。链节各部受力应均匀，炉排片应能自由翻转。

（6）链条炉排安装过程中，应使前轴中心线和后滚筒中心线保持平行，以免炉排跑偏拉断。

2. 炉排两侧进行密封、传动系统安装

（1）密封性能应达到不漏风量或少漏风量。

（2）密封件的固定部分运动部分不得有碰撞的部位，并且留有足够的热膨胀间隙。

（3）通过放线确定齿轮箱的位置。

（4）检查预埋地脚螺栓或预留地脚螺栓孔是否符合设计及安

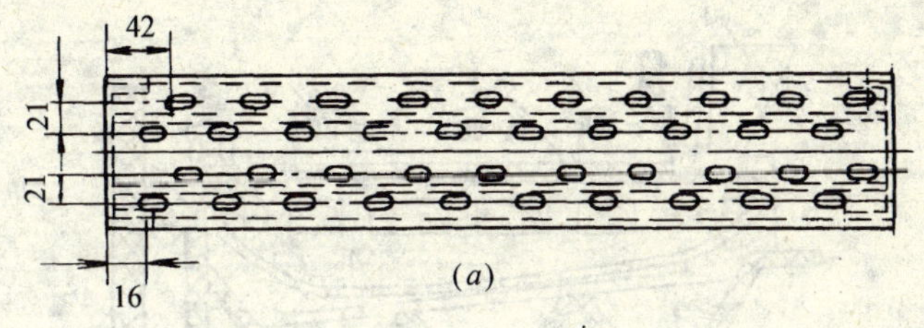

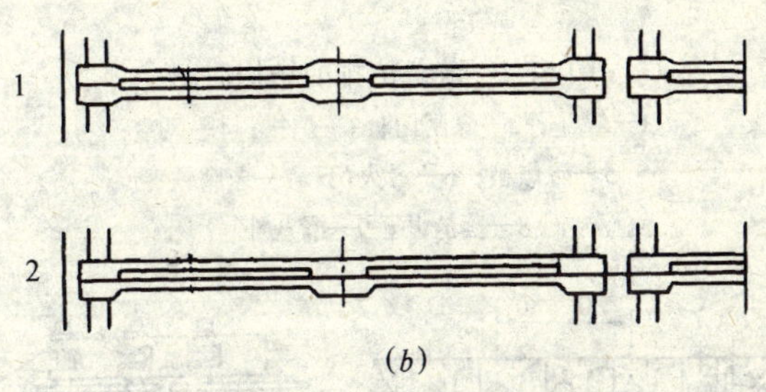

图 51-2　手烧炉的炉排

（a）板状炉排；（b）条状炉排

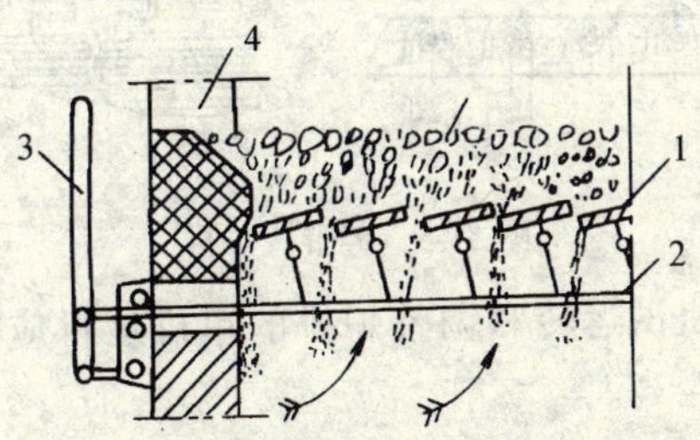

图 51-3　摇动炉排示意图

1—炉排；2—连杆；3—手柄；

4—炉门；5—燃烧层

装要求，若不合格应进行修整，清理基础表面找平后用水冲洗干净，以便二次灌注。

（5）齿轮箱的输出轴与炉排主动轴中心线应同心。

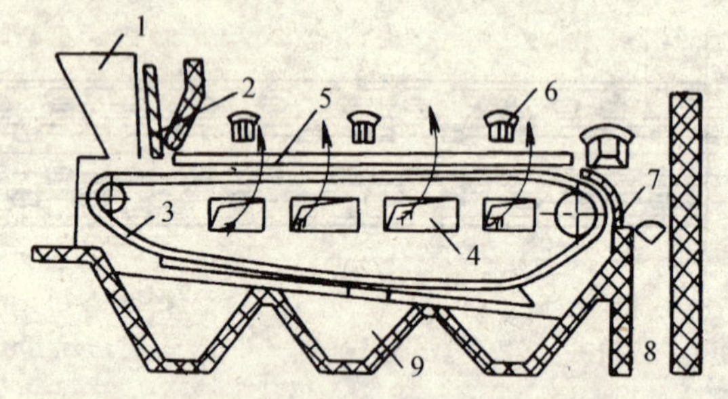

图 51-4 链条炉排的结构简图

1—煤斗；2—煤闸门；3—炉排；4—风室；

5—防焦箱；6—看火门；7—老鹰铁；

8—落渣井；9—漏灰斗

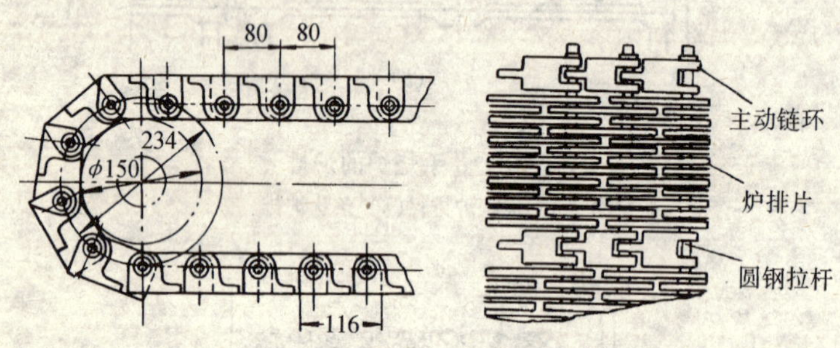

图 51-5 链带式炉排

3. 炉排单机试运转和调整炉排的单机运行应在锅炉未砌筑之前进行

（1）检查炉排是否跑偏，调整好前后轴的水平度和平行度。

（2）检查炉链张紧程度，调整前、后轴的距离。

（3）检查炉排片是否翻转自如，有无跑偏、凸起、异常声响、漏风、挤卡等不良现象，并调整好炉排片与悬挂固定零件的配合间隙。

（4）经检查如果未发现上述不良现象为合格。

三、成 品 保 护

整装炉排安装后，在未安装锅炉前，应加强管理，保持干净。

四、安全注意事项

1. 整装炉排在运输、吊装、就位、安装中所使用的机具必须经过检查，合格后方可使用。

2. 施工现场应整齐清洁，各种设备、材料及废料应按指定地点堆放，以防吊运设备过程中，绊倒操作人员。

3. 不准在起吊物件下通过或停留。

五、质 量 标 准

1. 炉排片与片之间的间隙应均匀一致，炉排面应平整，不得有局部凸起，链节各部受力均匀，炉排片应能自由翻转。

2. 链条炉排安装不允许超过下列允许偏差（表 51-1）。

3. 炉排片运行应自如，无凸起、鼓包、挤卡现象。

链条炉排安装允许偏差 **表 51-1**

项 次	项 目	允许偏差（mm）
1	炉排中心线位置	2
2	前轴、后轴的水平度	1/1000
3	前轴、后轴的轴心线相对标高差	5

六、质量通病及其防治

质量通病及防治方法见表51-2。

表 51-2

序号	质量通病	防治方法
1	炉排跑偏、拉断	1. 安装过程中应使前轴中心线和后滚筒中心线保持平行 2. 链轮前面的拉紧螺栓应拉紧，两侧拉紧的程度应一致
2	炉排片折断	炉排片的节距应一样
3	炉排片翻转不灵活	炉排安装时不可别劲
4	主动轴、从动轴被拉弯变形	1. 减速器轴与炉排主动轴安装时应同心 2. 炉排安装时不可别劲

52. 烘炉、煮炉和试运行

一、施 工 准 备

1. 材料

(1) 水源、劈材、煤、氢氧化钠、磷酸三钠。

(2) 通球。

2. 机具

(1) 管钳子、扳手。

(2) 煤铲、煤钩。

3. 工作条件

(1) 锅炉及其附属设备全部装完，经过水压试验并试运转合格。

(2) 炉墙砌完后应打开各处门、孔，让其自然干燥一段时间的程序已完毕。

(3) 备好燃料。

二、施 工 工 艺

工艺流程

准备工作 ⟶ 烘炉 ⟶ 煮炉 ⟶ 锅炉试运

1. 烘炉前的准备工作

(1) 清理炉膛及烟、风、道内留下的砖头、木块、铁线等杂物。

(2) 拆掉所有的临时支撑设施。

(3) 检查给水系统及水处理系统的工作情况，要求给水系统（包括水处理）8h 连续试运行，均能正常工作。

(4) 关闭省煤器主烟道进口挡板，使用旁烟道。无旁通烟道时，打开省煤器出口。保证省煤器内有循环水冷却。

2. 烘炉

(1) 木柴烘炉阶段

1) 关闭所有阀门，打开锅筒排气阀，并向锅炉内注入清水，使其达到锅炉运行的最低水位。

2) 加进木柴，将木柴集中在炉排中间，约占炉排 1/2 点火。开始可单靠自然通风，按温升情况控制火焰的大小。起始的 2～3h 内，烟道挡板开启约为烟道剖面 1/3，待温升后加大引力时，把烟道挡板关至仅留 1/6 为止。炉膛保持负压。

3) 最初两天，木柴燃烧须稳定均匀，不得在木柴已经熄火时再急增火力，直至第三昼夜，略添少量煤，开始向下个阶段过渡。

(2) 煤炭烘炉阶段

1) 首先缓缓开动炉排及鼓、引风机，烟道挡板开到烟道面积 1/3～1/6 的位置上。不得让烟从看火孔或其他地方冒出。注意打开上部检查门排除护墙气体。

2) 一般情况下烘炉不少于 4d，冬季烘炉要酌情将木柴烘炉时间延迟若干天。后期烟温不高于 150℃。砌筑砂浆的含水率降到 10%以下为好。

3) 烘炉中水位下降时及时补充清水，保持正常水位。烘炉初期开启连续排污，到中期每隔一定时间进行一次定期排污。烘炉期少开检查门、看火门、人孔等，防止冷空气进入炉膛。严禁将冷水洒在炉墙上。

3. 煮炉

为清除在制造、安装中带入锅炉内的铁锈、油脂和污垢，以免恶化蒸汽品质或使受热面过热烧坏。将碱性溶液加入锅炉内，使锅炉内的油脂与碱起皂化作用而沉淀，通过排污排除杂质。

(1) 加药

1) 若设计无规定，按表 52-1 用量向锅炉内加药。

锅炉煮炉加药量　　表52-1

药品名称	加药量 kg/m^2（水）	
	铁锈较薄	铁锈较厚
氢氧化钠（NaOH）	2~3	3~4
磷酸三钠（$Na_3PO_4 \cdot 12H_2O$）	2~3	2~3

2）有加药器的锅炉，在最低水位加入药量，否则可以在上锅筒一次加入。

3）当碱度低于45mg当量/L，应补充加药量。

4）药品可按100℃纯度计算，无磷酸三钠时，可用碳酸钠代替，数量为磷酸三钠的1.5倍。若单独用碳酸钠煮炉，其数量为每 m^3 水加6kg。

（2）煮炉的方法

1）煮炉时间一般为2~3d，如蒸汽压力较低，可适当延长煮炉时间。后期应使蒸汽压力保持工作压力的75%左右。

2）开始在炉内升起微火，使炉水缓慢沸腾，待产生蒸汽后由空气阀或安全阀排出，使锅炉不受压，维持10~12h。

3）减弱燃烧，将压力降到0.1MPa，打开定期排污阀逐个排污一次，并补充给水或加入未加完的药溶液，维持水位。

4）再加强燃烧，把压力升到工作压力75%~100%范围内，运行12~24h。

5）停炉冷却后排出炉水，并及时用清水（温水）将锅炉内部冲洗干净。

（3）煮炉操作中应注意的几点

1）煮炉期间，炉水水位控制在最高水位，水位降低时，及时补充给水。

2）每隔3~4h由上、下锅筒（锅壳）及各集箱排污处进行炉水取样，若炉水碱度低于45mg当量/L，向炉内补充加药。

3）需要排污时，应将压力降低后，前后、左右对称排污。

4）清洗干净后，打开人孔、手孔，进行检查，清除沉积物。

4. 锅炉试运行

(1) 锅炉升火前的内部检查。如汽水分离器，连续排污和定期排污装置，进水管及隔板等应齐全完好；锅筒、集箱及受热面管子内的污垢清除干净，无缺陷和损坏，无杂物或工具留在内；如对炉管或省煤器弯管安装有疑问，必要时，可用通球试验的方法检查水管锅炉通畅否。通球直径按表 52-2 选用。内部检查合格后，装好人孔和手孔盖。

通　球　直　径　表　　　　**表 52-2**

管子弯曲半径	$R \leq 3.5D$ 外	$3.5D$ 外 $> R \geq 1.8D$ 外	$R < 1.8D$ 外
通球直径	$0.75D$ 内	$0.7D$ 内	$0.65D$ 内

(2) 锅炉开火前的外部检查。炉膛中无积灰和杂物，炉墙、炉烘、隔火墙应完整严密；水冷壁管，排管外表面无缺陷；风道及烟道内应干净，且没有其他杂物留下，风烟道调节阀门应完整严密、启动灵活、准确。检查完毕，有省煤器的锅炉应把煤器烟道板关闭，开启旁通烟道挡板。如无旁通烟道应开启省煤器再循环管的阀门；锅炉炉墙应完好严密，炉门、灰门、看火门和人孔等装置完整齐全、灵活、严密。

(3) 对安全阀、压力表、水位表等附件；燃烧及输煤；除灰、除尘、软化水等装置；鼓引风机、水泵等；平台、栏杆等诸方面进行检查。

(4) 隔断与室外供热管道的联系。

(5) 确认上述各项检查合格后，可进行全负荷试运行。增加负荷要缓慢进行。试运过程中要查看油位、轴承温升、运行电流、振动是否正常；检查热膨胀下各部位变化；检查炉排是否跑偏；查看运行中各系统是否协调，并作好记录。

三、成　品　保　护

1. 煮炉后，必须对接触过药液的锅内壁及阀件等进行冲洗，并应清除积物。

2. 试运过程中，应设值班人员日夜监视，发现问题及时处理。

四、安全注意事项

1. 烘炉时，要逐渐加温干燥。温度要缓慢上升，防止炉墙裂缝。

2. 煮炉加药时，严禁将固体药品直接投入锅炉内，应先用水调成溶液除去杂质，将水溶液徐徐注入炉中。

3. 试火前必须全面认真检查。

五、质 量 标 准

1. 砖砌炉墙利用火焰烘炉，一般不少于4d，后期烟温不应高于150℃，砌筑砂浆含水率应降到10%以下。

2. 煮炉期间，如炉水碱度低于45mg当量/L，应补充加药。

3. 煮完炉后，用水对锅炉和接触过药液的阀门等冲洗，并清除沉积物。

六、质量通病及其防治

质量通病及防治方法见表52-3。

表52-3

序号	质量通病	防治方法
1	炉墙裂缝	1. 加温烘炉前应自然风干 2. 加温烘炉时，缓慢升温不可过急
2	受热面管子被堵塞	1. 煮炉时必须定期排污 2. 煮炉后立即放尽炉水，并冲洗沉积物

53. 通风、空调管道的测绘

一、施 工 准 备

1. 材料

(1) 钢板、型钢、钢筋、螺栓、焊条。

(2) 粉笔、石笔、小线。

2. 机具

(1) 钢卷尺、盘尺、锯弓、角尺、靠尺、量棒、手锤、钎子。

(2) 线坠、墨斗盒、轻便梯子。

3. 工作条件

(1) 土建主体工程基本完成，预埋件、预埋套管和穿楼板孔洞均预埋或预留好。由土建弹出地面标高控制线和间壁墙的位置标记。室内装饰种类及厚度已确定。

(2) 通风、空调设备与通风管道连接口的坐标、标高及连接形式已定。通风、空调各类设备的位置、标高和基础尺寸已经确定，通风管道与其他工艺设备相互衔接的坐标、标高和连接的方式已由施工单位、生产工艺单位、设计人员商榷确定。通风管道支（吊）架固定形式已由设计选定。

(3) 施工图由设计、施工、建设单位三方会审，对于同范围内其他管道及土建施工图也经共同会审。设计修改单、通风空调设备的产品样本等各种技术资料齐全。并经过技术、质量、安全交底。

(4) 有碍测量工作的建筑材料、垃圾、脚手架均已清除干净。

二、施 工 工 艺

通风、空调常见的儿种送排风系统的组成有空气调节室、机械送风系统，详见图 53-1、图 53-2 所示。

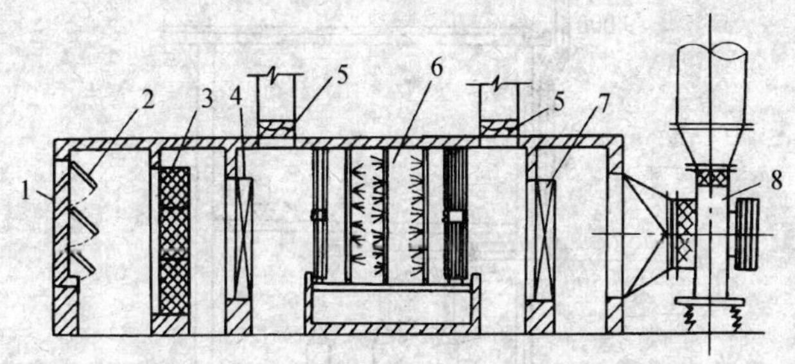

图 53-1　空气调节室示意图

1—百叶窗；2—保温阀；3—过滤器；4——次加热器；5—调节活门；6—淋水室；7—二次加热器；8—通风机

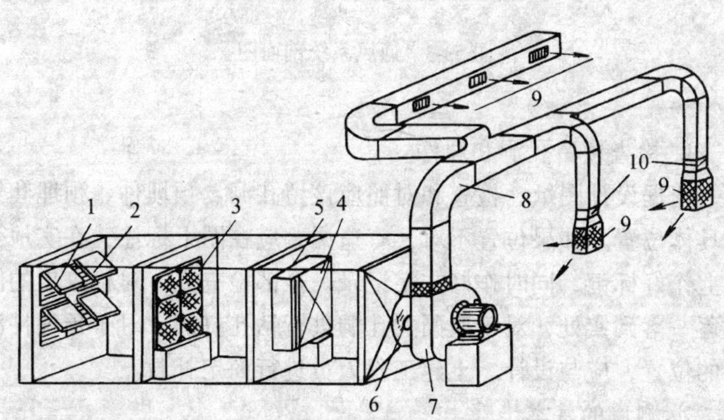

图 53-2　机械送风系统示意图

1—百叶窗；2—保温阀；3—过滤器；4—空气加热器；5—旁通阀；6—启动阀；7—通风机；8—通风管网；9—出风口；10—调节活门

工艺流程

检查预留孔洞和埋件 → 测量步骤（加实测） → 加工草图绘制

先按照设计图绘制一张简单的草图，将设计给定的尺寸先注在图中，以便测绘时使用，见图 53-3。

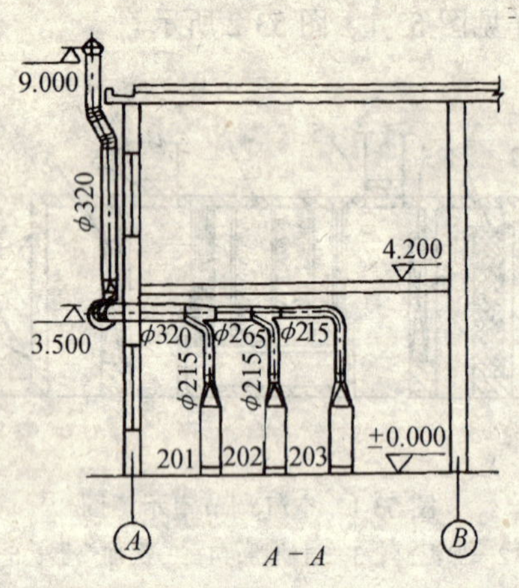

图 53-3　通风系统剖面图

1. 检查预留孔洞和埋件

依据设计图纸，检查和对照应该留孔洞、预埋件、预埋套管的具体位置。如果位置不对，有遗漏，应在图上标注，在实地位置上作好标记，同时作好文字记录。全部检查完，对检查出的问题逐一落到实处，对于遗漏的孔洞进行钻孔打洞；对于预埋件漏下的位置，应与设计、土建工程人员进行商定补救。

2. 测量的基本步骤

通风空调系统中的测绘，因类型繁多，是比较复杂的。但测绘的基本方法、步骤是一致的。

（1）复核实际建筑尺寸

①先用盘尺测量安装通风空调系统的柱子间的距离、隔墙间

和隔墙与外墙之间的距离，用轻便梯子和盘尺或量棒测量楼层的高度、地板面到屋顶的高度等。

②用钢卷尺测量柱子断面尺寸、窗的宽度与高度、梁的底面与平顶距离、平台的高度、墙壁厚度和间壁墙的厚度。

(2) 测量预制与安装尺寸

①测定预留孔洞的大小和相对位置、离墙距离和标高。

②量准通风机出口离地面高度及出风口的尺寸，以确定通风设备与风管连接口的高度及其尺寸。其他通风设备也照此测定。

③对通风室里的过滤器、空气加热器等以及通风机吸风口的位置尺寸应测定。

④通风设备的基础或支架的尺寸与高度、离墙距离等均应测量准确。

⑤测量生产设备进出口与通风管连接口的位置、高度、尺寸以及与风管的相对位置。

(3) 复核与测定时，如遇通风管道经过的地方和建筑物或其他管道相碰、无法按原设计施工时，应和有关单位联系，提出处理意见，由设计决定和修改。

(4) 在画好的简单草图上，事先把已知设计尺寸都填好，然后将测量尺寸再一一加进去，详见通风系统测绘草图（图 53-4）。

图中加上符号 X 的数字为实际测量所得的尺寸，加上符号 Y 的数字是经过计算，分析确定的尺寸。图中凡是没有符号的数字，为施工图中设计给定的尺寸。

3. 加工草图的绘制

(1) 如图中系统所示管道测绘，其测绘内容也要按实际需要和具体情况而定。

测量检查风管是否会与楼板、梁及其他管道相碰，能否按设计图纸规定的主风管标高 3.5m 安装就位。

用钢卷尺、盘尺和量棒，量取预留孔到间隔墙的距离和标高等于 500mm 和 3.5m。再量出外墙厚度（400mm）、生产设备 201、202、203 的接管尺寸（500×500mm）和距地高度（1500mm），以

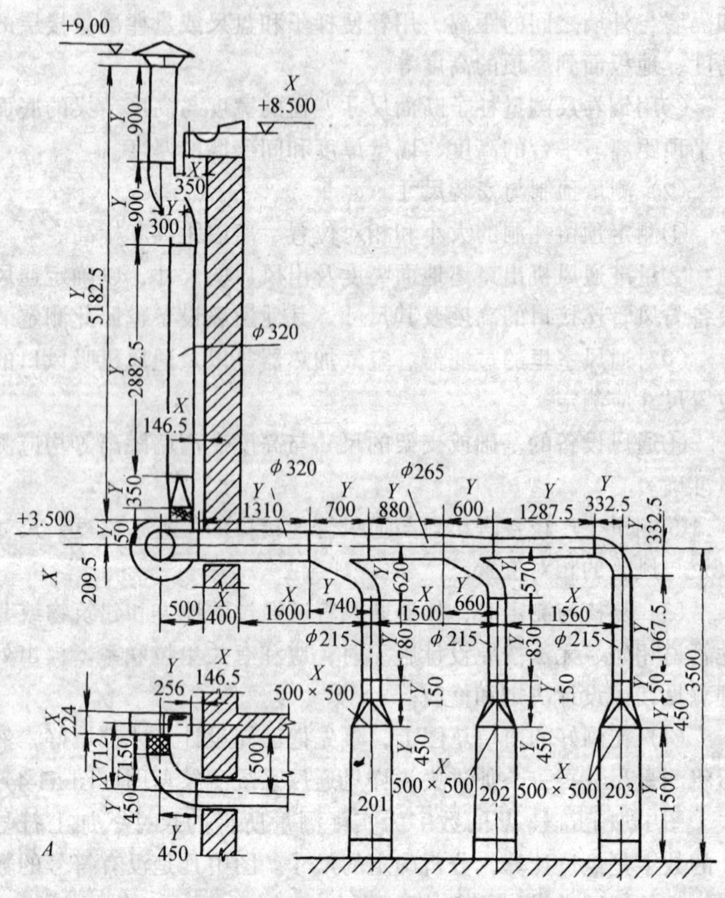

材料：厚度为 0.7 毫米的薄钢板。

加工要求：1. 采用咬口连接；

2. 采用扁钢法兰盘；

3. 风管内表面刷樟丹漆一度，外表面刷樟丹漆一度，灰漆二度。

注：图中加符号 X 的数字，为实测所得的尺寸，加符号 Y 的数字，是经计算，分析确定的尺寸。没有符号的数字为施工图给定的尺寸。

图 53-4　通风系统测绘草图

及设备中心至中心距离（1500 和 1560mm）和到外墙边的距离（1600mm），检查设备中心至间隔墙的距离是否等于 500mm。

然后到墙外，用卷尺测量出外墙预留孔中心到通风机中心的距离（712mm），以及通风机进风口与出风口尺寸（ϕ320mm 和 224×256mm），还有出风口的边到墙的距离（146.5mm）。

上到屋顶，从檐口处放下盘尺量出檐口的标高（8.5m），檐口的厚度（300mm），并从檐口处放下线坠，用尺量出檐口突出墙面的距离（350mm）。

然后将上面实际测量的尺寸，一一详细标注在画好的草图中。

（2）按设计图和实测尺寸，将已确定的通风设备和通风管网的正确坐标，结合已有板材规格、施工机械及运输条件加以分析整理，开始画出正式加工草图，正如 53-4 图中所示。

①首先确定标高，实测中有变化的，按实测值修正。从实测数可知，能按设计标高 3.5m 安装风管。

②确定干管及支管中心线至墙或柱子的距离。此距离尽可能小，可缩短支管结构又便于安装，但必须留出安装中拧紧法兰螺栓的距离。一般圆形风管管边距墙 100～150mm；矩形风管为 150～200mm。干管中心线离墙距离设计已给定，实测的设备中心距离墙为 500mm。

③按技术规范有关规定和安装中所用三通、四通的高度及夹角；确定弯头角度和弯头曲率半径。对照规范可将图中三通夹角定为 30°角，定出高度为 700mm 和 600mm，弯头的曲率半径为直径的 1.5 倍，直径 215mm 的弯头为 332.5mm，可取 350mm 整数值，直径 320mm 的弯头为 480mm，由于考虑到风机至墙为 500mm，为便于法兰盘上紧螺栓，直风管应伸出墙外 50mm，见通风系统测绘草图（图 53-4）中 A 所示，曲率半径定为 450mm。

④按已确定的支管之间的距离和确定的三通高度、夹角或弯头的曲率半径，计算出直风管长度。

一般常用作图法，按实际尺寸确定三通之间、三通与弯头之间距离，如图 53-5 所示，分别为 880mm 和 1287.5mm，同样可得出 ϕ320 的直管为 1310mm。

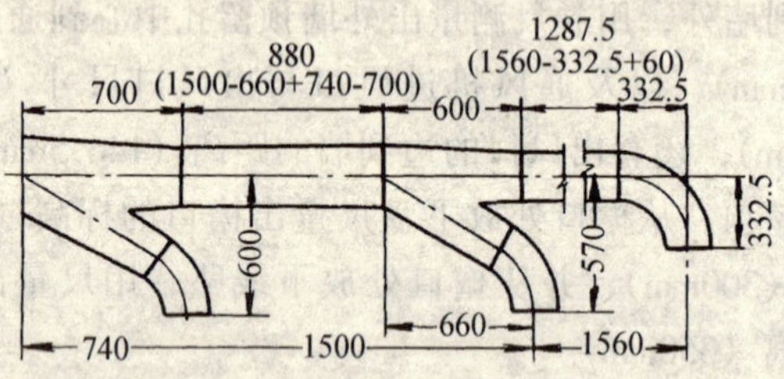

图 53-5 三通与弯头间直风管的确定

⑤按已确定的空气分布器、排气罩等离地坪的高度和干管标高，扣除三通和弯头的位置和尺寸。风管标高为 3.5m，设备接口标高为 1.5m，扣除调节阀 150mm 长度，设备上的天圆地方 450mm 的高度，以及三通的位置或弯头的位置，算出支管长度分别为 780mm、830mm 和 1067.5mm。

⑥通风机出口的天圆地方高度，可根据图 53-6 中连接方法，做成一边平的偏心天圆地方，高度定为 350mm，帆布接管定为 150mm。

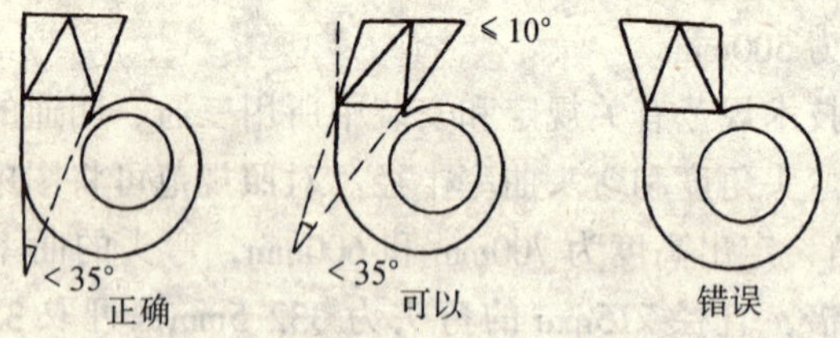

图 53-6 风机出风口连接管的角度

⑦根据檐口突出墙面距离和天圆地方离墙的距离，确定来回弯的偏心距为 900mm。来回弯至天圆地方的直管长度为 2882.5mm。

⑧为了弥补加工和测量误差，直管长度比实际计算出来的尺

寸放长 30~50mm。最后将全部分析、计算出来的尺寸填进加工草图（图 53-4）中。

为了便于小组分工或送预制厂加工，可把管段、管件分成局部加工草图，列出工程量表，如表 53-1 所示。

表 53-1

一、直风管

编号	D	l	数量
1	320	900	1
2	320	2882.5	1
3	320	1310	1
4	265	880	1
5	215	1287.5	1
6	215	780	1
7	215	830	1
8	215	1067.5	1

材料：厚度 0.7mm 薄钢板

加工要求：

1. 采用咬口连接；
2. 采用扁钢法兰盘；
3. 风管内表面刷樟丹一度，外表面刷樟丹一度，灰漆二度

二、三通

编号	D	D'	d	α	H	H'
1	320	265	215	30°	700	670
2	265	215	215	30°	600	580

材料及加工要求同直风管

三、弯头

编号	D	R	α	数量
1	320	450	90°	1
2	215	332.5	90°	1
3	215	332.5	60°	2

材料及加工要求同直风管

四、天圆地方

编号	D	$A \times B$	H	C	数量
1	215	500×500	450	–	3
2	320	256×224	350	32	1

矩形法兰盘采用角钢制成

材料及加工要求同直风管

五、来回弯

编号	D	A	C	数量
1	320	900	300	1

材料及加工要求同直风管

续表

<table>
<tr>
<td>六、帆布连接管</td>
<td>
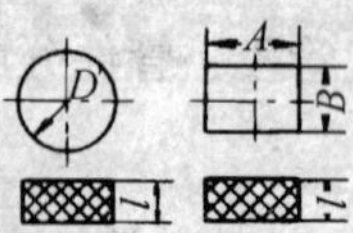

<table>
<tr><td>编号</td><td>D</td><td>$A\times B$</td><td>l</td><td>数量</td></tr>
<tr><td>1</td><td>320</td><td>–</td><td>150</td><td>1</td></tr>
<tr><td>2</td><td>–</td><td>256×224</td><td>150</td><td>2</td></tr>
</table>
材料：16号帆布
加工要求：
1. 采用角钢法兰盘；
2. 帆布短管和法兰盘连接应紧密；
3. 帆布刷干性油两度
</td>
</tr>
<tr>
<td></td>
<td>
<table>
<tr><td>编　号</td><td>名　　称</td><td>规　格</td><td>数　量</td><td>图　　号</td></tr>
<tr><td>1</td><td>伞型风帽</td><td>No. 6</td><td>1</td><td>T601—1/1—5</td></tr>
<tr><td>2</td><td>圆形蝶阀</td><td>No. 8</td><td>3</td><td>T302—7/1—13</td></tr>
</table>
</td>
</tr>
</table>

加工草图除符合设计要求，还应符合施工规范规定。如风管法兰等可拆件不可设在墙及楼板里；输送易燃气体风管，尽量要用焊接；法兰接口不可设在其他房间内；阀件转动构件应用铝及铜制作等等。

三、成　品　保　护

1. 测量定位的标记应在安装前进行检查、复核，防止涂抹。

2. 测绘加工草图要经反复校核，注意复件保存，安装时参照就位。

3. 水平干管支架若设有拉线，应注意保护支吊架安装完后方可拆除。

四、安全注意事项

1. 高空作业中使用的工具和手提机具，应注意保管，严防落下伤人。

2. 高空作业登梯和上跳板要注意安全，梯子应有专人扶守，严防踩探头板，戴好安全帽，操作时系好安全带。

3. 上屋面和墙外量尺寸时，要有专人监护，并有安全措施。

五、质 量 标 准

1. 通风管道的定位，其标高、位置、坡度、变径、接口、夹角、曲率半径均应符合设计工艺要求和施工规范规定。

2. 加工草图的测量和绘制必须做到尺寸准确、数字清楚、图面线条明晰，加工尺寸、安装尺寸齐全。

3. 确定局部加工件草图尺寸时，应将法兰及法兰垫连接中所占尺寸考虑进去，以保证风管安装质量。

4. 支吊架制作和安装过程，严格按本工艺标准进行，必须保证支架的坚固性、准确性。

六、质量通病及其防治方法

质量通病及防治方法见表 53-2。

表 53-2

序 号	质 量 通 病	防 治 方 法
1	安装时靠墙的法兰螺栓无法操作拧紧	确定干管及支管中心线至墙或柱子的距离时，应考虑到拧紧法兰螺栓所必须的尺寸
2	干管、支管安装后，离墙很远，浪费空间	测绘干管和支管中心线距墙或柱子尺寸时，在保证正常安装操作前提下，要尽量靠近墙和柱子。对于直接靠墙安装的风管，可考虑用内法兰连接
3	安装风管时，仍然发现与别的管道相碰	1. 测绘时要了解建筑物和管道施工图及设计修改单 2. 测绘后应经常和各专业联系，其他管道有临时修改，必须及时告诉加工部门

54. 金属风管制作

一、施　工　准　备

1. 材料

(1) 碳钢板、镀锌钢板、不锈钢板、铝板、型钢、防锈铝合金板。

(2) 射钉、膨胀螺栓、镀锌螺钉、螺母、垫圈、铆钉、不锈钢铆钉。

(3) 密封胶、石棉橡胶板、橡胶板、清洁剂（中性）、电焊条、石笔、粉笔、小线。

2. 机具

剪板机、咬口机、合缝机、卷圆机、折方机、法兰弯曲机、联合冲剪机、台钻、麻花钻头、铁锤、板金锤、电焊机、氩弧焊机、型钢切割机、作业平台、钢轨、钢直尺、钢卷尺、直角尺、划规、划针、冲心錾、线坠、塞尺、木槌、电剪子、手铁剪、钢锯、手提式电动液压铆接钳、矩形弯头联合角咬口折边机、单咬口折边机、联合角咬口折边机、接口式咬口折边机、法兰煨机、气动铆钉枪、气剪、气铲等。

3. 工作条件

(1) 土建主体已基本完成，现浇混凝土楼板、柱子、墙壁的孔洞、预埋件均按图纸要求及合适位置与尺寸已预留预下妥当。

(2) 管道安装的开间、位置线和地面水平线已检测完毕并作了标记。室内装饰面层厚度已定。

(3) 施工图及加工部件图、零件加工图等均已由设计单位、施工单位、建设单位进行会审。技术更改单及技术、质量、安全的书面交底已完成。施工人员已熟悉图纸及通风空调施工验收规范。

(4) 加工作业场地、材料堆放场地、成品与半成品堆放场地已具备条件。操作平台、加工设备、机具布置已形成流水线。

(5) 电源、水源已经完全能满足全部施工的需要，消防安全设施齐全。

二、施 工 工 艺

工艺流程

划线 → 剪切 → 咬口加工 → 卷圆或折方（校圆整方） → 接口成型（咬口或焊接） → 装配法兰

1. 划线

(1) 按风管的设计尺寸确定板材的厚度见表54-1，选定弯管节数，接口方式，见表54-2。采用计算、展开法下料，划定剪切线，作出剪切印迹。其下料按本工艺标准测绘、下料有关部分进行。圆形、矩形风管的规格按“国家统一基本系列”加工（一般由设计给定）。

钢板风管及配件厚度（mm）　　表54-1

类别 / 风管直径或长边尺寸（mm）	圆形风管	矩形风管		除尘系统风管
		中压低压系统	高压系统	
80～320	0.5	0.5	0.8	1.5
340～450	0.6	0.6	0.8	1.5
480～630	0.8	0.6	0.8	2.0
670～1000	0.8	0.8	0.8	2.0
1120～1250	1.0	1.0	1.0	2.0
1320～2000	1.2	1.0	1.2	3.0
2500～4000	1.7	1.2	1.2	按设计要求

圆形弯管弯曲半径和最少节数　　表 54-2

弯管直径 D (mm)	弯曲半径 R	弯曲角度和最少节数							
		90°		60°		45°		30°	
		中节	端节	中节	端节	中节	端节	中节	端节
80 ~ 220	≥1.5D	2	2	1	2	1	2	—	2
240 ~ 450	D ~ 1.5D	3	2	2	2	1	2	—	2
480 ~ 880	D ~ 1.5D	4	2	2	2	1	2	1	2
850 ~ 1400	D	5	2	3	2	2	2	1	2
1500 ~ 2000	D	8	2	5	2	3	2	2	2

注：除尘系统圆形弯管弯曲半径大于或等于 2 倍弯管直径。

（2）矩形风管中弯管的划线下料及三通、四通的型式须由下图选定（图 54-1、图 54-2）。三通或四通中的支管与主管夹角应为 15° ~ 16°，允许偏差 < 3°。

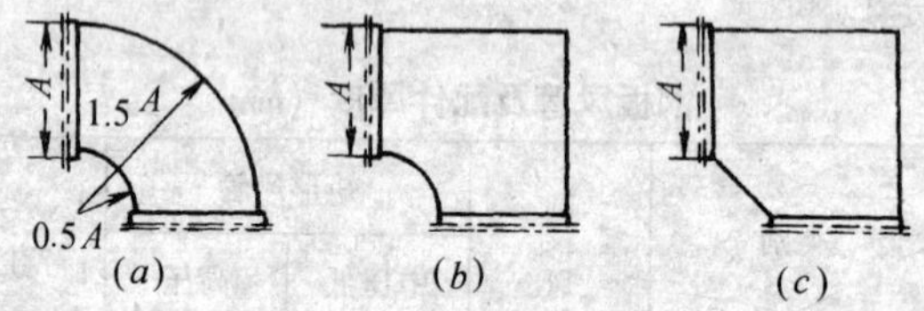

图 54-1　矩形弯管

（a）内外弧形矩形弯管；

（b）内弧形矩形弯管；（c）内斜线矩形弯管

注：矩形风管的弯管采用内弧形或内斜线矩形弯管。

边长 A≥500mm 时，另设导流片。

（3）风管各连接管段的长度以 1.8m ~ 4m 为宜。制作风管和风管部件尽量采用咬口。因为咬口缝可以增加风管的刚度，又可增加造型美观。常用咬接型式及适用范围见表 54-3 所示。

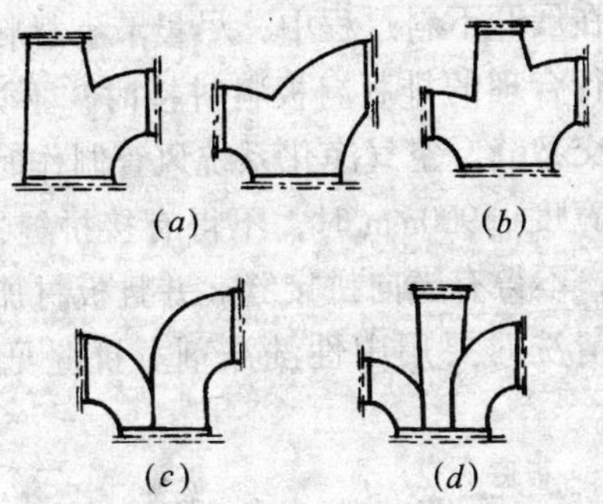

图 54-2　矩形三通、四通形式
（a）分叉三通；（b）分叉四通；
（c）分隔三通；（d）分隔四通

常用咬口及其适用范围　　**表 54-3**

型　式	名称	适用范围	备　注
	单咬口	①板材的拼接咬口 ②圆形风管的闭合咬口	各种咬口的最后折边宽度比要求都略小一点。因计算咬口留量时不计算咬口厚度，操作时有的咬口留量变成了咬口厚度，操作过程应注意
	立咬口	用于圆形通风管、圆形弯管等横向咬口即组合时咬口	
	转角咬口	①适用于矩形风管的结合咬口 ②用于矩形部件等四角咬口 ③矩形风管采用按扣式咬口，接合颇多，便于机械加工。但漏风量较大、严密性要求高的风管，尚须增加密封措施。铝板不宜用此咬口	
	联合角咬口		
	按扣式咬口		

(4) 风管在展开下料过程中，尽量节省材料、减少板材切口和咬口，要进行合理的排版。板料拼接时，不论咬接或焊接等，均不得有十字交叉缝。空气净化系统风管制作时，板材应减少拼接，矩形底边宽度≤900mm 时，不得有接拼缝；当>900mm 时，减少纵向接缝，不得有横向拼接缝。并且板材加工前应除尽表面油污和积尘，清洗时要用中性洗涤剂。拼缝见图 54-3、图 54-4 所示。

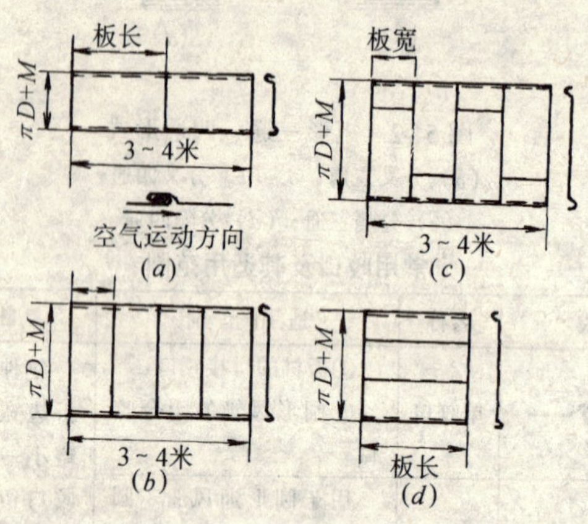

图 54-3　圆形风管展开

(5) 展开图的加工余量。展开图见本工艺标准有关展开下料章节。因加工需要，在展开图周边扩张的部分面积称加工余量。在作展开图时，必须根据各种连接方式，见表 54-4，把加工余量放进下料尺寸里。

钢板风管和配件的板材连接　　**表 54-4**

板厚 (mm)	材质		
	钢板（不包括镀锌板）	不锈钢板	铝板
≤1.0		咬接	
≤1.2	咬接		

续表

板厚 (mm)	材质		
	钢板（不包括镀锌板）	不锈钢板	铝板
≤1.5			咬接
>1.0		氩弧焊或电弧焊	
>1.2	焊接		
>1.5			氩弧焊或气焊

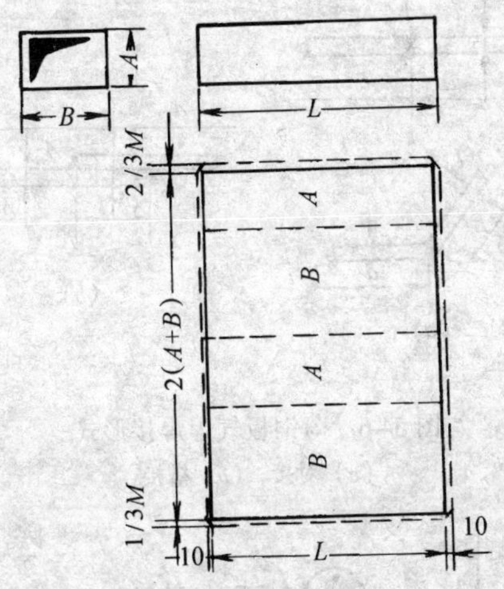

图 54-4　矩形风管展开

①焊接加工余量（δ）：对接时的 $\delta=0$；搭接时 δ 由设计给定；薄板的气焊缝 $\delta=2\sim10$mm（其搭接形式由设计定）。如图 54-5、图 54-6 所示。

②铆接加工余量（δ）：用夹板对接时 $\delta=0$；搭接时由设计给定搭接量，再算加工余量 δ，见图 54-7、图 54-8 示之。角接时，板Ⅰ$\delta=0$，板Ⅱ$\delta=l$，l 由设计给定，见图 54-9 所示。

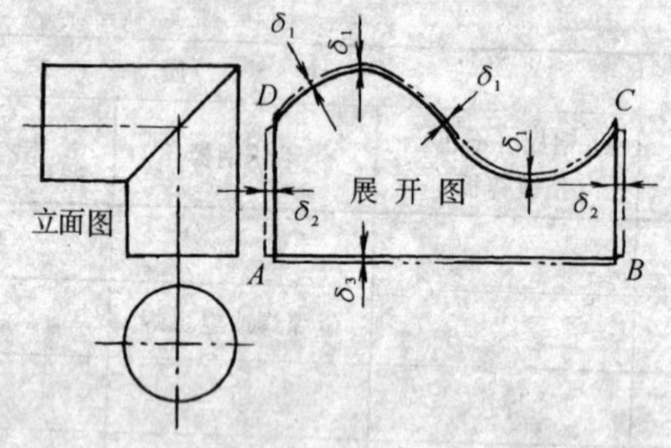

图 54-5 展开料加放余量的方法

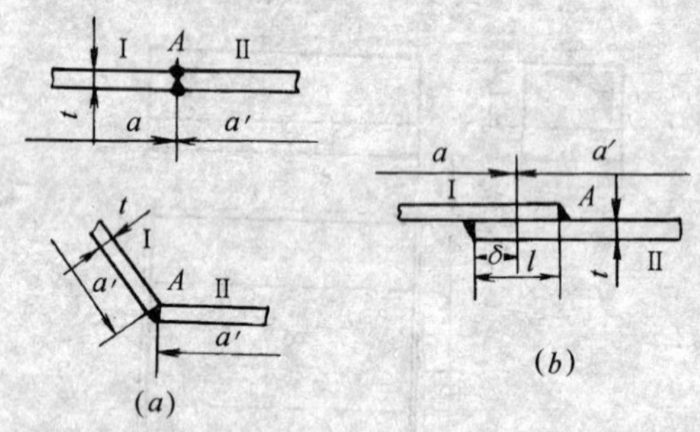

图 54-6 薄钢板气焊焊接形式

（a）对接；（b）搭接

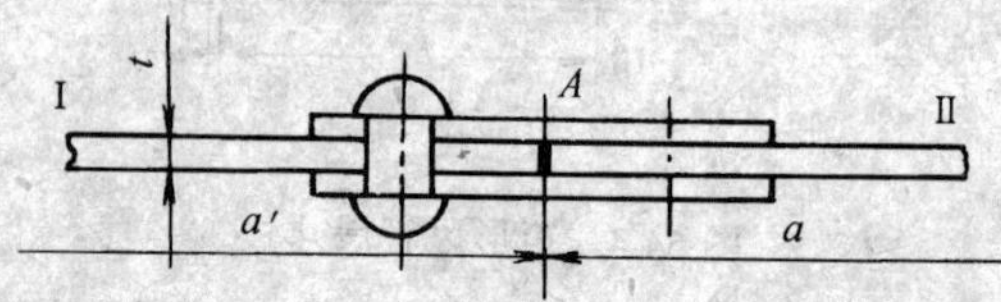

图 54-7 夹板铆（搭）接

③咬接加工余量（δ）：咬口的加工余量是根据咬口的类型，按咬口宽度 S 的数量进行计算的。咬接中咬口的宽度 S 与板材厚度 t 有关。确定咬口的连接型式后，见图 54-10、表 54-5 ~ 54-7 所示，可按下面经验公式、结合使用的机具计算出咬口留量。

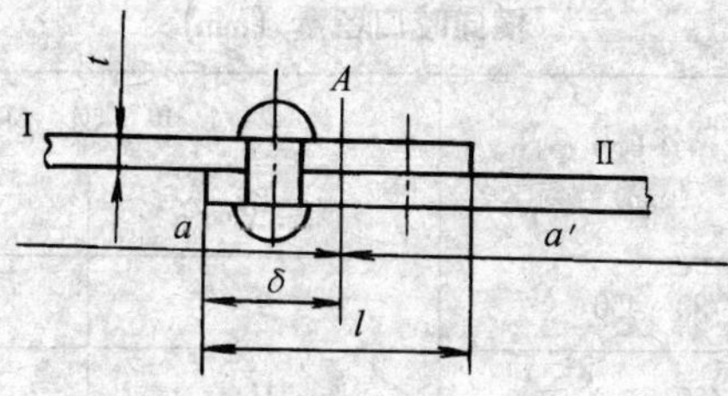

图 54-8　铆（搭）接

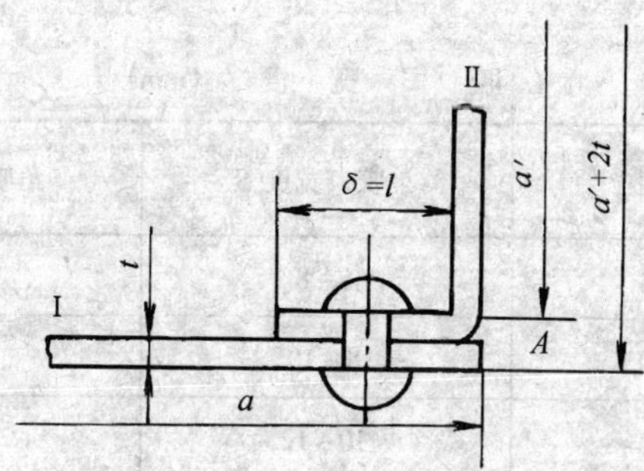

图 54-9　铆（角）接

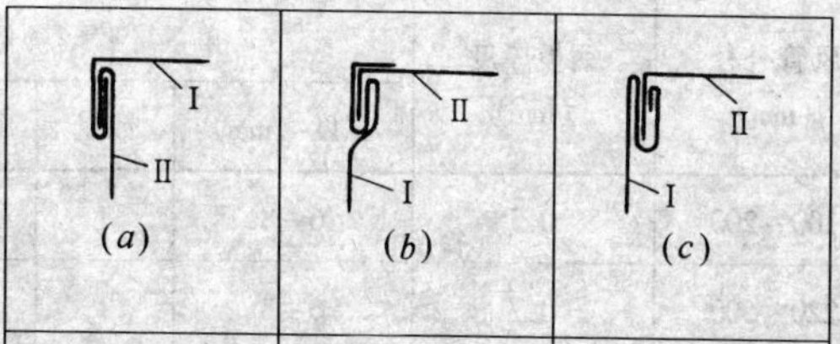

<table>
<tr><td>Ⅰ
Ⅱ
(a)</td><td>Ⅱ
Ⅰ
(b)</td><td>Ⅱ
Ⅰ
(c)</td></tr>
<tr><td rowspan="2">Ⅰ = 2S
Ⅱ = S</td><td>Ⅰ = 2S + b
Ⅱ = S</td><td>Ⅰ = 2S + b
Ⅱ = S + b</td></tr>
<tr><td colspan="2">b = 6 ~ 10mm</td></tr>
</table>

图 54-10　咬口留量示意图

（a）转角咬口；（b）联合角咬口；（c）按扣式咬口

横向咬口留量（mm） 表 54-5

顺序	风管直径（mm）	单咬口	
		宽度（mm）	留量（mm）
1	80～450	9	22～23
2	480～1000	11	26～27
3	1120～2000	13	31～32

咬口宽度（mm） 表 54-6

钢板厚度	单咬口宽度 S	角咬口宽度 S
0.5～0.8	6～8	6～7
0.8～1.0	8～10	7～8
1.0～1.2	10～12	9～10

圆形风管纵向咬口留量（mm） 表 54-7

顺序	风管外径（mm）	钢板厚度（mm）	单咬口		
			宽度（mm）	数量	较大的留量
1	100～200	0.5	6～8	1	24
2	220～500	0.7	6～8	1	24
3	560～900	1.0	8～10	2	48
4	1000～1060	1.0	10～12	3	108
5	1120～2000	1.0～1.2	10～12	4	144

咬口留量　　$S=(8\sim 12t)$

式中　t——板厚。

(6) 风管各管段间的连接应采用法兰连接或无法兰连接的可拆卸形式。

①风管无法兰连接可采用承插、插条、薄钢板法兰弹簧夹等连接形式，见表 54-8、表 54-9 中规定。

圆形风管无法兰连接形式　　表 54-8

无法兰连接形式		附件板厚 (mm)	接口要求	使用范围
承插连接	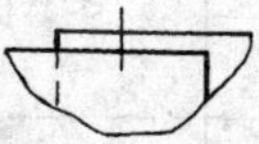	—	插入深度 > 30mm，有密封措施	低压风管 直径 < 700mm
带加强筋承插	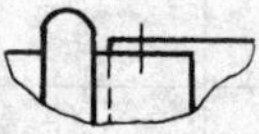	—	插入深度 > 20mm，有密封措施	中、低压风管
角钢加固承插		—	插入深度 > 20mm，有密封措施	中、低压风管
芯管连接	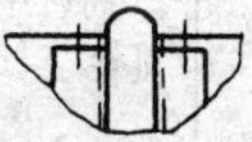	≥管板厚	插入深度 > 20mm，有密封措施	中、低压风管
立筋抱箍连接		≥管板厚	四角加 90° 贴角，并固定	中、低压风管
抱箍连接	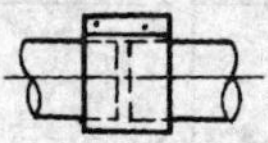	≥管板厚	接头尽量靠近不重叠	中、低压风管 宽度≥100mm

矩形风管无法兰连接形式　　表 54-9

无法兰连接形式		附件板厚 (mm)	转角要求	使用范围
S 型插条		≥0.7	立面插条两端压到两平面各 20mm 左右	单独使用低压风管必须有固定措施

续表

无法兰连接形式		附件板厚（mm）	转角要求	使用范围
C型插条		≥0.7	立面插条两端压到两平面各20mm左右	中、低压风管
立插条		≥0.7	四角加90°平板条固定	中、低压风管
立咬口	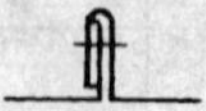	≥0.7	四角加90°贴角，并固定	中、低压风管
包边立咬口		≥0.7	四角加90°贴角，并固定	中、低压风管
薄钢板法兰插条		≥0.8	四角加90°贴角	高、中、低压风管
薄钢板法兰弹簧夹		≥0.8	四角加90°贴角	高、中、低压风管
直角型平插条		≥0.7	四角两端固定	低压风管
立联合角插条		≥0.8	四角加90°贴角，并固定	低压风管

圆形风管的芯管连接见表54-10中规定。

圆形风管芯管连接 **表 54-10**

风管直径 D（mm）	芯管长度 l（mm）	自攻螺丝或抽芯铆钉数量（个）	外径允许偏差（mm）	
			圆管	芯管
120	120	3×2	-1～0	-3～-4
300	160	4×2		
400	200	4×2	-2～0	-4～-5
700	200	6×2		
900	200	8×2		
1000	200	8×2		

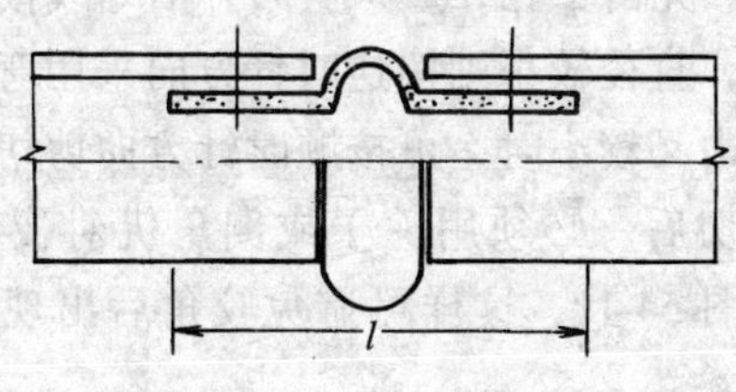

②无法兰连接的风管接口处应采用机械加工，必须保证尺寸准确、形状规矩、接口严密。

无法兰矩形风管接口处的四角处应有固定措施。

③无法兰连接采用C型、S型插条连接时，风管长边尺寸不得大于630mm。但是，空气净化系统风管的制作无法兰连接时，不得使用S型插条、直角型平插条及立联合角插条。

(7) 划线开始必须规方（又称规角），以保板料角为直角。划线方法和程序应严格，必须做到线平直、等分准确、交圈严密、尺寸正确，划线过程中应经常校核接合尺寸。划线包括：剪切线、折方线、翻边线、倒角线、留孔线、咬口线等。

2. 钢板料的剪切

板料上已作好展开图及清晰的留边尺寸下料边缘线的印迹。可进行下道剪切工序。使用手剪剪切钢板时板料厚度＜0.8mm。其余的一般都用机具剪切。

(1) 剪切之前，严格校对板材上的划线尺寸，被剪切的钢板上必须有明显的切线划印，剪切之后仍须认真校对下料尺寸后再行加工。

(2) 将剪口张开后应垂直夹住钢板，对准切线剪切。在进行切断过程中，用手向上抬起且折曲切下来的板料，可减少剪切过程中的阻力。

(3) 剪切曲线、折线、切角时，决不可切掉板料上划线印记。为此必须使剪刀片的端部和转角的顶端相重合，不要动得过远。

(4) 剪孔时，先凿个孔，放入剪刀，沿划线按逆时针方向进行剪切。剪圆时，直径较小则按逆时针方向采用弯剪子剪切；当圆的直径较大余边又较小时，可按顺时针方向剪切。

(5) 板料剪切后，必须用剪子或倒角机对板料端部进行倒角，倒角形状见图 54-11，这样可避免咬角后出现重叠、造成安装后严重漏风。

图 54-11 倒角示意图

(a) 机械倒角；(b) 手工倒角

3. 钢板料的平整

板料 < 0.8mm，须采用面积大、性质软、平整快、效率高的平头木锤进行锤击平整；若厚度 > 0.8mm，要采用钢平头锤平整。根据板料的不平原因，找出变形特征、跷曲或凸凹不平部分，然后放置铁平台进行平整。

(1) 板料凸起时，见图 54-12 所示，手握锤从凸起处的边缘沿四周逐渐向中间轻轻敲打，防止出现锤痕，如图 54-12 (a)，敲打时在越靠近内线锤击越要稀而稍轻，如图 54-12 (c) 所示。边缘逐渐向四周伸展，凸起部分则逐渐消除。严禁乱打，必须按顺序地向内锤打，如图 54-12（*d*）中箭头方向所示。决不可直接锤击凸起的中央部分。图 54-12（*b*）所示为错误作法。

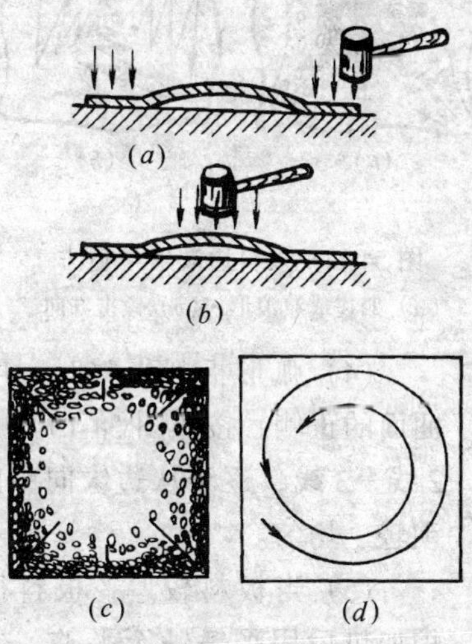

图 54-12　板料凸起平整法

（*a*）正确平整；（*b*）不正确平整；

（*c*）锤击重点；（*d*）锤击方向

锤打时，将板材按紧在平台上，随打随翻转板料，不可单一在一边锤打。锤打全过程不可用力过大，防止板料压扁、扭曲后无法平整。在锤至近于平整时，敲击力量要再轻一些，直到板料全贴在平台上则为合格。

(2) 板料边缘形成波形时，见图 54-13，锤击时的顺序应从中锤向四周边缘，中间锤点密集，边缘四周疏稀。锤击时必须轻、稳、匀。

(3) 板料跷曲时，先将板料放在平台上，细细检查翘曲变形的特征，决定采取何种办法和顺序进行，不可盲目乱击。

一般情况翘曲多为直线方向变形，如图 54-14 所示，按图中箭头方向依顺序轻轻击打。翘曲程度越大，锤击力度也越大。但用力应均匀、适当、平整。

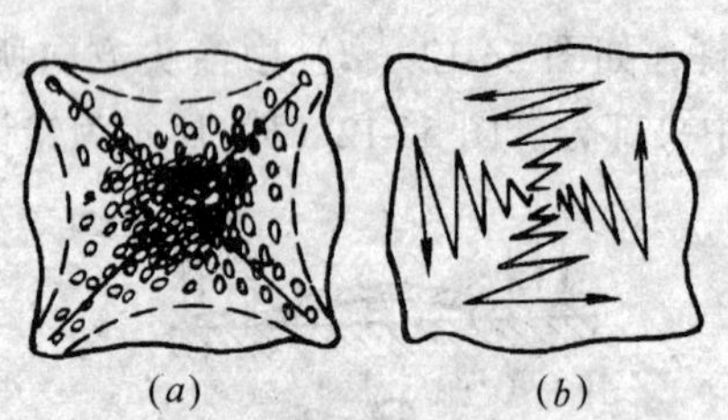

图 54-13 板料边波形平整法
（a）四边成波浪形；（b）锤击方向

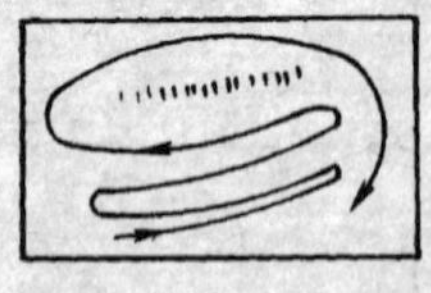

图 54-14 跷曲平整

（4）弧形板料平整时，可用锤轻轻敲打曲面的正侧，按照图 54-15 中顺序，从 1 线→2 线→3 线，逐步从边缘向中间锤击，锤击必须轻、均匀。

（5）当板料较厚，板料很窄，也可用烘炉加热后用平锤锤至平整。方法与要领与冷平相同。

（6）型钢平整。规格小的型钢可利用虎钳矫正，再用锤在平台上整平，用力轻些不可引起反变形或扭曲。对于规格较大型钢须用平直器进行整平。

4. 咬口加工

咬口型式分五种，见表 54-3。咬口加工方法有手工咬口和机械咬口两种。咬口的连接加工过程主要通过折边（加工咬口）和咬口压实来完成的。

图 54-15 弧形板平整

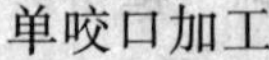

单咬口加工

（1）加工前，在经过平整、下料、剪切、整平合格的板料上，按留边宽度的一边划出结合线即折边线。划折边线时，线至钢板边的距离：咬口宽度为 6mm 时，为 5mm；咬口宽度为 8mm 时，为 7mm；咬口宽度为 10mm 时，为 8mm；咬口宽度为 12mm 时，为 10mm。

(2) 划好折边线后，使线迹与槽钢（工作台）边相重合（图 54-16a），用木打板（即木拍板）将钢板向下拍打、折曲，分三次可拍打成直角（图 54-16b）。拍打时，用左手压住板料。要求折边宽度一致，既平又直，方可保证下道咬口工序中严密及牢固的质量标准。折边后将钢板翻转、使钢板边向上（见图 54-16c），再用木打板将向上钢板边向里拍打使其折曲，但不超过 45 度，然后向下、向里拍打，但不靠拢、不密接，留有 $1\frac{1}{2}$ 钢板厚的缝隙为止（见图 54-16d）。

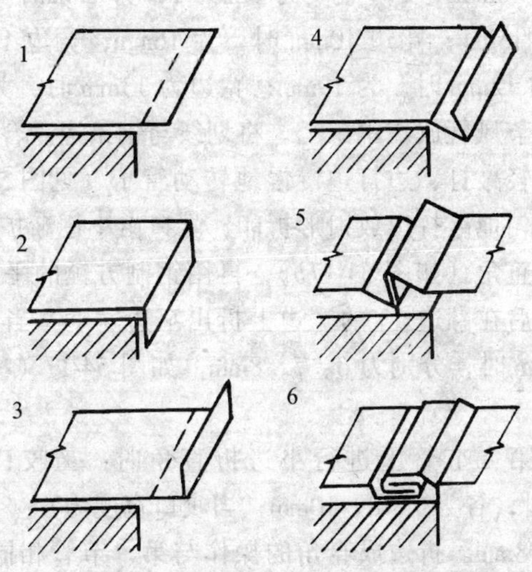

图 54-16　单平咬口操作

(3) 用上述相同方法加工好板料另一边的折边口。如属于管子成形咬口，不得加工成同一方向的折边口，否则咬口连接不上。加工好此边折边口后，将此折好的钢板边插进另一折边内（见图 54-16e），用木锤把两端头先打紧，使端点先定位，再沿全长顺序均匀地打平、打实（见图 54-16f）。为了使咬口严实、紧密，可将钢板翻转后在咬口反面，再顺序地打一遍。也可在咬口处，用钢制的方锤打平、打紧。

(4) 为使风管内外表面平整，有的用板材加工成咬口中各形状的折边，使折边加工成形，最后用自制的咬口套将咬口咬合压平、加工成型。

立咬口加工

端部横咬口用的是立咬口。是由一节圆形风管上的宽折边与另一节圆形风管上的窄边咬口后构成。

(1) 根据咬口宽度划线。宽边至划线的距离：咬口宽度为6mm时，为10mm；咬口宽度为8mm时，为13mm；咬口宽度为9mm时，为15mm；宽边10mm时，为16mm；宽边11mm时，为17mm；宽边12mm时，为19mm；宽边为13mm时，为20mm。划线后将第一节风管放在钢条上，将划线与钢条边重合，用钢制方锤的窄面轻轻敲打，边打边慢慢地转动管子（见图54-17*a*），使整个圆周均匀地敲打出放射形折印，端口由小逐渐扩大，再逐渐地打成翻边直角（如图54-17*b*），再用钢制方锤的平面把折边打平整圆。然后在翻边90°的宽边上折出窄边宽度：当咬口宽度为9、11、13mm时，分别为6、7、8mm，如图54-17（*c*）、（*d*）所示。

(2) 在第二节管上进行小边折直角时：当咬口宽度为9、11、13mm时，各为7、8、10mm；当咬口宽度为6、8、10mm时，各为5、7、8mm。折边成直角的操作与第一节管相同。成型后，将第二节管的小折边插进第一节管的大折边内，如图54-17（*e*）所示。用方锤在方钢条上将两节管的折边紧密地打平、打紧。此时立咬口就形成了，见图54-17（*f*）。

如果此时再将立咬口打倒，即打平就成了图54-17（*g*）形状的单咬口（即平咬口）。

转角咬口的加工

转角咬口的加工方法和单咬口的加工方法一样。先将第一块板料折成90°的立折边，第二块板料折成直角后，再翻转过来折成平折边。然后把第一块板料置于工作台边上，将第二块板料的

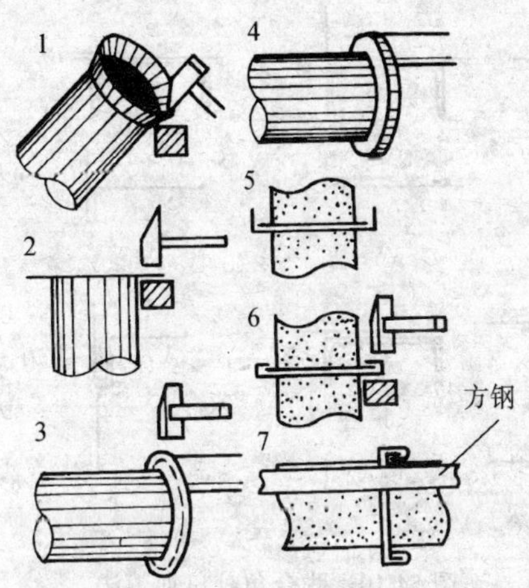

图 54-17 端部单立咬口和单平咬口的操作步骤

平折边套在立折边的第一块板料上，如图 54-18（a）所示。用小方锤和衬铁将咬口打紧，再用木拍板将咬口打平、找齐，如图 54-18（b）所示。最后用小锤和衬铁将咬口进一步平整形成转角咬口，如图 54-18（c）所示。

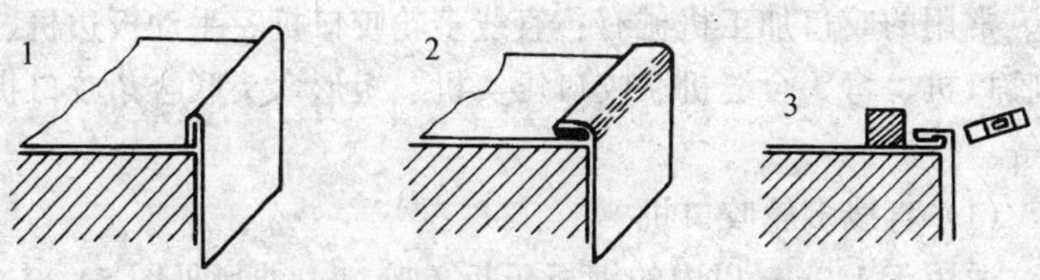

图 54-18 转角咬口的加工

联合角咬口的加工

联合角咬口的加工操作方法与前几种操作方法相同。操作程序如图 54-19 所示。

按扣式咬口

按扣式咬口的加工步骤和方法，基本上和联合角咬口相同，参见图 54-19 顺序。按扣式咬口是目前使用一种较好的咬口型

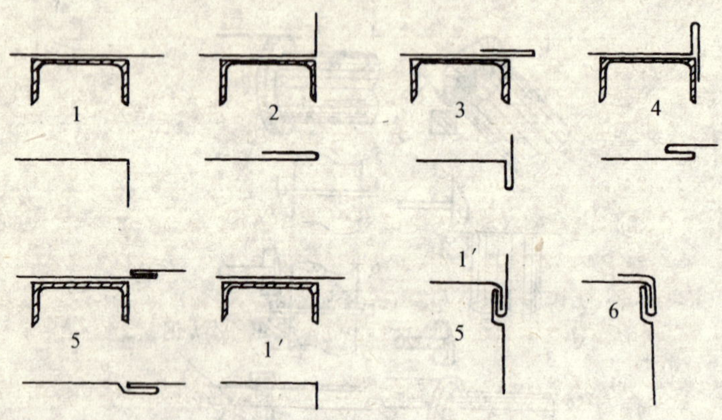

图 54-19 联合角咬口加工法

式，便于机械化加工，便于组装，既提高了生产效率，又减少加工过程中的锤击而降低了环境噪声。颇受施工单位欢迎。

按扣式咬口的加工步骤和方法大体上和联合角咬口一致。参见图 54-19 加工顺序。实践中大多使用咬口机来完成按扣式咬口过程。空气净化系统 1000 级以上风管制作不能采用按扣式咬口。

咬口的机械加工

常用的咬口加工机械有：直线多轮咬口机、手动扳边机、弯头咬口机、弯头合缝机、咬口压实机、矩形弯头联合角咬口折边机等。

(1) 直线多轮咬口机

适用于 1.2mm 以内的钢板压折单咬口，外形见图 54-20。操作时可将板放在料架上，缓慢地推向滚轮，待钢板被滚轮咬住后自动向前移动，滚轮压折后，钢板被加成单咬口。

(2) 手动扳边机

适用于厚度 1.2mm 以内的钢板咬口的折弯和矩形风管的折方，外形见图 54-21。操作时，扳动丝杆手轮，抬起上支架，上下两刀片之间出现空隙，将划好折方线的板料送进空隙里，调整上刀片的棱边对准折方线，然后放落上支架并压紧，再扳动活动

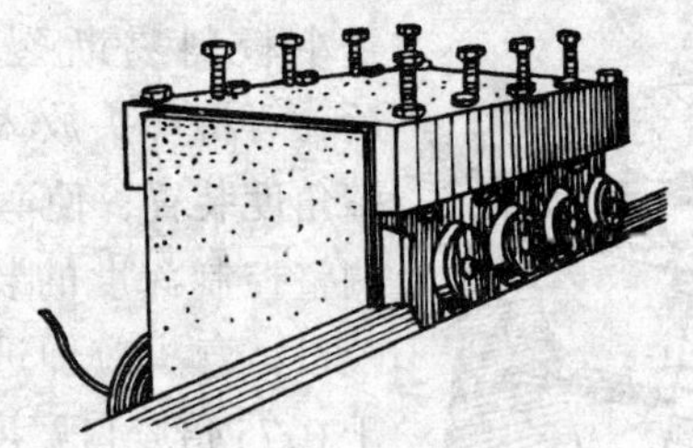

图 54-20　直线多轮咬口机

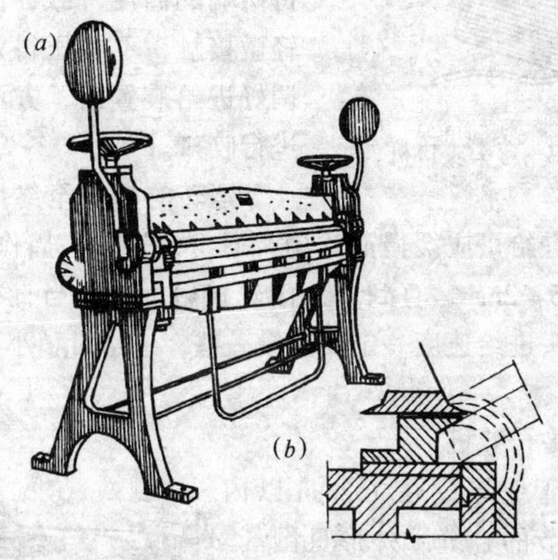

图 54-21　手动扳边机

翻板为直角则形成转角咬口的立折边。若将活动翻板用力扳到底，就形成了转角咬口的平折边。

如果扳制单咬口，可将钢板放进上下刀片之间，其放入深度等于折边宽度，压紧钢板后，把活动翻板用力扳到底即可成形。

(3) 弯头咬口机

适用于厚度 1.2mm 以内的圆形弯头、来回弯的单立咬口，也可轧制圆风管加固凸棱，外形见图 54-22 所示。操作时，根据板料厚度调节上下滚轮轴向的间隙，一般轧制单咬口时，间隙为板厚的 1.3～1.5 倍，不宜过大或过小，太大时咬口难成直角，

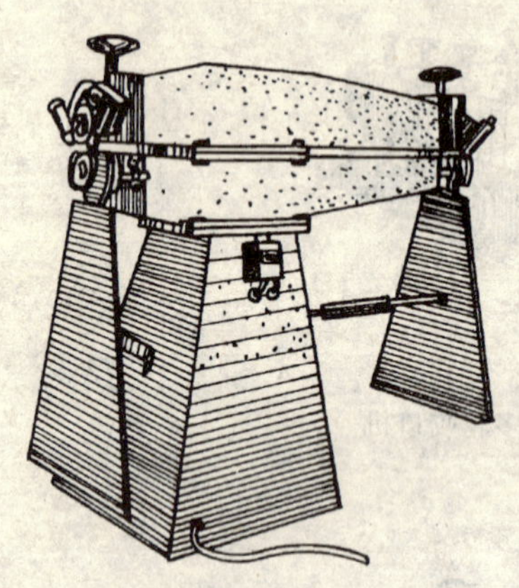

图 54-22　弯头咬口机

过小板料易断裂。间隙调整好后，可将弯头放入滚轮间，再调整角度装置，使弯头上部呈水平。调整控制深度的装置时，对于单咬口，弯头应伸进滚轮的深度等于 0.75 倍咬口宽度。再根据直径要求调整装置。装置调节时要保持两端的高度一致，使其与弯头轻微接触，不要压得过紧。最后调好进给装置后，方可启动电机进行咬口。

运转的自始至终用手扶住弯头，每次的进给量应缓慢而均匀，通常每转动一周作一次进给，进给量为 1.5～2mm，直到上下滚轮接触为止。当直径较小，板料较厚的弯头进给速度一定要缓慢一些，进给量稍小一点，保证咬口质量。

(4) 弯头合缝机

适用于管壁厚度在 1.2mm 以内的弯头各短节的合缝。外形见图 54-23。操作时，将压好单咬口弯头短节，放在台板上，扳动手柄使三个定位滚轮将弯头短节定位，再操作手柄，使成型滚轮逐渐向挡轮靠近，待咬口成形后继续操动手柄使压轮慢慢向下压，直至合缝完成。

图 54-23　弯头合缝机

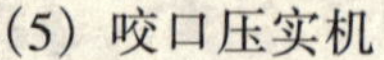

(5) 咬口压实机

适用于厚度为 1.2mm 以内的钢板拼接缝和风管的纵向闭合缝的压实。

操作时，把需要压实的接缝放在压辊间，先把咬口钩挂上，把咬口的两端用平锤打实，扳动手轮让压辊压紧咬口缝，按动电钮，使行走丝杠转动，带动压辊箱沿丝杠行走，往返两次，咬口可压实。然后停机打开钩环取出压实的咬口。

(6) 矩形弯头“联合角咬口”折边机

适用于板材厚度≤1.2mm的矩形弯头（四块板）或异径矩形弯头扇形板材的折边。操作时，先用调整螺栓把主副辊的间隙调准，不能过紧或过松；依据板厚及弯曲半径调整自动导向及压力；在台板边缘的槽口内将板材的角部先预折出长6mm、宽10mm的角部折边，便于将板料插进主副辊的间隙里。

扳动手柄至使用位置、将角边稍用力送进，即可自动完成工序。操作过程中握住手柄酌情加力。

5. 卷圆或折方

(1) 卷圆。手工卷圆时，按圆形风管的直径制成样板，将板料放置钢管或型钢上，从两侧向下敲打。随打随移动或转动，并用样板随时卡弧检查，如图54-24所示。板料厚度 < 1mm用木打板；板料厚度 > 1mm用铁打板；较厚的钢板一般以木锤、铁锤敲打。图54-25所示。

图54-24　手工卷管

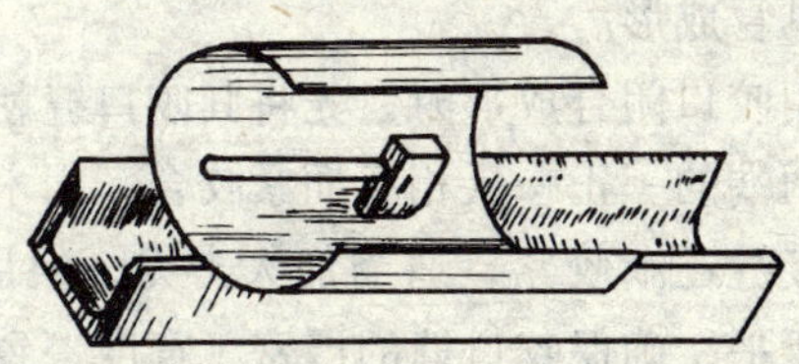

图54-25　厚板卷管法

敲打过程中，应严格用样板先矫对初敲的两端圆弧度，两头起端的圆弧度和规定的圆弧度必须吻合。敲打用力应均匀、板料放平、放正，不可用力过大，不能在某一处过猛锤打。

对口与合口时，当风管（纵向）采用是咬口时，将其咬口缝朝上，下面垫在方钢条上，将两口插进咬口后，用木打板沿直线轻轻敲打，随着接缝逐渐咬口，适当加大击力，将咬口打紧压平。然后进行找圆平整，直到圆弧均匀为止。

机械卷圆时，用卷圆机进行。先将板料接口的两端用手工拍圆后，再送进卷圆机两辊间进行卷圆。调整上下两辊的间距，可以卷出各种直径的风管。

(2) 折方。矩形风管周长上设置一个或两个角咬口时，板料就须折方。

人工折方时，把划好折线的板料放在工作台上，折线对准槽钢的边，一般由两人分别站在板料两端一起操作。一手压住钢板料，另一手将板料向下压成直角，再用木打板进行拍打，直到打出直角棱角线，找平、找正为止。

机械折方时，可用手动折方机，操作方便、简单。

6. 风管闭合成形与加固

卷圆和折方后，均应将半成品加工成闭合的圆形或矩形通风管。

风管和配件的板材连接，钢板厚度 $\leqslant 1.2$mm 时，采用咬接；钢板厚度 >1.2mm 时，采用焊接。镀锌钢板及含有保护层的钢板，应采用咬接或铆接，不得采用焊接。

(1) 圆形风管成形。

当风管采用咬口闭合成形时，先将其咬口缝朝上，下面垫的是方钢条，将两端的一正一反相互插紧咬合，用木打板沿直线轻轻拍打，随着接缝逐渐咬紧，适当加大击力，但用力必须均匀，将咬口缝打紧压平，确保咬口缝的严密、宽度一致，无胀裂和半咬口现象，然后进行找圆直到圆弧均匀方为合格。

也可采用合缝机进行圆形风管的闭合成形。

接口采用焊接可直接剪切、卷圆焊接加工而成。

(2) 矩形风管成形。

矩形风管加工成形中容易出现扭曲、翘角现象，在划线展开下料过程中，对于矩形的四边必须严格规方。

一般在制作过程中有以下几种类型：

①矩形风管的周长加咬口留量小于钢板宽度时，设一个角咬口，此咬口角即为矩形风管的闭合缝，如图 54-26（*a*）所示。

②板宽小于周长、大于 1/2 周长时，设两个角咬口，如图 54-26（*b*）、（*c*）所示。

③当矩形风管的直径很大时，在风管四个角都设置角咬口，见图 54-26（*d*）和图 54-27 所示。

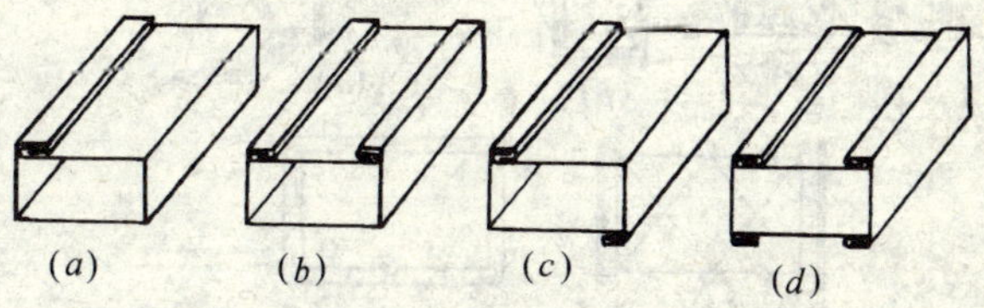

图 54-26　矩形风管纵向咬口示意图

划线后，经剪切、折方，再将咬口插紧拍实即成矩形风管。

图 54-27　四角咬口的矩形风管加工法

（3）风管加固。

①圆形风管本身刚度较强，加上两端法兰就有加固作用，一般不另加固。直径很大时，刚度不够，按设计要求作加固处理。直径超过 800mm，若设计无规定，酌情每隔 1.5 米增设一个扁钢圈，用铆钉固定在通风管上。为防止咬口在运输和吊装中裂开，圆形风管直径大于 630mm 时，可酌情在纵向咬口两端用铆钉或点焊固定。

②矩形风管的边长≤800mm 时，采用楞筋、楞线的方法加固。楞筋一般应将凸面置于管外。但空气净化系统风管不得用楞筋加固，而且加固框或加固筋不得设在风管内。矩形风管的边长≥630mm 和保温风管边长≥800mm、且其管段长度＞1200mm 时，

应采取加固措施。

中压和高压风管的管段长度 > 1200mm 时，应采用加固框的形式加固，见图 54-28 所示。对于高压风管的单咬口缝应有加固补强措施。当风管的板材厚度 ≥ 2mm 时，加固措施的范围可放宽。

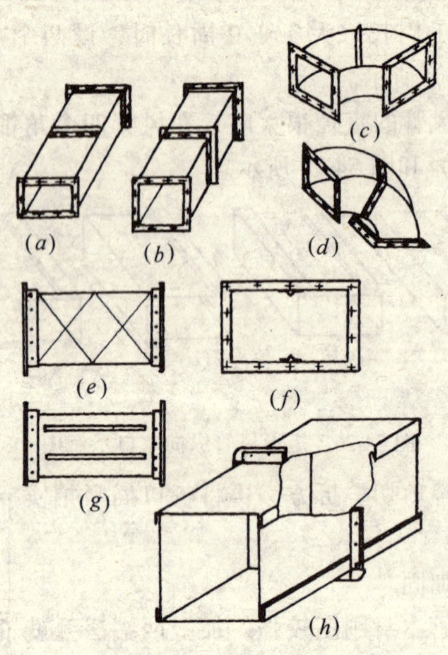

图 54-28 风管加固示意图

(a) 角钢框加固；(b) 角钢加固；
(c) 角钢加固弯头；(d) 角钢框加固弯头；
(e) 风管壁棱线；(f) 风管内壁加固；
(g) 风管壁滚槽；(h) 起高接头

③风管加固可采用楞筋、立筋、角钢、扁钢、加固筋和管内支撑等形式，详见图 54-28 及图 54-29 所示。

7. 风管法兰制安

风管法兰制作时，材料规格应符合表 54-11 及表 54-12 的规

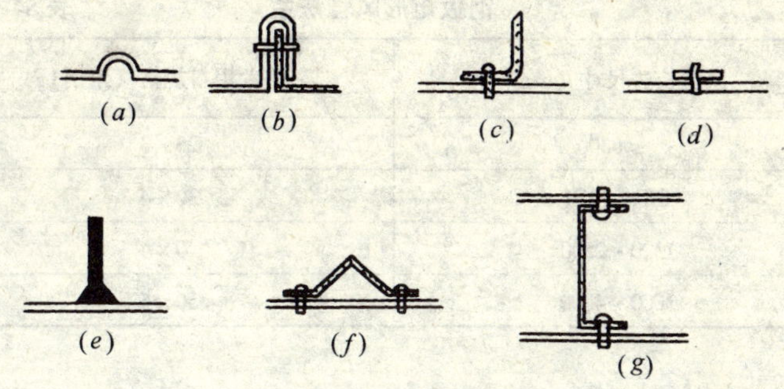

图 54-29 风管加固形式
(a) 楞筋；(b) 立筋；
(c) 角钢加固；(d) 扁钢平加固；
(e) 扁钢立加固；(f) 加固筋；
(g) 管内支撑

定。其法兰上螺栓及铆钉的间距，低压和中压系统风管≤150mm；高压系统风管≤100mm；矩形法兰的四角必须设加固螺栓或铆钉。

(1) 圆形法兰盘制作。有人工煨制和机械煨制两大类。通过下料卷圆、整平找圆、对口焊接、加工螺铆孔几道工序制作成形。

钢板圆形风管法兰 **表 54-11**

风管直径 (mm)	法兰材料规格	
	扁钢	角钢
≤140	20×4	—
150~280	25×4	—
300~500	—	25×3
530~1250	—	30×4
1320~2000	—	40×4

钢板矩形风管法兰　　　　表 54-12

风管长边尺寸（mm）	法兰用料规格（角钢）
≤630	25×3
670～1250	30×4
1320～2500	40×4
3000～4000	50×5

人工煨制又包括冷煨和热煨。

①人工冷煨。先按公式计算法兰展开长 $L=\pi(d+2x_0)$，式中 x_0——角钢形心值，查附录表可知。下料后加工成型，见图 54-30 及图 54-31 所示。为便于计算，也可用近似方式，即：

法兰展开长　　$L=d\pi+1.5B$

式中　d——法兰内径；

B——表示角钢煨成后平面角钢边的宽度。

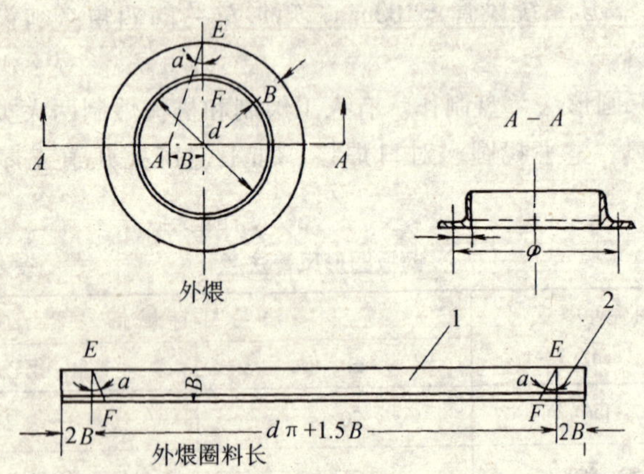

图 54-30　角钢圆圈的实长

1—实料；2—裕料

把角钢（或扁钢）切断后，放在槽形模具上，见图 54-32，槽模下的方口可插入固定在铁墩的方孔内。用手锤一点一点把角

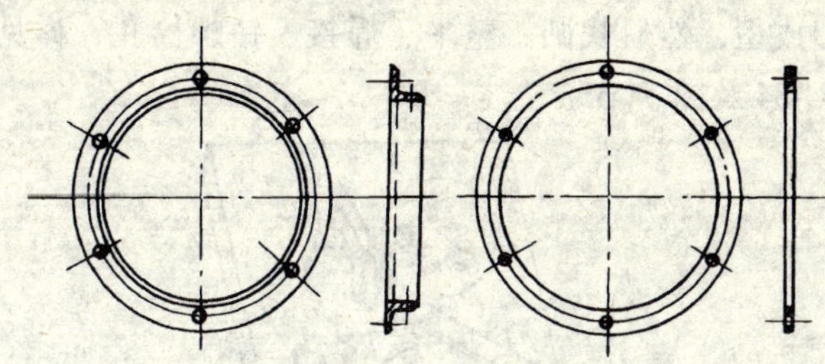

图 54-31　圆形法兰盘

钢或扁钢打弯，边打边用铁皮样板卡圆检查弧圆度，直到整个角钢或扁钢圆弧和样板完全重合，弧度均匀，成为所需直径的法兰圈，截去多余部分或补上缺角。用电焊焊牢后稍加找圆、平整则可成型，然后按设计（或规定）螺栓数进行划线，均匀划分出螺孔位置再用样冲定点，为安装方便，螺孔直径比螺栓直径大2mm，再用样板或两个相配套的法兰，用夹子夹住，一起放在台钻上钻出螺孔。

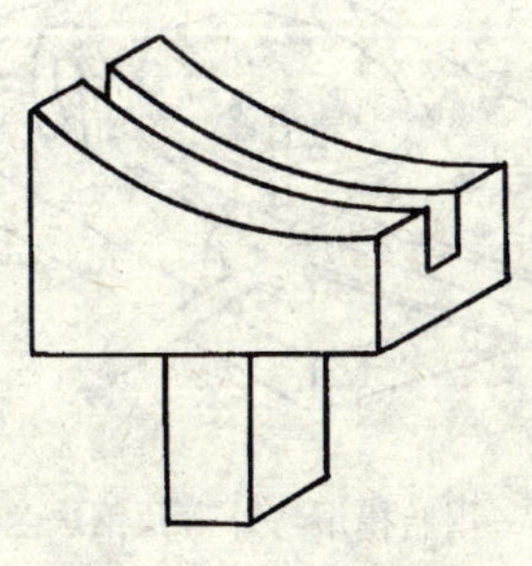

图 54-32　手工冷煨
法兰盘用的下模

②人工热煨。把角钢（或扁钢）放进烘炉里加热到1000～1100℃左右（呈淡黄色）时，拿出角钢（或扁钢），把加热好的角钢（或扁钢）放在胎膜的右边，在起始端面上放一块垫铁，用大卡子卡紧垫铁和角钢（或扁钢），将钢桩插进铁砧孔中并打紧，以便卡住扁钢。此时可扳动扳弯器，将加热好的角钢（或扁钢）

法兰圈煨成型，然后找圆、整平、焊接、钻螺栓孔，详见图 54-33、图 54-34 及图 54-35。

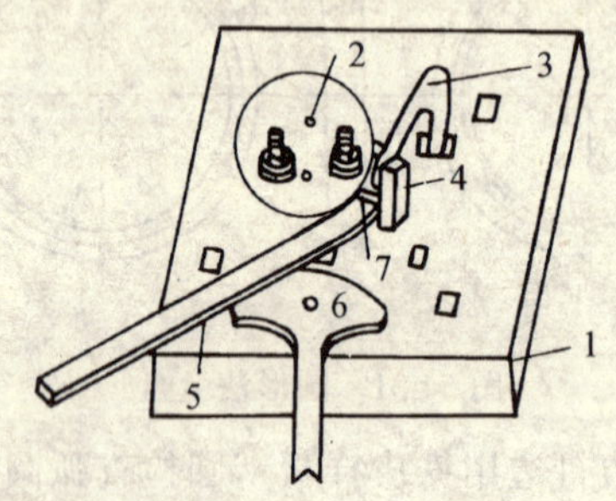

图 54-33　用胎模煨弯扁钢法兰的示意

1—铁砧；2—胎模；3—大卡子；4—钢桩；5—被弯扁钢；6—扳弯器；7—垫板

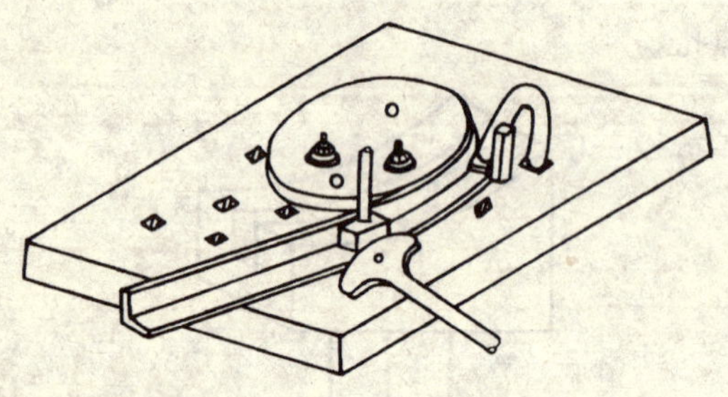

图 54-34　用胎模煨弯外弯角钢法兰的示意

操作时注意几点：先用粉笔在铁砧上准确地比划出角钢、大卡子、钢桩和扳弯器的位置，防止手忙脚乱。直径较大的法兰可分两次煨制。煨弯至某个位置时，大卡子应当移到不妨碍弯曲的位置上重新卡紧。煨制过程中，随时用样板检查直径是否符合要求，如弧度不够，应调整弧槽或垫以弧面平衬锤进行敲打修正。

也可采用简易胎具分段多次煨制成型，如图 54-36 所示。

③机械煨制时，可采用法兰煨弯机。

操作时，先调整弯曲半径，再把角钢（或扁钢）送入煨弯

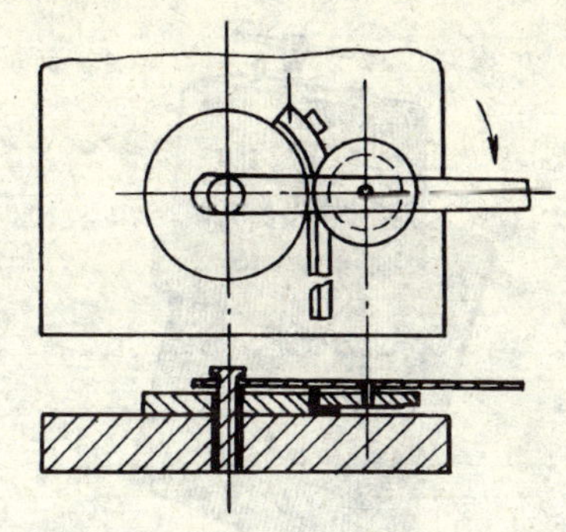

图 54-35　用胎模煨弯
小型角钢法兰示意

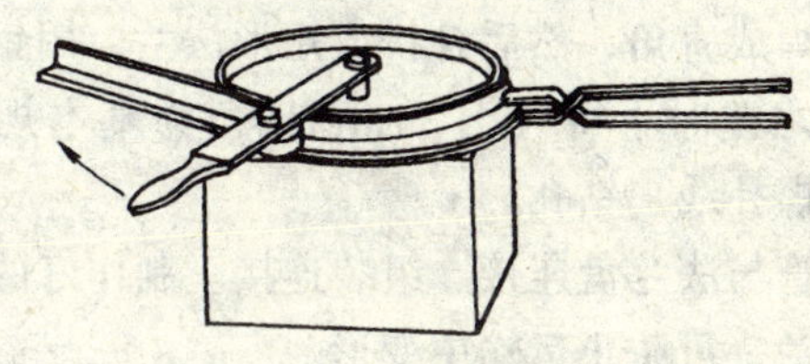

图 54-36　热煨法兰示意图

机，然后调节压紧丝杠，使上辊压紧角钢（或扁钢）。煨至 1/4 圆周时，应停机检查其半径是否符合要求。煨制到近一周时，用手轻轻拉住已煨好的一端或使其微微偏离圆周平面呈螺旋形，避免继续运行时撞机。全部煨完停机取出法兰，进行切断、整平、找圆，焊接成型。即可划线。钻孔。

法兰煨弯机外形见图 54-37。

(2) 矩形法兰制安。矩形法兰由四根角钢（或扁钢）焊制而成。

先按设计尺寸下料划线，要使成型的法兰不小于风管的外形尺寸，划线后用钢锯或切断机切断。将切断的料找正调直，清除毛刺，仔细复核下料后长度，≤500mm 风管法兰允许偏差 +2 mm，>500mm 的风管允许法兰偏差 +3mm。焊接时，先将料靠

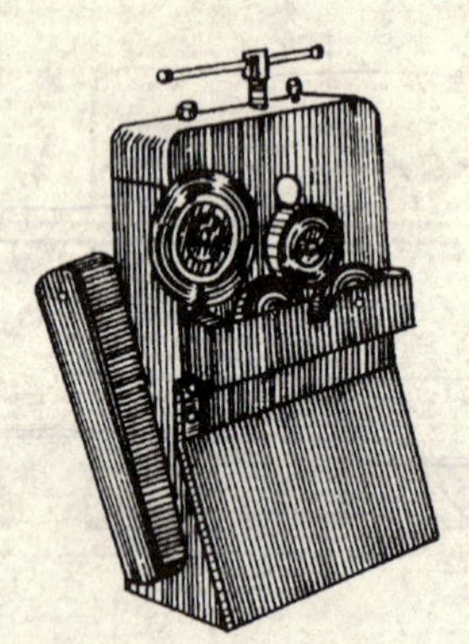

图 54-37　法兰煨弯机

在直角尺边点焊成直角，然后合拼成矩形法兰，用钢板尺量其矩形法兰对角线之差时不得大于 3mm，四角为基本规方，方可焊牢。然后划出螺孔线、钻孔。

(3) 通风管与法兰盘连接、组装连接。制作好的风管及部件应及时连接法兰，可防止运输中变形。

风管与法兰连接时，管壁厚≤1.5mm 采用翻边铆接；管壁厚 >1.5mm 采用满焊或翻边间断焊。

①风管与法兰采用翻边铆接。

检查风管外径和法兰的内径符合要求后，将法兰套进风管，先把法兰斜放，插入风管后用手锤把法兰敲进风管，应使管端露出法兰边 8mm 左右。用铆钉将法兰盘固定在管端，然后用手锤打出翻边。其铆钉间距 100 ~ 120mm，但铆钉数不能少于 4 个。翻边宽度不能小于 6mm，一般控制在 8 ~ 10mm 间，以翻边不遮住螺孔为准。翻边应平整，宽度应一致，不得出现裂缝和孔洞。

安装后的法兰平面与风管中心线应垂直，风管两端的法兰平面必须互相平行。

矩形法兰连接时，先用电钻穿过法兰上的铆钉孔、在风管上先钻出两个铆孔，然后用液压铆钉钳或手动夹眼钳用铆钉将风管与法兰铆住。在风管的另一端也同样将另一法兰和风管铆上两钉，两法兰必须平行。将风管翻转180°，用角尺靠在风管侧面，找好垂直度后再与两片法兰上，各铆上两只铆钉，然后钻好全部孔眼。矩形法兰盘的铆接见图54-38所示。要用卷尺量取风管面的对角线、观其相等否，以此来检查风管两端法兰的平行度。再用手按法兰的四角，检查风管是否有翘角。必须全部达到标准后方可铆好全部铆钉。然后再用手锤将管端翻边。

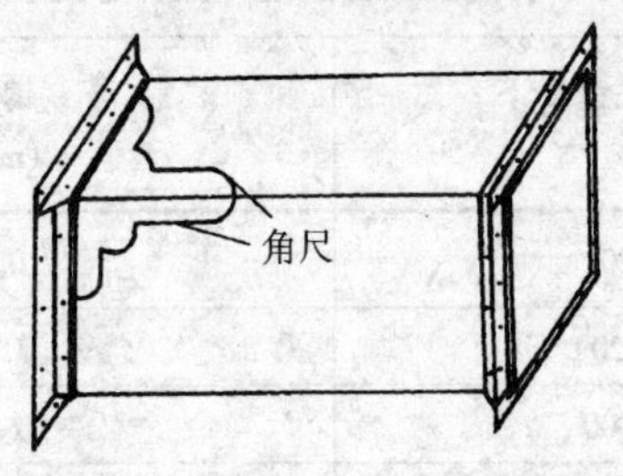

图54-38　矩形法兰盘的铆接

②风管与法兰采用翻边间断焊或满焊连接时，加工工艺同上。工艺中铆接的间距和间断焊的间距由设计定。当满焊连接时也和铆接一样，先点焊几点，经检查合格后，就可以进行满焊，为使法兰盘表面平整，风管的管端应缩进法兰4~5mm。

③风管与扁钢法兰连接时，采用翻边连接或焊接。

用尺检查风管和扁钢法兰的内径是否符合要求。套进扁钢法兰时，将法兰斜放，把风管下半部放进法兰，用手压下风管端部，并用手锤把法兰敲进风管。使管端露出法兰边10mm左右，再用衬铁顶住扁钢法兰盘，在风管端部挑上几点，用手锤打出翻边。然后检查法兰平面和风管中心线是否垂直。翻边最少不小于6mm，翻边应均匀一致。合格后用手锤把管端均匀打平。

④空气净化系统中的风管所用的螺钉、螺母、垫圈和铆钉，均应采用镀锌或采取其他防腐措施，不得使用抽芯铆钉。并且按洁净等级或设计特别要求，在咬口缝、铆钉缝及法兰翻边连接处的四角等缝隙内，涂以密封胶或采取其他密封措施。

⑤通风管制作过程必须使板材连接紧密，无缝隙。其次采用

密封胶嵌缝和其他方法密封。所采用的密封胶应符合使用环境的技术要求，密封设置在风管的正压侧。

8. 不锈钢钢板风管及法兰制作

应采用奥氏体不锈钢，板材的厚度见表 54-13 中规定。不锈钢钢板风管的法兰材料应符合表 54-14 中规定。

不锈钢板风管和配件板材厚度　　表 54-13

风管直径或长边尺寸（mm）	不锈钢板厚度（mm）
100～500	0.5
530～1120	0.75
1180～2000	1.0
2500～4000	1.2

不锈钢法兰材料规格　　表 54-14

圆形风管直径或矩形风管长边长（mm）	法兰材料规格（扁钢）
≤280	25×4
320～560	30×4
630～1000	35×6
1120～2000	40×8

不锈钢板风管及配件在加工过程与运输过程中尽量避免使板材表面产生划痕、划伤、磨损、刻划、凹穴等缺陷。堆放板材（型材）时，不要平叠，防止取料时底下一张钢板被划痕。并且应与碳素钢分开。

（1）先在工作场地上铺置木板或橡皮板，操作前先把板上杂物、灰尘等打扫干净。划线不得使用锋利的金属划针在板材面上划辅助线和冲眼作标记。先下好样板，经复核无误再在板面上划线下料。

(2) 风管壁厚≤1mm时，板材采用咬口连接。

手工咬口应使用木拍板（又称木方尺）和木锤。折边、预弯时均不得使用碳素钢锤（用不锈钢），咬口时切不可拍反，免得改拍咬口时，不锈钢变硬，产生裂缝（冷作加工减低韧性、变脆）。

风管壁厚>1mm时，宜采用氩弧焊或电弧焊焊接（不得采用气焊），并且应选用与母材相匹配的焊丝或焊条。

焊接前，先将焊缝处的油脂、污物，用汽油、丙酮进行清除干净，以防焊缝出现气孔、砂眼。焊接见本工艺标准有关规定。施焊时严防焊接飞溅物沾污表面，焊后将焊渣及飞溅物必须清除干净。再用铜丝刷子刷出金属光泽，用10%硝酸溶液酸洗后，再用热水洗干净。风管上的焊缝及其边缘不得开孔。

(3) 风管连接形式，可采用法兰连接，亦可采用无法兰连接。

法兰加工时矩形法兰可按需要尺寸剪成条形，用电焊直接焊成。圆形法兰尽量用冷煨。需热煨时可用电炉加热至1100~1200℃之间，冷却至85℃之前，再将煨好的法兰重新加热至1100~1200℃后在冷水中迅速冷却。也可用等离子切割器直接切割出法兰盘。但板材耗量太大。少量时可用。

法兰钻孔前尚须用样冲定心，钻孔时对准冲孔即刻加压，使钻头始终处于切削。避免钻头在不锈钢面摩擦变硬、切削困难。钻孔时，采用高速钢钻头，磨成顶尖角118°~122°。钻速不可太大，约为普通钢的一半，不超过20m/s。

(4) 其他加工工艺与钢板风管相同。

9. 铝板风管及法兰制作

应采用纯铝板或防锈铝合金板，板材厚度见表54-15规定。铝板风管的法兰材料规格应符合表54-16规定。

铝板风管和配件板材厚度　　　　表 54-15

风管直径或长边尺寸（mm）	铝板厚度（mm）
100~320	1.0
340~630	1.5
670~2000	2.0
2500~4000	2.5

铝法兰材料规格　　　　表 54-16

风管直径或长边尺寸（mm）	法兰用料规格	
	扁铝	角铝
≤280	30×6	30×4
300~560	35×8	35×4
600~1000	40×10	40×4
1060~2000	40×12	

（1）风管壁厚≤1.5mm 时，板材采用咬口连接。加工时要保护板材表面，避免刻划和磨损等伤痕。

风管壁厚>1.5mm 时，采用氩弧焊或气焊连接。并采用与母材材质相匹配的焊丝。施焊前应清除焊口处和焊丝上的氧化皮及污物。焊接工艺见本工艺标准。焊接后，用热水清洗除去焊缝表面残留焊渣、焊药等。焊缝应牢固，不得有虚焊和烧穿等缺陷。

（2）铝板风管的法兰采用碳素钢材时，材料规格符合本标准表 54-15 及表 54-16 规定，并根据设计要求进行镀锌或其他防腐。铆接中必须采用铝铆钉。

（3）风管连接时，不宜用插条形式的无法兰连接。

10. 组合、编号

风管与法兰制作后进行铆接或焊接组合及安装。根据风管的系统，按照主、立、支的程序进行编号，依安装次序进行排列，堆放整齐，编号应显目，并且朝外，运输过程中便于查找，不致乱翻或乱找而损坏成品。

三、成 品 保 护

1. 成品、半成品加工成型后，应存放在宽敞、避雨、避雪的仓库或棚中。置于干燥的隔潮的木头垫上、架上，按系统、规格和编号堆放整齐，避免相互碰撞造成表面损伤，要保持所有产品表面的光滑、洁净。

2. 不锈钢板风管、铝板风管与配件的表面，不得有划伤、刻痕等缺陷。

3. 成品、半成品运输、装卸时，应轻拿轻放。风管较多或高出车身的部分要绑扎牢固，避免来回碰撞，损坏风管及配件。

4. 吊运、安装风管及配件时要先按编号找准、排好，然后再进行吊运、安装，减少返工。并要注意安全，不要掉下来损坏风管及配件或伤人。

5. 板料凸出平整时，使手锤打的平稳，严防在板料上留下锤痕，切不可乱打。

四、安全注意事项

1. 加工场地应平整、洁净，操作平台、架设安装牢固可靠。裁减材料的地方，不得有闲人站立，工作人员注意避免在翻料、落料或转身时，将人碰伤。工作地点应有足够的采光或照明设备。在剪切钢板时，台剪剪口张大一些以便夹牢被剪切的板料。剪切人员掌稳板料，防止板料滑脱伤人。

2. 操作前检查所有工具，特别是使用木、钣金、大锤之前，应检查锤柄是否牢靠。打大锤时，严禁带手套，并注意四周人员和锤头起落范围有无障碍物。

3. 电动机具应布置安装在室内或搭设的工棚内，防止雨雪的侵袭。使用剪板机，应检查机件是否灵活可靠，严禁用手摸刀片及压脚底面。如两人配合下料时更要互相关照；取得一致的情况下，才能按下开关。

4. 风管与法兰连接时，配合人员要注意安全，用衬垫钢铁或4磅手锤撑住，防止铁屑飞入眼中。

5. 使用型材切割机，先检查防护罩是否可靠，锯片运转是否正常。切割时，型材要量准，固定后再将锯片下压切割，用力要均匀、适度。使用钻床钻孔时，不准戴手套操作。

6. 风管搬运，需根据管段的体积、重量，组织适当的劳动力。加工现场条件允许情况下也可以用平板车运输。多人搬抬风管用力要一致，轻拿起轻放下，堆放整齐。

五、质 量 标 准

1. 风管的规格、尺寸必须符合设计要求。咬口缝必须紧密、宽度均匀、无孔洞半咬口和胀裂等缺陷。直管纵向咬口缝和焊缝应错开，并不得有十字交叉的拼接缝。风管焊缝严禁有烧穿、漏焊和裂纹等缺陷。

2. 风管外观质量应达到折角平直，圆弧均匀，两端面平行，无翘角，风管与法兰连接牢固，翻边平整，并紧贴法兰。

3. 法兰螺栓及铆钉间距：低压和中压系统≤150mm；高压系统≤100mm。焊接应牢固，焊缝处不设置螺孔，矩形法兰的四角应设置螺孔。

4. 风管加固应牢固可靠、整齐，间距适宜，均匀对称。铁皮插条法兰宽窄要一致，插入两管端后应牢固可靠。

5. 风管及法兰制作尺寸的允许偏差和检验方法应符合表54-17的规定。

金属及非金属风管及法兰制作尺寸的允许偏差和检验方法 **表 54-17**

<table>
<tr><th>项 次</th><th colspan="2">项　　　　目</th><th>允许偏差
(mm)</th><th>检 验 方 法</th></tr>
<tr><td rowspan="2">1</td><td rowspan="2">风管外径
或外边长</td><td>≤300mm</td><td>0
−1</td><td rowspan="2">用钢尺量</td></tr>
<tr><td>>300mm</td><td>0
−2</td></tr>
<tr><td>2</td><td colspan="2">法兰内径或内边长</td><td>+3
+1</td><td></td></tr>
<tr><td>3</td><td colspan="2">矩形法兰两对角线之差</td><td>≤3</td><td>尽量检查</td></tr>
<tr><td>4</td><td colspan="2">法兰平整度</td><td>2</td><td rowspan="2">法兰放在平台上，用塞尺检查</td></tr>
<tr><td>5</td><td colspan="2">法兰焊缝对接处的平整度</td><td>1</td></tr>
</table>

六、质量通病及其防治

质量通病及防治方法见表 54-18。

表 54-18

序 号	质 量 通 病	防 治 方 法
1	咬口时扣挂不上或含半咬口以及张裂现象	1. 要确保折边宽度一致，折边平直 2. 严格按工艺程序施工
2	法兰翻边四角漏风	风管各片咬口前要倒角，咬口重叠处翻边时应铲平，而且四角不应出现豁口
3	风管法兰连接不方正	用直角钢尺找正，使法兰与直管棱线垂直管口四边、翻边宽度一致
4	铆钉脱落	①增强责任心，按工艺正确操作，加长铆钉 ②不锈钢风管与法兰连接应采用不锈钢铆钉，不得用碳素钢铆钉代替
5	风管翘角	划线时必须整平板后规方（规角）

55. 硬聚氯乙烯板风管制作

一、施　工　准　备

1. 材料

(1) 硬聚氯乙烯板、薄钢板、钢管、红松木。

(2) 聚乙烯焊条、聚乙烯粘接剂、螺栓、螺帽、螺垫、电焊条。

(3) 帆布、砂纸、石笔、粉笔、小白线、锯条、电热丝、棉布块。

2. 机具

(1) 塑料卷圆成型机、电热烘箱、管式电加热器、坡口机、手动扳边机、塑料对挤焊机、电焊机、气剪、木工刨、木工锯、气动锯。

(2) 木板工作台、钢平台、钢锯、手锤。

(3) 水平尺、法兰卡尺、钢卷尺、线坠。

3. 工作条件

(1) 土建主体已完、现浇混凝土楼板、柱子的孔洞、预埋件应按图纸要求及合适位置，已进行预留和埋下。

(2) 管道安装的室内开间、位置线和地面水平线已检测完毕，并作了标记。

(3) 施工图及加工部件图、零件加工图等均已由设计单位、施工单位、建设单位进行了会审。技术、质量、安全的书面交底已完成。

(4) 已具备加工作业场地、材料堆放地、成品与半成品存放的条件。

(5) 电源、水源、材料已完全满足连续施工的需要。

二、施 工 工 艺

工艺流程

胎具制作 → 加热 → 卷圆或折方 → 焊接成型 → 焊接、承插或套管连接组装

1. 硬聚氯乙烯风管的成型

(1) 模具制作。模具一般用钢管、薄钢板、木料等制作成，为便于脱膜均制作成可拆卸的内膜，如卷直管的木模，是选用红松木料做成空心圆形管，木模圆管的外径等于通风管的内径，其长度长出风管板宽的100mm，如图55-1所示。异型管件还可按整体的1/2~1/4制作各种形状的木模，如图55-2、图55-3和图55-4所示。

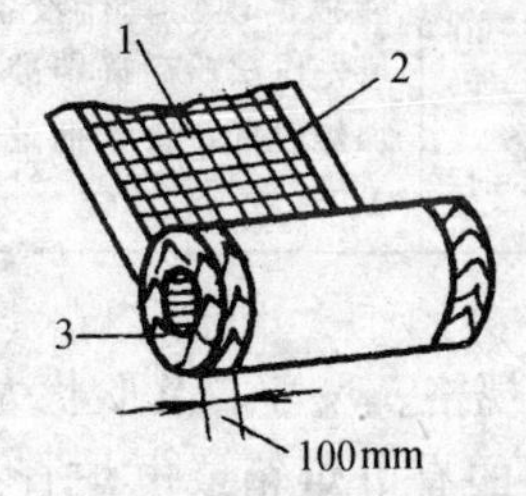

图55-1 卷管模具示意图
1—塑料板；2—帆布；
3—木模

图55-2 胎模

模具的质量直接影响着塑料风管的圆弧度，尽量用车床车圆，将模具的外表面打光，保证圆弧均匀、正确、光滑。

(2) 加热成形。硬聚氯乙烯板加热到80~160℃时呈柔软状态，通过模具再稍加外力即可成型。在上述温度的区间之内温度越高成型的稳定性也越好。但超过160℃时呈粘流状态，165~170℃板材将出现膨胀或气泡，当温度超过228℃，板材开始分解。因此加热操作时必须控制好温度和加热时间。硬聚氯乙烯板

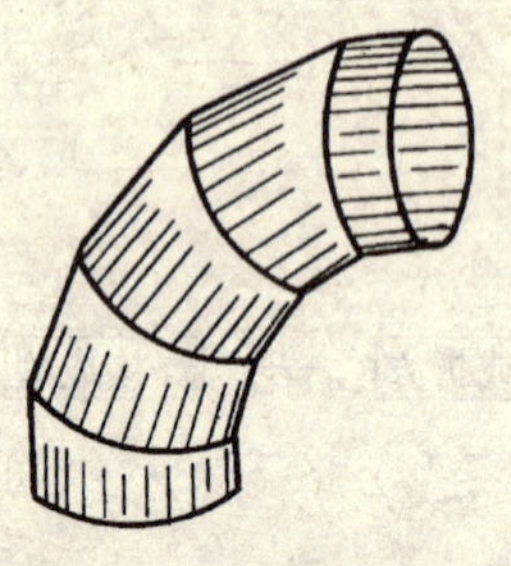
图 55-3　圆形弯头

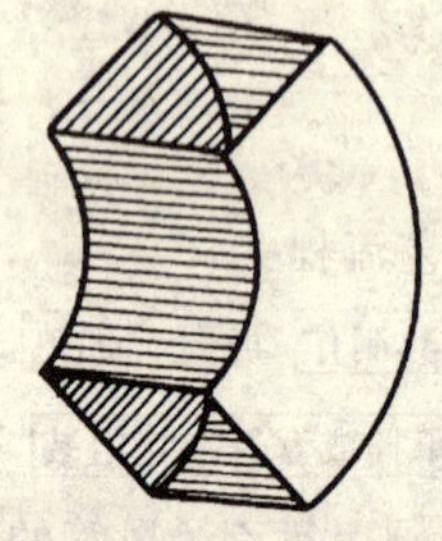
图 55-4　矩形弯头

的加热时间，可参考塑料板材加热时间表 55-1 中的数值进行。

塑料板材加热时间表　　**表 55-1**

项　目	内	容			备　注
管加工	板材厚度（mm）	2～3	4～6	8～10	根据现场具体设备，可先作试验后确定准确加热时间，再大批量加工
	加热时间（min）	3～5	6～10	12～14	

①加热方法。根据风管、配件的规格、尺寸、及形状大小；现场设备条件，选择加热方法。常用的有电烘箱或电炉直接加热、蒸汽接触加热、热空气直接加热。对于异径管件加工，一般都放在烘箱内加热至柔软状。

②圆形风管成型。先用铁皮板条、钉子把帆布的一端固定在木模上，帆布的另一端固定在木板平台上。把经过加热至柔软状的板材，送进帆布和木模间，推卷木模同时加力，即卷成圆形风管。待冷却固化后，取出圆管即可，如图 55-5 所示。操作时送入塑料板材之后要对齐，注

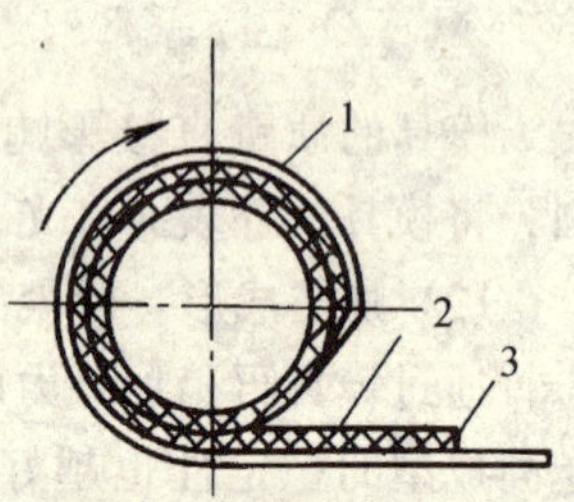

图 55-5　塑料板卷管示意图
1—木模；2—塑料板；3—帆布

意始终拉紧帆布。

在工地也有用简易成型机替代手工作业。成型机是通过帆布缠卷在手摇成型轮上调整其外径，从而可卷制出各种不同直径的塑料圆形风管，见图 55-6 所示。

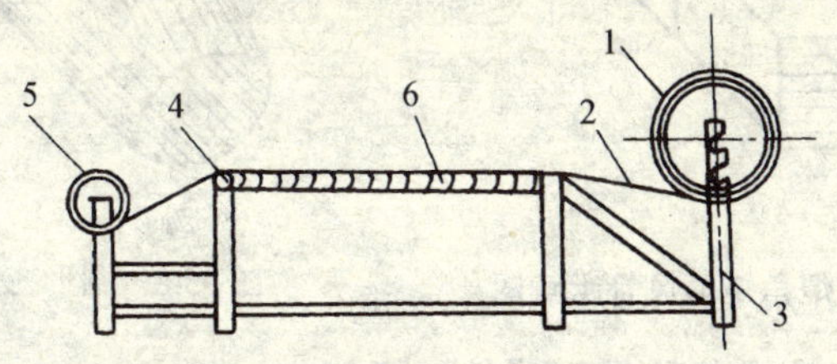

图 55-6 简易成型机

1—成型轮；2—帆布；3—型钢支架；
4—惰轮；5—存贮轮；6—木板台面

把加热至柔软状的塑料板，直接搁置于木板工作台面上，再摇动成型轮，塑料板则随帆布卷入轮中，压制后成圆形。然后，用压缩空气急骤冷却，就可取下成型的圆形风管。加工一根风管只须 3min，较大地提高了工效。

异径管加热成型：按展开图，将天圆地方、大小变径等异径管在板材上下料，可直接将板料放入烘箱加热，至柔软状态时，将其覆贴于内模上，稍加用力，自然冷却后即可成型。

圆形弯头可用直管模具直接加工成若干中节及端节，然后切割、坡口、焊接成型。

③矩形风管成型：矩形风管四角可采用四块板料焊接成型或者采用煨角成型，但前者强度较低。在采用煨角成型时，纵向焊缝必须设在距煨角大于 80mm 处，见图 55-7 所示，能提高风管强度。

一般折方采用手动扳边机配合两根管式电加热器进行，见图 55-8、图 55-9 所示。只须在钢管中设置有瓷管绝缘层的电热丝即可。折方时，将聚氯乙烯板料上划好的折线对准加热器进行加热，板料达到柔软状态时，立即抽出板料置于扳边机上，煨制成直角，待完全冷却后方可取出。

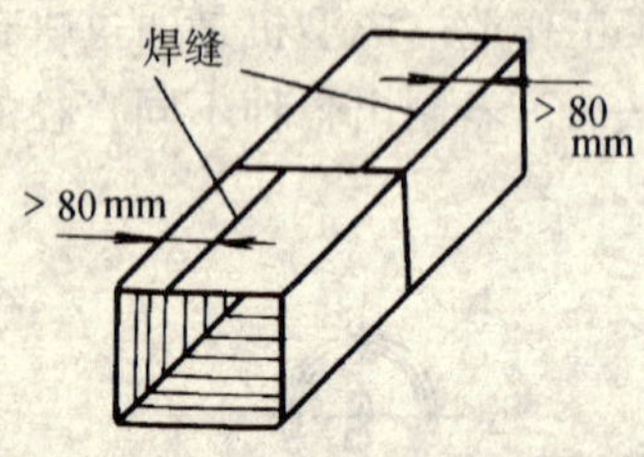

图 55-7 煨角矩形风管示意图

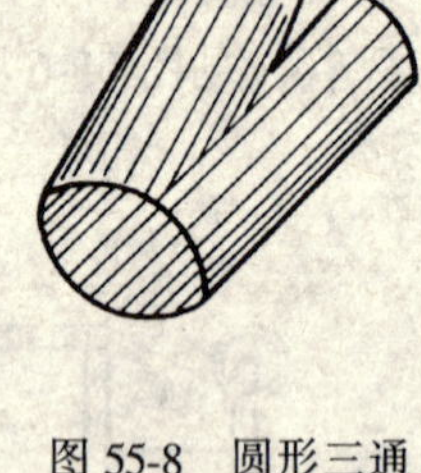

图 55-8 圆形三通

矩形弯头（各种异型管件）两侧的平面图形，可直接用剪床或锯床（也可用木工锯）锯割下料，另两侧的弯曲板加热后用木模弯曲成弧，再组合焊制成型。

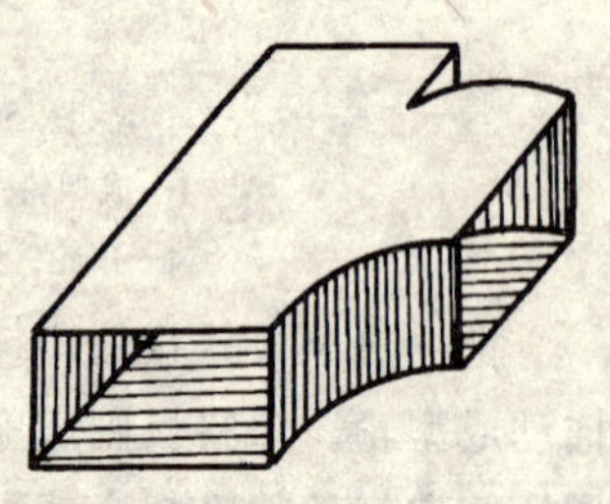

图 55-9 矩形三通

④硬聚氯乙烯板导热系数极低，在加热过程中要使热量均匀分布于整个加热表面。将加热好的硬聚氯乙烯板覆贴在内模上，经冷却、脱模、修正后用塑料焊条焊接定型。如果圆弧度达不到要求，需进行二次加热后再一次套在内模上压制成型，经冷却后脱模，最后焊接成型。

⑤加热成型的硬聚氯乙烯管和配件，不得出现气泡、分层、碳化、变形和裂纹等缺陷。

2. 风管组合连接

硬聚氯乙烯通风管有三种连接方式：焊接、套管连接、承插连接。

（1）硬聚氯乙烯板风管及配件的连接采用焊接，可分别采用手工焊接和机械热对挤焊接。其焊缝形式及相关尺寸如表 55-2 中规定。不论采用哪种方法焊接，其焊接时，焊缝应填满，焊条排列应整齐，不得出现焦黄、断裂等缺陷，焊缝强度不得低于母材的 60%。

手工焊接参见本工艺标准。机械热对挤焊接与手工焊设备的原理相同。先将硬聚氯乙烯风管加热翻浆，控制挤合压力，将焊缝挤压焊合，待完全冷却后形成坚固焊缝。不用焊条，其抗拉、抗弯强度远高于手工焊。

焊缝形式及其相关尺寸　　表 55-2

焊缝形式	焊缝名称	图形	板材厚度(mm)	焊缝张角(α°)	使用范围
对接焊缝	V形单面焊	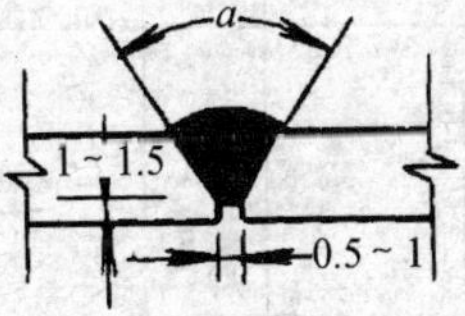 α; 1~1.5; 0.5~1	3~5	70~90	用于只能一面焊的小风管
对接焊缝	V形双面焊	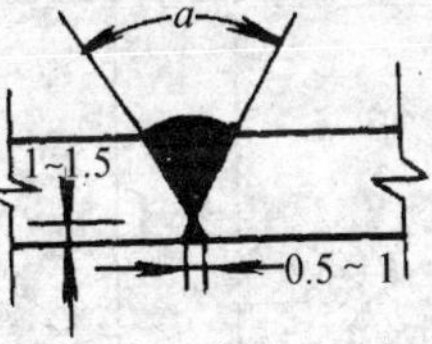 α; 1~1.5; 0.5~1	5~8	70~90	用于厚板的大风管
对接焊缝	X形双面焊	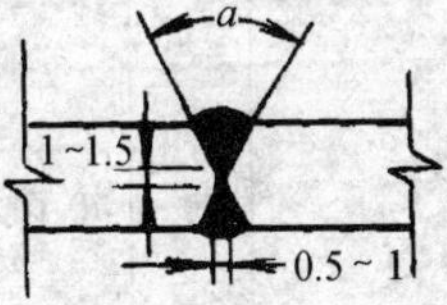 α; 1~1.5; 0.5~1	≥8	70~90	焊缝强度好，用于风管法兰及厚板的拼接
搭接焊缝	搭接焊	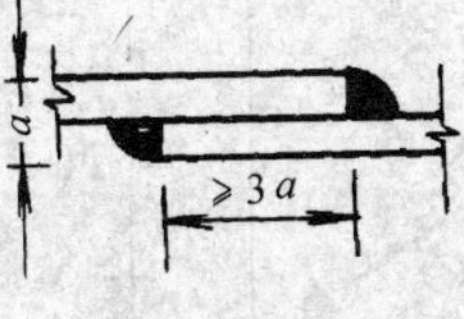 a; ≥3a	3~10		用于风管的硬套管和软套管连接

续表

焊缝形式	焊缝名称	图　　形	板材厚度（mm）	焊缝张角（α°）	使用范围
填角焊缝	填角焊无坡角	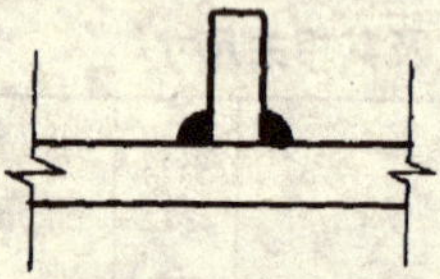	6~8		用于风管和配件的加固
		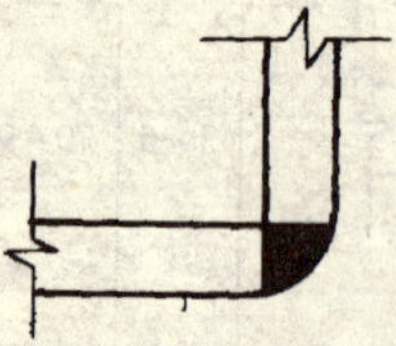	≥3		焊缝强度好，用于风管配件及槽类角焊
对角焊缝	V形对角焊	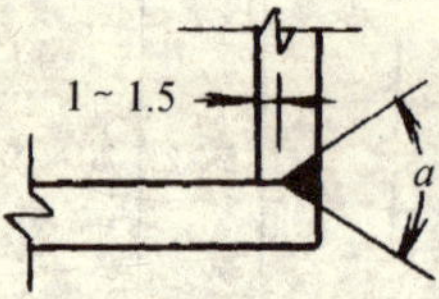	3~5	70~90	用于风管及配件角焊
	V形对角焊	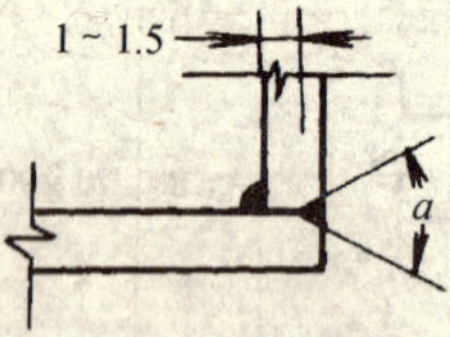	5~8	70~90	用于风管及配件角焊
	V形对角焊	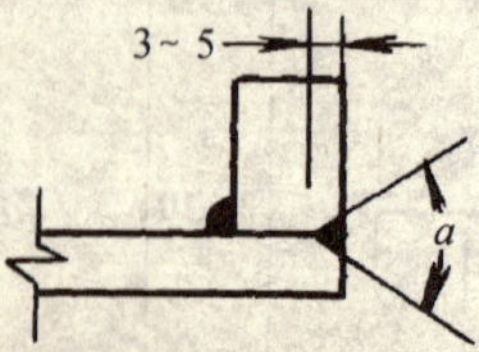	6~15	70~90	用于风管与法兰连接

(2) 硬聚氯乙烯板风管亦可采用套管连接。其套管的长度宜为150～250mm，其厚度不应小于风管的壁厚。如图 55-10（a）所示。

(3) 硬聚氯乙烯板风管承插连接。当圆形风管的直径≤200mm可采用承插连接，如图 55-10（b）所示。插口深度为40～80mm。粘接处的油污应清除干净，粘接应严密、牢固。粘接工艺见本工艺标准给排水部分。

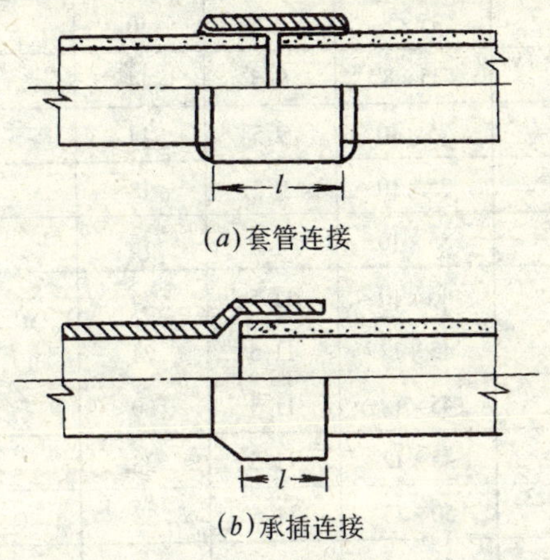

图 55-10　风管连接

3．硬聚氯乙烯板法兰及加固

(1) 制作法兰的下料、规格应符合规定，见表 55-3 和表 55-4。制作法兰后，其外径或外边长允许偏差与钢制相同。法兰制作可自制圆形胎具加工。先按法兰内径和厚度加工出圆木胎具，将圆木钉在平台上。在剪床或锯床上下料，锯成条形板，用坡口机切出内圆上的坡。常用的坡口机见图 55-11。加热至柔软状态后放到圆木胎具上煨成圆形，再用重物加力将煨好的法兰压平待冷却后取出焊接、钻孔即可。有条件的可用车床直接加工直径较小的法兰盘。

(2) 风管与法兰的连接应采用焊接。法兰端面应垂直于风管的轴线，用靠尺检查合格后方可焊接。可用木工刨刨除焊缝处高出的焊肉。

硬聚氯乙烯板圆形风管法兰　　表 55-3

风管直径（mm）	法兰材料规格			连接螺栓（mm）
	宽×厚（mm）	孔径（mm）	孔数（个）	
100~160	35×6	7.5	6	M6×30
180	35×6	7.5	8	M6×30
200~220	35×8	7.5	8	M6×35
240~320	35×8	7.5	10	M6×35
340~400	35×8	9.5	14	M8×35
420~450	35×10	9.5	14	M8×40
480~500	35×10	9.5	18	M8×40
530~630	35×10	9.5	18	M8×40
670~800	40×10	11.5	24	M10×40
850~900	45×12	11.5	24	M10×45
1000~1250	45×12	11.5	30	M10×45
1320~1400	45×12	11.5	38	M10×45
1500~1600	50×15	11.5	38	M10×50
1700~2000	60×15	11.5	48	M10×50

硬聚氯乙烯板矩形风管法兰　　表 55-4

风管长边尺寸（mm）	法兰材料规格			连接螺栓（mm）
	宽×厚（mm）	孔径（mm）	孔数（个）	
120~160	35×6	7.5	3	M6×30
200~250	35×8	7.5	4	M6×35
320	35×8	7.5	5	M6×35
400	35×8	9.5	5	M8×35
500	35×10	9.5	6	M8×40
630	40×10	9.5	7	M8×40
800	40×10	11.5	9	M10×40
1000	45×12	11.5	10	M10×45

续表

风管长边尺寸（mm）	法兰材料规格			连接螺栓（mm）
	宽×厚（mm）	孔径（mm）	孔数（个）	
1250	45×12	11.5	12	M10×45
1600	50×15	11.5	15	M10×50
2000	60×18	11.5	18	M10×60

图 55-11　塑料坡口机

当直径或边长>500mm时，连接处加三角支撑，支撑间距为300～400mm。连接法兰的两个三角支撑应对称，使其受力均匀。

(3) 矩形风管四角应焊接成形，边长≥630mm和煨角成形边长≥800mm的风管、管段长度>1200mm时，应采取加固措施。可用与法兰同规格的加固框或加固筋，用焊接固定。

三、成　品　保　护

1. 加热卷制或折方的半成品在未冷却前，不可另加外力，防止塑料表面出现伤痕或变形。

2. 塑料风管及法兰的成品保存，应分类排放，不可受重物挤压，防止变形和损坏。

四、安全注意事项

1. 用电设备操作时，严格遵守操作规程，严防触电。

2. 加热过程要戴好防护用具，严防烫伤。

五、质 量 标 准

1. 热成型的硬聚氯乙烯板风管和配件不得出现气泡、分层、碳化、变形和裂纹等缺陷。

2. 焊接连接的焊缝应填满，焊条排列应整齐。不得出现焦黄、断裂等缺陷。

六、质量通病及防治

质量通病及防治方法见表55-5。

表 55-5

序号	质量通病	防治方法
1	风管制成后表面有气泡或鼓包	1. 应严格控制好塑料板加热时间，不可超过160℃ 2. 加热温度在规定范围内，还可根据板材情况，先进行试验，找出最佳加热温度
2	卷圆后出现拧劲、扭曲	1. 用木模卷圆时，送入加热的塑料板必须对齐，不可放斜 2. 人工卷圆操作中，必须始终拉紧帆布
3	粘接接口漏风	1. 先将承插口粘接处，清洗干净，除去油污 2. 严格按工艺标准中规定操作，特别是承口加工后，承口内径略小于插口管的外径

56. 玻璃钢及复合材料风管制作

一、施 工 准 备

1. 材料

合成树脂：按化学性能（耐腐蚀性）可分为耐酸、耐碱、耐水、自熄性等几种。

阻燃剂：如氯化石蜡、氯化胺、氯化锑、三氯化锑、三氯乙基磷酸脂等。

玻纤布：干燥、清洁、不含蜡，经纬线为 1:1，厚度为 0.1～0.3mm。

填充料：滑石粉、石墨类、氢烧镁、氢氧化钙等。

还有固化剂、稀释剂、玻璃纸等。

2. 机具

模具（用木板或钢板制成），刮板，操作平台和料容器，手提电动切割机等。

3. 工作条件

(1) 风管及配件的单件图齐全，符合设计图纸和施工现场实际的要求。

(2) 模具用料完备，各种规格、形状齐全。

(3) 有良好的加工作业场地及操作平台，成品、半成品堆放场地。并配备有消防用具及器材。

二、施 工 工 艺

工艺流程

风管、配件与法兰成型 → 组合连接

（一）玻璃钢风管

1. 风管、配件、法兰成型

（1）模具制作

①模具一般用木板、胶合板、木方、薄钢板、钢管制作而成。矩形风管和圆形风管成型均使用内模。并且是可以拆卸的，以便于脱模。

②矩形风管的内模制作，首先用木方做成龙骨，再将木板或胶合板、铁板等固定于龙骨上，使其内模的外边尺寸等于矩形风管的内边尺寸，并且内模要考虑脱模。

③圆形风管的内模制作，按设计要求的风管管径选用适当偏小直径的钢管，或用木方、胶合板和铁板做成圆管。其外径应等于风管的内径，并且要求内表面光滑、便于脱模。

（2）涂敷成型

玻璃钢风管的壁厚应符合表56-1的规定。

玻璃钢风管与配件的壁厚（mm）　　表56-1

圆形风管直径或矩形风管大边长	壁厚
≤200	2.0~2.5
250~400	2.5~3.2
500~630	3.2~4.0
800~1000	4.0~4.8
1250~2000	4.8~6.2

注：风管用1:1经纬线的玻璃布增强，树脂的重量含量为50%~60%。圆形风管的壁厚可取小值。

玻璃钢风管法兰的规格应符合表56-2的规定。

玻璃钢法兰（mm）　　表56-2

圆形风管直径或矩形风管大边长	规格（宽×厚）	螺栓规格
≤400	30×4	M8×25
420~1000	40×6	M8×30
1060~2000	50×8	M10×35

①用盛料的容器装入按比例准备的材料。用搅棒调匀，稀稠适度再加入固化剂调匀后准备使用，容器内调配的涂料根据固化剂的多少只能使用2～3h不能配多，要边使用，边配涂料避免浪费。

②首先在模具的外表面包上一层透明的玻璃纸，固定好后在其表面满涂已调好的树脂涂料，要均匀，不露玻璃纸，然后敷上一层玻纤布，再涂一层树脂涂料。每涂一层树脂便敷一层玻纤布，布的接缝要相互错开，不得有重叠现象，并要刮平，最外面一层玻纤布的表面还应再涂一层树脂涂料，达到要求的厚度以后，再用玻璃纸敷于外表面赶平压光。

玻璃钢风管及配件不得扭曲，内表面应平整光滑，外表面应整齐美观，厚度均匀，边缘无毛刺，不得有气泡、分层现象。

法兰与风管或配件应成一体，并应与风管轴线呈直角，在涂敷风管过程中，将其放进管端与风管同时成型。矩形法兰两对角线的允许偏差与钢法兰相同。

矩形玻璃钢风管的加固方法与钢风管相同。其加固筋与风管为同一材料并成一体，风管成形时，均为一体成型。

保温玻璃钢风管可将管壁做成夹层的，也称夹层结构成形，只用作矩形风管，它是由四块夹层保温板拼成，保温板是在两层玻璃钢薄板中间粘贴一层保温材料，夹层厚度应根据设计要求而定。夹心材料可选用自熄聚苯乙烯板和聚氨脂泡沫塑料等材料。

(3) 固化脱模

整节玻璃钢风管及配件经过一段时间的固化，达到一定强度后方可脱模。脱模时首先折除预先准备好的脱模支撑点，达到模具与制成的风管分开的目的，然后再退出模具。最后取下内外表面的玻璃纸。脱模时，要注意不要将风管碰坏或用力过猛损坏。遇有多余的部分或毛刺，用手提切割机或砂轮机打磨干净。

2. 风管组合

玻璃钢风管组合采用粘贴的方法，用浸透胶合剂的玻璃纤维布缠绕数层即可。用于拼装连接的玻纤布，厚度选用0.1～

0.3mm。粘接用的粘结剂随配随用，夏天 30min 内用完，冬天 40min 内用完。粘结剂的固化剂有毒，须在通风良好处配制和缠绕接口。为了增加组合的强度，在矩形风管内的四角上放四根角型玻璃钢。在风管外表采用密封措施。配件拼装缠绕时应注意每一层布都要缠紧，不得残存气泡，不得产生脱层现象。

（二）复合材料风管

主要采用覆金属薄膜的复合材料板。此板是利用扩散结合工艺在绝热材料的表面上粘贴一层铝箔形成的，如图 56-1 所示。板材的拼接缝采用粘贴或用压敏胶带封贴，强度极弱。

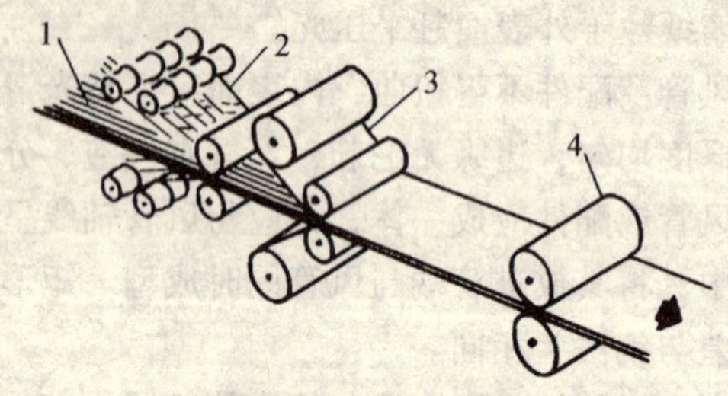

图 56-1 带槽箔片的纤维排布示意图

1—带槽箔片；2—纤维；3—覆盖箔片；4—扩散结合

1. 拼接缝的粘接必须严密、牢固，折角应平直。风管内表面应平整、清洁。

2. 含绝热层的复合材料风管，其绝热层为不燃或难燃材料，覆层与绝热层的结合牢固不可分层。风管的绝缘层不得外露。

采用法兰连接时，连接应牢固、严密。

3. 树脂玻纤布及其他复合材料制成的柔性风管不得漏风，与法兰连接处应牢固和严密。各支撑环的间距要均匀。

柔性管与法兰连接处应牢固和严密。

三、成 品 保 护

1. 成品、半成品加工成型后，应存放在宽敞、避雨、雪的库、棚中。置于干燥的隔潮的木垫、架上，按系统、规格和编号堆放整齐，避免相互碰撞造成表面划伤，要保持所有产品表面的光滑、洁净。

2. 成品、半成品运输、装卸时，应轻拿轻放。风管较多或高出车身的部分要绑扎牢固，避免来回碰撞，损坏风管及配件。

3. 吊运、安装风管及配件时要先按编号找准，排好。然后再进行吊运。安装减少返工，并要注意安全不要掉下来损坏风管及配件或伤人。

四、安全注意事项

1. 制作加工场地平整、洁净，工作地点应有足够的采光或照明设备，并配有消防设备及用具。

2. 操作人员均应戴手套、口罩、防尘帽等劳保防护用品，操作现场不得吸烟或存明火设备及易燃、易爆物品。

3. 使用电动工具修理时应注意安全，防护罩应牢固可靠，工具不得漏电。使用中用力均匀，防止用力过大失去控制伤人。

4. 风管搬运，要根据管段的体积、重量，组织适当的劳动力。加工现场条件允许时，可以用平板车运输。多人搬抬风管用力要一致，轻拿起、轻放下，堆放整齐。

五、质　量　标　准

1. 玻璃钢及复合材料风管的主要材料使用前应具有符合相应材质标准的出厂合格证。

2. 风管的规格、尺寸必须符合设计要求。风管表面层应平整，不允许起层、脱落。

3. 法兰与风管或配件应成一整体，并与风管轴线成直角。法兰平面的水平度允许偏差不应大于2mm。

4. 风管的外观应整齐，棱角见线、表面凸凹不大于5mm。

圆管弧度均匀，拼缝处无凹凸，无扭曲和翘角。

六、质量通病与防治方法

质量通病及防治方法见表56-3。

表56-3

序号	质量通病	防治方法
1	风管起层、脱落	选用干燥、清洁、不含蜡的玻璃丝布，并用力拉平
2	矩形风管外观不整齐、棱角不直	内模用料要选用平直坚固材料用于棱角，板材要平整、支撑要密集便于拆卸
3	风管有粉碎状	用料配方不精确或原料质量有问题要严格用料配方

57. 风管部件制作

一、施 工 准 备

1. 材料

(1) 钢板、不锈钢板、铝板、镀锌板、不锈钢棒、铜棒、帆布、人造革、树脂玻璃布、软橡胶板、石棉绳。

(2) 型钢、圆钢、弹簧、螺栓、铆钉、半圆头铆钉、螺帽、垫圈、镀锌螺栓、镀锌螺帽、镀锌垫圈。

(3) 各类焊条、成型胶条、软橡胶封条、密封胶、清洗剂(中性)、机油、铅油、粉笔、石笔。

2. 机具

(1) 剪板机、型钢切割机、卷板机、折方机、法兰弯曲机、联合冲剪机、车床、铣床、气剪、手动滚轮剪、坡口机、角向磨光机、小型电钻、压穿型电剪、气动锯、气动铆钉枪。

(2) 电焊机、氩弧焊机、镀铬工具。

(3) 钢卷尺、钢板尺、弯尺、画规、样冲、扳手。

(4) 操作平台。

3. 工作条件

(1) 加工图经审核、批准，并进行了技术、质量、安全交底。

(2) 土建主体工程已完成。作业地点具备加工工艺所需的设备和机具、相应的电源、安全防护设施及消防器材。

(3) 各种部件制作中用的专用模具、胎具、卡具、加工工具已准备齐全。

(4) 材料均已进场，能满足连续加工的需要。

二、施 工 工 艺

工艺流程

零件加工 → 组合装配

1. 风口制作

风口一般明露于室内，外形尺寸的规范化程度影响着室内的美观与否，特别是在高层建筑中，室内多为现代装饰。因此必须采用模具化生产，严格要求尺寸规范。通风管上的圆形风口规格以颈部的外径为准；矩形风口规格以外边长为准，制作尺寸应符合表 57-1 和表 57-2 中的规定；风口的外表装面应平整光滑，制作尺寸必须符合风口平面度允许偏差规定，见表 57-3。

圆形风口允许偏差 　　表 57-1

直　径（mm）	≤250	>250
允许偏差（mm）	0～－2	0～－3

矩形风口允许偏差（mm） 　　表 57-2

边　长	<300	300～800	>800
边长允许偏差	0～－1	0～－2	
对 角 线 长	<300	300～500	>500
对角线差允许偏差			

风口平面度允许偏差 　　表 57-3

表面积（m^2）	<0.1	≥0.1 且 <0.3	≥0.3 且 <0.8
允许偏差（mm）	1	2	3

（1）百叶式风口。百叶式风口是由单、双层叶片、叶片轴、开式调节阀等组成，见图57-1所示。

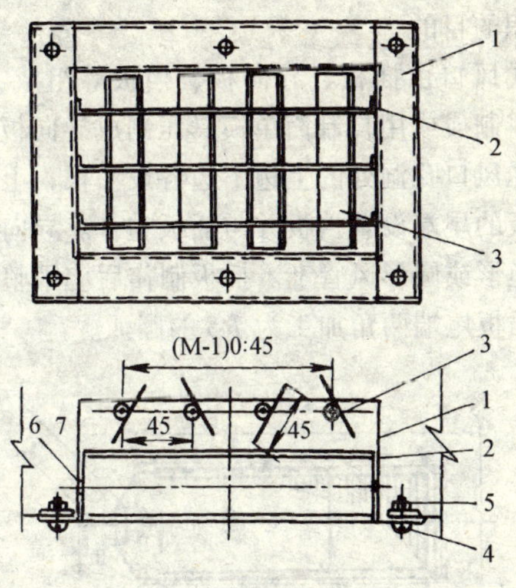

图57-1　双层百叶风口

1—外框；2—前叶片；3—后叶片；
4—半圆头螺钉；5—螺母；6—铆钉；7—垫圈

①按风口尺寸、对叶片、叶片轴、外框等件分别进行下料，采用模具化加工制作。并严格量测叶片、外框的各部尺寸，风口的转动调节件应精细加工。

②油漆或烤漆等各类防腐均在组装之前完成。

③组装时，不论是单层、双层，还是多层叶片，其叶片的间距应均匀，允许偏差为±0.1mm，轴的两端应同心，叶片中心线允许偏差不得超过3/1000、叶片的平行度不得超过4/1000。

组装后，圆形风口必须做到圆弧度均匀，外形美观。矩形风口四角必须方正，表面平整、光滑。风口的转动调节机构灵活、可靠，定位后无松动迹象。风口表面无划痕、压伤与花斑，颜色一致，焊点光滑。手动式风口叶片与外框的铆接松紧度适当、叶片平直与外框无擦碰现象。

（2）插板式及活动篦板式风口。插板式风口是借助于插板改变风口净面积；活动篦板式风口可借调节螺栓带动内篦板达到改变风口净面积的目的。

①插板式风口由插板、导向板、挡板等组成，见图 57-2 所示。可用下料制成或用自制简单模具压制成导向板，应保证其平直、光滑，在风口孔洞处的上边下边各设一根，上下两导向板应平行，在插板的尾端设置挡板并与插板吻合。导向板与插板均用铆钉固定在矩形或圆形风管上。插板制作后应平整、边缘应达到光滑程度，插板尾端两角加工为 $R5$ 的圆弧。

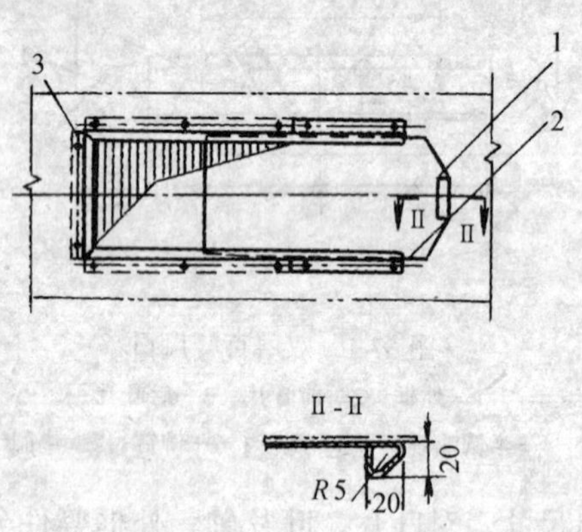

图 57-2　矩形风管插板式送吸风口

1—插板；2—导向板；3—挡板

②活动篦板式风口是由外篦板、风篦板、连接框、调节螺栓等组成，见图 57-3 示之。用胎具加工成形篦板，内外篦板加工后必须平整、边缘光滑，其连接框的扁钢滑槽尽量用机床刨制而成。篦板在组装前，内外面层先作防腐处理。然后再喷漆，颜色与风管一致。

③加工后进行成品组装。组装后的插板式及活动篦板式风口，外形规矩、美观，启闭自如、灵活，能达到完全开启和闭合的要求。

（3）旋转式风口是由叶栅、壳体、钢球、压板、摇臂、定位

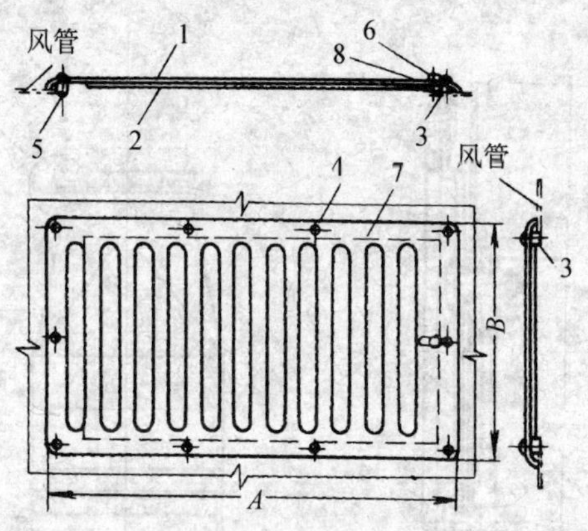

图 57-3　活动篦板式回风口

1—外篦板；2—内篦板；3—连接框；
4—半圆头螺钉；5—平头铆钉；
6—滚花螺帽；7—光垫圈；8—调节螺栓；
A—回风口长度，B—回风口宽度，按设计决定

螺栓等组合而成，见图 57-4 所示。用模具、胎具分别加工零件、法兰、压板、垫圈、拉杆、摇臂、固定压板、连杆、叶片、外框。

其外框焊接成形，应保证其平整、对边平行，邻边互相垂直。叶片加工后应尺寸无误、弧度准确、连杆加工符合规定。叶片全部采用松铆连接，松铆后的叶片要保证转动灵活。全部组件表面作底漆处理后，喷漆、颜色和风管相同。由外框、连杆、叶片组合成叶栅。再将叶栅、拉杆、摇臂等用固定板、定位螺栓、销钉、垫圈、开口销、法兰等与风口壳体进行逐一组装成型。

组装后的旋转式风口，转动应轻便灵活，接口处不应有明显漏风，叶片角度调整区间符合设计规定。

(4) 球形风口是由球形壳体、弧形阀板、旋轮等组合而成，见图 57-5 所示。利用球形胎具和模具进行壳体、阀板等组件加工焊制而成，旋轮应用机床加工制成。球形壳体的焊缝应牢固，

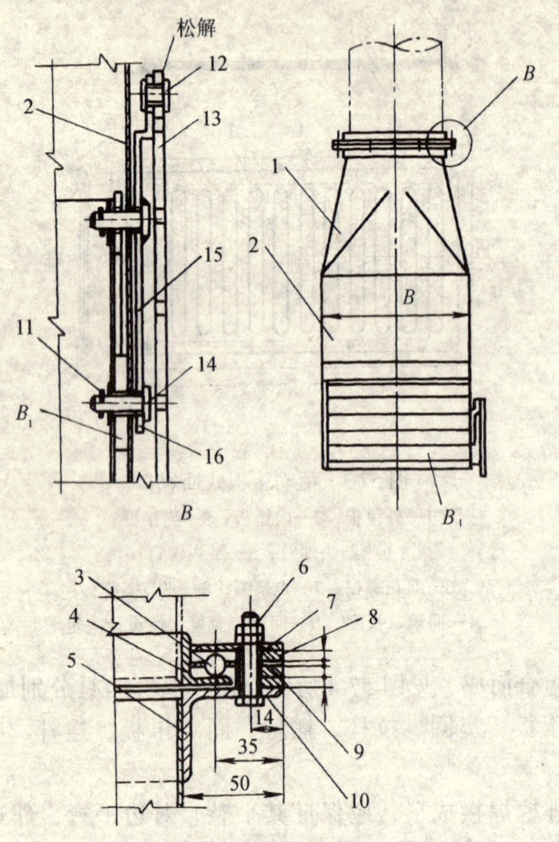

图 57-4 旋转吹风口

1—异径管；2—风口壳体；3—钢球；4—法兰；
5—法兰；6—螺母；7—压板；8—垫圈；
9—固定压板；10—螺栓；11—开口销；12—铆钉；
13—拉杆；14—销钉；15—摇臂；16—垫圈

B_1—叶栅

加工成形的壳体外表面应平整、光滑，并作镀铬处理。球体与上球形壳体的环形焊缝应打磨光滑，组合后的弧形阀板与上球形壳体必须贴紧。

球形风口组装成品后，其内外球面间的公差配合要保证其转

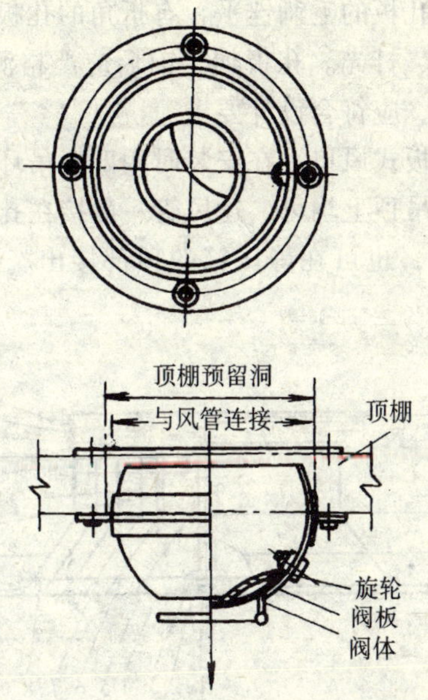

图 57-5　球形旋转送风口

动自如，可以用转动的球体调节风口送出气流的方向；可以通过旋轮上的启闭阀板调节风量。球形风口全部定位后应无松动现象。

球形风口安装在顶棚下时，可用木螺钉或膨胀螺栓连接。若与静压箱相接时，可用自攻螺丝、拉铆钉或螺栓等。

(5) 孔板式风口是由高效过滤器箱壳、静压箱和孔板组成，见图 57-6 所示。过滤器风口一般用铝或铝合金板制作。制作后均须进行阳极氧化处理和抛光着色。其外表装饰面拼接的缝隙，应小于或等于 0.15mm。组件加工中与过滤器接触的平面必须光滑、平整。加工

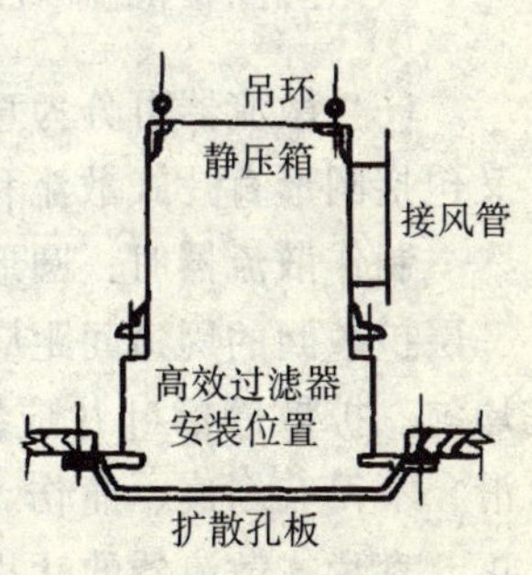

图 57-6　高效过滤器送风口

孔板时，必须将孔板的毛刺锉平，有折角的孔板风口其明露部分的焊缝均须磨平、打光。孔板加工前后应严格测量孔板的孔径、孔距及分布尺寸、应符合设计要求。

组装后的孔板式风口，在安装时用四根吊环吊于顶部、固定在楼板上或轻钢吊顶上均可。送风管一般接在孔板式风口的侧面（如图 57-7 所示），也可在静压箱的顶部接出。孔板均安装在下方。

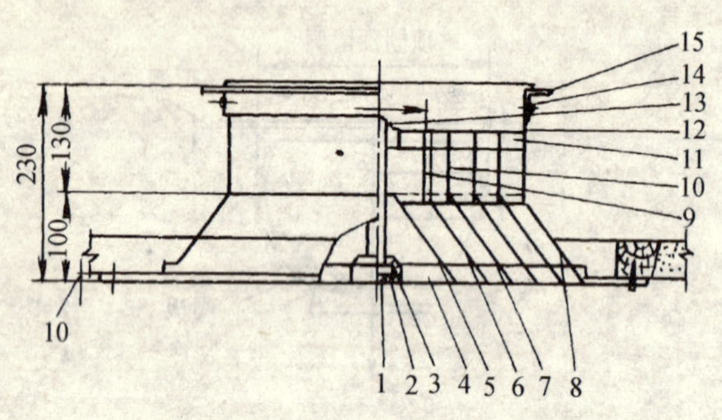

图 57-7　圆形直片式散流器

1—调节螺杆；2—固定螺母；3—调节座；4—扩散圈连杆；5—中心扩散圈；6—有槽扩散圈；7—中间扩散圈；8—最外扩散圈；9—有轨调节环；10—调节环；11—调节环连杆；12—调节螺母；13—开口销；14—半圆头铆钉；15—法兰

（6）散流器可分为直片式和流线型散流器，直片式散流器中又包括圆形直片式散流和方形直片式散流器，如图 57-7 所示。

制作散流器时：圆形散流器的调节环和扩散圈必须同轴，每一层扩散圈的周边间距应一致，保证其圆弧均匀，经向间距分布均匀。扩散圈的叶片应挺直、间距一致、平行、对称，边缘光滑，不得有划痕、撞伤。方形散流器的边线应平直、四角要方正。直片式散流器的叶片和外框均用铝合金制作，加工后须进行阳极氧化处理和抛光着色，处理后不得有任何斑痕。法兰盘与外框铆接时，外框与法兰须配钻，保证铆接牢固。

流线型散流器的壳体和叶片为曲线形，加工制作时，必须采用模具进行冲压成型。否则达不到设计效果。目前新型流线型散流器已批量生产，其主要特点是叶片整体安装于圆壳筒内，可整体拆卸。

2. 一般风阀制作

风阀制作后必须牢固，定位要准确可靠，调节机构应灵活自如。并在阀上标明启闭方向和角度区间。

（1）插板阀主要由法兰、插板、导轨、盖板、拉杆、壳体等组成；斜插板阀由法兰、插板、U形和月形条板、上下挡板、壳体等组成，详见图57-8。

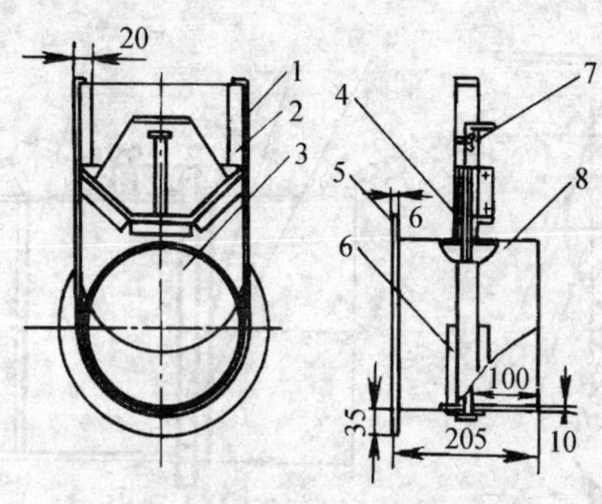

图57-8　离心通风机吸口塑料插板

1—U形板条；2—上挡板条；3—闸板；
4—下挡板；5—法兰；6—月形条板；
7—固定栓；8—短管

加工制作过程应采用机械切割，利用专用模具成型各部件。除螺栓外均用焊接，所有焊接部分应平整。插板必须采用整料、不得拼接，制成型后应该平整、启闭灵活。法兰按工艺标准加工成型。壳体必须严密，内外均按设计要求作防腐。以U形板条和月形板条相互焊接壳体上，形成的插板固定装置应光滑、可靠，无卡阻现象。

（2）蝶阀主要由壳体、阀板、调节装置组成，如图57-9所示。

短管壳体及法兰、展开划线后，按本工艺标准卷圆加工制成。法兰按规定钻孔并与壳体焊在一起，壳体上穿轴的孔洞须在与垫板焊接后方可钻孔。阀板加工后与壳体的间隙应均匀，不可过大。手柄的扇形部分有 1/4 圆周圆弧形的牙槽，手柄以螺栓和翼形螺帽固定在焊有垫板的壳体上，其手柄圆弧中心开有和轴相配的方孔，使手柄能调节阀板位置。

阀板转动灵活，手柄位置标注应清楚。拉链式蝶阀的链条按其位置配制得当。

(3) 三通调节阀：由调节装置、阀板、转轴等组成，见图 57-10 所示。

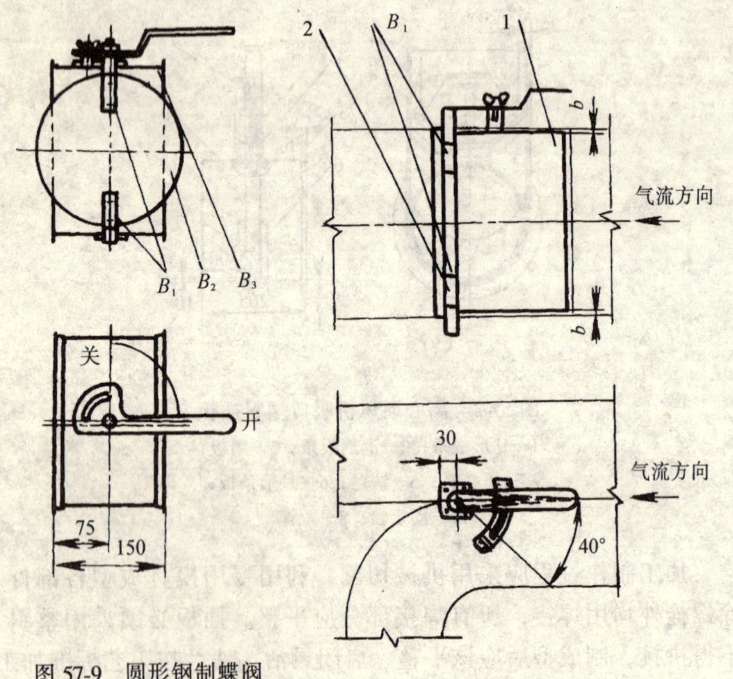

图 57-9　圆形钢制蝶阀

B_1—调节装置；

B_2—阀板；B_3—短管

图 57-10　矩形风管三通调节阀

1—阀板；2—中轴水煤气管

B_1—调节装置

先用薄钢板在专用模具上加工阀板，阀板的尺寸应正确，安装后与风管不得有碰擦现象，阀板应调节方便。加工组装的转轴和手柄（或拉杆）调节转动自如，与风管接合处应严密，按设计要求内外作防腐。手柄开关应标明调节角度。

(4) 多叶风阀有对开式和顺开式，见图 57-11 所示。通过手轮和蜗杆进行调节，设有启闭指示装置，在叶片的一端均用闭孔海绵橡胶板进行密封。制作加工后进行组装，调节装置应准确、灵活、平稳。其叶片间距应均匀，关闭后叶片能互相贴合，搭接尺寸应一致。对于大截面的多叶调节风阀应加强叶片与轴的刚度，适宜分组调节。均应标明转动方向的标志。阀件均应进行防腐处理。

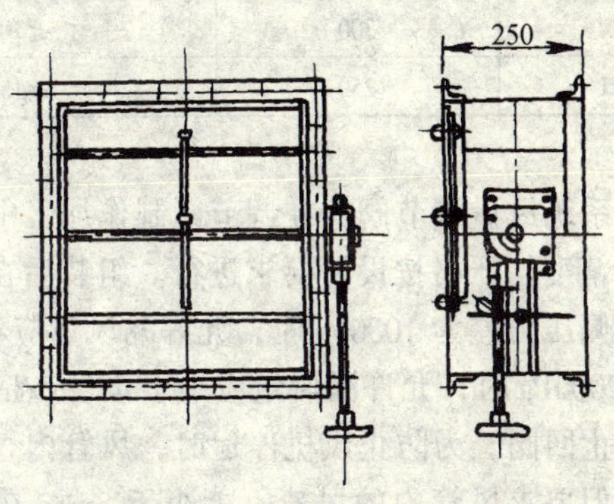

图 57-11　多叶调节阀

3. 特殊风阀及其他部件

特殊风阀中的材料，特别是防爆系统阀门及部件采用的材料不准更换。

(1) 防火阀及排烟阀。是高层建筑通风空调系统中的重要部件。发生火灾时，风管内气流升至一定温度时，防火阀自行关闭风机接受信号后也停止运转，同时发出信号。

①阀体外壳、叶片，用钢板制作，板厚必须≥2mm，严防火灾时变形失效。

②转动件在任何时候都应转动灵活，必须采用耐腐蚀的黄

铜、青铜、不锈钢及镀锌铁件等材料加工制作。

③易熔件及执行机构必须是消防部门认可的标准产品，熔点温度符合设计。当采用双金属片作执行传感元件时，动作温度也应符合设计。设置易熔件的阀门，易熔件要安装在迎风面上，检查口应设在容易更换易熔件的位置。

④阀门组装后，必须经过试验，其动作应灵敏、准确、可靠。阀门关闭后应严密，能阻隔气流。其允许漏风量见表 57-4。

防火、排烟阀允许漏风量　　　　表 57-4

阀门类型	两端压差（Pa）	允许漏风量（$m^3/h\cdot m^2$）
防火阀	300	≤700
排烟阀	300	≤700
板式排烟口	250	≤150

（2）高压系统风量调节阀。在调节阀制作加工中，其结构强度、组件加工精度均严格按设计要求进行。组装后在关闭条件下进行试验。两侧压力差为 1000Pa 时，允许漏风量应小于 $300m^3/h\cdot m^2$；压差为 2000Pa 时，允许漏风量应小于 $480m^3/h\cdot m^2$。

（3）风管止回阀。为防止风机停运时，风管内气流逆行，采用的逆止阀，但要求风管内的风速不能小于 8m/s 在空气洁净系统中尤为重要。止回阀分为垂直式和水平式两种安装方式。

①阀板用铝板加工，制作后的阀板应启闭灵活，关闭严密。

②阀板的转轴与铰链一般采用不易腐蚀的黄铜由机加而成，加工精度应符合要求，转动必须灵活。

③水平安装的止回阀，在弯轴上安装可调坠锤，用来平衡和调节阀板的关启，应该平稳、可靠。

（4）设计对阀件要求的喷漆、喷塑、镀锌、氧化等防腐处理应严格执行。如空气净化系统的阀门，其活动件、固定件、拉杆、螺钉、螺帽、垫圈等作镀锌防腐。阀体与外界相通的一些缝隙应采取密封措施。

4. 排气罩、风帽及其他部件

(1) 排气罩。局部排风一般通过排气罩来实现的，根据局部排风的工艺要求，有各种形式的排气罩，见图 57-12、图 57-13、图 57-14、图 57-15、图 57-16、图 57-17 和图 57-18 所示。

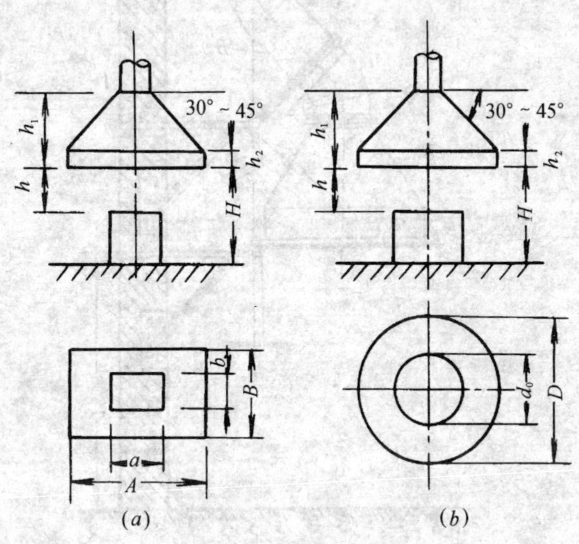

图 57-12 伞形罩各部尺寸的确定

(*a*) 矩形伞形罩；(*b*) 圆形伞形罩

①根据不同的形式展开划线、下料后进行机械或手动加工成型。其各孔洞均采用冲制。连接件要选用与主料相同的标准件。各部件加工后其连接方法采用焊接或咬接，参见本工艺标准进行。

②各部件加工后，尺寸应正确，形状要规则，表面须平整光滑，外壳不得有尖锐的边缘，罩口应平整。其连接方法采用焊接或咬接，详见本工艺标准。

③伞形罩的扩张角不大于 60°；回转式转动应灵活。旋转范围适应局部排风要求，旋转轴、伞形罩及拉杆固定装置牢靠；升降式的内外套管必须圆整，间隙均匀，偏差不大于 3mm。导向滑

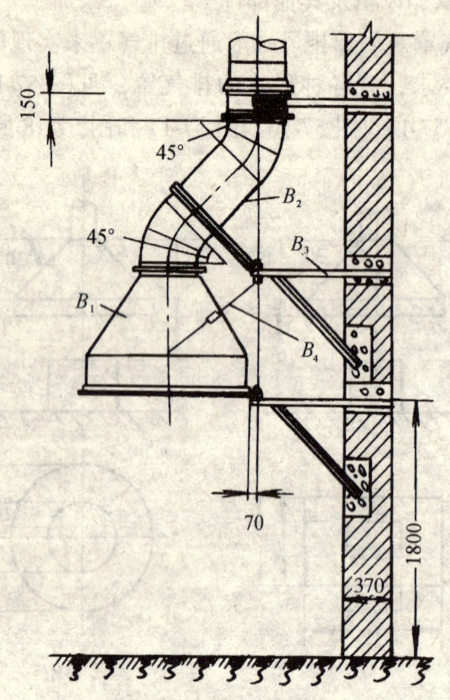

图 57-13 回转式排气罩

B_1—圆回转罩；B_2—连接管；

B_3—支架；B_4—拉杆

道平行升降平稳，固定钢丝绳装置应牢固；密闭罩的本体及部件封闭严密，罩与排气框（或其他设备）接口严密。检查口设于便于检查和观察的位置。槽边侧吸罩、条缝抽风罩的转角弧度应均匀，罩口加强板分隔间距相同，锅灶排气罩集水槽应严密不漏水，坡向排出口。

（2）风帽。按用途不同可分成三种类型，自然排风中用筒形风帽，机械排风中用伞形风帽，除尘系统中用锥形风帽，详见图 57-19、图 57-20 和图 57-21 所示。风帽的展开划线、下料制作、加工成型等工序，参见本工艺标准。所有的接缝，特别是顶部的

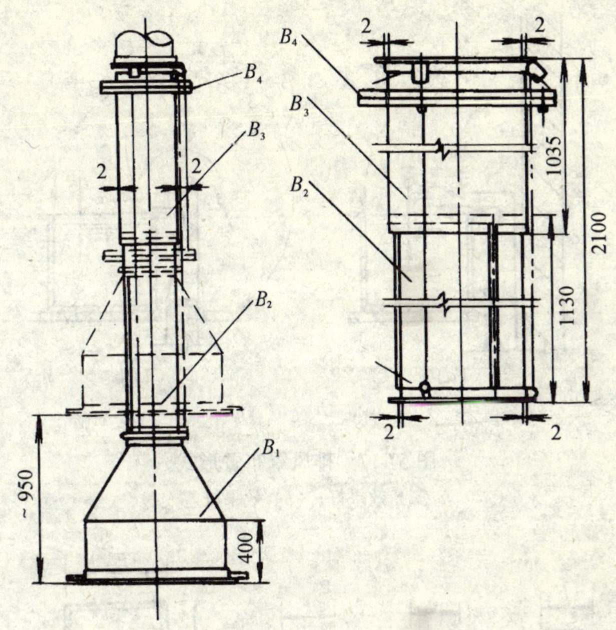

图 57-14　升降式排气罩

B_1—伞形排气罩；B_2—内套管；

B_3—外套管；B_4—平衡装置

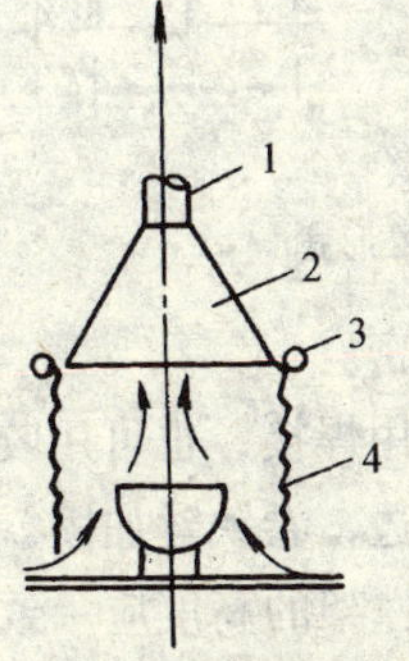

图 57-15　带卷帘的密闭罩

1—烟道；2—伞形罩；

3—卷绕装置；4—卷帘

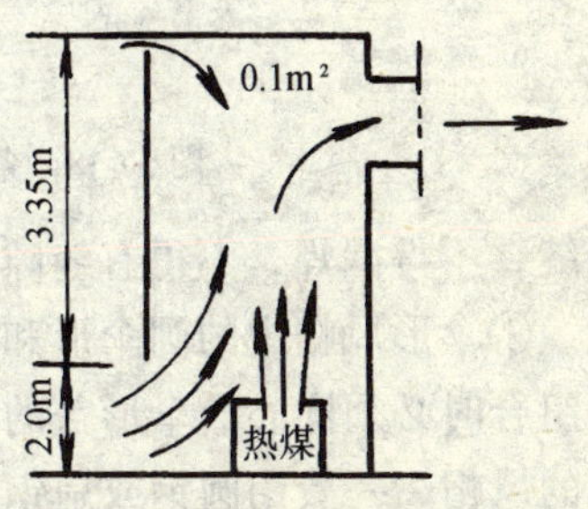

图 57-16　热过程密闭罩

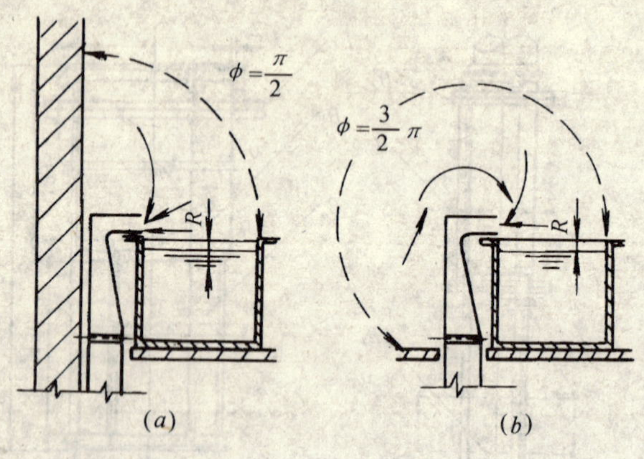

图 57-17　排风罩布置形式

（a）效果好；（b）效果较差

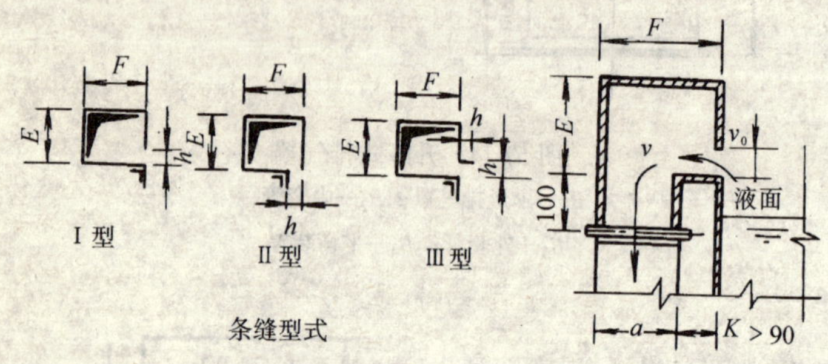

图 57-18　条缝式排风罩形式

接缝，不得漏焊，不得有缝隙，必须严密。

①伞形风帽中的圆伞形和倒伞形可用焊接，也可用咬接，二者组合时必须同心。伞形盖的边缘可翻边，卷铁丝加固，较大规格的风帽，一般用圆钢或扁钢加固。支撑架的高度应一致，以保证组装后不歪斜。

②锥形风帽制作时，锥形帽里的上伞形帽挑檐 10mm 尺寸必须确保，并且下伞形帽与上伞形帽焊接时，焊缝与焊渣不许露至檐口边，严防雨水流下时，从该处流到下伞形帽并沿外壁淌下造

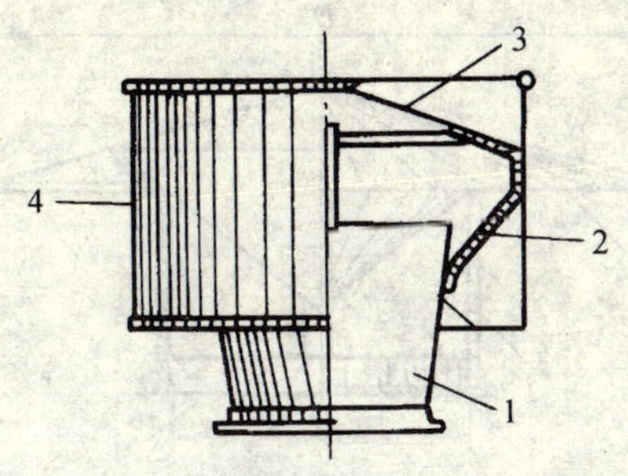

图 57-19 筒形风帽

1—扩散管；2—支撑；3—伞形罩；4—外筒

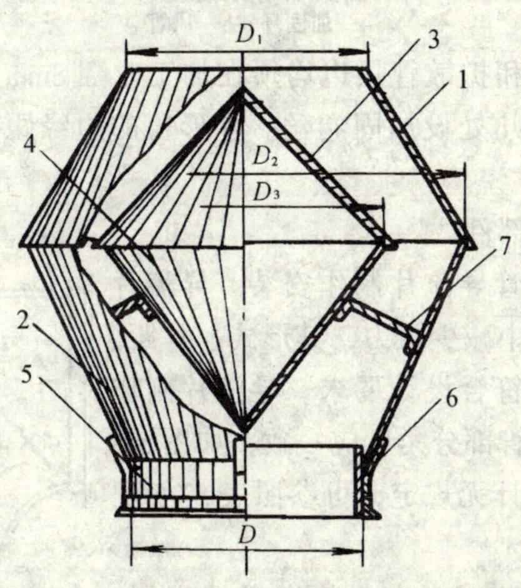

图 57-20 锥形风帽

1—上锥形帽；2—下锥形帽；3—上伞形帽；
4—下伞形帽；5—连接管；6—外支撑；
7—内支撑

成漏雨。组装后，内外锥体的中心线应重合，而且两锥体间的水平距离均匀、连接缝应顺水，下部排水通畅。

③筒形风帽的外筒加工时，其上下沿口用圆钢加固，大风帽一般用扁钢加固，外筒的椭圆度不得超过直径的 2%。伞形盖、

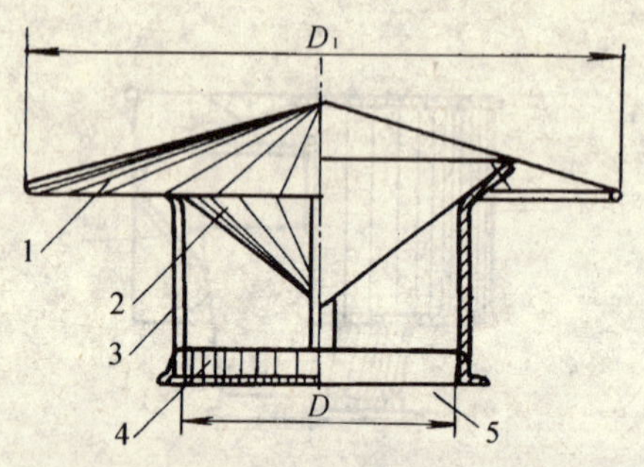

图 57-21　伞形风帽

1—伞形帽；2—倒伞形帽；3—支撑；
4—加固环；5—风管

挡风圈的底边和扩散管顶边均须在加工时翻 8mm 的空心边，大风帽尚须在这几处设加固卷丝。伞形盖的边缘距外筒尺寸应相同。

（3）其他部件

①矩形弯管导流片制作安装。导流片设于矩形弯头中减少阻力，其形式、片距、尺寸加工时应符合设计要求。导流片制作时其弧度与弯管部分角度应一致，如图 57-22 所示。如设计无规定，可参照表 57-5 配置。

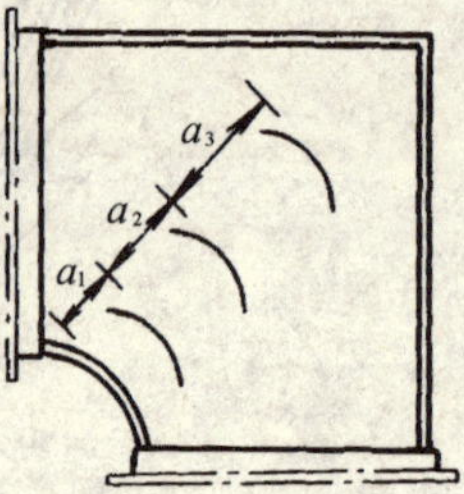

导流片安装时，应与外壳铆接牢固，要防止气流引起噪音。

图 57-22　矩形弯管导流片配置

②柔性短管一般均选用帆布、人造革、树脂玻璃布、软橡胶板等具有减震、防潮、不透气的柔性材料制成。

帆布（含涂胶帆布）、人造革柔性短管制作时，先按要求展开下料，柔性短管的长度为 150 ~ 250mm 区间，留出搭接量 25mm 左右，将其缝纫合成。再用≤1mm 的镀锌板条连同帆布或人造革短管铆接在角钢法兰上，也可以先和薄铁皮咬口后再和法兰铆接，铆距 60 ~ 80mm，连接应紧密。铆完后把伸出管端的薄铁皮翻边，向法兰平面敲平。

矩形弯管内导流片的配置（mm） 表 57-5

边长	片数	a_1	a_2	a_3	a_4	a_5	a_6	a_7	a_8	a_9	a_{10}	a_{11}	a_{12}
500	4	95	120	140	165	—	—	—	—	—	—	—	—
630	4	115	145	170	200	—	—	—	—	—	—	—	—
800	6	105	125	140	160	175	195	—	—	—	—	—	—
1000	7	115	130	150	165	180	200	215	—	—	—	—	—
1250	8	125	140	155	170	190	205	220	235	—	—	—	—
1600	10	135	150	160	175	190	205	215	230	245	255	—	—
2000	12	145	155	170	180	195	205	215	230	240	255	265	280

树脂玻璃布、软橡胶板可以分别用热熔压实搭接缝。须加热到树脂或软橡胶板熔化或塑化温度以上，施力加压合缝。也可采用成品软管（可采用热熔枪熔合）。

用于空气净化系统的柔性短管内壁应光滑，不易产生尘埃。

设于沉降缝的柔性短管，长度大于沉降缝宽度。

(4) 其他

①检测孔按设计要求采用不易锈蚀的材料制作。

圆形风管上的检测孔中骨架、门板、门架均按风管圆弧弯曲，孔口周边用海绵橡胶条密封。

②检查门加工安装后应启闭灵活、关闭严密，与风管或空气处理室连接处密封层严实，不得漏风。人员出入的检查门尺寸≥600mm×400mm。空气净化系统风管检查门应采用软橡胶或成型胶条密封。

③净化系统的静压箱加工采用咬接或焊接，接缝少而好。咬接时用转角咬口或联合角咬口，咬口处用密封胶涂抹严实，焊接时严禁出现裂纹或穿孔。

静压箱内固定高效过滤器的框架及其他固定件，必须进行镀锌、镀镍等防腐。

5. 各类部件制作组合后，按通风系统所在位置，进行统一编号。如有条件，部件应和所在系统中位置的风管统一堆放。使其排列有序、井井有条。安装过程中则快而不乱。对于高层建筑，应该考虑到分层分系统编号、分层分系统安装。

由于风管与部件制作组合后形体都不小，占地大，要求在加工前，在施工组织设计中，作好场地准备，一般均不得露天存放。

三、成 品 保 护

1. 成品、半成品加工成型后，应存放在宽敞、避雨、避雪的仓库、敞棚中。置于干燥的隔潮木头垫上、架上。按系统、规格和编号堆放整齐，避免相互碰撞造成表面划伤，要保持所有产品表面的光滑、洁净。

2. 成品、半成品运输、装卸时，应轻拿轻放。风管较多或高出车身的部分要绑扎牢固，避免来回碰撞，损坏风管及配件。

3. 吊运、安装风管及配件时要先按编号找准，排好，然后再进行吊运，安装减少返工。并要注意安全防止掉下重物损坏风管及配件或伤人。

四、安全注意事项

1. 加工场地平整，洁净，操作平台，架要安装牢固可靠。裁剪材料的地方，不得有闲人站立，工作人员也应注意避免在翻料，落料或转身时，将人碰伤。工作地点应有足够的采光或照明设备。

2. 操作前检查所有工具，特别是使用木柄板金锤、大锤之前，应检查锤柄是否牢靠。打大锤时，严禁戴手套，并注意四周人员和锤头起落范围有无障碍物。

3. 电动机具的布置应安装在室内或搭设的工棚内，防止雨雪的侵袭。使用剪板机床时，应检查机件是否灵活可靠，严禁用手摸刀片及压脚底面，如两人配合下料时更要互相协调；在取得一致的情况下，才能按下开关。

4. 风管与法兰组合铆接或铆固加固框时，配合人员要注意安全，用衬垫钢铁或4磅手锤撑住，防止铁屑飞入眼中。

5. 使用型材切割机时，要先检查防护罩是否可靠，锯片运转是否正常。切割时，型材要量准尺寸，固定后再将锯片下压切割，用力要均匀，适度。使用钻床钻孔时，不准戴手套操作。

6. 风管搬运，要根据管段的体积、重量，组织适当的劳动力。加工现场条件允许也可以用板车运输。多人搬抬风管用力要一致，轻拿起轻放下，堆放整齐。

五、质 量 标 准

1. 各类部件的规格、尺寸必须符合设计要求。防火阀必须关闭严密，转动部件必须采用耐腐蚀材料，外壳，阀板材料厚度严禁小于2mm。

2. 各类部件组装应连接严密，牢固，活动件灵活可靠，松紧适度。

3. 风口外观质量应合格，孔、片、扩散圈间距一致，边框和叶片平直整齐，外观光滑，美观。

4. 各类风阀的制作应有启闭标记，多叶阀叶片贴合，搭接一致，轴距偏差不大于1mm，阀板与手柄方向一致。

5. 罩类制作，罩口尺寸偏差每米应不大于2mm，连接处牢固，无尖锐的边缘。

6. 风帽的制作尺寸偏差每米不大于2mm，形状规整，旋转风帽重心平衡。

7. 柔性管应松紧适度，长度符合设计要求和施工规范的规定，无开裂、扭曲现象。

8. 风口制作尺寸的允许偏差和检验方法应符合表 57-6 的规定。

风口制作尺寸的允许偏差和检验方法　　　　表 57-6

项次	项目	允许偏差（mm）	检验方法
1	外形尺寸	2	尺量检查
2	圆形最大与最小直径之差	2	尺量互成 90°的直径
3	矩形两对角线之差	3	尺量检查

六、质量通病及其防治

质量通病及防治方法见表 57-7。

表 57-7

序号	质量通病	防治方法
1	风口的装饰面划伤	组装时应在操作台上加垫橡胶板等柔软性材料
2	部件活动不灵	下料时应考虑装配误差，和喷漆增厚，同时要做到方正、平直、通轴

58. 风管及部件安装

一、施　工　准　备

1. 材料

(1) 型钢、圆钢、橡胶板、闭孔海绵橡胶板、密封胶带、闭孔弹性材料、石棉橡胶板、耐酸橡胶板或软聚氯乙烯板。

(2) 帆布软接头、树脂玻璃布接头。

(3) 螺栓、螺帽、螺栓垫圈、镀锌螺栓、镀锌螺帽、镀锌垫圈、增强尼龙螺栓、自攻螺丝、拉铆钉、钢制垫圈。

(4) 粘接剂、密封胶、锯床、石笔、粉笔、油漆、涂料喷漆。

2. 机具

(1) 滑轮、麻绳、倒链、吊车。

(2) 活动扳手、钢丝钳、钢锯、螺丝刀、梅花扳手、扁錾、手锤、冲子、固定扳手、电锤。

(3) 钎子、铁垫板、安装台、脚手架、扶梯、安全网。

3. 工作条件

(1) 土建主体工程、地坪、风管地沟已施工完毕。装饰工程在与风管交叉作业中，空气洁净风管安装前已完成。

(2) 安装现场已将建筑材料、垃圾等有碍安装的杂物均清除，已具备现场组装风管及部件的条件。

(3) 风管及部件的支吊架形式已经选定（见本工艺标准支架部分），并向有关专业人员进行交底。土建施工过程中由专业人员密切配合，已做好风管、部件和设备安装的预留孔洞、预埋件的工作。安装前经检查支架预埋件位置正确，标高符合风管、部件安装要求。

二、施　工　工　艺

工艺流程

支架安装 ⟶ 风管、部件组合 ⟶ 风管、部件安装

1. 支（吊）架安装

(1) 设置支（吊）架固定点的方法：

①预埋件：由专业人员将预埋件按图纸坐标、位置和支、吊架间距，牢固地固定在土建结构钢筋上，在绑钢筋时完成。

②墙上预留孔或凿孔：按风管安装标高计算出支架离地面标高（或土建相对地面标高线），找到正确的安装支架孔洞位置，配合土建砌筑时预留好孔洞（孔洞尺寸见本工艺标准支架工艺部分），若事先未作预留，须用手锤和钎子凿上孔洞。

③膨胀螺栓：确定位置后，用电锤先打出与膨胀螺栓配套的眼，然后镶入膨胀螺栓即可。特点是施工灵活、准确、快捷。但是，此法不适用于大面积、大风管或者有动荷载的风管固定。

④射钉枪。仅用于 <800mm 的支管上，特点同膨胀螺栓。

⑤电锤透孔。在楼板上漏留预埋件时，在确定风管吊杆位置后，用电锤在楼板上打一透孔，在地面上剔一个长 300mm、深 20mm 的槽，将吊杆镶进槽中，再用水泥砂浆将槽填平。

(2) 经安装前的复查，支（吊）架的固定件及位置符合设计规定，或符合下列规范要求：

①靠墙、靠柱的水平风管支架用悬臂或有支撑的支架，否则采用托底吊架。直径或边长 <400mm 的风管采用吊带或吊架。

②靠墙、柱安装的垂直风管用悬臂托架或有斜撑的支架。穿过楼板不靠墙柱的风管用抱箍支架固定。室外立管用拉索固定。

③也可采用组合型通用构架新支（吊）架。

④水平风管的直径或边长 <400mm，支（吊）架间距 ≤4m，直径或边长为 400mm，间距 ≤3m。垂直风管固定件间距 ≤4m，但每一根立管不少于 2 个固定件。悬吊的风管与部件有防摆动的

固定点埋件。

⑤支（吊）架的预埋件，射钉或膨胀螺栓位置经核对应正确、牢固、可靠。

⑥用钢卷尺排距，若发现有的支、吊架若设在风口、阀门、检查门或自控机构处时，要进行重新调整个别预埋件。

(3) 支（吊）架制作时，其型钢上的螺孔均采用机械钻孔，不准用气割开孔。吊杆必须平直，螺纹完整光洁。吊杆接拼时用焊接或螺纹连接（螺纹长于杆的直径，并有防松措施）。焊接用搭接，搭接长度≥6倍杆的直径。

圆形抱箍其圆弧度应与风管外径吻合，紧箍风管；矩形风管上的抱箍支架折角应平直，连接处留有螺栓收紧的距离，能使抱箍紧贴风管。

(4) 支（吊）架安装：

①托架安装时以风管的标高为准。圆形风管以中心标高为依据；矩形风管以外底皮标高为依据，向下返尺至托架角钢面上。在柱子预埋铁件或墙上的预留孔洞、距风管两端最近的支架位置上作出安装标记。按角钢伸出柱子（或墙）的距离画线，先用电焊点住。经复查标高准确无误，可将角钢焊在预埋件上（或用抱箍固定在柱上），然后在两端角钢面上拉线确定中间支架的标高。墙上支架安装详见本工艺标准供暖工艺。托架插入墙内的一端必须劈叉。

有坡度要求的风管，须找出坡差再拉线，见本工艺标准室内供暖。

②吊架安装：以风管的中心线为准。单吊杆位于风管中心线上，双吊杆按托板螺孔间距或风管中心线对称安装。圆形风管与托板间须垫木块，防止变形。矩形保温风管下须垫隔热材料，防止产生“冷桥”。吊杆不允许固定在法兰上。固定形式见本工艺标准支架部分。

③立管管卡安装时，先把最上面的一个管件固定住，再吊线坠找正，下面的管卡顺线固定。

2. 风管组合安装

(1) 擦净法兰表面污垢，若设计无要求可按下列选择垫片：

①输送空气温度低于70℃的风管，应采用橡胶板、闭孔海绵橡胶板、密封胶带或其他闭孔弹性材料等；

②输送空气或烟气温度高于70℃的风管，应采用石棉橡胶板等；

③输送含有腐蚀性介质气体的风管，应采用耐酸橡胶板或软聚氯乙烯板等；

④输送产生凝结水或含有蒸汽潮湿空气的风管，应采用橡胶板或闭孔海绵橡胶板等；

⑤空气净化空调系统风管的法兰垫片和清扫口、检查门等的密封垫料应选用不漏气、不产尘、弹性好、不易老化和具有一定强度的材料，如闭孔海绵橡胶板、软橡胶板等，厚度应为5～8mm。严禁采用厚纸板、石棉绳、铅油麻丝以及泡沫塑料、乳胶海绵等易产尘材料。法兰垫片应减少接头，接头必须采用梯形或榫形连接，垫片应干净，并涂密封胶粘牢，详见图58-1所示。

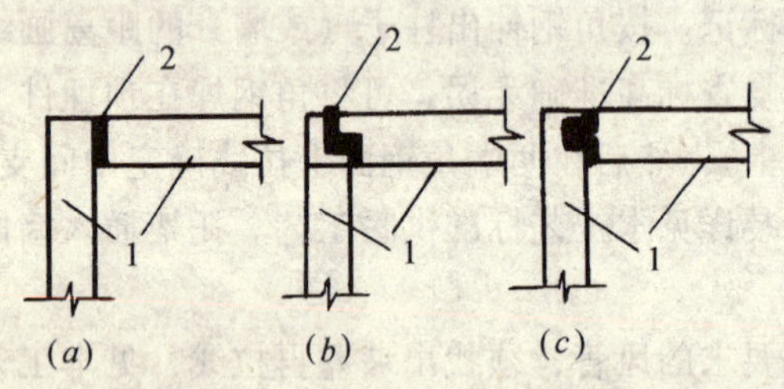

图58-1 密封垫片的接头形式

(a) 对接不正确；(b) 梯形接正确；(c) 榫形接正确

1—密封垫；2—密封胶

(2) 依据加工测绘草图上系统编号，按照安装顺序，一般是先干管后支管，垂直风管一般从下向上安装。对照已预制加工好的风管、管件上的编号，并先后运至安装现场，将风管及部件内外的杂物和污垢清除干净，达到清洁，再将其进行排列组合连接。其连接长度按吊装机具和风管直径决定，一般在10～12m左右。在排尺中，风管与配件的可拆卸接口及调节机构，不得装设在墙或楼板内。

(3) 法兰连接时，加上垫片，将两法兰先对正，穿上几个螺栓戴上螺母，暂不紧固，用尖头钢筋棍塞进穿不上螺栓的孔中，将法兰拨正，直到所有螺栓全能穿入孔中，才拧紧螺母，其螺母应在同一侧。紧固螺母时要按十字交叉、对称地、均匀地逐渐拧紧。连接好的风管以两端法兰为准，拉线检查是否平直。

①法兰如有破损（开焊、变形等）应及时更换，修理。

②不锈钢风管法兰连接的螺栓，用同材质的不锈钢制成。如果用普通碳素钢标准件，应按设计要求喷涂涂料。

③铝板风管法兰连接应采用镀锌螺栓，并在法兰两侧垫镀锌垫圈。

④聚氯乙烯风管法兰连接，应采用镀锌螺栓或增强尼龙螺栓，螺栓与法兰接触处应加镀锌垫圈。

⑤玻璃钢风管连接法兰的螺栓，两侧应加镀锌垫圈。

(4) 风管采用无法兰连接时，接口处应严密、牢固，矩形风管四角必须有定位及密封措施，风管连接的两平面应平直，不得错位和扭曲。螺旋风管一般采用无法兰连接。

①抱箍式：将每一管段的两端轧制成鼓筋，并使其一端缩为小口。安装时按气流方向把小口插入大口，外面用钢制抱箍将两个管端的鼓筋抱紧连接，最后用螺栓穿在耳环中固定拧紧，作法见图58-2。

②插接式：先制作连接管件，然后插入两侧风管，再用自攻螺丝或拉铆钉将其紧密固定，见图58-2（*b*）。

③插条式：主要用于矩形风管连接。将不同形状的插条插入风管两端，然后压实。其形和接管方法见图58-3所示。

④软管式：主要用于风管与部件（如散流器、静压箱、侧送风口等）的连接。安装时，软管两端套在连接的管外，然后用特制管卡把软管箍紧。

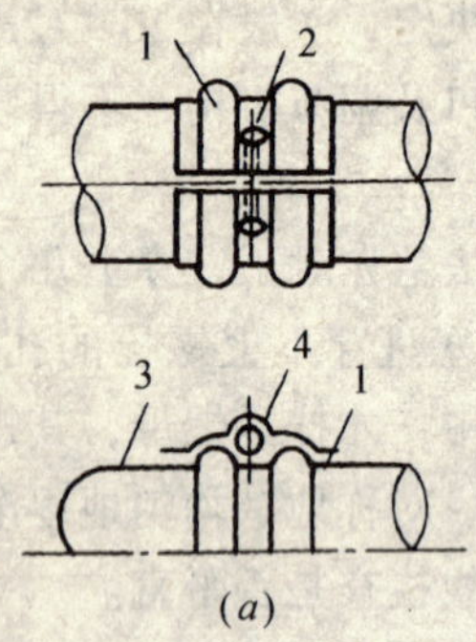

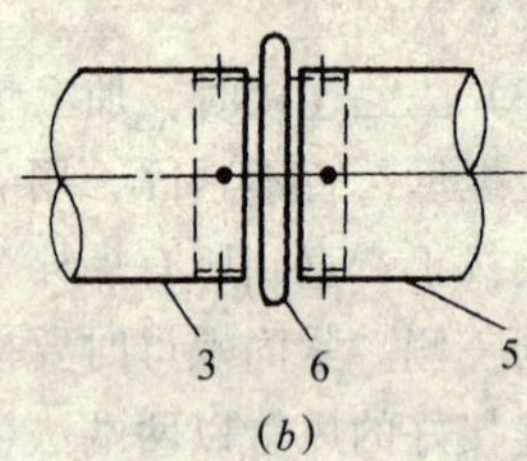

图 58-2 无法兰连接形式

1—外抱箍；2—连接螺栓；3—风管；4—耳环；5—自攻螺丝；6—内接管

（a）抱箍式连接；（b）插接式连接

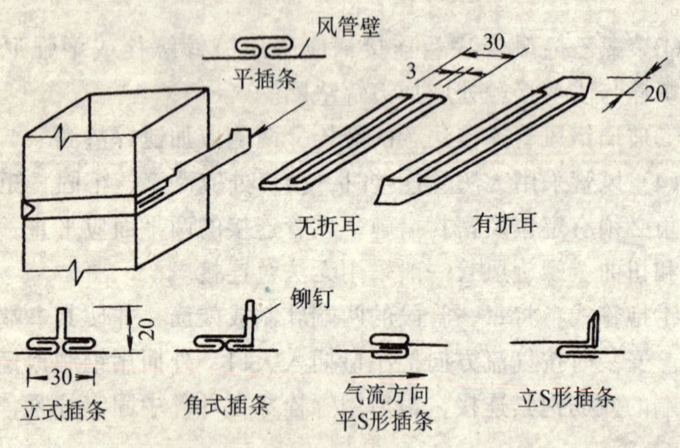

图 58-3 插条式连接（无法兰连接）

⑤无法兰连接的其他形式详见表 54-8 和表 54-9 所示。

（5）风管安装。根据施工现场情况，可以在地面连成一定的长度，然后采用吊装的方法就位；也可以把风管一节一节地放在支架上逐节连接。一般安装顺序是先干管后支管。垂直风管的安装一般是由下至上进行。

①吊装前，支（吊）架必须达到强度，牢固、可靠。选用滑

轮（或导链）和麻绳或液压升降台进行吊装，对其设备、用具进行全面检查。

②采用滑轮和麻绳吊装时，先把滑轮穿好麻绳，在梁、柱上选择两个以上牢靠的吊点，然后挂好倒链或滑轮。

③用绳索将风管捆绑结实。塑料风管、玻璃钢风管或复合材料管如需整体吊装时，绳索不得直接捆绑在风管上，应用长木板托住风管底部，四周应有软性材料做垫层，方可起吊。

④起吊时，当风管离地面 200～300mm 时，应停止起吊，仔细检查倒链和滑轮受力点或捆绑风管的绳索，绳扣是否牢靠，风管的重心是否正确，调整好，没问题后，再继续起吊。

⑤风管放在支、吊架上后，将所有托板和吊杆连接好，确定风管已稳固好后，才可以解开绳扣，进行下一段风管的安装。水平干管找平后可安装立、支管。

⑥对于不便于悬挂滑轮或受场地限制，不能进行整体吊装时，可将风管分节用绳索拉到脚手架上，然后抬到支架上对正法兰逐节安装。

⑦风管地沟敷设时，在地沟内进行分段连接。地沟内不便操作时，可在沟边连接，用麻绳绑好风管，用人力慢慢将风管放到支架上。风管甩出地面或在穿楼层时甩头不少于 200mm。敞口应做临时封堵。风管穿过基础时，应在浇灌基础前下好预埋套管，套管应牢固地固定在钢筋骨架上。

⑧特殊风管在安装就位中。输送易燃、易爆气体或有这种环境下的风管应设接地，并且尽量减少接口，当通过生活间或辅助间时不得设有接口。不锈钢与碳素钢支架间垫以非金属垫片；铝板风管支架、抱箍应镀锌；硬聚氯乙烯风管穿墙或楼板应设套管、长度 > 20m 设伸缩节；玻璃钢类风管树脂不得有破裂、脱落及分层，安装后不得扭曲；空气净化空调系统风管安装应严格按程序进行，不得颠倒。风管、静压箱及其他部件，在安装前内壁必须擦拭干净，做到无油污和浮尘，注意封堵临时端口；当安装在或穿过围护结构时，接缝应密封，保持清洁、严密。

⑨集中式真空吸尘系统安装时采用焊接，少设可拆卸接头。

3. 部件安装

(1) 阀门安装时，应注意阀门调节装置设置在便于操作部位；安装在高处的阀门也要使其操作装置处于离地面或平台1～1.5m处。

(2) 斜插板阀水平安装时，阀板顺气流方向插入；止回阀开启方向必须与气流方向一致；防火阀的易熔件应在安装完风管和阀体再安装，安装前试一下阀门与叶片是否灵活、严密，有水平安装和垂直安装，有左式和右式之分；手动密闭阀上的箭头方向与受冲击波方向一致；自动排气阀门的重锤应垂直向下，开启方向与排气方向一致；这些阀门的共同点是决不得装反。

(3) 排烟阀安装后，手动、电动应灵敏可靠，关闭严密，试验时不得漏烟。

(4) 风口安装应与风管连接紧密、牢固；外表面平整不变形，调节灵活，边框与建筑装饰面贴实，同一房间风口安装高度应一致，排列整齐。风口水平度偏差不大于3‰；风口垂直度偏差不大于2‰。

(5) 铝合金条形风口的安装，其表面应平整、线条清晰、无扭曲变形，转角、拼缝处应衔接自然，且无明显缝隙。

(6) 净化系统风口安装前应清扫干净，其边框与建筑顶棚或墙面间的接缝应加密封垫料或填密封胶，不得漏风。

(7) 变风量末端装置的安装，应设独立的支、吊架，与风管相接前应做动作试验。

(8) 各类排气罩在设备就位后安装，位置应正确，固定应可靠。支、吊架不得影响操作。

(9) 厨房锅灶排油烟罩的安装高度及坡度应符合设计规定。

(10) 风帽的滴水盘、滴水槽安装应牢固，不得渗漏。凝结水应能排出。

三、成 品 保 护

1. 安装完的风管及配件要保证表面光滑清洁，保温风管外表面整洁无杂物。室外风管应有防雨雪措施。

2. 暂停施工的系统风管，应将风管敞口处封闭，防止杂物进入。

3. 风管伸入土建结构风道时，其末端应安装钢板网，防止系统运行时，杂物进入风管内。

4. 交叉作业较多的场地，严禁以安装完的风管作为支、吊、托架，不允许将其他支、吊架焊在或挂在风管法兰和风管支、吊架上。

5. 运输和安装不锈钢、铝板风管时，应避免划伤风管表面，安装时尽量减少与金属物质物品接触。可以用厚纸板、塑料布、泡漆包装垫等将风管隔开。

6. 运输和安装配件时，应避免由于碰撞而造成执行机构和叶片变形。露天安装应有防雨、防雪措施。

四、安全注意事项

1. 风管及部件安装前应按系统或楼层，区域划分将所有的风管及部件运至现场，准备安装。

2. 风管搬运要根据风管的体积重量组织劳动力进行。水平车辆运输要绑扎牢固，风管套装时，不要被法兰，毛刺砸伤、碰破手脚。风管装车不宜太高，并不得坐人或装载其他较重物件。人力装运要清理好道路，相互配合好。

3. 用于高空作业的脚手架搭设必须牢固，并布设有上下人员及设备的位置。使用靠梯、高凳，必须牢固可靠，其下端采取防滑措施；人字梯中间应有拉结绳索定位装置。

4. 风管及部件安装前，首先检查吊、支架是否牢固、有无脱落的危险，布置的数量、位置是否符合设计要求。

5. 进入现场必须戴好安全帽，高空作业系好安全带，穿防滑鞋，并随身携带工具袋。

6. 吊装风管时，要注意周围是否有障碍物，特别注意防止与电线接触；严禁带电安装。

7. 风管吊装，不得中途停止，以免发生危险；如必须中途停止时，应将吊杆或绳索临时绑牢并固定在结构上，但必须在当天收工前处理完毕。

8. 风管吊装就位后，立即用正式吊、支架固定位，不准用铁丝等临时绳索固定。

9. 风管垂直吊装时，应检查吊装索具是否符合要求。风管、部件起吊离地 200mm 左右时，必须全面检查绳索、卡具是否牢固，确定安全后继续起吊。下面人员应离散开，以避免风管掉下伤人。

10. 在安装施工过程中，施工区域内如有井、洞、坑、池等，应设置护栏、盖板等，任何人不得挪动；楼梯间未装栏板前应绑防护栏杆。

五、质 量 标 准

1. 安装必须牢固，位置、标高和走向应符合设计要求，部件方向正确，操作方便。防火阀检查孔的位置必须设在便于操作的部位。

2. 支、吊、托架的形式、规格、位置、间距及固定必须符合设计要求和施工规范规定，严禁设在风口、阀门及检视门处。不锈钢、铝板风管采用碳素钢支架必须进行防腐绝缘及隔绝处理。

3. 玻璃钢风管的支管必须单独设支、吊架，法兰两侧必须加镀锌垫圈。螺栓按设计要求作防腐处理。

4. 铝板风管的法兰连接螺栓必须镀锌，并在法兰两侧垫镀锌垫圈。

5. 风帽安装必须牢固，风管与屋面交接处严禁漏水。

6. 输送产生凝结水或含有潮湿空气的风管安装坡度应符合设计要求，底部的接缝均做密封处理。接缝表面平整、美观。

7. 风管的法兰连接时应平行、严密，螺栓紧固均匀，螺栓露出长度适宜并一致，同一管段的法兰螺母在同一侧。

8. 风口安装位置正确，外露部分平整美观，同一房间内标高一致，排列整齐。

9. 柔性短管松紧适宜，长度符合设计要求和施工规范规定，并无开裂和扭曲现象。

10. 罩类安装位置正确，排列整齐，牢固可靠。

11. 风管、风口安装的允许偏差和检验方法见表 58-1 的规定。

风管、风口安装的允许偏差和检验方法　　表 58-1

<table>
<tr><th>项次</th><th colspan="3">项　目</th><th>允许偏差 (mm)</th><th>检验方法</th></tr>
<tr><td rowspan="2">1</td><td rowspan="4">风管</td><td rowspan="2">水平度</td><td>每米</td><td>3</td><td rowspan="2">拉线、液体连通器和尺量检查</td></tr>
<tr><td>总偏差</td><td>20</td></tr>
<tr><td rowspan="2">2</td><td rowspan="2">垂直度</td><td>每米</td><td>2</td><td rowspan="2">吊线和尺量检查</td></tr>
<tr><td>总偏差</td><td>20</td></tr>
<tr><td rowspan="2">3</td><td rowspan="2">风口</td><td colspan="2">水平度</td><td>5</td><td>拉线、液体连通器和尺量检查</td></tr>
<tr><td colspan="2">垂直度</td><td>2</td><td>吊线和尺量检查</td></tr>
</table>

六、质量通病及其防治

质量通病及防治方法见表 58-2。

表 58-2

序 号	质量通病	防治方法
1	支吊架间距大，漏刷油漆	执行规范应在三通转弯处及大间距增加吊支架，制作吊杆时预先刷好油漆
2	螺栓漏穿，不紧、松动	增强责任心，逐个紧固螺栓并用力均匀
3	垫料脱落	清理法兰表面，保持清洁，固定垫料时注意不要凸入风管内和凸出风管法兰外
4	防火阀离墙过远，法兰在墙内	管道不要过长或过短，应处理适当，按图纸施工安装在离墙便于检修的位置

59. 通风、空调设备安装

一、施　工　准　备

1. 材料

(1) 型钢、螺栓、螺母、垫圈、滤料。

(2) 海绵橡胶板、橡胶板、耐热垫片、耐热材料密封条、密封胶、硅橡胶、密封液。

2. 机具

(1) 卷扬机、倒链、滑轮、绳索、三角架。

(2) 钢直尺、角尺、水平尺、钢卷尺、线坠。

(3) 活动扳手、固定扳手、梅花扳手、钢丝钳、螺丝刀、木锤、方锤、磅锤。

3. 工作条件

(1) 安装前检查现场，应具备足够的运输空间和场地。应清理干净设备安装地点，并无障碍物或无关的管道、设备、设施等。

(2) 设备型号、设备基础尺寸及位置应符合设计要求并应相互符合。

(3) 与建设单位、设备生产企业共同进行设备的开箱检验。设备所带备件、配件应齐备有效。随设备所带资料和产品合格证应完备。并做好开箱检查记录。

(4) 要有经过审批的技术、质量、安全交底。

二、施　工　工　艺

工艺流程

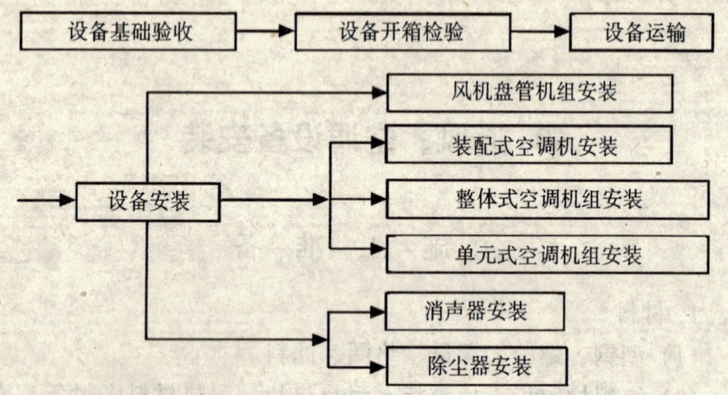

（一）通风机安装

详见本工艺标准锅炉部分。

（二）空调机组安装

1. 设备基础验收

根据安装图对设备基础的强度、外形尺寸、坐标、标高及减振装置进行认真检查。

2. 设备开箱检验

会同建设单位、设备供应部门共同开箱验收。最后将检查记录，由参与人员会签盖章、存档。

(1) 开箱前检查外包装有无损坏和受潮。开箱后认真核对设备及各段的名称、规格、型号、技术条件是否符合设计。产品说明书、合格证、随机清单和设备技术文件应齐全。逐一检查主机附件、专用工具、备用配件等是否齐全，设备表面应无缺陷、缺损、损坏、锈蚀、受潮的现象。

(2) 取下风机段活动板或通过检查门进入，用手盘动风机叶轮，检查有无与机壳相碰，摩擦声、风机减振部分是否符合要求。

(3) 检查表冷器的凝结水部分是否通畅、有无渗漏部分，加热器及旁通阀是否严密、可靠。过滤器零部件是否齐全、滤料及过滤形式是否符合设计要求。

3. 设备运输

空调设备在水平运输和垂直运输之前尽可能不要开箱并保留好底座。现场水平运输时，应尽量采用车辆运输或钢管、跳板组合运输。对于垂直运输在室外一般采用门式提升架或吊车运输，在机房内采用滑轮、倒链进行吊装和运输。整体设备允许的倾斜角度应参照说明书。

4. 一般装配式空调安装

它是由以下各功能段组成。新回风混合段、初效空气过滤段、中效空气过滤段、表面冷却器段、喷水室段、蒸汽加热段、热水加热段、加湿段、二次回风段、中间段、风机段，如图 59-1 中所示。

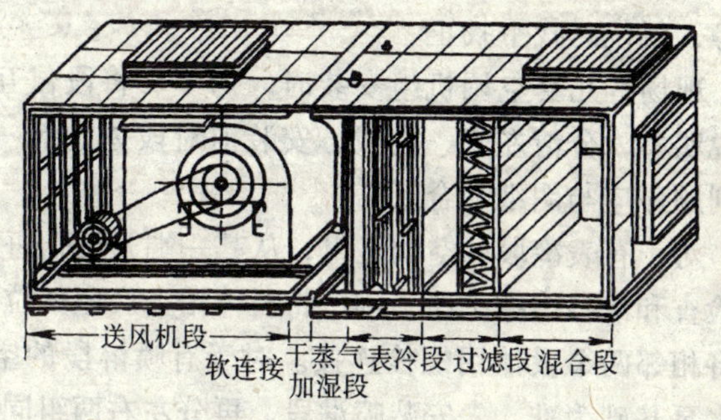

图 59-1 ZK 型装配式空调器

(1) 按设计图和安装说明书对照各段是否齐全，段内设备和部件是否齐备和完好无损。配件种类、规格应无缺。

(2) 各阀门启闭应灵活，阀叶须平直。表面式换热器应有合格证，在规定期间内外表面又无损伤时安装前可不做水压试验，否则应做水压试验。试验压力等于系统最高工作压力的 1.5 倍，且不低于 0.4MPa，试验时间为 2～3min；压力不得下降。空调器内挡水板，可阻挡喷淋处理后的空气夹带水滴进入风管内，使空调房间湿度稳定。挡水板安装时前后不可搞错，如图 59-2 所示。且将机组清理干净，箱体内无杂物。

(3) 设备基础必须达到强度，外形尺寸、标高、位置准确无误，基础表面必须平整。成型的空调机组底座如槽钢、混凝土台

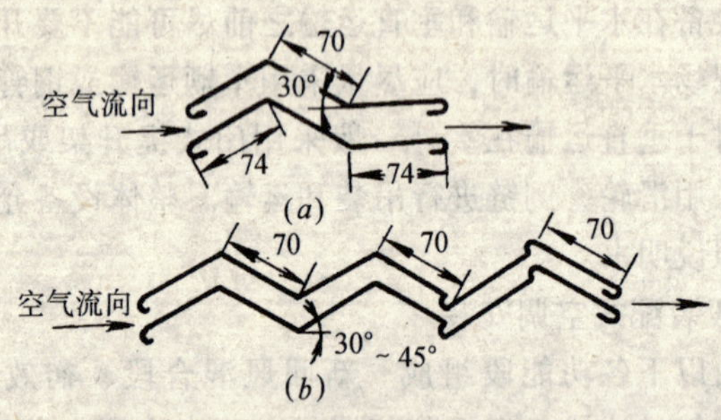

图 59-2 挡水板

(a) 前挡水板（分风板）；(b) 后挡水板

板或墩等，就位时找平找正。

(4) 现场有几套空调机组安装时，切不可将段位互换调错，按厂家说明书，分清左式、右式，安装前对段体进行一一编号，段体排列顺序应与图纸吻合。

(5) 对于有表冷段的空调机组，从其一端开始，每连一段前必须再检查和清扫擦抹干净，逐一将段体抬上底座就位找正，加衬垫，将相邻两个段体用螺栓连接。对于有喷淋段的空调机组，也有以水泵基础为准，先安装喷淋段，再分左右两组同时安装其他段。组合式空调机组各功能段间的连接必须严密，整体应平直，检查门开启要灵活，水路畅通。

(6) 加热段与之相邻段体间采用耐热材料作垫片，避免漏风和短路。

(7) 喷淋段连接处要严密、牢固可靠，喷淋段不得渗水，喷淋段的检视门不得漏水。积水槽应清理干净，保证冷凝水畅通不溢水。凝结水接头应安水封，防止空气调节器内空气外露或室外空气进来，如图 59-3 所示。

(8) 安装空气过滤器时不得将方向安反。

①框式及袋式粗、中效空气过滤器的安装要便于拆卸及更换滤料。过滤器与框架间、框架与空气处理室的围护结构间应严密。

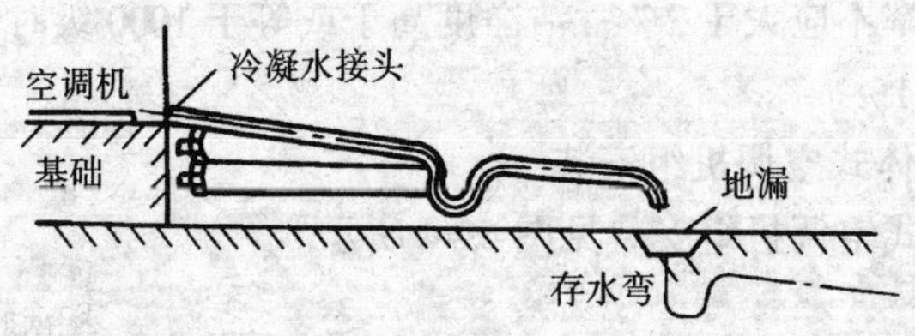

图 59-3　凝结水的排除

②自动浸油过滤器的网子要清扫干净，传动应灵活，过滤器间接缝要严密。

③卷绕式过滤器安装时，框架要平整，滤料应松紧适当，上下筒平行。

④静电过滤器的安装应特别注意平稳，与风管或风机相连的部位设柔性短管，接地电阻要小于 4Ω。

⑤亚高效、高效过滤器的安装应符合规定。按出厂标志方向搬运、存放，安置于防潮洁净的室内。其框架端面或刀口端面应平直，其平整度允许偏差为 ± 1mm。其外框不得改动。洁净室全部安装工程完毕，并全面清扫擦净。系统连续试车 12h 后，方可开箱检查，不得有变形、破损和漏胶等现象，合格后立即安装。安装时，外框上的箭头与气流方向应一致。用波纹板组合的过滤器在竖向安装时，波纹板垂直地面，不得反向。过滤器与框架间必须加密封垫料或涂抹密封胶，厚度为 6 ~ 8mm。定位胶贴在过滤器边框上，用梯形或榫形拼接，安装后的垫料的压缩率应大于 50%。

采用硅橡胶密封时，先清除边框上的杂物和油污，在常温下挤抹硅橡胶，应饱满、均匀、平整。

采用液槽密封、槽架安装，槽内保持清洁无水迹。密封液为槽深的 2/3。

现场组装的空调机组，应做漏风量测试。

(9) 安装完的空调机组静压为 700Pa 时，漏风率不大于 3%；空气净化系统机组，静压为 1000Pa，在室内洁净度低于 100 级时，漏风率不应大于2%；洁净度高于或等于1000级时，漏风率不应大于1%。

5. 整体式空调机组安装

整体式空调机组安装见图59-4所示。

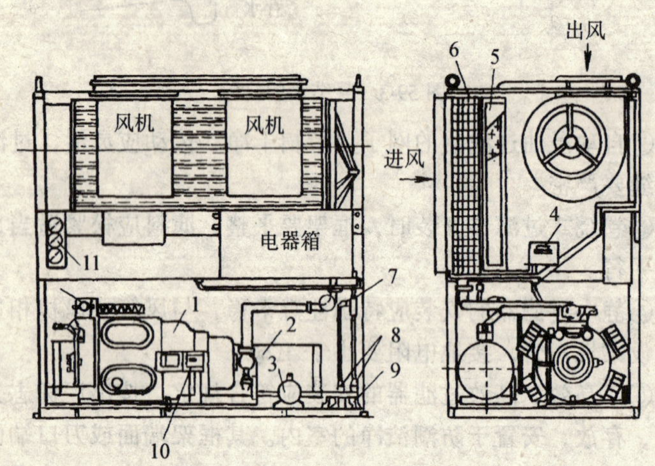

图59-4 整体式空调机组

1—制冷机；2—水冷冷凝器；3—过滤器；4—加湿器；5—加热器；6—蒸发器；7—热力膨胀阀；8—电磁阀；9—手动膨胀阀；10—压力压差继电器；11—压力表

(1) 安装前认真熟悉图纸、设备说明书以及有关的技术资料。检查设备零部件、附属材料及随机专用工具是否齐全。制冷设备充有保护性气体时，应检查有无泄漏情况。

(2) 空调机组安装时，坐标、位置应正确。基础达到强度，基础表面应平整，一般应高出地面100～150mm。

(3) 空调机组加减振装置时，应严格按设计要求的减振器型号、数量和位置进行安装并找平找正。

(4) 水冷式空调机组的冷却水系统、蒸汽、热水管道及电气、动力与控制线路，由管道工和电工安装。充注氟利昂和试调应由制冷专业人员按产品使用说明书的要求进行。

6. 单元式空调机组安装

(1) 分体式室外机组和风冷整体式机组的安装。安装位置应正确，目测呈水平，凝结水的排放应畅通。周边间隙应满足冷却风的循环。制冷剂管道连接应严密无渗漏。管道连接安装时，穿过的墙孔必须密封，雨水不得渗入。

(2) 水冷柜式空调机组的安装。安装时其四周要留有足够空间，方能满足冷却水管道连接和维修保养的要求。机组安装必须保持平稳。冷却水管连接应严密，不得有渗漏现象，应按设计要求设有排水坡度。

(3) 窗式空气调节器的安装，其支架的固定必须牢靠。应设有遮阳、防雨措施，但注意不得妨碍冷凝器的排风。安装时其凝结水盘应有坡度，出水口设在水盘最低处，应将凝结水从出口用软塑料管引至排放地。不得任其四处飞溅到邻里周围。

窗室空气调节器安装后，其板面应平整，不得倾斜，用密封条将四周封闭严密。运转时应无明显的振动和噪声。

7. 风机盘管机组安装

风机盘管空调系统，是由风机和盘管（作为冷却和加热用）组成的机组，直接设在空调房间内。开动风机后，可将室内空气（回风）和部分新风吸进机组，经盘管冷却或加热就地送入房间，达到空调的目的，如图 59-5 所示。

(1) 风机盘管在安装前，应逐台检查电机壳体及表面交换器有无损伤、锈蚀、缺件等缺陷。并逐台进行通电和水压试验。

通电试验：机械部分不得摩擦，整机不应抖动不稳，噪声不应超过产品说明书的规定。电气部分不得漏电。

水压试验：试验压力为系统工作压力的 1.5 倍，先升至工作压力进行全面检查，无渗漏时再升至工作压力的 1.5 倍，观察 5min 压力不降为合格，卸压待安装。

(2) 卧式吊装风机盘管，吊架宜采用过楼板 T 字圆钢四根或一根 T 字加一个 H 角钢架组合吊装。吊架要平稳牢固，位置正确。吊杆与设备连接处应使用双螺母紧固并找平、找正使得四个

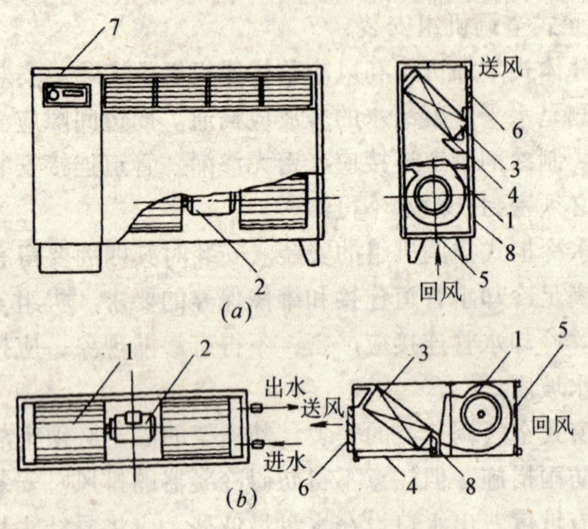

图 59-5　FP-5 型风机—盘管机组构造示意图

（a）立式明装；（b）卧式暗装（控制器装在机组外）

1—离心式风机；2—电动机；3—盘管；4—凝水盘；

5—空气过滤器；6—出风格栅；7—控制器（电动阀）；

8—箱体

吊点均匀受力。

(3) 设备供、回水配管，必须采用弹性连接，目前应用较多的是金属软管（包括软铜管）和非金属软管。橡胶软管只能用于管压较低并且是单冷工况的场合。紧固螺栓时应注意不要用力过大，同时要用双套工具二人对称用力，以防损坏设备。凝结水管宜选用透明塑料管，并用卡子卡住设备凝水盘一端，另一端应插入 *DN*20 的凝结水支管上，进入量应大于 5cm，要找好坡度，凝结水应畅通地流到指定位置，凝水盘应无积水现象。

(4) 暗装卧式风机盘管的下部吊顶应留有活动检查口，便于机组能整体拆卸和维修。固定牢靠，不得晃动、歪斜。

(5) 风管、回风箱及风口与风机盘管机组连接处应严密、牢靠，防止连接不到位的现象。对明装风机盘管机组应做好外观保护，防止外壳损伤和污染。

8. 消声器安装

(1) 消声器、消声弯头的制作可参照风管的制作方法。关于阻性消声器的消声片和消声壁；抗性消声器的膨胀腔；共振性消声器中的穿孔板孔径和穿孔率、共振控；阻抗复合式消声器中的消声片、消声壁和膨胀腔等等有特殊要求的部位应参照设计和标准图进行制作加工、组装，如图 59-6、图 59-7 和图 59-8 所示。

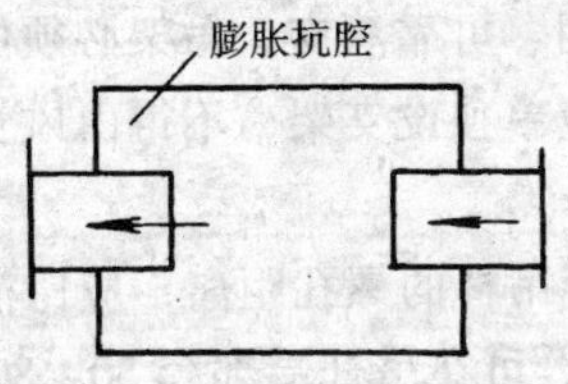

图 59-6 抗性消声器示意图

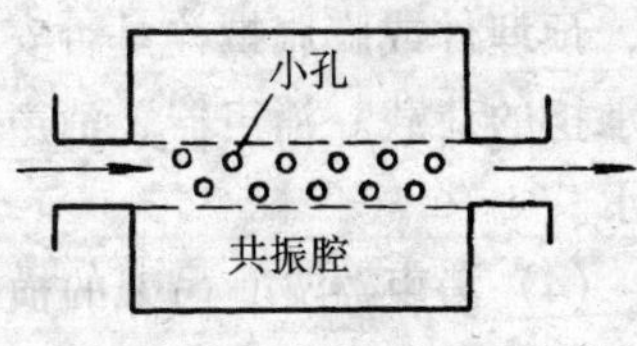

图 59-7 共振性消声器示意图

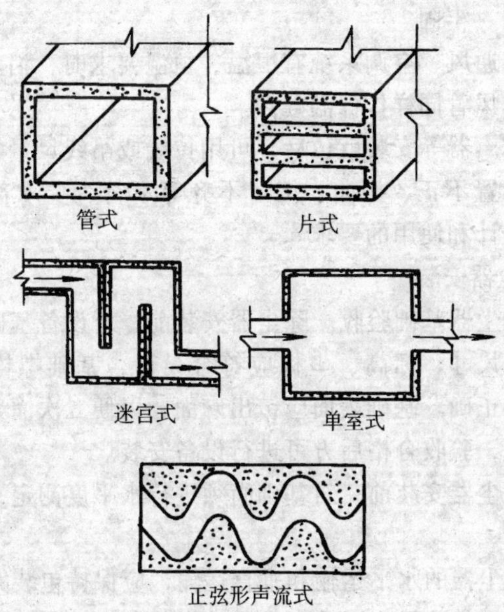

图 59-8 阻性消声器

大量使用的消声器、消声弯头、消声风管和消声静压箱应选用专业设备生产厂的产品，该产品应具有经批准的企业标准、检测手段、检测报告和质量证明文件。

（2）消声器等消声设备运输时，不得有变形现象和过大振动，避免外界冲击破坏消声性能。

（3）消声器在安装前应检查支、吊架等固定件的位置是否正确，预埋件或膨胀螺栓是否安装牢固、可靠。支、吊架必须保证所承担的荷载。消声器、消声弯管应单独设支架，不得由风管来支承。

（4）消声器支、吊架的横托板穿吊杆的螺孔距离，应比消声器宽40~50mm。为了便于调节标高，可在吊杆端部套50~80mm的丝扣，以便找平、找正。并加双螺帽固定。

（5）消声器的安装方向必须正确，与风管或管件的法兰连接应保证严密、牢固。

（6）当通风、空调系统有恒温、恒湿要求时，消声器等消声设备外壳与风管同样作保温处理。

（7）消声器等安装就位后，可用拉线或吊线尺量的方法进行检查，对位置不正、扭曲、接口不齐等不符合要求部位进行修整，达到设计和使用的要求。

9. 除尘器安装

（1）除尘器基础验收。除尘器安装前，对设备基础进行全面检查，外形尺寸、标高、坐标应符合设计，基础螺栓预留孔位置、尺寸应正确。基础表面应铲出麻面，以便二次灌浆。应提交耐压试验单，验收合格后方可进行设备安装。

大型除尘器安装前，对基础尚须进行水平度测定，允许偏差为±3mm。

（2）除尘器的水平运输和垂直运输，应保持包装完好的状态下进行运输，方法见本工艺标准锅炉安装。

（3）设备开箱检查验收：按除尘器设备装箱清单，核对主机、辅机、附件、支架、传动机构和其他零部件和备件的数量、主要尺寸、进、出口的位置、方向是否符合设计要求。安装前必须按图检查各零件的完好情况，若发现变形和尺寸变动，应整形和校正后方可安装。

(4) 除尘器设备安装就位前，按设计图纸布置并依据建筑物的轴线、边缘线及标高线测放出安装基准线。将设备基础表面的油污、泥土杂物清除掉，地脚螺栓预留孔内的杂物冲洗干净。

①除尘器设备整体安装吊装时，应直接放置在基础上，用垫铁找平、找正，垫铁一般应放在地脚螺栓两侧，斜垫铁必须成对使用。

②除尘器现场组装。当除尘器设备散件或分段组装，应先组装基础、支架部分，待找平、找正固定后再进行向上或多级组对安装。箱体及灰斗应进行密封性焊接，外观应平整、折角平直，加固要牢靠。框架、检修平台焊接时要保持外观平整、牢固。

③除尘器设备安装，进口和出口必须正确；风机同除尘器旋向必须一致，必须正确；安装连接的各部法兰时密封填料应加在螺栓内侧，以保证密封。人孔盖及检查门压紧不得漏气。

④除尘器的排尘装置、卸料装置、排泥装置的安装必须严密，并便于今后使用中操作和维修。各种阀门必须开启灵活、关闭严密。传动机构必须转动自如，动作稳定可靠。

(5) 袋式除尘器安装

①布袋接口应牢固，各部件连接处要严密。分室反吹袋式除尘器的滤袋安装必须平直，每条滤袋的拉紧力保持在 25 ~ 35N/m。与滤袋接触的短管、袋帽应光滑无毛刺。

②机械回转扁袋除尘器的旋臂转动应灵活可靠，净气室上部顶盖应密封不漏气、旋转灵活。

③脉冲除尘器喷吹孔的孔眼对准文氏管的中心，同心度允许偏差 ±2mm。如果误差太大，造成布袋清灰单侧，影响效果。

(6) 电除尘器安装

①电除尘器壳体及辅助设备均匀接地，在各种气候条件下接地电阻应小于 4Ω。

②清灰装置动作应灵活、可靠，不可与周围其他件相碰。

③电除尘器外壳应作保温层。

三、成品保护

1. 设备开箱后安装现场应封闭，禁止闲人进入现场。安装现场应宽敞、明亮，避风、雨、雪和干燥。堆放设备、配件应隔潮，分类并避免相互碰撞造成表面划伤和损坏，要保持设备配件的洁净、卫生。

2. 设备、配件安装时，要轻拿轻放，重物吊装要找好绑扎吊点。绳索靠在设备、配件上应加垫软隔离物，并按顺序安装，避免返工。

3. 安装后的设备现场应清理干净，照明、给排水均应通畅，设备外表面易损部位应加临时防护罩，设备附近及上面不得存放任何物品及承重，做好封闭，同建设、使用单位办好移交手续。

四、安全注意事项

1. 搬动和安装大型通风，空调设备应配合起重工进行，并设专人指挥，统一行动，所用工具、绳索必须符合安全要求。

2. 整体设备安装在起吊和下落时，要缓慢运动。并注意周围环境，不要破坏其他建筑物、设备和砸压伤手脚。

3. 分段装配式空调机组拼装时，要注意板缝拼装不要夹伤手指，紧固螺栓用力要适度。安装盖板要做好配合，不要掉下伤人。

五、质量标准

1. 装配式空调机组各段连接必须严密，喷淋段严禁渗水，各种阀门调节灵活。密闭检视门应符合设计要求，门及门框平整、牢固、无渗漏，开关灵活。

2. 表面式热交换器的安装应框架平正、牢固，安装平稳。

3. 空气过滤器的安装应安装平稳、牢固；过滤器与框架及壁板之间缝隙封严，并便于过滤器拆卸。

4. 风机盘管、诱导器、窗式空调器、分体空调器等安装必须平稳、牢固，室外部分应设有遮阳、防雨设施。与设备连接的进出水管的连接严禁渗漏，凝结水管的坡度必须符合排水要求，与风口及回风室的连接必须严密，不得漏风。

5. 消声器安装方向必须正确，并单独设置支、吊架。

6. 除尘器组装及各部件的连接处必须严密，进出口方向必须符合设计要求。除尘器的活动或转动件应灵活可靠，松紧适度。

7. 风机安装后叶轮严禁与壳体碰擦。地脚螺栓必须拧紧，并有防松装置；垫铁放置位置必须正确，接触紧密，每组不超过三块。带减振台座的风机，所有减振器受力应均匀一致。

8. 风机运转时，叶轮旋转方向必须正确。经不少于 2h 的运转后，滑动轴承温升不超过 35℃，最高温度不超过 70℃，滚动轴承温升不超过 40℃，最高温度不超过 80℃。

9. 风机安装的允许偏差和检验方法应符合表 59-1 的规定。

通风机安装的允许偏差和检验方法　　表 59-1

项次	项目		允许偏差	检验方法
1	中心线的平面位移		10mm	经纬仪或拉线和尺量检查
2	标高		±10mm	水准仪或水平仪、直尺、拉线和尺量检查
3	皮带轮轮宽中心平面位移		1mm	在主、从动皮带轮端面拉线和尺量检查
4	传动轴水平度		0.2/1000	在轴或皮带轮 0°和 180°的两个位置上，用水平仪检查
5	联轴器同心度	径向位移	0.05mm	在联轴器互相垂直的四个位置上，用百分表检查
		轴向倾斜	0.2/1000	

六、质量通病与防治方法

质量通病及防治方法见表59-2。

表 59-2

序号	质量通病名称	防治方法
1	组合段之间漏风	段与段之间垫料齐全，完整底座连接要水平一致
2	表面换热器冻坏	水压试验后必须将水放净，以防止冬季冻坏
3	动力设备摩擦机壳	搬运时注意轻拿轻放，防止冲击，特别是风机，风机盘管，诱导器等要分类堆放并不要超高压坏
4	风机盘管表面换热器堵塞	风机盘管和管道连接后未经冲洗排污，不得投入运行，以防堵塞
5	风机盘管凝结水盘堵塞	风机盘管运行前应清理凝结水盘内杂物，保证凝结水畅通

60. 室内燃气管道安装

一、施　工　准　备

1. 材料

(1) 镀锌钢管、无缝钢管、铜管、焊接铜管。镀锌可锻铸铁螺纹管件、铸铁配件、铜配件、钢管焊接管件、阀件。用气旋塞、双叉气嘴。

(2) 聚四氟乙烯胶带、厚白漆、铅油、黄油、石棉橡胶板、橡胶板、石棉绳、乙炔、氧气、银粉。

(3) 石笔、粉笔、小白线、锯条、机油、肥皂。

2. 机具

(1) 电动套丝机、微型电动螺纹机、压力案子、铰扳（带丝)、气泵、空压机、电锤、水电焊工具、钻眼机、台钻、电焊机、弯管机、检漏仪。

(2) 钢锯、管钳子、活扳子、手锤、錾子、剪子。

(3) 水平尺、钢卷尺、线坠、刷子、油桶、砂子、棉布块。

3. 工作条件

(1) 土建主体已基本完成，现浇混凝土楼板孔洞已按图纸规定的尺寸及适当位置预留好。

(2) 管道穿过的房间内，位置线及地面水平线测量完并已作出标记。室内装饰的种类、厚度已定或装饰工种已完。

(3) 熟悉图纸及燃气工程施工的验收规范，施工人员已参加图纸会审。技术、质量、安全交底工作已完成。

(4) 地下管道已施工完毕，立管甩头已根据图纸和有关要求正确就位。

二、施 工 工 艺

工艺流程

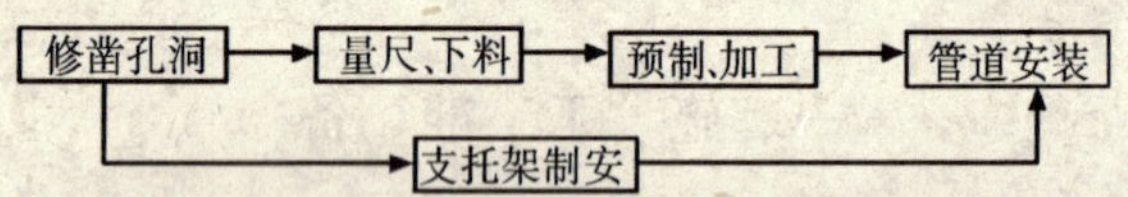

1. 修整、凿打楼板穿管孔洞

（1）根据图纸要求与现场实际勘察，设计图纸无疑议即可按图纸量尺定位。如不符合实际应与设计者研究后定位。定位时首先要考虑电表箱的位置，既与相邻管道、电器开关等距离符合规定，又应不妨碍用户对有效面积的使用，见表 60-1。

燃气管道和电器设备其他管道之间的净距　　表 60-1

管道和设备		与燃气管道的净距（cm）	
		平行敷设	交叉敷设
电器设备	明装的绝缘电线或电缆	>25	>10
	明装的或放在管子中的绝缘电线	>5	>1
	电源插座、翘板开关	>15	不允许
	配电盘、配电箱	>30	不允许
其他管道		应保证燃气管道和相邻管道的安装安全维护和修理	>2

注：明装电线与燃气管道交叉时净距小于 10cm 时，电线应加绝缘套管。

（2）根据埋地铺设燃气管道上的各立管甩头坐标，在顶层楼地板上找出立管中心线位置，先打出一个直径 20mm 左右的小孔，用线坠向下层楼板吊线，找出中心位置打一小孔，依次放长线坠向下层吊线，直至地下燃气管道立管甩头处（或立管阀门处），核对修整各层楼板孔洞位置。若立管设在管道井内，则可用量棒定位后凿出立管支架孔洞。

(3) 用手锤、錾子开扩修整各层楼板孔洞，使各层楼板孔洞的中心位置在一条垂线上，其孔洞直径应大于要穿越立管上套管的外径 20～30mm。套管比立管大 1～2 号，如遇上层墙减薄，使立管距墙过远时，可调整向上板孔中心位置，再扩孔修整使立管中心距墙一样。煨灯叉弯时，为使立管靠墙作准备。

(4) 在修凿板孔时，如果遇有钢筋不得随意切断，必须征得土建技术负责人同意，并采取可靠可行的技术措施才能切断。空心楼板孔要进行堵严，防止其他物进入空心板内。其操作程序按照本工艺标准有关规定进行。

2. 修整、凿打穿墙管孔洞

(1) 根据图纸设计的横支管的标高和位置，结合立管测量后横支管的甩头，按土建给定的地面水平线、抹灰层（或装修厚度）及管道设计坡度，排尺找准横支管穿墙孔洞的中心位置，并用"十"字线标记在墙面上。

(2) 按穿墙孔洞位置标记，用錾子和手锤进行预留孔洞的修凿或凿打穿墙孔洞，使孔洞中心线与穿墙管道中心线吻合，且孔洞直径应大于管外径 20～30mm。凿打、修整孔洞时遇有钢筋不得随意切割，应征得土建技术人员同意，必要时须制定可靠措施方可处理。

3. 量尺、下料

(1) 确定立管上各层的横支管位置尺寸。根据图纸和有关规定，按土建给定的各层标高线确定各横支管位置与中心线，并将中心线划在临近的墙面上。

(2) 用一木杆由上至下，逐一量准各层立管上所带各横支管中心线的标高，将其记录在预制加工草图上，直至一层阀门甩头处为止。一般住宅煤气管道在一层设总阀门，楼层在九层以下者均不另设阀门，超过十层以上的高层建筑，每六层必须设阀门一个，并且分支管上也设有阀门，总阀门距地面 < 1500mm。

(3) 竖向主管每隔一层，当横向主管长度大于10m时，一般须考虑设置活接头或管箍一个，须注意煤气管道的丝扣连接处及管件等均不得安装在墙壁内或楼板里，也不得安装在无法检查和更换的地点。高层建筑管井内的活接头应设在检查门的位置。

(4) 从每个立管的甩头处管件量起，至各横支管所带的气嘴接头为止。燃气双叉气嘴底端距炉台台面150~200mm；距燃具不超过1.0m；距燃气表水平距离大于1.0m。气嘴装置应距炉台左或右侧不小于100mm为宜。双叉气嘴的上方100~150mm处的双叉管离墙煨弯处，该弯角为20°~30°间即可，并于此弯的上方50mm处用管夹固定于墙内。将量得的各尺寸记在草图上。

(5) 从立管甩头量其水平环通管时，管道转弯处采用带丝堵的三通，在环通管分支管附近应设活接头，水平管超过10m时须加设活接头，环通管尽量设在二层或三层。且宜设在走廊或方厅内，若非设在楼梯间或无采暖走廊时须考虑保温。然后将量得水平环通管各部尺寸记在草图上。

(6) 按设计图中要求，并结合当地燃气管理部门的有关规定，对管材、配件、气嘴、管件的规格、型号进行选择，其性能符合质量标准中的各项规定。同时应清除管材及管件、配件内的污物。

(7) 根据实际中所量的尺寸，按照先安装立管后安装横支管的先后顺序及设计图纸上管道的排列顺序进行下料。

(8) 下料若用切管器切断管子，应该用铣刀将缩径部分铣掉，若采用气割切断时，要用手动砂轮等磨平切口。管子套丝管径≤*DN*20mm可一次套成，*DN*25~40mm分两次套成，≥*DN*50mm分三次套成，按照本标准有关加工工艺程序进行。

4. 预制、安装

(1) 按施工操作方便快捷和尽量减少安装时上管件的原则，预制时尽量将每一层立管所带的管件、配件在操作台上安装。在预制管段时，若一个预制管段带数个需要相对确定方向的管件，预制中应严格找准朝向。然后将预制好的主立管按层编号，待用。

(2) 将主立管的每层管段预制完后，应在预制场地垫好木方，然后将预制管段按立管连接的顺序自上而下或自下而上层层连接好。连接时注意各管段间需要确定相对位置的管件方位。直至将主立管的所有管段连接完。然后在垫木上按本标准管道调直工艺进行调直。待调直达到要求后，将每层各管段间连接处的管端头与另一管段上的管件划痕做上标记、再依次拆开各层的预制管段。然后将一根立管的全部预制管段和立管上带的横支管捆成一捆，编好单元立管顺序，妥善保管好，直至将全部管预制完为止，待安装时一一就位进行安装。

(3) 主立管和横支管安装前，须依据立管和横支管位置和支托架、卡子的形式，以及规范规定的间距，凿出栽卡子和支托架的孔洞。燃气管的卡子、支架、钩钉均不得设在管件及丝扣接头处，主立管每层距地面 2.0m 设固定卡子一个，横向管用支架或钩钉固定，按管径大小而定。横向管转弯处 0.15～0.2m 内应设固定点一处，并且横向管固定点之间最大间距不超过表 60-2 的规定。使用钩钉固定时，除木结构墙壁外，均应在先打好的孔上塞进木楔再钉钩钉。其他支架的工艺均详见本工艺标准有关程序进行操作。

表 60-2

管径（mm）	15	20	25	32	40	50	65	80	100	125	150
支架间距（m）	2.5	3.0	3.4	4.0	4.5	5.0	6.0	6.0	6.5	7.0	8.0

(4) 加工预制好主立管的穿楼板套管及横支管穿越墙壁的套管。加工与安装套管尺寸为：套管上端高出楼板地面 30～50mm，套管下端与顶棚平齐。套管安装后其套管下端用石膏封堵抹平，套管中部填塞油麻刀，上部用沥青封堵压平。穿墙壁时，套管两端均与墙面一平，用石膏封堵抹平，或填沥青麻刀后用沥青封堵。详见图 60-1、图 60-2。

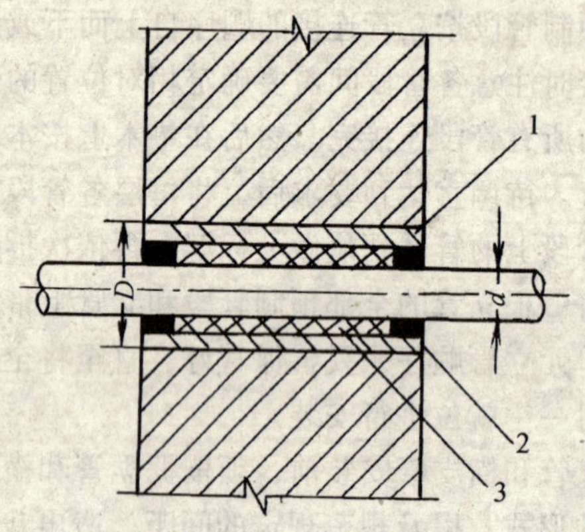

图 60-1
1—套管；2—沥青；3—沥青麻刀

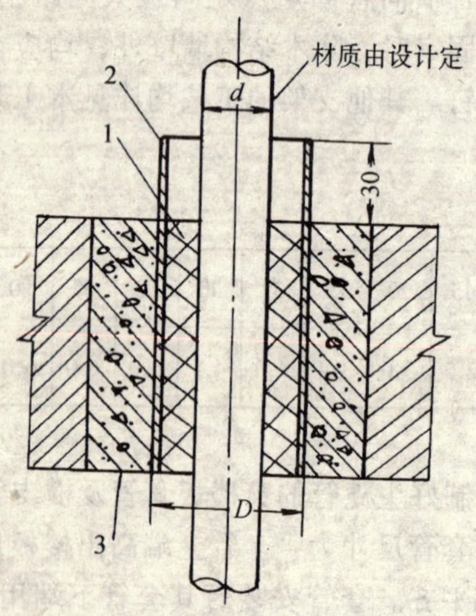

图 60-2
1—沥青麻刀；2—沥青；3—水泥砂浆

(5) 安装主立管前，须先拆除主立管甩头位置阀门上的临时封堵，清理干净阀门丝口、法兰里外和预制用的管子里的泥砂污物。再按照各单元各户主立管编号与顺序，从一层阀门处开始向上逐层安装煤气主立管。安装时应注意将每段立管端头的划痕与另一管段上管件的划痕记号对准，以保证管件的朝向准确无误。然后从两个方向的 90 度角用线坠和靠尺吊直找正燃气主立管。在下层与上层因墙壁厚不相同时，应煨制灯叉弯使主立管靠墙，不得用管件使其急转靠墙。燃气管道距墙壁面的净距：≤ *DN*25mm 时不应超过 25mm；*DN*32～50mm 时，不超过 30mm；> *DN*50mm 时，不超过 80mm。燃气管道与其他管道的距离按规定安设。燃气管道安装时，还应避免将管道焊缝安装在靠墙处。安装过程中使用的管钳、扳手应按本标准中有关工艺规定，选择与管径合适的型号与规格。

(6) 燃气管道的接口，根据管径及管材而定，一般情况下主立管多为镀锌钢管或非镀锌钢管，丝扣连接时，其接头材料按其介质不同也不相同。据了解，油麻丝在煤气介质与温度的作用下，也极容易因干燥而发脆，从而发生渗漏现象较多，因此，螺纹接口时，应敷上不溶于燃气的填料，煤气管道选用厚白漆，天然气管道采用聚四氟乙烯生料带。

(7) 主立管安装完后，可以先用铁钎子临时固定在墙上。

(8) 横管安装时，按设计要求或当地规范规定的坡度、坡向及管中心与墙壁面的距离，从已安装好的主立管甩头处管件口的底皮挂上横支管底皮位置线。再根据位置线的标高和支、托吊架的结构形式，凿打出墙眼。一般支、托吊架墙眼深不小于 120mm，使用水平尺或线坠等，按管道底皮位置线将已预制好的支、托、吊架涂刷好防锈漆后，按本“工艺标准”中规定及程序栽牢、找平、找正。

(9) 根据横支管在图纸上的布置和实际走向，预制出各个横支管的各个管段。预制时严格按本标准工艺进行。注意接口质量，并从两个 90 度的方向将预制管段按本工艺有关程序进行调直。同时找准横支管上的位置和朝向，确保横管安装后和支立管安装后，双叉气嘴达到规范规定距炉台面150~200mm的距离。

（10）双叉气嘴上方100~150mm处的双叉管离墙煨弯一处，应煨制10°~20°角。

（11）横管沿顶棚下敷设时，距顶棚不可小于50mm。当跨越房梁时，可作转弯处理，在不影响燃气表安装高度时，也可在梁下直接通过。当横管超过20m长度时，应设凝水管，凝水管采用同径短管，下端安装放水管堵。总长为150~200mm，管道坡向凝水管，凝水管应设在易放冷凝水、通风、无明火的地方。

（12）横管安装时，长度 < 5mm 时，允许水平安装，但严禁倒坡。长度≥5mm时，应设有0.002左右坡度，表前管坡向主立管，表后管坡向支立管的双叉嘴。

（13）安装在无采暖走廊内的环通水平横管应进行保温。作法参见本工艺标准。

（14）当横向水平管道的长度大于10m时，应在适当位置设三通清扫口。主立管下降末端及上升管起点均应设清扫口，其长度为200mm左右即可。管径与立管相同。

（15）预制的横支管段完成后及栽好的支、托、吊架的塞浆达到强度后，可将预制好的管段依次安放在架上，按照本“工艺标准”中有关程序调直、接口、再调直，找准找正支立管甩头的朝向。然后紧固横水平管。

（16）再从横水平管的甩头管件口中心，吊一线坠，根据双叉气嘴距炉台的高度及离墙弯曲角度，量出支立管加工尺寸，记录在草图上，然后根据尺寸

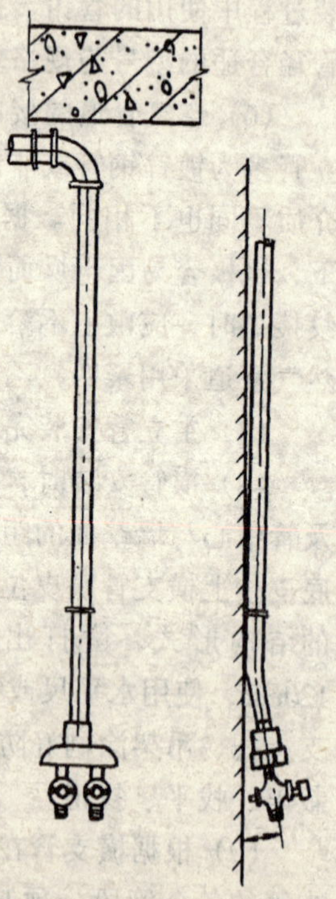

图60-3

下料接管至炉台上，安装时严格控制好标高，然后栽好卡子，安装双叉气嘴，如图 60-3 所示。

5. 栽立管卡具，封堵楼板眼

(1) 按本标准管道支架制作安装工艺栽好立管卡具。

(2) 对燃气管道穿越楼板的孔隙周围，可用水冲洗湿洞孔洞四周，吊模板、再用不小于楼板混凝土强度等级的细石混凝土灌严、捣实，待卡具及堵眼混凝土达到强度后拆模。

在下一层楼板封堵完后，可按上述方法进行上一层立管安装。如遇墙体变薄或上、下层墙体错位，造成立管距墙太远时，可采用冷煨灯叉弯或用弯头调整立管位置，再逐层安装至最高层燃气横支管位置处。

高层建筑的燃气主管道均设在管井内，煤气管道应在隐蔽前做强度试验，合格后方能隐蔽。

对要求防腐、保温的煤气管道，应根据设计规定的保温、防腐材料、型号、规格根据本标准有关工艺程序进行施工。

三、成　品　保　护

1. 成捆堆放的立管预制管段，应妥善保管，防止丝头及管件损坏。

2. 煤气立管安装中及安装后不得在管子上绑扎物体和用来固定其他物体。

3. 煤气立管安装临时间断时，应将敞口处及时做好封堵，防止砂浆及杂物落入。

4. 立管安装完，应与单位工程负责人办理交接手续，制定防护措施，以防装修粉饰时污染或损坏煤气立管。

四、安全注意事项

1. 打修楼板孔洞时，应抓紧錾子，用手锤打眼。严禁用大锤打爆破眼，孔眼下不得有人停留防止砸伤。

2. 登高作业时，下面应有人扶梯、做好监护工作、戴好安全帽。

3. 使用套丝机套丝时，注意遵守有关规定掌握机械性能，注意电器设备的安全，不可漏电。

4. 使用电、气焊工具，要严格遵守安全防护措施，完善安全防护设备。

五、质 量 标 准

1. 管材、管件、配件、阀门等都应有产品合格证明。

2. 燃气管道分段作强度试验和严密性试验，并且在试验前应进行吹扫。

3. 燃气管道的坡向、坡度必须符合设计要求。

4. 室内低压燃气管道安装的允许偏差和检验方法见表 60-3。

室内低压燃气管道安装的允许偏差和检验方法　　表 60-3

<table>
<tr><th>项次</th><th colspan="3">项　　目</th><th>允许偏差(mm)</th><th>检 验 方 法</th></tr>
<tr><td>1</td><td colspan="3">坐　标</td><td>10</td><td rowspan="2">用水平尺、直尺拉线和尺量检查</td></tr>
<tr><td>2</td><td colspan="3">标　高</td><td>±10</td></tr>
<tr><td rowspan="4">3</td><td rowspan="4">水平管道纵横方向弯曲</td><td rowspan="2">每 1m</td><td>$DN \leqslant 100$mm</td><td>0.5</td><td rowspan="4">用水平尺、直尺拉线和尺量检查</td></tr>
<tr><td>$DN \leqslant 100$mm</td><td>1</td></tr>
<tr><td rowspan="2">全长（25m 以上）</td><td>$DN \leqslant 100$mm</td><td>≯13</td></tr>
<tr><td>$DN \leqslant 100$mm</td><td>≯23</td></tr>
<tr><td rowspan="2">4</td><td rowspan="2">立管垂直度</td><td colspan="2">每 1m</td><td>2</td><td rowspan="2">用吊线和尺量检查</td></tr>
<tr><td colspan="2">全长（5m 以上）</td><td>≯10</td></tr>
<tr><td rowspan="3">5</td><td rowspan="3">燃气表</td><td colspan="2">表底距地面</td><td>±5</td><td rowspan="2">用尺量检查</td></tr>
<tr><td colspan="2">表后面距墙内饰面</td><td>5</td></tr>
<tr><td colspan="2">中心线垂直度</td><td>1</td><td>用吊线和尺量检查</td></tr>
</table>

续表

<table>
<tr><th>项次</th><th colspan="3">项　　目</th><th>允许偏差(mm)</th><th>检验方法</th></tr>
<tr><td>6</td><td>燃气嘴</td><td colspan="2">距炉台表面</td><td>±5</td><td>用尺量检查</td></tr>
<tr><td rowspan="3">7</td><td rowspan="3">管道保温</td><td colspan="2">厚　度（S）</td><td>+0.1δ
-0.05δ</td><td>用针刺、尺量检查</td></tr>
<tr><td rowspan="2">表面平整度</td><td>卷材或板材</td><td>5</td><td rowspan="2">用1m直尺和楔形塞尺检查</td></tr>
<tr><td>涂抹或其他</td><td>10</td></tr>
</table>

注：δ—管道保温层厚度。

5. 设于一层立管上的总阀门安装后，应与立管中心线垂直，操作灵活、露出的丝杆部分涂上黄干油。

6. 穿楼板套管应高出楼板地面30～50mm，下端应与天棚平齐以石膏封堵、套管中部填油麻、上部用沥青封堵。

六、质量通病及其防治

质量通病及防治方法见表60-4。

表60-4

序号	质量通病	防治方法
1	楼板孔洞封堵不良	1. 修凿楼板时，应用手锤錾子打眼，不可用大锤打爆破眼，安装管道前堵好孔心板的板孔 2. 立管施工后认真对楼板与立管间缝隙进行封堵，使用的模板应支平、支严、支牢，先浇水认真将浇灌的细石混凝土捣实后抹平，达到强度后再拆模
2	冬季出现燃气难以供求状况	1. 超过20m长的横向水平管，应设凝水管，其下方设放水管，150～200mm长，横管坡向冷凝管 2. 环通管穿过楼梯间走廊时，未进行保温或保温层不够，应进行返工 3. 进户的抽水缸应进行排水

续表

序号	质量通病	防治方法
3	丝扣连接处，油麻不净	施工过程中，应把多余的油麻随时清理干净
4	横向水平管的固定架不合规定	横向水平管支架应按规定选择与管径相对应的支架，支架安装应认真按本标准中有关工艺进行施工。钩钉安装后也应认真捣实、抹平
5	穿墙处未设套管	应按本标准中有关工艺程序安装穿楼板和穿墙套管
6	丝扣连接处漏气	1. 套丝应严格按本标准工艺施工 2. 套丝时应以机油冷却润滑，所套丝应光滑，端正，无斜丝、乱丝现象，丝头应抹铅油并缠麻丝，天然气管丝头应采用聚四氟乙烯生料带作密封填料

61. 燃气计量表安装

一、施　工　准　备

1. 材料

燃气计量表、阀门或内螺纹旋塞、专用表弯管及管件、铅油、线麻、表帽、接管、双气火嘴。

2. 机具

套丝机、切管机或钢锯、手锤、钢卷尺、水平尺、线坠、管钳子、扳手。

3. 作业条件

(1) 室内墙体砌筑及抹灰或装修完毕。

(2) 燃气主立管已施工完，并且甩出了燃气计量表安装的接头。

二、施　工　工　艺

工艺流程

进气管安装 → 表位测定或砌墩 → 计量表安装 → 配管

1. 检查燃气计量表的型号、规格是否与设计要求相符合，检查计量表的质量产品合格证是否满足出厂期不超过当地规定日期。

2. 核对主立管预留计量表分支接头的口径，标高及计量表位置的实际环境，是否能满足施工安装尺寸的技术要求。

3. 在安装燃气计量表的墙上标出计量表的位置、内螺纹旋塞（或阀门）的位置，专用表弯、管件等配件安装位置及表前后所需直管长度。再由前往后逐段量尺、下料、加工、配管连接。

按本工艺标准有关程序进行。

4. 民用燃气表一般都采用高位安装，靠主墙安设。表底距地面为 1.8m 左右，以满足抄表、检修、保养和安全使用的要求。表后距墙 10～50mm。凡采用中位安装方式时，应确保表壳强度或设在专用表罩中。如图 61-1、图 61-2 所示。

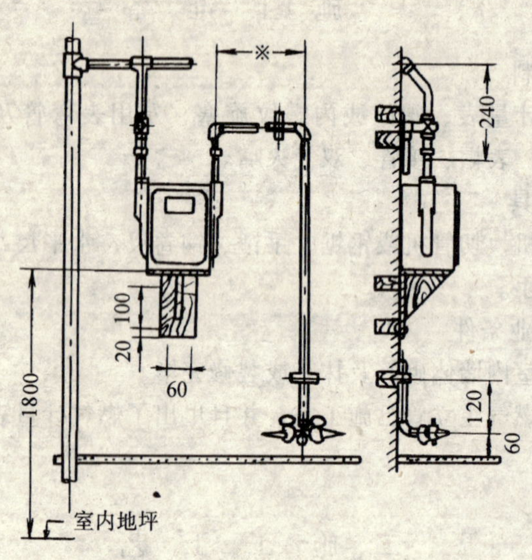

图 61-1　燃气表安装示意图

5. 目前工业、事业、营业和团体单位燃气表流量较大，特别是民用的供暖、供热水燃气锅炉将越来越多。主要采用 6m³/h、10、34、57、100、170、260 皮膜式燃气表及 300、600 国产的罗茨式燃气表。大型燃气表的安装，分别采用高位、低位、中位，其技术要求见表 61-1 的规定值。在一个城市或燃气管理区域范围内，已规定出安装形式，如图 61-3、图 61-4 所示，不可擅自改动。

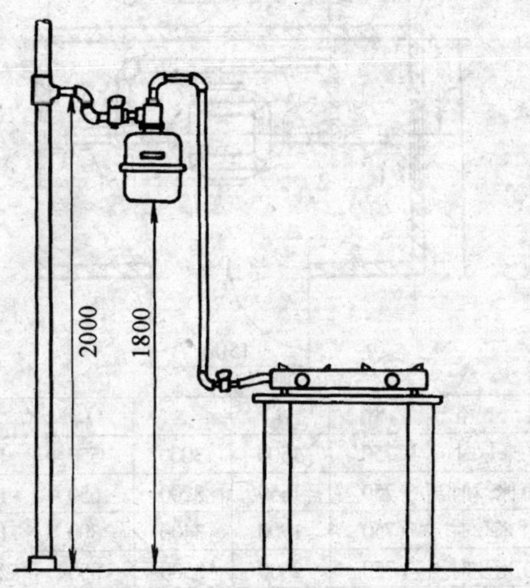

图 61-2　常用表灶安装高度示意图

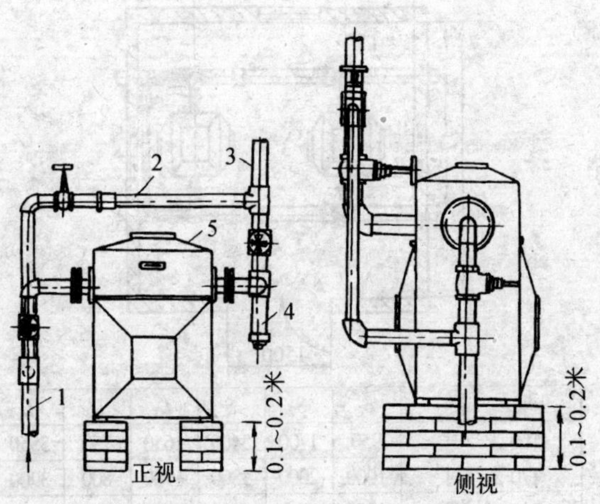

图 61-3　落地式皮膜燃气表
（地上燃气管）安装示意图
1—进气管；2—旁通管；3—用气管；4—积水管；5—燃气表

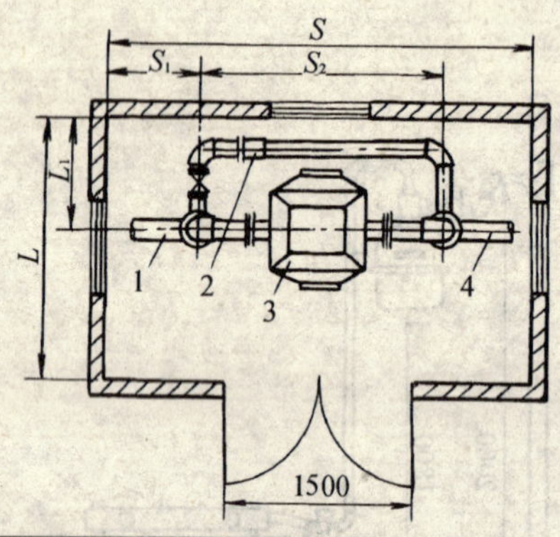

规　　格	S_1	S_2	S	L_1	L
57 米^3/时	750	1500	3000	550	1400
100 米^3/时	750	1650	3200	650	1600
170 米^3/时	750	1900	3400	800	1900
260 米^3/时	750	2000	3500	850	2000

（a）

规　　格	S_1	S_2	S	L_1	L_2	L
100 米^3/时	950	1700	3400	1650	750	3550
170 米^3/时	1000	2000	3800	1900	800	3900
260 米^3/时	1050	2100	4000	2000	800	4000

（b）

图 61-4　落地式皮膜燃气表（地下燃气管）安装示意图

（a）单只皮膜燃气表安装；（b）两只皮膜燃气表安装

1—地下燃气管；2—旁通管；3—燃气表；4—地下用气管

表 61-1

接表管道直径（mm）	安装位置	连接方式	表底高度（m）	表背距离（mm）	备注
≤*DN*50	高位	铅管管件或金属软管	1.5~1.8	30~50	加表托
>*DN*75	低位	法兰	0.3	300~500	砌垫基

6. 燃气表前上设阀门一个。大型燃气表并联安装时，表前表后各安装阀门一个，阀门类型则由设计决定。凡是用量超过 $100m^3/h$ 以上的用户，应设专用燃气表房。大型燃气表安装时，须在表出口立管的下端安设一段 200~300mm 长的集灰管，同时设 *DN*50mm 内螺纹旋塞一个。

7. 用法兰连接燃气计量表时，表后与墙的净距不能小于 300mm，方能便于安装。

三、成品保护

1. 燃气计量表就位后，表前后接管过程中应注意表的保护，组装过程中不可碰坏玻璃膜。

2. 高位安装计量表时，要注意上下协调，防止计量表脱落砸坏。

四、安全注意事项

1. 用管钳和扳手上紧计量表的连接件时，应注意上下配合，严防工具落下伤了下面的人员。同时要用力均匀，不可用猛力，防止碰坏表面。

2. 在表下作业人员戴好安全帽。

五、质 量 标 准

1. 燃气计量表的形式一般都使用双管膜式表，表的质量应符合国家行业标准的规定。接口为左进右出，为了更换时保证安装质量，进出口任一侧必须做成三弯头连接。目前一般情况下进出口两侧都做成三弯头连接。

2. 表前旋塞阀水平安装时，其塞芯大头向上，轴线与墙面保持45°角。

3. 公共建筑中燃气计量表安装铅管弯曲时，不可弯成直角形，应尽量保持原铅管的口径。

4. 燃气表安装后，表应保持平正不倾斜，安装高度满足设计和规范要求，其质量标准见本工艺标准中“室内低压燃气管道安装的允许偏差和检验方法”中所示。

六、质量通病及其防治

质量通病及防治方法见表61-2。

表 61-2

序号	质量通病	防治方法
1	燃气表安装后，指针图不清	其安装高度超过规定值应纠正安装高度
2	燃气表安装后倾斜影响使用的准确度	应重新调整，燃气计量表安装后要横平竖直
3	公用建筑部分的燃气表出口向上延伸管下端安装不合格	应在出口向上延伸管口下端安装一段长200~300mm的集灰管，并设*DN*50mm的内螺纹旋塞一个
4	公用建筑燃气表漏气	1. 检查上、下壳箍圈夹子是否漏气 2. 检查胶木三通是否旋紧 3. 检查三通橡胶圈是否垫好 4. 接头处表上螺母是否用力过大脱焊

62. 用气设备安装

一、施 工 准 备

1. 材料

管材及其适应的管件、热水器、排气管、防倒风装置、排风扇、铅油、麻丝、聚四氟乙烯胶带。

2. 机具

套丝机、切管器、管钳、手锤、钢卷尺、水平尺、线坠、扳手。

3. 作业条件

（1）建筑物已全部施工完，已完成全部装修工作。

（2）地下燃气管道、主立管、煤气表均已安装完毕，并验收合格。

（3）排气管或排风扇的预留孔洞已准确地留出。

（4）公共建筑用气设备的炉灶，烟道均已砌筑完毕，经检查符合要求。

二、施 工 工 艺

（一）家用燃气设备安装

1. 热水器应符合《家用燃气快速热水器》CJ 15—86 标准。被安装的热水器应是全国城市燃气检测中心或其检测分站检验合格产品，并有燃气种类的标志和产品合格证、安装及使用说明书。热水器结构见图 62-1 所示。

2. 热水器必须设有熄火保护装置。以外地进入本地区的热水器，包含外国进口在内，必须在安装前经本区燃气管理部门检

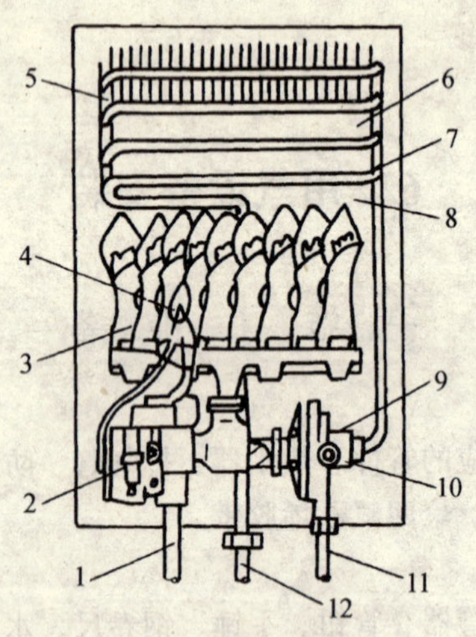

图 62-1 热水器结构图

1—进燃气接头;2—进气阀;3—主燃烧器;
4—常明引火嘴;5—聚热片;6—护热壁;
7—蛇形管;8—燃烧空间;9—水膜阀;
10—进水阀;11—进冷水接头;12—热水出口

查，否则一律不允许安装使用。

3. 热水器必须安装在通风良好的厨房内、走廊里或外墙内。安装热水器房间的要求，见图 62-2 示之。

4. 热水器安装前，先把热水器自身带的排气罩和热水器组装好，然后根据各种不同型号和形状的热水器，在遵守当地预防火灾条例中的有关规定，留出安全距离，留出检修距离，便于操作、使用、维修。选定具体位置后，即可根据热水器背后的上挂架和下挂架尺寸定位，用粉笔将尺寸位置画在承重墙面上，再把木螺钉套上垫圈后将热水器固定在墙壁上。把“上挂架”的中心孔挂在已固定的木螺钉上，并将热水器向墙面方向推至底，再把“下挂架”的两孔用半圆头木螺钉加以固定。有的热水器也可用膨胀螺栓固定。

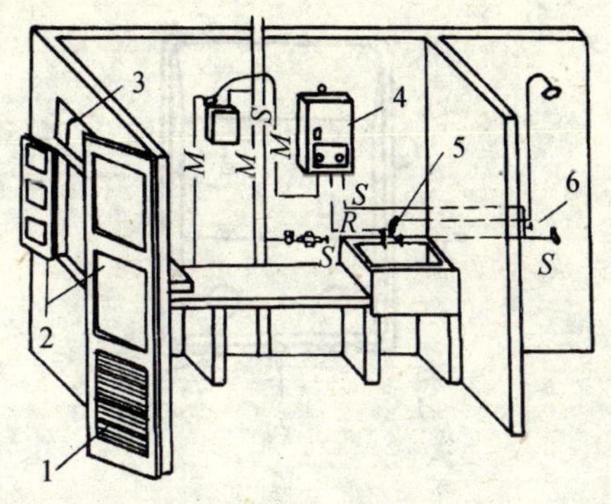

图 62-2 安装热水器的房间要求

1—不小于 0.02m² 的百叶窗；

2—向外开的门窗；3—排风扇；

4—直排式热水器；5—三路转心门；

6—热水器的前置阀（水量、水温）

5. 安装排气筒要注意尽量少拐弯，其尽头应伸出户外为宜。水平方向排气筒要尽量短，5m 以上中间不要挠曲，距顶棚等易燃部位要留有 45mm 以上距离，排气筒的垂直部分尽量长一些。在穿过墙壁时，要在排气筒周围用 20mm 以上厚度的不燃烧材料进行隔热。

6. 按热水器的排气方式分为：直排式、烟囱排气式和平衡式热水器三种。根据排气方式不同，除了以排气筒排除废气，也可安装排风扇。即直接用螺栓将排风扇固定在预留孔洞里。也可因地制宜采用强制排风，即把风机直接安装在排气管路上将燃烧后的废气强制向室外排放或将热水器直接安装在外墙的里面，见图 62-3、图 62-4 所示。

7. 冷热水管道安装详见本标准有关工艺程序。在自来水进水口处必须设有进水主阀门，管道直径不可比热水器连接口小。热水供给管道尽量短，此管越长，热水流出也越慢。热水管道安装一定要使热水器内的水能完全排除，同时使管道内不能存留空气。

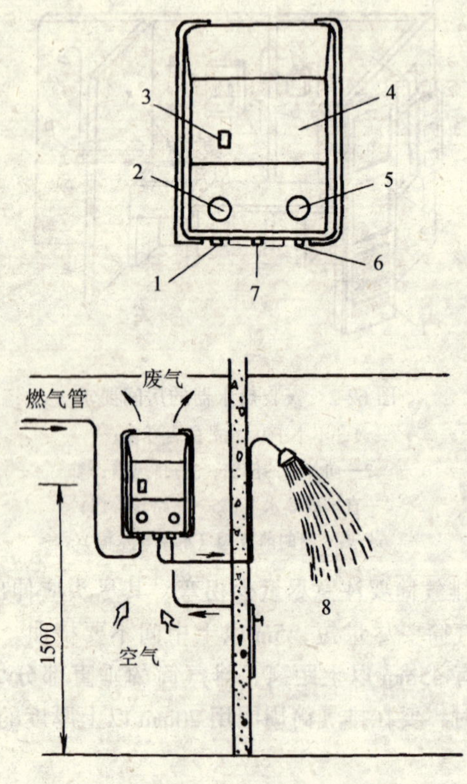

图 62-3　直排式热水器安装示意图

1—燃气入口；2—电子打火旋钮；3—观火孔；4—外壳；
5—水温调节旋钮；6—冷水入口；7—热水出口；
8—自来水开关（水温调节阀或前置调节阀）

8. 燃气管道安装时，要选择与热水器的能力相匹配的直径。要使其达到对热水器充分供气。在安装热水器的地点如果无主燃气阀时，或者虽然有但不适合时，则必须更换或改装。不可用胶管从相邻房间接长或使用分岔接头连接。如果热水器带有胶管插头，连接时，首先要把密封圈放入胶管插头的螺帽内，而后旋紧在燃气进口接头上，当橡胶管卡入到指定的红线外，再用卡箍牢牢卡住。管路上要安装热水器用的主燃器阀。

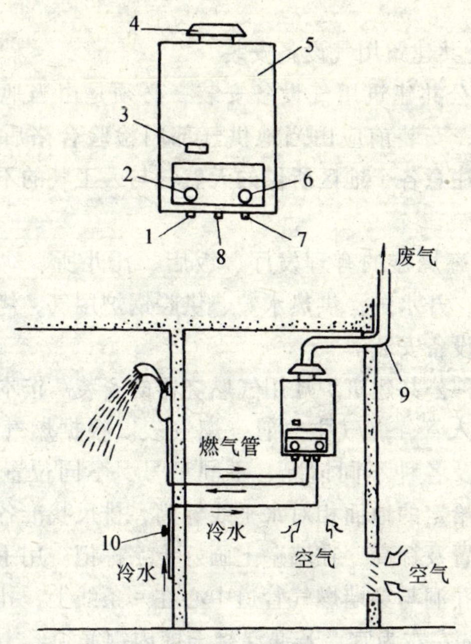

图 62-4　烟道式热水器安装示意图

1—进气口；2—开、关旋钮；3—观火孔；4—烟道接口；
5—主体盖；6—水温调节旋钮；7—冷水入口；
8—热水出口；9—室外排气管；10—热水调节开关

9. 安装完后进行燃气供应、冷热水管道送、放冷热水运转试验。首先将冷水总进水阀门完全打开，再打开热水出水阀，确认有冷水流出来，再关闭热水阀，然后按热水器上粘贴的操作顺序进行点火运行直到流出所需的热水为止。然后观察燃烧状态是否有逆火或离焰现象。再拨水温调节钮时热水量有无变化。当关闭热水阀后，主燃烧器是否还残存火苗。在最后进行灭火操作后，辅助燃烧器是否完全熄灭。如果尚存以上现象应进行调试，直至完全达到各项规定后方可投入使用。

10. 在正常使用过程中，每次用过热水后，当按过灭火按钮后立即将热水器及管路里的热水完全放掉，以免管路被冻和内部结垢生锈。

（二）公共建筑用气设备安装

1. 凡属公共建筑用气设备安装，必须是由当地煤气总公司指定的设备，安装前应由当地供气部门检验合格后方可进行安装。并且要注意各个地区所供的天然气与人工气的不同性质，要区别安装。

2. 常用燃烧器的有理发厅、饭店、托儿所、幼儿园、食堂的炉灶用气，开水炉、供热水炉、供暖锅炉用气，烤箱用气等公共建筑用气设备安装。

（1）各种公共建筑炉灶用气燃烧器的安装。按本工艺标准安装好燃气引入管，燃气主立管，燃气表。根据燃气表出口的位置、标高以及各种不同情况、不同型号、不同位置的用气燃烧器，按土建给定的地面相对水平线标高，排尺找准各个穿墙壁孔洞的中心位置及标高，在墙壁上画好十字标记。用手锤和凿子修打孔洞，使孔洞与穿墙燃气管道中心在一条线上，孔洞直径大于管外径 30mm 左右为宜。若遇混凝土壁内钢筋须经土建技术负责人员同意方可切断或弯曲。从燃气表出口起至横水平管所带的各类燃烧器上，量出横管、支立管各管段间尺寸，再用已选好合格的管材、阀件、管件、配件进行计算下料、加工、组装、调直，支托架制作安装，管道安装，均应按本标准规定工艺程序进行。在安装引向多个燃烧器灶台的燃气支管时，应设总阀门及活接头，其轴线应与墙壁平行。燃烧器安装应平正，其高度根据炉灶与锅底而定。用平锅时，炉灶高度应确保外焰中部与锅底接触；用圆锅底时，灶高应确保外焰高度与锅底 3/4 有效面积相接触。任何情况燃烧器均不得造成火焰外溢或过低。燃烧器与燃气支管相连时，采用丝接为宜，且设活接头与阀件。

（2）开水炉燃烧器的安装，管路安装与上相同。炉前连接燃烧器的燃气支管应与墙壁净距 > 1m，其安装如图 62-5 所示。开水炉的煤气燃烧器应设有可移动的引火棒，见图 62-5、图 62-6 所示。材料用量及类别参见表 62-1。

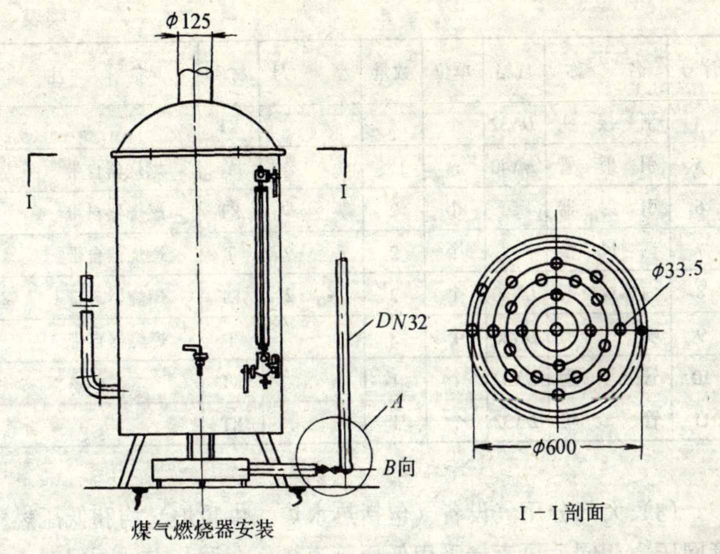

图 62-5

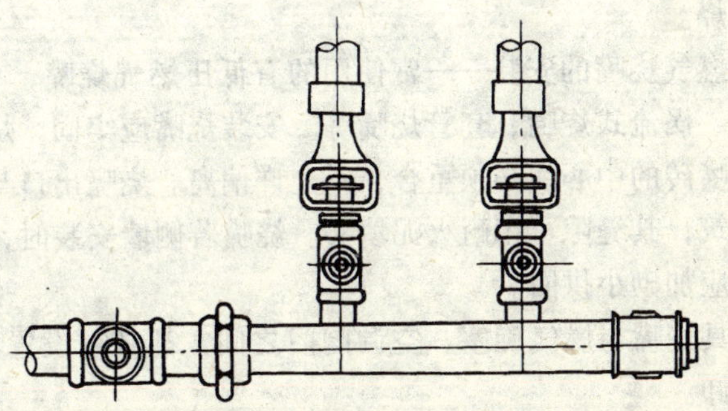

图 62-6

燃气开水炉安装材料表 **表 62-1**

序号	名　　称	规格	单位	数量	型　　号	材质	备　　注
1	燃气支管	*DN*32				A_3	由设计定（镀锌管）
2	内螺纹旋塞	*DN*32	个	1	$X_{11}T$—2	KT	
3	六角内接头	*DN*32	个	1		KT	

续表

序号	名　　称	规格	单位	数量	型　　号	材质	备　　注
4	活　接　头	DN32	个	1		KT	
5	引　射　管	DN40	m	1.5		A_3	燃烧器自带
6	引　射　器		个	2		KT	燃烧器自带
7	调　风　板		个	2		T	燃烧器自带
8	内螺纹旋塞	DN20	个	2	X_{11}—2	KT	燃烧器自带
9	喷　　嘴	DN20	个	2		T	燃烧器自带
10	管　　箍	DN32	个	1		KT	
11	管　　堵	DN32	个	1		KT	

(3) 大部分用气设备（包括热水炉、供暖炉）均和低压燃气管网压力相同，可直接采用低压管道燃气，调节方便。但对于要求压力高于 1500 帕的大型设备，则需设置调压器等，方可满足正常燃烧。

①燃气烧嘴的安装——常使用的有低压燃气烧嘴，有“FH”型喷嘴、涡流式烧嘴、套管烧嘴等。安装烧嘴应牢固，烧嘴中心线同烧嘴砖的中心线必须重合，不允许偏离。烧嘴出口与烧嘴砖紧密砌筑，其缝隙可用耐火泥填实。烧嘴若侧墙安装时，其上部炉墙上应加砌小拱圈。

每具烧嘴与燃气旋塞、空调阀门之间，都必须设置活接头，以便拆卸。

②配管——法兰的密封面与管子轴线必须垂直。法兰安装按本工艺标准进行安装。管道上的预留接口应安装阀门，在未接管前，用管塞或盲板暂时封堵。

③设置测压点——测压点选在便于观察的位置，用 $\phi6$ ~ $\phi13$mm 的管子引出，再设置直管开关或燃气开关。小口径管应安装管件，从分支引出或在管道上预先焊接螺纹口引出。大口径管可采用钻孔攻丝接出。在用气设备的燃气总阀后应设测压点，

且应安装U形玻璃压力计与测点相连，随时了解燃气输送压力。

在每套烧嘴的燃气旋塞式空气阀的后面，安装一个测压点，也用U形玻璃压力计连接。可以了解燃气与空气的压力供给状况。

在鼓风机出口阀的后面应设置测压点，并和U形玻璃压力计相连。

④排放管及阀门安装——阀门应安装在便于检修的位置上。旋塞阀应先拆卸清洗，加好润滑油，保持密封和润滑再安装。闸阀的阀杆不得出现歪斜和卡壳现象，地下阀门应砌阀门井加盖。

排放管应设固定支撑，且高出屋面，以保排放的混合废气不进入建筑物内，如果高度无法满足需要，必须在出口处加设金属丝网罩。

(4) 燃气烤箱炉的燃烧器安装与上述相同。其安装如图62-7、图62-8和图62-9所示。各类及各种范围内烤箱炉用的喷嘴均为自带。

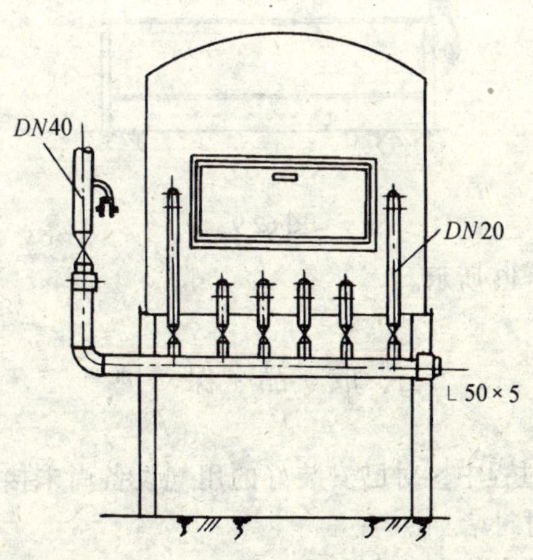

图62-7

3. 安装完毕应将孔洞缝隙按本标准规定堵严。

各类烤箱及炉灶的喷嘴连接形式见图62-10、图62-11、图

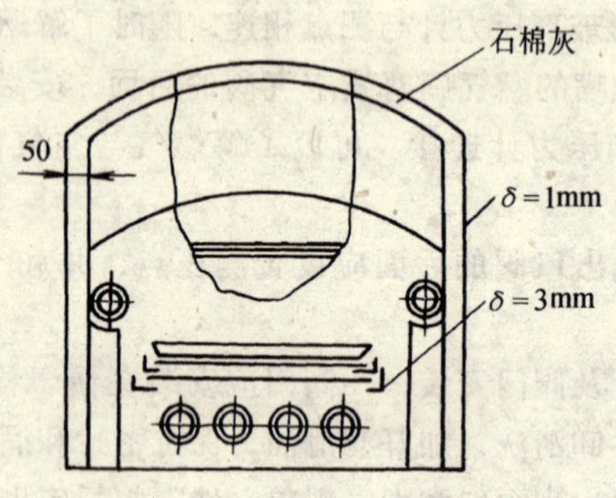

图 62-8

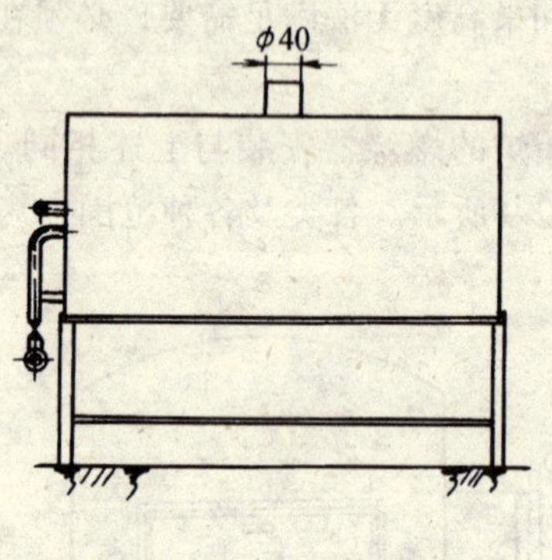

图 62-9

62-12 和图 62-13 所示。

三、成 品 保 护

1. 施工过程中，对已安装好的用气设备尚未接完的全部管道，须作临时封堵。

2. 用气设备安装全部结束后未经试火、试运转前和未经正式交付使用，一律严禁使用。

3. 必须办理施工程序与成品交接手续。

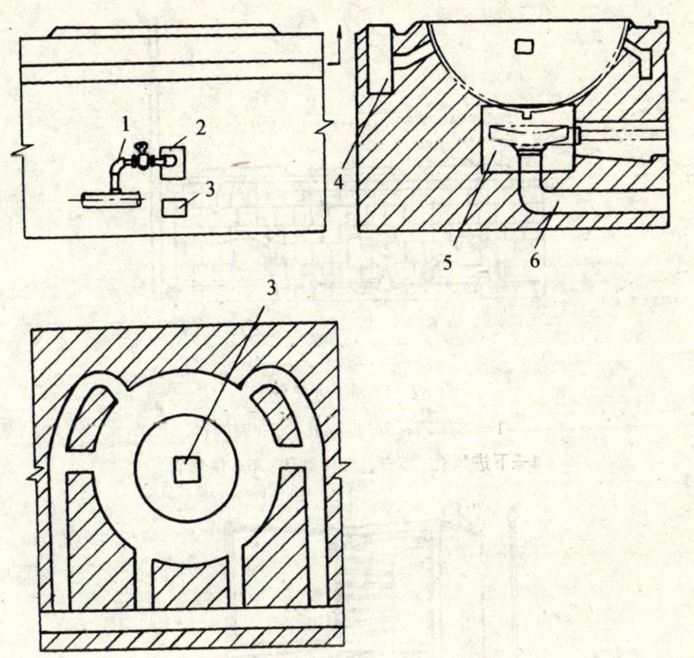

图 62-10 大锅灶内部安装示意图

1—燃气管；2—灶门；3—二次进风口；4—防爆口；5—燃具；6—供气管

四、安全注意事项

1. 器具设备安装之前，应对预下木砖或预栽螺栓、木螺丝进行强度检查，防止器具设备因预埋件松动而坠落。

2. 直接排气式热水器严禁安装于浴室内，严防热水器废气伤人。

3. 燃气器试火、试运转点火时，应设专人准备消防灭火器具，以防一时之需。试火前尚须对烟道、烟囱、排气装置、排气筒、鼓风机等进行检查，无异常现象方可点火运转。

4. 热水器侧面进气孔，绝对不允许污物堵塞。

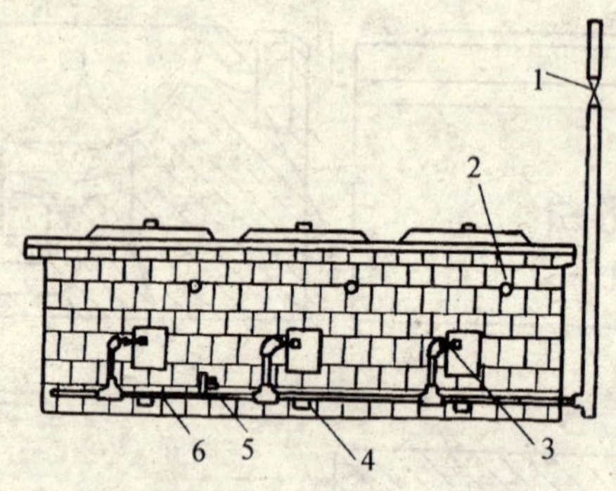

图 62-11 砖砌大锅灶

1—总阀门；2—点火孔；3—旋阀；
4—下进风孔；5—引火棒阀门；6—供气管

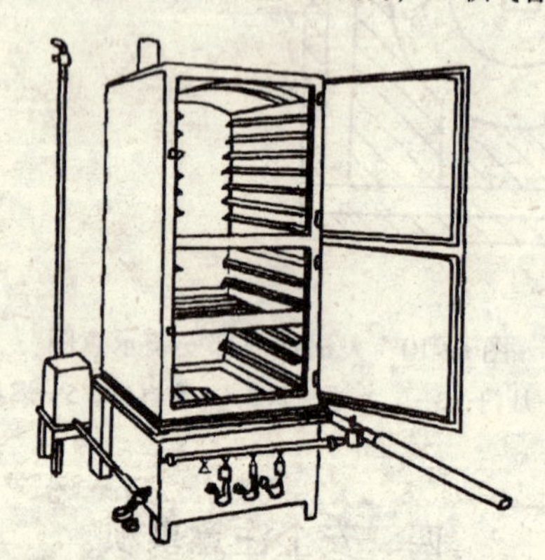
图 62-12 蒸饭灶

五、质 量 标 准

1. 家用热水器的安装高度，以窥视孔的高度与人眼高度大约一致为标准。

2. 燃气管道和燃气设备相连接时，要使中心对正，对准，不准扭偏，确保不漏气。

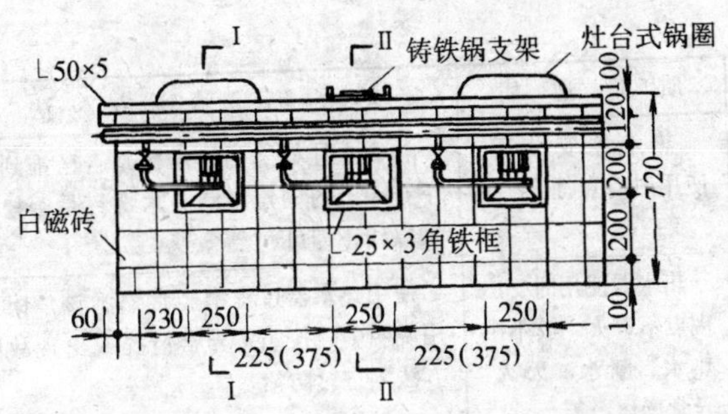

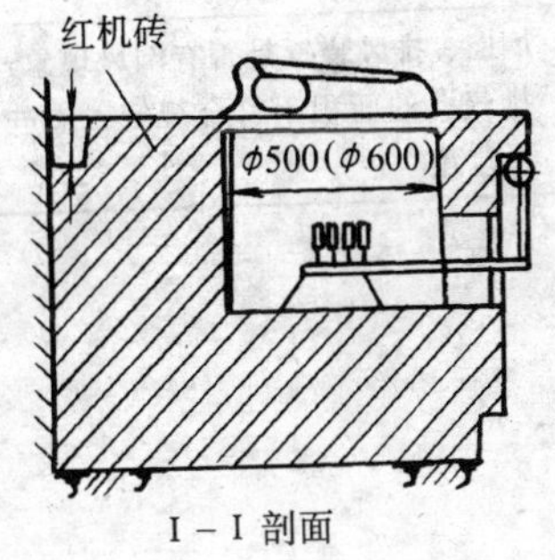

Ⅰ－Ⅰ 剖面

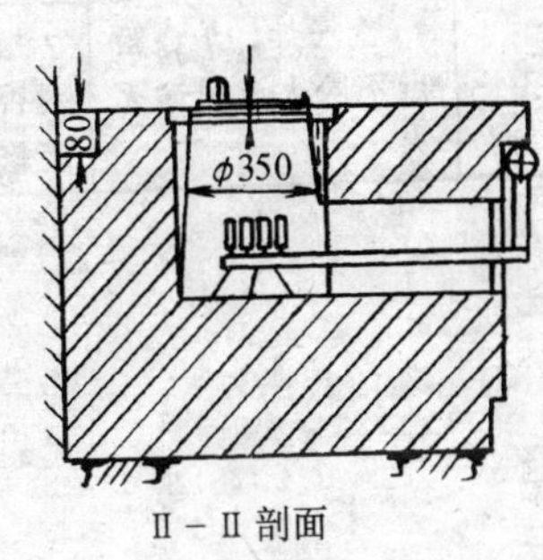

Ⅱ－Ⅱ 剖面

图 62-13

3. 各类燃烧器的炉膛均不准串通，也不准与用煤炉膛串通，用气烟囱与用煤烟囱严禁串通。开水炉用的燃气器应设有单独烟道排废气。

4. 设有两灶以上时，两灶净距不小于 0.4m，设有两燃气炉时两炉净距不小于 0.5m。

5. 燃气灶或燃气炉的烟囱或烟道，均应有防止倒回风的设施，燃烧器的水平烟道应设有不小于 0.01 坡度，坡向灶具。任何情况下，烟囱的高度大于横向烟道的长度才能保证燃烧正常。

六、质量通病及其防治

质量通病及防治方法见表 62-2。

表 62-2

序号	质量通病	防治方法
1	热水器安装后，使用时有点摇晃	检查上挂架上的热水器是否已推到底，检查下挂架上的固定半圆头木螺钉是否松动。否则加以纠正即可
2	热水器使用时，出现点不着火、放不出热水、断水、灭火、异常燃烧声等	使用热水器过程中经常熟悉该厂附上的“使用说明书”按照“异常情况或出现故障时处理方法”进行防治
3	燃气灶、炉、箱点不着火或中途灭火	检查烟道、烟囱、排风装置是否有倒风现象，是否被堵塞，排气孔的面积不符合规定，应进行修整清扫，再改建

63. 调压站的安装

煤气调压器是为确保供气系统的安全可靠而设置的。调压站内的调节设备应具备工况良好、调节压力灵敏度好、适应性强、运行稳定、操作简便、安全可靠、便于遥控等良好性能。

一、施 工 准 备

1. 材料

(1) 调压器主体、低压辅助调压器、中压辅助调压器、压力平衡器、过滤器、针型阀、低压自动记录表、波纹管压力计、内螺纹旋塞、铜压力表旋塞、水封、截止阀、闸阀、铸铁管、钢管、双盘短管、双盘弯管、插盘短管、承插弯管、活接、托架、镀锌管、平焊法兰、补偿器、蝶阀。

(2) 其他材料：铅油、线麻、聚四氟乙烯胶带、小白线、橡胶板、石棉绳、石（粉）笔、锯条防锈漆、银粉、机油、汽油、乙炔气（电石）氧气。

2. 机具

套丝机、管子铰扳、铁锯、管压力及操作台、管钳子、活扳子、手锤、錾子、炼钳子、水焊工具、电焊工具、手压泵、压力表、水平尺、钢卷尺、线坠、钢卷尺、角尺。

3. 工作条件

(1) 土建主体已基本完成，穿管位置已按图纸规定及适当位置、尺寸预留好。

(2) 测出调压站内的相对标高并由土建标注在墙壁上。室内抹灰厚度等已定。

(3) 熟悉施工图纸及有关调压站的施工及验收规范、质量验评标准。并组织有关施工人员进行学习、图纸会审、技术、质量及安全交底。

(4) 地下管道已施工完毕，已按设计要求正确甩出立管位置、已具备安装调压设备及管道的条件。

二、施 工 工 艺

工艺流程

核对管道甩头位置、标高 → 测绘、作出标记 → 预制、组装 → 管道安装 → 调压装置吹扫 → 与进出口管连接 → 调压站气密性试验

检查调压器类、阀类、表类、旋塞类、水封类的型号、规格应该符合设计要求，并且具有产品合格证。安装前，应进行外观检查。并按产品性能和有关规定进行强度试验，合格后方能安装。

1. 核对甩头立管的管径、标高及其安装位置是否能满足施工安装尺寸的要求与有关规定。

(1) 调压站与其他建筑物、构筑物的水平净距见表 63-1。

调压站与其他建筑物、构筑物水平净距（m） 表 63-1

建筑形式	调压装置入口燃气压力级制	距建筑物或构筑物	距重要公共建筑物	距铁路或电车轨道
地上单独建筑	高压（*A*）	10.0	30.0	15.0
	高压（*B*）	8.0	25.0	12.5
	中压（*A*）	6.0	25.0	10.0
	中压（*B*）	6.0	25.0	10.0
地下单独建筑	中压（*A*）	5.0	25.0	10.0
	中压（*B*）	5.0	25.0	10.0

注：*A*—采用钢管；*B*—采用钢管或机械接口的铸铁管。

当调压装置露天设置时，则指距离装置的边缘。若达不到表

108中规定的净距，必须采取有效措施方可适当缩小净距。

(2) 2台以上调压器平行安装时，相邻调压器外缘净距应大于1m；调压器距墙面的净距及室内主要通道宽度均应大于0.8m。

2. 根据施工图及调压站的实际空间绘制出加工、安装草图。根据土建给出的相对标高，用木杆量出水平管、立管、组装设备的支立管的各段尺寸，在墙上标注安装位置和标高，画上立管中心标记，同时，将实测的各段尺寸全标记在画好的草图上，并注清标高、管径、管件、连接件。调压站管道均采用法兰连接和焊接。

3. 按草图所示的主立管、水平管、设备组装的支立管的顺序进行量尺、下料、加工、预制组装，其工艺请按本“工艺标准”中有关章节的规定进行。

将检验合格的调压器、波形补偿器、过滤器及控制闸门进行预制试组装，并量出其组装后的尺寸。

4. 根据施工图中要求，用红砖砌好设备支墩和临时支墩架，根据管道长度和位置按本工艺标准进行管道支架的预制安装工作，凿打完栽支架的墙眼，安装好支架。支架应牢固、平稳、标高坡度无误，找正后方可固定。

依据水平管、立管、设备的支立管的安装顺序，逐一地进行安装。在施工过程中要确保管道的标高、坡度准确无误，其立管中心线对准画在墙上的管中心标记。用线坠吊直、用水平尺找正。调压站内的设备、管道连接都是采用法兰连接和焊接，施工时应严格按照本工艺标准中有关章节规定程序进行。确保接头质量。调压装置在未单独吹扫以前，严禁封闭、碰头，必须留出吹扫出口处。调压装置不得与管道同时进行吹扫。

5. 将经过擦拭清洗干净的调压器、过滤器安全阀和其他设备，预制组装好后在砖墩和临时支墩架上就位，用水平尺、线坠吊正找平。安装时要注意进出口方向的正确位置。调压装置安装完后，必须经外观检查合格后，按设计要求用压缩空气进行单独吹扫。

6. 调压器气密性试验，须在管道及其他设备的气密性试验合格以后再进行，调压器试验时取下调压板出口处盲板，并与进出口管道连通，用压缩空气升压至试验压力后稳压，然后用肥皂水检查调压器的各个部分均不漏气为合格，详细操作按本工艺标准有关章节中规定进行。

三、成 品 保 护

1. 施工间歇期间，应将管口封堵严密，防止泥水污物进入管内。

2. 设备就位后，未接完连接管或未固定前，必须设有临时支撑、支墩、确保其设备的稳定。

3. 管道及设备严密性试压后，应将残余物吹洗干净，保证管腔内的洁净。

四、安全注意事项

1. 组装或安装设备及仪表时，应设有专人扶住设备，不可碰倒。

2. 设备的支墩或临时支撑应是牢固的，防止设备歪倒、摔坏设备或砸伤人。

五、质 量 标 准

1. 调压装置和管道的支、托架必须牢固。

2. 调压箱的箱底距地坪高度宜为 30cm（落地式），当调压箱为悬挂式时其箱底距地坪的高度为 1.5m 为宜，调压箱到建筑物的门、窗或其他通向室内的孔槽的水平净距不小于 1m。

3. 调压装置与用气设备净距不应小于 3m。

4. 两台以上调压器平行安装时，相邻调压器外缘净距应大于1m；调压器与墙面之间的净距和室内主要通道的宽度均应大于0.8m。

5. 调压器、过滤器、压力计、安全阀及仪表等附件的型号规格和性能，必须达到设计要求，并有完整的产品出厂检查合格证明。

6. 调压器主体、辅助器、旁通管安装时，必须符合设计要求，调压器的主体、辅助器安装平正、位置正确、进出口方向正确，调压阀杆轴线与水平面必须垂直。

7. 调压器、过滤器、安全阀等安装前，必须擦拭清洗干净。

8. 安装设备与安装管道之前，必须将管腔和设备内的砂土、焊渣及污杂物等清扫干净，并确认管腔和设备内清洁后方能安装。

9. 调压装置及连接管道安装标高允许偏差和检验方法，见表63-2。

调压装置及连接管道安装标高的允许偏差及检验方法 表63-2

项次	项　目	允许偏差（mm）	检验方法
1	调压器	±15	用水准仪（水平尺）直尺、检线和尺量检查
2	过滤器	±15	
3	阀门、安全水封	±20	
4	进出口管	±20	
5	旁道放散管	±20	

10. 调压站内管道安装中，焊缝、法兰和螺纹等接口，均不得嵌入墙壁与基础中，管道穿墙或基础时，应设置在套管内。焊缝与套管一端的间距不可小于30mm。

11. 干燃气的调压站内管道应横平竖直，对于湿燃气，进、出口管道分别坡向室外，仪表管座应全部坡向干管。

六、质量通病及其防治

质量通病及防治方法见表63-3。

表63-3

序号	质量通病	防治方法
1	箱式调压器安装前未经吹扫、试压	先对调压器的进出口连接管道进行吹扫、试压、合格方可进行调压器的安装
2	调压设备安装后连接管道时别劲，造成内应力过于集中，留下隐患	设备连接前，必须严格按照组装实测尺寸进行下料，安装中发现尺寸误差超过规定时严禁强力连接设备管道
3	调压器，指挥器的安装质量不符合设计要求	调压器、指挥器的安装朝向和调压器旁通管的管径必须严格按产品说明书和设计规定去施工。调压阀杆严禁歪斜和扭倾，其轴线与水平面必须垂直
4	管道和调压器交付使用时，还残留有存积物	管道和调压器安装竣工后或交付使用前必须根据设计要求进行吹扫
5	在试运行和平日正常运行操作中出现误操作	管道和阀门的手轮应根据压力的区分涂刷不同颜色。如设计无特殊规定一般高压为红色，中压为黄色低压为绿色
6	调压装置的调压器、过滤器、压力计和安全阀等附件及仪表的规格、型号和性能指标因未经检查，安装后发现与设计不符	安装调压装置之前，对照设计图纸或产品说明书对调压器、过滤器、压力计和安全阀等附件及仪表的规格、型号和性能指标，发现与设计规定不符及时处理

64. 燃气管道强度及气密性试验

适用范围：室内燃气管道、庭院管道及引入管道

一、施 工 准 备

1. 材料

钢管、高压橡胶输气管及接头、气压表、安全阀、水、肥皂、铁丝。

2. 机具

空气压缩机、补偿式微压计、测漏仪、电动打压泵、手压泵、压力表、管钳子、活动扳手、克丝钳、三角木、方木、灰袋纸。

3. 作业条件

(1) 室内燃气管道已全部施工完毕。

(2) 庭院管或引入管已分别施工完毕。

(3) 管道工作压力 $P \leqslant 5$kPa 的煤气管道已经过外观检查全部合格。

(4) 管道工作压力 $P > 5$kPa 时，焊口经外观检查均符合质量要求。

(5) 管道基础、坐标、标高、坡高、管道安装、闸阀、抽水缸等经全面检查验收已全部合格，均达到室内外燃气管道安装的允许偏差。

(6) 所使用的热水器和其他用气设备均为国家规定厂家生产的合格产品。

(7) 试压用的压缩空气机及其附属设备均已准备齐全，并经检查待用。

(8) 试压用的压缩空气通过高压橡胶输送管及钢管已和被试压燃气管道连接妥当，试压用的压力表、安全阀等均也准备齐全，连接好待用。

二、施　工　工　艺

燃气管道试验前还应进行吹扫，吹扫和试验介质都采用压缩空气为宜。

钢管道吹扫时，吹扫口应设在宽敞地段且应加固。每次吹扫管道的长度，根据吹扫用的介质、压力和气量来确定，不宜超过3km。吹扫时应反复进行数次，直到吹净为止，同时做好记录。调压装置不得与管道同时吹扫。

使用清管球清扫时，发球次数以达到管道清洁为准。但管段直径必须是同一规格，凡影响清管球通过的管件、设施、在清管前应采取必要措施。可以视管道长短确定，可将管件、设施临时卸下、或临时用同径的管道连接，待清扫合格后再装好管件。

燃气管道的强度和气密性试验，可以酌情分段进行。室外的庭院管道长度小于100m时可不做强度试压，只做严密性试验，大于100m时，每段不超过300m试压和试验。室内燃气管道分为两步；先不带燃气表试压、试验，再进行包括燃气表在内的室内燃气管道总体试压，即从燃气引入管的旋塞开始，至双叉气嘴。

燃气管道、设备竣工后，不能及时通气，时间超过三个月，开栓之前仍需重新进行整体试压和试验。强度试验与试压禁用燃气和氧气，燃气管道一般情况下都用压缩空气进行强度和严密性试压与试验，其操作工艺可按下述进行。

1. 室内燃气管道不包括燃气表在内，用压缩空气为介质打进管道内，使压力缓缓升高达到5kPa（500mmH_2O）的空气压力进行试压，在10min内压力不降不漏气为合格。仔细检查。

2. 室内燃气管道总体试压，从燃气引入管的旋塞开始至双叉气嘴止，打入压缩空气，使管道内的压力缓慢升高，试验压力达到 3kPa（300mmH_2O），稳压 10min 内压力不降不漏气为合格。

3. 当室内燃气管道直径大于 75mm 时，从引入口的旋塞至双叉气嘴止（不包括燃气表），打入压缩空气，使管内压力缓慢升高，试验压力达到 20kPa（2000mmH_2O）后稳压 30min 压力不降，不漏气为合格，稳压过程中仔细检查。

4. 庭院管道按城市低压燃气管网试压标准进行。用压缩空气为介质压进庭院管，当试验压力达到 0.1MPa 空气压时，稳压一小时，仔细检查，压力表不降，不漏气为合格。庭院管强度试验合格后，再进行气密性试验。以压缩空气为介质，使庭院管内压力慢慢升高试验压力达到 20kPa（2000mmH_2O）气压时，观察 24h 为宜。压力降不超过验收规范计算结果为合格。有的地区根据管件决定停留时间，详见表 64-1 和表 64-2。

气密性试验管内气体停留时间　　　　表 64-1

管径（mm）	ϕ200 以下	ϕ200 ~ ϕ400	ϕ400 以上
停留时间（时）	12	18	24

注：管线较短或超长，停留时间可酌情减少或增加。

5. 零散的燃气用户及用气设备的改装、新装、分表等情况，以 3kPa（300mmH_2O）的压缩空气试压，稳压 10min 压力不降，不漏气为合格。

以上试压进程中，均应对全部管口、法兰丝扣等连接部位用肥皂液涂抹的方式检查是否漏气，检查中若接口呈连续状或点状漏气，凡超过两处以上的必须返工，返工的接口超过试验管段接口的 5%，应重新做强度试验。并且必须检查邻近接口是否受影响。

6. 由于热水器和用气设备的本身及连接管道（包括新安与后安）一般较短，一般不作强度和严密性试压。可以打开燃气阀，关闭热水器或用气设备上的燃气阀，用肥皂液或测漏仪检查各燃气管道和接头，不漏气为合格。

地下燃气管气密性试验合格标准　　　　表 64-2

<table>
<tr><th>管道长度（m）</th><th>运行压力（帕）</th><th>接口形式</th><th>检验压力（帕）</th><th>检验时间（时）</th><th>合格标准</th></tr>
<tr><td rowspan="3">< 50</td><td>9.8×10^4（中压）</td><td>各种形式</td><td>13.7×10^4</td><td>0.5</td><td rowspan="3">复泵和初泵读数完全相同（温度、大气压差不计）</td></tr>
<tr><td rowspan="2">0.147×10^4（低压）</td><td>焊接、法兰、承插式</td><td>1.96×10^4</td><td>0.5</td></tr>
<tr><td>管螺纹</td><td>0.29×10^4</td><td>0.5</td></tr>
<tr><td rowspan="3">> 50</td><td>9.8×10^4（中压）</td><td>各种形式</td><td>13.7×10^4</td><td>24</td><td rowspan="2">实际压力降小于允许压力降</td></tr>
<tr><td rowspan="2">0.147×10^4（低压）</td><td>焊接、法兰、承插式</td><td>1.96×10^4</td><td>24</td></tr>
<tr><td>管螺纹</td><td>0.29×10^4</td><td>0.5</td><td>复泵和初泵读数完全相同（温度、大气压差不计）</td></tr>
</table>

热水器和用气设备的排风筒、烟囱、烟道在其运行情况下，须进行抽力检查。用补偿式微压计在进气口处测定。抽力不得小于 3kPa（近似 0.3mmH_2O，指热水器而言）无仪器时可用纸条或烟物目测检查，应有抽力。其他用气设备按用气规模大小而定。

7. 最后，进行点火运转试验，火燃良好为合格。

三、质 量 标 准

1. 本标准工艺适用于工作压力不大于 0.005MPa 的室内低压燃气管道、庭院燃气管道及用气设备安装。

2. 强度试验的试验压力

燃气管道的强度试验压力应为设计压力的 1.5 倍，但不得低于下列规定：

（1）钢管：低压 304kPa；

(2) 铸铁管：低压 101kPa；

(3) 塑料管：低压 0.45MPa。

3. 气密性试验时试验压力。

(1) 钢管、塑料管：低压 203kPa；

(2) 铸铁管：低压 20kPa。

4. 燃气管道强度试验合格后，进行气密性试验时，充气稳压后观察时间如下：

低压　　　　　　观察 24h

庭院管　　　　　观察 4h

室内燃气管道　　观察 10～30min（由管径定）

5. 强度试验时，要伴随用涂肥皂液的方法检查，不漏气，压力表不下降为合格。

6. 管道进行气密性试验时，低压可用 V 型管压力计测试，允许压力降按下式计算：

设计压力为 $P \geqslant 5\text{kPa}$ 时，对于中、低压钢管

同一管径　$$\Delta P = 0.3T/d$$

不同管径　$$\Delta P = \frac{0.3T\ (d_1L_1 + d_2L_2 + \cdots\cdots + d_nL_n)}{d_1^2L_1 + d_2^2L_2 + \cdots\cdots + d_n^2L_n}$$

设计压力　$P \leqslant 5\text{kPa}$ 时，对于低压铸铁管

同一管径　$$\Delta P = 0.66T/d$$

不同管径　$$\Delta P = 0.66\frac{T\ (d_1L_1 + d_2L_2 + \cdots\cdots + d_nL_n)}{d_1^2L_1 + d_2^2L_2 + \cdots\cdots + d_n^2L_n}$$

式中　ΔP——允许压力降（Pa）；

T——试验时间（h）；

d——管段内径（m）；

d_1、d_2……d_n——各管段内径（m）；

L_1、L_2……L_n——各管段长度（m）。

对于安装完的室内燃气管道，先进行外观检查，合格后方可进行气密性试验。当管径小于 75mm 时，从引入管旋塞起至燃气表止，用 5kPa（500mmH_2O）压缩空气试验，从燃气表至双叉气

嘴可用3kPa（300mmH_2O）的压缩空气试验，观测10min，压力稳住进行检查，不漏气压力不降为合格。但都应涂抹肥皂液。

当管道大于75mm直径时（不包括燃气表），用2kPa（200mmH_2O）压缩空气试验，观测30min，稳住压力进行检查，不漏气、压力不降为合格。

7. 在燃气管道各个系统的各段所进行的强度试压和气密性试验的全过程，全部数据作好详细记录，不可混淆。对于需隐蔽的煤气管道应作好隐蔽记录，必须及时组织各方有关人员经过检查、验收后方可隐蔽。

8. 燃气管道各段强度试压、气密性试验时，有关方面人员必须亲临现场监督，检查后方可在记录上签字负责。

四、安全注意事项

1. 在燃气管道进行强度试压和严密性试验过程中均不准紧固法兰螺栓或锁紧螺母。

2. 在室内管道试压前，应将引入管的旋塞关闭、封严。严禁用燃气或氧气试压。

3. 燃气管道在强度试压严密性试验后，将管内的冷凝水和沉积物泄放干净。

五、质量通病及其防治

质量通病及防治方法见表64-3。

表64-3

序号	质量通病	防治方法
1	燃气管强度试压和严密性试验都采用3kPa（300mmH_2O）	应按不同位置，不同管材，不同试验阶段，不同管径采用不同的试验压力

续表

序号	质量通病	防治方法
2	阀门处漏气或失去调控能力、启闭不灵活	阀门在安装前用扳手检查并检查出厂合格证试验单。要求其型号、规格、耐压强度和严密性试验结果应符合设计要求，位置、进出方向正确、连接紧密。凡出厂无强度和严密性试验单的，安装前补做
3	室内燃气管道、设备竣工后，未能及时通气，超过三个月，开栓时只用接通燃气涂抹肥皂液代替试压	应根据本标准规定，凡是竣工超过三个月以上未使用时，应该在开栓以前，重新进行严密性试验，重新验收试验记录
4	目前各大中小城市许多用户根据需要，后增设热水器及其他用气设备，均未作接口试验	应该严格按本标准中规定对热水器及各类用气设备及其连接的燃气管道、旋塞的每个管子、接口都按程序进行涂抹肥皂液或测漏仪检验。有漏气时，严禁使用

65. 燃气庭院管和引入管、管沟开挖回填

一、施 工 准 备

1. 材料

木板、木桩、白灰、小白线、板桩。

2. 机具

(1) 水准仪、经纬仪、潜水泵、手动抽水泵、翻斗车、手推车。

(2) 钢盘尺、皮盘尺、钢卷尺、标尺、花杆、线坠。

(3) 液压挖掘机、连续式斗式挖沟机、凿岩机、液压镐、混凝土路面切割机、柴油空压机风镐、装载机、夯土机。

(4) 镐、铁锹、撬棍、斧子、水桶、绳索、钎子。

3. 工作条件

(1) 施工人员认真熟悉施工图，熟悉管沟分布位置和标高，探明接气点及抽水缸的位置，了解地质情况及地下水位状况。

(2) 摸清煤气管沟所分布的区域内、地下管道及构筑物的分布状况。可参阅原有的城、镇小区原有的地下管道图纸或借助窨井盖的标志来识别地下管线。如电力或通迅电缆、排水管、给水管、蒸汽管、热水供暖管、工业管道等。并在施工图中标明其位置，如图 65-1 所示。

若无资料可查，一般选择交叉路口、管线密集或情况不详的地区，进行“样洞”开掘。如果从“样洞”中发现无法施工的因素，必须会同设计部门共同商议，修改管位。

(3) 在确定管沟区域后，清除地上障碍物、垃圾、杂物堆等，编制施工方案。

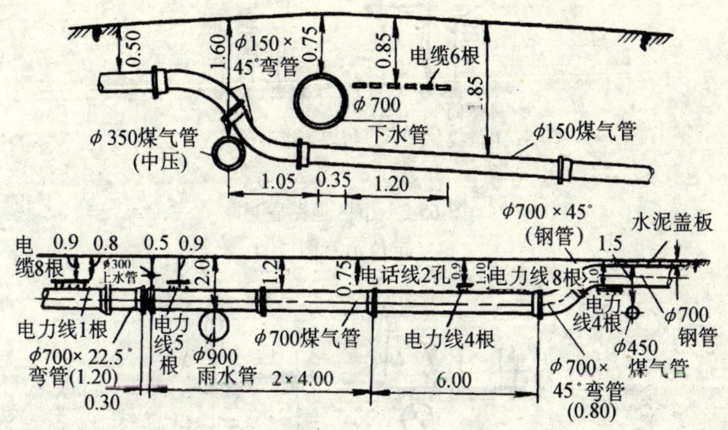

图 65-1　节点图

二、施　工　工　艺

工艺流程

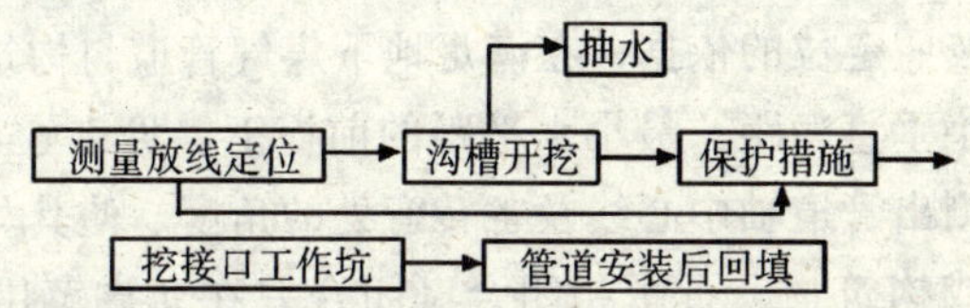

1. 测量定位

(1) 根据设计的施工图和开掘“样洞”（或调查资料）所取得的第一手资料先定出埋地管道的中心线。

①敷设在市、区道路上的管道，以路边石至管道轴心线的水平距离为定位尺寸，其他地形地物距离可为辅助尺寸，见图 65-2 示之。

②敷设在市郊或沿公路边的农田、水沟的管线，以路中心线至埋地管道轴心线的水平距离为定位尺寸，见图 65-3 示之。

③敷设在厂区、零星居民点、里弄（胡同）内非道路地区的

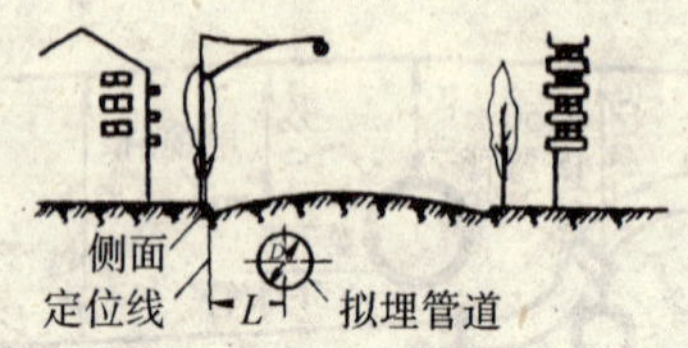

图 65-2　市区道路管道定位示意图

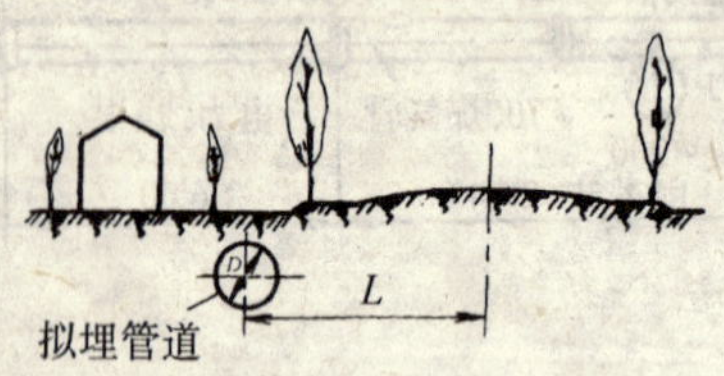

图 65-3　市郊公路管道定位示意图

管线，一般以住宅、厂房等建筑物至埋地管线轴心线的水平距离为定位尺寸。

④穿越农田的管道以规划部门规划道路中心线定位。

(2) 按照定位的依据，在满足地下煤气管道与构筑物或相邻管道间最小垂直净距；最小水平距的前提下，见表 65-1 中所示，用经纬仪测出管道轴中心线及各转弯处的角度。使其与邻近的固定建筑物或构筑物、石礅相闭合（闭合差在允许范围内即可)。定位测量过程作好记录，将测量数据标注在画好的管线草图上。

地下燃气管道与建筑物、构筑物或其他相邻管道之间的最小水平净距　　**表 65-1**

项　　目	地下燃气管道				
	低压	中压		高压	
		B	*A*	*B*	*A*
建筑物的基础	0.7	1.5	2.0	4.0	6.0
给　水　管	0.5	0.5	0.5	1.0	1.5

续表

项目		地下燃气管道				
		低压	中压		高压	
			B	*A*	*B*	*A*
排水管		1.0	1.2	1.2	1.5	2.0
电力电缆		0.5	0.5	0.5	1.0	1.5
通信电缆	直埋	0.5	0.5	0.5	1.0	1.5
	在导管内	1.0	1.0	1.0	1.0	1.5
其他燃气管道	$DN \leqslant 300$mm	0.4	0.4	0.4	0.4	0.4
	$DN > 300$mm	0.5	0.5	0.5	0.5	0.5
热力管	直埋	1.0	1.0	1.0	1.5	2.0
	在管沟内	1.0	1.5	1.5	2.0	4.0
电杆（塔）的基础	≤35kV	1.0	1.0	1.0	1.0	1.0
	>35kV	5.0	5.0	5.0	5.0	5.0
通讯照明电杆（至电杆中心）		1.0	1.0	1.0	1.0	1.0
铁路钢轨		5.0	5.0	5.0	5.0	5.0
有轨电车钢轨		2.0	2.0	2.0	2.0	2.0
街树（至树中心）		1.2	1.2	1.2	1.2	1.2

注：*A*—采用钢管；*B*—采用钢管或机械铸铁管。

再根据勘查了解的当地土质类别、结合冰冻深度，按表65-2、表65-3中规定，通过计算，确定沟槽开挖的沟底宽度和沟槽上口宽度，参见沟槽边坡示意图（图65-4）。

表 65-2

管子公称直径（mm）	50~80	100~250	250~350	400~450	500~600	700~800	900~1000
沟底宽度（m）	0.6	0.7	0.8	1.0	1.3	1.5	1.7

沟槽最大允许坡度 表 65-3

土壤名称	边坡坡度（1∶n）		
	人工开挖并将土抛于沟边上	机械开挖	
		在沟底挖土	在沟边上挖土
砂土	1∶1.00	1∶0.75	1∶1.00
砂质粉土	1∶0.67	1∶0.5	1∶0.75
粉质粘土	1∶0.50	1∶0.33	1∶0.75
粘土	1∶0.33	1∶0.25	1∶0.67
含砾土卵石土	1∶0.67	1∶0.5	1∶0.75
泥炭岩白垩土	1∶0.33	1∶0.25	1∶0.67
干黄土	1∶0.25	1∶0.1	1∶0.33

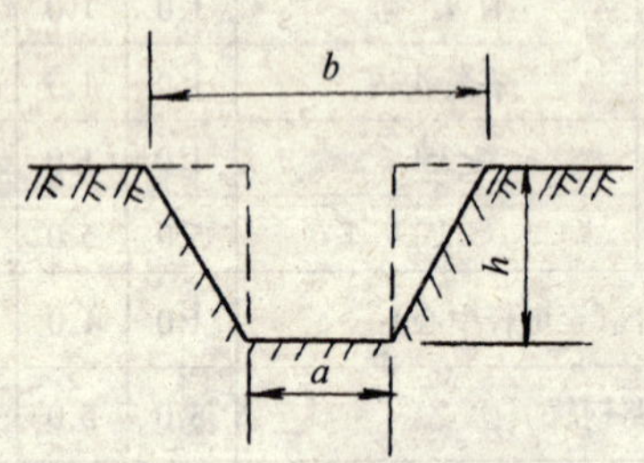

图 65-4 沟槽边坡示意图

在无地下水的天然湿度土壤中开挖沟槽时，如沟深不超过下列规定，沟壁可不设边坡。

①填实的砂土和砾石土　　1m

②砂质粉土和粉质粘土　　1.25m

③粘土　　1.5m

④特别密实土　　2m

沟槽深度超过上述规定，其深度在 5m 以内时，其沟槽最大允许坡度，应符合表 65-3 的规定。

例：埋地管道一根直径为 350mm，当地冰冻层在 –1.5m 以上，管道设计埋深为 1.8m。

计算步骤：从表中可知沟底宽度为 0.8m，沟槽开挖边坡坡

度为 1∶0.33

$$1:0.33=1.8:x,\quad x=\frac{0.33\times1.8}{1}=0.594\text{m}$$

沟槽上口开挖宽度 $b=a+2x$

$$=0.8\text{m}+2\times0.594\text{m}$$

$$=1.188\text{m}$$

根据设计要求，在测量定位的管中心直线两端，打进木桩，并钉好铁钉表示中心点，在两端铁钉上栓好小白线，从小白线向沟槽位置两侧量尺$\frac{1.188}{2}$m，按照所量尺寸，在沟槽位置的两侧撒上白灰线，此线为上口开挖线。

定管中心线的位置除用经纬仪，也可利用两点法和三角函数放样法结合进行。即直线段可以按定位原则，直接用尺量距测求得管中心位置，打上木桩，将铁钉钉进中心点处，用小白线栓住两端铁钉即可。凡遇到弯曲道路或固定障碍等情况时，也可用三角函数在现场实地放样。

例：45°弯管（定型）盘弯放样法。

放样法如图 65-5 所示，*DA* 是待敷设管道样线，*A* 点为盘弯中点。其放样步骤：

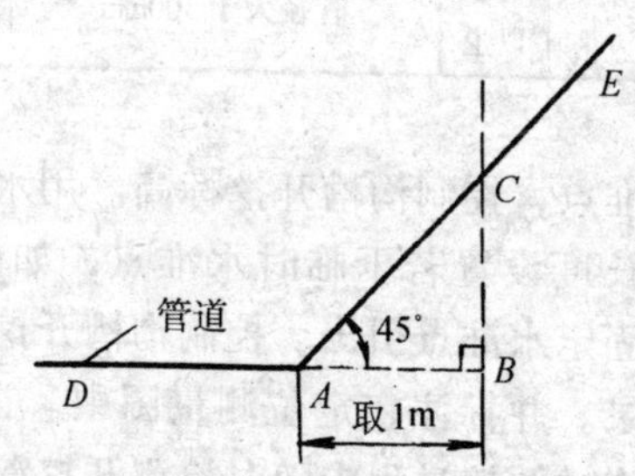

图 65-5　45°弯管盘弯放样法

①延长 *DA*，在延长线上取 *AB* 为定值（一般可取 1m)。

②过 *B* 点作 *AB* 的垂线，并截取 $CB=AB$。

③连接 *AC*，∠*CAB* 即为 45°，折线 *DAC* 便是所要的样线。

不论用什么方法确定管道中心轴线，必须符合燃气管道允许坐标偏差规定（见表 65-4 规定）和地下燃气管道与建筑物、构筑物或其他相邻管道之间的最小水平净距（详见表 65-1 中规定）。

燃气管道的坐标和标高的允许偏差　　表 65-4

项次	项目				允许偏差（mm）
1	坐标	铸铁管		埋地	50
				敷设在沟槽内	20
		碳素钢管		埋地	50
				敷设在沟槽内	20
2	标高	铸铁管		埋地	±30
				敷设在沟槽内	±20
		碳素钢管		埋地	±15
				敷设在沟槽内	±10
3	水平管道纵横方向弯曲	铸铁管		每 1m	1.5
				全长（25m 以上）	不大于 40
		碳素钢管	1m	管径小于或等于 100mm	0.5
				管径大于 100mm	1
			全长 25m 以上	管径小于或等于 100mm	不大于 13
				管径大于 100mm	不大于 25

（3）测量水准点，控制沟槽开挖标高。用水平测量仪沿着沟槽线路，可视其长度设置若干临时水准点，如图 65-6 所示。水准点应从最近的固定水准点引出。控制沟槽开挖标高。测量过程作好各水准点记录。并标注在定位测量图中。在沟边打进木桩、注明标高，便于沟槽开挖过程中随时检测开挖深度。

一般在沟槽挖至超过 1/3～2/3 时，最少再复测 1～2 次，并重新给出各点所挖深度标高，控制管底标高，防止超挖。

地下燃气管道运行中产生大量的冷凝水，埋地管道必须设置坡度，保证冷凝水能汇集于水井内（或抽水缸中）排放，坡度 i 规定为：中压管 $i \geqslant 0.003$；低压管 $i \geqslant 0.004$。在计算沟槽挖深时，应将

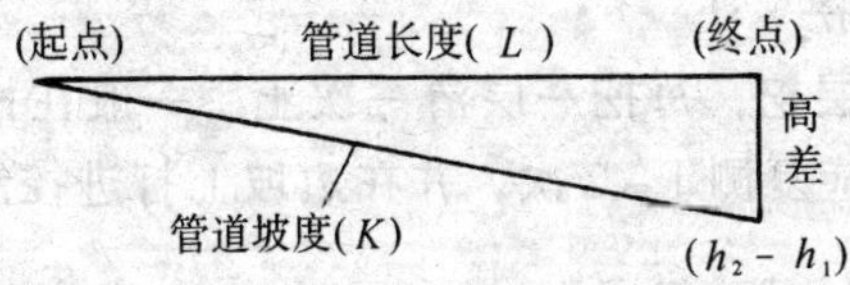

图 65-6 坡度计算示意图

管基（沟底原始土层）的坡度考虑进去，如图 65-6 所示。

如果管线较短，也可采用木制平尺板配合水平尺测量，工具简便，方法也简便。测量方法如下：根据管材长度，选择与管材长度相等的平尺板，然后按照平尺板的长度计算出坡高值 h，如图 65-6 所示。计算如下：$h = LK$，式中 L——管道长度；K——管道坡度。

具体操作：将平板尺放在找平地面上（或已挖的沟槽土层上），将水平尺放在木板尺上，用厚为 h 的垫块垫在木尺板的一端，此时水平尺中央的气泡偏离水平基线，记下气泡偏后的位置线，即可按此位置线检查其坡度是否合乎规定。不论用哪种方法测定标高及坡度，都必须符合燃气管道的坐标和标高的允许偏差（详见表 65-4）和地下燃气管道与构筑物或相邻管道之间的垂直净距，详见表 65-5 中所示。

地下燃气管道与构筑物或相邻管道之间的垂直净距（m） **表 65-5**

项目		地下燃气管道（当有套管时，以套管计）
给水管、排水管或其他燃气管道		0.15
热力管的管沟底（或顶）		0.15
电缆	直埋	0.50
	在导管内	0.15
铁路轨底		1.20
有轨电车轨底		1.00

2. 沟槽开挖

挖沟应分层挖，每挖一层清一次土。一般在挖至 1/3 ~ 2/3 深度时，最少应复测 1 ~ 2 次，并在边坡上打进控制标高的小木桩。禁止超挖。

挖至沟底（或井底）时，底部应留出 15 ~ 20cm 天然土层暂时不挖，待下道工序进行前，按测量的沟槽木桩标高挖至设计深度。如果不慎破坏了天然土壤，须先清除松动土壤，用砂或砾石填至标高，挖好的沟槽要防止地表水流入。

沟槽开挖出来的土，在沟槽两侧留出 0.5m 的通道堆放，如遇道路狭窄可一侧返土，另一侧不堆土或及时拉走。

如遇柏油路面、路基石等，应分类、分层堆放，便于修复。

对探明有地下电缆和管道交叉的部位，不准用机械挖土和其他冲击机械开凿，避免损坏电缆和管道，造成人为的损失，发现不明地下设施或有障碍不能施工，应通知设计单位弄清情况或变更后再施工。

3. 保护措施

(1) 埋地管线离电杆或房屋的水平距离较近、沟又较深时，应加设支撑，防止挖沟过程中电杆或房屋倾斜，详见图 65-7 所示。

(2) 埋地管线比原有的旧管线深，其超过的深度大于相互间净距时，应采取保护措施。一般可用压入板桩隔开来加固管基。如新敷设管线与旧有管线交叉，应加装吊攀或作基础处理，见图 65-8 所示。

(3) 沟槽支撑、挖沟及施工过程中，在遇到地下水时，要进行排水处理，同时要对沟槽进行支撑加固，见图 65-9。

挖沟及施工过程中，若沟壁因雨水、地下水浸进和沟边荷载的影响，都可能造成塌方。因此要及早发现，采取沟槽支撑加固，支撑工具由板桩（铁板、槽钢、木板）和螺杆横撑组成。支撑方法可视土质情况分别采用水平支撑、垂直支撑、长板支撑和密板支撑等方法，详见图 65-9 所示。

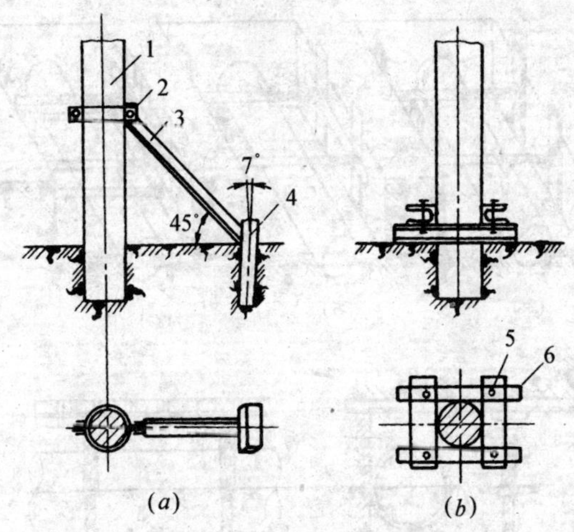

图 65-7 沟边电杆支撑示意图

(a) 斜边支撑法；(b) 夹紧固定法

1—电杆；2—夹箍；3—角钢；

4—桩头；5—螺栓；6—槽钢

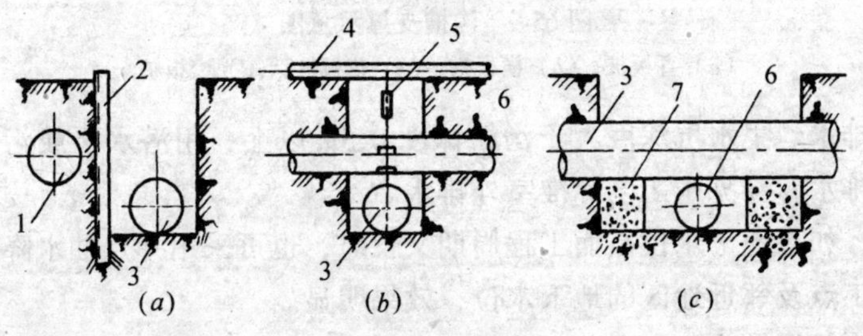

图 65-8 地下管线保护示意图

(a) 平行管道；(b) 交叉管道（一）；(c) 交叉管道（二）

1—旧管道；2—板桩；3—新埋管；

4—钢吊杆；5—花篮螺丝；6—已敷设管道；7—支座

4. 排水处理

细砂土在经雨水冲刷就成为流动状，即使开挖很浅，也会坍方，排水是个关键。在一般中小型工程中，多在沟底部开挖集水

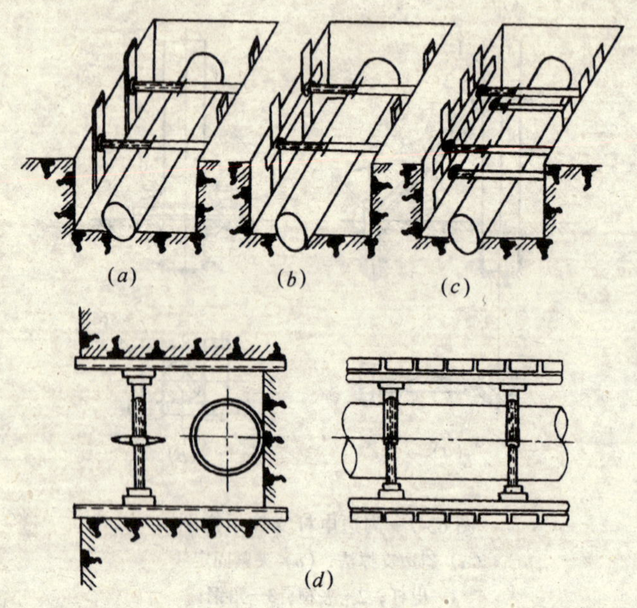

图 65-9　沟槽支撑示意图

（*a*）直板桩；（*b*）横板桩；（*c*）花板桩；（*d*）密板桩

坑排水。集水坑深度大于沟槽深度 0.5m 以上，用潜水泵或污水泵排水，详见本工艺标准室外排水。

如果地下水位高而工程周期又长时，也可采用井点抽水降低施工点及邻近地区的地下水位，效果明显。

具体做法是：在沟槽边线 1m 以外压入管井，管井成排布置，上面由总管相连，由抽水泵从总管进行排水。参考图 65-10 中布置，并且应采用连续施工方能奏效。

挖沟时，如遇垃圾、炉灰、树根、旧基脚、乱石堆、土泥浆及其他未预料的残管等应清除干净。在清除时若破坏了天然土壤管基，可用砂砾坚土或粗砂回填并夯实至设计标高，有必要时还应特殊设置混凝土预制块或混凝土基础。其做法见本工艺标准室外排水。

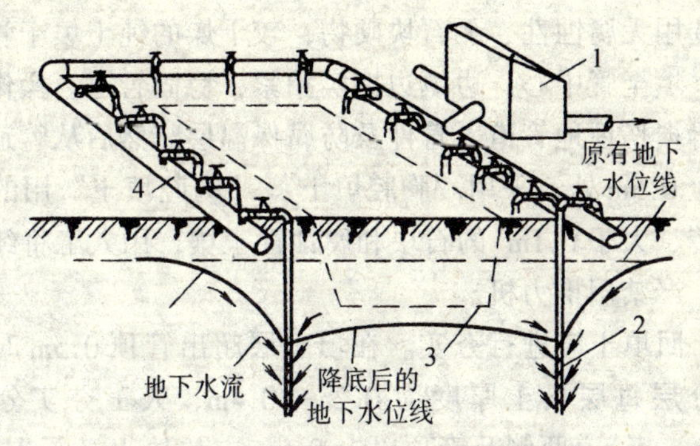

图 65-10　井点抽水现场布置图

1—泵房；2—滤管；3—沟底；4—连通管

5. 挖工作坑

开挖至沟底经复测后清理沟底，直至达到设计管底标高为合格。

然后，根据管道材质、管子尺寸、管子接口方式，进尺排尺，在沟底画出每个工作坑的尺寸位置。工作坑的开挖尺寸参见表 65-6 中规定。

表 65-6

公称直径 (mm)	工作坑尺寸 (m)			
	宽　度	长　度		深　度
		承口前	承口后	管底以下
75～200	管径 +0.6	0.8	0.2	0.3
250～700	管径 +1.2	1.0	0.3	0.4

6. 回填

埋地煤气管道安装完毕，经检查部门检查全面质量，并且经强度和严密性试验合格，进行吹扫均达到质量标准，经验收后，方可及时回填。

(1) 在回填前，将沟槽内积水处理干净，检查管基是否牢靠。先选用无腐蚀性、无石块硬物，较干燥的纯土填于管道两侧和下方，填至管中心，边填边捣实拍紧，稳固管道。操作时必须注意不得损伤埋地管道、管件及防腐保温层。然后从管道中心至管顶以上 0.5m 处，采用“胸腔填土”。“胸腔填土”用的土内不准有碎砖、大于 $0.1m^3$ 的石块和腐蚀性土壤，用人工将纯土填入“胸腔”，严禁用推力机。

（2）回填土应进行夯实。在填土层超出管顶 0.5m 时可用机械夯实分层每层松土厚度为 0.25～0.4m，人工夯实分层厚度 0.2～0.3m。管道两侧及管顶以上 0.5m 内的填土必须人工夯实，最后回填土应高出地面 0.3～0.4m（图 65-11）。煤气管道的回填土应进行密实度检查，应达到表 65-7 标准。在燃气管道强度试验合格后，回填土埋至管顶 0.5m 处应埋设“燃气警示带”（低压为绿色，中压为红色，高压为黑色），以免以后施工时，对管道造成损坏。

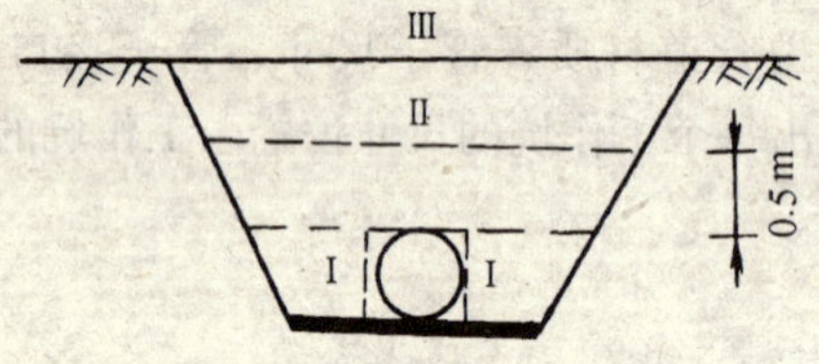

图 65-11　回填土横断面

表 65-7

序　号	回 填 土 位 置	夯实后密实度
1	胸腔回填土	95%
2	管顶上 0.5m 以内	85%
3	管顶上 0.5m 至地面	95%

管沟回填后，进行平整，不留残土，无明显凸凹不平，基本一致。做到工完场清。

三、成 品 保 护

1. 沟槽挖好后，应立即下管，不能晾沟时间太长。

2. 在沟槽周围设警示标志，避免杂物、垃圾倒入。

3. 冬季施工，沟底应用草袋覆盖在管沟底进行保温。

四、安全注意事项

1. 施工过程中，要经常检查管沟壁土壤状态，如果发现沟壁有异，甚至出现变形状况时，应立即通知工作在沟内人员暂时撤离，采取加支撑或其他安全措施后，方可继续施工。

2. 挖沟时，紧靠厂房及墙壁的堆土高度不准超过其墙高的三分之一，不得超过 1.5m 高，对于结构强度差的房屋墙体不得靠墙堆土。

3. 人工挖土时，施工人员之间的距离不得小于 2.5m，避免伤人。

4. 白天，施工现场要有路障、彩旗、围拦，防止行人走入，晚上应设红灯警示。

五、质 量 标 准

管沟的坐标与标高，其坡度与平整度均应符合设计与规范要求，沟底应平整。高程允许偏差不得大于 ±2cm，管沟的中心线偏差不大于 ±5cm。

六、质量通病及其防治

质量通病及防治方法见表 65-8。

表 65-8

序号	质量通病	防治方法
1	沟挖不够宽边坡不直	施工队加强管理，按放线宽度挖，应分层清边坡，保证沟直
2	晾槽时间长或土质松软无措施	1. 酌情增设支撑 2. 酌情采用改挖边坡闪槽
3	开挖沟槽后，遇垃圾、炉灰、树根及废管等未彻底处理	必须彻底将杂物全部清除，并以细土或砂回填，夯实到设计底标高。夯实度达90%以上
4	下管时，管沟底还留有泥浆未清除	下管前，必须将沟内的水抽净，然后将泥浆挖掉，可以用砂土垫至设计标高，但须夯实达到90%以上方可
5	沟底局部超挖	根据不同具体情况和超挖程度，采用回填砂或不含有机物的纯土进行回填并夯实至达到设计标高为止，其夯实度90%以上

66. 街坊、小区、厂区燃气管道安装

一、施　工　准　备

1. 材料

(1) 承插式接口铸铁管、滑入式接口铸铁管、柔性机械接口铸铁管、法兰铸铁管、各类铸铁管配套的铸铁管件、阀件，钢管、钢管件、聚乙烯塑料管、塑料专用管件、钢塑接头、内埋电热丝管件。

(2) 与各类铸铁管接口方式相配套的密封橡胶圈、油麻绳、膨胀水泥、青铅、法兰、螺栓、支撑圈、电焊条、气焊条、氧气、电石、硬质石棉橡胶板、石棉板。

(3) 焦炭、劈材、石棉绳、粘土、铅油、防腐胶带、沥青、环氧煤沥青、聚氨酯、发泡材料、粉笔、石笔、锯条、机油、棉线。

2. 机具

(1) 熔铅钢锅、熔铝炉、电焊机、柴油发电机、电热平板模、金属承口模芯、热熔模具、热熔枪、电熔电热丝、空压机、砂轮机、割管机、套丝机、手电钻、抽水泵、车床、铣床、小型封闭式钻孔机。

(2) 各规格捻口凿、手锤、钢卷尺、小锤、电焊气焊工具、管钳子、水平尺、线坠、温度计、定时针、法兰弯头、卡尺。

(3) 拎锅环钩、钢丝刷、钢锉、铲刀、钢锯、撬杠、大绳。

3. 工作条件

(1) 图纸经过会审，并已进行技术、质量、安全交底。

(2) 对热熔接口的施工人员已进行专业培训，操作合格，有上岗证。

（3）材料、机具已进场，现场电源、水源充足，均能满足连续施工的需要。

（4）管沟已经验收，达到质量标准。管沟周围已清理干净，满足管子在沟边预制和下管的要求。

二、施 工 工 艺

工艺流程

管内外清扫或防腐处理 → 沟边排管、断管或预制 → 挖工作坑 → 下管找正或调直 → 测坡、找坡 → 接口操作 → 临时封堵 → 试压及气密试验

1. 管内外清扫或防腐处理

先对管材进行检验，管材检验可采用锤敲和外观检查，对裂纹、砂眼和有异常声音的管道应检查出来，放在一边、将合格的管排好。对合格的管材，先用棍棒将管内杂物清理出来，然后用细铁丝绑上破布，两端头来回拖，将管内清扫干净，再用刷子和破布把接口的两端头洗刷出金属本色、揩擦干净。

2. 沟边排管、断管或连接

将清理干净的管子，在沟边按管道走向和规格排列好。遇有管件连接处和阀门位置，须排列短节管应进行断管时，先在铸铁管下部垫好方木，管径在 75～350mm 的铸铁管，可直接用剁子切断；管子在 400mm 以上时，先走大牙一周，再用剁子切断。具体操作图见本工艺标准室外给水管道安装。

3. 挖工作坑

管子排列后，按接口位置，在沟内排尺，挖好工作坑。若挖沟时已排尺完毕，应重新检查其位置是否准确。工作坑尺寸见表 65-6 中的规定。

4. 下管、找正

一般街坊、小区（包括庭院）管道都用人工下管。采用传递

法或压绳法，详见本工艺标准室外给排水部分。下管一根管要控制住管道中心线和管道坡度，顶端应用橇杠或木墩顶住防止打压时冲出。

管子下沟后，将承口和插口内的浮土用刷子和破布清洗干净，方可对口。然后须将对口完的全部管子找直、拨正。

5. 测坡、找坡

沿管道敷设的方向，用小线和水平尺检查坡度是否在设计允许范围内，如果发现坡度不符合要求，应将铸铁管撬至一侧，用石头挤住，坡度标高符合要求后，重新清洗承插口、对口、找直、拨正。

6. 铸铁管接口

目前铸铁管接口的方式，常见的有承插式、法兰式、滑入式、机械接口等多种形式。

(1) 承插式接口。根据设计选定在环形间隙中的填料，可分为水泥接口和青铅接口。橡胶圈直径与承插口缝隙对应尺寸见表66-1。

承插口缝隙与相对应的橡胶圈直径（mm）　　表 66-1

缝隙 E（承插口环缝隙）	8	9	10	11	12	13
橡胶圈直径 D	17	18	19	21	22	23

水泥接口：

橡胶圈→水泥→油绳→水泥——用于中压管道；车行道下的低压管道；临近建筑物的低压管道。

油麻绳→水泥→油麻绳→水泥——用于非道路下的低压管道。

接口操作：

①塞入橡胶圈——用两把捻口凿插入接口下侧缝隙，用手锤锤击枕凿使插口部分托起。将接口底部橡胶圈用手锤和捻凿打入

缝隙，两侧必须交替凿入，同时逐步交替向上移动枕凿位置。接口上侧的胶圈部分最后才打进。打进深度为70mm左右。如头道填料用的是油麻绳，则填入一圈打紧。

②填塞水泥——先用0.5mm的筛子将水泥过筛清理，按3:7（质量比）水灰比拌和好自应力铝酸水泥，在接口下面铺一块塑料布或油毡纸，用一只手捧住一把湿水泥，一只手用捻凿填捣入接口缝隙里，从下向侧至上顺序填塞，然后用捻凿绕接口缝隙一周或数周捻紧。也可借一圈油麻绳，暂填在水泥外，借用捻凿油麻绳的力，压紧水泥后，折下油麻绳。

拌和待用的水泥，必须在初凝时间30分钟内操作完毕。

③捻凿油麻绳——备好油麻绳（不可太粗），用捻口凿将油麻绳从接口底部凿入缝隙内，然后从两侧逐渐地向上凿塞，至上部时留出一定宽度，因凿压油麻后，水泥便从上面挤出，用捻凿将多余的水泥去掉，用将搭口的油麻两端抽捻后交叉压进缝隙，用凿敲击，直至全部均匀压紧挤压后的水泥从油麻绳表面渗出水分为止。

④封口处理——用清水湿润接口上的油麻，用水泥沿湿油麻绳涂抹均匀，再用油麻丝缠绕在抹涂好的水泥面上，以防水浸脱落。

青铅接口：

橡胶圈→青铅——适用中压管道管件接口、镶接管段接口及特殊场合接口。

油麻→青铅——适用低压管道管件、镶接管段接口及特殊地方无法用胶圈的中、低压接口。

接口操作：

①用劈材或其他点燃焦炭炉，用铅锅将铅熔化至400℃以上即可进行浇灌。具体操作见本工艺标准室外给水部分。

②清洗干净承插口的杂质、油污，然后将油麻绳凿进接口缝隙，打紧、凿实。如使用橡胶圈，则把选好的胶圈套进插口，打入时力求胶圈平整，深度为70mm左右。操作与水泥接口同。

③浇灌铅口。用石棉绳浸透水后抹匀粘土，沿接口绕一周交于上面，交叉搭口处的石棉绳内外，用粘土涂抹，筑出一个窝口形作为浇铅口。具体操作见本工艺标准室外给水部分。

(2) 法兰接口：主要用于管件、阀件连接。

①先将法兰的密封面用铲子和刷子，铲刷光洁。

②用法兰弯尺测定法兰两密封面的平行度，偏差不超过2mm即可。

③按设计规定选制好法兰垫片。若设计无规定，可参考下面所述选定：当法兰为凸面接合时，用硬质石棉橡胶板作垫片，安装时须在两面涂上黄油；若为平面接合时，则采用石棉板垫片。

④垫片放置两法兰片间，夹紧后把螺栓穿入，浇水湿透后再将螺栓拧紧。详细操作见本工艺标准法兰连接部分。

7. 钢管焊接接口

(1) 先用钨钢铲刀、钢丝刷和砂纸对钢管进行手工除锈，或采用除锈机喷砂等机械除锈。无论采用哪种方法，都要求达到钢管表面露出金属光泽。具体操作详见本工艺标准防腐章节。

(2) 钢管除锈后，进行防腐。煤气管道防腐一般采用沥青玻璃布防腐、环氧煤沥青防腐、聚乙烯胶带防腐和阴极保护防腐。阴极保护防腐一般采用不需电源的牺牲阳极保护，多用于长距离或特殊部位的室外埋地管道上，本标准不作介绍。一般防腐操作见本工艺标准相关部分。

(3) 防腐合格的管子运抵现象，采用吊车进行吊装时应采用带胶套的钢丝绳，避免吊装卸下时破坏防腐层，排管时可以3~5根为一组，成组对接，以免过长操作不方便。

(4) 打坡口。将排好的管编上号，分配人员打坡口，编号的目的便于检查施工人员的质量、责任。

钢管的坡口可用车床、风铲、切口机、砂轮、钢锉等加工，也可用乙炔、氧气进行切割，但必须将坡口打平，并清除表面氧化皮。坡口角度一般在60°~70°之间。

(5) 整形。对圆度不同的钢管要整形，使两管对接时减少误差，对管内的杂物、泥砂、锈片等应予以清除。为下一工序创造条件。

(6) 焊接。钢管焊接一般采用人工电弧焊（对于管壁 3.5mm 以下，ϕ57 以下的钢管，也可采用气焊焊接）。对于有纵向焊缝的钢管，对接时，两条焊缝应错开≥100mm，相邻环形焊缝应大于管径的 1.5 倍。在有环形焊缝的地方不准焊支管。

①点焊。管道焊接时，应先施点焊。点焊长度转动口为20～40mm，固定口一般为 40～80mm。点焊厚度为管壁的 30%～40%，点焊的数目：≤ϕ200，点焊三处互成 120°角；≥ϕ250～700 时，点焊四处，互成 90°角；≥ϕ700 时，点焊六处，互成 60°角。点焊应焊透，两端点应铲平，不准有裂缝、气孔、灰渍等缺陷，否则应清除重焊。

②分层施焊。在点焊合格后，进行全面施焊，应分层施焊，一层施焊厚度不应超过 50%壁厚，在焊第二层时，应清除第一层的焊皮、焊渣及金属飞溅物，经外观检查合格后，才能进行，严禁堆焊。第二层应达到管壁的 70%～80%，然后再焊第三遍，焊缝平滑过渡到金属母体，焊至加强高度。

③焊缝检查。对组装后的管道，应对焊缝进行外观检查和无损伤检查，按设计要求及验收规范要求检查数量，达到合格标准。

④遇有阀门、抽水缸地段管道可用平焊钢法兰盘连接，平焊钢法兰与管道装配时，管子穿入法兰，管子端面与法兰的密封面留出 3mm，先焊内口，后焊外口，法兰内侧焊缝不得凸出法兰密封面。

(7) 焊接形式及操作见本工艺标准焊接连接。

(8) 下管。管道组焊成形后，逐一检查焊口质量，并做好标记，打上焊工工号，然后除锈补防腐口，达到防腐标准后，可以下管，下管可视管径大小，用人工或机械下管。无论哪种方法下管的前提是不准破坏防腐，不准扭拉钢管。可分段下管，小管径的也可连续下管。

8. 聚乙烯管接口

聚乙烯管道连接应采用同牌号和同材质的管材和管件。在采用聚乙烯盘管、排管时应小心轻放，管材搬运时，必须用非金属绳吊装，不得抛摔和沿地拖泄。管道铺设宜在管沟内铺设，成自然伸直，不宜扭曲和产生过大的拉力和弯力。

(1) 聚乙烯管焊接接口

运用空压机和电加热器送出的热风，将塑料焊条和连接表面同时加热至熔融状态，然后使焊条对连接表面加压促成它们熔接成一体。冷却后达到所需的强度。见本工艺标准塑料管焊接。

(2) 法兰接口

聚乙烯管没有生产法兰管，须预先焊接法兰并自制成法兰接口管。焊制时，须对法兰双面焊接。一般用在经常拆卸的部位。其法兰垫片由设计选定。如设计无规定参见铸铁法兰垫片。

(3) 插入式接口

目前尚无插入式接口塑料管，需用钢模或自制钢膜，先将塑料管加热后再用模具加工成形。详见本工艺标准热熔连接。

①加工成形的承口内有一凹槽，如图 66-1 示之。其结构形式类似铸铁管滑入式接口。操作时，先将锥形密封胶圈嵌填入凹槽内，如图 66-1 中的 3 所示。

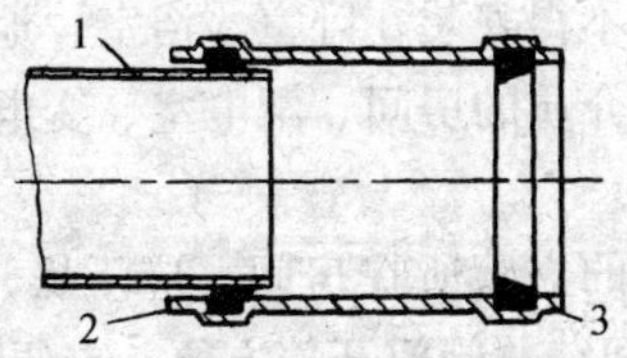

图 66-1 插入式接口

1—插入管；2—直管式接口；

3—密封胶圈

②再将直管插进承口内，插入后略向回退一点，使胶圈的反弹力密封接口。

③如作伸缩补偿用，可将承口管加工成上图中所示，两端均嵌填锥形密封胶圈接口。

(4) 聚乙烯管道的连接有热熔对接接口、承插热熔接口、电熔接口等三种接口方式。这些操作办法都要经过专业培训后才能操作。详细操作过程见本工艺标准熔接连接部分。

(5) 电熔法在加热时间结束后，要等待冷却一定时间，在冷却时间内，不得移运电熔设备和管道，在完全冷却后，用洁净的棉线，清理熔接头上的残留物。

(6) 聚乙烯燃气管道安装完，经强压和气密试压合格后，可进行回填土，要求回填土中不得有石块、杂物、硬物等易损伤管道的东西。应回填 500mm 后进行夯实，沟里放置警示带，以防以后开挖时破坏。

9. 进户引入管的安装

(1) 引入管的一般规定

①引入管安装，在燃气管道施工中是重要环节，因其靠近楼房与用户，接口多，是容易发生事故的环节，因此要严格操作。引入管安装在铸铁管干管时，可直接以丁字管变径。引入管为镀锌管以丝扣连接时，可在干管上钻孔后以丝扣连接。无论怎样连接，都要安装万向节头，防止管道下沉时产生切力破坏管道。

②燃气引入管不得安装在卧室、浴室、地下室、易燃或易爆品的仓库、有腐蚀介质的房间、配电室、变电室、电缆沟、烟道和进风道等地方。

③燃气引入管的立管所在房间，应干燥、通风、采光良好，室温在 4～45℃之间，总阀门开关方便，方便检修的地方。

④进户引入管，应与建筑外墙面成直角进入，不应斜线进入。埋深在冰冻线以下，坡度坡向干管并且大于 10‰，长度一般不宜超过 10m。

⑤高层建筑中的引入管一般采用多个引入管进户，再分层进行环形连接。选用引入管结构形式时，必须考虑设置补偿器消除沉降产生的外力。补偿器必须设置在专用保护井内。

(2) 燃气引入管的形式。有地下式和地上式两大类。燃气引入管形式的选择，可根据东、西方地区和南、北方地区的不同、楼层的不同、用户和当地条件不同而进行选定。

地下式引入管的形式与分类见图 66-2 和图 66-3。

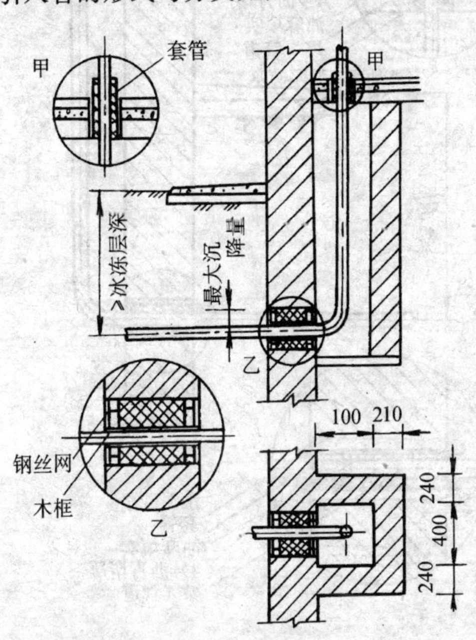

图 66-2 地下式引入管作法（一）

①地下式进户引入管穿越墙基室内地坪或管沟时，必须设置套管，套管直径比引入管直径大 100mm，套管与引入管应在同一中心线上，两管间隙用柔性密封防腐材料进行封堵。

②引入管在进户后，伸向地面的立管转角处应采用弯头或特加工的月弯，严禁用三通，如图 66-2、图 66-3 所示。

③进户引入管的竖管段，当直径小于 *DN*50mm 时，在弯头以上 150mm ~ 200mm 处，需煨制水坡侧弯，以确保水平管段坡向户外。

④进户引入管应与建筑物的外墙面成直角引入：引接起点至

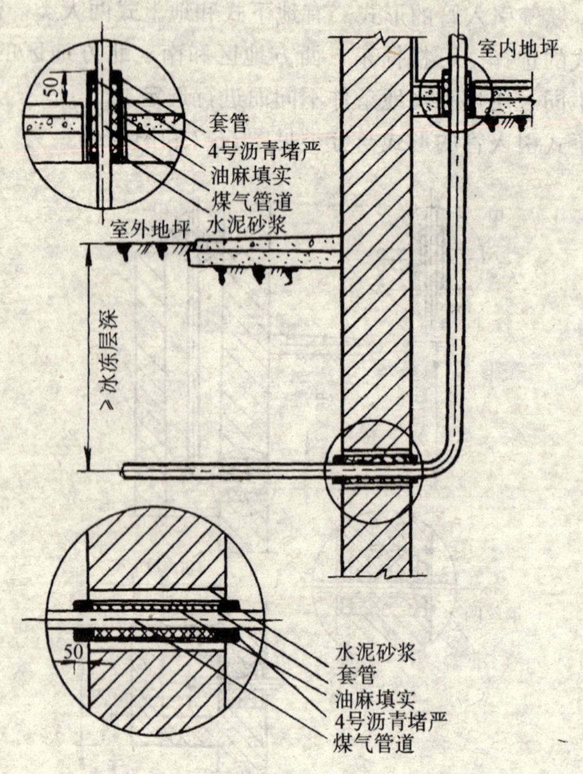

图 66-3 地下式引入管作法（二）

外墙面的距离一般不大于 10m 左右。

⑤进户引入管若无法敷设冰冻线以下，允许采取如下技术措施：

引入管均以聚乙烯管内衬聚胺酯复套钢管敷设，或采用聚胺酯现场发泡，其发泡厚度≥50mm，外面包防水漆及塑料布二层以防渗水。

在从旁侧钻孔接出的引入管允许在管轴线以上选位钻接，以便保证埋深，但不准沿侧下方或下方钻孔，见图 66-4、图 66-5 所示。

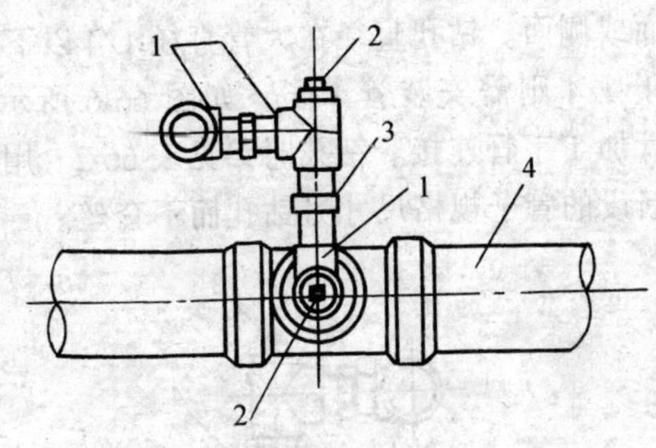

图 66-4

1—三通；2—丝堵；3—外接头；4—干管

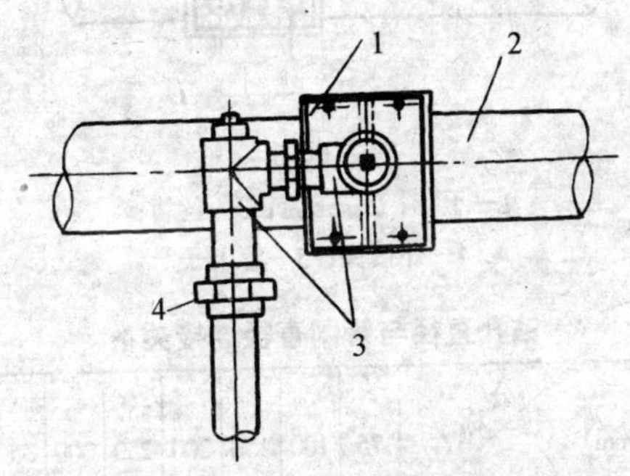

图 66-5

1—外接头；2—干管；3—三通；4—活接

从接点向下设用户抽水缸，以确保埋深及坡度，不准采用管件制成的临时抽水缸。

⑥引入管是指楼前管至用户之间的管道，一般直径在 40 ~ 100mm 之间。因接口多，与用户较近，因此是易发生事故的环节，故此要严格操作。

在安装分支管件时，有的直接变径，有的加渐缩管，有的在管道上钻孔，但不管怎样变径，在其起点都要有一个万向节连接，使其能防止管道沉降时不产生切力。

庭院煤气铸铁管道分支钻孔时，在一般情况下其位置必须选在管道的上面或侧面。钻孔直径在大管直径 1/4 以下时，允许直接施钻，大于 1/4 则需安装管卡子，如图 66-6 所示。超过 1/3 时，必须切管加 T 字管连接。钻孔时参见表 66-2。用管卡子连接时，可以按新设的管子规格尺寸另钻孔而不套丝。

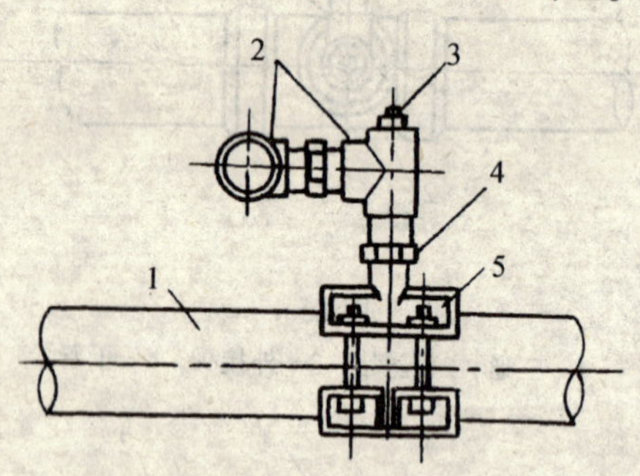

图 66-6

1—干管；2—三通；3—丝堵；
4—外接头；5—管卡子

钻孔直径与管网直径连接关系　　表 66-2

连接最大孔径（mm）\ 公称直径 / 连接方法	75	100	150	200	250	300	350	400	450	500
直接连接		25	32	40	50	65	75	75	75	75
管指连接	25 32	32 40								

⑦进户引入管从弯头返向地面时，可以采用煨制鸭胫等办法使管子靠墙，如图 66-7、图 66-8 所示。煨弯时应注意将焊缝置于管侧 45°角位置上。

煨弯时可用焦炭、木炭、木柴加热，按本工艺标准有关工艺进行。不宜用乙炔火焰和煤火烧烤，防止管体局部过热氧化或变形。

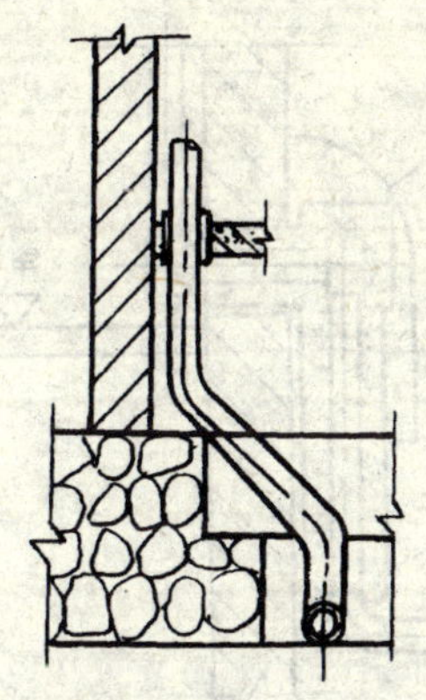

图 66-7

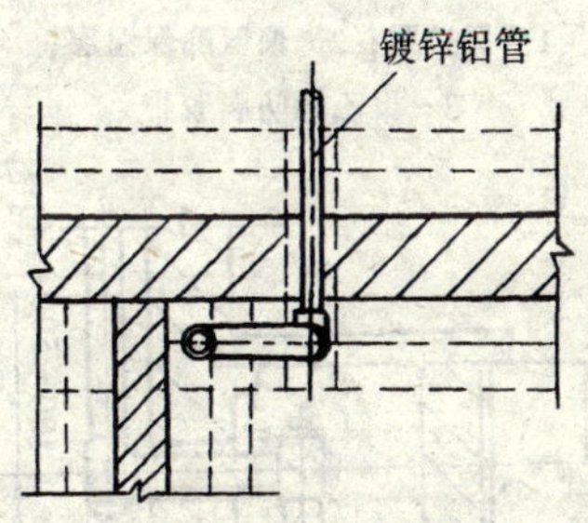

图 66-8

地上式引入管的形式和分类见图 66-9、图 66-10 所示。

①地上式进户，避开了室内的暖气沟和开挖用户的地面，减少了事故的隐患和用户的负担。一旦漏气，便于抢修和测漏。

②地上式的引入管要求在距墙基础处用特制弯头上返，距墙面 100mm 至室内地面 0.5m 以上进户，两端均加清扫三通，室内加截门、室外部分加保温、防腐和保护罩。

③进户引入管户外部分的安装必须埋设在冰冻线以下，坡度坡向支干管大于 10‰。引入管伸出地面的立管应做发泡保温，保温层外缠绕保护层，然后加保温井或保护罩，砖砌体应与建筑

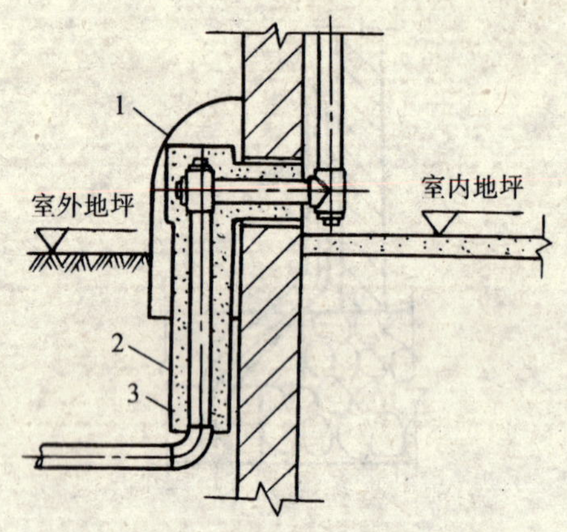

图 66-9 地上进户采用玻璃钢防护罩安装图

1—保护罩；2—聚氨酯保温层；

3—聚乙烯防腐胶带

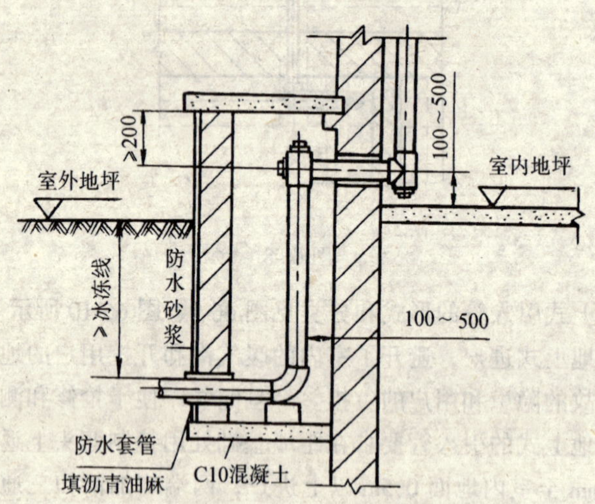

图 66-10 地上进户采用保温井安装图

物砌严密，外面的粉饰应与建筑物墙面相同。

新型地上式燃气引入管是一种柔性接口。提高了接口的气密

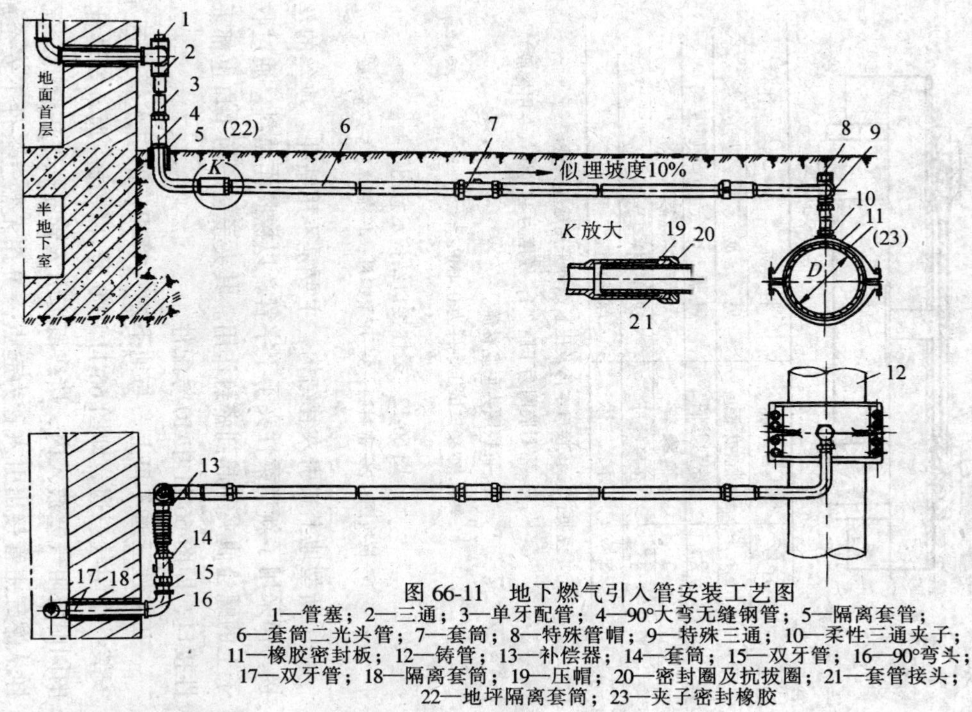

图 66-11　地下燃气引入管安装工艺图

1—管塞；2—三通；3—单牙配管；4—90°大弯无缝钢管；5—隔离套管；6—套筒二光头管；7—套筒；8—特殊管帽；9—特殊三通；10—柔性三通夹子；11—橡胶密封板；12—铸管；13—补偿器；14—套筒；15—双牙管；16—90°弯头；17—双牙管；18—隔离套筒；19—压帽；20—密封圈及抗拔圈；21—套管接头；22—地坪隔离套筒；23—夹子密封橡胶

性和抵抗外力（特别是消除沉降产生的力）的性能，并且能提高接口寿命，其结构形式见图 66-11 和图 66-12 所示。

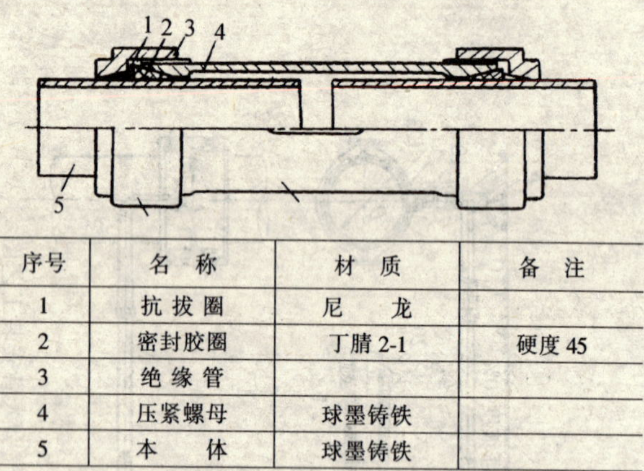

序号	名　称	材　质	备　注
1	抗 拔 圈	尼　　龙	
2	密封胶圈	丁腈 2-1	硬度 45
3	绝 缘 管		
4	压紧螺母	球墨铸铁	
5	本　　体	球墨铸铁	

说明：1. 该接口本体及压紧螺母采用球墨铸铁。

2. 密封胶圈为丁腈 2-1，硬度为 45（煤气专用橡胶）。

3. 抗拔圈为尼龙材质。

4. 本接口试压条件为 0.4MPa。

图 66-12　柔性接口结构示意图

1—抗拔圈；2—密封圈；3—压紧螺母；4—筒体；5—连接管

①新型地上式引入管结构，主要是不用钻孔、攻丝的丝扣连接，而采用了新型柔性夹子丁字管，以橡胶作填料，通过收紧夹子上的螺栓使夹子起到密封作用。其夹子三通的 T 口也都采用柔性接口，即图 66-11 中 10 号配件。

在柔性三通 T 口上，与地下燃气管相连的引入管的起始点，安装一个阻气三通，即图 66-11 中 9 号件特殊三通。安装此三通的同时将阻气塞放入内，堵塞衔接引入管的燃气主管的气流，这样从燃气主管接出引入管为起点，可在无燃气条件下安全施工。待完成安装后再拔出阻气塞，并且立即安装好管塞。

操作时，先清除铸铁管上的污垢、铁锈，然后将柔性夹子三通安装在即将接出引入管的接口位置上。有必要时，先作单体气密性试验，详见本工艺规定。

利用小型封闭式钻孔机、安装在夹子三通上进行钻孔，完成钻孔后在夹子三通的T口上立即安装好“阻气三通管”，并用阻气塞堵塞住燃气源。

②按图中所示进行引入管、管件和补偿器的组装、连接。

先安装弯头、绝缘镀锌钢管及特制90°无缝钢管大弯头。组装、连接时均采用柔性管连接件，如图66-11中7号件、*K*放大图及柔性接口详图（参见图66-11和图66-12所示）。基本上与原镀锌钢管中的配件如三通、弯头等相似，但接口均为柔性接头。

操作时，将管子与管件插入相连后，将密封圈和尼龙抗拔圈先后塞进缝隙中，再用压轮压紧接口并进行旋紧，压轮使橡胶密封圈压缩密封，同时受压的抗拔圈阻止接口外移或脱落。

特制大弯头是沉降最大受力点，故用无缝钢管制成，安装时，弯管直接接出地面，并且另加套管，如图66-11中5号件为出地面时的隔离套管。大弯管与地下端和地上管端接口均采用上述柔性接头，明管连接，最后安装与明管相连接的、由不锈钢制成的金属软管的“挠性补偿器”，见图66-13中配件13号。要求明装横向补偿器距墙有30mm的间距。“补偿器”安装详图见图66-13所示。

③地上明管引入管进户方式，根据用户性质又可分别选择低位进户、高位进户、中压进户，如图66-14、图66-15和图66-16所示。

④气密性试验合格标准为300mm水柱，30min不降下为合格。

10. 进户引入管总阀门安装时，其中心线距室内地面≤1500mm，直径*DN*75mm以上所设总阀门手轮中心距室内地面高度一般为1.2~1.4m。其阀门应采用旋塞、球阀或其他气体阀，施工过程中应在阀门下0.2m处安设管夹。

11. 安装完的庭院管及引入煤气管道，应按本标准中工艺程序进行外观检查，合格后，接市街干线、支线，直至引入管阀门处止。分别进行强度和严密性试验，按本标准中有关工艺进行。

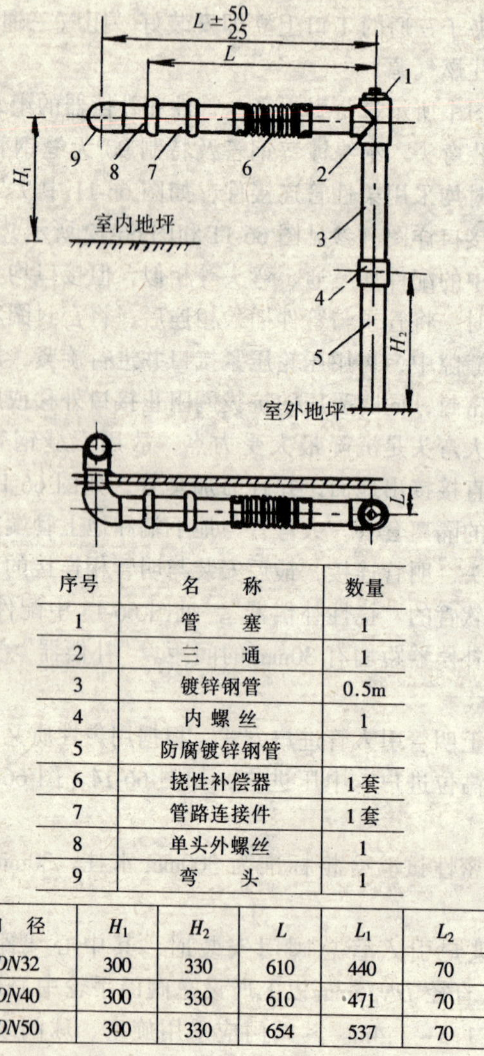

序号	名　　称	数量
1	管　　塞	1
2	三　　通	1
3	镀锌钢管	0.5m
4	内 螺 丝	1
5	防腐镀锌钢管	
6	挠性补偿器	1套
7	管路连接件	1套
8	单头外螺丝	1
9	弯　　头	1

口　径	H_1	H_2	L	L_1	L_2
*DN*32	300	330	610	440	70
*DN*40	300	330	610	471	70
*DN*50	300	330	654	537	70

图 66-13　燃气管道挠性补偿器安装图

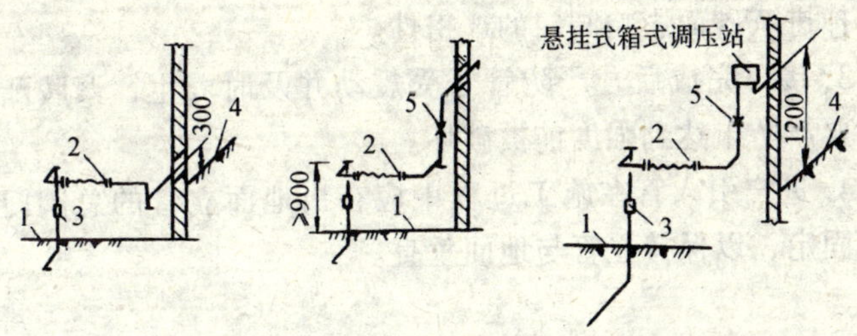

图 66-14 低位管进户方式　　图 66-15 高位管进户方式　　图 66-16 中压到楼进户方式

1—室外地坪；2—补偿器；3—内螺母；4—室内地坪；5—固定支架

气密性试验压力为 3kPa 或为 0.003MPa，30min 不降为合格，按本工艺标准中规定进行，按不同类型分别完成气密性试验：

（1）当引入管暂不和室内管相接时，新安装的引入管应与埋地的支管或干管连在一起进行试验。

（2）当引入管直接和室内管相连通时，引入管和埋地支管或干管全连在一起试验。

（3）如地下干、支燃气管已投入使用，引入管和室内管连在一起进行试验，合格后方与埋地干、支管接头。

12. 凡是直埋铺设的钢管，均须做特加强绝缘防腐。防腐工艺按本标准中规定进行。如做聚胺酯现场发泡工艺，其发泡厚度≥50mm，外涂防水漆，再缠塑料布两层。

埋地镀锌钢管一般采用“自流化胶带”缠绕在涂锌后的管及管件上，缠两层即可，经电花火测试，5000V 不击穿为合格。

三、成 品 保 护

1. 埋地的庭院及引入管施工时，如果施工间断必须用临时封堵将甩头塞严。防止掉进杂乱之物。

2. 甩至地面上的立管阀门，可临时拧上相同口径的丝堵，防止掉进灰砂而影响阀门的严密性。

3. 接口完成后，严防管子受震动并及时养生，聚胺酯发泡接口要严防未达到强度前被破坏。

4. 进户引入管在施工过程中应在出地面立管的总阀门下设管夹固定，以保持立管与地面垂直。

四、安全注意事项

1. 铸铁管道剁管时应注意飞削伤人。

2. 用手电钻钻孔接管或用电动套丝机套丝时，均应由专人使用。机具应有安全装置及绝缘，严防触电。

3. 使用炭火煨弯时，要制定防火措施。

4. 使用水电焊工具应严格检查安全设施后再进行操作。

5. 闸阀安装前应用煤油进行渗漏试验，合格后方可安装。阀门垫圈不可采用黄铜与青铜，因煤气中含有硫化物，有严重的腐蚀作用。

五、质 量 标 准

1. 铸铁管铺设时管道中心线允许偏差 500mm 管底高程偏差在 ± 20mm 内，承口和插口对口间隙应符合表 66-3 规定。

承、插管对口间隙允许偏差 **表 66-3**

公称直径（mm）	沿直线铺设时（mm）	沿曲线铺设时（mm）
75	4	5
100 ~ 250	5	7 ~ 13
300 ~ 500	6	10 ~ 14
600 ~ 700	7	14 ~ 16

环形间隙应均匀、偏差应符合表 66-4 规定。

环形间隙允许偏差 **表 66-4**

公称直径（mm）	标准环形间隙（mm）	允许偏差（mm）
75 ~ 200	10	+3 -2
250 ~ 450	11	+4 -2
500 ~ 900	12	+4 -2

2. 机械式柔性铸铁管，承插连接时，胶圈位置应正确、紧密、平顺、舒坦，无打鼓打漏及扭曲现象。

3. 管材、胶圈必须配套，对口时，承插口及胶圈保持清洁，插口导坡与管外壁圆滑过渡。胶圈就位正确、回弹间隙不超过 3mm，压兰间隙均匀，螺杆露出螺母外。

4. 管道焊口外观用肉眼检验，不得有裂纹、气孔、夹渣、焊瘤、烧穿等。钢管焊缝须进行探伤检查。

5. 庭院管应坡向市街或小区煤气管网，坡度一般为 0.003。严禁穿过人防工程。进户管应坡向户外、坡度为≥0.005，穿越基础处设套管、引入管应依附于承重墙或固定墙，管壁距墙面 30 ~ 80mm。

6. 引入管埋设深度达不到设计要求时，必须做成永久性保温处理。若采用聚胺酯发泡工艺时，发泡厚度≥50mm，外缠塑料布两层涂防水漆。

六、质量通病及其防治

质量通病及防治方法见表 66-5。

表 66-5

序号	质量通病	防治方法
1	管道堵塞	1. 燃气管道煨弯后，应仔细检查并清除管内泥沙及其他杂物 2. 施工过程中，对临时敞口应及时进行临时封堵工作 3. 管道施工前对管腔进行清理，除去污物泥沙
2	立管甩头不准确	1. 回填土或隐蔽施工前应对已完的引入管甩头标高、坐标进行认真复查，无误方可进行下道回填或隐蔽工作 2. 立管甩头位置影响到煤气表的安装，对大型煤气表的立管甩头应进行排管计算准确甩头
3	管道渗漏或断裂	1. 地下管道施工完，防腐隐蔽前必须进行强度和严密性试验 2. 管道接口，必须严格按本标准接口工艺施工
4	进户引入管埋深未在冰冻线以下	管道埋设必须在当地冰冻线以下，如果特殊情况保证不了冰冻层以下的埋深。必须采用有效措施，以确保煤气管道中所输送的净化气温度不低于煤气露点温度。方法可以有以下几种： 管道全长作可靠保温； 从接点向下设用户抽水缸，以确保埋深及坡度

67. 室外给水管道管沟开挖

一、施　工　准　备

1. 机具

（1）水准仪、经纬仪、水泵、翻斗车、手推车、钢盘尺、钢卷尺、挖沟机。

（2）镐、锹、撬棍、木板、木桩、小白线、水桶。

2. 工作条件

（1）施工人员认真熟悉图纸，了解管道分布情况，掌握设计要求，清除管道施工区域内的地上障碍物。

（2）摸清地下是否有高、低压电线、电缆、水道、煤气及其他管道，并明确位置，认真妥善处理好。

（3）管道施工区域内的地面要进行清理。杂物、垃圾弃出场外。

（4）在饮用给水管线附近的厕所、粪坑、污水坑和棺木等，应在开工前迁至卫生管理机关同意的地方。将脏物清除干净后进行消毒处理，方可将坑填实。

二、施　工　工　艺

工艺流程

管道线路测量、定位 ──→ 沟槽开挖

1. 管道线路测量、定位

（1）测量之前先找好固定水准点，其精确度不应低于Ⅲ级，在居住区外的压力管道则不低于Ⅳ级。

（2）在测量过程中，沿管道线路应设临时水准点，并与固定水准点相连。

(3) 测定出管道线路的中心线和转弯处的角度，使其与当地固定的建筑物（房屋、树木、构筑物等）相连。

(4) 若管道线路与地下原有构筑物的交叉，必须在地面上用特别标志表明其位置。

(5) 定线测量过程应作好准确记录，并记明全部水准点和连接线。

(6) 给水管道坐标和标高偏差要符合表 67-1 中规定。从测量定位起，就应控制偏差值。

给水管道坐标和标高的允许偏差　　表 67-1

管材	项目		允许偏差（mm）
1. 预、自应力钢筋混凝土管，石棉水泥管	坐标	埋地	50
	标高	埋地	±30
		敷设在沟槽内	±20
2. 铸铁管	坐标	埋地	50
	标高	埋地	±30
		敷设在管沟内	±20

(7) 给水管道与污水管道在不同标高平行铺设，其垂直距离在 500mm 以内，给水管道管径等于或小于 200mm，管壁间距不得小于 1.5mm，管径大于 200mm，不得小于 3m。

2. 沟槽开挖

(1) 按当地冻结层深度；通过计算决定沟槽开挖尺寸，见表 67-2。

$d<300$mm 时为：d + 管皮 + 冻结深 + 0.2m

$d>300$mm 时为：d + 管皮 + 冻结深

$d>600$mm 时为：d + 管皮 + 冻结深 − 0.3m

管径（mm）	沟底宽（m）
50～75	0.5
100～300	管径+0.4
350～600	管径+0.5
700～1000	管径+0.6

管道沟槽尺寸（m） 表 67-2

管径（mm）	沟下口宽	坡底宽	上口宽 1:0.15	1:0.2	1:0.3	1:0.4	1:0.5	1:0.6
50～75	1.80	0.50	1.04	1.22	1.58	1.94	2.30	2.66
100	1.80	0.50	1.04	1.22	1.58	1.94	2.30	2.66
125	1.85	0.53	1.08	1.27	1.64	2.01	2.38	2.75
150	1.90	0.55	1.12	1.31	1.69	2.07	2.45	2.83
200	1.90	0.60	1.17	1.39	1.74	2.12	2.50	2.88
250	1.95	0.65	1.24	1.43	1.82	2.21	2.60	2.99
300	1.80	0.70	1.24	1.42	1.78	2.14	2.50	2.86
350	1.85	0.85	1.41	1.59	1.96	2.33	2.70	3.07
400	1.90	0.90	1.47	1.66	2.04	2.42	2.80	3.18
450	1.98	0.95	1.54	1.74	2.14	2.53	2.93	3.33
500	2.00	1.00	1.60	1.80	2.20	2.60	3.00	3.40
600	2.10	1.00	1.73	1.94	2.39	2.78	3.20	3.62
700	1.90	1.30	1.87	2.06	2.44	2.83	3.30	3.58
800	2.00	1.40	2.00	2.20	2.60	3.00	3.40	3.80
900	2.14	1.50	2.14	2.36	2.78	3.21	3.64	4.07
1000	2.24	1.60	2.27	2.50	2.94	3.39	3.84	4.29

由沈阳自来水公司提供的给水管道沟槽各部分尺寸，如表 67-2 所示。其他地区根据冻结深度计算后加以调整。

（2）按设计图纸要求及测量定位的中心线，依据沟槽开挖计

工作坑尺寸（m） **表 67-3**

项目		管径(mm)	75	100	125	150	200	250	300	350	400	500	600	700	800	900	1000
接口工作坑	长	承口前	0.6	0.6	0.6	0.6	0.6	0.6	0.8	0.8	0.8	0.8	0.9	0.9	0.9	0.9	0.9
		承口后	0.2	0.2	0.2	0.2	0.2	0.25	0.25	0.25	0.25	0.25	0.3	0.3	0.3	0.3	0.3
		合计	0.8	0.8	0.8	0.8	0.8	0.8	1.05	10.5	1.05	1.05	1.2	1.2	1.2	1.2	1.2
	深(管下皮)		0.25	0.25	0.25	0.25	0.3	0.3	0.3	0.3	0.3	0.3	0.35	0.35	0.35	0.35	0.4
	下底宽		0.6	0.6	0.6	0.8	0.8	0.8	0.9	0.9	1.4	1.5	1.6	1.7	1.8	1.9	2.0

算尺寸，撒好灰线。

(3) 按人数和最佳操作面划分段，沿灰线直边切出沟槽边轮廓线，按照从深到浅的顺序进行开挖。

(4) 一、二类土可按30cm分层逐层开挖，倒退踏步型挖掘，三、四类土先用镐翻松，再按30cm左右分层正向开挖。

(5) 每挖一层清底一次，挖深1m切坡成型一次，并同时抄平，在边坡上打好水平控制小木桩。

(6) 挖掘管沟和检查井底槽时，沟底留出15~20cm暂不挖。待下道工序进行前，按事前抄好平的沟槽木桩挖平，如果个别地方因不慎破坏了天然土层，须先清除松动土壤，用砂或砾石填至标高。

(7) 岩石类的管基填以厚度不小于100mm的砂层或砾石层。

(8) 在遇有地下水时，排水或人工抽水应保证在下道工序进行前将水排除。参见本工艺标准有关做法。

(9) 挖深超过2m时，要留边坡。在遇有不同的土层断面变化处可做成折线形边坡或加支撑处理。

(10) 铺设管道前，应按规定进行排尺，并将沟槽底清理到设计标高，按表67-3规定挖好工作抗。

三、成 品 保 护

1. 定位控制桩，沟槽顶、底的水平桩，龙门板等，挖运土时均不准碰撞，也不准坐在龙门板上休息。

2. 管沟壁和边坡在开挖过程中应予保护，以防坍塌。

3. 初冬季节施工时，应用草帘覆盖保温。

四、安全注意事项

1. 夜间挖沟必须设有充足的照明，在交通要道外设置警告标志。

2. 上下管沟时应用梯子。挖沟过程中要经常检查边坡状态，防止变异塌方伤人。

3. 不准在管沟内坐地休息。

4. 抡镐和大锤时，注意检查镐头和锤头。发现松动时，必须修理好再用。

五、质　量　标　准

1. 水准点的闭合差不应大于 $7 \pm \sqrt{KM}$ mm。

2. 管沟坐标与标高符合设计要求。

3. 管沟经验收达到各项标准。

4. 施工方法符合规范。

六、质量通病及其防治

质量通病及防治方法见表 67-4。

表 67-4

序号	质量通病	防治方法
1	沟底长时间敞露	1. 施工图、材料和机具均已齐全，方可挖沟 2. 挖沟后及时进行下道工序
2	沟底局部超挖	1. 挖沟过程中，随时严格检查和控制沟底标高 2. 遇有超挖时，采取补救技术措施
3	管道下沉	1. 沟槽开挖时，要注意排除雨水与地下水，不要带水接口 2. 管基要坐落在原土或夯实的土上，管道基础达到强度后方可下管

68. 室外给水管道铺设

一、施　工　准　备

1. 材料

(1) 镀锌钢管、煤气焊接钢管、焊接钢管、承插铸铁给水管，预、自应力钢筋混凝土管。

(2) 室外镀锌钢管接头零件、室外焊接钢管接头零件、压制弯头。

(3) 青铅、油麻、硅酸盐膨胀水泥、石棉绒、普通硅酸盐水泥 525 号、橡胶圈。

(4) 焦炭、木柴、氧气、电石、锯条、砂轮片、机油、铅油、石笔、小线、木板等。

2. 机具

(1) 管子切断机、电动套丝机、普通车床、交流弧焊机、液压弯管机、手动坡口机。

(2) 卷扬机、汽车起重机、履带式起重机 5t、载重汽车 4t、人字桅杆（架)、钢丝夹、导链、滑轮、卸甲。

(3) 鼓风机、试压泵、水准仪、熔铅锅、水平尺、钢盘尺、卡尺。

(4) 大锤、剁子、钢丝刷、錾子、管钳、扳手、螺丝刀。

3. 工作条件

(1) 沟底标高与管沟中心坐标已验收合格。

(2) 管材、管道附件、阀件、管线所配备的零部件均已齐全，并有产品质量合格证，管道附件、阀件经耐压试验合格，直观检查无裂纹。

(3) 施工人员已熟悉图纸，掌握了对接口等设计要求。

二、施 工 工 艺

工艺流程

检验管子、阀件 → 处理管口、阀件、填料 → 检验下管机具、绳索 → 管子、阀件定位 → 下管 → 断管 → 对口

1. 做好下管前的各项准备工作

(1) 检查闸阀、排气阀的开并是否严密、吻合、灵活。直径200mm以上闸阀必须更换填料。

(2) 钢管已按本标准中焊接规定进行了坡口等技术处理。

(3) 铸铁管承口内和插口外的沥青防腐层用汽焊烤掉，并用刷子清理干净，飞刺等杂质已凿掉，管腔内脏物被清除。

(4) 准备好下管的机具及绳索，并进行安全检查，管径在125mm以下，可用人力下管，采用传递法，管径在150mm以上可用撬压绳法下管，直径大的管可酌情用起重设备。详见本工艺标准室外排水有关方法及规定。

(5) 使管中心对准定位中心，做好各种辅助工作。

(6) 下管前，必须对管材进行认真检查，发现裂纹的管子，应进行处理，若裂纹发生在插口端，将产生裂纹管段截去方可使用。

(7) 将有三通、阀门、消火栓的部位先定出具体位置。再按承口朝向水流方向，逐个确定工作坑的位置。如管线较长，由于铸铁管长度规格不一，工作坑一次定位往往不准确，可以逐段定位。

2. 下管

(1) 复测三通、阀门、消火栓位置及排尺定位的工作坑位置，尺寸是否适合，否则须进行修理。

(2) 下第一根管。管中心必须对准定位中心线，找准管底标

高（在水平板上挂水平线），管末端用方木垫顶在墙上或钉好点桩挡住、顶牢，严防打口时顶走管子。

(3) 连续下管铺设时，必须保证管与管之间接口的环形空隙均匀一致。承插口与管中心线不垂直的管，管端外形不正的管子和按照设计曲线铺设的管道，其管道四周任何一点的间隙均应符合质量标准。

(4) 铸铁管承插接口的对口间隙不得小于3mm，最大间隙不得大于质量标准中规定值。间隙大小应用铁丝检尺为检查标准，管径不大于500mm的管道，每个接口允许有2°转角，管径大于500mm时，只允许管道有1°转角。

(5) 阀门两端的甲乙短管，下沟前可在上面先接口，待牢固后再下沟。

(6) 若须断管，须在管的下部垫好方木，管径在75～350mm的铸铁管，可直接用剁子（或钢锯）切断，管径在400mm以上时，先走大牙一周，再用剁子截断。剁管时，在切断部位先划好线，沿线边剁边转动管子，剁子始终在管的上方。见图68-1。预、自应力钢筋混凝土管和钢筋混凝土管不允许切断后再用。

图68-1　铸铁管切断

(7) 管径大于500mm的铸铁管切断时，可采用爆破断管法，先将片状黄色炸药研细过筛，装入不同直径的塑料管中，略加捣实。使用时，将药管一端封好，缠绕在管子须切断部位上，未封口的一端留出 10mm 长度，接上雷管或起爆药。爆破断管时，必须严格按规程操作起爆，用药量见表 68-1。

爆破断管有关数据 **表 68-1**

铸铁管直径(mm)	壁厚(mm)	装药塑料管规格		TNT装药量(g)	TNT粒度(mm)	起爆雷管
		内径(mm)	长度(mm)			
500	14.0	12	1.8	165~170	<0.2	工业 8 号
600	15.4	12	2.15	200~205	<0.2	工业 8 号
700	16.5	14	2.50	380~390	<0.6	工业 8 号
800	18.0	16	2.90	560~570	<0.6	工业 8 号
900	19.5	20	3.30	790~830	<0.6	工业 8 号

3. 有防腐、保温管道的处理

按本工艺标准相应部分进行。

三、成 品 保 护

1. 已烤掉并清除干净的承插头，要防止再存积污物，阴雨天应用物覆盖保护。

2. 对口后的钢管严禁移动。

四、安全注意事项

1. 吊装管子的绳索必须绑牢，吊装时要服从统一指挥，动作要协调一致，管子吊起后，沟内操作人员应避开，以防伤人。沟内人员必须戴好安全帽。

2. 用手工切断管子时不能过急过猛，管子将断时应扶住管子，以免管子滚下垫木时砸脚。

3. 爆破断管时，要制定特殊安全措施，详细交底，统一指挥，遵守爆破工程有关规定的操作顺序。

4. 施工作业时，不准向沟内随便乱扔材料和工具等物料。

5. 管道在对口过程中，要相互照应，防止挤手。

6. 吊装拔杆垂直下方不准站人。

五、质 量 标 准

1. 管道对口时，允许对口最大间隙应符合表 68-2 中规定。

最大对口间隙允许值（mm）　　表 68-2

管　　径（mm）	沿直线铺设时	沿曲线铺设时
50 ~ 75	4	5
100 ~ 200	5	7
300 ~ 500	6	10
600 ~ 700	7	12
800 ~ 900	8	15
1000 ~ 1200	9	17

2. 铸铁管沿直线铺设时，承插口的环形间隙应符合表 68-3 规定。

铸铁管承插接口环形空隙尺寸及允许偏差　　表 68-3

管　　径（mm）	标准环空隙（mm）	允许偏差（mm）
250 ~ 450	11	+4 −2
75 ~ 200	10	+3 −2
500 ~ 900	12	+4 −2
1000 ~ 1500	13	+4 −2

3. 胶圈接口的承插口工作面尺寸应在允许公差（±2.5mm）范围内不得有贯穿的沟槽，过厚沥青涂层、粘砂、铸瘤、毛刺应铲除平整，插口的圆锥面必须平滑。

4. 铺管时，应使管身全部贴于沟底，个别没着实的部位，应填砂找平。

5. 管道沿曲线铺设时，每个接口允许有2°转角。

六、质量通病及其防治

质量通病及防治方法见表68-4。

表68-4

序　号	质量通病	防治方法
1	对口间隙过小或过大	1. 对口后及接口前均应用铁丝检尺测量其间隙 2. 对口后不准移动管位
2	承插接口环形间隙不均	1. 下管前严格检查管子的椭圆度 2. 对管后严防管子移位

69. 室外给排水管道接口

一、施 工 准 备

1. 材料

(1) 橡胶圈、石棉绒、普通硅酸盐水泥525号、油麻、硅酸盐膨胀水泥、青铅、电焊条、石膏粉、氧化钙。

(2) 焦炭、木柴、氧气、电石、水、砂轮片、锯条、机油、铅油。

(3) 线麻、聚四氟乙烯生料带、橡胶板、破布、草袋。

2. 机具

(1) 套丝扳、管子压力、案子操作台、管钳子和链条管钳、电焊机具、汽焊机具、钢锯、撬扛、剪子、扳手、麻凿(盘根凿)、灰凿(钢凿)、人字桅杆、导链、滑轮。

(2) 套螺纹机、砂轮割管机、弯管机、坡口机、水平尺、米尺、线坠。

(3) 手锤、化铅锅、铅勺、铁锹、绳索等。

3. 工作条件

(1) 施工前要熟悉设计图纸对接口的技术要求，并熟悉和了解接口材料的性能与作用，掌握配比和操作要领。

(2) 管道铺设已完并符合要求，经检测，管道中心与测量中心定位一致。

(3) 经检查，橡胶圈及各种接口材料的材质均符合质量要求，均有产品质量合格证或抽样检验证明书。

二、施 工 工 艺

工艺流程

清洗管口 ⟶ 对口找间隙 ⟶ 填料或焊接 ⟶ 接口成型 ⟶ 养生

1. 石棉水泥接口

(1) 一般用线麻（大麻）在5%的65号或75号熬热普通石油沥青和95%的汽油的混合液里浸透，凉干后即成油麻。

(2) 将4级以上石棉在平板上把纤维打松，挑净混在其中的杂物，将没有疙瘩的425号硅酸盐水泥，给水管道以石棉:水泥=3:7之比掺合在一起搅合，而排水管道则以石棉:水泥=1:9之比掺合在一起搅合，搅好后，用时加上其混合总重量的10%～12%的水，一般采用喷水的方法，即把水喷洒在混合物表面，然后用手着实揉搓，当抓起被湿润的石棉水泥成团，一触即又松散时，说明加水适量，调合即用。由于石棉水泥的初凝期短，加水搅拌均匀后立即使用，如超过4h则不可用。

(3) 操作时，先清洗管口，用钢丝刷刷净，管口缝隙用楔铁临时支撑找匀。将油麻搓成环形间隙的1.5倍直径的麻辫，其长度搓拧后为管外径周长加上100mm。从接口的下方开始向上塞进缝隙里，沿着接口向上收紧，边收边用麻凿打入承口，凿应相压打两圈，再从下向上依次打实打紧。当锤击发出金属声，捻凿被弹回为打好，被打实的油麻深度为总深1/3为最好（2～3圈，注意两圈麻接头错开）。接口材料数量参见表69-1。

(4) 管道铺设过程中不宜打麻口，但管线太长或必要时，其间距不少于4根管的距离。麻口打完后，如挪动了管，麻口重打。

(5) 麻口全打完达到标准后合灰打口，将调好的石棉水泥均匀地铺在盘内，将拌好的灰从下至上地塞入已打紧的油麻承插口内，塞满后，用不同规格的捻凿及手锤将填料捣实。分层打紧打实，每层要打至锤击时发出金属的清脆声，灰面呈黑色，手感有回弹力，方可填料打下一层，每层厚约10mm，一直打击凹入承口2mm，深浅一致，表面用捻凿连打几下再不凹下就行了，大管径承插口铸铁管接口时，由两个人左右同时进行操作。

接口材料数量 kg/每个口　　表 69-1

管径 (mm)	承口深 (mm)	铅接口					水泥接口								
		塞麻			铅		塞麻			石棉水泥口(防冻加氯化钙)					
		深	重量	麻缕长	深	重量	深	重量	麻缕长	深	用水泥	用石棉	用氯化钙	
		mm	kg	mm	mm	kg	mm	kg	mm	mm			2.5%	5%
75	90	37	0.1	372	50	2.5	30	0.1	372	60	0.67	0.28	0.0268	0.0536
100	95	40	0.13	451	50	3.2	30	0.13	451	62	0.84	0.36	0.0320	0.0632
125	95	40	0.16		50	3.8	30	0.16		62	1.01	0.4	0.0326	0.0632
150	100	45	0.19	631	50	4.6	30	0.2	631	64	1.09	0.5	0.0476	0.0852
200	100	45	0.26	791	50	6.0	30	0.25	791	65	1.33	0.57	0.0532	0.104
250	105	50	0.33	973	50	7.5	40	0.28	973	65	1.61	0.69	0.0644	0.1288
300	105	50	0.40	1134	50	9.3	40	0.37	1134	65	1.89	0.81	0.0756	0.1602
350	110	54	0.45	1374	50	11	40	0.43	1374	67	2.24	0.96	0.0890	0.172
400	110	54	0.52	1536	50	13	40	0.52	1536	70	2.52	1.08	0.1008	0.2016
450	115	54	0.55	1697	55	15.1	40	0.59	1697	73	3	1.2	0.1226	0.2452
500	115	54	0.60	1858	55	19.2	40	0.69	1858	75	4	1.52	0.1386	0.2772
600	120	54	0.75	2181	60	23.8	50	0.8	2181	75	4.8	1.90	0.1668	0.3336
700	125	58	0.96	2498	60	28.4	50	1.00	2498	75	5.6	2.55	0.2478	0.4956
800	130	58	1.21	2812	65	33.3	50	1.20	2812	80	6.8	3.00	0.280	0.56
900	135	58	1.48	3126	65	39.2	50	1.48	3126	85	8.0	3.2	0.30	0.6
1000	140	62	1.85	3440	70	48.2	50	1.85	3440	85	10.6	3.69	0.39	0.72

(6) 接口捻完后，用湿泥抹在接口外面，春秋季每天浇两次水，夏季用湿草袋盖在接口上，每天浇四次水，初冬季在接口上

抹湿泥覆土保湿，敞口的管线两端用草袋塞严。

2. 膨胀水泥接口

膨胀水泥又称自应力水泥，是由硅酸盐水泥和石膏及矾土水泥组成的膨胀剂，由此混合而成。膨胀剂遇少量的水便产生低硫的硫铝酸钙。在水泥中形成板状结晶，当和大量的水作用后，会产生高硫的硫铝酸钙，它把板状结晶分解成联系松散的细小结晶面引起体积膨胀。

（1）拌合填料。以 0.2～0.5mm 清洗晒干的砂和硅酸盐水泥为拌合料，按砂∶水泥∶水＝1∶1∶0.28～0.32（重量比）的配合比拌合而成，拌好后的砂浆和石棉水泥的湿度相似，拌好的灰浆在 1h 内用完。冬季施工时，须用 80℃左右热水拌合。

当使用在排水铸铁管上时，配合比改为：水泥∶水＝1∶2。

（2）操作。按照石棉水泥接口标准要求填塞油麻。再将调好的砂浆一次塞满在已填好油麻的承插间隙内，一面塞入填料，一面用灰凿分层捣实，可不用手锤。表面捣出有稀浆为止，如不能和承口相平，则再填充后找平。一天内不得受到大的碰撞。

（3）养生。接口完毕后，2h 内不准在接口上浇水，直接用湿泥封口，上留检查口浇水，烈日直射时，用草袋覆盖住。冬季可覆土保湿，定期浇水。夏天不少于 2d，冬天不少于 3d，也可用管内充水进行养生，充水压力不超过 200kPa。

3. 氯化钙、石膏水泥接口

允许采用硅酸盐水泥、石膏粉（粒度能通过 200 铜沙网），也是膨胀水泥接口材料的一种。因膨胀水泥在工地存放三个月以上容易变质，这种水泥现用现配较方便。氯化钙是种快凝剂，石膏是膨胀剂，水泥是强度剂，具有膨胀性好，凝结速度快等特点。限用于工作压力不大于 0.5MPa 的管道上。

（1）填料配比为水泥∶石膏∶氯化钙＝0.85∶0.1∶0.05 重量比。

（2）先将水泥和石膏均匀拌和，另将氯化钙溶液倒入，搅拌成发面状，立刻用手将拌和物塞入打好麻的承插间隙内，填满后，用手按填料、两边挤出水泥就表示填实，拌合后的填料要求

6～10min 内操作完毕。否则填料会因为初凝而失效，一次拌合量以一个口为宜。

（3）操作完成后，其接口要用土覆盖后浇水养护 8h。

4. 青铅接口

（1）按石棉水泥接口的操作顺序，打紧油麻。

（2）将承插口的外部用密封卡或包有粘性泥浆的麻绳，将口密封，上部留出浇铅口。

（3）将铅锭截成几块，然后投入铅锅内加热熔化，铅熔至紫红色时，用加热的铅勺（减少铅在灌口时冷却）除去液面的杂质，盛起铅液浇入承插口内，灌铅时要慢慢倒入，使管内气体逸出，至高出灌口为止，一次浇完，以保接口的严密性。参见图 69-1。

图 69-1

（4）铅浇入后，立即将泥浆或密封卡拆除。

（5）管径在 350mm 以下的用手钎子（捻凿）一人打，管径在 400mm 以上的，用带把钎子两人同时从两边打。从管的下方打起，至上方结束。上面的铅头不可剁掉，只能用铅塞刀边打紧边挤掉。第一遍走剁子，然后用小号塞刀开始打。逐渐增大塞刀号，打实打紧打平，打光为止。

（6）化铅与浇铅口时，如遇水会发生爆炸（又称放炮）伤人，可在接口内灌入少量机油（或蜡），则可以防止放炮。

5. 钢管焊接接口

(1) 如设计无特殊规定，钢管壁厚在5mm以上的须打坡口，坡口的倾斜角为30°，靠里皮的边缘上应留有1.5~3.0mm的平口，在钢管下沟前，用气焊或砂轮机切制而成，切完后用扁铲和手锤清除边上的渣屑和不平处，也可用锉刀或錾切。

(2) 将铁渣及毛刺彻底清净，把管子两端50mm范围内的泥土、油脂、污锈清理干净。

(3) 对口时，两根待焊的钢管中心线和对口应在一条直线上，焊口处不能有弯，不要错口，并留有对口间隙。当管壁厚为5mm以下时，其间隙1mm，管壁厚6~10mm，间隙1.5~2mm，管壁厚10mm以上，间隙2~3mm。管道对口时，其相连的两根管壁厚差不应超过管壁厚的20%。

(4) 对口后即应定位，在相对好的管口上下左右四个方位上进行点焊定位，直径较大的管子尽可能不在坡口根部定位，可用钢筋焊在外壁上，临时固定对口，以防止焊缝产生缺陷。

(5) 焊接前，将定位焊的熔渣，飞溅物等清除，将焊缝位置上的定位焊内修成两头带缓坡状，将焊口分成两个半圈，先后焊完。

(6) 详见本工艺标准中焊接接口中有关规定。

6. 镀锌钢管螺纹连接

按本工艺标准螺纹连接施工工艺进行操作。

7. 法兰接口

按本工艺标准法兰连接施工工艺进行操作。

8. 承插铸铁给水管胶圈接口

(1) 胶圈应形体完整，表面光滑，用手扭曲、拉、折表面和断面不得有裂纹、凹凸及海绵状等缺陷，尺寸偏差应小于1mm，将承口工作面清理干净。

(2) 安放胶圈，胶圈擦拭干净，扭曲，然后放入承口内的圈槽里，使胶圈均匀严整地紧贴承口内壁，如有隆起或扭曲现象，必须调平。

(3) 画安装线。对于装入的合格管，清除内部及插口工作面的粘附物，根据要插入的深度（一般比承口深度少 10~20mm），沿管子插口外表面画出安装线，安装面应与管轴相垂直。

(4) 涂润滑剂。向管子插口工作面和胶圈内表面刷水擦上肥皂。

(5) 将被安装的管子插口端锥面插入胶圈内，稍微顶紧后，找正将管子垫稳。

(6) 安装安管器。一般采用钢箍或钢丝绳，先捆住管子。安管器有电动、液压汽动，出力在 50kN 以下，最大不超过 100kN。

(7) 插入。管子经调整对正后，缓慢启动安管器，使管子沿圆周均匀地进入并随时检查胶圈不得被卷入，直至承口端与插口端的安装线齐平为止。

(8) 检查接口。插入深度、胶圈位置（不得离位或扭曲），如有问题时，必须拔出为止。参见图 69-2。

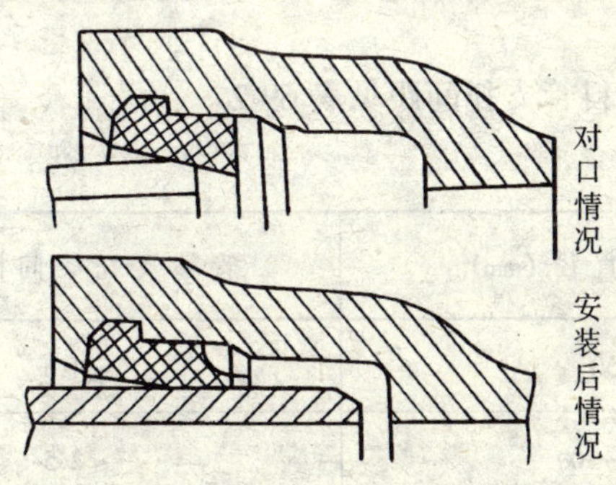

图 69-2 胶圈安装示意图

(9) 推进、压紧。根据管子规格和施工现场条件选择施工方法。小管可用撬棍直接撬入，也可用千斤顶顶入，用锤敲入（锤击时必须垫好管子防止砸坏）。中、大管一般通过钢丝绳用倒链拉入，或使用卷扬机、绞磨、吊车、推土机、挖沟机等拉入。

9. 塑料管粘接接口

(1) 聚乙（丙）烯给水管的连接，目前常采用的为承插连接，只适用压力较低的情况。

1）在甘油中将管材一端加热变软后，迅速将另一端插入，冷却后即可达到比较牢固的结合。插入管长应大于或等于管子外径。在承插口，应该涂上粘合剂，或在外部再行热风焊。

2）钢管插入连接：将塑料管接头部位加热软化后，趁热将钢管接头件插入，冷却后用铁丝绑扎。此法多用于农村给水的情况。

(2) 硬聚氯乙烯排水管的连接，目前常用的为承插接口聚氯乙烯热熔密封胶粘结。

1）先用干布揩拭管端和承插口内面，略加热在管端外表及承插口内部涂一薄层粘结剂，将管子插入承插口，并转动半圈，以使涂胶层均匀布面。

2）用干布抹去插口外多余粘结剂，待自然干燥即成。

3）由于温度变化引起热膨胀，在每层均应设置伸缩节或按设计安装。

4）排水塑料管支托间距见表69-2。

表 69-2

排塑管直径（mm）	管箍支托架间距（m）
50	≤1.5
75~100	≤2.5
150	≤4.0

三、成 品 保 护

1. 油麻打完可及时从管段两侧分层回填夯实至管身上皮填土不少于0.3m为宜，防止管子位移。

2. 接口完成后，严防管口受震动，并及时养生，塑料接口要严防被砸坏。

3. 回填土过程中，应注意不可破坏接口，特别是预、自应力钢筋混凝土管及钢筋混凝土管的接口更要留心。

四、安全注意事项

1. 熔铅的焦炭炉，应设在指定地点。氧气瓶和乙炔发生器等与火源距离不小于10m。熔化青铅，浇铅操作人员应穿戴好劳动保护。

2. 管沟上下传递物件时，不准抛丢。应系在绳子上吊上或放下。

3. 配合焊工组对管口的人员，应戴上手套和面罩。

4. 铅口操作完后，应洗澡、更衣、漱口、再进食。

5. 打口时，注意力要集中，尽量不打在手上。

五、质　量　标　准

1. 胶圈应形体完整，表面光滑，用手扭曲、拉伸表面和断面不得有裂纹、凹凸及海绵状等缺陷，尺寸偏差应<1mm。

2. 接口结构所用填料符合设计要求和施工规范规定：灰口密实、饱满、填料凹入承口边缘不大于2mm，胶圈接口平直无扭曲，对口间隙准确。

3. 管道接口法兰应安在检查井或地沟内，不得埋在土里。若必须埋入土中，应采取防腐措施。

六、质量通病及其防治方法

质量通病及防治方法见表69-3。

表 69-3

质量通病	防治方法
管口渗、漏水	1. 应严格按标准程序施工 2. 打铅口时，铅头不可剃掉，要用铅塞刀挤掉 3. 打石棉水泥口时，不可一次填满，要分层从下往上填灰打紧打实 4. 过期的石棉水泥不可再用，应重新拌合 5. 管道接口内填塞油麻时，应将麻拧成麻辫塞入，每圈麻辫互搭接 100～150mm。麻辫填入后要认真打紧、打实，切不可忽略 6. 养护接口应设专人负责 7. 石棉水泥接口或青铅接口的操作中要认真进行，各层充填料都一定要打实、打紧 8. 管路上大型闸门的支撑及时砌筑，防止闸门下沉时，管口漏水 9. 管道试压中途因不合格返修时，若天气较冷，要及时放水。如不放水须有可靠的安全技术措施，否则管口及闸门都有可能冻裂而漏水

70. 室外给水管道不开槽的埋管施工

一、施　工　准　备

1. 材料

(1) 钢筋混凝土管、钢管、石棉水泥管。

(2) 方木、槽钢、立板、角钢、钢板。

(3) 接头材料、小线、石笔、粉笔。

(4) 电焊条、水泥、油毡、砂子。

2. 机具

(1) 千斤顶、卷扬机、水平仪、经纬仪。

(2) 水平尺、钢卷尺、导轨、枕木、顶铁，钢丝绳。

(3) 运土车、内涨圈、电焊机、铁锹。

(4) 铁钎、木桩、撬杠。

3. 作业条件

(1) 当管道穿越铁路、公路、道路或无法开挖沟槽的障碍物时，可采用顶管施工。

(2) 掌握顶管所穿过地层的水文地质资料。

(3) 对顶管过程中所用的材料、机具、工作坑的布置，应有充分的准备。

(4) 与有关地段相关的部门取得联系。

二、施　工　工　艺

工艺流程

挖工作坑 ⟶ 架设后墙支撑 ⟶ 平基与铺轨 ⟶ 计算顶力 ⟶

顶管 ⟶ 管道接口

1. 人工挖土顶管法

(1) 挖工作坑：工作坑的平面尺寸及工作间高度，要根据管径大小、管节长度、操作工具、出土方式、后墙长度和撑板、撑木的规格、后座尺寸而决定，一般情况下可以按下式计算（见图 70-1）：

$$B = D_1 + 2b + 2c$$

$$L = L_1 + L_2 + L_3 + L_4 + L_5$$

式中 B——工作坑宽度（m）；

D_1——管子外径（mm）；

b——两侧操作空间，一般为 1.2～1.6m；

c——撑板厚度，一般为 0.2m；

L——工作坑长度（m）；

L_1——管节长度（m）；

L_2——顶镐机长度（m）；

L_3——后背墙厚度（立板、方木、顶铁共 1m 左右）；

L_4——稳管时，前一节已顶进预留在导轨上的最小长度（0.3～0.5m）；

L_5——为管尾出土所留工作长度，根据出土工具而定，用小铁车 0.6m，用手推车为 1.2m。

工作间高度一般采用 3m 或 2～3 倍管径。

(2) 架设后墙：后墙承受着顶进中全部阻力，要求有足够的稳定性，其安全系数为 1.5 倍的最大阻力。

1) 原土后墙许可顶力值由土压力公式计算，其后墙一般不小于 7m 长，并于原土表面加设木板、方木、顶铁（图 70-2）。

2) 人工后墙采用块石、混凝土管、方木联合等加固法。

(3) 平基与导轨：其结构取决于下管方法、管子重量、基底土质及地下水位情况。

1) 无地下水，管垂直下沟时，用土方木筏平基，在方木上直铺铁轨（图 70-3）。

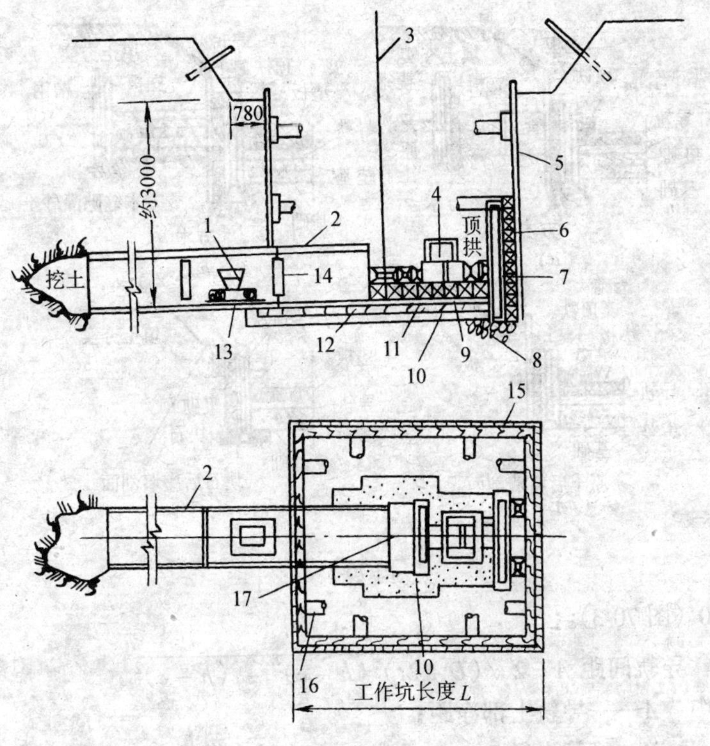

图 70-1 人工挖土顶管施工工作坑布置示意图

1—运土车；2—管子；3—钢丝绳；4—摇镐机；

5—立板兼作后背；6—后背方木；7—后背顶铁；

8—排水层；9—木板；10—混凝土基础；

11—坑道板；12—木垫基；13—导轨；14—内涨圈；

15—方木（300×300×1500）；16—撑木；

17—出土工作区（300×300×60）

2）遇地下水不旺，槽底土为细粉砂或砂质粉土，用卵石木筏平基。

3）遇地下水较旺，土质不好，地下水距槽底较高，用混凝土方木平基，在平基下作卵石盲沟通往集水井。混凝土用C15或

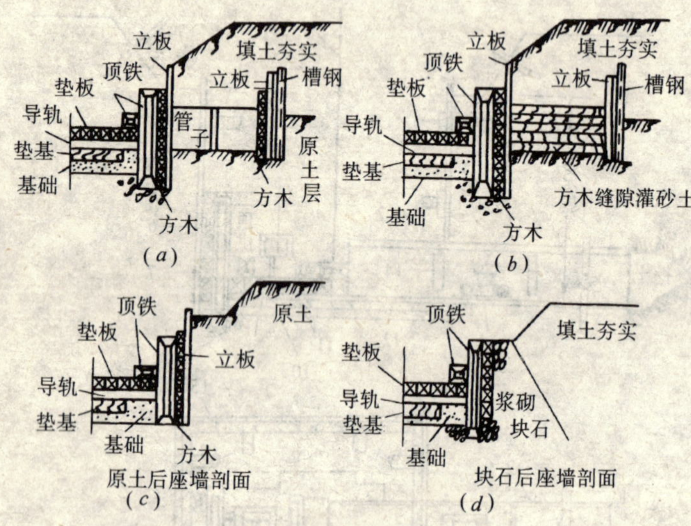

图 70-2

C20（图 70-3）。

导轨间距 $A=2\sqrt{(D+2t)(h-c)-(h-c)^2}$

式中　A——导轨上部净距；

D——管内径；

h——导轨高度；

t——管壁厚度；

c——预留空缝高度。

当采用铁轨时，导轨间距 $A_0=A+a_0$

a_0 为铁轨上顶宽度（mm）。

当采用 18kg 轻便铁轨（轨高为 90mm）和预留空缝高度采用 10mm 时，导轨上部净距

$$A=8\sqrt{5(D+2t)-400}$$

当采用木轨时，导轨间距 $A_0=A+B$（mm）

B 为木轨的宽度（mm）。

（4）顶力计算：施工中必须有足够的顶力，才能克服管子在

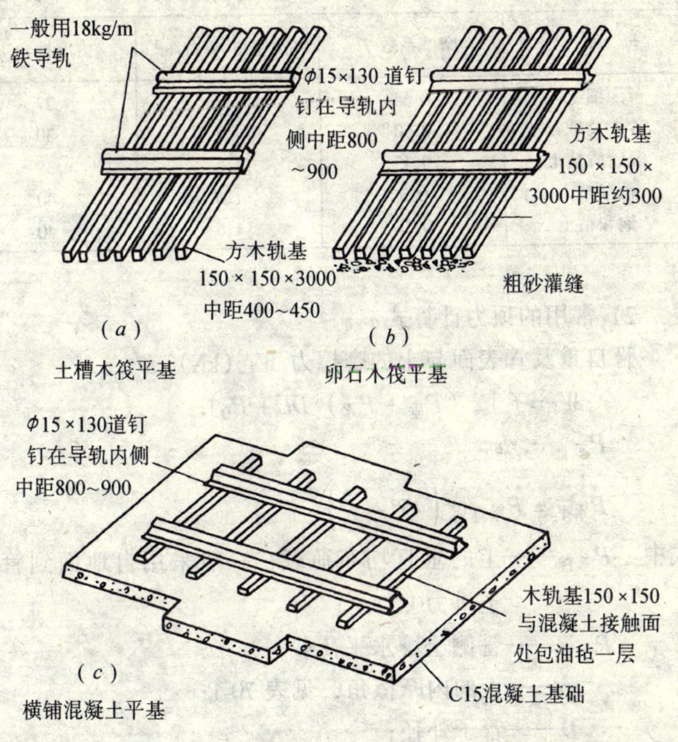

图 70-3

顶进过程中土壤对管子产生的摩阻力，当采用人工挖土顶管，一般多采用下面两种公式计算其顶力：

1）近似的顶力计算式：

$$P = 2\pi DLf$$

式中 P——最大顶力（kN）；

D——管外径（m）；

L——顶管长度（m）；

f——管子与土的单位摩擦系数（近似采用 $5kN/m^2$），见表 70-1。

各种土的 f、r、φ 值　　表 70-1

土种类	摩擦系数 f	表观密度 γ（t/m^3）	内摩擦角 φ
干细砂	0.64	1.7	27
砂土及砾石	0.50	1.7	30
湿砂质粘土	0.45	1.6	35
稍湿粘土	0.3	1.6	40
饱和粘土	0.25	1.6	40

2）常用的顶力计算式：

管自重及管表面与土的摩擦力 W_1（kN）

$$W_1 = f〔2（P_{垂} + P_{水}）DL + P_0〕$$

$$P_{垂直} = \gamma h$$

$$P_{水平} = P_{垂直}\mathrm{tg}^2\left(45° - \frac{\varphi}{2}\right)$$

式中　$P_{垂直}$——土的垂直均布荷载，一般采用自地面到管顶的土重力 kN/m^2；

$P_{水平}$——管侧土壤水平荷载；

φ——土的内摩擦角，见表 70-1；

D——管子外径；

L——顶管的总长度；

P_0——管道自重；

γ——土的表观密度，见表 70-1；

h——自地面到管顶的距离。

管子前端切土的阻力 W_2（kN）

$$W_2 = \pi D_{平均} t\tau$$

式中　$D_{平均}$——管子断面的平均直径；

t——管壁厚度；

τ——土抗剪强度，取 $500kN/m^2$。

总顶力：

$$W = W_1 + W_2$$

(5) 顶管操作程序及挖土

1) 顶管施工中有一条重要的经验和原则，第一节管子要掌握住，周密地测量，边顶边测。第一节管子顶好了，整个管路不容易出大偏差。

2) 千斤顶顶头伸出，使管子进土，当顶头伸到极限后进行退回，插入顶铁，再使千斤顶顶头伸出，反复进行。直到管端与千斤顶间放下另一节管子，再继续从头开始顶。

3) 在无水的土中挖土，可先挖下面，管前15cm以外的土要边挖边找准周边，管前25cm以外的土可先挖成锥体。

4) 土中有水要从上往下挖十。

5) 管径大于800mm时，直接用双轮手推车运土至工作坑，再将手推车垂直提升到活动平台，然后才运至堆土地点。

6) 管径小于800mm时，出土可用四轮土斗小铁车，用绳从管内把车拉出来。

(6) 测量与校正

1) 一般情况下，管子每顶进1m需测量高程，对中心线一次，当管子顶进中发现偏差，每顶进一镐（30cm左右）即测一次。

2) 用水平仪测高程，只测最前一节管子管底标高，中心线可用经纬仪测，也可用“小线垂球延长线法”测量之（图70-4）。

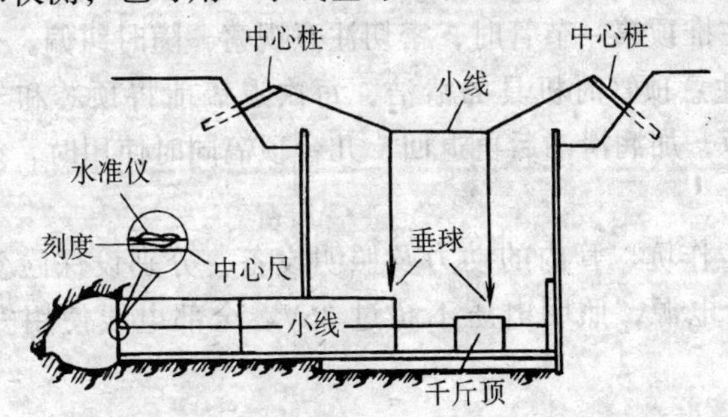

图70-4 小线垂球延长线法测量中心线示意图

3）发现偏差后要及时校正。当实际顶管坡度线偏低时，可用小顶镐顶起来至坡度合格为止，再将管向前顶进100mm，使第一节管头落于硬土上或在管前以木料斜撑顶进使管头抬起来；当实际顶管坡度线偏高时，可在管下挖土，管上填土；当连续几节管子发生偏高偏低，但高程误差没有反坡且不超过全长高差，则变更坡度逐渐纠正，并按剩下的管节长度和全长剩下的高程，在剩下各节管中平均分配调节。

（7）管道接口。根据顶进管的管材不同，由设计选定接口方式，可参照有关部分的技术要求进行。

三、顶管施工中的注意事项

1. 顶压坑的周密设计、计划、严格措施和制度，是保证顶管工程质量，保证经济效果的首要前提。

2. 顶每根管的方向误差不应超过50mm，有坡度要求时，严格遵循设计要求。

3. 顶管施工中，有一条公认的可靠经验应该遵循：第一节管子顶得好，整个管路也就顶得好。始自起顶时的累积误差，即使并非不能完全校正，但校正起来很费力，十分不经济。在装上千斤顶之前，刃脚必须连同第一节管子一起校准高度和平面位置。故在推顶第一节管时，密切注意观察，随时纠偏。

4. 注意顶管时机具的清洁，每次退镐前将顶芯和丝杠上的泥土擦净，加润滑油后再退回，几台顶镐同时使用时，须使顶力相同。

5. 工作坑、管内的动力及照明设备，分别设保险盒，以备随时切断电源，照明电压不超过36V。全部电线使用安全防水线。

四、成 品 保 护

（1）一般情况下顶管施工要连续作业，不应中断。防止出现意外故障。若事故间断，要有人值班，记录事故。

（2）顶管用做套管时，顶管施工完成以后，未穿管以前，要将套管的两端临时堵严，以防管子被污物堵塞。

五、安全注意事项

（1）管内掏土不应超过管头，应随顶随掏，严防管头外塌方，随掏随运。管内要进行通风换气。

（2）动力与照明设置保险盒，使用安全防水线。

六、质 量 标 准

1. 顶管工作坑及装配式后背墙的墙面应与管道轴线垂直，其施工允许偏差应符合表70-2的规定。

工作坑及装配式后背墙的施工允许偏差（mm）　表70-2

项目		允许偏差
工作坑每侧	宽度	不小于施工设计规定
	长度	
装配式后背墙	垂直度	0.1%H
	水平扭转度	0.1%L

注：1. H为装配式后背墙的高度（mm）；
2. L为装配式后背墙的长度（mm）。

2. 顶进管道的施工质量应符合下列规定：

（1）管内清洁，管节无破损；

（2）允许偏差应符合表70-3的规定。

顶进管道允许偏差（mm） **表 70-3**

项	目	允许偏差
轴线位置		50
管道内底高程	$D<1500$	+30 −40
	$D\geqslant1500$	+40 −50
相邻管间错口	钢管道	≤2
	钢筋混凝土管道	15%壁厚且不大于 20
对顶时两端错口		50

注：*D* 为管道内径（mm）。

七、质量通病及其防治

质量通病及防治方法见表 70-4。

表 70-4

序号	质量通病	防治方法
1	顶管偏移	1. 必须顶好第一根管 2. 坚持一边顶一边测量，按文中所述及时纠偏
2	穿锥过程中管子弯曲	1. 顶前一定要掌握可靠的水文地质资料，决不可冒然行事 2. 顶进过程中，发现顶进困难时，应立即停止顶进，找到原因，采取措施后再顶进

71. 室外给水管道试压与冲洗

一、施 工 准 备

1. 材料

(1) 钢管、截止阀、压力表、水气源。

(2) 承插接口填料、法兰盘、螺栓带帽。

(3) 氧气、电石、线麻、铅油、机油。

2. 机具

(1) 试压泵、电焊机具、气焊机具、铰扳、割管器。

(2) 管钳子、活扳手、麻凿、灰凿、钢锯。

3. 工作条件

(1) 熟悉设计图纸上对管道试压的要求。

(2) 管道经检查具备试压的条件。

(3) 具备水源、电源。

二、施 工 工 艺

工艺流程

试压或冲洗前准备 → 灌水排气 → 升压 → 稳压 → 检查 → 验收填表 → 回填 → 试压合格后 → 灌水冲洗

1. 给水管道试压一般用水进行试验，在冬季或缺水时，也可用气压试验。

2. 在回填管沟前，分段进行试压，回填管沟和完成管段各项工作后，进行最后试压。水压试验的管段长度一般不超过1000m，并应在管件支墩达到要求强度后方可进行，否则应作临时支撑。

3. 凡在使用中易于检查的地下管道允许一次性试压。铺设后必须立即回填的局部地下管道，可不作预先试压。焊接接口的地下钢管的各管段，允许在沟边作预先试压。

4. 埋地管道经检查管基合格后，管身上部回填土不小于500mm后方可试压。

5. 试压程序如下：

（1）按本标准有关工艺，量尺、下料、制作、安装堵板和管道末端支撑，并从水源开始，铺设和连接好试压给水管，安装给水管上的阀门、试压水泵、试压泵前后阀门、前后压力表及截止阀。

（2）非焊接或螺纹连接管道，在接口后须经过养护期达到强度以后方可进行充水。充水后应把管内空气全部排尽。

（3）空气排尽后，将检查阀门关闭好，进行加压。先升至试验压力时稳压，观测10min，压力降不超过0.05MPa，管道、附件和接口等未发生漏裂，然后将压力降至工作压力，再进行外观全面检查，接口不漏为合格。

（4）试压过程中，全部检查若发现接口渗漏，应作上明显记号，然后将压力降至零。制定出补修措施，经补修后，再重新试验，直至合格。

（5）管道试压合格后，应立即办理验收手续，组织回填。

（6）新建室外给水管道在碰头以前，必须经过管内冲洗，冲洗干净后方可与供水干管或支管连接碰头。

（7）冲洗标准当设计无规定时，则以出口的水色和透明度与入口处的进水目测一致为合格。

三、成 品 保 护

1. 漏水的接口未作返修或补修前，要保护好记号，以免弄错或遗忘。

2. 试压合格后，及时回填土。

四、安全注意事项

1. 在加压至试验压力时，工作人员不可下管沟检查管口。

2. 压力表安装前应经过检查，避免安装失灵的压力表。加压过程中，设专人观察和注视两头的压力表变化。发现异常情况，立即停止，切不可超压。

3. 升压和降压都应缓慢进行，不能过急。

4. 不得自行延长试验压力的稳定时间，更不允许擅自加大试验压力。

5. 事先要作好充分准备，确定好冲洗管道的排水点或排水井。

五、质 量 标 准

1. 给水管道水压试验压力见表 71-1。

表 71-1

管　材	工作压力（P）	试 验 压 力
碳素钢管		P + 0.05MPa，并不小于 0.9MPa
铸 铁 管	$P \leqslant 0.5$MPa	$2P$
	$P > 0.5$MPa	$P + 0.5$MPa
预应力钢筋混凝土管和钢筋混凝土管	$P \leqslant 0.6$MPa	$1.5P$
	$P > 0.6$MPa	$P + 0.3$MPa

2. 压力升至试验压力时，10min 之内压力降不大于 0.05MPa，管道、附件和接口未发生漏裂，压力降至工作压力时，经外观检查不漏即为合格。

3. 一次打压接口漏水率不超过 3%；渗水、冒沫及潮点不超过 7%，漏水接口必须进行修理。渗水、潮点可酌情处理。

六、质量通病及其防治

质量通病及防治方法见表 71-2。

表 71-2

序号	质量通病	防治方法
1	试压过程中压力稳不住	1. 管内空气应当排尽 2. 非给水阀门应当检查、关严 3. 发现漏裂接口时，应停止加压
2	返修后试压仍不合格	1. 加压过程中渗漏的接口应该作好明显标志 2. 认真制定措施，及时认真组织返修
3	用户使用时出现较长时间的黄色水	试压后的管道应进行认真冲洗
4	管道接口冻裂	在温度较低的季节试压，要注意及时把水放尽

72. 室外给水附属设备安装

一、施 工 准 备

1. 材料设备

(1) 室外消火栓、水表、钢板平焊法兰、法兰闸阀、螺纹闸门、焊接法兰水表、螺纹水表、止回阀、消火栓带底座（带弯头）。

(2) 焊接钢管、无缝钢管、精制三角带帽螺栓、石棉橡胶板、压制弯头。

(3) 铅油、清油、机油、石棉线、油麻、普通硅酸盐水泥525号、电石、氧气、黑玛钢丝堵。

2. 机具

(1) 交流弧焊机、卷扬机、载重汽车、人字桅杆、导链、滑轮。

(2) 管钳子、活扳手、钢锯、手锤、凿子、套丝扳、管压力及案子、钢丝绳、钢丝夹。

3. 工作条件

(1) 对设计图纸已进行交底，熟悉和掌握了设计要求。

(2) 各类设备及材料均已进场，并有产品质量合格证。

(3) 支撑消火栓、闸门、水表的混凝土或砖墩已砌筑完，并达到强度。

二、施 工 工 艺

工艺流程

检查消火栓和水表 ——→ 砌筑支墩 ——→ 安装消火栓和水表 ——→ 处理管道穿过井壁间隙

1. 室外消火栓安装

(1) 严格检查消火栓的各处开关是否灵活、严密、吻合，所配带的附属设备配件是否齐全。

(2) 室外地下消火栓应砌筑消火栓井，室外地上消火栓应砌筑消火栓闸门井。在高级和一般路面上，井盖上表面同路面相平，允许偏差 ± 5mm，无正规路时，井盖高出室外设计标高 50mm，并应在井口周围以 0.02 的坡度向外做护坡。

(3) 室外地下消火栓与主管连接的三通或弯头下部带座和无座的，均应先稳固在混凝土支墩上，管下皮距井底不应小于 0.2m，消火栓顶部距井盖底面，不应大于 0.4m，如果超过 0.4m 应增加短管。

(4) 按本标准有关工艺要求，进行法兰闸阀、双法兰短管及水龙带接扣安装，接出的直管高于 1m 时，应加固定卡子一道，井盖上铸有明显的“消火栓”字样。

(5) 室外消火栓地上安装时，一般距地面高度为 640mm，首先应将消火栓下部的弯头带底座安装在混凝土支墩上，安装应稳固。

(6) 安装消火栓开闭闸门，两者距离不应超过 2.5m。

(7) 地下消火栓安装时，如设置闸门井，必须将消火栓自身的放水口堵死，在井内另设放水门。

(8) 按本标准有关工艺要求，进行消火栓闸门短管，消火栓法兰短管，带法兰闸门的安装。

(9) 使用的闸门井井盖上应有消火栓字样。

(10) 管道穿过井壁处，应严密不漏水。

2. 室外水表安装

(1) 严格检查准备安装的水表，闸门是否灵活、严密、吻合，所配带的附属配件是否齐全、是否符合设计的型号、规格、耐压强度。

(2) 闸门安装以前应更换盘根。

(3) 先把室外水表或阀门安装在砌好的混凝土支墩或砖砌支墩上。

(4) 按本标准有关工艺要求进行配件和连接管的螺纹连接和法兰连接。

(5) 安装时，要求位置和进出口方向正确，连接牢固、紧密。

三、成 品 保 护

1. 消火栓、水表、闸门安装后，在未盖井盖之前，要将井暂时盖好，防止落物进井，砸坏设备。

2. 设备下部若没有临时支撑，在设备安装完，应及时砌筑或浇灌好支墩。

四、安全注意事项

1. 井上井下人员不可抛扔工具和材料，应用绳子系住传递。

2. 拧紧螺栓应当使用合适的扳手。

3. 吊装设备入井时，绳索必须绑牢。

4. 井下操作人员必须戴安全帽。

五、质 量 标 准

1. 地下消火栓的顶部出口与井盖底面距离不得大于400mm。

2. 消火栓、水表、闸门安装应符合下列规定：

型号、规格、耐压强度和严密性试验结果，符合设计要求，位置、进出口方向正确、连接牢固、紧密。

3. 管道穿过井壁处必须严密不漏水。

六、质量通病及其防治

质量通病及防治方法见表 72-1。

表 72-1

顺序	质量通病	防治方法
1	进出口方法不正确	安装之前应该检查和看清进出口方向的指示箭头
2	闸门盘根漏水严重	安装前应检查和更换盘根
3	送水后设备活动不稳	1. 支撑设备的支墩应当按规定进行浇灌或砌筑，不能用临时支撑代替交工 2. 井内立管卡子按规定设置
4	闸阀关闭不严	1. 闸阀在安装前一定要有产品合格证 2. 闸阀在关启前，要注意管内先冲洗干净，若有大量砂、石污物容易损坏密封圈，造成闸板关闭不严

73. 室外排水管道管沟开挖

一、施　工　准　备

1. 材料

白灰、小线、木板。

2. 机具

水准仪、经纬仪、大锤、手锤、木桩、铁锹、水平尺、钢盘尺、钢卷尺、钎子、挖沟机。

3. 工作条件

(1) 有碍排水管网施工的障碍物，已全部清除。

(2) 管材、管箍及其辅助材料均已进场。

(3) 施工中用的机具已备齐全。

二、施　工　工　艺

工艺流程

测量 → 确定线路 → 钉住中心桩 → 放线定位 → 管沟开挖 → 加支撑

1. 测量

(1) 找到当地准确的永久性水准点。将临时水准点设在稳固和僻静之处，尽量选择永久性建筑物，距沟边大于 10m，对居住区以外的管道水准点不低于Ⅳ级，一般不低于Ⅲ级。

(2) 水准点闭合差不大于 4mm/km。

(3) 沿着管线的方向定出管道中心和转线角处检查井的中心点，并与当地固定建筑物相连。

(4) 新建排水管及构筑物与地下原有管道或构筑物交叉处，要设置特别标记示众。

(5) 确定堆土、堆料、运料、下管的区间或位置。

(6) 核对新排水管道末端接旧有管道的底标高，核对设计坡度。

2. 放线

(1) 根据导线桩测定管道中心线，在管线的起点、终点和转角处，钉一较长的大木桩作中心控制桩。用两个固定点控制此桩，将窨井位置相继用短木桩钉出。

(2) 根据设计坡度计算挖槽深度、放出上开口挖槽线。

(3) 测定雨水井等附属构筑物的位置。

(4) 在中心桩上钉个小钉，用钢尺量出间距，在窨井中心牢固埋设水平板，不高出地面，将平板测为水平。板上钉出管道中心标志作挂线用，在每块水平板上注明井号、沟宽、坡度和立板至各控制点的常数。如图 73-1 所示。图中 H 为常数；h_2 值即为高程差，也即为管线坡降。

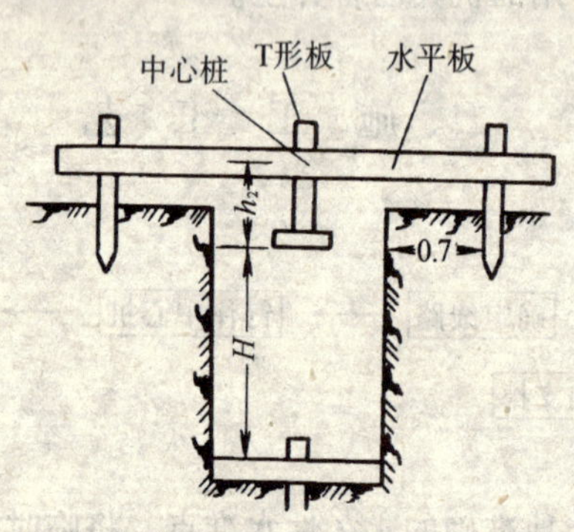

图 73-1

(5) 用水准仪测出水平板顶标高，以便确定坡度。在中心钉一T形板，使下缘水平。且和沟底标高为一常数，在另一窨井的水平板同样设置，其常数不变。

(6) 挖沟过程中，对控制坡度的水平板要注意保护和复测。

(7) 挖至沟底时，在沟底补钉临时桩以便控制标高，防止多挖而破坏自然土层。可留出100mm暂不挖。

(8) 挖沟深度在2m以内时，采用脚手架进行接力倒上，也可用边坡台阶二次返土见图73-2。根据沟槽土质及沟深不同，酌情设置支撑加固见图73-3。

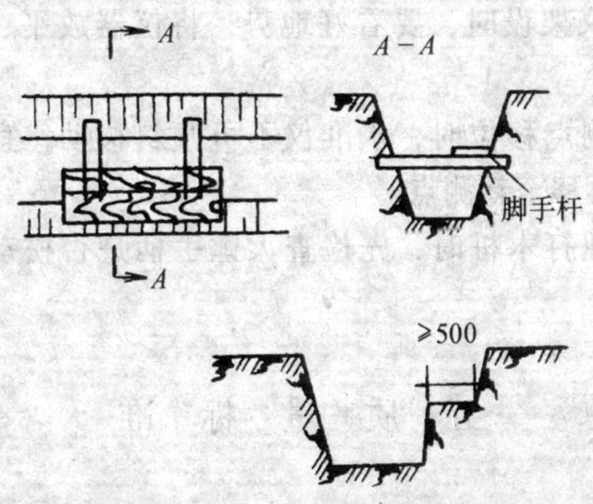

图73-2　脚手架接力和阶梯式倒土台示意图

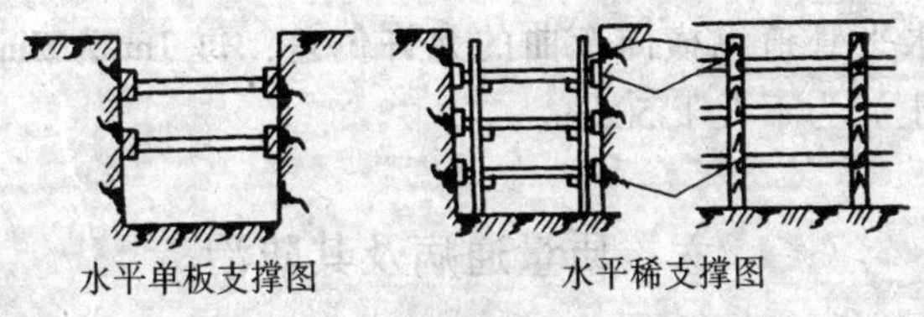

图73-3　管沟支撑图

三、成　品　保　护

1. 在测量放线的排水管道沟槽开挖的范围（包括推土区域）内，不得堆卸管材及其他材料和机具。

2. 放线后应及时开挖沟槽，以免所放线迹模糊不清。

3. 管道中心线控制桩及标高控制桩应随着挖土过程加以保

护或补测后重新立小木桩。

4. 挖土过程有专人看护标高等控制桩，严禁用脚踩动。

四、安全注意事项

1. 水准仪架设时，要看好地势，将仪器放平、放稳、不可摔坏仪器。

2. 转移测点移位时，水准仪不可倾斜移动，宜将水准仪垂直收拢后，再移至新测点。

3. 用大锤打木桩时，先检查大锤手柄是否松动，严防举锤时脱落伤人。

五、质　量　标　准

1. 水准点闭合差不大于 4mm/km。

2. 认真作好定位测量记录，经检查无误。

3. 埋地管道的坐标和标高允许偏差分别是 50±10mm。

4. 水平管道纵横向弯曲的允许偏差：每 1m 为 2mm，全长（25m 以上）为不大于 50mm。

六、质量通病及其防治

质量通病及防治方法见表 73-1。

表 73-1

序号	质　量　通　病	防　治　方　法
1	管道施工后排水出口不畅通	1. 测量放线时，严格遵循设计坡度规定 2. 测量过程中，认真测定总排水口的出口标高，发现与设计坡度不符，立即提出

74. 挖沟、排水、管基施工及回填

一、施 工 准 备

1. 材料

水泥，砂子，石子，水，土。

2. 机具

(1) 抽水泵、水桶、小型搅拌机，挖沟机。

(2) 铁锹、镐、手推车、翻斗车、撬棍。

3. 工作条件

(1) 测量、放线已完成，可开挖沟槽。

(2) 管沟验收合格，标高、坐标无误即可进行管基施工。

二、施 工 工 艺

工艺流程

挖沟排除沟内积水 → 管子基础施工 → 下管 → 接口 → 回填土

1. 排水与挖沟

对低于地下水的管沟或有大量地面水、雨水灌入沟内或因不慎折断沟内原有给排水管道造成沟内积水，均需组织排除积水。挖土应从沟底标高最低端开始。

(1) 掌握地下原有各类管道的分布状况及介质。

(2) 掌握水文地质资料，分别采用井点法、沟底排水沟集水井（图 74-1）等措施，进行排水。

(3) 可将排水沟设在中段，挖至近沟底时再设在一侧或两侧

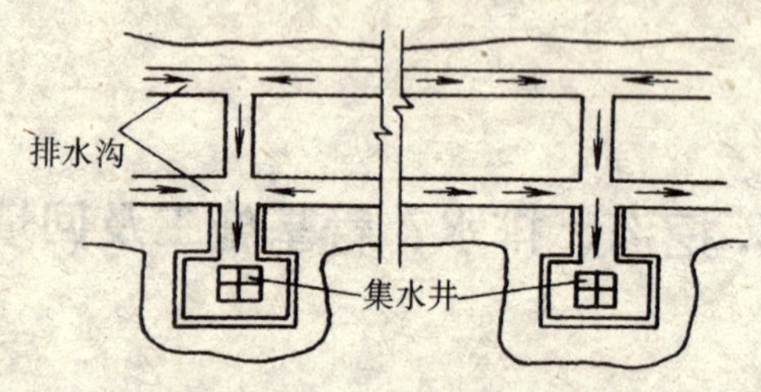

图 74-1　管沟集水井法排水示意图

排水。

（4）沟底深度低于地下水位不超过 400mm，且沟槽为砂质粘土时，可在沟两侧挖沟排除积水。

（5）布置集水井按表 74-1 设置。将积水引进集水井后，用水泵抽走。一般情况下，集水井进口宽为 1～1.2m。沟帮用较密的支撑或板桩进行加固。集水井内侧与槽底边的距离，即进水口的长度规定如下：粘土 1m，粉质粘土 2m，粗砂 4m，细砂 6m。

集水井间距（m）　　表 74-1

土质类别	地下水距沟底高度		
	2m 以下	2～4m	4m 以上
粘土、粉质粘土、砂质粉土	160～180	140～160	120～140
粉砂、细砂	130～150	100～120	80～100
中砂、粗砂、砾砂	100～120	60～80	30～40

挖沟槽时，沟底宽及放坡参照表 74-2、表 74-3 施工。凡深度在 5m 以内的基坑或管沟（无支撑），其最大坡度如有足够资料和经验或用多斗挖土机、均不受表中限制。

（6）若为砂土层，可在沟内或沟边埋设排水管、滤管，用泵抽出地下水排走，即称为轻型井点法，见图 74-2、图 74-3 和表 74-4。

深度在5m以内管沟边坡的最大坡度（不加支撑） 表74-2

土 壤 名 称	边 坡 坡 度		
	人工挖土并将土抛于沟的上边	机 械 挖 土	
		在沟底挖土	在沟上边挖土
砂土	1:2	1:0.76	1:1.0
砂质粉土	1:0.67	1:0.50	1:0.75
粉质粘土	1:0.5	1:0.33	1:0.75
粘土	1:0.33	1:0.25	1:0.67
含砾石、卵石土	1:0.67	1:0.5	1:0.75
泥炭岩白垩土	1:0.33	1:0.25	1:0.67
干黄土	1:0.25	1:0.1	1:0.33

管 沟 底 宽 尺 寸 表 表74-3

管 径（mm）	埋设深度在1.5m以内的沟底宽度（m）		
	铸铁管、钢管或石棉水泥管	混凝土、钢筋混凝土管或预应力钢筋混凝土管	陶土管
50～70	0.6	0.8	0.7
100～200	0.7	0.9	0.8
200～250	0.8	1.0	0.9
400～450	1.0	1.3	1.1
500～600	1.3	1.5	1.4
700～800	1.6	1.8	
900～1000	1.8	2.0	
1100～1200	2.0	2.3	
1300～2400	2.2	2.6	

各种井点的适用范围 表74-4

井点类别	渗透系数（m/d）	降低水位深度（m）
单层轻型井点	0.1～50	3～6
多层轻型井点	0.1～50	6～12

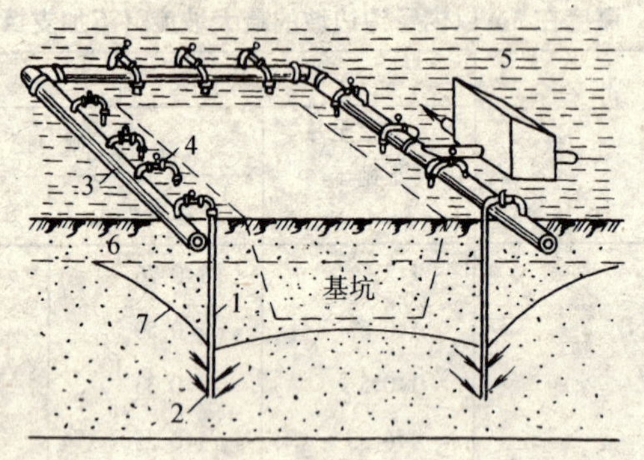

图 74-2　轻型井点法降低地下水位全貌图

1—井点管；2—滤管；3—总管；4—弯联管；
5—水泵房；6—原有地下水位线；7—降低后地下水位线

2. 基础施工

（1）挖沟时沟底的自然土层被扰动，必须换以碎石或砂垫层。被扰动土为砂性或砂砾土时，铺设垫层前先夯实；粘性土则须换土后再铺碎石砂垫层。事先须将积水或泥浆清除出去。

（2）基础在施工前，清除浮土层、碎石铺填后夯实至设计标高。

（3）铺垫层后浇灌混凝土，可以窨井开始，完成后可进行管沟的基础浇灌。

（4）在下列情况之一，采用混凝土整体基础：雨水或污水管道在地下水位以下；管径在 1.35m 以上的管道；每根管长在 1.2m 以内的管道；雨水或污水管道在地下水位以上，覆土深大于 2.5m 或 4m 时。

3. 回填土

（1）管道或其他隐蔽工程，须经过验收合格后，方可进行回填。

（2）管道回填时，以两侧相对同时下土，水平方向均匀地摊铺，用木棍捣实。填至管半径以上，在两侧用木夯夯实，直填到管顶 0.5m 以上，并将该填土踩实，但要防止管道中心线的位移及管口受震而脱落。

(3) 地下水位以下若是砂土，可用水撼砂进行回填。

(4) 沟槽如有支撑，随同填土逐步拆下，横撑板的沟槽，先拆撑后填土，自下而上拆除支撑。若用直撑板或板桩时，可在填土过半以后再拔出，拔出后立即灌砂充实。如因拆除支撑不安全可保留。

(5) 雨后填土要测定土壤含水量，如超过规定不可回填。槽内有水则须排除后，符合规定方可回填。

(6) 雨季填土，应随填随夯，防止夯实前遇雨。填土高度不能高于检查井。

(7) 冬季填土时，混凝土强度达到设计强度50%后准许填土，当年或次年修建的高级路面及管道胸腔部分不能回填冻土。填土高出地面200~300mm，作为预留沉降量。

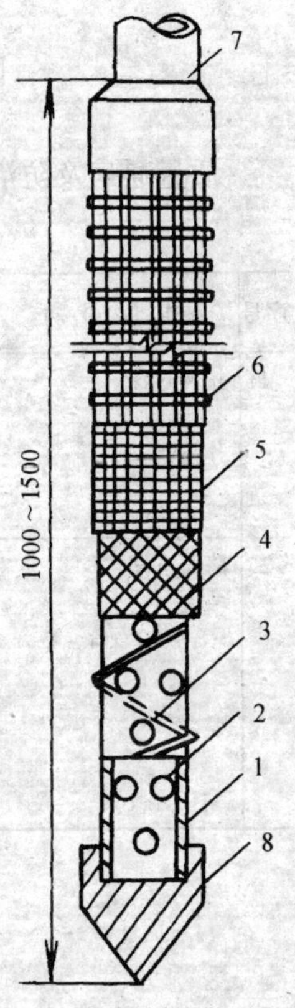

图 74-3 滤管构造

1—钢管；
2—管壁上的小孔；
3—缠绕的塑料管；
4—细滤网；5—粗滤网；
6—粗铁丝保护网；
7—井点管；8—铸铁头

三、质 量 标 准

1. 挖沟中严格按标高控制桩检查，标高、坡度应符合设计要求。

2. 管道及管座（墩），严禁铺设在冻土和未经处理的松土上。

3. 管道支座（墩）应构造正确，埋设平整牢固，支座与管子接触紧密。

4. 填土的基底处理必须符合设计要求和施工规范规定。

四、质量通病及其防治

质量通病及防治方法见表 74-5。

表 74-5

序号	质量通病	防治方法
1	挖沟过深	1. 挖沟过程中，保护好标高控制桩 2. 随挖随检查标高，接近沟底时勤复测标高 3. 挖土中不慎挖掉标高控制桩，及时找测量人员补测，钉好木桩
2	路面下凹	1. 回填土应按规定程序进行 2. 位于交通要道的部位，要采用特殊技术措施回填。一般可采用回填砂，然后用水撼砂法施工 3. 由管顶 0.5m 以下回填土，干密度不得低于 $1.65t/m^3$。管顶 0.5m 以上的填土，应尽量采用机械压实，若在当年铺路，干密度达到 $1.6t/m^3$

75. 室外排水管道铺设

一、施　工　准　备

1. 材料

(1) 钢筋混凝土管、排水承插铸铁管、石棉水泥管、缸瓦管、水泥管。

(2) 水泥、砂子、沥青。

2. 机具

(1) 吊车、起重机具。

(2) 水准仪、水平尺。

(3) 手锤、抹子、剁子、錾子、铁锹。

3. 工作条件

(1) 管沟及管基已合格并验收。

(2) 管材及机具均已备齐，经检验合格并运进现场。

二、施　工　工　艺

工艺流程

下管前管材检验 → 检查沟底标高和管基强度 → 检验下管机具和绳索 → 下管 → 接口 → 闭水试验

1. 管道铺设

(1) 下管前的准备工作：

1) 检查管材、套环及接口材料的质量。管材有破裂、承插口缺肉、缺边等缺陷不允许使用。

2) 检查基础的标高和中心线。基础混凝土强度须达到设计强度等级的50%和不小于5MPa时方准下管。

3）管径大于700mm或采用列车下管法，须先挖马道，宽度为管长加300mm以上，坡度采用1:15。

4）用其他方法下管时，要检查所用的大绳、木架、倒链、滑车等机具，无损坏现象方可使用。临时设施要绑扎牢固，下管后座应稳固牢靠。

5）校正测量及复核坡度板，是否被挪动过。

6）铺设在地基上的混凝土管，根据管子规格量准尺寸，下管前挖好枕基坑，枕基低于管底皮10mm，捣制的枕基应在下管前支好模板。

（2）下管：

1）根据管径大小，现场的施工条件，分别采用压绳法、三角架、木架漏大绳、大绳二绳挂钩法、倒链滑车、列车下管法等见图75-1、图75-2、图75-3所示。

图75-1　下管方法示意图（一）

用人力将管子卸入地沟方法之一

2）下管时要从两个检查井的一端开始，若为承插管铺设时，以承口在前。

3）稳管前将管口内外全刷洗干净，管径在600mm以上的平口或承插管道接口，应留有10mm缝隙，管径在600mm以下者，留出不小于3mm的对口缝隙。

4）下管后找正拨直，在撬杠下垫以木板，不可直插在混凝土基础上。待两窨井间全部管子下完，检查坡度无误后即可接

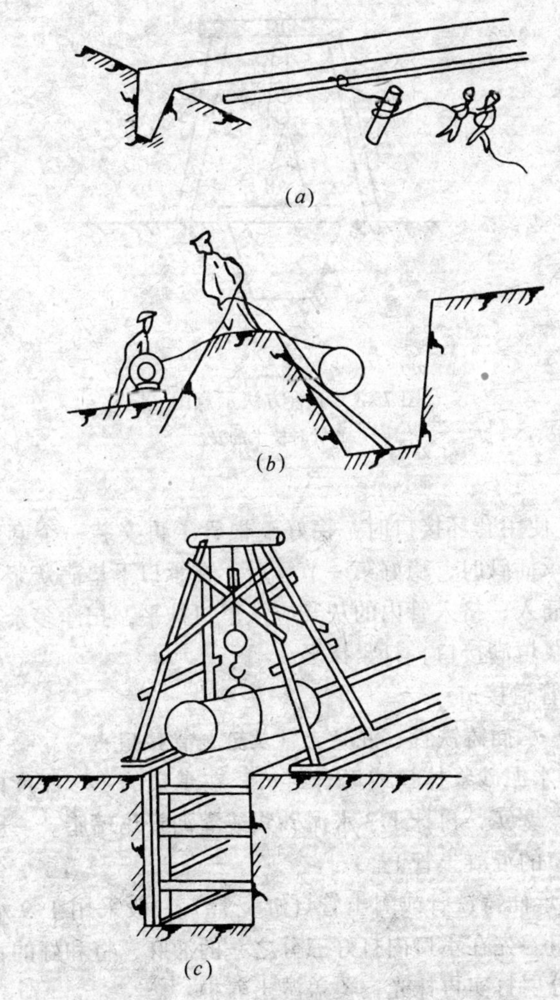

图 75-2　下管方法示意图（二）
（a）用人力将管段卸入地沟的方法之二；
（b）用人力将管段卸入地沟的方法之三；
（c）利用滑车四脚架卸管子

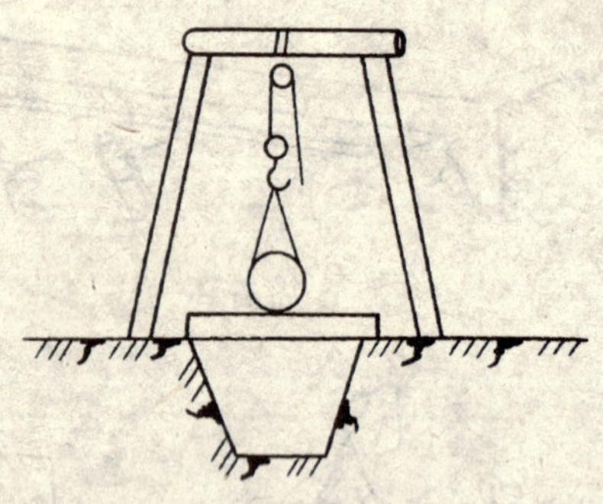

图 75-3 下管方法示意图（三）
卸管时枕木的安放

口。

5）使用套环接口时，稳好一根管子再安装一个套环。铺设小口径承插管时，稳好第一节管后，在承口下垫满灰浆，再将第二节管插入，挤入管内的灰浆应从里口抹平，扫净多余部分。继续用灰浆填满接口，打紧抹平。

2. 管道接口

（1）承插铸铁管、混凝土管及缸瓦管接口：

1）水泥砂浆抹口或沥青封口，在承口的 1/2 深度内，宜用油麻填严塞实，再抹 1:3 水泥砂浆或灌沥青玛𤧛脂。一般应用在套环接口的混凝土管上。

2）承插铸铁管或陶土管（缸瓦管）一般采用 1:9 水灰比的水泥打口。先在承口内打好三分之一的油麻，将和好的水泥，自下向上分层打实再抹光，覆盖湿土养护。

（2）套环接口：

1）调整好套环间隙。借用小木楔 3～4 块将缝垫匀，让套环与管同心，套环的结合面用水冲洗干净，保持湿润。

2）按照石棉:水泥＝2:7 的配合比拌好填料，用錾子将灰自下而上地边填边塞，分层打紧。管径在 600mm 以上要做到四填十六打，前三次每填 1/3 打四遍。管径在 500mm 以下采用四填八打，每填一次打两遍。最后找平。

3）打好的灰口，较套环的边凹进 2～3mm，打时，每次灰钎子重迭一半，打实打紧打匀。填灰打口时，下面垫好塑料布，落在塑料布上的石棉灰，一小时内可再用。

4）管径大于 700mm 的对口缝较大时，在管内用草绳塞严缝隙，外部灰口打完再取出草绳，随即打实内缝。切勿用力过大，免得松动外面接口。管内管外打灰口时间不准超过一小时。

5）灰口打完用湿草袋盖住，一小时后洒水养护，连续三天。

(3) 平口管子接口：

1）水泥砂浆抹带接口必须在八字包接头混凝土浇注完以后进行抹带工序。

2）抹带前洗刷净接口，并保持湿润。在接口部位先抹上一层薄薄的水泥浆，分两层抹压，第一层为全厚的 1/3。将其表面划成线槽，使表面粗糙，待初凝后再抹第二层。然后用弧形抹子赶光压实，覆盖湿草袋，定时浇水养护。

3）管子直径在 600mm 以上接口时，对口缝留 10mm。管端如不平以最大缝隙为准。注意接口时不可用碎石、砖块塞缝。处理方法同上所述。

4）设计无特殊要求时带宽如下：管径小于 450mm 带宽为 100mm、高 60mm；管径大于或等于 450mm 带宽为 150mm、高 80mm。

3. 五合一施工法

(1) 五合一施工法是指基础混凝土、稳管、八字混凝土、包接头混凝土、抹带等五道工序连续施工。

(2) 管径小于 600mm 的管道，设计采用五合一施工法时，程序如下：

1）先按测定的基础高度和坡度支好模板，并高出管底标高 2～3mm，为基础混凝土的压缩高度。随后即浇灌。

2）洗刷干净管口并保持湿润。落管时徐徐放下，轻落在基础底上，立即找直找正拨正，滚压至规定标高。

3）管子稳好后，随后打八字和包接头混凝土，并抹带。但必须使基础、八字和包接头混凝土以及抹带合成一体。

4）打八字前，用水将其接触的基础混凝土面及管皮洗刷干净；八字及包接头混凝土，可分开浇注，但两者必须合成一体；包接头模板的规格质量，应符合要求，支搭应牢固，在浇注混凝土前应将模板用水湿润。

5）混凝土浇注完毕后，应切实做好保养工作，严防管道受震而使混凝土开裂脱落。

4. 四合一施工方法

（1）管径大于600mm的管子不得用五合一施工法，可采用四合一施工法。

1）待基础混凝土达到设计强度50%和不得小于5MPa后，将稳管、八字混凝土、包接头和抹带等四道工序连续施工。

2）不可分隔间断作业。

（2）其他施工方法同五合一相同。

5. 室外排水管道闭水试验

管道应于充满水24h后进行严密性检查，水位应高于检查管段上游端部的管顶。如地下水位高出管顶时，则应高出地下水位。一般采用外观检查，检查中应补水，水位保持规定值不变，无漏水现象则认为合格。

介质为腐蚀性污水管道不允许渗漏。

三、成品保护

1. 抹带时，禁止有人在管上，以防灰口松动。

2. 采用五、四合一方法施工时，工序不宜间断，基础混凝土浇注完立即下管，稳好管子后，不得移动碰撞，并应做好混凝土和砂浆的养护工作。

3. 抹带后，用湿土将其表面包好，严禁踩压或碰撞。如果不及时还土，可用湿草袋覆盖并洒水养护至还土时止。

4. 施工过程中，防止管子相撞，以免管子端部保护层脱落影响接口质量。

5. 在昼夜温差大的地区和季节，管子可能受到较人的热应力产生裂缝。因此，除接口暂时外露养生，要尽快回填土，以便遮住管身。

四、安全注意事项

1. 安装管道时，随时检查管沟，确无松动、塌方的迹象方可在沟内作业。

2. 若管沟有支撑时，接口操作过程中要随时检查边坡与支撑，如发现裂缝或支撑折断，有危险现象立即停止操作。

3. 接口及铺管过程中，上下沟槽不准攀登支撑。

五、质　量　标　准

1. 承插接口用的填料及结构符合设计规定，灰口饱满、密实，填料表面凹进承口边缘不大于5mm。

2. 管道坡度必须严格遵守设计规定施工，不得私自改动。

3. 管道穿过井壁处，必须严格按施工程序操作，确保严密、不漏水。

4. 管道抹带接口时，其宽度、高度应符合设计要求。抹带或套环无间断或裂缝。

5. 管道基础或支座构造正确，标高符合设计规定。严禁铺设在冻土和未经处理的松土上。

室外排水管道安装应符合表75-1的规定。

室外排水管道安装允许偏差　　表 75-1

<table>
<tr><th>项次</th><th colspan="3">项　目</th><th>允许偏差（mm）</th></tr>
<tr><td rowspan="2">1</td><td rowspan="6">管　道</td><td rowspan="2">坐　标</td><td>埋　地</td><td>50</td></tr>
<tr><td>敷设在沟槽内</td><td>20</td></tr>
<tr><td rowspan="2">2</td><td rowspan="2">标　高</td><td>埋　地</td><td rowspan="2">±10</td></tr>
<tr><td>敷设在沟槽内</td></tr>
<tr><td rowspan="2">3</td><td rowspan="2">水平管道纵横方向弯曲</td><td>每 1m</td><td>2</td></tr>
<tr><td>全长（25m 以上）</td><td>不大于 50</td></tr>
<tr><td>4</td><td>井　盖</td><td>标　高</td><td></td><td>±5</td></tr>
<tr><td>5</td><td>化粪池
丁字管</td><td>标　高</td><td></td><td>±10</td></tr>
</table>

六、质量通病及其防治

质量通病及防治方法见表 75-2。

表 75-2

序号	质 量 通 病	防 治 方 法
1	管口下裂漏水	1. 按规定施工钢筋混凝土管基础，防止下沉 2. 采用砂基础时，仔细夯实
2	管口缝渗水或漏水	1. 严格检查套箍与管子配套尺寸，间隙不均者，施工中若能弥补，则可使用 2. 打口或抹带前，认真清干净套箍或管口污物

76. 室外热力管道支、吊架制作与安装

一、施　工　准　备

1. 材料

(1) 型钢、圆钢、钢管、电焊条、高强度螺栓、精制螺栓、普通螺栓、铆钉、焊丝、氧气、乙炔、垫铁、水泥、砂子、木板。

(2) 小线、石笔、白灰。

2. 机具

(1) 经纬仪、水准仪、电焊工具、汽焊工具、起重工具。

(2) 钢盘尺、钢卷尺、铁锤、撬棍、活扳手、尖镐、手推车、木桩、8磅大锤、铁锹、型钢切割机、割管机。

3. 工作条件

(1) 管道所在位置及周围的障碍物已清。

(2) 若为混凝土支架架空敷设、混凝土支架已经预制完。

(3) 若不是直埋，地沟敷设时土建施工的地沟已基本完成。

二、施　工　工　艺

工艺流程

管架基础施工 ⟶ 管架及支座制作 ⟶ 管道支架安装 ⟶ 检查验收、填写记录

1. 管道支吊架的分类

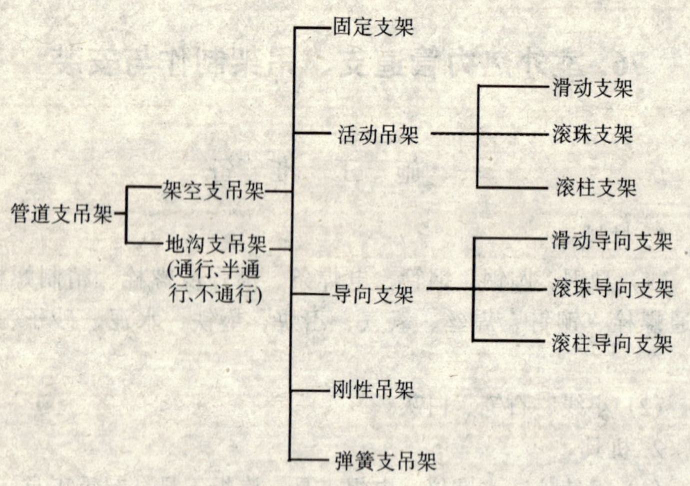

2. 管架基础施工

(1) 根据设计图纸进行测量，在每个管、架位置上打进中心桩（或中心控制桩），然后用白灰放出管架基础坑的位置线。放坡参见表 76-1。

表 76-1

土 的 类 别	边 坡 坡 度 (高:宽)			
	坡顶无荷载	坡顶有静载	坡顶有动载	直立壁高度
中密的砂土	1:1.00	1:1.25	1:1.5	1.00
中密的碎石类土（填充物砂土）	1:0.75	1:1.00	1:1.25	1.00
硬塑的砂质粉土	1:0.67	1:0.75	1:1.00	1.25
中密的碎石类土（充填物为粘性土）	1:0.50	1:0.67	1:0.75	1.50
硬塑的复粘土、粘土	1:0.33	1:0.5	1:0.67	1.50
老黄土	1:0.1	1:0.25	1:0.33	2.00
软质岩	1:0	1:0.1	1:0.25	2.00

根据不同铺筑物和操作方式，其每侧工作面宽度见表76-2。

(2) 采用人工挖土，沿灰线直边切出坑槽边的轮廓线。一、二类土，按30cm分层逐步开挖，三、四类土，先用镐翻动按30cm分层，每挖一层清底一次。出土堆放先向远处甩，挖土距坑槽底约15～20cm处，先预留不挖，下道工序进行前，按控制抄平木桩找平。

表76-2

管道结构宽度（cm）	每侧工作面宽度		基础型式	每侧工作面宽度（cm）
	非金属管道	金属管道或砖沟		
20～50	40	30	毛石砌筑	15
60～100	50	40	混凝土需支模的	30
110～150	60	60	基础侧需卷材防水	80
160～250	80	80	基础侧抹灰或防腐	60

(3) 进行混凝土（或毛石混凝土）基础的施工。按下面流程进行施工，与土建各个工序和工种要密切配合。

支承模板检验合格→标志混凝土上皮线→模板浇水湿润→按配比重量和坍落度拌制混凝土→浇灌捣实：耙平或压实找平混凝土上表面→覆盖、浇水养生

(4) 基础施工的同时，要把事先按设计图预制好的铁件（或地脚螺栓或预留孔洞），及时预下（或预留）好，用水平仪找好找准设计标高。如果为预下地脚螺栓，要注意找直、找正。在丝扣部位刷上机油后用灰袋纸或塑料布包扎好，防止损坏丝扣。

3. 管架及管道支座预制

(1) 按设计图纸编制加工草图。加工草图中包括取得设计单位同意的更改内容。

(2) 按程序进行放样。放样前将钢平台清理干净，校核划线工具，注意留出焊接收缩量和切割加工余量。

(3) 由技术人员和专检人员共同检查放样过程或样板。

（4）号料时要使用放样时的钢尺与样杆。号料时，要注意合理排版、节约使用钢材。

（5）切割前，先将钢材表面切割区域内的铁锈、油污清净。切割后，切口上不允许有裂纹、夹层和大于1.0mm的缺陷，清除边缘上的熔瘤和飞溅物等，切割面与表面的垂直度偏差不大于板厚的10%，亦不大于2.0mm。

（6）组对焊接时，按设计要求根据焊接工艺进行。焊接前，根据管架具体结构形式，采用反变形法；刚性固定法；临时固定法；焊接工艺控制变形法，达到减少变形的目的。

（7）管架焊制后须进行检查、校核。允许使用火焰加热矫正、纠偏，须按有关规定进行。

（8）滑动支座、固定支座、导向支座组对焊制前，先进行钻孔，焊制后分类保管待用。U型螺栓均须按图纸要求的位置、数量预先加工好，与支座配套使用。

4. 管道支架安装

（1）架空管架安装就位：

1）将预制好的并标有中心标记的管架运至施工现场，按顺序型号分别放置在基础边。

2）管架基础达到强度后，根据管架的外形尺寸、重量，可采用吊车、卷扬机、三木搭等不同的方法将管架立起，在基础上就位。

3）并同时架设好经纬仪，随时找正、找直、用事先准备好的楔铁调整。

4）如果采用预埋铁件焊接固定，要严格保证焊接质量，要焊透、焊牢、不允许超出夹渣、咬肉、气孔的规定值。地脚螺栓连接时，要从四个方向、对称地、均匀地拧紧螺栓。

5）只有在管架固定牢固以后，方允许离开吊杆或临时支撑物。

（2）不通行、半通行、通行地沟管支架安装：

1）在地沟内壁上，测出水平基准线，按图纸要找好坡度差钉上钎子或木楔拉紧坡线。

2）按照支架的间距值（不得超过最大间距值）在壁上定出支架位置，作上记号打眼或预留孔洞。具体尺寸按设计规定或规范要求。

3）用水浇湿已打好的洞，灌入1∶2水泥砂浆，把预制好的型钢支架栽进洞内，用碎砖或石块塞紧，再用抹子压紧抹平。

4）如果沟垫层有预埋铁件，打垫层时，应将预制好的铁件配合土建找准位置预埋。

5）若为⌉型支架，一头栽好后，另一头则焊在预埋铁件上。焊接必须符合设计要求。

5. 检查验收，填写记录

三、成 品 保 护

1. 基坑开挖

(1) 定位轴线引桩，基槽顶、底的水平桩等挖运土时不得碰撞。

(2) 初冬施工时，每次收工前应挖一步虚土置于槽内，并用草帘覆盖严密保温，不得使基底受冻。

(3) 基坑的直立壁和边坡，在开挖过程中要加以保护，以防坍塌，雨季施工时要设置挡土板、排水沟，防止地面水流进基底。

2. 钢支架等制安

(1) 钢制件组焊前后编上号，管架尚须标明重量、中心位置和定位标记。

(2) 管架运至安装地点应采取临时加固措施，防止途中变形。

(3) 焊缝成活后，待温度降至与母材同温时，再清除熔渣，并在组焊后及时刷防锈漆。

(4) 地脚螺栓的装配面应干燥、洁净，不得在雨天安装螺栓固定的管架。

四、安全注意事项

1. 基坑开挖过程中，要注意异变情况，防止塌方伤人。

2. 钢制件加工场地要做到工完场清。工作前检查氧气瓶，乙炔发生器、保险壶及切割工具是否完好，放置地点必须符合规定。

3. 防止触电。常检查电焊机接地线、一次和二次线绝缘层都应完好。电焊机上各接触点良好。

4. 电焊机应设有防雨罩、安全保护罩。在投入与切断开关时，应戴干燥手套，脸部向侧面歪。开关要设保护箱、上锁。

5. 工作后认真检查现场，熄灭残火。

6. 电焊操作人员应在工具、操作、劳保各方面严格遵守有关专业规定。

7. 索具、吊钩、卡环及其他起重机具，使用前进行检查，发现断丝、磨损超过规定均不可使用。

8. 吊车的起重臂，钢丝绳与管架要与架空电线保持一定距离。

五、质 量 标 准

1. 管架基础不得坐落在冻土、回填土、淤泥等未经验收合格的基坑内。

2. 管架基础内的预埋件或预下地脚螺栓其位置、深度均不得超过验标规定。

3. 管架焊接组装后，其外形尺寸、变形尺寸均不准超过有关规定值，达到设计要求。

4. 管架吊装后，其垂直度要严格控制。

5. 滑动管支架安装后，要使管道运行过程中自由滑动无障碍。

6. 管道支（吊、托）架及管座（墩）的安装应符合：构造正确、埋设平整、焊接牢固的规定。

六、质量通病及其防治

质量通病及防治方法见表 76-3。

表 76-3

序号	质量通病	防治方法
1	基坑长期敞露	1. 只有当下道工序具备全部条件时，方可开挖基坑 2. 若发现此通病，应和有关方面联系，采取补救措施
2	基坑混凝土的预埋件裸露	施工中将预埋件稳牢，并增加对预埋件周围的捣固。预埋件表面，要事先进行除锈处理
3	管架变形尺寸不一	1. 管架焊前必须进行反变形。可采用合理的焊接顺序，采用机械夹具。发现后用机械或火焰进行矫正 2. 精确进行焊接收缩量的计算 3. 认真检查对口间隙、下料尺寸、坡口、角度等
4	焊缝咬边焊缝未焊透	1. 电流不可过大，电弧不能拉得太长，焊条摆动到坡口边缘稍慢点，停留时间稍长，中间要快些 2. 选用电流要足以熔化母材，角度、焊条速度适当
5	夹渣气孔	1. 不要将焊条压得太死，应分清熔渣与铁水，始终保持熔池清晰 2. 油锈、污垢、潮湿是产生气孔主要因素，要处理掉 3. 熔池不宜大于焊条直径三倍，碱性焊条使用前烤干
6	热应力裂纹	采用合理焊接顺序，留出收缩量，低温下焊接事前预热

77. 室外地沟热力管道安装

一、施 工 准 备

1. 材料

(1) 无缝钢管、焊接钢管、冲压弯头、阀门、型钢。

(2) 管件、法兰、螺栓、电焊条。

(3) 石棉橡胶垫、石笔、小线、铅油、清油、机油。

2. 机具

(1) 吊车、卷扬机、电焊机、坡口机、切管机、起重吊装工具、电汽焊工具、人字桅杆、导链、滑轮、钢丝绳及夹具。

(2) 水平尺、钢卷尺、压力、案子、钢锯、套丝扳、电动套丝机。

(3) 手锤、锉、钢丝刷子。

(4) 撬杠、麻绳。

3. 工作条件

(1) 不通行地沟、半通行地沟或通行地沟的砌筑已完成，或能满足支吊架安装和管道安装。

(2) 伸缩器已预制组对完，并运至安装地点。

(3) 管道的滑动支座、固定支座、导向支座，均已按设计要求加工制作完，均运至现场。

(4) 管材、阀件、管件等已备齐全，已运进安装现场。

(5) 施工中应用的设备、机具均已备齐并已就位。

(6) 通行地沟施工前，尚须先接好安全照明，方可进行管道安装。

二、施 工 工 艺

工艺流程

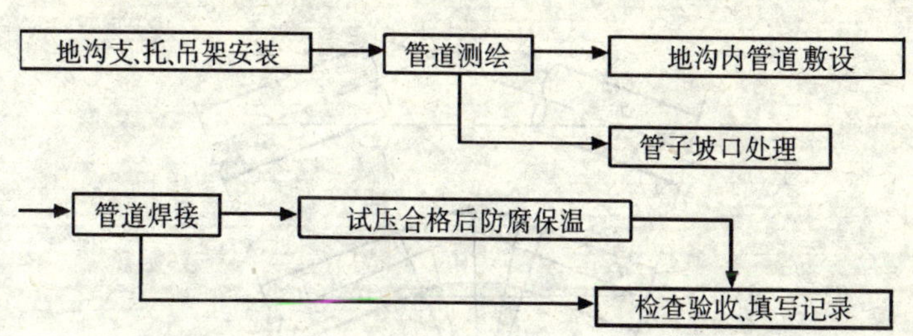

1. 地沟内支、托、吊架安装

(1) 对地沟的宽度、标高、沟底坡度进行检查，是否与工艺要求一致。

(2) 在砌筑好的地沟内壁上，先测出相对的水平基准线，根据设计要求找好高差拉上坡度线，按设计的支架间距值（或按本标准中有关规定值）在沟壁上画出记号定好位，再按规定打眼。

(3) 用水浇湿已打好的洞，灌入1:2水泥砂浆，把预制好的刷完底漆的型钢支架栽进洞里，用碎砖或石块塞紧，用抹子压紧抹平。

(4) 若支架的其中另一端固定在沟垫层上，则应在垫层施工时预下铁件。当管道为双层铺设时，应该待下层管道安装后，将此端支架焊在预埋铁件上。

2. 管道测绘

(1) 管道可根据各种具体情况先在沟边进行直线测量、排尺。以便下管前的分段预制焊接和下管后的固定口焊接。一般预制焊接长度在25~35m范围内，尽量减少沟内固定口的焊接数量。

(2) 管道直线测绘排尺时，须事先将阀门、配件、补偿器等放在沟边沿线安装位置。

(3) 对变向的任意角测定后，制定出合适的钢制件。

1) 将两根不同方向的管道，取其中心，用小线拉直、相交于 *A* 点（见图 77-1 所示），以 *A* 点为中心向两边量出等距离长度 *Aa*、*Ab*、用尺量出 *ab* 点的长度并做出记录。

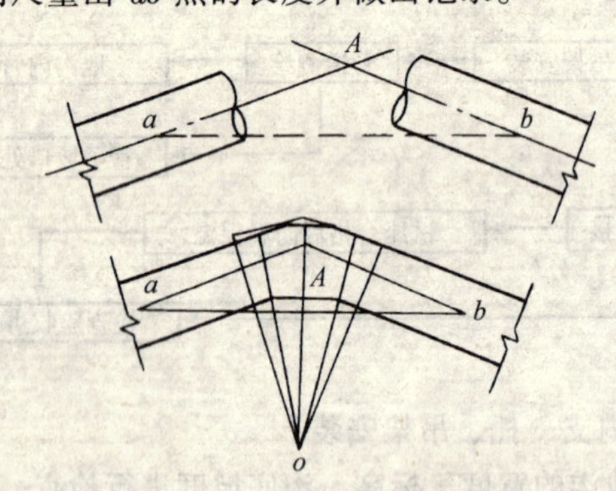

图 77-1 任意角测定及放样

2) 在画样板的纸上，画出 *ab* 直线，以 *a*、*b* 点分别为圆心、*aA*、*bA* 为半径画弧相交于 *A* 点$\angle aAb$便是实际角度。做出样板后进行钢制弯头加工。

(4) 当管道遇到高差时，可采用灯叉弯进行连接。

1) 用小白线贴着两根管子的上管皮，拉直并要求水平测定灯叉弯角和斜边长。

2) 用尺量出变坡两点的水平长度 *ab* 及与下面管子的上管长高度 *bc* 见图 77-2，将尺寸数字做好记录。

3) 在样板纸上画一直角，两边分别为 *ab* 及 *bc*，连接 *ac* 点、$\angle bac$ 即是灯叉弯的角度。*ac* 为斜边的长度。按此图即可加工管件。

4) 采用煨制时，要注意不使 *R* 值大于斜边长度$\frac{1}{2}$。

3. 地沟内管道的敷设

(1) 不通行地沟里的管道少、管径一般较小、重量轻，地沟及支架构造简单，可以由人力借助绳索直接下沟，落放在已达到

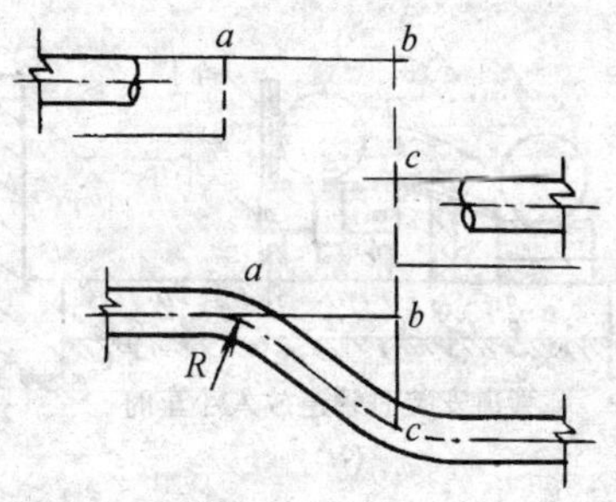

图 77-2　灯叉弯测定与放样

强度的支架上，然后进行组对焊接。

(2) 半通行地沟及通行地沟的构造较复杂。沟里管道多、直径大，支架层数多。在下管就位前，必须有施工组织措施或技术措施，否则不可施工。下管可采用吊车、卷扬、倒链等起重设备或人力。

(3) 若地沟盖板必须先盖，必须相隔 50m 左右留出安装口，口的长度大于地沟宽度（一般仅允许通行地沟盖板在特殊情况下先盖)。一般供生产用的热力管道，设永久性照明，若采暖为主的热力管道必须设临时照明。一般每隔 8 ~ 12m 距离以及在管道附件（阀门、仪表等）处，装置电气照明设备，电压不超过 36V。

(4) 下管时，先用汽车吊（或其他起重机械）将管吊进安装口内座落在特制小车上（见图 77-3*a*)，然后再将小车运至安装位置。为避免小车翻倒，将车栏角铁放下，垫好木块，再将管子从小车撬至支座上。直到底层管道运完就位以后，再将上层角钢就位。然后二层、三层管道依底层方法顺序安装就位，见图 77-3*b*、*c*。如时间上、条件上允许情况下，最好能将下层的管子运完、连接、试压、保温后，方安装上面一层的管道（试压、保温、防腐按本标准工艺执行)。

(5) 在不通行地沟敷设管道时，若设计要求为砖砌管墩，混凝土管墩，最好在土建垫层完毕后就立即施工。否则因沟窄、施

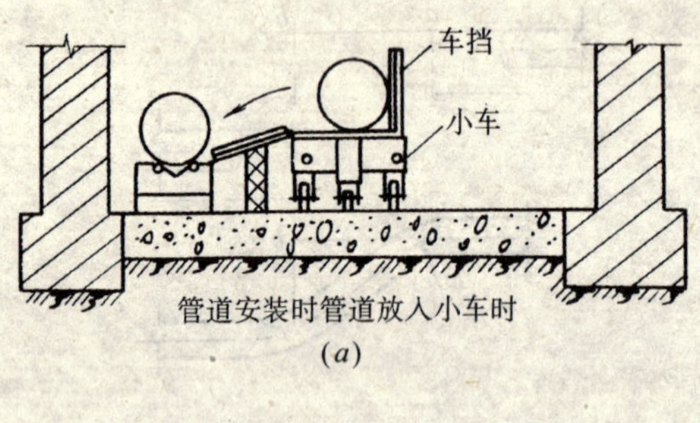

管道安装时管道放入小车时

(a)

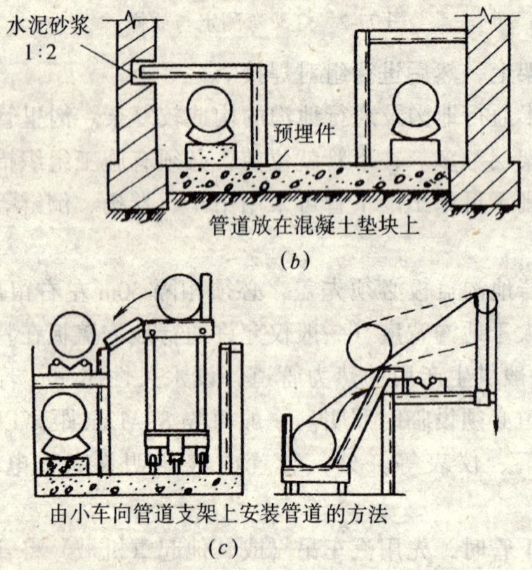

管道放在混凝土垫块上

(b)

由小车向管道支架上安装管道的方法

(c)

图 77-3

工面小，管道的组对、焊接、保温都会因不方便而影响工程质量。倘若设计为支、吊、托架，则允许地沟壁砌至适当高度时进行管道安装。

4. 管道焊接

管道焊接前须进行防腐时，应事先集中处理好。钢管两端留出焊口的距离，焊口处的防腐在管道试压完后再进行处理。

管道坡口处理、管道点焊定位、焊接顺序、焊条处理、焊接方式见本标准有关方面规定。

5. 检查验收、填写记录

三、成 品 保 护

1. 地沟内管道安装后，其甩口要用临时活堵封口，严防污物进入管内。

2. 保温后的管道严禁踩踏或承重。

3. 试压后，焊口处及时防腐处理。

四、安全注意事项

1. 通行地沟及半通行地沟内施工时，防止沟壁的局部倾塌以及沟边的乱石滑进沟内砸伤人。

2. 向地沟里吊卸管子或阀件时，严防破裂或自行脱落，地沟内外要严密配合，落物位置不可站人。

3. 地沟内应使用安全照明，防水电线。

4. 吊装过程中使用的麻绳，要常常检查，其备用强度要符合有关规定，并按规定结扣打牢。

5. 起重机械设备使用前，均须认真检查其制动设施。符合安全规定，才准许吊装。

6. 双层作业及地沟内作业要戴安全帽。

五、质 量 标 准

1. 敷设在不通行地沟内的供热管道除阀类采用法兰连接外，其他接口均应采用焊接，其焊口平直度、焊缝加强面要符合施工规范规定。焊口表面无烧穿、裂纹和明显的结瘤、夹渣及气孔等缺陷。

2. 地沟内的管道（包括保温层）安装位置，其净距必须严格控制在规定值以内。

3. 地沟内管道的排列、管道间的距离、管道距沟壁、沟顶的间距应便于管道的保温及维护或更换。

4. 管道上的固定支座的位置和构造必须符合设计规定。

5. 管道上活动支座不妨碍管道自由滑动。

6. 管道坡度应在允许值以内。

7. 管道安装的允许偏差是：坐标为20mm、标高±10mm，水平管道纵横向弯曲：当管径≤100mm时不大于13，管径>100m时为不大于25。

六、质量通病及其防治

质量通病及防治方法见表77-1。

表77-1

序号	质量通病	防治方法
1	地沟内支架松动	1. 支架栽好后，尚未达到强度时决不能敷设管道或重承 2. 支架制安过程，严格按设计尺寸及规定进行施工
2	运行时管道弯曲	1. 固定点的位置严格按设计要求确定，不可漏设 2. 伸缩器安装时必须先进行预拉伸 3. 要按设计要求及有关规定设置伸缩器 4. 阀门下应设置支墩或支架
3	焊口锈蚀	焊接后，焊口必须及时做好防腐处理
4	滑动支座处保温层脱落	保温时，切不可将管道与支架包在一起，以免妨碍管道自由滑动
5	管道外层的保护壳或保温层被地沟内积水浸脱	管道施工前，先检查管沟深度，按设计坡度计算支架位置后，若发现管道距沟底不满足规定值时，应向设计单位提出修改或者采取有效措施

78. 室外热力管道架空安装

一、施 工 准 备

1. 材料

(1) 无缝钢管、焊接钢管、钢压弯头、型钢、阀件、法兰、螺栓带帽。

(2) 石棉垫、石棉橡胶垫、电焊条、焊丝、石笔、小线、铅油、清油、锯条。

2. 机具

(1) 电焊工具、气焊工具、坡口机、电焊机、打压泵、切管机、套丝机、除锈机、起重机、吊车、钢丝绳、钢丝夹。

(2) 管压力及管压力案子、手锤、扳牙、钢盘尺、钢卷尺、刷子、撬杠、水平尺、锯弓、套丝扳、麻绳。

3. 工作条件

(1) 钢制管架或混凝土柱管架（砖砌管架）已全部吊装（施工）完毕。

(2) 管道滑动支座、固定支座、导向支座均已预制成型。

(3) 管材、阀件、管件、机具均已齐备。

(4) 伸缩器已预制或组装完。

二、施 工 工 艺

工艺流程

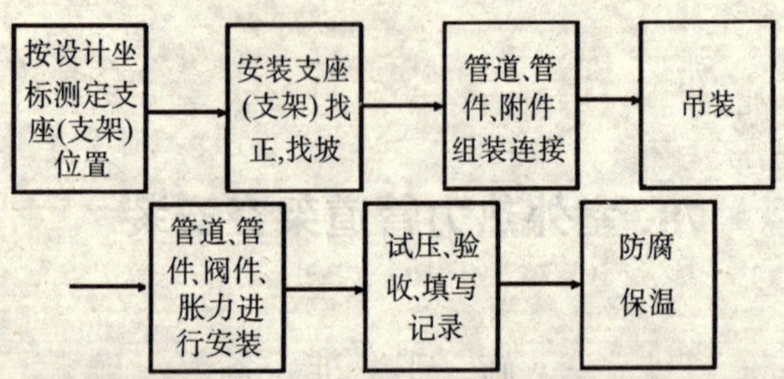

1. 架空管道安装

架空敷设的供热管道安装高度，应符合下列规定值：

人行地区不低于　　2.5m

通行车辆地区，不低于　　4.5m

跨越铁路，距轨顶不低于　　6.0m

(1) 管道上架前，对管架的垂直度、标高进行检查，有条件的应进行复测，否则应仔细查阅核算测量记录。

(2) 根据管道布置、管径、管件、起重机具和设备、安装现场的具体情况，可局部预制。并用吊车、桅杆、滑轮、卷扬机等吊装。选麻绳吊管时，必须根据管子重量，按麻绳的破断拉力，充分考虑足够的安全系数（表 78-1）。

$$麻绳最大许用拉力\ P=\frac{麻绳破断拉力\ F\Delta}{安全系数\ K}$$

在一般情况下 $K \geqslant 6\sim8$。

表 78-1

麻绳尺寸（mm）		白麻绳		浸油麻绳	
圆　周	直　径	每 100m 重（kg）	破断拉力（kN）	每 100m 重（kg）	破断拉力（kN）
30	9.6				
35	11.1	8.75	6.10	10.3	5.75
40	12.7	11.20	7.75	13.8	7.35
45	14.3	14.60	9.45	17.2	8.95
50	15.9	17.40	11.20	20.5	10.56
60	19.1	24.80	15.70	29.3	14.90
65	20.7	29.30	17.55	34.6	16.65
70	23.9	39.50	23.93	46.6	22.26
90	28.7	57.20	34.33	67.5	32.23
100	31.8	70.00	40.13	82.6	37.67

(3) 管道吊装过程中，绳索绑扎结扣是一项重要工作，吊装前把重物绑扎牢固结紧绳端，防止重物脱扣松结。麻绳扣接如图 78-1 所示。绳索绑扎位置要使管了少受弯曲。

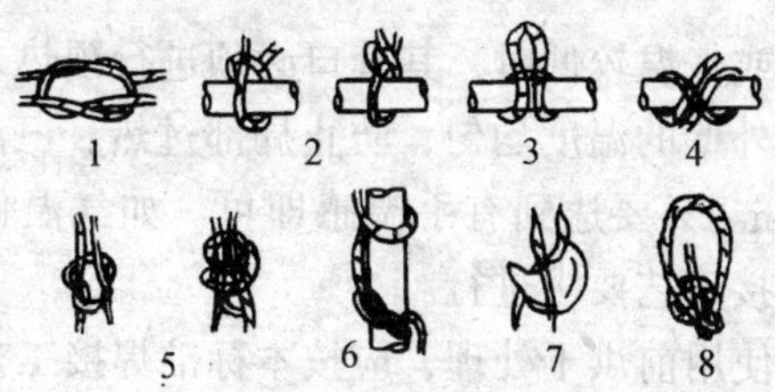

图 78-1 麻绳扣接法

1—平结；2—单、双滑圈结；3—死套；

4—梯绳结；5—单、双圈层帆结；

6—双环绞缠法；

7—单套缠钩法；8—救生结法

(4) 高空作业的管架两旁须搭设脚手架，脚手架的高度以低于管道标高 1m 为宜，脚手架的宽度约 1m 左右，考虑到高空保温作业，适当加宽便于堆料即可。

(5) 吊上管架的管段，要用绳索把它牢牢地绑在支架上，避免尚未焊接的管段从支架上滚落下来。架空管道吊装如图 78-2 所示。

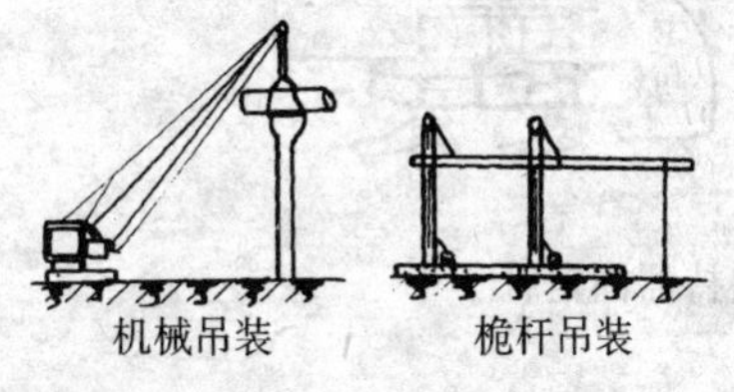

图 78-2 架空管道吊装

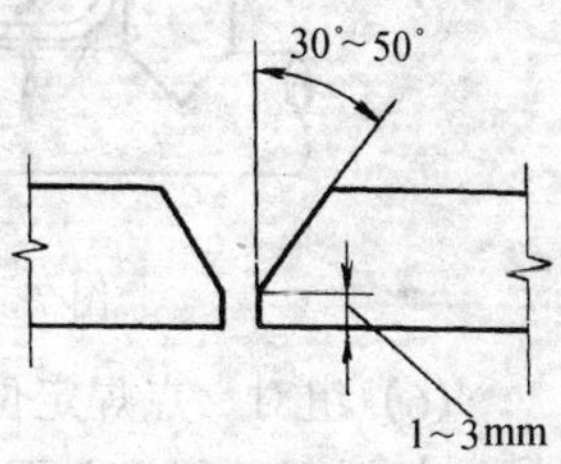

图 78-3 钢管坡口

2. 管道焊接、阀件连接

(1) 管道壁厚在 5mm 及以上须进行坡口加工，加工方法可根据设备条件的不同分别采用自动坡口机、手动坡口机、砂轮机、氧气切割、锉、錾切等。见图 78-3 所示。

(2) 热力管道一般均为单面坡口，按本标准有关工艺要求进行管口处理。

(3) 冬季或气温较低时，其管口必须进行预热，预热时要使焊口两侧及内外壁的温度均匀，防止局部过热。恒温时间，碳素钢为 2～2.5min。只要达到有手温感即可。如气温低于 -20℃时应按本标准焊接工艺要求进行。

(4) 焊条使用前烘干处理，应按本标准焊接工艺要求进行处理。

(5) 管子对口后应保持在一条直线上，焊口位置在组对后不允许出弯，不能错乱，对口要有间隙。对管时，可采用定心夹持器，参见图 78-4 所示。

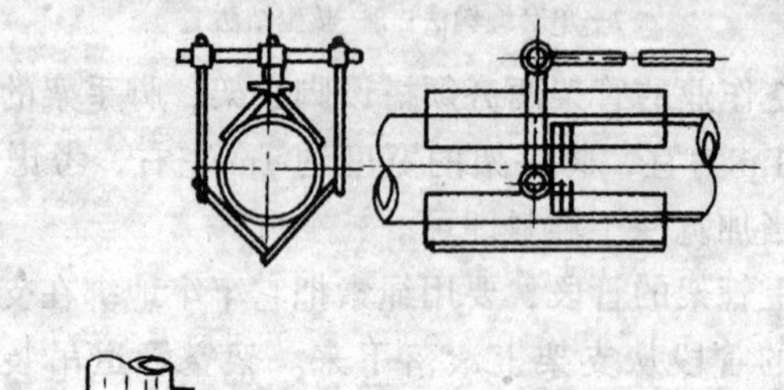

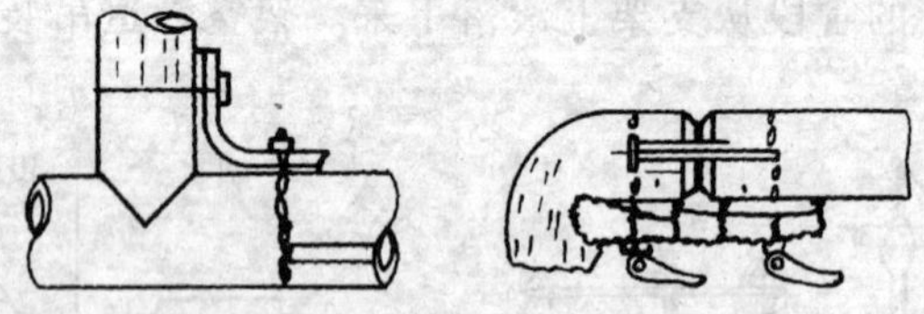

图 78-4 定心夹持器固定管子

(6) 组对、点焊定位、施焊。

1) 一般可位于上下、左右四处点焊，再经检查、核对、调直后方可施焊。

2) 施焊前将点焊位置的焊渣清理干净，将定位焊缝修成两头带缓坡的焊肉点。

3）管口排尺时，尽量为焊接创造条件，减少死口数量。

(7) 焊接时焊条运动角度及其焊接程序按图 78-5 中所示方法进行。将焊口分成两个半圆进行焊接。

1）先焊前半圈，起焊时应从仰焊部位中心线提前 5～15mm 的位置开始，此值按管径大小选定。从仰焊缝坡口面上引至始焊处，用长弧预热片刻，当坡口内有似汗珠状铁水时，压短电弧、作微小摆动，待形成熔池再施焊，至水平最高点再越过 5～15mm 处熄弧，见图 78-5 所示。

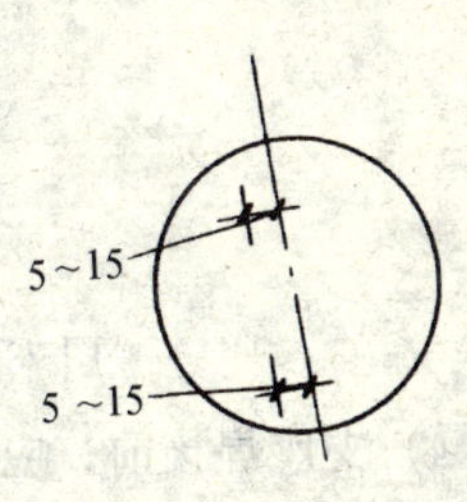

图 78-5　钢管焊接顺序图

2）在后半圈的施焊过程里，仰焊前要把先焊的焊缝端头用电弧割去 10mm 以上，以免起焊时产生塌腰现象，从而造成未焊透、夹渣、气孔等缺陷。

3）不同管径接口焊接时，两管管径相差不超过小管 15%，可对口焊接，否则必须插条焊接。

4）将预制好的滑动、固定、导向支座分门别类地堆放好，同时检查焊接质量。

(8) 管道支座安装：

1）按设计要求，核对预制好的各类滑动、固定、导向支座的型式、尺寸、数量，见图 78-6。

2）根据设计图上的位置，将支座分类送至安装地点，安装就位。

3）若为低管架或砖砌管墩，管道安装完后，接口焊完、调直。将支座垫入管下，按滑动、固定、导向支座的特点，分别焊牢。若为高管架时，测出管架上支座的标高、位置，将各类支座安装就位后焊住，然后再吊装管道。也可以从管网一端开始，由管道两旁人持撬扛将管道慢慢夹起，由专人将支座放入管下，按要求焊接。

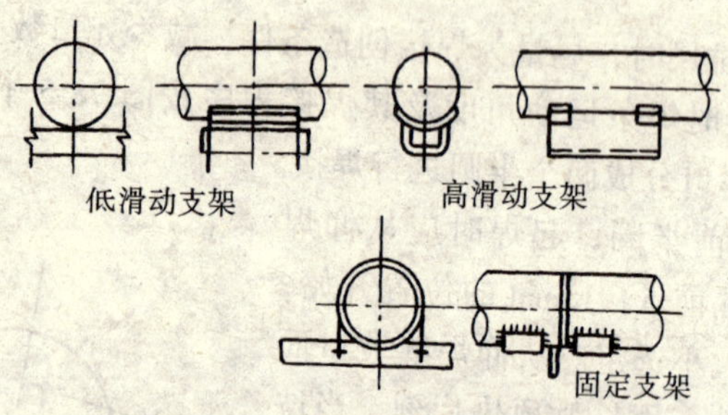

图 78-6 活动支架和固定支架

4）支座焊接前，应该按设计要求的标高、坡度、拐角、进行拨正、找准。发现错误时应采取措施，一直到符合设计要求才焊接支座，见图 78-7。

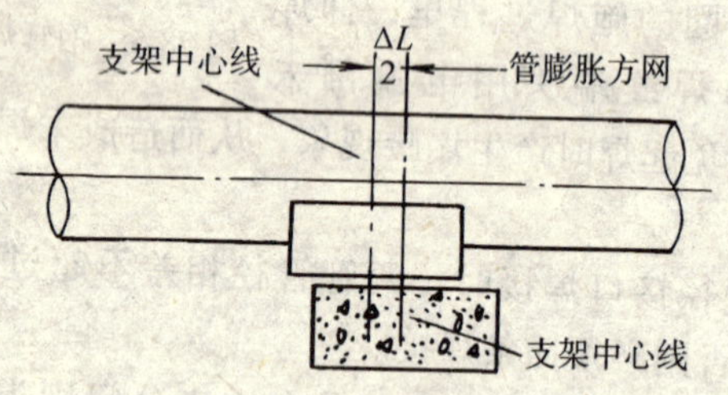

图 78-7 活动支架偏心安装示意图

(9) 伸缩器安装：

1）安装前，对预制的伸缩器进行复核，检查其型号、几何尺寸、焊缝位置是否符合规范要求，方型伸缩器的四个弯曲角应在一个平面上，不得扭曲。

2）在方型伸缩器安装前，先将两端固定支座的焊缝焊牢。伸缩器两端的直管段和连接管端两者间预留 1/4 的设计补偿量的间隙（另加上焊缝对口间隙），见图 78-8。

3）再用拉管器安装在两个待焊的接口上，收紧拉管器的螺栓，拉开胀力直到管子接口对齐，点焊固定后便可施焊，焊牢后方可拆除拉管器，见图 78-9。

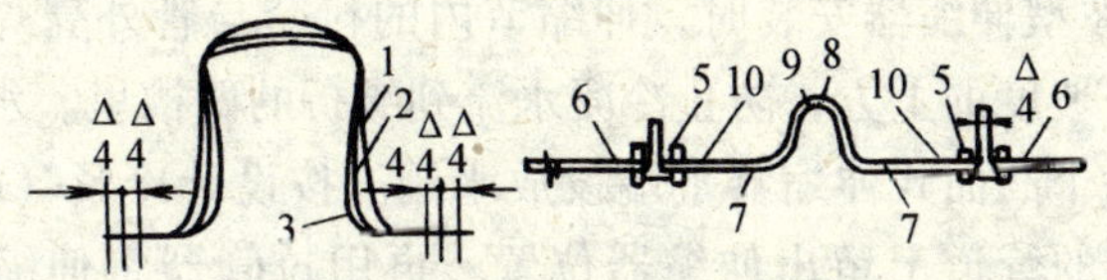

图 78-8 补偿器安装

1—安装状态；2—自由状态；3—工作状态；4—总补偿量；
5—拉管器；6、7—活动管托；8—活动管托或弹簧吊架；
9—"U"形补偿器；10—附加直管

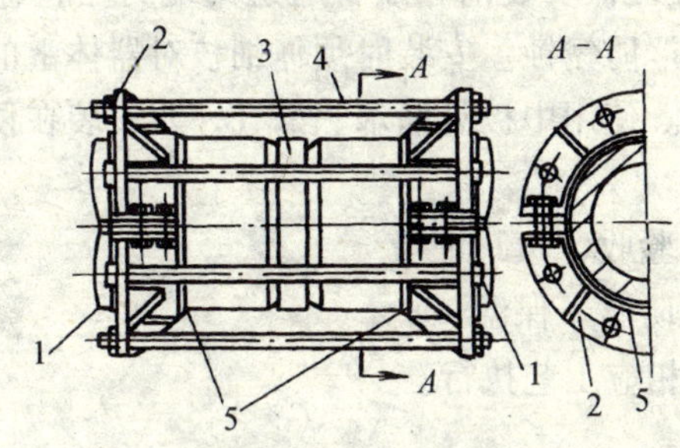

图 78-9 拉管器

1—管子；2—对开卡箍；3—垫环；
4—双头螺栓；5—环形堆焊凸肩

4）热力管网在特殊情况下才使用套管伸缩器。安装在"冂"型伸缩器多限制的热力管网中，安装时严格沿着管道中心进行，不准偏斜。否则运行中会发生伸缩器外壳和导管相互咬住而扭坏伸缩器的现象。

5）单向套管伸缩器，在其活动侧设导向支座，双向套管伸缩器设在两导向支座间，将套管固定。套管伸缩器工作极限界线处应有明显标记。使用过程中经常更换填料。

6）热力管网上一般均不采用波纹型伸缩器，当管径大于300mm 时，压力又在 0.6MPa 以下才有时采用。安装时，要预先使冷紧值为热伸长量的一半。

7）波型伸缩器安装时，伸缩节内的衬套与管外壳焊接的一端，朝着坡度的上方，防止冷凝水流到皱折的凹槽里。水平安装时，在每个凸面式伸缩器下端设放水阀。按设计冷紧（或拉伸）时，待接的管道上留出伸缩器位置。再用拉管器将伸缩器冷紧（或拉长），再与管子连接。

8）球形伸缩器是利用球形管接头随拐弯转动来解决管道伸缩问题。一般只用在三向位移的蒸汽和热水管道上。介质由任何一端进出均可。

9）球形伸缩器安装前，须将通道两端封堵，存放在干燥通风的室内。要严防锈蚀。安装时须仔细核对器体上的标志，使其符合使用要求。使用中极易漏水、漏气，要安装在便于经常检修和操作的位置。

3. 试压、验收、填写记录

4. 管道的防腐、保温

按本标准相应工艺执行。

三、成 品 保 护

1. 吊上高管架尚未焊接成型的管子或管段，要用绳索把它牢固地捆绑在支架上，严防组装好的管段或单根管段从架上滚落下来。

2. 管道坡口加工后，若不及时焊接，应采取措施，特别雨季施工期，更须防止已成型的坡口锈蚀，严重影响焊接质量。

3. 管道保温时，严禁借用相邻管道搭设跳板等。

4. 分支及甩头处，应用活动堵加以堵严，防止污物进入管内。

5. 伸缩器预制后，应放在平坦的场地，防止伸缩器变形。安装时也应当放平放稳。

6. 保护层若为石棉水泥保护壳，施工时应用塑料布盖好下层管道，防止石棉水泥灰落在下层管道上。

四、安全注意事项

1. 管道吊装过程中所用的绳索，每次使用前均须进行检查。

2. 高空作业中使用的脚手架、跳板使用前要经过检查。

3. 高空作业要扎好安全带，工具用后要放进专用袋中，不准放在架子或梯子上，防止落下砸伤人。

4. 高空作业的人员严禁喝酒后进行操作。

5. 架空管道上的固定支座尤其要加强检查其坚固性。严防其掉落下来砸伤人。

6. 多层管道对接焊口时，应在下层已施工完的管道上面铺上防火制品，防止外层的塑料薄膜或玻璃布保护壳着火。

五、质量标准

1. 管道的标高符合规定。架空管道的水压试验结果，必须符合设计要求和施工规范规定。

2. 管道固定支座的位置和构造必须符合设计要求和施工规范规定。埋设平正牢固。

3. 管道的坡度正负偏差不超过设计要求值的$\frac{1}{3}$。

4. 阀门的型号、规格、耐压强度和严密性试验结果，符合设计及施工规范要求，位置及进出口方向正确，连接牢固、紧密。启闭灵活，朝向合理，表面清洁。

5. 管道支（吊、托）架的安装必须构造正确，埋设平正牢固。

6. 管道焊接质量必须符合本标准的通用标准。

六、质量通病及其防治

质量通病及防治方法见表 78-2。

表 78-2

序号	质量通病	防治方法
1	管道坡度不符合设计要求	1. 管架制作（或砌筑）标高应严格控制在规定值内 2. 管架安装时，严格控制标高 3. 活动及固定支座的高度要准确 4. 管道铺设、找坡时，要认真用水平尺测定 5. 管道稍有起伏的位置，用垫铁找坡
2	保温、防腐结构牢固、保护壳不美观	1. 高空作业保温层结构操作必须搭设作业架，操作时得力，方便 2. 保温结构找平、找圆后方可施工保温层外保护壳 3. 保护层必须均匀、圆滑、坚固
3	弯头的外形不规格	1. 弯头的曲率半径应满足设计和施工规范规定 2. 弯头处的保温结构操作方法必须按施工规范规定进行，不可简化避免外形不美观

79. 室外热力管网试压与验收

一、施 工 准 备

1. 材料

(1) 钢管、截止阀、线麻、铅油。

(2) 活接头、管箍、弯头、三通。

2. 机具

(1) 电动打压泵或手动打压泵、管钳子、管压力及压力案子，带丝及扳牙。

(2) 压力表及表弯。

3. 工作条件

(1) 水源和电源已经准备无误。

(2) 管道已全部（或分段）施工完毕，具备试压的条件。

(3) 若进行水压试验，室外温度必须大于5℃，方准试水压。

二、施 工 工 艺

工艺流程

连接试压泵及管路 → 管路灌水、放风 → 升压 → 检查 → 验收检查 → 填写记录

1. 水压试验

(1) 试压以前，须对全系统或试压管段的最高处放风阀、最低处的泄水阀进行检查，若管道施工时尚未进行安装，则立即进行安装。

(2) 根据管道进水口的位置和水源距离，设置打压泵，接通上水管路，安装好压力表，监视系统的压力降下。

(3) 检查全系统的管道阀门关启状况，观察其是否满足系统或分段试压的要求。

(4) 灌水进入管道，打开放风阀，当放风阀出水时关闭，间隔短时间后再打开放风阀，依此顺序关启数次，直至管内空气放完方可加压。加压至试验压力，热力管网的试验压力应等于工作压力的 1.5 倍，不得小于 0.6MPa。停压 10min，如压力降不大于 0.05MPa（50kPa）即可将压力降到工作压力。可以用重量不大于 1.5kg 的手锤敲打管道距焊口 150mm 处，检查焊缝质量，不渗不漏为合格。

(5) 若试压中已包括了全部阀门、伸缩器等则为全系统试验，那么可以只作一次试压。

2. 热力管网的验收

(1) 严格检查管网支承物配置的正确性、坚固性及其坡度是否符合设计要求。

(2) 检查伸缩器、放风阀、排泄阀、管口直径与变径位置是否正确。

(3) 管道固定支座点的位置及结构形式都应该正确，各支架上的滑动支座不得由于保温方式不妥而滑动受阻。

(4) 管道的材质、阀件、管件均应有材质合格证。伸缩器应有合格的拉伸记录，焊口应有试压或探伤记录。

三、成 品 保 护

1. 水压试验后，必须及时将管道内的水放完、泄尽，以免冬季冻坏管道及阀件。

2. 水压试验合格后，要及时办理隐蔽或交接手续，合格后允许进行保温。

3. 水压试验合格后，应及时对焊口进行防腐处理。

四、安全注意事项

1. 管道试压前一定要将管道内灌满水，放尽空气。

2. 管道试压前，必须对压力表进行校核，不准用失灵或有较大误差的压力表。

五、质　量　标　准

（1）验收时，应具有下列条件

1）施工图、竣工图及设计变更。

2）材料及阀件合格证或试验记录。

3）隐蔽工程记录和中间试验记录。

4）水压记录。

5）采暖或热力系统通水冲洗记录。

6）工程质量事故处理记录。

7）质量评定记录。

（2）管道试压时，必须符合设计要求及施工规范规定。

六、质量通病及其防治

质量通病及防治方法见表 79-1。

表 79-1

序号	质量通病	防治方法
1	试压时压力稳不住	灌水时，必须反复开关放风阀，将管道内的空气放净
2	试压时，压力稳定住了，但管道上尚有轻微渗漏	1. 试压时，必须停止加压，观察压力表 2. 管线较长时，在管道尾端应设置压力表观察压力降下值

80. 室外热力管网的冲洗与通热

一、施　工　准　备

1. 材料

(1) 钢管、胶皮管、截止阀、活接头、管子箍、水。

(2) 铅油、麻丝热源。

2. 机具

(1) 电动泵、管钳子、管压力及案子，套丝扳、超声波流量计、流量计、压力表、锯弓、表弯管、温度计。

(2) 活扳手。

3. 工作条件

管道试压经验收均已合格。

二、施　工　工　艺

工艺流程

热力网系统冲洗 → 热力网灌充、通热 → 各用户供暖介质引入 → 各用户供暖系统试调 → 检查验收、填写记录

1. 热力网系统冲洗

(1) 热水管的冲洗。对供水及回水总干管先分别进行冲洗，先利用0.3~0.4MPa压力的自来水进行管道冲洗，当接入下水道的出口流出洁净水时，认为合格。然后再以1~1.5m/s的流速进行循环冲洗，延续20h以上，直至从回水总干管出口流出的水色为透明为止。

(2) 蒸汽管道的冲洗。在冲洗段末端与管道垂直升高处设冲

洗口。冲洗口是用钢管焊接在蒸汽管道下侧，并装设阀门。

1）拆除管道中的流量孔板、温度计、滤网及止回阀、疏水器等。

2）缓缓开启总阀门，切勿使蒸汽流量和压力增加过快。

3）冲洗时先将各冲洗口的阀门打开，再开大总进气阀，增大蒸汽量进行冲洗，延续20~30min，直至蒸汽完全清洁时为止。

4）最后拆除冲洗管及排气管，将水放尽。

2. 热力网的灌充、通热

(1) 首先用软化水将热力管网全部充满。

(2) 再启动循环水泵，使水缓慢加热，要严防产生过大的温差应力。

(3) 同时，注意检查伸缩器支架工作情况，发现异常情况要及时处理，直到全系统达到设计温度为止。

(4) 管网的介质为蒸汽时，向管道灌充，要逐渐地缓缓开启分汽缸上的供汽阀门，同时仔细观察管网的伸缩器、阀件等工作情况。

3. 各用户供暖介质的引入与系调

(1) 若为机械热水供暖系统，首先使水泵运转并达到设计压力。

(2) 然后开启建筑物内引入管的回、供水（气）阀门。要通过压力表监视水泵及建筑物内的引入管上的总压力。

(3) 热力管网运行中，要注意排尽管网内空气后方可进行系调工作。

(4) 室内进行初调后，可对室外各用户进行系统调节。

(5) 系统调节从最远的用户即最不利供热点开始，利用建筑物进户处引入管的供回水温度计（如有超声波流量计更好），观察其温度差的变化，调节进户流量，采用等比失调的原理及方法进行调节。

(6) 系调的步骤：

1）首先将最远用户的阀门开到头，观察其温度差，若温差小于设计温差则说明该用户进口流量大；若温差大于设计温差，则说明该用户进口流量小，可用阀门进行调节。

2）按上述方法再调节倒数第二户，将这两户入口的温度调至相同为止，这说明最后两户的流量达到平衡。倘若达不到设计温度，也须这样逐一调节、平衡。

3）再调整倒数第三户，使其与倒数第二户的流量平衡。在平衡倒数第三、二户过程中，允许再适当稍拧动这二户的进口调节阀，此时第一户已定位，该进户调节阀不准拧动，并且作上定位标记。

4）依次类推。调整倒数第四户使其与倒数第三户的流量平衡。允许再稍拧动这第三户阀门，但这第二户阀门应作上定位标记，不准拧动。

一直到将全部用户引入管的进户调节阀，都作上定位记号为止。

5）调完全部进户阀门后，若流量还有剩余，最后可调节循环水泵的阀门。

4. 检查验收、填写记录

三、成 品 保 护

1. 冲洗过程中，要设专人看守，严禁污物进入管道内。冲洗后的管段，必须用活动堵堵严，或及时接好管件和阀件。

2. 冲洗中的冲洗水严禁排入热力管沟内。

3. 通热时，要设专人看管正在调节的阀件，严禁随便拧动。以免扰乱通热调节程序。

4. 已作好定位记号的进户调节阀，及时将检查井上盖。

5. 蒸汽吹洗时，防止排气进入沟内，破坏保护管道的保温层。

四、安全注意事项

1. 热力网用水冲洗时，严禁把水排进热力管沟内。

2. 热力网用蒸汽吹洗时，注意排气位置和方向，前方均不可站人，防止蒸汽烫伤人。

3. 蒸汽吹洗时，不准将废气排放进热力地沟，不准直接排进下水道或检查井。

五、质 量 标 准

1. 热力网水冲洗或蒸汽吹洗中，排出的水或蒸汽若洁净即认为合格。

2. 通热调试，在进户入口装置上，回水温度差在±2℃以内，认为达到热力平衡。

六、质量通病及其防治

质量通病及防治方法见表80-1。

表80-1

序号	质量通病	防治方法
1	管内污物沉积阻塞	1. 试热和通热前，必须进行管网分段或系统冲洗与吹洗 2. 冲洗水或吹洗蒸汽排出时，至为洁净方准停止
2	各用户热力不平衡	1. 通热调试，应首先检查锅炉房运行状态，应达到设计压力及设计流量后再进行试调 2. 调试必须严格按本标准规定执行。并注意与锅炉房保持联系

81. 管道和设备油漆防腐施工

一、施 工 准 备

1. 材料

(1) 防腐底漆和面漆涂料（其种类如表 81-1 所示）。

(2) 溶剂和稀释剂：汽油、松节油、苯、二甲苯、丙酮、乙醇、丁醇、醋酸、乙脂、醋酸丁酯。

(3) 砂布、砂轮片、干净棉布块、干净棉纱、抹布、粗砂纸。

2. 机具

(1) 空气压缩机、分离器、储砂罐、橡胶管、喷枪、压缩空气管、钢丝刷、油刷、小油箱。

(2) 人字梯、高凳、搅拌棒、护具、手套、口罩、眼镜。

(3) 泡沫灭火器、干砂、防火铁锹。

3. 工作条件

(1) 金属管道和设备已安装完。

(2) 作业场地清洁，施工环境温度宜保持在 0℃以上，且通风良好。

(3) 在管道安装前除锈后涂刷一层底漆，第二遍须待刷面漆之前完成。

(4) 面漆要求在采暖、卫生、通风与煤气工程全部完成后；室内刮大白，装饰工程完工并验收合格后进行。

二、施 工 工 艺

工艺流程

表面去污除锈 → 调配涂料 → 刷或喷涂施工 → 养护

1. 金属管道表面去污除锈

金属表面锈垢的清除程度，是决定管道防腐效果的重要因素。为增强漆料与金属的附着力，取得良好的防腐效果，必须清除金属表面的灰尘、污垢和锈蚀，露出金属光泽方可刷、喷底漆。

(1) 表面去污：去污方法、适用范围、施工要点详见表81-1中所示。

金属表面去污 表81-1

去污方法		适用范围	施工要点
溶剂清洗	煤焦油溶剂（甲苯、二甲苯等）；石油矿物溶剂（溶剂汽油、煤油）；氯代烃类（过氯乙烯、三氯乙烯等）	除油、油脂、可溶污物和可溶涂层	有的油垢要反复溶解和稀释。最后要用干净溶剂清洗，避免留下薄膜
碱液	氢氧化钠30g/L 磷酸三钠15g/L 水玻璃5g/L 水适量 也可购成品	除掉可皂化的油、油脂和其他污物	清洗后要作充分冲净。并做钝化处理（用含有0.1%左右重的铬酸、重铬酸钠或重铬酸钾溶液清洗表面
乳剂除污	煤油67%； 松节油22.5%； 月酸 5.4%； 三乙醇胺3.6%； 丁基溶纤剂1.5% 也可购成品	除油、油脂和其他污物	清洗后用蒸汽或热水将残留物从金属表面上冲洗净

(2) 除锈方法有人工除锈、机械除锈、喷砂除锈。

①人工除锈：一般先用手锤敲击或用钢丝刷、废砂轮片除去严重的厚锈和焊渣，再用刮刀、钢丝布、粗破布除去氧化皮、铁

浮锈及其他污垢。最后用干净的布块或棉纱擦净。对于管道内表面除锈，可用圆形钢丝刷，两头绑上绳子来回拉擦。至刮露出金属光泽为合格。

②机械除锈：可用电动砂轮、风动刷、电动旋转钢丝刷、电动除锈机等除锈机械，如旋转钢丝刷管子除锈机（图 81-1）、钢管外壁除锈设备（图 81-2）。当电动机转动通过软轴带动钢丝刷旋转除锈，用来清除管道内表面锈垢。

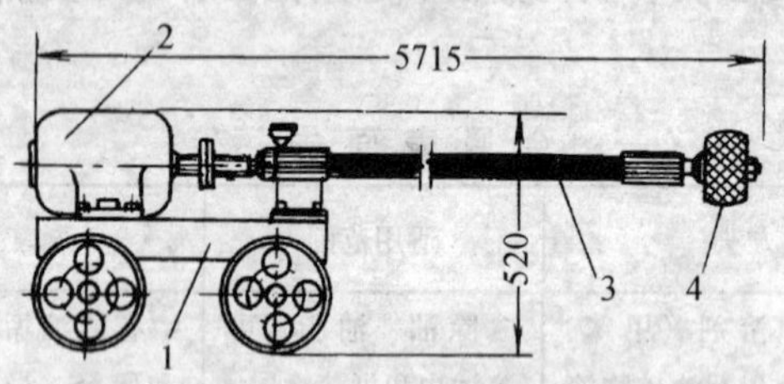

图 81-1　管子除锈机

1—小车；2—电动机；3—软轴；4—钢丝刷

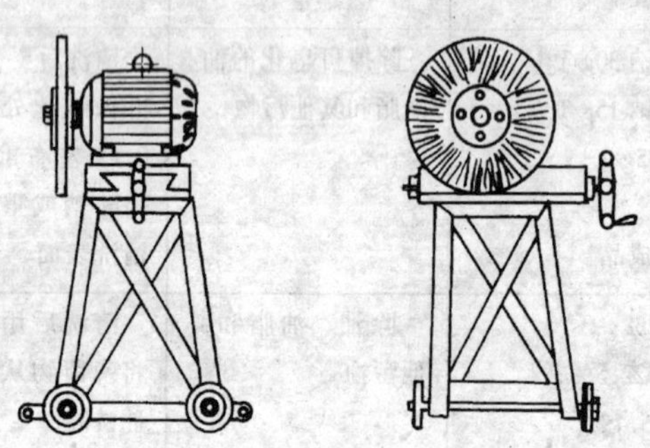

图 81-2　钢管外壁除锈设备

③喷砂刷锈：利用压缩空气喷嘴喷射石英砂粒，吹打锈蚀表面将氧化皮、铁锈层等等剥落。

施工现场可用空压机、油水分离器、沙斗及喷枪组成，如图 81-3 所示。除锈用的空压机的压缩空气不能含有水分和油、油脂，必须在其出口安设油水分离器。空压机压力保持在 0.4 ~

0.6MPa，石英砂的粒度 1.0～2.5mm，要过筛除去泥土杂质，再经过干燥处理。

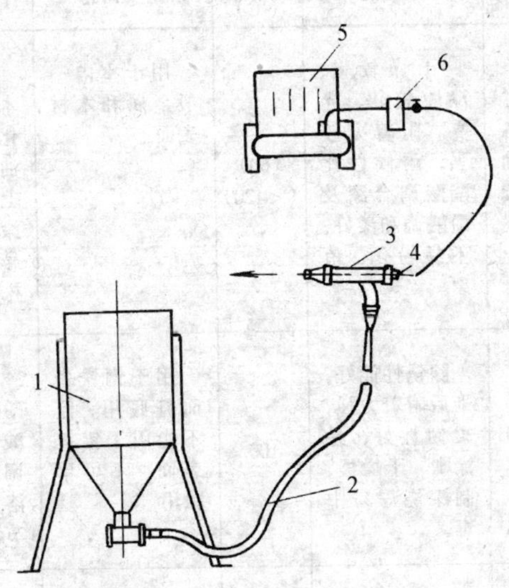

图 81-3　喷砂装置

1—储砂罐；2—橡胶管；3—喷枪；
4—压缩空气接管；5—压缩机；6—分离器

喷砂要顺气流方向，喷嘴与金属表面成 70°～80°夹角、相距 100～150mm。在管道表面达到均匀的灰白色时，用压缩空气清扫干净。再用汽油等溶剂洗净，干燥后可进行油漆刷涂。

2. 调配涂料

工程中用漆种类繁多，底、面漆不相配会造成防腐失效。某些工程油漆涂层出现成片脱落或混色现象，有的当一遍底漆涂完，刷面漆时发生底漆溶解，面层无法施工。调配和选对漆种是重要的施工程序。

(1) 根据设计要求，按不同管道，不同介质、不同用途及不同材质，参考表 81-2 中所示选择油漆涂料。

管道及设备常用防腐涂料 **表 81-2**

类别	型号	名称	性能	适用温度（℃）	主要用途	配套施工要点
油脂类	Y03-1	各色油性调和漆	干燥较慢、漆膜较软、光亮。附着力较强，耐候性比酯酸调合漆及酚醛调和漆好，不易粉化、龟裂	(60) (<120)	用于室内一般金属和木材表面	涂于金属、木材表面或磷化底漆、红丹油性防锈漆面上，室外至少涂两层。用200号溶剂汽油或松节油作稀释
	Y53-1	红丹油性防锈漆	除锈性能好，干后附着力强，柔韧性好，易涂刷、干燥慢，制漆烧焊易中毒	100	用于钢铁表面打底用。但不能用于铝锌表面，不可单独用	配套面漆为酚醛磁漆，醇酸磁漆及油性调和漆。用200溶剂汽油或松节油作稀释剂
	Y53-2	铁红油性防锈漆	防锈性能较好，附着力强，漆膜较软	(150) (<150)	用于室内外要求不高的钢铁表面作防锈打底用。但不能用于铝锌表面，也不能单独使用	配套面漆为酚醛磁漆及油性调和漆，用200号溶剂汽油或松节油作稀释剂
酚醛树脂类	F06-8	锌黄、铁红、灰酚醛底漆	防锈性能良好，附着力强		锌黄酚醛底漆用于铝合金表面；铁红用于钢铁表面	两层底漆后涂面漆，醇酸磁漆，氨基烘漆，纯酚醛磁漆
	F06-9	锌黄、铁红纯酚醛底漆	防锈性能好，附着力强，耐热、防潮耐盐雾性能好		锌黄酚醛底漆用于铝合金表面 铁红、纯酚醛底漆可配合过氧乙烯漆使用效果好	两层底漆后涂面漆，醇酸磁漆、氨基烘漆、纯酚醛磁漆，用二甲苯、松节油稀释

续表

类别	型号	名称	性能	适用温度（℃）	主要用途	配套施工要点
酚醛树脂类	F04-1	各色酚醛磁漆	耐酸（但不耐硝酸、浓硫酸和碱），耐水，附着力强，光泽好，漆膜坚硬，耐候性次于醇酸磁漆		涂在金属、木材、磷化底漆或防锈底漆上，底漆一层，室外磁漆二层以上。用200号溶剂汽油或松节油稀释	
	F53-5	酚醛防锈漆	防锈性好，附着力很强，干燥快，易施工，无毒、防火		用于室内外金属、木材表面，取代红丹防锈漆，用在钢铁表面防锈打底	配套面漆为醇酸磁漆，酚醛磁漆、调合漆
	F53-2	灰酚醛防锈漆	4h表面干燥，24h可完全干燥		用于一般要求的钢铁表面打底	底漆二层、面层1~2层，由200号溶剂汽油或松节油稀释
醇酸树脂类	C06-1	铁红醇酸底漆	防锈性能良好，附着力较强，1-5醇酸多种面漆结合好，耐油、坚硬，耐候性较好	（-40~60）	用于金属管道打底。但不适用于湿热地带	刷或喷1~2层，配套面漆为醇酸磁漆，沥青漆、过氧乙烯漆等，稀释喷涂用甲苯，刷涂用松节油
	C04-2	各色醇酸磁漆	耐酸性尚可，坚韧、光亮，机械强度较好，耐候性比油性调合漆及酚醛磁漆好。耐水性稍差	<100	用于室内外金属和木材表面作面层涂料	刷或喷在涂有底层的金属或木材表面，前一层干后方可涂一层，用200号溶剂汽油或松节油稀释
	C04-42	各色醇酸磁漆	耐候性、耐水性和附着力比C04-2好。能耐油，但干燥时间长		用于室外金属管道表面为面层	涂1~2层醇酸底漆用醇酸腻子补平，再涂醇酸底漆两层，最后涂该磁漆二层

续表

类别	型号	名称	性能	适用温度（℃）	主要用途	配套施工要点
醇酸树脂类	C01-2	银粉漆（铝粉漆）	银白色，对钢铁及铝表面具有较强的附着力，漆膜受热后不易起泡。耐水、耐热	150		
乙烯树脂漆类	X06-1	磷化底漆	对金属表面有极强附着力，可省去磷化或钝化处理。增加金属上有机涂层附着力，防止锈蚀，延长涂层寿命	<60	用于有色及黑色金属底层的防锈涂料，不可代替一般底漆	使用前，以树脂液基料与磷化液按4:1混合。磷化液用量不可任意增减。稀释剂用3份乙醇（96%）与1份丁醇的混合液
	X52-1	各色乙烯防腐漆	耐酸、碱，常温下耐硫酸、盐酸、氢氧化钠；耐油及醇类；耐候性优；耐海水耐晒、抗湿热	70～100	用于室内外设备及管道，室外管道优于其他涂料，可用于水下金属结构和管道	不能与其他漆混用，根据酸、碱等程度，可涂2～4层。配制白色或灰色颜料有钛白粉和氧化锌
环氧树脂漆	H53-3	红丹环氧防锈漆	有较佳防腐蚀能力	-40～+110	供各种金属表面防锈、专作底漆	配套品种：与磷化底漆配套使用，可提高漆膜防盐雾、防潮、防锈性
	H06-2	铁红锌黄环氧底漆	耐水、防锈性优，漆膜坚韧耐久，对金属附着力均良好		用于海洋性及湿热气候下金属表面打底。铁红用于黑色金属，锌黄用于有色金属	硝基外用磁漆H05-6环氧烘漆

续表

类别	型号	名称	性能	适用温度(℃)	主要用途	配套施工要点
环氧树脂漆	H52-3	各色环氧防锈漆	耐化学腐蚀性能较好，耐硫酸、氢氧化钠、盐酸、二甲苯、盐水、油、漆膜附着力好，坚韧耐久，自干型，施工方便	-40~+110	防化学腐蚀的金属管道等	在金属表面涂两层以上，配套底漆，用铁红环氧底漆
	H01-4	环氧沥青清漆，云母氧化铁底漆	耐化学腐蚀，有良好的物理机械性能，漆膜坚牢，对金属、水泥附着力强，耐水性好。施工方便	-55~+155	用作地下、水下管道、水闸贮槽等防潮、防化学腐蚀用(云铁环氧底漆打底用)	云铁环氧底漆两层，环氧沥青漆两层即可。或直接涂刷环氧沥青清漆三层即可
聚氨酯漆	S04-1	聚氨酯磁漆	耐酸、碱腐蚀，耐水、油、防潮、霉，耐溶剂，漆膜坚硬、光亮，附着力强		用于除航空油以外的燃料油、化工设备、管道	配套品种：S06-1 两层；S04-1 两层
	S06-1	棕黄锌黄聚氨酯底漆	耐酸、碱腐蚀，耐水、油，防潮，霉，耐溶剂，漆膜坚硬、光亮，附着力强	-55~+155	与 S04-1 配合使用	
有机硅漆	W61-22	各色有机有机硅耐热漆	有耐油、耐水、耐高温，良好机械性能，常温干燥	300	用于高温设备、配件、管道	
沥青漆	L01-6	沥青漆	耐腐蚀性能良好，耐水、防潮性好，干燥快，施工方便	-20~+70	金属表面作防潮、防水、防腐用	可用汽油、二甲苯、松节油稀释、刷、涂、喷均可

续表

类别	型号	名称	性能	适用温度(℃)	主要用途	配套施工要点
沥青漆	L01-17	煤焦沥青漆	耐土壤腐蚀，防锈性能较好，耐水性强，干燥快		用于不受阳光直射的钢铁表面及地下管道	涂刷不少于两层，施工方便
	L50-1	沥青耐酸漆	耐氧化氮、二氧化硫、氨气、氯气、盐酸及无机酸，附着力较强	-20~+70	用于防止硫酸等对金属腐蚀的管道等	刷涂不少于两层，间隔12小时。刷于金属表面或铁红防锈漆上或磷化底漆上

(2) 管道涂色分类：管道应根据输送介质选择漆色，如设计无规定，参考表（表81-3和表81-4）选择涂料颜色。

管道涂色分类 **表81-3**

管道名称	颜色		管道名称	颜色	
	底色	色环		底色	色环
给水（生水）管	绿		高热值煤气管	黄	
排水管	黑		低热值煤气管	黄	
过热蒸汽	红	黄	液化石油气管	黄	绿
饱和蒸汽	红		天然气管		
凝结水管	绿	深红	压缩空气管	浅蓝	
热水送水管	绿	黄	净化压缩空气管	浅蓝	黄
热水回水管	绿	褐	氧气管	深蓝	
软化水管			乙炔管	白	
盐水管	深黄		氢气管	棕色	
油管	橙黄		自动灭火消防配水管	绿	红

色 环 宽 度　　　　表 81-4

管子保温层的外径（mm）	<150	150~300	>300
色环的宽度（mm）	50	70	100
色环的间距（m）	1.5	2	2.5
最后一个色环离墙或楼板尺寸（mm）	1	1.5	2

（3）将选好的油漆桶开盖，根据原装油漆稀稠程度加入适量稀释剂。油漆的调和程度要考虑涂刷方法，调和至适和手工涂刷或喷涂的稠度。喷涂时，稀释剂和油漆的比可为1:1~2。用棍棒搅拌均匀，以可刷不流淌、不出刷纹为准，即可准备涂刷。

3. 油漆涂刷施工

一般通风空调管道漆面要求较高。设计无规定时，应按表（表81-5、表81-6和81-7）中漆油遍数进行。

薄钢板风管油漆　　　　**表 81-5**

风管所输送的气体介质	油 漆 类 别	油漆遍数
不含有灰尘且温度不高于70℃的空气	内表面涂防锈底漆 外表面涂防锈底漆 外表面涂面漆	2 1 2
不含有灰尘且温度高于70℃的空气	内外表面各涂耐热漆	2
含有粉尘或粉屑的空气	内表面涂防锈底漆 外表面涂防锈底漆 外表面涂面漆	1 1 2
含有腐蚀性介质的空气	内外表面涂耐酸底漆 内外表面涂耐酸面漆	≥2 ≥2

注：需保温的风管外表面不涂粘结剂时，宜涂防锈漆二遍。

空气净化系统的油漆　　表 81-6

<table>
<tr><th>风管部位</th><th>油漆类别</th><th>油漆遍数</th><th>系统部位</th></tr>
<tr><td rowspan="2">内表面</td><td>醇酸类底漆</td><td>2</td><td rowspan="5">1. 中效过滤器前的送风管及回风管
2. 中效过滤器后和高效过滤器前的送风管</td></tr>
<tr><td>醇酸类磁漆</td><td>2</td></tr>
<tr><td>外表面（保温）</td><td>铁红底漆</td><td>2</td></tr>
<tr><td rowspan="2">外表面（非保温）</td><td>铁红底漆</td><td>1</td></tr>
<tr><td>调和漆</td><td>2</td></tr>
</table>

制冷剂管道油漆　　表 81-7

<table>
<tr><th colspan="2">管 道 类 别</th><th>油漆类别</th><th>油漆遍数</th></tr>
<tr><td rowspan="2">保温管道</td><td>保温层以沥青为粘结剂</td><td>沥青漆</td><td>2</td></tr>
<tr><td>保温层不以沥青为粘结剂</td><td>防锈底漆</td><td>2</td></tr>
<tr><td colspan="2" rowspan="2">非保温管道</td><td>防锈底漆</td><td>2</td></tr>
<tr><td>色　漆</td><td>2</td></tr>
</table>

注：镀锌钢管可免涂底漆。

（1）手工涂刷，用油刷、小桶进行。每次油刷沾油要适量，不要弄到桶外污染环境。手工涂刷应自上而下，从左至右，先里后外，先斜后直，先难后易，纵横交错地进行。漆层厚薄均匀一致，不得漏刷和漏挂。多遍涂刷时每遍不易过厚。必须在上一遍涂膜干燥后，才可涂刷第二遍。

（2）浸涂，把调和好的漆倒入容器或槽里，然后将物件浸渍在涂料液中，浸涂均匀后抬出涂件，搁置在干净的排架上，待第一遍干后，再浸涂第二遍。这种方法厚度不易控制。一般仅用于形状复杂的物件防腐。

（3）喷涂法。常用的有压缩空气喷涂、静电喷涂、高压喷涂（又称无空气喷涂）。

压缩空气喷涂——将喷枪漆罐装满调和好的漆，见图 81-4，图 81-5 和表 81-8 所示。启动空气压缩机，空压机压力一般调至 0.2～0.4MPa，喷嘴距喷涂件的距离视涂件形状而定。如果涂件表面为平面时，一般距 250 ~ 350mm；若为圆弧面则距 400mm。调整后用手扳动扳机，以 10 ~ 15m/min 的速度移动喷嘴，以达到满意的效果为止。空气喷涂的漆膜较薄，多遍喷涂时掌握厚度，必须在上一遍漆膜干燥后，才喷涂第二遍。

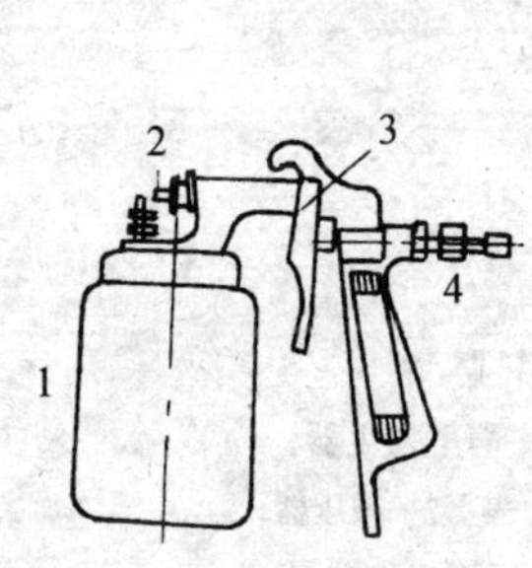

图 81-4 PQ-1 型喷枪

1—漆罐；
2—空气喷嘴；3—扳机；
4—空气接头

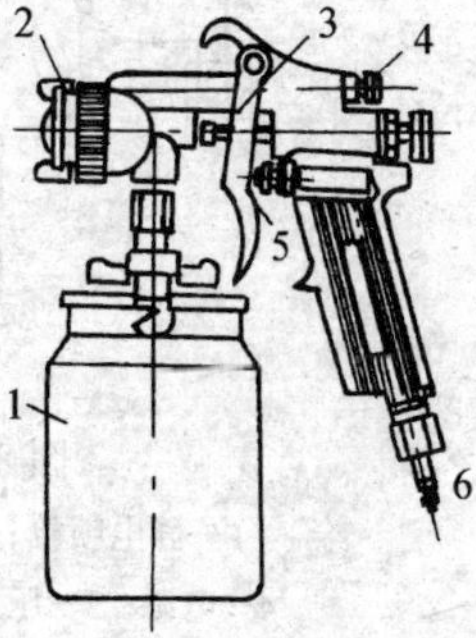

图 81-5 PQ-2 型喷枪

1—漆罐；2—空气喷嘴旋钮；
3—扳机；4—控制阀；5—空气阀杆；
6—空气接头

常用的喷枪技术性能 **表 81-8**

项　　目	PQ-1 型	PQ-2 型
1. 工作压力（kPa）	275 ~ 343	392 ~ 491
2. 喷枪喷嘴距喷涂面 250mm 时喷涂面积（cm^2）	3 ~ 8	13 ~ 1.4
3. 喷嘴直径（mm）	0.2 ~ 4.5	1.8

静电喷涂——运用静电喷涂设备，见图 81-6 所示，使被涂件带一种电荷，从喷漆器喷出的涂料带有另一种电荷，由于两种异性电荷相互吸引，使雾状涂料均匀地涂在物件上。一般喷涂或刷、浸、淋涂均会损失较多涂料，而静电喷涂几乎全吸附到物件上。还较容易控制涂膜厚度，且均匀、平整、光滑。适用大批量涂件施工。

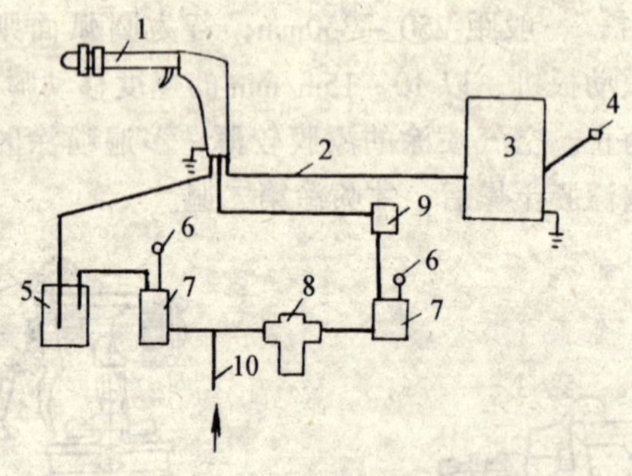

图 81-6 静电喷涂作业

1—静电喷枪；2—高压电缆；3—静电发生器；
4—电源；5—压力供漆器；6—压力表；7—减压器；
8—过滤器；9—气动开关；10—压缩空气进口

高压喷涂（无空气喷涂）——这是一种较新的喷涂方法。将调和好的涂料通过加压后的高压泵压缩，从专用喷枪喷出。根据涂料粘度的大小，使用压力可以从 0.5～5MPa 左右。喷料喷出后剧烈膨胀，雾化成极细漆粒喷涂在物件上，见图 81-7 所示。由于没有空气混入而带进水分和杂质，既减少漆雾，节省涂料，又提高涂层质量。

4. 油层深层养护

(1) 油漆施工的条件。油漆施工不应在雨天、雾天、露天和 0℃以下环境施工。

(2) 油漆涂层的成膜养护。不同的油漆涂料，成膜干燥机理不同，有不同的成膜养护条件和规律。

溶剂挥发型涂料，如硝基纤维漆、过氧乙烯漆等靠溶剂挥发干燥成膜，温度为 15～25℃。

氧化——聚合型涂料，如清油、酯胶漆、醇酸漆、酚醛漆等管道工程常用油漆涂料，成膜分为溶剂挥发和氧化反应聚合阶段才达到强度。

烘烤聚合型的磁漆，常用于阀件、仪表，只有烘烤养护才能

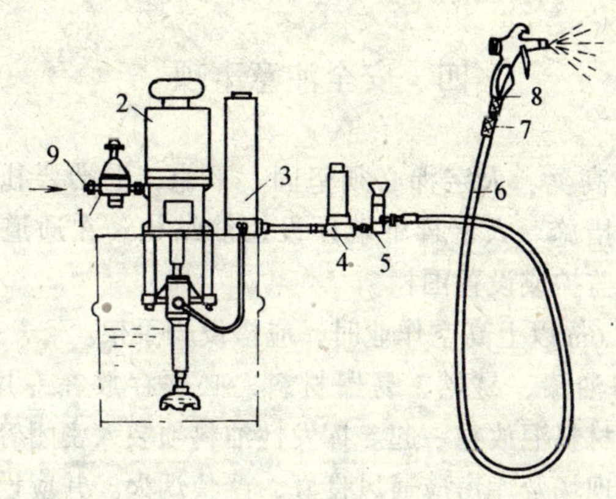

图 81-7 高压喷涂

1—调压阀；2—高压泵；3—蓄压器；4—过滤器；
5—截止阀；6—高压软管；7—接头；
8—喷枪；9—压缩空气入口

成膜，否则长期不干。

固化型涂料，如聚氨脂漆等应满足成型条件，分清常温固化还是高温固化。

三、成 品 保 护

1. 刷油前应清扫周围环境，防止尘土飞扬，影响油漆质量。

2. 刷过油漆的管道、设备不放置任何物件，不得脚踩。半成品或材料及设备安装前刷完油漆的，要注意堆放，防止油漆粘结破坏漆膜。

3. 刷油后，将滴在地面、墙面及其他物品、设备上的油漆清除干净。

四、安全注意事项

1. 使用高凳、人字梯必须坚固、平稳，上端要扎牢，下端应采取防滑措施。人字梯下端须设拉筋结构。在通道处使用梯子，应有人监护或设置围栏。

2. 在3.6m以上高空作业时，应搭设脚手架。

3. 一切油漆、易燃、易爆材料，必须存放在专用库房内，不得与其他材料混放在一起。挥发性油料须装入密闭容器内妥善保管。施工现场及库房应通风良好，严禁烟火。并应设置"严禁烟火"明显标志及消防器材。

4. 油漆涂料一般都具有一定的毒性，故涂刷时应戴口罩，手套，并在操作区内要有新鲜空气流通，以防止中毒现象发生。

5. 沾染油漆的棉纱、破布、油纸等废物，应收集存放在有盖的金属容器内，及时处理掉。

五、质 量 标 准

1. 符合设计要求，防腐油漆不允许有脱皮、漏刷、反锈、气泡、流坠、皱皮、堆积及混色等缺陷。厚度均匀，表面光亮、光滑。

2. 刷油前，铁锈、污垢、灰尘、焊渣应清除干净。管道设备等涂刷的面漆（如：银粉漆或着色漆）、漆膜、颜色应均匀一致，表面光亮、光滑。

3. 各类管道涂色标志准确、明显。

六、质量通病及其防治

质量通病及防治方法见表81-9。

表 81-9

序号	质量通病	防治方法
1	油漆流坠、漆膜皱纹	涂刷前，物件表面油、水等必须清除干净，调配油漆稀稠适当。刷前要进行试刷，选用适宜的刷子。涂刷的漆膜不要太厚，选择适当的环境温度和相对湿度，前遍干后再刷二遍
2	慢干和回粘	在第一遍漆膜完全干透才可以涂刷第二遍，并且不要选择过稠的油漆和贮存时间过长的油漆。漆膜也不要太厚，不要在雨、露、潮湿、严寒、黑暗、烈日曝晒等恶劣气候条件下施工。在室内、地下室施工，要使空气流通，促使漆膜干燥
3	漆膜粗糙、起泡	认真清除设备、管道表面油污、锈蚀、潮气，使用的油漆涂料粘度不宜太大。必要时应过箩使用，一次涂膜不宜过厚，对于性质不同的油漆、涂料，不得混合使用。大风天和有灰尘的环境不要施工
4	漆膜生锈	涂漆前，必须把金属表面的锈斑清除干净，处理后要尽快涂刷底漆，防止再生锈。涂刷普通防锈漆时，漆膜要略厚一些，最好涂两遍，并防止出现针孔或漏涂漆等弊病

82. 埋地管道防腐施工

一、施 工 准 备

1. 材料

（1）沥青：建筑石油沥青30、10号和普通石油沥青75、65、55号。

（2）油料：汽油、煤油、柴油。

（3）填料：橡胶粉、高岭土、5～6级石棉、滑石粉，石灰石粉。

（4）内包扎层材料：玻璃丝布、石棉油毡、麻袋布、矿棉纸。

（5）外保护层材料：玻璃丝布、牛皮纸、塑料布。

（6）燃料：劈材、煤。

2. 机具、护具

（1）机具：油刷、搅拌工具、小桶、油壶、钢丝刷子、砂子、抹布、钢针、沥青锅、刮板、铁锹、温度计（≤300℃）、油毡。

（2）护具：长袖手套、鞋盖、口罩、眼镜、劳保胶鞋。

（3）消防器材：泡沫灭火器、铁锅盖、干砂、防火铁锹。

3. 工作条件

（1）沟槽挖完，管道安装试压和验收合格。

（2）沥青锅应架设完毕，位置选定在离施工地点最近的地方，并须经消防部门同意。

（3）施工现场设置消防器材完毕，防腐材料材质合格，并均已齐备。

二、施 工 工 艺

工艺流程

沥青底漆的配制 → 调制沥青玛瑺脂 → 埋地管道防腐施工 → 牺牲阳极保护

埋地管道采用沥青防腐时，分为三种结构类型，即普通防腐层、加强防腐层和特加强防腐层，如表 82-1 中所示。

埋地管道防腐层结构表　　表 82-1

防腐层层次（从金属表面起）	普通防腐层	加强防腐层	特加强防腐层
1	沥青底漆	沥青底漆	沥青底漆
2	沥青涂层	沥青涂层	沥青涂层
3	外包保护层	加强包扎层	加强包扎层
4		沥青涂层	沥青涂层
5		外包保护层	加强包扎层
6			沥青涂层
7			外包保护层
防腐层厚度不小于（mm）	3	6	9
厚度允许偏差（mm）	-3	-0.5	-0.5

1. 沥青底漆的配制

沥青底漆又称冷底子油，它是由沥青和汽油混合而成。沥青底漆和沥青涂层用同一种沥青标号，一般采用建筑石油沥青。在配制底漆时，按其配比调制：

沥青:汽油=1:3（体积比）

沥青:汽油=1:2.25~2.5（重量比）

制备沥青底漆，先将沥青打成小块，放进干净的沥青锅中用文火逐渐加热并不断搅拌，使之熔化。加热至170℃左右进行蒸发、脱水，不产生气泡为止，除去杂物后熄火。将熔化脱水后的热沥青慢慢倒进桶里，冷却至80℃左右，一面用木棒搅拌，一面将按比例备好的汽油掺进热沥青中，直至完全混合为止。冷底漆应在≥60℃时涂刷成膜，膜厚0.15mm左右为宜。

环境气温在5°以下，应按冬季施工采取措施。-25℃及以下温度不得施工。

2. 沥青涂料的配制

沥青涂料又称沥青玛瑞脂，是由建筑石油沥青和填料混合而成。填料可选用高岭土、七级石棉、石灰石粉或滑石粉等材料。沥青标号和填料品种由设计选定。其混合配比如下所之：

高岭土:沥青=1:3（重量比），其他品种可参考掺入10%～25%左右的填料粉。

制备沥青涂料时，先将沥青打成小块，装入无杂物的沥青锅中，一般装至锅容量的3/4，不得装满。开始用文火烧，逐渐升温加热并不断搅拌。加热到160～180℃，蒸发脱水，温度不可超过220℃，再继续向锅中加沥青，继续搅拌。然后慢慢将粉状高岭土分小批加入到已完全熔化的沥青中，搅拌至完全熔合为止。

3. 埋地管道防腐施工

操作顺序为：除锈→冷底子油→沥青→包布→沥青→包布→沥青。

（一）

由设计确定管道防腐结构级别，分别进行各道工序的施工。

（1）管道除锈，采用人工或机械的方法将管道表面的锈垢清除干净，并用抹布将灰尘擦掉，保持干燥。

（2）涂刷沥青底漆，在除完锈、表面干燥、无尘的管道上均匀地刷上1～2遍沥青底漆。厚度一般为1～1.5mm，底漆涂刷不可有麻点、漏涂、气泡、凝块、流痕等缺陷。下一道工序须待沥青底漆彻底干燥后进行。

（3）涂刷沥青涂料，将熬好的沥青涂料均匀地在管道上刷一层，厚度为1.5～2mm。不得有漏刷、凝块和流迹。若连续涂刷多遍时，必须在上一遍干燥后不粘手方可涂第二遍。热熔沥青应涂刷均匀，涂刷方向要与管轴线保持60°方向。

（4）加强包扎层的作法。沥青涂层中间所夹的内包扎层：可用玻璃丝布、油毡、麻袋片或矿棉纸；外包扎保护层：可采用玻璃丝布、塑料布等。当设计无要求时，最好选用宽度为300～500mm卷装材料便于施工。操作时，一个人用沥青油壶浇热沥青，另外的人缠卷材料，包扎材料绕螺旋状包缠，且与管轴线保持60°方向。全部用热沥青涂料粘合紧密，圈与圈之间的接头搭接长度应为30～50mm，并用热沥青粘合。任何部位不得形成气泡和褶皱。缠扎时间应掌握在面层浇涂沥青后，处于刚进入半凝固状态时进行。

（5）若有未连接或焊接的接口或施工中断处，应作成每层收缩为80～100mm的阶梯式接茬。

（6）保护层目前多采用塑料布或玻璃丝布包缠而成，其施工方法和要求与加强包扎层相同。圈与圈之间的搭接长度为10～20mm，应粘牢。

（二）

先进行除锈，去掉污垢灰尘、准备施工。由于管道安装完以后管底距地沟底面太近，用手及刷子很难刷到每个部位或刷匀。所以可采用油毡兜抹法施工。操作和布置形式如图82-1所示。

先将油毡按管径裁剪，若 < ф500mm，为250mm宽；> ф500mm，为500mm宽，长为两倍管径加1.2～1.5m。用裁好的油毡从管底穿过将管兜住，使下部管外壁与油毡紧紧接触。再用沥青油壶向管道顶部边移动边浇涂已经熬好的热沥青底漆（冷底子油）、或热沥青涂料（沥青玛𤩽脂）。使之沿着管道周壁向下流淌至管下部外壁与油毡接合处。此时上下抖动油毡，使油毡与管

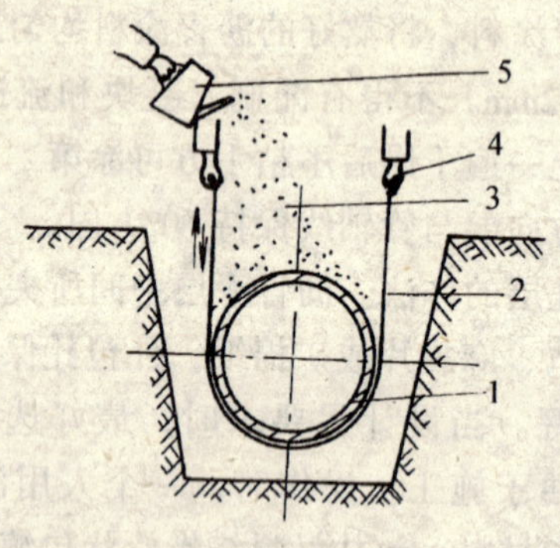

图 82-1 油毡兜抹法防腐施工

1—管道；2—油毡；3—热沥青；

4—戴手套的手；5—油壶

外壁摩擦，中间夹着热沥青，达到涂抹沥青底漆或沥青涂料的目的。加强包扎层做法与上面介绍相同。

(三)

对于大型施工可采用机械方法进行防腐包扎，如图 82-2 所示为移动式绝缘层包扎机。该机由钢管旋转系统和沥青、包布缠扎系统组成。沥青箱内的包布固定在轴上，穿绕轴底至上轴，引出沥青箱里的包布缠绕在钢管上。

操作时将热熔的沥青灌入沥青箱内，转动的钢管被包布缠绕在表面，此时经沥青箱浸没输出的包布已浸透了热熔沥青。与此同时，沥青箱经链轮带动的链条的移动，作定向水平位移，和旋转着的钢管协调配合、即完成了钢管外壁“二油一布”的包扎工序。重复一次即成了“三油二布”。由于包扎布斜移，成为 60°左右螺旋包扎绝缘层。

此机械构造简单、操作方便、效果明显，将会在大批量的管道防腐中得到广泛的应用。

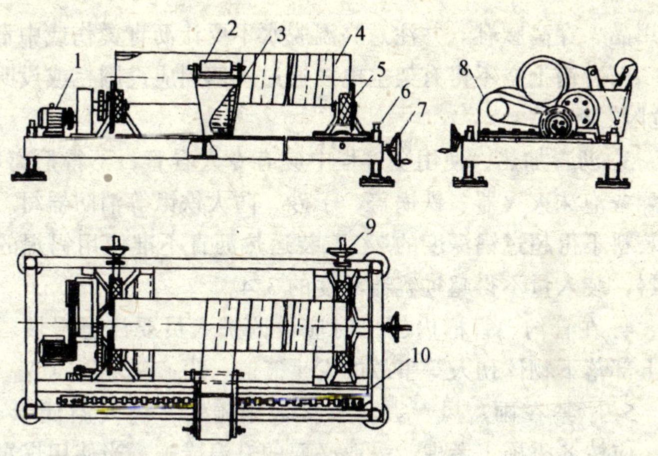

图 82-2 移动式钢管绝缘层包扎机

1—电动机；2—绝缘玻璃布；3—活动沥青箱；4—钢管；
5—被动滚轮；6—升降支架；7—纵向控制手轮；
8—减速箱；9—横向控制手轮；10—沥青箱传动链

三、成 品 保 护

1. 做完防腐的管道不要让其他管道、物品压在上面或碰坏，以免影响防腐质量。

2. 干燥后的防腐管道应及时回填土。回填土初填时，严禁损坏管道保护层，以免影响工程质量。

四、安全注意事项

1. 配制沥青底漆时，使用的汽油应远离水源，严禁靠近火源。距明火不少于 10m。严禁把汽油等易燃熔剂倒入熔化的沥青锅内。

2. 熬制沥青溶液，要戴口罩、手套、眼镜、套袖等劳动保护用品，穿高腰鞋。并注意高温脱水不要让沥青烫伤或中毒。

沥青锅上空不得有架空电线通过。四周应设围栏或设明显的“危险”标志。

3. 沥青加热、使用全过程中应有专人看管，不得擅离职守，并配备泡沫灭火器、铁锅盖、干砂、防火铁锹等消防器材。沥青锅装料不得超过锅深度的2/3。装运热沥青不准使用锡焊的金属容器，装入量不得超过容器深度的3/4。

4. 在管沟、管槽内施工时应设监护人员要注意滑坡、塌方或上部落下物体伤人等事故的发生。

5. 严禁在雨、风、雪和大雾天中施工，当气温低于+5℃时，应按冬季施工考虑，采取必要的升温措施。当使用煤炭取暖时，应符合防火要求，并指定专人负责管理，应有防止一氧化碳中毒的措施。当气温低于-25℃时，不得做防腐工作。管子凝有霜露应先经干燥后方可作防腐。

6. 夏季作业应调整作息时间，从事高温工作的场所，应加强通风和降温措施。

7. 沥青锅起火处理：如发现沥青锅着火，不要慌乱，要镇静。应立即用木棍等工具将锅盖盖在锅上，同时用干砂熄灭炉火，封闭炉门。无关人员迅速离开，以防爆炸。如沥青外溢到地面着火，可用泡沫灭火器灭火或干砂覆盖。绝对禁止浇水灭火。

五、质 量 标 准

1. 符合设计要求，与基层粘结牢固，无空鼓。转角及边沿、接头处要求平整，无翘皮、无皱折、封口严实。

2. 表面光滑，厚度均匀，无露涂、过薄、过厚现象。

3. 防腐层的厚度应符合设计要求，一般情况下：

（1）普通防腐层的厚度不小于3mm，允许偏差-0.3mm。

（2）加强防腐层的厚度不小于6mm，允许偏差-0.5mm。

（3）特加强防腐层的厚度不小于9mm，允许偏差-0.5mm。

用钢针刺入防腐层和尺量检查。

六、质量通病及其防治

质量通病及防治方法见表 82-2。

表 82-2

序号	质量通病	防治方法
1	沥青贴面处空鼓	认真做好管道除锈，并用抹布擦去表面灰尘。冷底子油或沥青玛琋脂应均匀满涂，并严格掌握沥青的浇涂温度，应控制在 190～220℃。环境温度低于 5℃时，应采取措施。加强包扎层缠绕时，边缠绕边浇热沥青，要浇匀缠紧
2	管道接茬处出现局部锈蚀	防腐施工中断或其他原因接茬，应作成每层收缩为 80～100mm 的阶梯式接茬，方可保证接茬质量

83. 环氧煤沥青防腐层及其施工

一、施 工 准 备

1. 材料

(1) 中碱玻璃布、环氧煤沥青底漆、环氧煤沥青面漆、稀释剂、固化剂。

(2) 砂纸、棉布块、木棒、石英砂、钢丝刷。

2. 机具

(1) 干净容器、油刷、喷砂除锈装置，压缩空气机。

(2) 涂料喷枪。

3. 工作条件

(1) 管道安装试压和验收合格。

(2) 油漆防腐工程均已完成。

(3) 施工环境温度宜在5℃以上，雨雪及风沙天气应有防护措施方可施工。

二、施 工 工 艺

环氧煤沥青防腐的结构及等级见表83-1。

环氧煤沥青防腐结构及等级 **表83-1**

防腐层等级	结 构	干膜厚度（mm）	总厚度
普通级	底漆—面漆—面漆	≥0.2	>0.4
加强级	底漆—面漆—玻璃布—面漆—面漆	≥0.4	≥0.6
特加强级	底漆—面漆—玻璃布—面漆—玻璃布—面漆—面漆	≥0.6	≥0.8

中碱玻璃布宽度见表 83-2。

中碱玻璃布宽度 **表 83-2**

管径	60～89	114～159	219	273	377	426～529	720
布宽	120	150	200～250	300	400	500	600～700

工艺流程

除锈 → 涂料调制 → 涂刷底漆 → 涂刷面漆 → 缠玻璃布 → 面漆 → 玻璃布 → 面漆 → 电火花检测

1. 钢管除锈

用人工或机械对钢管进行表面除锈处理，除去钢管表面的油污、泥土等杂物，除去表面锈蚀的氧化皮。用喷射磨料方式除去氧化皮、锈、污物、油脂、灰土等。

2. 涂料调制

打开漆油桶之后，先将桶内漆油用木棒充分搅拌，使其混合均匀无沉淀。

按厂家说明中规定的配合比进行调制。先将底漆或面漆倒入清洁的容器（或桶内），然后再缓慢加入固化剂，边加入边用棍棒搅拌均匀。

3. 涂刷

涂刷过程中，如果粘度太大不宜涂刷时，可加入重量不超过5%的稀释剂。

配好的调料需熟化 30min 以后方能使用。在常温下调好的涂料可以使用 4～6h 左右。

操作时，先在除锈后的钢管上，尽快涂刷底漆，涂刷要均匀，不可漏刷，每根钢管两端各留 150mm 左右以备焊接后再涂刷。

底漆干透后，用面漆和滑石粉调成腻子，在底漆上打匀，就可以涂刷面漆。涂刷要均匀，不可漏涂。在常温下，底漆和面漆间隔时间不可超过24h。

（1）普通级防腐——第一遍面漆干后可涂刷第二遍面漆。

（2）加强级防腐——第一道面漆后，便可缠绕玻璃布。包缠时必须将玻璃布拉紧，不得出现鼓包和折皱。玻璃布的环向压边宽度为100~150mm。包缠完即可涂刷第二遍面漆。漆量应饱满达到一定厚度，将玻璃布的孔隙全填密实。第二遍面漆干后就可涂第三遍面漆。

（3）特加强级防腐——操作方法和加强级防腐相同，两层玻璃布缠绕的方向必须相反，每一遍面漆都必须在上一遍面漆干了以后方可涂刷。此时的干是指用手指推捻防腐层时不移动。

三、成 品 保 护

环氧煤沥青防腐管段在运输装卸、堆放保管、吊装入沟的各个工序中，严格保护好防腐结构，不可损伤。在管道下沟后，用电火花检漏仪对防腐管段进行一次全长检漏，如发现缺陷必须进行补修，达到合格为止。

回填时必须用细土或砂土回填至管顶以上0.2~0.3m后，才可用原土回填。

四、安全注意事项

1. 调制和涂刷环氧煤沥青时，应戴好防护用品。

2. 埋地管道或架空管道涂刷时，严防流淌到脸部或其他部位。

3. 管沟内防腐操作时，严防掉落其他物件砸伤人，架空管道防腐操作前，先检查登高设施的稳固性和牢靠性，否则须进行加固后才可登高。

五、质 量 标 准

1. 普通级干膜厚度应≥0.2mm，总厚度≥0.4mm；加强级干膜厚度应≥0.4mm，总厚度≥0.6mm；特加强级干膜厚度应≥0.6mm，总厚度≥0.8mm。

2. 底漆和面漆涂刷应无漏涂、无起泡、无流淌。

3. 玻璃布缠绕时，压边必须保证 15mm 左右，严防松圈脱落。

4. 经 5kV 电压电火花检测不漏电方可验收。

六、质量通病及其防治

质量通病及防治方法见表 83-3。

表 83-3

序号	质量通病	防治方法
1	玻璃布脱落	缠绕玻璃布时搭边不够，缠得不均匀，松紧度不均匀，接头未固紧，造成松圈、脱落
2	检测漏电不合格	1. 涂料未按比例调配 2. 调配后超过规定时间使用 3. 底漆、面漆涂刷不合格 4. 底漆有漏刷的部位

84. 管道胶泥结构保温涂抹法

一、施 工 准 备

1. 材料

(1) 胶泥材料见表84-1。

常用胶泥保温材料　　表84-1

序号	材料名称	主料	辅料	密度 (kg/m³)	适用范围 (℃)
1	硅藻土石棉粉（鸡毛灰）	硅藻土粉85%	石棉纤维15%	280~380	<900
2	碳酸镁石棉粉	碳酸镁钙80%	石棉纤维20%	240~490	<450
3	碳酸钙石棉粉	轻质碳酸钙80%	2~5mm石棉17% 5~20mm石棉3%		<600
4	重质石棉粉（一级）	轻质耐灶及镁钙类细粉85%	石棉纤维15%		<600
5	重质石棉粉（二级）	耐火土及镁钙类细粉90%	短纤维石棉10%		<600

(2) 草绳、镀锌铁丝网、镀锌铁丝、绑扎带。

2. 机具

平头铁锹、水桶、脚手架、八字梯、高凳、抹灰工具、圆弧型样板、钢针。

3. 工作条件

(1) 管道安装试压和验收合格。

(2) 油漆防腐工程均已完成。

(3) 施工环境温度宜在0℃以上。

二、施 工 工 艺

工艺流程

配制与涂抹 → 缠草绳 → 缠镀锌铁丝网 → 干燥 → 保护层 → 防锈漆

1. 配制与涂抹：先将选好的保温材料按比例秤量，并混合均匀，然后加水调成胶泥状，准备涂抹使用。当管道直径 ≤ DN40mm 时，保温层厚度比较薄，可以一次抹好。直径 > DN40mm 时，可分几次抹，涂抹时为使保温材料比较容易粘结、附着在管道上。第一层可用较稀的胶泥散敷。厚度一般为 2～5mm，待第一层完全干燥后，再涂抹第二层，厚度为 10～15mm。以后每层厚度均为 15～25mm。必须在每一层完全干燥后再涂抹下一层，达到设计要求的厚度为止。表面要抹光，外面再按要求作保护层。

2. 缠草绳：根据设计要求，在第一层涂抹后缠草绳，草绳的间距一般为 5～10mm，使草绳与管皮不直接接触，以免腐蚀管道。然后再于草绳上涂抹各层石棉灰，达到设计要求的厚度为止。

3. 缠镀锌铁丝网：如果保温层的厚度在 10mm 以内时，可用一层镀锌铁丝网，缠于保温管道外面。若厚度大于 100mm 时，可做两层镀锌铁丝网，以免受外力或受振动时脱落。具体做法见图 84-1：

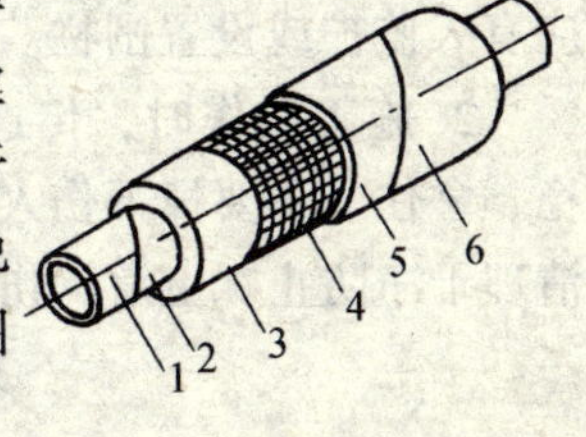

图 84-1　管道胶泥保温结构

1—管道；2—防锈漆；
3—保温层；4—铁丝网；
5—保护层；6—防腐体

4. 加温干燥：在施工时环境温度不得低于 0℃，为了加快干燥，也可在管内通入高温介质——热水或蒸汽，温度应控制在 80～150℃。

5. 法兰、阀门保温时，两侧必须留出足够的间隙，以便拆卸螺栓。一般应留出螺栓长度加 30 ~ 50mm。法兰、阀门安装紧固后，再用保温材料填满充实做好保温。

6. 管道转弯处，在接近弯曲管道的直管部分应留出 20 ~ 30mm 的膨胀缝，并用弹性良好的保温材料填充。

7. 膨胀缝：高温管道的直管部分每隔 2 ~ 3m、普通供热管道每隔 5 ~ 8m 设膨胀缝，在保温层及保护层留出 5 ~ 10mm 的膨胀缝，并填以弹性良好的保温材料。

三、成　品　保　护

1. 施工完的管道要注意保护不要让其他管道、物品压在上面或碰坏、更不可上人踩。以免影响保温效果和外形美观。

2. 室外管道施工保温层要与保护层连续作业，防止被雨淋湿、脱落，破坏保温层

四、安全注意事项

1. 使用高凳、人字梯必须坚固平稳，上端要扎牢，下端应采取防滑措施。人字梯下端须设拉筋结构。在通道处使用梯子，应有人监护或设置围栏。

2. 施工操作时，传递运送胶泥材料要注意上下的安全，拿稳、拿住、不要掉下伤人，掉在板上、梯上或地上的胶泥要及时清理干净防止踩上滑倒伤人。

五、质　量　标　准

1. 符合设计要求，厚度均匀，粘结牢固，无空鼓。

2. 保温层表面平整度允许偏差 10mm，用 2m 直尺和楔形塞尺检查。

3. 保温层厚度允许偏差 + 10% ~ −5%，用钢针刺入隔热层和尺量检查。

六、质量通病及其防治

质量通病及防治方法见表 84-2。

表 84-2

序　号	质　量　通　病	防　治　方　法
1	保温层脱落	主保温层要用镀锌铁丝网绑紧，并留出规定的膨胀缝。做保温层时，不要踩在已做完的保温层上
2	保温层厚度不均匀，表面不平	涂抹前根据厚度制作圆弧型样板和测量厚度钢针，边涂抹、边检查测量、边抹平

85. 管道棉毡、矿纤等结构保温绑扎法

一、施 工 准 备

1. 材料

（1）棉毡类材料，见表 85-1。

常用棉毡类绑扎结构保温材料表 **表 85-1**

序 号	材 料 名 称	密 度 (kg/m^3)	导热系数 ($W/m \cdot K$)	适用温度 (℃)
1	超细棉无脂毡和缝合热	60～80	≤0.035	-120～400
2	沥青矿渣棉毡	100～125	0.037～0.049	<250
3	岩棉保温毡（垫）	90～195	0.047～0.052	-268～400
4	岩棉保温带	100		200
5	硅酸铝纤维毡	180	0.016～0.047	
6	牛（羊）毛毡			

（2）管壳类材料，见表 85-2。

（3）镀锌铁丝直径 1.0～1.2mm 或丝裂膜绑扎带。

2. 机具

剪、刀、尺。

3. 工作条件

（1）管道安装试压和验收合格后可以隐蔽的工程。

（2）油漆防腐工程均已完成。

常用管壳类绑扎结构保温材料表　　　表 85-2

序号	材料名称	密度 (kg/m³)	导热系数 (W/m·K)	适用温度 (℃)
1	水泥珍珠岩板、管壳	300~400	0.058~0.13	≤600
2	小玻璃珍珠岩板、管壳	200~300	0.056~0.065	≤600
3	玻璃棉沥青粘结制品	100~170	0.041~0.058	-20~250
4	超细棉树脂制品	60~80	0.041	-120~400
5	微孔硅酸钙（管壳）	200~250	0.059~0.060	600
6	水泥蛭石管壳	430~500	0.093~0.118	<600
7	硅藻土保温管及板	<550	0.063~0.077	<900
8	酚醛树脂矿渣棉管壳	150~180	0.042~0.049	<300
9	石棉碳酸镁管	360~450	0.064~0.100	<300
10	岩棉保温管	100~200	0.052~0.058	-268~350
11	岩棉保温板（半硬质）	80~200	0.047~0.058	-268~500
12	硅酸铝纤维板	150~200	0.047~0.059	≤1000
13	硅酸铝纤维管壳	300~380	0.047~0.059	≤1000
14	可发性聚苯乙烯塑料板、管壳	20~50	0.031~0.047	-80~75
15	硬质聚氨酯泡沫塑料制品	30~50	0.023~0.029	-80~100
16	硬质聚氯乙烯泡沫塑料制品	40~50	≤0.043	-35~80

二、施 工 工 艺

1. 棉毡缠包保温施工

先将成卷的棉毡按管径大小剪裁成适当宽度（一般宽为 200~300mm）的条带，以螺旋状包缠到管道上，也可以根据管道的圆周长度进行裁剪，以原幅度对缝平包到管道上，不管采用哪种方法，都应将剪裁完的保温材料厚度修正均匀。而且需要边缠、边压、边抽紧，使保温后的密度达到设计要求。

当单层棉毡不能达到规定保温层厚度时，可用两层或三层分别缠包在管道上，并要注意将两层接缝错开。每层纵横向接缝处必须紧密接合，纵向接缝应放在管道上部，所有缝隙要用同样的保温材料填充。表面要处理平整，封严。采用多层缠包时，多二层应仔细压缝。

保温层外径不大于500mm时，在保温层外面用直径为1.0~1.2mm的镀锌铁丝绑扎，绑扎的间距为150~200mm，每处绑扎的铁丝应不小于两圈，禁止以螺旋状连续缠绕。当保温层外径大于500mm时，还应加镀锌铁丝网缠包，再用镀锌铁丝绑扎牢。如果使用玻璃丝布或油毡做保护层时，就不必包铁丝网了。但缠包的材料一定要平整、无皱、压缝均匀。始末和接头处一定要处理牢固，避免脱落。

保温结构如图85-1所示。

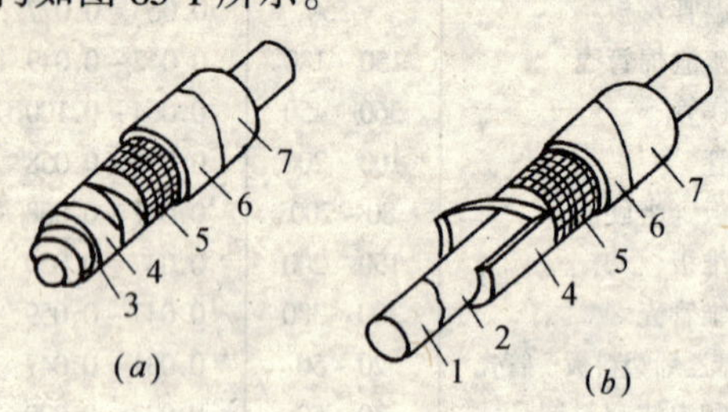

图85-1 缠包法保温结构

1—管道；2—防锈漆；3—镀锌铁丝；
4—保温毡；5—铁丝网；6—保护层；7—防腐漆

2. 矿纤预制品绑扎保温施工

适用材料：矿渣棉管壳、玻璃棉管壳、岩棉管壳、硅酸铝纤维管壳、可发性聚苯乙烯塑料管壳等，这些种类的保温管壳可以用直径为1.0~1.2mm镀锌铁丝等直接绑扎在管道上。绑扎保温材料时，应将横向接缝错开，如果一层预制品不能满足厚度要求而采用双层结构时，双层绑扎的保温预制品内外弧度应均匀并盖缝。若保温材料为管壳，应将纵向接缝设置在管道的两侧。绑扎保温材料时，应尽量减小两块之间的接缝。

绑扎用镀锌铁丝或丝裂膜绑扎带时，绑扎的间距不应超过300mm，并且每块预制品至少应绑扎两处，每处绑扎的铁丝或带，不应少于两圈，并禁止以螺旋状连续缠绕。其接头应放在预制品的纵向接缝处，使得接头嵌入接缝内。然后将塑料布缠绕包扎在壳外，圈与圈之间的接头搭接长度应为 30～50mm，最后外层包玻璃丝布等保护层。外刷调合漆。

3. 非纤维材料的预制瓦、板保温施工

(1) 绑扎法：泡沫混凝土硅藻土、膨胀珍珠岩、膨胀蛭石、硅酸钙保温瓦等制品。为了使这类保温材料与管壁紧密结合，保温材料与管壁之间应涂抹一层石棉粉、石棉硅藻土胶泥。一般厚度为 3～5mm，然后再将保温材料绑扎在管壁上。所有接缝均应用石棉粉、石棉硅藻土或与保温材料性能相近的材料配成胶泥填塞。其他过程与矿纤预制品绑扎保温相同。保温结构如图 85-2 所示。

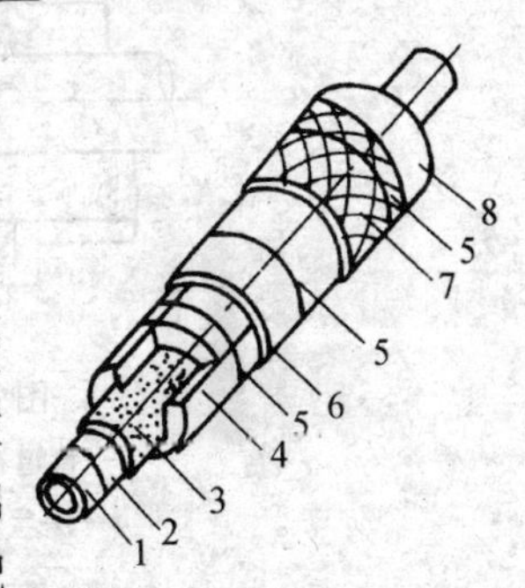

图 85-2　绑扎法保温结构

1—管道；2—防锈漆；3—胶泥；4—保温材料；5—镀锌铁丝；6—沥青油毡；7—玻璃丝布；8—保护层（防腐漆及其他）

(2) 粘贴法：施工时将保温瓦块用粘结剂直接贴在保温件的面上，保温瓦应将横向接缝错开，粘贴住即可。常用的粘结剂有沥青玛琋脂、聚氨酯粘接剂 (101 胶)、醋酸乙烯乳胶、环氧树脂等。

涂刷粘接剂时，要保持均匀保满，接缝处必须填满、严实。

4. 管件绑扎保温施工

管道上的法兰、阀门、弯头、三通、四通等管件保温时，应特殊处理，要便于启、闭、检修或拆卸更换，其结构形式施工做法，与管道保温基本相同。

(1) 法兰、阀门绑扎保温施工：先将法兰两旁空隙用散状保温材料，如：矿渣棉、玻璃棉、岩棉或与管道保温材料相同的材料填充满，再用镀锌铁丝将管壳或棉毡等材料绑扎好外缠玻璃丝布等保护层。法兰、阀门保温做法如图 85-3、图 85-4 所示。

(2) 弯管绑扎保温施工：弯管处是管道系统膨胀较集中的地方，膨胀量大。尤其是保温材料的膨胀系数与管道的膨胀系数不同时，更要注意，避免在使用中破坏保温结构。

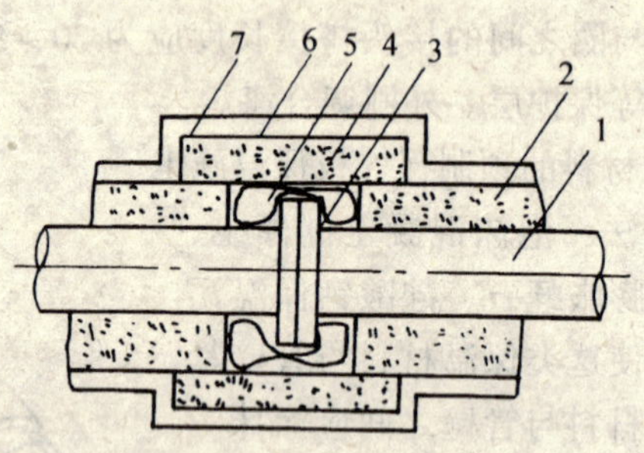

图 85-3 法兰保温结构

1—管道；2—管道保温层；3—法兰；
4—法兰保温层；5—散状保温材料；
6—镀锌铁丝；7—保护层

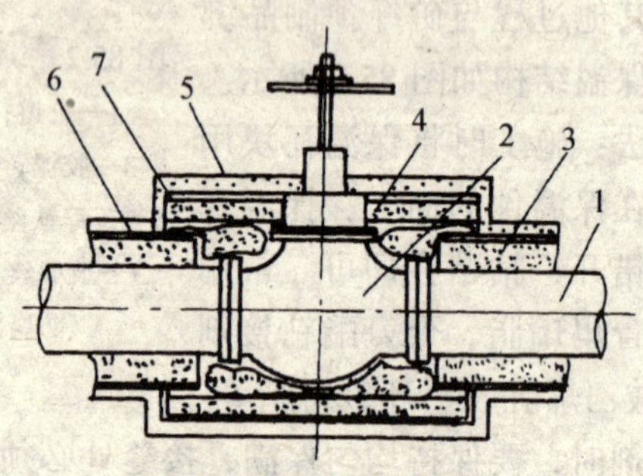

图 85-4 阀门保温结构

1—管道；2—阀门；3—管道保温层；
4—绑扎钢带；5—填充保温材料；
6—镀锌铁丝网；7—保护层

对于预制管壳结构：当管径 < 80mm 时，其结构如图 85-5。施工方法是：将空隙用散状保温材料填充，再用镀锌铁丝将裁剪好的直角弯头管壳绑扎好，外做保护层。

当管径 > 100mm 时，其结构如图 85-6 所示。施工方法是按照管径的大小和设计要求选好保温管壳，再根据管壳的外径及弯管的曲率半径，做虾米腰的样板，用样板套在管壳外，划线裁剪成段，再用镀锌铁丝将每段管壳按顺序绑扎在弯管上，外做保护

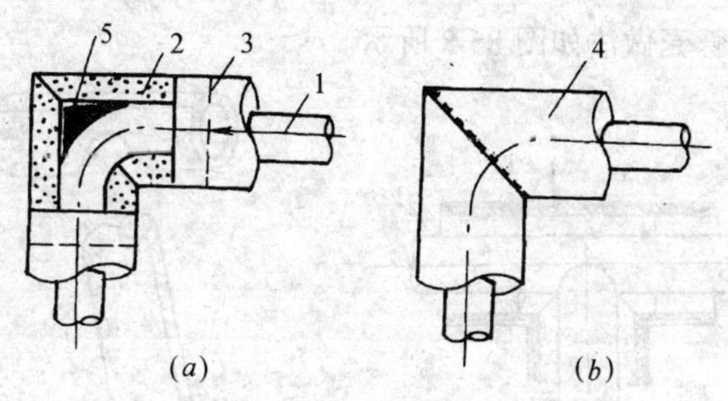

图 85-5　弯管的保温结构（一）

1—管道；2—预制管壳；3—镀锌铁丝；
4—铁皮壳；5—填料保温材料

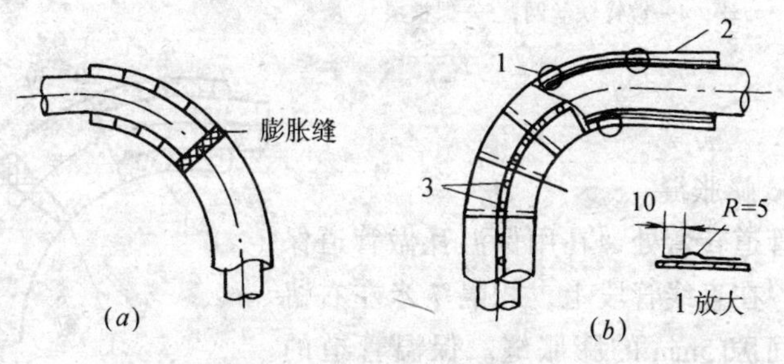

图 85-6　弯管的保温结构（二）

（a）保温层（硬质材料）；（b）金属保护层
1—0.5mm 铁皮保护层；2—保温层；3—半圆头自攻螺钉（4×6）

层即可，若每段管壳连接处有空隙可用同样的保温材料填充至无缝为止。

当管道采用棉毡或其他材料保温时，弯管也可用同样的材料保温，如棉毡可缠绕在弯管上，再用镀锌铁丝将其绑扎牢固，外做保护层。

（3）三、四通绑扎保温施工：三、四通在发生变化时，各个方向的伸缩量都不一样，很容易破坏保温结构，所以在施工时一定要认真仔细地绑扎牢固，避免开裂。其结构如图 85-7 所示。

三通预制管壳做法如图 85-8 所示。

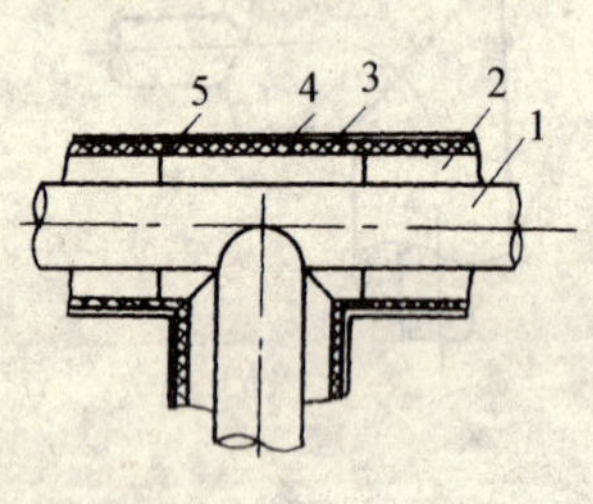

图 85-7 三通保温结构

1—管道；2—保温层；3—镀锌铁丝；4—镀锌铁丝网；5—保护层

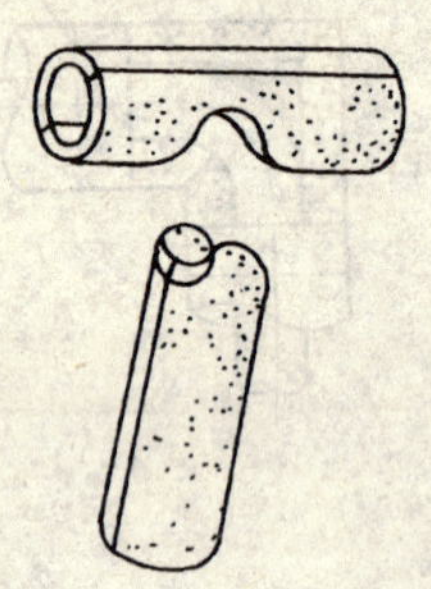

图 85-8 三通保温管壳

5. 膨胀缝

管道转弯处，在用保温瓦做管道保温层，在直线管段上，相隔 7 米左右留一条间隙 5mm 的膨胀缝。保温管道的支架处，应留膨胀缝。接近弯曲管道的直管部分，也应留膨胀缝，缝宽均为 20~30mm，并用弹性良好的保温材料，如石棉绳或玻璃棉填充。弯管处留膨胀缝的位置如图 85-9 所示。

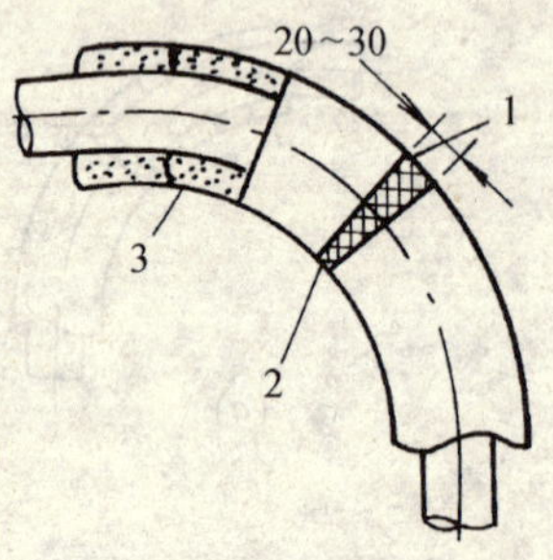

图 85-9 弯管处留膨胀缝位置示意图

1—膨胀缝；2—石棉绳或玻璃棉；3—硬质保温瓦

三、成 品 保 护

施工完的管道保护层表面要清理干净，并要注意保护，不要让其他物品、管道等压在上面或碰坏，更不可上人踩，以免影响保温效果和外形美观。

四、安全注意事项

1. 在紧固铁丝或拉铁丝网时，用力不得过猛，不得站在保温材料上操作或行走。

2. 从事矿渣棉、岩棉、玻璃纤维棉（毡）等作业时，衣领、袖口、裤脚应扎紧或采取防护措施。

3. 使用高凳、人字梯作业时必须坚固平稳，上端要扎牢，下端应采取防滑措施，人字梯下端需设拉结搭钩。在通道处使用梯子，应有人监护或设置围栏。

五、质　量　标　准

1. 棉毡、管壳等制品，必须紧贴管道表面，绑扎牢固，防止脱落，搭、对接缝处严密，无间隙，表面平整、光滑。

2. 保温层表面平整度允许偏差5mm，用2m直尺和楔形塞尺检查。

3. 保温层厚度允许偏差+10%～-5%。用钢针刺入隔热层和尺量检查。

六、质量通病及其防治

质量通病及防治方法见表85-3。

表85-3

序　号	质量通病	防　治　方　法
1	保温隔热层功能不良	制品应在室内堆放，若在室外堆放时，下面应设隔热板，上面设置防雨设施。做完的保温层在做胶泥保护层时，应用喷壶洒水，不得用胶管浇水

续表

序号	质量通病	防治方法
2	外形缺陷和拼缝过大降低保温效果	制品运输要有包装。装卸要轻拿轻放。对缺棱掉角处，断块处与拼缝不严处，应使用与制品材料相同的材料填补充实
3	保温层脱落	主保温层一定要绑扎牢固，并留出膨胀缝，做保温层时不得踩在保温层上施工

86. 管道浇灌结构保温

一、施 工 准 备

1. 材料

浇灌材料（见表86-1）、沥青、重油、防水材料、油毡纸等。

常用浇灌结构保温材料　　表86-1

序　号	材　料　名　称	密　度 (kg/m³)	导热系数 [W/（m·K）]	适用温度 (℃)
1	水泥珍珠岩	300～400	0.058～0.131	≤600
2	水泥泡沫混凝土	<500	0.127～0.157	<300
3	粉煤灰泡沫混凝土	300～700	0.15～0.163	<300
4	硬质聚氨酯泡沫塑料	30～50	0.023～0.029	-80～100
5	沥青珍珠岩	400～500	0.06～0.07	-50～250

2. 机具

管道发泡用模具、搅拌工具、小桶、油刷。

3. 工作条件

（1）沟槽挖完，管道安装试压和验收合格可以隐蔽的工程。

（2）被涂物表面应清洁干燥，聚氨酯发泡保温可以不涂防锈层，为便于喷涂和灌注后清洗工具和脱取模具，在施工前可在工具和模具的内表面涂上一层油脂。其他材料保温工程应先做油漆、防腐处理。

二、施 工 工 艺

浇灌式结构——即现场发泡，多用于地下无沟敷设。

工艺流程

挖沟槽、管壁刷油 ⟶ 硬质聚氨酯泡沫现场浇灌、发泡 ⟶ 阀件保温

1. 挖沟槽、管壁刷油

按测量放线标记将沟槽挖好，达到设计座标和标高的要求，然后施工垫层，将管道按设计标高留出浇灌空间敷设好，经检查验收达到合格为止。然后在外壁涂刷沥青或重油以利管道的伸缩。在管沟内放置油毡纸等防潮材料，最后浇灌、发泡、回填土、夯实。

2. 硬质聚氨酯泡沫塑料现场浇灌、发泡

是近期新开发的保温新工艺，适用于－80℃～110℃，各种管道的保温。聚氨酯硬质泡沫塑料由聚醚和多元异氰酸酯加催化剂、发泡剂、稳定剂等原料按比例调配而成。施工前，应将这些原料分成两组。*A* 组为聚醚和其他原料的混合液；*B* 组为异氰酸酯。*A*、*B* 两组成分配比如表 86-2 中所示。

表 86-2

组　别	原　料　成　分　名　称	重量配比
A 组	阻火聚醚	10
	乙二胺聚醚	7
	三氯三氟乙烷（F-113）	8
	β-三氯乙基磷酸酯	8
	三乙烯二胺 $6H_2O$/乙二醇（1∶1）	0.8
	发泡灵	0.5
	二月桂酸二丁基锡	0.1
B 组	PAP1	23

不同厂家的产品，有不相同的技术条件，施工时应认真研究技术文件、配方和操作要点。现场发泡施工前，先进行试配、试

喷或试灌，掌握其性能和特点后再大面积进行保温作业。只要两组混合在一起，即起泡而生成泡沫塑料。浇灌前应先在管的外壁涂刷一遍高效防水防腐的化学材料——氰凝。施工时可根据管道的外径及保温层厚度（参见表 86-3），首先预制保护壳。一般选择高密度聚乙烯（HDPE）硬质塑料作保护壳，其拉伸强度为 ≥2.0MPa，线膨胀系数为 1.2×10^{-2}mm/m·℃。也可选择氯磺化烯玻璃钢作保护壳，所用的玻璃布为中碱无捻粗纱玻璃纤维布，其经纬密度为 6×6 或 8×8（纱根数/cm^2），厚度为 0.3～0.5mm。可用长纤维玻璃布进行缠绕制成，其抗拉强度达 2.94MPa。

现场发泡预制操作时，把保护壳或钢制模具套在管道上，将混合均匀的液料直接灌进安装好的模具内，经过发泡膨胀后而充满了整个空间，保证有足够的发泡时间，要求操作时间不可太快。

根据具体应用情况，也有采用喷涂法发泡，用喷枪将混合均匀的发泡液直接喷涂在绝热防腐层的表面。为避免喷涂液在绝热面上流淌，严格计算好发泡时间，使其发泡速度加快。管道采用聚氨酯保温的结构图见图 86-1。

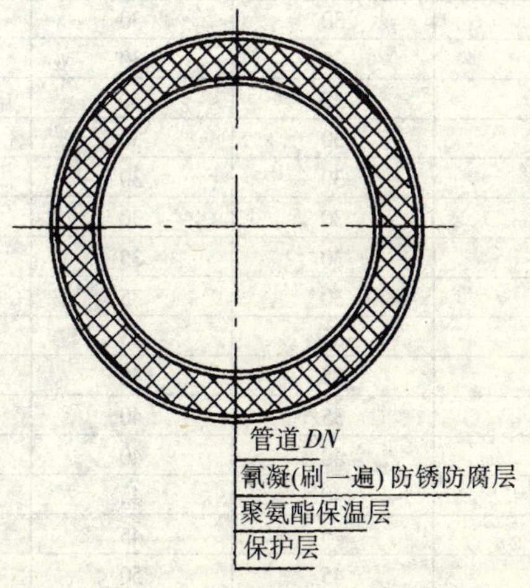

图 86-1　聚氨酯保温管道大样图

当采用保护壳的预制发泡保温管子时，安装后应该处理好接头。外套管塑料壳与原管道塑料外壳的搭接长度每端不小于30mm，安装前须做好标记，保持两端搭接均匀。外套管接头发泡操作时，先在外套管的两端上部各钻一孔，其中一孔用作浇灌，另一孔作排气用。灌注时，接头套管内应保持干燥，发泡温度保持在15~35℃之间。

聚氨酯发泡应充满整个接头里的环形空间，发泡完毕，即用与外壳相同的材料注塑堵死两个孔洞。接头内环形空间的发泡容量一般可计算控制在60~70kg/m^{3}内，使接头发泡衔接部分严密无空隙（见表86-3）。

<100℃热水直埋供热管道聚氨酯保温厚度选用表　　表86-3

地名 采暖室外计算温度℃ 保温层厚度(mm) 公称直径DN(mm)	大连、锦州、朝阳、阜新、丹东、营口、盘锦、兴城、北票、庄河、葫芦岛 -11℃~-17℃	沈阳、辽阳、本溪、鞍山、海城、凤城、康平、彰武、新惠、锦山、草河口 -18℃~-20℃	抚顺、铁岭、清原、开原、新宾、宽甸、桓仁、建平 -21℃~-24℃
15	30	30	30
20	30	30	30
25	30	30	35
32	30	30	35
40	30	30	35
50	30	30	40
70	30	35	40
80	30	35	40
100	35	35	40
125	35	40	45
150	35	40	45
200	40	40	45
250	40	45	45
300	45	45	50
350	45	50	50
400	45	50	50
500	50	50	50

3. 法兰、阀门保温

法兰、阀门保温时，两侧必须留出足够的间隙，以便拆除螺栓，一般应留出螺栓长度加 30~50mm。法兰、阀门安装紧固后，再用保温材料填满充实后，做好保温。

4. 管道转弯处保温

管道转弯处应留出 20~30 的膨胀缝，用弹性好的保温材料填充。供热管道的直管部分每隔 5~8m，应留 5~10mm 的膨胀缝，用弹性良好的保温材料填充。

也可以采用预制保温弯头，规格有 30°、45°、60°、90°，构造见图 86-2，参照表 86-4 和表 86-5 施工，其他角度和各种长度的弯头，可根据设计图中要求，进行预定加工。

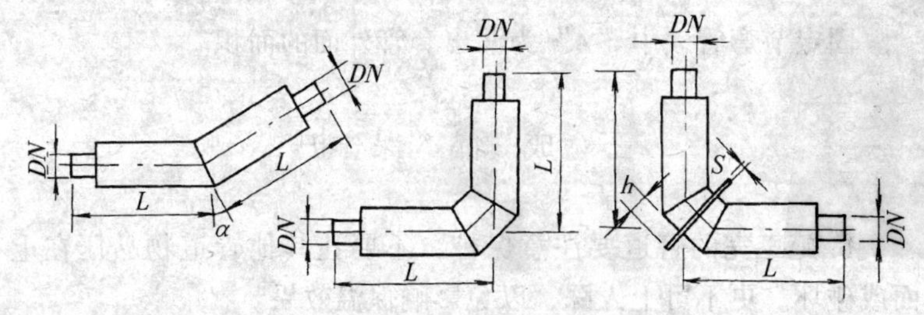

图 86-2 聚氨酯保温管及管件图

固定节弯管（弯头定位管） **表 86-4**

DN（mm）	*L*（mm）	*R*（mm）	*h*（mm）	*S*（mm）	*A*（m²）
100	1000	420	50	20	393
125	1000	190	50	20	432
150	1000	229	50	20	471
200	1000	305	50	25	573
250	1000	381	50	40	707
300	1000	457	50	40	785

管道弯管（弯头） 表 86-5

DN（mm）	L（mm）	R（mm）	DN（mm）	L（mm）	R（mm）
100	1000	420	300	1000	457
125	1000	191	350	1000	534
150	1000	229	400	1000	610
200	1000	305	500	1200	762
250	1000	381			

固定节弯管表中“*A*”为漏出套管外面的面积。

三、成　品　保　护

1. 施工完的管道要注意保护，不要让其他管道物品压在上面或碰坏。更不可上人踩，以免影响保温效果。

2. 室外管道施工保温层要与保护层连续作业，防止被雨水淋湿或脱落破坏保温层。

四、安全注意事项

1. 坑槽施工应经常检查边壁土质稳固情况，发现有裂缝、疏松或支撑走动，要随时采取加固措施。往坑槽运材料，应用信号联系。

2. 聚氨酯泡沫塑料现场浇灌发泡，施工所采用的异氰酸酯及其催化剂等原料均系有毒物质，对上呼吸道、眼睛和皮肤有强烈的刺激作用，操作时应戴上防毒面具、防毒口罩、防护眼镜、橡皮手套等防护用品，以免中毒和影响健康。

五、质　量　标　准

1. 符合设计要求，厚度均匀，表面平整、无裂缝、无空鼓。

2. 保温层厚度允许偏差 +10% ~ −5%，用钢针刺入隔热层和尺量检查。

六、质量通病及其防治

质量通病及防治方法见表 86-6。

表 86-6

序　号	质　量　通　病	防　治　方　法
1	保温隔热层功能不良，热损失增大，保温效果下降	(1) 必须在浇灌结构外边做防潮层，一般为热沥青涂刷或油毡缠裹 (2) 浇灌式不能用在地下水位很高的地方，浇灌泡沫混凝土的底部至少要高于历年最高地下水位 50mm 以上
2	聚氨酯泡沫塑料发泡过慢、过快	施工时应按原料供应厂提供的配方及操作规程等技术文件资料进行施工。为防止配方或操作的错误使原材料报废，应先进行试喷（灌），以掌握正确的配方和施工操作方法，在有了可靠的保证之后方可正式喷灌

87. 设备胶泥结构保温

一、施 工 准 备

1. 材料

硅藻土石棉粉（鸡毛灰）、碳酸镁石棉粉、碳酸钙石棉粉、重质石棉粉（一级）、（二级）、镀锌铁丝、镀锌铁丝网、钩钉。

2. 机具

平头铁锹、水桶、脚手架、人字梯、高凳、抹灰工具、弧形样板、厚度测量用钢针。

3. 工作条件

（1）设备安装就位，管道、阀门、仪表均要安装完毕。

（2）试压或试验和验收合格。

（3）油漆防腐工程均已完成。

（4）施工环境温度宜在0℃以上。

二、施 工 工 艺

工艺流程

保温钩钉制作安装 ──→ 涂抹与外包

设备胶泥保温结构的做法及所用的保温材料与管道保温基本相同。如图 87-1 所示。

1. 保温钩钉

保温钩钉用 $\phi=5\sim6$mm 的圆钢制作，详图 87-2。

将设备壁清扫干净，焊保温钩钉，间距 250～300mm。

2. 涂抹与外包

刷防锈漆后（按本标准相关工艺操作），再将已经拌和好的

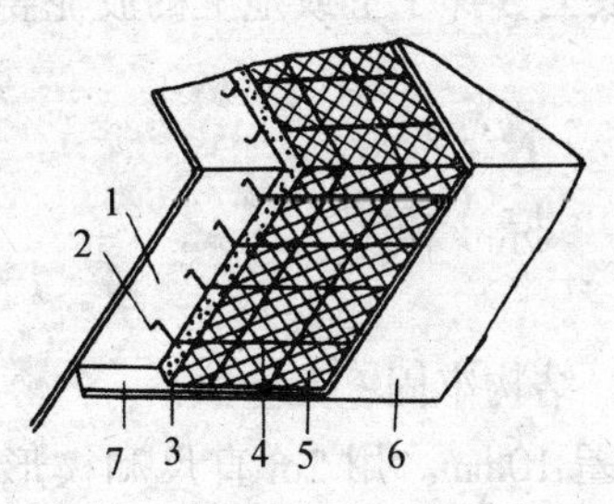

图 87-1 胶泥保温结构

1—热力设备；2—保温钩钉；3—保温层；
4—镀锌铁丝；5—镀锌铁丝网；
6—保护层；7—支承板

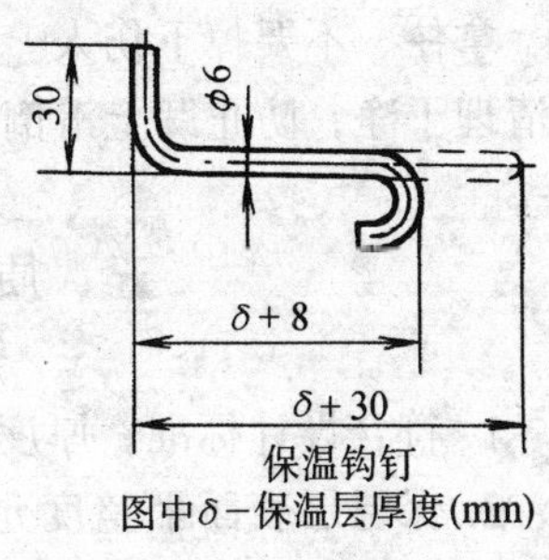

图 87-2 保温钩钉

保温胶泥分层进行涂抹。第一层可用较稀的胶泥散敷，厚度为3～5mm，待完全干燥后再敷第二层。厚度为10～15mm，第二层干燥后再敷第三层，厚度为20～25mm。以后分层涂抹，直至达到设计要求厚度为止。然后外包镀锌铁丝网一层，用镀锌铁丝绑在保温钩钉上。如果保温厚度在100mm以上或形状特殊，保温材料容易脱落的，可用两层镀锌铁丝网，外面再作15～20mm的保护层。保护层应抹成表面光滑无裂缝。

三、成 品 保 护

施工完的设备要注意保护，不要其他管道杂物压在上面或碰坏侧面，更不能上人踩，以免影响保温效果和外形美观。

四、安全注意事项

1. 使用高凳、人字梯，必须坚固平稳，上端要扎牢，下端应采取防滑措施。人字梯下端应设拉筋结构。

2. 施工操作时，传递运送胶泥材料，要注意以下事项：拿稳、拿住、不要掉下伤人。掉在板上、梯子上或地上的胶泥要及时清理干净，防止踩上滑倒伤人。

五、质 量 标 准

1. 符合设计标准，厚度均匀，结构牢固，无空鼓。

2. 保温层表面平整度允许偏差10mm。用2m直尺和楔形塞尺检查。

3. 保温层厚度允许偏差－5‰～＋10‰，用钢针刺入隔热层和尺量检查。

六、质量通病及其防治

质量通病及防治方法见表87-1。

表87-1

序 号	质 量 通 病	防 治 方 法
1	保温层脱落	主保温层要用镀锌铁丝网和镀锌铁丝绑紧，并用钩钉钩住，留出规定的膨胀缝。做保护层时不要踩在做完的保温层上
2	保温层厚度不均匀，表面不平	涂抹前根据厚度制作测量样针，边涂抹，边检测，边抹平

88. 设备绑扎结构保温

一、施　工　准　备

1. 材料

板类保温材料（见表 88-1）、镀锌铁丝网、镀锌铁丝、保温钩钉。

常用设备绑扎结构保温材料表　　表 88-1

序号	材料名称	密度 (kg/m^3)	导热系数 [W/(m·K)]	适用温度 (℃)
1	水泥珍珠岩板、管壳	300～400	0.058～0.131	≤600
2	水玻璃珍珠岩板、管壳	200～300	0.056～0.065	<650
3	硅藻土保温管及板	<550	0.063～0.077	<900
4	岩棉保温板（半硬质）	80～200	0.047～0.058	－268～500
5	硅酸镁纤维板	150～200	0.047～0.059	≤1000
6	可发性聚苯乙烯塑料板	20～50	0.031～0.047	－80～75
7	硬聚氨酯泡沫塑料制品	30～50	0.023～0.029	－80～100
8	硬聚氯乙烯泡沫塑料制品	40～50	≤0.043	－35～80

2. 机具

剪、刀、尺、电焊机、电焊条。

3. 工作条件

(1) 设备安装就位，管道、阀门、仪表均已安装完毕。

(2) 试压或试验和验收合格。

(3) 油漆防腐工程均已完成。

二、施 工 工 艺

工艺流程

保温钩钉制作、焊接 ——→ 保温

1. 平壁设备保温结构

平壁设备主要包括：给水箱、回水箱以及其他平板壁形设备，保温结构见图 88-1。

先将设备表面清扫干净，焊保温钩钉、涂刷防锈漆，保温钩钉的间距，应根据保温板材的外形尺寸来布置，一般在 350mm 左右。但每块保温板不少于两个保温钩钉，同时要以绑扎方便为准。然后敷上预制保温板，再用镀锌铁丝借助保温钩钉交叉绑牢。

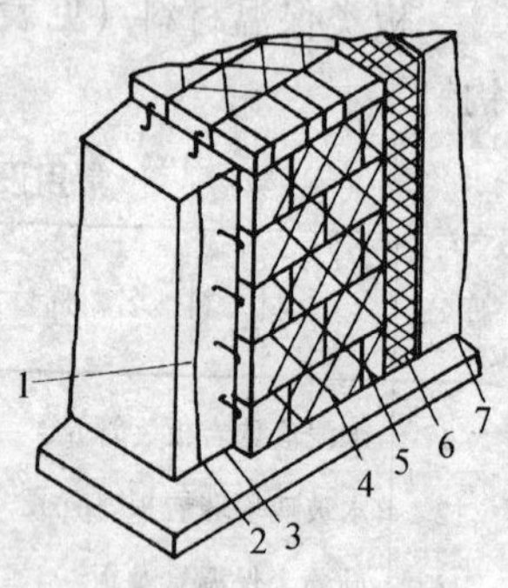

图 88-1 平壁设备保温结构

1—平壁设备；2—防锈漆；3—保温钩钉；4—预制保温板；5—镀锌铁丝；6—镀锌铁丝网；7—保护层

保温预制板的纵横接缝要错开。如果保温板的厚度满足不了设计要求的厚度，可采用两层或多层结构。但每层要分别固定，而且内外层纵横接缝要错开，板与板之间的接缝必须用相同的保温材料填充。

当保温板材有缺陷时，应当用相同的保温材料修补好，避免增加热损失。在外面再包上镀锌铁丝网，平整地绑在保温钩钉上，为作保护层做准备。

最后做石棉水泥或其他保护层，涂抹时必须有一部分透过镀锌铁丝网与保温层要接触。外表面一定要抹得平整、光滑、棱角整齐，而且不允许有铁丝或铁丝网露出保护层外表面。

2. 立式圆形设备保温结构

属于这一类设备有立式热交换器、给水箱、软水罐、塔类等。保温结构见图 88-2 所示。

施工方法与平壁设备保温结构基本相同，敷设保温板材最好是根据筒体弧度制成的弧形瓦，如果筒体直径很大时，可用平板的保温板材进行施工。

最难施工的部位是顶部封头及底部封头。其保温钩钉布置见图 88-3、图 88-4 所示。尤其是底部的封头更加困难，在安装保温板时需要进行支撑。用镀锌铁丝绑牢，否则因自重而下沉。

板与板之间的缝隙必须用相同的保温材料填充。圆形设备有一定曲度缝隙可能大些，填充时更要填好。然后敷设镀锌铁丝网并做好石棉水泥保护层或其他保护层。

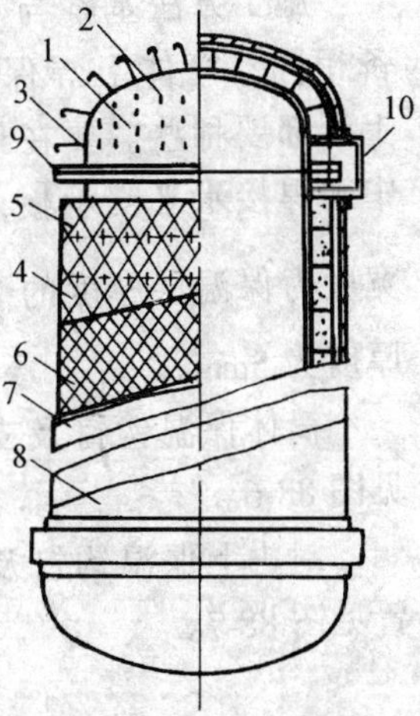

图 88-2 立式圆形设备保温结构

1—立式设备；2—防锈漆；3—保温钩钉；4—预制保温板；5—镀锌铁丝；6—镀锌铁丝网；7—保护层；8—色漆；9—法兰；10—法兰保护罩

3. 卧式圆形设备保温结构

这类设备有热交换器，除氧器以及其他设备。保温结构见图 88-5。

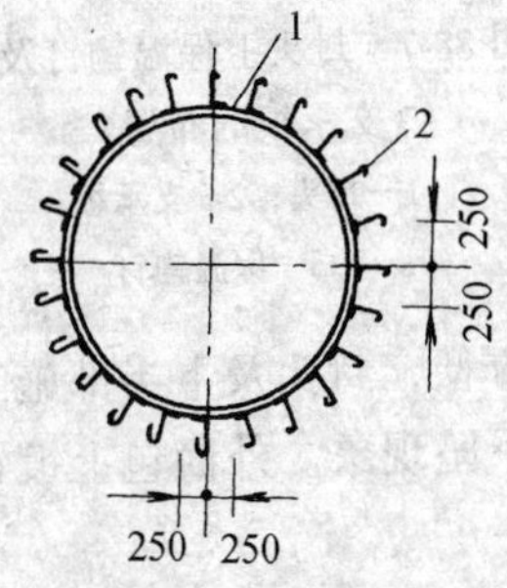

图 88-3 筒体上保温钩钉布置

1—筒体；2—保护钩钉

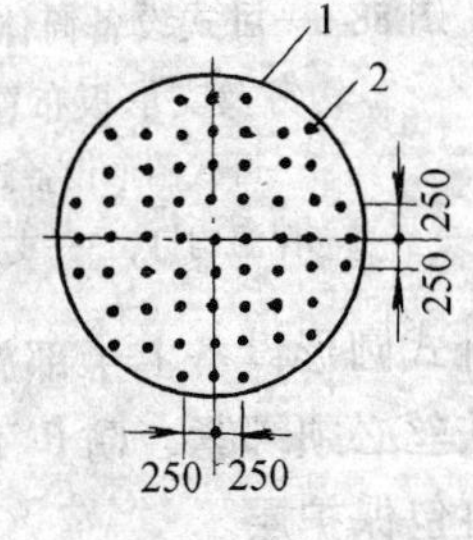

图 88-4 顶部及底部封头保温钩钉的布置

1—顶部或底部封头；2—保温钩钉

施工方法基本与立式圆形设备相同，筒体上焊保温钩钉时，上半部要稀些。要在封头及筒体中间焊接水平支承板，支承板的宽度为保温层厚度的$\frac{3}{4}$。支承板厚度为5mm。

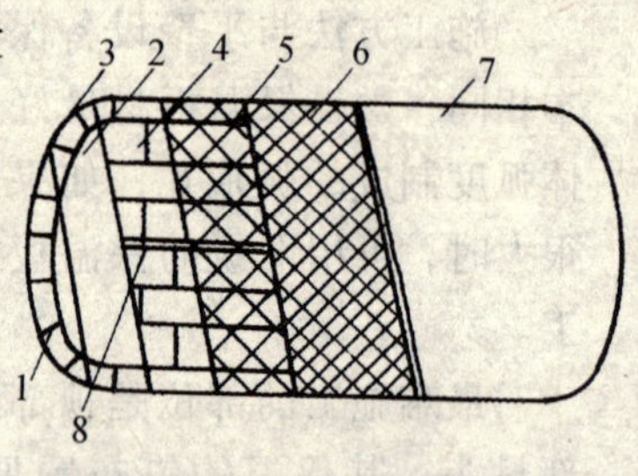

图 88-5 卧式圆形设备保温结构
1—圆形设备；2—防锈漆；3—保温钩钉；4—保温预制板；5—镀锌铁丝；6—镀锌铁丝网；7—保护层；8—支承板

筒体保温钩钉及支撑板布置见图 88-6。

封头上保温钩钉及支撑板布置见图 88-7。

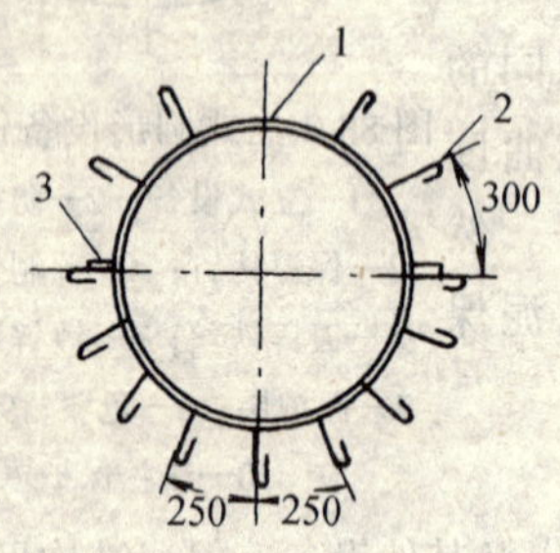

图 88-6 卧式设备筒体上保温钩钉及支承板布置图
1—卧式圆形设备筒体；2—保温钩钉；3—支承板

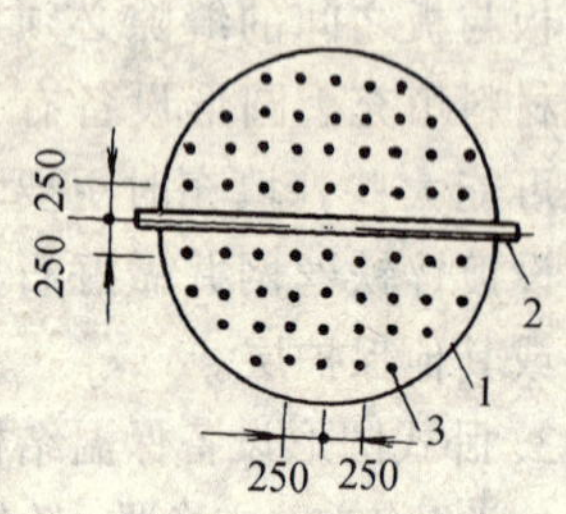

图 88-7 封头上保温钩钉及支承板的布置
1—封头；2—支承板；3—保温钩钉

卧式圆形设备上半部施工比较方便，封头及下半部施工较困难。铁丝必须绑紧，防止下部出现下坠现象。外面包上镀锌铁丝网，再包保护层。

三、成 品 保 护

施工完后，设备保温层表面要清理干净，并要注意不要让其他杂物管道等压在上面或碰坏侧面，更不能上人踩，以免影响保温效果和外形美观。

四、安全注意事项

1. 在紧固铁丝时用力不得过猛，不得站在已做完的保温材料上操作或行走。

2. 从事矿渣棉、岩棉、玻璃纤维棉等作业人员，衣领、袖口、裤脚应扎紧或采用其他防护措施。

3. 使用的高凳、梯子必须坚固、平稳，上端要靠牢，下端应采取防滑措施，并设专人监护看管。

五、质 量 标 准

1. 保温材料必须紧贴管道表面，绑扎牢固，防止脱落。搭、对接缝处严密无间隙，表面平整光滑。

2. 保温层表面平整度允许偏差 5mm，用 2m 直尺和楔形塞尺检查。

3. 保温层厚度允许偏差 -5% ~ +10%，用钢针刺入隔热层和尺量检查。

六、质量通病及其防治

质量通病及防治方法见表 88-2。

表 88-2

序 号	质 量 通 病	防 治 方 法
1	保温层隔热功能不良	制品应在室内堆放码垛，在室外垂放时，下面应设垫板，上面设置防雨设施。预制保温材料吸湿受潮，降低保温效果

续表

序　号	质量通病	防　治　方　法
2	外形缺陷和拼缝过大，降低保温效果	制品运输要有包装，装卸要轻拿轻放。对缺棱、掉角处，断块处与拼缝不严处，应使用与制品材料相同的材料填补充实
3	保温层脱落	主保温层一定要绑扎牢固，使用保温钩钉，镀锌铁丝都能起到作用，并留出膨胀缝。作保护层时，不得踩在保温层上施工

89. 设备自锁垫圈结构保温

一、施　工　准　备

1. 材料

各种保温预制板或各种棉毡、镀锌铁丝网、保温钉、自锁垫圈。

2. 机具

剪、刀、钢卷尺、电焊机、电焊条。

3. 工作条件

(1) 设备安装就位，管道、阀门、仪表均已安装完毕。

(2) 试压或试验和验收合格。

(3) 油漆防腐工程均已完成。

二、施　工　工　艺

工艺流程

保温钉及自锁垫圈制作 → 保温

施工程序及方法与设备绑扎结构基本相同，所不同的是，绑扎结构用带钩的保温钉，是用镀锌铁丝绑扎。而自锁垫圈结构中用的保温钉是直的，利用自锁垫圈直接卡在保温钉上从而固定住保温材料，见图 89-1。

1. 保温钉及自锁垫圈的制作

(1) 各种不同类型的保温钉分别用 ϕ6mm 的圆钢、尼龙、白铁皮、垫片等的制作，见图 89-2。保温钉的直径应比自锁垫圈上的孔大 0.3mm。

(2) 自锁垫圈用 $\delta = 0.5$mm 镀锌钢板制作，制作工艺如下：

下料──→冲孔──→切开──→压筋。用模具及冲床冲制，见图 89-3。

用于温度不高的设备保温时，可购买塑料保温钉及自锁垫圈。也可单独购买自锁垫圈，然后自己制作保温钉来完成保温。

2. 施工方法

先将设备表面除锈，清扫干净，焊保温钉，涂刷防锈漆，保温钉的间距应按保温板材或棉毡的外形尺寸来确定，一般为 250mm 左右，但每块保温板不少于两个保温钉为宜。然后敷设保温板，卡在保温钉上，使保温钉露出头，再将镀锌铁丝网敷上，用自

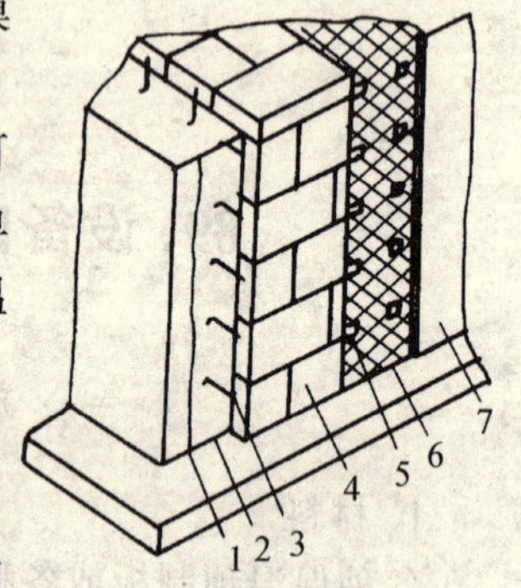

图 89-1 自锁垫圈保温结构
1—平壁设备；2—防锈漆；3—保温钉；4—预制保温板；5—自锁垫圈；6—镀锌铁丝网；7—保护层

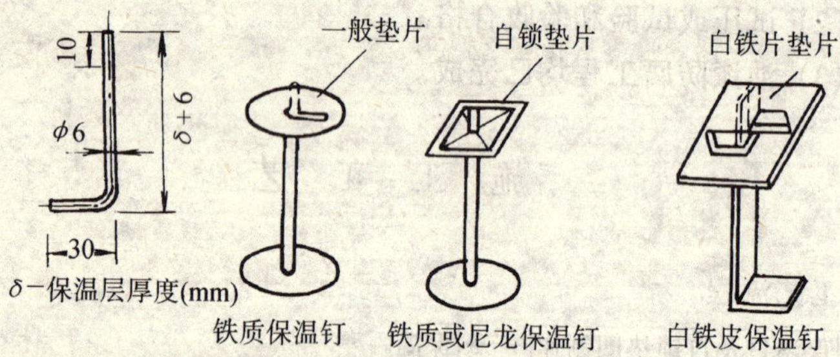

图 89-2 保温钉

锁垫圈嵌入保温钉上，压住压紧铁丝网，嵌入后保温钉至少应露出 5~6mm。镀锌铁丝网必须平整并紧贴在保温材料上，外面作保护层。

圆形设备、平壁设备施工作法相同，但底部封头施工比较麻烦，敷上保温材料就要嵌上自锁垫圈，然后再敷设镀锌铁丝网，在镀锌铁丝网外面再嵌一个自锁垫圈，这样做是防止底部或曲率过大部分的保温材料下沉或翘起，最后作保护层。

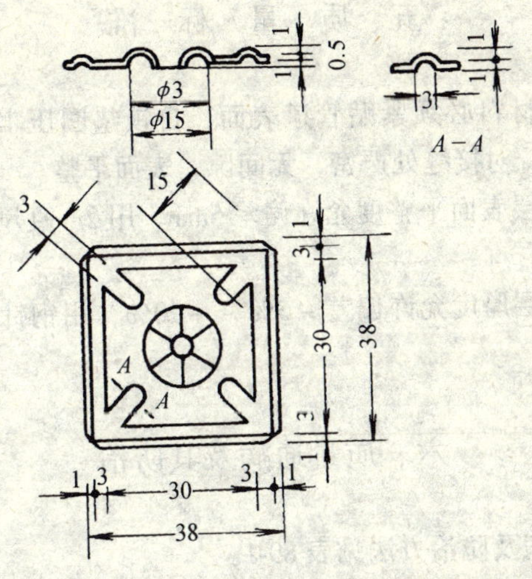

图 89-3 自锁垫圈

三、成 品 保 护

施工完的设备保温层表面要清理干净，并要注意，不要让其他杂物、管道等压在上面或碰坏侧面，更不能上人踩，以免影响保温效果和外形美观。

四、安全注意事项

1. 从事矿渣棉、岩棉、玻璃纤维棉（毡）等作业的人员，衣领、袖口、裤脚应扎紧或采用其他防护措施。

2. 使用高凳、梯子必须坚固、平稳，上端要靠牢，下端应采取防滑措施，并设专人监护看管。

五、质　量　标　准

1. 保温材料必须紧贴管道表面，自锁垫圈压牢，防止保温层脱落。搭、对接缝处严密，无间隙，表面平整。

2. 保温层表面平整度允许偏差5mm，用2m直尺和楔形塞尺检查。

3. 保温层厚度允许偏差 –5% ~ +10%，用钢针刺入隔热层和尺量检查。

六、质量通病及其防治

质量通病及防治方法见表89-1。

表89-1

序号	质量通病	防治方法
1	外形缺陷和拼缝过大，保温隔热层功能不良	制品运输要有包装，装卸要轻拿轻放。对缺棱掉角处，断块处与拼缝不严处，应使用与制品材料相同的材料填补充实。制品堆放要防潮，防雨
2	保温层脱落	主保温层一定要用自锁垫圈压牢。自锁垫圈上的孔要比保温钉小0.3mm。整个保温层要留出膨胀缝。做保护层时不得踩在保温层上施工

90. 涂抹式保护层

一、施　工　准　备

1. 材料

沥青、石棉绒、水泥、煤油、石棉灰（或硅藻土粉）、粉煤灰（或麻刀）、镀锌铁丝网。

2. 机具、护具

（1）油具：油刷、搅拌工具、小桶、油壶、抹布、沥青锅、刮板、铁锹、温度计（≤300℃）、油毡、劈材或煤。

（2）护具：长袖手套、鞋盖、口罩、眼镜、劳保胶鞋及用品。

（3）消防器材：泡沫灭火器、铁锅盖、干砂、防火铁锹。

3. 工作条件

（1）管道、设备安装后，保温绝热层施工完并经验收合格。

（2）沥青锅架设完毕，位置选定在离施工地点最近的地方，并须经消防部门同意。

（3）施工现场要设置消防器材。

二、施　工　工　艺

工艺流程

选料配制 ——→ 涂抹

1. 沥青油膏保护层

（1）沥青油膏配制。沥青油膏的配方如表 90-1。

沥青油膏保护层配比表 **表 90-1**

序号	材料名称	重量百分比
1	沥　　青	36～41
2	石棉绒（机选 3～4 级）	27～35
3	水泥（普通 325 号）	13～14
4	煤　　油	15～18

先将选好的固体状沥青打碎成 1.5kg 以下的小块，放入干净架好的沥青锅中，用文火逐渐加热并搅拌，使之熔化。当温度升至 240℃左右进行脱水，持续 1.5～2.5h，不产生气泡为止。停火将脱水后的沥青冷却到 150℃左右，加入煤油，搅拌至完全混合。再加入石棉绒和水泥，继续搅拌至不见石棉绒和水泥，即油膏均匀，将其放入容器（池）中，储存或使用。存放期不得超过三天。

（2）沥青油膏涂抹施工方法。将保温后的管道、设备表面清理干净，然后取沥青油膏揉和成长方扁块，放在管道或设备保温层的上部，由上往下赶，使之越来越薄达到要求的厚度，约 3～5mm。在管道或设备下部、转角处做接头，使之紧密相连接。若要求厚度 $\sigma > 5$mm 时，可分两次涂抹，但总厚度不得超过 10mm。

沥青油膏敷好后，待表面硬化（即：软而不粘手）再投入使用。一般敷好三天后投入运行。

2. 石棉水泥保护层

（1）石棉水泥配方参考表 90-2。将石棉水泥按配比调制成胶泥状备用。

石棉水泥保护层参考配方 **表 90-2**

序号	材料名称	规格	重量百分比（%）
1	水　　泥	325 号	15～20
2	石　棉　绒	5～6 级	20～25
3	石棉灰（或硅藻土粉）		50～60（10～35）
4	粉煤灰（或麻刀）		20～30（2～3）

(2) 石棉水泥涂抹施工方法。首先在管道或设备保温层外表面包上镀锌铁丝网，接头处用相应的铁丝缝合，并用绑扎工具将铁丝松动的地方扭紧。抹面前还应全面检查铁丝网是否完全紧贴在保温层上。

抹面操作时可分两层进行，第一层粗抹，不要求抹光，初步找平留有粗糙的表面，以便第二层粘结。厚度以能盖住铁丝网为准。再进行第二层细抹，细抹后表面一定要光滑、平整。

保护层总厚度为10~20mm，一般为15mm。

两遍涂抹的相隔时间应根据施工环境温度来确定。一般是底层没有“水印”时，即可涂抹第二层。第二层必须压平抹光。当保护层达到规定的厚度时，进行第一次压光，直至呈现出水膜。待水膜消失后，再进行第二次压光，一定要抹压到光滑，密实为止。

管道及设备投入运行前，应当给以缓慢加热干燥，避免保护层产生裂缝。

三、成 品 保 护

做完保护层的管道、设备，不要让其他管道、物品压在上面或碰坏以免影响工程质量。

四、安全注意事项

1. 配制沥青油膏、熔化沥青等工作应远离火源，不要靠近明火。

2. 熬制沥青熔液要戴好手套、口罩、眼镜、套袖等劳动保护用品，穿高腰胶鞋，并注意高温脱水时，不要让沥青烫伤、中毒。避免事故的发生。沥青锅上空不得有架空电线通过。四周应设围栏或设明显的“危险”标志。

3. 沥青加热使用全过程应有专人看管，不得擅离职守。并配备泡沫灭火器、铁锅盖、干砂、防火铁锹等消防器材。

4. 使用高凳、人字梯必须坚固、平稳，上端要扎牢，下端应采取防滑措施。人字梯下端须设拉筋结构，并不要交叉作业。

5. 施工操作时，传递运送沥青油膏或其他材料，要注意上下的配合及安全工作。拿稳、拿住，不要掉下伤人。掉在板上、梯上、地上的油膏、材料要及时清理干净。防止粘脚或踩上滑倒伤人。

6. 沥青锅起火处理：如发现沥青锅着火，不要慌乱，要镇静，应立即用木棍等工具将铁锅盖盖在锅上。同时用干砂熄灭炉火，封闭炉门，无关人员迅速离开以防爆炸。如沥青外溢到地面并着火，可用泡沫灭火器灭火或用干砂覆盖。绝对禁止浇水灭火。

五、质 量 标 准

1. 符合设计要求，并与保温层粘结牢固，无空鼓。转角及边沿，接头处要求平整，无翘角，无皱褶，封口严实。

2. 表面光滑，厚度均匀，无漏涂、过薄、过厚等现象。

六、质量通病及其防治

质量通病及防治方法见表 90-3。

表 90-3

序号	质量通病	防治方法
1	沥青油膏粘结处空鼓	认真做好保温层表面灰尘、积物的清理工作，并用干净抹布擦去浮灰，不得沾水。操作时环境温度低于 +5℃时应采取措施

91. 金属板保护层

一、施　工　准　备

1. 材料

镀锌钢板、普通钢板、铝板、不锈钢板、自攻螺钉。

2. 机具

铁剪子、划线工具、手电钻、钻头、螺丝刀、木锤或带橡胶头的铁锤。

3. 工作条件

管道设备安装完后，保温层施工完，已验收合格。

二、施　工　工　艺

工艺流程

下料 ⟶ 安装

用黑铁皮或白铁皮按保温层（或防潮层）的外尺寸裁剪下料，加工成型。大块板料须要压制加固筋，然后在黑铁皮里外刷上防锈漆，再进行安装。安装时首先固定一块板，然后再将相邻的板材搭接压上，安装时，应与保温层（或防潮层）压严贴紧，接缝连接中，遇有防潮层时用镀锌铁皮带捆扎固定；只有保温层时，可用自攻螺丝固定。可用手电钻钻孔，间距 200mm 左右，然后用自攻螺钉固定即可。依次进行安装。接缝用搭接时应尽可能朝下或顺水流方向，防止雨水渗入。搭接长度为 30 ~ 50mm。相邻搭接的部位用木锤或带橡胶头的铁锤轻轻敲打，使之平整美观。

入孔及进出墙面、地面的部位，应特别注意局部处理。防止雨水进入保温层影响使用效果。

三、成 品 保 护

做完保护层的管道、设备，不要让其他管道、物品压在上面或强烈冲击，以免影响工程质量。

四、安全注意事项

使用金属材料要注意裁剪锋口，不要划破、割伤手脚。搬运安装时，注意不要使钢板滑落伤人。使用电动工具要掌握用电知识，并设专人负责管理。

五、质 量 标 准

符合设计要求，搭接处严密、平整、无翘角，保护层与保温层之间无缝隙、无空鼓、表面光滑。

六、质量通病及其防治

质量通病及防治方法见表 91-1。

表 91-1

序 号	质 量 通 病	防 治 方 法
1	保护层板材脱落，搭接处翘角	做保护层时要保证板与板之间的搭接长度 30~50mm。自攻螺钉间距不应大于 150mm，紧固用力应适当，搭接处应用木锤或带橡胶头的铁锤击打严实

92. 布、毡类保护层

一、施 工 准 备

1. 材料

玻璃丝布（推荐采用 75 支纱，经纬松紧密度每 1cm^2 为 16×16 的平纹或斜纹玻璃丝布）。

冂形铁钉，油漆或防火涂料、沥青、镀锌铁丝。

2. 机具

剪、刀、小桶、油刷。

3. 工作条件

管道、设备安装后，保温层施工完并验收合格。

二、施 工 工 艺

工艺流程

玻璃布类保护层施工 → 沥青油毡保护层施工

1. 玻璃布类保护层施工

施工前，先将玻璃丝布裁成幅宽为 200~300mm 的长条，并卷成小卷备用。也可根据设备、管道直径、大小选用不同幅宽的玻璃丝布。

缠绕时先用冂形铁钉固定端头，然后拉紧玻璃丝布缠绕。边缠绕边整平，不得有折皱、翻边等现象。圈与圈之间的接头搭接长度一般应为 30~50mm。末端一定要用冂形铁钉固定。否则容易松动，脱落。

根据设计要求外表面刷色漆或防火涂料。

2. 沥青油毡保护层施工

根据管道或设备的周长加上搭接长度切割成合适的尺寸。纵、横向接缝搭接长度为50~100mm。沿管道长度方向的纵向接缝应在管道下部搭接。横向环绕接缝应按坡度由低处向高处捆扎施工，让高处油毡压住低处油毡，使保护层外部形成顺流，防止雨水渗入。所有接缝搭接处要用热沥青粘牢，每隔500~1000mm，用镀锌铁丝捆扎牢固。管道拐管处或三通碰头处要先放样，一块一块裁好后再施工。

三、成 品 保 护

做好保护层的管道、设备不要让其他管道、物品压在上面或碰坏，以免影响工程质量。

四、安全注意事项

1. 使用高凳、人字梯必须坚固、平稳，上端要扎牢，下端应采取防滑措施。人字梯下端须设拉筋结构，并不要交叉作业。

2. 施工操作时，传递材料、物品时要注意上下配合及安全工作，拿稳、拿住，不要掉下伤人。

五、质 量 标 准

1. 符合设计要求，保护层与保温层紧密相接触、无空鼓、转角及边沿，接头外要平整，无翘角、无皱折，封口、封头严实。

2. 表面光滑，无松散、脱落现象。

六、质量通病及其防治

质量通病及防治方法见表 92-1。

表 92-1

序号	质量通病	防治方法
1	玻璃丝布保护层松散、脱落	缠绕时，要拉紧缠绕，边缠绕边整平，遇有转角、接头处用冂形铁钉固定。末端一定要用冂形铁钉固定
2	沥青油毡保护层离缝、脱落	搭接处用热沥青粘牢，并每隔 500 ~ 1000mm 用镀锌铁丝捆扎牢固，转角、拐弯处要认真处理，所有缝隙用热沥青粘接

93. 暖、卫、燃气、空调工艺标准中常用工具（包括电动、风动工具）

一、测 量 工 具

1. 木折尺

用途：用于测量管子、钢材、塑料板材等的下料尺寸。

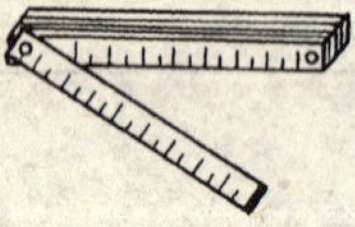

图 93-1 木折尺

规 格 **表 93-1**

折 数	公制（mm）	英制（in）
4	60	24
6	100	36
8	100	36

2. 钢直尺（又称钢板尺）

用途：用于测量小工件尺寸，也称放样中划线用。

图 93-2 钢直尺（钢板尺）

规格：测量上限（mm） **表 93-2**

150	300	500	600	1000	1500	2000

3. 钢卷尺、盘尺（包括钢盘尺和皮盘尺）

用途：钢卷尺用于测量管段尺寸，钢盘尺、皮盘尺一般用于量距离或管线长度。

规 格 **表 93-3**

测量上限/m	钢卷尺	盘 尺
	1、2、3、4、5	5、10、15、20、30、50、100

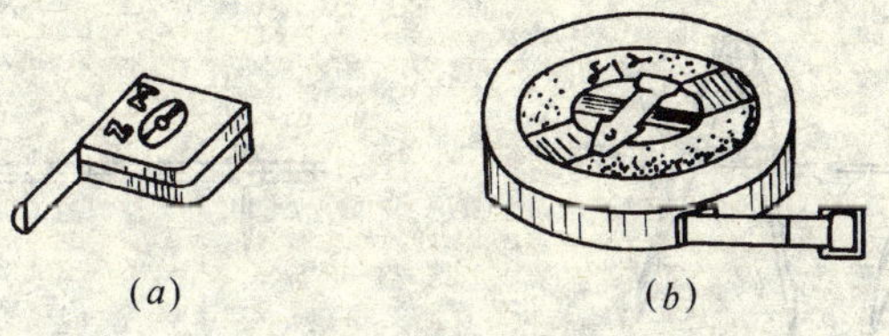

图 93-3
（*a*）钢卷尺；（*b*）盘尺

4. 线坠和线板

用途：用来测量或矫正管道、设备安装中的垂直度。线板可配合线坠用，也用来弹线作标记。

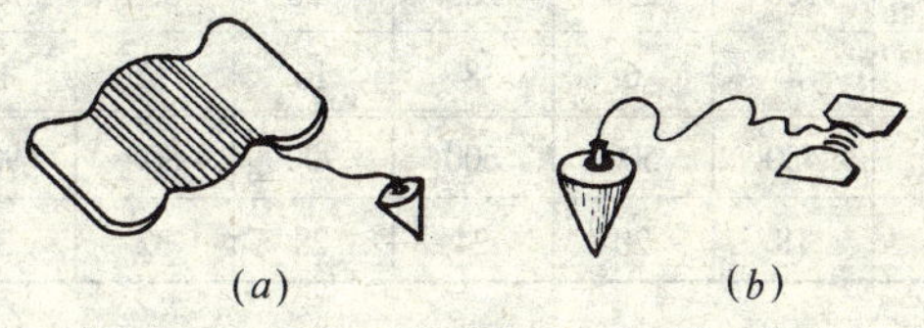

图 93-4
（*a*）线板；（*b*）线坠

规　　格　　　　表 93-4

锤重/kg	0.05、0.10、0.20、0.25、0.30、0.4、0.5

5. 划规和地规

用途：划规用于划圆弧和截取线段长度。地规用在划半径较大的圆弧和截取线段用。

6. 直角尺和法兰盘直角尺

用途：直角尺可用来校验 90°角。比如，用于划垂线或检验两平面间相互的垂直度。法兰盘直尺用来校验法兰盘组装时的水平度和垂直度。

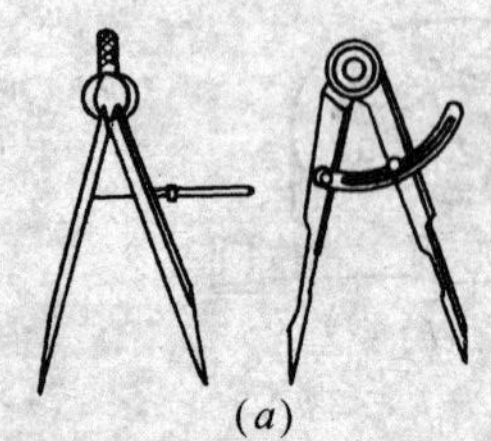

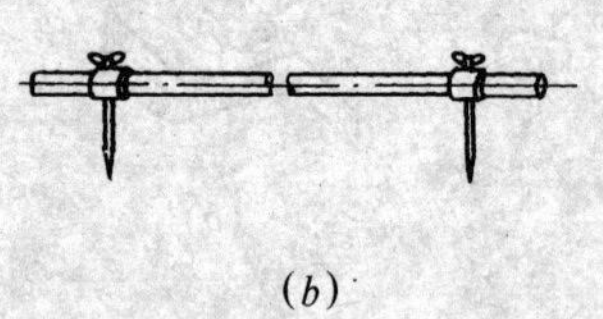

图 93-5

（a）画规；（b）地规

规　　格　　　　表 93-5

直尺长边尺寸							
公制（mm）	100	150	200	250	300	350	400
英制（in）	4	6	8	10	12	14	16
公制（mm）	450	500	600	700	800	900	
英制（in）	18	20	24	28	32	36	

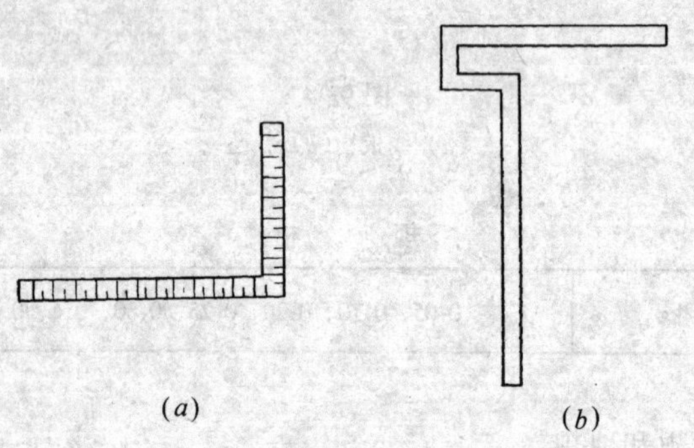

图 93-6

（a）直角尺；（b）法兰盘直角尺

7. 度尺

用途：用于部件制作过程中测量角度。

8. 样冲

用途：用于下料时在粉线上打冲眼作标记。

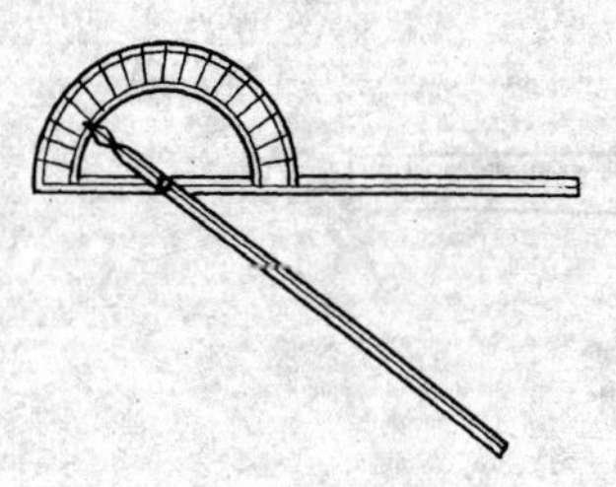

图 93-7　度尺（活弯尺）

图 93-8　样冲

9. 划针

用途：用于放样下料时划线。

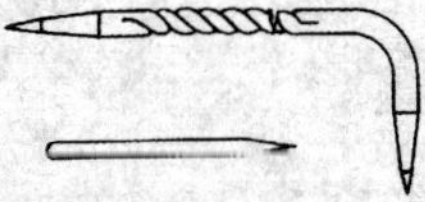

图 93-9　划针

10. 水平尺

用途：用于检验管道敷设的坡度和构件制作安装时平面的水平度和垂直度。

图 93-10　水平尺

规　格　　　**表 93-6**

单位	尺长									
mm	150	200	250	300	350	400	450	500	550	600

注：尺长 150mm 的刻度值为 0.5mm/m，其余刻度值为 2mm/m。

11. 游标卡尺和千分尺

用途：用来测量工件长度、宽度、深度及内外径。

规　格　　　**表 93-7**

<table>
<tr><th>名　称</th><th colspan="4">测量范围（mm）</th><th colspan="3">分度值（mm）</th></tr>
<tr><td>游标卡尺</td><td colspan="2">0～125</td><td colspan="2">0～150</td><td>0.02</td><td>0.05</td><td>0.1</td></tr>
<tr><td rowspan="2">外径千分尺</td><td>0.25</td><td>25～50</td><td>50～75</td><td>75～100</td><td colspan="3" rowspan="2">0.01</td></tr>
<tr><td colspan="4">（以上几种为常用的测量范围）</td></tr>
</table>

12. 塞尺

用途：是检查间隙的量具。

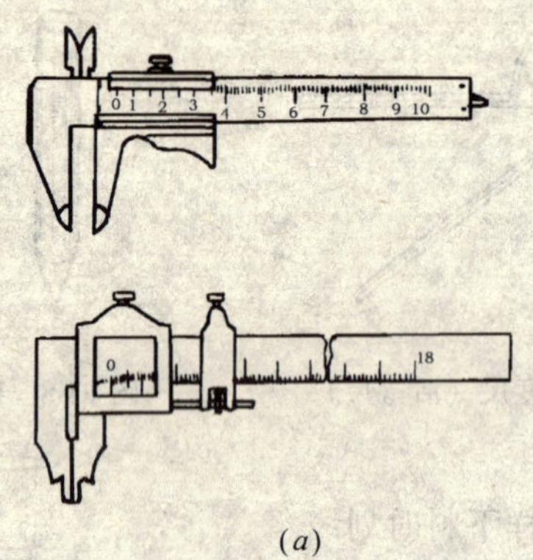

(*a*)

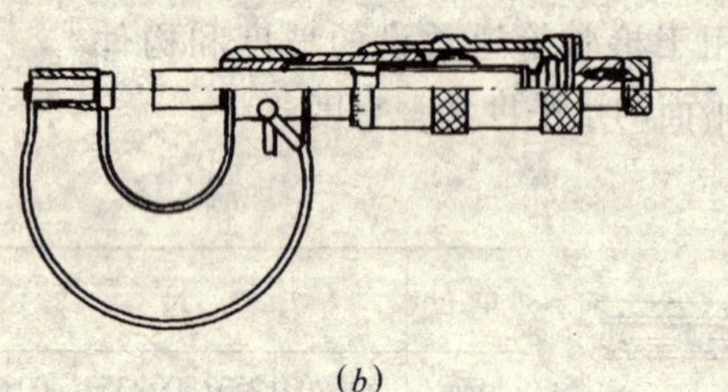

(*b*)

图 93-11
(*a*) 游标卡尺；(*b*) 千分尺

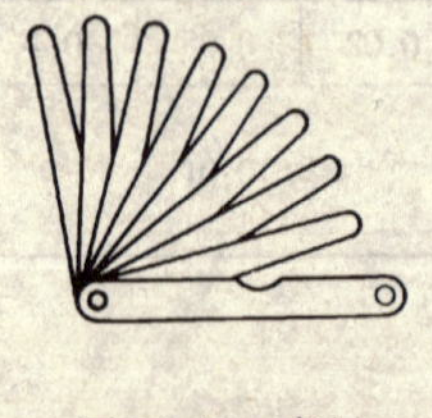

图 93-12　塞尺

规　格　　　　　表 93-8

型　号	塞尺片长度 (mm)	测 量 范 围	每组片数
A型和B型	75 100 150 200 300	0.02～0.10	13
		0.75～1.00	14
		0.45～0.5	17
		0.95～1.00	20
		0.45～0.5	21

13. 经纬仪

用途：在管道工程中，经纬仪用来测定水平面上两方向线间的夹角，以便确定地面点的平面位置。也用在设备找正。

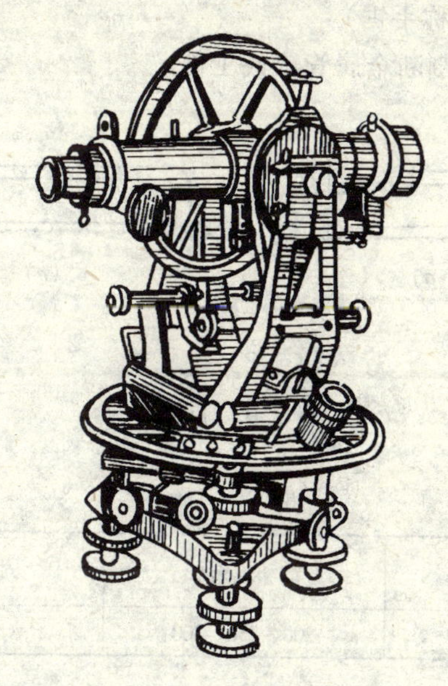

图 93-13　经纬仪

14. 水平仪

用途：用来测定标高。在管道设备安装中也用来找水平。

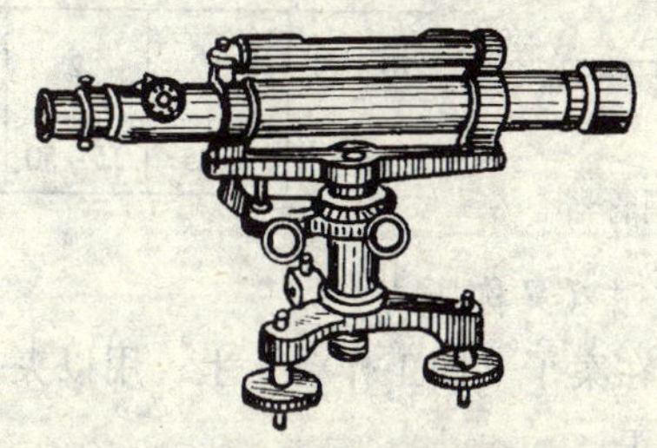

图 93-14　水平仪

二、手 工 工 具

1. 钢锯（又称手锯）

用途：用来割断金属管子或工件。

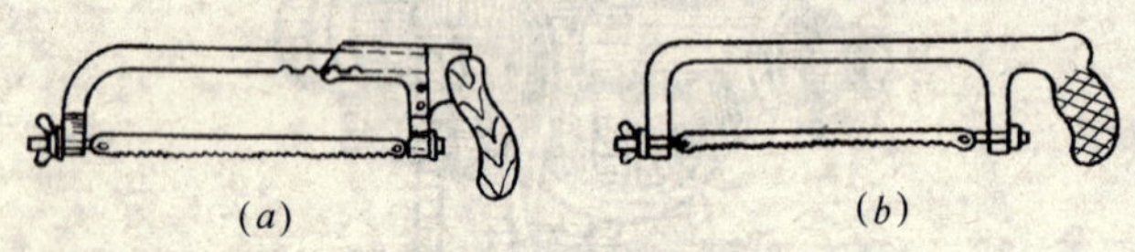

(*a*)　　(*b*)

图 93-15　钢锯

（*a*）可调式；（*b*）固定式

规　格　表 93-9

类　型	活动式锯弓	固定式锯弓
锯条尺寸（mm）	200、250、300	300

2. 滚刀切管器（又称割管器）

用途：用于切割管子和金属材料。

图 93-16　割管器

规　格　表 93-10

型　号	1	2	3	4
管材直径	≤25	15~50	25~80	50~100

3. 管子台虎钳（又称压力）

用途：安装在案子（即工作台）上，用以夹持管件等，便于套丝、割锯等加工。

4. 管子铰板（又称带丝、套丝扳）及扳牙

用途：用于手工套割钢管外螺纹。

图 93-17 压力

规 格 表 93-11

型 号	1	2	3	4	5	6
夹持管子外径（mm）	10～73	10～89	15～114	15～165	30～220	30～300

(*a*)

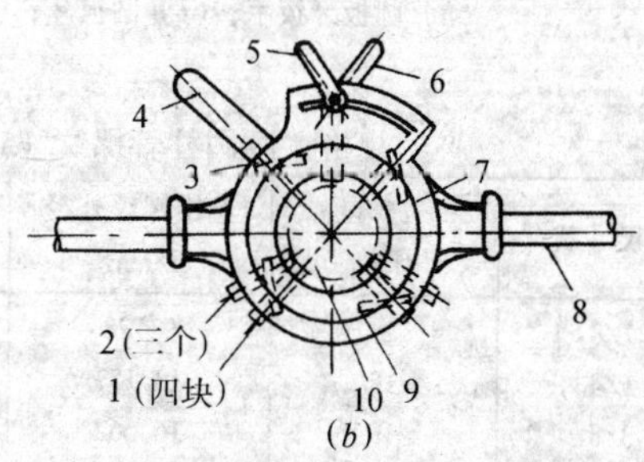

(*b*)

图 93-18

（*a*）扳牙；（*b*）管子绞板

1—扳牙；2—后卡爪（三个）；3—扳牙滑轨；4—后卡爪滑动把；5—标盘固定螺栓把；6—扳牙松紧装置；7—活动标盘；8—搬把；9—固定盘；10—最大管外径

规 格 表 93-12

形 式	型 号	螺纹种类	管螺纹直径	每套扳牙规格
轻便式	Q74-1	圆锥	1/4～1	1/4，3/8，1/2，3/4，1
	SH-76	圆柱	$1/2 \sim 1\frac{1}{2}$	$1/2，3/4，1，1\frac{1}{4}，1\frac{1}{2}$
普通式	114	圆锥	1/2～2	$1/2 \sim 3/4，1 \sim 1\frac{1}{4}，1\frac{1}{2} \sim 2$
	117		$2\frac{1}{2} \sim 4$	$2\frac{1}{4} \sim 3，3\frac{1}{2} \sim 4$

5. 圆扳牙套丝扳和特殊套丝扳

用途：装夹圆扳牙后用来作人工套螺纹，在暖卫工种中多用于套 U 型卡的螺纹套制。

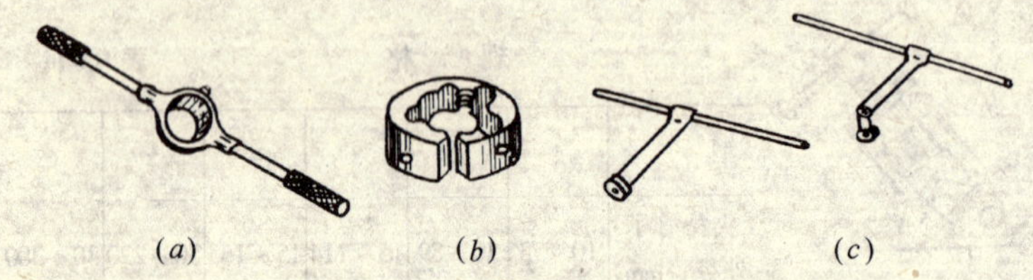

(a)　(b)　(c)

图 93-19

(a) 圆扳牙扳手；(b) 圆扳牙；(c) 特殊套扳子

表 93-13

规格：1. 圆柱管螺纹（55°）丝锥

螺纹尺寸代号	每 25.4mm 牙数	丝锥螺纹外径 /mm	全长/mm	螺纹长度 /mm
(1/8)	28	9.728	55	25
1/4	19	13.157	65	30
3/8	19	16.662	70	30
1/2	14	20.955	80	35
(5/8)	14	22.911	80	35
3/4	14	26.441	85	35
(7/8)	14	30.201	85	35
1	11	33.249	95	40
1⅓	11	37.897	95	40
1¼	11	41.910	100	40
(1⅜)	11	44.323	100	40
1½	11	47.803	105	40
(1¾)	11	53.746	115	45
2	11	59.614	120	45
(2¼)	11	65.710	120	45
2½	11	75.184	130	50
(2¾)	11	81.531	130	50
3	11	87.884	140	50

注：直径带括号的丝锥尽可能不采用。

6. 管钳（又称管子扳手）和链条管钳

用途：用来安装和拆卸管子和附件。使用时须夹持和旋扭管件。适用暖、卫、燃气工程。

表 93-14

规格：2. 圆锥管螺纹（55°、60°）丝锥

螺纹公称直径 /in	总长 /mm	55°圆锥管螺纹/mm				60°圆锥管螺纹/mm			
		基面处外径	每英寸牙数	工作部分长度	基面到端部距离	基面处外径	每英寸牙数	工作部分长度	基面到端部距离
1/16	50	—	—	—	—	7.895	27	16	10
1/8	55	9.729	28	18	12	10.272	27	18	11
1/4	65	13.158	19	24	16	13.572	18	24	15
3/8	75	16.663	19	26	18	17.055	18	26	16
1/2	85	20.956	14	32	22	21.223	14	30	21
3/4	90	26.442	14	36	24	26.568	14	32	21
1	110	33.250	11	42	28	33.228	11½	40	26
1¼	120	41.912	11	45	30	41.985	11½	42	27
1½	140	47.805	11	48	32	48.054	11½	42	27
2	140	59.616	11	50	34	60.092	11½	45	28

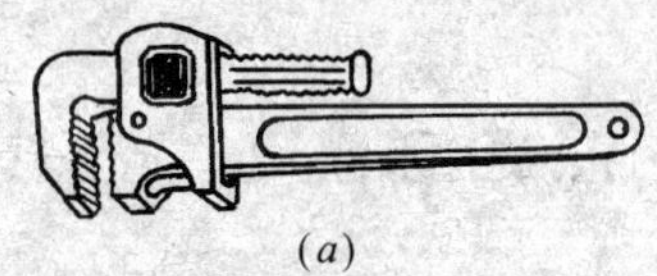

(*a*)

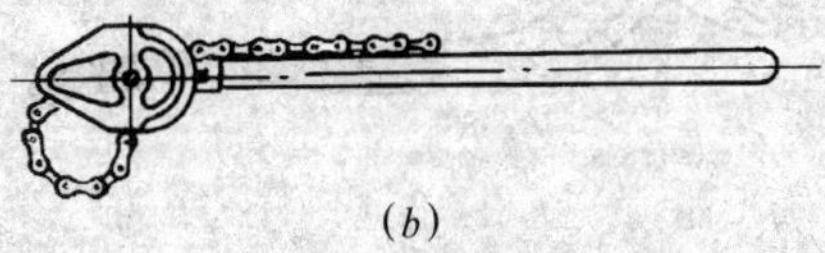

(*b*)

图 93-20

(*a*) 管钳；(*b*) 链条管钳

规　　格　　表 93-15

管钳	全　长	150	200	250	300	350	450	600	900	1200
	夹持管子最大外径	20	25	30	40	45	60	75	85	110
链条管钳	全　长	900			1000			1200		
	夹持管子外径范围	50 ~ 150			50 ~ 200			50 ~ 250		

7. 钢丝钳（又称克丝钳）

用途：用于夹持或弯折薄金属板（丝）及切断金属丝。

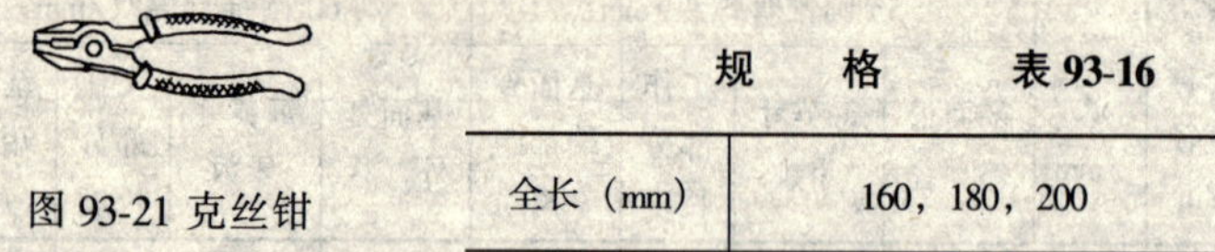

图 93-21 克丝钳

规 格 表 93-16

全长（mm）	160，180，200

8. 鲤鱼钳

用途：用来夹持扁形或圆柱形工件，剪切金属丝和拆卸螺栓。

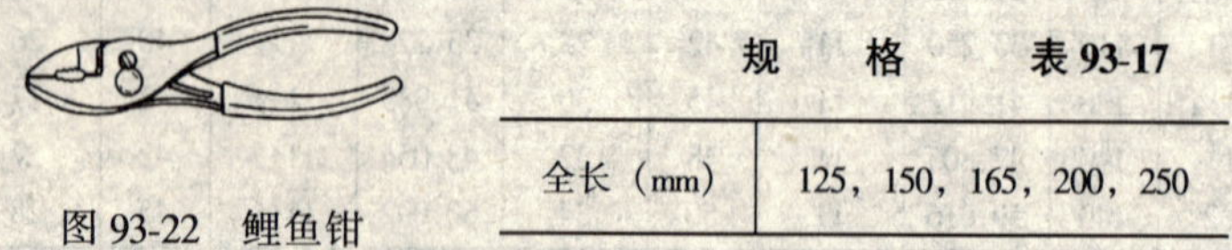

图 93-22 鲤鱼钳

规 格 表 93-17

全长（mm）	125，150，165，200，250

9. 水泵钳

用途：用来夹持、旋拧水管、暖气管、燃气管。

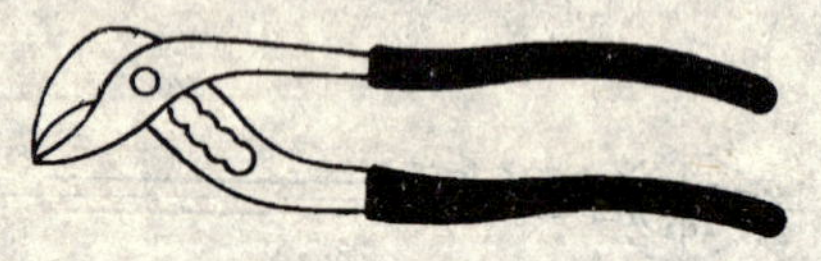

图 93-23 水泵钳

规 格 表 93-18

全长（mm）	100，120，140，160，180，200，225，250，300，350，400，500

10. 尖嘴钳和扁嘴钳

用途：适用于狭窄工作空间，用于夹持小零件和弯曲细金属丝。扁嘴钳还可以装拔销子、弹簧等小零件。

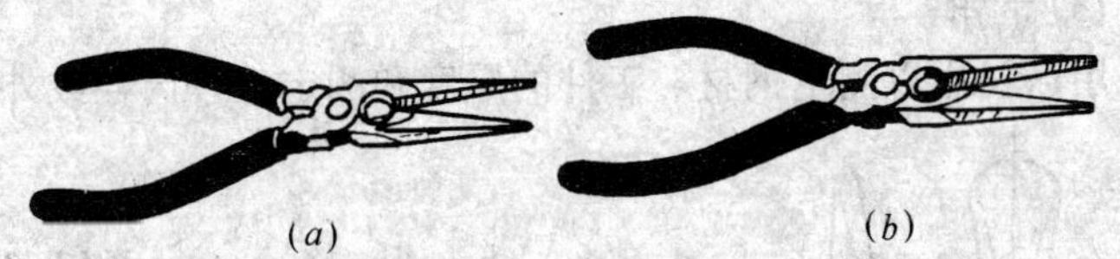

图 93-24
（a）尖嘴钳；（b）扁嘴钳

规　　格　　　　表 93-19

尖嘴钳全长（mm）		125，140，160，180，200
扁嘴钳全长（mm）	短　嘴	125，140，160
	长　嘴	125，140，160，180

11. 拉铆钳

用途：用于拉铆抽芯铝铆钉。

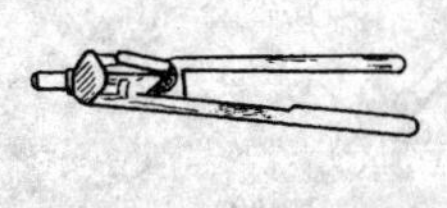

图 93-25　拉铆钳

规　格　　　　表 93-20

型　号	拉铆铆钉直径（mm）	拉铆头孔径（mm）
SM-2	2，5，3，4，8	与铆钉拉杆配套
SLM-2	3～5	2，2.5，3

12. 螺旋夹钳

用途：用于装配与焊接金属工件。

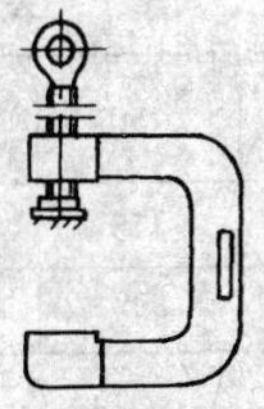

图 93-26　螺旋夹钳

规　格　　　　表 93-21

型　　号	1	2	3	4	5
夹持最大厚度（mm）	45	75	120	165	215

13. 卡钳

用途：用以测量钢材、工件的厚度和测定工件内径或外径。

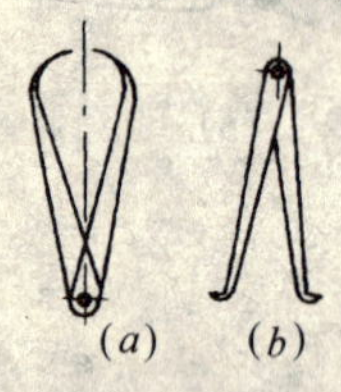

图 93-27

（*a*）卡钳；

（*b*）内卡钳

规　格　　表 93-22

卡钳全长（mm）	100，150，200，250，300
内卡钳全长（mm）	150，200，300

14. 虎台钳

用途：安装在工作台上夹紧工件便于操作。

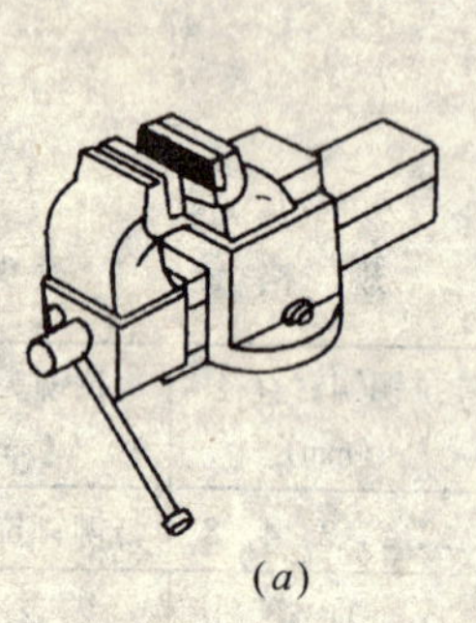

（*a*）

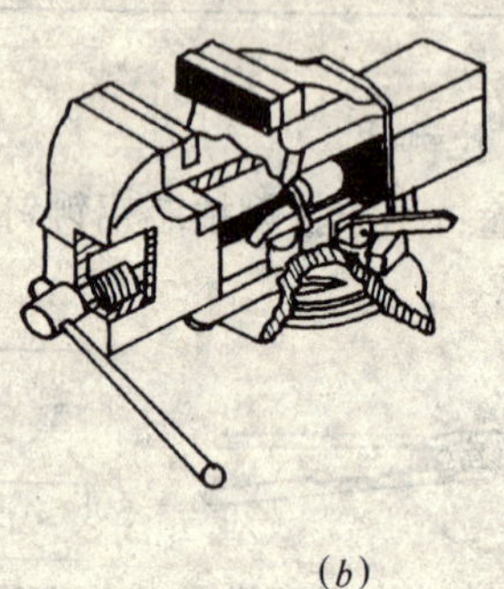

（*b*）

图 93-28　虎台钳

（*a*）固定式；（*b*）转盘式

规　格　　表 93-23

全　长（mm）	75	100	125	150	200
开口宽度（mm）	100	125	150	175	225
夹 紧 力（kN）					

15. 固定扳手（又称呆扳手）

用途：用来紧固或拆卸标准的六角头和方头螺栓、螺母。

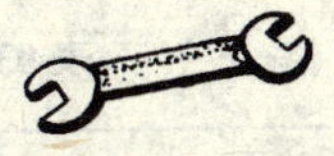

图 93-29　固定扳手

规　格　表 93-24

对边尺寸（mm）	3.2，5，6，8，10

16. 梅花扳手和套筒扳手

用途：用来扳拧六角头螺栓、螺母，适用在狭窄空间操作。

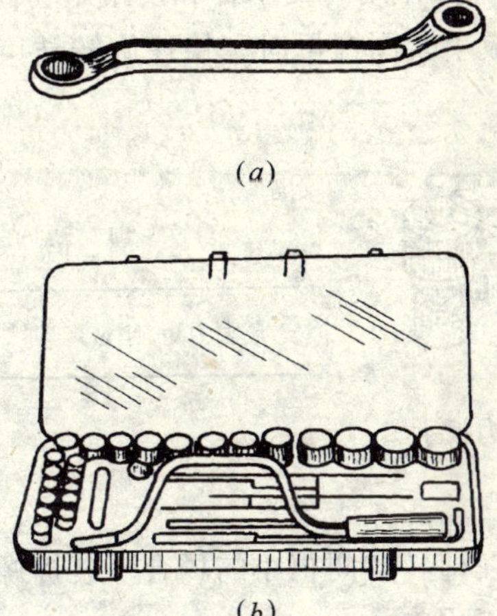

（a）

（b）

图 93-30

（a）梅花扳手；（b）手动套筒扳手

规　格（mm）　表 93-25

梅花扳手	对边尺寸	5.5，7，13，15，17，19，21，23，25，27
套　筒 扳　手	螺帽对 边尺寸	3.2，4，5，5.5，7，8，10，11～20，22， 24，27，30，32，34，36，41，46，50，55

17. 活扳子

用途：用于扳拧一定范围内尺寸的六角头和方头螺栓、螺母。

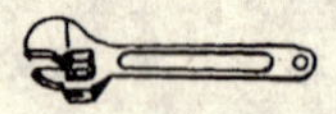

图 93-31　活扳子

规　格　　表 93-26

全长（mm）	100，150，200，250，300，375，450，600

18. 增力扳手

用途：用来扳拧预紧力矩较大的螺栓和螺母。可用于锅炉安装中。使用时注意反作用力支承杆和反扭矩套筒的安全位置。使用 500N·m 增力扳手紧固螺母时，快速旋转结束后，继续用力即可换档。

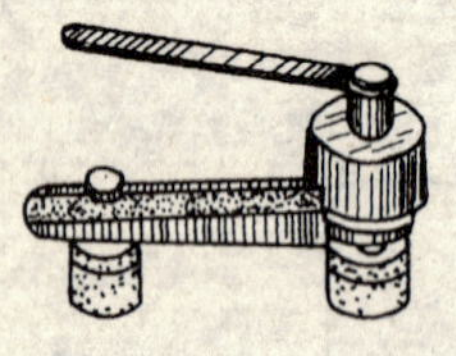

图 93-32　增力扳手

规　格　　表 93-27

最大力矩/N·m	500，1000

19. 棘轮扳手

用途：适合在回转空间很小的场合下装拆螺栓、螺母。可用于空调通风安装工程中。

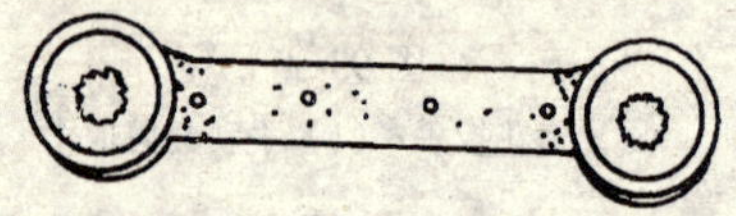

图 93-33　棘轮扳手

规　格　　表 93-28

对边尺寸	公制（mm）	5.5×7，8×10，12×14，17×19，22×24
	英制（in）	$\frac{1}{4}\times\frac{5}{16}$，$\frac{1}{2}\times\frac{9}{16}$，$\frac{3}{8}\times\frac{7}{16}$，$\frac{5}{8}\times\frac{3}{4}$，$11/16\times\frac{7}{8}$

20. 手锤（包括圆头及方头二种）

用途：用以锤击工件和整形。如管道的打口、调直。方锤可用于通风管道制作咬口压合等。

规 格 表 93-29

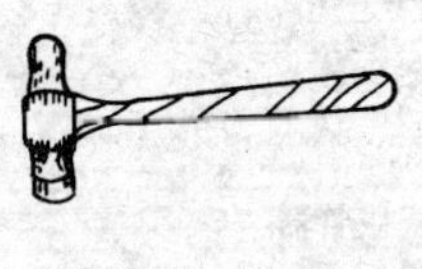

图 93-34 手锤

常用锤号	全长（mm）	锤头长（mm）	锤头重（kg）
1	300	113	0.5
2	340	160	0.75
3	340	180	1.5

21. 大锤

用途：为主要锤打工具。挖沟遇到岩石时，用大锤锤打钢钎进行开挖。通风工程中常用作锤击厚钢板工件成形。

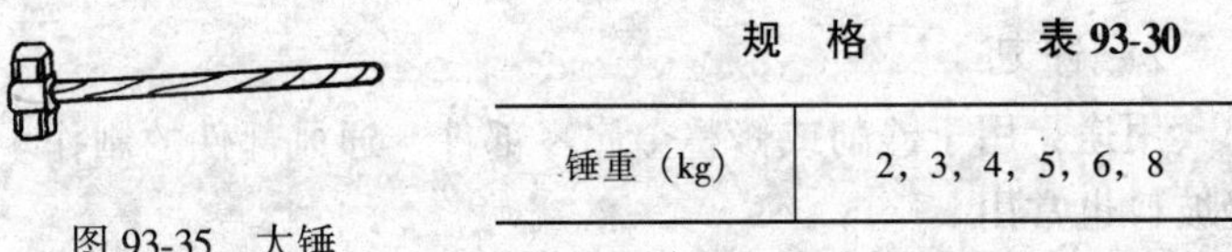

图 93-35 大锤

规 格 表 93-30

锤重（kg）	2，3，4，5，6，8

22. 木锤及钢制方锤

用途：木锤用于通风管以手工咬口和平整钢板时使用。钢制方锤用来制作咬口和修整矩形风管的角咬口。

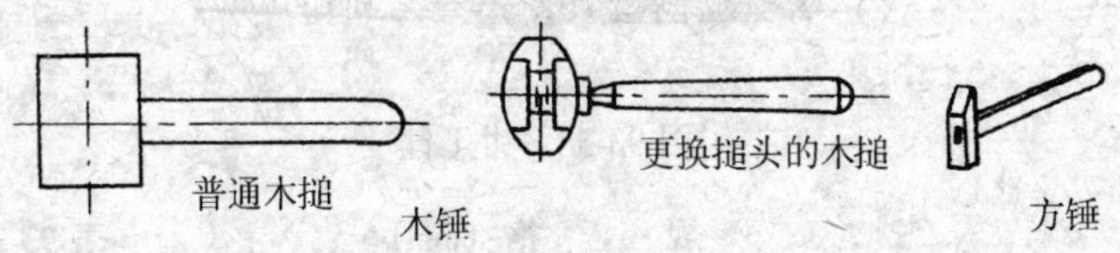

图 93-36

规 格 表 93-31

木锤	打击部分尺寸	140mm
	截 面 积	100×700

23. 胀管器及翻边胀管器

用途：扩大管子内外径，以便和管附件连接。

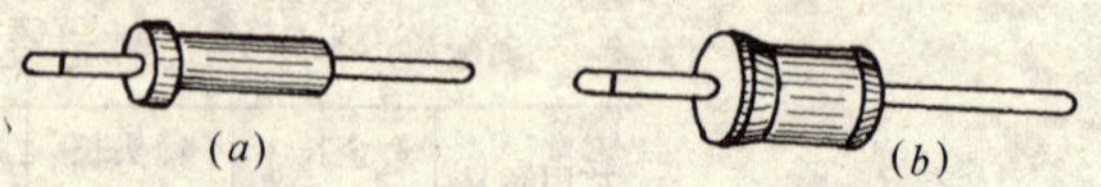

图 93-37 扩管器

(a) 直通式胀管器；(b) 翻边式胀管器

规　　格 (mm)　　表 93-32

常用规格公称尺寸	19	25	32	38	43	50	57
扩管内径范围	16～20	20～26	24～32	32～38	38～44	44～50	52～59

24. 锉刀

用途：用于锉削或修整金属零部件、通风部件的制作。钢管锉坡口也常用。

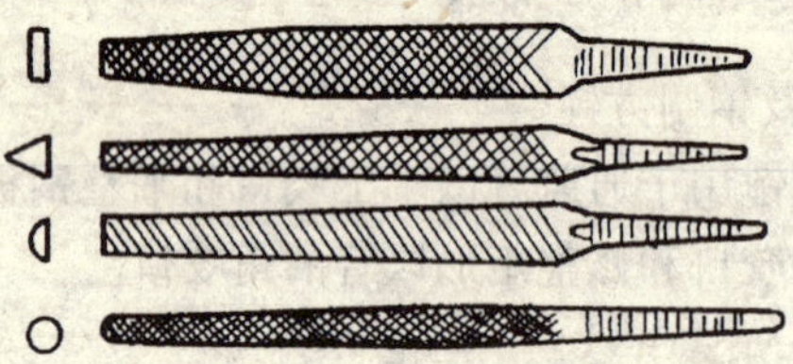

图 93-38 钳工锉

规　　格 (mm)　　表 93-33

类　　型	扁锉、半圆锉、三角锉、方锉、圆锉
锉身长度	100，125，150，200，250，300，350，400，450

25. 螺丝刀

用途：用于旋拧各种一字槽和十字槽螺钉。

26. 拍板（木方尺）

用途：用于手工制作金属通风管拍打咬口。

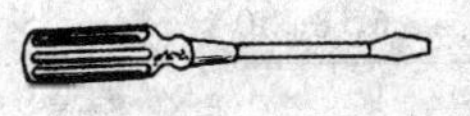

图 93-39　螺丝刀

规　格　　　　表 93-34

一字槽螺丝刀	旋杆直径	3	4	5	6	7	8	9
	螺钉直径	2	2.5	3	4	5	5	6
十字槽螺丝刀	旋杆直径	3	4	5	6	8	9	
	螺钉直径	2，2.25		3，4，5		6,8	10，12	

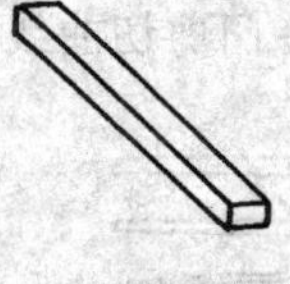

图 93-40　木方尺

规　格　　　　表 93-35

材　质	硬　木
尺寸（mm）	45×35×450

27. 咬口套

用途：用于手工制作金属通风管压平咬口。

28. 錾子

用途：主要用来錾断铸铁管。

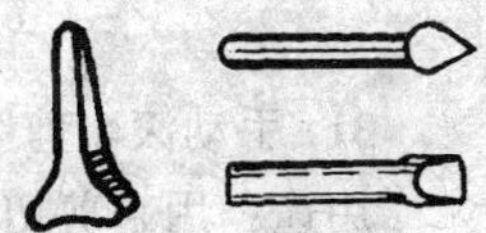

图 93-41　咬口套　　图 93-42　錾子

29. 捻口凿（包括盘根凿和灰（铅）凿）

用途：用在铸铁管的石棉水泥、铅、水泥等接口的操作中。

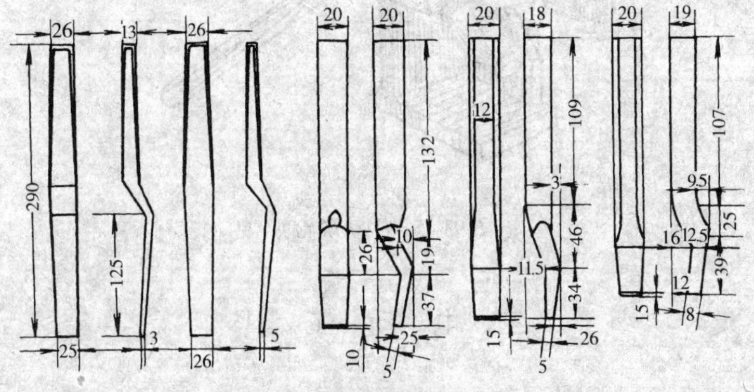

图 93-43　捻口凿（一）

表 93-36

捻口凿	盘根凿厚度	2，4，6，8，10	3，4，5
	灰（铅）凿厚度		8～9

图 93-43 捻口凿（二）

30. 剪子及弯剪

用途：用于剪切直线和曲线外圆。弯剪专门剪切曲线内圆。

图 93-44 手剪

31. 手动滚轮剪

用途：用来剪切薄钢板的圆弧形曲线。常用在通风空调管道制作中。

图 93-45 手动滚轮剪

三、电 动 工 具

1. 电动无齿锯床和便携式砂轮切割机

用途：用来切割钢管和合金钢管。

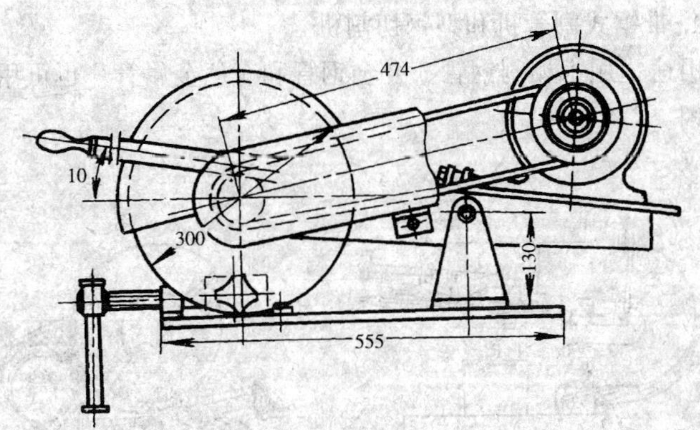

图 93-46　电动无齿锯床（便携式切管机）

图 93-47　便携式砂轮切割机示意

表 93-37

<table>
<tr><td rowspan="3">无齿锯床</td><td>切割管径（mm）</td><td>18～133</td><td colspan="2">18～76</td><td>18～76</td></tr>
<tr><td>无齿锯片直径（mm）</td><td>150</td><td colspan="2">160</td><td>—</td></tr>
<tr><td>电动机功率（kW）</td><td>1.8</td><td colspan="2">1</td><td>2.8</td></tr>
<tr><td rowspan="3">砂　轮
切割机</td><td>切割管子直径（mm）</td><td colspan="2">18～159</td><td colspan="2">18～57</td></tr>
<tr><td>金刚砂锯片直径（mm）</td><td colspan="2">可更换，<400</td><td colspan="2">200，300</td></tr>
<tr><td>切口宽度（mm）</td><td colspan="2">3～4</td><td colspan="2">2，3</td></tr>
</table>

2. 带锯式割管机和型钢切割机

用途：用来切割钢管、合金钢管和有色金属管。也可用来切割型钢。

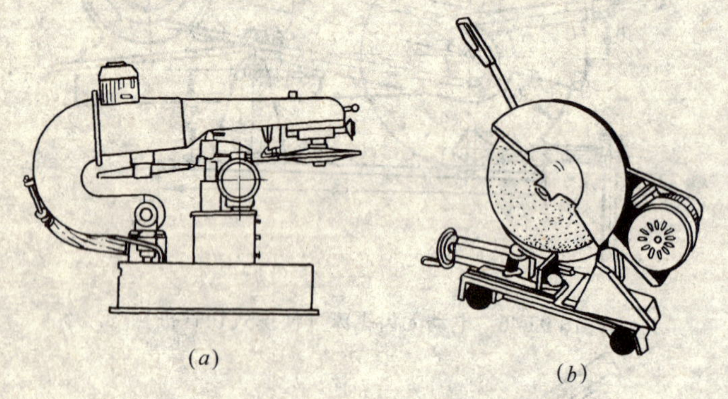

（*a*） （*b*）

图 93-48

（*a*）带锯式割管机；（*b*）型材切割机

规　　格　　表 93-38

切割管子最大直径（mm）		250
带锯片（mm）		4300
切割宽度（mm）		1
锯片运动速度（m/min）	切割钢	41.7
	切割铜	59
电机功率（kW）		1.7

3. 弯管机

用途：用于钢管的弯制加工。

规　　格　　表 93-39

四导轮弯管机	弯管直径（mm）	15	20	25	32
	曲率半径（mm）	49	63	87	114
	电机功率（kW）	2.8			
加心棒弯管机	弯管直径（mm）	32～85			
	管子弯曲半径（mm）	85～350			
	电动机功率（kW）	4.5			
简易弯管机					

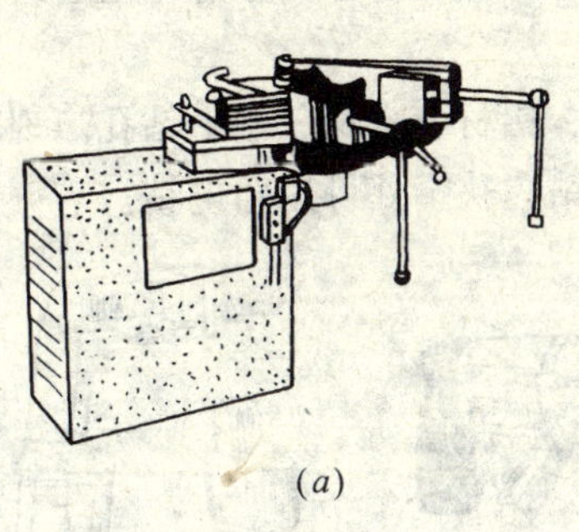
(*a*)

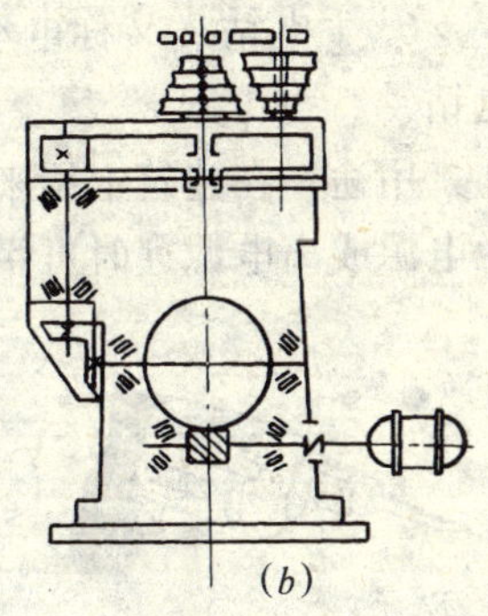
(*b*)

图 93-49
(*a*)电动弯管机；(*b*)四导轮副机动弯管机

4. 坡口机

用途：用于钢管管端开坡口。

图 93-50　坡口机

规　格　　　　表 93-40

钢管壁厚（mm）	>3.5

5. 磨机（俗称砂轮机）

用途：用于坡口加工和焊接后加工清理。

图 93-51　角向磨光机

规　格　　　　表 93-41

磨盘直径（mm）	100		115	125
输入功率（W）	530	620，680	750	

6. 手电钻（又称电动打孔钻）及充电式手电钻、充电式角电钻

用途：在建筑上用来在钢材、铝材、木材、墙上钻孔。现场无电源或离电源远时可用充电电钻，狭窄处可用角电钻。

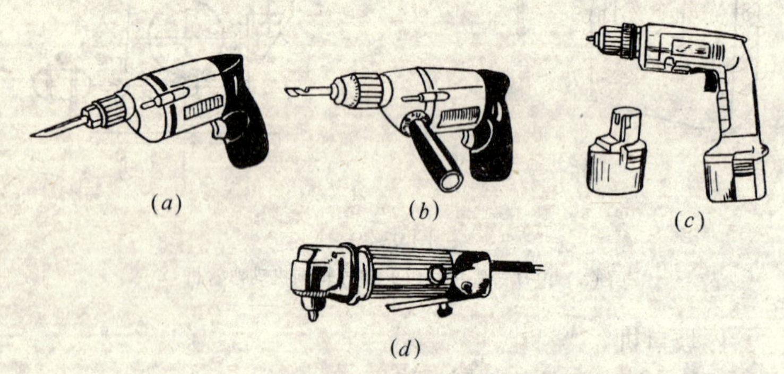

(a)　(b)　(c)　(d)

图 93-52　电动打孔钻

(a) 小型手电钻；(b) 大型手电钻；(c) 充电式手电钻；(d) 角电钻

规格（加工钢材为例）　　表 93-42

手电钻	最大钻孔/mm	6	6	6	10	10	13	19	23
	额定电压/V	36	110	220（单相）					
	额定功率/W	190	190	200~250	325~270	431	390~460	640~740	1000
	最大钻孔/mm	13.0	19.0	23.0	32.0	38	49		
	额定电压/V	380（三相）							
	额定功率/W	270	400	500	800/900	870	890		

充电电钻	最大钻孔/mm	10	10	充电角电钻	10
	充电时间/h	1	1		1
	额定电压/V	7.2	9.6		7.2

7. 冲击电钻及充电冲击电钻

用途：安装冲击钻头即可在混凝土等脆性材料及结构上钻孔，一般在混凝土上钻孔在 30mm 以下。

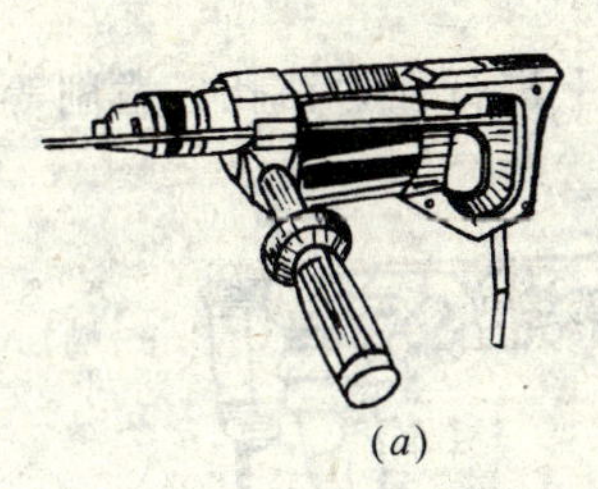

(a)

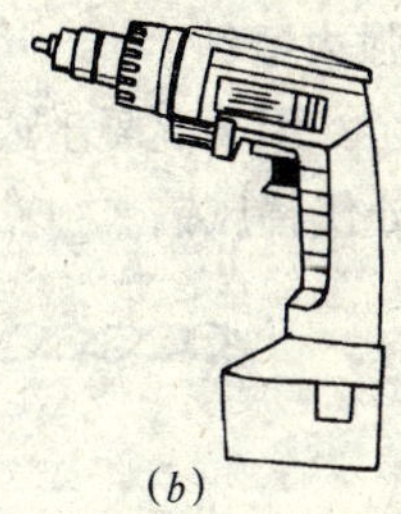

(b)

图 93-53

(a) 冲击电钻；(b) 充电式冲击电钻

规　　格　　　　　　表 93-43

<table>
<tr><td rowspan="3">国产冲击钻</td><td rowspan="2">钻孔直径/mm</td><td>钢</td><td>6</td><td>10</td><td>13</td><td>13</td><td rowspan="3">进口产品</td><td>10</td><td>13</td><td>13</td><td>16</td></tr>
<tr><td>混凝土</td><td>10</td><td>16</td><td>16</td><td>18</td><td>10</td><td>11</td><td>20</td><td>20</td></tr>
<tr><td colspan="2">额定电压/V</td><td colspan="3">220</td><td>380</td><td colspan="4">220</td></tr>
</table>

<table>
<tr><td rowspan="3">进口充电式冲击钻</td><td rowspan="2">钻孔直径/mm</td><td>钢</td><td>10</td><td>10</td><td>10</td></tr>
<tr><td>混凝土</td><td>10</td><td>10</td><td>10</td></tr>
<tr><td colspan="2">额定电压/V</td><td>9.6</td><td>12</td><td>12</td></tr>
</table>

8. 锤钻

用途：用于在砖墙或混凝土结构上进行钻孔。

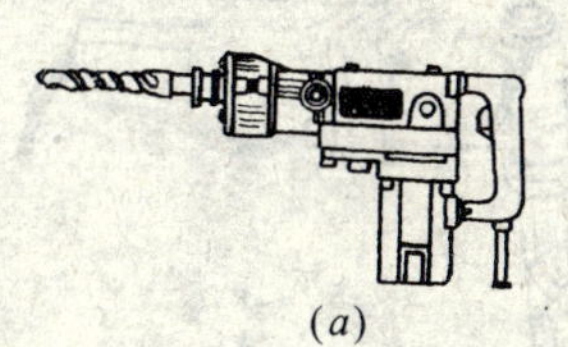

(a)

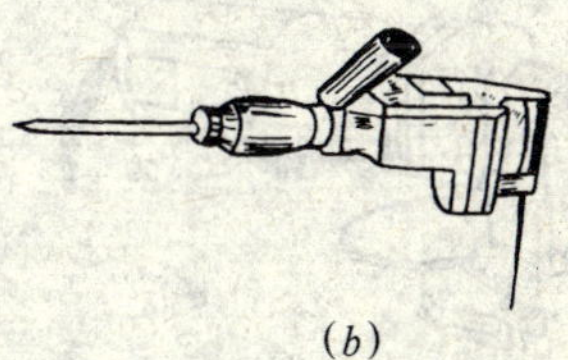

(b)

图 93-54

(a) 电锤的外形；(b) 锤钻

规　　格　　　　　　表 93-44

<table>
<tr><td rowspan="4">锤钻</td><td rowspan="2">钻孔直径/mm</td><td>钢</td><td>10</td><td>10</td><td>13</td><td></td><td rowspan="4">进口产品</td><td>13</td><td>13</td><td>13</td></tr>
<tr><td>混凝土</td><td>16</td><td>18</td><td>22</td><td>22</td><td>16</td><td>20</td><td>24</td></tr>
<tr><td colspan="2">额定电压/V</td><td colspan="4">220</td><td colspan="3">220</td></tr>
<tr><td colspan="2">输入功率/W</td><td>480</td><td>470</td><td>500</td><td>520</td><td>420</td><td>420</td><td>620</td></tr>
</table>

9. 强力锤钻

用途：用于混凝土或砖结构上进行强力钻孔、凿削等操作。可以部分代替风镐。

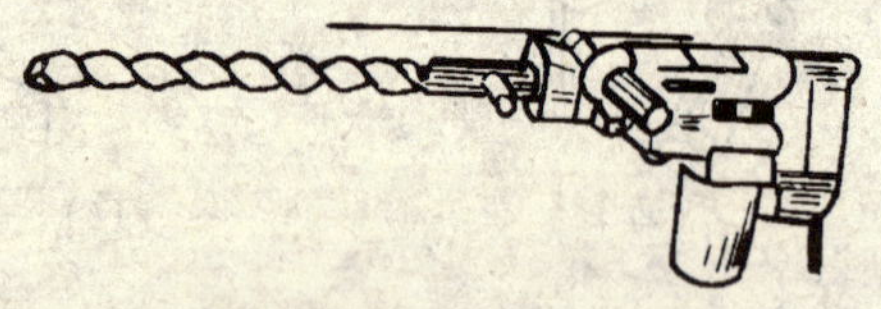

图 93-55　强力锤钻

规　　格　　　　表 93-45

钻孔直径/mm	钢	10	13	13	进口产品				
	混凝土	18	22	38		38 ~ 65	40 ~ 90	40 ~ 100	40 ~ 150
额定电压/V		220				220			
输入功率/W		470	520	800		850	950	1050	1500

10. 电剪

用途：用于切割薄钢板。

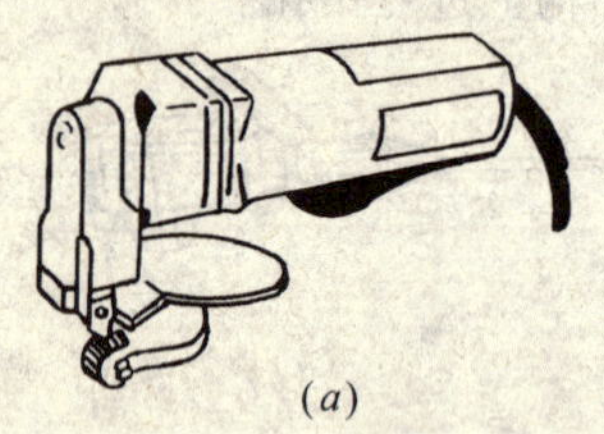

(*a*)

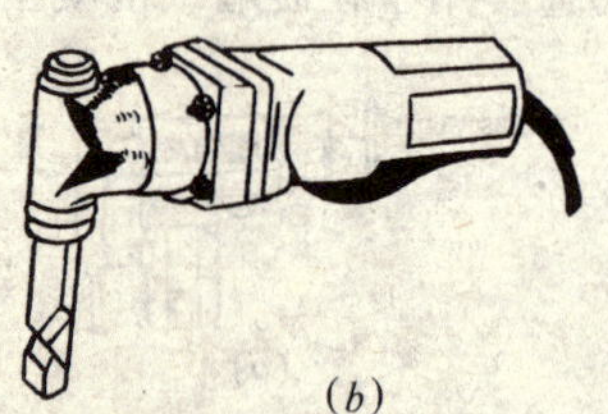

(*b*)

图 93-56　电剪

(*a*) 普通型电剪；(*b*) 压穿型电剪

规　　格　　　　表 93-46

可剪板厚/mm	钢	1.6
	不锈钢	1.2
额定电压/V		220
输入功率/W		400

11. 直线剪板机（又称龙门剪板机）

用途：用来切割通风管道加工用的金属板材。

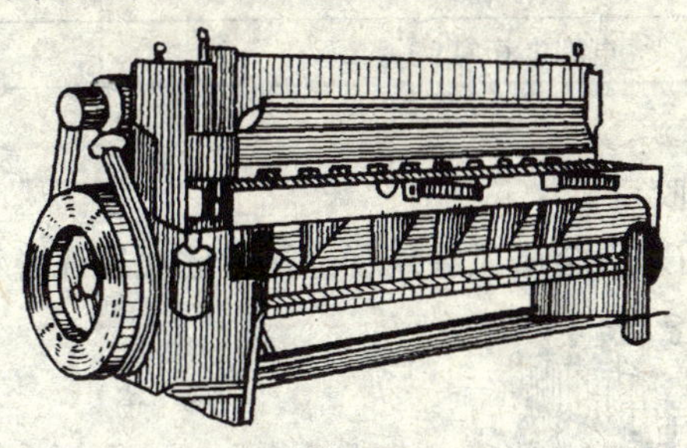

图 93-57　龙门剪板机

规　格　　　表 93-47

切割金属板材最大尺寸（mm）	厚	5
	宽	2500
电机功率（kW）		6.4

12. 振动式剪板机

用途：用于金属板材的曲线切割。

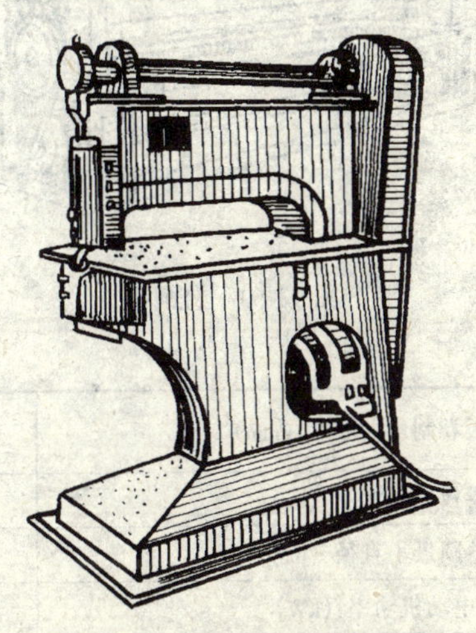

图 93-58　振动式曲线剪板机

规　　格　　表 93-48

切割钢板最大宽度（mm）	4
电机功率（kW）	2.2

13. 直线咬口机

用途：用来将金属风管或管件端口逐次压成各种咬口形状。

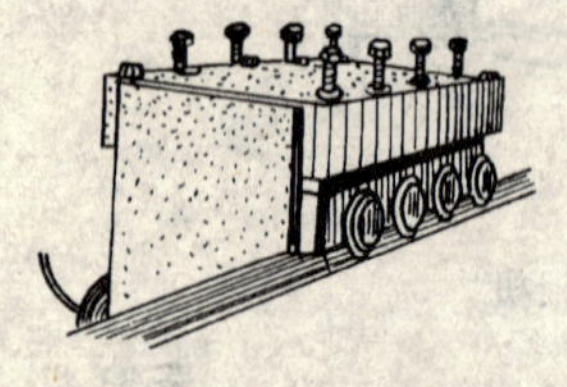

图 93-59　直线多轮咬口机

规　格　　表 93-49

咬口金属板材厚度（mm）	0.5～1.2
电动机功率（kW）	2.2

14. 卷圆机（又称卷板机）

用途：用于钢板卷圆。

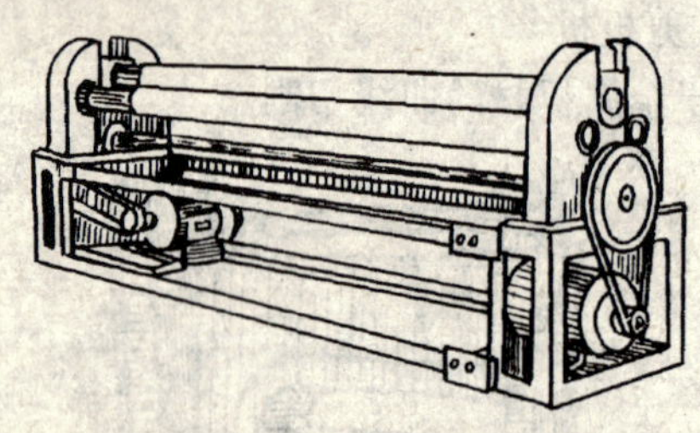

图 93-60　卷圆机

规　　格　　表 93-50

钢板卷制最大厚度（mm）	3
卷板最大宽度（mm）	2500
卷圆最小直径（mm）	250
电动机功率（kW）	3

15. 折方机（包括手动和电动）

用途：用于钢板咬口的折弯和矩形风管的折方。

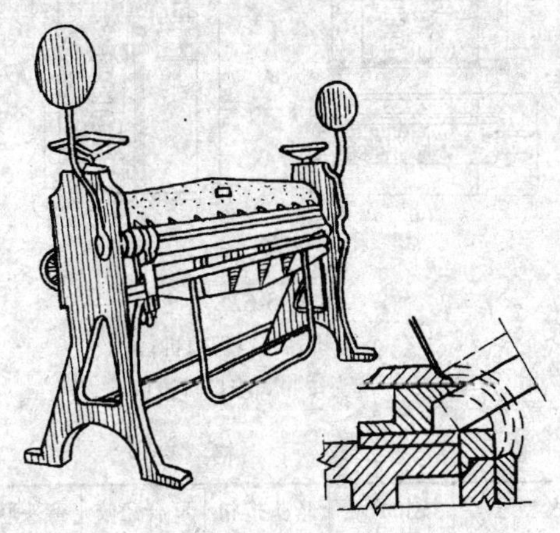

图 93-61　折方机

表 93-51

折方钢板最大厚度（mm）	手动	1.2
	电动	3
折方钢板长度（mm）		2000
电动机功率（kW）		3.3

16. 咬口折边机

按口式咬口折边机 YZA-10 型、弯头按扣式咬口机 YWA-10 型、联合角咬口机 YZL-12 型、弯头联合角咬口机 YWL-12 型、单平咬口机 YZD-12 型。

用途：用于将钢板边缘折成雌口或者雄口，便于矩形风管（弯头）或者圆形风管咬口。

17. 圆形弯头咬口机

用途：制作圆形截面风管弯头进行咬口加工。

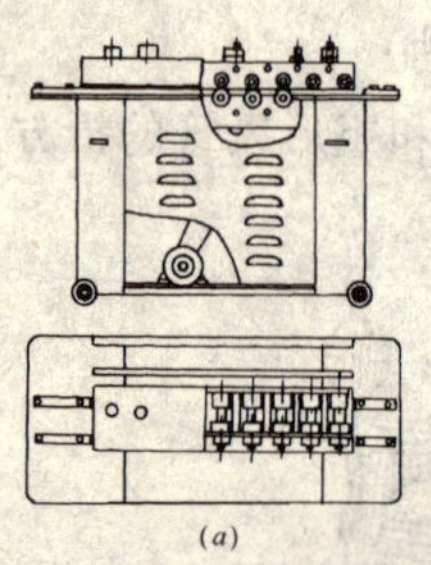
(a)

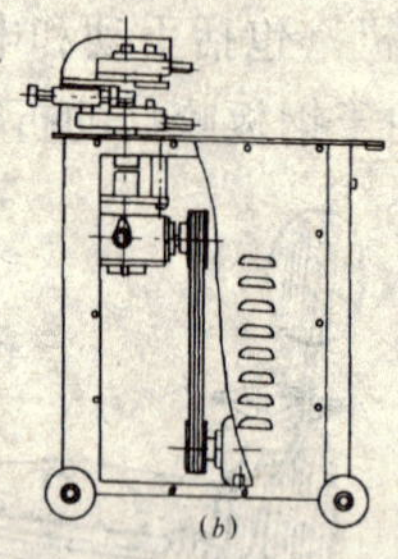
(b)

图 93-62

(a) 按扣式咬口折边机；

(b) 弯头按扣式咬口折边机

规　　格　　表 93-52

名称及型号 / 参数项目		按扣式咬口折边机 YZA-10 型	弯头按扣式咬口机 YWA-10 型	联合角咬口机 YZL-12 型	弯头联合角咬口机 YWL-12 型	单平咬口机 YZD-12 型
加工钢板厚度（mm）		0.5～1.0	0.5～1.0	0.5～1.2	0.5～1.2	0.5～1.2
预留咬口尺寸（mm）	中辊	31	10	30	8	24
	外辊	11	10	8	8	10
加工最小外弯曲半径(mm)		—	200	—	200	—
加工最小内弯曲半径(mm)		—	150	—	150	—
电动机功率（kW）		2.2	0.6	1.5	0.6	1.5
加工咬口风管形状		矩形管	矩形弯头	矩形管	矩形弯头	矩形、圆形管

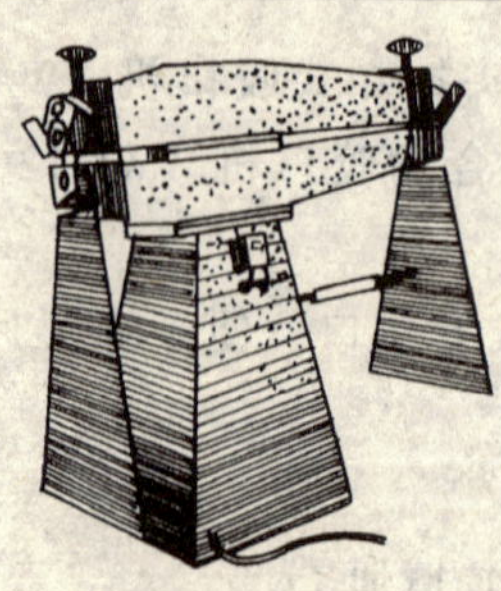
图 93-63　圆形弯头咬口机

规　格　　表 93-53

加工钢板最大厚度（mm）	2
从板边到凸棱最大距离(mm)	750
加工弯头和圆环直径（mm）	315～1015
电动机功率（kW）	1.1/1.6

18. 简易咬口压实机

用途：用来对初加工后咬口进行对咬，压成合缝。

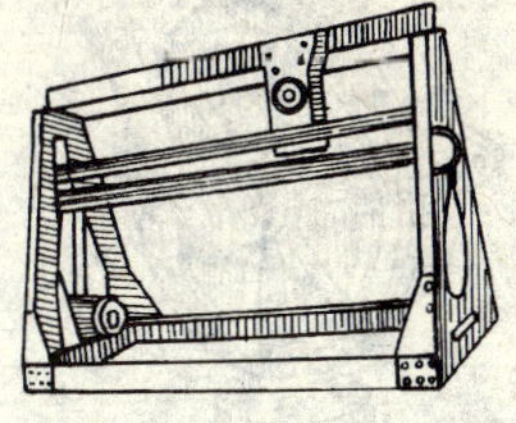

图 93-64 咬口压实机

规 格 表 93-54

压合钢板最大厚度（mm）	1.2
电动机功率（kW）	1.5

19. 法兰煨弯机

用途：用于通风管圆形法兰的煨制。

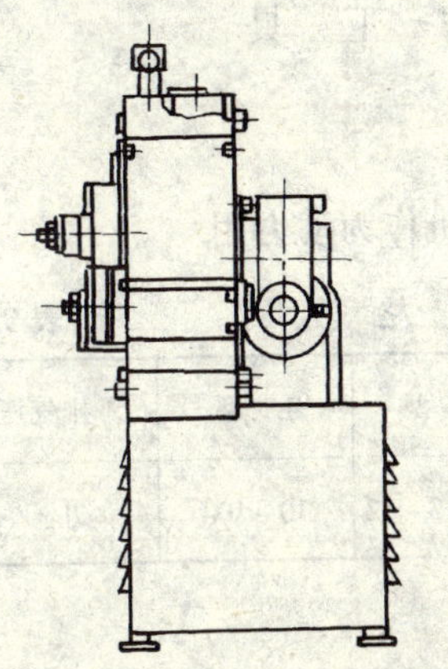

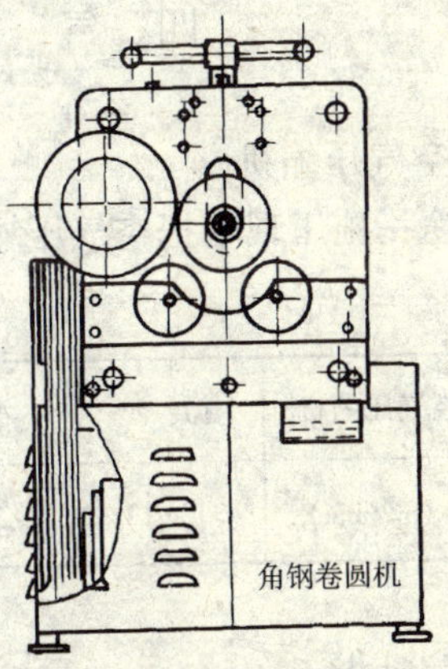

图 93-65 法兰煨弯机

规 格 表 93-55

<table>
<tr><td rowspan="2">加工法兰用钢材
的截面（mm）</td><td>扁钢</td><td>≥－40×4</td><td rowspan="3">电动机
功率
3kW</td></tr>
<tr><td>角钢</td><td>≥∟ 40×40×4</td></tr>
<tr><td colspan="2">法兰盘煨制最小直径（mm）</td><td>200</td></tr>
</table>

20. 打压泵（包括手动和电动两种）

用途：用于管道试压。

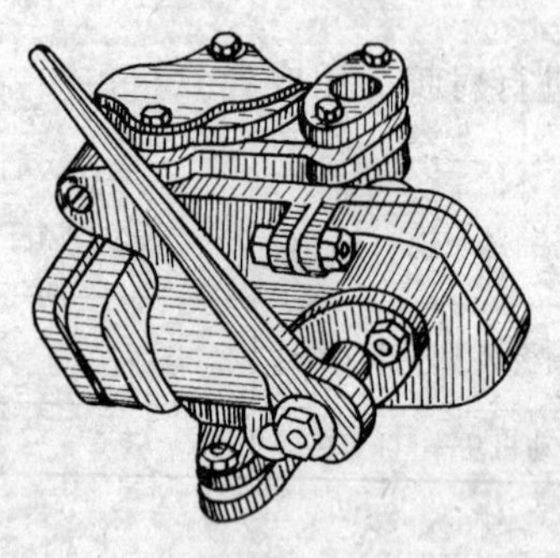
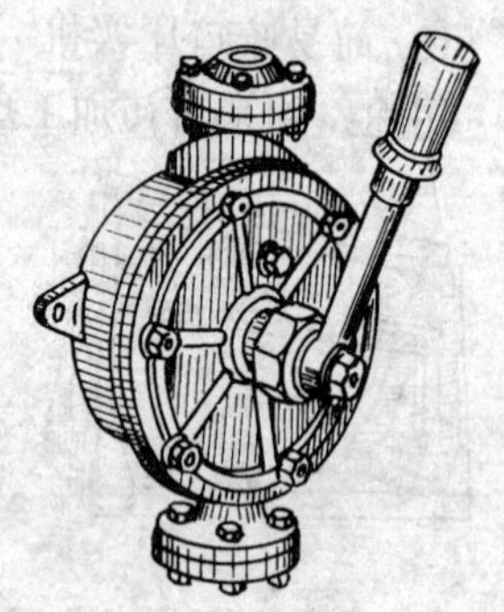

图 93-66　打压泵

四、气　动　工　具

1. 空气压缩机

用途：施工现场把空气压缩机作为动力用。

规　　格　　　　表 93-56

动力用空气压缩机	微　型	小　型	L　型	排气压力
排气量（m^3/min）	<1	1～3，3～12	10～100	$7kg^2/cm^2$

2. 气动扳手

用途：用于建筑工程中各个专业的螺栓连接的旋紧和拆卸。

图 93-67　气动扳手

规　格　　　　表 93-57

螺栓直径（mm）	6	8	10	14	16
使用气压（MPa）	0.49				
机　　重（kg）	0.96	1.00	2.00	2.9	3.2

3. 气剪刀

用途：用于金属、非金属板材的直线和曲线剪切。

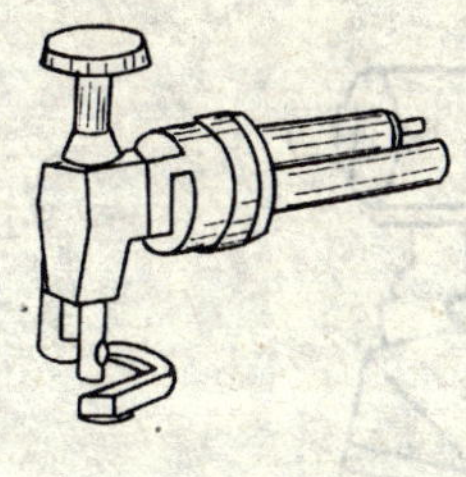

图 93-68　气剪刀

规　格　　表 93-58

剪切最大厚度（mm）			使用气压
钢　板	不锈钢板	铝　板	
≤2.5			
2			0.63
2	1.5	2.5	0.59

4. 气铲

用途：用于铲除和修整各种铸件、焊件表面疙瘩、焊缝毛刺，也作混凝土墙的开口工作和小直径铆钉的铆接。

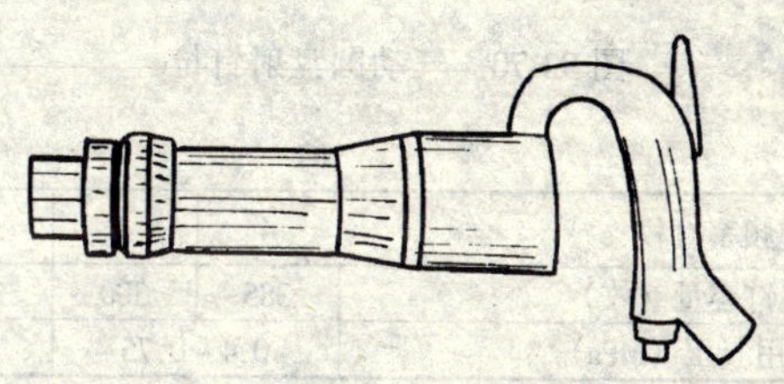

图 93-69　手持式气铲

规　格　　表 93-59

冲击频率（Hz）	≥70	40	>40	≥30.8	≥25	≥16.7
耗气量（$L \cdot s^{-1}$）	≤10			≤11.7	≤10	≤10
使用气压（MPa）	0.63		0.49			

5. 气动圆盘射钉枪

用途：用于射钉紧固建筑构件、金属构件。

6. 气动针束除锈器

用途：用于金属表面除锈。

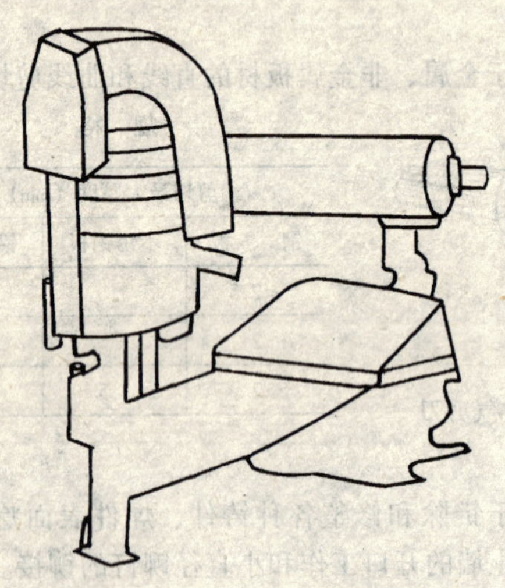

图 93-70　气动圆盘射钉枪

规　　格　　表 93-60

射钉频率（枚·s^{-1}）	4	4	4	3
盛钉容量（枚）	385	300	385	300
使用气压（MPa）	0.4～0.75		0.4～0.7	

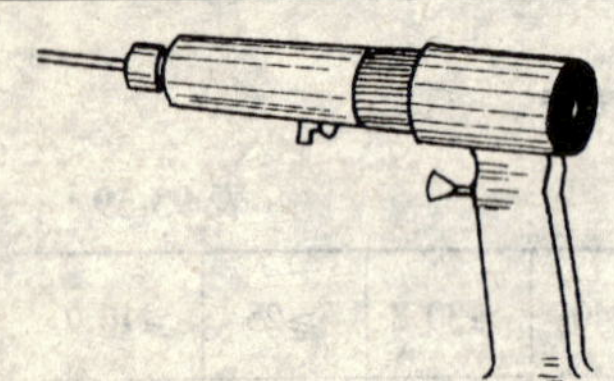

图 93-71　针束除锈器

规　格　　表 93-61

冲击频率(Hz)	使用气压(MPa)	除锈针(mm×n)
≥60	0.63	$\phi2\times29$

7. 气动锯

用途：用来锯切钢板、铝板、塑料板、塑料管。

进口产品规格　　表 93-62

切断能力（mm）	使用气压（MPa）	耗气量
1.6	0.63	0.05
2.0		0.25
1.6		0.114

8. 气动铆钉枪

用途：用于金属结构热铆铆接。

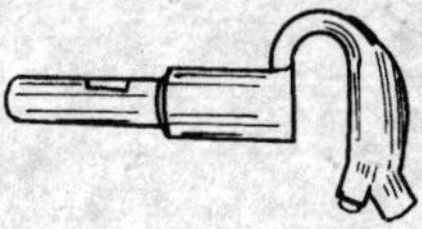

图 93-72 气动铆钉枪

规 格 表 93-63

铆钉直径（mm）	16，19，22，28
耗气量（$L \cdot s^{-1}$）	≤15
使用气压（MPa）	0.49

五、其 他 工 具

1. 油压千斤顶

用途：用来顶起重物。

油压千斤顶规格表 表 93-64

型 号	起重量（吨）	最低高度（毫米）	起重高度（毫米）	螺旋调整高度（毫米）	底座面积（毫米^2）	自 重（公斤）
QY1.5	1.5	165	90	60	90	2.5
QY3	3	200	130	80	110	3.5
QY5G	5	235	160	100	120	5.0
QY5D	5	200	125	80	120	4.5
QY8	8	240	160	100	150	6.5
QY10	10	245	160	100	170	7.5
QY12.5	12.5	245	160	100	200	9.5
QY16	16	250	160	100	220	11
QY20	20	285	180	—	260	18
QY32	32	290	180	—	390	24
QY50	50	305	180	—	500	40
QY100	100	350	180	—	780	95
QW100	100	360	200	—	ϕ222	120
QW200	200	400	200	—	ϕ314	250
QW320	320	450	200	—	ϕ394	435

注：Q 代表千斤顶，Y 表示液压，G 表示高型，D 代表低型。QW100～320 型为卧式千斤顶。

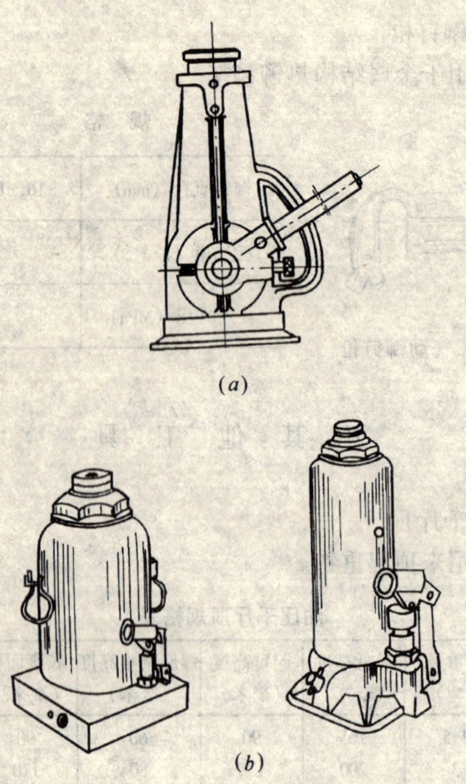

图 93-73

（*a*）千斤顶；（*b*）手动立式油压千斤顶

2. 螺旋千斤顶

用途：用来顶起重物。

3. 热熔胶枪

用途：用于塑料管道、塑料板、塑料部件热熔合。

4. 倒链与滑轮（又称链式起重机）

用途：用于吊装重物。

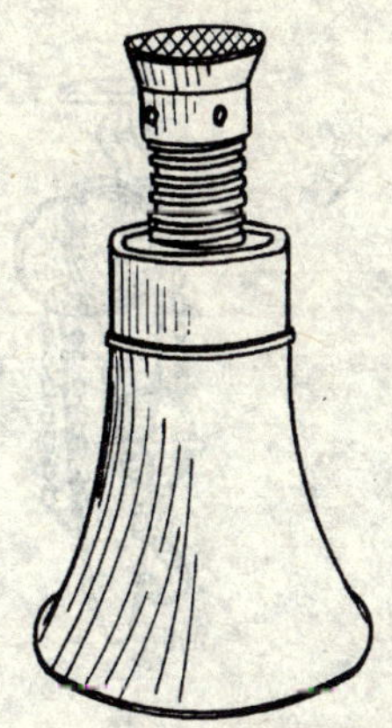

图 93-74　螺旋千斤顶

螺旋千斤顶规格表　表 93-65

型　号	起重量（吨）	最低高度（毫米）	起重高度（毫米^2）	自　重（公斤）
Q3	3	220	100	6
Q5	5	250	130	7.5
Q10	10	280	150	11
Q16	16	320	180	15
Q32	32	395	200	27
QD32	32	320	180	20
Q50	50	452	250	47
QJ50	50	700	300	200
Q100	100	452	200	100
QJ100	100	800	400	250

注：Q 表示千斤顶；D 表示低型，J 表示机动型。

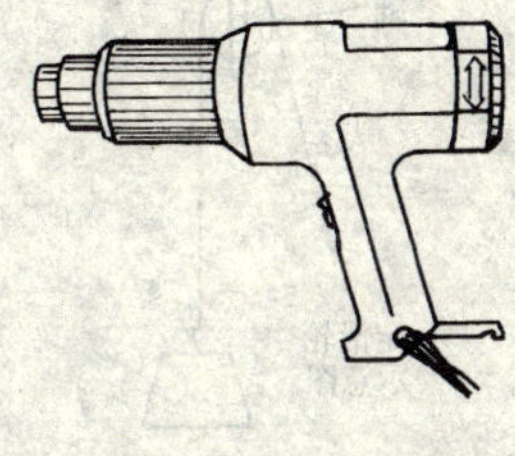

图 93-75　热熔胶枪

规　格　表 93-66

出胶速率（$g \cdot min^{-1}$）	12	30
胶杆长度（mm）	45	200
进给方式	手动进给	机械进给
质　量（kg）	0.3	0.37

环链式手拉葫芦型号规格表　表 93-67

型　号	起重量（吨）	起重高度（米）	手拉力（牛）	重　量（公斤）
HS-0.5	0.5	2.5	195	8
HS-1	1	2.5	310	10
HS-1.5	1.5	2.5	350	15
HS-2	2	2.5	320	14
HS-2.5	2.5	2.5	390	28
HS-3	3	3	350	24
HS-5	5	3	390	36
HS-10	10	3	400	68
HS-20	20	3	400	155

注：1 牛 = 0.10197 千克力。

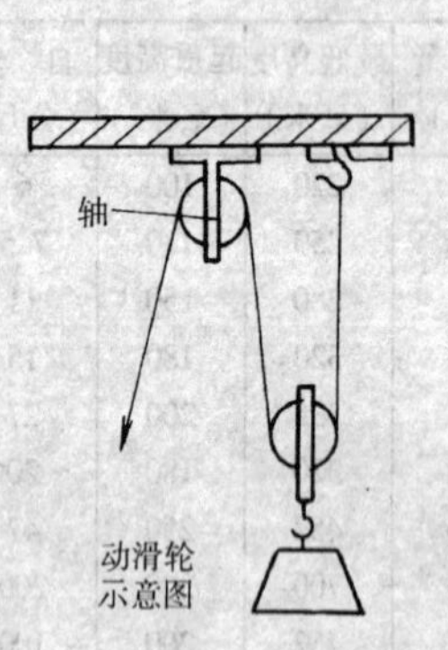

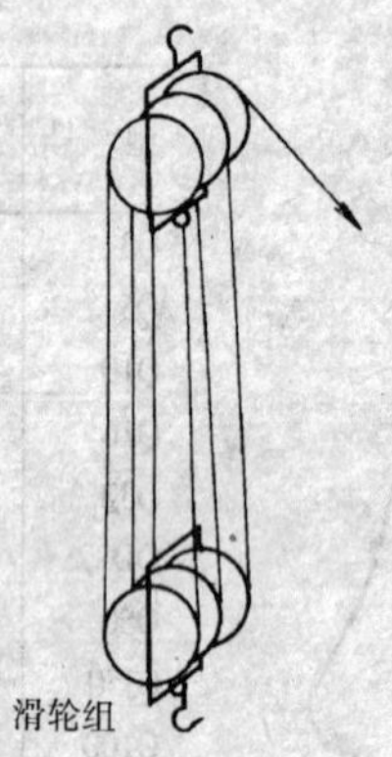

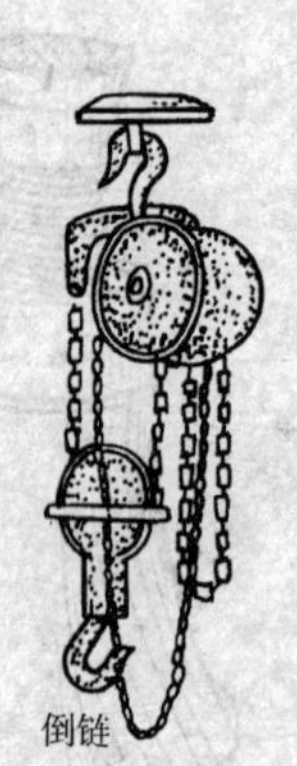

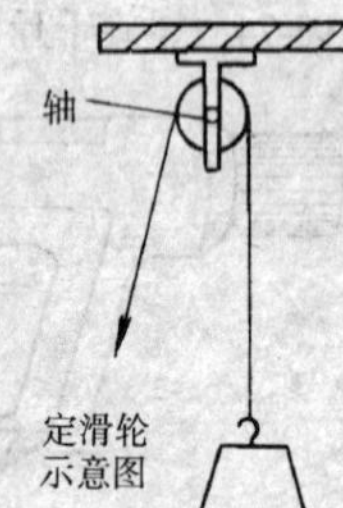

图 93-76 滑轮

5. 绞磨

用途：用来吊装重量不大、起重速度要求不快的物件。

绞磨牵引力 $P=\dfrac{npR}{Kr}$ (N)

式中 n——推绞磨的人数；

p——每一个人平均推力；

R——推力作用点至磨轴中心距(m)；

K——绞磨阻力系数，一般取 $K=1.2$；

r——卷筒平均半径(m)。

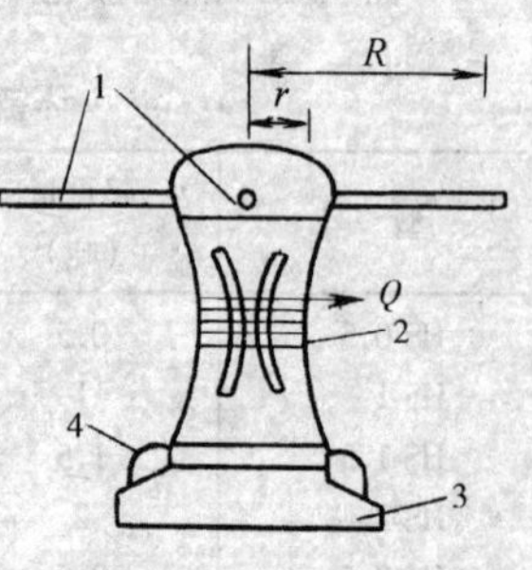

图 93-77 绞磨

1—推杆；2—盘体；3—底座；4—防止盘体反回转的制动器

规　格　　　　表 93-68

起重物重量（T）	95～30
起重高度（m）	≤12

6. 卷扬机（手电与电动两种）

用途：用来吊装物件，可以变速。

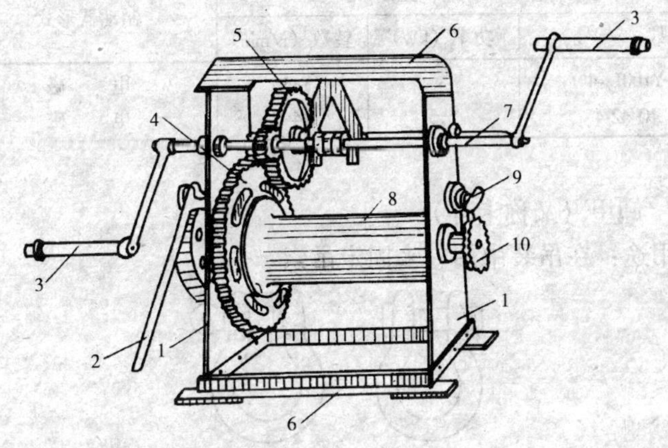

图 93-78　手摇卷扬机

1—机架夹板；2—闸把；3—摇柄；4—大齿轮；5—传动齿轮；6—机架横撑；7—传动轴；8—卷筒；9—止动爪；10—棘轮

SJ 型手动卷扬机　　　　表 93-69

项目名称		单位	型号			
			SJ0.5	SJ1	DSJ3	DSJ5
最外层额定牵引力		N	5000	10000	30000	50000
卷筒	直径	mm	130	180	200	280
	宽度	mm	460	500	520	670
	索容量	m	100	150	200	200
	缠绕层数	层	4	5	7	6
钢丝绳直径		mm	7.7	11	15.5	18.5
总传动比			14	18	26.4	50
手柄数		只	1	2	2	2
操作人数		人	1	2	4	4
每人作用力		N	140	160	150	160

电 动 卷 扬 机 **表 93-70**

型 号	传动比	钢丝绳 直径（mm）	钢丝绳 拉力（N）	钢丝绳 速度（m/min）	卷筒 直径（mm）	卷筒 长度（mm）	卷筒 容绳量（m）
JJK-0.5			5000	15	270	417	
JJK-1		11.5	10000	23	260	485	100

电动机 型 号	电动机 功率（kW）	电动机 转数（r/min）	制动器形式
Y100L_2-4	3	1450	电 磁
JO-42-4	5.5	1440	电 磁

7. 卸甲（又称卡环）

用途：在吊装中用它来固定吊索。

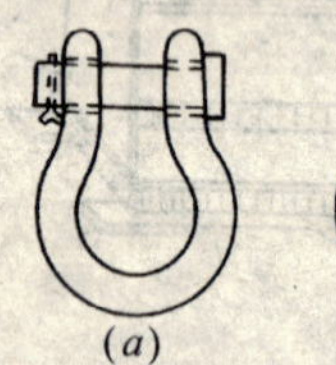
(a)

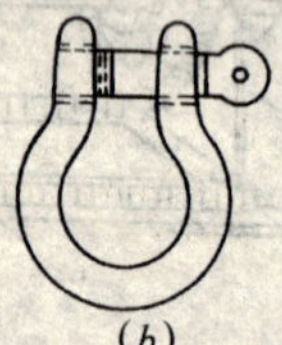
(b)

图 93-79 卸甲

（a）销子式；（b）螺旋式

8. 桅杆（独脚桅杆与人字桅杆两种）

用途：是一种最简单的起重设备，在使用中常与卷扬机配合。

9. 钢丝夹

用途：当需要把钢丝绳端部弯成环圈，用钢丝夹子夹紧。用于吊装中。

10. 钢丝绳结（正确的结法与错误的结法相比较）

用途：用于吊装较重的物件时的绳结。

11. 麻绳结

用途：用于吊装较轻的物件时的绳结。

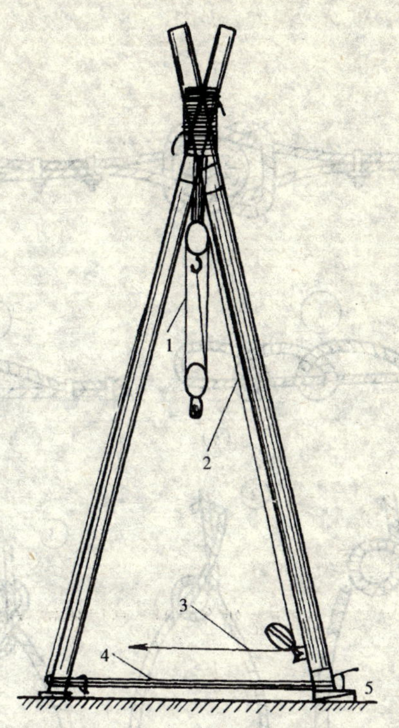

图 93-80　人字桅杆

1—滑车组；2—起重索；

3—通向绞车；4—拉绳

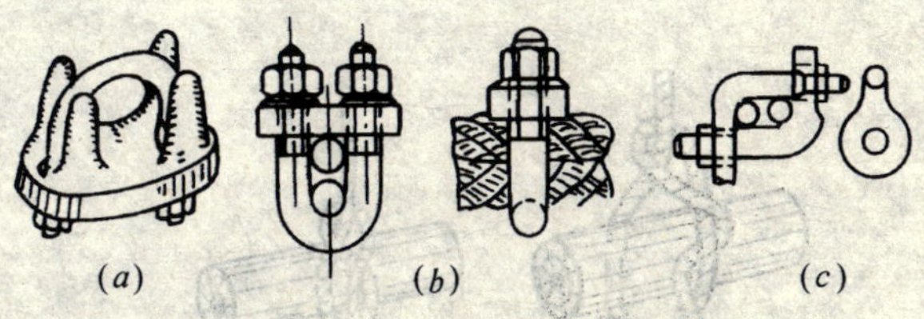

图 93-81　钢丝夹的形式

(a) 铸造索夹；(b) 锻造 U 形索夹；(c) 锻造环形索夹

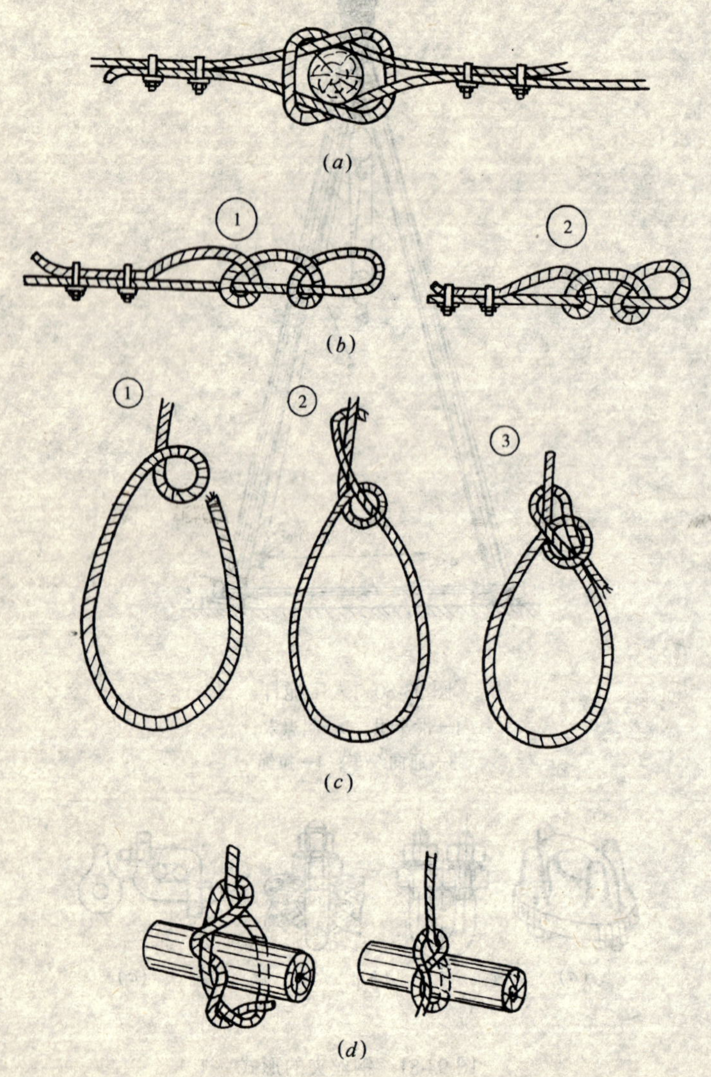

图 93-82　一些钢丝绳绳结（一）

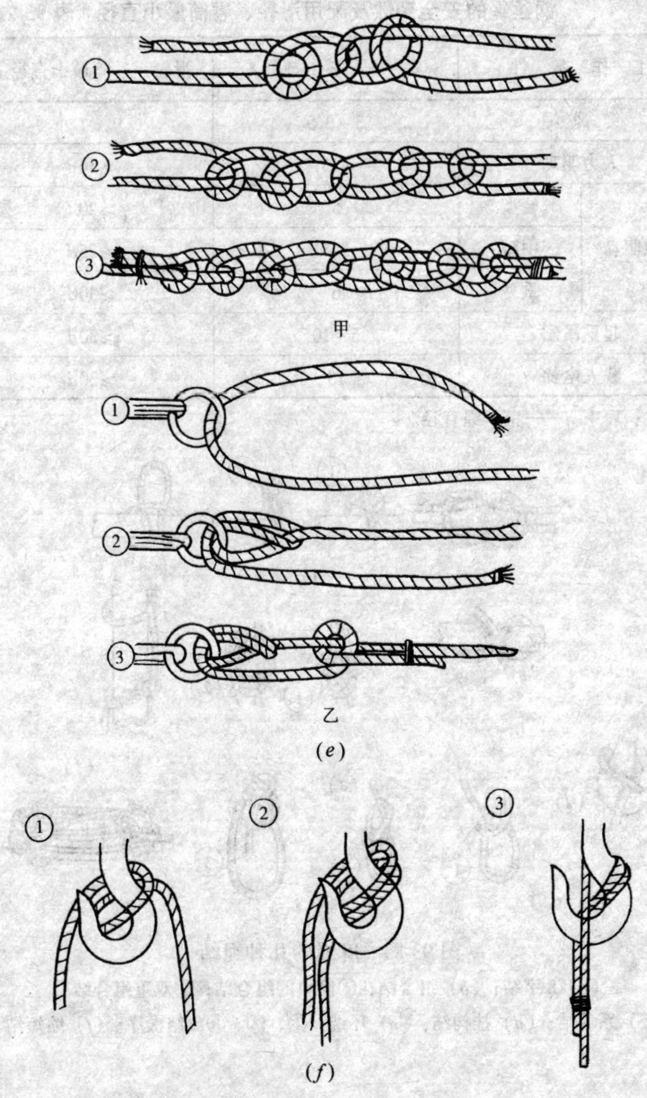

图 93-82　一些钢丝绳绳结（二）

（a）平结；（b）单锚索结：①正确的结法；②不正确的结法；（c）环圈结：①、②、③为编结顺序；（d）活套结；（e）粗索结：（甲）二根钢索相联；（乙）一根钢索与吊环相联：①、②、③为联结顺序；（f）吊钩组结：①、②、③为连接顺序

钢丝绳的安全系数及配用滑轮、卷筒最小直径　表 93-71

工作条件		安全系数 K	滑轮、卷筒最小直径 D
缆风绳		3～3.5	—
人力驱动		4.5	≥16d
机械驱动	轻型	5	≥20d
	中型	5.5	≥25d
	重型	6	≥30d
起重吊索		5～10	≥30d
载人电梯		15	≥30d

注：表中 d——钢丝绳直径。

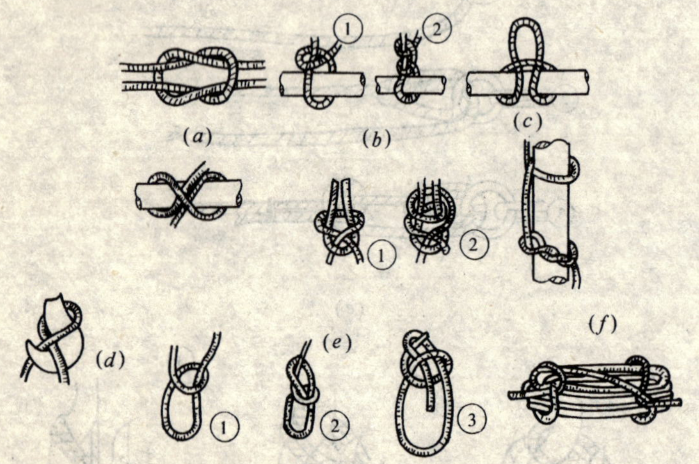

图 93-83　麻绳的几种绳结

(a) 8 字结；(b) 组合结：①简单的组合结；②双重组合结；(c) 系木结；(d) 挂钩结；(e) 环结：①、②、③编结次序。(f) 缩短结

附　　录

附录一　常用法定计量单位表

序号	量的名称	量的符号	单位名称	单位符号	备注
1	长度	L（l）	米	m	基本单位
2			分米	dm	1dm = 1/10m
3			厘米	cm	1cm = 1/100m
4			毫米	mm	1mm = 1/1000m
1	质量重量	m	千克（公斤）	kg	1kg = 1000g（克）
2			吨	t	1t = 1000kg
3			原子质量单位	u	1u≑1.66×10^{27}kg
1	时间	t	秒	s	1r/min = 1/60s^{-1}
2			分	min	1min = 60s
3			〔小〕时	h	1h = 3600s
4			天（日）	d	1d = 24h = 86400s
1	力重力	F	牛（顿）	N	1kgf = 9.80665N
2			千牛（顿）	kN	1tf = 9.80665kN
3			牛顿每米	N/m	kgf/m = 9.80665N/m
1	压力压强应力	P	帕斯卡	Pa	1kgf/mm^2 = 9.80665MPa 10Pa≑1mmH_2O
2			标准大气压	atm	1atm = 101325Pa
3			工程大气压	at	1at = 98066.5Pa
4			千克力每平方厘米	kgf/cm^2	1kgf/cm^2 = 0.0980665MPa
1	转速	n	转每分	r/1min	
1	速度	V	米每秒	m/s	
2	加速度	a	米每二次方秒	m/s^2	

续表

序号	量的名称	量的符号	单位名称	单位符号	备注
1 2 3 4	能量 功 热	W (A)	焦（耳） 千瓦小时 卡（路里） 千克力米	J kW·h cal kgf·m	 $1kW \cdot h = 3.6 \times 10^6 J$ $1cal = 4.1868J$ $1kgf \cdot m = 9.80665J$
1	体积	L (l)	升	L	$1L = 1dm^3 = 10^{-3}m^3$

附录二　英寸的分数、小数习惯称呼与毫米对照表

序　号	英　寸 (in) (分数)	英　寸 (in) (小数)	我国习惯称呼	毫　米 (mm)
1	1/16	0.0625	半　分	1.5875
2	1/8	0.1250	一　分	3.1750
3	3/16	0.1875	一分半	4.7625
4	1/4	0.2500	二　分	6.3500
5	5/16	0.3125	二分半	7.9375
6	3/8	0.3750	三　分	9.5250
7	7/16	0.4375	三分半	11.1125
8	1/2	0.5000	四　分	12.7000
9	9/16	0.5625	四分半	14.2875
10	5/8	0.6250	五　分	15.8750
11	11/16	0.6875	五分半	17.4625
12	3/4	0.7500	六　分	19.0500
13	13/16	0.8125	六分半	20.6375
14	7/8	0.8750	七　分	22.2250
15	15/16	0.9375	七分半	23.8125
16	1	1.000	一英寸	25.4000

附录三　给、排水材料设备规格表示表

符号	意义	符号	意义
Pg	管道承受压力如：1.6N/mm²	D	蝶　阀
DN	公称直径（毫米）	G	隔膜阀
d	管螺纹英寸（mm）	X	旋塞阀
n	螺栓孔数目	H	止回阀（底阀）
Z	闸　阀	A	安全阀
J	微止阀	Y	减压阀
L	节流阀	S	疏水阀
Q	球　阀	K	离水泵

注：Z、J、L、Q 及 D、G、X、H、A、Y、S、K 均为阀门类型表示法。

附录四　等边角钢的规格

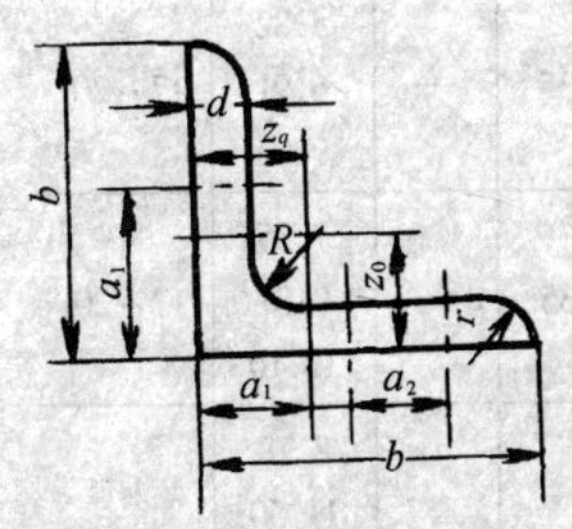

等边角钢断面图

b——边宽；

d——边厚；

R——内圆半径；

z_0——重心距离；

a_1——内准距；

a_2——外准距；

r——翼边圆半径。

型钢号	每米理论重量（kg）	尺寸（mm）							型钢的断面积（cm²）	可使用的孔径（mm）
		b	d	R	r	z_0	a_1	a_2		
2	0.89 1.15	20	3 4	3.5	1.2	6.0 6.4	—	—	1.13 1.46	—
2.5	1.12 1.46	25	3 4	3.5	1.2	7.3 7.7	—	—	1.43 1.86	—

续表

型钢号	每米理论重量（kg）	尺寸（mm）							型钢的断面积（cm^2）	可使用的孔径（mm）
		b	d	R	r	z_0	a_1	a_2		
3	1.78 2.18	30	4 5	4.5	1.5	8.9 9.3	—	—	2.27 2.78	
3.5	2.10 2.57	35	4 5	4.5	1.5	10.1 10.5	20	—	2.67 3.28	12
4	2.45 2.97 3.52	40	4 5 6	5.0	1.7	11.3 11.7 12.1	25	—	3.08 3.79 4.48	12
4.5	2.73 3.37 3.99	45	4 5 6	5.0	1.7	12.6 13.0 13.4	25	—	3.48 4.29 5.08	14
5	3.77 4.47	50	5 6	5.5	1.8	14.2 14.6	30	—	4.80 5.69	14
6	4.57 5.42 7.09	60	5 6 8	6.5	2.2	16.6 17.0 17.8	35	—	5.82 6.91 9.03	17～20
6.5	5.93 7.75 9.51	65	6 8 10	8.0	2.7	18.2 19.0 19.8	35	—	7.55 9.87 12.10	17～20
7.5	6.89 9.03 11.1 13.1	75	6 8 10 12	9.0	3.0	20.6 21.4 22.2 23.0	45	—	8.78 11.50 14.10 16.70	20
8	7.36 9.66 11.9	80	6 8 10	9.0	3.0	21.9 22.7 23.5	50	—	9.38 12.30 15.10	20～23
9	11.0 13.5 16.0 18.4	90	8 10 12 14	11.0	3.7	25.1 25.9 26.7 27.4	50	—	14.00 17.20 20.40 23.40	20～23

续表

型钢号	每米理论重量（kg）	尺寸（mm）							型钢的断面积（cm²）	可使用的孔径（mm）
		b	d	R	r	z_0	a_1	a_2		
	12.3		8			27.5			15.60	
	15.1		10			28.3			19.20	
10	17.9	100	12	12.0	4.0	29.1	60	—	22.80	20～23
	20.6		14			29.9			26.30	
	23.3		16			30.6			29.70	
	18.3		10			33.3			23.30	
	21.7		12			34.1			27.60	
12	25.1	120	14	13.0	4.3	34.9	65	—	31.90	20～30
	28.4		16			35.6			36.10	
	31.6		18			36.4			40.30	
	19.8		10			35.8			25.30	
13	23.6	130	12	13.0	4.3	36.0	65	—	30.00	20～23
	27.3		14			37.4	50	50	34.70	
	30.9		16			38.2			39.30	
	27.4		12			41.5			34.90	
	31.7		14			42.2			40.40	
15	36.0	150	16	15.0	5.0	43.0	60 50	60 50	45.80	20～26
	40.1		18			43.8			51.10	
	44.3		20			44.6			56.40	
	38.3		14			49.7			48.8	
18	43.5	180	16	15.0	5.0	50.5	70	70	55.4	20～26
	48.6		18			51.3			61.9	
	48.7		16			55.5			62.0	
	54.4		18			56.2			69.3	
20	60.1	200	20	18.0	6.0	57.0	80	80	76.5	23～29
	71.3		24			58.5			90.8	
	88.3		30			60.3			111.5	
	53.7		16			60.4			68.4	
22	66.4	220	20	21.0	7.0	62.0	80	100	84.5	23～29
	78.8		24			63.5			100.4	
	91.0		28			65.0			115.9	
23	82.6	230	24	20.0	7.0	65.9	80	110	105.3	28～29

附录五　不等边角钢的规格

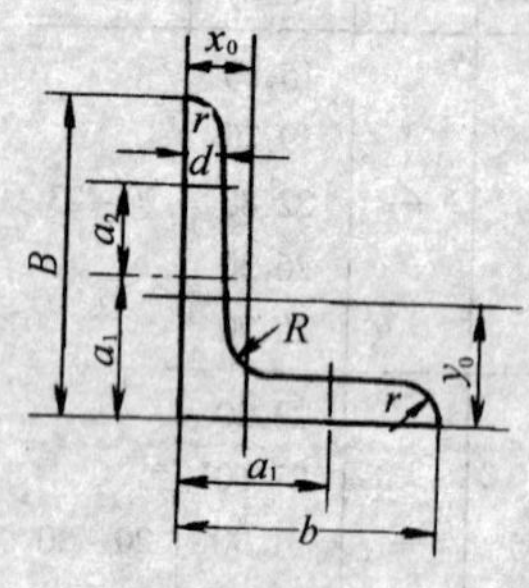

不等边角钢断面图

B——大边之宽；

b——小边之宽；

d——边厚；

R——内圆半径；

r——翼边圆半径；

x_0——大边之重心距；

y_0——小边之重心距；

a_1——内准距；

a_2——外准距。

型钢号	每米理论重量（kg）	尺寸（mm）											型钢的断面积（cm^2）	可使用的孔径（mm）
		B	b	d	R	r	x_0	y_0	大边 a_1	大边 a_2	小边 a_1	小边 a_2		
3/2	1.12 1.46	30	30	3 4	3.5	1.2	5.1 5.5	10.0 10.4	—	—	—	—	1.43 1.86	—
3.5/2	1.62 1.98	35	20	4 5	3.5	1.2	5.1 5.5	12.5 12.9	20		—		2.06 2.52	12
4.5/3	2.26 3.28	45	30	4 6	5	1.7	7.2 8.2	14.8 15.6	25		—		2.88 4.18	14
6/4	3.79 4.49 5.84	60	40	5 6 8	7	2.3	9.7 10.1 10.9	19.5 20.0 20.8	35		25		4.83 5.72 7.44	17~20
7.5/5	4.80 5.69 7.43 9.11	75	50	5 6 8 10	8	2.7	11.7 12.1 12.9 13.6	23.9 24.4 25.2 26.0	45		30		6.11 7.25 9.47 11.60	20
8/5.5	6.16 8.06 9.90	80	55	6 8 10	8	2.7	13.3 14.1 14.8	25.6 26.4 27.2	50		30		7.85 10.30 12.60	20~23

续表

型钢号	每米理论重量（kg）	尺寸（mm）							大边		小边		型钢的断面积（cm²）	可使用的孔径（mm）
		B	b	d	R	r	x_0	y_0	a_1	a_2	a_1	a_2		
9/6	6.90	90	60	6	9	3.0	14.1	28.8	50		35		8.78	20~23
	9.08			8			14.9	29.6					11.50	
	11.10			10			15.6	30.5					14.10	
10/7.5	10.6	100	75	6	10	3.3	18.8	31.1	60		45		13.50	20~23
	13.1			10			19.6	32.0					16.70	
	15.5			12			20.4	32 7					19.70	
12/8	12.2	120	80	8	11	3.7	18.8	38.5	65	—	50		15.60	20~23
	15.1			10			19.6	39.3					19.20	
	17.9			12			20.4	40.1					22.80	
13/9	13.5	130	90	8	12	4.0	21.1	40.8			50		17.20	20~23
	16.7			10			21.9	41.6	65	—			21.30	
	19.8			12			22.7	42.5	50	50			25.20	
	22.8			14			23.5	43.3					29.10	
15/10	19.1	150	100	10	13	4.3	23.5	48.1			60		24.3	20~26
	22.6			12			24.3	49.0	60	60			28.8	
	26.2			14			25.1	49.8	65	50			33.3	
	29.6			16			25.9	50.6					37.7	
18/12	27.4	180	120	12	14	4.7	28.2	57.9	70	70	65		34.9	20~26
	31.7			14			29.0	58.7					40.4	
	35.9			16			29.8	59.5					45.8	
20/12	29.2	200	120	12	14	4.7	26.8	66.4	75	80	65	—	37.3	23~26
	33.9			14			27.6	67.2					43.2	
	38.4			16			28.4	68.0					49.0	
20/15	32.2	200	150	12	17	5.7	36.2	60.8	75	80			41.0	23~60
	42.3			16			37.8	62.7			60	60	53.9	
	47.3			18			38.5	63.3			65	65	60.3	
	52.2			20			39.3	64.1					66.5	

附录六　槽钢的规格

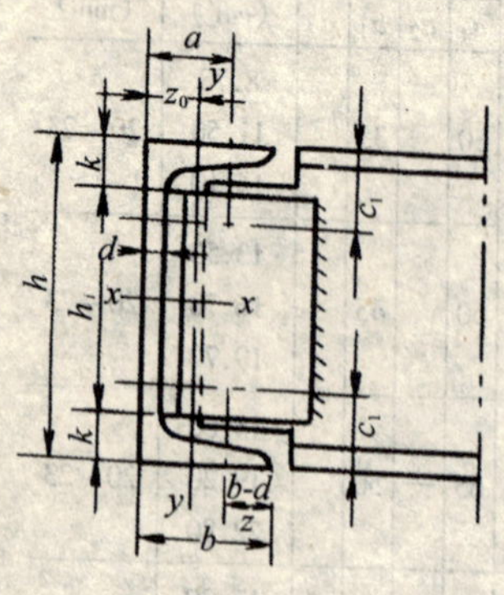

槽钢断面图

h——槽钢之宽；

b——翼边之宽；

d——壁厚；

t——翼边之平均厚度；

r——内圆半径；

r_1——翼边圆之半径；

z_0——至重心之距离；

a——翼边之准距间距；

k——翼边至圆端之距离；

h_1——壁板直线段之宽；

c——$k+\frac{1}{2}$孔之直径；

c_1——$k+\frac{1}{2}$铆钉头之直径。

型钢号	每米理论重量 (kg)	尺寸 (mm)							断面积 (cm^2)	准距及其他尺寸 (mm)					可使用的孔径(mm) 翼边/壁板
		h	b	d	t	r	r_1	z_0		a	k	h_1	c	c_1	
5	5.44	50	37	4.5	7.0	7.0	3.50	13.5	6.93	—	15	20	—	—	—
6.5	6.70	65	40	4.8	7.5	7.5	3.75	13.8	8.54	—	16	33	32	—	10/17
8	8.04	80	43	5.0	8.0	8.0	4.00	14.3	10.24	25	17	46	35	29	14/17
10	10.00	100	48	5.3	8.5	8.5	4.25	15.2	12.74	28	18	64	40	30	14/17
12	12.06	120	53	5.5	9.0	9.0	4.50	16.2	15.36	30	19.5	81	45	34	17
14 a	14.53	140	58	6.0	9.5	9.5	4.75	17.1	18.51	35	21	98	47	36	17
14 b	16.73	140	60	8.0	9.5	9.5	4.75	16.7	21.31						
16 a	17.23	160	63	6.5	10.0	10.0	5.00	18.0	21.95	35	22	116	52	39	20
16 b	19.74	160	63	8.5	10.0	10.0	5.00	17.5	25.15						
18 a	20.17	180	68	7.0	10.5	10.5	5.25	18.8	25.69	40	23	134	53	40	20
18 b	22.99	180	70	9.0	10.5	10.5	5.25	18.4	29.29						
20 a	22.63	200	73	7.0	11.0	11.0	5.5	20.1	28.83	45	24	152	54	41	20
20 b	25.77	200	75	9.0	11.0	11.0	5.5	19.5	32.83						

续表

型钢号	每米理论重量(kg)	尺寸(mm)							断面积(cm^2)	准距及其他尺寸(mm)					可使用的孔径(mm)翼边/壁板
		h	b	d	t	r	r_1	z_0		a	k	h_1	c	c_1	
22 a	24.99	220	77	7.0	11.5	11.5	5.75	21.0	31.84	45	25.5	169	55	43	20
22 b	28.45	220	79	9.0	11.5	11.5	5.75	20.3	36.24						
24 a	26.55	240	78	7.0	12.0	12.0	6.0	21.0	34.21	50	26.5	187	56	44	20
24 b	30.62	240	80	9.0	12.0	12.0	6.0	20.3	39.00						
24 c	34.39	240	82	11.0	12.0	12.0	6.0	20.0	43.81						
27 a	30.83	270	82	7.5	12.5	12.5	6.25	21.3	39.27	50	27.5	215	62	47	23
27 b	35.07	270	84	9.5	12.5	12.5	6.25	20.6	44.67						
27 c	39.30	270	86	11.5	12.5	12.5	6.25	20.3	50.07						
30 a	34.45	300	85	7.5	13.5	13.5	6.75	21.7	43.89	50	29.5	241	64	49	23
30 b	39.16	300	87	9.5	13.5	13.5	6.75	21.3	49.59						
30 c	43.81	300	89	11.5	13.5	13.5	6.75	20.9	55.89						
33 a	38.70	330	88	8.0	14.0	14.0	7.0	22.1	49.50	50	31.0	268	66	51	23
33 b	43.88	330	90	10.0	14.0	14.0	7.0	21.4	55.90						
33 c	49.06	330	92	12.0	14.0	14.0	7.0	21.0	62.50						
36 a	47.8	360	96	9.0	16.0	16.0	8.0	24.4	60.89	60	35.0	290	70	55	23
36 b	53.45	360	98	11.0	16.0	16.0	8.0	23.7	68.09						
36 c	59.10	360	100	13.0	16.0	16.0	8.0	23.4	75.29						
40 a	58.91	400	100	10.5	18.0	18.0	9.0	24.9	70.05	60	39.0	322	74	59	23
40 b	65.19	400	102	12.5	18.0	18.0	9.0	24.4	83.05						
40 c	71.47	400	104	14.5	18.0	18.0	9.0	24.2	91.05						

主要参考文献

1 陈耀宗，姜文源等主编．建筑给水排水设计手册．北京：中国建筑工业出版社，1992

2 陆耀庆主编．供暖通风设计手册．北京：中国建筑工业出版社，1987

3 陈方肃主编．高层建筑给水排水设计手册．长沙：湖南科学技术出版社，1998

4 孙一坚主编．简明通风设计手册．北京：中国建筑工业出版社，1997

5 工业锅炉房设计手册编写组编．工业锅炉房设计手册．北京：中国建筑工业出版社，1986

6 席德粹，刘松林，王可仁编著．城市燃气管网设计与施工．上海：科学技术出版社，1999

7 刘俭主编．高层建筑设备安装手册．北京：中国建筑工业出版社，1998

8 龚崇实，王福祥主编．通风空调工程安装手册．北京：中国建筑工业出版社，1989

9 许富昌主编．暖通工程施工技术．北京：中国建筑工业出版社，1997

10 顾顺符，潘秉勤主编．管道工程安装手册．北京：中国建筑工业出版社，1987

11 张家口建筑工程学校、陕西省建筑工程学校编．工业管道工程．北京：中国建筑工业出版社，1980

12 张闻民，阎雨润，程勇编著．暖卫安装工程施工手册．北京：中国建筑工业出版社，1997

13 湿法冶金工艺管道设计手册编写组编．湿法冶金工艺管道设计手册．北京：原子能出版社，1981

14 简明管道工手册编写组编．简明管道工手册．北京：机械工业出版社，1998

15 张学助，张朝晖编著．通风空调工长手册．北京：中国建筑工业出版社，1998

16　西德马·谢尔勒著．漆平生、杨顺喜、李周译．顶管工程．北京：中国建筑工业出版社，1983

17　焊工手册编写小组编．焊工手册．北京：机械工业出版社，1975

18　陕西省建筑工程局《管工》编写组编．管工．北京：中国建筑工业出版社，1973

19　初级职业技术教育培训教材编审委员会主编．管道工．上海：科学技术出版社，1991

20　张国芝，刘允新等编著．中外五金工具手册．北京：兵器工业出版社，1999

21　郑达谦主编．给水排水工程施工．北京：中国建筑工业出版社，1998

22　陕西省建筑工程局《通风工》编写组编．通风工．北京：中国建筑工业出版社，1973